水利

SHUILI DACIDIAN

大辞典

河海大学《水利大辞典》编辑修订委员会 编

上海辞书出版社

目　　录

审 稿 人：（以姓名笔画为序）

万定生　王　媛　王义刚　王卓甫　王润英　王船海　王惠民　毛春梅　田正宏
付宗甫　冯卫兵　朱召泉　任旭华　任青文　刘　俊　刘　凌　刘永强　许　峰
阮怀宁　孙树林　芮孝芳　严忠民　苏　超　李　轶　李宗新　束一鸣　吴东敏
吴建华　岑威钧　余钟波　余湘娟　沈长松　沈振中　宋兰兰　宋汉周　张　玮
张　研　张长宽　张东生　张健飞　张展羽　陈界仁　林　涛　周大庆　周兰庭
周建旭　郑　源　郑垂勇　郑晓英　房宽厚　赵　坚　赵　敏　胡　明　胡志根
俞双恩　逄　勇　姜弘道　姜翠玲　夏自强　顾圣平　钱向东　徐　洁　徐　磊
郭志平　唐立模　唐洪武　诸裕良　谈为雄　黄振平　黄涛珍　龚　政　章定国
商学政　梁正平　蒋　勤　鲁子爱　靳怀堉　蔡　新　蔡付林　缴锡云

《水利大辞典》前言

  《水利大辞典》是在上海辞书出版社 1994 年出版的《水利词典》基础上编辑修订而成。《水利词典》是由河海大学严恺院士担任主编,徐芝纶院士和左东启、顾兆勋、刘宅仁、傅春台教授担任副主编,近百位教师编纂而成。共收录水利事业各学科词条 4 431 条,是一部系统介绍水利科学技术的专业工具书,在当时填补了此类书的空白。与其他水利科学辞书一起,对普及水利科学知识、促进水利事业发展有着积极的作用。

  到 2014 年,《水利词典》出版已有 20 周年。其间,作为经济社会发展不可替代的基础支撑的水利事业发展迅猛,水利科学技术取得巨大进步。这一发展与进步首先表现在水利发展理念的重大转变。在取得抗击 1998 年特大洪水伟大胜利后,1999 年,时任水利部部长汪恕诚首次提出"资源水利"的概念,要求实现从工程水利向资源水利的转变。在以后的几年中,他还就水权、水市场,建立节水型社会,水利与生态环境保护等一系列问题发表论述,有力地推动了水利改革与发展。2000 年,由钱正英、张光斗两位院士主持的中国工程院咨询项目《21 世纪中国可持续发展水资源战略研究》提出研究报告。报告认为:中国水资源的总体战略,必须以水资源的可持续利用支持中国社会经济的可持续发展。为此,应从防洪减灾、农业用水、城市和工业用水、防污减灾、生态环境建设、水资源的供需平衡、北方的水资源问题和西部地区的水资源问题等八个方面实行战略转变,并指出必须实行水资源管理体制、水资源投资机制和水价政策三项改革。2009 年,钱正英院士等又发表论文《转变发展方式——中国水利的战略选择》,明确提出:水利工作必须转变发展方式,从以开发水资源为重点转变为以管理水资源为重点,进入一个加强水资源管理,全面建设节水防污型社会的新时期。并强调,必须从传统的以供水管理为主转向以需水管理为基础,不断提高用水效率和效益,保护好水环境。这些研究成果不仅使水利人进一步解放思想,也为新世纪水利大发展勾画了清晰的蓝图。

  在水利发展新思路的指引下,水利事业在新世纪之初取得了一个又一个新成就。长江三峡工程建成并发挥巨大的防洪、发电、航运综合效益;黄河水资源统一调度,下游不再断流,调水调沙对维护黄河健康生命产生明显的成效;治淮、治太进入新阶段,引江济太有效地改善太湖流域水环境;南水北调东、中线一期工程建成通水,近 5 000 万人喝上长江水;塔里木河、黑河治理对改善流域、水域的水生态产生显著的效益;西南地区的水电开发,不仅有力支持经济社会发展,还大量减少碳排放;从 2006 年到 2014 年共解决 3.36 亿农村人口的饮水安全问题;2010 年,长江口深水航道治理工程实现 12.5 米深水航道全线贯通,长三角跨入"大船大港"新时代……水利事业的巨大成就既是在水利科学技术的支撑下取得的,也有力地促进了水利科学技术的进步,丰富了它的内涵,提高了它的水平。

  2011 年的中央 1 号文件《中共中央、国务院关于加快水利改革发展的决定》提出:到 2020 年,基本建成防洪抗旱减灾体系、水资源合理配置和高效利用体系、水资源保护和河湖健康保障体系,以及有利于水利科学发展的制度体系的目标任务,并决定实施最严格的水资源管理制度,包括建立用水总量控制制度、用水效率控制制度、水功能区限制纳污制度（即三条红线）和水资源管理责任和考核制度，为水利更快、更好地改革发展提供了强大的动力和坚强的保证。2014年，习近平总书记从保障国家水安全的高度，提出"节水优先、空间均衡、系统治理、两手发力"治水新思路，水利迎来了崭新的历史发展时期，更好地普及与提高水利科学技术也就成为这个新历史时期的重要使命。

河海大学作为一所以水利为特色的重点大学，一贯坚持发展水利学科、培养水利人才、服务水利事业，取得了可喜的成绩与进步。2014年6月，学校决定在《水利词典》出版20周年之际，对其进行全面修订，以适应新时期水利改革发展的需要，并提出修订工作应遵循以下五项原则：(1) 处理好保持《水利词典》的框架、特色、释文与根据水利事业的新发展适当调整分类、增删条目、修改释文之间的关系，重点增加20年来水利学科与水利事业新领域中的词目。(2)《水利大辞典》的词目总量与总字数不宜大幅增加，因此，《水利词典》的词目数与总字数均要有一定数量的删减，以便增加新词目。(3) 对需保留的原有词目，释文内容尽量少做修改，只做纠错和数据更新。对新增词目要使用最新的资料和准确的释义表述。(4) 仍以具有中等以上文化程度的水利工作者与大中专水利类专业学生为主要读者对象，释文既照顾一般读者，对专业知识介绍也有一定的深度。(5) 要组织精干高效的编辑修订队伍与工作班子，并保证必要的条件。学校高度重视本书的编辑修订工作，成立了有多位校领导参加的编辑修订委员会，发文要求相关学院和教师大力支持、积极参与此项工作，设立专门的编辑修订办公室开展日常工作，提供了各种条件以保障该项工作顺利进行。

与《水利词典》相比，本书主要修订处有：全书词目由5类23个分支调整为8类32个分支，增加了环境与生态，水利经济与管理，科技、信息、文化三类，取消了测量分支，增加了水资源、城市水利、海洋水文学与海岸动力学、河口、海岸、生态水利、水利管理、水利信息化、水利科技和水文化10个分支；共计词目4 700余条，约三分之一为新增，大部分在新增的分支学科中，保留的词目大部分作了修订、核对；《水利词典》的11个附录中，除附录二《中国分区水资源总量估算》保留原貌，附录十《国外水利及有关机构简表》用《国内水利及有关刊物简表》替换外，其余均根据最新资料作了修订；根据本书现有的规模与体量，将书名改为《水利大辞典》。

河海大学各学科有近60位的学术带头人、学术骨干参加了本书的编辑修订。他们在承担繁重的教学、科研任务的同时，积极承担撰稿编修工作，为写好、改好每一词目字斟句酌、精心推敲，为按时、保质完成编辑修订工作付出了辛勤劳动、提供了根本保证。90余位专家，包括特聘的校外专家，参加了本书的三轮审稿，他们严谨的工作态度对保证书稿的质量发挥了重要作用。上海辞书出版社的多位编辑与学校的编辑修订工作紧密配合，及时交换意见，解决各种问题，并利用假期抓紧编校，为本书出版作出了重要贡献。在此，一并向他们表示诚挚的谢意！

本书出版之时正值河海大学迎来建校百年和中国水利高等教育百年之际，因此，本书就自然成为百年河海对社会、对水利事业的一份奉献！

鉴于水利事业的内涵十分丰富，水利科学技术的发展十分迅速，受学科、学识所限，本书在词目的选择、释文的编辑修订、资料的鉴别等方面难免会有不妥甚至错误之处，殷切期望读者批评指正。

河海大学《水利大辞典》编辑修订委员会

2015 年 9 月

《水利词典》编辑委员会

主　编　严　恺

副主编　徐芝纶　左东启　顾兆勳　刘宅仁　傅春台

编辑委员　（以姓氏首字笔画为序）

王世泽　王鸿兴　左东启　刘光文　刘宅仁　许永嘉　许荫椿　严　恺

严安康　汪龙腾　宋祖诏　张书农　张慕良　陈久宇　呼延如琳　周　氏

周　铭　郑肇经　房宽厚　赵光恒　胡明龙　姜国宝　顾兆勳　钱家欢

徐芝纶　梁正平　傅春台　谢金赞　蔡志长

责任编委　左东启　顾兆勳　胡明龙

撰稿人　（以姓氏首字笔画为序）

马成志　王世泽　王世夏　王庆辉　王鸿兴　王德信　卢瑞珍　冯瑞菖

吕庆安　朱　勇　朱关年　朱留正　刘　瑞　刘才良　刘宅仁　刘启钊

刘家豪　刘润生　许为华　许永嘉　许庆尧　许杏陶　许荫椿　孙德根

严义顺　严安康　李开运　李文耀　李安中　李寿声　李国臣　李家星

吴中如　吴永祯　何定达　汪龙腾　汪家伦　沈传良　沈祖诒　沈曾源

宋太炎　宋祖诏　张运冲　张君伦　张林夫　张逢甲　张敬楼　张慕良

陆兆溱　陆孝勤　陈久宇　陈良瑞　陈鸣钊　林益才　林毓梅　季盛林

呼延如琳　　金　琼　周　氏　周　铭　周之豪　周天福　周定苏

郑英铭　郑肇经　房宽厚　赵文绮　胡方荣　胡沛成　胡明龙　胡肇枢

咸　锟　钟修成　俞多芬　俞仲泉　夏期颐　钱孝星　钱济成　徐志英

高维真　郭觉新　陶碧霞　梁正平　彭天明　董利川　舒世馨　童凤昭

谢年祥　谢金赞　赖伟标　蔡　卜　蔡文祥　薛鸿超　魏震木

《水利词典》前言

水是人类生产和生活不可或缺的且不可替代的宝贵资源,和其他自然资源一样,需要人们去开发、控制、利用。在与水旱灾害作斗争,改善生态环境和发展工农业生产中,水利科学技术也在不断进步和发展。

中国的水利事业有悠久的历史,可以追溯到公元前 2000 多年以前,由于水旱灾害频仍,我们的祖先积累了丰富的治水经验,为世界文明作出了巨大贡献。建国以来,对各大江、河进行了大规模的治理,减轻了自然灾害,提高了防洪能力,同时修建了一批水电工程,提供了能源。

随着现代科学技术的进步,水利建设不断发展,学科分支繁衍,新科学、新技术日益广泛应用,水利这门古老的学科已形成具有综合性的大学科,与能源、交通、工业、农业、环境、生态等有密切联系。地球上可供人们使用的淡水只占水总量的 2.8%,由于无节制地使用和工业污染,使不少国家和地区严重缺水,影响工农业生产和发展。目前,水资源已和人口、粮食、能源、环境并列为全球性五大问题。随着人口增加和工农业发展,水资源的危机已降临人间。中国水资源的人均占有量只有世界平均占有量的四分之一,水资源不足已成为全国性共同问题。因此,有必要普及和推广这方面的知识。本词典就是适应这一需要而编纂的。

本词典是一部系统地介绍水利科学技术的专业工具书,以中等文化程度以上的水利工作者以及相关学科的科技工作者为对象,释文照顾一般读者,对专业知识介绍也有一定的深度。其任务是解释水利科学技术中基本的、重要的、常见的名词术语,适当兼顾与水资源直接有关的学科常用名词术语。收词 4 431 条,插图 544 幅。所提供的资料力求反映现代新技术。

本词典由河海大学负责编写,1980 年 4 月成立编辑委员会,1983 年完成初稿。经众多专家、学者十年努力,数易其稿,终于问世。

本词典在编纂过程中得到国内有关单位和专家、广大水利科技工作者的热情支持和帮助,提出了许多有益的意见,供给了许多宝贵资料。上海辞书出版社非常重视这本词典的编写和出版工作,给予了多方面的支持和帮助。在此,谨向他们表示诚挚的感谢。

限于水平和能力,条目的选择、释文的审订、资料的鉴别和编辑体例等,难免有不妥和错误之处,殷切期望读者批评指正。

水利词典编辑委员会
1991 年 1 月

凡　例

　　一、本辞典选收水利学科的名词术语4 700余条。包括水利、水利史,水文、水资源、地质,力学、结构,水利水电工程,港口、航道、河口、海岸,环境与生态,水利经济与管理,科技、信息、文化8大类32个专业基本的、重要的词汇,以及与水利学科密切相关的其他学科的名词术语。各专业的进一步分类,详分类词目表。

　　二、本辞典词目定名,以中国水利界常用的或习用的为正名。正名列为正条,简称或别称酌收参见条。参见条一般不作诠释,只注明参见某条。

　　三、一词多义的用❶❷……分项叙述。

　　四、本辞典所选录的人物专条,主要是在水利学科中做出重要贡献的历史人物。在世人物不选录。

　　五、对几个专业都要收录的极个别交叉条目,按词目的主要方面,由一个学科选收,其他学科只收词目,并注明"释文见××页";同一词目在不同学科有不同含义的,则在各学科中分别给出各自的释义。

　　六、关于历史纪年,1911年前一般用中国传统纪年,括注公元纪年;1911年后用公元纪年。

　　七、本辞典所收名词术语,除水利史专业等个别词目没有英译外,其他一律附英译。

　　八、本辞典收有附录12种,供参考。其中,在"中国水利史略年表"中,近现代部分的相关统计数据使用阿拉伯数字,古代部分遵从文献。

　　九、本辞典正文按学科、专业分类编排。前面刊有"分类词目表"。书末附有"词目英汉对照索引"、"词目音序索引"。词目的分类,主要从查阅方便考虑,如有不当或错误之处,敬请指正。

　　十、本辞典所收资料一般截至2014年,之后发生的情况,只在时间和技术允许的条件下酌量增补或修改。

分 类 词 目 表

水利　水利史

水　利

水文　水资源　地质

水文学

力学　结构

工程力学

工程结构

水利水电工程

水电设备

水利工程施工

港口　航道　河口　海岸

海洋水文学与海岸动力学

环境与生态

水利经济与管理

科技　信息　文化

水利科技

水利信息化

水文化

水利　水利史

水　利

水利（water conservancy）　人类采取各种措施对自然界的水进行控制、调节、治导、利用、管理和保护，以减轻或免除水旱灾害，并开发利用水资源，适应生产生活和改善生态环境需要的活动。"水利"一词，在中国最早见于《吕氏春秋·孝行览·慎人》（约公元前 239 年）："以其徒属掘地财，取水利，编蒲苇，结罘网，手足胼胝不居，然后免于冻馁之患。"西汉武帝时，史学家司马迁（约前 145 或前 135—？）在被誉为中国第一部水利通史的《史记·河渠书》中写道："甚哉，水之为利害也。"从此在中国奠定了"水利"一词包含的兴利除害的完整概念，沿用至今。中国古代的水利以防洪、农业灌溉和漕运最为重要。当代中国，水利包含的内容，除防洪、灌溉和航运，还包含水力发电、治涝治碱、水土保持、城镇供水、人畜饮水、水污染控制、水生态保护等内容。欧美国家没有与"水利"一词恰当的对应词汇，一般根据不同场合使用 hydraulic engingeering，或用 water conservancy，或用 water resources。

水资源（water resources）　广义指地球系统中储存的所有的气态、液态和固态天然水；狭义指人类可作为资源利用的水，即逐年可以通过地球系统水文循环回复和更新的淡水，包括河川径流和浅层地下水等。通常以年为周期计算水资源量。狭义的"水资源"亦仅指水量资源；广义的"水资源"则包括水量、水质和水能资源。由于受地域和季节变化的影响，水资源的时空分布差异很大。淡水资源为人类生活和生产所不可或缺，是社会可持续发展的重要战略性资源，必须十分珍惜利用和保护。

水利科学（hydro science）　研究自然界中水的运动规律及其与自然环境、社会环境之间的相互关系，并应用于水利事业的基础理论、工程技术、经济规律和管理措施的知识体系。涉及自然科学和社会科学中的理学、工学、农学、法学、经济学、管理学、历史学等。主要研究方法有总结历史经验和实践经验、现场查勘和现场观测、原型观测、理论分析与计算、物理模型试验等。

水利资源（available water resources）　地球上可供开发利用的天然水源。范围包括江、河、湖、海中的水流，地下潜流，以及沿海的港湾和潮汐等。性状包括水量、水能和水质。是人类生存和经济社会发展中不可缺少的一种重要自然资源。根据人们生活、工农业生产和社会发展情况，除需防洪、除涝外，可进行诸如供水、灌溉、发电、航运、养殖、海水淡化，以及水环境保护、水生态修复等方面的开发利用和保护。

水能资源（hydropower resources）　亦称"水力资源"。江、河、湖、海等天然水体中所蕴藏的水能。是水利资源的一部分。常指河流和潮汐所蕴藏的天然功率。利用集中落差而获得，通常以 kW 或 MW 为单位。其值与平均流量和落差的乘积成正比，可通过水力发电工程开发利用。中国的水能资源极为丰富，据 2005 年全国复查统计，全国水能资源理论蕴藏量约 6.94 亿 kW，其中技术可开发量约 5.42 亿 kW。中国水电装机容量 2014 年底达到 3 亿 kW。

水科学（water science）　研究水的物理、化学、生物等特征，分布、运动、循环等规律，开发、利用、规划、管理和保护等方法的知识体系。内容涉及与水有关的所有学科，包括大气科学、水文学、海洋学、地理学、环境科学、水利科学、生态学，以及经济学、法学等社会科学中与水有关的学科。是基础与应用相结合的科学，也是自然科学与社会科学相结合的科学，存在着大量最为重要迫切又最为复杂困难的科学问题。

水危机（water crisis）　危及人类自身生存和发展的一种水状况。在一定的气候背景下，人类的经济社会活动，导致局部地区乃至整个流域的系统和功能遭受严重破坏,如洪涝旱成灾、水资源短缺、水体污染严重、水生态恶化等。消除或减轻这一危机,要对水多、水少、水脏等问题统筹考虑,综合治理,加强科学管理。

水安全(water security)　防洪、供水、水环境、水生态和水利工程的安全。通过科学规划与管理、水利工程建设及其运行,可确保江河安澜,保障水资源供给,建设良好的水生态和水环境。

水利普查(water conservancy censor)　查清江河湖泊基本情况,掌握水资源开发、利用和保护现状,摸清经济社会发展对水资源的需求,了解水利行业能力建设状况,建立国家基础水信息平台的活动。第一次全国水利普查的标准时点为 2011 年 12 月 31 日,2012 年 12 月 31 日完成。2013 年 3 月 26 日,水利部、国家统计局发布《第一次全国水利普查公报》。

水利系统(hydraulic engineering system)　通过河流和输水道将若干综合利用水利枢纽或公共建筑物(如水库等)与专用建筑物(如灌溉渠首、水电站厂房、船闸等)联合组成的系统。由一个流域水利资源的开发利用或跨流域的水利资源开发利用形成。其作用是能够充分考虑国民经济各部门的用水需要,合理开发利用水利资源,可以跨流域调水、引水,调剂余缺,使供需平衡。

城市水利(urban water affairs)　直接为城市工业、城市建设、居民生活和城市水生态环境提供水资源保障和防治城市水害的水利工程和措施。主要内容包括城市防洪工程、城市取水和供水工程、城市排水工程、城市节水设施、城市水生态环境保护工程、城市水务管理系统等。

牧区水利(pasturing water affairs)　灌溉牧区草场、保障牧区人畜供水、改善牧区生态和环境的水利工程和措施。主要内容包括地表水和地下水水源工程,家庭灌溉饲草料地、联户开发灌溉饲草料地、大中型灌溉饲草料基地和人工改良草场灌溉工程,人畜饮水工程,牧区草原生态保护和水资源保障监测网络建设等。对干旱、半干旱地区的牧业生产更具有重要作用。

水利渔业(fishery of water conservancy)　利用水利工程蓄水后形成的水域发展渔业的生产活动。是水利设施的多种效益之一。主要工程和技术措施包括:河道和水库库底的清理,鱼苗(种)基地和拦鱼

防逃设施建设,河流、水库的水域利用等。

水务管理(water management)　在行政区域范围内对涉水事务的一体化管理。主要包括水的开发、利用、治理、配置、节约和保护。实施城乡水务一体化管理是水资源自然属性的客观要求,是经济社会发展的迫切需要。1993 年 7 月深圳市组建了中国第一个城市水务局,率先实现水源、防洪、供水、农村水利、水土保持、水环境等水务一体化管理。

水域(water area)　江河湖海,以及水库等水体所在的范围。包括水面和水深。水域和陆地是地球两大表面要素,为生态环境的载体,是人类和生物赖以生存的空间。可以开发利用为人类造福,如调节洪水、航运、供水、发电、灌溉、养殖、旅游、围垦等。

湿地　释文见 36 页。

流域规划(watershed planning)　为除害兴利和全面开发整个流域的水利资源、保护流域的水生态环境而制定的长期计划。在规划时,应根据全流域内的自然地理条件、社会经济状况、综合利用水利资源和土地资源的原则等,充分考虑、统筹兼顾国民经济各有关部门的不同要求,提出对该流域计划采取的开发方式、除害兴利工程项目、分期开发方案、水生态环境保护措施、水资源管理制度,以及相应的主要指标和效益。

长江流域综合规划(Comprehensive Planning for Yangtze River Basin)　长江流域开发、利用、节约、保护水资源和防治水害的长期计划。2012 年 12 月由水利部长江水利委员会编制的《长江流域综合规划》(以下简称《规划》)获得国务院批复,这是中国七大流域首先获得批准的流域综合规划。此前,1950 年长江水利委员会成立后提出以防洪为主的"治江三阶段"思路,即加培堤防、开辟蓄滞洪区、兴建山谷水库拦洪;1959 年提出《长江流域综合利用规划要点报告》;1990 年国务院批准了《长江流域综合规划简要报告》(1990 年)。根据 2012 年《规划》:2020 年以前,长江流域将处于强化治理开发、促进生态环境保护的阶段。应不断提高防洪减灾能力,基本实现水资源合理开发利用(水资源开发利用率控制在 25% 左右,水能资源开发利用率达到 36% 左右),有效遏制水资源和水生态环境恶化趋势(水功能区主要控制指标达标率达到 80%),全面强化流域综合管理。2020—2030 年,长江流域将处于治理开发与保护并重、更加侧重保护的阶段。应进一

步提高防洪减灾能力，基本实现水资源高效利用（初步建成节水型社会，水资源开发利用率控制在30%左右，水能资源开发利用率达到45%左右），全面维系优良水生态环境（水功能区主要控制指标达标率达到95%以上），基本实现流域综合管理现代化。

河流综合利用（comprehensive utilization of river stream） 兼顾兴利除害、满足不同部门用水需求和水生态环境保护目标而对河流水资源所进行的多目标开发利用。在规划时，按水资源可持续利用与统筹兼顾、适当安排的方针，同时考虑当前和长远，尽可能满足防洪、除涝、供水、灌溉、治碱、水力发电、航运、漂木、水产养殖、水生态环境保护等不同要求。

海洋开发利用（development and utilization of marine resources） 应用海洋科学和相关工程技术，开发利用各种海洋资源的活动。主要包括海洋物资资源（如海水资源、生物资源和矿产资源等）开发、海洋空间（如沿海海岸、海洋运输、海上机场、海上工厂、海底隧道和海底军事基地等）利用、海洋能（如潮汐能发电、波浪能发电和海水温差能发电等）利用。按地域，分岸滩、海岸、近海和深海的开发利用。要依赖各种海上建（构）筑物或其他工程设施，以及相应的配套技术设施。

跨流域开发（interbasin development planning） 对相邻河流的洪涝灾害进行统一治理、水利资源进行联合利用的开发。是开发水利资源的一种形式。例如，在两河相近河段，选择水位差较大的适宜地点，修建引水建筑物，利用水头差进行水力发电。此外，还有跨流域引水灌溉、生产、生活和生态供水、开凿运河发展航运等。

跨流域调水（interbabin water transfer） 从一个流域往另一个流域调水以解决缺水地区水资源需求的一项措施。由于天然降水时空不均，造成不同流域间的水量丰沛与紧缺差距大，缺水流域的经济社会发展与居民生活受水资源制约。为解决缺水地区水资源需求，可以通过修建跨越两个或两个以上流域的引水（调水）工程，从丰水流域调入部分水量以调节缺水流域的用水，促进该流域经济社会可持续发展，但也可能引起社会生活条件及生态环境变化。中国的南水北调工程即是从长江流域向黄河、海河两个流域调水。此外还有引滦入津、引黄济青、东深供水等工程。

红水河梯级开发（cascade development on Hongshui River） 中国西江上游干流红水河流域系列水电站开发的总称。包括上游南盘江黄泥河口至北盘江汇合口河段、红水河及其下游黔江至大藤峡河段所有梯级水电站。河段全长 1 050 km，流域面积 19 万 km²，总落差超过 750 m。开发方案定 10 级，即天生桥高坝（大湾）、天生桥低坝（坝索）、平班、龙滩、岩滩、大化、百龙滩、恶滩、桥巩、大藤峡等，加上黄泥河鲁布革水电站，总装机容量 1 192 万 kW，多年平均发电量 502.5 亿 kW·h。对所在地区的经济发展起重大作用，还可提高西江和珠江三角洲防洪标准，改善航运条件，并有灌溉、水产和发展旅游之利。

黄河断流（interruption of Yellow River） 黄河出现无水量经由其河口排入海洋的现象。历史上有过黄河断流的记载，主要因严重干旱造成间歇断流和决口、改道造成原河道断流。自 1972 年开始，黄河断流趋于频繁。据统计，1972—1979 年，断流 6 次，平均断流 7 天，平均断流河段长 130 km；1980—1989 年，断流 7 次，平均断流 7.4 天，平均断流河段长 150 km；1990—1995 年，断流 8 次，平均断流 53 天，平均断流河段长 500 km；1996 年和 1997 年，断流分别达到 136 天和 226 天，断流河段长分别达到 579 km 和 700 km，占黄河下游（花园口以下）河道长度的 80% 以上。这一时期黄河断流的原因，除降水偏少外，主要是用水增长过快和水量调配不合理。1997 年后，由于对黄河水资源加强管理，黄河断流现象逐步得到遏制。2001 年以后，由于建成的小浪底水库的调节作用，即使遇大旱之年也不再断流。

黄河治理（control of the Yellow River） 根据黄河特殊河情，综合采用工程和非工程措施防止洪灾、维持河流生态的活动。黄河水少沙多，其径流总量仅占全国的 2%，而总输沙量占全国诸河的 60%；黄土高原水土流失使河道、水库淤塞严重；下游河道为"地上悬河"，河势游荡多变，主流摆动频繁；历史上洪水决堤泛滥频繁，灾害深重。据统计，从先秦时期到民国年间的 2 540 年中，黄河共决溢 1 590 次，改道 26 次，平均三年两决口，百年一改道。中华人民共和国建立后，毛泽东提出"一定要把黄河的事情办好"。在前人治理黄河的基础上不断探索新的治河途径，先后提出了"宽河固堤"、"蓄水拦沙"、"调水调沙"、"上拦下排、两岸分滞"、"拦、排、放、调、挖"、利用泥沙等治黄方略,努力实现"堤防不决口、河道不断流、污染不超标、河床不抬高"的目标。

黄河调水调沙(water and sediment regulation of the Yellow River) 利用黄河小浪底水利枢纽的工程设施和调度手段,通过下泄水流冲击将水库里的泥沙和黄河下游河床上的淤沙适时送入大海,减少库区和河床的淤积,增大主槽的行洪能力,避免枯水期下游河道断流的非工程措施。自2002年至2012年,已连续实施了13次汛前调水调沙,黄河累计入海总沙量达7.62亿t,下游河道主槽的河底高程平均被冲刷降低2.03 m左右,主槽最小过流能力由2002年汛前的1 800 m³/s恢复到2011年的4 100 m³/s,取得明显的经济效益和社会效益。

淮河治理(Huaihe River governance) 消除淮河灾害,综合利用淮河水利资源的活动。淮河是新中国第一条全面系统治理的大河。1194年黄河夺淮后,打乱了淮河水系,使淮河失去入海尾闾,淮河流域平均不足2.5年就发生一次较大洪水灾害。1950年10月14日中华人民共和国中央人民政府政务院颁布《关于治理淮河的决定》,确定了"蓄泄兼筹"的治淮方针。1951年5月,毛泽东发出"一定要把淮河修好"的号召。1950—1958年,修建了佛子岭等一大批上游山区水库,整治和修建中游河道堤防,兴建三河闸、苏北灌溉总渠等下游入江入海工程,实施沂沭泗地区导沭整沂、导沂整沭工程;1958—1977年,兴建淠史杭等大型灌区,建成江都水利枢纽,建设昭平台等一批大型水库,开挖新汴河等人工河道,建设沂沭泗洪水东调南下等一批战略性骨干工程;1977—1991年,实施淮河干流上中游河道整治和堤防加固、黑茨河治理、新沂河治理等工程;1991—2010年,尤其是2003年淮河大水后,完成淮河干流上中游河道整治和堤防加固、临淮岗洪水控制工程、入海水道近期工程、沂沭泗河洪水东调南下续建等19项骨干工程。流域内利用湖泊洼地建成蓄滞洪区和洪泽湖、南四湖、骆马湖等综合利用型湖泊工程16处,总库容359亿m³,滞蓄洪库容263亿m³。在行蓄(滞)洪区内兴建部分进退洪控制工程,建成庄台520万m²、避洪楼18万m²、保庄圩37处、撤退道路1 600 km,以及预警报警系统。建立了覆盖流域重点防洪地区的洪水预报系统和防汛抗旱指挥系统。淮河流域现已基本理顺了紊乱的水系,实现了淮河洪水入江畅流、归海有路。

水利工程(hydraulic engineering) 以兴利除害为目的,对地表水和地下水进行控制、治理、调配、保护和开发利用而兴建的各类工程的总称。一般指防洪、农田水利、水力发电和航运、港口等工程,也包括城市给水排水、抗洪排涝,以及海岸防护、海塘、潮汐能发电、海水淡化、水生态环境保护等工程。主要为某一水利用途而兴建的水利工程即以该用途命名。例如,水力发电工程就是以发电为主要用途,包括挡水坝(闸)、输水渠(洞)、调压井(室)及发电厂房等一系列工程的总称。

水利枢纽(hydrocomplex) 为有效防治水旱灾害、综合利用水利资源,将不同用途的水工建筑物集中布置、兴建而成的建筑物综合体。一般应在江、河、湖、海适当地点,选择有利地形和适宜地质条件作为兴建枢纽的位置。组成水利枢纽的水工建筑物主要包括:(1)拦河坝(闸),以形成水库和水位落差;(2)溢洪道或泄洪洞,以宣泄洪水;(3)专门用途的水工建筑物,根据枢纽的任务而设置,如发电的水电站厂房,通航的船闸或升船机,灌溉、给水的进水口,过木的筏道,过鱼的鱼道或鱼梯等。在一个水利枢纽中,不同功能的水工建筑物既要能各自发挥作用,又要能彼此协调,发挥联合作用,以期综合发挥工程效益。所包括的建筑物应由规划确定。

水库(reservoir) 亦称"人工湖"。能拦蓄一定量河川径流,并调节流量的蓄水工程。一般指在河流上建造拦河坝(闸)以抬高水位而形成的人工湖。天然湖泊、池、淀有拦蓄水量作用的称"天然水库";地下水池能起同样作用的称"地下水库"等。能起兴利除害(防洪、灌溉、发电、航运、供水、渔业、旅游)的多种作用。对环境和生态平衡具有一定影响,且淹没库区土地,需要移民、拆迁民房和工厂,造成财产淹没损失。故规划设计时,必须慎重研究,充分论证其合理性和可行性。

串联水库(reservoirs in series) 在同一条河流上,从上游到下游布置成一连串水库的总称。以充分利用整条河流的水利资源。各水库之间有密切的径流和水力联系,上游水库的径流调节对下游水库有直接影响。当对串联水库中位于下游的水库进行径流调节计算时,必须考虑上游水库对天然径流的调蓄作用,而不能直接引用原有的天然径流资料。规划设计串联水库时,必须考虑利用各水库库容差异而进行的径流补偿,以便合理地利用水利资源。

调蓄水库(regulation reservoir)　特指引水、调水工程中的尾闾水库。如南水北调中线北京市配套工程大宁调蓄水库,其库容 3 753 万 m³,在永定河非汛期调蓄中线工程的来水,提高中线调水的利用率和北京市的供水保证率,汛期空库迎汛,以防洪为主。

注入式水库(injection reservoir)　为供水、灌溉等目的而建造的调蓄引入或调入客水的水库。多利用山坳等合适地形建造,由引水渠道、隧洞或涵管注入来水,经水库调节后,通过取、输水设施完成输配水功能。一般无调节洪水的功能。中国西北、华北地区建设较多。

平原水库(plain reservoir)　为供水、灌溉等目的,在平原地区,利用局部低洼地圈筑围堤进行蓄水的工程设施。水库大坝多为匡围式土石坝,库区开挖土料可作为筑坝材料。水库建有引水、取水建筑物,一般水深较浅,水面积较大。为减少地基渗漏及避免水库周边渍害或土壤盐碱化,必须对水库周围地基采取截渗措施。

地下水库(underground reservoir)　可供开发利用的地下贮水场所。在地下砂砾石孔隙、岩石裂隙或溶洞区域通过建造地下截水墙,截蓄地下水或潜流而形成天然地下水库;利用废弃矿井、巷道等有确定范围的贮水空间回灌储存地面水而形成的水库。具有不占地、库容大、投资少、蒸发损失小、安全可靠等优点,并可与地表水联合调度。修建时需查清储水层的地质构造、补给和排泄条件,必要时可修建地下水坝以拦蓄水量。

水库库区综合利用开发(comprehensive utilizing in reservoir region)　在水库原有功能基础上,在库区进行诸如湿地、景观、文物保护、生物多样性、农林渔等多种有益于环境、生态、经济、社会和谐发展的开发活动。若进行过度商业化开发,则将削弱甚至破坏水库原有功能的发挥,得不偿失。

水库特征水位(characteristic water level of reservoir)代表水库兴利除害的主要特征指标的特定水位。如水库死水位、水库防洪限制水位、水库正常蓄水位、水库防洪高水位、水库设计洪水位和水库校核洪水位等(参见附图)。各水位与所控制流域面积的降水量、径流量和水库调节的周期有关,系根据所采用的洪水设计,经水库调洪演算确定。

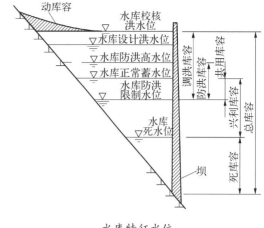

水库特征水位

水库正常蓄水位(high water level for normal operation)　亦称"水库正常高水位"。规划设计水库时预定在正常工作情况下的最高兴利蓄水位。水库正常蓄水位愈高,水库的库容和所集中的河流落差也愈大,但工程量和淹没土地面积相应增加。合理的正常蓄水位必须经过不同方案的技术、经济比较方能确定。

水库死水位(minimum level)　亦称"垫底水位"。水库正常运行时的最低水位。为死库容相应的水位。其下的水量在正常情况下不能作为兴利之用。

水库设计洪水位(high water level of design flood)水工建筑物在遇设计洪水时仍能保证正常运行的水位。是根据工程和水工建筑物等级采用的设计洪水,考虑下游防洪要求,经过水库调洪演算所求得的水库水位。与水库防洪限制水位之间的库容称"拦洪库容"。

水库防洪限制水位(water level required to retain storage for flood control)　水库在汛期防洪时允许蓄水达到的上限水位。汛前常将它与水库防洪高水位之间的防洪库容预留出来,以待容纳即将来临的洪水。根据水库地区的自然条件和技术经济论证,可将水库防洪限制水位定得低于或等于水库正常蓄水位。当其等于水库正常蓄水位时,防洪库容将与兴利库容截然分开,两者无共用库容(又称结合库容)。当其低于水库正常蓄水位时,则部分地或全部地利用兴利库容作为防洪库容,从而存在共用库容。根据洪水特性和防洪要求,还可在汛期的不同阶段规定不同的水库防洪限制水位,使其分期逐步提高,既充分利用兴利库容存蓄洪水,又保证水库在汛期末能蓄满兴利库容。

水库校核洪水位（flood level for check of project design；high water level of maximum flood）　为了使水工建筑物得到更为可靠的安全保证所选取的高于水库设计洪水位的水位。是根据大于设计洪水的校核洪水进行水库调洪演算所求得的高水位。与水库防洪限制水位之间的库容称"调洪库容"；与水库死水位之间的库容称"有效库容"；水库校核洪水位以下的库容称"总库容"。

水库防洪高水位（high water level for control of downstream design flood）　为达到坝下游的防洪标准所设置的水库设计洪水水位。是遇下游防护对象的设计洪水时，水库控制下泄流量而拦蓄洪水，在坝前达到的最高水位。以下游河道防洪标准规定泄洪流量。与水库防洪限制水位之间的库容称"防洪库容"。

水库消落深度（design depth of reservoir release）　亦称"水库工作深度"。设计水库时，预期在建库后的正常运行情况下，水库水位升降的最大幅度，等于水库正常蓄水位与水库死水位间的高差。

库容（reservoir storage；reservoir capacity）　全称"水库容积"。水库可储存水量的容积。单位为 m^3。按水位的特征，分总库容、调洪库容、拦洪库容、防洪库容、兴利库容、死库容、共用库容等。有时也作为"总库容"的简称，即水库校核洪水位至库底间所能储存水量的总容积。参见 5 页"水库特征水位"。

兴利库容（benefical reservoir capacity）　水库正常蓄水位至水库死水位之间的库容。是有效库容的一部分，可供径流调节，以满足供水、灌溉、发电、航运等用途的需求。有时也将兴利库容中的一部分兼作汛期滞蓄洪水之用。

死库容（dead reservior capacity）　亦称"垫底库容"。水库死水位以下的库容。在正常运行时不能用以径流调节。主要作用是维持水力发电正常工作需要的最低水头，或灌溉、航运正常工作所需的最低水位，同时也可用以容蓄沉积泥沙。在特殊情况下，如拦蓄特大洪水、检修大坝基础，可部分或全部放空，但实施需慎重。

有效库容（effective storage；operating storage）　水库中用来进行径流调节，以满足防洪和兴利需要的库容。通常指水库校核洪水位至水库死水位之间的库容，等于兴利库容加上调洪库容再扣除共用库容（即扣除重复部分）。

防洪库容（flood control storage）　水库防洪高水位至水库防洪限制水位之间的库容。专门留作滞蓄洪水、消减洪峰流量以防止下游河道泛滥。水库在汛期洪水到来之前，先把水位泄放至水库防洪限制水位，留出库容以存储即将来临的洪水。有时，也可将防洪库容全部或部分与兴利库容相结合，在汛期利用一部分兴利库容作为防洪库容。这部分库容称"共用库容"，亦称"结合库容"。

拦洪库容（storage for control of design flood）　水库设计洪水位与水库防洪限制水位之间的库容。可调蓄大坝的设计洪水，确保大坝安全。遇大坝设计洪水时，泄洪设施按相应调度方案运行，库水位达到水库设计洪水位，表示拦洪库容已经蓄满。

调洪库容（storage for flood regulation）　水库校核洪水位与水库防洪限制水位之间的库容。可调蓄大坝的校核洪水，以确保大坝安全。遇大坝校核洪水时，泄洪设施按相应调度方案运行，库水位达到水库校核洪水位，库容已全部利用。一般在大洪水或特大洪水的情况下，才使用调洪库容。

共用库容（common storage）　亦称"结合库容"、"重叠库容"。见"防洪库容"。

径流调节（runoff regulation）　人为改变河川天然径流在时间上分配的措施。河川天然径流量在季节和年际间的分配很不均匀，地区分布也不平衡，不利于区域经济社会的持续发展。若加以人工调节，可使水量按时间需要重新分配，在各时段内按需使用。其主要方式是利用水库（或湖泊）在丰水期蓄水，在高水位期弃水，在其他时期按用水需要供水。按调节周期的长短，分多年调节、年调节、季调节和日调节等。在固定的周期内（如一年），当水库一次充满、然后供水利用时，称"一次式调节"；反之，多次充满和利用，称"多次式调节"（如二次式、三次式等）。综合应用长期调节（即多年、年、季调节）和日调节，可减少或完全消除因弃水造成的水量损失，解决天然径流与用水要求的矛盾。有时也将利用水库滞蓄洪水以减少下游洪灾的防洪调节列为一种径流调节。

水库调节周期（storage cycle of reservoir）　水库蓄水供水过程所经历的时间。是确定水库调节性能和水电站动力特性的重要指标。即在水库蓄水时，水位由水库死水位上升至水库正常蓄水位，开始供水后又从水库正常蓄水位下降至水库死水位,直至下一次蓄水开始前一次循环所需要的历时。包括蓄水、供水和弃水过程,在一个调节周期内的相应时间,分别称"蓄水期"、"供水期"和"弃水期"。

多年调节(over year regulation)　蓄存丰水年的多余水量,用以补充枯水年的不足水量的一种径流调节方式。水库要经过若干丰水年后才能蓄满,所蓄水量往往分配在几个枯水年中使用,因此,其调节周期可长达数年。多年调节的同时也进行着日调节和年调节。

年调节(annual regulation)　水库蓄存洪水期内的一部分(甚至全部)水量在枯水期使用的一种径流调节方式。用以提高枯水流量。调节周期为一年。由于年调节库容大大超过日调节库容,所以它总是同时进行日调节。

日调节(daily regulation)　将一天内的天然径流按需要分配给各种用水户的径流调节方式。调节周期为一昼夜。有余水时,水库进行蓄水;当天然来水不敷用水需要时,则由水库补给。

反调节(re-regulation)　亦称"再调节"。利用下游水库重新调节上游水库径流的一种径流调节方式。以消除上游水库为某种用途调节径流时给其他用途带来的不利影响。例如,在水电站进行日调节时,其下游的水位和流速在一天内有剧烈变化,对下游航运产生不良影响;又如,在发电和灌溉的综合利用水库中,有时发电用水和灌溉用水在时间上有矛盾,均可用在水电站下游另建水库进行反调节,解决这些矛盾。

调节系数(regulation coefficient)　调节流量与河流多年平均流量的比值。用以表示径流调节程度的高低。

调节流量(regulation discharge)　见 260 页"水电站流量"。

补偿调节(compensating regulation)　电力系统或水利系统中水利枢纽群之间的一种径流调节。是利用各水利枢纽的不同水文特性和不同水库特性进行互相补偿以提高保证流量的调节。可更合理地利用水利资源。

水库调度(reservoir regulation)　有计划控制水库蓄水、放水,以兴利除害和发挥工程效益为目标的技术管理方法。各兴利除害用途都要求水库中有足够蓄水量,适时地按需要供给。如用于防洪,则要求在汛期前预留一定的防洪库容,直至汛期末,然后再蓄满水库。若调度不当,汛前和汛期增加弃水,既浪费水资源,汛后又有水库蓄不满的可能。尤其是防洪和兴利库容有重叠时,运行的矛盾更大。应在设计时,利用水文特性资料和兴利除害用途的用水要求,制订水库调度方案。实际运用中,可根据具体情况补充修改。若有若干水库联合运行和水电与火电联成电网,则称"水库群联合调度"或简称"库群调度",其调度更为复杂。

水库调度图(graph of reservoir operation guide curve)　为完成水库调度任务而绘制的库水位(或蓄水量)与时间关系的一组曲线。是根据水库的开发任务、调度准则,按一定的方法绘制。主要有:(1)基本调度线,包括下基本调度线(即限制出力线)和上基本调度线(即防破坏线),体现水电站的保证运行方式;(2)加大出力调度线,体现丰水年多余水量的利用方式;(3)降低出力调度线,体现水量不足时的运行方式;(4)防洪调度线,体现洪水调度方式。根据这些曲线可以较为有效地确定各时刻的水库供水量。

蓄放水次序(order of outflow-storage)　同一电力系统中若干蓄水式水电站蓄水和放水的合理次序。一般应使电力系统经济效益最大,或在满足各库综合利用要求的前提下使水电站总发电效益最大为原则。电站水头经常处于变化之中,出力和发电量亦随之变化,在多电站联合运行时,为了得到最佳经济效益,必须根据来水量的多少、各种用途对用水的要求,以及电力系统的负荷状况,综合考虑,合理地确定蓄水、放水次序。

水量利用系数(water utilization coefficient)　表示天然水量利用程度的系数。是利用水量与全年总水量的比值。用百分率表示。利用水量是全年总水量与径流调节过程中弃水量的差值。

水量累积曲线(mass curve of water quantity;water mass curve)　径流量和用水量过程线的积分曲线。在水库调节计算中,用以确定多余水量和不足水量。径流量和用水量随时间的变化可用流量过程线表示,但计算工作量非常繁重,为此通常利用径流量和用水量的累积曲线计算。在累积曲线图上,横坐标表示水库的工作时间,纵坐标表示从计算起始时刻(坐标原点)到相应时刻的径流量和用水量的总量。径流量和用水量等于流量和时间的乘积,在直角坐标系中,可用始于坐标原点的一束放射线表示不同流量,由于放射线方向与相应流量具有一致的性质,则每条放射线的方向即为某一相应流量,即使累积曲线在图上沿垂线上下移动,亦不改变流量值,故可根据流量准确地求出相应的水量值。

库区防渗（seepage prevention in reservoir area）包括库盘、库岸在内的防止水库蓄水量渗漏的工程措施。

库盘防渗（seepage prevention at reservoir basin）水库底部的防渗工程。建造在戈壁滩或深透水层河谷上且来水相对稀缺的水库需作库盘防渗工程,多采用土工膜或复合土工膜,不仅防渗性能良好,且造价低、施工快捷。如甘肃酒泉的夹山子水库、泰安抽水蓄能上水库等。

库岸加固（bank reinforcement of reservoir）对经勘察分析因高边坡开挖或水库蓄水等可能引起崩塌、失稳的水库库岸进行的加固工程。可分别或综合采用设置排水管、锚索、锚杆、钢筋网喷混凝土等措施。

水 利 史

共工 中国古代传说人物。据《尚书·尧典》和《史记·五帝本纪》载,是尧的臣子,试授工师之职。共工氏族居住在共地(今河南辉县),濒临黄河。《竹书纪年》:"帝尧十九年命共工治河。"这是中国最早关于防治黄河洪水的记载。共工治水的方法,传说是"壅防百川,堕高埋庳"。后被舜流放幽州。

鲧 中国传说中原始时代的部落首领。居于崇(亦称"有崇"),号崇伯。《竹书纪年》:"帝尧六十一年命崇伯鲧治河。"采用筑堤防、障洪水的方法,九年未能治平,被舜处死于羽山(今山东郯城东北)。

禹 亦称"大禹"、"夏禹"、"戎禹"、"崇禹"、"伯禹"。姒姓,名文命,号高密。鲧之子。原为夏后氏部落领袖,奉舜命治理洪水。据《史记·夏本纪》和《韩非子·五蠹》载:他"左准绳,右规矩","行山表木,定高山大川","身执耒臿,以为民先"。领导人民疏通江河,导引洪水入海,并兴修沟渠,发展农业。在治水十三年中,三过家门而不入。后以治水有功,被舜选为继承人,舜死后继任部落联盟领袖。因其功绩和精神被后世尊为治水楷模。传曾铸造九鼎。

又传曾克平三苗之乱。其子启继位后,确立君主世袭的制度。

孙叔敖 亦称"艿敖"、"孙叔"。春秋时楚国期思(今河南淮滨东南)人。艿氏,名敖,字孙叔,一字艾猎。楚庄王时官令尹。为政注重法治,任用贤能。邲都之战,辅楚庄王指挥楚军,大胜晋兵。传曾在期思、雩娄(今河南商城东)兴修水利工程。曾开凿芍陂(今安徽寿县南的安丰塘),蓄水灌田,是中国历史上人工蓄水库的最早记录。

伍子胥(？—前484) 春秋时吴国大夫。名员,字子胥。楚大夫伍奢次子。楚平王七年(前522年)伍奢被杀后,他经宋、郑等国入吴。后助阖闾刺杀吴王僚,夺取王位,整军经武,国势日盛。不久攻破楚都,以功封于申,故亦称"申胥"。相传为了沟通太湖与江、海的水道,曾开凿"胥浦",西连太湖,东通大海;又开凿"胥溪"沟通荆溪和水阳江,船舶可从太湖向西,经荆溪、胥溪、水阳江到芜湖,渡长江,进濡须口,入淮河流域,在吴王阖闾伐楚时便利了军粮运输。吴王夫差时,劝吴王拒绝越国求和并停止北伐齐国,渐被疏远,后赐死。

西门豹 战国时魏国政治家、水利家。西门氏,名豹。魏文侯二十五年(前421年)为邺(今河北临漳西南)令。当时漳水常泛滥成灾,地方官吏和三老(乡官)勾结女巫,每年将贫苦少女投入漳水,称"河伯娶妇",借此愚弄人民,搜刮财物。他初至邺,即破除"河伯娶妇"迷信,并兴修水利,采用多首制引水的办法,开凿"引漳十二渠",灌溉斥卤(盐碱)之地,改良土壤,发展这一地区的农业生产,使漳水由水害变为水利。

李冰 战国时水利家。秦昭王末年(约前256—前251)任蜀郡守。曾在岷江流域兴办许多水利工程,以都江堰最为著名,其规划布置和施工技术基本上都符合现代科学原理,形成一套科学的、完整的排灌系统,达到"分洪以减灾,引水以灌田"的治水目的,为川西平原提供巨大的水利效益。还主持凿平青衣江的溷崖(今四川夹江境),以杀沫水,通正水道;此外,他还治导什邡等县的洛水和疏通邛崃等县的汶井江;又穿广都(今四川双流境)盐井诸陂池等工程。

郑国 战国末水利家。原为韩国水工,秦王政元年(前246年),一说十年,受韩国命赴秦,游说秦王修水利,企图消耗其国力,以延缓对韩国的兼并战争。秦王政采纳他的建议,由他主持开凿西引泾水、东注洛河的灌溉渠道,长达三百余里,灌田四万余顷。工程进行中,秦王发觉了这一意图,准备杀害他,他说开渠对秦是万世之利,秦王决定继续施工。渠成后,在盐碱性的土地上引灌含沙量多、肥效丰富的泾水,使农业生产得到发展。于是关中无凶年,秦得以富强,遂能兼并各诸侯国。该渠亦命名"郑国渠"。

监禄　秦时人。监即监御史,名禄,一作史禄,姓失传。在秦始皇南定百越的统一战争中,他负责转运军需。《史记·平津侯主父列传》:"使监禄凿渠运粮。"即在今广西兴安境内开凿运河,沟通湘江和桂江的支流漓江,以便利军粮运输到岭南(今广东、广西),后世称"灵渠"或"兴安运河"、"湘桂运河"。

徐伯　西汉齐国(建都营丘,后称"临淄",今山东淄博临淄)人。本为水工。武帝元光六年(前129年),开凿漕渠,当时他督率其事,先巡行穿渠之处,竖立表记,选定渠线,测量高程,逐段施工,费时三年完成。漕渠西起长安东至潼关,与黄河连接,全长三百余里,从此关东至长安的漕运时间缩短一半,沿渠的农田也得到灌溉之利,渭南地区的农业生产得以发展。

兒宽(?—前103)　西汉千乘(今山东高青东北)人。武帝元鼎四年(前113年)任左内史。重视农业,曾在郑国渠上游开凿六条支渠,灌溉两旁高地,称为"六辅渠"。在六辅渠的管理方面,制定"定水令",即灌溉用水制度,促进合理用水,扩大浇地面积,这是中国农田水利管理技术的重要进步。任御史大夫时,与司马迁等共同制定《太初历》。

召信臣　西汉九江寿春(今安徽寿县)人,字翁卿。元帝时,历任零陵、南阳太守,后任少府。曾在南阳开通沟渠,修筑堤闸数十处,利用水源,发展灌溉,其中以钳卢陂最为著名。并建立用水制度,订立"均水约束,刻石立于田畔"。当时被称为"召父"。

王延世　西汉犍为郡资中(今四川资阳)人,字长叔。成帝时任校尉。建始四年(前29年)黄河先决于魏郡馆陶,后又决东郡(治今河南濮阳境)金堤,次年,被命为河堤使者负责堵决。采用竹笼堵口法,"以竹落长四丈,大九围,盛以小石,两船夹载而下之"(《汉书·沟洫志》),仅用36天,决口合龙。成帝下诏晋"延世为光禄大夫,秩中二千石,赐爵关内侯,黄金百斤"(《汉书·沟洫志》),并命改建始五年

为河平元年(前28年)。河平二年黄河又于平原(今山东平原南)决口,王延世经6个月努力,再次堵口成功。

贾让　西汉末水利家。哀帝(前7—前1)时为待诏。因提出治理黄河的上、中、下三策而著名。当时黄河决溢频繁,灾患严重,朝廷征集治河方案。绥和二年(前7年)应诏上书,提出系统的治河理论和措施,认为人类必须保留河流和湖沼应有的自然区域,主张"不与水争咫尺之地",此为上策;主张将沿河两岸低洼地区留作洪水的缓冲地带(类似于今之滞洪区),并主张开渠引黄河水,达到分洪、淤灌治盐碱和通航"三利",此为中策;反对战国以来不断修筑并加高加固堤防的做法,此为下策。《汉书·沟洫志》详细记载这一"治河上中下策",史称"贾让三策"。虽然后世对其三策的评价分歧很大,但其观点对后世治河思想影响深远。

张戎　西汉末水利家。字仲功,长安(今陕西西安)人。王莽时任大司马史,熟习水利灌溉。元始四年(4年)首先提出黄河是多沙河流,只有水流速度加快才能冲刷泥沙,使河床加深;如果水流速度变慢,水量减少,河床就会淤垫变浅,导致决溢成灾。主张以水刷沙,反对分流引灌,并认为不断加高堤防会导致地上河的形势更加严重。这些观点记载在《汉书·沟洫志》中,对后世治河有深远影响。明代潘季驯治理黄河的"束水攻沙"法,就是这些观点的重要发展。

杜诗(?—38)　东汉河内汲县(今河南卫辉西南)人,字君公。建武元年(25年)时为侍御史。建武七年任南阳太守。曾创造水排(水力鼓风机),以流水为动力,通过传动机械,使皮制鼓风囊连续开合,将空气送入冶铁炉,铸造农具,用力少而见效大,较欧洲约早1100年。在南阳,他又征发民工修治陂池,广开田地,有利于当地农业生产的发展。当地人称"前有召父(召信臣),后有杜母"。

王景　东汉水利家。字仲通,原籍琅邪不其(今山东即墨西南)人。博览群书,通天文、术数,精于水利。汉平帝时,黄河决口,在汴渠一带泛滥六十余年,兖(治今山东金乡西北)豫(治今安徽亳州)多遭水患。永平十二年(69年)东汉政府征发民工数十万人治理黄河,命他与王吴负责施工。针对黄河自王莽始建国三年(11年)于魏郡决口,泛清河以东数郡,东行自千乘(今山东高青东北)入海,并溢流入汴

的复杂形势，与助手王吴相度地势，"凿山阜，破砥绩，直截沟涧，防遏冲要，疏决壅积"（《后汉书·王景传》）。采取筑堤、修渠、建水门等措施，使河、汴分流，筑堤自荥阳东至千乘海口千余里，保证黄河东流入海，收到防洪、航运和稳定河道等效益。以功迁侍御史、河堤谒者。此前，还与王吴修治过浚仪渠。建初八年（83年）任庐江太守，兴修芍陂水利，提倡牛耕，推广养蚕织帛，有利于当地农业生产的发展。又参阅诸家术数著作，集有《大衍玄基》，今佚。

马臻 东汉人。顺帝时任会稽太守。南朝宋孔灵符《会稽记》载："顺帝永和五年（140年），马臻为太守，在会稽、山阴两县（今浙江绍兴）界建造镜湖（后又名鉴湖、长湖），筑塘蓄水，水高（田）丈余，田又高海丈余。若水少则泄湖灌田，如水多则闭湖泄田中水入海，浙以无凶年。其堤塘周回三百一十里，都溉田九千余顷。"民受其利。

陈登 三国下邳（今江苏睢宁西北）人，字元龙。举孝廉。东汉初平中，在扬州、淮阴地区兴修水利，以扬州西部的"陈公塘"最为著名。又于建安五年（200年）筑堰捍淮，长三十里，后世名其地为"高家堰"，即今洪泽湖大堤北段最早的一部分。

邓艾（197—264） 三国义阳棘阳（今河南南阳南）人，字士载。初为司马懿掾属，建议屯田两淮，广开漕渠，并著《济河论》加以阐述。三国魏正始二年（241年）在淮北地区开凿广漕渠，既可引灌，又可通漕。接着又在淮南地区经营水利屯田，"北临淮水，自钟离而南横石以西，尽沘水（淠水）四百余里，五里置一营，营六十人，且佃且守。""兼修淮阳、百尺二渠，上引河流，下通淮颍。大治诸陂于颍南、颍北，穿渠三百余里，溉田二万顷，淮南、淮北皆相连接"（《晋书·食货志》）。当时水利屯田，有利于魏军伐吴。后为魏镇西将军，拒蜀将姜维。景元四年（263年）与钟会分军灭蜀。后遭钟会诬为谋反，被杀。

马钧 三国时机械制造家。字德衡，魏扶风（今陕西兴平东南）人。曾任博士、给事中。当时丝绫机构造繁复，效率低，五十综者五十蹑（踏具），六十综者六十蹑，他都改为十二蹑，提高了生产效率。又改进灌溉用的提水机具，能连续提水，效率较高，对当时社会生产力的发展，起了一定作用。

杜预（222—284） 西晋京兆杜陵（今陕西西安东南）人，字元凯。曾任镇南大将军、都督荆州诸军事，以灭吴功，封当阳县侯。晋太康中，杜预修六门碣

（今河南邓州西）遗迹，用湍、淯诸水，灌田四万余顷，分疆刊石，使有定分，民获其利。又认为汉代的旧堰旧陂较为坚固，应保留蓄水；曹魏以后修筑的陂堰质量较差，决溢频繁，低田到处积水应进行排水，加固陂堰。他的建议，都得到了实行。著有《春秋左氏经传集解》等。

桓温（312—373） 东晋南兖州龙亢（今安徽怀远西北）人，字元子。永和年间（345—356）任征西大将军，都督荆、梁等军事，灭成汉（建都四川成都），又命陈遵修筑湖北荆州江陵的长江堤防，名金堤，是荆江大堤的肇始。太和四年（369年）攻前燕，六月率水军溯泗水到金乡，由于水道不通，命毛穆之在巨野开渠，沟通泗、汶、济三水，从济通黄河。这条渠名"桓公沟"。

宇文恺（555—612） 隋代城市规划、水利专家。隋朔方（治今陕西靖边北白城子）人，字安乐。多技艺，有巧思。文帝时，任营新都副监，兴建大兴城（今陕西西安），又开凿广通渠，决渭水达黄河，以通漕运。炀帝时，任营东都副监，迁将作大匠，主持规划东都洛阳建筑，擢工部尚书。炀帝北巡，他造作大帐，其下可坐数千人；又造观风行殿，能容侍卫数百人，下装轮轴可推移。著有《东都图记》、《明堂图议》、《释疑》，今佚。

姜师度 唐代魏州（治今河北大名东北）人。官同州刺史，河北道监察兼支度营田使，迁将作大匠。在黄河和海河流域兴修了许多工程。咸亨三年（672年）于今宝鸡县东开渠，引渭水入升原渠，通长安故城。垂拱初年（685年）从虢县（今陕西宝鸡附近）西北，沿升原渠引渭水至咸阳。神龙二年（706年）在今河北沧县东北，开平虏渠，以避海运艰险。开元六年（718年）在朝邑、河西两县界内，就古通灵陂，择地引洛水并堰黄河水灌地，开辟稻田两千余顷。

钱镠（852—932） 五代时吴越建立者。公元907—932年在位。字具美（一作巨美），杭州临安（今属浙江）人。唐末从石镜镇将董昌镇压黄巢起义军，任镇海节度使。乾宁三年（896年）击败董昌，尽有两浙十三州之地。后梁开平元年（907年）封吴越王。在位期间，修建钱塘江海塘，又在太湖流域开发塘浦圩田系统，凡一河一浦，都造堰闸，以时蓄泄，不畏旱涝。设置"都水营田使"和专业从事水利的"撩浅军"，管理吴越全境的治水营田和疏浚、清淤、除草、浚泉等工作，维护河道和堰闸等设施。建立水网

圩区的维修制度。这些都有利于发展这一地区的农业经济。卒谥武肃王。

范仲淹（989—1052）　北宋苏州吴县（今江苏苏州）人，字希文。大中祥符进士。天圣中任西溪盐官，主持修筑泰州海堤，世称"范公堤"。景祐二年（1035年）任苏州知州，浚白茆、福山、黄泗、许浦、奚浦、茜泾、七丫、下张等河，疏导诸邑之水，使东南入吴淞江，东北入长江。并总结出筑圩、浚河、建闸三项治理太湖水利的基本措施。庆历三年（1043年）任参知政事，奉诏条陈十事，提出整顿机构、改善吏治、兴修水利、发展农桑等十项建策，史称"庆历新政"。卒谥文正公。有《范文正公集》。

侯叔献（1023—1076）　北宋抚州宜黄（今属江西）人，字景仁。庆历进士，调开封府雍丘县尉，累官两浙常平使。长于治水。熙宁二年（1069年）建议神宗引汴河、京河、索河和三十六陂之水，灌溉汴河两岸夹河之间两万余顷牧马地，将其改造成良田。熙宁三年任权都水监丞，征发民工，在伏秋大汛期间，引用流入汴河的黄河矾山水淤溉田地。经营数年，收到效益。汴水曾暴涨，睢阳河堤危急，他引水入上游数十里已废弃的古城中，临时滞洪，使下游水量减少，以便抢修堤防。此后还主持引汴入蔡工程。

沈括（1031—1095）　北宋政治家、科学家。字存中，杭州钱塘（今浙江杭州）人。嘉祐进士。早年任宁国（今属安徽）县令，建议兴修圩田，发展水利。任沭阳县（今属江苏）主簿时，主治沭水，修九堰百渠，辟良田七千余顷。熙宁中参与王安石变法。熙宁五年（1072年）创分层筑堰法，次年主持疏治吴淞江。曾任翰林学士，权三司使。晚年居润州（今江苏镇江），撰《梦溪笔谈》，以所居梦溪园取名。精研科学，建议改革历法；考察雁荡山地形，提出水流的侵蚀作用；从太行山岩石中的生物遗迹，推知冲积平原形成过程。对水工高超、木工俞皓、发明活字印刷术的毕昇等的成就都有记录。还首先提出"石油"的命名。又研究药用植物，著《良方》十卷（传本附入苏轼所作医药杂说，改称《苏沈良方》）。

郏亶（1038—1103）　北宋太仓（今属江苏）人，字正夫。嘉祐进士。熙宁时，先后两次上书论太湖水利，提出蓄泄兼施，整体治理，"治高田，蓄雨泽"，"治低田，浚三江"的治水治田相结合的原则，以及高圩深浦，驾水入港归海的方案。后深为王安石所称许，任为司农寺丞，主管兴修两浙水利。被豪强攻击去职后，在家乡大泗瀼试行所拟方案，修建圩岸、沟渠、场圃，获得丰收。因又绘图献给朝廷，复任司农寺丞，升江东转运判官。后知温州。著有《吴门水利书》。

郭守敬（1231—1316）　元代科学家、水利专家。字若思，顺德邢台（今属河北）人。中统三年（1262年）提出兴修华北灌溉和航运工程的六项建议，为元世祖忽必烈所赞赏，任副河渠使。至元元年（1264年）主持修复宁夏唐徕、汉延等渠。至元八年任都水监。主持查勘了山东、河北等地水道并测绘成图册。后又提出兴修水利的十一项建议。创建白浮堰，凿白浮瓮山河，增辟大都（今北京）的水源，进一步整治由大都到通州高丽庄接北运河的通惠河，改善了航运条件。他在数学、天文学方面贡献也很大。与天文学家王恂、许衡等主持编修的《授时历》沿用达360年之久，在世界天文学史上占有重要地位。又创造观测天象和演示天象的仪器二十多件。并提出"三次内插公式"和"球面直角三角形解法"等。

贾鲁（1297—1353）　元代河东高平（今属山西）人，字友恒。历任监察御史、工部郎中等官职。至正四年（1344年）黄河决口，河道逐渐北移，影响漕运。八年，任都水监，沿黄河视察，拟定治河方案。主张修筑北堤，以制止河道横溃北移；疏、浚、塞并举，即用疏浚故道、堵塞决口、培修堤防等法导流入故道。十一年，任工部尚书总治河防，创石船堤障水，堵塞决口，使黄河复归故道，南流合淮入海。元末农民起义，从脱脱镇压徐州红巾军；后领兵围郭子兴等于濠州（今安徽凤阳东北），死于军中。

夏原吉（1366—1430）　明代湖广湘阴（今属湖南）人，字维喆。洪武时入太学，太祖用为户部主事；成祖即位后升至尚书。永乐元年（1403年）奉命治理苏州、松江、嘉兴水患，浚华亭（今松江）、上海运盐河、金山卫闸和漕泾分水港。上《苏松水利疏》。疏浚东北入长江的刘家港（浏河）和白茆港，引吴淞江上游来水由下界浦（夏驾浦）至刘家港入江；又开范家浜，上接大黄浦，引淀山湖、泖湖之水由南仓浦口（南跄口，吴淞江入海口）入海，奠定明、清至今的太湖下游泄水格局，现在流经上海市区的黄浦江由此形成。后因谏诤下狱。仁宗即位复官，随即建议取消禁用金银交易的禁令。历任永乐、洪熙和宣德三朝户部尚书。主持财政二十七年，支应无误。有《夏忠靖集》。

潘季驯（1521—1595） 明代水利家。字时良，号印川，浙江乌程（今湖州）人。嘉靖进士。曾以御史巡按广东，行均平里甲法。官至刑部尚书、工部尚书。自嘉靖末到万历间，四任总理河道，先后达二十七年。提出"筑堤束水，以水攻沙"的治黄方略和"蓄清（淮河）刷浑（黄河）"以保漕运的治运方略。为此大规模修筑从徐州至淮安的黄河两岸堤防和高家堰（洪泽湖大堤），整治山东运河南旺一带水道和里运河，保证南北漕运的畅通。其治黄通运的方略和"筑近堤（缕堤）以束河流，筑遥堤以防溃决"的治河工程思路及其相应的堤防体系和严格的修守制度，成为其后直至清末治河的主导思想，影响很大。著有《两河管见》、《宸断大工录》（《四库全书》著录改名《两河经略》）和《河防一览》等。

徐光启（1562—1633） 明代科学家。字子先，号玄扈，谥文定，上海人。万历三十二年（1604年）进士。万历三十一年入天主教。崇祯五年（1632年）升任礼部尚书兼东阁大学士，并参机要；崇祯六年兼任文渊阁大学士。从事研究的领域有农学、天文学、历法、数学、水利、军事和测量等。较早师从西方传教士利玛窦等学习西方的天文、历法、数学、测量和水利等科学技术，并介绍到中国，是介绍和吸收欧洲科学技术的积极推动者。在农业水利方面用力最勤，编著《农政全书》，主持编译《崇祯历书》，译著《几何原本》（前六卷），与熊三拔合译《泰西水法》等。

靳辅（1633—1692） 清代辽阳（今属辽宁）人，字紫垣。顺治中考授国史馆编修。康熙十年（1671年）授安徽巡抚，提倡"沟田法"，涝则泄水，旱以灌田。康熙十六年任河道总督。当时苏北地区黄、淮、运等河决口百余处，海口淤塞，运河断航，漕运受阻。在幕僚陈潢的襄助下，继承和运用"束水攻沙"、"因势利导"的传统经验，塞决口、筑堤坝、疏海口，使河水仍归故道。在修筑堤堰工作中，建减水坝溢洪，以防泛滥，在临水面堤堰外修坦坡，以消减水流冲击，收到较好效果。又在宿迁、清河（今江苏淮阴）创开中河分流，以避黄河决口之险，确保漕运通畅。著有《靳文襄公奏疏》、《治河方略》等。

陈潢（1637—1688） 清代水利家。字天一，号省斋，浙江嘉兴人，一说钱塘（今杭州）人。顺治十六年（1659年）至康熙十六年（1677年）间，苏北地区黄河、淮河、运河连年溃决，水灾严重。他辅助河道

总督靳辅治水，成就显著。康熙二十七年靳辅遭诬陷革职，他亦被捕下狱，旋忧愤病死。著有《河防摘要》和《河防述言》，附载在靳辅《治河方略》中。

禹贡 书名。《尚书》中的一篇。作者不详。著作年代无定论，近代多数学者认为约在战国时。用自然分区方法记述当时中国的地理情况，把全国分为冀、兖、青、徐、扬、荆、豫、梁、雍等九州，假托为夏禹治水以后的政区。以黄河流域的各州为主，分别叙述其山岭、河流、泽薮、土壤、物产、贡赋、交通等。又以大禹治水之名，记录了弱水、黑水、河水（黄河）、漾水（汉水）、江水（长江）、沇水（济水）、淮水、渭水和洛水等九条河流的源头、流向、经行地、支流和入海口等。是中国最早一部科学价值很高的地理著作。后世研究校释《禹贡》的书很多，著名的有宋代程大昌《禹贡论》和《禹贡山川地理图》、傅寅《禹贡说断》等；清代胡渭《禹贡锥指》，更是一部具有总结性的著作。

管子 书名。相传春秋时期齐国管仲所作，经近代人研究，实际是后世人集各家言论托管仲之名汇编而成。二十四卷，原本八十六篇，现存七十六篇。内容包括战国、秦、汉诸家学说思想，以及天文、历数、舆地、经济、农业等科学知识。其中《水地》篇提出"水"为万物根源的学说；《度地》篇专论水利和水利工程技术；《地员》篇专论土壤。

史记·河渠书 中国古代水利史典籍名。西汉司马迁撰。首述大禹治导黄河入海事。次述引河为鸿沟，与济、汝、淮、泗会于楚；西方则通渠汉水、云梦之野，东方则通沟江淮之间；于吴，则通渠三江、五湖。又其次述汉文帝和武帝时黄河溃决修塞，及郑当时、番系、庄熊罴等建议穿渠灌溉以及利漕运事。末言汉武帝亲率众官塞黄河瓠子决口，及各地引河川为渠溉田事。书中记治河开渠事迹，互相间错，故以河渠名篇。书中首次提出"水利"的概念。

汉书·沟洫志 中国古代水利史典籍名。东汉班固撰。几全摘自《史记·河渠书》，只有记西门豹事与《河渠书》不同，同时又记载汉武帝时儿宽凿六辅渠；白公穿白渠；齐人延年请开河出胡中，以免关东水患，并防备匈奴入侵，以及武帝塞瓠子后黄河决塞迁徙诸事。兼记汉哀帝时贾让所上"治河三策"与王莽时所征治河诸说。

宋史·河渠志 中国古代水利史典籍名。元代脱脱等撰。七卷。修于元至正三年至五年（1343—

1345）。首纪黄河,次为汴、洛等河,各水分述,自成体系。对研究中国宋代水利史有重要参考价值。

元史·河渠志　中国古代水利史典籍名。明代宋濂等撰。三卷。修于洪武二至三年(1369—1370)。分别记述通惠河、坝河、金水河、降福宫前河、双塔河、卢沟河、浑河、白河、御河、滦河、河间河、冶河、滹沱河、会通河、济州河、滏河、广济渠、三白渠、洪口渠、扬州运河、练湖、吴淞江、淀山湖、盐官州海塘、龙山河道等水利的兴修情况,以及黄河决溢和修堤堵塞事宜。对贾鲁白茅堵口事记述尤为详尽。

新元史·河渠志　中国古代水利史典籍名。近人柯劭忞撰。劭忞,字凤荪,山东胶州(今胶县)人。官翰林侍读,史馆纂修。共三卷。1920年成书,1930年修订。首记河源、河防,次述通惠河、白河、御河、会通河、扬州运河、镇江运河、济州河,末为浑河、滹沱河、滦河、吴淞江、四川都江堰、盐官海塘等。后附有《至正河防记》。

明史·河渠志　中国古代水利史典籍名。清代张廷玉等撰。廷玉,字衡臣,安徽桐城人。官至保和殿大学士。六卷。乾隆四年(1739年)刊行。首为黄河上、黄河下,次运河上、运河下,再次为淮河、泇河、卫河、漳河、沁河、滹沱河、桑干河、胶莱河,末为直省水利考。记录黄河、运河之事特多,且叙述详细。

清史稿·河渠志　中国古代水利史典籍名。近人赵尔巽等撰。四卷。修于1914—1927年间。首列黄河,次运河、淮河、永定河、海塘,再次为直省水利。记述清代两百余年有关河渠兴革事迹,按年序排列。每卷卷首加概说,并列历年兴治状况。对于靳辅、张鹏翮、徐端、吴大澂诸人治河事迹,尤为详尽。

水经　书名。中国第一部记述水系的专著。著者和成书年代无定论,一说汉桑钦撰,一说晋郭璞撰;一说成于东汉,一说成于三国。书中每条水道各成一篇,并附《禹贡山水泽地所在》凡六十条,约在10—11世纪中部分亡失,现存本只一百二十三篇。此书学术上的成就在于系统地以水为纲,记述其源流和流经地方,确立了因水证地的方法。但此书所记水道,繁简不等,也有一些错误。北魏郦道元在其基础上撰成《水经注》。《水经》乃借《水经注》流传后世。

水经注　书名。中国古代地理名著。北魏地理学家郦道元(约470—527)著。四十卷(原书宋代已佚五卷,今本仍作四十卷,乃经后人割裂改编而成)。书成于6世纪20年代。此书名为注释《水经》,实则以《水经》为纲,作了20倍于原书的补充和发展,自成巨著。据《唐六典·工部·水部员外郎注》称,记载大小水道1252条,实际上所涉及的干支流水道有5000多条。以大河为骨干,详述干支流原委和变迁,以及所经地区山陵、原隰、城邑、关津等地理情况、建置沿革、水利工程兴废、有关历史事件和人物,甚至神话传说,无不繁征博引,为公元6世纪前中国全面而系统的综合性地理著作。引用书籍多至437种,还记录不少汉、魏间的碑刻。所引书和碑刻今多不传。文笔绚丽,具有较高的文学价值。各版本中,以明代《永乐大典》本、朱谋㙔《水经注笺》,清代全祖望《七校水经注》、赵一清《水经注释》、戴震校本《水经注》(武英殿聚珍版)、王先谦《合校水经注》,以及杨守敬、熊会贞《水经注疏》为著名。

水部式　唐代颁布的一部水利法规。1899年在甘肃敦煌千佛洞内发现。1908年被法国人伯希和盗走,现藏于法国国立巴黎图书馆。20世纪20年代初,由罗振玉影印,收录在《鸣沙石室佚书》。现存的《水部式》(残卷)共二十九条,约二千六百余字。内容包括农田水利管理,碾硙设置及其用水量的规定,运河船闸、津梁的管理和维修,内河运输船只和水手的管理,海运管理,渔业管理,以及城市供水管理等方面的规章制度。

吴中水利书　书名。(1)北宋单锷著。一卷。书成于元祐六年(1091年)。锷,字季隐,宜兴(今江苏宜兴市)人。嘉祐进士,但不做官,唯留心于吴中水利,对太湖地区各水系源流形势、水患起因后果,逐一调查研究,自称:"存心苏、常、湖三州水利,凡三十年。"以其阅历著成此书。书中并提出行洪、排涝、通运等具体治水措施。明代夏原吉、周忱治理三吴水利,皆据锷说。(2)明代张国维著。二十八卷。约成书于崇祯十二年(1639年)。国维,字玉笥,又字正庵,浙江东阳人。天启进士。辑录历代有关苏、松、常、镇四郡水利典故文章,总图中并兼顾杭、嘉、湖三府,先列东南七府水利总图凡五十二幅,次标水源、水脉、水名等目,又辑诏敕、章奏,下及论议、序纪、歌谣等有关水利典故文章,分类汇编,博采古今,搜罗大备。作者曾主办东南水利,总督河道,故多阅历之言。指陈颇为详切,足资参考。

至正河防记　书名。记述元代黄河堵口的专著。元代欧阳玄撰。玄,字原功,晋宁吉州(今山西吉县)

人。延祐进士,官翰林学士。记述至正十一年(1351年)工部尚书贾鲁堵塞黄河决口之事。其书指出治河以疏、浚、塞三法为主,并叙述施工步骤:(1)整治旧河槽以恢复故道;(2)疏浚减水河以分流;(3)先堵较小口门,后堵主要决口。并叙述贾鲁创造沉船筑坝(石船堤)挑溜方法。

治河图略　书名。元代治河专著。王喜撰。全书约八千多字。首列黄河图六幅(辅以文字说明),后附《治河方略》和《历代决河总论》各一篇。论述元至正四年(1344年)黄河白茅决口后的治理方策。提出浚新河、导旧河,主张分流:一川从北清河入梁山泊合御河入海,又分一道从南清河合泗水入淮,达到治黄利运的目的。此书原本久已佚失,现存本是从《永乐大典》中辑录出来的。

河防通议　书名。宋、金、元时期(10—14世纪)治理黄河的重要文献之一。两卷。记述当时河工结构、材料和计算方法,以及施工管理等经验。原著者沈立,北宋庆历八年(1048年)"采摭大河事迹、古今利病,为书曰《河防通议》,治河者悉守为法"(见《宋史·沈立传》)。原书久已失传,现存本系元代赡思(清改为沙克什)在至治元年(1321年)根据沈立原著(即所谓"汴本")和南宋建炎二年(1128年)周俊所著《河事集》,以及金代都水监编的另一《河防通议》加以整理改编而成。书分六门,门各有目,凡水情、物料、工程、丁夫、输运和安桩、下络、叠埽、修堤各法,均有记述,为宋、金、元时期治理黄河的第一手资料。

治水筌蹄　书名。明代治黄通运的代表著作之一。万恭(1515—1592)著。上、下两卷。约成书于万历元年(1573年)。恭,字肃卿,号两溪,晚年号洞阳子,江西南昌人。嘉靖(1522—1566)进士。隆庆六年(1572年)任兵部左侍郎兼右佥都御史,总理河道,提督军务。曾亲历黄河、运河沿线,深入治水工地,指挥施工,并注意搜集各种治水经验。书中阐述黄河、运河河道演变规律,收集和总结有关规划、施工和管理等方面的经验;针对黄河水、沙特点,首次提出"束水攻沙"的理论和方法;提出在汛前于河滩预筑矮堤以滞洪拦沙,淤滩固堤,稳定河床;对黄河暴涨暴落的洪水特性,也有进一步认识和相应防汛措施。治理运河方面,总结出一套因时因地制宜的航运管理和水量调节的操作经验。对后来黄河、运河的治理有很大影响,如潘季驯《河防一览》、张伯行《居济一得》等都曾延续和发展其主要思想。

浙西水利书　书名。明代系统摘编太湖治水的论文集。姚文灏撰。三卷。文灏,字秀夫,号学斋,贵溪(今属江西)人。成化进士,官工部主事,提督松江等处水利。他为借鉴历史,治理太湖水利,汇录宋文二十篇,元文十五篇,明文十二篇,共计四十七篇。他目的明确,编选严格,对前人著述不照抄照录,而是有所取舍,本着"诸家之书,取其是而舍其非","一家之书,详其是而略其非"。《四库全书总目提要》评该书"盖斟酌形势,颇为详审,不徒采纸上之谈云",足见其编此书之严谨精神。但北宋郏亶《水利书》未选入,批评有失偏颇。

问水集　书名。明代论述黄河、运河河道形势及其治理的文献。刘天和著。六卷。作者于嘉靖十三年(1534年)任总理河道,以其亲身治河经历编纂而成。前两卷记述黄河演变概况、治理方略,以及对运河的影响,还收集和总结有关黄河的施工和管理经验,其中"植柳六法"是黄河护岸的有效措施。

三吴水利录　书名。明代研究太湖水利的文献。归有光编著。四卷。书成于嘉靖四十二年(1563年)。前三卷辑录郏亶、郏乔、苏轼、单锷、周文英、金藻等有关三吴水利的论著七篇;后一卷为自作《水利论》两篇、《三江图》和《松江下三江口图》。作者以为防治太湖水灾,应全力治理吴淞江,其立论虽有可议之处,但因亲居安亭,当吴淞江下游(亦即今上海市内的苏州河),所论形势、脉络,颇为详明,足资研究太湖水利者参考。

河防一览　书名。明代治黄通运的代表著作之一。潘季驯著。十四卷。书成于万历十八年(1590年)。首卷有《全河图》一幅,并附文字,记述沿河川流水势和工程设施;卷二《河议辩惑》阐述"筑堤束水,以水攻沙"、"蓄清刷黄"等治河原则和措施;卷三《河防险要》和卷四《修守事宜》详述筑堤、护堤、守堤、抢险和塞决等要领和做法;卷五、卷六辑录有关河源的论述(《河源考》)、历代黄河决口的资料(《历代河决考》),以及前人有关河务的文章;卷七至卷十四载其本人治河奏疏四十一篇和古今重要治河议论,是这一时期治黄实践经验的总结。卷首附有《祖陵图说》和《皇陵图说》。

泰西水法　书名。明代记叙西欧水利的专书。万历时熊三拔撰。熊三拔(Sabbathino de Ursis,1575—1620),意大利人,明末来中国的天主教耶稣会传教士,后协助徐光启译书。六卷。是书记叙取水蓄水之法,主要有:(1)龙尾车,用挈江河之水;(2)玉衡车,附以专筒车,恒升车,附以双升车,用挈井泉之水;(3)水库,用蓄雨雪之水;(4)水法附录,皆寻泉作井之法;(5)水法或问,备言水性;(6)诸器图式。此外,测量水地,度形势高下,以决排江河,蓄泄湖淀,别为一法;或于江湖河海之中,欲作桥梁城垣宫室,别为一法;或疏引源泉于百里之外,流注国城,分枝析派,任意取用,别为一法,皆有专论。

治河方略 书名。清代治河专著。靳辅著。八卷,另卷首一卷。原名《治河书》,乾隆(1736—1795)中崔应阶重编时改今名。一至三卷叙述黄、淮、运形势和治理方策;四、五卷记叙川渎、泉源、湖泊、运道概况和历代黄河迁徙,着重阐述明末清初苏北地区黄、淮、运决口泛滥和治理经过,当时治黄方针以确保运道为主,采取浚淤、开河、分洪、堵口、筑堤和疏通海口等一系列措施,颇见成效;六、七卷为治河奏疏十九篇;八卷摘录历代治河论。书末附两卷载其主要幕僚陈潢的著作《河防述言》和《河防摘要》。

河防述言 书名。清代治河专著。陈潢著,张霭生重编。一卷。是书分河性、审势、估计、任人、源流、堤防、疏浚、工料、因革、善守、杂志、辨惑等十二篇,并冠以黄河全图。主要论述治河理论和修防技术。

禹贡锥指 书名。清代地理著作。胡渭著。题二十卷,实二十六卷。书成于康熙四十一年(1702年)。在前人注释《禹贡》的基础上,广征博引,逐句加注,并提出自己的见解,订正前人注释中的一些谬误,成为历代注释《禹贡》的集大成者。书中"导河"部分,"附论历代徙流",对历史上黄河五次大改道进行论证,并指出黄河夺淮之害,对后世研究黄河变迁史的影响很大。书首有图四十七幅,其中三分之一以上是明代艾南英《禹贡图注》的翻版,但未注明出处。

今水经 书名。清代地理著作。明清之际思想家、史学家黄宗羲(1610—1695)撰。宗羲,字太冲,号南雷,学者称梨洲先生,浙江余姚人。一卷。首列全国水道,分北水、南水两大纲,北水自淮河以北,凡三十一条,南水自长江以南,凡五十五条。皆以入海之水为主流,各支流附于主流之后,入支流各水附于所入的支流下。全书按此次序叙述诸水源流,条理

清晰。后来齐召南撰《水道提纲》大都据此以定体例。

水经注释 书名。清代赵一清著。书成于乾隆十九年(1754年),五十一年刊行。全书共三部分:(1)《水经注释》四十卷,其经注本文以明代朱谋㙔《水经注笺》为基础并参考有关校本近三十种,博采旧籍和前人考订,详为补充阐释。经与全祖望反复商讨,发现在旧本中有经、注混淆五百余处,逐一订正,基本上恢复了经、注原貌。全祖望认为郦注本"注中有注",赵据此说以辨验郦注,并用大小字区别"注中有注",颇便观览。又将唐宋地志所引郦注原文,辑录成篇,补出今本已散佚的滏、洺等十二水。其释文部分则博采经史旧籍和前人考订,稽核详明,足资参证。(2)《附录》两卷,从近四十种古籍中辑录有关《水经》和《注》的著录、序、跋和考证等,为《水经注》研究提供较系统的材料。(3)《水经注笺刊误》十二卷,专订朱笺之误。此书撰成于乾隆初叶,在戴震校本《水经注》(武英殿聚珍版)之前;刊布于一清死后乾隆季年,在戴本之后。两书剖析经注,所见略同,故后人或疑戴袭赵,或疑刻赵书者袭戴,成为学术界长期争论不决的公案。

钦定河源纪略 书名。清代记述黄河源的专著。纪昀(1724—1805)等撰。昀,字晓岚,号石云,又号春帆,直隶献县(今属河北)人。乾隆进士,官至礼部尚书、协办大学士。三十六卷。书成于乾隆末。除卷首为御制河源诗外,余分图说、列表、质实、证古、辨讹、纪事、杂录七目。记叙水道源流及其有关河源论述,并对前人谬误,详加订正。黄河所经地区的风物民情、气候、胜迹等,亦多所记载。

行水金鉴 书名。中国古代水利文献汇编。清代傅泽洪主编,郑元庆编辑。书成于雍正三年(1725年)。共一百七十五卷。计黄河六十卷,淮河十卷,汉水、长江十卷,济水五卷,运河七十卷,两河总说八卷,官司五卷,夫役四卷,河道钱粮、堤河汇考一卷,闸坝涵洞汇考、漕规、漕运一卷;卷首载黄、淮、江、汉、济、运诸水全图为一卷。所辑资料,上起《禹贡》,下讫康熙末年,按河流分类,依朝代年份为序,分条编排,对各水系的源流、变迁和历代的治理,均摘录历史资料、文献和古籍的原文,详加考校,使各条互相印证,一目了然。后人又编纂《续行水金鉴》和《再续行水金鉴》,1955年南京水利实验处又编印《行水金鉴及续行水金鉴分类索引》。

续行水金鉴 书名。中国古代水利文献汇编。清代黎世序、潘锡恩等主编,俞正燮、董士锡等编辑。道光十二年(1832年)出版。一百五十六卷。外加卷首序、略例和图一卷。所收资料接续正编,自雍正元年(1723年)至嘉庆二十五年(1820年),并采集正编未载的前代资料,补叙于前。又增列"永定河水"十三卷。各水系先述原委,次载章牍,殿以工程,保存大量工程技术原始档案。1936年由中央水利实验处郑肇经主持编修《再续行水金鉴》,因抗日战争等原因未能完成,后由中国水利水电科学研究院水利史研究室继续编修,至2003年全部完成。资料接续至清宣统三年(1911年),成稿约600万字。

河工蠡测 书名。水利著作。清代刘永锡撰。永锡,字竹邨,雍正间为知县,就其二十年时间所阅历的治河见闻,著成此篇。不分卷。书成于乾隆二年(1737年)。主要内容为:二难,知河难、得人难;四要,明势利害、因势利导、因地制宜、先事预防;三急,顶大溜急相机下埽、河势弯曲挑挖引河、堤身单薄加帮高厚;五备,积存泥土、苇秸柳草、桩麻缆缆、应用器具、厂棚住屋;六宜,支河分流设法堵截、水将平堤抢筑子埝、堤根冲刷修做防风、拖溜坍崖切坡挂柳、对岸涨滩切去沙嘴、新筑堤工多种柳草;五忌,临河筑堤、埽上加堤、堤顶种树、堤身签桩、顺堤行车;四慎,毋忙追、毋自恃、慎细微、慎终始;二禁,禁浮议、禁纷更;四约,同诚敬、共甘苦、无虚糜、无累民;三信,信专任、正人、赏罚。其中对于治河抢险的方法和管理,今人有诸多可借鉴处。

河干问答 书名。清代论述治理黄河的专书。陈法撰。法,字圣泉,号定斋,安平(今贵州平坝)人。康熙进士,乾隆初历任山东运河道护理、东河总督等职。不分卷。约成书于乾隆七年(1742年)。书中收《论河南徙之害》、《论二渎(指黄淮)交流之害》、《论河不能分》、《论河决之由》、《论河工补偏救弊之难》、《论河道宜变通》、《论运道宜变通》、《论漕运宜调剂》、《辩惑论》、《论开河不能筑堤》、《论经理东南之策》、《论河工书牍》等十二篇。末附《塞外纪程》。所论大多切中时弊,很有现实指导意义。

筑圩图说 书名。清代论述太湖圩田水利规划治理的专书。孙峻撰。峻,字耕远,江苏青浦(今属上海市)人。书成于嘉庆十八年(1813年)。主要分图及其说明、圩内规划布置和工程设施、历来筑圩的各种流弊三个部分。要点大致是:(1)全圩外围修筑坚实塘岸,抵御外水侵入。(2)按照地势高低,分圩内农田为"上塍田"、"中塍田"和"下塍田"三级,分级修筑界岸,每级又分格筑小塍岸。(3)分级分区排水,沿外圩开缺口,"撤除上塍水";通过上塍区内开挖的排水沟,"倒拔中塍水";选择圩内低洼处开溇治通外河,"疏消下塍水"。

山东运河备览 书名。水利著作。清代陆耀撰。耀,字朗夫,江苏吴江人。乾隆举人,官至湖南巡抚。十二卷。首四卷为图说:运河图、五水济运图、泉河图、禹王台图,各附图均有说明。其余辑录沿革、职官、河道、治绩、名论等。其书考订详明,体例严谨,所辑材料较叶方恒所作《山东全河备考》更加完备。

两浙海塘通志 书名。中国第一部海塘志。清代方观承总纂,查祥、杭世骏总修。二十卷。书成于乾隆十六年(1751年)。观承,字遐谷,安徽桐城人。官至直隶总督,任浙江巡抚时整修两浙海塘,因而纂成是书。祥,字星南,浙江海宁人。康熙五十七年(1718年)进士,任翰林院编修,曾负责纂修大清律例。晚年受聘主持编纂《两浙盐法志》、《两淮盐法志》和本书。世骏,字大宗,浙江仁和(今杭州)人。乾隆初召试"博学鸿词",授翰林院编修。此书详细记载两浙海塘形势,从唐至清乾隆十四年(1749年)的海塘兴修建筑事项,以及工程结构、施工方法、物料费用、滩涂坍涨、潮汐演变、职官管理等。并收录有古代关于海塘建筑和潮汐演变的论文数十篇,绘有海塘形势、工程结构和施工图数十幅。具有较高的历史和科学价值。

河渠纪闻 书名。水利资料书。清代康基田撰。三十卷。书成于嘉庆二年(1797年)。内容广泛,上起《禹贡》,下讫乾隆五十四年(1789年)。以论述黄河、运河的变迁和治理为中心,兼及地方水利,博采群书,分段摘录,按年编排。所辑史料,不照引原文,而是综合改编,在每段史料后,均加按语,颇具参考价值。

水道提纲 书名。清代齐召南著。二十八卷。专叙水道源流分合。书成于乾隆二十六年(1761年)。首列海水,记述沿海海域和港口形势。次各省诸水。再次西藏、漠北、东北诸水和西域诸水。皆以巨川为纲,所受支流为目,故曰提纲。内容主要以作者于乾隆初年参与《大清一统志》纂修时,所见内府珍藏全国实测地图《皇舆全图》和各省图籍为据。所述源流分合,均以当时水道实况为主,比较可靠。

中衢一勺　书名。清代论述漕运的专书。清代包世臣（1775—1855）撰。世臣，字慎伯，安徽泾县人。以布衣游于公卿间，凡河漕盐务诸政，无不谙悉。三卷。论述嘉庆年间河、漕、盐三事之得失，其中尤以《筹河刍言》《策河四略》著称于世。《筹河刍言》关于经费，《策河四略》分述救弊、守成、筹款、积贮等，皆河防工务及经费之事。书中《郭大昌传》《南河杂记》及《漆室问答》诸杂文，是嘉庆、道光两朝河工、盐、漕诸政的重要史料。

江南水利全书　书名。清代陶澍等修，陈銮等纂。书成于道光十九年（1839 年）。共七十五卷。道光年间，澍任江苏巡抚，旋又总制两江，先后主持浚治吴淞江、蒲汇塘、练湖、雕鹗河、孟渎、浏河、白茆、七丫、杨林诸浦，以及运河丹徒段、宝山和华亭海塘等工程。凡当时开浚工程之公牍和施工经过，悉皆辑录，按年代编排。

畿辅河道水利丛书　书名。清代吴邦庆编。邦庆，字霁峰，直隶霸州（今属河北）人。嘉庆元年（1796 年）进士，道光十二年（1832 年）任河东河道总督。道光三年海河流域遭受雨涝灾害，朝廷决定疏浚河道，邦庆深感无专志河道疏浚之书，遂编辑有关京、津、冀地区水利的前代文献和本人著作而成此丛书。全书共收有《直隶河渠志》《陈学士文抄》《水利营田图说》（清代陈仪著）、《潞水客谈》（明代徐贞明著）、《怡贤亲王疏抄》（清代允祥著）、《畿辅水利辑览》《泽农要录》《畿辅水道管见》《畿辅水利私议》（吴氏自撰）九种。

畿辅水利议　书名。论述京畿地区水利的专书。清代林则徐（1785—1850）撰。则徐，字少穆，一字元抚，晚号俟村老人，福建侯官（今闽侯）人。嘉庆进士。著名政治家。历任东河河道总督、江苏巡抚、湖广总督等职。曾主持兴修荆、襄和苏、松水利，在新疆倡导兴办坎儿井等。此书为道光元年（1821 年）应宣宗即位求贤诏的一份奏疏——《庐陈直隶水利十二条》。书中摘录近六十种有关典籍，旁征博引，结合当时具体情况，详尽论述兴办京畿水利的见解、政策和措施。主要内容为辨土宜、兴沟洫、禁扰累、破浮议、禁占碍、严赏罚等。主张先在京郊示范实施，然后推行各省。

西域水道记　书名。论述新疆地区水系的专著。清代徐松撰。松，字星伯，直隶大兴（今属北京市）人。嘉庆进士。五卷。书成于道光元年（1821 年）。是书以罗布、哈喇等十一个湖泊为纲，叙述新疆水系，绘图附说，凡有史可考者，亦加引证。

河工器具图说　书名。论述治河工具的专书。清代麟庆撰。麟庆，字见亭。道光进士，官江南河道。四卷。书成于道光十六年（1836 年）。内容皆有关修防、疏浚、抢护等治河的工具，共列图凡二百八十九种，各辅以说明并推其原委，每器必详问深究，堪供研究治河工具参考。

荆州万城堤志　书名。记述湖北万城堤防洪工程的专志。清代倪文蔚撰。文蔚，字豹臣，安徽望江人。咸丰进士，官至河南巡抚，同治九年（1870 年）任荆州知府，曾主持修治万城堤。十二卷。书成于同治十三年（1874 年）。摘辑史志，参以己见，分三十六目。是书依照志书体例，分类编序，计有万城堤工形势、沿革、水道、圩垸、修防等，凡堤险积弊，皆叙述详细。光绪二十年（1894 年）舒惠又以相同体例、分类及编辑方法，纂《荆州万城堤续志》，十二卷，其中缺水道和杂志两卷。

历代黄河变迁图考　书名。清代刘鹗著。鹗，字铁云，丹徒（今江苏镇江）人。光绪十六年（1890 年）吴大澂、倪文蔚测绘冀、鲁、豫三省黄河图集，鹗参与其事，成图四卷，图考凡十：（1）禹贡全河图考；（2）禹河龙门至孟津图考；（3）禹河孟津至大陆图考；（4）禹贡九河图考；（5）周至两汉河道图考；（6）东汉以后河道图考；（7）唐至宋初河道图考；（8）宋二股河道图考；（9）禹河故道图考；（10）近代河道图考。

黄河概况及治本探讨　书名。研究黄河水利的专著。黄河水利委员会编。出版于 1935 年。共分五章，首为总论，次为黄河概况、黄河之地形及水文、黄河治本之探讨、灌溉与垦殖。

芍陂　中国古代淮南地区著名的蓄水灌溉工程。今安徽省寿县南的安丰塘是芍陂的残余部分。相传是春秋中期楚令尹孙叔敖所修建，所处地区为当时楚国的重要产粮区。自东汉至唐，王景、邓艾、赵轨等屡经修浚，陂周两百余里，灌田达万顷。隋、唐后以陂在安丰县境内，又名安丰塘。宋、元以后，为地主豪强所侵占，逐渐湮废，陂面仅存十分之三。新中国成立后，已成为淠、史、杭水利综合利用工程的组成部分，灌溉农田六十三万余亩。

胥溪　中国古运河名。现仍留存。相传周敬王六年（前 514 年）吴王阖闾伐楚时，伍子胥为军运便利，开运河沟通荆溪和水阳江,使水军可从太湖向西,经荆溪、胥溪、水阳江直达芜湖,渡长江,进濡须口入淮。唐景福元年(892 年)杨行密据宣州,为便利运粮,在胥溪内筑五座堰埭,称"五堰"。明代在胥溪内改建上、下两坝,以东坝(在今江苏高淳县境)最为著名。

胥浦　中国古运河名。西连太湖,东通大海。相传伍子胥利用太湖泄水道疏浚而成。今金山、嘉善间存有胥浦塘。

京杭运河　亦称"大运河",简称"运河"。中国古代著名水利工程之一。北起北京,南至杭州,经北京、天津两市和河北、山东、江苏、浙江四省。全长1 747 km。始凿于春秋末期吴王夫差开挖的邗沟,后经隋、元两次大规模扩展,利用天然河道加以疏浚修凿连接而成。全程分七段:北京市区至市郊通州段称"通惠河",通州至天津段称"北运河",天津至山东临清段称"南运河",临清至台儿庄段称"鲁运河",台儿庄至淮安段称"中运河",淮安至扬州段称"里运河"(古称"邗沟"),镇江至杭州段称"江南运河"(古称"江南河")。向为历代漕运要道,对南北经济和文化交流曾起重大作用。清中叶后,因南北海运兴起,津浦铁路通车,其作用逐渐减弱。1855年黄河改道后,山东境内段水源不足,河道淤浅,南北断航。新中国成立后,进行整治,拓宽加深,裁弯取直,增建船闸,并建有江都、淮安等水利枢纽工程,使之成为"南水北调"东线工程主要通道之一。1988

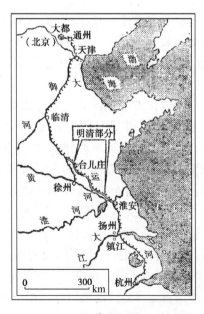

元明清运河图

年底建成京杭运河与钱塘江沟通工程,将长江、黄河、淮河、海河和钱塘江五大水系连接起来。

邗沟　中国古运河名。《左传》哀公九年(前 486年):"吴城邗,沟通江淮。"杜预注:"于邗江筑城穿沟,东北通射阳湖,西北至末口入淮,通粮道也。"汉后又名"邗江"、"邗溟沟"、"渠水"、"中渎水"。故道自今扬州市南引江水北过高邮市西,折东北入射阳湖,又西北至淮安市北入淮。东汉建安初广陵太守陈登改凿新道,自今高邮市径直北达淮安,大致即今里运河一线。但魏晋时淮安迤南一段仍需绕道射阳湖,不能直达。隋大业元年(605 年)发淮南丁夫十余万重开邗沟,略循建安故道。此后江淮间运道即自扬州直达淮安,不再东向绕道。唐改称"漕河"、"官河"或"合渎渠"。

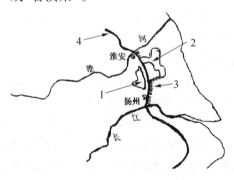

邗沟示意图
1. 高宝湖　2. 古射阳湖　3. 邗沟
4. 京杭运河

西门豹渠　战国初期的灌溉工程。魏文侯二十五年(前 421 年)西门豹任邺令时主持开凿的引漳溉邺(今河北临漳西南邺镇)水利工程。有十二个引水口,故亦称"引漳十二渠"。是中国最早的多首制灌溉工程。魏襄王时(前 318—前 296)邺令史起又加以修治。晋代左思《魏都赋》:"西门溉其前,史起灌其后,墱流十二,同源异口。"

引漳十二渠　即"西门豹渠"。

鸿沟　中国古运河名。约战国魏惠王十年(前360 年)开凿。《水经·渠水注》引《竹书纪年》作"大沟"。故道自今河南荥阳市北引黄河水,东流经今中牟、开封北,折而南经通许东、太康西,至淮阳东南入颍水。连接济、濮、汴、睢、颍、涡、汝、泗、菏等主要河道,形成黄淮平原上的水道交通网,对促进各地经济、文化的交流,起了巨大作用。楚汉相争时曾划鸿沟为界:东面是楚,西面是汉。今称界限分明为"划若鸿沟",即出于此。汉以后改称"狼汤渠"。

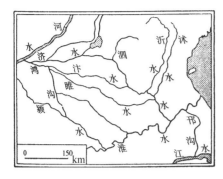

鸿沟水系图

狼汤渠　一作"蒗荡渠"。见"鸿沟"。

都江堰　中国古代著名水利工程之一。位于四川都江堰市西北岷江中游。古时属都安县境,称"都安堰"。宋、元以后称"都江堰"。岷江水源旺盛,自山区转入成都平原,流速陡降,易淤易决,水灾严重。秦昭王时(前306—前251),蜀郡守李冰访察水脉,因地制宜,因势利导,基本完成都江堰的排灌水利工程,于是成都平原"沃野千里,号为陆海"(《华阳国志》)。后代屡有扩建,主要设施是在岷江江心以竹笼装卵石,堆砌成鱼嘴状的分水工程,下接金刚堤,使岷江在此分为外江、内江两股。外江原系岷江正流,在下游辟有许多灌溉渠道,兼具排洪作用;内江在灌县城(今都江堰市)西南凿开玉垒山成宝瓶口作为引水口,由此向下辟为走马河、蒲阳河、柏条河等,穿入成都平原,成为灌溉兼航运的渠道。在都江堰附近,还兴建排水入外江的飞沙堰等工程,使进入内江的过多洪水挟带泥沙漫过此堰进入外江,以确保内江灌溉区的安全并减轻泥沙淤积。都江堰附近的河底易被沙砾卵石充填淤高,每年必须在外

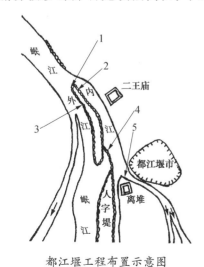

都江堰工程布置示意图

1. 都江鱼嘴　2. 内金刚堤　3. 外金刚堤
4. 飞沙堰　5. 宝瓶口

江、内江轮流用枢槎断流,以便淘挖。由此后人制定"深淘滩,低作堰"的岁修原则和"遇弯截角,逢正抽心"的八字治水方针。为全国重点文物保护单位,并与"青城山"一起被审定为世界文化遗产,列入《世界遗产名录》。为国家级风景名胜区——青城山-都江堰风景名胜区主要组成部分。辟有国家森林公园。

郑国渠　中国古代关中平原著名的人工灌溉渠道。今泾惠渠前身。秦王政元年(前246年),采纳韩国水利家郑国建议,并由其主持开凿。自中山西瓠口(谷口,今陕西泾阳西北)引泾水东流,至今三原北会合浊水和石川河(古称"沮水"),再引流东经今富平、蒲城之南,注入洛水。渠长三百多里,"溉泽卤之地,四万余顷",关中成为沃野。为泾水流域主要灌溉系统。汉代又开白渠,唐代郑、白两渠趋于混合,合称"郑白渠"。但主要发展白渠,郑国渠逐渐湮废。

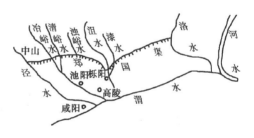

郑国渠示意图

秦渠　亦称"秦家渠"。宁夏回族自治区中部黄河东岸灌溉渠道。相传始凿于秦,故名。渠口在青铜峡北,引黄河水东北流经吴忠市到灵武市止。新中国成立后,经整修改建,扩大灌溉面积达3万 hm^2。

白起渠　中国古代陂渠串联式的灌溉工程。位于今湖北宜城与南漳之间。是战国末秦将白起攻楚时,为了引夷水(即今蛮河)灌鄢城(今宜城西南)而开凿的一条水道。渠自鄢城西山起,串联土门陂、城西陂(一名新陂)、朱湖陂、臭陂等,注入木里沟。北魏时灌田达三千余顷。清末湮废。

灵渠　亦称"湘桂运河"、"兴安运河"。中国古代著名水利工程之一。位于广西兴安境内。秦始皇二十八年(前219年)为统一岭南,令监郡御史禄(后世称其为"监禄"或"史禄")兴修,以沟通长江水系的湘江与珠江水系的漓江。《淮南子·人间训》:"使监禄无以转饷,又以卒凿渠而通粮道。"高诱注:"监禄,秦将,凿通湘水、离水之渠。"长34 km。唐后

称"灵渠",亦作"澪渠",或作"秦凿渠"。采用可溢流的拦河坝(大、小天平)壅高湘江上源海阳河的水位,并用分水铧嘴将湘水分成南北两渠,南渠注漓江,北渠汇湘江。北渠占水量十分之七,南渠占水量十分之三,故有"三分漓水七分湘"之说。历代屡有疏浚改建。唐代筑斗门十八座,宋代为三十六座,清代为三十二座,顺次启闭,增高水位,使船只能越过湘、漓两水的分水岭。既便舟楫,又利灌溉。灵渠的斗门为船闸的先导,是最早的人工通航设施。秦、汉以后,中原地区与岭南交通,多取道于此。近代因公路、铁路的修筑,航道的作用逐渐消失,成为以灌溉为主的河渠。旧时年久失修,堤坝崩漏,渠道淤塞。新中国成立后,沿岸新建许多水渠、水库和大小水电站。为全国重点文物保护单位。

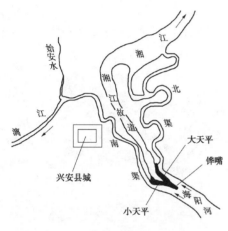

灵渠示意图

兴安运河 即"灵渠"。
湘桂运河 即"灵渠"。
金堤 原指黄河堤防。《史记·河渠书》:"汉兴三十九年,孝文时河决酸枣,东溃金堤。"张守节《史记正义》引《括地志》云:"金堤一名千里堤,在白马县东五里。"后泛指修筑坚固的江河堤塘。著名的有:(1)西汉时东郡、魏郡、平原郡界内黄河两岸,都有石筑的金堤,高者至四五丈。东汉时自汴口以东,沿河积石,通称"金堤"。今西起河南卫辉市、滑县,经濮阳、范县、山东阳谷,东至张秋镇东,有古金堤,相传宋所筑,一说东汉王景所修。(2)左思《蜀都赋》:"西逾金堤,东越玉津。"指今四川都江堰市都江堰一带岷江的江堤。(3)东晋时桓温主持所筑江堤。在今湖北荆州江陵区南。《水经注·江水》:"江陵城地东南倾,故缘以金堤,自灵溪始。桓温令陈遵造。"

山河堰 中国古代农田水利工程。位于今陕西省南部褒水和汉水的河谷平原。相传为西汉初萧何、曹参所创建,宋初始见于文献记载。是一座低坝引水灌溉工程。主要设施有三座依次布置在褒河上的堆石拦河堰。第一堰上有东西干渠两道,第二、第三两堰各有一条干渠。南宋时拦河堰增加到六座。干渠下有支渠、斗渠等。当时山河堰灌溉褒城、南郑两地农田二十三万余亩。南宋以后,其中几座堰先后毁坏,至明、清时期,实际运用的只二、三两堰。新中国成立后,对山河堰灌区的水利设施进行了整修,1979年在它的第一堰以上修建了石门水库,使灌区水利面貌发生了根本变化。

汉延渠 中国古代引黄灌溉工程之一。相传始凿于汉,唐称"汉渠",元后始有"汉延"之称。渠长二百五十余里,自今宁夏吴忠西南引黄河水入渠,北流经银川东,又北合惠农渠,东西两岸有支渠四百多条。历代迭加疏浚,溉田自数千顷至万顷,与唐徕、惠农、大清合称"宁夏四大渠"。现为宁夏引黄灌区的重要组成部分。参见"唐徕渠"(24页)附图。

漕渠 ❶泛指通过人工开凿或疏浚用以通漕运的河道。❷汉唐时长安(今西安市)引渭水东至潼关入黄河的人工运河。创始于汉武帝元光六年(前129年)。为解决从潼关经渭水运粮至长安的困难,大司农郑当时建议开凿,由水工齐伯勘定河线,动员军队数万人,经三年建成。西起长安,引渭水和昆明池水为水源,傍南山(秦岭)下,纳灞、浐等水,东至船司空(今潼关北)入黄河,全长三百余里。渠成,使水运距离从九百余里缩短为三百余里,漕运十分便利,且可灌溉渠下民田万余顷。事见《史记·河渠书》。此渠东汉时尚可通航,北魏时已无水。隋文帝开皇四年(584年),略循其故道重开广通渠以通漕,习俗仍称"漕渠"。

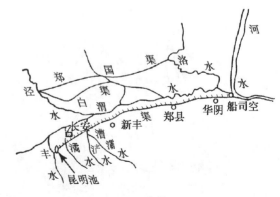

西汉漕渠

昆明池　中国古代关中的人工湖泊。故址在今陕西西安市西南斗门镇东南。汉元狩三年（前120年）为准备与昆明国作战训练水军和解决长安水源不足的困难而开凿。周围四十里。池成后引水东出，为昆明渠以利漕运；一支北出为昆明池水，引水泄入沈水以利长安城给水。十六国姚秦时池水涸竭，北魏太武帝和唐德宗时，都曾修浚，自唐太和时丰水堰坏，池遂干涸；宋以后涸为田地。

白渠　亦称"白公渠"。中国古代关中平原著名的人工灌溉渠道。《汉书·沟洫志》载：汉武帝太始二年（前95年），采用赵中大夫白公的建议，在郑国渠南开凿，故名。自谷口（今陕西泾阳西北）分泾水东南流，经高陵、栎阳（今镇东北）东至下邽（今镇东南）南注渭水。长达两百里，灌田四千五百余顷。渠成，民得其利，歌云："田于何所，池阳谷口。郑国在前，白渠起后。举臿为云，决渠为雨。泾水一石，其泥数斗。且溉且粪，长我禾黍。衣食京师，亿万之口。"唐时自北而南，分太白、中白、南白三渠，总称"三白渠"。宋、元以后，上游历代有所修改，如宋凿丰利渠，元凿王御史渠，明凿广惠渠、通济渠，清凿龙洞渠，而下游则仍其旧。清末渠身缺漏，改引泉水，灌田仅两百顷。1935年改建成泾惠渠。

六门陂　中国古代灌溉工程。一名"六门堰"。在今河南邓县城西，西汉建昭五年（前34年）由南阳太守召信臣主持修筑。引湍水，开三门引水灌溉。元始五年（5年）又开三门，为六石门，故名。灌溉穰、新野、昆阳农田五千余顷。西晋太康中镇南将军杜预、南朝宋时刘秀之相继加以修治，直至唐元和中仍发挥作用。

龙首渠　❶中国古代第一条用井渠法开凿的渠道。汉武帝时（前141—前87）为灌溉今陕西北洛水下游东岸一万多顷咸卤地而开凿。相传开凿时掘到龙骨，故名。自今澄城西南引洛水东南流，至今大荔西仍入洛。渠经商颜山（今名铁镰山，在大荔西北）下，土松渠岸易崩，于是沿原渠线凿井若干口，各井间用隧洞连接通水，长十余里。历时十余年而成。北周时又曾重加开浚。至唐废。❷中国古代关中引水渠道之一。隋开皇三年（583年）为营建大兴城（今陕西西安）解决东城和内苑用水而开凿。自城东马头埪（今马登空村）引浐水北流，至长乐坡附近分为两渠：东渠西流至通化门外，沿城北上转西折

入内苑和大明宫；西渠西南流至通化门南入城，西流入皇城转折北上入宫城，汇为山水池和东海。唐扩建宫苑，此渠多有引伸。其后历经疏浚，明、清时主要发展西渠，而水道和引水口均有改变。其东渠和城内渠道，已日渐湮废。今城外故道尚有若干遗迹留存。

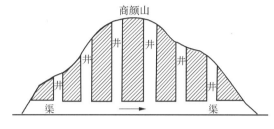

井渠法施工示意图

钳卢陂　中国古代南阳地区著名灌溉工程之一。在今河南邓县东南。西汉元帝时南阳太守召信臣"行视郡中水泉，开通沟渎，起水门提阏凡数十处，以广灌溉，岁岁增加，多至三万顷，民得其利。"钳卢陂是其中之一。东汉光武帝时，南阳太守杜诗重新加以疏浚。张衡《南都赋》："于其陂泽，则有钳卢玉池，赭阳东陂。贮水淳滂，亘望无涯……其水则开窦洒流，浸彼稻田，沟浍脉连，堤塍相輨……"后世屡有兴废。

汴水　中国古运河名。（1）《汉书·地理志》作"卞水"。指今河南荥阳西南索河。《后汉书》始作汴渠，改指卞水所入荥阳一带从黄河分出的狼汤渠（即古鸿沟）。魏晋之际，自荥阳市汴渠东循狼汤渠至今开封市，又自开封东循汳水、获水至今江苏徐州市转入泗水一道，渐次代替古代自狼汤渠南下颍水、涡水一道，成为当时从中原通向东南的水运干道；自晋以后，遂将这一运道全流各段统称"汴水"。隋开通济渠后，开封以东一段汴水渐不为运道所经；唐宋人称通济渠为"汴河"，故有时改称这一段汴水为

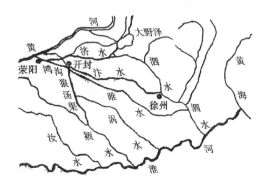

汴水示意图

"古汴河"。金、元后全流皆为黄河所夺,汴水一名即废弃不用。(2)隋开通济渠,因中间自今荥阳至开封一段就是原来的汴水,故唐宋人遂将自黄河至淮河的通济渠东段全流统称"汴水"、"汴河"或"汴渠"。北宋亡后,南宋与金划淮为界,此渠不再为运道所经,不久即归湮废。今仅残存江苏泗洪境内一段,俗名"老汴河",上承濉河,东南流注入洪泽湖。

八激堤 中国古代黄河上的水工建筑物。位于今河南原阳西南。东汉永初七年(113年)于岑为了保护汴口安全,在石门东积石八处,皆如小山,以捍御黄河水溜冲击,故名。其作用与挑水坝相似。

鉴湖 亦称"镜湖"、"长湖"、"庆湖"。中国古代著名农田水利工程之一。位于今浙江绍兴西南2 km处。现存湖长约8 km,宽约1 km。东汉永和五年(140年)会稽太守马臻主持修筑。东接曹娥江,西抵今钱清附近,沿绍兴城南一线筑堤,汇聚南山三十六源之水成湖,周围三百一十里,呈东西狭长形,湖面广阔。沿湖开水门六十九座,用以放水溉田。因湖面高出北面农田约丈余,而农田又高出其北面之杭州湾海面丈余,故旱可引湖水灌田,涝可溢湖水入江,泄田水入海,使九千余顷农田旱涝保收。直至唐代,共八九百年大得其利。后湖底逐渐淤浅,北宋中期渐被围占垦殖,至南宋初大多已成农田。现仅存绍兴城西南一段较宽的河面和若干小湖。湖水清洌,所酿"绍兴花雕"(黄酒),闻名全国。附近原有陆游吟诗处的快阁,为绍兴名胜之一。

洪泽湖大堤 亦称"高家堰"、"高家长堤"、"高加堰"。阻拦淮河形成洪泽湖的大型堤堰工程。位于今江苏洪泽境。原为东汉建安五年(200年)陈登筑堰防淮的旧址。后经明永乐元年(1403年)陈瑄主持重筑;隆庆四年(1570年)淮河于此决口,王宗沐主持重修;万历三年(1575年)又被淮河决口冲毁,万历六年潘季驯又重筑。万历八年起改为石堤,至清乾隆四十六年(1781年)完工,北起武家墩,南至蒋坝镇。全部阻断淮河不能东流入海,蓄积于堰西地区,形成洪泽湖(相当于平原水库),此堰亦渐以洪泽湖大堤著称。近代堤长67.26 km,临湖面全部为石工,是苏北淮安、扬州和里下河地区防御淮河洪水的主要屏障。大堤南端建有三河闸,下接淮河入江水道;北部建有高良涧闸、苏北灌溉总渠、二河闸和淮河入海水道,可调节洪泽湖水位,排泄淮河洪水进入长江和黄海。

高家堰 即"洪泽湖大堤"。

天井堰 中国古代引漳水溉邺(今河北临漳西南邺镇)的水利工程。东汉建安九年(204年)曹操在西门豹渠的基础上修建而成。《水经注》载:"昔魏文侯以西门豹为邺令,引漳以溉邺……魏武王(曹操)又揭漳水回流东注,号天井堰,(二十)里中作十二墱,墱相去三百步,令互相灌注。一源分为十二流,皆悬水门。"故左思《魏都赋》云:"墱流十二,同源异口。"

白沟 ❶中国古运河名。原为大河故道,在今河南浚县西,由荡水分部分淇水为源,东北流下接内黄以下的古清河,水流微弱。东汉建安九年(204年)曹操将进攻袁尚,在淇水入黄河处下大枋木使成堰,遏淇水东入白沟,以通粮运。此后上起枋堰,下达今河北威县以南的清河,统称"白沟",成为河北地区的水运干道,至隋炀帝后才为永济渠代替。故道南段相当于今河南淇河口至河北大名南的卫河,亦即隋代所开永济渠的一部分;北段流经今大名西,北流至威县东,下接清河,今湮。❷本指自督亢泽南岸泄泽水南注巨马河的一小水,即今河北高碑店市东自北而南的白沟河。五代后用以泛指西东流向的巨马河。故道自今白沟河店北,东流经霸州市城关镇和信安镇北,东抵天津市与南北流来诸水汇合。宋、辽以此为界,故亦称"界河"。明永乐末自白沟河店改道南出与南易水合而东注,故道遂湮。❸古济水的分支。流经今河南原阳东南潴为白马渊,渊水东流为白沟,又东经封丘南、开封市北,下流与济水合,《水经注》称其为南济的一部分。唐载初元年(690年)引汴水注白沟,以通曹、兖两州,水色湛洁,称"湛渠"。宋、金犹见记载,后湮。❹古睢水的分支。流经今安徽濉溪南分一支东北流至今江苏铜山西,注入获水,《水经注》称"白沟水",亦名"净净沟水"。宋统称其上游所承睢水亦为白沟。自隋开通济渠后,睢水已淤废。

利漕渠 中国古运河名。东汉建安十八年(213年)曹操为魏公,建都于邺(今河北临漳西南邺镇),征集民工凿渠引漳水,自今河北曲周南,东至今大名西北注入白沟,借以沟通邺和四方的漕运。

赤山湖 中国古代的人工湖泊。一名"绛岩湖"。位于今江苏句容城南15 km。相传三国吴赤乌二年(239年)利用洼地筑堤围成。南依茅山丘陵,北临秦淮河,湖周长一百二十里。西部、西北部设斗门两座,调节蓄泄。湖心立石柱,刻水则,定蓄水标准。

秦淮河水浅,开闸放水入河灌田;秦淮河水涨,闭闸蓄水,减轻沿河农田的洪水威胁。南朝和唐、宋曾多次加以修治,宋以后逐渐湮塞。今已被围垦成田。

破岗渎　中国古运河名。三国吴赤乌八年(245年)孙权派陈勋率屯田兵士三万人开凿。起自句容小其(今江苏句容东南),向东穿山岗,经京口(今江苏镇江)到云阳西城(今江苏丹阳延陵镇南),与京口、太湖地区间的原有运道衔接。总长约四五十里。

车箱渠　中国古代灌溉渠道。在永定河流域上。魏嘉平二年(250年)刘靖主持开凿,与戾陵堰形成灌溉配套工程。自渠首戾陵堰起,引永定河水,经潞县(今北京市通州)注入鲍丘水(潞河),沿线可溉田一万余顷。

练湖　亦称"开家湖"、"练塘",古称"曲阿后湖"。晋代修建的蓄水工程。在今江苏丹阳市西北。西晋陈谐主修。借环山抱洼地形,围堤成湖。集纳四周七十二条山溪,注入运河,既可拦蓄洪水,又可灌溉农田。隋、唐后兼济运河,明、清时以济运河为主。清末大部垦辟为田。

荻塘　亦称"吴兴塘"、"东塘河"、"顿塘"。太湖流域的古代运河。相传晋吴兴太守殷康修筑,后太守沈嘉又重加修治。唐开元十一年(723年)乌程令严谋达又重修。自乌程(今浙江湖州市南)起至吴江(今属江苏)止,全长45 km。唐贞元八年(792年)苏州刺史于顿又加固了平望至南浔一段的堤岸,长26.5 km,从而使吴兴、平望间运道通畅,同时又沿两岸广开沟洫,灌溉农田,故又名顿塘。

艾山渠　中国古代引黄灌溉工程。位于今宁夏青铜峡以下的黄河西岸。北魏太平真君六年(445年)刁雍利用旧渠改建。当时艾山(今吴忠西南15 km)北面的黄河中有洲渚,分河为东西两股。在洲渚北端西边的河道上,筑拦河坝壅水,坝高6 m。在拦河坝上游修引水渠20 km,北流与旧渠连接,干渠总长60 km。灌水时十天一遍,受益农田甚多。

浮山堰　南朝梁天监时为了壅淮水淹灌北魏的寿阳城(今安徽寿县)而筑的拦河坝。一名"淮堰"。始筑于天监十三年(514年)冬,十五年夏筑成。南起浮山(今安徽五河境内,北临淮河),北抵巉石山(在浮山对岸)。长九里,下广一百四十丈,上广四十五丈,高二十丈。又凿湫东注,以资宣泄。其时上游两岸数百里内皆为淮流泛滥所及,寿阳城毁。其年秋,淮水暴涨,堰被冲决。

通济堰　中国古代著名灌溉工程之一。位于今浙江丽水。南朝梁天监四年(505年)修建。水源取自瓯江上游的支流松阳溪。主要工程设施有横截溪水的拱形拦河坝,横渡山溪接干渠的石涵(立交建筑物),排泄渠道过剩来水的叶穴(多孔涵洞),泄洪斗门。总干渠长约16 km,下分三条支渠,斗渠、毛渠遍布河谷平原。并有中、小型陂湖多处串联蓄水。宋、元、明、清各代不断整修和扩建,工程效益历久不衰。灌溉农田约二十余万亩。1954年,对通济堰大坝进行了整修,至今仍发挥作用。

广通渠　中国古运河名。隋开皇四年(584年)因渭水流浅沙深,漕运不便,命宇文恺开凿。起自大兴城西北,引渭水东绝灞水,略循汉漕渠故道,东至潼关达于黄河。因渠经渭口广通仓下,故名;时人仍习称"漕渠"。又以渠下人民颇受其惠,亦称"富民渠"。仁寿四年(604年)改名"永通渠"。不久淤废。唐天宝(742—755)初韦坚复加浚治。参见"漕渠"(20页)。

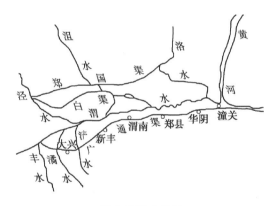

隋广通渠示意图

通济渠　中国古运河名。隋大业元年(605年)开凿。分东西两段:西段起自东都洛阳(今河南洛阳)西苑,引谷水、洛水贯洛阳城东出循阳渠故道至偃师入洛水,由洛水入黄河;东段起自板渚(今河南荥阳市北)引黄河水东行汴水故道,至今开封市别汴水折而东南流,经今杞县、睢县、宁陵至商丘东南行蕲水故道,又经夏邑、永城、安徽宿州、灵璧、泗县、江苏泗洪至盱眙对岸注入淮河。在隋所开凿的运河中,这是最重要的一条。为炀帝巡游所用,又俗称"御河"。对隋、唐、宋时代中原与江淮地区之间经济和文化的交流和发展,起促进作用。唐改名"广济渠"。唐、宋时通称西段为"漕渠"或"洛水",东段为"汴河"或"汴渠"。参见汴水(21页)。

通济渠示意图

永济渠 中国古运河名。隋大业四年（608年）为便利河北地区军事运输而开凿。《隋书·炀帝纪》："诏发河北诸郡男女百余万开永济渠，引沁水南达于河（黄河），北通涿郡（治蓟县，今北京城西南隅）。"长两千余里。"南达于河"，即疏浚今沁水下游。"北通涿郡"的故道：自今河南武陟沁水东岸至卫辉一段用沁水支流，即今孟姜女河（天雨有水，平时干涸）；自卫辉至天津一段，用清水下接淇水（即白沟）、屯氏河、清河，略同今卫河（自内黄至武城在卫河西，自武城至德州在卫河东）；自天津至涿郡故城一段，用沽水上接桑干水，即今武清区以下的北运河与武清区以上至北京市西南郊的永定河故道。涿郡附近一段不久即湮废。自今天津以南，唐后即专以清、淇两水为源，与沁水隔绝，宋后通称"御河"，金元以来屡经改道，至明称"卫河"，经流同今卫河、南运河。

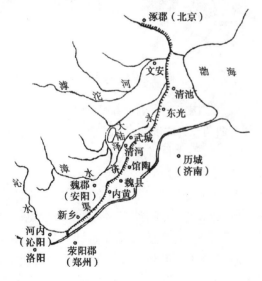

永济渠示意图

江南运河 古名"江南河"。京杭运河长江以南段。隋大业六年（610年）在前人开拓的基础上进一步浚深拓宽而成。自京口（今江苏镇江市）经常州、无锡、苏州，绕太湖东缘，经浙江嘉兴而至杭州。全长330 km。贯穿江南诸水，沟通长江与钱塘江水系。为古来漕运要道。1950年起多次逐步拓浚，河宽30~80 m。1958年在镇江谏壁建节制闸一座。1978年建谏壁抽水站，抽水流量120 m³/s。1981年建谏壁船闸。是该地区排、灌、航综合利用的重要河道。

江南河 即"江南运河"。

广济渠 ❶ 即隋通济渠，唐改称"广济渠"。❷ 元中统二年（1261年）开浚的灌溉渠。入口在今河南太行山麓沁口，筑堰引沁水循古朱沟、沙沟等水东流入黄河，沿渠灌溉济源、河内（今河南沁阳）、河阳（今河南孟州市西）、温、武陟五县农田三千余顷。后淤废。天历中（1328—1329）又修复。今济源市、沁阳市、温县境内的广济河，为其遗迹。❸ 明景泰五年（1454年）徐有贞主持开浚，用以分流黄河的渠道。在今河南北部山东西部沁水与运河之间。正统末（1443—1449）黄河决流冲毁山东寿张县东沙湾运河堤，漕运为之阻绝，屡塞屡决。于是徐有贞开渠引黄河、沁水，东达张秋（沙湾北6 km），决流乃不复东冲沙湾，且由张秋北出济运。逾年功成，漕运复通。弘治（1488—1505）后黄河南流入淮，渠道湮废。

东钱湖 中国湖泊名。唐以前称"西湖"，又名"万金湖"。位于浙江宁波鄞州区东南部。由谷子湖、梅湖和外湖组成，为浙江省最大天然湖泊。西晋时已用来灌溉，唐天宝二年（743年）修治，灌田五百顷。北宋屡次浚治，筑石塘八十里，蓄七十二溪水，溉田五千余顷。北宋嘉祐时（1056—1063）沿湖建七堰、四碶（闸）。南宋时灌田达一万余顷。后因葑草淤积，湖面缩小，现湖面积21 km²。有灌溉、供水、航运、渔业等效益。盛产鱼类。四周丘陵环抱，湖滨溪泉众多，有陶公矶、余杨书楼等胜景，为游览胜地。

唐徕渠 亦称"唐来渠"、"唐渠"。中国古代引黄灌溉工程之一。位于宁夏北部黄河西岸。相传为汉代光禄渠，唐元和年间（806—820）又重开浚，故名。《宋史·夏国传》载："其地饶五谷，尤宜稻麦。甘、凉之间，则以诸河为溉。兴（兴州，今银川市）、灵（灵州，治今灵武市西南）则有古渠曰唐凉（即唐徕）、曰汉源（即汉延），皆支引黄河，收灌溉之利，岁无旱涝之虞。"渠口在青铜峡附近的黄河西岸，引黄河水北流经永宁、银川、贺兰到平罗止。经历代整修，一直沿用。新中国成立后改建，灌溉面积扩大，列"宁夏四大渠"（唐徕、惠农、汉延和大清）之首,为宁夏引黄灌区的重要组成部分。

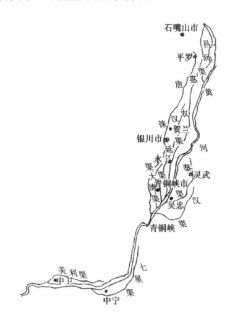

宁夏古渠示意图

里运河　京杭运河在江苏苏北境内的一段。北起淮阴,南至六圩入长江,长168 km。唐开元二十五年（737年）开南端瓜州运河,宋太宗时（976—997）开淮安至淮阴段,宋绍熙五年（1194年）始筑西堤180 km,明初筑东堤,清康熙、乾隆年间建归海坝（实质上是淹没里下河地区一千多万亩农田的分洪口）。新中国成立后,进行全面整治,堵闭归海坝,裁直河道,拓宽浚深,退建和加固堤防,已成为防洪、灌溉、航运、排涝、跨流域调水等综合利用的重要河道。

它山堰　中国古代著名的水利工程之一。位于今浙江宁波西南25 km。唐太和七年（833年）鄞县（今宁波市鄞州区）县令王元暐主持修建。包括拦河坝、引水干渠、泄水涵闸和蓄水陂湖等。具有拒咸、蓄淡、引水灌溉和补给城镇用水的多种用途。拦河坝是一座石砌滚水坝,长134.4 m,布置在鄞江出山口处,拦蓄上游来水。引水干渠（南塘河）,位于鄞江左岸。退水闸三座设在南塘河下游,和鄞江沟通。涝时泄水入江归海,旱时利用潮汐顶托,开闸引淡。通过纵横河网,灌溉鄞西平原24万多亩农田,并潴入宁波城内的日、月两湖,供居民饮用。现堰尚完整存在,只是上下游被沙石淤没,作用已不大。

楚州西河闸　中国古代运河上最早的复式船闸。在今江苏淮安市楚州区西北,修建于北宋雍熙元年（984年）。《宋史·乔维岳传》载:"建安至淮澨,总五堰,运舟所至,十经上下,其重载者皆卸粮而过舟,时坏失粮……维岳始命创二斗门于西河第三堰。二门相距逾五十步,覆以厦屋,设悬门积水,俟潮平乃泄之。建横桥岸上,筑土累石以牢其址。自是,弊尽革,而运舟往来无滞矣。"宋代在运河上先后修建复式船闸多座。

长渠　中国古代著名引水灌溉工程。位于今湖北襄阳。始建期不详。水源取自蛮河。拦河坝筑在今南漳县武安镇西的蛮河上源,称"武安堰"。引水干渠先向东北,后转向西南,直达汉江。北宋至和二年（1055年）大修后,灌田70余万亩。明代湮废,新中国成立后逐渐修复。

范公堤　宋代修筑的阻挡海潮侵袭的海堤。北宋天圣年间（1023—1032）泰州知州张纶采纳范仲淹的建议在苏北沿海修筑捍海堤以御海水侵犯良田,后人为纪念范仲淹,故名。后人屡经修筑,并续有发展。北起今江苏阜宁,历建湖、盐城、大丰、东台、海安、如东、南通,抵启东之吕四,长291 km。明、清时代堤外陆续涨出平陆约60 km,此堤仍有约束内水不致伤盐,阻隔外潮不致伤稼的功用。近数十年堤东已垦为良田,遂将自阜宁至东台南一段堤身筑成公路。

万春圩　中国古代著名圩区。位于今安徽芜湖市西北部。始筑年代不详。东晋时已存在,后毁圮,北宋嘉祐年间（1056—1063）重筑。圩堤高一丈二尺,底宽六丈,周长八十余里。圩内有农田十万二千七百余亩。

芙蓉湖　亦称"上湖"、"射贵湖"、"无锡湖"。中国古代著名圩区。在今江苏常州市东,江阴市南,无锡市西北,面积一万四千顷。相传战国时春申君治以为陂。北宋元祐中（1086—1093）筑堤泄水为田,湖流渐塞。明万历中（1573—1619）北面筑堤围之,以阻止江潮上涨入侵,南面开渠以泄湖水,从此滨湖皆为良田。

木兰陂　中国古代著名水利工程。位于福建莆田南5 km陂头村的木兰溪上。北宋治平元年（1064年）长乐县（今福建长乐）女子钱四娘募款始建,不幸毁于山洪;之后不久,其同乡林从世又筹款再建,又毁于海潮。熙宁八年（1075年）,侯官县（今福建闽侯）人李宏等主持再次迁址再建,至元丰六年

（1083年）终获成功。陂首为堰闸式滚水坝，长111.13 m，高7.25 m，置闸32孔。元代堵塞3孔。陂首南北两端建有2个进水闸。引陂水灌木兰溪两岸南北洋田号称万顷。配套工程包括干支渠数百条，总长400 km有余。具有蓄水、排灌、航运等功能。陂畔建有李宏庙，纪念建陂者李宏、钱四娘等人。为全国重点文物保护单位。

永丰圩 中国古代江南著名圩区。位于江苏高淳西。始建于北宋政和五年（1115年）。在丹阳与固城两湖间淤浅地区筑堤围田形成。据《宋史·食货志》记载，南宋绍兴三年（1133年）时，永丰圩长宽都有五六十里，有田九百五十多顷，交纳租米三万石。圩区地形南高北低，北自沧溪到西陵门筑有长十五里的一字埝，将圩区分为上下两坝。明代以后又修建有邓埝等圩埝，将整个圩区按地形高低分区管理。圩堤上修有闸涵与外水相通。圩埝上有涵闸斗门，以进行各区之间的水量调剂。至今仍为高淳县第一大圩。

桑园围 珠江三角洲的大型基围。位于今广东南海与顺德间。相传始建于北宋末年（1125年），经多次修治，围堤共长一万四千七百余丈，围田一千八百余顷，其田多桑园，故名。因位于西江与北江之间，三面临水，故原有土堤已陆续改为石堤或在临水面加砌块石护坡。堤上设石窦（涵洞）16座，用于灌排。围内分14堡，相互之间有子堤相隔，并建有涵闸，按地势分区以利灌排。历史悠久，积累一套行之有效的管理制度和章程。全围成立总局，设首事；各段堤防均设基主，各有专责；围堤修守和粮款摊派等均有章程，并修有《桑园围志》及其续志详作记录。

松花坝 中国古代著名水利工程。位于今云南昆明东北盘龙江上游出山处。元至元年间（1264—1294），云南平章政事赛典赤·瞻思丁和劝农使张立道主持，增修两堰，分引盘龙江水为金汁河，灌江东岸田号称万顷，东行注入滇池。又疏浚滇池的出水口海口，使排水畅利，并涸出良田万顷。明、清两代不断完善。1946年在松花坝上游约7 km处修建混凝土坝，称"谷昌坝"，成为松花坝反调节水库。1959年在松花坝原址重建拦河坝，为土料心墙砌石护坡，谷昌坝失去作用。1966年、1976年又相继改建，增开溢洪道、非常溢洪道，成为具有向昆明市给水、灌溉和防洪等综合效益的水利工程。

胶莱河 亦称"胶东河"、"胶莱新河"。中国古运河名。位于山东半岛的胶州与莱州之间。元至元十七年至十九年（1280—1282）莱州人姚演建议开凿。南端疏浚南流入胶州湾的沽河（今南胶河），北段疏浚北流入莱州湾的胶河（今北胶河），中间凿地引泉连结原有河湖予以沟通。全长约150 km。因海沙壅塞，积淤水浅，航行不便，明、清两代曾多次动议重修，或议而未行，或行而未能取得预期的效果。

济州河 中国古运河名。位于济州（治任城，今山东济宁）境内。元至元十三年（1276年）开凿。工程间有停歇，至元二十年完成。北引汶水、东引泗水为源，合流至州城西分流南北，南入泗水，北汇大清河（今黄河），全长一百五十里，即今山东运河南起鲁桥北至安山一段的前身，唯袁口以北故道在今道之西。河成南来漕船自淮溯泗，得由此出大清河渡海趋直沽（今天津市区）。至元二十六年开会通河，此后济州河遂通称"会通河"。

会通河 中国古运河名。创始于元至元二十六年（1289年）。凿渠起自今山东梁山安山西南，北抵临清，南接济州河引汶水北流，北达御河（今卫河），长二百五十余里，建闸三十一座以蓄节水势。河成命名"会通"，南来漕船即无须远涉渤海，可经由此河直

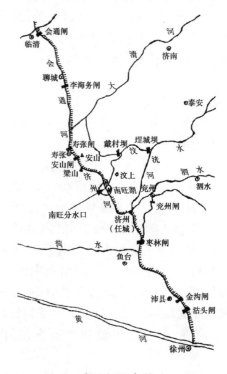

会通河示意图

达京畿。自此下讫泰定二年（1325年），又陆续在北起临清南至江苏徐州的运道上，兴建拦河、隘船诸石闸，此后遂将这一段运道包括安山以北的会通河，安山与鲁桥间的济州河，鲁桥与徐州间的泗水统称"会通河"。但因水源不稳定，河道时患浅涩，不胜重载，故终元一代漕粮北运仍以海运为主。明初会通河已淤断约三分之一，永乐九年（1411年）命工部尚书宋礼开复。礼用汶上老人白英策，筑东平戴村坝，遏汶水南入汶上南旺湖，分流南北济运；又自汶上袁口开新河于旧河东，北至寿张沙湾接旧河；置闸三十八座，东岸设水柜，西岸设陡门。河成运道畅通，遂罢海运，岁漕四百万石皆取道于此。其后南段因时遭黄河决流淤填，隆庆（1567—1572）、万历（1573—1619）间改开运河于昭阳湖东，湖西旧道渐废，清代通称北、中两段旧道和南段新道为"山东运河"。清末罢漕运，不久黄河以北悉归湮塞，黄河以南唯济宁以南尚可通航。

通惠河　中国古运河名。元至元二十九年（1292年）至三十年由都水监郭守敬主持开凿。起自今北京昌平区附近，修堤筑堰，截温榆河源白浮等泉水，导使循西山山麓西折南转注入瓮山泊（今昆明湖），东南流入大都城，穿城东出至今通州区高丽庄入白河（今北运河）。全长80 km有余，置坝闸二十座。渠成后，漕运可直达大都城内的积水潭（今什刹海）。明初淤废。其后成化、正德、嘉靖和清康熙、乾隆年间曾屡予修复，因水源仅资昆明湖水，不再远引昌平诸泉，或暂通即塞，或浅滞不胜重载，功效皆不及元旧。又因城内故道已被圈入宫墙之内，漕船一般都以城东便门处的大通桥为终点，故亦称"大通河"。

通惠河示意图

荆江大堤　长江中游北岸最险要的堤防。上起湖北江陵枣林岗，下至监利城南，全长182 km，是江汉平原的防洪屏障。荆江是长江从宜都枝城至城陵矶段的统称，江流迂曲似"九曲回肠"，自古有"万里长江，险在荆江"之说。东晋永和年间（345—356），桓温令陈遵在荆江北岸筑金堤，为其创始。后经历代增修扩展，至明嘉靖二十一年（1542年），北岸上起堆金台，下至拖茅埠，共124 km的大堤已连成整体，史称"万城堤"，亦称"万安大堤"。清乾隆五十三年（1788年）大水淹没江陵城后，改民堤为官堤。历史上大堤频遭溃决，仅明弘治十年（1497年）至清道光二十九年（1849年），即溃决34次。新中国成立后，大堤屡次增修加固，成为长江防洪的最重要堤段之一。

海塘　❶亦称"捍海塘"、"捍海堰"、"陡墙式海堤"。沿海岸与河口以块石或条石等砌筑成陡墙形式的挡潮、防浪的堤。是中国东南沿海地带的重要屏障。从长江南岸江苏常熟到上海沿海一带称"江南海塘"；浙江钱塘江口及杭州湾两岸，北至上海金山卫，南至曹娥江口称"浙江海塘"或"钱塘江海塘"。始建于汉代，历经唐、宋、元、明、清，屡经增修、扩展、改筑，塘址因海岸的涨坍而时有移动。❷隋开皇中修筑的工程。故址在今江苏连云港东云台山麓。❸一名"常丰堰"，唐大历中淮南节度使判官李承主持兴筑的工程。故址在今江苏盐城、东台的串场河东岸。即范公堤中段的前身。

浙江海塘　见"海塘"❶。
江南海塘　见"海塘"❶。

钱塘江海塘　浙江钱塘江口和杭州湾两岸海塘的总称。一般称"海堤"，苏沪浙一带习称"海塘"，是为阻挡海潮侵袭而修筑的人工堤岸。北岸东起平湖金丝娘桥，向西经海盐、海宁至杭州上泗区狮子口，亦称"浙西海塘"；南岸西起杭州萧山区临浦麻溪山，向东经绍兴至上虞曹娥江口的蒿坝，亦称"萧绍海塘"。全长约280 km。是钱塘江涌潮（亦称"海宁潮"）直接影响的地段，形势十分险要。从汉代开始修筑，唐、五代、宋、元时也均陆续增修，明、清两代更是屡次大规模修筑，并将今海宁、海盐一带土石塘改建为用大条石纵横叠砌、并用糯米石灰浆黏合的鱼鳞大石塘和条块石塘，塘脚并砌有多层坦水、护坡和护滩坝，以防浪潮冲刷。工程浩大精良，耗资巨大，一直保存至今。现代又逐步改建、增建混凝土海塘或钢筋混凝土海塘。为钱塘江口和杭州湾地区重要的海上屏障。

三江闸 亦称"应宿闸"。中国古代大型的挡潮排水闸。位于浙江绍兴（今绍兴市）城东北的三江口。明嘉靖十六年（1537年）绍兴知府汤绍恩主持修建。全闸28孔，长108 m。闸址在岩基峡口处，闸墩和闸墙用大条石砌筑，墩侧凿有装闸板的前后两道闸槽，闸底有石槛，闸上为石桥。闸两旁修堤四百丈与海塘衔接。闸内河道上设斗门多座，与闸联合运用。闸旁设置水则（水尺），按其所示水位确定开闸孔数。既能抵挡咸潮入侵，又能根据需要蓄泄上游来水，保持供灌溉和航运所需之内河水位。效益显著。后因闸外滩涂淤涨，1979年在原闸外2 500 m处另建新闸，原闸作为文物保留。

泇河 中国古运河名。有东西两泇：东泇源出山东费县东南箕山；西泇源出费县西南抱犊崮。两泇南流至江苏邳县（今邳州）三合村相会，又南至泇口集入运河。明以前泇河自泇口以下又东南流循今运河至窑湾会沂河，南至直河口（今皂河集西）入黄河。万历三十二年（1604年）河督李化龙征集民工开泇河，自夏镇（今山东微山）李家口引运河东南合彭河、承河至泇口会泇河，自此运道改由泇河经微山湖东，西北直达济宁，避开旧道从直河口溯黄河而上至徐州约160 km的风险，时称"东运河"。

八堡圳 亦称"浊水圳"、"施厝圳"。中国古代灌溉工程。位于台湾省彰化县浊水溪上。圳即水渠。清康熙五十八年（1719年）凤山县（今高雄）人施世榜等创建第一圳，可灌溉东螺等八堡之田。截水堰由藤木扎成的石笼叠砌而成。八堡圳灌区干渠一为原八堡圳，长约33 km；另一为原十五庄圳，长约29 km。圳主由施氏子孙世袭。光绪二十四年（1898年），圳被洪水冲毁，经地方政府修复，归为公有。光绪三十年灌田10万亩，1923年又并入几圳，灌溉面积发展到30多万亩，1948年为37万多亩。

察布查尔渠 中国古代灌溉渠名。清代徐松《西域水道记》中称"锡伯渠"。新疆锡伯族人于清嘉庆

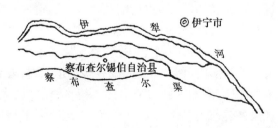

察布查尔渠示意图

七至十三年（1802—1808）挖成。是伊犁河流域著名的灌溉渠道。横贯今察布查尔锡伯自治县，长达100 km，受益面积约10万亩。现仍在使用中。

后套八大渠 中国古代引黄灌溉渠系。位于黄河后套（今内蒙古自治区巴彦淖尔市）。始于汉武帝元朔年间（前128—前123），后又经历代修治。南临黄河，北界乌加河。自西向东分别是永济渠（亦称"缠金渠"）、刚目渠（亦称"刚济渠"）、丰济渠（原称"中和渠"）、沙河渠（亦称"永和渠"）、义和渠、通济渠（原称"老郭渠"）、长济渠（亦称"长胜渠"）和塔布渠（原称"塔布河"）。各渠都自黄河引水，退水到乌加河，灌溉面积达九千余顷。光绪二十九年（1903年）清政府任命贻谷为督办垦务大臣，强行将河套渠道和沿渠田地由国家赎买，统一灌区管理。

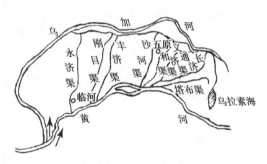

后套八大渠示意图

大清渠 清代引黄灌溉工程。在今宁夏汉延、唐徕两渠之间。清康熙四十八年（1709年）修筑。自宁朔（今银川市）汉延渠口上游2.5 km，引黄河水北流约36 km，至贺兰县界合唐徕渠。两岸有支渠十余道，灌田十余万亩。

惠农渠 中国古代引黄灌溉工程。位于今宁夏永宁、银川、平罗一带黄河西岸。清雍正四年（1726年）始于陶家嘴南花家湾凿渠引水，北流三百里，下入西河。渠东岸筑长堤以防黄河泛滥，渠西疏西河旧淤以泻汉延、唐徕两渠的溢水，两岸各开支渠百余道。雍正七年工成，共溉田两万余顷。乾隆五年（1740年），又引渠至平罗市口堡入黄河，与西河别流。计长一百三十余里，溉田四千五百余顷。与唐徕、汉延、大清合称"宁夏四大渠"。今为宁夏引黄灌区的重要组成部分。

昌润渠 中国古代引黄灌溉工程。在今宁夏平罗县城东。清雍正六年（1728年）就黄河西岸支流六羊河疏凿而成。自黄河分出后，东北流约60 km，仍入黄河。筑有进水、退水、逼水等闸，两旁分支渠二

十余条,溉田 100 余万亩。今为宁夏引黄灌区的组成部分。

嘉南大圳 中国近代灌溉工程。位于台湾南部嘉义地区。始建于 1920 年,1930 年完工。包括浊水溪和珊瑚潭两个灌区。前者自溪上三个引水口引水,灌溉面积为 70 万亩;后者自曾文溪取水,通过长 3.1 km 的乌山岭隧洞引入官田溪,溪上筑土坝成库,坝长 1 273 m、高 5.6 m,库容 16 700 万 m³,灌溉面积 150 万亩。圳即水渠,两灌区共有干渠 122 km、支渠 1 200 km 和排水渠 500 km 以上。1944 年又合并台南县各陂塘灌区为一个管理区,陂塘包括清康熙至嘉庆时所修的 9 处和近代修成的约 20 处埤(陂)圳,灌溉面积 60 万亩。

民生渠 中国近代引黄灌溉工程。位于今内蒙古自治区土默特右旗和托克托县境内。1927—1928 年绥远省政府与华洋义赈总会合资开渠。设计干渠长 72 km,支渠 14 条,灌溉面积约 250 万亩。1931 年建成。但因施工仓促,测量草率,以致干渠高程较高,进水困难;渠道坡降较小,淤积严重;西部地势较高,难以上水。放水典礼后,干渠即淤高 1 m,此后再未通水。1975 年在楼口建电力扬水站,利用民生渠原有渠道,建成灌溉 116 万亩的大型灌区。

泾惠渠 中国近代引泾灌溉工程。位于陕西泾河下游,渠道经泾阳、三原、高陵、礼泉、临潼等地,下入渭河。其前身为秦王政元年(前 246 年)开凿的郑国渠和汉武帝太始二年(前 95 年)开凿的白渠。唐代自北向南分为太白、中白、南白三渠,合称"三白渠"。宋、元以来,引泾渠口一再上移,如宋丰利渠、元王御史渠、明广惠渠、通济渠、清龙洞渠等。清后期改引泉水,灌溉面积降至不足 2 万亩。1930 年水利学家李仪祉倡议新建现代有坝引水灌溉工程,在张家山泾水出峡口建拦河坝,坝长 68 m,坝高 9.2 m,于左岸建引水干渠,上段 359 m 为引水石洞,下段为明渠,至王桥镇西与旧渠汇合。1935 年建成,灌溉面积增至近 60 万亩。新中国成立后,又加以整修、扩建,灌溉面积增至 135 万亩。

洛惠渠 中国近代引洛河水灌溉工程。位于陕西洛河下游蒲城、大荔等县,相当于汉代龙首渠的位置。渠首位于澄城县老洑头村,形式略同于泾惠渠。干渠穿越铁镰山需开凿隧洞长 3 037 m。自 1934 年兴工,因隧洞施工困难和受抗日战争影响等,直到 1950 年 7 月才完工通水,当年灌溉面积为 50 万亩。后经扩建,灌溉面积增加近一倍。

渭惠渠 中国近代引渭河水灌溉工程。位于陕西省中部。灌溉范围包括眉县、扶风、武功、兴平、咸阳等市县。相当于汉唐时代的成国渠和升原渠的位置。1935 年起始建现代的有坝引水灌溉工程,渠首位于眉县西的魏家堡,为混凝土溢流坝。1937 年完成时灌溉面积 17 万多亩。新中国成立后,经多次扩建,灌溉面积达 188 万亩。

陕西八惠 中国近代陕西省八大灌渠的总称。1928 年起,陕西连续三年大旱,水利学家李仪祉倡导复兴陕西水利后,较早兴建的泾、洛、渭、梅、沣、黑、汉、褒等八大灌渠,称"陕西八惠"。除泾惠渠、洛惠渠、渭惠渠外,梅惠渠创建于清康熙三年(1664年),引眉县石头河水灌溉,因年久失修,1936 年动工修整,1939 年完成,灌溉眉县岐山一带农田 10 万亩;沣惠渠引沣、潏两水灌溉西安以西一带农田约 3 万亩,1941 年 9 月动工,1947 年 5 月完成;黑惠渠引渭河南岸支流黑水灌溉周至县农田 8 万亩,1940 年动工,1942 年完成;汉惠渠引汉水灌溉勉县农田 8 万亩,1939 年动工,1944 年完成;褒惠渠的前身是山河堰,引汉水支流褒水灌溉农田 14 万亩,1939 年动工,1945 年完成。陕西八惠当时总灌溉面积约 178 万亩。

吴江水则碑 中国古代设置在吴江垂虹桥侧的水尺。它是将石碑竖立在水涯,上刻尺度,用以测定和记录水位的变化,称"水则碑"。吴江水则碑建于宋代,嵌在垂虹桥墩旁,有横道水则碑和直道水则碑两块。横道水则碑面刻横道七条,分为七则,每则高差为 0.25 m,刻记历年的洪水位;直道水则碑刻记每旬的水位。

涪陵石鱼 中国古代观测长江最低水位的标记。在今四川涪陵县城北长江中的白鹤石梁(石鱼)上。每当最低水位时,人们就以石鱼为标准,衡量水位的枯落程度。观测者有的把石鱼出水的日期和尺度、叙述出水情景的诗文,镌刻在石梁上。涪陵石鱼上共镌刻了唐、宋以来的 72 个枯水年,留下了自唐广德元年(763 年)以来 1 200 多年的水文历史资料,为长江水利、水电、航运开发,提供了确切可靠的科学依据。三峡水库建成后,已永久没入水库中,并得到永久保护。

水文　水资源　地质

水 文 学

水文学（hydrology）　研究存在于地球大气圈、岩石圈、水圈和生物圈的各种形态水的运动、变化、分布，以及与环境、生态、人类活动相互作用的学科。地球物理学的一个分支，也是水利科学的基础学科。与经济社会可持续发展事业有密切联系，为防治水旱灾害、综合利用水资源和环境生态保护提供水文科学依据。按研究水体的不同，分河流水文学、湖泊水文学、沼泽水文学、冰川水文学、河口水文学等；按研究任务的不同，分水文勘测、水文实验、水文预报、水文计算、水利计算和规划、水文地理学、水文化学、水文物理学等；按研究方法的不同，分确定性水文学、随机水文学、参数水文学、系统水文学等；按应用的不同，分工程水文学、农业水文学、城市水文学、森林水文学、水资源水文学、环境水文学、生态水文学等。

工程水文学（engineering hydrology）　分析流域水文要素的时空变化规律，为水利水电工程及其他涉水工程的规划、设计、施工和管理提供水文资料，进行水文计算和预报的技术和方法的学科。水文学的分支学科之一。主要内容包括水文测验、水文计算、水文预报等。

城市水文学（urban hydrology）　研究发生在城市区域的水文现象和城市化对水文的影响的学科。水文学的分支学科之一。主要内容包括：城市热岛效应和雨岛效应对水文的影响；城市土地利用和排水系统引起的产流、汇流条件的变化；城市化引发的水环境和生态问题。目的是用水文学原理和方法，对城市水文现象的规律进行揭示和计算，为城市规划、建设、水务管理等提供水文依据。

农业水文学（agricultural hydrology）　研究发生在农业区域的水文现象与农业的相互关系的学科。水文学的分支学科之一。主要内容包括：土壤-水-植物系统的水文循环；农业土地利用引起的产流、汇流变化；作物与水的关系；农业面源污染等。目的是运用水文学原理和方法，对农业水文现象的规律进行揭示和计算，为农业灌溉、排水、面源污染治理、农业增产等提供水文依据。

森林水文学（forest hydrology）　研究森林生态系统的水文过程和森林与水文循环的相互影响的学科。水文学的分支学科之一。主要内容包括：森林对降水径流的影响；森林对水质的影响；水文循环对森林生长发育的作用等。目的是运用水文学原理和方法，对森林生态系统的水文规律进行揭示和计算，为植树造林、森林资源开发利用、涵养水分、调节气候、改善环境等提供水文依据。

水文气象学（hydrometeorology）　研究与水文循环有关的大气层中各种物理现象发生、发展及其分布规律的学科。气象学与水文学的边缘学科。主要内容包括：大气层中与水文要素演变有关现象的发生、发展和分布；根据气象资料，应用气象学原理探讨最大可能降水、中长期水文预报等水文问题。

地下水水文学（groundwater hydrology）　研究地下水的形成和赋存条件、地下水水文现象的基本规律、地下水与地表水的关系、地下水资源开发利用引发的生态环境问题等的学科。水文学的分支学科之一。主要内容包括：地下水水量和水质的运动、变化、分布；地下水与土壤水、地面水的相互联系等。为合理开发利用地下水资源，防治涝、渍、碱灾害，以及水质污染、地面沉降等提供科学依据。

随机水文学（stochastic hydrology）　基于随机过程理论，分析研究水文时间序列随机不确定性统计规律的学科。水文学的分支学科之一。主要内容包括：水文时间序列分析、统计试验、滤波技术、随机水文模型等。产生于20世纪60年代，主要应用于水文随机样本生成、水文水利计算和水文预报等。

系统水文学（system hydrology）　用系统分析理

论和方法研究水文过程的学科。水文学的分支学科之一。水文过程可视为由输入、输出和系统作用函数构成的系统,称"水文系统"。例如,区域或全球水文循环、流域径流形成、水库调节洪水和枯水的作用等水文过程,均可视为水文系统。主要内容包括:水文系统的识别、预测和综合。已知系统输入和作用函数求系统输出称"预测";已知系统输出和作用函数求系统输入称"综合";已知系统输入和输出求系统作用函数称"识别"。产生于20世纪60年代末,70—80年代曾得到较快发展。

同位素水文学(isotopic hydrology) 利用水体中碳(C)、氢(H)、氧(O)等同位素研究水文现象、探索水文规律的学科。水文学的分支学科之一。同位素有良好的示踪作用。通过测定同位素组成,可确定和追踪水的运动和循环路径。水文学中主要使用的放射性同位素有氚^{3}H、^{14}C,稳定同位素有^{2}H、^{18}O。^{3}H和^{14}C常用来确定水体年龄和水的滞留期,^{2}H和^{18}O常用来作为识别水的来源、水在土壤中运动、水面蒸发等的指示剂,确定地表水与地下水转化关系。一般同位素方法与常规的水文学、水化学方法配合使用,才能获得更好的效果。

水圈(hydrosphere) 地球的水体总称。与大气圈、岩石圈和生物圈一起构成了地球系统,并与这些地球圈层相互联系。地球的水体位于地表、地下、大气层和生物体。其中地表水体主要有海洋、河流、湖泊(水库)沼泽、冰川等。地球总储水量约为13.86亿km³,占地球体积的0.12%;约96.5%的水储存在海洋中,陆地、大气层和生物体的储水量仅占3.5%。

水文循环(hydrologic cycle) 亦称"水分循环"。水在地球系统中永无休止的循环运动。在太阳辐射和地心引力的作用下,地球上的水不断地经蒸发、输送、凝结、降落、流动,周而复始地变化和运动。其内因是水的三态(液态、固态、气态)在常温条件下能互相转化;外因是太阳辐射、地心引力和大气运动。由规模大小不同的大循环和小循环组成。大循环是从海洋上蒸发的水汽,输送到大陆上空,凝结为雨、雪等,然后降落到地面上,形成的径流经地面或地下流入海洋的循环。小循环分两种:(1)海洋小循环,即从海洋表面蒸发的水汽又降落到海洋上;(2)陆地小循环,即从陆地表面蒸发的水汽又降落到大陆上。平均每年约有55万km³的水量参加全球水文循环。

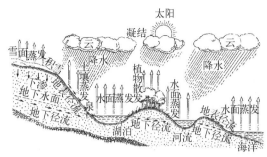

水文循环示意图

水汽输送(moisture transport) 大气中的水汽随水平气流从一个地区输送到另一个地区,或随辐合上升气流从低空输送到高空的现象。前者称"水平输送",主要把海洋上空的水汽带到陆地,是水汽输送的主要形式;后者称"垂直输送",由空气的上升运动,把低层的水汽输送到高空,是成云致雨重要因素。水汽输送是水文循环最活跃的环节,世界各大洋每年向大陆净输送约340万km³的水汽,以补偿自大陆流入海洋的径流量,完成全球水文循环,并获得不断再生的淡水资源。平均每年净输入中国大陆上空的水汽约为2 376 km³。

水量平衡(water balance;water budget) 在一定时段内,水体或区域各种输入水量(收入水量)等于输出水量(支出水量)与其蓄水变化量的代数和。是物质不灭定律(或质量守恒定律)在水文循环中的体现,可用以阐明和解决许多水文学问题。通过水量平衡分析可以了解水资源状况;可探讨各水文要素的相互关系包括数量对比关系;可检查水文计算或水资源估算成果的合理性等。

热量平衡(heat balance;heat budget) 亦称"热量收支"。在一定时段内,水体或区域输入热量等于输出热量与其热量变化量的代数和。是能量守恒定律在水文循环中的体现,用以研究水体热学推算蒸发量、预测水温、分析冰情等。

温室效应(greenhouse effect) ❶大气层中保温气体含量增加,引起地球平均气温增加的现象。"保温气体"亦称"温室气体",常见的有二氧化碳、二氧化硫、水蒸气等。到达地面的太阳辐射以红外辐射的形式(热量)向大气层反辐射,被大气中保温气体吸收,使大气层增温。大气中保温气体浓度增高导致的气候变暖,可能引起气候反常,使极地冰雪融化,海平面上升,也将使农业和自然生态发生一系列难以预料的变化。❷亦称"花房效应"。玻璃、塑料薄膜等透光覆盖物对室内小气候的增温、保暖作用。

农业生产上,薄膜育秧,薄膜覆盖防霜,温室种花、菜、瓜、果,温室饲养禽畜等,系温室效应的实际应用。

热岛效应(thermal island effect) 城市温度明显高于周边乡村的现象。城市热岛的形成主要归因于城市区域工业集中,人口密度大,大量人为热量的释放;建筑物高大集中,使近地层风速小且通风不良;混凝土、柏油路面、楼房等人工构筑物导热率高,热容量小,升温速度快;地面干燥,蒸发耗热少;城市建筑物的峡谷形式造成多重反射和多重吸收,增大了受热面积。在近地面,城区温度高于周边乡村温度,在城乡接合部温度递减速率最快。

雨岛效应(rain island effect) 城市热岛效应引起的热对流,使近地层上升的湿热气流冷却导致降水可能比边缘地区多的现象。城市中大气环流较弱,城市热岛效应所引起的局地气流上升,城区空气中凝结核多,尤其是大核(如硝酸盐)的存在,有利于对流雨的发生、发展,同时城市的下垫面粗糙度大使雨区移动减慢,延长了城区降雨时间。一般大城市的年降水量要比周围乡村大5%~10%。

水文年度(hydrologic year;water year) 与水文要素时间变化特点相适应的一种专用年度。为便于整编计算,常以日历年的某个月的第一日作为年度起始日期。例如,中国一般以3月1日作为水文年度的起始日期,但东北地区以4月1日为起始日期。华北地区有少数河流,因春季枯水低于冬季枯水,则以6月1日为水文年度的起始日期。

水文资料(hydrologic data) 由观测整编和实地调查所得的水文要素时间变化和空间分布的数据及图表等。降水量、蒸发量、水位、流量、含沙量、泥沙颗粒级配、水质、水温、冰厚、地下水位、历史洪水等资料均为水文资料。由这些资料得到的在一定时期内的平均值、最大值、最小值、总量、等值线等也属水文资料。刊印的水文资料有:水文年鉴、水文手册、水文特征值统计、水文图集等。

水文年鉴(hydrological year-book) 按流域水系逐年刊印的水文及其相关资料的汇编。是一种专业年鉴。主要项目包括水文测站一览表和分布图、水文测站的考证资料、水位、流量、泥沙、降水、蒸发、水质、冰情、水温、地下水水位、横断面等整编资料。一般刊印成逐日平均值表、月统计表、年统计表、汛期降水和洪水过程、综合过程线图、等值线图等。中国在20世纪50年代初全面整编刊印历史积存的水文资料,以后逐年分区整理刊布。1958年命名为《中华人民共和国水文年鉴》,共10卷,74册。20世纪80年代后期起中国水文年鉴既有纸质版,也有电子版。

水文图集(hydrologic atlas) 亦称“水图”。表示各种水文要素和水文特征值时空分布的专业图汇编。反映国家或地区降水、蒸发、河川径流、地下水、水质、暴雨、泥沙、洪水、冰情等水文特征的时空分布,以及河流、水系情况。通过水文图集,可以了解水文的基本情况,也可通过内插方法求得所需地点的水文特征数据,供规划、设计、建设、科研、行政决策等使用或参考。从1955年起,中国已编制中国年雨量、年径流、暴雨参数等水文图集。

水文手册(hydrologic handbook) 根据区域(流域或行政区)水文资料和水文分析成果汇编成的工具书。主要包括各种水文特征值统计成果、等值线图、分区成果表、有关曲线、计算公式、简要的计算方法等。为农田水利规划、小型水利工程的设计等提供水文依据。

水文调查(hydrologic investigation) 通过查勘、试验、查阅文献档案等搜集水文及其相关资料的活动。内容包括:水文要素(水位、流量、含沙量、土壤含水量、下渗等);气候特征(降水、蒸发、气温、湿度、风力等);流域自然地理特征(地形、地质、水系、分水线、土壤、植被等);河道情况(河宽、水深、弯道、建筑物等);人类活动(水利工程、水土保持措施、土地利用、工农业用水、养殖和航运、污染及生态破坏等);水旱灾情;社会经济状况等。为某种特定目的进行的水文调查称“专门水文调查”,如洪水调查、河源调查、水土流失调查等。

水文实验(hydrologic experiment) 通过代表流域、实验流域的设站观测,以及室内物理模型试验,进行水文研究的方法。主要包括产流、汇流、产沙的基本规律实验、人类活动的水文效应实验等。目的是了解或揭示水文要素及其影响因素之间的物理和数学关系,寻找解决问题的方法或建立水文模型、确定模型参数、对模型进行检验等。

水文区划(hydrologic regionalization;hydrologic zonation) 根据水文特点,参考自然地理条件,按水文的差异性对区域作出的不同水文分区。在同一水文区划内发生的一些水文现象,应具有基本相同或接近的变化规律。

分水线（divide；divide line）　山峰、山脊、鞍部等地形最高点的连线。其两侧降水形成的径流分别向两侧河流汇集。有地面分水线和地下分水线之分。地面分水线一般由带有等高线的地形图确定，地下水分水线则需通过水文地质勘探确定。地面分水线为相邻流域的分界线。

流域（drainage basin；watershed；catchment）　地面分水线所包围的集水区。流域内产生的地面径流将汇入其中河流，并经出口断面流出流域。其大小、形状、长度、宽度、起伏等对流域水文情势有密切的影响。地面分水线与地下分水线重合的流域称"闭合流域"，否则称"不闭合流域"。一般大中流域，因地面与地下分水线不重合而发生的相邻流域水量交换，比流域总水量小得多，常可忽略不计，可视作"闭合流域"；喀斯特地区的流域，地下水量交换则相当大，一般为"不闭合流域"。

流域面积（drainage area；watershed area；catchment area）　亦称"集水面积"、"汇水面积"。流域地面分水线包围的地面区域在水平面上投影的面积。以 km^2 计。一般先从地形图上定出分水线，然后用求积仪或其他方法求得。在大比例尺地形图上求流域面积，精确度较高。通过建立数字高程模型（DEM），应用计算机算法确定分水线和流域面积，也在实际中得到应用。

数字高程模型（digital elevation model）　以一组有序数值的阵列形式表示地面高程空间分布的地形模型。在有关计算机软件支持下可显示三维地形图；自动提取流域水系、分水线；自动计算流域面积，地貌参数，地形特征值，挖、填土方量等。

数字流域（digital watershed）　把流域及与之相关的所有信息（主要包括流域自然地理、人文地理、环境生态、经济社会发展等信息）数字化，并用空间信息的形式组织成一个有机的整体，从而有效地从各个侧面反映整个流域的完整的、真实的情况，并提供对信息的各种调用服务。数字流域这个概念是从数字地球引申出来的，是数字地球的有机组成部分。

河流（river）　陆地表面上接纳地面径流和地下径流的天然的固定延伸泄水凹槽。河水沿着其经常性地或周期性地流向海洋、湖泊或另一河流。按大小和性质，分江、河、溪、沟等。河流的补给主要有雨水、冰雪融水和地下水。一条河流通常分河源、上游、中游、下游、河口等区段。干旱地区有些河流，最后没于沙漠，称"瞎尾河"。石灰岩地区有些河流经溶洞或裂隙没入地下，成为地下河流，称"暗河"或"伏流"。

内流河（interior drainage）　亦称"内陆河"。不能流入海洋的河流。大多处于内陆干旱地区，因水量不大，蒸发量大，中途会消失或最终注入内陆湖泊。如中国新疆的塔里木河、青海的柴达木河等。

外流河（exterior drainage）　直接或间接流入海洋的河流。如中国的长江、黄河、珠江、海河、辽河、黑龙江、淮河等。

间歇河（intermittent river；intermittent stream；seasonal stream）　大部分时间干涸，仅在雨季或融冰、融雪期间有水流的河流。大多分布在降雨稀少，水量不足的内陆干旱地区。

水系（river system；drainage net；hydrographic net）　亦称"河系"、"河网"、"水网"。流域内各种水体构成的脉络相通系统。通常包括干流、支流、地下暗流、沼泽、湖泊及水库等。其形状大致分四种：（1）扇形水系，各支流如手指状分布；（2）羽毛状水系，各支流呈羽状分布；（3）平行水系，曲折而近乎保持平行的各支流至入海处附近始行汇合；（4）混合型水系，由上述两种或三种形式混合排列而成。

河网密度（drainage density）　流域内干流和支流的总长度即河流总长度与流域面积的比值，即单位面积的河长。可用 $D = \dfrac{\sum L}{F}$ 表示，式中 D 为河网密度，$\sum L$ 为河流总长度，F 为流域面积。一般干旱地区河网密度小，雨量丰沛地区河网密度大。

瀑布（waterfall）　从河床陡坡断面或悬崖处倾泻下来的水流。主要成因是水流对河底软硬岩层长期差别性侵蚀，如中国贵州省的黄果树瀑布、北美洲的尼亚加拉瀑布和非洲的维多利亚瀑布等。山崩、断层、岩浆阻塞、冰川的差别侵蚀或堆积等也可能造成小型瀑布。位于彼此大体平行的多条河流上的瀑布的连接线，称"瀑布线"。瀑布线标出了河流从高地进入低地的转折。这些地方落差大，水能资源丰富。

河源（river source）　河流最初具有地面水流的地方。亦即河流开始的处所。通常是溪涧、泉水、冰川、雪线、沼泽或湖泊。世界上大河的河源，多是沼泽或湖泊（湖泊群）。在河流溯源侵蚀作用下，河源可不断向上移动或变动位置。

河口（river mouth）　河流注入海洋、湖泊或其他河流的部分。分入海河口、入湖河口及支流河口。河口的形态变化及水文特性受河流及其所注入水体的双重影响。在河流注入海处，由于河流携带大量泥沙受海潮的顶托，易在入海河口地区形成陆上或水下三角洲。如中国的珠江、长江等河口三角洲。在河流注入湖泊处，因湖水流动速度较低，泄洪期河流携带的泥沙，易在入湖河口形成淤积或在湖周淤积。支流河口是支流汇入干流的区段，洪水期可能会发生支、干流水流相互顶托作用。

上游（upper course；upper reaches）　全称"上游河段"。河流在河源以下的一段河段。与河源和中游并无严格的分界。其特点是比降大，礁石暴露，水流湍急而具有巨大的侵蚀能力。在河流发育的阶段上，上游相当于河流的幼年期。

中游（middle course；middle reaches）　全称"中游河段"。介于河流上游与下游间的河段。与上游和下游并无严格的分界。其特点是比降和流速都较上游小，冲刷和淤积作用大致保持平衡，河槽比较稳定。在河流发育的阶段上，中游相当于河流的成熟期或壮年期。

下游（lower course；lower reaches）　全称"下游河段"。介于河流中游和河口之间的一段河段。与中游及河口并无严格的分界。其特点是比降小，水面宽广，泥沙沉积显著，河槽中多浅滩和沙洲。在河流发育阶段上，下游相当于河流的老年期。

干流（main stream；main river；trunk stream）　亦称"主流"。水系中主要的或最大的、汇集全流域径流，注入另一水体（海洋、湖泊或其他河流）的水道。

支流（tributary）　直接或间接流入干流的河流。在较大的水系中，按水量和从属关系，分一级支流、二级支流、三级支流等。在中国，流入干流的河流称"一级支流"，流入一级支流的称"二级支流"，流入二级支流的称"三级支流"，其余依此类推。

河床（river bed）　即"河槽"。多用于地貌学。

河槽（river channel）　亦称"河床"。河谷中被水流淹没的部分。随水位涨落而变化。其形态受地形、地质、土壤、水流冲刷、搬运和泥沙堆积的影响。分平原河槽和山区河槽两类。在平原河槽中，一般将枯水期水流经过的河槽称"枯水河槽"，亦称"基本河槽"或"主河槽"；洪水期水流漫溢到两岸滩地

上，形成很宽的河槽，称"洪水河槽"。山区河槽比降大、水流急，枯水期形态一般比较稳定；洪水期河流中常携带大量推移物质，在支流和小溪河口附近沉积成冲积扇，或在河弯段沉积，成为河槽的一部分。

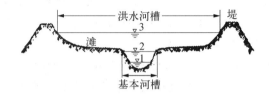

平原河槽示意图
1. 低水位　2. 中水位
3. 洪水位

深泓线（thalweg；talweg）　亦称"溪线"。河槽各横断面最大水深点的连线。河湾的深泓线偏向凹岸。河流的河底坡度由深泓线测得。它与河槽几何外形的对称轴线（河轴线）一般不在同一位置。深泓线的变化是河床演变的结果，可以根据它的变化趋势预测河床变化。治河中，必须密切注意上游河段深泓线的变化，及时采取工程措施，稳定河势。

湖泊（lake）　大陆上的天然洼地蓄（积）水而成的停滞或流动缓慢的水体。按成因，分构造湖、火口湖、冰川湖、堰塞湖、喀斯特湖、潟湖、人工湖等；按是否泄水，分排水湖和非排水湖；按是否有径流入海，分内陆湖和外流湖；按含盐度高低，分淡水湖或咸水湖。具有调蓄水量、提供饮水、灌溉、航运、养殖等功能。

湖盆（lake basin）　湖泊的积水部分。由陆地表面层内外动力（地壳运动、水力、冰川、喀斯特、风力等）作用而形成的凹地。会在各种外部因素和产生于湖盆内部的动力、化学和生物等作用下不断变化，最后趋于消亡。湖盆的形态特征（如大小、形状等）对于湖泊的水文情势有重要影响。

淡水湖（fresh water lake）　水的含盐度小于1%的湖泊。因湖水不断交换，水中盐分不易聚集。湿润地区的排水湖均属之，如中国长江沿岸的鄱阳湖、洞庭湖等。中国淡水湖的贮水量为2 150亿 m^3。

咸水湖（salt water lake）　水的含盐度超过1%的湖泊。其中，含盐度在1%~24.7%之间的为微咸水湖，大于24.7%的为咸水湖。形成于蒸发强烈、没有泄水的干旱地区。可产食盐、碱、芒硝、硼酸等。中国咸水湖大部分布于西北内陆地区，贮水量为5 350亿 m^3。

内陆湖（interior lake；inland lake） 位于大陆内部不能经由河流汇入海洋的湖泊。一般含有较多的矿物质。中国内陆湖大致分布在大兴安岭、阴山、贺兰山、祁连山、昆仑山、唐古拉山、冈底斯山一线广大地区，以咸水湖或盐湖为主，仅青藏高原有少量淡水湖。其面积为 38 150 km²，贮水量为 5 230 亿 m³，其中淡水储量为 390 亿 m³。

外流湖（exterior lake） 经常有径流从湖中流出经河流汇入海洋的湖泊。中国外流湖分布在大兴安岭、阴山、贺兰山、祁连山、昆仑山、唐古拉山、冈底斯山一线东南地区，以淡水湖为主。其面积为 37 460 km²，贮水量为 2 270 亿 m³，其中淡水储量为 1 760 亿 m³，约为内陆湖的 4.5 倍。

冰川湖（glacial lake） 冰川（古代冰川或现代冰川）作用所产生的凹地积水而成的湖泊。主要分冰蚀湖和冰碛湖两种。在中国西北、西南地区广泛分布。每当天气晴朗，气温升高，消融增强，冰川释放的大量融水汇入湖内，可以调节以冰川融水补给为主的河流。

冰蚀湖（glacial erosion lake） 冰川湖的一种。由冰川掘蚀作用产生凹地积水而成。如中国藏北高原的一些湖泊，是山谷冰川侵蚀形成的冰蚀湖；俄罗斯科拉半岛、芬兰境内和加拿大东部的大多数湖泊，是大陆冰川形成的冰蚀湖。

冰碛湖（moraine lake） 冰川湖的一种。由冰碛物间的凹地积水而成。多分布于古代大陆冰川作用的外缘地区。如波兰东北部的希尼亚尔德维湖等。

喀斯特湖（karst lake） 亦称"岩溶湖"。石灰岩区域溶蚀凹地积水而成的湖泊。通常为漏斗形，面积小、深度大。由于湖底常与地下河相通，旱季往往湖水流入地下河而消失，雨季又重新出现。有时因湖底被泥沙堵塞，长期积水。如中国贵州西部的草海。

断层湖（fault lake） 见"构造湖"。

构造湖（tectonic lake） 地壳构造运动所造成的坳陷盆地积水而成的湖泊。以构造断裂形成的断层湖最常见。其特征为水深，岸坡陡峻，常成狭长形。如中国云南滇池，非洲东非大裂谷的坦噶尼喀湖等。有的是大块陆地下沉而成湖盆，潴水成湖。也有的是岩层同时发生断裂、褶皱两种地壳变动生成的湖盆，如俄罗斯的贝加尔湖。

堰塞湖（barrier lake） 因地震、山崩、冰碛物、泥石流或火山熔岩阻塞河道而形成的湖泊。如中国东北镜泊湖，即由玄武岩流阻塞牡丹江上游河道而形成。有的会形成较大的瀑布，水量丰富，因只需修建引水建筑物，而不必拦河筑坝，是很好的水电站选址。

内流区（interior basin；inland basin） 内流河流域。河川径流不能流入海洋的地区。区内气候干燥，蒸发旺盛，河道稀疏，水量贫乏。河流大多中途消失或最终注入内陆湖泊。约占世界陆地总面积的22%。中国的内流区面积约占全国陆地总面积的1/3，多年平均年降水量不足全国的10%，多年平均河川径流量约占全国的4.2%，西北部沙漠和山脉所环抱的内陆盆地都属于内流区。

外流区（exterior basin） 外流河流域。河川径流汇入海洋的地区。超过世界陆地总面积78%以上的地区属于外流区。中国的外流区面积约占全国陆地总面积的2/3，大多注入太平洋和印度洋。其河川径流量约占全国的95.8%，东部和南部广大地区均属于外流区，如长江、黄河、淮河、珠江等流域。

无流区（nonflow basin） 无河川径流的地区。偶有河川径流通过，亦因强烈蒸发和渗漏，很快消失。多位于沙漠地区。

湖流（lake current） 一种湖水运动形式。湖泊、水库中的水受力的作用沿一定方向行进的运动。分风成流、梯度流、惯性流、混合流等。风成流是风力作用于湖、库水面产生的摩擦力引起的流动，亦称"摩擦流"或"漂流"。梯度流是因水面倾斜，重力沿水面的分力所引起的流动，亦称"重力流"。惯性流是在引起湖流的因素停止后，由于水团惯性作用使水团在一定时间内继续流动，亦称"余流"。混合流是由两种以上的力共同引起的湖流，如漂流-重力流等。

波漾（seiches） 亦称"定振波"、"静振波"。湖泊、水库受外力突变而引起其水位有节奏的变化现象。一种湖水运动形式。外力包括风力、压力、地震产生的力等。当湖、库发生波漾时，水团发生旋转，湖、库水面交替变为顺向和逆向的倾斜。水团旋转的不动轴，称"振节"或"波节"。两振节之间的变

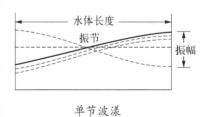

单节波漾

化幅度,称"变幅"或"波腹"。湖、库的基本波漾为单节,但如发生谐波,则可能是多节的。

沼泽(swamp;marsh)　土壤含水量长期处于饱和状态,其上长有湿生植物,并有泥炭积累的地表湿地。一般地势低洼、排水不良、降水量大于蒸发量的地区易形成沼泽。沼泽的生成主要有水体沼泽化和陆地沼泽化两种形式。前者包括海滨、湖泊、河流、小溪等沼泽化形成的沼泽;后者包括森林、草甸等沼泽化形成的沼泽。按其位置,可分高原、平原、洼地、灌地、坡地、永冻地带等沼泽化形成的沼泽;按其供给水源及演变过程,可分草甸沼泽、泥炭沼泽、森林沼泽等。具有有机质含量高、容重小、持水性强、透水性弱、通气性差、导热性小和干燥时体积收缩的特点。经排水疏干,可发展农牧业;厚泥炭层可采掘作工业原料和燃料。中国的沼泽主要分布在江苏北部沿海、东北三江平原、青藏高原、内陆盆地等地带。

草甸沼泽(meadow bog)　亦称"低位沼泽"。沼泽发展的初期阶段。大多分布在河谷、湖滨和泉旁。主要依靠地下水和河水补给。地表平坦低洼,呈浅碟形,常生长苔草、莎草、真藓、芦苇等喜湿性植物。泥炭层较薄,养料丰富,可开采作有机肥料。排水后可开垦为农田。

森林沼泽(forest bog)　亦称"中位沼泽"、"过渡沼泽"、"中营养型沼泽"。草甸沼泽与泥炭沼泽的过渡类型。多分布于高山森林地带。主要依靠地下水、河流降水补给。生长苔草及灌木丛,有泥炭藓存在,含有一定养料,排水后也可作为农田。

泥炭沼泽(peat bog;peat moor)　亦称"高位沼泽"、"苔藓沼泽"、"贫营养沼泽"。沼泽发展的后期阶段。多分布于高原河谷台地。由于地表凸起,主要靠降水补给。以泥炭藓占绝对优势,其他尚生长有草本植物、灌木和小乔木。泥炭堆积较厚,但养料贫乏。当泥炭层厚度达到开采价值或超过0.5 m时,可作为燃料和化工原料基地。

盐沼(salt marsh)　含有大量盐分的沼泽。主要发生在荒漠盆地中部或局部洼地。由河流和地下水携带的盐分在此类地区长久积聚而成;在滨海或大河三角洲前端,受海水浸渍,亦可形成盐沼。多生长喜湿性盐生植物。

湿地(wetland)　自然或人工形成的带有静止或流动水体的成片浅水区和低潮时水深小于6 m的近海水域。自然湿地包括:沼泽、泥炭地、湖泊、河流、海滩、盐沼等;人工湿地主要有:水库、水稻田、池塘等。一般因地势低平、排水不良或受海洋潮汐涨落影响所形成。为水生动植物栖息、繁衍、生长和候鸟越冬之场所,具有调节气候、涵养水源、滞洪蓄洪、控制土壤侵蚀、降解污染物质、维持生物多样性和保护环境等功能,与森林和海洋并列地球三大生态系统,是"地球之肾"。全球共有湿地面积855.8万 km^2,占地球陆地面积的6.4%;中国湿地面积约为66万 km^2,主要分布于苏北沿海、东北三江平原、青藏高原和内陆盆地等,并建立了各类湿地名录,其中有的已列入国际重要湿地名录(如江苏大丰麋鹿国家级自然保护区),以有效保护湿地资源。湿地保护受到世界各国的关注。国际湿地组织于1971年2月2日签署了《关于特别是作为水禽栖息地的国际重要湿地公约》(简称《湿地公约》),并于1996年作出决定,自1997年起每年2月2日为"世界湿地日"。

沮洳地(low wetland)　地下水出露地表的地方。如山坡坡脚附近或平原上的湿地。在水库大坝下游,如果地基防渗处理不良,亦可能形成沮洳地。沮洳地多生长喜湿性灌木、芦苇及草本植物。

冰川(glacier)　极地或高山地区长期存在的沿地面倾斜方向运动的天然巨大冰体。为多年积聚起来的雪,在重力巨大压力下,逐渐演变而成。现代冰川覆盖的总面积约1 630万 km^2,占地球陆地总面积的11%。中国现代冰川和永久积雪区覆盖面积约为56 500 km^2,多分布在西北和西南高山地区。冰川运动速度一般每年为几米到几十米。按气候条件,分大陆性冰川和季风海洋性冰川两大类。前者在大陆性气候条件下发育,具有降水少、雪线高、消融弱、冰川运动速度慢的特点;后者在季风海洋性气候条件下形成,有气候温和、降水多、消融强烈、冰川运动速度较快的特点。按其所处位置,分大陆冰川和高山冰川等。

大陆冰川(continental glacier;ice cover)　亦称"冰被"。分布于极地或高纬度地区的大面积冰川。其特点是面积大、冰层厚(往往超过千米)、分布不受下伏地形的限制。现代大陆冰川几乎占南极洲和格陵兰岛的绝大部分,共约1 465万 km^2。表面大致平缓,中部略厚,呈盾形,间有冰原石山突出冰上。在海岸一带,冰舌直接伸入海洋,断裂后成为海洋中漂浮的冰山。

高山冰川(mountain glacier;alpine glacier mountain

glacier）亦称"山岳冰川"。发育于高山地区的运动占优势、积累与消融大致平衡的冰川。一般散布于被分割的山地，规模和厚度远不及大陆冰川，其运动基本上受下伏地形所控制。以阿尔卑斯山为典型，故亦称"阿尔卑斯型冰川"。按规模大小和所处地形部位，分冰斗冰川、悬冰川、谷冰川、山麓冰川等。

降水（precipitation）　指大气降水。从空中降落至地面的液态水和固态水。主要有雨、雪、霰、冰雹等。湿空气上升，与冷空气相遇，相对湿度不断增大，直到水汽饱和，在悬浮于空中的气溶胶微粒上凝结成云，当水汽略过饱和时，云滴继续增大，便能通过云层下降而不被蒸发掉，成为降水。湿空气上升的外力来自锋面或气旋运动、热力对流、地形抬升等。按照起主导作用的外力，分气旋雨（锋面雨）、对流雨、地形雨、台风雨等。

降水量（precipitation）　一定时段内，降落到地面上的雨、雪、雹以及水汽凝结物露、霜的总量。一般以降水深度表示，固态水应化为液态水计，单位为mm。按时段不同，有以降水起止时间计算的一次降水量；以日、月及年计算的日降水量、月降水量及年降水量。如仅针对降水中的雨水，则称"降雨量"。受东南和西南季风影响，中国多年平均降水量呈东南多，西北少的特点。华南地区为1 500~2 000 mm，西北大部分地区则不足100 mm。

气旋雨（cyclonic rain）　气旋或低压过境带来的降雨。分非锋面雨和锋面雨两种。前者是由于气旋向低压区辐合引起气流上升，使其中所含水汽冷却凝结所致。后者又分暖锋雨和冷锋雨。暖锋雨是由于冷暖气团相遇时，暖气团爬在冷气团上面，使湿热空气中所含水汽冷却凝结而形成，降落范围较大，降雨强度小，历时长；冷锋雨是由于冷暖空气相遇时，冷气团迫使暖气团抬升，使湿热空气中所含水汽冷却凝结而形成，降落范围较小，降雨强度大、历时短。中国大部分地区位于温带，南北气流交汇频繁，导致气旋雨多发，

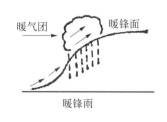

暖锋雨

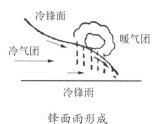

冷锋雨

锋面雨形成

占全年总雨量的60%~80%，甚至更高。是造成中国河流洪水的一种主要降雨类型。

地形雨（orographic rain）　暖湿气流在地形抬升作用下所形成的降雨。湿热空气流受山岭障碍被迫沿山坡上升，与高层冷空气相遇，使其所含水汽冷却凝结所致。在一定高度内，雨量大致沿山坡向上增加。常发生在山脉的迎风面，背风面则雨量减少。中国南岭地区岭南、岭北雨量有比较明显的差异，就是这个缘故。

台风雨（typhoon rain）　热带海洋上的风暴（台风）带来的降雨。这种风暴由异常强大的海洋湿热气团组成，它来时不但有狂风，而且有暴雨。发生台风时，一次暴雨过程常可达200~300 mm，甚至超过1 000 mm。中国东南沿海浙江、福建、台湾、广东、广西等地夏秋之间的台风雨占年雨量的20%~30%，长江以北沿海各地仅占10%，稍入内陆则不足5%。台风雨在各种雨量中所占比重虽小，但雨势骤急，易造成特大洪水，威胁生命财产和水利工程安全。

对流雨（convectional rain）　空气对流而形成的降雨。因近地面湿热空气受热或高层强烈降温，促使低层空气上升水汽冷却凝结所致。对流雨多发生在夏季酷热的午后，春秋季强烈冷空气南下也有发生。前者亦称"热雷雨"。一般强度大，历时短，雨势骤急，范围小。对流雨造成大江大河洪水的机会很少，但对小流域易于造成陡涨陡落的骤发性洪水。

雷雨（thunderstorm）　伴有闪电和雷声的降水现象。成因很复杂，但多因积雨云受不稳定气流的作用，产生猛烈上升运动而形成。常见的有：（1）热雷雨，范围小，历时短，常见于夏季，多因气流受热不均匀而引起强烈的对流所致；（2）锋面雷雨，范围大，历时长，因冷、暖气流交缓形成锋面，促使暖湿空气剧烈上升运动而产生；（3）地形雷雨，限于一些山区的迎风面，当暖湿气流流经时被迫抬升，遇到冷空气侵袭而形成。强烈的雷雨可达暴雨程度，有可能形成灾害。

梅雨（plum rains；mold rain；blossom shower）　亦称"霉雨"。初夏产生在中国江淮流域中下游雨期较长、空气湿度大的连绵阴雨。因时值梅子黄熟，故得名。由于处于均势的冷、暖空气长期在该地区交缓，导致锋面或气旋的频繁活动所致。如梅雨适时适量，有利于农作物生长。如梅雨开始过早或过迟，持续时间过短或过长，雨量过少或过多，则可能有旱或

涝发生。根据统计资料,入梅时间福州、衡阳一线一般都在 5 月底,沿长江一带在 6 月中,淮南多在 6 月底;出梅时间在 6 月到 7 月中,自南向北先后结束,历时一个月左右。但不是每年都一样,有些年份还可能没有梅雨(空梅),有些年份梅雨期可长达两个月之久。

阵雨(shower) 历时短促、发生突然、降雨强度变化很大的雨。主要由强对流作用形成,大多由积雨云所致,以中、低纬度地区夏季最为常见。

暴雨(storm) 势急量大的降雨。中国气象部门规定暴雨为:(1) 1 小时内的雨量等于和大于 16 mm 的雨;(2) 12 小时雨量等于和大于 30 mm 的雨;(3) 24 小时雨量等于和大于 50 mm 的雨。按雨强又分一般暴雨、大暴雨和特大暴雨。各地标准不一,一般认为 12 小时雨量等于和大于 70 mm,或 24 小时雨量等于和大于 100 mm 者称"大暴雨";12 小时雨量等于和大于 140 mm,或 24 小时雨量等于和大于 200 mm 者称"特大暴雨"。中国暴雨主要出现在夏季,南方地区春季和秋季也有出现,主要由低气压的发展、长时间的锋面活动、强烈雷雨、台风影响造成。地形也可能促使暴雨的形成。

淫雨(excessive rain of long duration) 历时长、强度小、笼罩面积大的雨。由锋面交绥而产生,属气旋雨。常造成阴雨连绵的天气。

人工降水(artificial rain) 亦称"云的催化"。指用各种催化剂投入云层,以改变其内部所发生的物理过程,使云中冰晶和水滴增大而形成的降水。对温度在 0℃ 以上的暖云,多使用盐粉作催化剂。对有 0℃ 以下冷云的云层,多使用干冰和碘化银作催化剂。催化剂可用飞机、气球在云层里撒播,也可从地面用火箭射入云层。

水情(hydrological situation) 水位、流速、流量、风浪要素等的时空变化情势。与人民的生活和生产关系密切,必须进行及时的监测和预报。

丰水年(wet year) 亦称"多水年"。年降水量或年河川径流量明显大于其正常值(多年平均值)的年份。

中水年(normal year) 亦称"平水年"。年降水量或年河川径流量接近多年平均值的年份。

枯水年(dry year) 亦称"少水年"。年降水量或年河川径流量明显小于其正常值(多年平均值)的年份。

汛期(flood season) 流域内季节性和定时性江河水位上涨的时期。主要由季节性暴雨和冰雪融化所引起,容易引起灾害。在中国,主要由夏季暴雨和秋季连绵阴雨造成。按季节及发生原因,分春汛、伏汛、秋汛及凌汛等。长江以南汛期较长江以北为早。在汛期应及时发布洪水预报和警报,并采取蓄洪、分洪等有效措施进行防汛。

春汛(spring flood) 亦称"桃汛"。中、高纬度地区,春季流域内季节性积雪融化、河冰解冻或春雨,引起河水上涨的现象。中国北方常发生在清明至立夏前后桃花盛开的时期,故称"桃花汛"或"桃汛"。中国旧时"桃汛"专指黄河上游因融雪而暴发的洪水,易于成灾。在中国南方,由于这段时期冷暖气流交替,常致淫雨霏霏,乃至暴雨,使江河水位急剧上涨,可能形成局部灾害。

桃汛(spring flood) 即"春汛"。

伏汛(summer flood) 夏秋伏天因暴雨发生江河水位暴涨的水文现象。中国多数江河每年 6—9 月大汛期间,海洋性暖湿气流控制大部分地区,形成局部流域或全流域的淫雨或暴雨,东南沿海地区还时有发生台风暴雨,有时出现历史罕见的特大暴雨,使江河水位急剧上涨,且持续时间较长,极易成灾。以 7 月上旬至 8 月上旬最甚,此时正值三伏时期,故名。

秋汛(autumn flood) 秋季因暴雨或连续淫雨,使江河水位急剧上涨的现象。发生在立秋至霜降间。通常是相对于夏季的主汛期而言。"秋汛"和"伏汛"又统称"伏秋大汛",是一年四季中最大的洪汛,应进行防汛以免成灾。

涨水(flood rise) 亦称"涨洪"。河流过水断面水位和流量随时间增加的现象。一般由暴雨径流汇入而产生。因地面径流的流速大于壤中水径流的流速,更大于地下水径流的流速,故最先上涨是由地面径流引起的。

退水(flood subsidence) 亦称"落洪"。河流过水断面水位和流量随时间减小的现象。在退水期间一般暴雨已停止,退水主要是流域蓄水的消退。因地面径流的流速大于壤中水径流流速,更大于地下水径流的流速,故最先从流域出口断面全部流出的是地面蓄水量,其次是相对不透水层面上的蓄水量,最后是相对不透水层面下的蓄水量。据此可以在退水过程线上找出地面径流、壤中水径流和地下水径流终止汇流的时间。

墒情(soil moisture content)　作物根系层内土壤含水量的变化情况。土壤含水量增加为增墒;土壤含水量减少为减墒。适宜的土壤含水量是作物生长发育的必要条件之一。降雨稀少、作物蒸散发量大时,土壤含水量减少,地下水埋深增大,造成减墒。若土壤含水量减至作物适宜值以下,则作物的生长就要受到抑制,甚至凋萎死亡,这时需通过灌溉补水增墒,才能维持作物正常生长。反之,降雨较多就会增墒,甚至土壤含水量达到饱和,造成涝、渍灾害,需通过农田排水来控制调节墒情。

河流冰情(river ice condition)　河流在寒冷季节出现的各种冰冻状况。包括结冰、淌凌、封冻、解冻等。它对河流比降、断面面积、糙率等水力因素都有显著影响。一般可在河岸旁高地目测冰情,必要时可进行冰情摄影。中国西北、东北、华北地区,冬季气温经常在0℃以下,河流易出现封冻及淌凌等现象。河流冰情可能破坏水力发电站水轮机组、妨碍航运,也会因冰坝堵塞导致洪水。需要根据冰情变化规律,采取防范措施。

凌汛(ice flood)　俗称"冰排"。冰凌堵塞河道,对水流产生阻力而引起的江河水位明显上涨的水文现象。水面结冰的河道,上游河冰先融,下游河道尚未解冻,易出现"凌汛"。主要受气温、水温、流量与河道形态等几方面因素的综合影响而形成,可能导致堤防溃决,洪水泛滥成灾。中国北方的河流,如黄河、黑龙江、松花江,在冬季的封河期和春季的开河期都有可能发生凌汛。黄河凌汛洪水在发生频次和规模上远较其他地区为高,往往造成较大灾害。凌汛期一般需采取破冰措施,防漫堤决口,酿成灾害。

冰盖(ice cover)　横跨河道两岸覆盖水面的冰层。

封冻(freeze-up)　水体出现冻结后因气温持续下降形成大范围连续冰盖的现象。一般高寒地带的河流水面会出现封冻现象。封冻过程从水体出现冰盖到冰盖开始解冻时止。负气温持续时间越长,封冻过程经历的时间也越长。中国北方河流最早在每年的10月就出现封冻,而延至次年的5月才解冻,时间长达半年。会造成河流断航、水工建筑物受冻害等。

冻结(freezing)　液态水在气温下降至0℃以下结成固体冰的现象。由于水的密度在4℃时最大,气温降低时,静水表层因密度增加而下沉,低层温度高

的水上浮,上、下层对流直至全部水温均降至4℃。此后,气温继续下降,上层水温虽下降至0℃,但下层水温仍维持在0~4℃之间,因此静水冻结从水面开始。对于流水,由于紊动现象使整个断面内水温变化均一,当上、下层水温降至0℃左右时,全断面任何地方都可能形成冻结。河流冻结一般开始于水流缓慢的河湾段。

解冻(ice break-up)　气温上升至0℃以上时,冰盖表面开始融化的现象。解冻过程一般是靠岸的冰先融,然后在河面上形成斑块状自由水面,冰层很快破裂成许多冰块,随水流流向下游。

文开河(tranquil break-up)　主要由热力因素引起的水位、流量没有急剧变化的河冰融化破裂现象。河槽内水量不大,封冻后冰量较少,大地回春,水温逐渐升高,冰盖自上而下解冻,冰水平稳安全下泄,一般不会形成大的凌汛。

武开河(violent break-up)　主要由水力因素引起的水位、流量急剧变化的河冰融化破裂现象。河流封冻期间,由于上、下河段气温差异较大,冰厚、冰量、冰塞等亦有差异。春季气温升高时,上河段先行解冻,而下河段因纬度偏北等原因,冰盖仍然固封。上游冰水齐下,在水量较大时,使下游水鼓冰开。大量冰块在弯曲的或窄河道内堵塞,形成冰坝,使水位上升,易形成严重凌汛。

淌凌(ice run;ice drift)　亦称"流凌"、"流冰"。冰块漂浮于河面随水流动的现象。按其形成过程,分冬季淌凌和春季淌凌两种。前者是河流冻结过程中,由漂浮的水内冰和岸冰结合成的冰块随水流的漂流;后者是河流解冻过程中,由于受太阳辐射、暖空气、降雨等影响,使冰盖融化为小冰块随水流的漂流。

冰隙(crevasse;ice-crack)　冰川的裂缝。因冰川各部分运动速度不均而产生。冰川中央部分运动较快,边缘部分运动较慢,因运动速度不等在冰川两侧产生的冰隙,称"侧冰隙";从狭处流出时,冰川向两侧展开,因破裂产生的纵向冰隙,称"纵冰隙";冰川流经不平谷底和陡坎处产生的横向冰隙,称"横冰隙"。

冰塞(ice jam)　水面封冻后,冰盖下面的结晶冰体(水内冰)和破碎冰块堵塞过水断面的现象。冰塞通常发生于冬季河流封冻初期。冰塞形成后,河道水流受阻,致使上游水位迅速抬高,严重时,可淹没

沿岸土地。应及时疏导,以防灾害的发生。

冰坝(ice dam;ice bar) 漂浮的流冰在河湾、浅滩、心滩或河道狭窄处堆积,形成阻塞水流的阻水体。中国北方春季上游先解冻淌凌的河流易产生冰坝。主要由于河面尚未完全解冻,上游下泄的流冰容易在下游河段河道狭窄处堆积。如不进行疏导,易泛滥成灾。

雪(snow) 固体降水的最普遍的形式。高空云层中的水汽冷却凝华成冰晶,逐渐增大而形成。雪为白色结晶体,由于云中所含水汽量和温度不同,所形成的雪的形状有片状、星状、针状、枝状和柱状等;气温不很冷时,雪在下降过程中会互相黏合,形成雪团。冬季,在中、高纬度地区,地面和近地层的温度低于 0℃,降落到地面的雪能堆积成积雪。冬季积雪多的地方,春天融雪时形成春汛。

雪线(snow-line) 多年积雪高程的下界。为年平均降雪量与融雪量平衡的地带。其高度主要受气候、地形等因素影响。一般随纬度的增高而降低,低纬度地区可达 6 000 m 以上,极地则近于海平面;湿润地区低于干燥地区;阴坡低于阳坡,如中国天山的雪线高度,南坡一般比北坡高出 200~300 m。

雪崩(avalanche;snow slide) 山地积雪突然大量崩落的现象。由积雪本身的质量、大风、新旧积雪面摩擦力减少、积雪底部融化、气温骤升、地震等原因引起。一般有顺坡下滑、大块塌落、巨团滚下等形式。有干雪崩(冷雪崩)和湿雪崩(暖雪崩)两类。前者常发生在冬季,后者常发生在春季。大量雪崩时,常夹带石块,折断树木,阻塞交通,有时甚至压埋村屋,造成严重危害。

水文站(hydrometrie station) 观测水体水文要素、收集整编、储存水文资料的专门机构。水体水文要素主要包括:水位、流速、流量、泥沙、水质、地下水位、降水、蒸发、气温等。仅观测水位的,称"水位站";仅观测雨量的,称"雨量站"等。为实验研究或其他专用目的而设的水文站称"水文实验站"或"专用水文站",如径流实验站、水库站、河床站等。

水文测验(hydrometry) 亦称"水文观测"。在江、河、湖、海等水体的一定地点或断面上,按照统一标准,对水文要素作系统观测,并对观测资料进行整理的水文业务。以定位观测为主,巡测为辅,有的还要辅以必要的水文调查。观测的水文要素主要包括水位、比降、横断面、流速、流向、流量、泥沙、降水、水

温、蒸发、水质、冰情、地下水水位等。为分析研究水文规律、解决经济社会发展中的水文、水资源问题提供基本水文资料。

水文信息(hydrologic information) 记录水文现象时空变化的数据、文字、档案、年鉴、影像、录音等及其有关分析成果的总称。按水文要素,分降水信息、水位信息、流量信息、水质信息、泥沙信息等。按信息获取的方法,分水文测验信息、遥测遥感信息等。

水文遥感(remote-sensing in hydrology) 应用于水文水资源领域的遥感技术。在空中或远处通过传感器收集水体和周围环境的电磁波辐射,经过加工处理,成为可识别的数据或影像,显示水体分布,反映水文现象的时空变化。收集电磁波辐射的仪器称传感器,如照相机、扫描仪、雷达等,以飞机、人造卫星等为运载工具。水文遥感具有感测范围广、获得信息量大、可动态监测、信息传递迅速等特点。目前水文遥感正朝着多时相、高分辨率、多数据源、高光谱、多传感器等更先进的技术方向发展。

雨量(rainfall) 一定时段内,降落到地面上的雨水深度。通常用雨量器测定,单位为 mm。中国雨量分布不均匀,自东南向西北逐渐减少。长江以南大部地区,年雨量超过 1 400 mm,3—6 月(或 4—7月)为多雨季,最大四个月雨量占全年 50%~60%;西南、华北、东北大部地区,年雨量为 400~1 000 mm,6—9 月为多雨季,最大四个月雨量占全年 70%~80%;西北大部地区年雨量为 100~400 mm,四季分布一般比较均匀。

雨量器(rain gauge) 亦称"雨量筒"。测定雨量的仪器。外壳为金属圆筒,分上下两节。上节承接雨水,底部为一漏斗(漏斗伸入贮水瓶内),筒口直径一般为 20 cm;下节放贮水瓶,以收集雨水。安置时器口应保持水平,一般离地面 70 cm。(也有将器口与地面齐平)。降雨后将贮水瓶中的雨水倾倒入特制的量雨杯以读得雨量的数值。

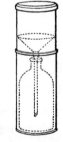

雨量器

自记雨量计(self recording raingauge;rainfall self-recorder) 自动记录雨量随时间变化的仪器。外壳是一个金属圆筒,筒口直径一般为 20 cm。自记雨量计有两种:(1)虹吸式。主要利用虹吸作用自动记

录雨量。在其承雨口下有一浮子室,室内装一与上面自记笔尖相联的浮子。雨水自承水器流入浮子室,浮子随之上升,自记笔尖即在套在自记钟上的记录纸上绘出雨量累积曲线。当室内积水达一定高度时,由于虹吸作用,积水自动流出,浮子下降,自记笔尖亦回到基点,继续自动记录雨量。(2)倾斗式。用两个小斗交替承雨,当雨量盛满一小斗时,即侧倾移位,而另一小斗就位继续承雨。小斗侧倾时自记笔尖即移动一小距离,从而在自记纸上绘出一折线。将自记雨量计装上电热装置,可使筒口积雪融化成水,也可起自动记录雪量的作用。

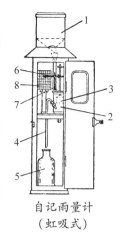

自记雨量计
(虹吸式)

1. 承雨口　2. 浮子室
3. 浮子　4. 虹吸管
5. 贮水瓶　6. 记录笔
7. 笔档　8. 自记钟

雷达测雨(radar observation of precipitation)　使用专门雷达装置观测降雨的方法。原理是运用雷达气象方程表达雷达回波强度与雷达参数、降雨云层性质、雷达行程距离与其间介质状况之间的关系,确定雷达回波强度,进而推算降雨强度。特点是可以直接测得降雨的空间分布,并具有实时跟踪暴雨中心走向和暴雨强度空间分布的时间变化的功能,但测雨精度尚待提高。

水位(stage;water level)　江、河、湖、海的自由水面和地下水的自由水面相对于基准面的高程。在中国,单位为m。将水尺观测读数折算成基准面上的高程或直接测量可求得水位;也可由自记水位计记录测定水位。根据观测资料整理出的水位过程线,可求出日、月、年或多年期间的最高水位、最低水位、平均水位等。将上、下游邻近站同时水位差(即落差)除以两站间距,可求得两站间河段的平均水面纵比降。

水尺(gauge)　测量江、河、湖泊或其他水体水面高程的装置。有直接观读式和间接量计式两种。前者是将有刻度的搪瓷水尺,固定在河边的木桩、钢筋混凝土桩、桥墩、堤坝上,或者在河边石壁上刻划水尺。后者先用绳、钢索或链,从已知高程的固定点向下量至水面,求得垂直距离,然后计算出水位值。

自记水位计(stage recorder;recording gauge;water level recorder)　自动记录水位随时间变化的仪器。

在中国,目前常用的是安装在自记水位台上机械型直立式自记水位计。由浮筒、传动机构、圆筒记录仪、时钟驱动器等组成。其原理是利用浮于水面上的浮筒随水位变化而升降,借传动机

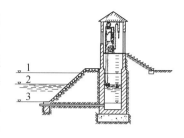

自记水位计示意图
1. 最高水位　2. 普通水位
3. 最低水位

构使圆筒记录仪随之转动,时钟驱动器使记录笔水平移动,并在包裹在圆筒记录仪上的记录纸上绘出水位过程线。较新型的自记水位计还能以数字或图像的形式远传测得的水位数据,实现了水位观测的遥测化。

平均水位(mean stage;mean water level)　江河、湖泊等水体某时段的水位平均值。根据观测的水位数据可用算术平均法或其他方法求得平均水位,如日、月、年、多年平均水位等。

测深仪(depth meter)　测定水体水深的仪器。常用的是根据从水底反射的声信号测定水深的回声测深仪。测量湖泊、水库、海洋等较深水体的水深常用回声测深仪。

流速(velocity of flow)　单位时间内流体运动的长度。常用的单位为m/s或cm/s。在河道中,流速可用仪器或浮标直接测定。在实验室中,常用皮托管、微型流速仪、激光、同位素等方法测速。用仪器测得的流速实际上都是短时间内的平均速度。过水断面上各点的流速一般是不同的,用仪器测定流速,仅限于断面上若干个测点的速度。根据过水断面测得的若干测点的流速,可算出断面平均流速。

流速仪(current meter)　测量水流速度的仪器。常用的有旋杯式和旋桨式两种。旋杯或旋桨在水流冲击力作用下旋转,转速快慢与水流速度有关。根据公式$V = a + b(N/t)$,由测得的旋杯或旋桨的旋转数计算出流速V。

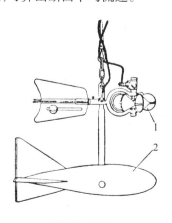

旋杯式流速仪
1. 旋杯　2. 铅鱼

式中 V 为流速，t 为测速历时，N 为时段 t 内旋杯或旋桨的转数，系数 a 和 b 须经检测率定。施测时，用悬杆或钢索悬吊流速仪沉入水面以下测速点的位置，为防流速仪因水流冲击而漂移，需在流速仪下面悬挂重物——铅鱼。

流量（discharge）　单位时间内通过过水断面的水量。等于过水断面平均流速与相应过水断面面积的乘积。常用单位为 m^3/s。

水位流量关系（stage-discharge relation）　通过河道断面的流量与其相应水位之间的相关关系。根据该断面实测的同时水位和流量资料来确定。通常用图示、表格、函数等形式表达。根据水位流量关系，可由观测的水位值求得相应的流量值。由于流量受断面冲淤、洪水涨落、糙率、回水顶托等因素影响，水位流量关系有的比较简单，有的比较复杂；有的比较稳定，有的不稳定。对不稳定的水位流量关系应适时进行校核。

水面比降（water surface slope）　河流上相隔单位水平距离的水位差。一般用百分率表示。是决定河中水流速度和流量的重要因子。有纵比降和横比降之分，沿着主流方向的水面比降为纵比降，与主流垂直方向上的水面比降为横比降。

水面蒸发器（evaporation pan）　测定水面蒸发量的仪器。为具有一定口径及深度的金属圆筒。水文站上多用埋置于土中的水面蒸发器或露置于空气中的套盆式水面蒸发器。每天定时定量向蒸发器中注入纯水，一天中因蒸发而减少的水量即为一天的蒸发量。水文实验研究站也有利用大型蒸发池观测水面蒸发的。

土壤蒸发器（soil evaporation meter）　测定土壤蒸发量的仪器。通常由内外两个圆筒组成，埋置于土中。内筒填以原状土壤，外筒用以防止周围土壤下塌或渗漏。定时测定土壤质量变化，即得到一定时段的土壤蒸发量。

降水强度（precipitation intensity）　单位时间内单位投影面积上的降水量。通常以 mm/min、mm/h 或 mm/d 计。当台风、大雷雨、暴雨等灾害性天气出现时，降水强度往往很大，是造成洪水灾害的主要原因之一。

降水历时（precipitation duration）　降水所经历的时间。一般以分、时或日计。一般将小于 24 h 的降水历时称"短降水历时"，超过 24 h 的称"长降水历时"。

历时曲线（duration curve）　水文要素（如流量、水位等）某一定值与大于或等于该定值的出现时间的关系曲线。由年、季或月内的日或旬平均流量（或水位）按从大到小的递减次序排列绘制而成。纵坐标为流量（或水位），横坐标为大于或等于该流量（或水位）的累计日（旬）数，即历时。如横坐标用历时的相对百分率表示，则称"相对历时曲线"，或称"保证率曲线"。一般应用于航运和无调节引水工程设计。

等雨量线（isohyet）　亦称"雨量等值线"。将地图上同一时期内雨量相等的各点连成的等值曲线。可显示雨量在地理空间上的分布情况。对无资料地区，可供查算之用。

截留（interception）　降水量被植物或建筑物拦截而存留后因蒸发而不再到达地面的现象。在一般流域中，因植物截留所占比重较大，故亦称"植物截留"。是一种径流损失，尤其在林区，年降雨量可能有 25% 左右被截留。

填洼（depression storage）　降雨强度大于下渗能力，出现多余的雨水填充洼地的现象。当洼地填满后，水往外溢出为径流。填洼水量最后耗于蒸发和继续下渗，对径流形成是一种损失。一般流域的最大填洼量在 10 mm 左右。一次洪水的填洼量还要小些，在实际中一般不会因为忽略它而导致较大误差。但在平原、坡水区，由于地面洼陷较多，最大填洼量可达 100 mm 左右，其对径流形成的影响不容忽略。

下渗（infiltration）　亦称"入渗"。水向土壤孔隙和岩石裂隙中渗入的运动现象。是土壤基质势、压力势和重力势对水分子作用的结果。单位时间内通过单位面积垂直渗入土壤孔隙和岩石裂隙的水量称"下渗率"，常以 mm/min 或 mm/h 作单位，是描写下渗的物理量。下渗率与降雨强度、土壤物理性质、初始土壤含水量、植被、土地利用、水温等有关。降雨强度充分大时的下渗率称"下渗能力"或"下渗容量"。

蒸发（evaporation）　水分从水面、冰雪面、土壤表面、植物茎叶面或其他含水物质表面以水汽形式逸散到大气中的现象。单位时间内通过单位面积逸散到大气中的水分与从大气返回的水分之差值（为正值时）称"蒸发率"或"蒸发量"，常以 mm/h 或 mm/d 作单位，是描写蒸发的物理量。蒸发率与供水、能量、大气运动等条件有关。供水充分时的蒸发率称"蒸发能力"或"潜在蒸发率"。与水资源利用和农业生产的关系密切。

水面蒸发(evaporation from water surfaces)　水分通过水面向大气逸散的现象。影响水面蒸发的主要因素有湿度、风速、气温、水体大小及形状等。可由水面蒸发器观测而得,在同一气象条件下,由于蒸发器本身及其周围的动力、热力条件和天然水体不同,致使蒸发器的水面蒸发值大于天然水体的水面蒸发值。因此,天然水体的蒸发值应将蒸发器的观测值乘以折减系数。

土壤蒸发(evaporation from soil)　土壤中的水分逸出地表进入大气的现象。土壤蒸发与气象因素、土壤含水量、土壤物理性质、地下水活动、土壤表面特性(包括植被、冰雪)等有关,受蒸发能力和土壤含水量的制约。可由土壤蒸发器或蒸渗仪观测而得,也可通过水量平衡分析求得。

植物散发(transpiration)　亦称"植物蒸腾"、"植物腾发"。在植物生长期,水分从叶面和枝干表面逸散到大气中的现象。比水面蒸发和土壤蒸发更为复杂,不仅影响水面蒸发和土壤蒸发的因素都是影响植物散发的因素,而且还与植物生理特征有密切的关系。在土壤或水中生长着植物时,植物散发与土壤蒸发或水面蒸发难以分开测定,一般合称"蒸散发"。

潜水蒸发(phreatic water evaporation)　亦称"地下水蒸发"。潜水(地下水)向包气带输送的水分,通过土壤和植物逸散到大气中的现象。不仅影响水面蒸发、土壤蒸发、植物散发的因素都是影响潜水蒸发的因素,而且还与潜水埋藏深度有关。当埋深大到一定值,潜水蒸发率很小或接近于零时,该深度称"潜水极限蒸发深度"。在干旱和半干旱地区,潜水蒸发引起盐分上升并在地表积累,可能导致土壤盐碱化。

流域总蒸发(total evaporation; evapotranspiration)　流域内水分通过水面蒸发、土壤蒸发和植物散发等逸散到大气中的总量。通常用水量平衡方程或经验公式推算。中国北方地区,因雨量少,温度低,平均年总蒸发量一般只有 50 ~ 500 mm 之间;而南方地区,由于雨量丰沛,温度高,年总蒸发量一般在 400 ~ 900 mm 之间,部分地区,如台湾可高达 1 000 mm。

径流(runoff)　陆地上接受的降水形成的从地面或地下汇集到河槽而下泄的水流。一般分地面径流、壤中径流和地下径流。一年内经流域出口断面流出的全部水量,称"年径流量";一月内的称"月径流量";一次降雨形成的称"次径流量"。通常以立方米或毫米(径流深)计。闭合流域的多年平均径流量(R_0)等于该流域的多年平均降水量(P_0)减去多年平均蒸散发量(E_0),即 $R_0 = P_0 - E_0$。径流引起江河、湖泊水情的变化。中国年径流量的分布规律基本上与年降水量相同:地区分布不均匀、季节和年际变化大。按年径流的地区分布可划分为:(1)丰水带:年径流系数大于 0.5,年径流深大于 1 000 mm;(2)多水带,年径流系数为 0.3 ~ 0.5,年径流深 300 ~ 1 000 mm;(3)过渡带,年径流系数为 0.1 ~ 0.3,年径流深 50 ~ 300 mm;(4)少水带,年径流系数小于 0.1,年径流深 10 ~ 50 mm;(5)干涸带,年径流深不足 10 mm。

地面径流(surface runoff)　降水扣除蒸发、截留、下渗、填洼后,从流域坡面流入河槽的水流。

壤中径流(subsurface runoff; interflow)　亦称"壤中水径流"。降水渗入土壤后受其中相对不透水层阻碍形成临时饱和带并侧向流动补给河槽的水流。

地下径流(groundwater runoff)　亦称"地下水径流"。下渗到土壤中的雨水,渗透到地下沿一定路径流动,归于江河的水流。河流枯季径流主要由地下径流补给。

暴雨径流(storm runoff)　由暴雨形成的径流。历时短、强度大的暴雨,具有阵发性、笼罩面积小的特点,对较小流域,会形成骤发性洪水。历时长、总量大、变化剧烈的暴雨加淫雨,平均强度较大、个别时段内可能特别大,常酿成大江大河的灾害性洪水。

枯水径流(low water runoff)　少雨或无雨季节地面径流近于枯竭,主要依靠地下径流补给的河川径流。中国北方河流枯水径流出现在冬季和春末;南方河流枯水径流主要在冬季出现,夏秋之间汛后也会出现短暂的枯水径流。

融雪径流(snow melt runoff)　春季由于积雪融化而形成的径流。其量与积雪深度和融雪时的温度有关。是形成春汛的主要原因。其造成的洪水一般较暴雨洪水平稳。中国仅西北、东北寒冷地区的河流有占比不到 1/10 的融雪径流。

流域产沙(watershed sediment yield)　流域坡面

和沟壑受降雨径流侵蚀剥落的固体颗粒(主要是土粒和碎石)随地面径流汇入河道的现象。其强度与降雨强度、雨量、地形、土壤特性、植被、人类活动等有关。流域产沙造成水土流失,从而破坏和吞没农田、降低地力,淤积河、渠、水库,阻碍交通,威胁城镇安全等。

河流泥沙(river sediment)　河道水流所挟带的固体颗粒(主要是土粒和碎石)。是水流对流域坡面、沟壑、河道等侵蚀的结果。分悬移质(悬沙)和推移质(底沙)两种。对于河流水情和河流的变迁有着重大的影响。中国黄河是世界著名多沙河流。三门峡水文站测得黄河多年(1950—2010)平均含沙量为 30.4 kg/m^3,多年平均年输沙量为 10.4 亿 t。其中约有 1/4 淤积于黄河下游,久而久之黄河成为高出地面的"地上河",历史上经常泛滥,较大的改道有 26 次。

输沙率(sediment discharge)　单位时间内流过河渠或管道过水断面的泥沙量。以 t/s、kg/s 计,表征输沙能力的大小。分悬移质输沙率和推移质输沙率。悬移质输沙率可按流量与断面平均悬移质含沙量的乘积计算。

输沙量(sediment yield)　时段内流过河渠或管道过水断面的泥沙总量。以 t 计。由该时段内平均输沙率与全时段的时间相乘而得。中国水文年鉴只刊印悬移质输沙量资料,无推移质输沙量。河流年输沙量对水库淤积、河床演变、河口三角洲的形成等起主要作用。

水文预报(hydrologic forecast)　根据水文要素的变化规律,利用水文气象情报资料及其他有关资料,对水文情势进行先期的推测和预告。江河、湖泊(水库)水文预报的主要项目有水位、流量、洪水、枯水、冰情、泥沙、水质等;地下水水文预报的主要项目有储量、埋深、水位变幅、水质等。按预见期长短,分短期预报和中长期预报。对防汛、抗旱、水利调度、水资源合理利用等具有重要作用。

径流预报(runoff forecast and predication)　根据流域降雨或融雪径流形成规律,利用降雨或融雪情报资料及其他有关资料,对径流量做出的先期推测和预告。有降雨径流预报和融雪径流预报两种。

洪水预报(flood forecast)　根据洪水形成规律,利用流域或河段的气象、水文情报资料及其他有关资料,对流域出口断面或河段下游断面的洪水流量(水位)做出先期推测和预告。主要预报项目有最高水位、洪峰流量、水位和流量过程线、洪水总量等。主要方法有相应水位(流量)法、流量演算法、降雨径流相关法及流域水文模型法等。是水文预报最重要部分。

实时洪水预报(real-time flood forecasting)　将遥测系统收集的实时水文、气象数据,直接与水文预报程序和预报误差校正程序衔接,即时所做的洪水预报。一般由实时信息处理系统,预报方法或模型、实时校正等部分组成,可进一步提高水文预报的实时性、精确性、可靠性。

概率水文预报(probability hydrology forecast)　对某水文要素未来在一定取值范围内出现的概率所做的预报。基于贝叶斯(Bayes)理论和随机微分方程理论可建立概率水文预报方法。一般认为,若求得的某水文要素在一定取值范围内出现的概率小于30%,其基本上不会出现;若概率在 30%~60% 之间,虽可能出现,但出现的可能性较小;若概率在60%~70% 之间,出现的可能性很大;概率大于70%,基本上就会出现。既反映了水文要素变化的确定性表现,又反映了其不确定性表现和不确定性的程度,比确定性水文预报更符合水文要素变化特点,能适应对防洪减灾和水资源开发利用进行风险评估和风险决策。

地下水预报(groundwater predication)　根据地下水的水量平衡和运动原理、地下水对污染物的迁移扩散机理等对地下水水位变化和地下水水质状况做出的先期推测和预告。利用降水、潜水蒸发、地下水起始埋深等资料,可预报地下水位的演变。利用污染源、地面水与地下水的联系等资料,可预报地下水水质变化。

枯水预报(low-flow forecast and predication)　根据枯水期流域蓄水量的消退规律和枯季降水情况,对河流枯季水情做出的先期推测和预告。其方法有退水曲线法、前后期流量相关法、河网蓄水量法等。

冰情预报(ice condition forecast)　根据冰的形成和消融规律,利用热力(水温、气温)、水力(流速、流量)、河道形态(宽窄、深浅、弯道)等因素对河流冰情做出的先期推测和预告。有封冻预报和解冻预报两种。前者包括流凌日期、封冻日期、冰厚等的预报;后者包括解冻日期、解冻最高水位和出现日期、冰坝等的预报。

施工水文预报（forecast and predication for construction works）　根据水文气象资料,同时考虑水利工程不同施工阶段的水流特性,对施工期水位、流量、流速等做出的先期推测或预告。施工初期,在修围堰时,要预报围堰外的水位、流量;在截流期要预报枯水流量和龙口上下游水位和流速;在汛期内除了预报水库水位和泄流量的变化,一般还要预报工程附近料场和生活区的水位,以指导安全度汛。

中长期水文预报（medium and long-term hydrologic forecast and predication）　预见期较长的水文预报。在前期水文气象条件尚未发生、甚至降雨的天气过程尚未形成之前,对流域水文情势做出的先期推测和预告。预报的水文要素主要有:最大流量,最高水位,年、月径流量,干旱,冰情等。方法依据主要有:水文要素时间序列演变规律,太阳活动、海洋水温、星际引力的长期演变趋势对水文的影响等。中长期水文预报预见期虽较长,但预报精度还有待提高。

流域产流（runoff yield of watershed）　降落在流域上的雨水或积雪融化水,在截留、填洼、蒸散发、下渗等作用下,扣除损失成为径流的现象。与降水量、降水强度、土壤物理性质、植被、水文地质条件等有关。主要有蓄满产流和超渗产流两种模式。

蓄满产流（runoff yield at natural storage）　降落在流域上的雨水或积雪融化水使包气带缺水量（田间持水量与实际含水量之差）得到满足而产生径流。影响因素是降雨量、包气带初始蓄水量、雨期蒸散发量等。主要计算方法有:降雨径流相关图法和流域蓄水容量曲线法。

超渗产流（runoff yield in excess of infiltration）　降落在流域上的雨水或积雪融化水的强度超过下渗能力而产生径流。影响因素是降雨量、降雨强度、包气带初始蓄水量、雨期蒸散发量等。主要计算方法有:降雨径流相关图法、下渗曲线法和初损后损法。

降雨径流关系（rainfall-runoff relationship）　径流量与形成该径流量的雨量及其他影响因子（如降雨强度、前期流域干湿程度等）之间的相关关系。一般以相关图形式表示,也可用数学公式表示。常用的有年降雨-径流关系和次降雨-径流关系。用于由已知雨量推算产生的径流量。

径流系数（coefficient of runoff）　径流深度与形成该径流深的降水深度的比值。以小数或百分率计,在 0~1 范围内取值。用以说明在降水量中有多少部分变成径流。通常有次径流系数、年径流系数等。中国年径流系数一般北方为 0.3 左右,南方为 0.5~0.6。

流域汇流（flow concentration of watershed）　降落在流域上的雨水或积雪融化水扣除损失成为净雨从流域各处的地面、地下向流域出口断面汇集的现象。其路径和速度与介质、地形、地貌、水系形状、地面覆盖、土壤物理性质等因素有关。分坡地汇流和河网汇流两个阶段。主要计算方法有等流时线法、单位线法等。

流域汇流时间（basin flow concentration time）　降落在流域上的雨水或积雪融化水扣除损失成为净雨从流域各处沿地面向流域出口断面汇集所花费的时间。位于流域不同处的净雨滴沿地面向流域出口断面汇集花费的时间一般是不同的,取决于其路径长度和流动速度。常用其平均值或其中的最大值作为流域汇流时间的表征,前者称"平均流域汇流时间",后者称"最大流域汇流时间"。

单位线（unit hydrograph）　单位时段内降落在流域上分布均匀、强度均一的单位净雨量,在流域出口断面形成的流量过程线。单位净雨量一般采用 10 mm;单位时段主要根据流域大小或洪水涨落快慢而定,可采用 1、3、6、12、24 h 等。分析和使用单位线的基本假定:一是单位时段相同而净雨量不等形成的流域出口断面流量过程线历时相同,对应的流量之比等于净雨量之比;二是相邻各时段净雨所形成的地面径流过程线,可视为彼此独立,互不干扰,因此,各过程线相应流量可以叠加。利用单位线概念进行流域汇流计算的方法,称"单位线法"。

等流时线（isochrone）　流域上那些沿各自路径向流域出口断面汇集所花费的时间相等的净雨滴所处的位置的连线。若流域上各处的地面净雨滴流动速度相同,则等流时线就是其沿各自路径至流域出口断面的等距离线。根据等流时线概念建立的流域汇流计算方法,称"等流时线法"。

洪水波（flood wave）　暴雨径流、闸坝放水、溃坝等原因引起的河流过水断面水位和流量随时间的涨落变化。相应流量（水位）在河道中的传播是洪水波运动,其传播速度称"洪水波波速",其值大于同流量（水位）的断面平均流速。

洪水演算(flood routing) 遵循洪水波在河道中的传播规律,根据其上游断面出现的洪水流量(水位)随时间变化,对其下游断面未来出现的洪水流量(水位)随时间变化做出的推算。由于描述河道洪水波运动的途径不同,洪水演算可分水力学途径和水文学途径。属于前者的有明渠缓变不稳定流基本微分方程的差分解法等;属于后者的有马斯京根(Muskingum)法等。

水文模型(hydrologic model) 用于模拟水文现象的发生与变化的实体结构或数学与逻辑结构。前者称"水文物理模型",后者称"水文数学模型"。物理模型是比尺模型。数学模型的结构和参数合理性、科学性与人们对水文现象规律的认识水平和揭示程度有关。依据不同的分类原则,数学模型可分:确定性水文模型和随机性水文模型;具有物理基础的水文模型、概念性水文模型和黑箱子水文模型;线性水文模型和非线性水文模型;时变水文模型和时不变水文模型等。

新安江模型(Xinanjiang model) 一种主要用于模拟湿润地区降雨径流形成的流域水文模型。属于概念性流域水文模型。因首先在中国新安江水电站洪水预报调度中得到成功应用而得名。其主要特点是:流域产流为蓄满产流模式;径流成分为饱和地面径流、壤中径流和地下径流;采用三层蒸发模式模拟流域蒸散发;采用流域蓄水容量曲线考虑下垫面条件空间分布不均对产流的影响;采用按雨量站划分单元面积的方法考虑降雨空间分布对产流和汇流的影响;采用"线性水库"结构划分不同径流成分。在中国广大湿润地区和部分半湿润地区使用精度较高。美国和一些欧洲国家也将其作为推荐模型在本国使用。

水文自动测报系统(automatic system of hydrologic data collection and transmission) 应用遥测、通信、计算机和网络等技术,完成流域或测区内固定及移动站点的水文气象要素信息的采集、传输处理和应用的系统。由各种传感器、通讯设备和计算机等装置组合而成,分遥测站、信息传输通道和中心控制站(简称"中心站")三部分。能快速完成数据收集和处理,及时为防洪、水利调度提供科学依据。

水文计算(hydrologic computation) 根据有关水文、气象等资料,对未来长时期内水文情势进行分析和概率预估。其目的是为工程的规划设计、水资源开发利用提供依据。兴利计算中所需的设计年径流及其年内分配,防洪、除涝计算中所需的设计洪水、设计暴雨,分析、估算人类活动对径流(包括水质)的影响等,都需应用水文计算技术和方法。

水文特征值(hydrologic characteristic value) 表示水文现象时空变化特征的量值。主要有:表示一定时段(日、月、年、多年)内或一定空间范围内的径流总量、径流模数、径流系数、水文要素的平均值,最大、最小值等;经过统计分析所得的均值、变差系数、偏态系数等水文统计参数又专门称"水文统计特征值"。

模比系数(coefficient of modulus) 水文时间序列中的个体值与该序列平均值的比值。如以逐年的年径流量除以多年平均年径流量,就可得到逐年的年径流量模比系数。

水文不确定性(hydrologic uncertainty) 水文现象的随机性、水文概念的模糊性、水文信息的灰色性等的统称。例如,河流某控制断面的年径流量各年不同,是随机性。年径流的"丰"、"中"、"枯",洪水的"大"、"中"、"小"等没有明确的划分标准,是模糊性。水文水资源系统的部分信息已知,部分信息未知,是灰色性。随着科学技术的进步,出现了一些基于不确定性分析的水文系统分析方法,如随机分析法、模糊分析法、灰色分析法等。

水文统计(hydrologic statistics) 应用概率论和数理统计学的原理和方法,分析、揭示水文现象统计规律及其应用的方法和技术。水文现象是具有明显随机性的自然现象,例如,决定某地区的径流量因素种类繁多、变化不定,使得其在季节性变化的基础上发生了随机偏差。水文现象的这一特性,使得水文统计方法在水文学中得到广泛运用。

均值(mean;average) "平均值"的简称。统计参数之一。最常用的是算术平均值。例如,某一水文特征值(如年降雨量)n 年观测值 x_1, x_2, $\cdots$, x_n 的平均数 $\bar{x} = \dfrac{1}{n}(x_1 + x_2 + \cdots + x_n) = \dfrac{1}{n}\sum_{i=1}^{n} x_i$。其反映水文特征值平均水平的高低或平均数量的大小。

变差系数(coefficient of variation) 亦称"离势系数"。统计参数之一。反映某一水文特征值 n 年观测值 x_1, x_2, $\cdots$, x_n 对其均值 $\bar{x}$ 的相对离散程度,记作 C_v。是均方差 σ 与均值 $\bar{x}$ 之比,即 $C_v = \sigma / \bar{x} =$

$\sqrt{\dfrac{1}{n-1}\sum_{i=1}^{n}(x_i-\bar{x})^2}\Big/\bar{x}$。不同河流之间或不同水文特征值之间用均方差难以比较其离散程度,用变差系数则可进行对比。中国年降水量的变差系数为 0.20~0.40,中等河流年径流的变差系数为 0.20~0.70,暴雨、洪水的变差系数则更大。在中国,一般北方大于南方。

偏态系数(coefficient of skew;skewness) 亦称"偏差系数"。统计参数之一。反映水文特征值 n 年观测值 x_1,x_2,$\cdots$,x_n 对其均值 $\bar{x}$ 分布的不对称程度,记作 C_s。常用下式计算:$C_s=\sum_{i=1}^{n}(x_i-\bar{x})^3\Big/(n-3)\sigma^3$。$C_s$ 的绝对值愈大,表示各 x_i($i=1\sim n$)值对其均值的不对称程度愈大;反之愈小。$C_s>0$ 称为正偏;$C_s<0$ 称为负偏;$C_s=0$ 表示频率分布对称。在水文频率计算中,由于水文资料观测年限较短,计算的 C_s 值误差较大,常用数倍于 C_v 的值来表示,一般取 $C_s=(2\sim4)C_v$。

水文频率(hydrologic frequency) 水文特征值大于(或小于)等于某值的概率。一般根据实测资料和历史调查资料通过水文统计分析方法估算。按照自然规律,大洪水出现的概率较小,特大洪水出现的概率更小,一般洪水出现的概率则较大。是水利及其他涉水工程设计的依据。如 10 亿 m^3 以上的大型水库,常用洪水频率为 0.1% 的洪水来设计,用洪水频率为 0.01% 的洪水来校核。

重现期(return period;recurrence interval) 水文特征值出现大于(或小于)等于某值的平均间隔时间。用 T 表示,常以年计。例如,洪峰流量 Q_m 的重现期为 100 年,则称该 Q_m 为"百年一遇洪峰流量",即大于或等于 Q_m 的流量在长时期内平均 100 年出现一次。但不能理解为每 100 年内一定出现一次。重现期 T 与频率 p 的关系为 $T=\dfrac{1}{p}$。重现期比频率直观。

频率曲线(frequency curve) 水文特征值大于(或小于)等于某值的概率与该值的关系曲线。将某水文特征值的 n 年观测值为纵坐标,以大于(或小于)等于各值相应的经验频率为横坐标,点绘在水文专用的概率格纸上得到经验点据,由某种分布函数曲线(亦称"理论频率曲线")拟合经验点据,拟合最优的那条曲线称该水文特征值的频率曲线。根据工程设计标准,可从频率曲线上查出所要求的水文设计值。皮尔逊 III 型曲线是中国水文领域常用的理论频率曲线,有三个统计参数:均值 $\bar{x}$、变差系数 C_v 和偏态系数 C_s。

设计标准(design standard) 为确定水利工程及其他涉水工程规模和工程安全所采用的标准。主要用水文频率表示。对于防洪、除涝工程设计标准越高,采用的水文频率越小,在频率曲线上查得相应的水文数据也就越大,利用它来设计工程就较为安全。也可采用历史上曾发生过的最大洪水或再加上某一成数作为水工建筑物等工程的设计标准。对于灌溉、发电、航运、给水等兴利工程,设计标准也常用频率表示,但习惯上称"设计保证率",即在多年工作期间,兴利工程满足用水部门正常工作的平均保证程度,用百分率表示。

水文极值(hydrologic extremum) 水文要素时间或空间变化中的极大值或极小值。如年最大洪峰流量、年最小流量等。

正常降水量(normal precipitation) 根据包括丰水年、枯水年的一定年数的某固定时段降水量系列求得的年算术平均值。对年降水量,所得为年正常降水量;对某月降水量,所得为某月正常降水量。将各地的正常降水量按雨量站位置标注在地图上,绘出等值线为正常降水量等值线,可供无资料地区查算之用。

径流量(runoff volume) 一定时段内从河流过水断面通过的水量。以 m^3 为单位,或用平铺在集水区上的水深表示,以 mm 为单位,后者亦称"径流深"。时段长一般取年、月或一次洪水历时,相应的径流量分别称"年径流量"、"月径流量"和"次洪径流量"。

正常径流量(normal runoff) 由数量大致相等的丰水年和枯水年组成的年径流量系列的算术平均值。通常用径流深度(mm)或径流模数($L/(s\cdot km^2)$)表示,也可用径流总量(m^3)、平均流量(m^3/s)表示。是一个重要的径流特征值。在地图上将各个流域的正常径流量标注在各该流域的中心位置上,绘出正常径流等值线图,可供了解径流量的地理分布和空间插值之用。

设计年径流(desina annual runoff) 相应于设计保证率的年径流量及其年内分配的总称。设计年径流计算的主要内容包括:分析研究年径流的变化规律、确定多年平均径流量和符合指定设计保证率的年径流量及其年内分配。是发电、灌溉、供水和航运等工程规划设计的重要水文依据。

径流模数（runoff modulus）　亦称"单位面积径流率"。流域内单位面积上单位时间内的径流量。计算式为 $M = 1\,000Q/F$。式中，M 为径流模数（L/（s·km^2）），Q 为流量（m^2/s），F 为流域面积（km^2）。分：（1）瞬时径流模数，由瞬时流量计算所得，如最大径流模数；（2）平均径流模数，由日平均、月平均、年平均和多年平均的流量计算所得。

暴雨频率（frequency of storm rainfall）　大于或等于某值的年最大一定历时暴雨量出现的可能性。水文频率的一种。若暴雨观测年数很长，即相当于观测期内出现这种情况的年数与观测年数之比值。其倒数是出现一次这种情况平均的间隔年数，称"暴雨重现期"。

设计暴雨（design storm；project storm）　为防洪、排涝等工程设计拟定的使工程符合防洪或排涝设计标准并且当地可能出现的暴雨。大中流域的设计暴雨包括各种时段的设计面暴雨量及其时程分配和面分布雨型。小流域的设计暴雨，可用流域中心的设计点暴雨量代替设计面暴雨量。主要用于推求缺乏流量资料的中小流域的设计洪水。

暴雨移置（Storm transposition）　将邻近地区的实测特大暴雨经一定修正后移置到设计流域的方法。移置时要进行移置的可能性分析和移置修正。前者主要对比设计流域与特大暴雨发生地区的降雨条件，包括天气形势、地形条件等是否基本相似。后者主要考虑设计流域与特大暴雨发生地区之间由于流域形状、地理位置、地形条件和高程障碍等差异而引起的降雨量差别，作出定量修正。

可能最大降水（probable maximum precipitation）　在现代气候条件下，特定区域一定历时内可能发生的最大降水量。推求可能最大降水的一般步骤是，先经过分析拟定一个降水公式，再对影响降水的主要因子（水汽、动力因子）极大化。极大化方法有水汽因子放大法、水汽和风速因子联合放大法、水汽因子和效率放大法等。以暴雨为主形成洪水的地区，亦称"可能最大暴雨"。可能最大降水对大型水利工程的设计，以及已建水库的保坝、加固分析计算和安全运行管理具有重要意义。

洪水总量（flood volume）　简称"洪量"。洪水期间一定时段内从流域出口断面流出的总水量。一般以 m^3 计。一次降雨所形成的洪水总量，可由该次洪水过程线的起涨时刻至终止时刻之间的水量来求得。某一历时的年最大洪水总量（如最大一天、最大三天洪水总量等），是指一年中该历时洪量中的最大值。

洪水频率（flood frequency）　洪水特征值（如年最大流量、年最大时段洪量）发生大于或等于某值的概率。水文频率的一种。以百分率表示。其倒数称"重现期"。例如，洪水频率为 1% 的洪水，其重现期为 100 年。

设计洪水（design flood；project flood）　为防洪、排涝等工程设计拟定的使工程符合防洪或排涝设计标准并且当地可能出现的洪水。内容主要包括设计洪峰流量、不同时段的设计洪水总量和设计洪水过程线。各项工程的特点和设计要求不同，需要计算的设计洪水内容也不同，如无调蓄能力的堤防和桥涵工程，要求计算设计洪峰流量；对滞洪区，主要计算设计洪水总量；对水库工程，需要计算完整的设计洪水过程线；当水库下游有防洪要求或梯级水库时，还需要计算设计洪水的地区组成；施工设计有时要求估算分期（季或月）设计洪水。根据资料条件，设计洪水可由流量资料推求，也可由雨量资料推求。对无流量、雨量资料的地区，可根据有关经验公式、等值线图等推求设计洪水。

历史洪水（historical flood）　本流域历史上曾发生过的大洪水或特大洪水。在中国，一般指发生在有系统观测资料以前的大洪水或特大洪水。通过调查历史洪水的痕迹、涨落过程、发生年份，量测历史洪水痕迹的高程、过水断面面积，可推算出历史洪水的洪峰流量、洪水总量及重现期。也可通过走访群众、查阅地方志等历史文献和文物考证等办法，调查考证历史洪水发生的时间和大小。实测洪水资料中的少数特大洪水，因需要考证其重现期，也可将其作为历史洪水处理。在水文频率计算中加入历史洪水，对提高计算成果的可靠性有重要作用。历史洪水或历史洪水再加上某个成数也可直接作为工程设计的依据。

古洪水（paleoflood）　根据在残留的洪痕处采集到的第四纪沉积物，用放射性同位素测定其沉积的年代，用水文学方法测算其洪峰流量而得到的洪水。对提高洪水频率分析成果的可靠性有一定意义。

可能最大洪水（probable maximum flood）　在现代气候和下垫面条件下特定区域可能发生的最大洪

水。推求可能最大洪水的方法有两种：（1）由可能最大降水通过产流、汇流计算转换成可能最大洪水；（2）收集大量特大洪水资料，点绘最大流量与流域面积的关系，取其外包线作为可能最大洪水。可能最大洪水常用于水库防洪安全，尤其是大坝安全的校核。

水文风险（hydrologic risk）　由水文不确定性引起的不利后果及其可能性。是风险率和不利后果的综合。

洪水风险（flood risk）　由洪水不确定性引起的不利后果及其可能性。分积极的风险和消极的风险。常见的有（1）水库汛期超汛限水位蓄水，以防备当年水库上游少雨的情况，提高供水保证率。但是因此可能增加水库应急泄洪的概率。风险越大、可能利益越大，但可能的损失也越大。这属于积极的风险。在这种情况下，往往不是以风险最小作为决策的依据。而需要加强暴雨洪水的监测预报，审时度势，精心调度，量力而行。（2）失事风险率很大的病险水库，一旦溃坝，会造成毁灭性的灾难。这属于消极的风险。消极的风险是一种必须全力预防，尽力消除的风险。

水利计算（computation of water conservancy）　水资源系统开发和治理中，对江河等水体的径流变化特点、用水需求、径流调节方式、技术经济可行性、环境效应、水利设施的类型、布设、参数、设备工作状态等进行的分析计算和方案比选。水利计算的成果是选择河流治理和开发方案，确定工程规模、工程开发程序、运用方式等的重要依据。

调洪演算（routing of flood control）　遵循洪水波在水库中的传播规律，根据水库的入库洪水过程和溢洪道或其他泄洪设备的控制运用，对出库洪水过程的推算。其控制方程由水库水量平衡方程和水库水位-泄洪设备操作方式-出库流量关系曲线构成。通过调洪演算可掌握一次洪水过程中，入库洪水过程、库水位过程、出库洪水过程与泄洪建筑物操作运用之间的关系。

水　资　源

水资源　释文见1页。

世界水资源（water resources of world）　全世界每

年（或多年平均）通过地球系统水文循环更新的淡水总量。全球水总储量约13.86亿 km³，其中约97.5%为咸水，约2.5%为淡水。淡水主要储存在极地和其他冰川、湖泊、沼泽、河流、地下储水空间、大气、生物等中。通过全球水文循环，陆地部分平均每年可更新的淡水资源量中的河川径流量只有约47万亿 m³，分布情况见下表。

全球河川径流分布表

大陆和岛屿	河川径流	
	水量（km³）	占径流总量（%）
欧洲	3 210	6.85
亚洲	14 410	30.8
北美洲和中美洲	8 200	17.5
南美洲	11 760	25.1
非洲	4 570	9.76
大洋洲	2 390	5.11
南极洲岛屿	2 310	4.94
总计	46 850	100.0

中国水资源（water resources of China）　中国国土范围内每年（或多年平均）通过全球水文循环更新的淡水总量。中国陆地水资源总量约为2.81万亿 m³；多年平均河川径流总量约为2.71万亿 m³，占水资源总量的96%，折合径流深284 mm。中国水资源分布与耕地分布不匹配，长江以南耕地面积占全国耕地面积的36%，其水资源量占全国水资源总量的81%；长江以北耕地面积占全国耕地面积的64%，其水资源量只占全国水资源总量的19%。年内分配不均匀，60%~70%的年径流集中于河流汛期。中国人均径流量约为世界人均径流量的1/4，是水资源较短缺的国家之一。

淡水（fresh water）　含盐量或矿化度小于1 g/L的水。地球系统中的淡水约占地球总水量的2.5%。主要分布在冰川和江河、湖泊（水库）、浅层地下含水层中。其中江河水、湖泊（水库）水、浅层地下水等是人类所需水资源的主要来源。

咸水（salt water）　含盐量或矿化度大于1 g/L的水。其中含盐量或矿化度在1~3 g/L的称"微咸水"。地球系统中咸水约占97.5%，主要分布在海洋中，其次分布在内陆湖泊、深层地下含水层和含油地质构造中。不适于饮用,一般也不适于工农业用水;微咸水虽可作为有些作物的灌溉用水,但要注意防止土壤次生盐碱化。

水资源总量(total amount of water resources)　降水形成的地表水和地下水之总和。由于地表水与地下水互相联系又互相转化,使河川径流量中包括有山丘区地下水的大部分排泄量,而平原区地下水补给量中有一部分来源于地表水下渗,故不能将河川径流量与地下水资源量直接相加,而应当扣除两者的重复计算部分后作为水资源总量。

水资源开发(water resources development)　通过工程措施,对地区或流域天然状态的水资源进行必要的控制,达到时间上能调节,地区或流域间能调配,更好地满足经济社会发展的用水需求。工程措施主要有修建水库、跨流域或区域调水等。

水资源利用(utilization of water resources)　为促进经济社会发展,保护环境和生态,对水量、水质和水能的科学利用。涉及生产、生活的许多领域,一般分生活用水、农业用水、工业用水、第三产业用水、水力发电用水、航运用水、环境用水、生态用水等。

水资源可持续利用(sustainable water resources utilization)　既能满足当代经济社会发展需求,又能保证子孙后代发展经济社会需求的水资源利用。水资源虽是可再生资源,但时空分布不均匀,变化具有不确定性,又容易受到污染。利用水资源必须遵循科学的可持续原则,否则既不利于当代,也会危及子孙后代。

可供水量(available water supply)　由可利用水资源量与工程措施供水能力决定的可向用户提供的水资源量。为可利用水资源量和工程供水能力两者中较小者。

用水定额(water-use quota)　在一定的生产技术水平和生活水平下,单位时间内单位产品或单位灌溉面积或单位人口的用水量。

重复利用率(repeated utilization factor)　供水系统中可重复使用的水量占总用水量的百分率。重复利用率高表示水的综合利用率高或水的利用效率高。

河道内需水(instream water uses)　为水力发电、航运、淡水养殖、冲沙、旅游、景观、改善河道水质、维持良好河流生态系统等,河道须保持一定水位和流量所需要的水量。

环境需水(enviromental water)　改善水质和净化、美化环境需用的水量。

生态需水(ecosystem water)　维持良好生态系统或改善生态系统需用的水量。

水资源供需平衡分析(demand and supply analysis of water resources)　不同水平年、不同保证率的逐时段供、需水量确定后,按河道外用水和河道内用水,自上游平衡区至下游平衡区依次进行的逐时段供水和需水的平衡分析。上一个平衡区的出境水量即为下一个平衡区的入境水量,并考虑水的重复利用和回归水的利用。若供水量不能满足需水要求,则应立足本地区,先节流,即高效用水;后开源,即适当增加工程措施,提高供水能力。

水资源评价(water resources assessment)　对地区或流域的水量、水质及其时空分布,开发利用和供需水发展趋势的分析评定。是合理开发、利用、保护、管理水资源的基础性工作;制定经济社会发展规划的基本依据。中国1980年起对全国水资源进行评价,1995年起进行了第二次全国水资源评价。

水资源系统(water resources system)　由地区或流域的水文循环系统和水资源开发利用系统综合而成的系统。其中水资源开发利用系统由水源、取水工程、供水工程、用户、排水工程、污水处理工程等构成。水文循环系统决定自然水资源的时空分布,水资源开发利用系统则根据水文循环系统提供的自然水资源时空分布,通过工程措施和非工程措施达到安全供水、节约用水、高效用水、科学排水的目的。狭义的水资源系统是指其中的水资源开发利用系统。

水资源规划(water resources planning)　根据地区或流域的水资源自然状况和经济社会发展对水的需求制定的水资源合理开发、利用、治理、配置、保护和管理的总体方案。基本内容包括:地区或流域的自然和社会概况、发展战略、规划期内水资源合理配置保护对策、工程布局、实施步骤、管理办法等。遵循的基本原则是:合理高效综合利用水资源,最大限度适应多方面需求,维持良好的环境和生态,达到以水资源的持续利用来促进经济社会可持续发展的目的。

基准年(datum year)　为说明一个地区或流域要达到的水资源开发利用程度和供需水平而设定的作为比较基础的年份。在现行水资源规划中,一般以现状年或过去某一年作为基准年。

水平年（target year） 为说明一个地区或流域将来要达到的水资源开发利用程度和供需水平所设定的年份。在水资源规划中一般有：近期、远期、远景设想三种水平年。一般规定，近期水平年为基准年以后的 5～10 年，远期水平年为基准年以后的 15～20 年，远景设想水平年为基准年以后的 30～50 年。

水资源配置（water resources allocation） 运用工程措施和非工程措施对水资源实施空间上与用户间的合理或优化分配。工程措施主要有水库、渠道、水闸、地下水库等；非工程措施主要有水资源规划、水资源预报调度、政策法规等。

水资源调度（water resources scheduling） 运用水资源系统中各组成部分的功能，通过操作运行，使水资源的时空分布实现重新分配。目的：在汛期，一般是在确保工程安全前提下，多拦蓄洪水，尽可能减轻洪涝灾害；在非汛期，一般是尽可能减少缺水度，获取最好的综合利用效益。水资源调度具有实时性，并可以考虑水资源预报，增加水资源调度的效益。

水资源保护（water resources protection） 采取工程措施和非工程措施，防止水资源污染，以及由于不合理的开发利用带来的其他环境和生态问题。如防止河道萎缩、河口断流、湿地退水、地面沉降、海水入侵、水土流失、土地沙化、物种减少等。

水资源管理（water resources management） 运用经济、法律、法规、技术等手段使水资源系统的各项功能或作用得以充分可靠地发挥，以取得尽可能好的经济、社会、环境和生态效益。《中华人民共和国水法》是中国水资源管理的法律依据，各级水行政主管部门是依法管理水资源的主体。

资源型缺水（resources-induced water shortage） 亦称"资源性缺水"。由于对水资源的需求超过当地水资源承载能力而造成的水资源短缺现象。主要解决措施有：节水、调整产业结构和实施跨流域调水。

工程型缺水（engineering water shortage） 亦称"工程性缺水"。由于供水水源工程建设滞后于用水需求而造成的水资源短缺现象。主要解决措施是兴建水源工程、节约用水等。

水质型缺水（quality-induced water shortage） 亦

称"污染性缺水"。水体被污染而失去使用价值所造成的水资源短缺现象。主要解决措施有节水、治理和减少污染等。

非常规水资源（non-conventional water resources） 雨水、废污水、海水、空中水、矿井水、苦咸水等经过一定处理而获得的水资源。为区别于通常由江河、湖泊（水库）和浅层地下水提供的水资源而得名。获取非常规水资源的方法主要有：雨水收集、废污水处理、海水淡化、人工降水等。

洪水资源化（flood resources） 遵循洪水发生规律，通过运用防洪工程措施和非工程措施进行科学调度，减少洪水期弃水，将其转化为非洪水期可利用的水资源的过程。是增加地区或流域可供水量，提高水资源利用率的重要手段。

雨水利用（rainwater utilization） 采用一定措施，直接收集、存储大气降水并加以利用的水资源利用方式。常见的流程是：设置收集雨水的集流面；通过集水槽或管道将集流面上的雨水引入置于地面或地下的储水罐或水窖，以备使用。在淡水短缺地区，雨水利用具有重要意义。

海水淡化（sea water desalination） 除去海水中盐分，获得淡水的过程。常用的海水淡化技术有多级闪急蒸馏法、反渗透法等。是短缺淡水的海岛、航海船舶、沿海地区等取得淡水的重要途径之一。

中水回用 释文见 247 页。

污水资源化（sewage resoures） 污水和废水经处理后再加以利用，或从废污水中回收其他有用物质的过程。城市污水或工业废水经过一定处理可用于灌溉、清洁环境等；经过高级处理也可以作为工业用水，甚至城市给水。在一定程度上有缓解水资源供需矛盾的作用。

地下含水层（aquifer；groundwater reservoir） 地下水面以下具有透水和给水能力的岩层。构成含水层的岩层需具备三个基本条件：（1）有能容纳重力水的空隙；（2）有储存和聚集地下水的地质地形条件；（3）有充足的补给水源。按空隙类型，分孔隙含水层、裂隙含水层、岩溶含水层；按埋藏条件，分潜水含水层、承压含水层；按透水性，分均质含水层、非均质含水层。

地下水容许开采量（groundwater available yield） 亦称"地下水可开采量"。在经济合理、技术可行且不引起生态环境恶化条件下能从地下含水层开采的最大水量。主要受地下水总补给量、含水层开采条件、生态、环境等因素的制约。控制地下水实际开采量不持续超过地下水容许开采量，可避免地下水位持续下降、地面沉降、海水入侵、荒漠化等问题。

地下水超采（groundwater overdraft）　一定区域内地下水开采量超过该地区地下水容许开采量的现象。在地下水超采区域，地下水位的持续下降，将引起地面沉降、海水入侵、荒漠化等一系列问题。在中国，根据国土资源部发布的报告，华北平原东部由于地下水的大量超采，深层承压地下水水位降落漏斗面积达 7 万 km^2 以上，部分城市地下水水位下降达 30~50 m，局部地区水位下降超过100 m。在中国平原地区已经造成 400 多个地下水超采区，总面积达 19 万 km^2，约占全国平原面积的 11%。

地下水回灌（groundwater recharge）　亦称"地下水人工补给"。采用人工措施将地表水或其他水源引入地下补充地下水的方法。回灌水源有当地降水径流、河流汛期来水、溉灌退水，以及处理后的城市生活污水和工业废水。回灌方法主要有地面入渗、河道和沟渠引渗、坑塘和水库蓄渗、水井注水等。回灌时要防止污染地下水。可增加地下水资源量，防止由于地下水位大幅下降导致的地面沉降、海水入侵、水质恶化等不良后果，还可改善地下水水质，起到储冷或储热的作用。

水资源承载能力（bearing capacity of water resources）　一定地区或流域的水资源状况能够支撑其经济社会发展和维系其良好环境生态的潜在能力。取决于地区或流域的水资源禀赋条件、经济社会发展水平、人口和生活水平、环境和生态条件、科学技术水平等。是制定地区或流域经济社会发展规划的重要依据。

水功能区（function area of water body）　根据水资源的自然状况和开发利用现状，考虑流域综合规划规定的功能，按照其主导功能执行相应水环境质量标准而划定的水域。旨在协调水资源利用与保护、整体与局部等关系，确定水域的主导功能和功能顺序，核实其纳污能力，提出限制排污总量，为实施水资源可持续利用提供科学依据。中国于 2003 年颁布了《水功能区管理办法》。

地　质

地质学（geology）　研究地球及其演变的一门自然科学。是研究地球的物质组成、内部构造、外部特征、各层圈之间的相互作用和演变历史的知识体系。主要研究对象为地球的固体硬壳：地壳或岩石圈。随着科学技术和生产的不断发展，地质科学的研究手段也更加先进。按研究的主要任务不同，分：（1）研究地壳物质成分及成因和变化规律的矿物学、岩石学、矿床学、地球化学等；（2）研究地壳结构和地表形态的变化特征和发展规律的构造地质学、大地构造学、地质力学、地貌学等；（3）研究地壳的形成历史和演化规律以及古生物的古生物学、地史学、地层学等；（4）研究地质工程特性和地下水运动对地质作用的工程地质学、水文地质学等；（5）研究地质调查和勘探的理论与方法的地球物理勘探、遥感技术、钻探学等。

工程地质学（engineering geology）　主要研究与工程设计、施工和运行有关的地质问题的学科。是地质学的一个分支。如建筑区的区域稳定、地基稳定、边坡稳定、库坝区的渗漏和渗透变形、水库的坍岸和浸没、地下硐室的围岩稳定等，对这些问题都要根据建筑物的特点和工程地质条件予以论证，做出正确评价和预测，以便为选定最好的建筑地点、工程的合理设计、顺利施工和正常使用提供地质依据。

土质学（soil science）　亦称"工程岩土学"。研究岩土的工程地质性质及其形成和变化规律的学科。主要研究：（1）岩土的物质成分、结构构造以及物理和力学性质；（2）岩土的成因及其变化；（3）岩土的区域分布规律的特征；（4）改良岩土工程地质性质的各种方法和原则。

水文地质学（hydrogeology）　研究地下水的学科。是地质学的一个分支。主要研究地下水的形成、分布、埋藏条件和运动规律、物理性质与化学成分以及怎样寻找地下水、评价地下水资源、合理开发利用地下水、防止地下水的危害等。分普通水文地质学、地下水动力学、地下水普查与勘探学、水文地球化学、地下水资源学、矿床水文地质学、环境水文地质学和区域水文地质学等分支学科。

地貌学（geomorphology）　研究地球表面地形起伏形态及其发生、发展和分布规律的学科。地表的形态多种多样，规模差别很大，宏观的涉及大陆和海洋，微观的如溶蚀孔穴和沙丘等。分动力地貌学、气候地貌学、构造地貌学和应用地貌学等分支学科。其中动力地貌学研究的历史较久，涉及面较广，如河流、喀斯特、海岸、冰川、冻土和风沙等，对各项工程建设都有直接关系。根据科学技术的发展和生产需要，地貌学研究已向构造地貌学和气候地貌学两方面深入发展。地貌学在河道与港口整治、水利工程和道路选线、农田水利规划及地质找矿等方面的应用已取得显著成效。

地质作用（geological function）　由自然动力引起的使地壳组成物质、地壳构造及地表形态等不断变化和形成的作用。按营力的来源不同，分外营力地质作用和内营力地质作用两种。前者来自地球外部（太阳能等），主要作用于地壳表层，包括风化、剥蚀、搬运、沉积作用等；后者来自地球内部（温度、压力等），作用于整个地壳内部，包括地壳运动、岩浆活动和岩石的变质作用等。

矿物（mineral）　由地质作用形成相对稳定的自然元素的结晶态的单质（如自然金等）或化合物（如方解石、方铅矿、重晶石等）。目前已知的矿物约有3 000种左右；而主要的造岩矿物仅30多种，如石英、长石、云母、角闪石、辉石、方解石、高岭石等。按成因，分原生矿物、次生矿物、变质矿物等；按在岩石中的含量，分主要矿物、次要矿物和副矿物。

岩石（rock）　由一种或几种矿物组成的集合体。具有一定的结构和构造。一般指已胶结的坚硬岩类，有时也把自然形成的松散物质（砾、砂、泥和火山灰等）包括在内。按成因，分岩浆岩、沉积岩、变质岩三大类。是工程建筑的基础。

基岩（bed rock）　陆地表层中的坚硬岩层。一般多被土层覆盖，埋藏深度不一，少则数米到数十米，多则数百米。由沉积岩、变质岩、岩浆岩中的一种或数种岩类组成，可作大型建筑工程的地基。

覆盖层（overburden layer）　覆盖在坚硬岩石上的松散土石体。多为近代的砂、砾石、黏土、黄土、淤泥、碎石、风化残积物以及堆渣、回填土等。分布于坡麓、河谷、盆地、平原等地形低洼处，厚度不等，从数米到数十米，甚至数百米。与基岩相比，由于其物质组成和结构构造复杂，工程地质性质多变，随地而异。按沉积物成因，分：坡积物、残积物、冰碛物、洪积物、冲积物、湖积物、沼泽沉积物、地下水沉积物和风积物等类型。

岩浆岩（magmatic rock）　亦称"火成岩"。岩浆侵入地壳或喷出地表后冷凝而成的岩石。是组成地壳的主要岩石。分侵入岩和喷出岩两种。前者由于在地下深处冷凝，故结晶好，矿物成分一般肉眼即可辨认，常为块状构造，按其侵入部位深度的不同，分深成岩和浅成岩；后者为岩浆突然喷出地表，在温度、压力突变的条件下形成，矿物不易结晶，常具隐晶质或玻璃质结构，一般矿物肉眼较难辨认。常见的岩浆岩有花岗岩、花岗斑石、流纹岩、正长石、闪长石、安山石、辉长岩和玄武岩等。

火成岩（igneous rock）　即"岩浆岩"。

沉积岩（sedimentary rock）　亦称"水成岩"。由外动力地质作用形成的沉积物经胶结而成的岩石。原来的岩石在常温、常压的条件下，经风化形成松散物质，通过剥蚀和搬运，在一定地点沉积或沉淀下来，再经胶结压实而成坚硬或半坚硬的岩石。具有层理构造，富含化石。按成因和物质成分，分碎屑岩、黏土岩、化学沉积岩和生物化学沉积岩。占整个地壳体积的5%，但在地壳表层出露的面积却占75%。从统计资料得知，沉积岩的分布占中国总面积的77.3%。研究沉积岩的形成条件、结构、构造及其特征，对工程建设具有重大意义。

变质岩（metamorphic rock）　地壳中原有的岩浆岩、沉积岩或变质岩，由于地壳运动和岩浆活动等造成物理化学环境的改变，受高温、高压及其他化学因素影响，使原来岩石的成分、结构和构造发生一系列变化，所形成的新的岩石。例如，石灰岩因温度的增高可形成大理岩。按原岩的不同，分正变质岩和副变质岩。前者由岩浆岩变质而成；后者由沉积岩变质而成。常见的变质岩有片麻岩、片岩、千枚岩、板岩、大理岩、石英岩、矽卡岩等。

岩脉（dike）　由岩浆侵入围岩裂隙而形成宽度较小，长度较大，呈脉状分布的侵入体。浅成岩浆岩侵入体的一种。宽度随断裂的大小有一定的变化。规模大的（厚度在几厘米到几千米，长几十米到几十千米）称"岩墙"。岩脉与围岩接触的部位往往裂隙较多，透水性较大，力学强度较低，是工程建设中较不利的地段，一般必须进行加固防渗处理。

层面（bedding plane）　岩层与岩层之间的接触

面。在层面上有时可见到波痕、泥裂、雨痕、动植物化石等。

透镜体（lenticle）　岩层厚度从中心向边缘逐渐变薄以至消失的沉积层。沉积岩的一种构造。多分布在第四纪松散沉积层中。对工程地质和水文地质条件均有影响。

花岗岩（granite）　深成侵入的酸性岩浆岩。分布非常广泛，产状多为岩基或岩株。颜色浅，多呈肉红色。主要矿物为石英（25%～30%）、长石（钾长石40%～45%、斜长石20%），少量为黑云母和角闪石等。全晶质等粒状结构，块状构造（有时也可见矿物定向排列而成的流状构造）。岩性均一，质地坚硬，吸水性小，岩块抗压强度可达117.7～196.1 MPa。是良好的建筑物地基和建筑石料，如三峡、新丰江、龙羊峡、紧水滩等水电站大坝均修建在花岗岩上。

玄武岩（basalt）　基性岩浆喷出地面冷凝而成的岩石。主要矿物为含钙较高的斜长石和单斜辉石，含少量橄榄石，无石英。常为致密隐晶状结构。呈斑状结构时，斑晶为斜长石和辉石。色深，一般为棕黑色或黑色，风化后呈红褐色。具有气孔状、杏仁状构造，并有明显的原生柱状节理。在中国分布较广，如云南、四川、贵州、内蒙古等地都有大面积的出露。坚硬、性脆，抗磨能力及耐酸性强，岩块抗压强度为196.1～490.3 MPa。

凝灰岩（tuff）　亦称"火山凝灰岩"。由小于2 mm的火山灰（占50%以上）和火山碎屑堆积成层的岩石。主要成分为火山玻璃碎屑和矿物晶体碎屑，岩屑较少。常具有火山碎屑结构。孔隙率大，容重小，易风化，风化后形成斑脱土。岩块抗压强度为7.85～70.36 MPa。凝灰岩岩粉掺杂在水泥中制成的火山灰硅酸盐水泥，可抗水中盐类的侵蚀。若火山碎屑（粒径在2～100 mm）占50%以上时称"火山角砾岩"；火山碎块（粒径大于100 mm）占50%以上时称"火山集块岩"。

砾岩（conglomerate）　一种由浑圆状的砾石（粒径大于2 mm）胶结而成的岩石。带棱角砾石胶结成的称"角砾岩"。砾石占50%以上，是碎屑物质经水流远距离搬运磨圆而成，成分为单一矿物或岩石。角砾岩中的角砾石为风化后在山坡上的坡积物或火山喷发形成的角砾，也可由断层错动而产生的破碎物。这类岩石的强度大小常受胶结物影响，若为硅质胶结（如石英砾岩），抗压强度很大，且不易风化，是极

好的水工建筑物地基；若为泥质胶结，则松散，强度低，但为良好的地下水含水层。

砂岩（sandstone）　由各种砂粒胶结而成的岩石。颗粒直径在0.05～2 mm。主要矿物为石英、长石、云母等。按含量占多者命名，如以石英为主的称"石英砂岩"。为多孔性岩石，特别是粗、中粒砂岩常为良好的含水层，工程施工时需预作排水措施。胶结好的砂岩则透水性较小，岩块抗压强度可达78.5～196.1 MPa。中国新安江水电站大坝就是建在硅质石英砂岩之上。

页岩（shale）　由黏土脱水胶结而成的岩石。以黏土类矿物（高岭石、水云母等）为主，具有明显的薄层理构造。按成分不同，分炭质页岩、钙质页岩、砂质页岩、硅质页岩等。其中硅质页岩强度稍大，其余的较软弱，岩块抗压强度为19.61～68.65 MPa或更低。浸水后易发生软化和膨胀，变形模量较小，抗滑稳定性极差。在两坚硬岩石中夹有页岩时，对水工建筑物的稳定性影响很大。在工程地质勘察时应予以充分重视。

黏土岩（clay rock）　一种由粒径小于0.01 mm碎屑颗粒组成的岩石。具有泥质结构。以高岭石、蒙脱石、水云母等黏土矿物为主，也有少量石英、长石等矿物碎屑。含腐殖质的黏土岩干燥时有吸水性、可塑性；而含高岭石的黏土岩有滑感、无可塑性，干燥时表面有裂纹，吸水性强，吸水后体积剧烈膨胀；水云母黏土岩则介于上述两者之间。常具有薄层理构造，夹于坚硬岩石间可形成软弱结构面，浸水后易发生软、泥化，对工程建筑危害极大。

石灰岩（limestone）　一种主要由化学作用或生物作用形成的沉积岩。主要矿物为方解石（$CaCO_3$），其次为白云石[$CaMg(CO_3)_2$]。颜色与所含的杂质有关，质纯的为灰白色、含有机质的为黑色或深灰色。岩石结构常呈致密状，有时也可见鲕状、竹叶状等。主要特性是遇稀盐酸剧烈起泡、可溶解于水，故常有被水溶蚀成各种溶洞、溶斗等现象，为地下水的良好通道及蓄水岩层。对水工建筑及施工影响极大，特别是坝基渗漏、水库渗漏及施工期的突然涌水，需预防及处理。硅质石灰岩主要成分为二氧化硅（SiO_2），强度大，不溶于水，渗水性较差，是良好的建筑地基。质纯的石灰岩是烧制水泥、石灰的主要原料。

白云岩（dolomite）　主要矿物为白云石

[CaMg(CO_3)_2]的一种碳酸盐岩。化学沉积岩的一种。有时含少量方解石(CaCO_3)。当混有石膏和硬石膏时强度显著降低。常为晶粒状结构。遇稀盐酸有微弱起泡，可与石灰岩区别。纯白云岩可作耐火材料。溶蚀性较石灰岩弱，喀斯特现象的发育也较差，对工程的影响较石灰岩小。

第四纪(quaternary period)　新生代最新的一个纪。包括更新世和全新世。其下限年代多采用距今260万年。从第四纪开始，全球气候出现了明显的冰期与间冰期交替的模式。第四纪生物界的面貌已很接近于现代。哺乳动物的进化在此阶段最为明显，而人类的出现与进化则更是第四纪最重要的事件之一。

第四纪地质学(quaternary geology)　研究距今260万年内第四纪的沉积物、生物、气候、地层、构造运动和地壳发展历史规律的学科。是开发利用第四纪资源和开展水文地质以及工程地质工作的基础，也是灾害和地球环境变化和预测研究的重要学科。

片麻岩(gneiss)　岩浆岩或沉积岩经深变质作用而成的岩石。具有暗色与浅色矿物相间呈定向或条带状断续排列的片麻状构造特征，呈变晶结构。主要矿物为石英、长石、角闪石、云母等。按原岩的不同，分由岩浆岩变质而成的"正片麻岩"和由沉积岩变质而成的"副片麻岩"。一般岩块抗压强度为117.7～196.1 MPa，云母含量多时，岩块抗压强度降低。沿片理方向抗剪强度较小。

片岩(schist)　具有典型的片状构造的变质岩一种。是区域变质作用的产物。片状、板状、纤维状矿物相互平行排列，粒度较粗，肉眼可辨别。主要矿物为云母、石英、角闪石、绿泥石等。以不含或含少量长石与片麻岩区别。以含量最多者命名，如云母居多则称"云母片岩"。强度较低，极易风化，抗冻性差，因片理发育，易沿片理产生滑动，一般不宜作水工建筑物的地基。若在这类岩石地区兴建工程除注意片理影响外，还需查清岩石中的夹层分布情况和地下水活动情况。

板岩(slate)　由页岩、黏土岩、粉砂岩经浅变质而成的一种变质岩。主要由硅质和黏土类矿物组成。矿物颗粒细小，肉眼不能辨认。具板状构造，即沿一定方向易裂成厚度均一的薄板，击之能发出清脆的声音，以此作为与页岩的区别。透水性小，浸水后易泥化而成软弱层。工程修建时需进行抗滑加固处理。

石英岩(quartzite)　由沉积岩中石英砂岩及硅质岩经变质而成的一种变质岩。主要矿物为石英(>85%)，其次为云母、磁铁矿等。全晶质变晶结构。岩性均一坚硬、抗风化力强、不透水也不溶解于水，但性脆，受力后易产生密集的裂隙，而成渗漏通道。岩块抗压强度可达343.2 MPa，坚固系数在20以上。是水工建筑物良好的地基，地下硐室的良好围岩，但施工开挖较困难。

大理岩(marble)　沉积岩中碳酸盐类岩石经变质而成的岩石。因产于中国云南大理而得名。主要矿物为重结晶的方解石、白云石，肉眼可辨认，遇稀盐酸产生气泡。纯大理岩为白色，含杂质时带有各种杂色，具美丽条纹，为主要的装饰建筑石料及雕刻石料。岩块抗压强度随颗粒胶结和大小而异，一般为49.0～117.7 MPa，可作为建筑物地基。因易溶解于水，故有各种喀斯特现象，会引起水库渗漏、崩塌等，需加以注意和工程处理。

糜棱岩(mylonite)　颗粒很细呈条带状分布的动力变质岩。岩石中大部分矿物不能用肉眼分辨。由原来粗粒岩石(花岗岩等)受强烈的定向压力破碎成粉末状(断层泥)，再经胶结形成坚硬岩石，矿物成分与原岩无多大变化。主要分布在逆断层和平移断层带内。强度低，易引起渗漏和形成软弱夹层，对岩体稳定不利。

构造岩(tectonite)　亦称"动力变质岩"。泛指在固态流动条件下变形和使内部组分定向排列的岩石。常分布在断层带。按破碎、变质程度及结构、构造特征，分构造角砾岩、碎裂岩、糜棱岩和片理化岩。膨胀性、塑性和压缩性等都很大，湿润后变成黏滑的冻状体。由黏土矿物组成的岩石会引起建筑物发生大量沉陷，边坡稳定性差，特别以夹层产出时，更容易引起地基、边坡的不稳定，在兴建水工建筑物时要特别注意并加以处理。

高岭石(kaolinite)　亦称"高岭土"、"瓷土"。一种黏土矿物。化学成分为Al_4[Si_4O_{10}](OH)_8。因首先在江西景德镇附近的高岭村发现而得名。由长石、普通辉石等铝硅酸盐类矿物在风化过程中形成。呈土状或块状，硬度小，湿润时具有可塑性、黏着性和体积膨胀性，特别是微晶高岭石(亦称"蒙脱石"、"胶岭石")膨胀性更大(可达几倍到十几倍)。由微晶高岭石和拜来石为主要成分的称"斑脱土"。

地质构造（geological structure）　在地球的内、外营力作用下,岩层或岩体发生变形或位移而遗留下来的形态。在层状岩石分布地区最为显著。在岩浆岩、变质岩地区也有存在。具体表现为岩石的褶皱、断裂、劈理以及其他面状、线状构造。对水工建物筑地基的稳定性和渗漏性有直接影响。如褶皱构造核部岩石破碎、裂隙发育,强度低,渗透性较大。闸坝、电站、隧洞等选址时应尽量避开这种地段。选址还应考虑库区的断裂情况,较大断层如伸到库外,可能会产生库区渗漏现象。

新构造运动（neotectonism）　自新近纪末以来所发生的地壳运动。也有人认为是第四纪以来或新近纪以来的地壳运动。没有古代构造运动那样强烈,但普遍存在、影响面广。各地运动的形式、趋向、频率、强度有所差异。如甘肃酒泉附近第四纪砾石层被断层切断,而华北平原自第四纪以来则处于大幅度下降,有的地区则以地震形式出现。会显著改变区域的自然条件,如水文地质条件、地貌条件等。对重要的永久性建筑物影响极大,如发生在坝址地段,就可能导致坝体的破坏和坝基渗漏,危及坝体结构的稳定。

地质年代（geological time）　不同地质时期的岩石在形成过程中的时间和顺序。地质年代单位为宙、代、纪、世、期。年代地层的划分和地质年代的划分是相对应的,但单位名称不同。与地质时代单位相对应,年代地层单位为宇、界、系、统、阶。确定地质年代的方法有两种:一种为绝对年龄,用同位素测量确定,以年计算;另一种为相对年代,以岩层形成先后次序、古生物演变、地壳运动情况等划分,只说明各阶段的相对新老关系,如古生代、中生代、新生代等。

化石（fossil）　经石化交代作用而保存在沉积岩中的动植物遗骸或痕迹。如贝壳、三叶虫、树叶(茎)等。是鉴定岩层的地质年代和分析岩层形成时的地理环境以及地史某一阶段某些动植物繁衍的重要依据。并以此进行地层的划分。

褶皱（fold）　亦称"褶曲"。岩层受力后形成的各种波状弯曲构造。岩层仍保持连续性和完整性。弯曲的中心部分称"核部",两侧部分称"翼"。褶皱分背斜和向斜两个基本类型。背斜是中间岩层向上弯曲,两侧岩层向外倾斜,核部为较老地层向两侧逐渐变新,两翼地层对称分布;向斜是中间层向下凹陷两侧岩层向内倾斜,核部为较新地层向两侧逐渐变老两翼地层对称分布。

岩层产状（attitude of rock）　岩层在空间分布位置的状态。通常用层面的走向、倾向和倾角三要素来表示。岩层产状的要素,需用地质罗盘仪测定。

走向（strike）　层面与水平面相交线的方向。表示岩层的延伸方向。

倾向（dip）　岩层的倾斜方向。与走向垂直,只有一个方向。是倾斜线的水平投影所指的方向。倾斜线是垂直于走向线,沿层面倾斜向下所引的直线。

倾角（dip angle）　层面与水平面的最大夹角。以锐角计数。

断层（fault）　岩层或岩体受力后破裂面两侧岩块有明显相对位移的断裂构造。滑动的破裂面称"断层面";两侧的岩块称"盘",倾斜断层面以上的称"上盘",以下的称"下盘";断层面与地面的交线称"断层线";断层错动的距离称"断距"。断层面可用产状的要素(走向、倾向及倾角)确定其空间位置。按两盘相对位移情况的不同,分正断层、逆断层和平移断层三种基本类型。是一种常见的地质构造,这类地区岩石破碎,裂隙多,透水性大,岩石强度低,对水工建筑物极为不利,选址时需根据具体情况进行处理。坝基应设法避开大、活、未胶结的断层带。

断层带（fault zone）　亦称"断层破碎带"。断层两侧岩块破碎或变形的地带。包括破碎带和影响带。破碎带是岩层被断层错动搓碎的部分;影响带是指靠近破碎带受断层影响,节理发育或发生牵引弯曲的部分。岩层位移后产生了许多密集的裂隙,这种断层带是宽度数厘米到数十米甚至更宽的被揉皱、破裂、切错的破碎岩层。一般说,断层规模愈大,破碎带愈宽,结构愈复杂;断层带岩层愈破碎,抗风化侵蚀能力就愈弱。进行水利工程选址地质调查时,对重要地区需查明断层带位置。

裂隙（fracture）　岩体中的裂缝。岩体受力后无明显位移产生的断裂构造。根据形成条件,分:(1)由地壳运动产生的构造裂隙,按受力性质不同,分张裂隙、剪切裂隙等;(2)岩石成岩时产生的原生裂隙,如玄武岩的柱状裂隙等;(3)岩石因风化作用而产生的风化裂隙。裂隙使岩石破碎、强度降低、抗滑性减小、透水性增大。对水工建筑物的坝基稳定、坝基及水库渗漏、隧洞的稳定等影响极大。如建筑物基础的岩体有大量裂隙存在时,必须采取处理措施。

裂隙率（frequency of fracture）　亦称"裂隙频度"。单位长度内的裂隙条数（条/m）。是表示岩体裂隙发育程度的定量指标之一。

裂隙等密图（contour plots for fracture diagrams）表示岩体裂隙发育规律的一种图件。能定量地反映裂隙发育的密集程度及其优势方位。裂隙等密图和裂隙极点图用人工绘制，或用计算机绘制。

裂隙极点图（fracture pole figure）　表示岩体裂隙发育程度和规律的一种图件。用裂隙面法线的极点投影绘制。投影网底图由一系列射线和同心圆组成。其中，射线代表裂隙倾向方位角，自正北方向顺时针转动为 0°~360°；同心圆代表裂隙倾角，自圆心至圆周为 0°~90°。根据极点分布的疏密程度可大致地确定裂隙发育程度和优势方位。

裂隙玫瑰图（fracture rosette diagram）　表示岩体裂隙发育规律的一种图件。分裂隙走向玫瑰图和裂隙倾向玫瑰图两类。前者多用于直立或近于直立产状为主的裂隙统计；后者用于裂隙走向基本一致、但倾角变化较大的裂隙统计。

卸荷裂隙（unloading fracture）　地表岩体在遭受剥蚀、侵蚀或人工开挖过程中，由于卸荷引起临空面附近岩体回弹变形、应力重分布所造成的次生破裂面。在河谷及其岸坡临空地带普遍发育，在河谷底部近于与河底平行，在河两岸则与岸坡平行。裂隙面张开且多呈曲面形状。使岩体原有结构松弛，破坏岩体的完整性，不利于岩体稳定。

地应力（field stress）　亦称"岩体初始应力"、"绝对应力"、"原岩应力"。在漫长的地质年代里形成的、未受工程扰动的天然应力。其状态对地震预报、区域地壳稳定性评价、地下硐室围岩稳定性分析、岩爆的研究具有重要意义。

结构面（discontinuity）　用以表示在空间的位置与几何特征的地质界面。为平面或曲面。可为具体的不连续面，如各种断裂面、劈理面等；或为不存在具体界面但具有重要标志意义的面，如褶皱轴面。前者称"分划性结构面"，后者称"标志性结构面"。地质力学把力学性质相同的结构面分为一类，如反映压应力作用的褶皱轴面、断层面等统称"压性结构面"。按照上述原则，结构面可分五类：压性结构面、张性结构面、扭性结构面、压扭性结构面和张扭性结构面。而在岩体力学中将岩体中自然形成的面、缝、层、带状地质界面称"结构面"，它是有一定的方向、规模、形态和特性的实体面。通常，按其成因，分原生结构面、构造结构面和次生结构面三种。岩体受不同产状的结构面切割而形成的单元块体称"岩块"或"结构体"。常见形状有柱状、块状、板状、菱面体、锥体等。

河谷（valley）　河流地质作用在地表所造成的槽形地带。现代河谷的形态和结构是在一定的岩性、地质构造基础上，经水流长期作用的结果。发育完整的河谷包括谷顶、谷坡和谷底三个组成部分，有河床、河漫滩、阶地等多种地貌单元。按河谷与地质构造的关系，分背斜谷、向斜谷、单斜谷、断层谷、纵向谷、横向谷、斜向谷等；按河谷横断面的形状，分 V 形谷和 U 形谷。河谷的形态和结构，对于确定水工建筑物的位置、结构形式、枢纽布置和施工方法，以及地基处理等均有密切关系。

流水侵蚀作用（water erosion）　水流对地表岩土体的物理或化学的破坏作用。位于坡面上的水流可形成很薄的水层，并能较均匀地冲刷地表上的疏松物质，产生片状侵蚀；位于沟谷中的水流，因有较固定的流程，经常对谷底或谷坡进行冲刷、溶蚀，从而构成线状侵蚀，结果使沟谷加深、加宽、加长。按流水侵蚀作用的方向，分深切侵蚀、溯源侵蚀和侧向侵蚀三种。

泥石流（debris flow）　山区发生的含大量泥沙等固体物的突发性的特殊洪流。历时短暂、来势凶猛、具有强大破坏力。发生条件：（1）地质构造复杂、地壳活动比较剧烈、岩体破碎易于造成滑坍的地区；（2）地形陡、沟谷纵比降大；（3）形成区内多暴雨或大量冰雪消融，具有足够的水量。泥石流沟谷自上而下分三个区段：（1）侵蚀区，此区崩塌、滑坡等严重，侵蚀作用显著，为固体物质和水的供给段；（2）过渡区，沟谷狭窄、谷坡陡峭，沟底纵比降大但流动不畅，常抬高"龙"头，对沟谷造成强烈侵蚀；（3）堆积区，在泥石流沟口，固体物质停积，多呈扇形或锥形。含有大量固体物质，容重大、搬运力强，对城镇、道路、水利工程等破坏极大，有时还会造成河道堵塞，危及人民生命财产的安全。

古河床（ancient river bed）　地质历史时期河流改道或因其他原因被废弃后遗留的河床。多分布在冲积平原和河漫滩地区。组成古河床的泥沙较粗大，地下水较丰富，一般都是良好的地下水水源地。

河谷阶地(valley terrace) 由于河流前期地质作用,河流两岸呈阶梯状分布的台地。在形成过程中,地壳的升降起着制约作用。地壳运动能导致河流的侵蚀和堆积作用的加强或减弱,使早期生成的河床抬高或降低。按成因,分侵蚀阶地、堆积阶地和基座阶地三种主要类型。阶地的高度指相对高差,即阶地面至河流平水期水面之间的垂直距离。通过对河流阶地性质的分析,可以了解河谷结构、松散物的分布和埋藏规律、区域稳定性等与水利工程建设有关的问题。

喀斯特(karst) 亦称"岩溶"。水对可溶性岩石溶蚀和冲刷作用,以及形成各种特殊的地貌形态的总称。在喀斯特地区修建水利工程,主要应考虑渗漏,同时关注地基稳定和地面塌陷等问题。

喀斯特率(rate of karst) 定量评价喀斯特发育程度的指标。有面积喀斯特率、体积喀斯特率、线性喀斯特率之分。计算方法是取一段岩芯,测出岩芯上喀斯特裂隙洞穴所占的面积、体积、在测线上的长度三个值,分别计算占总测量面积、总体积、测线长度的百分率,即可求出面积喀斯特率、体积喀斯特率和线性喀斯特率。

溶洞(cave) 地下水对可溶性岩层溶蚀破坏形成的地下洞穴。一般发育在潜水面附近,呈水平方向延伸。如地壳相对上升,河流下切作用加强,潜水面下降,可高出潜水面形成干溶洞。例如,广西桂林附近七星岩洞,洞顶高达数十米。溶洞有一个或多个出口。洞顶与落水洞、溶斗相通,洞的规模大小不等,洞内常有石柱、石笋、石钟乳等分布。可成为水库和坝址区渗漏的重要通道,坝址地段有溶洞存在时会影响水工建筑物地基的稳定性,溶洞水会给施工增加困难,需进行排水疏干。

落水洞(sink hole) 喀斯特地区自地表通向地下暗河或溶洞系统的垂直通道。由垂直裂隙经水溶蚀扩大或暗河、溶洞顶塌陷而形成。洞的大小和形状各有不同,与岩层裂隙的分布有密切关系。能大量吸取地表径流至地下。如水库中有落水洞,则会引起库水的集中渗漏。为防止库水渗漏,可在落水洞外修建高于库水位的井筒。

溶蚀洼地(dissolution basin) 石灰岩区经溶蚀而形成一定面积的闭塞盆地。其内具有孤峰、落水洞、溶蚀漏斗、残丘等喀斯特地貌,底部平坦,有松散堆积物。一般宽数十米至数百米,长数千米至数十千米。面积较大的溶蚀洼地称"坡立谷"。溶蚀洼地和坡立谷的形成,主要是溶蚀漏斗逐渐扩大,相邻溶洞发生塌落合并而成,有的则与断层分布有关。

地震(earthquake) 地球深处内应力不平衡而引起的地壳震动。按成因分为两类。一类为自然地震,包括:(1)构造地震,由地壳运动积累的能量释放引起,破坏性最强、影响范围最广,约占地震总数的90%。(2)火山地震,由火山喷发引起,影响范围小,一般强度不大,不造成大面积的破坏,约占地震总数的7%。(3)陷落地震,亦称"塌陷地震",由地下溶洞和旧矿坑塌陷,或大规模山崩引起,影响范围很小,具一定的破坏性。另一类为人工地震,即人为方法产生的地震,如地下核试验引起的地震,人工爆破地震等。

震源(seismic source) 地球内部发生地震的地方。大部分地震能量在此释放。可以是点,也可以是线或面。其位置有的离地表很近,有的深达几百千米。按震源深度不同,分浅源地震(地表以下10~60 km)、中源地震(地表以下60~300 km)、深源地震(地表以下大于300 km)。震源愈深,影响范围愈大,破坏力愈小。

震中(epicenter) 震源在地面上的垂直投影。该部位受地震力影响最大,破坏性最大。震源、震中和地心应位于同一地球半径上。

震域(earthquake region) 地震在地面上所能波及的区域。震源愈深,震域愈大;震源愈浅,震域愈小。

地震波(seismic wave) 地震时,从震源向四周产生振动或冲击的弹性波。按传播方式,分三种:(1)纵波,亦称"疏密波"或"P波"。波的振动方向与前进方向一致。纵波比横波速度快,可在固体、液体中传播。(2)横波,亦称"扭动波"或"S波"。波的振动方向垂直于传播方向。横波只能在固体中传播。(3)表面波。沿地面传播的弹性波。又可分地面上做滚动运动的瑞利波和地面上做蛇行运动的勒夫波。表面波的波长较长、振幅大,对地面各种建筑物的破坏力最强,危害最大。

地震震级(earthquake magnitude) 按照地震本身强度而定的等级标度。地震释放出的能量愈大则震级愈大,影响范围越广。一次地震释放的能量是固定的,所以一次地震只有一个震级。释放能量大小,可根据地震仪记录到的地震波的最大振幅来确定。

7级以上的地震为大地震,5~6级为强震,3~4级为弱震,3级以下为微震。一个1级地震能量相当于2×10^6 J,每增大1级大约相当于地震能量增大33倍。

地震烈度(earthquake intensity) 表示地震对某一地区地面和建筑物的破坏和影响强弱程度。主要根据地震时地面的变化现象、建筑物的破坏程度、人的感觉、器物反映等来确定受地震影响的强烈程度。中国地震烈度采用12度划分法。一次地震只有一个震级,而烈度则随震源距离、地质、地形、建筑物的动力性质和质量等条件而异,与震级并不成比例。

地震效应(seismic effect) 在地震作用下地面出现的各种震害。可分为:(1)震动破坏效应,是在地震力直接作用下引起建筑物破坏;(2)地面破裂效应,地震使地面产生裂缝和断层移动;(3)地基底效应,在地震作用下地基土石体产生震动压缩下沉、振动液化、塑性变形等,使地基失稳而导致建筑物的破坏;(4)斜坡效应,地震使斜坡土石体失去原有平衡状态而移动、变形和破坏。

水库诱发地震(reservoir-induced earthquake) 在特殊的地质背景下,因水库蓄水引起水库及其附近地区内新出现的、与当地天然地震活动规律明显不同的地震活动。

水库渗漏(leakage of reservoir) 水库蓄水后,库水沿岩体的孔隙、裂隙、断层、溶洞等向库岸分水岭外的沟谷低地渗漏。分坝区渗漏和库区渗漏。会降低水库效益,有时可引起盐渍化、沼泽化等现象。坝区渗漏,指大坝建成后,库水在大坝上、下游水位差作用下,经坝基和坝肩岩、土体中的裂隙、孔隙、破碎带或喀斯特通道向坝下游渗漏的现象。经坝基的渗漏称"坝基渗漏",经坝肩的渗漏称"绕坝渗漏"。库区渗漏,包括库水的渗透损失和渗漏损失。由于饱和库岸和库底岩、土体而引起的库水损失,称"渗透损失",这种渗漏现象称"暂时性渗漏"。库水沿透水层、溶洞、断裂破碎带、裂隙带等连贯性通道外渗而引起的损失,称"渗漏损失",这种渗漏现象称"经常性渗漏"或"永久性渗漏"。通常,库区渗漏指永久性渗漏。库区渗漏可在邻谷区引起新的滑坡,或使古滑坡复活,造成农田浸没、盐渍化、沼泽化,危及农业生产和建筑物安全。

水库影响区(affected zone of reservoir) 由于水库蓄水引起的滑坡、塌岸、浸没、内涝、水库渗漏范围及其他受水库蓄水影响的区域。

水库塌岸(reservoir bank caving) 水库蓄水后水库周边岸壁发生的坍塌现象。其危害和影响主要有:大量土体坍塌入库产生淤积,减少库容;塌落物可淤塞、填堵引水建筑物;岸线后移,使库边农田、建筑物、道路遭受毁坏;坝前库岸如发生塌岸,将影响大坝安全。影响水库塌岸的因素有:库岸的坡度、坡高、坡型和植被情况等。

水库浸没(reservoir inundation) 水库蓄水使水库周边地带的地下水位壅高引起土地盐碱化、沼泽化等次生灾害的现象。可使农田作物减产,工矿企业和民用建筑物地基条件恶化而损坏,矿井涌水量增加,铁路、公路发生翻浆、冻胀,有时还影响水库正常蓄水或坝址的选择。

地质图(geological map) 反映各种地质现象和地质条件的图件。按一定的比例绘制在地形图上而成,是地质工作的最基本图件。如构造纲要图、矿产地质图、水文地质图、工程地质图等。在水利工程建设中,是工程规划设计的重要依据和参考资料。

工程地质图(engineering geological map) 反映建筑物地区工程地质条件的图件。是在工程地质测绘、勘探和试验的基础上,综合地层岩性、地质构造、地形地貌,水文地质、岩体力学性质和工程地质现象等资料编绘而成。是工程规划、设计、施工的基础资料。

水文地质图(hydrogeological map) 反映一个地区水文地质条件的图件。根据水文地质测绘和勘探结果编绘而成。常用来表示含水层系统的性质及其空间形态,地下水的形成、类型、埋藏条件、化学成分和地下水资源的丰富程度,以及这些水文地质条件与自然地理因素、地质因素之间的关系。最常见的有综合水文地质图、地下水等水位线图、地下水等水压线图、地下水水化学图、地下水资源分布图等。

地貌图(geomorphological map) 表示各种地貌的特征、分布、成因、类型及其演变规律的专题地图。根据反映的内容和用途不同,分:(1)普通地貌图,综合反映某一地区的地貌形态、成因、生成年代等特征,如地貌成因类型图和地貌分区图等;(2)专门地貌图,为某一特定需要而编制的地貌图,如地形切割密度图、地面坡度图等。绘制精度有大于1:200 000、1:200 000~1:1 000 000和小于1:1 000 000

三种,其中第一种属大比例尺地貌图,可供中、小型水利工程设计使用;第二、第三种为中、小比例尺地貌图,适用于较大范围的流域规划使用。为清楚地反映某些地貌现象和特征,通常要绘制地貌剖面图。

地下水(subsurface water; ground water)　广义的指以各种形式存在于岩石或土壤空隙(孔隙、裂隙、溶洞)中的水(包括重力水、毛管水和结合水)。狭义的仅指饱水带中的重力水(ground water)。根据埋藏条件,分上层滞水、潜水和承压水三个基本类型。每一类型又根据含水介质特征分孔隙水、裂隙水、喀斯特水(溶洞水)及一些其他特殊类型水(热水,永久冻土带水等)。

透水层(permeable layer)　具有一定透水能力的岩层。一般指渗透系数大于 0.001 m/d 的岩层。透水层的空隙愈大,地下水流动的阻力就愈小。常见的透水层有疏松的砂砾层、多裂隙的或喀斯特发育的岩层等。当透水层位于地下水面以下时成为含水层。

岩石水理性质(hydro-physical property of rock)　岩石与水作用时所表现的物理性质。如岩石的透水性、可溶性、软化性、抗冻性、膨胀性、崩解性等。透水性是指岩石允许水通过的能力,以渗透系数表示;可溶性指岩石在水中被溶解的性能,以溶解度或溶解速度表示;软化性指岩石浸水后,强度降低的性能,以软化系数表示;抗冻性是指岩石抵抗冻融破坏的能力,以抗冻系数表示;膨胀性是指含黏土矿物较多的岩石因吸水而发生体积增大的性能,以膨胀压力、膨胀应变量表示;崩解性是指黏土矿物含量较高的岩石,置于水中而发生崩散解体的性能,可用崩解速度、湿化耐久性指标表示。

软化系数(coefficient of softening)　岩石浸水饱和抗压强度与干抗压强度的比值。一般认为软化系数大于 0.80,其软化性很小。

抗冻系数(coefficient of frost resistance)　岩石经25 次冻融试验前后试样平均抗压强度的差值与冻融试验前干平均抗压强度之比的百分率。一般认为抗冻系数小于 0.25 的岩石是抗冻的。

容水性(moisture capacity)　土或岩石能容纳一定水量的性能。容水性的数量指标称"容水度"。以土或岩石完全饱和水分时所能容纳的最大水体积与土或岩石总体积之比表示。通常其数值相当于土的孔隙度或岩石的裂隙率。

持水度(specific retention)　当地下水位下降时,滞留于非饱和带岩石或土中而不释出的水的体积与单位疏干体积之比。根据持水度的大小,可以把土和岩石分为持水的(黏土、亚黏土等)、弱持水的(黏土质砂岩等)和不持水的(砾石、卵石、石灰岩等)三类。

透水性(permeability)　亦称"渗透性"。土或岩石允许水通过本身的性能。透水性的强弱,首先决定于单个孔隙的大小以及之间的连通性程度,其次与孔隙多少和形状等有关。例如,砾石、粗砂等因孔隙大,水容易透过;反之,黏土孔隙很小,水不易透过。透水性的强弱以渗透系数表示。

渗透系数(coefficient of permeability)　表示岩石或土等介质透水性大小的一个指标。岩石的渗透系数主要决定于其裂隙性质以及它们的张开宽度。土的渗透系数决定于粒径大小、级配、孔隙比等因素。另外,渗透系数还与流体的性质(密度、黏滞性、温度等)有关。是计算地下水流量、水井涌水量、库坝区渗漏水量的一个重要参数。可采用现场抽水试验或取岩石和土的试件在实验室测定。

毛管水上升高度(capillary rise of water)　亦称"毛细管水上升高度"。毛管水从潜水面沿孔隙上升的最大高度。在潜水面以上可形成一个毛管水带。除与液体性质有关外,主要与孔隙的大小有关。孔隙愈大,毛管水上升高度愈小。在防治土壤盐渍化和沼泽化以及道路的冻胀和翻浆时,必须了解毛管水上升高度。

含水层(aquifer)　储存有地下水的透水岩层。构成含水层的条件是岩层本身必须具有能贮水的孔隙,有一定的导水能力,并且地下水有一定的补给来源。补给来源丰富,导水能力强,且有一定贮水性能的岩层是良好的含水层。疏松的沉积物裂隙性岩石和喀斯特发育的岩石都可能成为含水层。其中,第四纪砂、砾、卵石层和喀斯特发育的石灰岩含水比较丰富。

不透水层(aquiclude)　亦称"隔水层"。透水性极低的岩层。一般将渗透系数小于 0.001 m/d 的岩层视为不透水层,如黏土、致密花岗岩,泥岩等。隔水是相对的,在相当大的水力坡度下,不透水层也能透过和释放一定的水量。

弱透水层(aquitard)　允许地下水以极小速度流动的弱导水岩层。在多层含水层叠置的含水系中,弱透水层与不透水层的作用不同,后者起隔水作用,前者则构成其上、下含水层间的水交换通道,而且上、下含水层的水头压差越大,通过弱透水层的水量也越大。由于大型盆地中弱透水层常有较大的分布面积,故不可忽视通过弱透水层的越流水量和弱透水层本身的释水量。

多孔介质(porous media)　由相对松散(未胶结或胶结很弱)的固体物质组成的骨架和由骨架分隔成大量密集成群的微小空隙所构成的物质。没有固体骨架的那部分空间称"孔隙",由液体或气体或气液两相共同占有。多孔介质内的流体以渗透方式运动。主要物理特征是空隙尺寸微小,比表面积大。多孔介质内的微小空隙可能是互相连通的,也可能是部分连通、部分不连通的。比表面积是多孔介质分散程度的指标,其数值大小对流体渗透时的表面分子力作用,对多孔介质的吸附、过滤、传热和扩散等过程有重要影响。

典型单元体(representative elementary volume)　亦称"表征单元体"。在多孔介质中某一点的物理量,都是不连续的。多孔介质概化为连续介质时,连续介质等效物理量(如孔隙度、压力、水头等)所在的点对应多孔介质平均物理量所辖的最小体积单元。连续介质某点的物理量,无论是标量还是矢量,均用以该点为中心的典型单元体内该物理量的平均值定义。

含水层系统(aquifer system)　由若干个透水性不同的含水岩层、隔水岩层或相对隔水岩层构成的、相互之间具有直接或间接水力联系的含水岩系。

地下水流系统(groundwater flow system)　地下水由补给区向排泄区流动的过程和状态。具有统一时、空演变过程的地下水体。地下水流系统不刻意区分含水层和不透水层,由边界围限的、具有统一水力联系的含水地质体形成。是水文循环系统的一部分,由输入、输出和水文地质实体三部分组成。

水文地质单元(hydrogeological unit)　根据水文地质结构、岩石性质、含水层和不透水层的产状、分布及其在地表的出露情况、地形地貌、气象和水文因素等划分的,具有一定边界和统一补给、径流、排泄条件的地下水分布区域。

区域地下水流(regional groundwater flow)　地下水由补给区向排泄区运动的过程中穿越了两个和两个以上地下水分水岭的地下水流。

局部地下水流(local groundwater flow)　地下水由补给区向排泄区运动的过程中局限在同一地下水分水岭内的地下水流。

含水构造(water-bearing structure)　在不同地质环境下含水层与不透水层具有的不同组合形态和特点的水文地质单元。各个含水构造中含水层的分布和地下水的形成条件都有特定的规律。分两大类:(1)基岩含水构造,包括向斜盆地承压水含水构造、单斜层状承压水含水构造、断裂带含水构造、裂隙(或裂隙、溶隙)无压水含水构造等;(2)松散沉积物含水构造,包括山前洪积物无压和承压水含水构造、河谷冲积层无压水含水构造、湖相沉积物无压和承压水含水构造等。开展含水构造的研究,对于了解地下水的分布规律,寻找地下水有重要的实际意义。

断裂含水带(water-bearing fractured zone)　含水的断层及其两侧的裂隙密集带。坚硬脆性岩石在断层及其两侧一定宽度内,岩石破碎、裂隙密集、透水性增大,能积聚地下水并形成地下水流通道,构成脉状延伸的含水带。其富水性取决于断层规模、两侧岩石的性质、断层的时代新老和胶结程度、断层带地下水的补给条件。新的、大的、张性的脆性岩层中的断层要比老的、小的、压性的塑性岩层中的断层富水性好;发育在脆性和可溶性岩石中规模大、且连通巨大含水层或地表水的张性断层尤其是新的未胶结的断层富水性最强。可作为良好的供水水源,但又可能危及采矿和水工建筑物的安全,实际工作中需认真对待。

饱水带(zone of saturation)　土和岩石的空隙全部被地下水充满的地带。一般指潜水面以下的含水层。该地带的地下水在重力作用下流动,故亦称"重力水带"。但在潜水面以上的毛管水带的下部,土或岩石的孔隙也全部被水充满,所以有时也把它算作饱水带。

地下水面(ground water table)　地下水的表面。有潜水面和承压水面两种类型。潜水面是潜水的自由水面;承压水面则是指承压水揭露后的稳定水面,亦即水井打穿承压含水层顶板后,井中水位到达稳定以后的井水面。

承压水面(piezometric surface)　见"地下水面"。

地下水位(ground water level)　地下水面相对于基准面的高程。通常以绝对标高计算。潜水面的高程称"潜水位";承压水面的高程称"承压水位",打井时最初出露地下水的高程称"初见水位",经过一定时间以后,水位稳定在某一高度,称"静止水位"。

包气带水(water in unsaturated zone) 存在于地面以下潜水面以上岩石和土壤中的水。潜水面以上岩石和土壤中的孔隙未被水充满,包含有空气,故称"包气带"。包气带水主要以气态水、吸着水、薄膜水和毛管水的形式存在。只有当降水或地表水下渗时,或在局部不透水层上面,才出现重力水。按照埋藏条件,主要有沼泽水、土壤水和上层滞水等几种类型。

上层滞水(perched water) 存在于潜水面以上包气带中的局部不透水层上的重力水。补给区与分布区一致,分布范围有限,往往雨季时存在,干旱季节消失。水量有限,易受污染。只能作暂时性或小型的居民生活用水水源。

潜水(unconfined water) 埋藏在地面以下第一个稳定不透水层之上的地下水。具有自由表面,在重力作用下能从高处向低处流动。大气降水和地表水可以渗入地下补给潜水;有时(特别是在枯水季节)潜水也可补给地表水,彼此间有密切的水力联系。分布广,埋藏浅,故常用作供水水源。

潜水面(water table) 潜水的自由表面。它的起伏与地形、岩层透水性、地质构造和地下水的补给或排泄条件有关。一般与地形起伏一致,但幅度较小。

地下水埋藏深度(depth of groundwater) 一般指从地面到潜水面的深度。对于承压水则指从地面到承压含水层顶板的深度。根据不同地点地下水埋藏深度的资料,可以编制地下水埋藏深度图。地下水埋藏深度太浅,会引起土壤的盐渍化和沼泽化,埋藏深度太深对于开采地下水不利。

潜水溢出带(discharging zone of phreatic water) 由于岩性改变使透水性减小,潜水流动受到阻塞而被迫溢出地表的地带。常见于山前平原的中部,该处冲积物、洪积物由砂砾转变为黏性土,潜水流受阻而溢出地表。

地下水等水位线图(contour map of water) 亦称"潜水等水位线图"。根据某一时段潜水面上各点的水位绘制的潜水面等高线图。利用该图可以看出潜水面的形状和潜水的运动方向,并可以估算潜水流的水力坡度和判断地下水与地表水之间的补给关系。如与地形图配合,可以确定潜水面的埋藏深度;当已知隔水底板标高,可以估算含水层厚度。

承压水(confined water) 充满上、下两个不透水层之间具有承压性质的地下水。当测压水位高于地面高程时,可形成自流水。上部有不透水层隔开,不直接接受大气降水补给,补给区较远,故补给条件比潜水差,开采后易形成降落漏斗。受气候条件影响较小,水质、水量、水位变化也较小。由于承压水分布广泛,水质一般较优良,水位、水量也较稳定,故是良好的供水水源。但要注意合理开采,防止降落漏斗的扩展而耗尽含水层水量。在水闸、船闸等建筑物开挖地基时,遇到承压水涌入基坑,常给施工带来困难,应先期测知,并采取排引措施,以利工程的进行。

承压水盆地(artesian basin) 亦称"自流盆地"。埋藏有承压水的构造盆地、向斜构造或坳陷。常由一系列的透水层和不透水层组成。分补给区、承压区和排泄区。

地下水等水压线图(piezometric contour map of ground water) 承压水面等高线图。根据某一时段同一承压含水层的不同地点的水井和钻孔静止水位资料绘制而成。从图上可以看出承压水面的形状和承压水的运动方向。如与地形图配合,可以确定承压水面距地面的深度以及地下水可能喷出地面的区域。

层间水(interlayer water) 埋藏于两个不透水层之间的含水层中的地下水。如果地下水没有充满整个含水层,仍然具有自由水面的称"层间水";地下水完全充满了含水层,具有承压特性的称"承压水"。

孔隙水(pore water) 存在于土或岩石孔隙中的地下水。多分布在疏松未胶结或有孔隙的岩石中。常呈层状分布,广泛存在于第四纪的河流冲积物、山前平原的洪积物和疏松的砂岩中。

裂隙水(fracture water) 存在于岩石裂隙中的地下水。可能是潜水或上层滞水,也可能是承压水。分:(1)风化带网状裂隙水,存在于花岗岩或其他岩浆岩和变质岩等的风化带中,埋藏浅,常为潜水;(2)裂隙层状水,存在于坚硬的岩层如石英岩、玄武岩和砂岩中,当岩层软硬相间时,常为承压水;(3)裂隙脉状水,主要存在于断裂带中,一些新的、张性的断裂带,特别是巨大的断裂带,常含有丰富的地下水。

喀斯特水(karst water) 亦称"岩溶水"。存在于可溶性岩石(石灰岩、白云岩、石膏、岩盐等)的溶洞和溶蚀裂隙中的地下水。可以是潜水也可以是承压水。某些可溶性岩层含有丰富的喀斯特水,常形成流量很大的泉或地下暗河。如太原晋祠泉、济南趵突泉和广西地区的地下暗河等。

地下热水(geothermal water) 温度高于20℃(或当地年平均温度)的地下水。根据不同的温度,分20~40℃的低温热水、40~60℃的中温热水、60~100℃的高温热水和高于100℃的过热水。常存在于地热异常区。出露于地表则成温泉或热泉。有广泛的用途,可用来取暖、治疗某些疾病和工农业的热供水等。高温热水和过热水还可用来发电。

肥水(fertile water) 含有较多的硝态氮、硝酸态氮和亚硝酸态氮,可作为天然液体肥料的浅层潜水。其中硝态氮主要来源于人畜排泄物。常分布于深度不超过30 m的浅部潜水和半承压含水层中。地势低平,径流滞缓,补给排泄条件较差,具有一定封闭性的岩性结构条件,才有利于肥水的积聚和保存。肥水的矿化度一般为1~3 g/L,个别的较高。另外,也有与人类活动无关的肥水,分布于陆相或海相的第四纪松散沉积物中。如珠江三角洲第四纪海-陆相沉积物中即有肥水。是在缺氧条件下,由生物遗体经硝化细菌作用分解生成。这类肥水的矿化度一般较高,为8~15 g/L。

泉(spring) 地下水的天然露头。按地下水运动性质,分上升泉与下降泉。前者是承压的,后者是无压的。按补给的地下水类型,分上层滞水泉、潜水泉和承压水泉。泉的出露条件要求有合适的地形、岩性和构造条件。按泉水的成因,分与地形侵蚀切割有关的侵蚀泉、出露在含水层与不透水层接触处的接触泉、出露在断层带中的断层泉等。泉的实用意义很大,可作为寻找地下水的标志、供水水源和医疗用水。某些流量很大的泉有较大的国民经济意义。中国有许多著名的泉,如济南的趵突泉、陕西的华清池、杭州的玉泉等。

水文地质条件(hydrogeological condition) 有关地下水形成、分布和变化规律等条件的总称。包括地下水的补给、埋藏、径流、排泄、水质和水量等。一个地区的水文地质条件是随自然地理环境、地质条件,以及人类活动的影响而变化。开发利用地下水或防止地下水的危害,必须通过勘察,查明水文地质条件。

地下水补给条件(condition of ground water recharge) 地下水补给来源、补给量、补给方式和补给区的大小等条件的总称。地下水的补给来源主要有降水入渗、地表水的渗漏及其他含水层水的流入等。补给量的多少主要取决于降水量,补给面积、包气带的透水性,地形坡度和植被状况等。在其他条件相同时,补给区面积愈大,含水层的补给条件就愈好。研究地下水补给条件是地下水资源评价和基坑排水计算中一项重要的基础工作,可以为合理开发地下水,考虑是否采取人工补给的措施,合理布置排水,疏干建筑物的基坑等提供依据。

地下水径流条件(condition of ground water runoff) 地下水径流的地点、径流方向、径流量、形成径流的环境和条件,以及影响径流的因素等的总称。除某些构造封闭的承压水盆地及地势十分平坦地区的潜水外,地下水都处于不断的径流过程中。径流是连接补给与排泄的中间环节,其强弱影响着含水层水量与水质的形成过程。因此,查清地下水径流条件在水文地质勘探中,具有重要意义。

地下水排泄条件(condition of ground water discharge) 地下水排泄的地点、排泄的方式、排泄量、形成排泄的环境和条件,以及影响排泄的因素等的总称。地下水的排泄途径有天然排泄和人工排泄两种。天然排泄的方式有:(1)垂直排泄,即当地下水位接近地表或通过毛细管作用到达地表时,在蒸发作用下转化为大气水;(2)水平排泄,地下水以泉或暗流形式排入地表水。人工排泄主要有水井抽水和矿坑排水等。大量的人工排泄会改变水文地质条件。

地下水稳定运动(steady-state flow of ground water) 地下水运动要素不随时间变化的运动。地下水作稳定运动时,水头、流量、渗透速度等运动要素不随时间而变化。严格说来,无论是天然状态下或人为影响下的地下水运动,都是非稳定的。但如果在某一时段内,地下水运动要素随时间变化很小时,可以近似为稳定运动进行研究和计算。

地下水非稳定运动(unsteady-state flow of ground water) 地下水运动要素(如水头、流量、渗透速度等)随时间变化的运动。一般地下水运动都属非稳定运动。

导水系数(coefficient of transmissibility) 表示含水层导水能力的参数。代表水力坡度为1时通过单位宽度含水层的地下水流量。数值上等于含水层厚度和渗透系数的乘积。

贮水系数（coefficient of storage）　亦称"释水系数"。承压含水层的重要水文地质参数。表示当水头降低（或升高）一个单位时，水平面积为一个单位，高度等于含水层厚度的含水层中所能释放出来（或储存）的水体积。无量纲。从单位体积含水层中释放（或贮存）的水量称"贮水率"。

越流（leakage）　含水层通过上覆或下伏弱透水层获得或漏失水的现象。所获得或漏失的水量与越流方向均受弱透水层两侧水头差的控制。弱透水层的厚度和渗透系数也影响越流水量的大小。被弱透水层隔开的相邻含水层，由于水头值不同，一含水层中的地下水通过弱透水层流入另一含水层的现象，称"越流补给"。

降水入渗补给系数（coefficient of replenishment from precipitation）　大气降水入渗补给地下水的水量与大气降水量之比。因降水量只有部分水量补给地下水，所以降水入渗补给系数总是小于1。随自然地理条件和水文地质条件不同而变化。在地下水资源计算中和防治土壤盐渍化等的水均衡计算中是一项重要参数。

地下水化学成分（chemical composition of groundwater）　地下水中溶解的各种不同的离子、化合物、分子以及气体的总称。地下水常量离子中，一般包括：钠离子（Na^+）、钾离子（K^+）、镁离子（Mg^{2+}）、钙离子（Ca^{2+}）、氯离子（Cl^-）、硫酸根离子（SO_4^{2-}）、重碳酸根离子（HCO_3^-）和碳酸根离子（CO_3^{2-}）等。常见的以未离解的化合物状态存在的有：三氧化二铁（Fe_2O_3）、三氧化二铝（Al_2O_3）和硅酸（H_2SiO_3）等。常见的溶解状气体有：二氧化碳（CO_2）、氧（O_2）、氮（N_2）、甲烷（CH_4）、硫化氢（H_2S）等。一般在评价地下水化学成分时，还需研究地下水的矿化度和pH。

地下水污染（groundwater pollution）　由于人为的原因造成地下水水质恶化的现象。主要原因是由工业废水向地下直接排放，受污染的地表水侵入到地下含水层中，如工业废水、人畜粪便或因过量使用农药而受污染的水渗入地下水等。污染的结果使地下水的有害组分（如酚、六价铬、汞、砷、氰化物、放射性物质、细菌和有机物等）的含量增高。饮用这些受污染的水，会危害人体的健康。因此，在取水水源地的附近特别是上游地段不允许有污染源的工厂、便所、粪场等。而对较远的化工、化肥、焦化、洗染厂和粪场等排出污染物的地区，应有防渗设备，或先经消毒、净化处理后再排出，以保证地下水水质的良好。

湿润性（wettability）　亦称"浸润性"、"润湿性"。在固体和两种流体（两种非互溶液体或液体与气体）的三相接触面上出现的流体湿润固体表面的一种物理性质。湿润现象是三相的表面分子层能量平衡的结果。表面层的能量通常用极性表示，湿润性也可用固体液体之间的极性差来表示。极性差愈小，就愈易湿润。例如，金属表面的极性较小，水的极性比油脂的极性大，金属表面往往容易被油湿而不易被水湿，因此可称金属具有亲油性或憎水性；玻璃和石英的表面极性较大，容易被水湿润而不易被油脂湿润，因此可称玻璃和石英具有亲水性或憎油性。在一定条件下，湿润性与温度、压力等因素有关。湿润性对多孔介质中流体运动的规律及有关的生产过程有重要影响。

水动力弥散（hydrodynamic dispersion）　地下水流中的溶质（如污染物、示踪剂等）沿流向逐渐传播扩散，并在渗流区域中占有愈来愈大的体积的现象。由两类基本现象组成。一为对流，亦称"机械弥散"。指污染物随水流一起在岩石或土的孔隙中流动，不断被分散进入更多的孔隙，因而在岩石或土中占据愈来愈多的体积。二是分子扩散，由含污染物的水和不含污染物的水中的溶质浓度差引起。即使在静水中也能产生分子扩散。沿地下水流向的弥散称"纵向弥散"，垂直于地下水流向的弥散称"横向弥散"。在地下水污染预测、地下水人工回灌和海岸带的咸水入侵的研究中有重要的应用。

水-岩相互作用（water-rock interaction）　自然界中最普遍的地质作用过程。主要研究地下水的物理作用和化学作用。前者主要探讨地下水的动力作用，研究地质环境中水动力场与其他物理场相互作用的时空分布规律及其地质环境效应，如坝基岩体的渗透稳定性等；后者主要探讨地下水水质的时空分布规律及其影响因素，分析不同条件下水-岩系列（包括工程材料）间发生的水文地球化学作用过程及其环境效应。

渗水析出物（seepage precipitates）　水库蓄水后，伴随坝址不同部位渗水出现的胶状物质。大多分布在大坝灌浆廊道、排水廊道或坝肩平洞内排水孔口及其附近，部分直接源自岩体裂隙，是一定水文地质条件下水-岩系列（包括工程材料）间相互作用的产物。此现象的长期存在,不利于区内岩体的渗透稳定性,并可降低基础帷幕体的防渗效果。

地下水资源(resources of ground water)　存在于地下可以为人类所利用的水资源。是全球水资源的一部分,并且与大气水资源和地表水资源密切联系、互相转化。既有一定的地下储存空间,又参加自然界水循环,具有流动性和可恢复性的特点。地下水资源的形成,主要来自现代和以前的地质年代的降水入渗和地表水的入渗。资源丰富程度与气候、地质条件等有关。利用地下水资源前,必须对其进行水质评价和水量评价。前者是通过对地下水的分析、化验,判定其是否适用;后者是计算在一定的技术经济条件下允许开采的水量。地下水是一种宝贵的水利资源。含有特殊成分的地下水是一种矿产资源,而地下热水或蒸汽则是一种新能源。过量开采,会造成区域降落漏斗扩大,地面沉降,海水入侵,水质恶化等问题。

地下水储量(groundwater storage)　某一地区地下水的储存量。分静储量、调节储量、动储量和开采储量。静储量指全部疏干含水层时所能获得的地下水量,等于含水层总体积和给水度的乘积。调节储量指储存于地下水位变动带的重力水体积,等于该带的含水层体积和给水度的乘积。动储量指地下水的天然流量,通常用达西公式计算。静储量、动储量和调节储量合称"地下水的天然储量",反映天然状态下含水层内水的体积和流量。开采储量指在合理的技术经济条件下,在开采期内不产生开采条件恶化和水质变坏的情况,从含水层中可取得的地下水量。

水文地质勘探(hydrogeological reconnaissance)　亦称"水文地质调查"。为查明一个地区的水文地质条件而进行的一系列现场观察、揭露、测量、试验、分析的工作。包括水文地质测绘、地球物理勘探、水文地质钻探、野外和室内的水文地质试验、地下水动态的长期观测等。根据具体任务的不同,分区域水文地质普查、供水水文地质勘探、水利工程水文地质勘探和土壤改良水文地质勘探等类型。根据勘探工作量和勘探的精度,常将水文地质勘探划分为初步勘探和详细勘探两个阶段。

水文地质钻探(hydrogeological drilling)　水文地质勘探工作的一种。用钻机等工具向地下钻孔,并在钻孔中进行水文地质观测和试验,以查明地下水的埋藏条件、岩层的富水性和渗透性、含水层和隔水层的分布、各含水层之间的水力联系等。一般采用较大口径,在钻探过程中利于用清水冲洗。当钻孔孔深范围内揭露有多个含水层时,则要进行分层止水。

分层止水(packing for separating different aquifers)　钻探或打井时,为隔断不同含水层通过井孔发生水力联系而采取的技术措施。根据止水所用材料的不同,分水泥止水、黏土止水等。如黏土止水,选用优质黏土搓成直径 3~5 cm 的黏土球,阴干后投入井管外的环状间隙中,并加以捣实。即可把井管内外的地下水隔离。在垂直剖面上存在多个含水层的地区,为进行分层抽水试验,或为防止咸水层的水通过井孔而侵入淡水含水层时,常需进行分层止水。

沉淀管(bail)　用来沉淀进入水井中的砂粒的无孔管。安装在滤水管下部。直径和滤水管相同。一般长 3~5 m,位于井管的最底部,其底部带有塞子。作用是沉淀通过滤水管进入井中的细小颗粒,防止淤塞滤水管。

渗水试验(seepage test)　亦称"浅坑注水试验"。测定地下水面以上松软土层渗透系数的一种水文地质试验。方法是在研究区内挖一个浅坑,向坑内注水,保持坑内水位于一定高度,并根据单位时间内渗入土中的稳定水量计算土层的渗透系数。主要用以确定渠道、水库的漏水情况,以及灌溉时的需水量等。

注水试验(injecting test)　测定含水层渗透系数的一种水文地质试验。方法是向钻孔(或水井)中连续不断地注水,使孔内保持一定的水位,根据注水量和水位抬高的关系计算含水层的渗透系数,其原理、观测要求及计算方法与抽水试验类似。但抽水试验是在含水层中形成降落漏斗,而注水试验是形成反漏斗。适用于地下水位埋藏很深或缺乏抽水设备的情况下测定渗透系数。

抽水试验(pumping test)　测定含水层的水文地质参数和水井或钻孔出水能力的一种水文地质试验。方法是利用提水工具在井孔中抽水,按一定时间间隔观测井(或钻孔)的涌水量,以及抽水井和观测孔的水位降深。根据观测数据求出含水层的水文地质参数。分稳定流抽水试验和非稳定流抽水试验两种。稳定流抽水试验时,抽水的流量和水位降深必须到达稳定,根据试验资料可求出含水层的渗透系数。非稳定流抽水试验又分定流量抽水和定降深抽水两种。根据不同水文地质条件下的抽水试验，可分别求出含水层的导水系数、渗透系数、贮水系数、给水度和越流因素等水文地质参数。根据抽水孔和观测孔的数目，又可分单孔抽水试验、多孔抽水试验和群孔抽水试验。

微水试验（slug test） 一种简便、快速获取水文地质参数的野外试验方法。其试验原理是通过瞬时向钻孔注入一定水量（或其他方式）引起水位突然变化，观测钻孔水位随时间恢复规律，与标准曲线拟合确定钻孔附近水文地质参数。在生产中已有较多应用，形成了完整的理论、方法。

单位涌水量（specific well yield） 水井或钻孔中抽水时，水位每下降 1 m 时的涌水量。通常用 L/(s·m) 表示，是对比单井出水能力的指标。

降落漏斗（cone of depression） 亦称"下降漏斗"。由于开采地下水而形成的漏斗状水位下降区。在水井或钻孔中抽水时，井孔附近含水层中的水位降低最大，愈远降低愈小，因此在一定的半径内形成一个以抽水井为中心的漏斗状的水位下降区。当抽水停止后，经过一定时间水位能复原。当大面积过量开采地下水时，降落漏斗面积可达数百甚至数千平方千米，水位长年不能恢复甚至持续下降。

影响半径（radius of influence） 抽水后含水层侧向影响范围的等效假想圆半径。与边界形状、抽水井至边界的距离和岩性有关。影响半径一般是随抽水时间延长而不断增大的变量。

水位降深（drawdown） 抽水时地下水位降低的数值。抽水前的地下水位称"静水位"，抽水时降低的地下水位称"动水位"。水位降深等于静水位与动水位之差。

井群干扰（interference produced by a group of pumping well） 井群的水位和流量因抽水而出现的互相干扰现象。当两口或两口以上的水井同时抽水，而水井间距又小于两口井的影响半径之和时，水井的水位和流量会相互产生影响。发生相互干扰的水井称"干扰井"。当井中水位降深相同时，干扰井的单井涌水量小于同样条件下非干扰井的单井涌水量。当涌水量相同时，干扰井的水位降深大于同样条件下非干扰井的水位降深。基坑排水时可利用这一原理来布置干扰井群，以达到排水的目的。供水地区则要合理布置井距，以避免产生井群干扰。

观测孔（observation well） 用以观测地下水的水位、水温和化学成分等的钻孔。一般指抽水试验时布置在抽水井附近进行观测的钻孔。观测孔多排列成行，单行排列的观测孔应尽可能布置在垂直地下水流向的方向上；多行排列的观测孔，除垂直流向布置外，还应沿着水流方向布置在抽水井的上游和下游。根据观测的资料可推求某些水文地质参数，如渗透系数，影响半径等。

压水试验（injecting test under pressure） 为了解和测试坚硬岩石的裂隙发育程度和透水性的一种野外水文地质试验。在一定水头压力作用下，将水压入钻孔中的某一段（通常长 5 m）岩层内，记录压入的水量，直至压力和压入水量在一个相当长的时间保持稳定为止。根据这些资料可以计算出透水率（每分钟在 1 m 高水头压入长度为 1 m 钻孔内的水量）。在水工建筑的工程地质勘察中得到广泛应用。为验证灌浆设计和检查整个灌浆系统的可靠性，可在灌浆作业开始时进行该项试验；部分孔已灌浆后，为了检查灌浆效果，则通过检查孔进行压水试验，确定是否需要继续插孔灌浆。

高压压水试验（high pressure water test） 测定岩体在高水头作用下的渗透性、渗透稳定性及其结构面张开压力的现场压水试验。其最高水压不宜小于建筑物工作水头的 1.2 倍。

透水率（Permeable rate） 岩体相对透水性指标。压水试验时，每分钟在 1 m 高水头压力下压入单位长度（1 m）钻孔内的水量，单位为吕荣（Lu）。常用其值划分出相对不透水层的界限，以确定坝基防渗灌浆范围。

地质体（geologic body） 通常是指地壳内占有一定的空间和有其固有成分并可以与周围物质相区别的地质作用的产物。不论其大小范围如何，都可称"地质体"，在地球物理勘探工作中是指应用物探方法研究地质问题时寻找的对象。因而，地质体又常是引起异常的地质因素，有时和异常体通用。但严格来讲，地质体引起的异常可以是矿异常，也可以是非矿异常。

地质建模（geological modeling） 在地质、水文地质、工程地质、测井、地球物理资料和各种解释结果综合分析的基础上，利用计算机图形技术，生成定量模型的过程。涉及地质学、水文地质学、工程地质学、数据信息分析、计算科学等，建立的地质模型汇总了各种信息和解释结果。

地质模型（geological model）　建立在地层岩性和地质构造基础之上的三维网格体。网格中的每一个节点都有一系列属性，如孔隙度、渗透率、岩石强度指标等。不同情况下建立的地质模型节点尺度会有很大差别。地质模型的建立可以细分为三步：建立模型框架，建立岩相模型，建立岩石物性模型。

工程地质力学模型（engineering geomechanics model）　在明确的工程类型前提下，依据岩体结构控制原理，将影响工程岩体稳定性的主控因素用图形表示。图形上突出标明工程与重要地质因素的依存关系。在工程地质模型的基础上，充分考虑工程的作用，抽象出力学关系，展示其力学作用方式，并进行数值演算，开展计算分析，进行工程岩体稳定性评价。

水文地质概念模型（conceptional hydrogeological model）　把所研究的地下含水系统实际的边界性质、内部结构、水动力和水化学特征、相应参数的空间分布及补给、排泄条件等概化为便于进行数值模拟或物理模拟的基本模式。

岩体（rock mass）　在工程作用范围内具有一定的岩石成分、结构特征及赋存于某种地质环境中的地质体。在内部的联结力较弱的层理、片理和节理、断层等切割下，具有明显的不连续性。在岩石力学中，岩体是指天然埋藏条件下大范围分布的岩石总体。一般岩体的强度远远低于岩石强度，岩体的变形远远大于岩石本身，岩体的渗透性远远大于岩石的渗透性。岩体的工程分类尚未统一，一般都以岩体的破裂程度和风化程度为基础进行分类。

岩块（rock block；intact rock）　不含显著结构面的岩石块体。是构成岩体的最小岩石单元体。在构造地质学中，一个岩块可由同一种岩石或不同岩石组成；在岩石力学中，岩块亦称"完整岩块"、"岩石物质"，常可作为连续介质和均质体看待。不同物质组成的岩块其岩石力学性质往往有很大差异，有的容易褶皱，有的易于断裂，在工程上多以岩块的单轴抗压强度和模量比（弹性模量与单轴抗压强度之比）作为分类准则。

岩体结构（structure of rock mass）　由结构面和结构体的形状、规模、性质及其组合方式、连接特性所决定的岩体内在特征。通常根据岩体的地质类别、完整性和结构面的类型、级别、组合、发育程度等，将岩体划分为整体块状结构、层状结构、碎裂结构、散体结构等。研究岩体的结构类型，对判定在工程荷载作用下岩体的稳定性有重要意义。

岩石质量指标（rock quality designation）　亦称"岩芯采取率"。评价天然岩体质量的一种指标。用直径为 75 mm 的金刚石钻头和双层岩芯管在岩石中钻进，连续取芯，钻进所取岩芯中长度大于 10 cm 的岩芯段长度之和与总进尺之比值，以百分率表示，简记 RQD。是表征岩体的节理、裂隙等发育程度的指标。在水利水电工程中，岩石质量指标是岩体工程地质分类和岩体工程地质条件分析的依据之一。

赤平极射投影（stereographic projection）　简称"赤平投影"。主要用来表示线、面的方位，相互间的角距关系及其运动轨迹，把物体三维空间的几何要素（线、面）反映在投影平面上进行研究处理，从而提供了一种形象、直观、简便、综合的定量计算和图解方法。广泛应用于地质科学中。原理是一切通过空间球心的面和线，延伸后均会与球面相交，并在球面上形成大圆和点，称"球面投影"。在球面投影的基础上，以球的北极（或南极）为发射点，将面、线与下半球（或上半球）球面的交迹、交点投影到投影球的赤道平面上，以求得方位和角距的关系。以北极为发射点称"下半球投影"；以南极为发射点称"上半球投影"。

红土（red soil）　在亚热带湿热气候条件下由碳酸盐类或硅酸盐类岩石风化形成，一般呈褐红色，具有高含水率、低密度而强度较高、压缩性较低特性的土。其主要特征是缺乏碱金属和碱土金属而富含铁、铝氧化物，呈酸性红色。一般黏粒含量较高，可分成钙质红土和铁铝质红土。前者亦称"石灰质红黏土"，由碳酸盐类岩石（主要是石灰岩）风化后形成；后者亦称"砖红土"，为含硅铝酸盐类岩石的风化壳，因含氧化铁使土呈红色。其成因类型主要是残积和坡积。多分布在山间盆地和低洼地区，也可见于低矮的丘陵顶部及其缓坡上。

黄土（loess）　一种特殊的第四纪陆相沉积物。多分布于较干燥的中纬度地带。中国主要分布在黄河中、下游的甘肃、宁夏、内蒙古、陕西、山西、河南、河北等省区，新疆和东北有少量分布。面积达 63 万 km²，厚度一般为 20～30 m，最厚可达 200 m，是世界上黄土分布最广、厚度最大的地区。其特征是色淡黄或棕黄，质地均一，粉砂颗粒（0.005～0.05 mm）占总质量 50% 以上,结构疏松,具大孔隙,无沉积层理,富含碳酸钙(达 10% 左右),有垂直节理,常成陡崖。干燥状态时,具有较高的强度和承载能力,浸湿后会发生湿陷变形等。湿陷性黄土会使水工建筑物地基变形和边坡破坏,对渠道的影响更为显著。在黄土的斜坡地段,有垂直节理和大孔隙时,会造成坍塌和滑坡,危及建筑物的安全。

湿陷性(collapsibility) 天然黄土在一定压力作用下,受水浸湿后土结构迅速破坏而发生下沉的性能。用湿陷系数表示。在湿陷性黄土,特别是自重湿陷性黄土上修建堤坝、渠道、水库等建筑物时需特别注意工程的安全稳定。

冻土(frozen soil) 温度低于 0℃ 时水分冻结的土壤或疏松岩石。按冻融变化情况,分季节冻土、隔年冻土和多年冻土。中国北方和西部广大地区都可见季节冻土和隔年冻土,而永久冻土仅见于黑龙江的北部和青藏高原、天山、阿尔泰山等高寒地区。土体的多次冻融和冻胀会造成土层结构破坏、地基承载力降低、边坡失稳等不良后果。

岩石风化(rock weathering) 岩石经物理、化学、生物等作用而产生的破碎和分解过程。在太阳热能、水、气体和生物等因素作用下,岩石会发生破碎、分解,改变原岩的结构构造和成分。按风化营力和风化作用的性质,分:(1)物理风化,在温度变化和岩石中水分、盐分结晶所产生的应力作用下,引起岩石破碎;(2)化学风化,在水溶液和氧等作用下,所发生的一系列化学变化,引起原岩结构构造、矿物成分、化学成分的变化;(3)生物风化,指生物在其生命活动过程中,对岩石所起的物理的或化学的风化作用。能改变岩石性状,降低力学性能,增强透水性,对工程建筑不利。

风化壳(crust of weathering) 亦称"风化层"。经风化作用改造的地壳表层。岩石遭受风化作用后,少部分可溶物质被水流带走,大部分风化产物残留在原地,以不同规模和厚度,继续覆盖在地表而成。古代风化壳可保留在地下岩体的不整合面上。与新鲜岩层相比,常具有较高的孔隙性、含水性、压缩性和不均匀性,强度和稳定性大为降低,对水工建筑不利。

风化带(zone of weathering) 风化岩体由地表向地下,按风化程度强弱的不同而划分的垂直分带。同一带内的岩体风化程度相同,风化特征相似;带与带之间则差异较大,各带岩体的物理力学性质及其适于建筑的性能亦不相同。当风化岩体很厚时,常需将其分带,以区别对待。

夹层风化(weathering of sandwich) 强烈风化的岩层相间出现于轻微风化岩层之间的现象。主要是两种岩层抗风化能力相差很大造成。常成为坝基或坝肩的软弱带,对坝体的稳定性影响极大。

潜在不稳定体(latent unstable rock and soil) 目前基本稳定,在今后一定时间内,受各种作用的影响,可能产生失稳现象的岩土体。对于水利水电工程、交通工程、各种基坑工程等,在边坡开挖前或者开挖过程中,预测边坡的变形破坏特征以及边坡开挖后的潜在不稳定体范围是一项非常重要的工程地质工作。

地质工程(geological engineering) 主要研究如何分析地质环境条件,并分析研究人类工程活动与地质环境相互制约形式,进而研究认识、评价、改造和保护地质环境的一门科学。是地质学的一个分支,是地质学与工程学相互渗透、交叉的边缘学科。地质工程专业以地质学理论、数学力学理论为基础,系统掌握工程地质、岩土钻掘工程等方面的基本理论、基本方法和基本技能。地质工程专业人才服务于交通、水电、市政建设、国防、地质、石油、煤炭、冶金、建材、能源、道路、矿山、化工、地质环境保护等十多个领域。

岩体卸荷带(relaxed zone of rock mass) 由于自然地质作用和人工开挖使岩体应力释放而造成的具有一定宽度的岩体松动破碎带。如河谷岸边岩体卸荷带、硐室围岩卸荷带和坝基岩体松动卸荷带等。其厚度和卸荷的强度是岩体稳定分析和岩体工程加固的依据。一般卸荷带岩体的强度远低于原岩强度,渗透性远大于原岩的渗透性。

崩塌(slacktip) 陡峻斜坡上的岩土体在重力作用下突然脱离母体向坡下翻滚坠落的现象。产生于土体的称"土崩";产生于岩体的称"岩崩";规模巨大的、涉及到山体稳定的称"山崩";产生于河、湖岸坡的称"岸崩"。崩落大小不等的土石碎屑物,堆积于坡脚,总称为"崩积物"。其中块度大于 0.5 m^3、数量少于 75% 者则专称为"岩堆"或"倒石堆"。

倾倒(toppling) 在斜坡前缘,直立或陡倾坡内的层状岩体在自重产生的弯矩作用下,向临空方向弯折的变形现象。多发生在页岩、薄层砂岩、千枚岩、片岩等薄层状结构岩体中，且结构面走向与坡面走向夹角应小于30°。此类变形一旦发生，通常均显示为积累性破坏特性，最终发展为滑坡。

蠕动（creep） 斜坡在坡体应力（主要是自重）长期作用下发生的一种极缓慢而持续的变形。无明显的滑移面。坡体随蠕动的发展而不断松弛，导致斜坡破坏。分岩层蠕动和土体蠕动；浅层蠕动和深层蠕动。

岩爆（rock burst） 地下硐室开挖中岩体因应力和应变能释放而产生的自然爆炸现象。岩爆发生时，岩块（片）从围岩中弹射或抛出，并伴有气浪、响声和震动。对它的成因有不同的解释，一般认为与深部岩体应力较大和围岩中储存有较大的弹性应变能等因素有关。对可能出现岩爆的地段，可采用锚扦加固、松动爆破和适当的施工开采方法等措施防治。

工程地质勘察（engineering geological reconnaissance） 亦称"工程地质勘测"。为查明建筑地区的工程地质条件而进行的综合性地质工作。是工程建设的基础工作。勘察阶段应与设计阶段相适应，一般分可行性研究勘察（选址勘察）、初步勘察、详细勘察和施工勘察。勘察的内容和方法，都是随着设计阶段、建筑物类型和等级及其建筑区的地质条件和复杂程度不同而有所改变。工程地质勘察工作主要有：工程地质测绘、工程地质勘探、工程地质试验、长期观测和勘察资料的整理等。通过工程地质勘察，为工程的规划、设计、施工和使用提供必需的可靠的工程地质报告和工程地质图等实际资料。

工程地质测绘（engineering geological survey） 亦称"综合性地表地质测绘"。通过野外现场的直接观测，并结合航空地质测绘或卫星遥感遥测资料，在查明地区的工程地质条件，分析其性质、规律及其对工程建筑的影响前提下，绘制工程地质图件。为勘探、试验和专门的勘察工作提供依据，是水利水电工程地质勘察最先进行的一项基础工作。

勘探工程（exploration engineering） 用以查明地下岩土体和地下水特征的探坑、竖井、钻孔、平洞等勘探工作的总称。

原型监测（in-situ observation） 对岩土体表面或内部在开挖、筑坝、水库蓄水等人为因素，以及大气降水、地震等自然因素影响下的性态变化及其过程进行的目测和用量具或仪器的量测。

综合测井（comprehensive logging） 在水利水电勘测过程中，基于地球物理原理，采用各种仪器测量井下地层的各种物理力学参数和井眼的技术状况，解决地址和工程问题的一种测井方法。常用的有：电法测井、声波测井、放射性测井等。

工程地质勘探（engineering geological exploration） 在工程地质测绘的基础上，为进一步查明地下的工程地质条件并取得深部的地质资料而进行的一种勘察工作。包括坑探、钻探和地球物理勘探。

山地工作（prospect pit） 亦称"坑探工程"。工程地质勘探方法之一。在地表或地下进行开挖工作，直接在坑、槽、洞、井中观察、取样、试验，以探明地质情况。分轻型山地工作和重型山地工作两类。前者包括剥土、探槽、试坑等，应用广泛，多配合地质测绘工作补充天然露头的不足，用以揭露基岩、追索地层界线和断层带、查明软弱夹层的展布、研究土层结构等；后者包括竖井、斜井、平硐等，施工较困难，成本较高，仅用于详细勘测阶段，如查明坝肩、坝基、隧洞等重要建筑部位的地质结构细节、追索断裂带和软弱夹层或强烈裂隙带、岩溶带、风化带以及进行原位测试等。

地球物理勘探（geophysical exploration; geophysical prospection） 简称"物探"。运用物理学的原理和方法，采用专门的仪器探测地球物理场的分布及其变化特征，结合已知地质资料，推断地下岩土层的埋藏深度、厚度、性质，判断其地质构造、水文地质条件和各种物理地质现象等的勘探方法。主要包括电法勘探、地震勘探、声波探测、重力勘探、磁法勘探、放射性勘探、红外线探测等。不仅可在地面进行，也可在地下（井孔、坑道）、海洋、空中进行。不仅用于找矿，而且可用于解决工程建设中的工程地质和水文地质问题。

地震勘探（seismic prospection） 通过用人工激发所产生的地震波在地壳内的传播，来研究岩土的弹性性质，以探测地质构造和矿产资源等地质问题的地球物理勘探。由爆炸引起的地震波在向地下深处传播过程中，当遇到弹性性质不同的岩层分界面时，在界面上将引起反射和折射，返回到地面，被地震仪记录，然后经分析推断可确定地下地质界面的埋藏深度和形状，从而达到解决地质构造等问题。工程建设中常用于确定覆盖层厚度、基岩埋藏深度和基岩起伏情况,以及探测断层带、潜水位和确定含水层等。

声波探测（sonic wave prospection） 利用频率很高的声波或超声波探测岩体(石)的弹性性能,从而解决相应的地质问题的地球物理勘探。工程建设中,用于测定岩体(石)的物理力学参数(动弹性模量、泊松比、单轴抗压强度等),圈定地下硐室围岩松弛范围,进行围岩分类,探测岩体裂隙、溶洞和断层破碎带,评定地下硐室岩柱的稳定性,划分钻孔地层,混凝土构件探伤和灌浆质量的检查等。

电法勘探（electrical prospection） 以岩土电学性质的差异为基础,利用天然的或人工建立的直流或交流电(磁)场,研究岩土的电学性质及其电场、电磁场变化规律,以探测地下地质体的分布状况的地球物理勘探。一般分直流电法和交流电法两大类。前者包括电阻率法(电测深法和电测剖面法)、自然电场法、充电法、激发极化法;后者包括甚低频法、电磁法、频率电磁测深法、交流激发极化法、无线电波透视法等。

钻探（boring） 广泛用于地质矿产普查和勘探、石油与天然气勘查和开发、水文地质和工程地质勘查及其他地质工作的一项重要技术手段。利用一定的设备和工具,在人力或动力的带动下旋转切割或冲击凿碎岩层,形成一个直径较小而深度较大的圆形钻孔,以探明地下地质情况的工作。在钻探中取出岩样(岩心或岩粉)进行分析、研究,以取得必要的地质资料和数据。在水利工程中,对坚硬、半坚硬岩石采用回转式钻探,对砂砾石层多用冲击式钻探。

工程地质试验（engineering geological test） 工程地质勘察中为进行工程地质评价,取得定量指标而进行的试验。一般分室内和野外两大类,前者有岩土的物理力学性质试验、水质分析和模型模拟试验等;后者有岩土体的原位(现场)力学试验(荷载试验、触探试验、剪力试验)、地应力测量、水文地质试验(抽水、压水、注水试验、连通试验)、岩土体性质改良试验(灌浆试验等)。

连通试验（tracing test） 为查明地下各喀斯特管道之间、喀斯特水与地表水之间相互连通情况而进行的试验。主要方法有:(1)水位传递法,通过抽水、压水(灌水)、闸(堵)水和放水等,观测可能连通水点的水位、流量变化,以判明其间的连通情况;(2)指示剂法,在上游洞穴中投放指示剂(如糠壳、石松孢子等漂浮物,食盐、荧光素等化学试剂,放射性同位素示踪剂等),在下游观测,取样分析。也有在暗河中投放多个地质定时炸弹随水漂流,定时爆炸,从震波记录上测出一系列震源点,从而反映出地下暗河流动轨迹。在岩溶区建坝,为解决坝基(肩)渗漏和水库渗漏,确定防渗设施的位置,必须以连通试验论证喀斯特通道的连通情况和渗漏通道的具体位置。

工程地质条件（engineering geological condition） 与工程的设计、施工和运行有关的地质条件的总称。包括地形地貌、地层岩性、地质构造、地应力、水文地质条件、物理地质现象(滑坡、崩塌、泥石流、风化、浸蚀、岩溶、地震等)、工程地质作用、天然建筑材料等。工程地质条件能影响工程建筑的结构、施工方法和稳定性,在工程设计之前必须查明。

区域稳定性（regional stability） 工程所在地区现代的地壳稳定程度。即在该地区内地壳是否正在产生差异性升降运动、水平错动、火山活动、断裂活动、地震等现象及其对安全的影响程度的总称。在兴建工程之前,首先要调查拟建地区的地壳稳定情况,按地壳稳定程度的不同进行分区,从中找出相对稳定的地区(段)作为建筑场地。

工程动力地质作用（engineering dynamico-geological function） 对建筑物的安全、经济和正常使用有影响的地质作用。是物理地质作用或现象、工程地质作用或现象的总称。物理地质作用或现象是由地球内力和外力引起的对建筑物的影响,如地震对建筑物的破坏,喀斯特使水库渗漏,滑坡崩塌对房屋、道路、港口码头的危害等;工程地质作用或现象是由于人类工程活动改变当地的自然地质条件,如修建水库可能引起的库岸坍塌和水库诱发地震,大量抽取地下水引起的地面沉降,开挖地下硐室引起的岩土体位移和地表沉陷等。研究工程动力地质作用,就是要在空间、时间及发育强度上预测它的发生、发展规律,提出防治措施。

地质灾害（geological disaster） 在自然或者人为因素的作用下形成的,对人类生命财产、环境造成破坏和损失的地质作用(现象)。如崩塌、滑坡、泥石流、地裂缝、地面沉降、地面塌陷、岩爆、坑道突水、突泥、突瓦斯、煤层自燃、黄土湿陷、岩土膨胀、砂土液化、土地冻融、水土流失、土地沙漠化和沼泽化、土壤盐碱化,以及地震、火山、地热害等。

地面沉降（subsidence）　亦称"地面下沉"、"地陷"。地球表面的海拔标高在一定时期内,不断降低的环境地质现象。是地层形变的一种形式。有自然的地面沉降和人为的地面沉降。自然的地面沉降是由于地质构造运动、地震等引起的地面沉降;地表松散或半松散的沉积层在重力作用下,由松散到相对致密的成岩过程也属于自然的地面沉降。人为的地面沉降主要是大量抽取地下水(或油、气)所致。其危害主要有:(1)毁坏建筑物和生产设施;(2)限制建设和资源开发;(3)造成海水倒灌等。

地面下沉（land subsidence）　即"地面沉降"。

软土（soft soil）　一种含黏土、淤泥、粉砂、细砂等细微粒子多的软弱土质。大部分是自然形成的,如河流中下游的冲积层,湖海的淤积土、腐殖土和泥炭层,以及洪积土等,分布广;也有一部分是人工活动造成的,如堆积土等。具有孔隙率大、压缩性大、含水量大、渗透系数小、承载能力差和触变性强等特点。一般是指含水量大于液限,空隙比大于 1.0,无侧限抗压强度不大于 0.5 t/m² 的淤泥质黏性土;标准贯入击数在 10 以下的松砂地基。对于接近流动状态的极软黏性土(含水量在 70%~80%,大于液限,孔隙比大于 2.0,无侧限抗压强度小于 0.5 t/m²)称"超软土"。

软弱结构面（weak structural plane）　力学强度明显低于围岩,一般充填有一定厚度软弱物质的结构面。如泥化、软化、破碎薄夹层等。软弱结构面中的泥化夹层按其成因有原生沉积、沉积浅变质、断层搓碎、层间错动、风化、次生充填等。在一定地形地质条件下软弱结构面可构成滑动面,易造成斜坡滑动、坝基失稳、地下硐室岩体移动等事故,对工程岩体稳定危害大。

滑坡（landslide）　边坡岩土体在重力和其他因素作用下沿贯通的剪切破坏面发生滑动破坏的现象。使用较广的分类有以下几种:(1)按滑坡体的岩土性质,分黏性土滑坡、黄土滑坡、堆积土滑坡、基岩滑坡;(2)按滑坡的构造特征和滑动面与斜坡岩层的相对位置,分无层滑坡(均质土滑坡)、顺层滑坡、切层滑坡;(3)按滑动力学性质,分牵引式滑坡、推动式滑坡、混合式滑坡;(4)按滑坡体厚度,分巨厚层滑坡(>50 m)、厚层滑坡(20~50 m)、中层滑坡(6~20 m)、薄层滑坡(<6 m);(5)按滑坡年代,分现代滑坡和古滑坡。

力学 结构

工 程 力 学

位移(displacement) 物体受荷载作用后,各部分位置的改变。物体质点从初始位置移动到新位置所经过的距离,称该点的"线位移",可分解为沿三个坐标轴移动的线位移分量。物体内某一线段或平面所转动的角度称"角位移",也可分解为绕三个坐标轴旋转的角位移分量。

速度(velocity) 描述质点运动快慢和运动方向的矢量。通常用 v 表示。运动学的基本概念之一。设质点 M 在空间作曲线运动,选取参考系上某一确定点 O 为坐标原点,由点 O 向质点 M 作矢量 r,称"质点 M 对于原点 O 的矢径"。在 Δt 时间内,矢径的改变量 Δr

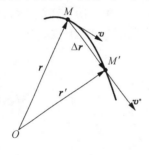

即为动点 M 在 Δt 时间内的位移,质点 M 的平均速度 $v^* = \dfrac{\Delta r}{\Delta t}$。当时间 Δt 趋于 0 时,平均速度 v^* 趋于速度 v,即 $v = \lim\limits_{\Delta t \to 0} v^* = \lim\limits_{\Delta t \to 0} \dfrac{\Delta r}{\Delta t}$。质点的速度 v 等于矢径 r 对时间的一阶导数,即 $v = \dfrac{\mathrm{d}r}{\mathrm{d}t}$。国际单位为 m/s。

加速度(acceleration) 描述质点速度(大小和方向)变化率的矢量。通常用 a 表示。运动学的基本概念之一。等于速度对时间的一阶导数,即 $a = \dfrac{\mathrm{d}v}{\mathrm{d}t}$,亦等于矢径 r 对时间的二阶导数,即 $a = \dfrac{\mathrm{d}^2 r}{\mathrm{d}t^2}$。方向与作用在质点上的合外力的方向相同。国际单位为 m/s²。

相对运动(relative motion) 物体相对于动坐标系(非基础坐标系)的运动。例如,如果考虑地球的运动,则物体相对于地球的运动为相对运动。物体在相对运动中的位移、速度和加速度分别称"相对位移"、"相对速度"和"相对加速度"。

绝对运动(absolute motion) 物体相对于静坐标系(基础坐标系)的运动。在绝大多数工程问题中都不考虑地球的运动,即将地球作为静坐标系,因而物体相对于地球的运动就是绝对运动。物体在绝对运动中的位移、速度和加速度分别称"绝对位移"、"绝对速度"和"绝对加速度"。

牵连运动(transport motion) 动参考系相对于静参考系的运动。点的合成运动中的三个运动(绝对运动、相对运动和牵连运动)之一。可以是平动、定轴转动、平面运动或其他较复杂的运动。点在相对于动参考系运动的同时,还受到动参考系相对于静参考系运动的牵连。在某瞬时动参考系上与动点相重合的那一点称"牵连点",牵连点相对于静参考系的位移、速度和加速度称"牵连位移"、"牵连速度"和"牵连加速度"。点的牵连运动和相对运动合成为点的绝对运动。

科氏加速度(Coriolis acceleration) 全称"科里奥利加速度"。在转动系统中出现的惯性加速度之一。由法国工程师、数学家科里奥利(Gaspard Gustave de Coriolis, 1792—1843)首先得出。当点 M 在坐标系 A 内运动,而坐标系 A 又在坐标系 B 内转动时,则在点 M 相对于坐标系 B 的加速度中,将出现科氏加速度 $a_c = 2\omega \times v_r$,其中 ω 是坐标系 A 的角速度,v_r 为点 M 在坐标系 A 中运动的相对速度。例如,研究地面水流或空中气流时,考虑地球自转,就有科氏加速度出现。

摩擦力(frictional force) 相互接触的两物体在接触面上发生的阻碍相对滑动的力。当物体有滑动的趋势但尚未滑动时,作用在物体上的摩擦力称"静摩擦力",它与使物体发生滑动趋势的作用力的方向相反,大小相同,并随作用力的增大而增加。当作用力加大到物体即将开始运动时,静摩擦力达到极大值,称"最大静摩擦力"。物体在滑动时受到的摩擦力称"滑动摩擦力",它比最大静摩擦力要小。最大静摩擦力和滑动摩擦力均与接触面上的正压力成正比,比例系数分别称"静摩擦系数"和"滑动摩擦系数",统称"摩擦系数"。摩擦系数的大小主要取决于接触面的材料、光洁程度、干湿程度和相对运动的速度等,通常与接触面的大小无关。

达朗贝尔原理(d'Alembert's principle) 将动力学基本规律——牛顿运动定律加以变换,使其变为静力学问题来处理的原理。由法国科学家达朗贝尔(Jean Le Rond d'Alembert, 1717—1783)提出。该原理表述为:任一瞬时,作用于质点(或质点系)的主动力和约束力与质点(或质点系中各质点)的惯性力成平衡力系。

惯性力(inertia force) 在非惯性系中所观察到的,由于物体的惯性所引起的一种假想的力。在惯性系中并不存在。在工程力学中,为实用将其定义为:惯性力的大小等于运动物体的质量和加速度的乘积,方向与加速度方向相反。

自由度(degree of freedom) 确定质点系位置所需的独立参变数的数目。对于受完整约束的质点系,如采用直角坐标系确定质点系位置,则自由度 $k = 3n - s$,其中,n 为质点系中质点的数目,s 为质点系所受约束的数目。如采用广义坐标系,则自由度等于广义坐标的数目。对于受非完整约束的质点系,自由度等于独立的坐标变分数目。

自由振动(free vibration) 振动系统受初始扰动后不再受干扰力作用时的振动。通常指线性自由振动。对于单自由度系统是简谐运动;对于多自由度系统是不同频率的简谐运动(主振动)的叠加。自由振动的频率只决定于系统的物理特性,与运动初始条件无关,而振幅则由运动初始条件来决定。对于多自由度系统,在每一简谐运动(主振动)中,各点振幅之比与运动初始条件无关。

强迫振动(forced vibration) 亦称"受迫振动"。振动系统在干扰力作用下产生的振动。根据系统是否有阻尼,分有阻尼和无阻尼两类。对线性系统而言,总的运动是由初始条件所引起的振动与由干扰力所引起的振动的叠加。通常指由干扰力所引起的定常振动(稳态运动)。当干扰力是时间的谐函数时,强迫振动的频率与干扰力的频率相同。如果干扰力的频率与系统的固有频率之比在某一范围内,强迫振动的振幅急剧增加,这种现象称"共振",这一频率之比的范围称"共振区"。在无阻尼的情况下,干扰力和系统有相同频率时,强迫振动的振幅无限增大。

振动频率(frequency of vibration) 振动系统在单位时间内振动的次数或周数。振动周期 T 的倒数。通常用 f 表示,即 $f = 1/T$。常用单位为 Hz。1 Hz 表示每秒振动 1 次或每秒振动 1 周。习惯上常将圆频率(2π 秒内振动的次数)简称"频率"。在无阻尼情况下,线性系统自由振动的频率称系统的"固有频率"。固有频率只决定于振动系统的物理特性,与运动初始条件和振幅无关。多自由度系统的固有频率的数目等于系统的自由度,其中最小的一个称"基本频率",简称"基频",其他则分别称"第二频率"、"第三频率",依此类推。

振动周期(period of vibration) 振动系统完成一次振动所需的时间。通常用 T 表示,以 s 作为量度单位。对于无阻尼振动系统,每隔一周期,所有表示运动的量(位移、速度、加速度)都回复到开始状况。对于有阻尼的振动系统,周期是指连续两次位于平衡位置同一边最远处(或连续两次沿同一方向经过平衡位置)所需的时间,并随阻尼系数的增大而加长。线性振动的周期只决定于振动系统的物理特性(如弹性、质量等),与运动初始条件和振幅无关。而非线性振动的周期则与振幅有关。

振型(mode of vibration) 结构在振动时,各质点位移、速度的比值保持不变,即振动形状保持不变的振动形式。是结构的一种固有的特性,与固有频率相对应,每一阶固有频率都对应一种振型。按照频率从低到高的排列,依次称"第一阶振型"、"第二阶振型"等,指的是在该固有频率下结构的振动形态,固有频率越高即振型的阶次越高,则振动周期越小。

阻尼(damping) 阻尼振动中描述阻尼程度的物理量。结构的阻尼一般有以下几种:(1)体系变形过程中材料的内摩擦;(2)各构件连接处(结点)和体系与支座相互间的摩擦;(3)通过地基散失的能量;(4)体系周围的介质对体系振动的阻力。对材料内摩擦有下面几种主要的阻尼理论:(1)黏滞阻尼理论。假设固体材料中的内摩擦即阻尼力与振动速度成正比,其方向与速度的方向相反,即 $F_d = -c\dot{y}(t)$,式中,F_d 为阻尼力,c 为阻尼系数,$\dot{y}(t)$ 为速度。

（2）等效黏滞阻尼理论。假设黏滞阻尼体系在一振周内所损耗的能量与实际结构在一振周内所损耗的能量相等,并具有相等的位移振幅值。（3）滞变阻尼理论,亦称"结构阻尼理论"。认为在简谐振动中阻尼力与位移 $y(t)$ 成正比,其相位与速度 $\dot{y}(t)$ 相同,即 $F_d(t) = \gamma F_c(t)$,式中 $F_c(t) = -ky(t)$ 为弹性恢复力,γ 为非线性阻尼系数。

阻尼振动（damped vibration）　系统在振动过程中受有阻尼力作用时的振动。自由振动和强迫振动都可以分有阻尼和无阻尼两类。在阻尼力与速度成正比的线性阻尼情况下,当阻尼系数较小时,自由振动的振幅按几何级数衰减,这种振动亦称"衰减振动";当阻尼系数较大时,系统逐渐趋近于平衡位置,这时不发生振动;阻尼系数等于使系统产生振动与非振动之分界处的临界值时,系统开始失去振动特征。阻尼力只使强迫振动的振幅减小,但不会使振动停止;另一方面,即使处于共振区内,不论阻尼系数如何小,振幅将是有界的,不会无限增大。

临界转速（critical speed of rotation）　转子—轴系统的角速度与其固有圆频率相等时的转速。它的存在,会使系统发生共振,使轴的挠度急剧增大。

动力系数（dynamic coefficient）　亦称"动力放大系数"。表征动力荷载对结构内力或位移所产生动力影响的一个数值。结构在动力荷载作用下,最大的动力位移与静力位移的比值称"位移动力系数";最大的动力内力与静力内力的比值,称"内力动力系数"。在单自由度体系中,如果荷载与惯性力作用的位置和作用线相同,则其位移动力系数与内力动力系数相等,故统称"动力系数"。利用动力系数可将结构受动荷载的响应问题转化为受静荷载的响应问题,使计算简化。

随机振动（random vibration）　亦称"非确定性振动"。不能用时间的确定函数来描述,但具有统计规律性的振动。系统所受的激励（如海浪、地震等）或系统本身的特性（如弹性、阻尼等）是非确定性的,这时系统的振动就是随机振动。

计算简图（sketch for calculation）　对实际结构进行计算时所用的简化图形。选取计算简图,一般要从结构本身、支座、荷载和材料等几个方面进行简化,既要反映结构的真实受力情况,又要使计算简化。选择正确、合理的计算简图,必须熟悉各类结构的计算原理、计算方法和受力性能,同时要了解结构的实际工作状态。

支座（support）　使结构与地基联系起来的装置。其作用是把结构连接在地基上,从而使结构所受的荷载通过支座传于地基。一般分以下几种:（1）铰链支座,亦称"固定铰支座";（2）辊轴支座,亦称"活动铰支座";（3）固定支座;（4）滑移支座,亦称"定向支座"。以上四种支座,在荷载作用下,本身不发生变形的称"刚性支座";本身产生弹性变形的称"弹性支座"。

静定结构（statically determinate structure）　在任意荷载作用下,所有反力和内力都可由静力平衡条件所确定的结构。其几何构造特征是几何不变且无"多余"约束。按构造和受力特点分,有静定梁、静定刚架、静定拱、静定桁架和静定组合结构等。静定结构的计算是超静定结构计算的基础。

超静定结构（statically indeterminate structure）　在任意荷载作用下,必须同时用静力平衡条件和位移条件才能确定全部反力和内力的结构。其几何构造特征是几何不变且有多余约束。其基本形式有超静定梁、超静定刚架、超静定桁架、超静定拱、超静定构架（亦称"超静定组合结构"）等。超静定结构最基本的计算方法有力法、位移法、混合法。超静定结构比之同类型的静定结构整体性好,且有较好的强度、刚度和稳定性,在工程中应用广泛。

杆（bar）　一个方向的尺度较之其他两个方向的尺度大得多的物体。几何形状可用其轴线（各截面形心的联线）和垂直于轴线的截面表示。按轴线的形状,有直杆、曲杆和折杆等;按截面尺寸沿轴线的变化,有等截面杆和变截面杆等;按截面形状,有圆杆、矩形杆和棱形杆等。

梁（beam）　以弯曲为主要变形的构件。在力学分析中,梁可分静定梁和超静定梁。工程上静定梁的基本类型有简支梁、外伸梁和悬臂梁。超静定梁较之静定梁具有"多余"的约束,可以改善梁的受力

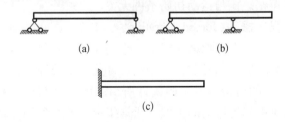

静定梁基本类型

（a）简支梁　（b）外伸梁　（c）悬臂梁

情况以增加强度和减小变形,"多余"的约束反力需根据"多余"约束处的变形条件求出。

柱(column)　主要承受轴向压力的长条形构件。一般用以支承梁、桁架、楼板等。通常用钢筋混凝土、钢材、砖石、木材等制成。对于细长柱,当轴向压力达到临界荷载时,将丧失稳定。因此设计柱时必须判断其是以强度还是以稳定性为主要失效形式。

板(plate)　两个平行面所限定且平面间的距离远小于平面尺寸的物体。两个平行面之间的距离称"厚度",平分厚度的平面称"中面"。按板的厚度与平面尺寸的比值大小,有厚板和薄板。若板厚与中面的最小尺寸之比小于$1/8 \sim 1/5$时称"薄板",否则为厚板。

壳(shell)　由两个曲面所限定且曲面间的距离比其他尺寸为小的物体。距两曲面等距的点所组成的曲面称"中曲面",中曲面的法线被两曲面截断的长度称"厚度"。若厚度远小于中曲面的最小曲率半径称"薄壳",反之称"厚壳"。薄壳与同跨度、同厚度、同材料的薄板相比,可承受较大的荷载,给出较大的使用空间,并且结构形式优美,因此在工程中广泛应用。工程中常用的薄壳有:柱壳,常用于容器和建筑物的顶盖;回转壳,如球形容器、圆锥形容器和圆球面屋顶;扁壳,常用作大型屋顶结构。

桁架(truss)　若干直杆在其端部铰接而成的结构。按杆件所在的空间位置,有平面桁架和空间桁架。实际桁架的受力情况比较复杂,为简化计算,通常采用理想桁架的假定:(1)各杆两端用绝对光滑的理想铰链相互连接;(2)各杆的轴线都是绝对平直而且通过铰链的中心;(3)荷载和支座反力都作用在结点上。按理想桁架计算出来的内力(或应力)称"主要内力"(或"主要应力"),由于理想情况不能完全实现而产生的附加内力(或应力)称"次内力"(或"次应力")。

刚架(rigid frame)　若干杆件在杆端刚性连接而成的结构。在结点处,各杆端不能发生相对移动和相对转动。因为结点能约束杆端相对转动,所以刚架能承受和传递弯矩,可以削减结构中弯矩的峰值,使弯矩分布较均匀。刚架因杆数较少,内部空间较大,所以工程中常用作主要的承重骨架,将荷载传至基础。

内力(internal force)　外力作用或其他因素引起的物体内质点间原有相互作用力的改变量。在一般情况下,杆件截面上的内力有轴力、剪力、弯矩和扭矩。

轴力(axial force)　杆件受轴向拉伸或压缩时,横截面上正应力所组成的合力。数值上等于截面一侧所有轴向外力的代数和。当轴力的指向和截面外法线方向一致时为拉力,相反时为压力。

剪力(shear force)　杆件受弯曲或剪切时,横截面上切应力所组成的合力。数值上等于截面一侧所有平行于截面方向的外力的代数和。以左段杆为研究对象时,横截面上的剪力向下为正、向上为负;以右段杆为研究对象时,横截面上的剪力向上为正、向下为负。

扭矩(twisting moment;torque)　杆件受扭转时,横截面上切应力所组成的力矩。数值上等于截面一侧所有外力偶矩矢量在杆轴线方向投影的代数和。扭矩的正负由右手螺旋法则确定,右手四个手指方向为扭矩方向,当大拇指方向与横截面外法线方向一致时为正,反之为负。

弯矩(bending moment)　杆件受弯曲时,横截面上正应力所组成的力矩。数值上等于截面一侧所有外力对该截面形心力矩的代数和。无论以杆件左段还是右段为研究对象,在外力矩和弯矩共同作用下,梁段向下凸起时横截面的弯矩为正;梁段向上凸起时横截面的弯矩为负。

变形(deformation)　亦称"形变"。结构或构件由外来因素(外力、温度变化等)和内在缺陷引起的几何形状和尺寸的改变。所发生的相对改变称"应变"。长度的伸长或缩短称"线变形",单位长度的伸长或缩短称"线应变"或"正应变"。若某点两线段之间的夹角为α,则物体变形后,α角的改变量称"角变形",两线段互相垂直时的角变形称"切应变"。

拉压(tension compression)　杆件轴向拉伸和压缩变形的简称。是构件的基本变形之一。作用于杆件上的外力或其合力的作用线与杆轴线重合,使杆件产生沿着杆轴向的伸长或缩短,同时产生横向尺寸的缩小或增大。

剪切(shear)　构件受一对大小相等、方向相反、作用线非常靠近的外力作用时,两外力之间的横截面沿外力方向发生的相对滑动。是构件的基本变形之一。主要发生在一些连接零件中,如铆钉、螺栓、键等。

扭转(torsion)　外力偶作用于与杆件轴线垂直的平面内时,杆件所产生的变形。是杆件的基本变形之一。如转动中各种机器的传动轴、钻杆等。

弯曲(bending)　杆件受到垂直于杆轴线的外力(包括力及力偶)作用时,其轴线弯成曲线的变形。

是构件的基本变形之一。任意两横截面绕垂直于杆轴线的轴作相对转动。以弯曲为主要变形的构件称"梁",是工程上常用的构件。常用的梁具有一个纵向对称面,梁上的外力均作用在该面内,当梁变形时,其轴线在纵向对称面内弯成一条平面曲线,这种弯曲称"平面弯曲"。梁受外力作用后,横截面上产生正应力(一部分截面产生拉应力,另一部分截面上产生压应力)和切应力。

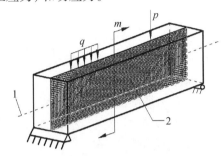

梁的平面弯曲

1. 杆轴线　2. 纵向对称面　q. 均布荷载
m. 力偶矩　p. 集中荷载

组合变形(combined deformation)　受力构件所发生的同时包含两种或两种以上基本变形的变形形式。典型的组合变形形式有斜弯曲、拉(压)弯组合、弯扭组合和拉弯扭组合等。可将总荷载分解为与基本变形对应的分荷载,分别计算相应于基本变形的内力、应力和变形,再应用叠加原理将所得结果进行叠加,得到组合变形的内力、应力和变形。从而可以进行组合变形构件的强度和刚度计算,确保组合变形构件的安全性。

应变(strain)　亦称"相对变形"。见"变形"(75 页)。

主应变(principal strain)　物体内任一点的变形主轴方向的线应变。物体内任一点都有三个互相垂直的方向,沿这些方向只有线变形而无角变形,这三个方向称该点的变形主轴。最大的主应变为该点的最大正应变,最小的主应变为该点的最小正应变。对于各向同性物体,主应力方向和主应变方向重合。

广义应变(generalized strain)　亦称"应变强度"。见 78 页"广义应力"。

应力(stress)　截面上一点的内力集度。用数学式表示为:

$$p = \lim_{\Delta A \to 0} \frac{\Delta F}{\Delta A},$$

式中,ΔA 为一点附近所取的微面积,ΔF 为其上的微内力,p 为该点的总应力。p 可分解为垂直于截面的正应力和平行于截面的切应力。一般情况下,应力是位置坐标的函数。在同一点,不同方位截面上的应力也不同。

正应力(normal stress)　亦称"法向应力"。见"应力"。

切应力(shear stress)　亦称"剪应力"。见"应力"。

主应力(principal stress)　切应力等于零的截面上的正应力。通过受力物体内一点,可作无限多不同方位的截面,其中总有三个互相垂直的、切应力为零的截面称"主平面",主平面上的正应力称"主应力"。三个主应力中最大的和最小的主应力分别为过该点所有各个不同截面上的最大的和最小的正应力。最大和最小主应力在强度计算中具有十分重要的意义。

刚度(rigidity)　结构物或构件等在受载时抵抗变形的能力。刚度大则变形小。刚度的大小与材料的性质、构件的尺寸和形状有关。按变形的不同,有抗拉刚度、抗压刚度、抗弯刚度、抗扭刚度等。为保证结构物或构件正常工作,对其刚度需有一定的要求。

挠度(deflection)　梁发生弯曲变形后,横截面的形心在垂直于变形前梁轴方向的位移。在工程上,常需对梁的挠度加以限制,以保证梁的正常工作。例如,厂房里的吊车梁,在梁上行车时,如挠度太大,会发生较大的振动,将影响行车的正常运行;机床中的主轴,如挠度过大,将影响零件的加工精度等。

截面核心(kern of section)　杆的截面形心周围的一个区域,在该区域施加偏心轴向荷载时,截面上只产生一个方向的应力(拉应力或压应力)。由混凝土、砖、石等材料制成的构件受偏心轴向压力作用时,由于它们的抗拉强度很低,因此偏心轴向压力必须作用在截面核心之内,使其不产生拉应力。对工字形、槽形截面杆在承受偏心轴向拉力作用时,该拉力必须作用在截面核心之内,使其不产生压应力,否则在受压缩的翼缘处有丧失稳定的可能。

惯性矩(moment of inertia)　简称"惯矩"。截面的一种几何性质。梁弯曲时,截面的惯性矩定义为:

$$I_y = \int_A z^2 \, dA$$

和

$$I_z = \int_A y^2 \, dA,$$

式中，I_y 为截面对 y 轴的惯性矩，I_z 为截面对 z 轴的惯性矩，A 为面积，dA 为微面积。惯性矩的大小和截面的尺寸与形状有关。惯性矩大，截面对弯曲变形的抵抗能力也大。在圆轴扭转时，定义 $I_\rho = \int_A \rho^2 dA$ 为截面的极惯性矩，式中，ρ 为截面上的点至圆心的距离。极惯性矩反映截面对扭转变形的抵抗能力。

截面模量（section modulus）　截面的一种几何性质。它等于惯性矩除以截面上最外层的点到中性轴（正应力等于零的轴）的距离。截面模量的意义与惯性矩类似。在计算各种型钢（如工字形、槽形等）的最大应力时，使用特别方便。

主轴（principal axes）　亦称"主惯性轴"。截面上满足惯性积 $I_{yz} = \int_A yz dA = 0$ 的一对互相垂直的轴。式中，A 为截面的面积，y、z 为一对互相垂直轴。通过截面形心的主轴称"形心主轴"。具有非对称截面的梁发生平面弯曲的必要条件是外力必须通过或平行于形心主轴。具有对称轴的截面，其对称轴必为通过截面形心的一根主轴，而任一与对称轴垂直的轴也为主轴。

弯曲中心（bending center）　亦称"剪切中心"。梁在两个形心主惯性平面（各截面形心主轴所组成的平面）内分别发生弯曲时，横截面上相应的两个剪力作用线的交点。如外力作用在与轴线垂直的平面内，并通过弯曲中心，梁只发生弯曲，不产生扭转。当外力通过弯曲中心并平行于形心主轴，梁将发生平面弯曲。

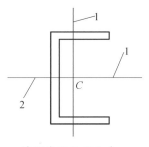

槽形截面的弯曲中心
1. 形心主轴　2. 弯曲中心

切应力互等定理（law of reciprocal shear stresses）表明一点处互相垂直的截面上切应力关系的定理。物体内一点处互相垂直的两个截面上的切应力大小相等，且同时指向或同时背离该两截面的交线。

主应力轨迹线（principal stress trajectory）　表示物体中各点主应力方向的曲线。曲线上某点的切线方向即为该点的主应力方向。按主应力的正负分，有主拉应力迹线和主压应力迹线。主应力迹线在工程设计中有很大用处，例如，对于钢筋混凝土结构，可利用主拉应力迹线配置主要受力钢筋。

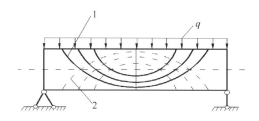

梁的主应力轨迹线示意图
1. 主拉应力迹线　2. 主压应力迹线　q. 均布荷载

应力状态（state of stress）　通过一点的各个不同方位截面上应力的总体。如在一点附近取无限小的正六面体或四面体，并已知这些面上的正应力和切应力，则可求出其他方位截面上的正应力和切应力。如某点只存在一个方向的主应力称"单向应力状态"；如某点的应力全在同一平面内称"平面应力状态"（或"二向应力状态"）；除上述两种情况外，称"空间应力状态"（或"三向应力状态"）。平面应力状态和空间应力状态统称"复杂应力状态"。

应力圆（Mohr's circle of stress）　亦称"莫尔圆"。用以表示通过物体内任意一点不同方位截面上应力的圆。由德国工程师莫尔（Christian Otto Mohr, 1835—1918）于 1882 年提出。对于平面应力状态，若已知单元体（实际代表物体中一个点）两相互垂直载面上的应力 σ_x、τ_x 和 σ_y、τ_y（其中 σ_x、σ_y 为正应力，以拉伸为正；τ_x、τ_y 为切应力，使单元体顺时针转为正，且 $\tau_x = -\tau_y$），则有以 σ 为横坐标、τ 为纵坐标，圆心坐标为 $[(\sigma_x + \sigma_y)/2, 0]$、半径为 $\{[(\sigma_x - \sigma_y)/2]^2 + \tau_x^2\}^{1/2}$ 的应力圆。此圆上每一点的坐标都对应于单元体上某一截面上的正应力和切应力；若圆上两点与圆心连线组成的圆心角为 2α，则单元体上相应的两个截面的外法向夹角为 α，且角度的转向相同。用类似的方

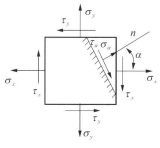

(a) 单元体

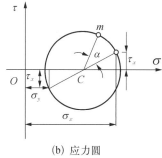

(b) 应力圆

应力圆示意图

法也可作出空间应力状态下的应力圆。

八面体应力（octahedral stress） 在一点附近截取的正八面体各个面上的应力。若以主应力的方向为坐标轴的方向，则由外法线方向余弦均相同的八个面围成的形体称"正八面体"。每个面上的正应力 σ 和切应力 τ 均表示为：

$$\sigma = \frac{1}{3}(\sigma_1 + \sigma_2 + \sigma_3);$$

$$\tau = \frac{1}{3}\left[(\sigma_1 - \sigma_2)^2 + (\sigma_2 - \sigma_3)^2 + (\sigma_3 - \sigma_1)^2\right]^{1/2},$$

正八面体

式中，σ_1、σ_2、σ_3 为三个主应力。这些面上的切应力在强度理论和塑性力学中具有重要意义。相对应的八面体切应变表示为：

$$\gamma = \frac{2}{3}\left[(\varepsilon_1 - \varepsilon_2)^2 + (\varepsilon_2 - \varepsilon_3)^2 + (\varepsilon_3 - \varepsilon_1)^2\right]^{1/2},$$

式中，ε_1、ε_2、ε_3 为三个主应变。

广义应力（generalized stress） 亦称"应力强度"。将八面体上的切应力乘以系数 $\frac{3}{\sqrt{2}}$ 后所得的量。用 σ_i 表示。广义应力可用主应力表示为：

$$\sigma_i = \frac{1}{\sqrt{2}}\left[(\sigma_1 - \sigma_2)^2 + (\sigma_2 - \sigma_3)^2 + (\sigma_3 - \sigma_1)^2\right]^{1/2}.$$

当单向拉伸时，设单向拉应力为 σ_1，$\sigma_2 = \sigma_3 = 0$，则 $\sigma_i = \sigma_1$。广义应力也可用应力分量表示为：

$$\sigma_i = \frac{1}{\sqrt{2}}\left[(\sigma_x - \sigma_y)^2 + (\sigma_y - \sigma_z)^2 + (\sigma_z - \sigma_x)^2 + 6(\tau_{xy}^2 + \tau_{yz}^2 + \tau_{zx}^2)\right]^{1/2}.$$

广义应力是与坐标轴方向无关的量。将八面体切应变乘以系数 $3/[2\sqrt{2}(1 + \mu)]$ 后所得的量称"广义应变"或"应变强度"。用 ε_i 表示。ε_i 可用主应变表示为：

$$\varepsilon_i = \frac{1}{\sqrt{2}(1 + \mu)}\left[(\varepsilon_1 - \varepsilon_2)^2 + (\varepsilon_2 - \varepsilon_3)^2 + (\varepsilon_3 - \varepsilon_1)^2\right]^{1/2}.$$

式中，μ 为泊松比。ε_i 也可用应变分量表示。在线弹性情况下，$\sigma_i = E\varepsilon_i$，$E$ 为弹性模量；在非线性情况下，$\sigma_i = \phi(\varepsilon_i)$，函数 $\phi(\varepsilon_i)$ 与材料性质和塑性变形程度有关，需通过实验确定。

强度（strength） 材料或构件受载时抵抗破坏的能力。材料强度可用其极限应力（如静荷载下的屈服极限、强度极限，交变荷载下的疲劳极限）表示。这些极限应力由实验测定。构件的强度决定于其形状、尺寸、材料和加工方法。各种工程结构的强度通常指该结构的极限承载力。设计时，强度是个重要的指标，要求结构必须具有足够的强度储备。

强度理论（strength theory） 关于材料破坏原因的假说。根据实验结果来研究材料在复杂应力状态下发生破坏的原因和条件，并建立相应的强度计算公式。常用的有最大拉应力理论、最大伸长线应变理论、最大切应力理论、形状改变比能理论和莫尔强度理论等。

最大拉应力理论（maximum tensile stress theory） 亦称"最大正应力理论"、"第一强度理论"。最早解释材料破坏原因的一种强度理论。该理论假设材料的破坏取决于最大拉应力，当一点处于复杂应力状态下，只要其中一个最大的拉应力（σ_1）达到同一材料在单向拉伸破坏时的极限应力（σ°），材料就发生破坏，其破坏条件为 $\sigma_1 \geq \sigma^\circ$。这一理论计算简单，但未考虑该点处其他两个主应力对破坏的影响，与脆性材料在某些应力状态拉断破坏实验结果大致符合。主要用于脆性材料的拉断破坏判别。

最大伸长线应变理论（maximum elongation linear strain theory） 亦称"最大正应变理论"、"第二强度理论"。解释材料破坏原因的一种强度理论。该理论假设材料的破坏取决于最大伸长线应变，当一点处于复杂应力状态下，只要最大伸长线应变（ε_1）达到同一材料在单向拉伸破坏时的伸长线应变（ε°），材料就发生破坏。其破坏条件为 $\varepsilon_1 \geq \varepsilon^\circ$，也可用一点的三个主应力表示为：

$$\sigma_1 - \mu(\sigma_2 - \sigma_3) \geq \sigma^\circ,$$

式中，σ_1 为最大的主拉应力，σ_2、σ_3 为小于 σ_1 的主应力，μ 为泊松比，σ° 为单向拉伸时的极限应力。这一理论考虑了三个方向的主应力，与某些拉断破坏的实验结果相符。适用于脆性材料的拉断破坏判别。

最大切应力理论（maximum shear stress theory） 亦称"第三强度理论"。解释材料破坏原因的一种强度理论。该理论假设材料的破坏取决于最大切应力，当一点处于复杂应力状态下，只要最大切应力（τ_{max}）达到同一材料在单向拉伸破坏时的最大剪应力（τ°）材料就发生破坏。其破坏条件为 $\tau_{max} \geq \tau^\circ$，也可用一点的主应力表示为：$\sigma_1 - \sigma_3 \geq \sigma^\circ$，式中，$\sigma_1$ 和 σ_3 为该点的最大和最小主应力（代数值），σ° 为单向拉伸屈服破坏时的极限应力（如塑性材料的屈服极限）。这一理论没有考虑中间主应力对破坏的影响，但与塑性材料的屈服破坏实验结果符合较好。一般适用于塑性材料的屈服破坏判别。

八面体剪应变（octahedral shear strain） 见"八面体应力"（78 页）。

应变能（strain energy） 物体受力后，因变形而积蓄的能量。弹性体在外力作用下平衡时，应变能在数值上等于外力对弹性体所做的功。单位体积内的应变能称"比能"或"应变能密度"。利用功和能的概念可以解决与结构物或构件的弹性变形有关的问题，这种方法称"能量法"，它是用有限单元法解固体力学问题的重要基础。

余能（complementary energy） 亦称"应变余能"。一个能量参数。将外力乘以与之相应的位移减去应变所得到的量。在解非线性弹性问题时非常有用。根据余能概念建立的余能原理是力学变分方法中的一个重要原理。但在线弹性材料的几何线性问题中，应力与应变之间和荷载与位移之间都是线性关系，因而余能和应变能在数值上相等。

形状改变比能（distortion energy） 物体内一点附近所取单元体（无限小的正方六面体）形状改变所产生的应变能。可用单元体的应变能减去其体积改变应变能得到。在强度理论中，有一种理论认为塑性材料当物体内一点的形状改变比能达到材料的屈服极限值时，该点就发生屈服破坏。

形状改变比能理论（energy theory of shape change） 亦称"第四强度理论"。解释材料破坏原因的一种强度理论。该理论假设材料的破坏取决于形状改变比能，当一点处于复杂应力状态下，只要一点形状改变比能（u_d）达到同一材料在单向拉伸破坏时的形状改变比能（u_d°），材料就发生破坏。其破坏条件表示为：

$$u_d \geq u_d^\circ,$$

也可用一点的主应力表示为：

$$\left\{ \frac{1}{2} \left[(\sigma_1 - \sigma_2)^2 + (\sigma_2 - \sigma_3)^2 + (\sigma_3 - \sigma_1)^2 \right] \right\}^{1/2} \geq \sigma^\circ,$$

式中，σ_1、σ_2、σ_3 为一点的三个主应力，σ° 为单向拉伸屈服破坏时的极限应力（如塑性材料的屈服极限）。这一理论综合考虑应力和应变两个因素，与塑性材料屈服破坏的实验结果符合较好。适用于塑性材料的屈服破坏判别。

莫尔–库仑强度理论（Mohr and Coulomb's strength theory） 亦称"莫尔强度理论"、"修正的最大切应力理论"。判断材料破坏的一种理论。由德国工程师莫尔（Christian Otto Mohr，1835—1918）于 1900 年提出。该理论认为，材料发生剪断破坏的原因主要是某一截面上的切应力达到强度极限值，但也与该面上的正应力有关。如截面上存在压应力，则与压应力大小有关的材料内摩擦力将阻止截面的滑动；如果截面上存在拉应力，则截面将容易滑动，因此剪断不一定发生在最大剪应力的截面上。在三向应力状态下，如果不考虑中间主应力 σ_2 对材料破坏的影响，则一点处的最大切应力或较大切应力可由最大和最小主应力 σ_1 和 σ_3 所画的应力圆决定。材料在破坏时的应力圆称"极限应力圆"，根据 σ_1 和 σ_3 的不同比值（如单轴拉伸、单轴压缩、纯剪，各种不同大小应力比的三轴压缩试验等），可作出一系列极限应力圆，这些应力圆的公共包络线便是材料破坏的临界线。法国物理学家库仑（Charles Augustin de Coulomb，1736—1806）于 1773 年提出，假定强度极限值是同一平面上法向应力的线性函数，则包络线可简化为直线，常称"莫尔–库仑理论"或"库仑强度理论"。莫尔强度理论能较全面地反映岩石和土的强度特性（如岩石和土的抗拉强度远小于抗压强度）。该理论适用于脆性材料，也适用于塑性材料。

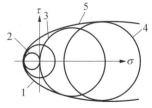

极限应力圆的包络线

1. 纯剪试验　2. 抗拉试验
3. 抗压试验　4. 三轴试验
5. 包络线

格里菲斯强度理论（Griffith's strength theory） 解释脆性材料受力破坏的一种理论。由英国力学家格里菲斯（Alan Arnold Griffith，1893—1963）于 1924

年提出。认为有些脆性材料(如玻璃、岩石)的破坏强度与一般固体的破坏强度有很大差别,这种差别是由于材料内部存在着许多细微裂隙。当其处于复杂应力之下,这些裂隙的端部便会产生拉应力集中。假如材料的主应力为拉应力 σ_t 且垂直于裂隙,在裂隙端部便产生一个几倍于该主应力的拉应力;假如主应力是压应力 σ_c,则在裂隙边界的 A 点也可能产生拉应力。当这种应力达到材料的极限抗拉强度时,这些裂隙便开始扩展,导致材料断裂。假设裂隙具有任意方位的椭圆形,则可列出下列强度条件:

当 $\sigma_1 + 3\sigma_3 < 0$ 时,$\sigma_2 = -R_T$,

当 $\sigma_1 + 3\sigma_3 > 0$ 时,$(\sigma_1 - \sigma_3)^2 - 8R_T(\sigma_1 + \sigma_3) = 0$,

式中 σ_1 为最大主应力,σ_3 为最小主应力,R_T 为材料的单轴抗拉强度。该理论的优点是对脆性材料比较符合,但裂隙在压应力作用下会闭合接触,从而产生摩擦,干扰裂隙扩展。考虑这一因素影响的理论即为修正格里菲斯强度理论,其强度条件为:

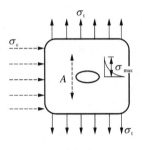

格里菲斯强度
理论示意图

$$\sigma_1[(f^2+1)^{1/2}-f] - \sigma_3[(f^2+1)^{1/2}+f] = 4R_T[1+\sigma_c/R_T]^{1/2} - 2f\sigma_c,$$

式中,σ_c 为裂隙闭合所需的压应力,由实验决定;f 为裂隙表面的摩擦因数;其余符号同前。

应力集中(stress concentration)　在物体的几何尺寸发生急剧变化(如孔、缺口、倒角、沟槽、裂纹及刻痕等)处,受力时应力局部显著增大的现象。存在应力集中的构件或结构,其应力分布及局部最大应力可用弹性力学方法或光测弹性试验方法确定。应力集中的存在将降低均质脆性材料的静荷载强度及塑性与脆性材料的疲劳强度。在工程设计中应尽量避免应力集中。

接触应力(contact stress)　两物体受力后在接触面及其附近所产生的应力。具有局部的性质,随着离接触处距离的增大,应力迅速减小。经常用于桥梁、闸门的支承部分,滚珠轴承、凸轮机构,以及工程结构基础等问题的分析中。

温度应力(thermal stress;temperature stress)　亦称"热应力"。由于温度改变时物体不能自由伸缩或物体内各部分的温度不同而产生的应力。如水工结构由于混凝土硬化放出大量水化热,以及周围气温和水温的变化所引起的应力。

残余应力(residual stress)　当构件加载到使材料处于(或部分处于)塑性状态,再完全卸载后所残存的应力。对构件的强度有一定的影响。若工作荷载所产生的应力与残余应力方向相同,会降低构件的承载能力;反之,则提高构件的承载能力。残余应力的存在使材料的塑性降低、脆性增加,特别对承受动荷载的构件不利。工程上还有因冷加工、焊接或热处理等其他原因所引起的残余应力。

装配应力(assembly stress)　在超静定结构中,由于构件制造不准确在装配时引起的应力。有时对构件产生不利影响,但有时也可加以利用。预应力钢筋混凝土构件和预紧配合的零件等就是利用装配应力来改善结构的工作状态。

交变应力(alternating stress;cyclic stress)　亦称"重复应力"、"循环应力"。随时间作周期性变化的应力。产生的原因是由于荷载作周期性变化,或是荷载不变,但构件作周期性运动。在应力循环中,如最大应力和最小应力各自维持某一固定数值的,称"稳定交变应力";如最大应力和最小应力随时间改变其大小的,称"不稳定交变应力"。

动应力(dynamic stress)　构件在动荷载作用下产生的应力。动荷载指随时间作急剧变化的荷载,以及作加速运动或旋转的构件的惯性力。在很多动荷载问题中,动应力可简化等于静应力乘以相应的"动力系数"。

徐变(creep)　亦称"蠕变"。材料在某一不变的温度及不变的应力作用下,变形随时间不断增长的现象。徐变变形是不可恢复的变形。温度愈高,徐变的速率愈大。有时,虽然应力较小,材料也可能因徐变而破坏。金属材料如钢材等在高温(300℃以上)下才出现徐变现象,而混凝土、工程塑料、沥青等在常温下就有徐变现象。

徐变应力(creep stress)　结构因其材料的徐变而产生的应力。材料的徐变特性用单位应力作用下材料产生的徐变,即徐变度 $C(t,\tau)$ 表示,徐变度是结构受力时间 t 和材料龄期 τ 的函数,可以由实验测试得到。

断裂(fracture)　含裂缝体承载达到临界值时,致使裂缝失稳扩展,最终产生破坏的现象。分荷载断裂、疲劳断裂、徐变（蠕变）断裂、变温断裂和腐蚀断裂等。根据断裂前变形的大小或吸收能量的多少，可分脆性断裂和塑性断裂两种类型。

应力强度因子（stress intensity factor） 表征带裂纹体内裂纹尖端附近弹性应力和应变场强弱程度的参量。用 K 表示。其大小与物体的形状、尺寸、裂纹几何因素（形状、尺寸、分布位置等）和外荷载有关。可用解析方法、数值方法或实验方法确定。裂纹失稳扩展时的应力强度因子称"断裂韧度"，用 K_c 表示。它是表征材料性质的一个参量，由试验确定。当应力强度因子达到材料的断裂韧度时，裂纹便失稳扩展。

断裂韧度（fracture toughness） 见"应力强度因子"。

裂纹张开位移（crack tip opening displacement） 当裂纹尖端附近产生了较大的塑性变形，但裂纹并未扩展时，裂纹尖端表面在垂直于裂纹方向张开的距离。当该距离达到临界值时，裂纹失稳扩展。临界张开位移值由试验确定。

能量释放率（release rate of energy） 裂纹扩展时单位面积所耗散的能量。包括耗散于裂纹扩展形成新表面的表面能和裂纹扩展前产生塑性变形所需的能量，由总势能（外力势能和应变能之和）提供，常用 G 表示。当能量释放率达到临界值 G_c 时，裂纹便失稳扩展。这一临界值 G_c 是表征材料抵抗裂纹扩展能力的指标，由试验确定。

J 积分（J integral） 判断裂纹是否失稳扩展的一个参量。其表达式为：

$$J = \int_{\Gamma} W\left(\mathrm{d}y - \frac{\partial \boldsymbol{u}}{\partial x} \cdot \boldsymbol{T}\mathrm{d}s\right),$$

式中，W 为应变能密度，$\boldsymbol{T}$ 为作用在回路 Γ 上的张力矢量，$\boldsymbol{u}$ 为位移矢量，Γ 为从裂纹下表面上的任一点起沿逆时针方向绕过裂纹尖端而终止于裂纹上表面上任一点的一条曲线。J 积分具有与积分路径无关的性质。适用于弹塑性断裂力学平面问题和线弹性断裂力学平面问题。在线弹性平面问题中，J 积分等于能量释放率。当 J

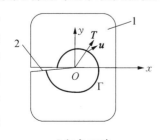

J 积分回路
1. 裂纹体 2. 裂纹

积分达到临界值 J_c 时，裂纹便失稳扩展。

应力腐蚀断裂（stress corrosion cracking） 承受荷载的构件在腐蚀介质中工作时，裂纹扩展的现象。可用应力强度因子判断裂纹是否扩展。裂纹扩展时的应力强度因子称"应力腐蚀临界应力强度因子"，用 K_{Iscc} 表示。由试验确定。在静荷载作用下，当应力强度因子低于该值时，裂纹不会扩展，超过该值后，裂纹会不断扩展直至失稳断裂，这时需根据裂纹的扩展速率来决定构件的剩余寿命。若构件在交变荷载作用下工作，即使最大应力强度因子小于 K_{Iscc}，裂纹仍会发生缓慢扩展直至失稳断裂，这时也需估算构件的剩余寿命。

张拉型裂缝（opening mode crack） 亦称"Ⅰ型裂缝（mode-Ⅰ crack）"。受垂直于裂缝表面拉应力作用的裂缝。裂缝张开而扩展，裂缝表面的相对位移沿着自身平面的法线方向，是一种常见的、危险性较大的裂缝扩展形式，是造成裂缝体断裂的重要原因。断裂力学的主要研究对象之一。

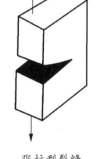

张拉型裂缝
（Ⅰ型裂缝）

剪切型裂缝（sliding mode crack） 亦称"Ⅱ型裂缝（mode-Ⅱ crack）"。受平行于裂缝表面而垂直于裂缝前缘的切应力作用的裂缝。裂缝滑开而扩展，裂缝表面的相对位移在裂缝面内，并且垂直于裂缝前缘。

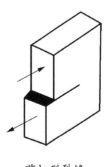
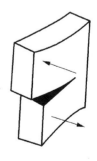

剪切型裂缝　　撕开型裂缝
（Ⅱ型裂缝）　（Ⅲ型裂缝）

撕开型裂缝（tearing mode crack） 亦称"Ⅲ型裂缝（mode-Ⅲ crack）"。受既平行于裂缝表面又平行于裂缝前缘的切应力作用的裂缝。裂缝撕开而扩展，裂缝表面的相对位移在裂缝面内，并平行于裂缝前缘的切线方向。

复合型裂缝(compound crack)　构件中同时由张拉、剪切和撕开三种单一型裂缝中的两种或两种以上组成的裂缝。可分"拉-剪复合型"(亦称"Ⅰ-Ⅱ复合型")、"拉-扭复合型"(亦称"Ⅰ-Ⅲ复合型")、"剪-扭复合型"(亦称"Ⅱ-Ⅲ复合型")和"拉-剪-扭复合型"(亦称"Ⅰ-Ⅱ-Ⅲ复合型")。

断裂判据(fracture criterion)　亦称"断裂准则"。带裂缝构件发生裂缝扩展的临界条件。根据不同的理论和方法,常用的断裂判据有:在线弹性条件下,应力强度因子判据 $K \leqslant K_c$, K_c 称"临界应力强度因子",亦称"断裂韧度";能量释放率判据 $G \leqslant G_c$, G_c 称"临界能量释放率"。在弹塑性条件下,裂缝张开位移判据 $\delta \leqslant \delta_c$, δ_c 称"临界裂缝张开位移"。在塑性条件下,J 积分判据,$J \leqslant J_c$,J_c 称"临界 J 积分"。

断裂能(breaking energy; energy of rupture; fracture energy)　裂缝扩展单位面积所需要的能量。等于裂缝扩展过程中所消耗的能量与裂缝韧带面积的比值。在混凝土非线性断裂过程中,其值等于混凝土应变软化曲线下的面积。断裂能的国际单位为 J/m^2 或 N/m。

断裂模型(fracture model)　为阐明裂缝断裂全过程(包括裂缝的产生和扩展)中外界因素对断裂过程的影响,提出的描述断裂机制的物理模型。在线弹性情况下,常用的有应力强度因子判据、能量释放率判据、双 K(应力强度因子)判据;在非线性情况下,常用的有 Jeng-Shah 的双参数模型、Hillerborg 的虚裂缝模型(Fictitious Crack Model)和 Bazant 的钝断裂带模型(Blunt Crack Band Model)等。

裂缝稳定(stable crack)　裂缝扩展的推动力小于裂缝扩展阻力,使得带裂缝结构在荷载等外界因素作用下,不发生裂缝扩展的现象。由于带裂缝结构材料具有抵抗裂缝扩展的能力(裂缝扩展阻力),所以只有当裂缝扩展推动力大于裂缝扩展阻力时,裂缝才会发生扩展。例如,线弹性断裂力学中常用的裂缝推动力为应力强度因子 K,裂缝扩展阻力为断裂韧度 K_c,当 $K < K_c$ 时,裂缝稳定。

裂缝扩展(crack propagation)　裂缝随着外力的增加而逐渐扩展直至使构件断裂破坏的过程。主要分裂缝稳定扩展和失稳扩展。稳定扩展指在加载过程中,裂缝随荷载的逐渐增加而相应地逐渐延长的缓慢过程,扩展速度取决于加载速度,荷载停止增加,裂缝也停止扩展;失稳扩展指外力达到一定程度以致某些断裂力学参量(如应力强度因子等)超过其临界值时,荷载不增加,裂缝仍继续扩展,直至构件断裂。例如,线弹性断裂力学中常用裂缝的应力强度因子 K 和断裂韧度 K_c 判定裂缝的稳定性,当 $K > K_c$ 时,裂缝失稳扩展。

损伤(damage)　导致材料力学性能劣化的结构材料的微观结构变化。机械设备和工程结构中的构件,从毛坯制造到加工成形的过程中,不可避免地会在内部或表面产生微小的缺陷,即损伤。在一定的外部因素(如荷载、温度变化和腐蚀等)作用下,损伤会不断发展和合并,形成宏观裂缝。裂缝继续发展后,最终可能导致构件或结构的断裂破坏。损伤的存在和发展,是使构件的强度、刚度、韧性下降或剩余寿命降低的原因。

损伤变量(damage variable)　表征结构材料劣化程度,描述材料中损伤状态的具有客观统计特征的场变量。损伤会引起材料微观结构和某些宏观物理性能的变化,所以损伤变量可从两个方面选择:微观方面,可以选择裂缝数目、长度、面积、体积,空隙的数量和形状等,如选择微裂纹或空洞在整个结构材料中所占总体积的百分率;宏观方面,可以选择弹性模量、屈服应力、拉伸强度、延伸率、密度、电阻等。不同的损伤过程,可以选择不同的损伤变量。从热力学的观点来看,损伤变量是一种内部状态变量,它能反映物质结构的不可逆变化过程。

损伤张量(damage tensor)　用张量描述三维问题的损伤变量。在三维问题中,损伤变量是空间位置的函数。

损伤准则(damage criterion)　损伤力学中,用于分析、判定损伤积累、发展状态的准则。损伤用 D 表示,当 $D = 0$ 时材料处于无损阶段,当 $0 < D < 1$ 时材料处于损伤积累阶段,当 $D = 1$ 时材料处于全损伤阶段。如 Palmgren-Miner 线性累积损伤准则、Robinson 线性累积损伤准则等。

损伤演化方程(damage evolution equation)　用方程描述结构材料内部的损伤随外界因素(如荷载、温度变化和腐蚀等)作用的变化而变化的规律。选取不同的损伤变量,损伤演化方程也就不同,但他们都能够反映材料的损伤变化发展情况。常见形式有损伤随应变变化的方程 $D = f(\varepsilon)$ 和损伤随应力变化的方程 $D = f(\sigma)$。

损伤模型(damage model)　描述损伤发展变化规

律的物理模型。常用的损伤模型有 Loland 损伤模型、Mazars 损伤模型、分段线性模型、分段曲线模型、幂指数函数模型、Lemaitre – Chaboche 损伤模型、Murakami 徐变损伤模型、温度损伤模型等。通常均基于试验结果进行建立。

损伤区（damage zone）　随着外部因素的作用，结构材料内部损伤发展到一定程度而产生的、充满着微裂纹和空隙的裂缝尖端附近区域。当损伤区发展到一定程度时，裂缝将向前扩展。

结构稳定性（stability of structure）　结构在荷载作用下维持其原有平衡状态的能力。如中心受压的直杆，当荷载不大时，中心受压状态的直线平衡形式是稳定的，即，如有任意微小干扰使杆产生弯曲，在干扰除去后，杆会恢复到直线位置；当荷载超过某一临界值时，中心受压状态的直线形式就成为不稳定，即，如有任意微小干扰使杆弯曲后，即使干扰除去，杆也不能恢复到直线位置。介于稳定和不稳定状态之间的状态称"临界状态"。在结构的失稳过程中，在荷载参数-位移的路线上可能出现分支点失稳或者极值点失稳两种不同的类型。工程结构不能容许失稳，尤其对于细长、薄壁结构在设计时必须考虑其稳定性问题。

临界荷载（critical load）　结构由稳定平衡过渡到不稳定平衡时的外荷载。例如，直杆受轴向压力时，当直杆开始发生弯曲变形而丧失稳定性，即分支点失稳，这类失稳的临界荷载的计算归结为微分方程的本征值问题。结构还可能产生极值点失稳，相应的临界荷载计算则由 $\dfrac{\mathrm{d}\lambda}{\mathrm{d}\Delta} = 0$（式中，$\lambda$ 为荷载参数，Δ 为位移）条件确定。临界荷载的确定是结构稳定性计算的主要任务。

极限荷载（limit load）　结构达到不能使用或不适合使用的极限状态时相应的荷载。结构的极限状态有两类：一类是强度极限状态，即结构的荷载增大达极限值时，截面进入塑性状态，结构变成几何可变的机构，丧失了承载能力，对应此状态的荷载称"塑性极限荷载"；另一类是使用极限状态，例如，挡水结构出现裂缝漏水，结构过大的变形以致不能正常使用。通常所指的结构极限荷载是指塑性极限荷载。求出极限荷载是结构极限分析的首要目的。

疲劳（fatigue）　在循环加载下，发生在材料某点处局部的、永久性的损伤递增过程。当材料受到多次重复变化的荷载作用后，在应力值虽然始终没有超过材料的强度极限，甚至比弹性极限还低的情况下就可能发生破坏。这种在交变荷载持续作用下材料的破坏现象，称"疲劳破坏"。不同的外部荷载造成不同的疲劳破坏形式，由此可以将疲劳分机械疲劳、徐变疲劳、热机械疲劳、腐蚀疲劳等。

疲劳强度（fatigue strength）　亦称"疲劳极限"。材料在无限多次交变荷载作用下不产生破坏的最大应力。实际上，材料并不可能作无限多次交变荷载试验，一般规定为试验时满足一定交变荷载作用次数不产生破坏的最大应力，如：钢在经受 10^7 次交变荷载作用时不产生断裂时的最大应力为其疲劳强度。材料的疲劳强度受应力集中、试件尺寸、表面光洁度和环境因素（温度、腐蚀介质）等的影响。

疲劳极限（fatigue limit）　即"疲劳强度"。

疲劳破坏（fatigue failure）　构件长期在交变应力作用下所引起的破坏。由于超过一定应力水平的交变应力长期作用，在构件内部缺陷或应力集中处产生细微裂纹，而当这些裂纹扩展到一定程度时，会突然发生脆性断裂。其特点是：破坏时的最大应力远小于静荷载下的极限应力；破坏时没有显著的塑性变形；断口处存在光滑和粗糙的两个区域。高速运转机器中的构件、吊车梁或桥梁均可能发生这种类型的破坏，由于这种破坏是突然发生的，因此往往造成严重的后果。

应力松弛（stress relaxation）　构件总变形（弹性变形和塑性变形）保持不变，徐变使塑性变形不断增加，弹性变形相应减少，而应力随时间缓慢降低的现象。它往往会带来不利影响，如高压蒸汽管道中，法兰紧固螺栓的锁紧力可能随时间降低，故每隔一段时间需拧紧一次，以防漏气。

弹性（elasticity）　固体在外力作用下产生变形，在外力除去后变形立即消失的性质。消失掉的变形称"弹性变形"。工程上的材料，只有当外力不超过某一限度时，才是弹性的。某些材料（如低碳钢）在弹性范围内，应力与应变为线性关系，这一性质称"线弹性"；另一些材料（如铸铁）在弹性范围内，应力与应变只近似地为线性关系。

弹性模量（Modulus of elasticity）　亦称"弹性模数"、"弹性系数"。材料在弹性极限内应力与应变的比值。它表示材料抵抗弹性变形能力的大小，由试验测定。材料的弹性模量大，抵抗变形的能力就大。材料受拉伸和压缩时的弹性模量因近似相等而统称"拉压弹性模量"或"杨氏模量",常用 E 表示。切应力与切应变的比值称"剪切模量",常用 G 表示。对于各向同性材料,由理论分析,并得到实验证实,G、E 和泊松比 μ 存在着 $G = E/[2(1 + \mu)]$ 的关系。

泊松比(Poisson's ratio) 亦称"泊松系数"、"横向变形系数"。材料在单向受拉或受压时,横向正应变与轴向正应变之比的绝对值。由法国力学家泊松(Siméon Denis Poisson,1781—1840)提出。是反映材料横向变形的弹性常数,常用 μ 表示。为一由试验测定的无因次量。对各向同性材料,弹性模量 E 和泊松比 μ 是两个基本材料常数,可确定材料的弹性性质。

胡克定律(Hooke's law) 反映受力弹性体应力与应变关系的基本规律。由英国物理学家胡克(Robert Hooke,1635—1703)提出。物体受力后,当应力不超过材料的比例极限时,应变与应力成正比。在单向应力状态下,这一关系可表示为 $\sigma = E\varepsilon$,称"拉压胡克定律",其中 σ 为正应力,ε 为 σ 方向的正应变,E 为材料的弹性模量。在纯剪状态下,这一关系可表示为 $\tau = G\gamma$,称"剪切胡克定律",其中 τ 为切应力,γ 为切应变,G 为材料的剪切弹性模量。当物体内某点处于空间应力状态,在三个互相垂直的面上有正应力 σ_x,σ_y,σ_z 和切应力 $\tau_{xy} = \tau_{yx}$,$\tau_{yz} = \tau_{zy}$,$\tau_{xz} = \tau_{zx}$,则对于各向同性材料在线弹性范围内,当变形微小时,有如下的关系:

$$
\begin{cases}
\varepsilon_x = \dfrac{1}{E}[\sigma_x - \mu(\sigma_y + \sigma_z)], \\
\varepsilon_y = \dfrac{1}{E}[\sigma_y - \mu(\sigma_z + \sigma_x)], \\
\varepsilon_z = \dfrac{1}{E}[\sigma_z - \mu(\sigma_x + \sigma_y)],
\end{cases}
$$

$$
\begin{cases}
\gamma_{xy} = \dfrac{1}{G}\tau_{xy}, \\
\gamma_{yz} = \dfrac{1}{G}\tau_{yz}, \\
\gamma_{zx} = \dfrac{1}{G}\tau_{zx},
\end{cases}
$$

式中,μ 为材料的泊松比,称"广义胡克定律"。

圣维南原理(Saint-Venant's principle) 固体力学中一个重要的原理。由法国力学家圣维南(Barré de Saint-Venant,1797—1886)于 1855 年提出。对于作用在物体边界上一小块表面上的外力系可以用静力等效(主矢量、主矩相同)并且作用于同一小块表面上的外力系替换,这种替换造成的影响仅在离该小块表面的近处是显著的,而在较远处的影响可以忽略不计。

各向同性材料(isotropic material) 在各个方向都具有相同力学性质的材料。具有各向同性性质的材料,其材料常数(如弹性模量、泊松比等)和材料的强度在各个方向都相同。铸钢、铸铜、玻璃,以及浇筑得很好的混凝土均可认为是各向同性材料。不具备各向同性性质的材料称"各向异性材料",如木材、经过冷扭的钢丝和复合材料等。

各向异性材料(anisotropic material) 见"各向同性材料"。

塑性(plasticity) 变形固体的基本性质之一。材料或物体受力时,当应力超过屈服点后,能产生显著变形而不发生断裂的性质。当外力超过某一数值后,若除去外力,则所产生的变形不会全部消失,不消失的部分称"塑性变形"(或"残余变形")。在常温静载下,根据外力所产生的塑性变形的大小,可将材料分为两类:塑性材料,拉断时有显著的塑性变形,如低碳钢、纯铜等材料;脆性材料,拉断时只有极小的塑性变形,如铸铁、混凝土等。塑性材料具有较强的抗冲击、抗振动能力。材料的塑性或脆性受应力状态、温度、加载速度和加工处理方法等因素的影响。

黏性(viscosity) 固体材料内产生的与应力和应变率有关的性质。徐变和应力松弛都是与黏性有关的力学现象。混凝土、岩石、土等水利工程中的常用材料均具有黏性。

黏弹性(viscoelasticity) 材料同时具有弹性和黏性两种不同机制形变的性质。兼具弹性性质和黏性性质的材料称"黏弹性体"。通常用服从胡克定律的弹性元件和服从牛顿黏性定律(即应力与应变率成正比)的黏性元件来表征黏弹性体的特性。在黏弹性体发生应变时,其中的弹性元件承担静态的应力,而液体部分黏性元件不承担静态的应力。当应变率不为零时,由于黏性元件存在微观摩擦,出现黏度,而承担动态的应力。用这两种元件的不同组合模型可以反映多种复杂黏弹性体的应力-应变关系。两种最基本的黏弹性体模型是麦克斯韦模型和开尔文模型。前者为弹性元件和黏性元件串联，其总应变是弹性应变和黏性应变之和，对应的本构方程为：

$$\dot{\varepsilon} = \frac{\sigma}{\mu} + \frac{\dot{\sigma}}{E},$$

式中，$\dot{\varepsilon}$ 为应变率，即应变对时间的导数；μ 为黏性元件的黏性系数；E 为弹性元件的弹性模量，σ 和 $\dot{\sigma}$ 分别为应力和应力率。后者为弹性元件与黏性元件并联，其弹性伸长与黏性伸长相等，而总应力为弹性应力与黏性应力之和，对应的本构方程为：

$$\sigma = E\varepsilon + \mu\dot{\varepsilon}。$$

上述两方程还可推广到复杂应力状态问题。在实际应用中，常需将多个弹性元件和黏性元件按各种不同形式串联或并联，以描述不同黏弹性体的特性。

黏塑性（viscoplasticity）　材料同时具有塑性和黏性两种不同机制形变的性质。是塑性形变与时间相关的性质，即塑性应变的发展与加载速度有关。具有塑性和黏性的物体称"黏塑性体"。在固体材料黏塑性理论的本构关系中，要考虑应变率效应，即黏塑性材料的屈服条件不仅同应力、塑性应变与材料强化性质有关，而且还与反映材料黏性的参数有关。

简单加载（simple loading）　亦称"比例加载"。使物体内各点的应力分量之间比值不变、按同一参量单调增加的加载过程。满足简单加载的充分条件是：（1）所有外荷载都通过一个公共参数按比例单调增加；（2）小变形；（3）材料是不可压缩的；（4）材料的等效应力与等效应变之间的关系可以表示为幂函数形式，即 $\sigma_i = A\varepsilon_i^m$（$A$、$m$ 为常数）。在这些条件中，第一个和第二个条件是基本的。在塑性力学中，只有在简单加载条件下才能应用全量理论。

全量理论（total deformation theory）　亦称"塑性变形理论"。塑性力学中用全量应力和全量应变表述弹塑性材料本构关系的理论。其数学表达式简单，使用方便，但严格说来只适用于简单加载的情况。在工程上，当简单加载条件不成立时，也经常使用全量理论近似求解，计算结果有时也能与实验结果相符。

增量理论（incremental deformation theory）　亦称"流动理论"。见"流动法则"（86 页）。

塑性区（plastic zone）　实体结构中材料的应力、应变满足初始屈服条件进入塑性状态的区域。类似于杆系结构的塑性铰。塑性区的分布和占比可用于实体结构整体安全度的评价和加固方案的设计。

应力张量（stress tensor）　一点应力状态的九个分量的张量表示。对于三维空间，表示一点应力状态的九个应力分量构成一个二阶张量，即应力张量。可用张量符号 σ_{ij} 表示。由于切应力互等，因此应力张量是一个二阶对称张量。

$$\sigma_{ij} = \begin{bmatrix} \sigma_x & \tau_{xy} & \tau_{xz} \\ \tau_{yx} & \sigma_y & \tau_{yz} \\ \tau_{zx} & \tau_{zy} & \sigma_z \end{bmatrix}$$

应变张量（strain tensor）　一点应变状态的九个分量的张量表示。数学上一点的应变状态为二阶张量，其九个分量（三个正应变分量和六个切应变分量）用张量符号 ε_{ij} 表示。它是一个二阶对称张量。

$$\varepsilon_{ij} = \begin{bmatrix} \varepsilon_x & \frac{1}{2}\gamma_{xy} & \frac{1}{2}\gamma_{xz} \\ \frac{1}{2}\gamma_{yx} & \varepsilon_y & \frac{1}{2}\gamma_{yz} \\ \frac{1}{2}\gamma_{zx} & \frac{1}{2}\gamma_{zy} & \varepsilon_z \end{bmatrix}$$

平衡方程（equations of equilibrium）　力系平衡条件的数学形式。空间任意力系的平衡条件是：力系的主矢和主矩都等于零。弹性体的平衡方程是根据物体内部任意一个微小平行六面体的平衡条件导出的平衡微分方程，它与应力边界条件一起构成弹性力学三大基本规律之平衡规律。空间静力问题的平衡微分方程用张量表示为：

$$\sigma_{ij,i} + f_j = 0 \ (i, j = 1, 2, 3),$$

式中，f_j 为作用在弹性体上的 j 方向的体力分量。

几何方程（geometrical equations）　微分线段上的形变分量与位移分量之间关系的数学表达式。弹性力学假定应变完全由连续的位移所引起，所建立的几何方程与位移边界条件一起构成弹性力学三大规律之变形连续规律。空间小变形问题的几何方程用张量表示为：

$$\varepsilon_{ij} = \frac{1}{2}(u_{i,j} + u_{j,i}) \ (i, j = 1, 2, 3),$$

式中，u_i（$i = 1, 2, 3$）是空间三个方向的位移分量。

本构方程（constitutive equations）　应力与应变率，或应力张量与应变张量之间的函数关系。如胡克定律是描述完全弹性材料的本构关系式；塑性流动法则与各种屈服准则构成相应塑性材料的本构关系。它的建立既要有经验和实践的基础，又要遵循一定的原理，这些原理大致有：（1）确定性原理，材料在某时刻的性态由物体在该时刻前的状态确定；（2）局部作用原理，物体典型点在某时刻的性态只由该点任意小邻域的状态所确定；（3）坐标不变性原理，本构关系与坐标系无关；（4）客观性原理，物质的力学性质与观察者无关。本构关系的数学表达式就是本构方程，故本构方程亦称"本构关系"。

边界条件（boundary conditions） 物理问题定解微分方程的解在物体边界上应满足的条件。许多与时间无关问题的边界条件可以分为三类：第一类边界条件为给出未知函数在边界上的值；第二类边界条件为给出未知函数在边界外法线方向的导数值；第三类边界条件为给出未知函数在边界上的函数值和外法向导数值的线性组合。弹性力学问题的边界条件表示在边界上位移与约束或应力与面力之间的关系式，可分位移边界条件、应力边界条件和混合边界条件。

屈服条件（yield criterion） 塑性力学中判断物体中某点处于弹性状态还是塑性状态的判据，是该点由弹性状态转变到塑性状态时应力所应满足的条件。这个条件通常指初始屈服条件，其函数表达式称为"屈服函数"。一般地，屈服函数表示为 $\Phi(\sigma_{ij}, \varepsilon_{ij}, \dot{\varepsilon}_{ij}, t, T) = 0$，式中，$\sigma_{ij}$ 为应力张量，ε_{ij} 为应变张量，$\dot{\varepsilon}_{ij}$ 为应变速率张量，t 为时间，T 为温度。不考虑时间效应和温度，屈服函数可简化为 $F(\sigma_{ij}) = 0$，其在应力空间中是一个曲面，称"屈服面"。常用的屈服准则有 Tresca 屈服准则、Von Mises 屈服准则和 Drucker-Prager 准则等。前两者用于金属材料，后者用于混凝土岩石类材料。Tresca 屈服准则亦称"最大剪应力准则"，其屈服函数为 $\tau_{\max} = \dfrac{1}{2}\sigma_s$，式中，$\sigma_s$ 为材料拉伸屈服极限，即最大剪应力达到材料拉伸屈服极限的一半时，材料就开始进入塑性状态；Von-Mises 屈服准则的屈服函数为 $\sqrt{J_2} = \dfrac{1}{\sqrt{3}}\sigma_s$，式中，$J_2$ 为偏应力张量的第二不变量；Drucker-Prager 准则的屈服函数为 $\alpha I_1 + \sqrt{J_2} - k = 0$，式中，$\alpha, k$ 为材料参数。

流动法则（flow rule） 根据弹塑性增量理论，材料进入塑性状态后，一点的应变增量中表达塑性应变增量与该点应力关系的规则。表示为：

$$d\varepsilon_{ij}^{p} = d\lambda\,\frac{\partial g}{\partial \sigma_{ij}},$$

式中，$g = g(\sigma_{ij})$ 为塑性位势函数，$d\lambda$ 为比例系数。在塑性变形阶段，应变不仅与应力状态有关，而且还与变形历史有关。为了考虑变形的历史，需要研究应力和应变增量之间的关系，这种用增量形式表示弹塑性本构关系的理论，称"弹塑性增量理论"或"流动理论"。应变增量为弹性应变增量 $d\varepsilon_{ij}^{e}$ 和塑性应变增量 $d\varepsilon_{ij}^{p}$ 之和。前者与应力增量满足广义胡克定律，后者满足流动法则。根据塑性位势函数与加载函数 ϕ 之间的关系，当 $g = \phi$ 时称与加载条件相关联的流动法则，$g \neq \phi$ 时称非关联的流动法则。

强化模型（hardening model） 强化材料经过屈服阶段后，表达后继弹性范围边界的后继屈服条件的简化模型。屈服后需要增加荷载才能继续产生变形的材料称"强化材料"或"硬化材料"。强化材料发生塑性变形后，其后继弹性范围的边界是变化的，该边界称"后继屈服条件"或"加载条件"。对于强化材料，后继屈服条件一般不同于初始屈服条件，它不只是与应力状态有关，而且与材料的塑性变形历史有关。用来表示后继屈服条件的后继屈服函数非常复杂，至今还很难用一个表达式完整地表示，常采用简化模型，即强化模型。目前常用的强化模型有等向强化模型、随动强化模型和组合强化模型。等向强化模型假定后继屈服面的形状、中心和方位与初始屈服面相同，而后继屈服面的大小随材料强化过程的演变，围绕原初始屈服面中心产生均匀的膨胀；随动强化模型假设后继屈服面是初始屈服面仅作刚体运动（无转动）后形成的，该屈服面形状、大小与方向均保持不变；组合强化模型就是由等向强化模型和随动强化模型组合构建的模型。

应变软化（strain softening） 应力-应变关系曲线中应力随应变增加而减小的现象。土、岩石和混凝土等材料均有可能出现应变软化现象。这些材料的非均匀性、脆性是导致应变软化的主要原因。应变软化在各种应力状态下都有可能出现。

理想弹塑性材料（Perfectly elastic-plastic material） 一种简化的弹塑性材料模型。认为材料在初始屈服后不发生强化或软化，即后继屈服面与初始屈服面一样。实际应用中，对低碳钢或强化性质不明显的材料，在应变不太大时，常简化为理想弹塑性材料。

刚塑性材料（rigid-perfectly plastic material）　一种简化的材料模型。特点是完全忽略弹性变形，不考虑硬化或软化。只要等效应力达到给定值，材料便发生屈服，并且在材料的变形过程中，其屈服应力不发生变化。它的应力-应变关系曲线为一水平直线。

塑性极限定理（plastic bound theorem）　确定使结构处于塑性极限状态的塑性极限荷载大小的定理。结构的塑性极限状态是介于静力平衡与塑性流动之间的临界状态，其特征是应力场为静力许可的，应变率场和位移场为运动许可的。如果只具有这两个特征之一，则分别为静力场或运动场，相应的极限荷载分别为真实极限荷载的下限和上限。相应有下限定理和上限定理：前者指所有与静力容许应力场对应的荷载中的最大荷载为极限荷载；后者指所有与运动容许位移场对应的荷载中的最小荷载为极限荷载。下限定理提出结构不破坏的必要条件，用它可计算结构承载能力的下限；上限定理提出结构破坏的充分条件，用它可求得极限荷载的上限。如果一个荷载既是极限荷载的上限，又是极限荷载的下限，则这个荷载必满足极限分析中的全部条件。用以上两个定理求极限荷载的方法分别称"静力法"和"运动法"。

力法（force method）　亦称"柔度法"。以结构的多余约束力作为基本未知量，由解除多余约束处的位移协调条件建立方程，求解超静定结构内力的方法。位移协调条件是：在解除多余约束的基本系上，沿每一多余未知力方向的位移应与原结构相应的位移相等。根据位移协调条件建立的方程称"典型方程"，由方程可解得多余约束力，进而可求得结构的内力和位移。

位移法（displacement method）　亦称"劲度法"。以结构的结点位移作为基本未知量，由附加结点位移约束处力的平衡条件建立方程，求解超静定结构位移和内力的方法。力的平衡条件是：在附加位移约束的基本系上，约束力与作用于基本系上的外力静力平衡。根据力的平衡条件建立的方程称"典型方程"，由方程可解得结点位移，进而可求得结构的位移和内力。

混合法（mixed method）　以结构的某些多余约束力和另一些结点位移作为基本未知量，根据对应的位移协调条件和平衡条件建立典型方程，求解超静定结构内力的方法。兼有力法和位移法的性质。应用时，可把结构分成两部分：一部分取多余未知力作基本未知量，另一部分取结点位移作基本未知量；也可在结构某部分中同时取位移和力作基本未知量。对于某些结构，采用混合法计算有时比单纯用力法或位移法计算简便。

矩阵位移法（matrix displacement method）　用矩阵表示杆件的各类力学量与它们之间关系，并给出以位移为基本未知量求解的矩阵公式，用电子计算机运算求解的杆件结构数值分析方法。与有限元位移法一样，其基本思路是首先将杆件结构离散为有限个单元（杆件），各单元彼此在结点处相连接，以结点位移为基本未知量，然后研究各单元结点（杆端）力与单元结点（杆端）位移的关系，此过程称"单元分析"；再根据结点处平衡条件建立整体平衡方程，此过程称"整体分析"；最后求解方程得到结点的位移值和各单元的应力（内力）。

叠加原理（principle of superposition）　力学中的重要原理之一。在材料处于线弹性状态和构件产生小变形的条件下，几个因素共同作用所引起的总结果等于各个因素分别作用时所引起的结果的叠加（代数相加或几何相加）。如梁上作用多个荷载在某处所产生的位移，可由每个荷载在该处所产生的位移叠加求得。利用叠加原理可以简化计算。

最小势能原理（principle of minimum potential energy）　稳定平衡状态下，弹性体系在外力作用下发生变形，在所有满足位移协调条件的可能位移之中，只有真实位移使其总势能取最小值的原理。是弹性力学直接解法和有限单元法的基本原理之一。实质上等价于弹性体的平衡条件。

最小余能原理（principle of minimum complementary energy）　稳定平衡状态下，弹性体系在所有能满足静力平衡条件的静力状态中只有真实的静力状态使其总余能取最小值的原理。是弹性力学直接解法和有限单元法的基本原理之一。实质上等价于弹性体的变形协调条件。

虚功原理（principle of virtual work）　变形体力学中的基本原理之一。它把静力平衡系与位移协调系联系起来，表述为：设一变形体系存在两个独立无关的静力平衡系和位移协调系，静力平衡力系中的外力经位移协调系相应的位移所做的虚功，等于体系的虚变形功。在弹性力学中，它可表述为：在弹性体上，外力在可能位移上所作的功等于外力引起的可能应力在相应的可能应变上所作的功。其中可能位移是指满足变形协调条件和位移边界条件的位移;可能应力是指满足平衡方程和力的边界条件的应力。

虚位移原理(principle of virtual displacement) 求解平衡问题的虚功原理。如果位移协调系是虚拟的,平衡力系是真实的,这时的虚功原理即为虚位移原理。其内容为:实际状态的外力经虚拟状态相应的位移所作的虚功,等于实际状态的内力经虚拟状态的位移所做的虚变形功。若体系为不变形的刚体,这时虚位移原理成为:实际状态的外力经虚拟状态相应的位移所作的虚功等于零。它等价于力的平衡条件,可用其计算结构的反力或内力。

虚力原理(principle of virtual force) 求解几何问题的虚功原理。如果平衡力系是虚拟的,位移协调系是真实的,这时的虚功原理即为虚力原理。其内容为:虚拟状态的外力经实际状态相应位移所作的虚功,等于虚拟状态的内力经实际状态的位移所作的虚变形功。它等价于位移协调条件,可用以计算结构的位移。

变分法(variational method) 用变分学的原理与方法解决力学和其他数学物理问题的一种近似计算方法。变分学主要研究泛函的极值(驻值)问题,变分原理是将微分方程定解问题转化为泛函极值(驻值)问题的理论。古典变分法中获得弹性力学问题位移近似解的做法是在全域范围内选取一组满足约束条件的基函数(如多项式、三角函数等),用基函数的线性组合逼近真解,由泛函极值(驻值)条件求得待定系数,从而获得问题的近似解。有限单元法是古典变分法与分片插值法相结合的产物,它改全域范围内选取基函数为各离散单元内用低次多项式分片插值,通过单元间的关联结点组合形成全域函数,用以逼近问题的真解,并由泛函极值条件求得未知函数的结点值。弹性力学中常用的变分原理有最小位能原理(位移法)、最小余能原理(应力法)、Hellinger-Reissner 混合变分原理(混合法),以及胡海昌-鹫津久一郎广义变分原理等。

有限元法(finite element method) 亦称"有限元素法"、"有限单元法"。求解偏微分方程边值问题近似解的一种数值方法。其基本求解思想是把计算域划分为有限个互不重叠的单元,在每个单元内用假设的近似函数来分片地表示求解域上待求的未知场函数,近似函数通常由未知场函数及其导数在单元各节点上的数值的插值函数来表达,借助于变分原理(如最小势能原理、最小余能原理等)或加权余量法使一个连续的无限自由度问题变成离散的有限自由度问题。采用不同的权函数和插值函数形式,便构成不同的有限元方法。有限元法已被用于求解固体力学、流体力学的线性和非线性问题,并建立各种有限元模型,如协调、非协调、混合、杂交、拟协调元等。有限元法十分有效、通用性强、应用广泛,已有许多大型或专用有限元程序系统供工程设计使用。结合计算机辅助设计技术,有限元法也被用于计算机辅助制造中。

边界元法(boundary element method) 亦称"边界单元法"。求解连续介质物理场问题的一种离散化的方法。首先将基本方程变换为边界上的积分方程,与有限单元法中类似地将区域边界离散成若干单元,称"边界单元",边界单元内的函数可用由函数的边界结点值表示的插值函数近似,从而可将边界积分方程离散化为只含有边界结点未知量的代数方程组,求解此方程组可得边界结点上的未知量,并可由此进一步求得所研究区域中的未知量。它除能处理有限元法所适应的大部分问题外,还能处理有限元法不易解决的无限域问题。由于边界单元法只在研究区域的边界上剖分单元,从而使求解问题的维数降低,解一个问题所需计算的方程组规模变小。此外,由于边界单元法引入基本解,具有解析与离散相结合的特点,因而具有较高的精度。

子结构分析法(method of substructure analysis) 大型复杂结构分析的一种方法。将复杂结构划分为几个小部分,每一部分称为一个子结构,然后分别确定各个子结构的柔度或劲度,再把它们组合起来进行整体分析。子结构分析法的概念实际上就是有限元中单元概念的推广,它可应用于力法,也可应用于位移法。这种分析方法对于简化大型复杂结构的计算很有效。

有限条法(finite strip method) 亦称"有限窄条法"。在结构分析中,用位移法求解的一种特殊方法。用假想的线或面将结构离散成若干窄条(二维)或棱柱、层(三维)的许多子区域,子区域中有一对相对边或一对、几对相对面与结构的边界重合。与有限单元法不同的是,有限单元法沿各个方向采用多项式的位移模式,而有限条法只沿某些方向采用简单多项式,沿其他方向则为连续可微的级数,并要求此级数满足这些窄条、棱柱和层的端部的边界条件。对一个窄条来说就可将二维问题简化为一维问题。对一个棱柱来说,三维问题可简化为二维问题。对一个层来说,三维问题可简化为一维问题。对于一些具有规则几何形体和简单边界条件的结构,应用有限条法,可以简化计算。

有限差分法(finite difference method) 将数学物理问题的定解微分方程在网格化的求解区域的每个结点上用差商近似表示微分,从而获得定解代数方程组的微分方程数值近似解法。是求解各类数学物理问题的主要数值方法之一,也是计算力学中的主要数值方法之一。固体力学问题的近似解法中,在有限元方法出现以前,主要采用差分方法,对于与时间有关的问题,有限元法常与差分法相结合;在流体力学问题的近似解法中,差分方法仍然是主要的数值方法。

加权余量法(weighted residual approach) 亦称"加权残量法"、"加权残值法"。使得用试函数代入数学物理问题定解微分方程和边界条件或初值条件所得余量在加权平均的意义上为零的数学物理问题的近似解法。是一种可以直接从定解微分方程式求得近似解的数学方法,在计算力学中应用较多。根据所用的试函数是否已满足定解微分方程或边界条件,可分为内部法、边界法和混合法。根据所用加权函数的不同,可分为配点法、子域法、最小二乘法、矩法和伽辽金法等。与求解区域离散化和单元内部分片插值相结合,还可用来导出有限单元法的支配方程。

无网格法(meshless method) 在建立问题域的系统代数方程组时,不需要利用预定义的网格信息,或者只利用更容易生成的更灵活、更自由的网格进行域离散的方法。无网格法的近似函数建立在一系列的离散点上的,不需要借助网格,克服了对网格的依赖,在涉及网格畸变、网格移动等问题中显示出明显的优势,目前的无网格近似一般没有解析表达式,且大都基于伽辽金原理,因此计算量很大;另外,无网格近似大多是拟合,因此对于位移边界的处理比较困难。目前已提出很多种无网格法,其主要区别在于离散微分方程的方法(如伽辽金法、配点法、最小二乘法、彼得洛夫-伽辽金法等)和建立近似函数的方法(移动最小二乘近似、核近似、重构核质点近似、

单位分解法、hp 云团法、径向基函数法、点插值法等)。

结构优化设计(optimum structural design) 以数学中的最优化方法为基础、电子计算机运算为手段,从结构设计的多种方案中选择所定性能最佳方案的设计方法。根据设计所追求的性能目标(如重量最轻、成本最低、刚度最大等)建立目标函数,在满足给定的各种约束条件下,用最优化方法寻求最优的设计方案。其过程大致可归纳为以下四个阶段:(1)假定初始设计方案;(2)分析影响所定性能目标的因素及约束条件;(3)搜索最优方案,即反复判断设计方案是否达到最优(包括满足各种给定的条件),如若不是则按某种规则进行修改,以求逐步达到预定的最优指标;(4)获得最优设计。

设计变量(design variables) 结构优化设计时,要在设计方案优化的过程中调整确定的结构参数。结构设计方案用一组结构参数表达,其中一些是已经给定的称"已知参量";另一些是待优化的设计变量,是用来描述结构方案特征的独立变量。可以是各个构件的截面尺寸、面积、惯性矩等设计截面的几何参数,也可以是柱的高度、梁的间距、拱的矢高和节点坐标等结构总体的几何参数。选取原则:(1)应选取与目标函数有直接或间接联系的,对目标函数有较大影响的变量作为设计变量;(2)应该是相互独立的变量;(3)应尽量选取有实际意义的无因次量作为设计变量;(4)在足以描述设计问题的前提下,应充分分析各设计变量的主次,减少设计变量的数目,使优化设计问题简化。通常分连续设计变量和离散设计变量两种类型。连续设计变量在优化过程中是连续变化的,如拱的矢高和节点坐标等;离散设计变量在优化中是跳跃式变化的,如可供选用的型钢的截面面积和钢筋的直径。

目标函数(objective function) 亦称"评价指标"、"评价函数"。结构优化设计时,用函数表示的对设计方案进行优劣比较的标准。通常采用的目标函数有:结构质量、结构体积、结构造价等。当设计问题中存在几个并重的目标要追求时,应该设立多个目标函数,该类问题称"多目标优化问题"。它比单目标优化更为复杂。建立目标函数应注意的问题:(1)必须选取设计中最为重要的设计目标作为目标函数,否则,设计将会偏离目标;(2)目标函数必须是所有设计变量的函数,因为不包含在目标函数内

的设计变量的取值将是任意的,无法评定其优劣;(3)目标函数必须具有一定的灵敏度,就是说,当某一个设计变量变化时,目标函数应该有较为明显的变化,否则,将难以完成寻优。

约束条件(constrain conditions) 在结构优化设计时,对设计变量加以限制的条件。在工程实际中,任何一个优化设计方案的设计变量几乎都是有限制条件的。只有满足所有限制条件,即约束条件的设计方案才是可行方案。一般有几何约束条件和性态约束条件两种。几何约束条件是在几何尺寸方面对设计变量加以限制,如工字形截面的腹板和翼缘的最小厚度限制;性态约束条件即对结构的工作性态所施加的一些限制,如构件的强度、稳定约束,以及结构整体的刚度和自振频率等方面的限制。

结构安全寿命(security life of structure) 结构从投入使用开始直到基本丧失必要的安全性能而需要进行新的投资的历时。

作用效应(effect of action) 在结构上施加各种作用从而使结构产生的内力(如轴向力、弯矩、剪力、扭矩等)、变形和裂缝等。施加在结构上的各种作用除集中或分布荷载外,还包括引起结构外加变形或约束变形的原因,如变温、支座沉陷等。如果仅由于荷载而产生的效应,就称"荷载效应"。

原型试验(prototype test) 在研究对象的原型上直接开展试验研究的方法。在水利工程中,一般指"结构原型试验",见 166 页。

模型试验(model test) 在几何、物理相似条件下,以缩小或放大后的模型代替研究对象的原型所开展的试验研究方法。只要设计的模型满足相似条件,由模型试验所测得的结果可换算到原型。水利工程中常用的模型试验有水工模型试验、河工模型试验、结构模型试验和土工模型试验等。

相似定理(similarity theorem) 规定两个物理现象相似的充分必要条件。共有三个定理,是模型实验的理论基础。两个物理现象相似是指它们属于同一类的物理现象(可以用同一物理方程描述),在空间、时间对应点上所有表征现象的对应的物理量都保持各自的固定的比例关系,如果是矢量还包括方向相同。对应物理量的比例常数为相似常数,如 $C_F = \dfrac{F}{F'}$、$C_m = \dfrac{m}{m'}$、$C_v = \dfrac{v}{v'}$、$C_t = \dfrac{t}{t'}$ 分别是力、质量、速度和时间的相似常数,F、m、v、t 和 F'、m'、v'、t'

分别是两个物理现象的力、质量、速度和时间。相似第一定理:彼此相似的现象,以相同文字的方程所描述,相似指标为 1,或相似准数为一不变量。如牛顿第二定律,可得 $\dfrac{C_F C_t}{C_m C_v} = 1$,即为相似指标,$\dfrac{Ft}{mv} = \dfrac{F't'}{m'v'} =$ 常数,即为相似准数。相似第二定理:任何一种可以用数学方程定义的物理现象,都可以转换成由相似准数组成的综合方程。相似的现象,不仅相似准数应相等,综合方程也必须相同。相似第三定理:在几何相似系统中,具有相同文字的关系方程,单值条件相似,且由单值条件组成的相似准数(或称"决定性准数")相等,是现象相似的充分和必要条件。

方程分析法(equational analysis) 已知描述物理过程的方程,通过相似常数的转换可导出相似指标(相似准数)。如牛顿第二定律,两相似的物理现象,分别有 $F = m\dfrac{\mathrm{d}v}{\mathrm{d}t}$,$F' = m'\dfrac{\mathrm{d}v'}{\mathrm{d}t'}$,将 $F = C_F F'$、$m = C_m m'$、$v = C_v v'$、$t = C_t t'$ 代入第一式,则有 $\dfrac{C_F C_t}{C_m C_v}F' = m'\dfrac{\mathrm{d}v'}{\mathrm{d}t'}$,只有当 $\dfrac{C_F C_t}{C_m C_v} = 1$ 成立,才能与第二式一致。表明两相似的物理现象中,各相似常数间不是完全独立的,相似指标等于 1。

量纲分析法(dimensional analysis) 根据描述物理过程的物理量的量纲均匀性和齐次性,寻求物理过程中各物理量间的关系而建立相似准数的方法。若仅知道参与物理变化过程的物理量,而各物理量之间的函数关系未知,则可用量纲分析法确定相似准数。如单自由度系统的有阻尼受迫振动,设相似现象中参与的各物理量关系 $f(m, y, t, c, k, p) = 0$,在 6 个物理量中有 3 个量纲独立的,选取 m、y、t 为基本量,则有 $\pi_1 = \dfrac{c}{m^{\alpha_1} y^{\beta_1} t^{\gamma_1}}$,$\pi_2 = \dfrac{k}{m^{\alpha_2} y^{\beta_2} t^{\gamma_2}}$,$\pi_3 = \dfrac{p}{m^{\alpha_3} y^{\beta_3} t^{\gamma_3}}$,各物理量的量纲 $[m] = [M]$,$[y] = [L]$,$[t] = [T]$,$[c] = [MT^{-1}]$,$[k] = [MT^{-2}]$,$[p] = [MLT^{-2}]$,由 π_1 有 $[MT^{-1}] = [M]^{\alpha_1}[L]^{\beta_1}[T]^{\gamma_1}$,比较得 $\alpha_1 = 1$,$\beta_1 = 0$,$\gamma_1 = -1$,$\pi_1 = \dfrac{ct}{m}$。同

理得 $\pi_2 = \dfrac{kt^2}{m}$，$\pi_3 = \dfrac{pt^2}{my}$。

电阻应变计（resistance strain gauge）　基于金属的电阻应变效应制成的高精度力学量传感元件。主要由敏感栅、基底、黏合剂、覆盖层和引线等组成。能把结构受各种因素作用所引起的变形量转变为电信号，输入相关的仪器仪表进行信号的采集与分析。若将应变计通过弹性转换元件制成各种用途的应变式传感器，可测量力、压力、扭矩、应变、位移、加速度等力学量，也可作为控制、监视用的敏感元件。

电桥测量电路（electrobridge measuring circuit）　将应变片（或应变片式传感器）所感受到的应变转换为电压或电流信号的一种测量电路。是由电阻应变片或应变片式传感器与电阻组成桥臂进行电路测量的一种方法，其中电阻应变片接入电桥中的方式有 1/4 桥（单臂桥）、半桥、全桥，可根据测量需要进行选择。

应变仪（strain measuring instrument）　全称"电阻应变测量仪"。将应变电桥的输出电压放大，在显示部分以刻度或数字显示应变的读数或向记录器输出随应变变化的电信号的仪器。按应变仪所使用的频率响应范围，分静态应变仪、动态应变仪和超动态应变仪。

传感器（sensor）　能感受（或响应）规定的被测量信息，并按照一定规律转换成可用信号输出的器件或装置。通常由直接接受被测信号的敏感元件和产生可量测信号的转换元件以及相应的电子线路等组成。

激振系统（the excitation system）　用于激发被测量结构或机械振动的系统。其中所用的设备称"激振设备"，可对结构施加持续的周期性或任意的激振力。如实验室中常用的激振器、振动台、冲击力锤等。

拾振系统（the vibration picking system）　亦称"测量系统"。将各个需要测量的振动量进行转换、放大、显示或记录的系统。

结构动力特性实验（dynamic properties testing for structure）　为测量反映结构本身固有的动力性能的基本参数所进行的实验。主要测量值包括结构的自振频率、阻尼比和振型等基本参数（亦称"动力特性参数"或"振动模态参数"）。可在小振幅实验下求得，不会使结构出现过大的振动和损坏。实验方法主要有人工激振法和环境随机振动法等。

实验模态分析（experimental modal analysis）　通过对结构动力特性实验采集的系统输入和输出信号进行参数识别获取结构模态参数的过程。模态是结构的固有振动特性，每一个模态具有特定的固有频率、阻尼比和振型等参数。基于线性叠加原理，一个复杂的振动系统可分解为许多模态的叠加，这样一个分解过程即为模态分析，并可由计算或实验方法获得各阶模态。

模态参数识别（modal parameter identification）　利用振动实验所获得的数据信息来拟合出结构系统的模态参数（固有频率、阻尼比和振型）。按识别域，分频域法、时域法和混合域法。后者是指在时域识别复特征值，再回到频域中识别振型。

模拟信号（analog signal）　反映被观察对象各方面运行状态的一系列随时间变化的物理量。从不同的角度反映被测对象各种状态信息。信息参数在给定范围内表现为连续变化的信号，或在一段连续的时间间隔内，其代表信息的特征量可以在任意瞬间呈现为任意数值的信号，即时间连续，幅值也连续的信号。

数字信号（digital signal）　在时间上和幅值上都是利用一组数值来表示变量变化过程的信号。

模数转换（A/D）（analog-digital conversion）　模拟信号与数字信号之间的转换。数字元件与模拟元件之间不能直接连接，因而有一个信号形式的转换问题。通过一个模数（A/D）转换器将模拟信号转化为与其成比例的数字信号。一个完整的 A/D 转换过程包括采样、保持、量化、编码 4 部分电路。A/D 转换器的转换精度和转换速度是衡量其性能优劣的主要指标。

采样定理（sampling theorem）　在结构动力实验中为保证所采集的测量值的有效性，对采样频率或采样周期的要求。为确定采样频率提供了理论依据。若对于一个具有有限频谱（$|f| < f_m$）的连续信号 $x(t)$ 进行采样，当采样频率满足：$f_s \geqslant 2f_m$，则采样函数 $x^*(n\Delta T)$ 能无失真地恢复到原来的连续信号 $x(t)$。其中 f_m 为信号 $x(t)$ 有效频率的最高频率，f_s 为采样频率，$f_s = 1/\Delta T$，ΔT 为两相邻采样点之间的时间间隔，称"采样间隔"或"采样周期"。若实际的采样频率不满足要求，则会使采样信号与模拟信号之间产生误差，甚至完全失真，引起所谓的频率混淆

问题。

实验数据采集（experimental data acquisition）　利用一种装置,从系统外部采集实验数据并输入到系统内部的一个接口。例如,在实验中取得所需的观察点的离散值,然后将这些数据值转换成数字量并进行编码,再输入计算机进行处理。

实验数据处理分析（the processing and analysis of experimental data）　运用误差理论和数理统计学等方法对由实验获得的数据进行加工处理的过程。可从多次的实验测量数据中估算出最接近真值的数据、确定有关物理量的变化规律和各物理量间的相关关系,并将实验结果用适当的方式表示出来;通过误差分析,了解所做分析估算的可信度高低,并探讨实验误差的可能来源等。

光弹性法（photoelasticity）　应用光学原理以模型实验来研究弹性力学问题的一种实验应力分析方法。将具有双折射特性的透明材料制成试件模型,放在偏振光场中进行加载实验,模型上显现出与应力相关的条纹图案——反映主应力差的等差线和反映主应力方向的等倾线,再由观测资料、应力-光学定律、弹性力学基本方程经过运算,可以确定模型表面及内部各点的应力大小和方向,最后根据相似原理转换成试件原型的应力。

云纹法（moire method）　利用两块印有密集平行线条的透明板重叠起来,会出现明暗相间的条纹的现象来测量受力试件表面位移的实验方法。实验的基本元件是由平行等间距黑线组成的光栅,黑线称"栅线",相邻两栅线的间距称"节距"。实验时,使用两块节距相等的光栅,一块贴在试件表面,随试件一起变形,称"试件栅",与另一块放在试件前方的光栅——参考栅重叠,将产生云纹条纹。对云纹条纹进行分析,可得到试件的位移场。按测量的试件表面位移是试件平面内的位移分量,还是试件平面外的位移分量,分面内云纹法和离面云纹法两种。

全息干涉法（holographic interferometry）　利用全息照相技术来分析物体变形的一种干涉测量方法,可同时获得测点位移矢量的三个分量。全息照相是一种基于记录和再现两步成像原理的技术,用感光干板记录来自物体漫反射的物光波与一个参考光波相干涉的一些不规则的高密度干涉条纹图,称"全息图";再现的时候,用参考光波照射全息图,可重现原物光波的强度和相位,所以是物体真正的三维像,而不是普通照相中光强度的二维记录。按记录方式,分一次曝光（实时全息干涉法——用于实时变形测量）、两次曝光（双曝光全息干涉法——用于准静态变形测量）和连续曝光（时间平均全息干涉法——用于振动物体振型与振幅的测量）。

云纹干涉法（moiré interferometry）　在经典云纹法基础上发展起来的一种基于光学干涉原理的测试方法。主要用于物体面内二维位移的测量,具有波长量级的测试灵敏度。已制备在试件表面的高频光栅随试件的变形而变形,当两束准直光以某个相同的角度对称照明试件栅时,由光栅产生的衍射光波将发生干涉,得到反映试件表面位移信息的条纹图。

数字全息（digital holography）　将数字技术与传统的光学全息技术相结合,用光电传感器件（如CCD或CMOS）代替传统的干板来记录全息图,然后将全息图存入计算机,由计算机模拟光学衍射过程来实现被记录物体的全息再现和处理。与传统光学全息相比,具有制作成本低、成像速度快、记录和再现灵活等优点。随着计算机特别是高分辨率CCD的发展,数字全息技术及其应用受到越来越多的关注,其应用范围已涉及形貌与变形测量、粒子场测试、数字全息显微、防伪、三维图像识别、医学诊断等许多领域。

数字图像相关（digital image correlation）　亦称"数字散斑相关"。一种新型的非接触式全场变形测量方法。用于变形测试时,需在被测试件表面预制一些呈随机分布的散斑特征,然后由相机记录下变形前后试件表面的散斑灰度图像。由于散斑特征分布的随机性,图像上任一个子区域在灰度分布上具有唯一性,因此,根据计算机图像处理技术中的灰度差值和匹配算法,可识别出试件表面各点在变形前后的精确位置,得到试件表面全场位移,再结合数值微分算法可最终获得试件表面的全场应变。

全息光弹法（holographic photoelasticity）　将全息照相和光弹性法相结合而发展起来的一种实验应力分析方法。在全息光弹性法中,用单曝光法能给出反映主应力差的等差线;用双曝光法能给出反映主应力和的等和线。根据测得的等差线和等和线的条纹级数,便可简单方便地计算出模型内部各点的主应力分量,避免了普通光弹性法在应力求解过程中出现的误差累计和由于等倾线精度较差所带来的误差,因而具有较高的精度。

散斑干涉法(speckle interferometry)　对比变形前后散斑图的变化,精确地检测出物体表面各点位移的方法。用激光等相干光源照射漫反射的物体表面时,在物体前方空间出现随机分布的明暗相间的斑点,称"散斑"。对于一定物体表面的固定光源来说,散斑的分布规律是一定的,且随物体的变形或运动而变化。由于散斑和所照射的表面存在着固定的关系,采用适当的方法将物体变形前后的散斑图案记录下来,并进行对比,就可检测出物体表面各点的位移。

栅线投影法(fringe projection)　亦称"条纹投影法"。主要用于物体三维形貌的测量。是结构光三角测量法的一种。主要由一个投影器和一个数字相机组成。其中投影器将正弦栅线(或条纹)投影至被测物体表面,光路中相机与投影器成一定角度,受到物体表面高度调制的影响,由相机记录下的物体表面条纹图案将发生变形,采用一些算法对该变形条纹进行处理,再结合三角测量原理,便可得到物体表面的三维形貌。

光学引伸计(optical extensometer)　亦称"非接触式视频引伸计"。用数字相机拍摄试件表面的图像(视频),再根据图像的亚像素定位算法得到试样上两标距点之间的相对变形,进而获得标距段应变量的仪器。与机械引伸计的测试原理本质上大致相同,并可配于各类电子万能试验机上及其他类型机上。具有如下优点:(1)可同时测量轴向和横向两个方向的应变;(2)选择不同焦距的镜头,可获得各种测量范围的量程;(3)非接触方式避免对样品造成夹伤;(4)不需中途取下引伸计,可实现试件应变的全程跟踪。

超载安全系数(factor of safety against overload)　工程设计中用于反映材料或结构承担超设计荷载能力的系数。分:(1)点超载安全系数。设材料的强度准则为 $F(\boldsymbol{\sigma}) = 0$,其中 $\boldsymbol{\sigma} = (\sigma_1, \sigma_2, \sigma_3)^T$ 为主应力向量。在设计荷载作用下,某点的应力状态为 $\boldsymbol{\sigma}^o = (\sigma_1^o, \sigma_2^o, \sigma_3^o)^T$,如果 $F(K\boldsymbol{\sigma}^o) = 0$,则称 K 为"该点的超载安全系数"。(2)整体超载安全系数。假定结构的设计荷载为 R_0,而极限荷载为 R_L,则称 $F_s = R_L/R_0$ 为"结构的整体超载安全系数"。水利工程中常计算水工结构的水荷载超载系数,作为整体安全度的重要指标。

强度折减安全系数(factor of safety with strength reduction)　工程设计中用于反映材料或结构承受强度弱化程度的系数。分:(1)强度折减点安全系数。设材料的强度准则为 $F(\boldsymbol{\sigma}, \boldsymbol{\sigma}_s) = 0$,其中 $\boldsymbol{\sigma} = (\sigma_1, \sigma_2, \sigma_3)^T$ 为主应力向量,$\boldsymbol{\sigma}_s = (a, b, c, d, \cdots)^T$ 为材料的强度参数。在设计荷载作用下,某点的应力状态为 $\boldsymbol{\sigma}^o = (\sigma_1^o, \sigma_2^o, \sigma_3^o)^T$,如果 $F(\boldsymbol{\sigma}^o, \boldsymbol{\sigma}_s/K) = 0$,则称 K 为"该点的强度折减点安全系数"。(2)强度折减整体安全系数。如果对结构各点的材料参数同时折减 F_S 倍时,结构处于极限平衡状态,则称 F_S 为"强度折减整体安全系数"。水利工程中常采用同时折减摩擦系数 f 和凝聚力 c 计算岩土体的整体安全系数。

抗震设计(seismic design; earthquake resistant design)　对处于地震区的工程结构进行的一种专项设计,以满足地震作用下工程结构安全与经济的综合要求。一般包括抗震分析和抗震措施两个方面。抗震分析是指以结构动力学为基础,计算和分析结构在地震动作用下的反应。抗震措施包括工程总体布置、结构选型、地基基础处理以及各种构造措施。

地震基本烈度(basic intensity)　50年期限内,一般场地条件下,可能遭遇超越概率 P_{50} 为 0.10 的地震烈度。一般为国家颁布的"地震烈度区划图"上所标示的地震烈度值。对重大工程应通过专门的场地地震危险性评价工作确定。

超越概率(probability of exceedance)　在一定时期内,工程场地可能遭遇大于或等于给定的地震烈度值或地震动参数值的概率。

设计烈度(design intensity)　在基本烈度基础上,根据安全和经济需要确定的作为工程设防依据的地震烈度。对一般建筑物可采用基本烈度为设计烈度。如遇场地条件不良或水库大坝等重要建筑物,可以将场地基本烈度适当地提高作为设计烈度。

地震地面运动(earthquake ground motion)　简称"地震动"。由震源释放出来的地震波引起的地表附近土层的振动。是地震与结构抗震之间的桥梁和结构抗震设防时必须考虑的依据。由于震源机制和传播介质的复杂性和不确定性,只能根据宏观现象和强震观测来分析和估计场地地震动。主要特性可以由幅值、频谱和持续时间3个基本要素来描述。

地震动幅值(amplitude of ground motion)　地面运动的加速度、速度或位移等的某种最大值或某种意义下的有效值。通常将加速度作为描述地震动强弱的量,常用的加速度幅值定义有两种:(1)加速度最大值 a_{max},亦称"加速度最大峰值";(2)均方根加速度 a_{rms}, $a_{rms}^2 = \dfrac{1}{T_d} \displaystyle\int_0^{T_d} a^2(t)\,dt$, 其中, T_d 为强震动阶段的持续时间, $a(t)$ 为加速度时程。a_{max} 的大小决定于高频振动成分,只反映地震动的局部特性,不能说明与其他峰值的相对大小;而 a_{rms} 是对地震动总强度的平均描述,能反映地震动的整体特性,但不能反映局部分布。

地震动频谱(ground motion spectrum) 一次地震动中振幅与频率关系的曲线。地震工程中常用的频谱有傅立叶谱、反应谱和功率谱三种。

地震动持时(ground motion duration) 地震时地面运动持续的时间,即观测点晃动持续的时间。

地震动峰值加速度(peak ground acceleration) 地震动过程中,地表质点运动加速度的最大绝对值。

设计地震加速度(design ground acceleration) 由专门的地震危险性分析,按规定的设防概率水准所确定的,或一般情况下与设计烈度相对应的地震动峰值加速度。

地震作用效应(effect of seismic action) 地震作用引起的结构内力、变形、裂缝开展等动态效应。

反应谱(response spectrum) 一个自振周期为 T、阻尼比为 ζ 的理想化的单质点体系在地震动作用下反应的最大值 $y(T, \zeta)$。用来描述地震动特性。当反应的最大值 y 是最大相对位移反应 S_d、最大相对速度反应 S_v 和最大绝对加速度反应 S_a 时,分别称"相对位移反应谱"、"相对速度反应谱"和"绝对加速度反应谱",简称"位移反应谱"、"速度反应谱"和"加速度反应谱"。在水工建筑物抗震设计中常采用动力放大系数 $\beta(T) = \dfrac{S_a}{|\ddot{y}_g(t)|}$ 作为标准反应谱,其中 $|\ddot{y}_g(t)|$ 是地震加速度最大值(峰值)。

设计反应谱(design response spectrum) 抗震设计中所采用的一定阻尼比的单质点体系在地震作用下的最大加速度反应随体系自振周期变化的曲线。一般以最大加速度反应与地震动最大峰值加速度或重力加速度的比值表示。水工建筑物抗震设计规范(SL203-97、DL5073-2000)规定的设计反应谱如下图所示。

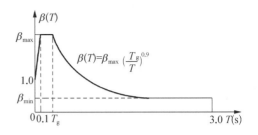

其中 T_g 为场地特征周期。

场地特征周期(characteristic site period) 设计反应谱曲线下降段起点对应的周期。其取值一般应由场地类别和地震分组共同决定。

拟静力法(pseudo-static method) 用静力学方法近似解决动力学问题的简易方法。将重力作用、地震加速度与重力加速度的比值、给定的动态分布系数三者的乘积作为作用力,以静力学方法求得结构的地震作用效应。各类水工建筑物的动态分布系数参考《水工建筑物抗震设计规范》。

动力法(dynamic method) 按结构动力学理论求解结构地震作用效应的方法。由结构基本运动方程输入地震加速度记录,对时间进行积分求得整个时间历程内结构的地震作用效应。

振型叠加法(mode superposition method) 亦称"振型分解法"。先求得结构各阶振型的地震作用效应后,再组合成结构总的地震作用效应的方法。用时程分析法求得各阶振型效应后再组合的称"振型分解时程分析法";用反应谱法求得后再组合的称"振型分解反应谱法"。

反应谱法(response spectrum method) 由结构动力特性和反应谱计算结构地震反应的方法。将结构简化为一个多自由度体系,利用单自由度体系的设计反应谱和振型分解原理,求解各阶振型对应的等效地震作用,然后按照一定的组合原则(如 SRSS 法、CQC 法等)对各阶振型的地震作用效应进行组合,从而得到多自由度体系的地震作用效应。

平方和方根(SRSS)法(square root of the sum of squares method) 取各阶振型地震作用效应的平方总和的方根作为总地震作用效应的振型组合方法。用公式表示为:

$$S_E = \sqrt{\sum_{i=1}^{n} S_i^2}$$

式中,S_E 为总地震作用效应,S_i 为第 i 阶振型的地震作用效应,n 为振型数。

完全二次型方根（CQC）法（complete quadric combination method） 取各阶振型地震作用效应的平方项和不同振型耦联项的总和的方根作为总地震作用效应的振型组合方法。用公式表示为：

$$S_E = \sqrt{\sum_{i=1}^{n} \sum_{j=1}^{n} \rho_{ij} S_i S_j}。$$

式中,S_E 为总地震作用效应,S_i 为第 i 阶振型的地震作用效应,S_j 为第 j 阶振型的地震作用效应,ρ_{ij} 为第 i 阶振型和第 j 阶振型的相关系数,n 为振型数。

动力相互作用（dynamic interaction） 动荷载作用下结构物各部分之间或结构物与周围介质之间的相互作用。如地震作用下结构与地基的动力相互作用,结构与水体的动力相互作用等。由于结构部件和周围介质的柔性以及振动能量的辐射与反射等,动力相互作用会改变系统的动力特性和结构物的动力反应。水工结构抗震分析时应考虑结构与地基、水体的动力相互作用效应。

水 力 学

水力学（hydraulics） 研究液体（主要是水）静止和机械运动规律及其应用的学科。力学的一个分支。分水静力学和水动力学两部分。前者研究静止（包括相对平衡）液体的静水压强分布规律、平面和曲面上静水压力计算,以及物体在静水中的沉浮和稳定问题;后者以根据物理学的质量守恒、能量守恒、动量守恒等基本定律和液体运动的连续性建立的基本方程——液体总流连续方程、能量方程和动量方程作为理论基础,结合试验研究,进而解决液体流经各种工程建筑物（如管道、河渠、闸坝、水力机械等）时的运动状态和力学问题（如流速、流量、动水压力等）。目前已形成若干分支学科,如明渠水力学、紊流力学、渗流力学、环境水力学、计算水力学、实验水力学等。为水利、土木、机械、环境、石油、化工、船舶、冶金、采矿等专业、学科的理论基础之一。

水静力学（hydrostatics） 见"水力学"。

水动力学（hydrodynamics） 见"水力学"。

黏滞性（viscosity） 亦称"黏性"。流体内部具有阻碍其相对流动的一种特性。在两相邻流层之间有相对运动时在接触面上产生摩擦力,称"黏滞力"或"内摩擦力",其方向与相对流动方向相反。是流体相对运动的结果,也是流体运动时机械能减少的根源。

牛顿内摩擦定律（Newton's law of viscosity） 关于流体阻力的基本定律。由英国物理学家牛顿（Isaac Newton, 1643—1727）于 1686 年通过实验总结而得出,故名。表述为：流体内相邻流层间相对运动时产生的内摩擦力 T 与接触面积 A 和沿接触面法线方向 y 的速度变化率（亦称"速度梯度"）$\dfrac{\mathrm{d}u}{\mathrm{d}y}$ 成正比,u 为沿接触面方向的速度。比例系数为 μ,可写为 $T = \mu A \dfrac{\mathrm{d}u}{\mathrm{d}y}$,或以切应力 τ 的形式写为 $\tau = \mu \dfrac{\mathrm{d}u}{\mathrm{d}y}$,它表明流体切应力仅与速度梯度有关,而与流体压强无关。

黏性系数（coefficient of viscosity） 亦称"动力黏度"。表征流体黏性大小的系数。牛顿内摩擦定律公式中的比例系数 μ。在速度梯度相同的情况下,μ 愈大内摩擦力越大,反之越小。μ 值与流体种类和温度有关,单位为 Pa·s。黏性系数与流体密度之比称"运动黏性系数",以 ν 表示,单位为 m^2/s。液体的黏性系数随温度的升高而降低,气体则相反。

黏性流体（viscous fluid） 亦称"实际流体"。自然界中实际存在的具有黏性的流体。

理想流体（ideal fluid） 无黏性的流体。实际流体都有黏性,而黏性是一种很重要且又很复杂的物理性质,它使流体运动的分析研究复杂化。引入理想流体的概念可简化研究,所得的结论可应用于黏性相对很小、不起主要作用的实际流体。当必须考虑黏性时,需对所得的理想流体结论加以修正,以与实际流体的结果相符合。

牛顿流体（Newtonian fluid） 当温度一定时,流体中切应力 τ 与流速梯度 $\dfrac{\mathrm{d}u}{\mathrm{d}y}$ 呈线性变化的流体。如空气、水等。否则称"非牛顿流体",如胶状溶液、油漆等。牛顿流体的切应力 τ 与流速梯度 $\dfrac{\mathrm{d}u}{\mathrm{d}y}$ 的关系在 τ、$\dfrac{\mathrm{d}u}{\mathrm{d}y}$ 坐标系中是一条自原点开始的直线,非牛顿流体则是曲线。牛顿内摩擦定律对非牛顿流体不适用。

非牛顿流体（non-Newtonian fluid） 见"牛顿流体"（95 页）。

宾厄姆流体（Bingham fluid） 曾称"宾汉流体"。当切应力达到某一初始值时才开始剪切变形的流体。由美国化学家宾厄姆（Eugene Cook Bingham, 1878—1945）提出，故名。是非牛顿流体之一。常见的宾厄姆流体有泥浆、血浆等。

表面力（surface force） 亦称"面积力"、"接触力"。作用于流体表面或截面上的力。如压力、内摩擦力等。它又可分垂直于作用面的压力和平行于作用面的剪切力。

质量力（mass force） 作用于流体每个质点，大小与流体质量成正比的力。对于均质流体，质量与体积成比例，故亦称"体积力"。主要有两种，一种是其他物质对流体的吸引力，如重力，这是一种实际作用力；另一种是流体加速运动时的惯性力，是假想地加在流体上的力。单位流体质量的质量力称"单位质量力"。

体积力（body force） 见"质量力"。

静水压力（hydrostatic pressure） 处于平衡状态的液体对与它相接触的固壁或其内部相邻两部分之间的作用力。分布于受压表面上，通常指其合力，具有大小、方向和作用点三要素。是许多水利工程（如坝、闸门）的重要荷载之一，必须正确计算以作为设计的依据。

静水压强（hydrostatic pressure） 单位面积上的静水压力。单位为 Pa。一点处的静水压强 p 是指围绕该点取微小面积 ΔA，其上作用着静水压力 Δp，令 ΔA 向该点无限缩小时，比值趋于的某一极限值。当质量力仅为重力时，水深 h 处的静水压强 p 可按 $p = p_0 + \rho g h$ 计算。式中，p_0 为自由表面压强，ρ 为液体密度，g 为重力加速度。在水力学中，静水压强用正号表示。它有两个特性：一是其方向和作用面上的内法线方向一致；二是静水中任一点上各个方向静水压强大小均相等，且与作用面的方位无关。

等压面（isobaric surface） 同一种连续的静止液体中静水压强相等的各点所构成的面。如当质量力仅为重力时，在表面压强和密度一定时，水深相等的面（即水平面）为等压面。可用等压面表示封闭容器中的液面高度，如在贮油罐、锅炉的壁上装一玻璃

连通管，器内液面与管内液面的压强相等，两者是同一等压面，同处一个水平面上，管中所显示的液面高度即为容器内的液面高度。

大气压（atmospheric pressure） 地球表面的大气层对地表和一切物体在单位面积上的压力。随地表高程和气候条件而异。在纬度为 45°的海平面上，0℃时的大气压强值为 101.325 kPa，称"标准大气压"。工程上通常采用 98 kPa 作为一个大气压，称"工程大气压"。

相对压强（gauge pressure） 以当地大气压强为零算起的流体压强值。地表一切物体均受到大气压强的作用，在许多情况下，这种作用自行抵消，可只考虑高于或低于大气压强的部分。当绝对压强大于或小于当地大气压强时，相对压强分别为正值或负值。负的相对压强又称"负压"，其绝对值则称"真空压强"。相对压强可用压力表或测压管等仪器量测。

绝对压强（absolute pressure） 以无任何流体存在的绝对（或完全）真空状态为计算零点所得到的流体压强值。如通常所说一个工程大气压为 98 kPa，即是大气的绝对压强。流体绝对压强的最小值为零，无负值。绝对压强等于相对压强与大气绝对压强之和。

真空（vacuum） 流体中某点绝对压强小于大气压强的状况。因该点的相对压强为负值，故有时把真空称"负压"。大气压强高于绝对压强的部分称"真空压强"，等于相对压强取绝对值。理论上当绝对压强为零时真空压强达到最大值，即一个大气压。在静水和动水中均会出现真空区，例如，虹吸管和离心式水泵吸水管中常出现真空。

测压管（piezometer） 测量液体相对压强的一种细管状仪器。一般为玻璃管。上端开口与大气相通，下端连接于容器侧壁上与被测液体连通，管内液体便沿管上升至某一高度 h。据此可算出管下端壁孔处的液体相对压强 $p = \rho g h$，ρ 为液体的密度。为避免毛细

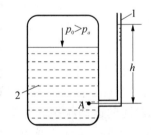

测压管示意图
1. 测压管　2. 被测液体
p_0. 容器液面压强
p_a. 大气压强

作用引起的误差，测压管内径应大于 0.5 cm。

测压管水头（piezometric head） 流体中某点位置

水头与相对压强水头之和。等于测压管中液面至所选基准面的铅垂距离。其物理意义是表示流体中压强为 p 的点对基准面所具有的单位势能。单位为 m。

压差计(manometer) 亦称"比压计"。测量流体中两点压强差的装置。通常由一个或几个 U 形管组成。压差较大时可采用密度较大的液体,如汞;压差较小,为提高测量精度,可装入密度较小的油类液体。根据管中液面高差(Δh)便可计算压差。

压差计示意图

位置水头(elevation head) 流体中某点至所选水平基准面的垂直距离。在几何上代表该点的位置高度;其物理意义表示单位质量流体对于基准面所具有的位置势能。单位为 m。

单位势能(potential energy per unit weight) 单位质量流体所具有的势能。为单位质量流体的位置势能与单位质量流体的压强势能之和。单位为 m。

压力中心(pressure center) 平面或曲面上静水总压力的作用点。对于水平平面,压力中心与该平面的形心相重合;对于倾斜或铅垂平面,压力中心恒低于形心。

潜体(submerged body) 全部淹没于流体中的物体。如潜艇、气球等。潜体受到的作用力有重力和浮力,潜体平衡的条件是重力和浮力大小相等、方向相反并且作用线重合。如果重力大于浮力,潜体下降;反之就上浮;如果两者相等,则潜体可在流体中任何位置停留。

潜体平衡稳定性(stability of submerged body) 处于平衡状态的潜体由于外来干扰而偏离其平衡位置,当干扰消除后物体自身恢复平衡状态的能力。能恢复到平衡状态的称"稳定平衡",否则称"不稳定平衡";在任何位置均能平衡的称"随遇平衡"。稳定性的判别取决于潜体重心与浮心的相对位置。

浮体(floating body) 部分淹没于液体中,部分露出于液面上的物体。如舰船、航标等。浮体在重力和浮力作用下平衡。浮体平衡状态受到破坏后,能自动恢复平衡状态的为稳定平衡,否则为不稳定平衡。浮体平衡的稳定性问题在船舶设计上有重要应用。

浮力(buoyant force) 作用于潜体或浮体表面上静水总压力的铅直分力。古希腊学者阿基米德(Archimedes,前 287—前 212)发现,其大小等于物体所排开的同体积的液体所受的重力,方向铅直向上,作用线通过物体潜入液体部分的体积形心。

浮心(center of buoyancy) 浮体或潜体水下部分体积的形心。当浮体方位在铅直面内发生偏转时,其水下部分的体积虽保持不变,但其形状却发生变化,因而浮心的位置也相应地移动。浮心和重心的相对位置对于判断浮体是否为稳定平衡有重要意义。

浮轴(floating axis) 垂直于浮面并通过浮体重心的直线。当浮体处于原来平衡位置时,重心和浮心都在浮轴上。浮体倾斜后浮力作用线与浮轴相交于一点,称"定倾中心"。

浮面(floating surface) 平衡时浮体与水面交割的平面。它相对于浮体是固定的,当浮体倾斜时,它也跟着倾斜。

定倾中心(metacenter) 浮体受外界干扰倾斜时浮力作用线与浮轴的交点。浮体受干扰后水下部分几何形状发生变化,浮心由原来的位置移到新的位置。原浮心与定倾中心的距离称"定倾半径"。浮体的重心与浮心的间距称"偏心距"。偏心距和定倾半径可作为判别浮体稳定性的依据:当定倾半径大于偏心距即定倾中心高于重心时,浮体的平衡是稳定的;反之则不稳定;当

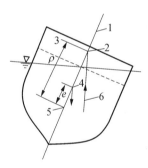

定倾中心示意图
1. 浮轴 2. 定倾中心 3. 浮面
4. 重心 5. 原浮心 6. 浮心
e. 偏心距 ρ. 定倾半径

定倾半径等于偏心距即定倾中心与重心重合时,浮体为随遇平衡。

定倾半径(metacentric radius) 见"定倾中心"。

流体运动要素(parameter of fluid motion) 表征流体运动的物理量。如流速、压强、密度等。研究流体运动需要求得各运动要素自身及其之间的数学表达式,以便进行计算。

流线(streamline) 在流场中每一点都与流速方向相切的曲线。是同一时刻不同流体质点所组成的曲线。同一瞬时的各流线不能相交。对于非恒定

流,流线也随时间而变;在恒定流中,流线不随时间变化,且质点迹线与流线重合。是流速场的形象表示。

迹线(path line) 流体质点在运动过程中所经过的空间点的连线。要了解指定质点的运动过程,就必须研究该质点的迹线以及迹线上的各点速度和加速度等物理量。

恒定流(steady flow) 亦称"稳定流"、"定常流"。流动空间任一点所有的运动要素均不随时间而变化的流动。许多工程中的水流问题可以按照恒定流的方法简化处理,如管道、渠道的设计等。

非恒定流(unsteady flow) 亦称"不稳定流"、"非定常流"。流动空间任一点的运动要素随时间而变化的流动。典型非恒定流现象的例子如河道中的洪水过程、潮汐现象、压力管道中的水击等。由于非恒定流现象比较复杂,描述其运动的方程也比较复杂。

流管(stream tube) 某瞬时通过流动空间中任一封闭曲线上各点的流线形成的管状表面。流线上各点的速度均与流线相切,流管表面的速度也必与流管相切,不存在垂直于流管表面的分速度,即不可能有流体穿越流管表面流出或流入。

流束(stream filament) 流管中所包含的流线之总和。对于非恒定流,流束与时间有关;对于恒定流,流束不随时间改变。是为描述过水断面而引出的概念。

过水断面(cross section of flow) 与流束中所有流线相垂直的面。一般情况下过水断面是曲面,当流线互相平行时,则为平面。

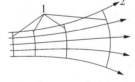

过水断面示意图
1. 过水断面 2. 流线

元流(flow filament) 亦称"微小流束"、"纤流"。过水断面面积无限小时的流束。其过水断面上各点的运动要素是相等的。当断面面积趋近于零时,元流以流线为其极限。实际流动可以视为无数个元流之总和,称"总流"。水力学中常把元流作为分析流体运动的基本单元,然后通过积分再把元流的结论演化为总流的关系式。

总流(total flow) 过水断面面积有限大的流束。等于无限多元流的总和。实际工程中的液流均属总流。按周界性质,分有压流、无压流和射流三种。如自来水管、液压管道中的流动为有压流,河渠中的水流为无压流,通过孔口、喷嘴泄入大气的液流为射流。

湿周(wetted perimeter) 总流过水断面上液体与固体边界相接触的长度。以字母 P 表示,单位为 m。如对于满流的圆管,湿周即为管壁内圆周。是计算水力半径需引用的参数。可以表示受边界影响所产生阻力的大小。

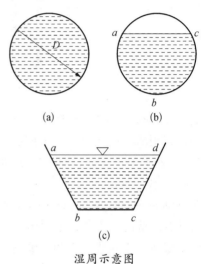

湿周示意图
(a) $P = \pi D$ (b) P 为弧 abc 的长
(c) $P = ab + bc + cd$

水力半径(hydraulic radius) 总流过水断面面积与湿周之比。是反映过水断面形状的特征长度。以 R 表示。其意义是单位湿周长度所占有的过水断面面积。常在管流和明渠水流水力学公式中应用。

流量(discharge;rate of flow) 单位时间内通过过水断面的流体体积。常用符号 Q 表示,等于过水断面平均流速与相应过水断面面积的乘积。常用单位为 m^3/s 或 L/s。对于元流,流量为 dQ,过水断面面积为 dA,流速为 u, 则 $dQ = udA$;对于总流,断面面积为 A, 断面平均流速为 V,流量 Q 等于元流流量总和: $Q = \int dQ = \int_A u dA = VA$。是管道、河道、渠道或其他过水建筑物输水能力的标志。

一元流(one-dimensional flow) 亦称"一维流"、"一度流"。流场中任意点的运动要素仅和点的一个位置坐标有关的流动。是对实际流动的一种简化。坐标可以是直线坐标也可以是曲线坐标,如自然坐标。微小流束可以视作一元流,如仅考虑断面平均流速时,则总流也可视为一元流。实际液流都不是一元流。

二元流(two-dimensional flow)　亦称"二维流"、"二度流"、"平面运动"。流场中任意点的运动要素和点的两个位置坐标有关的流动。是一种对实际流动的简化。理论上仅当空间三个方向中有一个方向的尺度为无穷大且沿该方向没有流动时方可视为平面运动。如无限长圆柱置于流向与柱轴垂直的来流中,此时绕流情况对于垂直于柱轴的任一平面来说均是相同的,因而仅需研究一个平面上的流动情况即可。

三元流(three-dimensional flow)　亦称"三维流"、"三度流"、"空间运动"。流场中任意点的运动要素和点的三个位置坐标有关的流动。一切实际流动均属三元流。由于作为自变量的位置坐标有三个,使得运用数学分析方法时要复杂得多。

连续性方程(continuity equation)　质量守恒定律应用于流体运动的数学表达式。是水力学和流体力学的基本方程之一。对于一元恒定不可压缩流体的运动,连续性方程的形式为 $Q=$ 常数(流量 Q 沿程不变)或 $Av=$ 常数(任意总流过水断面 A 与断面平均流速之积沿程不变)。对于一元非恒定无压流(明渠水流),连续性方程表示为:

$$\frac{\partial Q}{\partial S} - \frac{\partial A}{\partial t} = 0,$$

式中,S 为两断面间距离,t 为时间。对于不可压缩流体的三元流(直角坐标系),连续性方程表示为:

$$\frac{\partial u_x}{\partial x} + \frac{\partial u_y}{\partial y} + \frac{\partial u_z}{\partial z} = 0,$$

式中,u_x、u_y 和 u_z 为流场中任意点的流速 u 在三个坐标方向的投影。

单位动能(kinetic energy per unit weight)　亦称"流速水头"。单位质量流体所具有的动能。是水流自身所含的机械能的一部分。单位为 m。对于流速为 u 的元流,等于 $\frac{u^2}{2g}$;对于断面平均流速为 v 的总流则等于 $\frac{\alpha v^2}{2g}$。其中 α 为动能校正系数,表示断面流速分布不均匀程度,用于校正用平均流速计算总流动能与实际总流动能的差异,视流速分布情况而定,一般在 $1.05 \sim 1.10$ 之间,在做初步计算时常近似地取 $\alpha = 1.0$。

流速水头(velocity head)　即"单位动能"。

总水头(total head)　运动流体空间中某点相对于所选基准面的位置水头 z、压强水头 $\frac{p}{\rho g}$ 和流速水头 $\frac{u^2}{2g}$(或 $\frac{\alpha v^2}{2g}$)三者之和。其物理意义表示单位质量流体所具有的总机械能。单位为 m。

单位机械能(mechanical energy per unit weight)　单位质量流体所具有的机械能。为单位位置势能、单位压强势能和单位动能三部分之和。单位为 m。单位机械能的沿流变化情况是水力学研究的基本内容之一,在数值上与该处总水头相等。

水头损失(head loss)　亦称"能量损失"。单位质量流体在流动过程中用于克服内部摩擦和局部阻碍而消耗的机械能。单位为 m。水头损失与流动形态和固壁边界情况等有关。工程中很多情况下都需设法减少水头损失,如输水管和输油管道。

能量方程(energy equation)　亦称"伯努利方程"。能量守恒定律用于流体运动的数学表达式。对于不可压缩流体恒定总流,能量方程的形式为:

$$z_1 + \frac{p_1}{\rho g} + \frac{\alpha_1 v_1^2}{2g} = z_2 + \frac{p_2}{\rho g} + \frac{\alpha_2 v_2^2}{2g} + h_w,$$

式中,z,p,v 分别为过水断面 1 或 2 上任一点的位置高度、动水压强和断面平均流速,ρ 为流体密度,α_1,α_2 为动能校正系数,h_w 为两断面间的能量损失。此式表明断面 1(上游断面)的单位机械能等于断面 2(下游断面)的单位机械能与两断面间机械能损失之和,亦表明实际流体总是从机械能大的断面流向机械能小的断面。是水力学的基本方程之一,由它可以推导出水力学的许多计算公式。

伯努利方程(Bernoulli equation)　即"能量方程"。

动量方程(momentum equation)　亦称"动量守恒方程"。表述水流动量变化与作用力之间的关系式。恒定总流的动量方程可表示为:

$$\rho Q(\alpha_{02} v_2 - \alpha_{01} v_1) = \sum F,$$

式中,ρ 为流体密度,Q 为流体的体积流量,v_2、v_1 分别表示出流和入流两个断面平均流速,$\sum F$ 为作用在该流段上所有外力的总和,α_{02}、α_{01} 分别为沿流两个断面的动量校正系数。

总水头线(total head line)　亦称"能线"、"能坡线"。表示单位质量液体的机械能沿流向变化情况的曲线。通过各过水断面的形心作铅垂线,在铅垂线上按比例量取各断面的单位机械能 $E = z + \dfrac{p}{\rho g} + \dfrac{\alpha v^2}{2g}$ 并联结各末点而成。由于机械能只能沿程减少，所以能线必然沿程降低。在特殊情况下，如有抽水机的地方，由于水流从抽水机获得机械能，使得抽水机处的总能线有一突然升高。

测压管水头线（piezometric head Line） 沿流各断面测压管水头的连线。表明测压管水头即单位势能的沿流变化情况，同时也表明动水压强的沿流变化情况。测压管水头线比总水头线低一个流速水头值 $\dfrac{u^2}{2g}$ 或 $\dfrac{\alpha v^2}{2g}$。对于明渠水流，测压管水头线与自由面相重合。对于管流则可沿管长装设测压管，由管中水面来表示。

水力坡度（hydraulic slope; hydraulic gradient） 亦称"水力比降"。流体从机械能较大的断面向机械能较小的断面流动时，沿流程每单位距离的水头损失，即总水头线的坡度。恒为正值，是无量纲参数。用 J 表示，计算公式为：

$$J = \frac{\mathrm{d}h_{\mathrm{w}}}{\mathrm{d}S},$$

式中，h_{w} 为水头损失，S 为流程距离。

皮托管（Pitot tube） 亦称"毕托管"。量测水流中某点时均流速的仪器。由法国工程师皮托（Henri Pitot，1695—1771）于1730年首创，经200多年来的改进，已发展成几十种形式。利用顶部和侧旁开孔之间的压强差以量测液体的流速。其设计基本原理是根据平面势流理论，$\Delta p = p - p_0 = \dfrac{\rho}{2}(u_0{}^2 - u^2)$，式中，$p_0$ 为均匀来流的压强，u_0 为均匀来流的时均流速，p 为任意点的压强，u 为该任意点的时均流速，ρ 为流体的密度。采取无量纲形式 $\dfrac{\Delta p}{\rho u_0{}^2/2} = 1 - \left(\dfrac{u}{u_0}\right)^2$，在驻点处（图中 A 点处）$u = 0$，所以 $\dfrac{\Delta p}{\rho u_0{}^2/2} = 1$，因而驻点的压强为 $p = p_0 + \dfrac{\rho u_0{}^2}{2}$。如测出驻点动水压强 p，并测得 p_0，即可求得 u_0。通常使用的皮托管是成90°的开口细管，将弯管一端正对来流方向，由于受顶冲，管内液面升高为 h，利用简易公式 $u = \varphi\sqrt{2gh}$ 就可算出测点的流速，式中 g 为重力加速度，u 为流速值，φ 为流速校正系数。

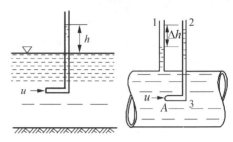

皮托管原理示意图
1. 测压管 2. 直角弯管

文丘里流量计（Venturi meter） 一种测量管道流量的装置。由意大利物理学家文丘里（Giovanni Battista Venturi，1746—1822）创制，由此得名。由收缩段、喉道和扩散段所组成。利用管道截面变化引起不同断面上的压强差来推算管内流量。可按 $Q = \mu K\sqrt{h}$ 计算，式中：Q 为流量；h 为两断面的测压管液面高差（压强差），以 m 计；K 为系数，与管道与喉道的直径 D_1、D_2 有关，$K = \dfrac{\pi D_1{}^2}{4}\sqrt{\dfrac{2g}{\left(\dfrac{D_1}{D_2}\right)^4 - 1}}$；$\mu$ 为系数，由实验求得，为 0.95～0.98。制作文丘里管时，常使 $D_1/D_2 = 2$，扩散段的扩散角以 5°～7° 为宜。一般用铜或有机玻璃制作。通常测流精度为 1% 左右。为避免水流产生漩涡影响流量系数，喉道上游10倍管径及下游6倍管径距离以内不得安设管件。该流量计具有能量损失小，对水流干扰少和使用方便等优点，被广泛采用；其缺点是测流范围小，加工精度要求高。

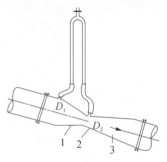

文丘里流量计示意图
1. 收缩段 2. 喉道 3. 扩散段

测压管坡度（piezometric slope） 单位距离内测压管水头线的降落值。用 J_{p} 表示，计算公式为：

$$J_{\mathrm{p}} = -\frac{\mathrm{d}\left(z + \dfrac{p}{\rho g}\right)}{\mathrm{d}S},$$

式中，S 为距离，$z + \dfrac{p}{\rho g}$ 为测压管水头。代表单位势能沿流程的变化率，其值可正可负，视断面变化情况而定,为无量纲参数。

射流(jet) 从管道末端或容器的孔口、喷嘴、缝隙或挑坎高速喷出的水流。有层流射流和紊流射流之分,以后者居多。在射流射出以后不受边壁约束的称"自由射流",否则称"非自由射流";周围流体和射流本身相同时称"淹没射流",否则称"非淹没射流"。实际工程中很多是水在大气中的射流,例如,农田灌溉中的喷流、水力采煤和水力冲填土坝的水枪射流、水工建筑物泄流时的抛射水流等。

层流(laminar flow) 流体质点作有秩序的线状运动,彼此互不掺混的流动状态。发生于雷诺数较小,即流速、几何尺度均较小,或流体黏性较大的情况。对于圆管水流,雷诺数 $Re < 2\,320$;对于明渠,一般 $Re < 580$。对于不同的边界形状,存在相应不同的雷诺数。

紊流(turbulent flow) 亦称"湍流"。流体质点运动轨迹紊乱,彼此互相掺混的流动状态。发生于雷诺数较大,即流速、几何尺度均较大,或流体黏性较小的情况。一般对于圆管水流,雷诺数 $Re \geqslant 2\,320$;对于明渠流,$Re \geqslant 580$。可以看作是一系列大小和转向不等的漩涡组成。在工程中的流体运动多是紊流。其基本特征是流体质点在运动中互相混掺使各点的流速、压强等运动要素在空间和时间上均表现出具有随机性质的脉动现象。

雷诺数(Reynolds number) 判别流体运动形态和力学相似性的一个无量纲数。用 Re 表示,计算公式为:

$$Re = \frac{Vl}{\nu},$$

式中,V 为断面平均流速,l 为特征长度(对于圆管水流常用管径 d,对于明渠水流常用水力半径 R),ν 为流体运动黏性系数。在物理意义上它可理解为水流惯性力与黏性力之比。各种流动都有各自的雷诺数,可用来判别流动是层流还是紊流。在水力模型试验中,还作为两个水流系统黏性力相似的判据,如果两个水流系统的雷诺数相等则它们是黏性力作用相似的。当雷诺数大到一定数值时,成为紊流充分发展阶段,这时阻力相似并不要求雷诺数相等。

临界雷诺数(critical Reynolds number) 判别流体运动是层流还是紊流的雷诺数的界限值。一般需由实验确定。流体由层流向紊流转变的雷诺数为

上临界雷诺数;反之为下临界雷诺数。试验表明上临界雷诺数随试验条件在一定范围内变化,下临界雷诺数则相当稳定。故实用上以下临界雷诺数作为判别流态的依据。对于圆管水流,此值一般为 $2\,320$,对于明渠,则为 580。流体实际流动时的雷诺数大于此值时为紊流;小于此值时则为层流。

时间平均值(time-average value) 简称"时均值"。紊流中某点处瞬时运动要素对时间的平均值。很多情况下,紊流特征量的时间平均值较瞬时值更有研究意义和工程应用价值。由于质点混掺运动,使得一点处的运动要素(流速、压强)随时间呈急剧不规则的变化,与时间的关系表现为不规则的曲线。在足够长的时段 T 内,该曲线下的面积除以该时段即为该运动要素的时均值。例如,对 x 向时均流速 $\overline{u}_x$ 和压强 $\overline{p}$ 可分别写为 $\overline{u}_x = \dfrac{1}{T}\displaystyle\int_0^T u_x \mathrm{d}t$, $\overline{p} = \dfrac{1}{T}\displaystyle\int_0^T p\,\mathrm{d}t$。$\overline{u}_x$ 及 $\overline{p}$ 分别为 u_x 及 p 的时均值。

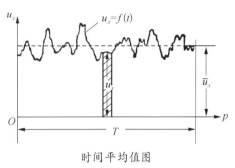

时间平均值图

水流脉动(fluid fluctuation) 在某一空间点观测时,紊流运动要素(流速、压强)呈现随时间急剧波动的现象。因紊流中各层质点互相掺混所引起。常用统计方法来研究,脉动量一般用均方根值作为统计特征值。紊流运动要素的瞬时值与时间平均值之差为水流脉动值。如 x 向脉动流速 $u'_x = u_x - \overline{u}_x$,脉动压强 $p' = p_x - \overline{p}_x$,式中,$u_x$、$p_x$ 为瞬时流速和压强,$\overline{u}_x$、$\overline{p}_x$ 为时均流速和压强。反映了紊流瞬时运动与时均运动的偏离程度。

流体力学(fluid mechanics) 研究在力作用下流体(液体、气体)运动规律的学科。按研究任务,分流体动力学和流体静力学两大部分,分别研究流体在运动和平衡时的状态和规律。因把流体看作连续分布的介质(不考虑分子结构)进行分析,故又常作为连续介质力学的一部分。主要研究流速、压强、密度等变化规律,以及流体的黏滞性、可压缩性、表面张

力、导热性和其他热力学性质等在运动中的状态和规律,它们所引起的各种力对流体原有运动状态和边壁的作用。是设计船舶、飞机、水利工程等所需的理论基础之一。根据研究方法的不同,又可分理论流体力学、实验流体力学和计算流体力学等分支。

有旋运动(rotational motion)　亦称"漩涡运动"。流体质点绕其自身轴旋转的运动。有计算涡和物理涡两种。前者指流体质点绕其自身瞬时轴旋转;后者是指一群流体质点,绕某瞬时轴像刚体一样旋转,但这群质点不仅共同绕某一瞬时轴旋转,而且还绕自身轴旋转。流体旋转角速度不等于零即为有旋运动。

无旋运动(irrotational motion)　亦称"势运动"。每个质点都不存在绕其自身轴旋转的运动。其旋转角速度矢量等于零。

边界层(boundary layer)　在雷诺数较大的流动中,紧靠物体表面黏性起显著作用的薄层。在边界层中,流速梯度较大,因黏滞性作用引起较大切应力。它将流体划分为不同的两部分,边界层区和边界层以外的理想流体势流区。一般定义边界层厚度为流体速度由固体边界的 0 值增大至 $0.99u_\infty$,u_∞ 为边界层外流速,即黏滞性恰好不再起作用之处。

驻点(stagnation point)　在运动的流体中,流速等于零,流线发生分叉的点。在该点,流速水头已完全转化为压力水头,因此其压强有所提高。

尾流(wake)　亦称"尾迹"。在流体中运动的物体,或在流体绕过物体而运动时,在物体后面出现的紊乱漩涡流。如在纵向流中的平板后缘,两个边界层渐渐合一形成"尾流层"。其宽度随距离而增大,而中心的速度损耗则逐渐减小。尾流的大小与物体阻力有直接的关系。

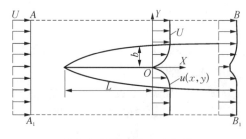

顺流向平板的尾流示意图

涡线(vortex line)　涡流内与各点涡旋矢量相切的曲线。在同一瞬时,该线上所有空间点的旋转角速度矢量均与这一曲线相切。涡线的微分方程为:

$$\frac{\mathrm{d}x}{\omega_x} = \frac{\mathrm{d}y}{\omega_y} = \frac{\mathrm{d}z}{\omega_z},$$

式中,ω_x、ω_y、ω_z 分别为 x、y、z 方向的旋转角速度。

涡管(vortex tube)　由涡线所组成的管状表面。在有旋运动的旋转角速度场中,作任意封闭曲线,通过曲线上每点作一条涡线,这些涡线所形成的管形曲面即为涡管。无限小闭合曲线所形成的涡管内所包含的流体称"元涡"。研究有旋运动具有很大的实际意义。例如,研究气流漩涡的形成和变化可进行天气预报。飞机和船只在流体运动中,尾部所产生的漩涡消耗功能,形成飞机和船只航行的阻力。水利工程中,溢洪道泄洪时,为保护坝基不被急泄而下的水流冲坏,而人为地制造漩涡以消耗水流的动能等。

势流(potential flow)　亦称"无旋流动"。流体微团没有转动的流动。即流场中各点角转速矢量 $\omega = 0$,或速度矢量的旋度 $\nabla \times v = 0$。除个别特例外,具有黏性的实际流体一般都作有旋运动,但在某些情况下,黏性对流动的影响很小可以忽略时,则可按理想流体来处理。理想流体可以是有旋,也可以是无旋的。当流体是理想、正压且质量力有势时,从静止或无旋状态起动的非恒定流动和均匀来流绕物体的流动,都是无旋即有势的流动。

源流(source flow)　势流中一定量流体由一点沿径向流出的水流。体积流量 Q 为定值,径向速度 $v_r > 0$,该点称"源",Q 称"源的强度"。由于对称的关系,流线都是以源为中心的矢径,速度沿矢径方向向外,垂直矢径方向没有速度分量,并且距中心距离相等处,速度数值相等,即 $v_r = \dfrac{Q}{2\pi r}$,$v_\theta = 0$,式中,$Q > 0$。

汇流(flow concentration)　势流中一定量流体从各方沿径向流入一点的水流。体积流量 Q 为定值,径向速度 $v_r < 0$。Q 称"汇的强度"。对于汇流,径向速度 $v_r = \dfrac{Q}{2\pi r}$,与径向垂直的 θ 方向速度 $v_\theta = 0$。式中,$Q < 0$,汇的强度为负值。

水跃(hydraulic jump)　具有自由表面的水流由急流向缓流状态过渡时出现水深突然增加的现象。其特征是上游水较浅,流速快为急流,下游水较深为缓流,从急流过渡缓流时,水流突然升高,并有漩滚产生白色浪花。水流表面有明显漩滚的水跃称"完整水跃",如无表面漩滚而呈一系列水波的水跃称"波状水跃"。水跃常用于消能,以完整水跃消能效果最好。

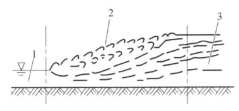

水跃示意图
1. 急流 2. 水跃 3. 缓流

水跃长度(length of jump) 水跃前过水断面到水跃后开始形成渐变(缓变)流的过水断面间的距离。是泄水建筑物消能设计的主要依据之一。由实验研究得出的经验公式为:

$$(1)\ l_j = 6.1 h'',$$

式中,h''为跃后水深;

$$(2)\ l_j = 6.9(h'' - h'),$$

式中,h'为跃前水深,h''为跃后水深。

共轭水深(conjugate depth) 水跃前后两断面的水深。跃前水深称"第一共轭水深",用y_1表示;跃后水深称"第二共轭水深",用y_2表示。其关系表达式为:

$$y_1 = \frac{y_2}{2}\left[\left(1 + \frac{8h_c^3}{y_2^3}\right)^{1/2} - 1\right];$$

$$y_2 = \frac{y_1}{2}\left[\left(1 + \frac{8h_c^3}{y_1^3}\right)^{1/2} - 1\right]。$$

式中,h_c为临界水深。

临界流(critical flow) 当明渠中的水流流速V和平均水深h(过水面积A除以水面宽B)的关系恰好满足$V = \sqrt{gh} = \sqrt{g\dfrac{A}{B}}$时,干扰波向上游的传播速度为零的明渠水流。是缓流与急流两种流态的分界点。临界流时的断面平均流速称"临界流速",以V_c表示,它与干扰波的波速$c = \sqrt{g\dfrac{A}{B}}$正好相等,即$V_c = c$。临界流是相当于弗劳德数$Fr = 1.0$的流动。此时,水流的惯性力作用与重力作用恰好相等。临界流时的水深称"临界水深",以h_c表示。

水力指数(hydraulic exponent) 计算明渠均匀流水力坡度的一个经验指数。在规则断面明渠中,两个过水断面流量模数比值的平方等于相对应水深比值的N次方(N为水力指数)。引入水力指数后,可以对明渠非均匀流微分方程积分,称"水力指数法"。

谢才公式(Chézy formula) 计算明渠均匀流流速的公式。18世纪由法国工程师谢才(Antoine Chézy,1718—1798)提出,故名。表达式为:

$$v = C\sqrt{RJ},$$

式中,v为流速,C为谢才系数,R为水力半径,J为水力坡度。

边坡坡度(coefficient of side slope) 明渠梯形断面中,用以表示两侧边坡倾斜程度的系数。常用m表示。$m = \cot\theta$,θ为边坡与水平面的夹角。m值因土壤的种类或护面情况而异。

允许流速(permissible velocity) 水流既不冲刷、又不淤积渠道的流速。水流速度过大时,会冲刷渠床;速度过小时,水流中的泥沙又会在渠道里淤积。为防止渠道运用过程中产生冲刷或淤积,保证渠道断面的稳定,在设计时必须使渠道断面的平均流速控制在允许流速范围内。

弗劳德数(Froude number) 亦称"傅汝德数"。判别明渠水流状态的一个无量纲数。由英国工程师弗劳德(William Froude,1810—1879)提出,故名。用Fr表示。其公式为:

$$Fr = \frac{v}{\sqrt{gl}},$$

式中,v为断面平均流速,g为重力加速度,l为特征长度。从物理意义上讲,就是惯性力与重力的比值。在明渠水流中,$Fr > 1$时为急流,$Fr < 1$时为缓流,$Fr = 1$时为临界流。对重力起主要作用的液体,弗劳德数又是模型设计的一个表示相似律的数。对边界几何相似的两液流,只要弗劳德数相同,流动情况就相似。

缓流(subcritical flow) 河渠过水断面上的水深大于临界水深,或断面平均流速小于临界流速的水流。当河渠水流的弗劳德数小于1.0时,呈缓流状态。在缓流中,下游干扰产生的微波可向上游传播。

急流(supercritical flow) 河渠过水断面上的水深小于临界水深,或断面平均流速大于临界流速的水流。当河渠水流的弗劳德数大于1.0时,呈急流状态。在急流中,下游干扰产生的微波不向上游传播。

陡坡(steep slope)　坡度大于临界底坡的渠道底坡。在一定流量下,实际渠底纵坡 $i > i_c$(临界底坡)时,渠中水深 $h_0 < h_c$(临界水深),发生急流状态的均匀流称"陡坡明渠"。

缓坡(mild slope)　坡度小于临界底坡的渠道底坡。在一定流量下,当实际渠底纵坡 $i < i_c$(临界底坡)时,渠中水深 $h_0 > h_c$(临界水深),发生缓流状态的均匀流称"缓坡明渠"。

临界底坡(critical slope)　一定流量在棱柱形明渠所形成均匀流的水深恰等于临界水深时的底坡。以 i_c 表示。其公式为:

$$i_c = \frac{g x_c}{\alpha B_c C_c^2},$$

式中,g 为重力加速度,x_c 为湿周,B_c 为水面宽度,C_c 为谢才系数,α 为动能校正系数。临界底坡 i_c 不是实际存在的渠道底坡,只是为便于分析非均匀流动而引入的一个概念。

水面曲线(water surface curve)　明渠非均匀缓变流时纵剖面的水面线。可以是壅水曲线,也可以是落水曲线。水面曲线的分析和计算,对估算水库淹没损失,确定溢洪道边墙高度,整治航道等有重要的意义。棱柱形渠道上的水面曲线随坡度的陡缓而异。

回水曲线(back water curve)　明渠中水流因受阻而使水位抬高的回水纵剖面线。河道上水流受阻后,水位壅高并向上游延伸,直到与上游水位一致的现象称"回水"。其水面线是一条沿程壅高的曲线,其水力坡度和水面坡度都沿程变化,两者与底坡均互不平行。通常用水位沿程变化的明渠恒定非均匀流基本方程来计算。可以用其来确定回水长度,以估算淹没范围;计算泄水建筑物的输水能力,设计合理断面。

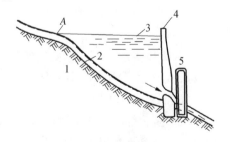

回水曲线示意图

1. 水库　2. 天然河槽　3. 回水曲线
4. 坝　5. 水电站厂房　A. 回水曲线末端

谢才系数(Chézy coefficient)　谢才公式中的一个具有量纲的系数。常用单位为 $m^{1/2} \cdot s^{-1}$。是反映断面形状尺寸和粗糙程度的一个综合系数,与水力半径和粗糙系数有关,在设计中正确选择粗糙系数甚为重要。通常采用曼宁公式或巴甫洛夫斯基公式确定。

局部阻力系数(coefficient of local resistance)　计算局部水头损失时引入的系数。以 ξ 表示。ξ 与造成局部阻力的结构物几何形状和雷诺数有关。一般由实验测定并列表备查。ξ 值一经确定,局部水头损失即可求得。

沿程阻力系数(coefficient of resistance)　计算沿程水头损失时所引入的系数。以 λ 表示。是雷诺数 Re 和相对粗糙度 Δ/d 的函数,其中 Δ 为当量粗糙度,d 为管径,λ 一经确定,沿程水头损失便可求得。

局部水头损失(local head loss)　简称"局部损失"。单位质量的流体在流程中遇到局部阻力,如断面突然变化或急弯的河渠等,水流所消耗的机械能。用 $h_j = \xi \dfrac{v^2}{2g}$ 计算。式中,h_j 为局部损失,ξ 为局部阻力系数,v 为局部阻力之后的断面平均流速。

沿程水头损失(frictional head loss)　简称"沿程损失"。单位质量的流体在一段比较顺直,断面形状、尺寸无突然变化的河渠或管道中流动时所消耗的机械能。用 $h_f = \lambda \dfrac{l}{4R} \dfrac{v^2}{2g}$ 计算。式中,h_f 为沿程损失,l 为流动距离,R 为水力半径,v 为断面平均流速,g 为重力加速度,λ 为沿程阻力系数。

无压流(non-pressure flow)　输水道断面未被液体充满,液体与空气存在着分界面(称"自由面")的水流。在自由面上作用着大气压强,相对压强为零。明渠水流、堰闸出流、地下排水管中水流、土坝渗流等均为无压流。

有压流(pressure flow)　输水道的整个断面均被液体所充满,断面的边壁处受到液压作用的水流。在一般情况下液体压强高于大气压强,有时也可低于大气压强。有压输水管中水流(如自来水)、坝底孔出流、闸坝底板下地下水流动均为有压流。

短管(short tube)　局部损失和流速水头大于沿程水头损失的 5%～10%,计算时不能将其忽略的管道。短管水力计算应按管道出口流入大气(称"自由出流")和出口流入水面(称"淹没出流"),分别应用能量方程、连续性方程和水头损失公式进行计算。水泵站吸水管和压水管、大坝底孔均可按短管计算。

长管(long tube)　总水头损失以沿程水头损失为主的管道。其局部水头损失和流速水头所占比重很小(<5%),在计算中可以将其忽略。可以分串联、并联、均匀泄流、管网等管道。由于不计局部水头损失和流速水头,因而计算比较简单。自来水管中水流常按长管计算。

流量模数(modulus of flow)　亦称"特性流量"。综合反映管道或明渠断面形状、大小和粗糙度等特性对输水能力影响的数值。用 K 表示,单位为 m^3/s。其公式为:

$$K = CA\sqrt{R},$$

式中,C 为谢才系数,A 为过水断面面积,R 为水力半径。

串联管道(pipe in series)　由直径不同的几段管段顺序串联而成的管道系统。

并联管道(pipe in parallel)　为从一点分叉而在另一点汇合的两条或两条以上的管道并联构成的管道系统。

管网(pipe network)　由很多管道构成的网络系统。分两类:(1)枝状管网或敞支管网,由供水干管和若干支管组成枝状的形式,支管末端互不连接;(2)闭合管网或环状管网,各支管末端互相连接,水流由共同的结点分支,也在共同的结点汇合,整个管道系统构成若干闭合环的形式。

枝状管网(branched network)　见"管网"。

闭合管网(merging pipeline network)　见"管网"。

巴甫洛夫斯基公式(Pavlovski formula)　计算谢才系数的公式。由苏联科学家巴甫洛夫斯基(Николай Николаевич Павловский,1884—1937)于1925年提出。表达式为:$C = \dfrac{1}{n}R^y$。式中:C 为谢才系数;n 为糙率;R 为水力半径(单位为 m);$y = 2.5\sqrt{n} - 0.13 - 0.75\sqrt{R}(\sqrt{n} - 0.10)$,也可由 $y = 1.5\sqrt{n}$(当 $R < 1.0$ m)和 $y = 1.3\sqrt{n}$(当 $R > 1.0$ m)近似确定。

曼宁公式(Manning formula)　计算谢才系数的公式。由爱尔兰工程师曼宁(Henry Edward Manning,1808—1892),于1890年提出。表达式为:$C = \dfrac{1}{n}R^{1/6}$。式中,C 为谢才系数,n 为糙率,R 为水力半径(单位为 m)。曼宁公式在河渠和管道中均可应用,以 $n < 0.020$ 和 $R < 0.5$ m 时较好。

莫迪图(Moody figure)　实际管道沿程阻力系数求解图。1944年英国工程师莫迪(Lewis Ferry Moody,1880—1953)对实际管道进行了沿程阻力的试验研究,其成果绘制成图,反映了层流、光滑管、紊流过渡区、紊流粗糙区中沿程阻力系数 λ 值随雷诺数 Re 和相对粗糙度 $\dfrac{\Delta}{d}$ 的变化关系。由此图可以求出实际管道的沿程阻力系数 λ。

摩阻流速(friction velocity)　亦称"动力流速"。壁面切应力与密度比的开方值。用公式 $u_* = \sqrt{\tau_0/\rho}$ 表示,式中,u_* 为摩阻流速,τ_0 为边界上的切应力,ρ 为液体密度。常用于紊流和泥沙研究。

紊流混合长度(mixing length of turbulent flow)　反映紊流应力与流速之间关系的一个假想的长度。由德国力学家普朗特(Ludwig Prandtl,1875—1953)于1925年首先提出。他认为液体在作紊流运动时,液体质点之间发生动量交换,由于动量的变化而在紊流中产生附加的切应力 τ,并借用气体分子运动中自由程的概念,设想在紊流中有一个类似于自由程的长度。由此可以得出紊流附加切应力 $\tau = \rho l^2 \left(\dfrac{d\bar{u}}{dy}\right)^2$,式中,$\rho$ 为液体密度,l 为紊流长度,$\dfrac{d\bar{u}}{dy}$ 为时均流速梯度。

正常水深(normal depth)　渠道中作均匀流动时的水深。用以区分均匀流动和非均匀流动。其物理意义是:在一定的距离上,水流因高程降低所引起的势能减少等于克服水流阻力所损耗的能量,而水流的动能仍维持不变。其压强符合静水压强分布规律,作用于水体上的力是平衡的。

虹吸管(siphon)　利用虹吸原理,将水经过高出供水水源水面的地方引向低处的一种弯曲压力输水管道。启动时,先排除管中空气,使管内形成真空,通常用抽气泵从其顶部将空气抽出,这时水便从管口上升到顶部,造成虹吸作用,连续不断地输水。有时也利用水舌封闭出口,使水流逐渐将空气带出而自行启动。由于真空的限度,其顶部高出上游水面的高度,理论上不能超过最大真空值,即10 m水柱高,实际上一般不大于 7 ~ 8 m。

水力最佳断面(best hydraulic section) 明渠在渠道糙率和底坡一定的情况下最经济的断面。即断面面积一定而通过流量最大的断面;或是流量一定,过水面积最小的断面。一般是水力半径最大或湿周最小时的断面。

棱柱形渠道(prismatic channel) 横断面形状和尺寸沿流程固定不变的明渠。其过水断面面积的大小仅是水深的函数。一般顺直的人工渠道,无压管道或水工隧洞均是棱柱形渠道。

非棱柱形渠道(nonprismatic channel) 横断面形状和尺寸沿流程不断变化的明渠。过水断面面积为流程距离和水深的函数。一般天然河道均属非棱柱形渠道。

渠道底坡(bottom slope of channel) 渠底线与水平线交角 θ 的正弦值。以 i 表示。一般情况下 θ 角较小,$\sin\theta \approx \tan\theta$,则 $i \approx \tan\theta = (z_1 - z_2)/l$,$l$ 为流程长度。渠底高程沿流程降低($z_1 > z_2$)的底坡称"正坡",$i > 0$;渠底高程沿流程增高($z_1 < z_2$)的底坡称"负坡",$i < 0$;渠底高程沿流程不变($z_1 = z_2$)的底坡称"平坡",$i = 0$。

堰(weir) 顶部溢流的壅水建筑物。常用以量测流量。为局部控制性建筑物,起控制过水流量的作用,其能量损失主要是局部损失。按堰顶厚度对水流的影响,分薄壁堰、实用堰和宽顶堰三类。

堰流(weir flow) 堰顶形成自由溢过的水流。下游水位不影响堰流流量时为自由堰流;下游水位影响堰流流量时为淹没堰流。它在一定水头下形成,水头越大,水流势能越大,可转化的动能也越大,则过水能力也越大。属于明渠急变流。离心惯性力对压强分布和过水能力均有一定影响。

堰上水头(head of crest) 上游水位与堰顶高程之差。差值越大,通过堰流流量也越大。上游水位宜在距离堰上游 3 ~ 5 倍堰上水头处量测。

薄壁堰(sharp crested weir) 亦称"锐缘堰"。堰顶厚度小于 $0.67H$(H 为堰上水头)的堰。堰顶厚度不影响水舌的形状和出流量。按堰口形状,分三角堰、矩形薄壁堰和梯形薄壁堰等。

实用堰(practical weir) 堰顶厚度大于 $0.67H$(H 为堰上水头)而小于 $2.5H$ 的堰。按断面形状,分曲线型和折线型两种。工程上多采用曲线型实用堰。小型水利工程,为施工和取材的方便,也常采用折线

型断面。按堰附近的动水压强是否出现真空,分真空堰和非真空堰两种。实用堰的流量计算公式为:

$$Q = \varepsilon \sigma m B \sqrt{2g} H_0^{3/2},$$

式中,σ 为淹没系数,若为自由出流 $\sigma = 1$;ε 为侧收缩系数,若无侧收缩,$\varepsilon = 1$;m 为流量系数;B 为过水总宽度,若有 n 孔,每孔净宽 b,则 $B = nb$,以 m 计;H_0 为包括行进流速的总水头,以 m 计;g 为重力加速度,以 $\mathrm{m/s^2}$ 计。

宽顶堰(broad crested weir) 堰顶厚度大于 $2.5H$(H 为堰上水头)而小于 $10H$ 的堰。堰顶上出现流线近似平行的流动,但过堰的水头损失仍只计局部损失。

淹没堰流(submerged weir flow) 下游水位影响泄流量时的堰流。薄壁堰、实用堰和宽顶堰分别有各自的判别淹没堰流的标准,由实验确定。

自由堰流(freely discharging weir flow) 亦称"非淹没堰流"。下游水位不影响泄流量时的堰流。

侧收缩系数(coefficient of side contraction) 过堰水流发生侧向收缩而影响堰流过水能力的系数。主要影响因素是闸墩和边墩的前端形状、堰上水头、闸孔数目和闸孔净宽等。一般用经验公式计算。

侧堰(side weir) 沿岸设置,其轴线平行于下泄渠道的溢流堰。在水利枢纽中,无足够空间布置正槽溢洪道时,常采用此种堰型。

淹没系数(coefficient of submergence) 在流量计算公式中,用以表示下游淹没程度对堰流过水能力影响的系数。不同的闸堰有不同的淹没系数,分别由实际观测得出,常列成表格,以供查用。

渗流(seepage flow) 液体在孔隙介质中的流动。孔隙介质包括土壤、岩层等多孔介质和裂隙。在水利工程中,主要指水在地表面以下土壤或岩层中的流动,亦称"地下水流动",一般服从达西定律。水工建筑物地基和连接的岸坡都存在渗流问题,在设计时,必须预测可能出现的渗流情况,并采取防渗措施。

浸润线(phreatic line) 无压渗流中的渗流水面线。浸润线以下的土体处于饱和状态,土体的自重由于水的浮力作用而减小,饱和区土体的抗剪强度、黏着力等均因之而降低,对土体的稳定性不利。浸润线的形状和位置由求解无压缓变渗流基本方程或通过实验及现场观测确定。

渗流量(seepage discharge) 单位时间内通过某渗流断面的水体体积。无压渗流量可按 $Q = kAJ$ 计算,式中,k 为渗流系数,A 为渗流断面面积,J 为水力坡度。有压渗流量可通过绘制流网求得,单宽渗流量 q 可按 $q = k\dfrac{m}{n}H$ 计算,式中,k 为渗流系数,m 为流线间格数,n 为等势线间格数,H 为上下游水位差。

达西定律(Darcy's law) 通过砂土实验总结而得出的渗透定律。由法国水利工程师达西(Henri-Philibent-Gaspard Darcy,1803—1858)提出,故名。反映均匀渗流流速与水力坡度之间的关系为 $v = kJ$,式中,v 为渗流的平均流速,k 为渗流系数,J 为水力坡度。表明渗流的平均流速与水头损失呈线性关系,因此仅适用于砂质土壤的层流。渗流属层流或紊流用渗流的雷诺数判别。大多数渗流属层流流态。以后又有很多人研究过达西定律,并将其近似地推广到非均匀渗流、非恒定渗流中去。

渗流图解法(diagrammatic method of seepage) 亦称"流网法"。通过绘制流网来解平面稳定渗流场的方法。在平面稳定渗流场中,存在流线和等势线两族曲线,当材料(渗流介质)为均匀和各向同性时,这两族曲线互相正交,构成网格,每一网格的相邻边长之比为常数。根据两条等势线之间的水头损失为等量,两条流线之间(流管)的渗流量为等量的性质,来计算平面稳定渗流场的渗透流速、渗透压力和渗流量等渗流要素。绘制流网的方法有手绘法和实验方法两种。实验方法有电拟法、砂模型法和缝隙水槽法等。

等势线(equipotential line) 表示等值流速势函数的曲线。在平面流动中,当流体质点没有角速度的情况下,任一点的流速都可以用某一标量函数沿运动轨迹的变化率来表示,该标量函数即为速度势函数。

平面渗流(two-dimensional seepage) 亦称"二元渗流"。渗流速度随两个坐标变量变化的流动。是有势流动,因此可以用求解平面势流的途径和方法来处理。由于应用流场分析法求解渗流运动方程很复杂,故常将空间渗流问题简化为平面渗流求解。符合拉普拉斯方程的平面渗流问题,可用一个复势表示,用复变函数法求解。

渗透压力(pressure of seepage) 在上下游水位差的作用下,渗流作用于建筑物底面上的水压力。建筑于透水地基上的闸坝,挡水以后,水从上游河底进入地基,通过土壤或岩层的孔隙渗向下游,从下游河床溢出,由于水位差的作用,渗流对闸坝底面产生压力。在水工计算中,常将基底上铅直渗流总压力(亦称"扬压力")分成渗透压力和浮托力,是闸坝结构设计和稳定性计算必须考虑的荷载。土坝浸润线以下的土体因渗流压力的作用而产生浮力,会引起坝体自重减小,抗剪强度和黏结力降低,从而对土坝的稳定性不利。

非恒定流波动(wave of unsteady flow) 水流中某处的水力要素(如流速、压强等)受到扰动而变化,并从发生处向上、下游传播的现象。引起扰动的原因很多,如暴雨径流、闸门启闭、溃坝、地震等。波动所到之处,水力要素亦发生变化,从而破坏原先的恒定流状态。波动在管道和明渠中表现的形式不同。管道非恒定流没有自由表面,主要表现为压强和流体密度的变化;明渠非恒定流有自由表面,主要表现为水位的变化。

顺涨波(advancing downstream positive surge) 在明渠非恒定流中的一种波。波所到之处,水位上升,且波的传播方向与原水流方向相同。如闸门突然开大,在闸门下游引起的波。暴雨所形成河道中的洪水波也是顺涨波,因其沿流下行,使流量加大,水位增高。

顺落波(advancing downstream negative surge) 在明渠非恒定流中的一种波。波所到之处,水位下降,且波的传播方向与原水流方向相同。如闸门突然关小,在闸门下游引起的波。

逆涨波(retreating downstream positive surge) 在明渠非恒定流中的一种波。波所到之处,水位上升,且波的传播方向与原水流方向相反。如闸门突然关小,在闸门上游引起的波。

逆落波(retreating downstream negative surge) 在明渠非恒定流中的一种波。波所到之处,水位下降,且波的传播方向与原水流方向相反。如闸门突然开大,在闸门上游引起的波。

连续波(continous wave) 瞬时水面线坡度极缓、波长很长的波。瞬时流线近乎平行,各种水力要素是空间位置和时间的连续函数,属非恒定的缓变流。如一般河流的洪水波;水电站正常调节所引起的波。

非连续波（discontinuous wave）　坡峰很陡,波高很大的波。在波峰附近的各种水力要素不再是空间位置和时间的连续函数,属非恒定的急变流。但其波体部分仍可近似当作缓变流处理。如溃坝波、涌波等所引起的波。

波速（wave speed）　明渠非恒定流波峰移动的速度（管道非恒定流的波速称"水击波速"）。忽略三阶小量,其数学表达式为：

$$C = v \pm \sqrt{g\,\overline{h}\left[1 + \frac{3}{2}\frac{\zeta}{h} + \frac{1}{4}\left(\frac{\zeta}{h}\right)^2\right]},$$

式中：v 为波未到之前原水流断面平均流速；$\overline{h}$ 为波未到之前原过水断面平均水深；ζ 为波高；g 为重力加速度；$\sqrt{g\,\overline{h}\left[1 + \frac{3}{2}\frac{\zeta}{h} + \frac{1}{4}\left(\frac{\zeta}{h}\right)^2\right]}$ 为波动相对于水流的运动速度,即相对波速；C 为平均绝对波速。正号表示顺波的波速；负号表示逆波的波速。当 $\zeta \ll \overline{h}$,可简化为 $C = v \pm \sqrt{g\,\overline{h}}$。

波流量（discharge of wave）　明渠非恒定流中随着波动带来的流量。由质量守恒定律,波流量的数学表达式为：$\Delta Q = C\zeta B$, 式中,ΔQ 为波流量,C 为绝对平均波速,ζ 为波高,B 为水面宽度。

圣维南方程组（Saint-Venant equations）　亦称"明渠非恒定流基本方程组"。表明明渠非恒定流水力要素与位置 S 及时间 t 的函数关系。由运动方程和连续方程组成。由法国力学家圣维南于 1871 年提出,故名。连续方程为：

$$\frac{\partial A}{\partial t} + \frac{\partial Q}{\partial S} = 0,$$

式中,A 为过水断面面积,Q 为流量。当过水断面为平面时,$Q = vA$,v 为过水断面平均流速。上式又可写为 $\frac{\partial A}{\partial t} + v\frac{\partial A}{\partial S} + A\frac{\partial v}{\partial S} = 0$。对于矩形断面的明渠,$A = Bh$,$B$ 为渠宽,h 为水深。连续方程又可写为 $\frac{\partial h}{\partial t} + v\frac{\partial h}{\partial S} + h\frac{\partial v}{\partial S} = 0$。运动方程为：$\frac{\partial z}{\partial S} + \frac{v}{g}\frac{\partial v}{\partial S} + \frac{1}{g}\frac{\partial v}{\partial t} + \frac{Q^2}{K^2} = 0$, 或 $\frac{\partial h}{\partial S} + \frac{v}{g}\frac{\partial v}{\partial S} + \frac{1}{g}\frac{\partial v}{\partial t} = i - \frac{v^2}{C^2 R}$, 式中：$z$ 为水位；h 为水深；C 为谢才系数；R 为水力半径；K 为流量模数,即 $K = CA\sqrt{R}$；g 为重力加速度；i 为底坡。各项的物理意义是：$-\frac{\partial z}{\partial S}$ 为水面坡度,$\frac{Q^2}{K^2} = \frac{v^2}{C^2 R}$ 为水力坡度（亦称"摩阻比降"）,$\frac{\partial v}{\partial t}$ 为定位加速度,$v\frac{\partial v}{\partial S}$ 为变位加速度,$\frac{v}{g}\frac{\partial v}{\partial S} + \frac{1}{g}\frac{\partial v}{\partial t}$ 为惯性项。该方程组是拟线性双曲型偏微分方程组,需结合具体初始条件和边界条件求解。

明渠非恒定流基本方程组（basic equations of unsteady gradually varied flow in open channels）　即"圣维南方程组"。

淹没水跃（submerged hydraulic jump）　水流由急流向缓流过渡,下游水深大于临界水跃的跃后水深时,表层旋滚涌向上游,淹没收缩断面所形成的水跃。

临界水跃（critical hydraulic jump）　水流由急流向缓流过渡,下游水深等于临界水跃的跃后水深,水跃的跃首刚好发生在收缩断面上所形成的水跃。

远驱水跃（repelled downstream hydraulic jump）　水流由急流向缓流过渡,下游水深小于临界水跃的跃后水深时,下泄急流在收缩断面后经历一段壅水所形成的水跃。

自由水跃（free hydraulic jump）　水流由急流向缓流过渡,下游河道有足够的水深,下游不需要采取工程措施而产生的水跃。

强迫水跃（forced hydraulic jump）　水流由急流向缓流过渡,下游河道没有足够的水深,下游需要采取工程措施（如消力池、消力墙或综合式消力池）来增加下游水深而产生的水跃。

闸孔出流（orifice flow）　简称"孔流"。当过堰的水流受到闸门的控制时为闸孔出流。为控制过堰流量,常在堰顶安装闸门。既可以抬高挡水的高度,又可以通过调节闸门的开度,控制闸门下泄的流量。闸孔出流受水跃位置的影响可分自由出流及淹没出流两种。若跃后水深≥下游水深,则水跃发生在收缩断面处或收缩断面下游,下游水深的大小不影响闸孔出流,称"闸孔自由出流"；若跃后水深＜下游水深,则水跃发生在收缩断面上游,水跃漩滚覆盖了收缩断面,称"闸孔淹没出流"。

高速水流（high-speed flow）　具有大流速,从而产生振动、空化、空蚀、掺气和波动等特殊水力学现象的水流。由于流速大,使水流脉动压力加大,会引起轻型结构物的振动;水流的连续性遭到破坏,会出现空化、空蚀和掺气现象;在高速明渠中还会出现冲击波和滚波等特殊的波动现象。

空化(cavitation) 亦称"空穴"、"气穴"。压力降低到某一临界值后在液体内部发生汽化的现象。一般天然状态的水,空化的临界压强接近于蒸汽压强。高速水流常导致局部压强的降低,从而使水中气核成为空泡。在水流中形成空泡后,如果在固体边壁溃灭,产生极大压力,导致空蚀破坏,并伴随空化振动、空化噪声、空化致光,以及降低水力机械效率、减少使用年限等不利的影响。

空蚀(cavitation damage; cavitation erosion) 亦称"气蚀"。因空泡溃灭的冲击压强导致固体边壁材料剥蚀破坏的现象。在低压区形成的空泡运动到高压区后,空泡迅速溃灭,周围水体迅猛充填其空间,冲击压强常超过一般材料强度。在混凝土或金属的表面,轻者造成斑点麻面,重则形成蜂窝状甚至巨大洞穴,直接影响建筑物的正常运行。

空化数(cavitation number) 亦称"空穴数"、"气穴数"。水流发生空化的判别数。以 σ 表示,公式为: $\sigma = \dfrac{p_\infty - p_v}{0.5\rho v_\infty^2}$,式中,$p_\infty$ 为参考点动水压强(以绝对压强表示),p_v 为饱和蒸汽压,ρ 为水的密度,v_∞ 为参考点流速。当 σ 值低时,发生空化的可能性大。

临界空化数(critical cavitation number) 亦称"临界空穴数"、"临界气穴数"。在一定边界和水流条件下开始发生空化时的空化数。通常以 σ_c 来表示。可分初生空化数 σ_i(从无空化过渡到出现空化的临界状态)和消失空化数 σ_d(从已空化过渡到空化消失的临界状态)。空化的发生条件可表示为:$\sigma \leqslant \sigma_c$。

空蚀强度(intensity of cavitation damage) 亦称"气蚀强度"。表示空蚀破坏程度的指标。一般以单位面积、单位时间内剥蚀材料的体积或质量表示;或以单位面积、单位时间形成空蚀坑的数目表示。与水流压强、流速和材料性质等因素有关。

阴极保护法(cathodic protection method) 用通电使阴极金属表面产生氢气从而减免空蚀的方法。当金属通以微量的阴极电流后,其表面的大量氢气可在空穴破灭时起气垫作用,从而减小空穴的溃灭压强,减免空蚀破坏。试验表明,通电量越大,空蚀强度越小。

超空穴(super-cavitation) 亦称"超空化"。空化区长度超过绕流体范围时的空化。由水流中低压区压力的进一步降低、空化区范围不断发展而形成。水流中形成超空化后,会加大水流阻力。超空化的空泡溃灭区远离结构物,结构物本身不发生空蚀。工程上利用此特性,对某些结构设计成超空化形式,作为一种减免空化的措施。

减压箱(vacuum tank) 亦称"真空箱"。用于水工泄水建筑物空化模型试验的大型专用设备。是一个封闭的、水流能自身循环的真空水槽系统,具有自由水面。由箱体、进水管、回水管、水泵动力系统、真空泵系统等部分组成。为能在缩小比例尺的模型水流上重演空化现象,原型中的表面压力(大气压)也要在模型中按比例缩小,即箱内水流的表面要保持一定的真空度。

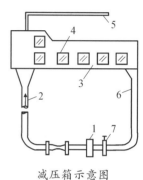

减压箱示意图

1. 水泵 2. 进水管 3. 箱体
4. 透明观察窗 5. 真空泵抽气管
6. 回水管 7. 阀门

循环水洞(water tunnel) 用于空化水流试验研究的大型专用设备。不具有自由水面。由于工作流速较大,或者直接等于研究对象的实际流速,可以用于空化和空蚀研究。一般由工作段、进水管、回水管、水泵动力系统等部分组成。为改善水流中气核分布情况,在水泵与进水管之间,常设再溶器。除封闭式循环水洞外,还可利用天然水头建造非循环水洞。

磁电振荡仪(magnetostriction vibratory device) 亦称"磁伸缩子"。一种材料抗空蚀性能试验的设备。随着通电镍管的高频振动,材料试件在试验液体中作上、下往复运动,试件表面交替形成高压与低压。低压时形成的空泡在高压时溃灭,导致材料表面空蚀,并可停机检查、称出质量损失。工作条件可据振动频率、振幅和振动时间等加以控制。

掺气水流(aerated flows) 掺入空气的水流在高水头泄水建筑物过水时,由于水头高、流速大,在一定条件下常会有大量空气掺入,形成水气混合流动。

明渠自掺气水流(self-aerated flows in open channel) 明渠高速水流中空气自动掺入而形成的掺气水流。当陡槽或溢流坝自由泄水时,在刚过坝顶的一段距离内,水面平滑,水体清澈,随着流速的加大,紊动增强,界面附近水、气开始混掺,形成泡沫状乳白色的水气混合体。

掺气浓度(air concentration) 亦称"含气浓度"。衡量掺气水流所含气体体积占气水两相流总体积百分率的指标。常用 $C = V_a/(V + V_a) \times 100\%$ 表示,式中,C 为掺气浓度,V 为水的体积,V_a 为气的体积。高速水流中掺气浓度大于 $3\% \sim 5\%$ 时,可有效减免混凝土固壁面的空蚀破坏。中国相应水利水电工程规范规定,掺气设施下游保护范围内的近壁层,包括底板和侧墙,掺气浓度都应该大于 4%。

非均匀掺气水流(non-uniform aerated flows) 对于自掺气水流,断面掺气浓度沿程变化的掺气水流。从掺气发生断面开始的一段距离内,流速和弗劳德数沿程变化,掺气浓度不断加大,掺气水流水深沿程加大。

均匀掺气水流(uniform aerated flows) 对于自掺气水流,断面掺气浓度沿程不变的掺气水流。从掺气发生断面经一段相当长的距离后,断面掺气浓度沿程不变。

均匀掺气断面(section of uniform aerated flows) 开始形成均匀掺气水流的起始过水断面。在均匀掺气断面以后的掺气水流流段内,掺气浓度分布、断面平均掺气浓度、掺气水流深度等均保持不变。

冲击波(shock waves) 亦称"十字波"。明渠急流中边墙弯曲或偏折、断面扩大或缩小时引起的一种特殊波动现象。形成冲击波时,在纵横断面上呈凹凸起伏,在平面上呈十字形或菱形。形成冲击波后要求边墙加高,并增加消能的困难。

单相流(one-phase flow) 物质仅处于三态(固、液、气)之一时的流动。如清水流、纯气流等。一般流体力学或水力学中讨论流动仅限单相流动,在单相流中,要求探讨流动速度或压强随时间和空间的变化规律。

二相流(two-phase flow) 物质处于三态(固、液、气)中两种状态共存时的流动。如掺气水流、挟沙水流等。在二相流中,不同相物质的压强及流速一般不同,需分别探讨其随时间及空间的变化规律。此外,还需探讨二相物质之间质量或体积百分率,即浓度随时间及空间的变化规律等。因此二相流比单相流复杂。

多相流(multi-phase flow) 两种或两种以上不同相的流体混合在一起的流动。

孔口(orifice) 容器底部或侧壁所开的出流孔。液体从孔口流出的现象称"孔口出流"。当孔径与孔口上作用水头之比值小于 1/10 者为小孔口,反之为大孔口。

管嘴(nozzle) 连接在孔口处的一段长度约为孔径 $3 \sim 4$ 倍的短管。有向外伸和向内伸的区别。按不同用途,有收敛形、扩张形或圆柱形等形式。

跟踪水位计(automatic water level gauge; self-tracking level gauge) 用于量测非恒定水位的仪器。测杆探头为两根长度不同的不锈钢针,长针接地,短针没入水下少许,两针间水电阻接入测量电桥的一臂。当水位升降时,水电阻变化,电桥失去平衡而输出信号,信号经放大后驱动可逆电机,并通过齿轮等传动装置使探针跟着水位上下移动。测杆还可配备各种自记仪表,自动记录并打印出水位高度。

激光测速仪(laser-doppler anemometer) 应用激光量测流体速度的仪器。当激光照射到跟随流体一起运动的固体微粒时,激光被运动微粒散射,散射光频率与入射光频率之差值正比于微粒速度。测出频率差值,即可算出微粒代表的流体速度。具有对流场无干扰、空间分辨率高、动态反应快、精度高、测速范围广等优点。

热丝流速仪(hot-wire anemometer) 亦称"热线流速仪"。量测流体脉动速度的一种仪器。当将一通电加热金属丝置于流场中时,由于热交换面发生热量损耗,金属丝温度发生变化;其变化的大小、快慢取决于测点流速、金属丝与测点温差、流体热学性质、金属丝物理性质等。当后三者人为给定后,即可找出金属丝温度与测点流速之间的关系。具有感应元件小、动态反应快、灵敏度高等优点。

热膜流速仪(hot-film anemometer) 热丝流速仪的改进形式。将热丝流速仪的加热金属丝探头改换成金属薄膜后,可量测较高流速。

强迫掺气(forced aeration) 当高速水流受到某种干扰所形成的流动掺气的方式。如固体边界有突然变化(如闸门槽、通气槽等),或水流表面有突变(如水跃等),或两水流相碰撞(如水舌自由跌落、墩后水流会合等),均将从水面卷入大量空气,从而形成强迫掺气水流。

减压模型(vacuum tank model) 在减压箱中进行研究的物理模型。研究空化水流时,为使原型与模型空化相似,必须使原型与模型水流的空化数相同。把模型放置在减压箱中,进行试验研究可以达到这一目的。减压箱内的真空度 ξ 可按下式计算：

$$\xi = 1 - \frac{p_{vm}}{p_{am}} - \frac{p_0}{p_{am}\alpha_1},$$

式中，p_{vm} 为模型在某一水温下的蒸气压强，p_{am} 为减压箱所在地的大气压力，p_0 为原型上的大气压力，α_1 为模型几何比尺。

常压模型（ordinary pressure model） 相对于减压模型而言，在自由面为正常大气压力条件下的试验模型。

河流动力学

河流动力学（river dynamics） 研究河流运动发展基本规律的一门学科。水流使河床变化，河床影响水流结构，两者通过泥沙运动，相互作用，相互依存，相互制约，经常处于变化和发展的过程中。河流动力学是从水流动力作用出发研究水流与河床泥沙之间的运动和相对平衡的规律，为整治河流提供理论依据。研究内容包括河道水流结构、泥沙运动规律和河床演变规律三部分。

河床横断面（cross section of channel） 垂直于水流方向的河床剖面。水流方向是指水流动力轴线的方向，当洪水、中水、枯水水流的动力轴线不一致时，选取河床横断面的方向也有所不同，应根据需要选定。若研究防洪问题，应取与洪水的动力轴线垂直的断面为河床横断面，亦称"大断面"。若以航道整治为目的，取与枯水的动力轴线垂直的断面为河床横断面，主要研究枯水河床的边滩、浅滩、深槽等变化。山区河流的横断面，因受河流下切作用，河谷往往发育为"V"形或"U"形。平原河流是从冲积层上流过，所经之处地势平坦，河谷宽阔，河床横断面呈抛物线形、不对称的三角形或复式"W"形。

河床纵剖面（longitudinal profile of channel） 沿河流动力轴线所切取的河床剖面。通过河床纵剖面图可看出河床纵坡的变化。一般山区河流或上游河段纵坡较陡，可达 1% ~ 5%，致使水流湍急。纵剖面形态极不规则，有一些转折点，呈台阶状变化，急滩深潭相间，常出现陡坡、跌水甚至瀑布。平原河流纵坡较小，常在万分之几以下，水流平缓，由于有浅滩、深槽相互交替，纵剖面形态呈起伏不平的和缓曲线。亦有以河床各横断面最深处的连线为河床纵剖面的。

比降（water-surface slope; gradient） 河流水面单位距离的落差。常以百分率或千分率表示。沿河流动力轴线方向的单位落差称"纵比降"，其大小直接影响流速的变化。河流横断面两侧的高差除以水面宽度即为"横比降"，会引起横向水流。弯道上的横比降，将引起环流使泥沙横向搬移。是水流运动的重要参数。

弯道环流（transversal circulating current; circulating current at river bend） 水流受弯道的影响，表面水流流向凹岸，底层水流流向凸岸，在横断面呈现的环形水流现象。水流经过弯道时，离心力 F 指向外法线方向，使凹岸水面增高产生横比降，其大小与水流流速的平方成正比，与流线的曲率半径成反比，故水面离心力大，河底离心力小。而水面横比降形成正压力差 P，两者合成的结果，表层水体所受的力指向凹岸，下层水体所受的力指向凸岸，使水流分别向凹岸和凸岸流动，它们在横断面上形成了一个封闭的环流。

弯道环流示意图
1. 面流　2. 底流
3. 流线曲率半径

螺旋流（spiral flow） 弯曲河道上横向环流与纵向主流合成呈螺旋式向前流动的水流。是弯道水流的特有形式，与弯道泥沙运动极为密切。在横向环流作用下，横向输沙不平衡，在纵向主流作用下，形成对凹岸的顶冲，于是出现凹岸崩塌，凸岸边滩延伸的弯道演变现象。当弯道曲率半径小，横向环流强，底部螺旋流旋度 ω/u（ω 为横向流速，u 为纵向流速）大时，凹岸崩塌的底沙被带至本弯道的凸岸淤积，而大部分被带往下游过渡段，并可被下一弯道环流带到下一弯道的凸岸淤积。

副流（secondary flow） 亦称"二次流"。在重力或其他内、外力作用下，水流内部产生的一种规模较大的旋转运动。常附属于主流而存在，故名。与水流内部不稳定的小尺度紊动漩涡不同，在空间上分绕纵向轴、横向轴和竖向轴旋转，分别称"环流"、"滚流"、"回流"。对泥沙运动和河床演变有重要的影响，是引起泥沙横向输移的主要动力，也是造成河床演变的重要成因。

异重流（density current; density flow） 亦称"密度

流"、"分层流"。两种密度相差不大的相邻流体层，因密度的差异而发生相对运动时，一种流体层沿着交界面的方向流动而不与相邻流体发生全局性掺混现象的流动。普遍存在于自然界中，如室内外冷暖空气的对流；大气中云雾的运行；液体因温度差引起相对流动；水流挟带泥沙进入水库形成清浑水异重流；河流淡水注入海洋，海水沿河流底部向上游入侵（河口盐水锲，即盐淡水异重流）等。按发生的位置，分：（1）上异重流，较轻流体在上面的流动，如河流淡水入海。（2）下异重流，亦称"潜流"。较重流体在下面的流动，如浑水流入水库，或海水沿河底上溯。（3）中异重流，三种不同密度的流体，介于两种密度之间的一层插入其间的流动。引起密度差异的因素有：温度、溶解质含量及混合物含量等，如工厂废热水排入河中形成温差异重流，淡水与盐水交汇形成盐水异重流，河流挟带泥沙形成的浑水异重流等。

密度流　即"异重流"。

紊动扩散（Turbulent diffusion）　水流因紊动而引起的质量和动量等的传递现象。紊动水流存在瞬时脉动流速，若取恒定均匀流的河渠中心部分水体来分析，因脉动使某些水体向上或向下运动，与此同时水流中挟带的泥沙和各流层的流速也随着向上和向下输送。

水流动力轴线（axis of flow）　亦称"主流线"。河流中各横断面最大垂线平均流速的连线。反映水流最大动量所在的位置，对河床演变有重要影响。水位不同，水流动力轴线位置亦不同。水流动力轴线平面位置的变化是指洪水取直，枯水坐弯等。河床及河岸的冲刷和顶冲点的位置也相应变动。控制住水流动力轴线有利于固定河形，稳定航道。

等容粒径（nominal diameter）　亦称"球态粒径"。与泥沙颗粒体积相当的球体直径。以 mm 或 cm 计。$d = (6V/\pi)^{\frac{1}{3}}$，式中，$d$ 为泥沙等容粒径，V 为泥沙颗粒体积。用以描述泥沙颗粒的大小。

泥沙粒径（diameter of particle）　简称"粒径"。泥沙颗粒的大小。单位常用 mm。天然泥沙颗粒是不规则而又不易测定的，理论上采用等容粒径，也可用其长轴 a、中轴 b 和短轴 c 的算术平均值 $(a+b+c)/3$ 或几何平均值 $\sqrt[3]{abc}$ 表示。实际工作中常用筛析法和水析法确定。与水力学特性和物理化学特性有关，是研究泥沙运动的基本要素。

河流泥沙分类（classification of river sediment）　对河流中的泥沙按一定粒径级配标准进行的分类。一般河流上游泥沙粒径较粗，常为卵石、粗沙，愈到下游泥沙愈细，至入海河口段泥沙为粉沙、黏土。其具体分类有三种方法：（1）按颗粒大小分，如下表：有些地区规定沙是 0.02～2 mm，粉沙是 0.002～0.02 mm，黏土 <0.002 mm；（2）按泥沙运动状态分，有悬沙、底沙和床沙等；（3）按泥沙对河床冲淤影响分，有造床泥沙和非造床泥沙，床沙质与冲泻质。

级　别		粒径（mm）
顽石	大	>800
	中	400～800
	小	200～400
卵石	极大	100～200
	大	60～100
	中	40～60
	小	20～40
砾石	粗	10～20
	中	4～10
	细	2～4
沙	粗	0.5～2
	中	0.25～0.5
	细	0.1～0.25
	极细	0.05～0.1
粉　沙		0.005～0.05
黏　土		<0.005

泥沙沉降速度（fall velocity of particle；settling velocity of particle）简称"沉速"。泥沙颗粒在静水中均匀下沉的速度。由于其数值可用来表征泥沙粒径的大小，故亦称"水力粗度"。一般根据颗粒雷诺数 Re 的大小可分三种下沉状态：（1）层流状态，$Re<0.5$，沉速很小，颗粒呈直线运动，颗粒四周全部被层流包围；（2）过渡

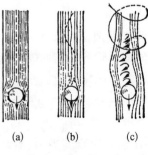

泥沙沉降三种状态
（a）层流状态
（b）过渡状态
（c）紊流状态

状态，$Re = 0.5 \sim 1\,000$，沉速增加，下沉轨迹微有摆动，颗粒首部为层流，尾部为紊流；(3)紊流状态，$Re > 1\,000$，沉速高到一定程度，颗粒大部分为紊流所包围，下降时呈螺旋形轨迹。各种下沉状态下的沉速可利用相应的公式计算。

泥沙平均粒径（mean diameter of sediment） 泥沙组成中各种粒径的平均值。有两种求法：(1)算术平均粒径 d_m，是沙样中各组粒径的加权平均值。将粒径级配曲线分成若干组，定出各组上下限粒径值，再求出各组泥沙平均粒径 d_i，并算出各组质量占总质量的百分数 Δp_i，则其 $d_m = \sum\limits_{i=1}^{n} d_i \Delta p_i / 100$。(2)几何平均粒径 d_g，可用下式求 $\lg d_g = \sum\limits_{i=1}^{n} \lg d_i \Delta p_i / 100$，受抽样和极端值的影响极小。

泥沙中值粒径（median diameter of sediment） 在泥沙组成中，大于和小于某粒径泥沙质量各占沙样总质量 50% 的泥沙粒径。一般从粒径级配曲线的纵坐标上找出 50%，其对应的横坐标上的数值即为泥沙中值粒径 d_{50}。

推移质（bed load） 亦称"底沙"。河渠水流中沿河床床面以滑动、滚动或跳跃的形式间歇向前运动的泥沙总称。其粒径较粗。主要通过泥沙起动或不动的临界流速、沙波运动、推移质输沙率和动床阻力等来研究。对于研究河道整治、水库淤积计算、闸坝设计、航道稳定等都具有重要意义，尤其山区河流其重要性更为显著。

悬移质（suspended load） 亦称"悬沙"。悬浮在河道水流中随水流向前运动的泥沙。主要取决于水流的悬浮作用和扩散作用。其粒径较细，沉速经常小于垂直向上的瞬时流速，因此，可以悬浮在水中。悬移质的上述运动引起泥沙的输移。通过悬移质输沙率和含沙量随水深的分布规律等来研究。在平原河流中，悬移质的运移是影响河床演变的重要因素。尤其研究在多沙河流中的水流含沙量和泥沙的沉积更为重要。

床沙（bed material） 亦称"河床质"。组成河床的泥沙。在河床上静止不动，一般比底沙粗些。若能被水流推动在河床上运动，则成为底沙。床沙与底沙可相互转化。

造床泥沙（bed forming sediment） 悬浮运动中比较粗的泥沙。能起塑造河床的作用，故名。水力条件较强时呈悬浮状态，称"悬沙"；当水力条件较弱时即下沉，称"床沙"。

非造床泥沙（fine sediment） 悬浮运动中比较细的泥沙。在一定的水力条件下，增加一些细的泥沙依然可以悬浮而不下沉，几乎不受水力条件的影响，经常悬浮在水中，一般情况下可认为它不参与造床作用。

床沙质（bed material load） 从河流上游河段挟带下来较粗的悬浮泥沙。其数量受水流条件与本河段河床组成条件的影响。这种粒径的泥沙在本河段床沙中大量存在，一般也就是造床泥沙。

冲泻质（wash load） 悬沙中较细的泥沙部分。直接来源于上游流域内的水土流失，在一定的水力条件下，上游来量多，向下游输送的也多，在本河段床沙中很少存在或几乎没有。一般也就是非造床泥沙。一定条件下冲泻质与床沙质会相互转化。如在冲刷粗化过程中大量的床沙成为悬沙；反之，在淤积过程中，一部分悬沙中的冲泻质也可淤积在河床上。

河流泥沙运动（sediment transport in river） 河流中的泥沙在水流作用下产生的运动。一般分四种运动形式：(1)滑动，位于光滑渠道上的泥沙当推移力等于或稍大于摩擦阻力时，沙粒以滑动的方式向下游移动。(2)滚动，泥沙受推移力和上举力作用，产生倾覆力矩，泥沙颗粒以滚动的方式向前运动。(3)跳跃，河底水流受到紊动影响，流速时大时小，因而上举力也时大时小，当上举力大于颗粒的质量时，泥沙会跳起来，同时还受水流推移力的作用，使颗粒前进。泥沙跳起后，绕过颗粒上下的水流流速趋于相等，上举力消失，泥沙又落到河底，呈间歇跳跃的运动方式。(4)悬移，小颗粒的泥沙，跳跃起来后，不再下沉到河底，悬浮在水中，随水流移动。可以看作是一种随机紊流过程中流速与压力都呈一定频率的脉动，服从统计规律。另外，从泥沙的整体来看，沙波也是河流泥沙运动的一种形式。

泥沙起动（incipient motion of sediment） 河床上泥沙颗粒在某种水流条件下，由静止变为运动的临界状态。相应的临界水流流速称"起动流速"。是研究河床冲淤变化的重要特性。它与水流对泥沙的作用力和泥沙颗粒本身的性质密切相关。颗粒较大的沙砾，常常是各颗粒分别起动，多呈滚动的形式。小颗粒泥沙，常常成片状起动，既可滚动、跳跃，又可以悬移状运动。

泥沙起动推移力（drag force for incipient motion of sediment）　位于河床上的泥沙颗粒起动时所受到的水平方向的水流作用力。当水流经过沙粒附近时，发生绕流，产生绕流阻力。绕流阻力包括颗粒表面的摩擦阻力和形态阻力。形态阻力是泥沙受到水流正面压力和颗粒背面水流因分离现象而形成的反向压力的合力。这些力对泥沙颗粒作用的水平分力称"推移力"，其大小等于作用于水流的阻力。

起动拖曳力（drag force for incipient motion）　亦称"临界推移力"、"临界切力"。恰好能使静止在河床上的泥沙开始起动的水流推移力。水流对单位底面沿流向的作用力，称"切力"或"推移力"，它反映水深和水面比降的综合作用，当拖曳力达到使泥沙起动的临界值即为"起动拖曳力"。

泥沙起动上举力（lift force for incipient motion of sediment）　河床床面上泥沙颗粒所受到的垂直方向的作用力。当水流绕泥沙颗粒流动时，根据升力理论，水流对颗粒的作用，产生垂直于流动方向的分力，其上、下方的压力差，引起泥沙的起动，故名。其大小可用牛顿阻力公式来确定：

$$P_z = \rho C_z \alpha d^2 u_d^2,$$

式中，P_z 为起动上举力，ρ 为水的密度，C_z 为上举力系数，α 为颗粒面积形状系数，αd^2 为颗粒垂直于流向的投影面积，u_d 为作用于颗粒的流速。产生上举力的条件有：（1）来流流速不均匀；（2）颗粒形状上下不对称；（3）颗粒的旋转运动。具有三个条件中的一个，都会产生上举力。

起动功率（stream power for incipient motion）　河流中泥沙起动所需的临界功率。是水流在单位时间内为使泥沙起动所消耗的能量，等于泥沙在运动中所受到的阻力与泥沙运动速度的乘积。

动床阻力（flow resistance with movable boundaries）　河床上的泥沙颗粒及泥沙运动形成的沙波对水流产生的阻力。一般由两部分组成：（1）由河床表面泥沙颗粒所产生的表面阻力；（2）由沙波起伏不平而产生的沙波阻力，亦称"形态阻力"。其大小对流速和输沙率有直接影响。

定床阻力（flow resistance with rigid boundaries）亦称"河渠紊流阻力"。一定断面、一定坡降的河渠对水流产生的阻力。由河渠表面粗糙度引起，影响水流的速度和输沙能力。是研究水力条件的重要因素。一般用有关系数表示，常用的阻力系数，有曼宁糙率系数和谢才系数。

起动流速（velocity for incipient motion）　亦称"开动流速"。使静止在河床上的泥沙开始起动（包括滑动、滚动或跳跃）的临界流速。为便于量测，一般把作用在颗粒上的临界流速换算成垂线平均流速。也可用断面平均流速表示。通常将个别泥沙开始起动的流速作为起动流速的标准。是粒径和水深的函数，分粗沙起动流速和细沙起动流速两类。粗颗粒泥沙的粒径越粗，越难于起动。但对于细沙，当粒径小于一定数值时，粒径越小起动流速反而越大。其原因有两种解释：（1）细颗粒泥沙浸没在近壁层流层中，水流对泥沙颗粒的作用力小；（2）细颗粒之间表面薄膜水等具有黏结力。故细沙起动流速是克服重力和黏结力综合作用的结果。

止动流速（critical velocity for ceasing movement）泥沙从运动到静止的临界垂线平均流速。根据实验得到：

$$U_H = \left(\frac{1}{1.2} \sim \frac{1}{1.4} \right) u_0,$$

式中，U_H 为止动流速，u_0 为起动流速。应该指出，这个关系只能用于较粗的泥沙，对于很细的泥沙或含有黏土的细泥沙，不可随意引用。

扬动流速（critical velocity for suspended movement）河底泥沙由推移运动状态跃起后随水流呈悬浮运动的临界水流垂线平均流速。计算可按下式：

$$U_s = 0.812 d^{2/5} \omega^{1/5} h^{1/5},$$

式中，U_s 为扬动流速（m/s），ω 为沉速（mm/s），d 为粒径（mm），h 为水深（m）。

沙波（sand wave）　底沙运动达到一定规模时床面出现的起伏形态。向上突起的地方称"波峰"，向下凹入的地方称"波谷"。流速较小的细沙河床上易形成小型的沙波，称"沙纹"，在流速较大的粗沙河床上易形成大型的沙波，称"沙丘"，亦称"沙垄"。按沙波的平面形态，分带状沙波、断续蛇曲状沙波和堆状沙波三种类型。沙波的形成与流速的脉动和紊动漩涡有关，当流速达到一定强度，底沙开始起动，底沙运动达到一定规模后就会逐渐出现沙波，随着流速增大，沙波迎水坡冲刷，背水坡淤积，沙波不断下移并增大。沙波的高度从几厘米到几十厘米，而沙丘的高度可达三、四米，长度达几百米。沙波的运动将改变河流的阻力,影响河床糙率及浅滩水深。

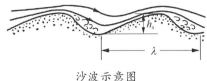

沙波示意图

λ. 波长 h_s. 波高

沙浪(sand wave) 一种伴有与河床波同位相的水面波的床面形态。沙浪起伏对称。流线基本与河床相平行,没有分离线型。在沙浪阶段,水面有相应的起伏,在黄河上被称为"淦"。

沙纹(ripple) 小型的沙波。易在流速较小的细沙质河床上形成。呈规则的波浪状态,其尺度较小,迎水面坡长而平,背水面坡短而陡,一般波高为 0.5~2 cm,波长为 1~15 cm,在平面上波峰是相互平行的,也有排成鱼鳞状的。

沙垄(dune) 亦称"沙丘"。大型的沙波。易在流速增大的粗沙河床上形成。一般由沙纹不断成长转变而成。高度和长度受整个河道尺度的影响,比较复杂,波长可达数百米,波高也可达数米。河床上的潜洲和边滩上各种泥沙堆积体都可看成沙垄。

带状沙波(banded sand wave) 沙波波峰线基本上相互平行,与流向垂直或略呈斜交的沙波。常在河床较窄,沙波刚开始形成时出现。其迎水坡较坦,背水坡较陡。

断续蛇曲状沙波(discontinuous snakelike sand wave) 平面上波峰排列成不规则的断续的蛇曲形沙波。由于河床较宽,平均流速较小,但河中间的流速较大,使沙波中间下移得较快,波峰形成不规则的曲线,时断时续,大致与流向垂直。是较常见的一种沙波。

堆状沙波(bulk sand wave) 亦称"新月形沙波"。平面上交错有序排列的沙波。在河流较宽,流速较大时,波宽与波长基本相等,上下相邻两行沙波彼此交错、排列比较整齐,波峰多凸向上游,如上弦月或下弦月(新月),是天然河道中常见的一种形式。

流向

堆状沙波示意图

推移质输沙率(bed load transport rate; bed-load discharge) 亦称"底沙输沙率"。在单位时间、单位河床宽度内通过的推移质数量。常用的单位是 kg/(s·m)、t/(s·m)或 m³/(s·m)。定量地表达水流对推移质的输送能力。配合河床变形方程可以对河道冲淤进行计算。输沙率公式目前多从水流对泥沙的动力作用、沙波运动规律以及统计法则推出。

悬移质输沙率(suspended load transport rate; suspended load discharge) 水流在单位时间内挟带悬移质泥沙的数量。定量地表达水流对悬移质的输送能力。通常指悬移质中的床沙质部分。常用垂线上平均含沙量乘以单宽流量表示单宽悬移质输沙率;用断面平均含沙量乘以断面流量表示断面悬移质输沙率。

总输沙率(total sediment load discharge) 亦称"全沙输沙率"。推移质输沙率和悬移质输沙率的总和。因悬移质中包括冲泻质和床沙质两部分,为区别起见,其中推移质输沙率与悬移质中床沙质输沙率之和称"床沙质总输沙率"。

水流挟沙力(sediment transport capacity) 亦称"饱和含沙量"。具有一定水力因素的单位水体所能挟带的悬移质的最大泥沙数量。常用符号 s_* 表示,单位为 kg/m³。与流速、水深(或水力半径)、泥沙粒径、沉速等因素有关。一般情况下,水流所挟带的冲泻质常处于不饱和状态,只有床沙质处于饱和状态,因此,实际上,它应是水流所能挟带的悬移质中床沙质的能力。是泥沙研究中的重要问题,在工程规划设计中,往往需要进行泥沙输送、淤积和冲刷的计算,故必须了解一定水流条件下的挟沙能力。但因其涉及的因素很复杂,迄今还没有取得满意的结果,建立通用的计算式仍有许多困难。

含沙量(sediment concentration) 亦称"水流含沙浓度"。单位体积的浑水中挟带干泥沙的质量。含沙量沿水深分布是不均匀的,通常河底含沙量大,上部含沙量小,故一般用垂线平均含沙量或断面平均含沙量表示。常用悬移质采样器汲取河渠的浑水水样,通过测定其中干沙质量来求得。

河床演变(fluvial processes;evolution of channel) 河道在自然情况下或受人工干扰时发生的变化。其根本原因是输沙不平衡造成的河床变形使河床和水流又不断地自动调整,直至输沙相对平衡为止。但影响河流的来水来沙因素十分复杂,随时在变化中,所以河床时刻都处在发展和变化之中。河床长期演变,如河床下切、升高等,在较长的地质年代中才能显现出来;短期周期性变形,如受水文的周期影响、浅滩的升高和降低,河岸的冲淤等影响比较明显,对人类的影响很大,是河流动力学研究的主要方面。按其表现形式,分河床的纵向变形和横向变形两方面,但两者之间又是错综复杂交织在一起的,形成各种各样的河床形态,如顺直、蜿蜒、分汊、游荡等。

河床形态要素(bed configuration element) 对河床演变有影响的各种河床形态的统称。包括平面放宽、束窄、弯曲、洲滩冲淤和移动、河岸崩塌;局部形态如凸嘴、矶头、倒套、人工建筑物;地质条件、河岸、河底的相对可动性等。研究河床形态要素及其变化规律,是河床演变分析的重要方面。

河床演变分析(channel change analysis) 根据实测资料分析河床变化规律的方法。天然河流在来水来沙与河床形态相互作用下不断变化,通过河道地形图和水流、泥沙条件等水文资料分析,结合水流、泥沙和河床演变的基本理论,研究冲淤变化的原因和主要影响因素,再根据河床变化的规律,推断河道未来的演变趋势。

河床变形计算(channel change computation) 运用数学模式对河床变形的过程进行的计算。如水库淤积、裁弯取直、坝下冲刷、引河冲刷、整治后变化等的计算。有纵向变形计算、细部变形计算、变形极限状态估算等几方面。一般根据水流连续方程、水流运动方程和泥沙连续方程等,求得河床时空变化的数值。

凹岸(concave bank) 弯曲河段凹进一侧的河岸。水流与河床相互作用的结果,使天然河流总是弯弯曲曲,形成一系列河湾。因环流作用,一岸冲刷,使岸线凹进;另一岸淤积,使岸线凸出。故凹岸水较深,是深泓位置;凸岸水浅,形成边滩。

凸岸(convex bank) 弯曲河段凸出一侧的河岸。参见"凹岸"。

河床纵向变形(logitudinal deformation of channel) 因河流上游来沙量和本河段输沙能力不适应,即纵向输沙不平衡而引起河底高程沿程的变化。引起河床纵向变形的因素有来沙量变化、地壳升降、海面高程变化、水工建筑物的兴建等。体现河床纵剖面和横断面面积的冲淤变化。

河床横向变形(lateral deformation of channel) 河道在横断面上发生的冲淤变化。弯曲河道在环流作用下,河道中产生横向输沙,泥沙在河床上横向搬移,使凹岸冲刷,凸岸淤积,造成河床平面摆动。一些河床的局部地形如沙丘、沙嘴、浅滩等也会产生泥沙横向输移的水流条件,促使河床横向变形。

输沙平衡(equilibrium of sediment transport) 上游来沙量与本河段输沙能力相适应,河床处于冲刷量与淤积量相等的动态平衡状态。泥沙运动受到水流条件、泥沙条件和河床形态等各方面因素的综合影响,泥沙输移随时都处在变化和发展之中,河段内各个局部地区的床面形态也在不断地变化。输沙平衡是相对的概念。

泥沙连续方程(continuity equation of sediment transport) 亦称"输沙平衡方程"、"河床变形方程"。根据质量守恒定律并将含沙水流作为连续介质考虑而得出的方程。是研究河床演变过程中泥沙运动的重要方程之一。设单位时间内进出长为 dx 河段的泥沙量之差为 $-\dfrac{\partial G}{\partial x}dx$,与此同时从床面冲起或落淤在床面上的泥沙量为 $\gamma' B \dfrac{\partial Z_0}{\partial t}dx$。在水体中含沙量不因时间而变的恒定流条件下,进出水体沙量之差应等于床面冲起或淤积的泥沙数量,在一维情况下河床纵向变形方程为:

$$\frac{\partial G}{\partial x} + \gamma' B \frac{\partial Z_0}{\partial t} = 0,$$

式中,G 为输沙率,x 为沿流程距离,γ' 为床面泥沙干容重,B 为河宽,Z_0 为床面高程,t 为变形时间。

冲淤平衡状态(equilibrium of erosion and deposition) 在天然河流中,河床与一定的来水来沙相互作用,经河床自动调整后,所达到的输沙平衡状态。这时冲刷过程或淤积过程也达到不冲不淤状态,有淤积平衡和冲刷平衡两种状态。前者为上游来沙量大于本河段水流挟沙能力,河床发生淤积,断面随之减小,流速加大,使挟沙能力增大,达到新的输沙平衡状态,淤积暂时终止;后者为上游来沙量很少,河床发生冲刷,从而使水深增加,流速降低,当流速小于床沙起动流速时,冲刷暂时终止。

淤积(aggradation) 上游来沙量大于本河段水流的输沙能力,泥沙堆积,使床面升高的现象。是输沙不平衡的表现。泥沙在河槽、港湾和航道内的堆积,往往使河床变形、港湾淤浅、航道堵塞。

粗化（coarsen） 水流将河床上较细的泥沙冲走后，使床面保留一层较粗颗粒泥沙的现象。由于床沙组成不均匀，当河床发生冲刷时，水流对泥沙进行分选，将较细的颗粒冲走，较粗的颗粒遗留下来，逐渐在河床表面形成一层较粗颗粒的保护层，限制冲刷进一步发展。

细化（fine） 在淤积过程中，随水流流速沿程变化，不断有新的冲泻质转化为床沙质的现象。悬移质中较细的泥沙，原属于冲泻质，水流流速变化使这部分泥沙大量在床面上沉积，因而转化为床沙质。在不同的河段或在同一河段不同过程中，区分冲泻质与床沙质的临界粒径也是变化的。

冲刷（degradation） 水流作用于河床引起土石流失或剥蚀的现象。河流断面平均流速超过沙粒起动流速时，河床上的泥沙就要向下游移动，当上游来沙量小于本河段水流的输沙能力时，水流将冲刷本河段河床，使床面降低。被冲刷的泥沙随水流运动，容易在其下游地点落淤。

局部冲刷（local scour） 在小范围内产生的冲刷现象。因河道的突嘴、矶头等处，或各种水工建筑物下游局部区域内水流产生漩涡，紊动加剧，常在它们附近的河床上冲成深坑，称"冲刷坑"。如闸坝下游、丁坝头部、桥墩附近、险工堤段等部位都易受到局部冲刷，必须采取防护工程措施。

顺直型河段（straight river segment） 亦称"微弯型河段"。中水时河槽比较顺直略有弯曲的河段。河流中常有犬牙交错的边滩依附在两岸，深槽与浅滩相间，但滩槽水深相差不大。边滩在水流作用下不断下移，使深槽、浅滩、深泓位置不断交换，对航行、港口建设、护岸、取水工程等均为不利。

顺直型河段犬牙交错的边滩

弯曲型河段（curved river segment；sinuous segment）亦称"蜿蜒型河段"、"河曲"。平原河流的一种常见平面形态。当河谷比较宽广，河岸较低，且表层为黏土和黏壤土，底层为沙土的二元结构时，在一定的水流条件下河相容易演变成蜿蜒曲折的形式。弯曲型河段，随着凹岸冲刷凸岸淤积，变得愈来愈弯曲，曲率半径愈来愈小，形成河环。河环的起终点相距很近，称"狭颈"。狭颈两端水位差较大，一旦被洪水冲开，发展成新河，即为自然裁弯，最后老河两端淤塞，形成牛轭湖。

蜿蜒型河段（meandering river segment） 即"弯曲型河段"。

分汊型河段（braided segment） 江心洲将河流分成两汊或多汊的河段。整个河型呈宽窄相间的莲藕状。是平原河流中常见的一种河型，如长江中、下游，湘江，松花江等河流上都有许多分汊型河段。有主汊和支汊之分。前者分流量大，后者分流量小。因各汊的平面形态、来水来沙条件、进口水力条件、两岸地质不同，演变规律比较复杂。分汊型河段由于河床放宽，两汊的水深一般比上下游单一河段的水深为浅；由于河型和分流比影响，在分流段和汇流段都会产生横比降，致使泥沙向两岸搬移，在进出口两岸形成边滩。在一定的地质条件下，支汊受水流作用，不断冲刷后退，江心洲也随着淤长，最后会形成鹅头形汊道。

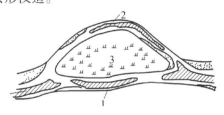

分汊型河段示意图

1. 主汊　2. 支汊　3. 江心洲

游荡型河段（wander segment） 河槽中主流摆动不定的河段。具有河床宽浅，水流湍急，沙滩密布，汊道交织，河床变形迅速，含沙量和输沙量很大，泥沙堆积严重等特点。例如，黄河秦厂至高村河段近年来平均每年升高十多厘米。在多年的淤积情况下成为地上河，洪峰时深泓每天摆动一百多米。对防洪、航运、取水工程均不利，必须进行治理。

黄河游荡型河段示意图

弯道摆幅（meander amplitude） 两相邻河湾凹岸弯顶切线间的距离。天然河流中的稳定河湾，其平面形态接近于正弦曲线，可近似地看成由一系列方向相反的圆弧和直线段组成。弯道摆幅 B_m，可由 $B_m = K_B \cdot B$ 求得，式中，B 为直段河宽；K_B 为系数，与造床流量的大小有关，一般 $K_B = 9 \sim 41$。

弯距（meander length）　天然河流中两同向河湾弯顶之间的距离，用 L_m 表示。可由 $L_m = K_L \cdot B$ 求得，式中，B 为直段河宽，K_L 为系数，一般 $K_L = 6 \sim 12$。

河湾蠕动（creeping motion of river bend）　弯曲性河道上凹岸崩退和凸岸淤长使河湾在平面上产生横向位移的现象。在水流动力轴线贴流、顶冲的凹岸，环流强度较大，崩势严重，使河湾横向发展的同时，逐步向下游推进，整个河湾类似蚯蚓缓慢地移动，故名。若第一个弯道不断向右蠕动，第二个弯道就不断向左蠕动。在整个河湾向下游蠕动的同时，河轴线又有旋转的趋势，称"河线旋转蠕动"。

撇弯切滩（bypass and chute cut-off）　水流遇凸岸切滩取直，而在凹岸回流淤积的现象。河弯不断发展，会形成曲率较大的锐弯，在适当的条件下，主流改趋凸岸，将凸岸伸展过长的边滩切掉，水流取直，同时在凹岸弯曲过急的地方形成回流，使凹岸淤积。

心滩（middle bar）　河流展宽河段和支流汇合等处局部的泥沙堆积体。是河床沙波（沙丘）运动的结果。体积较小，高程较低，潜没在水下，主要由推移质所组成。可能被水流冲失，或逐渐向下游移动，或依附一岸成为边滩，但在适宜的条件下，也可能进一步扩大成潜洲或江心洲。

潜洲（barrier bar）　进一步扩大淤高而成的心滩。在枯水时露出水面，主要组成物质是床沙质，表层可能落淤有较少的冲泻质。水流切割边滩或沙嘴后亦可形成潜洲。一般不稳定，在水流作用下，向下游移动或左右摆动。

江心洲（island）　位于江心而与两岸不连接，并能长期维持稳定的泥沙淤积体。由于河流中潜洲不断增大淤高，升到一定高程，上面生长芦苇等植物，在植物的缓流促淤作用下，汛期水流中的悬沙在滩面上普遍落淤，逐渐使滩面高出中水位而成。或因水流切割边滩，裁弯取直而形成。江心洲使河流成为分汊型河段，如长江的南京河段八卦洲。

顶冲点（erosion point）　水流动力轴线紧贴弯道凹岸的地方。当水流动力轴线进入弯道后逐渐偏向凹岸，在弯顶附近部位是水流动量的主要作用点，受动力冲击最剧烈。根据水流动力轴线洪水趋直，枯水坐弯的规律，顶冲点的位置将下挫或上提。高水时，顶冲点位置一般在弯顶以下；低水时，在弯顶附近或弯顶稍上。

分流点（diversion point）　江心洲上游水流动力轴线开始分支的地方。其位置随水力因素而变化，流速大、水位高时偏下游，反之，偏上游。与水流泥沙运动也有一定关系。由于江心洲的壅水作用和两个汊道阻力的差异，分流因流线弯曲而产生离心力，形成水面横比降及环流，使水流结构复杂，与河道的演变发展关系极为密切。

汇流点（confluence point）　在分汊型河段中，两汊在江心洲下游水流动力轴线交汇的地方。随水流条件而变化。由于两股水流汇合时相互冲击、摩擦和挤压的作用，水流结构极为复杂，一方面汇流区形成一系列小漩涡，造成低流速区，易于泥沙堆积；另一方面汇流区形成一对方向相反的环流，其表流指向河心，底流指向两岸，给边滩的形成创造有利条件。

分流比（water diversion ratio）　在分汊型河段中，进入某汊道流量与总流量之比。因各汊的阻力、地形、汊道进口附近流线弯曲的程度和洲头形状等影响，使进入各汊的流量产生差异。由各汊分流比与分沙比的大小和变化规律可初步分析汊道的变化趋势。

分流角（diversion angle）　分汊型河段上水流动力轴线与河道几何轴线的交角。交角的大小与河道的发展演变有关。

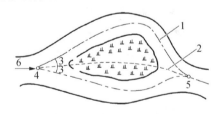

分汊型河段分流角平面图
1. 水流动力轴线　2. 河道几何轴线　3. 分流角
4. 分流点　5. 汇流点　6. 水流方向

分沙比（sediment diversion ratio）　分汊河段中，进入某汊道的输沙率与分汊前总输沙率之比。由于河床地形和水流情况，在分汊口门附近产生横比降，从而产生环流造成横向输沙，使进入各汊道的含沙量不同。由各汊分沙比与分流比的大小和变化可初步分析各汊道的变化趋势。

串沟（series gully）　在天然河流的河漫滩或边滩上，因洪水、地面径流的冲蚀而形成的许多纵横交错的水沟。串沟发育会截夺主流造成河槽摆动。由于洪、枯水流向不一致,退水期主流逐渐向枯水主流方向摆动,因而冲蚀部位亦不稳定,往往形成被分割的浅滩。

河相关系(river morphological relation) 在平衡状态下的河床形态尺度与水力泥沙因素之间的关系。目前一般只能采用统计方法求出一些经验的河相关系表达式。如 $B^m/H = K$,式中,B 为平均河宽;H 为平均水深;m 为指数,平原河流 $m = 0.5 \sim 0.8$,山区河流 $m = 0.8 \sim 1.0$;K 为断面河相系数,山区河段 $K = 10 \sim 16$,山麓河段 $K = 9 \sim 10$,中游河段 $K = 5 \sim 9$,下游河段 $K = 3 \sim 4$(壤土河岸),$K = 8 \sim 10$(沙土河岸),平均值 $K = 10$。其他各种因素之间,亦可求出河相关系式,但都只在一定的条件下适用。是冲积河流水力计算和河道整治的依据。

平滩水位(bankfull stage) 与河漫滩平齐的水位。相应的流量称"平滩流量"。相当于多年平均洪水流量,在这种流量下造床作用往往最显著。在航道整治中,也有将平边滩水位简称"平滩水位"。

河床稳定性指标(stability index of channel) 亦称"河床稳定系数"。河床泥沙抗拒运动的摩阻力与水流对泥沙推移的作用力之比值。是反映河床稳定程度的指标。取决于水流对泥沙作用的情况,流急沙细,则冲淤变幅大,河床不稳定;流缓沙粗,则冲淤变幅小,河床稳定。河床纵向稳定指标 K_1,表明河床底部的稳定性,$K_1 = d/J$,式中,J 为比降(mm/m),d 为床沙粒径(mm)。K_1 值愈大则河床愈稳定。河床横向稳定指标 K_2,表明河岸的稳定性,$K_2 = BJ^{0.2}/Q^{0.5}$,式中,Q 为造床流量(m³/s);B 为造床流量下的河宽(m)。K_2 值愈大河岸愈不稳定。有时为了综合评价河流稳定程度,将纵横两个稳定指标一起考虑,称"综合性稳定指标"。

河道整治(river training; river improvement; river regulation) 亦称"河床整理"。控制和改造河道的工程措施。在天然河流中经常发生冲刷和淤积现象,容易发生水害,妨碍水利发展。为适应除患兴利要求,必须采取适当措施对河道进行整治,包括治导、疏浚和护岸等工程。

泥沙级配曲线(particle size distribution curve of sediment mixture) 表达混合沙中不同粒径泥沙所占质量比例的曲线图。横坐标为泥沙粒径,纵坐标为大于或小于该粒径的泥沙在总沙样中所占质量百分比。由于天然泥沙粒径变化范围较广,横坐标常用对数坐标,从级配曲线上可看出沙样粒径大小和不均匀程度。

泥沙休止角(sediment angle of repose) 泥沙堆积成丘时斜坡上泥沙颗粒不再滑动情况下坡面与水平面的夹角。与泥沙颗粒大小、形状、密度与颗粒组成等因素有关。泥沙在水中的休止角称"泥沙水下休止角"。

泥沙絮凝(sediment flocculation) 细颗粒泥沙在一定条件下结合成集合体的现象。由于分子力的作用在泥沙颗粒周围形成一层吸附水膜,当两颗泥沙相互靠近时会形成公共的吸附水膜,如果泥沙颗粒足够细,公共吸附水膜足以使颗粒连接起来,形成集合体。泥沙颗粒絮凝后形成较大粒团,中间有很多空隙充满了水分称"絮团"。含沙量达到一定程度时,絮团相互连接形成不规则絮网结构。对泥沙沉降、起动和输移都有重要影响。

造床流量(dominant discharge) 对塑造河床形态起主要作用的流量。是比较大但不是最大的某一级洪水流量。通常采用与平滩水位相应的流量作为造床流量,也可用水流挟沙力与其历时乘积为最大值的流量作为造床流量。是河相关系式中的基本参数,也是河道整治规划的重要依据。

河势(dynamic state of river course) 河道水流动力轴线、岸线、深槽和洲滩等分布的河床平面形态和主流变化的趋势。可用水流动力轴线、岸线、洲滩的位置变化作为河势变化图。根据河势图的分析可以了解河床演变现状和发展趋势。对治河工程规划和枢纽布置、其他涉河工程选址和施工有很大帮助。

水库淤积(reservoir silting; sedimentation of reservoir) 挟带泥沙的河道水流进入库区后,因流速减缓,被挟泥沙由粗到细沿程沉积在库底的现象。河道上修建水库后,库区水位抬升,水流过水断面增大,水力坡度变缓,纵向流速和紊流速度减小,水流挟沙能力降低,导致部分悬移质和推移质泥沙在库区内沉淀、淤积。淤积的泥沙数量和分布与入库水沙条件、库容大小、水库形态和运用调度情况有关。库区泥沙淤积将导致库容的损失,库尾段河床和水位的抬升,当淤积泥沙靠近枢纽建筑物时会有泥沙进入电站引水口或灌溉渠道。如何减少水库泥沙淤积是水利工程建设中重大的研究课题。采取蓄清排浑、泄空冲刷、底孔排泄异重流等方法,已取得保持有效调节库容的丰富经验。

水库排沙（sediment sluice from reservoir） 采取各种措施将入库泥沙适时地排出库外的工程。设计水利枢纽建筑物时常布置有泄流底孔、涵管、隧洞、冲沙闸或冲沙廊道，采取合理的运用调度，及时地调整泥沙淤积部位，并将运动到枢纽建筑物前沿的泥沙及时地排向下游。其功能取决于排沙建筑物所处的位置、泄流能力的大小和调度运用的方式。

河流数学模型（mathematical model of river） 用数学方程式来模拟河道中水流泥沙运动和河床冲淤变化过程，并用数值方法来求解这些方程式，得到问题近似解的方法。是预测河床在自然条件下，特别是在受到人工干扰以后所发生的冲淤变化过程时常用方法之一。常用的基本数学方程式主要有：水流连续方程、水流运动方程、泥沙连续方程、泥沙输运扩散方程和水流挟沙能力公式等，常用的数值方法有：有限差分法、控制体积法、有限元法等，根据具体问题特点采用。数学模型只有在所研究的对象可以用数学方程式来描述且这些方程式可以数值求解的情况下才能使用，目前对一维问题较为成熟，使用广泛，二维问题正在研究和推广使用，三维问题研究使用较少。

河流比尺模型（scale model of river） 将某一段天然河道按一定比例缩小制成的小河道。目的是用以复演或预报在各种来水来沙条件下的水流和泥沙运动情况。为确定模型小河与原型河道的相似性，一般首先在模型上复演出原型河道上实测的水面线和冲淤情况，为此常需调整模型河道的糙率和某些相似比尺。有时因条件所限而采用垂向和水平比尺不同的变态模型。由于水利工程所处自然环境十分复杂，有许多情况难以用计算方法准确预测，常借助于模型试验来完成这个任务，河工模型试验是规划设计中选择优良方案和预测工程的长期效果的最重要手段之一。

模型变率（distortion scale of model） 模型的水平比尺与垂向比尺之比值。在某些具体情况下模型的平面比尺和垂向比尺不能取同一数值，这种模型称"变态模型"。河工模型做成变态的较多，但对以水工建筑物为重点研究对象的模型不宜变态，即使对河工模型，在一般情况下变率也不宜用得过大，在条件许可时，变率愈小愈好。

堤防工程（levee engineering） 防止洪水漫淹城镇农田而修筑的挡水建筑。一般在洪水位高于两岸地面时修建。它既阻挡了河水漫溢，又约束了水流走向。一般用当地土石料建造。在主流顶冲的堤段，还必须用抗冲能力较强的材料构筑护岸、矶头、丁坝、顺坝等御险工程。有时在宽阔的两岸大堤之间的滩地上还修建规模较小的顺堤、格堤等辅助工程。为保护海边滩地修建的海塘也是一种堤防工程。

护岸工程（bank protection engineering） 修建在堤岸（滩边）迎水面防御水流冲蚀堤岸（滩边）的工程措施。有平顺护岸工程和垂直护岸工程两种。前者是采用抗冲材料直接覆盖堤岸的迎水面，直至坡脚；后者则采用凸出堤岸迎水坡面的矶头、短丁坝等，将近岸水流挑向河中心，一般需要沿岸隔一定距离连续做若干个方能奏效。护岸工程的建筑材料和构筑方式甚多，并不断出现新型材料。从早期的抛石、沉排、石笼、梢捆、编篱抛石到铰接混凝土板（块）沉排、加筋沥青、聚烯烃编织物软体沉排、尼龙沙袋等。为保护业已形成的对稳定河势或掩护大堤有益的滩地不被冲蚀，有时沿滩边也修建类似护岸工程的建筑物。

裁弯工程（cut-off work） 对过分弯曲的河段采取的裁弯取直工程措施。对严重妨碍洪水宣泄和通航的弯曲河段，在其两端开辟新线，废弃老的弯曲段，大大缩短水流和船舶的行程。裁弯工程将破坏河流的原有平衡状态，对上下游河段的水位和河床演变有很大影响，要经过很长一段时间才能趋于新的平衡。因此，在实施前应仔细计算分析，对工程的影响做出预报。

堵汊工程（anabranch closure engineering） 在分汊河段上为集中水流而进行的堵塞汊道工程措施。河流分汊导致水流分散，航道水深不足。或因主支汊关系逐渐变化，使某一汊道中原有水利工程不能正常工作，则需采取丁坝、顺坝、潜坝或锁坝等工程抑制某些汊道的发展，至完全堵塞，以确保某个汊道发展为主河槽。有时为了使江心洲（滩）转变为接岸边滩也做堵汊工程。其位置和顶部高程，都需要进行认真的研究和比较后确定。

挑流工程（spurdike engineering） 扭转局部水流流向的工程措施。为保护岸滩，利用凸出岸滩边的堤坝拦截水流，并导引水流指向河中心。在中小河流上，为维护航槽、港口码头或引水口的正常工作条件,也在其上游对岸修筑挑流工程,逼使河道主流贴近这些工程所在区域。可根据需要修建一道或数道挑流工程。

导流工程(flow-guide engineering) 引导水流调整走向而修建的工程措施。为建造拦河枢纽而另辟明渠或隧洞过流是施工导流工程的重要方式之一。裁弯工程中开挖的新河槽也是一种导流工程。治河工程中的导流一般使用顺坝引导水流走向规划的航槽、码头或引水口的前缘。在引水口门区,为防止底沙进入而修建的底部导沙坝(墙、屏)和调整表层水流流向口门、促使底部水流趋向原河道的浮式导流屏也属此类。

疏浚工程(dredge engineering) 对河底或滩地进行的局部开挖。目的是为扩大航道、港区、引水通道,或新辟航道。也有为新建水中工程开挖基槽。一般常用挖泥船或其他水下挖泥机具,并辅以输抛泥设备共同完成。防止抛泥游移回淤,也是疏浚工程的重要研究内容之一。若能将挖泥与造地相结合,则可一举两得。

河道整治设计水位(design water level for river regulation) 为实现河道治理目标而选定的特征水面高程。如为筑堤防洪选定堤顶高程,有堤防设计水位;为确保最小通航水深,选定最低通航水位;为限定跨河建筑物的最低高度,选定最高通航水位,以确保过船安全的最小水上净空。所有这些选择都必须根据水文资料使用保证率方法进行分析比较,合理地选定各种设计水位,供工程设计时作为基本依据。

河道整治设计流量(design discharge for river regulation) 根据河道不同整治目标选定的特征流量。如治理洪水河槽时,为确定堤顶高程、护岸和御险工程规模而选定的设计洪水流量;为控制河道主槽稳定选择的对河床作用较大的造床流量;为通航目的整治河道,选定的在枯水期保证最小水深的设计流量。

设计河槽断面(design cross section) 为满足防洪、引水和通航等要求而选定的河道断面尺度。行洪河槽断面设计主要是根据宣泄一定标准的洪峰流量来确定。中水河槽应根据来水来沙和河床组成物情况选用适当的河床形态公式来计算,并参考本河道或相似河道上无须整治即能满足各方面要求的优良河段河槽断面尺寸进行选择。枯水河槽设计的主要依据是通航所要求的尺度标准。

整治线曲率半径(regulation river curvature radius) 整治水位时的河道弯曲半径。一般河道总是弯曲的,但曲度太大时有碍行洪或通航。为使河道整治后能够稳定,且满足防洪通航要求,可仿效优良河段的曲度,将弯曲段设计成单一圆弧,或由几个曲率半径不同的圆弧连接起来的、缓和渐变的复合曲线形河槽。

模范河段(model reach) 天然河流在长期演变过程中自然形成的相对稳定、形态规则、通航条件良好的河段。其特点一般是弯道和浅滩位置比较稳定,浅滩段水深相对较大,边滩较高,深槽稳定,两弯道间过渡段长度适宜,其宽度与深槽宽度相差不大,水深相对较大,且连接平顺。这种河段可作为规划设计整治工程的重要参考依据。

溯源冲刷(retrogressive erosion) 当库水位下降时所产生的向上游发展的冲刷。其冲刷强度随库水位降落到淤积面以下越低而越大,相应向上发展的速度越快,冲刷末端发展也越远。其发展形式与库水位的降落情况和前期淤积物的密实抗冲性有关。当库水位降落后比较稳定,变幅不大,或者放空水库时,冲刷的发展是以冲刷基点为轴,以辐射扇状形式向上游发展。当冲刷过程中库水位不断下降,冲刷是层状地从淤积面向深层,同时也向上游发展。当前期淤积有压密的抗冲性能较强的黏土层,则在冲刷发展过程中,库区床面常形成局部跌水。

高含沙水流(hyper-concentration flow) 挟带的泥沙颗粒非常多的水流。其细颗粒泥沙($d <$ 0.01 mm)较多,含沙量很大,可达每立方米数百千克,甚至上千或 1 000 千克以上。高含沙水流在物理特性、运动特性和输沙特性等方面与一般挟沙水流不同。有两种流动:一种是高强度的紊流,发生在比降大流速高的情况下,大尺度和小尺度的脉动都得到比较充分的发展;另一种是发生在比降小流速低的情况下,水流十分平缓,有时水面呈现出几毫米至一二厘米的清水层,清水层下为浓稠的泥浆,水流中保持着强度低而尺度大的漩涡,既不同于一般的紊流,也不同于一般的层流(或称"濡流")。因受含沙量影响,泥沙沉速大幅度减小,故高含沙水流具有较大的挟沙能力。当通过较大的高含沙洪水时,可在短期内使河底发生剧烈冲刷,在黄河称"揭河底现象";而在水位降落,流速急剧减小时又可能骤然短时停止流动,在黄河称"浆河现象"。高含沙水流容

易引起河道和水库的淤积,增加防洪和引水的困难,但也可利用其特性进行引洪淤灌和提高水库排沙效率。

环境泥沙(mechanics of environmental sediment)研究与泥沙运动有关的(受泥沙运动影响的)污染物(包括泥沙颗粒本身)在环境中迁移转化的规律和控制应用的学科。是环境科学与水利工程交叉的边缘学科。研究内容包括:环境中颗粒物的性质,泥沙运动在污染物迁移转化、归宿、治理、控制中的作用及影响,水环境污染物迁移转化的规律,泥沙运动、河床演变和水利工程对水环境的影响,以及水质对泥沙运动的影响。

泥沙淤积物干容重(specific weight of sediment deposition) 亦称"干密度"。泥沙淤积物原状沙样烘干($100 \sim 105 ℃$)后的质量与原状沙样体积的比值。干容重与粒径大小、埋藏的深浅,以及淤积历时有关。

河工模型试验(model test of river engineering)运用河流动力学原理及水流、泥沙运动相似理论,模拟与原型河流相似的河道边界条件和水沙动力条件,通过试验研究河流在天然情况下或在有水工建筑物的情况下水流结构、泥沙运动、河床演变过程以及水工建筑物工程效果的一种研究方法。模型与天然河流应在以下几方面保持相似:(1)几何形态;(2)水流流态、水流阻力、流速分布和紊动程度;(3)泥沙沉降速度、起动流速和输沙率。河段有山区、平原之分,挟沙有推移质、悬移质之分,河相有宽浅、窄深之分,视不同情况应采取不同的模型设计方法。为满足各种相似要求,模型中常选用具有适宜比重和粒径的人工材料代替天然沙。分定床和动床两种模型,前者河槽不受水流冲动,后者可显示河槽冲淤变化,通常用与水流所挟沙粒相同的材料铺成。因河流在水深方向上的尺度一般远小于其长度和宽度,故常采用变态模型(即垂向比尺和平面比尺不同),但变态率必须控制在一定范围内。

正态模型试验(undistorted model test) 在与原型保持完全几何相似的缩尺模型上对原型问题进行试验研究的方法。任何方向原型与模型对应尺寸之比为同一相似常数,即几何相似比尺。研究水工建筑物水流或结构问题的物理模型试验一般多用正态模型。

变态模型试验(distorted model test) 在与原型不保持完全几何相似的缩尺模型上研究原型问题的物理模型试验方法。原型三个方向尺度与模型对应尺度之比的相似常数不是同一值,即有多于一个的几何相似比尺。例如,水平方向长、宽度用一个比尺,铅直方向高(深)度用另一比尺;又如铅直面宽、高度用一个比尺,而水平长度用另一比尺,均属变态模型。严谨而言,变态模型上的物理现象不可能与原型完全相似,但有些水工问题如长河段河流泥沙问题,长距离输水、泄水建筑物水流问题等,有时限于场地、量测等条件限制,不得不采用变态模型试验,并能获得解决工程问题的某些有用成果。比如模型与原型流速分布可能不相似,但断面平均流速仍保持一定比例。

定床模型试验(rigid-bed model test) 用缩尺模型研究河渠水流或水工建筑物水流问题,并视河床、渠槽等过水边界为固定不变的试验方法。这种试验,模型与原型应实现几何相似与水流运动相似,后者意指满足重力相似准则和阻力相似准则。一般模型与原型流态如均处于紊流的自动模型区,则阻力相似只需由边界糙率控制来实现。

动床模型试验(model test of movable bed) 用缩尺模型将河渠水流泥沙运动与其河床、渠槽等水边界的冲淤演变同时进行试验研究的方法。与定床模型试验比,其相似条件不但包括几何相似,水流运动相似,还包括一系列泥沙运动相似条件;由于边界可变导致几何相似、水流运动相似条件本身复杂化,并与时间因素密切相关;加之泥沙运动基本理论未臻成熟,从而其相似理论也未臻成熟,故建立与原型完全相似的动床模型很难。为此常先进行模型验证试验,并根据验证结果适当调整模型本身或修正某些相似常数,直至满意为止。

相似准则(similitude criterion) 一系列物理现象相似时各现象相互对应的有关物理量之间必然存在的定量关系。常以有关物理量以一定形式组合成的无因次相似准数相互同量为表达形式,同时构成相似的必要条件。例如,基于牛顿定律的力学现象的相似,必有牛顿数为同量的普遍相似准则:设有相似现象1、2、3,对应质量为 m_1、m_2、m_3,对应力为 F_1、F_2、F_3,对应运动速度为 v_1、v_2、v_3,对应时间为 t_1、t_2、t_3,则牛顿相似准则为 $F_1 t_1/(m_1 v_1) = F_2 t_2/(m_2 v_2) = F_3 t_3/(m_3 v_3) = Ne$,此无因次相似准数 Ne 即牛顿数(Newton Number)。组成牛顿数的力 F

可为各种属性的力,针对所研究问题力的属性,将 F 的具体表达式引入就能得到实用相似准则,有几种力相应就有几个准则,例如,重力相似准则、阻力相似准则、弹性力相似准则等。

模型沙(modeling sand)　河工模型中用来模拟河流泥沙的固体颗粒。可以是重率小于天然泥沙的轻质颗粒,也可以是按一定比例缩小了粒径的天然泥沙。应满足几何相似(即各组粒径都按某一比尺缩小)、沉降速度相似、起动条件相似和输沙率相似等条件。最后做到在河工模型上的冲淤情况相似。常用的模型沙材料有电木粉、煤粉、滑石粉、木粉、木屑、塑料沙等。

导线(guide line)　制作河工模型时,为了进行平面控制,确定各控制断面的相对位置,必须布置导线。应根据河道的具体形态确定,力求控制精确、计算简便、易于放样施工。

土　力　学

土(soil)　由矿物颗粒、水和气体三部分组成的统一体。矿物颗粒是地壳表层的岩石经受风化后的产物。土是松散颗粒的堆积物。土的颗粒与颗粒之间互相联结或架叠构成土骨架,它是影响土性质的基本因素。土中的水分对黏性土的性状有很大的影响,如含水率过大,坚硬的块体会变为可塑的土膏,甚至成流动状态的泥浆。土中气体的存在,对土的性质也有一定的影响。土在地壳表面分布极广,但各种土的工程性质均不相同。

土力学(soil mechanics)　研究土的物理性质以及在荷载作用下土体内部的应力变形和强度规律,从而解决工程中土体变形和稳定问题的一门学科。利用力学知识和土工试验技术研究土的强度和变形。包括土在静力和动力作用下的应力-应变或应力-应变-时间关系、强度理论、稳定性问题及应力波在土中的传播规律等方面的研究。因其研究对象为矿物颗粒所结成的松散体,故其力学性质与刚体、弹性体及流体等均不相同。一般连续体力学的规律在土力学中应结合土的特殊性质作具体运用。

土的结构(soil structure)　土的颗粒在空间的排列及联结形式。有单粒结构、分散结构和絮状结构三种基本类型。单粒结构由土粒在水或空气中沉积而形成,常见于颗粒较粗的砂土、砾石等土类。分散结构是黏土颗粒组成的细粒土特有的结构,当黏粒在淡水中下沉时,片状土粒间相互接近于平行排列,粒间以面-面接触为主。絮状结构(亦称"絮凝结构"或"架叠结构")由黏粒(粒径≤0.005 mm)集合体组成,常见于咸水中沉积的黏土。在天然情况下,土的结构往往不是单一的,而是以某种结构为主兼有其他结构的复杂形式。

粒径(grain size)　以直径大小所表征的土粒尺寸。土由各种大小不等的颗粒组成,这些大小不等的颗粒又有各种不同的几何形状,如粗的砾石颗粒具有尖角和棱角,而细小的黏土颗粒则是片状或针状。实用上常将各种不同形状和大小的颗粒化成质量相同的假想球体,此球体的直径就是土粒的粒径。粒径的测定,粗粒土以通过某一筛孔的尺寸来表示,细粒土(粒径小于 0.075 mm)则可用密度计法测定。

粒组(fraction)　土按颗粒大小所分成的组类。把粒径在某一定范围内的土划为一组,并给予一专门的名称。粒组不同,土的特性也不相同;相同的粒组则具有大致相同的物理和工程特性。可作为土的工程分类的依据。《土工试验规程》(SL 237—1999)中规定的粒组划分如下表所示。

粒组统称	粒组划分		粒径(d)的范围(mm)
巨粒组	漂石(块石)组		$d > 200$
	卵石(碎石)组		$200 \geqslant d > 60$
粗粒组	砾粒(角砾)	粗砾	$60 \geqslant d > 20$
		中砾	$20 \geqslant d > 5$
		细砾	$5 \geqslant d > 2$
	砂粒	粗砂	$2 \geqslant d > 0.5$
		中砂	$0.5 \geqslant d > 0.25$
		细砂	$0.25 \geqslant d > 0.075$
细粒组	粉粒		$0.075 \geqslant d > 0.005$
	黏粒		$d \leqslant 0.005$

土的级配(soil gradation)　土中各粒组土粒的相对含量。是某粒组中土粒质量与干土总质量之比,以百分率表示。土的级配直接影响到土的工程性质。级配良好表明土中的颗粒大小不均匀;级配不良表明土中颗粒大小均匀。级配良好的土压实时,能达到较高的密度,因而土的渗透性小,抗剪强度

高,压缩性低;反之,级配不良的土,往往难于压实,抗剪强度低,渗透稳定性差。

颗粒分析试验(grain size analysis test)　亦称"颗粒大小分析试验"。测定干土中各种粒组所占该土总质量百分率的试验。为土的分类、概略判断土的工程性质及建材选料提供颗粒大小分配情况。有筛析法和密度计法两种。前者适用于颗粒粒径大于 0.075 mm 的土,后者适用于颗粒粒径小于 0.075 mm 的土。如土中同时含有粒径大于和小于 0.075 mm 的土粒时,则需联合使用这两种方法。

筛析法(method of sieve analysis)　颗粒分析试验的一种方法。用一套孔径大小不同的筛子,将已称过质量的干土土样(从风干松散的土样中取出的代表性试样)放在最上面一个筛子里,经过振动或摇动,把土粒按大小分开,分别称重,计算小于各孔径的土粒质量占总土质量的百分率。适用于颗粒粒径大于 0.075 mm 的土。根据试验结果绘制颗粒级配曲线。

密度计法(densimeter method; sedimentation method)　亦称"比重计法"。颗粒分析试验的一种方法。利用不同大小的土粒在水中的沉降速度不同来确定土的级配。试验时用特制的密度计,观测土与水的混合液中各种颗粒下沉的速度和混合液密度的变化,从而得到各种土粒的粒径大小,计算出小于该粒径的土粒质量百分率。适用于颗粒粒径小于 0.075 mm 的土。根据试验结果绘制颗粒级配曲线。

不均匀系数(coefficient of uniformity)　衡量土颗粒级配优劣的一个指标。用 C_u 表示, $C_u = \dfrac{d_{60}}{d_{10}}$, 式中, d_{60} 为控制粒径(土中小于该粒径的颗粒占总土质量的 60%); d_{10} 为有效粒径(土中小于该粒径的颗粒占总土质量的 10%)。不均匀系数 C_u 愈大,颗粒级配曲线愈平缓,土的级配愈好。工程上将 $C_u < 5$ 的土视为级配不良;而将 $C_u \geqslant 5$,且曲率系数 $C_c = 1 \sim 3$ 的土视为级配良好。

曲率系数(coefficient of curvature)　衡量土颗粒级配优劣的一个指标。用 C_c 表示, $C_c = \dfrac{(d_{30})^2}{d_{10}d_{60}}$, 式中, d_{60}、d_{30}、d_{10} 分别为土中小于该粒径的颗粒占总土质量的 60%、30%、10% 时所对应的粒径值。曲率系数 C_c 反映颗粒级配曲线的形状,亦即表示粗细粒径搭配的好坏。

颗粒级配曲线(grain size distribution curve)　亦称"颗粒大小分配曲线"、"颗粒分析曲线"。常用粒径分布曲线形式表示。以颗粒分析试验结果绘制成的曲线,以小于某粒径的土质量占土样总质量的百分率为纵坐标,以对数尺度表示的粒径为横坐标。用该曲线可将土的颗粒含量明显地表示出来,以便于进行土的成分分类。由该曲线可以得到:(1)粒组范围及各粒组的含量。(2)颗粒级配情况,如图中 A 土曲线形状平缓,粒径分布范围宽,说明土的不均匀系数大,土粒不均匀,认为是级配良好的土;B 土曲线形状较陡,粒径分布范围窄,表明土的不均匀系数小,土粒较均匀,认为是级配不良的土;C 土曲线尽管粒径分布范围宽,但呈台阶形,说明土中缺乏某一粒径范围内的土粒,级配不连续,认为是级配不良的土。

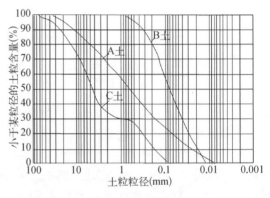

颗粒级配曲线图

天然密度(density)　天然状态单位体积土的质量。用 ρ 表示,单位为 g/cm³。可用环刀法、蜡封法、灌水法或灌砂法测定。常见值为 1.6 ~ 2.1 g/cm³。

饱和密度(saturated density)　土中孔隙全部被水充满,土处于饱和状态时单位体积土的质量。

浮密度(buoyant density)　地下水位以下的土,受到水的浮力作用时,单位体积中土颗粒的有效质量。是单位体积内土粒质量与同体积水质量之差。

干密度(dry density)　单位体积土中固体颗粒的质量。可表明土的紧密程度,是控制填土施工质量的一个重要指标。

含水率(water content; percentage of moisture content)　表征材料所含水分的多少。以百分率表示。(1)土力学中,土体的含水率为土中水的质量与干土质量的比值。用 w 表示。表示土中所含水分的多少,反映土的湿度状态。含水率愈大,土愈湿,强度愈低。土的含水率变化幅度甚大,中国沿海软黏土的含水率通常为 50%～70%。含水率低于 25% 的黏土是较坚硬的土。(2) 水工材料中,材料的含水率为材料的含水质量与其质量之比。有的材料(如木材)以该材料的干燥质量为基准。在水工混凝土中,骨料表面含水质量与其饱和面干质量之比称"表面含水率",饱和面干指骨料内部含水饱和而表面干燥的一种状态。含水率的大小对材料的物理、力学性能影响很大。

孔隙比(void ratio) 土中孔隙体积 V_v 与土粒体积 V_s 的比值。用 e 表示,$e = \dfrac{V_v}{V_s}$。一般土的天然孔隙比在 0.5～1.7 之间。孔隙比越大,表示土中的孔隙体积越大,土越疏松,相应的压缩性和透水性也大,而强度越小。工程上常用孔隙比反映地基土的密实程度和概略的工程性质。

孔隙率(porosity) 亦称"孔隙度"。土中孔隙体积与土的总体积之比。用百分率表示。是判定土密实程度的物理性质指标。孔隙率愈大,土中孔隙愈多,土的力学性质就愈差。天然状态下土的孔隙率为 30%～50%。

饱和度(degree of saturation) 土中孔隙被水所充满的程度,即土中水的体积与孔隙体积的比值。用 S_r 表示,以百分率计。用以判定土的干湿程度。其变化范围为 0～100%。$S_r = 0$,为干土;$S_r = 100\%$,为饱和土;$0 < S_r < 100\%$,为非饱和土。土的饱和度对于细砂和粉砂的强度影响较大,因为饱和的粉、细砂在振动或渗流作用下,容易丧失其稳定性。

相对密实度(relative density) 亦称"相对密度"。表示无黏性土密实程度的指标。用 D_r 表示,$D_r = \dfrac{e_{max} - e}{e_{max} - e_{min}}$,式中,$e_{max}$ 为最大孔隙比,即最疏松状态时的孔隙比;e_{min} 为最小孔隙比,即最密实状态时的孔隙比;e 为天然孔隙比。根据经验,砂土在 $D_r \leq 1/3$ 时是疏松的;$1/3 < D_r \leq 2/3$ 时是中密的;$D_r > 2/3$ 时是密实的。

液限(liquid limit) 黏性土处于可塑状态与流动状态之间的界限含水率,也就是可塑状态的上限含水率。用 w_L 表示,以百分率计。当土的含水率增加到超过液限时,土就由可塑状态转为流动状态,土粒之间几乎没有联结力。土的液限可以由液、塑限联合测定法和碟式仪法试验测定。《土工试验方法标准》(GB/T 50123—1999)规定在含水率与圆锥下沉深度的关系图上入土深度恰好 17 mm 所对应的含水率为 17 mm 液限,入土深度恰好为 10 mm 所对应的含水率为 10 mm 液限。

塑限(plastic limit) 黏性土处于可塑状态与半固体状态之间的界限含水率,也就是可塑状态的下限含水率。用 w_p 表示,以百分率计。当土的含水率减小到低于塑限时,土就由可塑状态转为半固体(坚硬)状态,失去可塑性。测定塑限可采用搓滚法和液、塑限联合测定法。搓滚法是用手掌在毛玻璃板上搓滚土条,当土条直径达 3 mm 时产生裂缝并断裂,这时的含水率定为塑限。液、塑限联合测定法以圆锥入土深度为 2 mm 所对应的含水率为塑限。

缩限(shrinkage limit) 黏性土处于半固体状态与固体状态之间的界限含水率,也就是半固体状态的下限含水率。用 w_s 表示,以百分率计。当黏性土的含水率减小到低于缩限时,土就由半固体状态转为固体状态,土体积不再发生变化。测定缩限可采用收缩皿法。

塑性指数(plasticity index) 液限与塑限百分率的差值(去掉百分号)。用 I_p 表示,取整数,即 $I_p = w_L - w_p$。塑性指数愈大,土的可塑性范围愈广,土中黏粒含量愈多,土中所含有的结合水愈多,土与水之间的作用愈强烈。按塑性指数可对黏性土进行分类,即黏土($I_p > 17$)和粉质黏土($10 < I_p \leq 17$)。

液性指数(liquidity index) 亦称"相对稠度"、"稠度"。判别黏性土的软硬程度(即稀稠程度)的指标。用 I_L 表示:$I_L = \dfrac{w - w_p}{I_p}$,式中,$w$ 为天然含水率;w_p 为土的塑限;I_p 为土的塑性指数。$I_L \leq 0$ 时表示土处于坚硬状态,$I_L > 1$ 时表示土处于流动状态,$0 < I_L \leq 1$ 时表示土处于可塑状态。

塑性图(plasticity chart) 一种对细粒土进行分类的图。以塑性指数 I_p 为纵坐标,液限 w_L 为横坐标,根据大量实测资料的统计,用 A、B 两条线划分区域。每个区域相应于一种(或两种)土名。《土的分类标准》(GBJ 145—90)规定有两种塑性图,17 mm 液限对应的塑性图和 10 mm 液限对应的塑性图,可根据所采用不同液限的标准进行选用(如图)。《土的工程分类标准》(GB/T 50145—2007)和《土工试验规程》(SL 237—1999)均采用 17 mm 液限所对应的塑性图。由塑性图直接查得的是土类符号。其土名详见下表。若细粒土中含部分有机质,则在土代号后加O,土名称前加形容词有机质。

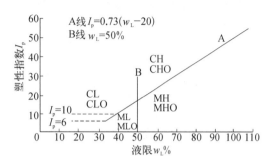

17 mm 液限所对应的塑性图

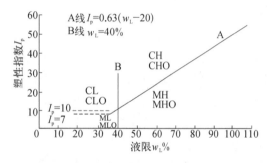

10 mm 液限所对应的塑性图

土代号	按塑性图分类的土名称
CH	高液限黏土
CL	低液限黏土
MH	高液限粉土
ML	低液限粉土

最大干密度(maximum dry density) 击实试验所得的干密度与含水率关系曲线上峰值点所对应的干密度。用 ρ_{dmax} 表示。对同一种土料,分别在不同的含水率下,用同一击数进行分层击实。当含水率较小时,土的干密度随着含水率的增加而增大,而当干密度达到某一值后,含水率的继续增加反而使干密度减小。干密度的这一最大值称该击数下的最大干密度,此时相应的含水率称最优含水率。

最优含水率(optimum water content) 在一定夯击能量作用下,使填土被击实至最大干密度时的含水率。以 w_{op} 表示。若填筑土的含水率小于或大于最优含水率,则所得的干密度都小于最大值。故通过室内击实试验确定的最优含水率及其相应的最大干密度,可作为控制填土施工质量的依据。一般黏土 $w_{op} = 17\% \sim 27\%$。

土的工程分类(engineering classification of soil) 鉴别土的工程性质标准的划分方法。为使对天然土的概念有一个共同的认识,并借此对其工程性质作出统一的评价而将土按工程性质不同加以分类区别。将工程性质相近的土归为一类。其方法甚多。欧美各国多按塑性图分类。《土的工程分类标准》(GB/T 50145—2007)和《土工试验规程》(SL 237—1999)亦采用这种分类法。它将天然土按土颗粒组成及其特征、土的塑性指标和土中有机质含量进行划分。工程用土分一般土和特殊土。一般土根据有机质含量多少分有机土和无机土。无机土按其不同粒组的相对含量分巨粒土、含巨粒土、粗粒土和细粒土(见下表)。巨粒土、含巨粒土和粗粒土按粒组含量可分漂石、卵石、混合土漂石、混合土卵石、漂石混合土、卵石混合土、砾类土和砂类土。砾类土和砂类土根据其中细粒含量及类别、粗粒组的级配可分级配良好砾、级配不良砾、含细粒土砾、黏土质砾、粉土质砾、级配良好砂、级配不良砂、含细粒土砂、黏土质砂和粉土质砂;细粒土按塑性图分高液限黏土、低液限黏土、高液限粉土和低液限粉土。

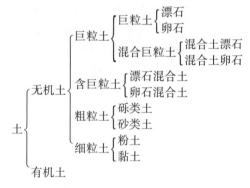

土的分类体系

砂土(sand) 土中粒径大于 2 mm 的颗粒的质量分数不超过 50%,粒径大于 0.075 mm 的颗粒的质量分数超过 50% 的土。砂土根据其中的细粒含量和类别、粗粒组的级配分级配良好砂、级配不良砂、含细粒土砂、黏土质砂和粉土质砂,具体分类见下表(《土工试验规程》(SL 237—1999))。砂土是散粒体,土粒之间无凝聚力,透水性大,没有可塑性。压密的砂土,结构稳定,压缩性小,具有较大的强度,是良好的天然地基。但饱和的粉砂、细砂,结构常处于不稳定状态,是一种对工程建筑很不利的地基。

砂土分类表

土类	粒组含量		土代号	土名称
砂	细粒含量小于5%	级配：$C_u \geqslant 5$ $C_c = 1 \sim 3$	SW	级配良好砂
		级配：不同时满足上述要求	SP	级配不良砂
含细粒土砂	细粒含量5%~15%		SF	含细粒土砂
细粒土质砂	15%＜细粒含量≤50%	细粒为黏土	SC	黏土质砂
		细粒为粉土	SM	粉土质砂

黏性土（clay；cohesive soil）　土的塑性指数大于10，且粒径大于0.075 mm的颗粒的质量分数不超过50%的土。颗粒细小，一般呈片状或针状，可塑性比较显著，受水的作用影响极为明显，压缩性大，透水性小。根据《建筑地基基础设计规范》（GB 5007—2011），黏性土按塑性指数分黏土（$I_p > 17$）和粉质黏土（$10 < I_p \leqslant 17$）；根据水利部《土工试验规程》（SL 237—1999），黏土按塑性图分高液限黏土（$w_L \geqslant 50\%$）和低液限黏土（$w_L < 50\%$）。

特殊土（special soil）　分布在一定地理区域、有工程意义上的特殊成分、状态和结构特征的土。特殊土在特定物理环境或人为条件下形成，具有独特的工程特性。中国特殊土的类别有软土、红黏土、人工填土、膨胀土、黄土、冻土等。

淤泥（muck）　天然含水率大于液限、天然孔隙比大于或等于1.5的黏性土。在静水或缓慢的流水环境中沉积，并经生物化学作用形成。含有较多的细颗粒及大量的有机物腐殖质；呈黑灰或灰绿色，有臭味。存在于沿海和沼泽地区以及河流冲积层上。强度低，压缩性高，透水性小。作为建筑物地基时，很可能会使地基破坏或产生过大的和不均匀的沉降，必须在施工前进行地基处理。

膨胀土（expansive soil）　亦称"胀缩性土"。浸水后体积剧烈膨胀，失水后体积显著收缩的黏性土。由于土中含有较多的蒙脱石、伊利石等黏土矿物，故亲水性很强。当天然含水率较高时，浸水后的膨胀量与膨胀力均较小，而失水后的收缩量与收缩力则很大；天然孔隙比愈大时，膨胀量与膨胀力愈小，收缩量与收缩力则大些。这类土对建筑物会造成严重危害，但在天然状态下强度一般较高，压缩性低，易被误认为是较好的地基。中国云南、贵州、四川、广西、河北、河南、湖北、陕西、安徽和江苏等地，均有不同范围的分布。对膨胀土地基，应做好地表的防渗与排水措施，也可适当加大基础荷载与基础深度以及提高建筑物的刚度并设沉降缝；或将持力层范围内的膨胀土挖除，用砂或其他非膨胀土回填。

土样（soil sample）　土工试验用的样品。有原状土样与扰动土样两种。前者保持原状结构和含水率；后者的原状结构已被破坏。对于建筑物的天然地基、天然边坡与渠道等的土工试验，应取原状土样；对于填土土料（如土坝、土堤、土围堰等）的土工试验，除采取扰动土样外，还应对每一取土料场的不同土层采取原状土样，以供测定天然含水率、天然密度之用。不论何种工程对象，如果仅进行土的分类试验，只需选取扰动土样。

原状土样（undisturbed soil sample；intact soil sample）　相对保持天然原状结构和天然含水率的土样。

扰动土样（disturbed soil sample）　天然原状结构受到破坏或含水率有了改变，或两者兼而有之的土样。

渗透力（seepage force）　亦称"渗流力"。土中的渗透水流在水头差作用下，作用于单位体积土体内土粒上的拖曳力。是一种作用在渗流场的所有土粒上的体积力。力的方向与渗流方向一致，有使土颗粒向前运动的趋势，其值等于土粒对水流的阻力。渗透力是引起土体渗透变形的动力。在斜坡和闸坝地基滑动面上的渗透力，不利于斜坡和地基土的稳定。

管涌（piping）　在渗流作用下土体中的细颗粒在粗颗粒形成的孔隙通道中发生移动并被带出的现象。开始土体中的细颗粒沿渗流方向移动并不断流失，继而较粗颗粒发生移动，土的孔隙不断扩大，渗流量也随之增大，最终导致土体内形成贯通的渗流通道，带走大量土颗粒，土体发生局部破坏。主要发生在砂砾土中，是渗透变形的一种基本形式。

地基（ground）　支承建筑物、机器设备等荷载的地层。按是否经过人工处理分为天然地基与人工地基两类。如天然地基不能满足支承建筑物的要求，则需要进行人工地基处理，例如换土垫层（把软弱土层挖去,另用砂、碎石或灰土等回填并分层夯实)、预压加固、夯实或采用桩基。如天然地基能满足支承建筑物的要求,则应尽量利用,省工省料。

基础(foundation) 与地基接触并将荷载传给地基的建筑物下部结构。一般用砖、石、混凝土或钢筋混凝土等材料建成。按埋置深度分,有浅基础和深基础两种。前者埋置深度小于 5 m 或小于基础宽度,如一般的水闸底板基础、房屋的柱基础、墙基础等。后者埋置深度大于或等于 5 m 或大于基础宽度,如高层建筑的基础(桩基础、沉井、沉箱等)。浅基础施工简便,造价较低。若浅层基础强度不足或建筑物荷载较大较集中时,可考虑采用深基础,但其构造和施工方法均较复杂。基础应有足够的底面面积和埋置深度,以保证地基的强度与稳定性,且不发生太大的变形。

基底压力(contact pressure) 亦称"接触压力"。由荷载通过基础底面作用在地基上的单位面积压力。计算基底压力是为了计算基础结构的内力和地基中的附加应力。基底压力分布对地基中应力分布的影响随深度增加而减小,对地基计算影响较小,一般采用简化的方法,在中心荷载作用下,假定基底压力为均匀分布;在偏心荷载作用下,假定基底压力分布为线性变化,不考虑基础刚度的影响。

附加应力(additional stress) 由于外荷载在土体内引起的应力。可引起土体变形,如果过大,可引起土体塑性变形、破坏和开裂,使建筑物失去稳定性。如在土基上兴建建筑物时,由于建筑物的重量及其上的各种荷载,可引起土基内产生新的应力。在工程设计中应当计算附加应力的大小,以考虑土体的变形和稳定。

有效应力(effective stress) 土体在荷载作用下通过粒间接触面传递的平均法向应力。会引起土体的变形和决定土的抗剪强度。土体的有效应力愈大,其抗剪强度亦愈大。理论上讲,无黏性土(如细砂、粉砂)因震动可能使有效应力降至零,此时,土体发生液化,并处于危险状态。产生有效应力的原因有:(1)土体的自重作用;(2)附加应力作用等。

孔隙水应力(pore water pressure; pore water stress) 亦称"孔隙水压力"、"孔压"。土体在荷载作用下由孔隙水传递的应力。由于水是不可压缩的,故孔隙水应力不会引起土体的压密,也不会使抗剪强度增加。土体内的总应力如保持不变,则孔隙水应力愈大,有效应力就愈小,抗剪强度也愈小。降低孔隙水应力是提高土抗剪强度的主要方法。引起孔隙水应力的原因有:(1)水下天然土层某深度处作用于孔隙水的应力,即静水压力;(2)由于附加应力作用于孔隙水所引起的应力,是超出静水位的应力,故亦称"超静水应力",随土的固结过程,会逐渐转化成有效应力;(3)在稳定渗流作用下所引起的孔隙水应力,也属于超静水应力。一般孔隙水应力往往是指超静水应力,只有超静孔隙水应力才可能转化为有效应力,而静孔隙水应力是不会转化成有效应力的。

超静孔隙水应力(excess pore water pressure) 由于外部荷载作用或边界条件变化在土体中引起的超过静水压力的那部分孔隙水应力。超静孔隙水应力往往伴随着固结和渗流。在有排水条件下,将逐渐消散,转化为有效应力,土体在孔隙水应力消散过程中也逐渐发生体积变化。

总应力(total stress) 作用于土体内部的(包括固体和液体)总的内应力。饱和土中总应力为有效应力与孔隙水应力之和。当总应力保持不变时,孔隙水应力与有效应力可相互转化,即孔隙水应力减小(增大)等于有效应力的等量增大(减小)。

固结(consolidation) 饱和土体在自重应力或附加应力作用下,孔隙水从土体孔隙中逐渐排出,土体渐渐压缩的现象。当孔隙水不再排出时,达到固结稳定。固结的快慢与土类有关,黏性土透水性比砂土小,故其固结过程比砂土长。土的固结是土体内超静孔隙水应力和有效应力相互消长的过程,即超静孔隙水应力逐渐减小,有效应力慢慢增大。但在任何时刻两者之和恒等于附加的总应力。土体固结后,压缩性减小,强度增加。

固结试验(consolidation test) 亦称"侧限压缩试验"。一种测定土压缩性指标和固结特性的试验方法。将土样放在固结仪的固结容器中,由于容器侧壁的束缚,不发生侧向变形,土样的上下各有一块透水石,便于在外力作用下排水。固结试验适用于饱和黏性土,当只进行压缩试验时,允许用于非饱和土。进行压缩试验时,按规定逐级施加荷载,最后一级须大于实际土层所受的计算压力。在每一级荷载下待土样压缩稳定后再施加下一级荷载。加压后要随时观测土样的压缩量,计算孔隙比的变化,并确定压缩稳定时的孔隙比,绘制成压缩曲线,从而确定压缩系数等土的压缩性指标。通过固结试验可测定试样在侧限和轴向排水条件下的变形和压力、变形和时间的关系,从而获得固结系数和先期固结压力等。

压缩系数(coefficient of compressibility) 压缩曲线($e-p$ 曲线)上某一压力范围内割线的斜率。表征土的压缩性的参数。用 a_v 表示,单位为 MPa^{-1}。$a_v = \dfrac{e_1 - e_2}{p_2 - p_1}$,式中,$e_1$、$e_2$ 为对应于压力 p_1、p_2 作用下土压缩稳定后的孔隙比。压缩曲线的形状愈陡,则压缩系数愈大,土的压缩性愈高。工程上习惯用 $p = 0.1 \sim 0.2$(MPa)范围内的压缩系数作为评价土层压缩性的标准。通常,$a_v < 0.1 \ MPa^{-1}$ 为低压缩性土;$0.1 \ MPa^{-1} \leqslant a_v < 0.5 \ MPa^{-1}$ 为中压缩性土;$a_v \geqslant 0.5 \ MPa^{-1}$ 为高压缩性土。低压缩性土对沉降问题影响不大,而高压缩性土往往需要进行人工地基处理。

压缩指数(compression index) 压缩曲线($e-\lg p$ 曲线)上倾斜直线段的斜率。计算土压缩量的参数,表征土的压缩性。用 C_c 表示,无因次。$C_c = \dfrac{e_1 - e_2}{\lg p_2 - \lg p_1}$,式中,$e_1$、$e_2$ 为对应于压力 p_1、p_2 作用下土压缩稳定后的孔隙比。对于正常固结土,压缩指数 C_c 与压缩系数 a_v 之间的关系为 $a_v = 0.435 C_c / p$,式中,p 为压力 p_1、p_2 的算术平均值。

回弹指数(expansion; swelling index) 亦称"再压缩指数"。压缩曲线($e-\lg p$ 曲线)上回弹和再压缩曲线段的直线斜率。为研究土的卸载回弹和再压缩的特性,可以进行卸荷和再加荷的固结试验,所得的 $e-\lg p$ 压缩曲线中,回弹和再压缩曲线构成了一回滞环,回滞环的面积常常不大。实际应用时可认为回弹和再压缩曲线在 $e-\lg p$ 平面内为直线,且其直线的斜率近似相等,该直线的坡度即为回弹指数,用 C_s 表示。一般 $C_s = (0.1 \sim 0.2) C_c$,C_c 为压缩指数,说明在回弹和再压缩阶段,土的压缩性大为减小。

体积压缩系数(coefficient of volume compressibility) 土体在单位应力作用下单位体积的体积变化。土的压缩性指标之一。用 m_v 表示,单位为 MPa^{-1}。$m_v = \dfrac{a_v}{1 + e_1}$,式中,$e_1$ 为土的初始孔隙比,a_v 为压缩系数。

压缩模量(modulus of compressibility) 亦称"无侧限变形模量"。土样在室内压缩仪(固结仪)的侧限(无侧胀)压缩试验条件下应力与应变的比值。用 E_s 表示,$E_s = \dfrac{1 + e_1}{a_v}$(MPa),式中,$e_1$ 为土在自重应力作用下的孔隙比,a_v 为土的压缩系数(MPa^{-1})。土的压缩模量越大,压缩性越小。

变形模量(deformation modulus) 根据现场荷载试验结果,由弹性理论确定的土的应力与应变的比值。较能反映现场的实际应力状态和变形条件。是地基变形和弹性地基上的梁(板)等计算的重要参数。变形模量 E 与压缩模量 E_s 有如下关系:$E_s = E\left(1 - \dfrac{2\mu^2}{1 - \mu}\right)$,式中,$\mu$ 为土的泊松比。土的变形包括弹性变形和塑性变形两部分,故土的变形模量与弹性模量是有区别的。土的变形模量随土的性质而异,软黏土 E_s 为 $4 \sim 16$ MPa,硬黏土为 $16 \sim 39$ MPa,而砾砂和粗砂则高达 $36 \sim 48$ MPa。

体积模量(bulk modulus) 土体在三向应力作用下平均正应力与相应的体积应变的比值。反映土体抵抗正应变的能力。可通过三轴压缩试验测得。

先期固结压力(preconsolidation pressure) 亦称"前期固结压力"、"前期固结应力"。土体在历史上所承受过的最大竖向有效应力。一般从原状土在固结仪中做加荷、卸荷、再加荷的压缩、回弹、再压缩试验所得的 $e-\lg p$ 曲线上求得。最常用的方法是卡萨格兰德(Casagrande)图解法,图中 A 点为 $e-\lg p$ 曲线上曲率最大的点,B 点对应的横坐标即为先期固结压力 p_c。要更好地确定先期固结压力,宜结合土层形成的历史资料加以综合分析。常用于判断土所处的应力历史状态。在天然土层中,当某土层现有固结

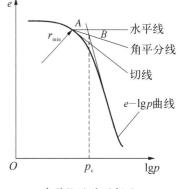

卡萨格兰德图解法

应力 $p_0 = p_c$ 时,该土层为正常固结状态;若 $p_0 > p_c$ 时,为欠固结状态;若 $p_0 < p_c$ 时,为超固结状态。

正常固结(normal consolidation) 土体当前所受的有效应力(现有有效应力)等于先期固结压力的状态。处于正常固结状态的土称"正常固结土"。其超固结比(即先期固结压力与现有有效应力之比,以

OCR 表示)*OCR* = 1。比如在自重应力作用下天然沉积固结稳定的土层,可认为是正常固结土。

超固结(over consolidation) 土体当前所受的有效应力(现有有效应力)小于先期固结压力的状态。处于超固结状态的土称"超固结土"。其超固结比 *OCR* > 1。超固结土的压缩性相对较小。

欠固结(under consolidation) 土体在现有固结应力(比如自重应力)作用下尚未完全固结的状态。处于欠固结状态的土称"欠固结土",其现有有效应力小于现有固结应力。其超固结比 *OCR* = 1,故欠固结土实际上属于正常固结土一类。欠固结土由于尚未固结稳定,其压缩性相对较大。

沉降(settlement) 在建筑物荷载作用下,地基土因受到压缩引起的竖向变形或下沉。均匀沉降一般对建筑物的危害较小,但过大时,也会使建筑物的高程降低而影响使用;不均匀沉降对建筑物危害较大,会使建筑物产生附加应力而引起裂缝,甚至局部构件断裂,危及建筑物的安全。地基基础设计时应对沉降进行估算。

固结系数(coefficient of consolidation) 估算土体固结或地基沉降速率的指标。用 C_v 表示,$C_v = \dfrac{k}{m_v \gamma_w}$,式中,$k$ 为土的渗透系数,m_v 为体积压缩系数,γ_w 为水的重度。C_v 值愈大,土的固结愈快;反之愈慢。

固结度(degree of consolidation) 地基土在外荷载施加后,经过时间 t 所达到的固结程度。用 U_t 表示,$U_t = S_t/S$。式中 S_t 为地基土经过时间 t 所产生的沉降量;S 为地基最终沉降量。用于求沉降与时间的关系。

次固结(secondary consolidation) 饱和土体在主固结完成后,体积仍随时间增长而减小的过程。土体在荷载作用下固结,当土体中超静孔隙水应力消散为零时,意味着主固结过程已经完成。之后在有效应力不变的情况下,土体还会随着时间的增长进一步产生沉降,这就是次固结沉降。

次固结系数(coefficient of secondary consolidation) 估算土体次固结速率的指标。以 C_α 表示。许多室内试验和现场量测的结果表明,次固结变形的大小与时间的关系在半对数纸上接近于直线,发生在主固结完成之后。$e - \lg t$ 关系中次固结阶段的直线段的斜率即为次固结系数。

土的流变性(rheology of soil) 土的变形、应力与时间有关的性质。通过研究土的流变性,可分析工程的长期稳定性。土的流变性以多种现象表现出来,其中徐变是最常遇到的流变现象。徐变指在恒定荷载(应力)作用下,土体的变形随时间增长而增大的现象。次固结即为土体的体积徐变。

抗剪强度(shear strength) 土体或岩石对于外荷载所产生的剪应力的极限抵抗能力,即在外力作用下达到破坏时的极限剪应力。反映土体或岩石抵抗剪切破坏的极限能力。在外荷载作用下,土体中任一截面将同时产生法向应力和剪应力,剪应力作用可使土体发生剪切变形。当土体中一点某截面上由外力所产生的剪应力达到土的抗剪强度时,它将沿着剪应力作用的方向产生相对滑动,该点发生剪切破坏。根据莫尔-库仑破坏准则,土和岩石的抗剪强度可由 $\tau_f = c + \sigma \tan\varphi$ 确定。式中,τ_f 为土或岩石的抗剪强度;σ 为土所受的总应力或岩石所受的压应力;$\tan\varphi$ 为摩擦系数;φ 为内摩擦角,c 为凝聚力。这种表达方式称"总应力法"。如土的快剪抗剪强度表达式为:$\tau_f = c_q + \sigma \tan\varphi_q$,式中,$\sigma$ 为总应力;τ_f 为抗剪强度;c_q、φ_q 分别为快剪的凝聚力和内摩擦角。用总应力法计算土体稳定问题,试验和分析方法比较简单,但在理论上不够严格。土的抗剪强度也可由 $\tau_f = c' + \sigma' \tan\varphi'$ 确定。式中 σ' 为有效应力;τ_f 为抗剪强度;c'、φ' 分别为土的有效凝聚力和有效内摩擦角。这种表达方式称"有效应力法",其概念明确,反映土体抗剪强度的本质,但需量测土样破坏时的孔隙应力。土和岩石的抗剪强度可通过剪切试验测得。土的剪切试验一般在实验室内进行,有直接剪切试验、三轴剪切试验等,以后者的精度为高,软黏土的抗剪强度也可在现场用十字板剪切试验测定。岩石的剪切试验可分室内和现场两类。室内有直接剪切试验、楔形剪切试验、三轴剪切试验,以后者的精度为高。现场主要采用直接剪切试验。

凝聚力(cohesion) 亦称"黏聚力"、"内聚力"。抗剪强度线在 $\sigma - \tau$ 坐标平面内纵轴上的截距。用 c 表示。土的抗剪强度指标之一。库仑抗剪强度定律表明土的抗剪强度是滑动面上的法向应力 σ 的线性函数,$\tau_f = c + \sigma \tan\varphi$。对于无黏性土(如砂土),其抗剪强度仅由粒间的摩擦分量构成,其凝聚力为零。对于黏性土,其抗剪强度由凝聚分量和摩擦分量两部分构成。

内摩擦角（internal friction angle）　抗剪强度线在 $\sigma - \tau$ 坐标平面内的倾角。用 φ 表示。土或岩石的抗剪强度指标之一，反映土或岩石内部各颗粒之间内摩擦力的大小。内摩擦角愈大，强度愈高。无黏性土的内摩擦角通常在 $26° \sim 48°$ 之间。土的内摩擦角反映了土的摩擦特性，包括土颗粒之间产生相互滑动时需要克服由于颗粒表面粗糙不平而引起的滑动摩擦，以及由于颗粒间的嵌入、连锁和脱离咬合状态而移动所产生的咬合摩擦。岩石的内摩擦角一般较大，但岩石内软弱面上的内摩擦角可能较小。下表列出某些完整性岩石的内摩擦角参考值。

岩石种类	内摩擦角 φ（°）	内摩擦系数（$\tan \varphi$）
花岗岩	$45 \sim 60$	$1.0 \sim 1.8$
粗玄岩	$55 \sim 60$	$1.4 \sim 1.8$
玄武岩	$50 \sim 55$	$1.2 \sim 1.4$
砂　岩	$35 \sim 50$	$0.7 \sim 1.2$
页　岩	$15 \sim 30$	$0.25 \sim 0.6$
石灰岩	$35 \sim 50$	$0.7 \sim 1.2$
石英岩	$50 \sim 60$	$1.2 \sim 1.8$
大理岩	$35 \sim 50$	$0.7 \sim 1.2$

直接剪切试验（direct shear test）　简称"直剪试验"。用直接剪切仪（简称"直剪仪"）对土样做剪切试验，从而测定土抗剪强度指标的一种试验方法。土样置于直剪仪的固定上盒和活动下盒内。试验时先在土样上施加垂直压力 σ，然后对下盒施加水平推力，上下盒之间的错动使土样受剪破坏。确定某一种土的抗剪强度通常采用 4 个土样，在不同的垂直压力 σ 作用下测出相应的抗剪强度 τ_f 值。根据试验结果，绘制抗剪强度 τ_f 与垂直压力 σ 的关系曲线，根据库仑定律确定土的内摩擦角 φ 和凝聚力 c。直剪仪构造简单，试样制备安装方便，操作易于掌握，但不能控制土样的排水条件，剪切面只能人为地限制在上下盒的接触面上，应力分布也不均匀。

三轴压缩试验（triaxial compression test）　亦称"三轴剪切试验"。用三轴压缩仪对土样进行三向压缩，从而测定土的强度指标的一种试验方法。土样用薄橡皮膜包裹，置于压力室底座上。压力室由金属顶盖、透明有机玻璃圆筒组成，可在试验过程中观测土样的变化。通过加压系统向压力室内施加均匀的周围压力 σ_3，并对土样施加附加轴向压力 q，则土样受到的轴向压力 $\sigma_1 = \sigma_3 + q$。如周围压力 σ_3 保持不变，随 q 增加，σ_1 也不断加大，直至土样被剪坏。同一种土取数个试样（一般为 $3 \sim 4$ 个），每个试样施加不同的 σ_3，分别测得土样被剪坏时的 σ_1。将试验结果绘成应力圆，从而可得强度指标 c（凝聚力）和 φ（内摩擦角）。其特点是应力条件较明确；可控制排水条件以及量测土样的孔隙水压力。三轴压缩试验根据试样的固结和排水条件不同，可分不固结不排水剪（UU）、固结不排水剪（CU）和固结排水剪（CD）三种方法。

孔隙应力系数（pore-pressure coefficient）　在三向应力状态下，计算土中孔隙应力所引用的两个参数。由于土中的孔隙应力与所作用的三向应力状态有关，当用三轴压缩仪研究在三向应力状态下土中的孔隙应力时，土样先受到周围压力增量 $\Delta\sigma_3$，然后承受主应力差（$\Delta\sigma_1 - \Delta\sigma_3$）的作用，则由此产生的孔隙应力增量为：$\Delta u = \Delta u_1 + \Delta u_2 = B[\Delta\sigma_3 + A(\Delta\sigma_1 - \Delta\sigma_3)]$。$A$、$B$ 即为孔隙应力系数。$B = \Delta u_1 / \Delta\sigma_3$。饱和土 $B = 1.0$；非饱和土 $B < 1.0$；干土 $B = 0$。$A = \Delta u_2 / (\Delta\sigma_1 - \Delta\sigma_3)$（对饱和土）。$A$ 值随土的超固结程度而异。土的超固结比（即先期固结压力与当前土样所受的有效应力之比）愈大，A 值愈低。A 值的大致范围如下：

土　类	A 值
高灵敏度软黏土	$0.75 \sim 1.5$
正常固结黏土	$0.5 \sim 1.0$
轻微超固结黏土	$0.2 \sim 0.5$
一般超固结黏土	$0 \sim 0.2$
高度超固结黏土	$-0.5 \sim 0$

孔隙应力系数不仅对土体变形的计算有重要意义，而且还影响到土体的强度和稳定性，故常用于土体强度的有效应力分析法中。

十字板剪切试验（vane shear test）　用十字板剪力仪在现场测定原状软黏土抗剪强度的试验。十字板剪力仪由两块垂直相交的金属板及垂直的轴杆构成。使用时把十字板板头插入软土中，施加扭力于轴杆上，使十字板在土中以一定的速率旋转，形成圆柱形的剪切面。根据 $\tau_f = \dfrac{2M}{\pi D^2 (H + D/3)}$，可计算出圆柱形剪切面上的平均抗剪强度。式中，$M$ 为地面施加的扭矩（N·m）；D 为十字板板头宽度；H 为十字板板头高度。饱和软黏土在不排水情况下剪切时，$\varphi = 0$，所以通过十字板剪切试验，所测得的抗剪强度 τ_f 相当于不排水剪切的凝聚力 c_u。

无侧限抗压强度（unconfined compression strength）试样在无侧向压力情况下，抵抗轴向压力的极限强度。由无侧限压缩试验求得。试验时，试样在无侧向限制（即周围压力为零）情况下逐渐施加轴向压力，破裂时常在试样侧面可见清晰的破裂面痕迹，这时的压力即为无侧限抗压强度。某些土破裂时发生塑流现象，试样压成圆桶形，但不出现破裂面，这时可取轴向应变达到20%时的压力作为无侧限抗压强度。以试验所得的结果绘制应力圆通过坐标原点。由于软黏土不固结不排水剪的内摩擦角 $\varphi_u \approx 0$，所以抗剪强度线近似为一水平线，抗剪强度等于无侧限抗压强度之半。由于试验时侧面不受任何限制，其抗剪强度值比常规三轴压缩试验所求得的抗剪强度值略小。

残余强度（residual strength）亦称"剩余强度"。土在一定压应力条件下受剪切位移破坏后仍能保持的抗剪强度。用 τ_r 表示，单位为 kPa。$\tau_r = c_r + \sigma \tan \varphi_r$，式中，$c_r$ 为土的残余凝聚力（一般忽略不计）；φ_r 为土的残余内摩擦角；σ 为作用于剪切面上的法向应力。残余强度在剪切试验中为对应于应力-应变关系曲线过峰值点后下降达到的最终稳定应力值。通常可用直接剪切仪进行反复剪切或用三轴压缩试验测定。将3~4个试样在不同的压力下反复剪切，分别求得剪应力的最后稳定值，作为核算滑动土体是否能保持平衡的指标。如土坡或挡土墙填土中已发生剪裂面，就不能再使用常规抗剪强度指标，而应采用残余强度。

休止角（angle of repose）亦称"天然坡角"。天然堆积砂的边坡对水平面的最大倾角。与堆积的形状有关，一般锥形的坡角最小，平坡状较大。松砂的内摩擦角大致与干燥状态砂土的休止角接近。由于干燥砂土的休止角测定方法简易，常用来代替松砂的剪切试验。试验时须按锥形堆积，以求得最小坡角。对较粗颗粒的砂土或大块碎石土，通常的剪切仪不适用时，采用休止角试验可得到满意的结果。

砂土液化（liquefaction of sand）砂土受到震动时，原来稳定的结构遭到破坏，发生砂土颗粒悬浮于水中成为类似液体的现象。一般认为是由于原来处于相对稳定位置的砂土颗粒，在动荷载作用下，有发生移动而挤入土孔隙的趋势；而砂土（尤其是饱和的粉砂、细砂）孔隙中的水一时来不及排出，这时孔隙水应力骤然上升，相应地减小了砂土颗粒间的有效应力，当有效应力减小到零，砂土抗剪强度为零，地基丧失承载力。砂土液化对工程建筑有极大的危害，必须深入研究，采取防止措施。如应尽量避免直接将可液化土层作为持力层；对可液化土层进行人工密实处理（用振动水冲法、强力夯实法等）；如果可液化土层接近基底，厚度也不大，可以采用换土方法处理；若采用桩基础，桩身应该穿过可液化土层，并且伸入稳定土层足够长度。

黏性土灵敏度（sensitivity of clay）原状土样的无侧限抗压强度与相同含水率下重塑土样的无侧限抗压强度之比。用 S_t 表示，$S_t = \dfrac{q_u}{q_u'}$，式中，q_u 为原状土样的无侧限抗压强度，q_u' 为重塑土样的无侧限抗压强度。在含水率不变的条件下使其原有结构受彻底扰动的黏性土称"重塑土"。黏性土对结构扰动的灵敏程度可用灵敏度表示。

黏性土触变性（thixotropy of clay）在含水率不变的条件下，黏性土因重塑而软化（强度降低），软化后又随静置时间的延长而硬化（强度增长）的性质。对于灵敏度高的黏性土，经重塑后其强度明显降低，停止扰动静置一段时间后其强度又会部分恢复，这种性质称"黏性土触变性"。

动剪切模量（dynamic shear modulus）地基土的动剪应力 τ_d 与动剪应变 γ_d 的比值。用 G_d 表示，$G_d = \tau_d / \gamma_d$。地基土层在循环变化的地震剪应力作用下，剪应力与剪应变的关系为狭长形封闭曲线（亦称"滞回圈"，见图）。动剪切模量可由联结滞回圈

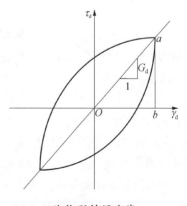

狭长形封闭曲线

顶点和底部顶点的直线斜率来确定。采用动力分析法进行建筑物的抗震设计时,需要给出地基土的动力特性指标(土的动剪切模量和阻尼比),可通过现场或室内试验测定。

阻尼比(damping ratio) 衡量土体吸收地震能量尺度的参数。即非弹性体中阻尼系数 C 与临界阻尼系数 C_c 的比值,用 λ 表示,$\lambda = C/C_c$。非弹性体对振动波的传播有阻尼作用,这种阻尼作用与振动的速度成正比,比例系数称"阻尼系数"。使非弹性体不产生振动时的阻尼系数称"临界阻尼系数"。土的阻尼比可通过室内试验测定,也可通过振动三轴试验或单剪试验等所得的应力应变狭长形封闭曲线(见"动剪切模量"附图),由 $\lambda = \dfrac{A}{4\pi A_s}$ 计算确定。式中 A 为滞回圈的面积,表示在一周期中所消耗的能量;A_s 为三角形 aOb 的面积,表示弹性能。用动力分析法进行建筑物的抗震设计时,需用到土的阻尼比。

挡土墙(retaining wall) 侧向支撑土体的结构物。用来挡住墙后的填土并承受来自填土侧向的压力。常在土建和水利工程中应用,以防止填筑土体的塌滑和保持其稳定性,分重力式、悬臂式和扶壁式。重力式依靠其本身的重量抵抗侧向土压力所产生的水平推力;悬臂式依靠自重和墙背后基脚以上的填土重量来维持其稳定性;扶壁式依靠墙后加肋和自重抵抗转动或滑动。墙背可以是平面或折面,而平面又可以是垂直的或倾斜的。挡土墙的破坏形式有倾覆破坏和沿其底部产生的滑动破坏。这两种破坏都伴有墙后楔形土体的向下移动,称"滑楔"。墙体可用砌石、混凝土或钢筋混凝土筑成。

土压力(earth pressure) 挡土墙后的填土对墙背的一种侧向压力。是作用于墙上的主要外力之一。其大小与墙后填土的性质、墙的高度及墙的移动情况等有关。在设计挡土墙截面尺寸或验算其稳定性时,须先确定土压力的大小、方向和作用点。根据挡土墙的移动情况,有三种特定状态的土压力:静止土压力(墙背不动)、主动土压力(墙背前移)和被动土压力(墙背后移)。在实际工程中,应按挡土墙可能发生的位移情况,采用不同状态的土压力进行计算。

圆弧滑动条分法(circle slip method of slices) 计算黏性土土坡稳定安全系数最常用的一种方法。假定土坡滑动面为圆柱面(剖面上为一圆弧,称"滑弧")及滑动土体为不变形的刚体,按平面问题进行分析,将滑动土体分成若干土条;再求各土条上的作用力对圆心的抗滑力矩与滑动力矩,各取其总和,土坡稳定安全系数等于抗滑力矩和与滑动力矩和之比。根据对土条间作用力的不同假定有不同的方法,常用的有瑞典法(假定不考虑条间作用力)和毕肖普法(假定土条间剪应力为零,只考虑水平作用力)。由于滑弧是任意选定的,不一定是最危险的,故须假定若干滑弧通过一系列的试算,才能求出最危险的滑弧与最小的稳定安全系数。已有现成的计算软件,使用十分方便。

地基极限承载力(ultimate bearing capacity) 地基所能承受的最大基底压力或荷载强度。用 f_u 表示。地基极限承载力可通过静载荷试验或其他原位试验测定,也可通过理论公式计算确定。地基极限承载力除以承载力安全系数为地基容许承载力,承载力安全系数一般取 2~3。

地基允许承载力(allowable bearing capacity) 亦称"地基容许承载力"。单位面积地基上容许承受的荷载(压力)。确定地基允许承载力是地基设计中的一个重要问题。取决于地基土的性质、基础底面尺寸及其埋置深度等。确定的方法较多,如按有关规范中的地基允许承载力表查取;按公式求出地基极限承载力后,再考虑一定的安全系数;参照当地建筑经验等。

临塑荷载(critical plastic load) 地基中开始出现塑性变形区时承受的荷载(压力)。地基是个相当大的土体,开始出现塑性变形,只是某一点达到极限平衡状态,其余部分尚处于稳定状态,对于地基整体失稳,尚有较大的安全度;即使地基中已有一定的塑性变形区,地基中的大部分土体也还是稳定的。在实际工程中,一般不以临塑荷载作为地基允许承载力。但对于压缩性甚大的软黏土地基,则应以临塑荷载作为地基允许承载力。

静力触探试验(cone penetration test) 用静力方法测定不同土层对探头压入的阻力,以了解各土层性质的一种勘探方法。当加压设备通过探杆匀速将圆锥形探头压入不同土层中时,由于各土层中土的成分、含水率、密实度等不同,探头在压入过程中所遇到的阻力也不相同,据此可了解各土层的性质。探头的外形、几何尺寸对贯入阻力影响很大,传感器

(探头的内腔)质量的好坏,也影响测读的精度。静力触探试验可为划分地基土层的分层位置和进行地基计算(包括地基承载力等)提供依据,也能预估单桩承载力等。

比贯入阻力(specific penetration resistance) 静力触探圆锥探头贯入土层时所受的总贯入阻力与探头平面投影面积之比。用p_s表示,$p_s = \dfrac{P}{A}$(kPa),式中,P为包括锥尖阻力与侧壁摩阻力在内的总贯入阻力(kN),A为探头平面投影面积(m^2)。用于划分土层,了解土的性质以及预估单桩承载力等。

动力触探试验(dynamic penetration test) 以一定的锤重和落距将与触探杆相连的探头打入土中,根据探头沉入土层一定深度所需锤击数来判断土的工程性质的一种原位测试方法。由于土层的松紧软硬程度不同,击入一定深度所需的击数也不同,根据击数可反映土层的特性。此法无须钻孔采取土样,省时省工,但精度较差;常与钻探法配合使用,可迅速方便地了解地基的全面情况。一般用于确定各类土的容许承载力;还可用于查明土层在水平和垂直方向上的均匀程度;确定桩基持力层的位置和预估单桩承载力等。

标准贯入击数(number of standard penetration) 以质量 63.5 kg 的落锤,76 cm 的落距,将标准贯入器(为一个连接在钻杆下端的、有一定尺寸的简单开口取土器)击入土中 30 cm 所需的锤击次数。以 N 表示。用以判别砂土的紧密程度或黏性土的软硬程度。也可用以估计地基容许承载力。

地基处理(ground treatment) 提高地基强度,改善其变形性质或渗透性质而采取的人工加固地基的技术措施。可提高地基强度,减少地基变形或防止渗流对地基的破坏。《建筑地基处理技术规范》(JGJ 79—2012)将地基处理的方法分为换填垫层,预压地基,压实、夯实、挤密地基和复合地基四类。常用的方法有砂垫层法、黏性土垫层法、砂井预压法、挤实砂桩法、挤淤法、振动水冲法和强力夯实法等。

复合地基(composite foundation) 部分土体被增强或被置换,形成的由地基土和增强体共同承担荷载的人工地基。根据复合地基荷载传递机理,可将复合地基分成竖向增强体复合地基和水平向复合地基,又把竖向增强体复合地基分成散体材料桩复合

地基、柔性桩复合地基和刚性桩复合地基。

砂垫层法(sand cushion method) 将基底下一定范围内的软土层挖除,回填砂土作为持力层的一种地基处理方法。其作用是让砂土垫层直接承受基础的压力并传递和扩散,减小建筑物的沉降量;利用砂垫层的良好排水性,可加快软土地基的固结。水工建筑物地基换置砂垫层后,在防渗方面会引起不良影响,往往需要打板桩或采取其他的措施。软土地基上水闸的砂垫层厚度,一般以 1~2 m 为宜。

黏性土垫层法(clay cushion method) 俗称"黄泥垫层法"。将基底下一定范围内的软土层挖除,回填黏性土作为持力层的一种地基处理方法。其作用原理与砂垫层法相同。黏性土垫层有防止基底渗漏的特殊作用,不必像砂垫层那样要采取防渗措施。一般情况下,黏性土比砂土容易取得,但黏性土垫层的变形模量较砂垫层小,处理效果比砂垫层差。

砂井预压法(sand-drain preloading method) 在软黏土地基层内设置排水砂井、袋装砂井、塑料排水板等,并铺上砂土铺盖层,然后施加预压荷载,使地基得到压实的一种地基处理方法。适用于软黏土层较厚(5 m 以上)的地基。可使软黏土层内造成渗水通道,在荷载作用下,使软黏土层固结压密。但砂井施工麻烦,用砂量大,质量难于掌握和检查,须防止产生折断、颈缩,以免影响排水效果。

振动水冲法(vibroflotation method) 简称"振冲法"。在松软土地基中利用振冲器的振动和水流喷射联合作用成孔,再在孔内回填碎石或砂料等使地基土得到密实加固的一种地基处理方法。所用的主要机具是振冲器,类似混凝土的振捣器,但尺寸要大得多,且下端有喷嘴可以喷射高压水。施工时,地基土在振冲器的振动力和水冲作用下形成一个孔洞,直至设计加固深度;清孔后,逐段添加碎石(或砂)料,并在振冲器振动作用下使之达到要求的密实度,形成碎石(或砂)桩柱,称为振冲柱或碎石(砂)桩。此法可就地取材,施工设备简单,与砂井预压法相比不需要预压荷载,加固时间也短。用于加固砂土和黏性土等,但不宜用于强度小于 20 kPa 的软黏土地基。

强力夯实法(dynamic consolidation method) 亦称"动力固结法",简称"强夯法"。将质量为 10~60 t 的锤提升至 6~30 m 的高处自由落下,对松软土进行强力夯实的一种地基处理方法。可提高地基的

承载力和降低地基土的压缩性。优点是效果好、速度快、节省材料、不需要预压等，但施工时噪声和振动力很大，影响附近的建筑物等。适用于碎石土、砂土、低饱和度的粉土与黏性土、黄土、杂填土等地基的加固，对于饱和的淤泥和淤泥质黏土则应慎重对待，需经试验后才能使用。

挤密砂桩法（densification by sand pile method）采用振动（或冲击）将砂通过套管挤入地基中，形成较大直径的挤密砂桩的一种地基处理方法。在松软土地基中嵌入挤密砂桩，可使地基压密，既能提高地基土的抗剪强度，减少沉降量，又能防止地基振动液化。此法处理后，即可进行施工，不必像砂井预压法需加预压荷载。适用于松砂和一般软黏土地基的加固，但对强度小于 20 kPa 的软黏土加固效果差，不够经济合理。

沉井（open caisson）　作为深基础围壁部分的一个无底无盖空心井筒。主要由井筒和刃脚两部分组成。由混凝土或钢筋混凝土制成。施工时，先在建筑地点浇筑井筒，挖去筒内土使其下沉。若在深水中，可先在岸边筑好井筒，并加做一个临时底板，浮运到预定位置后，拆去底板使其下沉。达到设计高程后，先封底，再用砂石料或混凝土填实井筒内部，成为深基础。常用于桥墩基础的施工，也用于水闸基础和海塘工程。

沉箱（caisson）　亦称"气压沉箱"。一种有盖无底的箱式结构的深基础。靠本身及上部圬工的重量压入土中，用压缩空气排除箱室内部的水，然后工人进入，清除箱室内土，使之下沉直达坚硬岩土层，封塞箱室即成建筑物的基础。按制作材料，分钢筋混凝土沉箱和钢沉箱两种。断面形状有圆形、方形、矩形和椭圆形等。适用于修筑水下深基础，如钱塘江大桥的桥墩。和沉井比较，最大优点是能随时了解基底的情况；在下沉过程中，沉箱的位置易于控制，不致有较大的偏差。但工人必须在高压空气下挖土，施工相当困难，在工程中现已很少应用。

桩基（pile foundation）　亦称"桩基础"。由设置于土中的桩和与桩顶联结的承台共同组成的基础或由柱与桩直接联结的单桩基础。若天然地基土层极为松软，不能满足建筑物的稳定和变形要求，或上部建筑物的重量很大，坚实土又埋藏较深，不能采用浅基础及其他人工地基时，可考虑采用。常用的有钢筋混凝土桩、钢桩、木桩等。按成桩方法，分非挤土桩、部分挤土桩和挤土桩。按施工方法分，主要有打入桩和钻孔灌注桩两种。前者用打桩机将预制桩打入土中；后者在施工场地的桩位上直接钻孔浇筑混凝土（或钢筋混凝土）桩。按桩的作用，分支承桩和摩擦桩。桩承台底面位于土中的称"低桩承台"，如水闸、船坞底板及桥墩基础等；桩承台底面高出土面以上的称"高桩承台"，如港口的高桩码头等。

支承桩（end bearing pile）　亦称"端承桩"。荷载主要靠桩端处土层支承，侧摩阻力可忽略不计的桩。桩穿过松软土层直达坚硬的岩石或密实的土层上，其上部荷载全部由桩端处岩石或密实土层承担。适用于上部为软弱土层，下部为硬土层（或岩层）的情况。其承载力主要决定于桩的材料和桩端处坚实土层的承载力。

摩擦桩（friction pile）　桩端未达坚实土层，荷载主要靠桩侧表面与土之间的摩阻力支承的桩。桩端阻力小到可忽略不计。适用于软弱土层深厚的情况。端承摩擦桩端部也有抗力的作用，其承载力应由桩侧表面与土之间的摩阻力及桩端处土的承载力决定。

钻孔灌注桩（cast-in-place bored pile）　亦称"钻孔桩"。在桩位上先钻孔，后在孔内灌注混凝土而成的桩。为了防止孔壁坍塌，钻孔中常用泥浆护壁，达到预定深度后，再灌注混凝土（钢筋混凝土桩可在灌注混凝土前将钢筋笼置于孔中）。钻孔灌注桩施工设备和制作方法较简易，广泛应用于桥梁、涵闸、码头和房屋等基础工程。

板桩（sheet pile）　地基中连续成排的板式桩。常用木板、钢板、钢筋混凝土板筑成。桩与桩衔接处做成凹凸槽榫或锁口。板桩一般设在水工建筑物基础的高水位一侧或铺盖起端，用以增加铅直渗流途径，减小基底的渗透压力。设在低水位一侧的短板桩，可减小渗流出口处坡降，防止土体渗透变形。对易液化的地基，常在基础周边设板桩围封，防止震动液化。另外还可以作为挡水、挡土的临时性建筑物（如围堰及基坑护壁）和护岸工程。

基坑（excavation）　为进行建筑物（包括构筑物）基础与地下室的施工所开挖的地面以下空间。开挖深度大于或等于 5 m 的基坑为深基坑。对开挖深度不超过 4 m 的基坑且当场地条件允许，并经验算能保证土坡稳定时，可采用放坡开挖。开挖较深和邻近有建筑物的基坑，可采用基坑支护。水利施工中，为进行水工建筑物施工在地面或地下挖掘的槽或坑也称"基坑"。

基坑支护（retaining and protection for excavation） 为保护地下主体结构施工和基坑周边环境的安全，对基坑侧壁及周边环境采用的临时性支挡、加固、保护与地下水控制等措施。常见的基坑支护形式包括排桩、地下连续墙、土钉墙、锚杆等。

塑料板排水法（drain method by plastic board） 一种改善软土地基排水条件的方法。将一条条透水的塑料板插入软土地基中，以代替排水砂井。塑料板由不腐蚀、不膨胀、耐酸碱、透水性能好的多孔质高分子材料制成；也可用内有沟槽的塑料芯，外包纤维织物等构成。常用的塑料板厚 3 mm，宽 10 cm，其效果与直径为 7~10 cm 的砂井相当。施工时用特制的插板机将塑料板插入土中。具有体积小、重量轻、运输方便、施工效率高、质量好等特点，已被广泛应用。

袋装砂井法（sand wick method） 改善地基排水条件的一种方法。把粗砂装入透水袋内，然后放在套管内压入（或打入）软土地基中，以代替普通排水砂井。透水袋的材料，要求有足够的抗拉和抗弯强度，透水性能好，能起滤网作用，如黄麻编织袋、合成纤维袋。袋装砂井直径比普通排水砂井小得多，一般为 6~7 cm。此法施工速度快，用砂量少，能保证施工质量；袋装砂井直径小，可缩小井距以加速土的固结，同时对土的扰动也较小。

井点法（well point method） 在井管内抽水，使地下水位或孔隙水应力降低的一种施工方法。用于基坑开挖或提高土坡和地基稳定性。在软黏土中，一般用高压射水将井管（外径为 38~50 mm，下端具有长约 1.7 m 的滤管）沉到所需深度，井管用管路与真空泵相连，靠真空泵的吸力使地下水位降低，形成漏斗状的水位线。在粉砂土中，用普通小水泵在井管中抽水，即可降低地下水位。井点法抽水使土中孔隙水应力降低，不会使土体发生破坏，不需要像砂井预压法那样控制加荷速率，可一次降低水位至预定深度，从而加快固结时间。此法需要一套专用设备，降低水位过程中须专人管理和维修。

土工合成材料（geosynthetics） 用于工程建设的以合成纤维、塑料以及合成橡胶等聚合物为原料制造的透水和不透水产品。包括土工织物、土工膜、土工复合材料和土工特种材料。其中土工织物亦称"土工布"，是工程中的常用合成纤维制品，由合成纤维纺织（有纺型）或热黏针刺（无纺型）而成，其特点是强度高、弹性好、耐磨耐腐蚀、透水性好，具有牢固、透水、质量好、施工简便、节省工程费用等优点，但易老化变硬。主要用于加固软基、分隔土层、过滤排水等，可促使软黏土排水固结，防止不同土层掺混，代替砂砾料反滤层，有抗管涌性能。土工膜是由聚合物或沥青制成的一种相对不透水薄膜。土工复合材料是由两种或两种以上材料复合成的土工合成材料。土工特种材料有土工格栅、土工带、土工格室、土工网、土工模袋、土工网垫、土工织物膨润土垫、聚苯乙烯板块等。土工合成材料具有质量轻、抗拉强度高、耐腐蚀、应变性能好、加工简单、价格低廉、施工快捷等优点，可用于防渗、反滤、排水、防护、隔离、加筋等多种用途。土工合成材料在水利、水电、水运、交通、土木、建筑、环保等工程领域都得到广泛应用。

岩 石 力 学

岩石力学（rock mechanics） 亦称"岩体力学"。固体力学的一个分支。研究岩石在荷载作用下的应力、应变和破坏规律，并在工程地质定性分析的基础上，通过分析计算和室内外实验、原型观测等方法，定量地分析建筑物对岩石的力效应，以解决水利水电、建筑、采矿、交通和国防等建设中提出的岩基、岩坡、地下工程围岩等的应力、变形分析、稳定性验算以及岩体加固等问题。它涉及力学、数学、地质学，以及土木水利工程、土力学等知识。由于试验技术和数值仿真技术的发展，不仅在常温常压下，而且在高温高压下对岩体强度和变形特性有了更深入的了解，对地震、地下核爆炸的应力波在岩体中传播规律有了更深入的探讨，为解决各项工程建设中的更复杂的岩石力学问题和地震预报提供了依据。

岩石学（petrology） 研究岩石成分、结构和性质的学科。主要研究岩石的化学成分和矿物成分、结构和构造、分类、岩石的产状、成因规律及其含矿性、蚀变和风化等。有岩类学、岩理学、岩石化学、岩组学、实验岩石学和工艺岩石学等几个分支。对应于岩石的三大门类有火成岩岩石学、沉积岩岩石学和变质岩岩石学。

岩石流变学（rock rheology） 研究岩石黏滞流动

的一门学科。主要研究岩石的流变性,即岩石在应力保持不变时应变随时间而变化(蠕变),或应变保持不变时,应力随时间而变化(松弛)的特性;有时也研究岩石的各种变形,包括弹性滞后变形、塑性流动和黏性变形。

岩石重度(unit weight of rock) 岩石单位体积所受的重力。与其矿物组成、裂隙大小、吸水状态有关。用下式表示:

$$\gamma = \frac{W}{V},$$

式中,γ 为岩石重度(N/cm³);W 为其重力(N);V 为其体积(cm³)。有干重度、湿重度、饱和重度以及浮重度之分。干重度是岩石干燥(孔隙、裂隙中无水)时的重度,湿重度是岩石潮湿(孔隙、裂隙中部分充水)时的重度,饱和重度是岩石饱水(孔隙、裂隙中完全充水)时的重度,浮重度是浸没在水下的饱水岩体材料的有效重度。

岩石比重(specific gravity of rock) 岩石的干重与同体积水重之比值。可用下式表示:

$$G_s = W_s / V_s \gamma_w,$$

式中,G_s 为岩石比重,W_s 为岩石的干重,V_s 为岩石的实体体积,γ_w 为水的重度。岩石的比重取决于组成岩石的矿物的比重,矿物比重愈大,则岩石的比重也愈大。岩石的比重一般在 2.7 左右。可用比重瓶测定。

岩石吸水率(water absorption percentage of rock) 干燥岩石试样在大气压力和室温条件下吸入水的质量 W_{w_1} 与试样干质量 W_s 之比。常以百分率表示,即

$$w_1 = \frac{W_{w_1}}{W_s} \times 100\%。$$

是说明岩石吸水能力大小的指标。岩石的吸水能力取决于岩石所含孔隙的数量和大小,以及孔隙和细微裂隙的连通情况。孔隙愈大、愈多以及孔隙和细微裂隙的连通情况愈良好,岩石的吸水率就愈大。工程上常用吸水率的大小来评价岩石的抗冻性能。当吸水率小于 0.5% 时,一般认为岩石具有良好的抗冻性。岩石的吸水率与岩石的种类有关,可在 0.1%~10% 的范围内变化,对于同一种岩石,又与岩石的地质年代有关。其大小直接影响岩石的力学性质,如抗压强度、抗拉强度、三轴强度、地震波波速等。吸水率可在实验室内通过试验确定。

岩石饱和吸水率(water saturation percentage of rock) 岩石试样在强制状态下的最大吸水质量 W_{w_2} 与试样干质 W_s 之比。常以百分率表示,即

$$w_2 = \frac{W_{w_2}}{W_s} \times 100\%。$$

通常认为,在某种强制状态下,水能够进入所有的敞开裂隙和孔隙中去。为达到强制饱水状态,常用的方法有煮沸法和真空抽气法,个别采用压力法。采用煮沸法饱和试样时,煮沸箱内水面应经常保持高于试样面,煮沸时间不得少于 6 h。采用真空抽气法饱和试样时,抽气的真空度须达到 <98.66 kPa 的压力,抽至不再发生气泡为止,但不得少于 4 h。求得强制饱和状态试样的湿重,算出水的质量后就可求得饱和吸水率。岩石的饱和吸水率越大,岩石中的敞开孔隙裂隙越多,则岩石越差。一般为 0.4%~13%,随岩石种类而定。

岩石饱水系数(water saturation coefficient of rock) 岩石的吸水率 w_1 与饱水率 w_2 之比。即

$$K_w = w_1 / w_2,$$

式中,K_w 为岩石的饱水系数。是评价岩石抗冻性的指标。当 $K_w < 0.91$ 时,在冻结过程中岩石中的水尚有膨胀和挤入敞开孔隙和细微裂隙的余地。当 $K_w > 0.91$ 时,在冻结过程中形成的冰会对岩石内部产生较大的附加压力,从而造成岩石的破坏。一般岩石的饱水系数为 0.5~0.8。

岩石孔隙指数(avoid index of rock) 岩石试件快速吸水时(0.5~1.5 h)吸入的水量与岩石试件干重之比。常用百分率表示,即

$$i = \frac{W - W_s}{W_s} \times 100\%,$$

式中,i 为孔隙指数,W 为岩石试件快速吸水后的质量,W_s 为岩石试件干质量。同吸水率和饱和吸水率相类似,孔隙指数说明岩石的吸水能力。取决于岩石内所含孔隙裂隙的数量和大小以及它们的连通情况,直接影响着岩石的强度(抗压强度、抗拉强度、三轴强度等)和变形性质。i 值愈大,强度愈低,变形愈大,岩石就愈差。

岩石抗冻系数(anti-frozen coefficient of rock) 亦称"岩石强度损失率"。浸水饱和岩石试件在 −25℃ 下反复冻融 25 次后的单轴抗压强度与未冻融的抗压强度之比。是评价岩石在饱和状态下抵抗冻融破

坏性及抗风化能力的一种重要指标。岩石产生冻融破坏的主要原因是由于不同矿物在温度升降时膨胀和收缩不同,从而使岩石的结构逐渐破坏以及由于岩石裂隙孔隙中水结冰时体积膨胀产生额外压力所致。如冻融 25 次不出现裂缝、片落、棱角脱落和其他破坏现象,则认为是耐冻性的岩石,反之则不耐冻。在寒冷地区修建水工建筑物时需要考虑岩石的抗冻性能。

吕荣值(Lugeon permeability coefficient) 表示岩石透水性强弱的一种单位。由瑞士地质学家吕荣(Maurice Lugeon,1870—1953)于 1932 年前后提出。用 Lu、Lugeon 表示。1 个吕荣值为 1 MPa 的压力下,每分钟内每米钻孔长度岩石的吸水量为 1 L,即 $1 \text{ Lu} = 1 \text{ L}/(\text{min} \cdot \text{m})$。如果取单位大气压和单位时间计算,则工程上统称"单位吸水率",以 ω 表示。岩石吕荣值与渗透系数的大致关系为 $1 \text{ Lu} = 1.0 \times 10^{-5} \text{ cm/s}$。

裂隙度(degree of jointing) 岩石单位面积上裂隙所占面积的百分率。是评价岩石被裂隙分割破碎程度的指标。以 K 表示,即

$$K = (A_1 + A_2 + A_3 + \cdots)/A,$$

式中,A_1、A_2、A_3…为各裂隙的面积(m^2),A 为总的截面面积(m^2)。K 的数值愈大,岩体愈破碎。按裂隙率的大小,一般可将岩体裂隙发育程度分为五级:弱裂隙性($K < 2\%$);中等裂隙性($K = 2\% \sim 5\%$);强裂隙性($K = 5\% \sim 10\%$);极强裂隙性($K = 10\% \sim 20\%$);特强裂隙性($K > 20\%$)。

节理(joint) 岩层的连续性遭到破坏而形成裂隙的一种断裂构造。与断层相区别的主要标志是裂隙面两边的岩层没有发生显著的相对移动。节理多半成组出现,大小不一,有的大致相互平行(间距为数厘米到数米),有的纵横交错。几乎所有类型的岩石都有节理,而且一般都以两组或更多组同时出现,将岩石分割成一些多面块体。节理面上的抗剪强度远小于岩石本身的抗剪强度。因此,岩体内节理愈多,岩体的工程地质性质愈差。由两组或更多组节理组成,或由任何一组具有放射状、同心圆状等特征的节理构成的系统称"节理系"。

波速比(wave velocity ratio) 亦称"龟裂系数"。现场岩体纵波波速 v_p 与室内岩石试件纵波波速 v'_p 的比值。用下式表示:

$$K_1 = v_p/v'_p \text{。}$$

是评价现场岩体完整性程度的指标之一,借以判断岩体中裂隙发育的程度。波速比愈大,岩体内的裂隙就愈少。

电阻率(resistivity) 表征物质导电性能的物理量。岩石力学中常用岩石电阻率作为岩石导电性能的指标,用 ρ 表示(ρ 的倒数是电导率),单位为 $\Omega \cdot \text{m}$。1 $\Omega \cdot \text{m}$ 的电阻率等于 1 m^2 截面面积的岩石沿 1 m 长度的阻抗,即

$$\rho = RA/l,$$

式中,R 为电阻(Ω),l 为岩石试件的长度(m)。A 为岩石试件的截面面积(m^2)。

莫氏硬度表(Mohs'scale of hardness) 用刻痕来鉴定矿物硬度的一种标准。共分十个等级,每一个等级都以一种可刻画其下一级的矿物作为标准。莫氏硬度表所采用的十种标准矿物,从软到硬(1 到 10 级)依次排列如下表:

矿物名称	硬度等级
滑 石	1
石 膏	2
方解石	3
萤 石	4
磷灰石	5
正长石	6
石 英	7
黄 玉	8
刚 玉	9
金刚石	10

应力重分布(stress redistribution) 亦称"应力重新分布"。由地下硐室开挖(如水工隧洞、坑道、巷道、交通隧道、战备地道、地下储油库和竖井等)而引起其周围岩体内的原岩应力在大小、方向和特征方面产生变化的现象。与原岩应力场和硐室的形状和大小有关。主要发生在围岩范围内,在离硐壁较远的(如 2 倍硐径以外)岩体内应力重分布甚微,可略去不计。应力重分布后的应力对有规则形状的硐室(如圆形、椭圆形、方形等),一般可用弹性力学公式计算,对不规则形状的硐室可用有限单元法计算。重分布后围岩内的应力值往往可达原岩应力的数倍,在岩体的某些部位产生拉应力,可能引起围岩的弹塑性变形、

开裂或破坏,以及地下硐室的不稳定。计算应力重分布对于评价围岩的变形和稳定性具有重要意义。

环境因素(environmental factor) 在岩石力学工程问题中要求考虑的自然因素和人类影响。前者主要指地质、周围应力与水文气象条件;后者指来自工程建设过程中的化学、力学、电学与热能利用等的影响。

原岩应力(field stress) 亦称"天然应力"、"初始应力"、"地应力"。岩体处于天然产状条件下所具有的内应力。包括自重应力,构造应力,岩石遇水后引起的膨胀应力,温度变化引起的温度应力,结晶作用、变质作用、沉积作用、固结作用、脱水作用所引起的应力,岩体不连续引起的自重应力波动等。其中主要是自重应力和构造应力。原岩应力直接影响地下硐室围岩的应力重分布、围岩的变形和稳定性、山岩压力的大小、岩坡和岩基的稳定性,是工程设计中必不可少的原始资料,一般应通过现场测量的方法(如应力解除法)来测定。工程中近似计算时,往往用自重应力代替。在空间的分布状态称"原岩应力场"或"初始应力场"。

天然应力(natural stress) 即"原岩应力"。

初始应力(initial stress) 即"原岩应力"。

自重应力(self-weight stress) 上部岩层或土层的自重在岩体或土体内所引起的应力。原岩应力的一种。有垂直自重应力与水平自重应力之分。工程上可用下式近似计算:

$$\sigma_z = \gamma z,$$

$$\sigma_x = \sigma_y = \frac{\mu}{1-\mu} \gamma z,$$

式中,σ_z 为垂直自重应力(Pa);σ_x、σ_y 为水平自重应力(Pa);z 为所求应力的点离地表的距离(m);γ 为岩体或土体的重度(N/m³);μ 为岩体或土体的泊松比,一般为 0.2 ~ 0.4。自重应力的大小和方向在空间的分布状态称自重应力场,对地下围岩的应力重分布、围岩变形和稳定,以及计算建筑物的沉降量等都是不可缺少的资料。

构造应力(tectonic stress) 原岩应力的一种。地质构造作用在岩体内积存的内应力。如由古造山运动、断层、褶皱等地质作用所引起的应力。在某些新的破坏性扰动下或经过相当长期的地质历史过程,或由于岩体的流变特性使构造应力全部或部分释放。构造应力的大小和方向在空间内的分布状态称

"构造应力场",直接影响到地下建筑硐室围岩的应力重分布、山岩压力的大小和方向、围岩的变形和稳定性、岩坡和岩基的稳定等。既无法计算,也无法直接在现场测量,因为在现场测得的应力只是原岩应力,包括构造应力和其他应力(如自重应力)。

应力解除法(stress relief method) 现场测量岩体应力状态的方法之一。有表面应力解除法和钻孔应力解除法两类。在岩壁上挖环形槽或在岩体内钻孔使一定大小的岩块从周围岩体内孤立出来,该处的应力即被解除,用应变计测量解除后的应变,按弹性力学公式计算对应于该应变的应力。以钻孔应力解除法为例,为了测量距岩壁表面 Z 深度处的应力,先钻孔至该深度处,并将孔底磨平(附图(a))。在孔底贴上三个互成 120° 交角的电阻应变片(附图(b)中 1、2、3)。通过应变仪读出相应的三个初始读数。然后在孔底进行"套钻"掏槽(附图(c)),槽深约 5 cm。使在孔底形成一个与周围岩体相脱离的孤立的岩芯(岩块)。该岩芯的应力被完全解除,读出相应的三个最终读数。由三个最终读数减去三个初始读数即可求出三个方向内的应变值 ε_1、ε_2、ε_3,从而用下列各式计算:

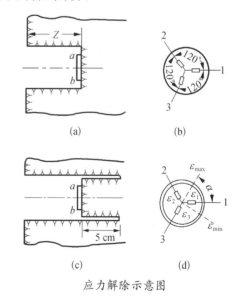

应力解除示意图

$$\varepsilon_{\max} = -\frac{1}{3}(\varepsilon_1 + \varepsilon_2 + \varepsilon_3) + \frac{\sqrt{2}}{3} \times$$

$$\sqrt{(\varepsilon_1 - \varepsilon_2)^2 + (\varepsilon_2 - \varepsilon_3)^2 + (\varepsilon_1 - \varepsilon_3)^2},$$

$$\varepsilon_{\min} = -\frac{1}{3}(\varepsilon_1 + \varepsilon_2 + \varepsilon_3) - \frac{\sqrt{2}}{3} \times$$

$$\sqrt{(\varepsilon_1 - \varepsilon_2)^2 + (\varepsilon_2 - \varepsilon_3)^2 + (\varepsilon_1 - \varepsilon_3)^2},$$

$$\sigma_{\max} = \frac{E}{1-\mu^2}(\varepsilon_{\max} + \mu\varepsilon_{\min}),$$

$$\sigma_{\min} = \frac{E}{1-\mu^2}(\varepsilon_{\min} + \mu\varepsilon_{\max}),$$

$$\tan 2\alpha = \frac{\sqrt{3}(\varepsilon_2 - \varepsilon_3)}{2\varepsilon_1 - \varepsilon_2 - \varepsilon_3},$$

式中,$\varepsilon_{\max}$ 为最大主应变,$\varepsilon_{\min}$ 为最小主应变,$\sigma_{\max}$ 为最大主应力,$\sigma_{\min}$ 为最小主应力,α 为 $\varepsilon_{\max}$ 与 ε_1 间的夹角(附图(d)),E 为弹性模量,μ 为泊松比。钻孔应力解除法的优点是能够测量岩体深部的应力,但操作较复杂。表面应力解除法的优点是操作简单,但只能测量岩体表面的应力。

应力恢复法(stress recovery method) 现场测岩体应力状态的方法之一。对被解除应力的岩体再逐渐施加压力使之恢复解除前的应变,从而求得相应的解除前应力。测量时先在岩体表面沿着不同方向安置三个应变计,测出岩体沿这三个方向的变形。先读出应变计的三个初始读数,然后在与所测应力相垂直的方向开挖一狭长槽。挖槽后,槽壁上岩体应力即被解除。其次在槽内安装扁千斤顶,用水泥浆充填扁千斤顶与槽壁间的间隙。用扁千斤顶对槽壁逐渐加压,直到岩体表面上的三个应变计读数恢复到挖槽前的数值。这时扁千斤顶施加于槽壁上的单位

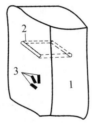

用应力恢复法
测量岩体应力
1. 岩体 2. 槽
3. 应变片

压力即是槽壁上原有的法向应力。优点是操作简单,不需特殊设备。缺点是没有考虑挖槽前槽壁上剪应力的作用,应力恢复时岩体的应力应变关系与解除前不完全相同,这些都引起一定的误差。一般仅适用表面应力测量。

钢弦式应变计(vibrating-wire gauge) 利用钢弦伸缩与振动频率关系测量物体应变的仪器。应变计的一种。将一根直径 0.3 mm、长 8~12 cm 左右的细钢丝两端固定在需要测量应力的岩壁上。其工作原理是当岩壁由于应力改变而变形时,钢丝也随之拉长或缩短,钢丝的频率便发生变化,从而钢丝的应变可根据其频率的变化用以下公式计算:

$$\varepsilon = K(f_2^2 - f_1^2),$$

式中,ε 为应变值;K 为率定系数,根据试验确定;f_1 为初始频率;f_2 为最终频率。埋设在混凝土坝体内的有保护外壳,于浇筑混凝土时预先埋入。结构简单,比较经济。但测量频率时,需配备一套示波器和音频振荡器等仪器,测量精度与所配仪器精度有关。一般只用于表面应力解除法和应力恢复法,不适用于钻孔应力解除法。坝内钢弦式应变计则专用于坝体内部应力测量。

应变花(strain rosette) 亦称"应变丛"。在同一平面内按一定方位布置在一起的一组应变计。是结构体应力测量和岩体现场应力测量中常用的元件。多由三个应变片组成,布置成等边三角形、直角形,也有用四个的组成 T 三角形,可测量 3~4 个方向的应变值。根据测定的应变值,按不同的布置形式用相应的弹性力学公式计算出结构体表面或岩体表面的两个主应变的大小和方向。

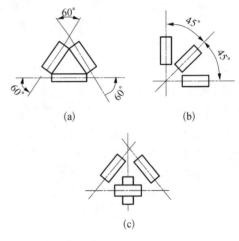

应变花布置示意图
(a) 等边三角形 (b) 直角形 (c) T 三角形

钻孔变形计(borehole deformation meter) 测量钻孔直径变化的传感器。其感示部件是一个金属悬臂(如铍-铜悬臂),其上用四个电阻应变计连接成惠斯登电桥线路。用以测出钻孔同一截面内应力解除后的三个径向(相隔60°)变形量 U_1、U_2、U_3(mm),即可用下列各式计算该处的最大主应力 $\sigma_{\max}$、最小

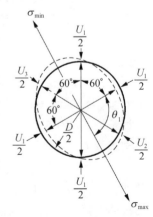

最大主应力和变形
量关系示意图

主应力 $\sigma_{\min}$ 和 $\sigma_{\max}$ 与 U_1 的夹角 θ_1：

$$\sigma_{\max} + \sigma_{\min} = \frac{E}{3D(1-\mu^2)}(U_1 + U_2 + U_3),$$

$$\sigma_{\max} - \sigma_{\min} = \frac{\sqrt{2}E}{6D(1-\mu^2)}[(U_1 - U_2)^2 + (U_2 - U_3)^2 + (U_1 - U_3)^2]^{1/2},$$

$$\tan 2\theta_1 = \frac{\sqrt{3}(U_2 - U_3)}{2U_1 - U_2 - U_3}。$$

式中，E 为岩体的弹性模量（Pa），μ 为泊松比，D 为钻孔的原来直径（mm）。适用于测量岩体深部的应力。

脆性破坏（brittle failure） 材料受力后无显著变形而突然发生的破坏。岩石和混凝土在受拉破坏时往往属于脆性破坏，在侧限压力较小的压缩试验时一般也属脆性破坏。破坏的断裂面较粗糙，延伸率和断面收缩率均较小。

峰值强度（peak strength） 岩石或土在一定压应力条件下能够产生的最大抗剪强度。常用符号 τ_p 表示。是剪切试验中对应于 τ-σ 曲线上最高点的抗剪强度，相当于岩石或土的凝聚力和内摩擦力完全发挥作用时的抗剪强度。当剪应力达到峰值强度，岩石或土即开始破坏，此时随着继续增大的剪切位移，强度不断减小，直至达到最小值（τ_r），称"残余强度"。峰值强度与残余强度的

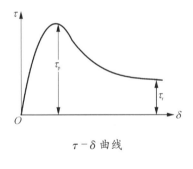

τ-δ 曲线

莫尔包络线（用莫尔-库仑方程式表示）有时差别很大。为确保工程建筑物的安全，设计中一般采用残余强度。但残余强度值不易正确测定，常根据统计经验关系，取峰值强度的 $0.8 \sim 0.85$ 作为残余强度。

抗拉强度（tensile strength） 材料在拉应力作用下抵抗破坏的能力。在岩石力学中亦称"单轴（指只有轴向拉力，没有侧向力）抗拉强度"，可通过岩石的直接受拉试验确定。将岩石试件放在拉力机中逐渐施加拉力直至破坏，破坏时的最大拉应力即为抗拉强度。由于岩石试件的两端不易很好地固定在拉力机中，所以较少做直接受拉试验，而是做间接的受拉试验（例如劈裂试验），通过弹性力学公式确定抗拉强度。

抗压强度（compressive strength） 材料在压应力作用下抵抗破坏的能力。在岩石力学中亦称"单轴（只有轴向压力，没有侧向力）抗压强度"，可通过岩石的受压试验确定。将圆柱形或立方形试件放在压力机上逐渐加压直至破坏，破坏时的极限应力即为抗压强度。一般坚硬与半坚硬岩石受压时，试件的极限应力较明显。软弱岩石的极限应力不明显，常以某种应变值的应力作为抗压强度。

岩石软化系数（soft coefficient of rock） 岩石在饱水状态下的单轴极限抗压强度 R_c' 与干燥状态下的单轴极限抗压强度 R_c 之比值。是判定岩石抗风化、抗水浸能力的指标之一。用 $\alpha = R_c'/R_c$ 表示，α 为岩石软化系数，在 $0 \sim 1$ 之间。一般认为，小于 0.75 的岩石为软化岩石。岩石的软化系数主要与岩性、矿物成分、裂隙发育程度、颗粒胶结程度和结构有关。亲水性和可溶性矿物多的岩石，裂隙发育、胶结不好的岩石，软化系数小，反之则大。

现场剪切试验（in-still shear test） 亦称"现场剪力试验"。现场测定岩体抗剪强度的试验，目的是测定岩体的凝聚力 c 和内摩擦角 ϕ。一般采用直接剪切试验，在平硐中预留试验岩块（尺寸一般为 0.7 m $\times$ 0.7 m $\times$ 0.35 m），在试块上安装压力钢枕（扁千斤顶）以施加压力，在上部施加垂直压力，在侧面施加水平压力，并用测微计测量岩块的垂直位移和水平位移。施加某种垂直压力后逐渐施加水平压力，直至试块剪断。用数个试块测定不同垂直压力下的抗剪强度，绘制莫尔-库仑线，就可求出岩体的抗剪强度指标 c 和

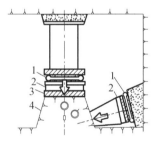

现场剪切试验装置示意图
1. 加压钢枕　2. 测力钢枕
3. 传压钢板　4. 岩面试体

φ 的值。与室内试验相比，现场剪切试验试块尺寸大、代表性强、能够反映岩体内一部分裂隙、节理、层理等软弱面的影响，较符合实际情况。重要工程一般应做这种试验。

现场变形试验（in-site deformation test） 现场测定岩体弹性模量和泊松比的试验。有现场静弹模试验和现场动弹模试验两种。

平板荷载试验（plate-loading test） 用平板加荷测定岩体静弹性模量的试验。是最常用的现场试验之

一。在试硐的岩面上用扁千斤顶(压力钢枕)或油压千斤顶施加垂直压力,并用测微计(千分表)测量岩面的变形,按弹性力学公式计算出岩体弹性模量 E(Pa):

$$E = \frac{\bar{m}p(1 - \mu^2)}{\bar{w}\sqrt{A}},$$

式中,p 为垂直荷载(N),A 为受荷面积(m^2),$\bar{w}$ 为受荷表面的平均位移(m),μ 为岩体的泊松比(0.2～0.3),$\bar{m}$ 为与受荷面的形状和荷载分布情况有关的位移关系。在圆形和矩形平面上均匀分布荷载下的 $\bar{m}$ 值。如下表所示。

圆形	矩形长宽比						
	1:1	1:1.5	1:2	1:3	1:5	1:10	1:12
0.96	0.95	0.94	0.92	0.88	0.82	0.71	0.37

与室内试验相比,平板荷载试验能够反映现场岩体裂隙节理的影响,符合实际情况,但所需人力物力大,费用高。

压力枕(flat jack) 亦称"液压枕"、"压力钢枕"。现场岩体(土体)测试中常用的一种装置。由两块平钢板沿其周边焊接成可盛液体的密封容器。在平面内多

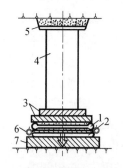

平板荷载试验装置示意图

1. 加压钢枕 2. 测力钢枕
3. 传压钢板 4. 传力柱
5. 顶板 6. 千分表
7. 垫板

数呈矩形,似枕,故名。也有呈圆形的。最大尺寸要与测定地点的尺寸和形状相适应。连着一个液动或气动的膜式转换器,该转换器又通过软管和读数装置相连。安装在经过加工的岩石狭缝中,可测量岩石内的压力。由周围岩石(或土、混凝土)施加于压力枕上的压力通过液体传至膜式转换器,并通过读数装置显示其压力。通常用来测量岩石、土或混凝土内的或它们之间接触面上的压力及其变化。在岩体现场试验中,也可通过压力枕对岩体施加压力。这时的压力枕常称"扁千斤顶"。

狭缝法试验(soit method test) 亦称"刻槽法试验"。常用的现场试验方法之一。在现场岩体内刻出的狭缝中施加压力测定岩体静弹性模量。试验时在选定的试验点上开凿一条狭缝,狭缝的方向与受

力方向相垂直,在狭缝内埋置扁千斤顶(压力枕),两端与岩壁间的空隙用细砂填塞,两侧的空隙充填砂浆,待砂浆具有足够强度后,通过扁千斤顶对岩石加压,并通过布置在狭缝两侧中心对称轴线上的测微表,测量岩体受压后的变形,根据弹性力学公式计算岩体的弹性模量 E(Pa):

$$E = \frac{pL}{2u_R}[(1 - \mu)(\tan\theta_1 - \tan\theta_2) + (1 + \mu)(\sin 2\theta_1 - \sin 2\theta_2)],$$

式中,u_R 为钢枕对称轴线上 M_1 与 M_2 两点间的相对位移(cm);L 为狭缝长度(cm);p 为施加在岩壁上的压力(Pa);μ 为岩体泊松比;θ_i 为与狭缝对称轴上测点 A_i 的位置有关的角度,即 $2\theta_i = \tan^{-1}(L/2Y_i)$,其中 Y_i 为 A_i 点距狭缝中轴线的距离(cm)。

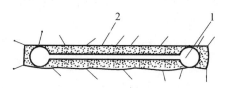

狭缝法试验装置简图

1. 压力枕 2. 混凝土

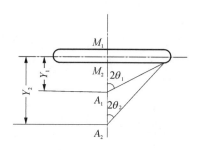

狭缝法试验计算简图

径向压力枕法试验(radial flat jack method test) 亦称"奥地利法"。测定岩体弹性模量和弹性抗力系数的大型现场试验之一。在所需试验的岩体内开挖一条直径约为 2 m、长度 7～8 m 的试洞。

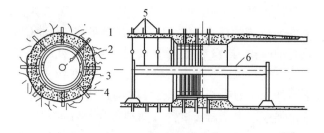

径向压力枕法装置示意图

1. 锚定点 2. 混凝土衬砌 3. 扁千斤顶
4. 钢支撑圈 5. 测杆 6. 刚性钢圆管

试洞加压段一般长 2 m。浇筑混凝土衬砌,待混凝土初凝后,将压力枕沿试洞环向均匀布置于混凝土衬砌表面。每个断面 12 ~ 16 个。然后将一个圆形的钢支撑圈置于压力枕的上面,借以产生反压力。以试洞的中心轴为基准,沿径向辐射状布置装有测量仪表的测杆。在传力的衬砌范围以外也要埋置各种测量仪表。对压力枕逐级加压,并测出试洞半径的变化 Δr,按下列公式计算岩体的弹性模量 $E(\mathrm{Pa})$ 和弹性抗力系数 $k(\mathrm{N/m^3})$:

$$E = p(1 + \mu)r/\Delta r,$$
$$k = p/\Delta r,$$

式中,r 为试洞半径(m),p 为作用于岩石表面的压力(Pa),μ 为泊松比。优点是岩石受荷面积大,影响范围深,比平板荷载试验的精度高,可在各种岩石(包括破碎岩石和透水性大的岩石)中进行,且能测得各方向的变形,因而可测出岩体的各向异性。缺点是费用大、时间长,一般只在重要工程的设计阶段进行。

围岩(surrounding rock) 地下建筑工程中在岩体内开挖硐室后周围的应力变化大于 5 % 的区域内的岩体。围岩的直径,一般为硐室最大直径尺寸的 3 ~ 5 倍。围岩中的重分布应力直接影响围岩的安全与稳定。如果重分布应力小于岩石的强度,则围岩可自身保持稳定。如围岩内应力超过强度,则围岩就会塑性破坏或开裂、松动、坍塌。常采取支撑和衬砌等措施以保持围岩的稳定。

山岩压力(rock pressure) 亦称"岩石压力"、"围岩压力"、"地层压力"。地下硐室开挖后由于围岩变形和破坏而作用于地下结构物及支撑物上的压力。是设计地下结构物(如地下电站、水工隧洞等)应当考虑的主要荷载。其大小和分布规律与地下工程所处的地质条件、岩石性质、硐室的断面形状和尺寸、施工方法、埋置深度、平面布置以及结构物或支撑的刚度等因素有关。因围岩变形而造成的山岩压力称"变形压力"或"形变压力";因围岩破碎、松动、岩石坍落而引起的山岩压力称"松动压力"。按作用在硐室的部位和方向,有垂直山岩压力、侧向山岩压力和底部山岩压力。通常,侧向山岩压力远比垂直山岩压力小,底部山岩压力更小。在岩石坚固性系数大于 2 时,侧向山岩压力可以不计。

围岩压力(surrounding rock pressure) 即"山岩压力"。

普氏理论(Protodiakonov theory) 一种计算山岩压力的理论。由俄国学者普罗托季亚科诺夫(Михаил Михайлович Протодьяконов,1874—1930)于 1908 年提出,故名。根据对煤矿的实际观察和模型试验,发现地下硐室开挖后,顶部岩石破碎,向下逐级坍落,到一定程度后岩体又进入新的平衡状态,其界面形状近似于一个抛物线的拱形,称"自然平衡拱"(或"卸荷拱"、"压力拱"),普氏理论认为,支护与衬砌上的压力等于拱内岩石的重量,与拱外岩体及硐室埋深无关。该理论假设岩体为没有凝聚力的散粒状体,但实际上岩石是有凝聚力的,因此用增大摩擦系数的方法来补偿这一因素。岩石愈坚硬,f 愈大。自然平衡拱的拱高用下式计算:

$$h = b_1/f,$$

式中,b_1 为自然平衡拱的半跨度(m),h 为自然平衡拱的拱高(m)。硐室顶部的最大压力 $q_{max}(\mathrm{Pa})$ 为:

$$q_{max} = \gamma h = \gamma b_1/f,$$

式中,γ 为拱内岩石重度(kN/m³)。

坚固性系数(competent coefficient) 亦称"坚固系数"。区分岩石坚固性程度所用的系数。用 f 表示。由俄国学者普罗托季亚科诺夫于 1908 年提出。岩石单轴极限抗压强度为 9.80 MPa 时,取 f 为 1,如某岩石的单轴极限抗压强度为 49.03 MPa 则 $f = 5$。根据 f 值的大小,可将各种岩石的坚固性程度分为十级,见下表。

岩石坚固性程度分级简表

等级	坚固程度	岩 石	坚固性系数 f
I	极硬岩石	最致密的胶结性最大的石英岩和玄武岩等	20
II	很硬岩石	很硬的花岗岩、最硬的砂岩、石灰岩等	15
III	相当硬岩石	花岗岩、很硬的砂岩、石灰岩、铁矿等	8 ~ 10
IV	中硬岩石	一般砂岩、铁矿、砂质页岩等	5 ~ 6
V	坚固岩石	不硬的砂岩、石灰岩、硬的黏土页岩等	3 ~ 4
VI	相当软岩石	软页岩、很软的石灰岩、无烟煤、硬化黏土、石膏等	1.5 ~ 2

（续表）

等级	坚固程度	岩　石	坚固性系数 f
Ⅶ	软岩石	黏土（致密的）、软烟煤、黄土等	0.8~1.0
Ⅷ	土质岩石	腐殖土、泥煤、湿沙等	0.6
Ⅸ	疏松岩石	沙、填方土、采出的煤等	0.5
Ⅹ	流动岩石	流砂、含水黄土等	0.3

弹性抗力系数（coefficient of elastic reaction） 亦称"反力系数"。岩石（或土）在加荷面上达到单位变形时所需的压力。可用下式表示：

$$k = p/y,$$

式中，k 为弹性抗力系数（N/m^3），p 为岩石所受的压力（Pa），y 为岩石的变形（m）。岩石弹性抗力系数对于设计有压隧洞衬砌具有重要的意义，弹性抗力系数愈大，更多的内水压力可由岩石承受，衬砌负荷减小，造价降低。反之，衬砌负荷增大，造价增加。水利工程中隧洞围岩的弹性抗力系数值可用隧洞水压试验直接测定，也可用下式求得：

$$k = \frac{E}{(1 + \mu)r},$$

式中，E 为岩石或土的弹性模量（Pa），μ 为泊松比，r 为圆形隧洞半径（m）。隧洞半径为 1 m 时的弹性抗力系数 k_0 参考值（N/m^3）见附表。任何半径 r（m）的弹性抗力系数 k 可用下式换算：

$$k = \frac{k_0}{r}。$$

弹性抗力系数 k_0 参考值

围　岩	k_0
密实黏土、泥质岩	10~50
半坚硬岩石	50~500
坚硬岩石	500~4 000

塑性圈（ring of plastic zone） 亦称"松动圈"。地下硐室开挖后，由于应力超过其屈服强度围岩出现裂缝或较大塑性变形的区域。在用弹塑性理论计算"松动压力"或"变形压力"时，必须首先知道塑性区

的范围，因此塑性圈的厚度对于计算山岩压力，评价围岩稳定程度均有意义。其厚度等于塑性圈的最大半径 R_0（m）与硐室半径 r_0（m）之差。最大半径可用下式计算：

$$R_0 = r_0 \left[1 + \frac{p_0}{c} (1 - \sin \varphi) \tan \varphi \right]^{\frac{1 - \sin \varphi}{2 - \sin \varphi}},$$

式中，p_0 为岩体地应力（Pa），c 为岩体的凝聚力（Pa），ϕ 为岩体的内摩擦角。

松动圈（relaxation zone） 即"塑性圈"。

覆盖比（overburden ratio） 有压隧洞覆盖岩层的厚度 h（从隧洞顶面到地表面的距离）与隧洞内水压力水柱高度 h_w 之比值。为保证有压隧洞的安全与稳定，覆盖比不能太小，否则岩层有被内水压力掀起的危险。对于最小覆盖比的数值，目前国内外尚无一致意见，一般在无衬砌时对于岩性较坚硬、岩体较完整、抗风化和抗冲刷能力较强的岩石，要求覆盖比至少为 1。在有衬砌的情况下覆盖比可取 0.4，覆盖层厚度应为隧洞直径的 3 倍。如这两个条件不具备，则在计算中应适当降低岩石的弹性抗力系数，以减少岩石分担的内水压力值，或增加衬砌厚度以多分担一部分内水压力。

岩石支护（rock support） 利用被动抗力承受岩石破坏和变形而产生的荷载，以保证地下硐室的安全和维护硐室横断面尺寸的一种工程设施。如隧洞的钢筋混凝土衬砌、钢衬砌、砖衬砌或钢柱、木柱等。地下硐室开挖后，围岩应力重分布使塑性区不断扩大，硐室周围的位移量也随塑性圈的扩大而增长，逐渐进入塑性平衡状态。设置支护可给围岩一个反力，阻止围岩塑性圈的进一步扩大和位移量的增长，用以保证岩体在某一塑性范围内稳定。

锚杆支护（bolting support） 岩石支护的一种方法。在不稳定的岩石中（如硐室顶部和边墙的围岩、岩坡的不稳定部分），用锚杆穿过不稳定岩石锚固于稳定的岩石中，按一定的间距布置，以达到支护的目的。按灌浆与否，分灌浆锚杆和非灌浆锚杆。灌浆能延长锚杆的使用期限。按受力情况，分预应力锚杆和普通锚杆。前者在施工完毕后就受力，并使周围的岩石产生径向压应力，改善围岩的应力状态；后者只有在周围岩石变形以后才受力。锚杆的作用是改善岩体的应力状态，减少新裂隙的发展，改变即将形成的新裂隙的方向，保护已经裂开的岩石，不使其

破坏和从顶部脱落。锚杆的长度主要取决于被加固岩石的厚度,一般应不小于隧洞宽度的1/3。锚杆间距可根据岩石的密度、锚杆的长度、安全系数以及锚杆的抗拉强度决定,但至少应小于锚杆长度之半。

锚索支护(cable anchorages) 支护岩石的一种方法。用锚索穿过不稳定岩石,一端锚固在完整的稳定岩石中,一端固定在岩石表面的锚索托盘上,对锚索施加预拉应力,使不稳定岩体与稳定岩体连在一起,或使分离岩块彼此连成整体,从而达到支护岩石的目的。锚索一般可长达数十米,可加固较大体积岩石。适用于岩坡、岩基的加固,亦可作为挖方工程的临时性

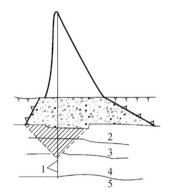

锚索加固坝基

1. 锚索 2. 砂岩
3. 石灰岩 4. 砂岩
5. 黏土质泥灰岩

或永久性支护。与其他支护方法相比,其优点是随开挖随支护,可以一个断面一个断面地安设,使开挖的有效工作空间增加,工程进度加快。锚索的长度取决于最可能的滑动面位置,锚固点应延伸至滑动面以外。

横波(transverse wave) 亦称"S波"。介质中质点运动方向与波传播方向互相垂直的波。如弦上传播的波。地球物理学中指由于剪切位移而产生的地震波(即剪切波)。传播过程中介质不发生体积变化,故又名"等体积波"。只能在固体里传播,一般表现为周期长、振幅大。横波波速可用下式计算:

$$v_{\mathrm{S}} = \sqrt{\frac{E_{\mathrm{d}}}{2\rho(1+\mu_{\mathrm{d}})}} = \sqrt{\frac{G_{\mathrm{d}}}{\rho}},$$

式中,v_{S}是横波波速(m/s),E_{d}为介质的动弹性模量(Pa),ρ为介质的密度(kg/m³),G_{d}为介质的动剪切模量(Pa),μ_{d}为动泊松比。在同类介质中,横波波速v_{S}比纵波波速v_{p}小,它们之间大致有下列经验关系:

$$v_{\mathrm{p}} = 1.67 v_{\mathrm{S}}$$

S波(S-wave) 即"横波"。

纵波(longitudinal wave) 亦称"P波"、"压缩波"。介质中质点运动方向与波传播方向一致的波。如在气体中传播的声波。地球物理学中指由于膨胀压缩而产生的地震波。能在固体、液体、气体介质中传播。传播过程中介质体积发生变化(从而密度也发生变化),形成疏密相间的波动,因此亦称"疏密波"。一般表现为周期短、振幅小。纵波波速可用下式计算:

$$v_{\mathrm{p}} = \sqrt{\frac{E_{\mathrm{d}}(1-\mu_{\mathrm{d}})}{\rho(1+\mu_{\mathrm{d}})(1-2\mu_{\mathrm{d}})}},$$

式中,v_{p}为纵波波速(m/s),E_{d}为介质的动弹性模量(Pa),ρ为介质的密度(kg/m³),μ_{d}为动泊松比。一些典型岩石的纵波波速见下表。

一些典型岩石的纵波波速

岩石种类	v_{p}(m/s)
花岗岩	3 000 ~ 5 000
玄武岩	4 500 ~ 6 500
粗玄岩	4 500 ~ 6 500
辉长岩	4 500 ~ 6 500
砂 岩	1 400 ~ 4 000
页 岩	1 400 ~ 3 000
石灰岩	2 500 ~ 6 000
大理岩	3 500 ~ 6 000
石英岩	5 000 ~ 6 500
板 岩	3 500 ~ 5 500

P波(P-wave) 即"纵波"。

瑞利波(Rayleigh wave) 亦称"R波"。沿均质弹性介质(如岩体)表面传播的一种波。由英国物理学家瑞利(Lord John William Rayleigh,1842—1919)于1885年首先发现,故名。是纵波和横波经地表面多次反射形成的次生波,大致发生在距震中0.65 ~ $2.25\,h$的范围内(h为震源深度)。振动时在波的传播方向和自由面(即地表面)法线组成的平面内作椭圆运动,与该平面正交的水平方向没有振动,如在地面上呈滚动形式,不造成剪切位移,类似于纵波。但振幅比纵波大,地震危害性也大,其波速略慢于横波波速:

$$v_{\mathrm{R}} \approx 0.9 v_{\mathrm{S}},$$

式中,v_R 为瑞利波波速,v_S 为横波波速。

勒夫波(Love wave)　亦称"Q 波"。沿均质弹性介质(岩体)表面传播的一种地震波。由英国地球物理学家和数学家勒夫(Augustus Edward Hough Love,1863—1940)在 1911 年首先发现,故名。质点在与波传播方向相垂直的水平方向运动,即地面水平运动,具有蛇形运动的形式,产生剪切位移,类似于横波。但振幅比横波大,地震危害性也大,其波速近似等于横波波速。

裂隙网络(fracture network)　在岩体工程中,由于主干裂隙延伸广阔,连通其范围内不同级次、不同成因的次级裂隙,在一定范围内形成相互连通的裂隙网。所构成的空隙网络称为裂隙含水系统,如果存在更高级次的导水断裂,将若干主干裂隙网串通,可形成更大规模的含水裂隙网络。也可泛指不同产状(走向、倾向、倾角)、不同性状(充填、隙宽、间距)岩体结构面相互切割形成的结构面网络,是评价岩体质量、工程地质分类、分析裂隙渗流等必不可少的重要内容。

渗透系数张量(hydraulic conductivity tensor)　"渗透系数"亦称"水力传导系数"(hydraulic conductivity)。在各向同性介质中,单位水力梯度下的单位流量,表示流体通过孔隙骨架的难易程度。由于裂隙岩体呈现各向异性,沿着不同方向等效渗透系数不同。因此各向异性介质中,渗透系数以张量形式表示,称"渗透系数张量"。渗透系数愈大,岩石透水性愈强。

双重介质(binary medium)　具有裂隙和孔隙两种介质性质的含水介质。裂隙发育的砂岩地层,岩体被发育较均匀的裂隙系统交错切割成岩块,裂隙系统连通性较好,是主要导水系统;岩块具有较大的孔隙度,孔隙(或小溶孔)中含有孔隙水,裂隙系统以导水为主,孔隙系统以贮水为主,两者互相连通。

岩石工程(rock engineering)　亦称"岩体工程"。修建或构筑在岩体内部或岩体表面的任何工程。人类的工程活动中,矿产资源的开采、水能资源的开发、水利资源的利用、铁路公路的建设、地质灾害的防治等,均密切地与地质环境中的岩石相关。因此,一切依托岩石或岩体进行的工程活动都属于岩石(体)工程范畴。

岩石含水率(rock moisture content)　岩石中水占有的质量比。一般用百分率表示。根据计算基准的不同分为绝对含水率和相对含水率两种。绝对含水率为岩石中水的质量与全干岩石质量之比;相对含水率为岩体中水的质量与未经烘干处理岩石质量之比。分别表示为:

$$绝对含水率 = \frac{岩体中水的质量}{岩体质量 - 岩体中水的质量} \times 100\%,$$

$$相对含水率 = \frac{岩体中水的质量}{岩体质量} \times 100\%。$$

岩石密度(rock density)　单位体积岩石的质量。分颗粒密度和块体密度。颗粒密度指岩石固体相部分的质量与其体积的比值。其不包括空隙在内,因此,大小取决于组成岩石的矿物密度及其含量,一般为 $2.5 \sim 3.2$ g/cm³。块体密度指的是单位体积(包括岩石中的孔隙体积)的岩石的质量。其取决于岩石的矿物成分、孔隙大小及含水多少。在一定程度上可以反映出岩石的力学性质,通常密度越大则性质越好,反之越差。

岩石比热容(rock specific heat capacity)　表征岩石容热性(进行热交换时吸收热量的能力)的物理量。指不存在相转变条件下,单位质量的岩体每变化(升高或降低)1℃时所吸收或放出的热量。用符号 c 表示,单位是 J/(kg·℃)。其大小取决于岩石的矿物组成、有机质含量以及含水状态。常见岩石的比热范围为 $700 \sim 1\,200$ J/(kg·℃)。

岩石导热系数(rock thermal conductivity)　描述岩石传导热的能力的物理量。指在稳定传热条件下,1 m 厚的材料,两侧表面的温差为 1℃,1 s 时间内通过 1 m² 面积传递的热量,单位为 W/(m·K)(此处 K 可用℃代替)。大多数造岩矿物的导热系数介于 $0.40 \sim 7.00$ W/(m·K)之间,一般 $0.80 \sim 4.00$ W/(m·K)。当岩石内全部孔隙被水充满时,导热性能达到最高,且与孔隙内溶液浓度无关。对于各向异性材料,导热系数实际上是一种综合导热性能的表现,也称平均导热系数。

岩石膨胀性(rock expansibility)　岩石浸水或其他因素作用下体积膨胀增大的性质。一般认为引起岩土体膨胀的原因包括黏粒的水化作用、黏粒表面双电层的形成、扩散层增厚等因素。通常可用膨胀力和膨胀率指标表示。

膨胀率(expansivity)　岩石在因某种原因膨胀之后的体积与在正常情况下(没有膨胀时)的体积之比

值。为评价岩石膨胀性的一项指标。

耐崩解性（properties of enduring collapse） 岩石试样表现出的抵抗软化及崩解的能力，一般可用耐崩解性指数表示。崩解指岩石与水相互作用时失去黏结性并变成完全丧失强度的性能。这种现象是由于水化过程中削弱了岩石内部的结构联络引起的，常见于由可溶盐和黏土胶结的沉积岩地层。

岩石耐崩解性指数（rock enduring collapse index） 评价岩石与水相互作用时失去黏结力，完全丧失强度的性质难易程度的评价指标。通过室内干湿循环实验确定，选用 10 块代表性岩石试样，每块质量 40~60 g，磨去棱角使其近于球粒状。将试样放入带筛的圆筒内（筛眼直径 2 mm），在温度 105℃下烘干至恒重后称量，然后将圆筒支撑在水槽上，并向槽中注入蒸馏水，使水面达到低于圆筒轴 20 mm 位置，用 20 r/min 的均匀速度转动圆筒，历时 10 min，取下圆筒作第二次烘干称量，即为一次干湿循环，规范建议采用第二次干湿循环数据作为计算耐崩解性指数的依据。计算公式为：

$$I_{d2} = \frac{W_2 - W_1}{W_1 - W_0} \times 100\% ,$$

式中，I_{d2} 为第二次循环耐崩解指数，W_1 为试验前试样和圆筒的烘干质量，W_2 为第二次循环后试样和圆筒的烘干质量，W_0 为试验结束后，冲洗干净的圆筒烘干质量。

点荷载强度指数（point loading strength index） 描述岩石强度分类及岩体风化分类的指标。也可用来评价岩石强度的各向异性，预估与之相关的其他强度，如单轴抗压强度和抗拉强度等。点荷载试验中，直径 50 mm 圆柱形试件径向加压时被两加荷锥头压裂时的极限荷载（P）与两锥顶间距（D）的平方之比，称"点荷载强度指数"（$I_{S(50)}$），即：$I_{S(50)} = \frac{P}{D^2}$。在无条件取得单轴饱和抗压强度 R_c 时，可用点荷载强度指数进行换算，$R_c = 22.82 I_{S(50)}^{0.75}$。

岩体渗透性（permeability of rocks） 在流体（通常指地下水或石油）压力作用下，岩体孔隙和裂隙透过流体的能力。岩体渗流对其力学性质有重要的影响，会改变岩石的受力情况，引起岩石变形、破裂、软化、泥化或溶蚀，从而危及岩体的稳定性。因此岩体渗透性是岩石力学的主要研究内容之一。

岩体渗流场（rock seepage area） 渗透流体在岩体中所占有的空间区域。在渗流场内任一点均具有一定的水头和渗透速度，水头和渗透速度是渗流场内点的坐标和时间的函数。

岩体渗透率（permeability rate of rocks） 在一定压差下，岩体允许流体通过的能力。是表征岩体本身传导液体能力的参数。用来表示岩体渗透性的大小。物理意义为：压力梯度为 1 时，动力黏滞系数为 1 的液体在介质中的渗透速度。其大小与孔隙度、液体渗透方向上空隙的几何形状、颗粒大小和排列方向等因素有关，而与在介质中运动的液体性质无关。

岩体基本质量指标（quality index of rock mass） 表征岩石的坚硬程度和岩体的完整程度的一项指标。用 BQ 表示，其由定量指标岩石单轴饱和抗压强度 R_c（MPa）和岩体的完整性系数 K_v 按下式计算：

$$BQ = 90 + 3R_c + 250K_v ,$$

使用上式时，应遵守下列限制条件：（1）当 $R_c > 90K_v + 30$ 时，应以 $R_c = 90K_v + 30$ 和 K_v 代入计算 BQ 值。（2）当 $K_v > 0.04R_c + 0.4$ 时，应以 $K_v = 0.04R_c + 0.4$ 和 R_c 代入计算 BQ 值。

工程岩体质量指标（quality index of rock mass in engineering） 评定岩体质量优劣，为工程设计提供依据的半定量指标。包含三个因素：岩体的完整性、结构面的抗剪特性、结构体或岩块的坚固性。岩体的完整性，是指岩体的开裂程度或破碎程度，即结构面在岩体中存在的情况，用完整性系数来表示。结构面的抗剪特性用抗剪强度或摩擦系数表征。岩块的坚固性是指岩块对变形的抵抗能力，以岩石的单轴抗压强度 R_c 表示。

岩体体积节理数（rock volumetric joint count） 单位岩体体积内的节理结构面数目。是衡量岩体完整性的重要指标之一。国际岩石力学委员会推荐用于评价岩体的完整性。测量方法主要分两类：一类是现场实测法，有直接测量法（直接数出单位体积岩体中的节理数）、间距法（通过测量各组结构面的间距，用平均值计算单位体积中裂隙条数）、条数法（在单测面内数出单位面积内的节理条数，乘以修正经验系数）等；第二类为统计模拟分析法，首先基于现场测量信息，采用统计模拟分析方法再现岩体内的节理分布，并基于该分布统计分析岩体体积节理数等岩体结构信息。

岩石本构关系(constitutive relations of rocks) 岩石的应力或应力速率与应变或应变速率的关系。本构关系一般指将描述连续介质变形的参量与描述内力的参量联系起来的一组关系式,亦称"本构方程"。在只考虑静力问题情况下,本构关系就是指应力与应变,或者应力增量与应变增量之间的关系。在岩石本构关系中,力学性质通常是用应力-应变-时间关系来描述的。相应地岩石本构关系分为与时间无关的和与时间有关的两类。前者又可分为弹性(包括线性、非线性)和塑性(包括理想塑性、应变硬化、应变软化)两种,其中塑性本构关系常用增量的形式给出,岩石变形在卸载后能够恢复则为弹性本构关系,不可恢复则为塑性本构关系;后者又可分为无屈服的-黏弹性(包括线性、非线性)和有屈服的-黏塑性两种。岩石的应变或应力随时间而变化则称其具有流变性,相应的本构关系称为流变本构关系。以上这些本构关系还可以进一步组合,如弹塑性本构关系、黏弹塑性本构关系等。

岩体分级(rock mass classification) 从工程实际需求出发,根据岩体不同特征将其划分为不同的区段,并进行相应的试验,得出计算指标参数,以便在设计和施工中分类指导的工作。由于岩体的特征十分复杂,在国际上,工程岩体分类趋向于利用多种测试方法和手段去获取岩体的多项定量指标,并对各参数给以不同的评分,最后根据所得特征值并与工程地质勘察和岩体测试工作相结合,划分和确定岩体工程质量的好坏,以便根据分类要求,判定类别,采取相应工程措施。一般必须考虑的有岩性、岩体结构及构造特征、风化程度、水文条件以及初始地应力状态等。

岩体声学特性(rock acoustic characteristics) 反映超声波在岩体中传播规律的性质。由于岩体材料是非均匀的、内部含有大量裂纹、孔隙等微观结构,超声波在岩体中传播时需要绕过裂隙,延长了传播时间,降低了波速。另外,岩体破坏时,裂隙扩展造成应力松弛也会产生声学特性的改变。故利用超声波在岩体中传播规律可反映岩体内部的性态变化,也可用于估算岩体的静、动力学参数。

岩石强度理论(rock strength theory) 研究岩石在各种应力状态下的强度准则的理论。强度准则亦称"破坏判据",表征岩石在极限应力状态下(破坏条件)的应力状态和岩石强度参数之间的关系。常用的岩石破坏准则有:"莫尔-库仑(Mohr-Coulomb)强度准则",简称"M－C准则";"德鲁克-普拉格(Druker-Prager)强度准则",简称"D－P准则"、"格里菲思(Griffith)准则";"霍克-布朗(Hoek-Brown)准则",简称"H－B准则等"。

岩体稳定性分析(analysis of rock-mass stability) 根据岩体的工程地质特性和各种力系(自然的、工程的)的作用,对一定时空条件下岩体的稳定性所做的分析评价。如边坡岩体稳定性、坝基岩体稳定性、地下硐室岩体稳定性等。是研究岩体发生失稳的条件及变形破坏的规律,考虑工程的类型和特点,为岩体的利用和改造提供依据。方法有:(1)地质分析法,包括工程地质比拟法、工程地质力学分析法;(2)岩体图解法,包括赤平图解法、工程图解法、坐标投影法;(3)力学计算法,包括极限平衡计算法、有限单元分析法及其他数值模拟计算等;(4)模拟试验法,包括相似材料模型分析和光弹材料模型分析等。

室内岩石物理性质试验(physical character laboratory test of rock) 研究岩石热学、电学、声学、放射学等物理特性参数的室内试验。包括颜色、条痕、光泽、透明度、硬度、解理、断口、脆性和延展性、含水率、吸水率、密度、膨胀性、崩解性等参数。主要试验有:岩石的含水率试验应采用烘干法,并适用于不含结晶水矿物的岩石;岩石的吸水率试验采用自由浸水法测定;岩石颗粒密度试验采用比重瓶法,并适用于各类岩石;岩石块体密度试验可采用量积法、水中称量法或蜡封法;岩石的膨胀性试验应包括岩石自由膨胀性试验、岩石侧向约束膨胀率试验和岩石膨胀压力试验;岩石的耐崩解性试验等。

室内岩石力学性质试验(Mechanical character laboratory test of rock) 研究岩石的力学特性,测试其表征参数(包括变形特性、强度特性、渗流特性、机械特性等)的室内试验。主要试验有单轴抗压强度试验、单轴压缩变形试验、三轴压缩强度试验、抗拉强度试验和点荷载强度试验等。

岩石流变试验(rock permeability test) 研究岩石材料在外力作用下,其应力、变形、流动随时间不断变化的现象的试验。主要表现在徐变、松弛两个方面。通过流变实验,可以研究岩石应力、应变与时间的关系,研究屈服规律和材料的长期强度,微观实验则可了解材料微观结构,探讨流变机制。根据实验仪器的加载机制划分,流变实验包括压缩流变、剪切流变、三轴压缩流变、结构面直剪流变等。

岩体应力测量(stress measurement of rock mass)　用仪器在现场测量岩体的应力,以研究岩体应力分布规律,评价围岩及大型边坡等稳定性的工作。通过确定地壳近期构造应力状态还可以进行地震预报等。岩体应力测量方法繁多,主要有应力解除法、应力恢复法和水力压裂法等。应力解除法亦称"套孔应力解除法",可分孔径变形法、孔底应变法、孔壁应变法等。

岩体渗透试验(rock mass permeability test)　利用试验器具测定裂隙岩体的渗透系数的试验。分为室内试验和野外测定试验两类。在实验室中测定渗透系数的仪器种类和试验方法较多,从试验原理上大体可分常水头法和变水头法两种。野外进行的渗透试验亦称"渗水试验",一般采用试坑渗水试验,分钻孔压水试验和钻孔抽水试验,抽水试验又分单孔试验和多孔试验两种,是野外测定包气带松散层和岩层渗透系数的简易方法。

工程岩体观测(engineering rock observation)　对岩体表面或内部在开挖、筑坝、水库蓄水等人为因素以及大气降水、地震等自然因素影响下的性态变化及其过程进行的目测和用量具或仪器量测。观测内容包括地质观测(断裂、裂隙)、变形(表面位移、表面倾斜、钻孔轴向位移、钻孔横向位移)监测、应力应变监测、动力学监测、锚固物内力监测、水力学(水位、水质、水温、泉涌量、孔隙水压力)监测等。

硐室收敛观测(cavern convergence observation)　对硐室断面表面点间的相对变形和变形规律进行持续的观测,确定硐室流变变形的最终稳定值与时间。如检测隧道拱顶下沉或两帮收敛等。观测结果可以确定围岩收敛情况或最终收敛量,以此判断围岩的稳定状况或确定二次支护的时间。

岩体锚杆观测(rock bolt observation)　岩体锚杆的性能常因不可见缺陷而损坏,需要对岩体锚杆体系的质量所进行的检测。通过锚杆仪可在现场对岩体锚杆和灌浆的整体情况进行观测与分类,可以测定岩体锚杆的长度。通过锚杆饱满度仪可监测各种影响锚杆承载力的缺陷。对于预应力锚杆,预应力会随时间发生松弛,产生损失,故通过锚杆应力计观测荷载、应力,以满足工程设计的要求。观测结果可验证或修正锚杆支护初始设计,评价和调整支护设计;发现异常情况,及时采取必要措施,保证施工安全。

工 程 结 构

建筑模数(building module)　为建筑标准化而选定的标准尺度单位。是建筑标准化的基础,可使建筑物或建筑构件、配件及设备之间的尺寸相互协调。建筑模数制是实现设计标准化、生产工业化、施工机械化的必要条件。《建筑模数协调统一标准》(GBJ 2—86)以 100 mm 作为基本单位,称"基本模数 M_0"。基本模数的倍数称"扩大模数",取为 $3M_0$(300 mm)、$6M_0$(600 mm)、$15M_0$(1 500 mm)、$30M_0$(3 000 mm)、$60M_0$(6 000 mm)等;其分数称"分模数",取为 $\frac{1}{10}M_0$(10 mm)、$\frac{1}{5}M_0$(20 mm)、$\frac{1}{2}M_0$(50 mm)等。

建筑标准化(building standardization)　将使用要求基本相同的建筑物或结构构件、配件或部件实现统一规格的措施。是在统一模数制的基础上选择建筑构件合理的系列标准尺寸和定型规格,并将其定为国家或地方标准,使各种类型的建筑物或结构构件、配件或部件的全部或部分,在最大可能范围内统一。可促使建筑生产工业化,适应大规模经济建设的需要。国际标准化组织在各国有关部门的配合下制定了一系列建筑标准、条例和规范。中国自 20 世纪 50 年代以来,也编制了多种建筑标准设计图集和技术标准,如《建筑统一模数制》(GBJE 73)、《建筑制图标准》(GB/T 50104—2001)和《建筑安装工程质量检验评定标准》(GB 50300—2001)等。

结构可靠度(reliability of structure)　工程结构在规定的时间和条件下,完成预定功能的概率。规定的时间指分析结构可靠度时所取用的结构设计基准期。规定的条件指结构正常的设计、施工和使用条件。预定功能指规范所规定的有关承载能力、正常使用和耐久性的功能要求。设计工程结构时,要求结构具有完成预定功能的相当大的概率,即要求结构的失效概率适当地小。结构可靠度过去常称"结构安全度",但因它的含义中除安全性外还包括适用性和耐久性,因此,《建筑结构设计统一标准》(GBJ

68—84)采用结构可靠度这一用语。

结构概率设计法(probabilistic design method of structure) 亦称"结构概率极限状态设计法"。以结构构件进入极限状态的失效概率为依据来度量结构可靠度的设计方法。结构设计的基本目的是使结构在预定的使用期限内能良好地工作,满足设计所预期的各种功能要求,首要问题是对结构可靠度的衡量。过去人们常将荷载和材料强度看成是不变的定值,并以经验为主估计结构的可靠度。实际上结构抗力(指结构承受荷载和抵抗变形的能力)和荷载效应(指荷载或其他作用引起的结构内力和变形)受各种偶然因素的影响,都随时间或空间而变化。将长期沿用的定值安全系数概念转变为非定值的概率概念,是结构设计思想上的一个重要发展。采用概率设计法,必须以荷载、材料性能、结构构件抗力的大量统计数据为基础。由于统计资料尚不充分,一些基本变量的统计参数及数学处理上还具有近似性,因此,概率设计法还处在"近似概率设计法"的水准。

结构设计基准期(standard service life) 结构设计中考虑各基本变量与时间的关系时所取的时间量度。以 T 表示。中国定为 50 年。与结构寿命有一定的联系,但不是简单的等同,只是计算结构失效概率的参考时间坐标,即在这一时间内,结构可靠度分析结果有效,过了这一时间,结构的失效概率将比设计所预期的大。

抗震设防(seismic design) 防止建筑物受地震破坏所采取的技术措施。地震区的建筑,除进行地震力计算外,还须采取抗震构造措施。抗震设防的意义在于使建筑物遇到相当于设计烈度的地震时,建筑物的损坏不致使人身和财产遭到危害。抗震设防的目标是:当遭受低于本地区抗震设防烈度的多遇地震(小震)时,建筑物一般不受损坏或不需要修理可继续使用;当遭受相当于本地区抗震设防烈度的地震(中震)时,建筑物可能损坏,经一般修理或不需要修理可继续使用;当遭受高于本地区抗震设防烈度的罕遇地震(大震)时,建筑物不致倒塌或发生危及生命的严重破坏。

安全系数(safety factor) 构件达到破坏或失效状态时能承受的荷载(称"极限荷载")与设计荷载的比值。常作为衡量工程结构安全度的指标。结构所需的安全系数与建筑物发生破坏或失效后造成损失的严重程度、破坏性质(脆性或延性)、荷载估算的准确程度、多种荷载同时出现的概率大小、建筑物所处环境条件等因素有关。对于新型结构,还需考虑设计与施工有无实践经验。安全系数的确定是一个技术经济与安全的综合决策过程。过去,常带有经验性质,将影响安全度的各个因素作为定值看待,很不完善。大部分设计规范的设计表达式以分项系数表达,只有少量规范仍以安全系数表达。当设计表达式以安全系数表达时,是在多系数分析基础上将多个分项系数合并为一个安全系数,考虑了荷载和材料强度的随机性和计算模式的不确定性。

容许应力(allowable stress) 亦称"许可应力"、"许用应力"。工程设计中,材料在正常使用时所容许承受的最大应力值。根据安全和经济的原则按材料的强度、荷载性质、构件破坏特性、建筑物的等级等因素综合确定,并由设计规范予以规定。通常由材料破坏时的应力值(如塑性材料的屈服极限、脆性材料的强度极限及交变荷载下的疲劳强度等)除以所选定的安全系数得出,以保证结构在使用时有足够的安全储备。

极限状态(limit state) 建筑结构或构件能够满足设计规定的某一功能要求的临界状态。超过这一状态,结构或构件便不再满足设计要求。分为承载能力极限状态和正常使用极限状态两类。承载能力极限状态对应于结构或构件达到最大承载力或达到不适于继续承载的变形,如:结构或结构的一部分丧失稳定,结构形成机动体系丧失承载能力,结构发生滑移、上浮或倾覆,构件截面因材料强度不足而破坏、结构或构件产生过大的塑性变形而不适于继续承载。正常使用极限状态对应于结构或构件达到影响正常使用或耐久性能的某项规定限值,如产生过大的变形、过宽的裂缝和过大的振动而影响正常作用。能否满足承载能力极限状态关系到结构的安全,应有较高的可靠度(安全度)水平;能否满足正常使用极限状态只影响正常使用功能及耐久性,可靠度水平可有所降低。

承载能力(load-carrying capacity) 结构或构件抵抗外加荷载和外加变形的极限能力。根据结构形式、构件截面尺寸和材料强度等计算求得。承载能力计算是任何结构或构件设计中都必须进行的内容。

抗裂度(crack resistance) 结构或构件在荷载作

用下抵抗开裂的能力。在水工结构构件中,以拉应力限值与荷载标准组合下构件截面边缘拉应力的比值来表示。该比值越大,抗裂度就越好。当该比值大于1时,就说明构件在正常使用阶段不致发生裂缝或发生裂缝的概率很低。而拉应力限值则与构件受力状态、受拉区截面形状、截面高度和混凝土抗拉强度标准值有关。

荷载(action) 亦称"载荷"、"作用"。直接施加在结构上的力(如自重、楼面荷载、风荷载等)和引起结构外加变形、约束变形的其他原因(如温度变形、基础沉陷、地震等)。前者称"直接作用",也称荷载;后者称"间接作用"。工程中常不区分"直接作用"和"间接作用",都称荷载。按力的分布,分体积荷载和表面荷载。前者分布在物体内各质点上(如自重),后者分布在物体表面。当表面荷载的作用面积远小于物体的表面积时为集中荷载,否则为分布荷载。荷载按随时间的变异,分:(1)永久荷载,亦称"恒载",如自重、土压力等;(2)可变荷载,亦称"活载",如人群荷载、风荷载、起重机荷载等;(3)偶然荷载,如地震、爆炸力等。按随空间位置的变异,分固定荷载和移动荷载:前者有固定作用位置,如固定设备重;后者在结构空间一定范围内可任意移动,如车辆荷载。按结构的反应特点,分静态荷载和动态荷载:前者不使结构产生加速度或产生的加速度可忽略不计,如自重;后者使结构产生不可忽略的加速度,如地震。

荷载代表值(representative values of load) 结构设计中用以验算极限状态所采用的荷载量值。荷载是不确定的随机变量或随机过程,结构设计时需将荷载取为某一定值进行计算。主要有永久荷载和可变荷载的标准值,可变荷载的组合值、频遇值和准永久值等。其中荷载标准值是荷载的基本代表值,其他代表值都是以它为基础乘以相应的系数后得出的。对不同的荷载效应组合,应采用不同荷载代表值。

荷载标准值(characteristic value of load) 荷载在设计基准期内可能出现的最大值。是荷载的基本代表值,理论上应按荷载最大值的概率分布的某一分位值确定,但能根据其概率分布给出标准值的荷载还只有很小一部分,水利工程中大部分荷载(如渗透压力、土压力、围岩压力、水锤压力、浪压力、冰压力等)仍缺乏或无法取得正确的实测统计资料,其标准值主要还只能根据历史经验确定或由理论公式推算得出。用于正常使用极限状态标准组合验算(永久荷载标准值与可变荷载标准值或组合值的组合)。工程设计时,荷载标准值可由相关荷载规范查得,不同行业规范对荷载标准值的规定有所不同。

荷载组合值(combination value of load) 可变荷载代表值的一种。当结构构件承受两种或两种以上的可变荷载时,考虑到这些可变荷载同时以最大值(标准值)出现的概率很低,因此除了将一个主要的可变荷载取为标准值外,其余的可变荷载都取"组合值",以使结构构件在两种或两种以上可变荷载参与作用时的可靠指标与仅有一种可变荷载参与作用的可靠指标大致相同。由可变荷载的标准值乘以相应的组合值系数得出,组合值系数可由相关荷载规范查得。建筑结构设计时采用荷载组合值,但水工结构设计时习惯上不考虑可变荷载组合时的折减,即不采用荷载组合值。

荷载频遇值(frequent value of load) 可变荷载代表值的一种。指可变荷载在结构设计基准期内,其超越的总时间为规定的较小比率(一般规定为0.1)的荷载值。由可变荷载标准值乘以相应的频遇值系数得到,用于正常使用极限状态频遇组合验算(永久荷载标准值与可变荷载频遇值的组合)。频遇值系数可由相关荷载规范查得,不同行业的荷载规范对频遇值系数的取值有所不同,水工荷载规范尚未给出荷载频遇值系数,故水工结构暂不进行荷载效应频遇组合验算,只验算荷载效应标准组合。

荷载准永久值(quasi-permanent value of load) 可变荷载代表值的一种。指可变荷载在结构设计基准期内,其超越的总时间约为设计基准期$1/2$的荷载值。由可变荷载标准值乘以相应的准永久值系数得到,用于正常使用极限状态准永久组合验算(永久荷载标准值与可变荷载准永久值的组合)。准永久值系数可由相关荷载规范查得,不同行业的荷载规范对准永久值系数的取值有所不同,水工荷载规范尚未给出荷载准永久值系数,故水工结构暂不进行荷载效应准永久组合验算,只验算荷载效应标准组合。

荷载组合(load combination) 亦称"荷载效应组合"。按极限状态设计时,为保证结构的可靠性而对同时出现的各种荷载设计值的规定。不同的极限状态应采用不同的荷载组合。承载能力极限状态计算时,应根据不同的设计要求采用基本组合或基本组合加偶然组合;正常使用极限状态验算时,应根据不同的设计要求采用标准组合、频遇组合或准永久组合。其中,基本组合为永久荷载与可变荷载的组合;偶然组合为永久荷载、可变荷载和一个偶然荷载的组合,以及偶然事件发生后受损结构整体稳固性验算时永久荷载与可变荷载的组合;标准组合为永久荷载标准值与可变荷载标准值或组合值的组合;准永久组合为永久荷载标准值与可变荷载准永久值的组合;频遇组合为永久荷载标准值与可变荷载频遇值的组合。

荷载效应(load effect) 由荷载引起的结构或结构构件的反应。如内力(轴力、弯矩、剪力和扭矩)、变形和裂缝等。荷载效应的大小与荷载的大小、作用方式、作用范围,以及结构构件的约束等因素有关。由于荷载是随机变量,荷载效应也是随机变量。常用符号 S 表示。

结构抗力(structure reactance) 结构或结构构件承受荷载效应的能力,具体指构件截面的承载力、构件的稳定性、刚度、截面的抗裂度等。如,结构构件承载能力极限状态计算时,为防止构件破坏,必须使荷载效应小于构件的截面承载力,该"承载力"就是抗力;在正常使用极限状态验算时,为防止在荷载作用下引起结构构件过大的变形,就要求构件具有足够的抗变形能力(刚度),此处"刚度"亦是抗力。结构抗力主要与结构构件的截面形状和几何尺寸、所用材料的数量和物理力学性能,以及计算模式与实际吻合程度等因素有关。由于这些因素都是随机变量,因此结构抗力也是随机变量。常用符号 R 表示。

失效概率(probability of failure) 结构或结构构件不能完成预定功能的概率。常用 p_f 表示。在概率极限状态设计法中,认为结构抗力和荷载效应都不是"定值",而是随机变量,因此应该用概率论的方法来描述。由于结构抗力 R 和荷载效应 S 为随机变量,$Z = R - S$ 也是随机变量。当 $Z < 0$ 时,结构处于失效状态,$Z < 0$ 的概率,也就是结构抗力 R 小于荷载效应 S 的概率(概率密度分布曲线图中的阴影部分),即为结构的失效概率 p_f。求失效概率 p_f 需已知 Z 的概率密度分布曲线,计算相当复杂。用概率的观点来研究结构的可靠度,绝对可靠的结构是不存在的,只要其失效概率 p_f 小于允许的失效概率,就可认为该结构是安全可靠的。而允许失效概率的取值与结构的重要性(安全级别)及破坏性质有关。

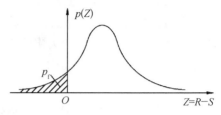

Z = R - S 的概率密度分布曲线与
失效概率 p_f 的关系

可靠指标(reliability index) 度量结构或结构构件可靠性的指标。常用 β 表示。为结构抗力 R 与荷载效应 S 之差($Z = R - S$)的平均值 μ_Z 和标准差 σ_Z 的比值,即 $\beta = \dfrac{\mu_Z}{\sigma_Z}$,其计算比失效概率的计算简单,但仍繁琐。与失效概率一一对应,失效概率越小,可靠指标越大。用概率的观点来研究结构的可靠度,绝对可靠的结构是不存在的,只要其可靠指标大于目标可靠指标,就可认为该结构是安全可靠的。目标可靠指标取值与结构的重要性(安全级别)和破坏性质有关。结构安全级别愈高,目标可靠指标应愈大。与破坏前有明显变形或预兆的延性破坏相比,突发性的脆性破坏后果要严重许多,因此结构发生脆性破坏的目标可靠指标高于延性破坏。

分项系数(sub-coefficient) 为保证所设计的结构具有规定的可靠度而在设计表达式中采用的系数。中国各行业结构设计规范大多采用以概率为基础的极限状态设计法,并以可靠指标度量结构的可靠度水平。可靠指标计算繁琐,直接采用可靠指标进行结构设计极不方便,因而规范采用引入分项系数的设计表达式进行设计。在表达式中,除规定荷载和材料强度的取值外,还规定若干个分项系数。设计人员不必直接计算可靠指标,只要采用规范规定的分项系数按设计表达式进行设计,所设计的结构构件就能达到规定的可靠度。不同设计规范所取用的分项系数的个数和其取值是不同的。如用于建筑结构设计的《混凝土结构设计规范》(GB 50010—2010)采用 3 个分项系数(荷载分项系数、材料分项系数和结构重要性系数),《水工混凝土结构设计规范》(DL/T 5057—2009)采用 5 个分项系数(结构系数、设计状况系数、荷载分项系数、材料分项系数、结构重要性系数),不能将不同规范的分项系数相互混用。

混凝土结构（concrete structure） 以混凝土为主制作的结构。广义上包括素混凝土结构、钢筋混凝土结构和预应力混凝土结构等；狭义上主要指素混凝土结构。混凝土的抗拉强度比较低，应避免受弯或受拉。在水利工程中，常用作重力式挡土墙、重力坝、拱圈、基础、反拱底板等以受压为主的结构。混凝土结构的受力部位的混凝土强度等级应根据建筑物的工作条件、地区气候、施工等具体情况而定，分别满足抗渗性、抗冻性、抗侵蚀性、抗冲刷性和低热性等方面的要求。对于遭受气温变化较大或湿度变化，以及在严寒气候条件下工作的混凝土结构，在近表面处应配置构造钢筋网格。

钢筋混凝土结构（reinforced concrete structure） 用混凝土和钢筋制成的两者共同受力的结构。钢筋主要承受拉力，混凝土主要承受压力。其特点是坚固耐久，并可塑造成所需的各种形状。比钢结构用钢少，比混凝土、砖石结构等强度高，是水利工程中用得极为广泛的工程结构。在现场架设模板、配置钢筋及浇捣混凝土而筑成的结构，称"整体式钢筋混凝土结构"，优点是整体性好、刚度好、抗震性能强，但施工时需模板支架，施工周期长。在加工场预先制成钢筋混凝土构件，再运到现场拼装而成的结构，称"装配式钢筋混凝土结构"，可使施工工业化，加快施工进度，节省模板，但整体性和抗震性较差。结构部分采用预制构件，在现场拼装后再在其上浇筑一部分混凝土的结构称"装配整体式钢筋混凝土结构"，其性能兼有上述两种结构的特点。

预应力混凝土结构（prestressed concrete structure） 配有受力的预应力筋，通过拉张或其他方式建立预加应力，使混凝土在荷载作用之前预先受压的一种结构。预压应力能抵消外荷载所引起的大部分或全部拉应力，提高构件抗裂度或减小裂缝宽度。采用预应力混凝土，能建造大跨度的承重结构以及有特殊要求的结构，可采用高强度钢筋和高强度混凝土，节约钢材。预应力混凝土结构按截面受拉区边缘应力状态分，有全预应力混凝土与部分预应力混凝土，前者在使用荷载作用下不允许出现拉应力，后者允许出现拉应力或开裂。按建立预应力的方式分，有先张法预应力混凝土与后张法预应力混凝土，前者张拉预应力在浇筑混凝土之前，后者在浇筑混凝土之后。按预应力筋与混凝土的黏结状态分，有无黏结预应力混凝土和有黏结预应力混凝土，前者预应力筋与混凝土无黏结，后者有黏结。在水利工程中，不提倡采用无黏结预应力混凝土。

先张法预应力构件（pre-tensioning prestressed concrete member） 在台座上张拉预应力筋后浇筑混凝土，并通过放张预应力筋由黏结传递而建立预应力、使混凝土受到预压的混凝土结构。施工工艺：先在专门的台座上张拉预应力筋，并用夹具临时固定在台座的传力架上，然后浇筑混凝土。待混凝土达到设计强度的75%以上后，从台座上切断或放松预应力筋（简称"放张"），预应力筋发生弹性回缩，使与其黏结在一起的混凝土受到预压力，形成预应力混凝土构件。因预应力筋张拉在浇筑混凝土之前，故名。适宜在预制工场中大批生产，利于制造尺寸不大的构件。

后张法预应力构件（post-tensioned prestressed concrete member） 浇筑混凝土并达到规定强度后，张拉预应力筋并在构件上锚固，通过锚具使混凝土受到预压而建立预应力的混凝土结构。施工工艺：先浇筑混凝土构件并预留出预应力筋孔道。待混凝土达到设计强度的75%以上后，将预应力筋穿入孔道，利用构件本身作为台座进行预应力筋张拉。张拉时，构件受到压应力。张拉完毕，将预应力筋锚固在构件的端部，再在孔道内灌浆以连成一体。因预应力筋张拉在浇筑混凝土之后，故名。后张法张拉力大，适宜于制造大型构件，可现场制作，预应力损失较小，不需专门台座。但施工工艺复杂，锚具金属消耗较多。

全预应力混凝土结构（fully prestressed concrete structure） 在使用荷载作用下，不允许截面上混凝土出现拉应力的预应力混凝土结构。满足现行水工混凝土结构设计规范中一级裂缝控制等级，即严格要求不出现裂缝的控制条件。要求建立的预压应力较大，预应力筋用量较多，造价较高，且可能出现较大反拱，延性也较差，不利抗震。

部分预应力混凝土结构（partial prestressed concrete structure） 在使用荷载作用下，允许截面上混凝土出现拉应力或出现裂缝的预应力混凝土结构。满足现行水工混凝土结构设计规范中二级或三级裂缝控制等级，即一般要求不出现裂缝或允许裂缝但正截面裂缝宽度不超过允许值的控制条件。与全预应力混凝土结构相比，可适当减小预应力值，节省预应力筋,避免可能出现过大的反拱;相对提高结构延性,提高结构的抗震性能。

杆系混凝土结构(member concrete structure)　可划分或简化为常规的梁、柱一类的基本构件组成的混凝土结构。可用结构力学方法计算出构件控制截面的内力(弯矩、轴力、剪力或扭矩等),按截面极限承载力公式,即受弯、偏压、偏拉等构件的公式来计算其钢筋用量。常见的有梁、柱等构件,以及由梁与柱组成的框架结构等。

非杆系混凝土结构(non-member concrete structure)形体复杂或尺寸比例特殊,无法划分或简化为常规的梁、柱一类的基本构件的混凝土结构。不能用结构力学方法求解内力,只能按弹性理论求出结构应力状态。可归纳为四类:(1)形体复杂、不能简化为杆件的结构,如水电站厂房的蜗壳与尾水管结构等;(2)形状虽较规整,但尺寸比例超出杆件范围的结构,如深梁;(3)外部混凝土范围较大、无法简化为杆件的结构,如大体积混凝土结构的孔口;(4)与围岩连接、计算时必须考虑围岩抗力作用的衬砌结构,如隧洞衬砌、地下厂房、地下岔管等。

叠合式结构(composite structure)　由预制混凝土构件(或既有混凝土构件)和后浇混凝土组成,以两阶段成型的整体受力结构构件。施工时,将预制混凝土构件作为后浇混凝土的模板,再在上面叠浇二期混凝土并通过结合面的黏结强度(抗剪强度)使二者整体受力。可以把单跨简支的预制梁(板)通过在后浇混凝土中的配筋形成连续梁(板)。特点是能充分利用材料强度,减小预制装配件的重量,预制件还可作为后浇混凝土的模板,不用或少用支架施工。比装配式结构的整体性好,但增多了施工工序。

岩锚梁(rock-anchored beam)　亦称"岩壁吊车梁"。利用一定深度的注浆长锚杆锚固在岩石上的钢筋混凝土梁。所承受的荷载通过长锚杆和岩石壁面的摩擦力传至岩体。与普通现浇钢筋混凝土梁相比,不需设置立柱,充分利用围岩的承载能力。是一项集光面(预裂)爆破,锚固技术,混凝土技术,应力、应变和位移量测技术于一体的综合性施工技术,技术要求高,施工难度大。主要应用于大型水利枢纽工程地下厂房机电设备的安装、维修等。能减小地下厂房的跨度,增加硐室稳定,减少工程量,降低工程造价,经济效益显著。主要施工程序为:岩壁开挖、锚杆施工、混凝土浇筑和岩锚梁荷载实验等。

肋形结构(beam-slab structure)　由平板和支承平板的梁组成的结构。有单向板肋形结构和双向板肋形结构两种。单向板仅考虑板在短跨方向受力,沿板长跨方向的梁称次梁,沿板短跨方向的梁称主梁;板上荷载绝大部分沿短跨方向传给次梁,次梁再传给主梁。双向板板上荷载向两个方向传递,板同时在长、短跨方向受力,不分主梁与次梁。相关规范规定,当梁格布置使板的长、短跨之比 $l_2/l_1 \geqslant 3$ 时,按单向板计算;板的长、短跨之比 $l_2/l_1 \leqslant 2$ 时,按双向板计算;板的长、短跨之比 $2 < l_2/l_1 < 3$ 时,宜按双向板计算。由于肋形结构常用于房屋楼盖,故亦称"肋形楼盖"。

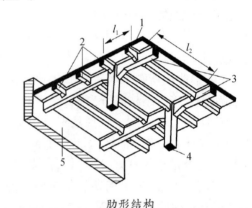

肋形结构
1. 板　2. 次梁　3. 主梁　4. 柱　5. 墩墙

双向板(two-way slab)　矩形板的长短边之比较小、荷载作用下不可忽略沿任一方向弯曲,长边与短边都应配置受力钢筋的四边支承混凝土板。长边与短边长度之比不大于 2 时,应按双向板计算;长边与短边长度之比大于 2 小于 3 时,宜按双向板计算。

单向板(one-way slab)　两对边支承混凝土板或长短边之比较大、在荷载作用下可忽略沿长边方向弯曲的四边支承混凝土板。对于四边支承混凝土板,当长边与短边长度之比大于或等于 3 时按单向板计算,沿短边布置受力钢筋,沿长边布置构造钢筋;当长边与短边长度之比小于 3 大于或等于 2 时,可按单向板计算,但沿长边布置的构造钢筋应加强。

无梁板结构(flat-slab structure)　平板直接由立柱支承而不设梁的结构。通常为钢筋混凝土结构。为防止板在支承处发生冲切破坏,在立柱与平板连接处,常将立柱扩大成柱帽。广泛用于仓库、大厅楼盖及码头平台等。用作楼盖时,称"无梁楼盖",具有板底平整、室内净高大等优点。当采用升板法施工时，可以节约模板及场地。但钢材用量比肋形结构多。

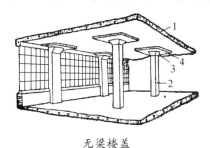

无梁楼盖

1. 平板 2. 柱 3. 柱帽 4. 帽顶板

薄腹梁（thin web beam） 腹板厚度较薄的 T 形或工字形截面钢筋混凝土梁或预应力混凝土梁。其腹板高度与宽度之比常大于 6。腹板较薄（较大跨度的薄腹梁腹板上还可开洞），有利于减轻自重。常用作跨度在 15 m 以下的厂房屋面大梁，装配梁式公路桥也常采用 T 形薄腹梁。

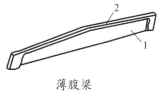

薄腹梁

1. 腹板 2. 翼缘

吊车梁（crane beam） 支撑桥式起重机运行的梁结构。梁上有吊车轨道，起重机通过轨道在吊车梁上来回行驶。为节省钢材，中国多采用钢筋混凝土吊车梁，其结构形式可为现浇整体式或预制装配式。地下厂房中的吊车支承结构除地面厂房中通常采用的吊车梁、柱结构形式外，还有：（1）悬挂式吊车梁，吊车梁悬挂在厂房顶拱的拱座上；（2）岩锚式吊车梁，吊车梁采用锚杆、锚索锚固于岩壁上；（3）岩台式吊车梁，吊车梁敷设在岩台上；（4）带形牛腿吊车梁，在整体式钢筋混凝土衬砌上伸出带形牛腿作为吊车梁。悬挂式、岩锚式和岩台式吊车梁结构的最大优点是不建吊车柱，可在厂房硐室尚未向下扩大开挖时提前施工吊车梁，提早组装吊车，还可以减小厂房的开挖跨度。

深梁（deep beam） 跨度小于 2 倍梁高的简支梁或跨度小于 2.5 倍梁高的连续梁。深梁受荷载后的应力与应变分布不同于一般梁，正应力呈非线性分布，而且剪应力常起控制作用，正截面应变不符合平截面假定。连续深梁内力采用结构力学计算会引起较大误差，应采用弹性力学计算。深梁与短梁合称"深受弯构件"。

短梁（short beam） 跨高比小于 5 但不小于 2.5 的梁。短梁与深梁合称"深受弯构件"。

墙梁（wall stringer） 由钢筋混凝土托梁和梁上计算高度范围内的砌体墙组成的组合受力构件。分简支墙梁、连续墙梁和框支墙梁等几种。设计时应考虑钢筋混凝土托梁以上墙体对托梁承载能力的贡献和刚度的有利影响。在实际工程中，按墙梁计算的钢筋混凝土托梁受力类似偏心受拉构件，其配筋少于不考虑墙体作用的托梁配筋。

过梁（lintel） 设在门、窗等洞口上的梁。用以支承洞口上部的墙体和一定范围内梁、板荷载。根据所用材料，分砖过梁和钢筋混凝土过梁两类。前者又分砖平拱过梁、砖弧拱过梁和钢筋砖过梁等三种。由于砖过梁整体性较差，施工也较麻烦，又不利于抗震，已很少应用。广泛采用钢筋混凝土过梁。

圈梁（ring beam） 砌体结构房屋中，在墙体内沿水平方向交圈封闭设置的钢筋混凝土梁。通常设置在砌体结构房屋基础的上部（称"基础圈梁或地圈梁"）和各层楼板的下面。设置圈梁可以增加纵横墙的联结，提高房屋空间刚度，增加建筑物整体性，减少地基不均匀沉降的不利影响。同时设置圈梁和构造柱还可提高砌体结构房屋抗震能力。

大型屋面板（large roof slab） 由两条纵肋、若干横肋和板面构成的预制肋形结构屋面板。一般尺寸为 1.5 m×6.0 m，通常采用先张法工艺，通过张拉布置在纵肋中的纵向预应力筋施加预应力（称"预应力混凝土大型屋面板"）。大型屋面板主要用于装配式单层工业厂房。

预应力混凝土大型屋面板

阶形柱（stepped column） 厂房立柱的一种形式。在设置桥式吊车的厂房中，立柱需设置牛腿以支承吊车梁，在牛腿以下，放大柱的截面尺寸，形成阶形柱。常用的二阶阶形柱分上柱和下柱两部分，上柱用来支承屋架结构；下柱主要支承由牛腿传递来的吊车荷载。

双肢柱（coupled column） 厂房立柱的一种形式。由两根竖向肢杆用水平腹杆或斜腹杆连接而成。比实腹式立柱的受力性能好，材料利用较为合理。可不设牛腿，简化配筋构造。但整体性及抗剪能力不如实腹式工字形截面柱，模板制作也较费工。一般用于具有大吨位吊车的厂房。

牛腿（bracket；corbel） 从立柱或墙身挑出的变截面短悬臂。用以支承梁、板等构件。从立柱挑出的称"独立牛腿"，从墙身挑出的称"带形牛腿"。例如，厂房立柱常设牛腿以支承吊车梁；在装配式结构中，立柱与梁、梁与梁之间的连接处也常设小牛腿，这种小牛腿亦称"支托"、"托座"或"托承"。

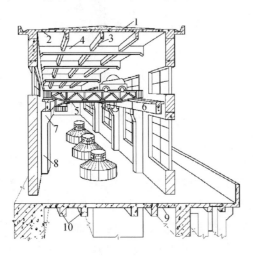

牛 腿

1. 屋面构造层；2. 屋面板；3. 次梁；4. 主梁；5. 吊车；
6. 吊车梁；7. 牛腿；8. 柱；9. 楼板；10. 楼面次梁

剪力墙（shear wall） 亦称"抗震墙"。为抵抗水平地震作用而设置的钢筋混凝土墙。有抗震设防要求或承受较大风荷载作用的高层建筑，常需设置钢筋混凝土剪力墙，以承担大部或全部水平力，提高结构刚度、减小水平侧移。剪力墙和框架结构共同构成的结构体系称框架剪力墙（框架抗震墙）结构体系。不设框架、只设置剪力墙的结构体系称剪力墙（抗震墙）结构体系。在一般砌体结构多层住宅中，也可采用配筋砖砌体作为剪力墙（抗震墙），以提高抗震能力。

衬砌结构（lining structure） 为防止围岩变形或坍塌，沿隧道洞身周边用混凝土等材料修建的永久性支护结构。引水隧洞混凝土衬砌是水利工程中常见的衬砌结构，其作用除防止围岩变形或坍塌外，还

有减小水流阻力，加快水流速度，防止内水沿岩体节理渗透等作用。引水隧洞衬砌设计既要考虑外压力，又要考虑内压力。在内压力作用下，衬砌内力大小除与内压力大小有关外，还和衬砌与岩体的刚度比有关。衬砌出现裂缝后，刚度减小，所承受的内力随之降低，设计时应充分考虑这一特点。

收缩缝（contraction joint） 亦称"伸缩缝"、"温度缝"。为防止长度较大的建筑物因温度变化较大导致结构产生裂缝或破坏，预先沿建筑物长度方向在适当部位预先设置的竖向构造缝。伸缩缝应将建筑物基础以上的构件如墙体、楼板、屋顶（木屋顶除外）等分隔成两个独立部分，沿建筑物长度方向自由水平伸缩。伸缩缝宽度通常取为20 mm。

温度缝（temperature joint） 即"收缩缝"。

沉降缝（settlement joint） 为防止建筑物因荷载、高度、结构，以及地基压缩性等差异引起建筑物产生不均匀沉降而使得建筑物发生错动开裂、甚至破坏，预先在建筑物适当部位设置的竖向构造缝。沉降缝将建筑物（连同基础）划分为若干可以自由沉降的单元，其宽度与建筑物的高度和地基压缩性有关，一般不宜小于50 mm。

隔震减震结构（seismic isolation structure） 通过在结构的某个位置设置柔性较好的隔震层，使隔震系统以上的结构部分和（或）构件，与可能引起结构破坏的地震动或其他支座运动分离开来，或设置耗能减震装置阻止或减少地震能量向上传递，以减少震害的建筑结构。隔震减震结构通常在建筑物底部设置由隔震支座（如橡胶隔震支座）和各种阻尼器等部件组成的隔震层，以延长整个结构体系的自振周期，增大阻尼，减少输入上部结构的地震能量，达到预期的抗震要求。

消能减震结构（passive energy dissipation structure） 设置消能构件或装置，在结构振动过程中，利用结构变形产生相对位移和相对速度，使消能装置做功消耗结构振动能量，从而降低结构反应，达到预期抗震要求的建筑结构。常用的消能装置有黏滞性消能器（如黏滞油缸消能器、黏滞阻尼墙）、黏弹性消能器、摩擦型消能器及金属屈服型消能器等。

防震缝（aseismic joint；earthquake proof joint） 亦称"抗震缝"。将建筑物分成若干个形状规则、刚度均匀、有利于抗震的独立单元体而预先设置的缝。当建筑物的平面、立面形状复杂或结构刚度相差很

大时,设立防震缝可使结构各部分的动力变位协调,避免发生巨大的局部应力和破坏。防震缝应有足够的缝宽,以避免相邻结构由于动力特性不同在不同相位中振动而发生碰撞。防震缝缝宽应根据不同的建筑高度、抗震设防烈度和建筑结构体系确定。

混凝土强度等级(strength grade of concrete)　混凝土按标准试件的抗压强度划分的等级指标。过去中国以 20 cm×20 cm×20 cm 的立方体试块在标准条件下养护 28 天的抗压强度(以 kg/cm² 计)作为混凝土的强度指标,称"混凝土强度标号"。1985 年起,改用 150 mm×150 mm×150 mm 的立方体试块作为标准试件,并以 28 天龄期用标准试验方法测得的具有 95% 保证率的抗压强度作为混凝土等级指标(以 MPa 计),称"混凝土强度等级"。在水利水电工程中所采用的混凝土强度等级分为 C10、C15、C20、C25、C30、C35、C40、C45、C50、C55、C60,共 11 个等级。钢筋混凝土结构中采用 HRB335 钢筋时不宜低于 C20,采用 HRB400 钢筋或承受重复荷载时不应低于 C20。混凝土强度会随龄期增长而增长。在水利工程中,可根据建筑物开始承载的时间采用 60 天或 90 天龄期的后期抗压强度。

混凝土抗压强度(compressive strength of concrete)　混凝土承受压应力时的极限强度。是衡量混凝土强度的主要指标。混凝土抗压强度与试件的形状和尺寸有关。现行试验规程采用 150 mm×150 mm×150 mm 的立方体试块作为标准试块,以上下表面不涂油脂,所测得的抗压强度称混凝土的"立方体抗压强度";采用 150 mm×150 mm×300 mm 棱柱体试件所测得的抗压强度值,称混凝土的"轴心抗压强度"或"棱柱体抗压强度"。轴心抗压强度一般为立方体抗压强度的 0.70~0.85 倍。混凝土的强度与其材料强度、配合比、水泥用量、水灰比大小等有密切关系;其制作方法、养护条件、测试方法等对抗压强度也有影响。混凝土的强度还随着龄期的增长而增长,不同龄期的强度取值应通过试验确定,在一般情况下,如 28 天龄期的混凝土抗压强度为 1.0,而 60 天的为 1.1~1.2,90 天的为 1.2~1.3。

混凝土抗拉强度(tensile strength of concrete)　混凝土承受拉应力时的极限强度。远比混凝土抗压强度为小,只有立方体抗压强度的 1/17~1/8。凡影响抗压强度的因素,对抗拉强度也有相应的影响,但不同因素对抗压强度和抗拉强度的影响程度却不同。例如,水泥用量增加,可使抗压强度增加较多,而抗拉强度则增加较少。用碎石拌制的混凝土,其抗拉强度比用卵石的为大,而骨料形状对抗压强度的影响则相对较小。各国测定混凝土抗拉强度的方法不尽相同。中国近年来采用的直接受拉法,其试件是用钢模浇筑成型的 150 mm×150 mm×550 mm 的棱柱体试件,两端设有埋深为 125 mm 的对中带肋钢筋(直径 16 mm),用于施加轴心拉力。轴心受拉试件安装时不易对中,拉力易有偏心,因此国内外也有采用劈裂试验测定混凝土抗拉强度的。

混凝土复合应力强度(concrete strength under combined stress)　混凝土在复合应力状态下的强度。从试验得出,双向受压时混凝土的强度要比单向受压为高,最大抗压强度为 1.25~1.60 的单轴抗压强度,发生在双向应力比为 0.3~0.6 之间;一拉一压时,一个方向的强度随另一方向应力的增加而降低;双向受拉时的强度基本上与单向受拉时一样;三向受压时,混凝土一向抗压强度随两向压应力的增大而增大很多,其极限压应变也可大大提高。复合应力状态下的混凝土强度是一个比较复杂的问题,至今尚未能完满解决,一旦有所突破,则将会对钢筋混凝土结构的计算方法带来根本性的改变。

混凝土徐变(creep of concrete)　随荷载持续时间的增长,混凝土中应力不变而应变不断增加的现象。开始时徐变增长较快,以后逐渐减慢,需经较长时间(约 3 年)后才渐趋稳定。最终徐变值可达初始时应变的 2~3 倍。卸载后,除弹性变形消失以外,经一段时间,一部分徐变变形也能逐渐消失,这种现象称"徐回"。剩下的则是不能消失的"残余变形"。应力低于 $0.5f_c$(f_c 为混凝土轴心抗压强度)时,徐变与应力呈线性关系,称"线性徐变";当应力在 $0.5f_c$~$0.8f_c$ 范围内时,徐变与应力不呈线性关系,徐变比应力增长要快,称"非线性徐变";当应力大于 $0.8f_c$ 时,徐变的发展是非收敛的,最终将导致混凝土破坏。加载时的混凝土龄期越长,徐变越小;水泥用量多或水灰比大,徐变大;养护时周围湿度大,徐变小。混凝土徐变能使结构的应力重新分布,这对结构的应力情况一般是有利的。但能使构件挠度增大,对预应力混凝土结构还会引起预应力损失。

混凝土收缩(shrinkage of concrete)　混凝土在空气中硬化时体积缩小的现象。随时间而增长。水泥强度等级高、用量多、水灰比大、周围湿度低时,收缩量加大。如骨料比较坚硬、经过蒸汽养护、浇捣密实、构件表面积系数比较小，则收缩量减小。结构不能自由伸缩时，收缩会使混凝土产生拉应力从而引起收缩裂缝。为此，一般混凝土或钢筋混凝土结构常设置收缩缝以避免产生收缩裂缝。

屈服强度（yield strength） 亦称"屈服极限"、"流限"。软钢等金属材料在受力过程中，荷载不变而变形持续增加时所承受的恒定应力。开始加载时，应力与应变呈线性关系，属于弹性阶段。当应力达到屈服强度后，就进入塑性阶段，发生很大的塑性应变，具有明显的屈服台阶。材料应力达到屈服强度后，应变骤增，将无法正常使用，因此软钢等材料的强度限值常以屈服强度为准。

比例极限（proportional limit） 材料的应力与应变仍保持线性关系的极限应力。应力小于比例极限时，应力-应变呈线性关系，材料处于弹性阶段。

极限强度（ultimate strength） 材料承受各种力学作用达到最终破坏时的应力值。可用材料拉伸（或压缩）试验测定，其大小等于试件破坏时测得的最大轴向拉力（或压力）除以初始横截面面积，也就是材料应力-应变曲线上的峰值应力。材料的极限强度随试件尺寸大小和加载速度等条件而稍有变动。试件尺寸小和加载速度快时，强度指标有所增加。在荷载长期作用下，强度极限会有所降低。强度极限常作为脆性材料强度的取值依据。

协定流限（proof yield strength） 无明显屈服点的材料在加载和卸载后留有 0.2% 永久残余应变时的应力，以 $\sigma_{0.2}$ 表示。是没有明显屈服极限的材料的力学特性指标之一，一般相当于材料极限抗拉强度的 70%～85%。在结构设计中，这类材料以协定流限作为受拉强度限值依据。

包辛格效应（Bauschinger effect） 具有强化性质的材料加载超过其屈服极限后，反向加载时在应力比原来的屈服极限低很多的情况下，应力应变关系呈现明显非线性性质的效应。由德国工程师包辛格（Johann Bauschinger，1834—1893）于 1886 年首先提出，故名。钢筋在拉-压交替加载作用下会发生包辛格效应。发生

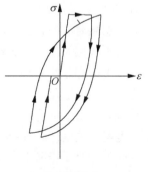

包辛格效应

此效应后，钢筋的力学性能与先前的加载历史有关。由于钢筋有此效应，就使得在反复荷载作用下的钢筋混凝土构件呈现出梭形的恢复力特征曲线。在反复荷载作用下的弹塑性分析中必须计及。

混凝土局部承压强度（local compressive strength of concrete） 当荷载仅作用于支承面的一部分面积上时的混凝土抗压强度。大于全面积受压时的抗压强度。因未承压部分起着套箍作用，阻止直接受压部分横向扩胀，使这部分混凝土形成三向受压状态，而提高了纵向抗压强度。中国混凝土结构设计规范将混凝土的局部承压强度取为 βf_c。其中，f_c 为混凝土的轴心抗压强度，β 为强度增大系数，取为

$$\beta = \sqrt{A_b/A_1},$$

式中，A_1 为混凝土局部承压面积，A_b 为局部承压时的计算底面积，可根据同心对称的原则确定。

侧限混凝土（confined concrete） 亦称"侧向约束混凝土"。纵向受压而在侧向受到约束不能自由扩胀变形的混凝土结构。混凝土在纵向受压时，会在侧向产生扩胀变形，破坏时，混凝土产生纵向裂缝，最后在侧向发生崩析。施加侧向约束，限制混凝土侧向扩胀变形，就能提高其纵向抗压强度。在钢筋混凝土柱中，利用侧向约束作用能使柱的延性增加，有利于结构的抗震。通常施加侧向约束的办法是在构件横向配置密排的封闭箍筋或螺旋筋。螺旋筋对增大构件的延性和核心混凝土的抗压强度的效果，比箍筋更为显著。

延性（ductility） 材料、构件或结构受载超过屈服极限后，在承载能力没有显著下降的条件下，经受非弹性变形的能力。常用延性系数 μ 来度量。延性系数为构件或结构在其破坏前的极限变形 Δu 与其在屈服荷载下的屈服变形 Δy 的比值，即 $\mu = \Delta u/\Delta y$。变形可以是曲率、位移或转角，其相应的延性称"曲率延性""位移延性"和"转角延性"。根据研究的对象不同，也可分为截面延性、构件延性或结构延性。结构延性较大时，能利用塑性变形使超静定结构的内力得以充分重分布，可以承受意外的超载、冲击和地基变形等引起的结构变形，使结构不发生突然性崩溃。具有较高的延性的建筑结构能够更多地吸收地震能量，提高结构的抗震能力。

钢筋（reinforcement bar） 钢筋混凝土结构或预应力混凝土结构中所配置的钢条。主要用于承受拉

力,也有用于帮助混凝土抗压的。根据构件受力情况经计算确定其用量的钢筋称"受力钢筋";为考虑计算中被忽略因素而配置的钢筋称"构造钢筋"。按外形分有光圆钢筋和带肋钢筋两种,前者表面为光面的,其与混凝土的黏结力较低,用作受力钢筋时端头要做弯钩;后者表面呈螺旋纹、人字纹或月牙纹等,其与混凝土的黏结力较强。直径小于 6 mm 的钢筋称"钢丝"。在中国水利水电工程中,钢筋混凝土结构采用的钢筋有 HPB300、HRB335、HRB400等,预应力混凝土结构采用的预应力筋有钢丝、钢绞线、钢丝束、螺纹钢筋、钢棒等。在钢筋混凝土结构中,也有用型钢作为受力钢筋称"劲性钢筋"。劲性钢筋可兼作施工时承重之用,但用钢量较大。

钢筋骨架(reinforcing cage) 将钢筋混凝土构件的纵向钢筋与横向箍筋用铁丝绑扎或用电焊焊接而成的骨架。能在浇筑混凝土时保证钢筋的位置准确。焊接骨架比绑扎骨架牢固,与混凝土的锚固也较好,但施工现场因条件限制,仍多用绑扎骨架。

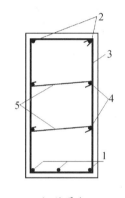

钢筋骨架

1. 受力钢筋 2. 架立钢筋
3. 箍筋 4. 腰筋 5. 拉筋

箍筋(stirrup) 钢筋混凝土构件中用以承受剪力或扭矩的钢筋。还起固定纵筋位置形成稳固的钢筋骨架的作用。有开口和闭口两种,受扭构件和受压构件必须配置闭口箍筋。常用直径 10 mm 以下的钢筋制成。在受压构件中,箍筋能起侧向约束作用。配置较多、较密的箍筋,能显著提高构件的延性,对抗震有利。

弯起钢筋(bend-up bar) 钢筋混凝土构件中由纵向受力钢筋弯起以承担剪力的钢筋。

腹筋(web reinforcement) 钢筋混凝土构件中为抵抗剪力而设置的钢筋。是箍筋和弯起钢筋的总称。

分布钢筋(distribution reinforcement) 单向受力的钢筋混凝土板中,在垂直于受力钢筋方向布置的钢筋。用以固定受力钢筋的位置,并抵抗混凝土收缩或温度作用所引起的应力。分布钢筋还可与受力钢筋绑扎成钢筋网,以使作用在板上的集中荷载在较大范围内传布。分布钢筋的用量不宜小于受力钢

筋用量的 15%,每米也不宜少于 4 根,直径不宜小于 6 mm。

架立钢筋(erection bar) 钢筋混凝土构件中,用来与箍筋绑扎成稳固的钢筋骨架的钢筋。钢筋骨架中,如果箍筋转角处未配置纵向受力钢筋,必须配置架立钢筋,以绑扎成稳固的骨架,保证箍筋的位置,避免浇筑混凝土时钢筋发生走动。架立钢筋直径选择与梁的跨长有关,梁跨越长架立钢筋直径需要越大,常用直径为 8~12 mm。

腰筋(longitudinal detailing rebars on both side of beam web) 梁的腹板高度大于 450 mm 时,为防止温度变形及混凝土收缩等原因使梁中部产生竖向裂缝,在梁两侧沿高度设置的纵向构造钢筋。梁的一侧所配置的腰筋(不包括梁上、下边受力钢筋和架立钢筋)的截面面积不应小于腹板截面面积的 0.1%,且间距不宜大于 200 mm。

拉筋(tie rebar) 在梁的横截面内水平布置,用以连系梁两侧腰筋的钢筋。拉筋直径与箍筋直径相同,间距一般取为箍筋间距的 2~3 倍,在 500~700 mm 之间。

温度钢筋(temperature reinforcement) 在混凝土结构中用以控制温度裂缝的钢筋。配置温度钢筋虽不能防止温度裂缝出现,但可以限制裂缝开展宽度,有利于减轻发生裂缝后的不利影响。温度应力是由于温度变形受到约束不能自由发生而引起的,结构发生裂缝后,约束减小,温度应力降低。容许裂缝宽度越大,温度应力松弛越多。计算温度配筋时,应考虑裂缝宽度对温度效应释放的影响,但尚未有简便的考虑这种效应的温度配筋计算方法。工程上对于一些常见的不是特别重要的底板、墩墙类结构,常按构造要求配置一定数量的温度钢筋。

配筋率(reinforcement ratio) 钢筋混凝土构件中,钢筋的截面积与构件截面积或截面有效面积(不计入受拉区混凝土保护层的面积)的比值。用以表示构件配筋的多少。对构件的破坏形态有根本性的影响。为了保证某些构件(如受弯构件)的受压区混凝土不致在受拉钢筋达到屈服极限之前发生压碎,导致构件的脆性破坏,常规定截面的配筋率不能超过最大配筋率。另一方面,当构件截面尺寸较大而受力却很小时,按强度所需的钢筋用量很少,设计规范规定截面的实际钢筋配筋率不得小于最小配筋率。规定最小配筋率,是为了保证构件不发生突然

性破坏,防止受压构件纵向挠曲破坏,以及考虑设计中未估计到的如温度收缩、支座沉陷产生的附加应力等因素。各国设计规范规定的最小配筋率并不相同,相差颇为悬殊。

钢筋接头(splice of reinforcement)　钢筋混凝土构件中,接长钢筋的连接部分。如构件中钢筋长度不够,就需要把钢筋接长到所需的长度。钢筋的接头位置宜设置在构件受力较小处,并宜相互错开。接长的方法分绑扎搭接、焊接和机械连接。绑扎搭接将两根钢筋相互搭接一段长度,并用铁丝紧密缠绑。焊接是在两根钢筋接头处采用焊接,分对焊和焊缝焊。前者由两根钢筋直接对头接触电焊而成;后者则需要一定的搭接长度或采用帮条用电弧焊焊成。机械连接接头分挤压套筒接头和螺纹套筒接头。前者在两根待连接的钢筋端部套上钢套管,然后用大吨位便携式钢筋挤压机挤压钢套管,使之与带肋钢筋紧紧地咬合在一起,形成牢固接头。后者由专用套丝机在钢筋端部套成螺纹,然后在施工作业现场用螺纹套筒旋接,并采用专用测力扳手拧紧。

混凝土保护层(concrete cover)　钢筋混凝土构件中最外层纵向钢筋的外表面到构件表面的距离。可保护钢筋免被锈蚀和保证混凝土对钢筋的握裹力,故保护层厚度对钢筋混凝土的耐久性有重要影响。对钢筋混凝土板,保护层最小为 20～45 mm;对梁和柱为 30～55 mm;对大体积结构为 30～60 mm。当构件处于侵蚀性介质或水位变动区、受冻融影响、受高速水流的冲刷、受海浪飞溅作用或直接与土壤接触时,保护层应加厚。保护层必须浇捣密实,否则会失去其应有的作用。

预应力损失(loss of pretress)　预应力筋张拉应力的降低值。在预应力混凝土结构的制作和使用过程中,预应力筋的张拉力会由于锚具和夹具的变形、预应力钢筋的松弛、混凝土的收缩和受压后的徐变、蒸汽养护时先张法台座与构件之间的温差、预应力筋与后张法孔道管壁的摩擦,以及环形构件中预应力筋挤压混凝土等原因而降低。预应力损失越大,预应力效果越差。准确估计预应力损失及采取措施来减少预应力损失,是预应力混凝土结构设计和施工的重要内容。

预应力锚具(anchorage)　制造预应力混凝土构件时张拉和锚固预应力筋的用具。通常把锚固在构件端部,与构件连成一起共同受力不再取下的称"锚具";在张拉过程中夹持预应力筋,以后可取下并重复使用的称"夹具"。锚、夹具的种类极多,选择时应考虑构件的外形、预应力筋的品种规格和数量等因素,同时还必须与张拉设备配套。常用的锚具有锥形锚具、JM 型锚具、镦头锚具、XM 型锚具和 QM 型锚具等。

装配式构件接头(joint of precast member)　装配式钢筋混凝土结构中各装配构件的连接部分。是保证装配式结构质量的关键。柱与柱的接头分湿式、干式和浆锚式等。湿式接头是将上下柱接头的钢筋进行焊接,缺口部分浇筑二期细石混凝土填满补齐;干式接头是将柱内纵向钢筋用由钢板与角钢组成的钢帽焊接,待柱吊装就位后,再在钢帽侧面贴焊钢板,将上下柱连成整体;浆锚式接头是在下柱顶部柱角处预留孔洞,待下柱吊装就位后灌入高强度水泥砂浆,然后吊装上柱并将其下端的附加插筋插入下柱顶部孔洞中,砂浆凝固后即成刚性接头。梁与柱的接头有明牛腿、暗牛腿和无牛腿等几种。明牛腿梁柱接头是最常用的形式,梁支承在由柱内挑出的牛腿上,可做成刚性接头或铰接接头。板与梁的接头一般采用坐浆法或灌浆法搁置在梁顶面或梁侧挑出的牛腿上。坐浆法是将梁或牛腿顶面用水泥砂浆铺平,再将板置于其上;灌浆法是在梁与板的垂直接缝中灌入水泥砂浆。接头形式应根据设计要求和施工条件选用。

材料图形(material diagram)　亦称"抵抗弯矩图"、"材料图"。表示结构构件各截面实际具有的承载能力的图形。用于验算弯起钢筋构件的正截面与斜截面抗弯承载力能否满足要求,以及确定负弯矩区切断钢筋切断的位置。例如,钢筋混凝土梁可根据各截面的钢筋实有数量、截面尺寸和材料强度算出其实际上能承担的弯矩,绘出图形。为满足正截面抗弯承载力要求,材料图形应能包住使用荷载作用下的构件弯矩包络图;为满足斜截面抗弯承载力要求,且弯起钢筋的起弯点与切断钢筋的切断点要满足一定的要求。同时,为了经济,材料图形也不宜比内力包络图偏大过多。

塑性铰(plastic hinge)　钢筋混凝土构件裂缝截面纵向受拉钢筋应力达到屈服强度时,该截面在承受基本不变的屈服弯矩的情况下,截面两侧可以像铰一样相对转动的现象。塑性铰和普通铰不同:普通铰不能传递弯矩,而塑性铰能传递极限弯矩;普通铰是双向铰,可以自由转动,而塑性铰是单向铰,不能反向转动,只是在极限弯矩作用下沿弯矩作用方向作有限的转动。塑性铰的转动能力与配筋率及混凝土极限压应变有关。配筋率越低,塑性铰转动能力越大。当截面受压区混凝土被压碎时,塑性铰转动达到其极限值。塑性铰的位置可通过配筋人为控制。当荷载按比例逐步增加,结构中出现一定数目的塑性铰使结构变成机动体系时,结构就丧失了承载能力。梁和刚架等的极限荷载计算会用到塑性铰的概念。

塑性内力重分布(plastical redistribution of internal forces) 在荷载作用下,超静定结构某一截面出现塑性铰后,各截面的内力比值发生重分布的一种现象。例如,具有一定塑性性能的连续梁,当某一截面达到极限弯矩时,截面并不立即脆断而只是发生塑性转动,形成塑性铰。只要塑性铰的数目还没有使结构变成机动体系之前,结构仍能继续加载。此时,继续增加的荷载使结构各截面的内力比值与理想弹性体系分析的结果不同。根据塑性内力重分布进行结构内力分析,能充分利用结构承载力,取得一定的经济效果。考虑塑性内力重分布的具体方法有调幅法、虚功原理法、极限平衡法、条带法等多种。

钢结构(steel structure) 由钢板、型钢等钢材为主要材料,用焊缝、铆钉或螺栓连接而成的结构。主要的建筑结构之一。具有承载能力大、结构自重轻、制造安装工业化程度高等优点,但抗腐蚀性和耐火性较差,养护费用较高。主要用于大跨度屋盖、高层建筑、高耸结构、轻钢建筑、重工业厂房、房屋结构、公铁桥梁、船舶、压力管道、储气罐等。水工建筑中常见的有各类钢闸门、阀门、压力钢管、拦污栅、钢引桥、升船机承船厢、海上采油平台等钢结构。

预应力钢结构(prestressed steel structure) 在荷载全部作用之前,预先施加对构件工作状态有利应力的钢结构。预应力可以抵消部分由荷载产生的工作应力,有时也可用以减小钢结构的变形,增强结构的刚度。应用于铁路钢桥、钢屋架、钢栈桥和人字钢闸门等。施加预应力的方法有张拉高强度钢索或钢条,调整连续梁式钢结构的支座标高,拧紧拉杆的花篮螺丝等。具有提高结构承载能力、节约钢材、减轻自重等优点。

塔桅钢结构(tower-mast steel structure) 高耸的塔型钢结构和靠通过纤绳维持稳定的桅形钢结构的合称。其高度和横截面尺度的比值大,能承受很大的水平荷载(如风载、输电线路塔架的导线张力等)。为了减轻自重,以及保证在水平荷载作用下塔的强度和抗倾稳定性,其截面可做成自上向下逐渐扩宽的形式,使其与水平荷载作用下塔身的弯矩图轮廓相适应。塔身或杆身可采用钢管或角钢组成的三边形、四边形或多边形截面。常用于电站的输电线路塔架、港口的导航塔架、电视塔,以及各种起重机和无线电塔架和桅杆等。

重型钢桁架(heavy steel truss) 具有较大的杆件截面轮廓的钢桁架。当钢桁架的跨度和荷载都很大,采用普通钢桁架常用的 T 形截面杆件不能满足强度和刚度的要求时,必须采用重型钢桁架。重型钢桁架杆件的截面形式主要有 H 形和箱形的实腹式截面,以及由型钢组成的格构式截面。常用于大型水工钢闸门的主桁架,升船机的承船厢和铁路钢桥等。

轻型钢结构(lightweight steel structure) 采用圆钢、小角钢(小于 45 mm ×45 mm ×4 mm 或 56 mm ×36 mm × 4 mm)和冷弯薄壁型钢作为主要构件的承重钢结构。不宜用于高温、高湿及强烈侵蚀性环境或有较大吨位起重机的结构。轻型钢结构屋盖常采用压型钢板屋面板。

轻型钢屋架

钢管结构(steel pipe structure) 采用钢管作为受力构件的结构。管型截面与其他形状的截面相比,抗蚀性强,截面回转半径大,具有等稳定性且抗扭性能好,对风力、波浪和潮流等动力荷载的阻力系数小,可降低波压和风载等对结构的作用。常用作海上采油和钻井平台的导管架、桁架式桩腿结构,以及钢管桁架和塔架等。

钢管混凝土结构(concrete-filled steel tube structure) 在钢管内浇筑混凝土而成的一种新型组合结构。钢管使核心混凝土在承受压力时受到侧向约束,不致产生崩坏和剥落,因而抗压强度及延性大为提高。具有强度高、延性好、抗震性强等特点。施工时钢管可作为混凝土的模板,能在工厂中预制。主要用作厂房立柱,也作为柱或压杆用于高层建筑、拱架桥、输电塔等结构中。

钢混组合结构(steel concrete composite structure) 由钢和混凝土两种材料之间可靠连接制作而成,具备整体性、共同承受荷载的新型结构。能有效发挥钢材与混凝土的性能优势,实现两种材料的优势互补,提高两种材料的利用率。常用的有:(1)压型钢板与混凝土组合楼板,是先在压型钢板上焊接连接件,然后在压型钢板上浇筑钢筋混凝土板而成。(2)钢与混凝土组合梁,是由钢梁、连接件和钢筋混凝土板组成。在钢梁上翼缘上浇筑截面积较大的钢筋混凝土板承受压力,钢梁下翼缘承受拉力;连接件保证钢梁与钢筋混凝土板成为整体而共同工作。(3)型钢混凝土结构(亦称"劲性混凝土结构"或"钢骨混凝土结构"),是将型钢埋入钢筋混凝土而成。(4)钢管混凝土结构,是在薄壁钢管内浇筑混凝土而成,主要用作轴心受压构件。(5)外包钢混凝土结构,是通过黏结剂将钢板粘贴,或通过锚栓将钢板锚固在混凝土表面而成。

组合梁(composite beam) 亦称"板梁"。由钢板焊接而成的梁。截面形式有对称工字形、不对称工字形和箱形等,其中以三块钢板焊成的工字形截面最为常用。当荷载很大而高度受到限制时,或对梁的侧向刚度和抗扭刚度要求较高时,可采用箱形截面。翼缘和腹板采用不同钢号的组合梁,称"异种钢组合梁"。组合梁也可由不同材料组成,如用抗剪键将钢筋混凝土面板与钢梁上翼缘联结,使钢筋混凝土面板兼作钢梁的受压翼缘,与钢梁共同工作,这种组合梁称"钢与混凝土组合梁"。

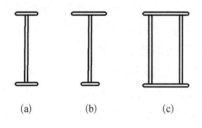

组合梁截面形式
(a) 对称工字形 (b) 不对称工字形
(c) 箱形

轧成梁(shaped beam) 亦称"型钢梁"。直接用热轧型钢承重的钢梁。以工字钢、槽钢和 H 形钢应用最广。轧成梁加工简便,成本较低。但由于辊轴条件的限制,截面尺寸有限,并且腹板较厚,材料未能充分利用,工字钢、槽钢仅适用于跨度较小的次梁或屋盖檩条,H 形钢也可用于中等跨度的梁。

型钢(section steel) 由钢坯热轧成截面具有一定几何形状的钢材。常用的型钢有角钢、槽钢、工字钢、H 形钢、圆管和方管及其他异形钢材。各类型钢按一定的标准尺寸系列化生产。

薄壁型钢(thin-wall section shaped steel) 厚度为 1.5~5 mm 的薄钢板经模压或弯曲成型的型钢。其截面分开口式和闭口式。用薄壁型钢组成的桁架具有重量轻和材料省的特点。主要用于荷载较小的轻型屋盖结构中。

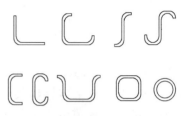

薄壁型钢的截面形式

金属压型板(cold-press-formed sheet) 以镀锌钢板、冷轧钢板或铝板为原板,经化学处理和预涂漆,辊压成各种不同波状和平板型的薄板。厚度为 0.2~1.0 mm。用作屋面结构,费用比钢筋混凝土屋盖为低。具有轻质、高强、抗震、防火、美观和施工方便等优点。常用于建筑、交通和轻工等行业。

铆钉连接(riveted connection) 用铆钉连接金属构件的方法。铆钉一般为圆柱形,需预先在一端压成半圆形钉头;金属件上的钉孔系冲成或钻成,或先冲小孔后扩孔。将铆钉放入需要连接构件的结合钉孔中,然后用铆钉枪或压铆机将铆钉镶嵌而成。铆钉连接的塑性与韧性较好,但比焊接费工费料、工艺复杂,已很少应用。

焊接连接(welded connection) 连接金属件的一种方法。将两金属件的连接处加热熔化或加压,或同时加热和加压,并用(或不用)填充金属将金属件连接在一起。常用的有手工电弧焊、自动或半自动埋弧电焊、气体保护焊、电渣焊、等离子焊接和电阻焊等。具有节省金属材料、生产率高、能保证水密和气密等优点。是近代金属结构建筑工程中主要的连接方法之一。

高强度螺栓连接(high-strength bolted connection) 采用强度较高的螺栓连接金属件的一种方法。形状和构造与普通螺栓相同,但材料须用中碳钢或合金钢,并经淬火、回火而制成。由于依靠连接构件间接触面上的摩擦阻力传力,必须用特制的扳手拧紧螺帽,使螺栓杆的预拉应力达到其屈服强度的 90% 左右,以保证有足够的摩擦力。与焊接连接或铆钉连接相比，具有施工简便、受力性能好、疲劳强度高、可以拆换等优点。

焊缝（welded seam）　利用焊接热源的高温，将焊条和接缝处的金属熔化连接而成的缝。焊缝金属冷却后，即将两个焊件连接成整体。根据焊缝金属的形状和焊件相互位置的不同，分对接焊缝、角焊缝、塞焊缝和电铆焊等。对接焊缝常用于板件和型钢的拼接；角焊缝常用于搭接连接；塞焊缝和电铆焊应用较少，仅为了减小焊件搭接长度才考虑采用。

对接焊缝剖口（groove of butt weld）　为保证对接焊缝内部焊透，将焊件边缘加工切制而成的剖口。按焊件厚度和焊接方向的不同，有不开剖口、V 形剖口、单面 V 形剖口、X 形剖口、U 形剖口和 K 形剖口等。其中 K 形剖口常用于承受动荷载或重要的 T 形连接中。

焊接变形（welding deformation）　焊件冷却后的实际残余变形。包括纵向收缩、横向收缩、角变形、波浪变形和扭曲变形等。对结构安装和使用质量有较大影响，如果超出验收规范的规定，必须加以矫正。

焊接应力（welding stress）　焊接构件中由于施焊时不均匀加热或冷却而引起的内应力。有暂时的热应力和残余的收缩应力两种。在焊接过程中，不均匀的温度场引起焊件的不均匀膨胀，但因受焊件整体性的牵制，焊件截面在变形后仍保持为平面，以致产生较高温区受压和较低温区受拉的热应力。同时，靠近焊缝高温区已达到热塑性状态（≥600℃）的金属还会受到塑性压缩。在焊件的冷却过程中，上述热应力逐渐消失，但已受塑性压缩的高温区金属在冷却恢复弹性后，其冷却收缩同样也受到焊件整体性的牵制，以致产生较高温区受拉和较低温区受压的收缩应力。收缩应力直接影响结构的使用质量，是焊接结构发生脆性裂缝的主要原因之一。减小焊接应力的措施有：避免焊缝布置过于集中或立体交叉；焊缝的厚度不宜过大；采用合理的装配方法和施焊程序（如分段逆焊法等）；焊前设置反变形和预热，焊后进行热处理以及局部火焰加热后用锤击矫正变形等。

钢梁支座（end bearing of steel beam）　支承钢梁，并将支承反力传递给基础的部件。构造形式有：（1）平板支座，通过平底板传递反力，梁端不能自由转动和平移，构造较简单，一般用于跨度小于 15 m 的

梁；（2）弧面支座，底板顶面做成圆弧面，弧面支座的端部可自由转动，适用于跨度为 10～24 m 的梁；（3）辊轴支座，在弧面支座和平底板之间加设辊轴，梁的端部可以自由转动和平移，适用于跨度更大的梁。

经济梁高（optimum depth of beam）　钢组合梁按自重最轻的条件求得的梁截面高度。是确定组合梁截面高度需考虑的主要因素之一。

最小梁高（minimum depth of beam）　钢组合梁在充分利用钢材强度的前提下，同时又满足刚度要求而确定的最小梁截面高度。是确定组合梁截面高度所需考虑的主要因素之一。

钢结构梁格（beam grid of steel structure）　钢结构中由正交的承重梁组成的体系。有简式、普通式和复式等。简式梁格的平面尺寸较小，只许设置单向主梁，直接将面板所受的荷载及自重传给支座。普通式梁格的平面尺寸相对较大，需布置支承在主梁上的横向次梁，以传递面板上的荷载。复式梁格的主梁跨度和间距都比较大，需布置支承在横向次梁上与主梁平行的纵向次梁。

钢结构梁格连接（beam-grid connection of steel structure）　钢结构梁格中梁与梁的连接方法。常用的形式有：（1）层叠连接。横向次梁直接搁置在主梁顶面，通过两者的接触传递支承反力，一般用粗制螺栓或贴角焊缝相连接。（2）等高连接。横向次梁从侧面连接于主梁腹板上，两者上翼缘互相平齐。次梁端部的上翼缘必须切割，以便将次梁腹板端部

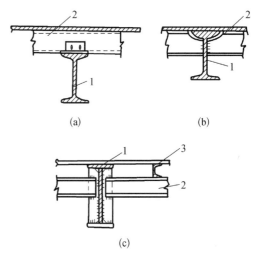

钢结构梁格连接图式

（a）层叠连接　（b）等高连接　（c）降低连接
1. 主梁　2. 横向次梁　3. 纵向次梁

直接焊在主梁腹板上或主梁的横加劲肋上；有时也可在次梁端部焊一对连接角钢，再用螺栓与主梁腹板相连。（3）降低连接。横向次梁从侧面连接于主梁腹板上，其顶面低于主梁顶面，纵向次梁则可叠接在横向次梁顶面上。

格构式钢压杆（steel latticed compression member）亦称"空腹式钢压杆"。由两个、三个或四个单肢通过缀条或缀板连成整体的钢压杆，一般用两个槽钢作为单肢；荷载较大时，可采用两个工字钢作为单肢；长度较大而受力不大的格构式轴心压杆，则可采用四个角钢组成。海洋钻井采油平台结构中，也有采用三根或四根钢管组成的格构式构件，各管之间用钢管或圆钢缀条相连。稳定性比同等长细比的实腹式压杆为小。

实腹式钢压杆（steel solid web compression member）截面为热轧型钢截面或由钢板和型钢焊成的组合截面的压杆。以三块钢板焊接的工字形截面最为常用。设计轴心受压的实腹式钢压杆时，宜使其截面具有较大的回转半径，并使两主轴方向的稳定性接近；对于偏心受压的实腹式钢压杆，宜加大在弯矩作用平面内的截面高度。当弯矩较大且方向不变时，还可采用加强受压翼缘的不对称截面。实腹式压杆可作为钢结构中的部分构件，如桁架的受压弦杆和受压腹杆；也可作为独立的受压构件，如工业厂房柱和弧形闸门的主框架支臂等。

空间联结系（space bracing） 将钢结构中的钢梁或桁架等平面构件互相联结，承受垂直于梁腹板或桁架平面荷载的稳定的空间支撑体系。一般由纵向联结系和横向联结系组成。纵向联结系布置在两片桁架的弦杆之间或梁的翼缘之间的平面内。若结构中有多片桁架或梁，则靠近收缩缝的端部区格应布置纵向联结系，中间区格可间隔一定距离布置一道，或用系杆相连。横向联结系则布置在垂直于桁架或梁轴线的竖直平面内，间隔一定距离布置一道，通常在桁架或梁的两端必须设置。

钢结构整体稳定性（overall stability of steel structure） 在外荷载作用下，对整个钢结构能否发生屈曲或失稳的评估。钢结构整体稳定性的丧失指在轴心压力、弯矩、剪力单独或共同作用下突然发生与原受力状态不符的较大变形而失去稳定，可分为分支点失稳和极值点失稳两类。分支点失稳指在临界状态时，结构从初始的平衡位形突变到与其临近的另一个平衡位形，表现出平衡位形的分岔现象。极值点失稳没有平衡位形分岔，临界状态表现为结构不能再承受荷载增量。轴向压力作用下的完善直杆和在中面受压的完善平板常呈分支点失稳，而压弯构件常呈极值点式的非弹性失稳。

钢结构局部稳定性（local stability of steel structure）组成钢梁或钢柱的板件（如翼缘、腹板等），在压应力、弯应力或剪应力作用下抵抗局部屈曲的能力。提高局部稳定性的措施一般是限制板件的宽厚比。对于腹板，通常须设置加劲肋作为腹板的侧向支承。

容许长细比（allowable slenderness ratio） 钢结构中构件的计算长度和截面回转半径之比的最大容许值。是轴心受力构件刚度的指标。长细比太大，构件会因自重产生变形而引起偏心，会在动载作用下发生振动，并在运输和安装过程中容易弯曲和碰坏，故必须限制其长细比。压杆因刚度不足造成的不利影响远比拉杆严重，现行设计规范对受压和受拉构件分别规定了不同的容许长细比。

节点板（gusset plate） 联结钢桁架各节点上交汇杆件的板材。各杆件通过杆端与节点板间的连接焊缝、螺栓或铆钉传递内力。节点板的厚度可根据桁架中最大腹杆内力由经验选定；板的尺寸大小可根据腹杆杆端连接焊缝的长度并考虑板的合理形状来确定。

缀材（latice strut） 连接格构式钢压杆的单肢成为整体，承受绕虚轴发生纵向弯曲时的剪力，并防止单肢失稳的型钢或钢板。用单角钢制成的缀材称"缀条"，可全部布置成斜杆，也可以将斜杆和横杆相间布置，与构件的单肢组成桁架系统。用钢板制成的缀材称"缀板"，与构件的单肢组成无斜杆的多层钢架。

加劲肋（stiffener） 亦称"加劲杆"。为保证钢组合梁和组合柱腹板的局部稳定而设置的部件。有横向加劲肋、纵向加劲肋和短加劲肋。通常采用一对扁钢条或一对角钢，用贴角焊缝于腹板两侧。加劲肋的截面尺寸应保证在垂直于腹板平面方向具有足够的刚度，不致发生腹板失稳。

冷弯试验（cold bent test） 检验钢材塑性指标的一种试验。常用宽度等于两倍厚度的钢板条或钢筋作试件，将其冷弯180°，弯曲直径 d 根据钢号的不同分别取为 $1.5a$、$2a$ 或 $3a$（a 为试件厚度），以试件外表和侧面无裂缝或分层现象为合格。可衡量钢材的冷加工性能,还可以检验钢材颗粒组织、结晶情况和非金属夹杂物分布等缺陷。

料石砌体(squared stone masonry)　用水泥砂浆砌筑料石而成的砌体。分细料石砌体、粗料石砌体和毛料石(即块石)砌体三种。在水利工程中,常按石块加工后外形的规则程度,分别应用于结构的不同部位。细料石经过细加工,外形规则,表面凹凸深度不大于 2 mm,多用于涵洞的门槽部位;粗料石经过加工后表面凹凸深度一般不大于 20 mm,多用于结构受力重要部位,如拱圈、墩墙及迎水面等;毛料石外形大致方正,一般不加工或仅稍加修整,每块厚度不小于 200 mm,多用于结构的承重部位,如闸墩、桥墩及岸墙等。

乱毛石砌体(rubble masonry)　亦称"片石砌体"。用水泥砂浆砌筑乱毛石而成的砌体。用于房屋基础和墙体。水利工程中,用于结构的非承重部位,如涵洞侧墙,水闸上下游护坦和翼墙等。乱毛石砌体可利用不经加工的石料,比较经济。但浆砌时砂浆耗费较多,故也常用于水工结构的干砌部位,如护坡加固等。由于乱毛石砌体内部石块大小不均,砌体强度较低。通常不宜用于有振动荷载、荷载偏心较大、地基可能有不均匀沉降以及有较强地震的地区。

毛石混凝土砌体(concrete-rubble masonry)　亦称"片石混凝土砌体"。在模板内交替铺设混凝土层及毛石(片石)层构筑而成的砌体。通常每灌筑 120~150 mm 厚混凝土层后,将毛石紧密地插入混凝土内(插入深度约为石块高度的一半),然后灌筑新混凝土层,填满空隙并将石块完全盖没,随后再逐层交替砌置石块及灌筑新混凝土层。砌筑方法简单,且能利用各种各样的石块,但需要模板。可用于结构的承重部位,如闸墩、桥墩及岸墙等。

小石子混凝土砌体(mirco-aggregate concrete masonry)　用小石子混凝土代替水泥砂浆砌筑乱毛石(片石)或块石而成的砌体。用于结构的承重部位,如坝体、闸墩、桥墩及岸墙等。可节约水泥用量及降低工程造价。

硅酸盐块砌体(silicate block masonry)　用水泥砂浆砌筑硅酸盐砌块而成的砌体。硅酸盐砌块由粉煤灰、石灰、石膏、骨料(砂或煤渣)和水搅拌,振动成型并用蒸汽养护而成。砌块厚度一般为 200~300 mm,高度约 400 mm,长度为高度的 1.5~2.5 倍。采用硅酸盐大型砌块,可加快砌体的施工速度,且能保证砌体质量,多用于房屋的内墙、外墙和围护墙。

砖砌体(brick masonry)　用砂浆砌筑砖块而成的砌体。在房屋建筑中广泛用来砌筑砖墙和砖柱。水利工程中,只用于小型渠系建筑物,如小型涵洞、水池、农村水电站和抽水站的地面厂房和水轮机室等。在缺乏石料地区,采用砖砌体代替石砌体建造小型水工建筑物,可降低工程造价。水工砖砌体一般都采用抗冻性能好、不易风化的青砖砌筑。水下和水位变动区域的砖砌体应采用水泥砂浆砌筑;水上部位可考虑采用混合砂浆砌筑。

配筋砌体(reinforced masonry)　配有钢筋的砖砌体。是网状配筋砌体柱、水平配筋砌体墙、砖砌体和钢筋混凝土面层或钢筋砂浆面层组合砌体柱(墙)、砖砌体和钢筋混凝土构造柱组合墙配筋砌块剪力墙的统称。其中网状配筋砌体柱、水平配筋砌体墙是按一定规则在砌体水平灰缝内配置网状(方格网或连弯网)钢筋或水平钢筋构成,亦称"横向配筋砌体";砖砌体和钢筋混凝土面层或钢筋砂浆面层组合砌体柱(墙)亦称"组合砖砌体"。配筋砌体可以提高砌体结构的承载力和抗震能力。

托换改造法(underpinning retrofitting method)　通过增设新的结构、构件或装置,用以代替原结构或构件承担荷载,从而改变荷载传力途径的方法。常应用于工程结构整体移位、纠偏、顶升和新增大空间等改造工程。新增结构或装置可永久承担荷载,也可临时承担荷载。新增结构构件为钢或混凝土托换梁,下设支撑装置。梁、柱托换的支撑装置为钢或混凝土杆件、垫块、千斤顶等;基础托换的支撑装置为新增的各种类型桩。托换梁和支撑装置施工完成后,将被托换构件需转换荷载部位切断,原构件卸载,荷载传力路线即可完成转换。

增大截面加固法(enlarging section strengthening method)　通过增大结构构件的横截面尺寸提高构件承载力和刚度的方法。适用于加固钢结构、混凝土结构、砌体结构的梁、板、柱、墙、基础等结构构件。新增截面采用钢筋混凝土材料时,新增混凝土与原构件接触界面一般应增加粗糙度以提高加固后构件整体性。增大截面加固法传力明确,但对使用空间的影响略大。

粘钢加固法(bonding steel plate strengthening method)　采用结构胶在钢筋混凝土构件表面粘贴

钢板,提高构件承载力或刚度的方法。钢板粘贴完成后,通常还增设锚栓来增加钢板和原构件整体性。粘钢加固法施工简便、施工速度快、可靠度高,但耐高温性能差、钢板易锈蚀影响耐久性。

粘贴纤维布加固法(bonding FRP strengthening method) 采用结构胶在混凝土构件表面粘贴高性能纤维布,提高构件承载力或抗震性能的方法。常用的高性能纤维材料有碳纤维、玻璃纤维、芳纶纤维、玄武岩纤维等。加固时先将原构件表面打磨平整、洗净浮尘,在折角处粘贴时还应打磨倒角,然后将结构胶涂抹均匀后粘贴纤维布。在纤维布端部需采用压钢板、U形纤维布压条等措施增加锚固能力。亦可用纤维板代替纤维布,称"粘贴纤维板加固法"。

预应力加固法(prestress strengthening method) 采用外加预应力钢拉杆或型钢撑杆,对结构构件或整体进行加固的方法。特点是通过预先施加应力的方法强迫后加拉杆或撑杆承担部分内力,改变原结构内力分布并降低原结构应力水平。可使新加构件应力滞后现象缓解或完全消除,后加部分与原结构能较好地共同工作,从而显著提高结构承载能力,减小结构变形。

实验应力分析(experimental stress analysis) 用实验的方法来确定结构物或其模型在受力后的应力和应变状态的分析方法。用这种方法得到的结果,直接而可靠,补充了理论分析的不足,从而为结构设计及合理使用提供可靠的依据。

结构原型试验(prototype experiment of structure) 对工程结构实物按设计要求加载,进行强度和变形等测定的试验。以验证理论计算的正确性和结构的可靠性。因是对原型结构进行符合实际工作状态的试验,其成果最符合客观实际。结构原型试验多数在现场进行弹性极限内的非破坏性实测试验。

结构模型试验(model test of structure) 对工程结构物按相似关系,用同一材料或其他材料制成模型并施加模拟荷载以测定变形或强度的实验方法。能够表现结构物或其部件的工作性状,确定其承载能力或相应的安全度,为结构物的合理设计和安全使用提供重要依据。根据实验目的,可做整体模型试验或断面模型试验。当模型尺寸比原型小很多,无法进行试验量测时,也可改用其他材料做模型材料,如采用石膏、有机玻璃等替代原材料,称为变材料模型。

比拟法(analogy method) 科学技术上应用对照模拟来解决问题的一种方法。两个物理现象不同而数学表达式属于同一类型的问题,只要其中一个问题可由实验或其他方法解决,则另一问题即可通过对照换算而得到解决。如力学中的薄膜比拟法、电比拟法和流体力学比拟法等。

水 工 材 料

天然石料(natural stone) 由岩石开采而得的块状或散粒状石料。按开采加工程度,分碎石、毛石、块石和料石等。种类繁多,性能差别很大,使用前须对石料的质量进行鉴定。水利工程中所用的石料应质地均匀,无显著风化,无裂缝,不含软弱夹层、黏土夹杂物和黄铁矿等。根据建筑物的类型、尺寸、工作条件和等级等对各类石料的抗压强度等级、抗冻等级和软化系数等均有具体要求。多用作混凝土的骨料,堆石坝、挡土墙、河工护岸和抛石等的材料,也常用以砌筑闸墩、桥墩和岸墙等。

铸石(cast stone) 以高温熔化的岩石熔体浇铸而成的制品。由玄武岩、辉绿岩、白云石或某些工业废渣等经研磨、熔化、浇铸、结晶和退火等工序制成。主要成分为二氧化硅、氧化铝、氧化铁、氧化钙和氧化镁等。密度 $2.9 \sim 3.0 \text{ g/cm}^3$,莫氏硬度 $7 \sim 8$,具有耐磨、耐酸和耐碱的性能。耐磨性比钢铁高 $15 \sim 20$ 倍;耐酸性除对氢氟酸外,能达 99%;耐碱性能达 98%。板、块制品用于铺设溢流面、结构物和设备的衬砌等;管槽制品用于输送硬质粒料或侵蚀性液体;铸石粉用于配制耐酸涂料和耐酸砂浆;异型制品则有喷嘴、轴套和压模等。

砖(brick) 建筑用的人造小型块材。按生产工艺分为烧结砖和非烧结砖。烧结砖用黏土等原料制成砖坯,干燥后经高温焙烧而成。烧结砖种类很多,如砌筑墙身用的烧结普通砖(青砖、红砖)、多孔砖、空心砖,保护和装饰墙面用的瓷砖和墙面砖,铺地面用的缸砖及地面砖,以及砌筑炉窑用的耐火砖等。非烧结砖亦称"免烧砖",是指不经过焙烧而制成的砖,如蒸养(压)砖、混凝土砖等。

陶粒(ceramsite) 一种人造轻质粗骨料。由页岩、煤矸石等黏土质材料先破碎到一定粒度,或用黏土、粉煤灰掺黏土等先做成球形或小圆柱形,再在

1 050～1 350℃高温下烧胀或烧结而成。外壳表面粗糙而坚硬,内部多孔。按原料,分页岩陶粒、黏土陶粒和粉煤灰陶粒等多种。表观密度为 800～1 400 kg/m³时,堆积密度约为 500～1 000 kg/m³。可代替天然石子配制成陶粒混凝土,制作多孔板、槽板、平板和墙板等轻质构件,具有保温、隔热、吸声等优点。

胶凝材料（cementitious materials） 亦称"胶结料"。经物理、化学作用后,能从浆体变成坚固的石状体的材料。可胶结其他散粒或块状的物料成为具有一定机械强度的整体材料。分水硬性胶凝材料和非水硬性胶凝材料两大类。前者和水成浆后,能在水中和空气中硬化,保持并继续发展其强度,如硅酸盐水泥、铝酸盐水泥、硫铝酸盐水泥等。特别适用于地下或水中的建筑物。后者是一种不能在水中硬化但能在空气中或其他条件下硬化的胶凝材料。分无机类和有机类两种。一般常用的有石灰、石膏等。特殊用途的有耐酸胶结料、磷酸盐胶结料及环氧树脂胶结料等。气硬性胶凝材料是非水硬性胶凝材料的一种,和水成浆后只能在空气中硬化,保持并继续发展其强度,如石灰、石膏、菱苦土等。用于地上干燥环境中的建筑物。

石灰（lime） "生石灰"、"熟石灰"的统称。由石灰石、白云石、石垩、贝壳等碳酸钙含量高的原料经 900～1 300℃高温煅烧,分解出二氧化碳而得的为生石灰,主要成分为氧化钙,呈块状,色白或淡黄,有强烈吸水性和吸湿性,易与水作用,生成氢氧化钙,在潮湿状态下进一步吸收空气中的二氧化碳,变成碳酸钙而硬化。生石灰与水反应即成熟石灰。主要用于砌墙、抹灰、粉刷及制作三合土、灰土等。

建筑石膏（plaster of Paris） 亦称"巴黎石膏"。天然石膏经低温煅烧而成的白色粉末状物质。主要成分为半水石膏。密度 2.5～2.8 g/cm³。和水后成石膏浆,具有良好的可塑性,迅速凝结成二水石膏晶体而硬化,硬化时体积略有膨胀,不耐水,强度低。多用于制造建筑装饰制件、板块和内墙粉刷,还可用于生产人造大理石。模型石膏也属半水石膏,但粉磨较细,凝结较快,强度较高。

灰土（soil-lime） 中国北方传统的建筑材料之一。用石灰、黏土加水拌和夯实而成。夯实到一定密实度后,强度能不断增长,年长日久还会岩化,但在施工后半月内应避免水分侵入。配合比视土的黏性程度而异,如塑性指数为 7～17,则石灰与黏土的体积比为 3∶7;塑性指数大于或等于 17,则石灰与黏土的体积比为 2∶8。根据建筑物的质量要求、材料的性质及供应情况,还可采用其他的配合比。具有取材容易、造价低廉的优点。水利工程中,广泛应用于建造地下渠道及渠道防渗层。

三合土（lime-sand-clay concrete） 石灰、砂和黏土的拌和物。配合比根据建筑物的质量要求、材料的性质及供应情况而定,如某灌区用于渠道防渗衬砌的三合土,石灰、砂、黏土的质量配合比可选为 1.0∶6.3∶2.7 或 1.0∶4.5∶4.5 等多种。具有就地取材、造价低廉的优点。多用于砌筑堤坝、挡土墙、桥涵、水井等小型水工建筑物和渠道衬砌。有时也指碎砖（或卵石）三合土,由石灰、砂和碎砖（或卵石）加水拌和后,经浇灌夯实而成。用于小型建筑物的基础及地面垫层等。

水玻璃（water glass） 亦称"液态玻璃"、"泡花碱"。黏稠液体状态的硅酸钠（$NaO \cdot nSiO_2$）。由石英砂粉或石英岩粉加入碳酸钠（Na_2CO_3）或硫酸钠（Na_2SO_4）,经 1 300～1 400℃高温熔化,冷却后再在 0.3～0.8 MPa 的蒸汽锅内溶解而成。无色,或青绿色、棕色。密度 1.32～1.50 g/cm³。具有胶结能力,溶于水。硅酸盐模数 n（$n = SiO_2/Na_2O$）愈大,愈难溶于水,但愈易分解硬化。建筑上常用水玻璃的 n 值为 2.5～3.5。常用于制造耐酸水泥、耐酸砂浆和混凝土;作为灌浆材料以加固地基;涂刷于混凝土表面,以提高不透水性和抗风化性;掺入砂浆或混凝土中,能急速凝结硬化,有效地用于堵塞漏水。

水泥（cement） 水硬性胶凝材料的一种。呈粉状,与水拌和后,能在水和空气中逐渐变硬。按性质和用途,分通用水泥和特种水泥,前者如普通硅酸盐水泥和矿渣硅酸盐水泥等;后者如快硬高强水泥、低热水泥、膨胀水泥和油井水泥等。按组成,分硅酸盐水泥、铝酸盐水泥和硫铝酸盐水泥等。用水泥制成的砂浆或混凝土,坚固耐久,是重要的工程材料,广泛用于建筑、水利、道路、桥梁和国防等工程中。

水泥熟料（cement clinker） 水泥的半成品。以石灰石质和黏土质原料为主要原料,按适当比例制成生料,烧至部分或全部熔融并经冷却而成。水泥工业中主要指硅酸盐水泥熟料。其主要化学成分为氧化钙（CaO）、二氧化硅（SiO_2）,少量的氧化铝（Al_2O_3）和氧化铁（Fe_2O_3）。主要矿物组成为硅酸三钙（$3CaO \cdot SiO_2$）、硅酸二钙（$2CaO \cdot SiO_2$）、铝酸三钙（$3CaO \cdot Al_2O_3$）和铁铝酸四钙（$4CaO \cdot Al_2O_3 \cdot Fe_2O_3$）。硅酸盐水泥熟料加适量石膏共同磨细后即成硅酸盐水泥。

混合材料（addition of cement）　在生产水泥时，为节约水泥熟料、提高水泥产量、改善水泥性能、扩大水泥品种、调节水泥强度等级而加入水泥中的人工或天然矿物质材料。按其性能，分：（1）活性混合材料，亦称"水硬性混合材料"，如粒化高炉矿渣、火山灰质混合材料和粉煤灰等；（2）非活性混合材料，亦称"填充性混合材料"，如石灰石粉、黏土粉和块状矿渣粉等。

硅酸盐水泥（Portland cement）　亦称"波特兰水泥"。水泥品种之一。《通用硅酸盐水泥》（GB 175—2007）规定，专指在水泥熟料（或混合材料掺量不超过5%）中只加适量石膏共同磨细而成的一种水泥。分42.5、42.5R、52.5、52.5R、62.5、62.5R六个强度等级。具有早期强度高、水化热大、抗冻耐磨性好等特点。适用于一般地上、有早期强度要求和有抗冻抗水流冲刷要求的工程。

普通硅酸盐水泥（ordinary Portland cement）　简称"普通水泥"。水泥品种之一。由硅酸盐水泥熟料和少量混合材料掺加适量石膏共同磨细而成。《通用硅酸盐水泥》（GB 175—2007）规定，这种水泥中混合材料掺量（按质量计）为5%~20%；其中允许使用掺量不超过8%的非活性混合材料或不超过水泥质量5%的窑灰代替。分42.5、42.5R、52.5、52.5R四个强度等级。性能和同等级的硅酸盐水泥相近，但是早期硬化速度稍慢，抗冻耐磨性也稍差。常用于一般地上、水位变化区域的外部和有抗冻耐磨要求的工程。

矿渣硅酸盐水泥（Portland blast furnace cement）简称"矿渣水泥"。水泥品种之一。由硅酸盐水泥熟料、粒化高炉矿渣和适量石膏共同磨细或分别磨细后均匀混合而成。《通用硅酸盐水泥》（GB 175—2007）规定，水泥中粒化高炉矿渣掺量（按质量计）为20%~70%。分32.5、32.5R、42.5、42.5R、52.5、52.5R六个强度等级。与普通硅酸盐水泥比较，颜色淡，密度小，水化热低，耐热性好，抗溶出性侵蚀和抗硫酸盐侵蚀能力强；但泌水性和干缩性大，抗冻性能差，早期强度低（但后期强度增进率较快），需较长的养护期。适用于地下和水中的工程，大体积建

筑物内部混凝土，蒸汽养护的构件和高温车间的建筑；但是不宜用于需要早期强度高和受冻融循环、干湿交替的工程中。

火山灰硅酸盐水泥（Portland pozzolana cement）简称"火山灰质水泥"。水泥品种之一。由硅酸盐水泥熟料、火山灰质混合材料和适量石膏共同磨细或分别磨细后均匀混合而成。《通用硅酸盐水泥》（GB 175—2007）规定，水泥中火山灰质混合材料掺量（按质量计）为20%~40%。常用的火山灰质混合材料有：火山灰、凝灰岩、煤矸石、烧页岩、烧黏土和硅藻土等。分32.5、32.5R、42.5、42.5R、52.5、52.5R六个强度等级。与普通硅酸盐水泥比较，密度小，水化热低，保水性和耐硫酸盐侵蚀性好（唯掺用烧黏土质混合材料的火山灰水泥，一般认为其抗硫酸盐侵蚀性能较差）；但干缩性大，抗冻性差，早期强度低（但后期强度增进率较快），需要较长的养护期。适用于地下、水中和潮湿环境中的工程，以及大体积混凝土工程、蒸汽养护的构件等。不宜用于干燥环境、受冻融循环和干湿交替及需要早期强度高的工程。

粉煤灰硅酸盐水泥（Portland fly-ash cement）　简称"粉煤灰水泥"。水泥品种之一。由硅酸盐水泥熟料、粉煤灰和适量石膏共同磨细而成。《通用硅酸盐水泥》（GB 175—2007）规定，水泥中粉煤灰掺量（按质量计）为20%~40%。粉煤灰质量应符合标准。分32.5、32.5R、42.5、42.5R、52.5、52.5R六个强度等级。性能和火山灰质硅酸盐水泥相似，但泌水性及干缩性较小，水化热较低。适用于大体积的水工建筑，也可用于一般工业和民用建筑。

复合硅酸盐水泥（composite Portland cement）　简称"复合水泥"。水泥品种之一。由硅酸盐水泥熟料、两种或两种以上规定的混合材料和适量石膏共同磨细而成。《通用硅酸盐水泥》（GB 175—2007）规定，水泥中混合材料总掺量（按质量计）为20%~50%。所掺用的混合材料应符合标准。分32.5、32.5R、42.5、42.5R、52.5、52.5R六个强度等级。与普通硅酸盐水泥比较，密度小，水化热低，抗冻性差，早期强度低，需要较长的养护期。适用于大体积混凝土工程，不宜用于干燥环境、受冻融循环、干湿交替和需早期强度高的工程。

中热硅酸盐水泥（moderate heat Portland cement）简称"中热水泥"。水泥品种之一。《中热硅酸盐

水泥 低热硅酸盐水泥 低热矿渣硅酸盐水泥》（GB 200—2003）规定，是一种以适当成分的硅酸盐水泥熟料，加入适量石膏，磨细制成的具有中等水化热的水硬性胶凝材料。熟料中硅酸三钙（$3CaO \cdot SiO_2$）的质量分数应不超过55%，铝酸三钙（$3CaO \cdot Al_2O_3$）的质量分数不应超过6%，游离氧化钙的质量分数不应超过1.0%。强度等级为42.5。性能与普通硅酸盐水泥相似，但是水化热较低，抗溶出性侵蚀和抗硫酸盐侵蚀能力稍强。适用于要求较低水化热和较高抗冻性、耐磨性的部位，如大坝溢流面的面层或其他大体积水工混凝土建筑物的水位变动区的覆面层等，也适用于淡水或含较低硫酸盐类侵蚀介质的水中工程。

低热硅酸盐水泥（low heat Portland cement） 简称"低热水泥"。水泥品种之一。《中热硅酸盐水泥 低热硅酸盐水泥 低热矿渣硅酸盐水泥》（GB 200—2003）规定，是一种以适当成分的硅酸盐水泥熟料，加入适量石膏，磨细制成的具有低水化热的水硬性胶凝材料。熟料中硅酸二钙（$2CaO \cdot SiO_2$）的质量分数应不小于40%，铝酸三钙（$3CaO \cdot Al_2O_3$）的质量分数不应超过6%，游离氧化钙的质量分数不应超过1.0%。强度等级为42.5。适用于要求低水化热的部位，如大坝或其他大体积混凝土建筑物的内部及水下等。

低热矿渣硅酸盐水泥（low heat Portland slag cement） 简称"低热矿渣水泥"。水泥品种之一。《中热硅酸盐水泥 低热硅酸盐水泥 低热矿渣硅酸盐水泥》（GB 200—2003）规定，是一种以适当成分的硅酸盐水泥熟料，加入粒化高炉矿渣、适量石膏，磨细制成的具有低水化热的水硬性胶凝材料。熟料中铝酸三钙（$3CaO \cdot Al_2O_3$）的质量分数不应超过8%，游离氧化钙的质量分数不应超过1.2%，氧化镁的质量分数不超过5.0%；如果水泥经压蒸安定性试验合格，则熟料中氧化镁的含量允许放宽到6.0%。粒化高炉矿渣掺量（按质量计）为20%~60%。允许使用不超过混合材料总量50%的粒化电炉磷渣或粉煤灰代替部分粒化高炉矿渣。强度等级为32.5。适用于要求低水化热的部位，如大坝或其他大体积混凝土建筑物的内部。

膨胀水泥（expansive cement） 水泥品种之一。硬化过程中体积膨胀。由水硬性胶凝材料和膨胀组分混合而成。硬化阶段的化学反应能生成大量膨胀

性物质，使硬化的水泥净浆体积膨胀、结构密实。按主要组成物质，分硅酸盐型、铝酸盐型和硫铝酸盐型。按化学反应的生成物，分水化硫铝酸钙、钙、镁氢氧化物、铁氧化物三类。膨胀值较小的水泥，可配置收缩补偿砂浆和混凝土，适用于加固结构，浇灌机器底座或地脚螺栓，堵塞、修补漏水的裂缝和孔洞，接缝及管道接头，以及地下建筑物的防水层等，无收缩水泥和收缩补偿水泥都属于此类；膨胀值较大的水泥，亦称"自应力水泥"，用于配制自应力钢筋混凝土，生产自应力水泥压力管等。

抗硫酸盐硅酸盐水泥（sulfate resistance Portland cement） 简称"抗硫酸盐水泥"。水泥品种之一。是以特定矿物组成的硅酸盐水泥熟料，加入适量石膏，磨细制成的具有抵抗硫酸根离子侵蚀的水硬性胶凝材料。分中抗硫酸盐硅酸盐水泥和高抗硫酸盐硅酸盐水泥。《抗硫酸盐硅酸盐水泥》（GB 748—2005）规定，中抗硫酸盐硅酸盐水泥中硅酸三钙（$3CaO \cdot SiO_2$）的质量分数不超过55.0%，铝酸三钙（$3CaO \cdot Al_2O_3$）的质量分数不超过5.0%；高抗硫酸盐硅酸盐水泥中硅酸三钙（$3CaO \cdot SiO_2$）的质量分数不超过50.0%，铝酸三钙（$3CaO \cdot Al_2O_3$）的质量分数不超过3.0%。强度等级分为32.5和42.5两种。具有较高的抗硫酸盐侵蚀能力、较强的抗冻性及较低的水化热等特性。适用于同时受硫酸盐侵蚀、冻融和干湿交替作用的海港工程、水利工程及地下建筑工程等。

自应力水泥（self-stressing cement） 水泥品种之一。膨胀值较大，用于生产自应力钢筋混凝土。硬化初期，由于化学反应，水泥浆体积膨胀，使钢筋受到拉应力；硬化后，拉伸的钢筋又使混凝土受到压应力，结果提高了钢筋混凝土构件的抗裂能力。用这种方法产生的自应力亦称"化学预应力"。水泥的自应力值约在3 MPa以上。按水泥的组成，分硅酸盐型、铝酸盐型、硫铝酸盐型和铁铝酸盐型自应力水泥。

水泥强度等级（strength grade of cement） 水泥按胶砂强度大小划分的等级。反映水泥胶结能力的大小。按照GB 175—2007《通用硅酸盐水泥》的规定，采用GB/T 17671—1999《水泥胶砂强度检验方法（ISO法）》规定的方法，将水泥、标准砂和水按1:3.0:0.5的比例，制成40 mm×40 mm×160 mm的标准试件，在标准养护条件下（1天内为20±1℃、

相对湿度为90%以上的空气中,1天后为20±1℃的水中)养护至规定的龄期,分别按规定的方法测定其3天和28天的抗折强度和抗压强度。根据测定的结果划分水泥强度等级。如硅酸盐水泥分为42.5、42.5R、52.5、52.5R、62.5和62.5R六个强度等级(带R的为早强型等级)。

水泥凝结时间(setting time of cement) 水泥从加水开始到失去流动性,即从可塑状态发展到较致密的固体状态所需的时间。分初凝时间和终凝时间,用凝结时间测定仪测定。初凝时间为从水泥加水(调成标准稠度)到水泥浆开始凝结所经历的时间。初凝的水泥塑性已开始降低,但尚不具有强度,不宜再扰动。通常规定水泥的初凝时间不得早于45 min,以保证混凝土施工过程中搅拌、运输、平仓和振捣等工序有充分的时间,不致因水泥过早凝结引起混凝土裂缝。终凝时间为从水泥加水(调成标准稠度)到水泥浆完全失去塑性所经历的时间。终凝的水泥具有强度。通常规定水泥的终凝时间不得迟于12 h,以利于下一步施工工作的进行。

水泥安定性(soundness of cement) 亦称"水泥体积安定性"。水泥质量的重要指标之一。反映水泥在凝结硬化过程中体积变化的均匀情况。水泥中如含有过量的游离石灰、氧化镁或三氧化硫,在凝结硬化时会发生不均匀的体积变化,出现龟裂、弯曲、松脆和崩溃等不安定现象。《通用硅酸盐水泥》(GB 175—2007)规定,水泥安定性采用沸煮法检测合格。《水泥标准稠度用水量、凝结时间、安定性检验方法》(GB/T 1346—2011)规定,水泥安定性可采用雷氏法和试饼法测定。前者是通过测定水泥标准稠度净浆在雷氏夹中沸煮后试针的相对移动表征其体积膨胀的程度;后者是通过观测水泥标准稠度净浆试饼沸煮后的外形变化情况表征其体积安定性。

水泥细度(fineness of cement) 水泥质量的重要指标之一。反映水泥颗粒的粗细程度。《通用硅酸盐水泥》(GB 175—2007)规定,硅酸盐水泥和普通硅酸盐水泥以比表面积表示,不小于300 m²/kg;矿渣硅酸盐水泥、火山灰质硅酸盐水泥、粉煤灰硅酸盐水泥和复合硅酸盐水泥以筛余表示,80 μm方孔筛筛余不大于10%或45 μm方孔筛筛余不大于30%。筛析法包括负压筛析法、水筛法和手工筛析法。《水泥细度检验方法筛析法》(GB/T 1345—2005)规定,负压筛析法、水筛法和手工筛析法测定的结果发生争议时,以负压筛析法为准。水泥颗粒细,早期强度高,泌水性小;但干缩大,在储运过程中易受潮而降低强度。

水泥水化热(hydration heat of cement) 水泥与水作用时所释放出来的热量。大部分是在水泥与水作用的最初几天(7天内)放出,以后逐渐减少。通常,强度等级高的水泥,水化热也大。工程上常用直接法(蓄热法)测定,以1 g水泥放出的热量来表示。水化热对大体积混凝土工程(如水工建筑中的堤、坝等)不利,会使混凝土块体内外温度不一致,胀缩不平衡,从而产生裂缝,影响工程质量;但对于混凝土的冬季施工有利,将使新拌混凝土温度的降低速度减慢,有利于混凝土的凝结与硬化。

耐蚀性(resistance to chemical attack) 水泥混凝土抵抗介质侵蚀作用的能力。提高混凝土的密实性与抗渗性,根据侵蚀介质的种类选择适当品种的水泥,掺加适量优质活性掺合料和在混凝土表面设置保护层等技术措施,均可提高混凝土的耐蚀性。

溶出性侵蚀(leaching) 亦称"淡水侵蚀"或"溶析"。水泥混凝土中水化物被淡水溶解带走的现象。是水泥混凝土受环境水侵蚀的一种类型。水泥的各种水化产物必须在一定浓度的氧化钙溶液中才能稳定存在。当淡水渗滤时,氢氧化钙被不断溶析而使液相中氢氧化钙浓度降低,导致水化硅酸钙与水化铝酸钙不断分解,形成低碱性水化物,使混凝土强度降低,遭受破坏。淡水渗滤速度大,破坏作用严重;混凝土密实度大、结构断面尺寸大,破坏作用就小。

碳酸性侵蚀(carbonic acid attack) 水泥混凝土受环境水侵蚀的一种类型。当环境水(如某些矿泉水)中含有过多的游离碳酸时,硬化水泥浆体中的氢氧化钙与碳酸发生作用,生成易溶于水的碳酸氢钙,致使混凝土遭受破坏。环境水中含游离碳酸多,水温高,破坏作用就强烈。

一般酸性侵蚀(general acid attack) 水泥混凝土受环境水侵蚀的一种类型。环境水(如某些地下水或工业废水)中含有游离的酸类,如盐酸、硫酸等,与硬化水泥浆体中的氢氧化钙发生作用,生成相应的钙盐,易溶于水,或在硬化水泥浆体孔隙内形成结晶,体积膨胀,产生破坏作用。环境水中游离氢离子浓度愈大(即pH小),侵蚀作用愈严重;混凝土(或砂浆)的密实度大,水的渗滤速度小,破坏作用就弱。

硫酸盐侵蚀(sulfate attack) 水泥混凝土受环境

水侵蚀的一种类型。当环境水(如海水、地下水及某些矿物水)中含有大量的硫酸钠、硫酸镁和硫酸钙等硫酸盐类时,会与硬化水泥浆体中的氢氧化钙和水化铝酸钙发生作用,其生成物比原体积增大,从而胀裂硬化水泥浆体,使混凝土遭受破坏;或与碳酸盐、水化硅酸钙发生反应,生成无胶结能力的物质,使胶凝材料逐渐变成"泥质"。环境水中硫酸根离子的浓度愈大,破坏作用愈严重;然而,环境水中含有氯离子却能减轻硫酸盐类的破坏作用。

镁盐侵蚀(magnesium salt attack) 水泥混凝土受环境水侵蚀的一种类型。当环境水(海水、某些矿物水等)中含有较多的硫酸镁、氯化镁等镁盐时,硬化水泥浆体中的氢氧化钙与镁盐发生作用,生成易溶于水或松软无胶结能力的物质,使混凝土遭受破坏。环境水中含镁离子愈多,破坏作用愈严重;若环境水中同时含有硫酸根离子,则破坏作用更甚。

混凝土(concrete) 由胶凝材料、骨料和其他材料按适当比例配合拌和后,经成型、硬化而成的一种人造石材。是广泛应用的建筑材料。工程上常用水泥为胶凝材料,以砂、石子为骨料和水拌和而成的水泥混凝土;另外还有沥青混凝土和聚合物混凝土等。

干硬性混凝土(dry concrete) 水泥用量较少、石子较多、坍落度为零的混凝土。硬化较快、强度较高,但必须强力振实。常用于预制构件和现场浇筑基础等工程中。

自密实混凝土(self compacting concrete;self-consolidating concrete) 在自身重力作用下,能够流动、密实,即使存在致密钢筋也能完全填充模板,同时获得很好均质性,并且不需要附加振动的混凝土。自密实混凝土的硬化性能与普通混凝土相似,而新拌混凝土性能则与普通混凝土相差很大。自密实混凝土的自密实性能主要包括流动性、抗离析性和填充性。自密实混凝土适用于浇筑量大,浇筑深度、高度大的工程结构;配筋密集、结构复杂、薄壁、钢管混凝土等施工空间受限制的工程结构;工程进度紧、环境噪声受限制或普通混凝土不能实现的工程结构。

喷射混凝土(shotcrete) 能用压缩空气喷射施工的混凝土。有干喷与湿喷之分,前者将水泥、砂、石和速凝剂等用搅拌机搅拌后,与水分别用压缩空气输送到喷嘴汇合,喷射至施工面上;后者将全部材料在搅拌机内搅拌后,用压缩空气送至喷嘴,喷射至施工面上。一般,水泥用量应在 350 kg/m³ 以上,骨料粒径不超过 2.5 cm,必须采用速凝剂或直接用快硬水泥,以加速凝结。具有硬化快,能承受早期应力,抗渗性好,与岩石等底面的黏结力强,施工不用模板,衬砌厚度小,施工速度快,工程造价低等优点。用于隧洞、矿山竖井和巷道的衬砌和支护。

轻混凝土(light weight concrete) 表观密度为500~1 950 kg/m³ 的混凝土。包括轻骨料混凝土、多孔混凝土和大孔混凝土三大类。具有表观密度小,导热系数较小,保温、隔热、吸声及抗裂性能好的特点。主要用于承重结构及承重-隔热制品。

纤维混凝土(fiber reinforced concrete) 掺有均匀分散短纤维的普通混凝土。所用纤维的长径比一般为70~120,体积率为 0.3~8%。常用的有钢纤维、聚丙烯纤维、玻璃纤维、碳纤维等。与不掺纤维的混凝土相比,具有较高的韧性和早期抗裂能力,抗拉、抗弯强度的提高幅度与掺入的纤维种类有关。适用于制作薄壳、墙板、路面、抗爆结构和机器基础等。

钢纤维(steel fiber) 以切断细钢丝法、冷轧带钢剪切、钢锭铣削或钢水快速冷凝法制成长径比(纤维长度与其直径的比值,当纤维截面为非圆形时,采用换算等效截面圆面积的直径)为 30~100 的纤维。主要用于制造钢纤维混凝土,加入钢纤维的混凝土其拉伸强度、抗弯强度、冲击强度、韧性、冲击韧性等性能均得到较大提高。

聚丙烯纤维(polypropylene fiber) 以聚丙烯为原材料,通过特殊工艺制造而成的纤维。是一种新型的水泥基材料用纤维,加入混凝土或砂浆中可有效地控制混凝土(砂浆)的塑性收缩、干缩、温度变化等因素引起的早期裂缝,防止及抑止裂缝的形成及发展,大大改善混凝土的阻裂抗渗性能、抗冲击及抗震能力,可以广泛地应用于面板、地下室等混凝土工程。

碳纤维(carbon fiber) 一种含碳量在 95% 以上的高强度、高弹模新型纤维材料。它是由片状石墨微晶等有机纤维沿纤维轴向方向堆砌而成,经碳化及石墨化处理而得到的微晶石墨材料。碳纤维"外柔内刚",质量比金属铝轻,但强度却高于钢铁,并且具有许多优良性能,碳纤维的轴向强度和弹性模量高,密度低、比性能高,无徐变,非氧化环境下耐超高温,耐疲劳性好,比热及导电性介于非金属和金属之间,热膨胀系数小且具有各向异性,耐腐蚀性好,X射线透过性好,导热性、电磁屏蔽性好等。在国防军工和民用方面都是重要材料。

芳纶纤维（aramid fiber）　芳纶全称"聚对苯二甲酰对苯二胺"。是一种新型高科技合成纤维。分对位芳酰胺纤维和间位芳酰胺纤维。芳纶纤维具有超高强度、高弹模和耐高温、耐酸耐碱、重量轻、绝缘、抗老化、生命周期长等优良性能。可应用于复合材料、防弹制品、建材、特种防护服装、电子设备等领域。

玄武岩纤维（basalt fiber）　玄武岩石料在1 450～1 500℃熔融后，通过铂铑合金拉丝漏板高速拉制而成的连续纤维。是一种新型无机环保绿色高性能纤维材料。类似于玻璃纤维，其性能介于高强度 S 玻璃纤维和无碱 E 玻璃纤维之间，纯天然玄武岩纤维的颜色一般为褐色，有些似金色。玄武岩连续纤维不仅稳定性好，而且还具有电绝缘性、抗腐蚀、抗燃烧、耐高温等多种优异性能。可应用于纤维增强复合材料、摩擦材料、造船材料、隔热材料、汽车行业、高温过滤织物以及防护领域等。

无砂大孔混凝土（no-fines concrete）　轻混凝土的一类。不用砂，仅用粒径相近（一般为 10～20 mm）的卵石、碎石或轻骨料，加水泥和水配制而成。与普通混凝土相比，水泥用量少、表观密度小、透气性和透水性好，但强度较低（小于 10 MPa）。主要用作墙体材料。在水工建筑中用作排水暗管或减压井排水井段。

水工混凝土（hydraulic engineering concrete）　经常性或周期性地承受水或冰作用的水工建筑物用的混凝土。按建筑物尺寸大小分，有大体积的（结构断面最小尺寸大于 3 m）和非大体积的两种。按混凝土所处部位分，有外部的和内部的两种。外部混凝土又分水上、水下和水位变动区混凝土三种。由于所处自然条件比较复杂，除强度要求外，还有抗渗性、抗冻性、低热性、抗侵蚀和抗冲磨等要求。使用时，应按特殊要求和规定，正确选择混凝土的原材料和配合比。

水下混凝土（underwater concrete）　直接灌注在水下结构部位就地成形硬化的混凝土。具有较好的塑性、流动性和抗分离性。常采用垂直导管法，有时也采用泵送法、开底吊桶法、麻袋装混凝土法等方法灌注。为了便于施工和保证质量，常需采用水泥用量较多的混凝土，酌增水泥用量和砂率，酌增坍落度，掺加减水剂或引气剂等措施。

水下不分散混凝土（underwater non-dispersing concrete；underwater anti-washout concrete）　水下混凝土的一种。是将以絮凝剂为主的水下不分散剂加入新拌混凝土中，通过絮凝剂的高分子长链的"桥架"作用，使拌和物形成稳定的空间柔性网络结构，提高新拌混凝土的黏聚力，限制新拌混凝土的分散、离析及避免水泥流失。水下不分散混凝土具有很强的抗分散性和较好的流动性，能够实现水下混凝土的自流平、自密实，抑制水下施工时水泥和骨料分散，并且不污染施工水域。在水中落差 0.3～0.5 m时，其抗压强度可达同样配比时陆上混凝土强度的70% 以上。

泵送混凝土（pumped concrete）　利用混凝土泵通过管道输送的混凝土。要求流动性好，骨料粒径一般不大于管径的四分之一，应掺入泵送剂，以避免离析、泌水和堵塞。

高性能混凝土（high performance concrete）　一种在大幅度提高普通混凝土性能的基础上采用现代混凝土技术制作的新型高技术混凝土。以耐久性作为设计的主要指标，针对不同用途要求，对下列性能重点予以保证：耐久性、工作性、适用性、强度、体积稳定性和经济性。为此，高性能混凝土在配置上的特点是采用低水胶比，选用优质原材料，且必须掺加足够数量的掺合料和高效外加剂。

生态混凝土（eco-concrete）　一种具有一定生态效应或特定生态功能的混凝土。可通过材料筛选、添加功能性添加剂、采用特殊工艺制造出具有特殊结构与功能的混凝土。能减少环境负荷，提高与生态环境的相协调性，为环保做出贡献。这类混凝土与传统混凝土相比较，一般减少了水泥用量，具有除尘降噪、透水透气、净水储热等功能，具有环境友好性或生物相容性。主要用于边坡治理（包括河流、大坝、蓄水池及道路两侧的倾斜面治理）、路面排水、植生、净化水质、降低噪声、防菌杀菌、吸附去除 NOx 等空气中的有害气体以及阻挡电磁波等。

智能混凝土（smart concrete；intelligent concrete）　在混凝土原有组分基础上复合智能型组分，使混凝土具有自感知和记忆、自适应、自修复特性的多功能材料。根据这些特性可以有效地预报混凝土材料内部的损伤，满足结构自我安全检测需要，防止混凝土结构潜在脆性破坏，并能根据检测结果自动进行修复，显著提高混凝土结构的安全性和耐久性。

全级配混凝土（fully-graded concrete）　采用三级配或四级配粗骨料，骨料最大粒径可达 120 ~ 150 mm，粗骨料含量在 70% 左右，搅拌后不进行湿筛（筛除大于 40 mm 的骨料）的混凝土。全级配混凝土与经湿筛后的混凝土在性能上有显著差异。要真实反映实际大坝混凝土的性能指标，需进行全级配混凝土试验。

聚合物混凝土（polymer concrete）　由有机聚合物、无机胶凝材料、骨料有效结合形成的一种新型混凝土材料的总称。根据其组成和制作工艺，可分为聚合物胶结混凝土、聚合物水泥混凝土和聚合物浸渍混凝土。聚合物混凝土与普通水泥混凝土相比，具有高强、耐蚀、耐磨、黏结力强等优点。可现场应用于混凝土工程快速修补、地下管线工程快速修建、隧道衬里等，也可在工厂预制。

沥青混凝土（bituminous concrete；asphalt concrete）　由沥青材料、矿物粉、石子和砂子加热拌匀，经铺筑、碾压和振实而成的特种混凝土。石子宜采用碱性岩石，如白云岩、石灰岩等，以增加沥青混凝土对水的稳定性。广泛应用于道路路面、水工建筑及房屋建筑等工程。

混凝土拌和物（concrete mix）　亦称"新拌混凝土"、"混凝土混合物"。混凝土各组成材料按一定配合比搅拌均匀而尚未凝结硬化的混合物。

和易性（workability）　亦称"工作性"。混凝土拌和物是否便于施工操作而获得均匀密实、质量优良的混凝土的性能。是混凝土拌和物的一项综合技术指标，主要包括流动性、黏聚性及保水性三种性能。流动性指混凝土拌和物在自重或施工机械振捣的作用下，产生流动并均匀密实地填满模板的性能；黏聚性指混凝土拌和物具有一定的黏聚力，在运输和浇筑过程中不致分层离析，使混凝土保持整体均匀的性能；保水性指混凝土拌和物的保水能力，在施工过程中不致产生较严重的泌水现象，造成易于渗水的孔隙，从而影响混凝土质量。

坍落度（slump）　表示混凝土拌和物流动性大小的一种指标。将混凝土拌和物按规定的方法装入标准的截头无底圆锥筒内，捣实后刮平，将筒垂直提起，以坍落后的高度与原高度之差（以 mm 计）表示。选择坍落度的原则是：在不妨碍施工操作及能保证振捣密实的条件下，尽可能采用较小的数值。一般根据工程结构条件（如结构的尺寸、形状和钢筋的密集程度等）及施工方法，参照以往施工经验，加以选择。

维勃稠度（Vebe consistency）　亦称"工作度"。评定混凝土拌和物和易性的指标之一。截头圆锥形混凝土拌和物在维勃稠度仪中经振动至表面出现平整水泥浆时所需的时间。以 s 为单位。测定时，按规定方法，将混凝土拌和物装入维勃稠度仪容量桶中的坍落度筒并捣实、抹平后，将坍落度筒垂直提起，把透明圆盘转到截头圆锥形混凝土拌和物上部，使与混凝土面接触，然后开动振动台并记时，以透明圆盘整个底面均与水泥浆接触时所经历的时间表示。维勃稠度值愈小，和易性愈好。

保水性（water retentivity）　见"和易性"。

泌水性（bleeding）　亦称"析水性"。水泥浆泌出部分拌和水的性能。常以水泥浆泌水前后体积之差占泌水前原体积的百分率表示。当用水量超过新拌水泥混凝土的保水能力时，部分水分上升到表面和滞留于粗骨料与钢筋的下方，导致混凝土分层、强度降低和水泥浆与骨料、钢筋间黏结力削弱。水泥的品种、细度和化学成分等均能影响泌水性。

离析（segregation）　混凝土拌和物中某些组分分离析出的现象。如稀混凝土拌和物在流动中粗骨料的滞后，混凝土拌和物在卸料不当时骨料的偏聚等。主要由于各组分的粒度和密度不同所致。离析现象破坏混凝土的均匀性，严重影响质量。选择适宜配合比和正确施工操作可减轻离析现象。

水灰比（water-cement ratio）　水泥浆、砂浆、混凝土拌和物中，拌和水与水泥的质量比。是影响混凝土强度、耐久性（如抗冻性、抗渗性等）的主要因素之一。在水灰比的实用范围内，其值愈小，混凝土的强度愈高、耐久性愈好。混凝土的抗压强度与水灰比有如下的关系：

$$f_{cu} = Af_{ce}(C/W - B),$$

式中，f_{cu} 为混凝土 28 d 龄期时的抗压强度（MPa），f_{ce} 为水泥 28 d 龄期时的实际抗压强度（MPa），C/W 为灰水比（水灰比的倒数），A、B 为与混凝土骨料等有关的经验系数。

砂率（sand percentage）　混凝土中砂的质量占砂、石总质量的百分率。砂率会影响骨料的空隙率和总表面积，进而影响混凝土拌和物的和易性。在用水量和水泥用量一定的条件下，使混凝土拌和物获得最大流动性,同时能保持良好的黏聚性和保水性的砂率为合理砂率。

混凝土强度等级 释文见 157 页。

混凝土极限拉伸值(the ultimate tensile strain value of concrete) 简称"极限拉伸"。混凝土在拉应力作用下断裂时的极限拉应变。是反映混凝土抗裂能力的一个重要指标。混凝土的抗拉强度、骨料品种和弹性模量、胶凝材料用量、养护条件及龄期等均会影响混凝土的极限拉伸值。

混凝土抗渗等级(anti-seepage grade of concrete) 混凝土抗渗能力的指标。用 Wn 表示。以 28 d 龄期的标准试件(高 150 mm,直径一端为 185 mm、另一端为 175 mm),在标准试验方法下所能承受的最大水压力确定。水工混凝土要求的抗渗等级分为 W2、W4、W6、W8、W10 和 W12 等。使用时,可根据建筑物承受的水头 H 或水力梯度 i(作用水头与该处结构厚度之比)来选择。混凝土抗渗能力与所采用的水泥品种、密实程度、水灰比大小等有关。掺用引气剂的混凝土,抗渗能力较好;配合比适当和振捣密实,也能提高抗渗性。

混凝土抗冻等级(anti-freeze grade of concrete) 混凝土抗冻能力的指标。用 Fn 表示。28 d 龄期的混凝土试件在吸水饱和后,经 n 次冻融后,若其相对动弹性模量下降到 60% 或质量损失率达 5%,则以此时的冻融次数 n 来表示。分为 F50、F100、F150、F200、F250、F300 和 F400 等。混凝土抗冻性与所采用的水泥品种有关。若混凝土中掺入相当于水泥用量的 0.005%~0.010% 的引气剂,可提高抗冻性能。设计规范规定:对于严寒和寒冷地区的建筑物,其水位涨落区的外部混凝土必须掺加外加剂。要求抗冻的混凝土必须严格控制水灰比,不得超过 0.50~0.55。

混凝土碳化(concrete carbonation) 亦称"混凝土中性化"。混凝土中的碱性物质与周围环境中的 CO_2 作用,生成碳酸盐或其他物质的现象。碳化使混凝土碱度降低,当碳化深度超过钢筋保护层时,钢筋的钝化膜会遭到破坏,钢筋开始生锈,最终导致钢筋混凝土结构破坏。碳化会引起混凝土收缩,使混凝土表层产生微细裂缝。碳化对混凝土结构有利的方面是碳化放出的水分有助于水泥的水化作用,产生的 $CaCO_3$ 减少了混凝土内部的孔隙,使混凝土的抗压强度增大。混凝土的密实度愈差,碳化速度就愈快。混凝土处于经常干湿交替的环境中,也易于碳化。

骨料(aggregate) 亦称"集料"。混凝土及砂浆中起骨架和填充作用的粒状材料。有细骨料和粗骨料两种。细骨料颗粒直径在 0.16~5 mm 之间,一般采用天然砂,如河砂、海砂及山谷砂等,当缺乏天然砂时,也可用坚硬岩石磨碎的人工砂;粗骨料颗粒直径大于 5 mm,常用的有碎石和卵石,在同样条件下,碎石混凝土的强度比卵石混凝土的高,但碎石是由岩石轧碎而成,成本较卵石为高。轻骨料混凝土中常用的粗骨料有浮石等天然多孔岩石,陶粒、膨胀矿渣等人造多孔骨料。

细度模数(fineness modulus) 亦称"细度模量"。砂试样筛分后,各号筛上累计筛余百分率的总和。以整数或小数表示。是表示砂、石粗细程度的一种技术指标。细度模数愈大,表示砂愈粗。

饱和面干状态(saturated surface dry state) 混凝土骨料颗粒内部含水饱和而表面干燥的一种状态。这种状态的骨料既不从混凝土拌和物中吸收水分,也不向混凝土拌和物中带入水分,有利于对混凝土用水量的严格控制。中国一些大型的水利工程设计混凝土配合比,多以饱和面干状态的骨料为依据。在施工现场,骨料一般都不是饱和面干状态的,故需经常测定现场骨料(砂、石子)的含水量,以调整混凝土配料单中的各项材料用量。

超径骨料(oversize aggregate) 亦称"超径"。在某一粒级粗骨料中,大于该粒级粒径上限的颗粒。当超过规定含量时,将改变原选定的骨料级配,影响混凝土的和易性、均匀性、密实性和强度,或使水泥用量增加。

逊径骨料(undersize aggregate) 亦称"逊径"。在某一粒级粗骨料中,小于该粒级粒径下限的颗粒。当超过规定含量时,将改变原选定的骨料级配,影响混凝土的和易性、均匀性、密实性和强度,或使水泥用量增加。减少粗骨料的转运次数、限制自由落差,或设置缓降措施,可避免骨料破碎。

级配(gradation) 混凝土骨料(砂、石子等)按颗粒粗细的分级和搭配。优良的级配使骨料颗粒间的空隙和骨料的总表面积都比较小,可节省填充骨料空间和包裹骨料所需的胶凝材料,有利于制得既密实又经济的混凝土。工程实践中,粗骨料采用连续级配和间断级配两种。前者骨料颗粒由大到小各级相连,其中每一级都占有适当的比例。后者抽调连续级配中间某一或二级的骨料。天然料场的骨料一般为连续级配。

碱-骨料反应(alkali-aggregate reaction) 混凝土中的碱与骨料中的活性成分发生的膨胀性的反应。往往引起混凝土的膨胀、开裂,而且开裂是整体性的。根据骨料中活性成分,可分碱-硅酸反应、碱-硅酸盐反应和碱-碳酸盐反应。反应的必要条件是:骨料是活性骨料;混凝土中含碱量较高;有水分。采用低碱水泥,掺用某些活性掺合料,选用非活性骨料,提高混凝土的抗渗性,可以抑制或减轻碱-骨料反应。

掺合料(mineral admixture) 亦称"矿物外加剂"。在混凝土拌制过程中直接掺入的掺量超过水泥质量5%的粉状矿物质材料。不仅可替代部分水泥、减少水泥用量、降低混凝土的生产成本,而且可改善混凝土拌和物和硬化混凝土的性能。掺合料可分为活性掺合料和非活性掺合料。活性矿物掺合料本身不硬化或者硬化速度很慢,但能与水泥水化生成的氢氧化钙起反应,生成具有胶凝能力的水化产物,如粉煤灰、粒化高炉矿渣粉、沸石粉、硅灰等。非活性矿物掺合料基本不与水泥组分起反应,如石灰石粉、磨细石英砂等。活性掺合料在掺有减水剂的情况下,能增加新拌混凝土的流动性、黏聚性、保水性、改善混凝土的可泵性,并能提高硬化混凝土的强度和耐久性。

外加剂(admixture) 亦称"化学外加剂"、"添加剂"。在拌制混凝土过程中掺入,用以改善混凝土某些性能的物质,掺量一般不超过水泥质量的5%(特殊情况除外)。目的是改善混凝土和砂浆的性能、节约水泥、加快施工进度和降低工程造价等。已日益成为混凝土的重要组成部分。常用的有减水剂、引气剂、缓凝剂、速凝剂和早强剂等。最佳掺用量应通过实验确定。

引气剂(air entraining agent) 在混凝土或砂浆搅拌过程中能引入大量均匀分布、稳定而封闭的微小气泡的外加剂。引气剂具有一定的减水作用,可改善混凝土或砂浆拌和物的和易性,减少泌水和离析,提高混凝土或砂浆的抗冻性、抗渗性和抗侵蚀性,但强度和耐磨性略有降低。常用的有松香热聚物、松香皂、烷基磺酸钠和烷基苯磺酸钠等。广泛用于水工混凝土中。

减水剂(water-reducing admixture) 在不影响混凝土或砂浆拌和物和易性的条件下,能够减少用水量并提高混凝土或砂浆强度的外加剂。能改善混凝土或砂浆的抗渗性、抗冻性和抗裂性等。按其减水能力,分普通减水剂和高效减水剂;按其引气量,分引气型减水剂和非引气型减水剂;按其对凝结时间及早期强度的影响,分标准型减水剂、早强型减水剂和缓凝型减水剂。在配合比不变的条件下,可增大混凝土拌和物的流动性;在流动性及水灰(胶)比不变的条件下,可节约水泥;在流动性及水泥用量不变的条件下,可提高强度和耐久性。是化学外加剂中应用面最广、使用量最大的一种外加剂,广泛应用于各种混凝土中。

早强剂(early strength agent) 能提高混凝土早期强度,并且对后期强度无显著影响的外加剂。早强剂可分无机盐类、有机物类、复合型早强剂三大类。无机盐类主要有氯化物、硫酸盐、硝酸盐及亚硝酸盐、碳酸盐等;有机物类主要有三乙醇胺、三异丙醇胺、甲酸、乙二醇等;复合型是指有机物、无机盐等复合的早强剂。主要用于冬季施工、紧急抢修工程及要求加快强度发展的混凝土。

速凝剂(flash setting admixture; accelerator) 使混凝土或砂浆迅速凝结硬化的外加剂。与水泥在加水拌和时立即反应,使水泥中的石膏丧失缓凝作用,促成铝酸三钙($3CaO \cdot Al_2O_3$)迅速水化,并在溶液中析出其水化物,导致水泥浆迅速凝固。水泥初凝时间可在 5 min 以内,终凝时间在 10 min 以内,并提高早期强度,28 d 强度通常低于不掺者,但以后并不下降。主要用于喷射混凝土及补漏抢修等工程中。

缓凝剂(retarding agent; retarder) 延缓混凝土或砂浆凝结的外加剂。因其在水泥及其水化物表面上有吸附作用,或与水泥反应生成不溶层而达到缓凝效果。可延缓混凝土或砂浆凝结,保持工作性,延长放热时间,消除或减少裂缝,保持整体性。常用的有木质素磺酸钙、糖蜜、酒石酸、柠檬酸和硼酸盐等。用于油井工程,大体积混凝土工程,高气温下、运输距离长的混凝土施工及滑模施工等。

泵送剂(pumping aid; pumping agent) 能改善混凝土拌和物泵送性能的外加剂。是在减水剂的基础上改性而成的,一般包括减水组分、缓凝组分、增稠组分、引气组分等。主要用于商品混凝土搅拌站等制作泵送混凝土。

膨胀剂（expansive agent）　能使混凝土产生一定体积膨胀的外加剂。按膨胀率和限制条件,分补偿收缩型膨胀剂和自应力型膨胀剂;按化学成分,分硫铝酸钙系膨胀剂（UEA、CSA 等）、石灰系膨胀剂、铁粉系膨胀剂、氧化镁系膨胀剂和复合型膨胀剂。掺膨胀剂的混凝土,流动性有所降低、坍落度损失增大、凝结时间缩短。主要用于地下建筑物、水下建筑物、公路路面及预制构件等混凝土工程。

阻锈剂（corrosion inhibitor; rebar inhibitor）　亦称"缓蚀剂"。能抑制或减轻混凝土中钢筋或其他预埋金属锈蚀的外加剂。按化学成分,分无机类、有机类和混合类;按形态,分水剂型和粉剂型;按作用原理,分阳极型、阴极型和混合型;按使用方式和应用对象,分嵌入型和渗透型。可应用于海洋环境、除冰盐环境、盐渍土环境以及氯盐腐蚀环境的钢筋混凝土、预应力混凝土、后张应力灌注砂浆等工程。

养护剂（curing agent; curing compound）　亦称"养护液"。喷洒或涂刷在被养护混凝土表面后能形成一层成膜物质,使混凝土表面与空气隔绝,以防止混凝土内部水分蒸发,保持混凝土内部湿度,达到长期养护效果的外加剂。适用于公路、机场、桥梁等混凝土工程及水泥制品。

脱模剂（mould release agent）　一种涂刷（或喷涂）在模板内壁上,在模板与混凝土表面起隔离和润滑作用,从而克服模板与混凝土表面黏结力的外加剂。混凝土脱模剂是由水性高分子成膜物质为主配以多种活性助剂经科学的加工工艺制成。按形态分为溶剂型脱模剂、水性脱模剂、无溶剂型脱模剂、粉末脱模剂和膏状脱模剂。用于混凝土浇筑前涂抹在施工用模板上,以使浇筑后模板不致黏在混凝土表面上不易拆模,或影响混凝土表面的光洁度。广泛应用于混凝土工程施工中的各种钢模板、木模板、竹夹板、塑胶板及混凝土台面。

混凝土配合比（mix proportion of concrete）　混凝土各组成材料间的质量（或体积）比。普通混凝土常以水泥、砂、石子、和水为四种基本材料,以水泥质量为比例基数,如配合比为 1.0∶2.4∶4.0∶0.6,则表示这种混凝土由质量 1 份水泥、2.4 份砂子、4 份石子和 0.6 份水拌和而成。亦常以 1 m³ 混凝土中各项材料的质量来表示,如水泥 300 kg、砂 700 kg、石子 1 200 kg、水 200 kg。1 m³ 混凝土质量 2 400 kg。也有用体积比的,但因材料的体积计量误差较大,现中国只用于小型工程。混凝土配合比与混凝土技术性质（如和易性、强度、耐久性等）及各项材料的用量有关。采用合适的配合比既能保证对混凝土的品质要求,又能节省水泥用量,从而达到安全、经济的目的。

假定表观密度法（method of calculation by assumed apparent density）　普通混凝土配合比设计中,计算各组成材料用量的方法之一。根据对混凝土的技术要求,确定水灰比、用水量和含砂率;再根据假定的混凝土表观密度,计算出混凝土的配合比。然后通过试配,根据实测的混凝土表观密度,求出 1 m³ 混凝土各组成材料的用量。

绝对体积法（method of calculation by absolute volume）　亦称"实体积法"。混凝土配合比设计中,计算各种组成材料用量的方法之一。根据设计提出的技术要求,假设密实混凝土的体积等于各组成材料的绝对体积之和,以此计算出混凝土的配合比。具体计算类似假定表观密度法。

配制强度（mix-preparation strength）　施工现场使用的混凝土平均强度。混凝土施工中,因原材料的质量和施工控制水平变化,混凝土的实际强度会有波动,为达到强度保证率的要求,在混凝土配合比设计时,须适当提高设计要求的强度,作为配制强度。提高多少,与设计要求的强度保证率、原材料质量的变化和施工控制水平有关。

砂浆（mortar）　由胶凝材料、细骨料和水等按适当比例拌制而成的材料。按胶凝材料,分水泥砂浆、石灰砂浆、混合砂浆和沥青砂浆等;按用途,分砌筑砂浆、抹面砂浆和防水砂浆等。多用于砌筑砌体,也常涂抹于建筑物的表面,起装饰和防护的作用。

沉入度（degree of sinking）　标准圆锥体借自重在规定时间内沉入新拌砂浆中的深度。以 mm 计。是表示新拌砂浆流动性（稠度）的一个指标。用砂浆稠度仪测定。沉入度愈大,流动性愈好。

分层度（degree of stratification）　新拌砂浆静置30 min 后,上下层砂浆沉入度的差值。是新拌砂浆保水性好坏的一个指标。分层度愈大,砂浆保水性愈差,涂抹在砖石表面时容易产生失水离析,不易施工,影响砂浆的正常硬化,减弱砂浆与底层的黏结力,降低砌体的强度。

砂浆强度等级（strength grade of mortar）　砂浆按抗压强度大小划分的等级。以边长为 70.7 mm 的立方体试块,在标准养护条件下,用标准试验方法测得的 28 d 龄期的抗压强度值作为确定强度等级的依据。砂浆的强度等级分 M2.5、M5、M7.5、M10、M15、M20 共六个等级。工程中常用的砂浆强度等级为 M5、M7.5、M10。对于特别重要的砌体及有较高耐久性要求的工程,宜用强度等级高于 M10 的砂浆。

沥青(bitumen;asphalt) 一类有机胶凝材料。包括天然沥青、石油沥青和焦油沥青等。主要由不同分子量的碳氢化合物及其非金属(氧、硫和氮等)衍生物组成。黑或褐色。呈液态、半固体或固体状态。溶于二硫化碳。具有良好的黏结性、塑性、耐水性和防腐性。常用于铺筑路面、水工建筑和房屋建筑的防水层,金属或木材的防腐材料。

煤沥青(coal-tar pitch) 俗称"柏油"。焦油沥青的一种。蒸馏煤焦油,分馏出轻油、中油、重油和蒽油后的残留物。按蒸馏程度,分软煤沥青和硬煤沥青。色黑而有光泽,味臭,熔化时易燃烧并有毒。其塑性、温度稳定性和大气稳定性比石油沥青差,但防腐蚀性较好。价廉易制,常作为石油沥青的代用品铺筑路面,制作油毡和木材防腐蚀等。使用时需注意防毒和防火。

石油沥青(petroleum asphalt) 亦称"松香柏油"。沥青的一种。石油在炼制中提取汽油、煤油和润滑油等以后的残留物。按原料种类,分石蜡基沥青、沥青基沥青及混合基沥青;按制法,分直馏沥青、氧化沥青和裂化沥青等;按用途,分道路石油沥青、建筑石油沥青和普通石油沥青。黑或棕黑色,具有光泽,呈半固态。溶于二硫化碳、四氯化碳和苯等有机溶剂。可氧化成固态,或用柴油等溶剂稀释为液态。具有良好的黏结性、抗水性和防腐性。水利工程中,常和其他材料(如石灰石粉等)配合成混合物灌注在收缩缝、止水井中及防水要求较高、变形较大的部位,还用于配制沥青混凝土作为土石坝的心墙和斜墙。

普通石油沥青(wax containing asphalt) 亦称"多蜡沥青"。多蜡渣油经氧化而得的黏稠沥青。产品按沥青针入度大小划分牌号,并以其上限值命名,分 75、65、55 三个牌号。主要用于屋面修筑工程和制造油毡、油纸等防水材料。

冷底子油(cold primer-oil) 亦称"沥青溶液"。将沥青溶解在有机溶剂(如轻柴油、煤油和汽油等)中而成的一种均质胶体溶液。可不需加热直接涂刷在木材、金属或混凝土、砂浆等材料的表面,吸附性强,常用作防水材料的底层。

玛缔脂(mastic) 亦称"沥青胶"、"沥青胶凝物"。沥青材料与适量的粉状或纤维状矿物质填充料(如石灰石粉、白云石粉等)的混合物。具有黏结及防水性能。主要用作张贴防水卷材的胶结剂;单独涂刷成防水层;涂刷于沥青砂浆防水层的层底,以增强沥青砂浆和混凝土的黏结力;灌入建筑物的收缩缝中等。

乳化沥青(emulsified asphalt) 由沥青及水制成的乳胶型稳定分散体系。将熔化的沥青注入含有乳化剂、稳定剂的热水溶液中,经机械剧烈搅拌而成。乳化剂可用无机物(如氢氧化物和磷酸盐等)或有机物(如磺酸油、洗衣粉和肥皂等)。稳定剂可用水玻璃和氢氧化钠等。颗粒细微,直径为 $1 \sim 6$ μm。使用时无须加热,水分蒸发后即成沥青薄膜。施工方便,价格低廉。用于铺筑路面或作为屋面、洞库等建筑物的防水材料。为提高其抗裂性,常与玻璃纤维薄毡配合使用。

防水卷材(waterproof roll) 由沥青类或高分子类防水材料制作成的可卷曲片状防水材料产品。按胎体分有胎防水卷材和无胎防水卷材两类。按材料组成分沥青防水卷材、高聚物改性沥青防水卷材和合成高分子防水卷材三大类。沥青防水卷材包括纸胎油毡、玻璃布油毡、玻璃纤维油毡、麻布油毡和铝箔油毡等;高聚物改性沥青防水卷材包括 SBS 改性沥青防水卷材、APP 改性沥青防水卷材等;合成高分子防水卷材包括三元乙丙橡胶防水卷材、聚氯乙烯防水卷材等。用于屋面、隧道、涵洞、垃圾填埋场等。

油毡(malthoid) 亦称"油毛毡"。用沥青材料制成的防水卷材。由油毡原纸先用低软化点的沥青材料浸渍,再用高软化点的沥青涂盖两面,并在其表面撒布一层片状(如云母粉)、粒状(如砂子)或粉状(如滑石粉)等物质制成。按所用沥青材料,分石油沥青油毡和焦油沥青油毡两种。前者须用石油沥青胶张贴,后者须用焦油沥青胶张贴,切忌混用。须存放于干燥仓库内防止潮湿,避免阳光直射,不可接近热源,注意通风,并应竖直堆放,以避免堆叠压坏。

沥青针入度(penetration of asphalt) 反映黏稠(半固体或固体)沥青黏度的一项指标。是在规定温度和时间内,附加一定质量的标准针垂直贯入试样的深度,以 0.1 mm 为单位。在标准针入度仪上测定。针入度大小表示沥青抵抗剪切变形的能力。中国黏稠石油沥青产品的牌号是按针入度值来划分和命名的。

沥青标准黏度（viscosity of asphalt） 亦称"沥青黏滞度"、"沥青黏度"。反映液体沥青黏度的一项指标。在规定温度下，通过规定直径的流孔，用流出规定体积所需要的时间来表示，以 s 为单位。通常在标准黏度计上测定。中国液体沥青的技术等级是按标准黏度来划分的。

沥青延伸度（ductility of asphalt） 亦称"沥青延度"。反映黏稠沥青塑性的一项技术指标。在规定温度下，用最小断面为 1 cm^2 的标准试样在规定的速度下拉伸，以试样拉断时的伸长来表示，以 cm 为单位。在延度仪上测定。延伸度数值愈大，沥青的塑性变形能力愈好。

沥青闪点（flash point of asphalt） 亦称"沥青闪火点"。加热沥青时所产生的气体与周围空气的混合物，在一定条件下与火焰接触，初次产生蓝色闪光时的沥青温度，以 ℃ 为单位。在标准仪器中测定，有开口式和闭口式两种。前者用于测定高闪点沥青，后者用于测定低闪点沥青。闪点的高低表明可能发生爆炸和火灾的难易程度，关系到沥青在生产、运输、储存和使用时的安全。

沥青燃点（ignition point of asphalt） 亦称"沥青着火点"。加热沥青时所产生的气体与周围空气的混合物，在一定条件下与火焰接触，开始产生火焰并能持续燃烧时的沥青温度，以 ℃ 为单位。在标准仪器中测定。燃点的高低表明沥青可能发生自燃的难易程度，关系到沥青在生产、运输、贮存和使用时的安全。

沥青软化点（softening point of asphalt） 沥青受热由固态转变为一定流动状态时的温度。反映沥青在高温下是否容易软化、流淌的性能。通常用环球仪测定。将标准钢球置于沥青试样上，放入盛有一定体积液体（新煮蒸馏水或甘油）的烧杯内，从规定的起始温度，用 5℃/min 的速度加热至沥青软化，沥青连同钢球下垂至 25 mm 距离时的温度来表示，以 ℃ 为单位。软化点愈高，沥青的耐热性能愈好。

沥青脆化点（brittle point of asphalt） 沥青在低温下不产生条件脆裂时的最低温度。反映沥青在低温下变形的性能。用脆点仪测定。将涂有沥青薄膜的金属片放入有冷却设备的脆点仪内，通过曲柄使金属片弯曲，沥青薄膜在规定弯曲条件下，用不产生裂缝的最低温度来表示，以 ℃ 为单位。

沥青黏附性（adhesion of asphalt） 反映沥青与砂、石骨料间的黏结能力，通常将骨料表面拌制或浸涂一层沥青薄膜，在规定的溶液（对砂用不同浓度的碳酸钠溶液，对石子用蒸馏水）中煮沸，经规定时间后，以骨料表面沥青薄膜的剥落程度来划分等级。沥青与碱性、干燥骨料的黏附性，一般要比与酸性、潮湿骨料的黏附性好。

沥青马歇尔稳定度试验（Marshall test of asphalt） 测定沥青拌和料高温稳定性的一种常用方法。适用于由黏稠沥青与最大粒径小于 25 mm 的骨料所组成的拌和料。先将拌和料压实成直径 100 mm、高 65 mm 的标准圆柱体试件，经60℃保温后，置于由两个半圆形夹板所组成的夹具上，以 50 mm/min 的速度加压，直至试件破坏。试件所能承受的最大荷载称"马歇尔稳定度"，以 kN 为单位；试件的变形称"流（变）值"，以 0.01 mm 为单位。根据试验结果，可进行沥青拌和料的组成结构常数（表观密度、空隙率等）、稳定度、流（变）值与沥青含量关系的分析，用以选择沥青拌和物的最佳组成。

合成树脂（synthetic resin） 亦称"人造树脂"。由单体经聚合或缩聚而成的树脂。种类很多，根据化学组成分，有酚醛树脂、氨基树脂、醇酸树脂、呋喃树脂、聚酰胺树脂、聚酯树脂、乙烯基树脂、丙烯酸树脂、环氧树脂和硅树脂等。有的能溶于水或有机溶剂，有的加热后软化，有的加热后变成不溶不熔状态。性质优良，具有独特的物理、化学性能。广泛应用于制造塑料、合成纤维、涂料、黏合剂和绝缘材料等。

热塑性树脂（thermoplastic resin） 受热软化（或熔化）、冷却变硬，可反复塑制的树脂。一般为线型高聚物。软化状态下能受压进行模塑加工，冷却至软化点以下能保持模具形状。如聚乙烯、聚丙烯、聚氯乙烯、聚苯乙烯及其共聚物、聚酰胺、聚甲醛、聚碳酸酯、聚苯醚、聚砜等。加工成型简便，机械性能好，但耐热性和刚性较差。后来发展的氟塑料、聚酰亚胺、聚苯并咪唑等，具有耐腐蚀、耐高温、电绝缘性能好、磨耗低等优点，是许多天然材料所不能比拟的高性能工程材料。

热固性树脂（thermosetting resin） 在热或固化剂等作用下能发生化学反应而变成不溶不熔、质地坚硬的树脂。成形后一般为体型高聚物。受热不再软化,高温会分解破坏,不能反复塑制。如环氧树脂、氨基树脂、不饱和聚酯树脂及聚硅醚树脂等。具有耐热性和刚性,但力学性能一般较差,可加入填料等补强剂改善。主要用于制造黏结剂、涂料、绝缘材料、浇铸材料和增强复合材料等。

塑料(plastics) 以合成或天然高聚物为基料,可在一定条件下塑化成形,且在常温条件下保持产品形状不变的材料。多数塑料以合成树脂为基料,并含有填料、增塑剂、稳定剂、颜料等。按组分,分纤维素塑料、蛋白质塑料和合成树脂塑料;按受热后的性能变化,有热塑性塑料和热固性塑料。具有质轻、绝缘、耐磨、耐腐蚀、美观和易加工等特点,常用作绝缘材料、建筑材料、各种工业结构材料和零件,以及日用品等。

环氧树脂(epoxy resin) 含有环氧基团的树脂的总称。最常用的由环氧氯丙烷和多酚类(如双酚 A)缩聚而成,常加以氨、酸酐等类固化剂作为黏合材料使用,黏合强度高,能牢固地黏合各种材料如金属、陶瓷、玻璃和木材等。水利工程中,用于大坝溢流面的防冲耐磨护面、混凝土裂缝或受气蚀部位的修补、新老混凝土制件之间的黏接等。

聚酯树脂(polyester resin) 一种合成树脂。由二元或多元醇与二元或多元酸经缩聚反应而成。分饱和及不饱和两类,前者由乙二醇与对苯二甲酸缩聚而成,可制成聚酯纤维,用于纺织工业;后者由乙二醇与顺丁烯二酸酐缩聚而成,可与玻璃纤维复合制成玻璃纤维增强塑料。通过乳液外掺或浸渍处理等方式,可与水泥混凝土组成聚合物水泥混凝土或聚合物浸渍混凝土,具有高强度、耐腐蚀的优良性能。

呋喃树脂(furan resin) 一种热固性合成树脂。包括糖醇树脂、糖醛树脂和糖酮-甲醛树脂等。深褐色至黑色的液状物或固状物,在强酸作用下可固化成不溶不熔的产物。具有良好的耐热性、耐腐蚀性、电绝缘性和机械强度。用于制作耐腐蚀涂料、黏合剂和塑料等。糖醇与盐酸苯胺配合,还可掺入水泥混凝土以提高抗渗性和抗腐蚀性。

硅树脂(organosilicon resin) 亦称"有机硅树脂"。由三官能团和二官能团的有机硅单体经水解和缩聚而成的热固性树脂。常用的有甲基硅树脂、苯基硅树脂、甲基苯基硅树脂和乙基苯基硅树脂等。具有耐热耐寒、防潮防水、防锈、电绝缘性能好等优

点,但黏结力和机械性能略差,可通过掺用酚醛树脂、聚酯树脂或环氧树脂等来改善。主要用于制造耐热的高级绝缘涂料和塑料,或作黏合剂、脱模剂、消泡剂和防水处理剂等。掺入水泥混凝土中,可显著改善混凝土的防水性能。

聚氯乙烯树脂(polyvinylchloride resin) 由氯乙烯聚合而成的热塑性树脂。用悬浮法聚合,得到粉状树脂;用乳液法聚合,得到糊状树脂。具有耐腐蚀、不易燃烧等优点,但热稳定性和耐光性较差。用于制造塑料、涂料和纤维等。根据所加增塑剂的多少,可制得软质和硬质塑料,前者用于制造透明薄膜和人造革等;后者用于制造板材和管道等。

聚氯乙烯胶泥(polyvinylchloride cement) 一种以聚氯乙烯树脂和煤焦油为基料的热塑性防水填缝材料。其组成还包括增塑剂(如邻苯二甲酸二丁酯)、稳定剂(如硬脂酸钙)和无机填料(如滑石粉、粉煤灰或石英粉)等。在一定温度下塑化,制成黑色胶状物。具有优良的弹性、黏结性和耐热性,低温时延伸度大,抗老化性能好等优点。主要用于屋面、渠道和渡槽等收缩缝的防水填料,或作油毡的黏结剂和修补裂缝等。

玻璃纤维(glass fiber) 由熔融玻璃拉成的纤维。直径数微米至数十微米。因制造方法不同,制成的长纤维或短纤维,分别称"玻璃丝"和"玻璃棉"。按其中氧化钾、氧化钠含量的多少,分碱纤维、中碱纤维和无碱纤维。质脆,但抗拉强度高、耐高温、耐腐蚀、隔音和绝缘性好。可纺成玻璃纱、织成玻璃布或玻璃带、制成玻璃毡等,也可与合成树脂制成玻璃纤维增强树脂,与水泥、砂石制成玻璃纤维增强混凝土,用作绝缘材料、隔声材料和建筑材料等。

纤维增强塑料(fiber reinforced plastics) 用纤维及其制品(布、带、毡、纱等)作为增强材料,以合成树脂作基体材料的一种复合材料。一般用不饱和聚酯、环氧树脂与酚醛树脂做基体,用碳纤维、玻璃纤维、芳纶纤维作增强材料。主要有片材(纤维布和板)、棒材(筋材和索材)及型材(格栅型、工字型、蜂窝型等)等材料形式。具有轻质高强、耐腐蚀、耐久性好、施工便捷等特点。用于桥梁、建筑、海洋、地下等工程中。

涂料(coating;paint) 用于涂覆在物体表面起保护、装饰作用或赋予特殊性能(如绝缘、防腐、标志等)的材料。涂料为多组分体系,是由成膜物质(亦

称"黏料")和颜料、溶剂、催干剂、增塑剂等组分构成。常用的有聚丙烯酸树脂涂料、环氧树脂涂料、聚氨酯涂料、硅树脂涂料、醇酸树脂涂料等。可用于涂覆钢铁、合金、木材、混凝土、塑料等金属和非金属基材。

水泥基渗透结晶型防水涂料(cementitious capillary crystalline waterproofing materials) 防水材料的一种。以特种水泥、石英砂等为基料,掺入多种活性化学物质制成的防水材料。与水作用后,材料中含有的活性化学物质通过载体水向混凝土内部渗透,在混凝土中形成不溶于水的结晶体,堵塞毛细孔道,从而使混凝土致密、防水。用于地铁、隧道、涵洞、水库等工程混凝土结构的防水与防护。

灌浆材料(grouting material; injecting paste material) 防渗堵漏或加固地层的专用材料。有固体颗粒材料和化学材料两种。前者有水泥、黏土、沥青;后者有水玻璃类、木质素类、丙烯酰胺类、丙烯酸盐类、氨基树脂类、环氧树脂类、甲基丙烯酸酯类和聚氨酯类等。具有黏度低、流动性好,通过注浆设备能顺利地灌入地层或构筑物的缝隙及空洞中;凝结硬化后,有良好的抗渗性和耐久性,能填充空隙,起防渗堵漏固结作用。水利工程中主要用于基础的防渗帷幕灌浆和构筑物裂缝的防渗堵漏灌浆等。环氧树脂类、甲基丙烯酸酯类及部分聚氨酯类,硬化后具有相当高的强度,还能起到补强作用。水利工程中主要用于坝身、底孔、涵管、闸底板等受力部位裂缝的补强灌浆,或用于构筑物之间的接缝补强灌浆。

甲基丙烯酸酯类灌浆材料(methyl-methacrylate base injecting paste) 简称"甲凝"。灌浆材料的一种。通常由主剂(甲基丙烯酸甲酯)、引发剂(过氧化苯甲酰)、促进剂(二甲基苯胺)和除氧剂(对甲苯亚磺酸)等组成。可灌性好,常温、低温条件下都能聚合;与干燥基面的黏结力好,经灌浆处理过的基体强度高;不透水,耐腐蚀性强。但聚合过程中有较大的体积收缩,对潮湿基面的黏结较差。主要用于基础和构筑物的加固补强,如修补坝身、底孔、涵管、闸底板等受力部位的裂缝,或作构筑物之间的接缝处理。

丙烯酰胺类灌浆材料(acrylamide base injecting paste) 简称"丙凝"。灌浆材料的一种。由甲液和乙液组成。甲液由主剂(丙烯酰胺)、交联剂(N,N′-亚乙基双丙烯酰胺)、促进剂(β-二甲氨基丙腈

或三乙醇胺)和阻聚剂(铁氰化钾)配合而成;乙液为引发剂(过硫酸铵)。注浆时将甲液与乙液按比例配合。浆液的可灌性好,可控制在数秒至数十分钟内聚合。反应生成的聚合物具有不透水性,能适应较大的变形而不开裂;抗腐蚀和抗风化能力较好等特性。可用于堵大流量的漏水或微裂缝的渗漏,但灌浆处理后的基体强度低。主要用于大坝、隧道、矿井和地下建筑的防渗堵漏。将丙凝与脲醛树脂混合而制成的丙强灌浆材料,既保留了前者的优良特性,又提高了灌浆处理后基材的强度,具有防渗和补强的双重作用。

聚氨酯类灌浆材料(polyurethane base leak proofing agent) 灌浆材料的一种。工程上常用的是水溶性聚氨酯,有高强度浆液预聚体和低强度浆液预聚体两种,前者由甲苯二异氰酸酯、环氧丙烷聚醚、环氧乙烷聚醚、邻苯二甲酸二丁酯、二甲苯和硫酸等组成;后者由甲苯二异氰酸酯、环氧丙烷和环氧乙烷混合聚醚组成。使用时加催化剂、稀释剂、表面活性剂、乳化剂和缓凝剂等。浆液遇水能混溶成乳浊液并发生化学反应,一方面放出二氧化碳气体,使材料发泡膨胀,渗入裂缝;一方面分子链增长,交联成网状结构,形成不溶于水的固态凝胶体。灌浆处理后基材的强度变化幅度较大。易与潮湿基面黏结,抗渗性好。主要用于基础及构筑物的防渗堵漏或加固补强。

环氧树脂类灌浆材料(epoxy base leak proofing agent) 亦称"环氧灌浆料"。灌浆材料的一种。主要由环氧树脂、固化剂、稀释剂、增韧剂、填料、骨料以及其他助剂等组成。环氧灌浆料的各组分对其性能有很大的影响,选择合适的各组分类型及用量,才能配制出性能优良的环氧灌浆料。作为一种化学灌浆材料,与普通混凝土相比,具有强度高、黏结力强、耐化学腐蚀、耐寒、耐热、耐冲击和振动等特点。广泛用于混凝土裂缝修补、混凝土构件的加固补强,易受化学侵蚀的设备基础区域灌浆,机械设备的地脚螺栓、机座与混凝土基础之间的灌浆,轨道基础、桥梁支座等受强压力区域预制构件的灌浆等。

聚脲(polyurea) 由异氰酸酯组分与氨基化合物反应生成的一类化合物。分纯聚脲和半聚脲两种。具有强度高、耐磨、耐腐蚀、耐油、耐水、耐老化、耐交变温度(压力)等突出性能;在施工方面具有施工速度快、整体性能优异、环保性好等特点。可用于钢结

构防腐（管道、化工储罐等），混凝土保护，屋面防水保温，水池防护内衬（涂层无接缝），工业地坪，耐磨衬里，垃圾填埋处理以及影视道具、建筑装潢、浮力材料、水上娱乐等领域。

橡胶（rubber） 具有可逆形变的高弹性聚合物材料。在室温下富有弹性，在很小的外力作用下能产生较大形变，除去外力后能恢复原状。属于完全无定型聚合物。玻璃化转变温度低，分子量往往很大，大于几十万。分为天然橡胶和合成橡胶两大类。具有回弹性、绝缘性、隔水性及可塑性等特性，经过适当处理后还具有耐油、耐酸、耐碱、耐热、耐寒、耐压、耐磨等特性。常用的有三元乙丙橡胶、丁苯橡胶、氯丁橡胶、丁基橡胶、聚氨酯橡胶、丙烯酸酯橡胶、氯醇橡胶、再生橡胶以及硅橡胶、氟橡胶等。水利工程中用作防水、防渗、防振等材料。

止水材料（sealing materials） 工程施工中用于止水的材料。一般具有耐气候好、抗老化、防渗止漏、耐腐蚀、操作简便、费用低等特点。水利工程使用的止水材料主要有紫铜片、橡胶止水带、止水橡皮、塑料止水带和遇水膨胀型橡胶止水条等。用于闸坝、隧洞、溢洪道等水工建筑物变形缝的防漏止水，闸门、管道的密封止水等。

土工合成材料 释文见 136 页。

土工织物（geotextile；geofabric） 亦称"土工布"。由聚合物纤维制成的透水性土工合成材料。按制造方法，分织造型土工织物和非织造型土工织物。按用途，分滤水型、不透水型及保温型。抗拉强度、抗撕裂强度、耐冲压强度及极限伸长率较大；埋在土壤中的耐腐蚀性和抗微生物侵蚀性良好。用于水利工程堤坝及护坡的反滤，渠道的隔离、防渗；公路、铁路、机场跑道的基础隔离、反滤、排水、土坡、挡土墙及路面加筋、排水；港口工程的软基处理，海滩围堤、海港码头及防波堤加筋、排水等。

土工膜（geomembrane） 一种以高分子聚合物为基本原料的防水阻隔型材料。主要有低密度聚乙烯土工膜、高密度聚乙烯土工膜和乙烯-醋酸乙烯共聚物土工膜等。以聚合物薄膜作为防渗基材，与无纺布复合而成的复合土工膜，具有优越的隔水性、耐用性、防护性。可广泛用于铁路、公路、堤坝、水工建筑、隧洞、沿海滩涂、围垦、运动馆、环保等工程。

土工格栅（geogrid） 用聚丙烯、聚氯乙烯等高分子聚合物经热塑或模压而成的二维网格状或具有一定高度的三维立体网格屏栅。主要分塑料土工格栅、钢塑土工格栅、玻璃纤维土工格栅和聚酯经编涤纶土工格栅四大类。主要用于水利、公路、建筑等土木工程基础加强和边坡防护等。

碳素钢（carbon steel） 亦称"碳钢"。碳含量低于 2.11%，并有少量硅、锰以及磷、硫等杂质的铁碳合金。碳素钢按化学成分（即以含碳量）分低碳钢、中碳钢和高碳钢。按用途，分结构钢、工具钢、特殊性能钢和专门用途钢；按磷、硫等杂质元素的含量，分普通碳素钢、优质碳素钢、高级优质碳素钢和特级优质碳素钢。碳素钢的性能主要取决于含碳量。随着含碳量增加，钢的硬度升高，塑性、韧性和可焊性降低；抗拉强度则在碳含量小于 0.8% 时随着含碳量增加而逐渐提高，碳含量大于 0.8% 时逐渐下降。

合金钢（alloy steel） 在碳素钢的基础上，有意加入少量的一种或多种合金元素后冶炼而成的铁碳合金。合金钢的主要合金元素有硅、锰、铬、镍、钼、钨、钒、钛、铌、锆、钴、铝、铜、硼、稀土等。按合金元素的含量，分低合金钢（合金元素总含量小于或等于 5%）、中合金钢（合金元素总含量在 5%~10% 之间）和高合金钢（合金元素总含量大于或等于 10%）；按合金元素的种类，分铬钢、锰钢、铬锰钢、铬镍钢、铬镍钼钢、硅锰钼钒钢等；按用途，分结构钢、工具钢、特殊性能钢和专门用途钢。根据添加元素的不同，并采取适当的加工工艺，可获得高强度、高韧性、耐磨、耐腐蚀、耐低温、耐高温、无磁性等特殊性能。

热喷涂（thermal spraying） 将熔融状态的喷涂材料，通过高速气流使其雾化喷射在零件表面上，形成喷涂层的一种金属表面加工方法。是利用某种热源（如电弧、等离子喷涂或燃烧火焰等）将粉末状或丝状的金属或非金属材料加热到熔融或半熔融状态，然后借助焰留本身或压缩空气以一定速度喷射到预处理过的基体表面，沉积而形成具有各种功能的表面涂层的一种技术。用于钢铁结构件、设备零部件等的修复、强化、防护等。

等离子熔覆（plasma cladding） 采用等离子束为热源，在金属表面获得优异的耐磨、耐蚀、耐热、耐冲击等性能的新型材料表面改性技术。是一种快速非平衡凝固过程，同时具有过饱和固溶强化、组织强化、弥散强化和沉淀强化等不可忽视的作用。可用于工程机械、矿山机械等的零部件焊接、加工成型及表面改性等。

抗空蚀性（resistance of cavitation erosion）　材料抵抗空蚀（或气蚀）破坏的一种性能指标。一般通过几何相似的模型试验和非几何相似的屏蔽试验测定。主要试验设备是水洞的特殊工作段、磁致伸缩仪、转盘、高速射流装置等。

耐腐蚀性（corrosion resistance）　金属材料抵抗周围介质腐蚀破坏作用的能力。由材料的成分、化学性能、组织形态等决定的。钢中加入可形成保护膜的铬、镍、铝、钛；改变电极电位的铜以及改善晶间腐蚀的钛、铌等，可以提高耐腐蚀性。

结合强度（bonding strength）　涂层与基体之间单位面积的结合力，是涂层质量评价和工艺优化的重要指标。结合强度的测定方法因涂层厚度而异，一般对于较厚（毫米级）的涂层采用黏结拉伸法，较薄的涂层（微米级）采用划痕法、压入法等方法。

非晶纳米晶材料（amorphous nanocrystalline materials）　一种由非晶相与纳米相组成的复合材料。其中，非晶相没有晶体周期性，也没有晶界、位错、空位等晶体缺陷，能够提高材料的硬度及抗腐蚀性能；纳米晶相的晶粒尺寸在纳米尺度，具有高强度、高硬度等特征。非晶纳米晶复合材料在腐蚀与磨损等领域有非常广阔的应用前景。

防护涂层（protective coating）　通过涂覆、喷涂、电镀、熔覆、气相沉积等方法将防护材料覆盖在基体表面，从而提高基体材料耐腐蚀、耐磨损或耐高温等性能的涂层。常见的防护涂层有涂覆层、热浸镀层、电镀层、熔覆层等。常用于海洋钢结构件、锅炉管道、各种传动件、刀磨具、轴承等的防护。

热轧钢筋（hot rolled steel bar）　经热轧成型并自然冷却的由低碳钢和普通合金钢在高温状态下压制而成的成品钢筋。中国的热轧钢筋按强度分四级，主要用于钢筋混凝土和预应力混凝土结构的配筋，是土木建筑工程中使用量最大的钢材品种之一。其中 I 级钢筋可用作中、小型钢筋混凝土结构的主要受力钢筋，构件的箍筋，钢、木结构的拉杆等；II 级钢筋可用于大、中型钢筋混凝土结构，如桥梁、水坝、港口工程和房屋建筑结构的主筋；III 级钢筋与 II 级钢筋大致相同，可用于普通钢筋混凝土结构工程中；IV 级钢筋可用于预应力混凝土板类构件以及成束配置用于大型预应力建筑构件（如屋架、吊车梁等）。

冷轧带肋钢筋（cold rolled ribbed bar）　用热轧盘条经多道冷轧减径，一道压肋并经消除内应力后形成的一种带有二面或三面月牙形的钢筋。冷轧带肋钢筋牌号由 CRB 和钢筋的抗拉强度最小值构成。分为 CRB550、CRB650、CRB800 和 CRB970 四个牌号。主要用于预应力混凝土结构构件和普通混凝土结构构件。

预应力混凝土用钢丝（steel wire for prestressing of concrete）　简称"预应力钢丝"。用优质碳素结构钢或其他相应性能钢种的热轧盘条，经调质处理后，再进行冷拉加工或冷拉加工并消除应力处理制得的钢丝。按交货状态分冷拉钢丝及消除应力钢丝两种；按外形，分光面钢丝、刻痕钢丝、螺旋肋钢丝三种；按松弛性能，分 I 级松弛和 II 级松弛两级。具有强度高、塑性好，使用时不需要接头等优点，适用于需要曲线配筋的预应力混凝土结构、大跨度或重荷载的屋架等。

预应力混凝土用钢绞线（steel strand for prestressed concrete）　采用高碳钢盘条，经过表面处理后冷拔成钢丝，然后将一定数量（2、3、7）的钢丝绞合成股，再经过消除应力的稳定化处理过程而成的钢绞线。按一根钢绞线中的钢丝数量，分 2 丝钢绞线、3 丝钢绞线、7 丝钢绞线。按表面形态，分面钢绞线、刻痕钢绞线、模拔钢绞线、镀锌钢绞线、涂环氧树脂钢绞线等。广泛应用于工业、民用建筑、桥梁、核电站、水利、港口设施等建设工程。

球墨铸铁（nodular cast iron）　碳以球状石墨形式分布的灰铸铁。在灰口铁冶炼时，加进适量的球化剂（镁、稀土元素等）和孕育剂（硅铁）而成。是铸铁中强度和韧性最高的一种，可用来轧制铁轨、铁筋和机械零件等。

有色金属（non-ferrous metal）　狭义的有色金属亦称"非铁金属"，除去铁（有时也除去锰和铬）和铁基合金以外的所有金属。广义的有色金属还包括有色合金。有色合金是以一种有色金属为基体（通常大于 50%），加入一种或几种其他元素而构成的合金。有色金属包括铝、镁、镍等 64 种。实际应用中，通常将有色金属分为轻金属、重金属、贵金属、半金属和稀有金属五类。广泛应用于机械制造业、建筑业、电子工业、航空航天、核能利用等领域。

木材（wood; timber）　森林采伐产品。按加工和用途，有圆材和锯材两类。圆材包括原条和原木。树木被伐倒后，仅砍去枝丫，还未按一定规格造材的带梢木，称"原条"；原条按一定规格截取而成的圆形木段,称"原木"。锯材是经过机械加工而成的木材,有普通锯材和特种锯材两种,前者包括工农业、建筑、包装、家具及其他一般用的板材、方材;后者包括造船材、车辆材、胶合板材和枕木等。

纤维板(fiber board) 一种人造板材。用木板加工后的剩余物或其他植物纤维作为原料,打碎并分离纤维成木浆,经成型加压,干燥处理而成。有硬质板、半硬质板和软质板三种。硬质板密实坚硬,可供车船、房屋内部装修和包装箱等使用;半硬质板可作家具的衬板;软质板是隔音、隔热的良好材料。

胶合板(plywood) 一种人造板材。由原木沿弦切面切下的薄木片,涂胶后按纹理纵横交错黏合,热压而成。木片层成奇数,三片的称"三合板",五片的称"五合板"。常用的黏合胶有酚醛树脂、脲醛树脂、血胶和豆胶等。可提高木材利用率,且能克服一般木材翘曲、开裂等缺陷。广泛应用于建筑、家具、车船内部装修或结构材料。

刨花板(chip board) 一种人造板材。用刨花、碎木等木材加工废料,经干燥、筛选、喷胶、铺装成形、预压和热压而成。是木材综合利用的重要途径。可供建筑、交通运输等部门使用。

复合板材(composite board) 一种人造板材。由两种或两种以上的材料组合而成的板材。常用的有金属复合板材、木塑复合板材、玻璃钢复合板材、彩钢复合板和岩棉复合板等。复合板材可以克服单一板材存在的缺点。

硬度(hardness) 材料的机械性能之一。材料抵抗其他物体刻画、压入的能力。按测试方法的不同,可用不同的量值表示。常用的硬度测试法有压入法和弹性回跳法等。压入法是将标准的钢球或锥体压入试件,以压力和压痕深度或面积的关系来表示,有布氏硬度、洛氏硬度和维氏硬度等。弹性回跳法是用标准冲头下冲试件,以冲头回跳的高度来表示,如肖氏硬度。

磨损(abrasion) 材料由于摩擦而引起重量和体积损失的现象。材料同时受到摩擦和冲击两种作用时,称"磨耗",如滚水坝的溢流面和水轮机的过流部件经常因此而损坏。材料抵抗磨损、磨耗的能力,称"耐磨性"。

磨耗(wear) 见"磨损"。

亲水性(hydrophilicity) 材料能被水润湿、与水亲和的性质。材料分子与水分子的相互作用力大于水分子间的作用力,则表面能被水润湿。具有这种性质的材料称"亲水性材料",如石料、砖、混凝土等。亲水性材料的表面被水润湿时,通过毛细管,可将水分吸入内部,从而改变其某些性质。

憎水性(hyrophobicity) 材料不能被水润湿、不能与水亲和的性质。具有这种性质的材料称"憎水性材料",如沥青、石蜡等。可用作防水材料。

含水率 释文见124页。

耐水性(water resistance) 亦称"抗水性"。材料在水的作用下不损坏、强度也不显著降低的性质。材料耐水性的好坏以"软化系数"表示,其值等于材料在水饱和状态下的抗压强度与干燥状态下的抗压强度之比。软化系数愈大,则材料的耐水性愈好。

耐久性(durability) 材料在各种环境因素作用下长久不被破坏的性质。水工材料在周围环境中长期受到作用,如石材、水泥混凝土等所受的冻融交替作用及环境水的化学侵蚀作用,钢铁的锈蚀,木材的虫蛀、腐朽,沥青、塑料的老化等,都会影响耐久性能。掺入引气剂提高水泥混凝土的抗冻性,用阴极保护法防止钢铁锈蚀,用防腐剂防止木材腐朽,将塑料应用于水中、地下避免日晒及与空气接触,将相应提高这些材料的耐久性。

导热性(thermal conductivity) 亦称"热传导性"。材料传导热量难易的性质。其大小以导热系数(亦称"热导率")表示。导热性差的材料(如泡沫塑料、泡沫混凝土等)可用作保温隔热材料。

导温系数(thermal diffusivity) 亦称"热扩散系数"。反映材料热量扩散能力的指标。等于材料的导热系数除以比热容及表观密度。其值愈大,愈有利于热量的扩散。混凝土的导温系数用以计算大体积混凝土各点的温度变化。

水利水电工程

防 洪 抗 旱

防洪（flood control） 防止河道和湖泊洪水泛滥、消除或减轻洪水灾害的工作。除需修建防洪工程、采取防洪措施外,汛期尚需进行防汛和抢险,方能达到防洪目的。应遵循蓄泄兼筹、除害兴利和综合治理等治水原则,采取合适的防洪标准,并按照流域的防洪规划和具体预案进行。对保障国民经济、工农业生产,以及人民生命财产的安全有极重要的意义。

防洪工程（flood control engineering） 为防治洪水灾害而兴建的水利设施的统称。主要有:在上游兴建水库以拦蓄洪水,中下游修筑堤防以防止洪水泛滥,利用湖泊、洼地以滞洪或分洪,整治河道以加大泄洪,下游开挖减河以分流入海,在山区、丘陵区进行水土保持等。应根据防洪规划兴建,既安全可靠又经济合理,多与兴利相结合。工程的规模和效益主要取决于防洪标准。

防洪工程措施（engineering measures of flood control） 为防止洪水泛滥成灾和减免洪水灾害损失而兴建的水利工程措施。如兴建水库以拦蓄洪水;修筑堤防以防止洪水泛滥;利用湖泊、洼地以滞洪或分洪;整治河道以加大泄洪;植树造林、治理沟谷以防止水土流失等。

防洪非工程措施（non-engineering measures of flood control） 通过约束人类自身行为,以改善人与洪水关系,以法令、政策、经济手段和工程以外的其他技术手段,防止洪灾或减少洪灾损失的措施。如合理规划蓄滞洪区;制定分洪区使用条例,科学管理受洪水威胁的地区;推行洪水保险,使受益地区和受灾地区共同承担洪灾损失;加强洪水预报和预警,制定应急转移计划等。

防洪应急预案（emergency plan of flood control） 针对因突发事件导致水库、塘坝、河道等面临重大险情威胁,影响防洪安全而事先制定的防御洪水处置方案。可迅速、及时和有效控制险情,有效防止和减轻洪水灾害的损失。应明确应急组织保障和应急抢险措施。一般根据水利工程特点和可能发生的重大突发事件,经防汛抗旱指挥部批准方可启动应急预案。

水库防洪（flood control with reservoir） 利用水库防洪库容调蓄洪水以减免下游洪灾损失的措施。一般用于拦蓄洪峰或错峰,常与堤防、分洪工程、防洪非工程措施等配合组成防洪系统,通过统一的防洪调度共同承担其下游的防洪任务。用于防洪的水库一般可分为单纯的防洪水库和承担防洪任务的综合利用水库,也可分为溢洪设备无闸控制的滞洪水库和有闸控制的蓄洪水库。

水库调洪方式（flood regulation way of reservoir） 亦称“水库泄洪方式”或“水库防洪调度方式”。根据水库防洪要求（包括大坝安全和下游防洪要求）,对一场洪水进行防洪调度时,利用泄洪设施使泄放流量随时程变化的基本形式。

防洪补偿调节（flood compensation regulation） 水库与下游防洪控制点之间洪水调节的一种方式。若水库至下游防洪控制点之间存在较大区间面积,区间产生的洪水不能忽视。对于这种情况,应考虑未控区间洪水的变化对水库泄流方式的影响。当发生洪水未超过下游防洪标准相应的洪水时,水库应根据区间洪量的大小控泄,使水库泄流量与区间洪水流量合成流量不超过防洪控制点的河道安全泄量。

防洪错峰调节（flood peak regulation） 利用水库等水利设施减少下泄洪量或推迟洪水与下游支流洪水叠加,以削减洪峰流量、减少下游防洪压力和损失的调节方式。水库的重要作用就是拦蓄洪水,为下游错峰。特别是对于全流域性的洪水,如能够及时、有效、合理地对系统中的水库群进行联合洪水调度,充分考虑水库的错峰作用,科学合理地制定水库的蓄泄方案,可降低下游的洪峰水位,减小洪水损失,最大限度地减轻洪水压力。

防洪规划(flood control planning) 根据流域或地区的实际情况(包括水文、气象、地理等自然条件,社会经济情况,灾情,工程设施等)、治水原则和防洪标准等,拟订合理的防洪措施和实施计划的工作。是流域规划中的一个重要组成部分。应与兴利结合,综合治理,全面安排。

防洪标准(standard of flood control) 对某一地区所要防御的洪水重现概率的规定。反映防洪能力,决定防洪工程投资的大小、一个地区未来的安全程度及防洪效益。选择依据有:(1)历史上(主要是近期)该地区洪灾的频率和危害程度;(2)现有防洪工程的防洪能力;(3)地区重要性(包括经济、文化和人口等);(4)地区自然条件(包括水文、气象、地理和河流特性等);(5)近期或远期规划;(6)经济和技术水平。防洪标准随防洪工程的逐渐完善、经济和技术的发展而逐步提高。

水害(water disaster) 泛指洪水泛滥、暴雨积水和土壤水分过多等对人类社会造成的灾害。一般将洪涝灾害称"水灾"。是洪灾和涝灾的统称。中国水灾多发生在夏季、雨多的时候,大多发生在低海拔的地区,如东南部。

洪灾(flood disaster) 全称"洪水灾害"。汇入河道径流量超过其泄洪能力以致漫溢两岸,或因洪水冲刷、渗漏等而溃堤决口所造成的灾害。有自然和人为两方面原因。前者有:(1)流域内的大量降雨或非寻常的融雪产生的大量径流汇入河道,以致流量超出其泄洪能力;(2)河道演变而逐渐迂曲阻水,以致减弱其泄洪能力。后者有:(1)滥伐森林,不合理开垦坡地,造成水土流失,以致河床淤积,减弱其泄洪能力;(2)不合理围垦河、湖滩地,减小其调蓄及泄洪能力;(3)河道上水利设施引起的阻水作用减弱其泄洪能力;(4)水库、堤防失事。严重的洪灾常使生命财产遭受巨大损失。必须制定防洪规划,采取防洪措施,予以防止和消除。

涝灾(water logging) 由于本地长时间降雨或集中大暴雨所形成的河道排泄不畅,地面径流不能及时排除,农田积水超过作物耐淹能力,造成农业减产的灾害。中国主要发生在长江、黄河、淮河、海河的中下游地区。四季都可能发生:春涝主要发生在华南、长江中下游、沿海地区;夏涝是中国的主要涝害,主要发生在长江流域、东南沿海、黄淮平原;秋涝多为台风雨造成,主要发生在东南沿海和华南。

冰凌灾害(ice disasters) 冰凌堵塞河道,迫使水位迅速上涨引起堤防决溢、洪水泛滥淹没堤防保护区而造成的灾害。冰凌的压力和膨胀力还会导致水利工程设施、沿岸建筑物破坏,迫使航道中断等。按成因,分:(1)冰塞洪灾,通常发生在初封期,由低纬度流向高纬度河流的狭窄弯曲段、由陡坡至缓坡过渡段、水库的回水末端等。(2)冰坝洪灾,通常发生在解冻开河期,当气温升高,上游河段冰盖迅速解体,而下游河段尚未解冻,则沿程流量增大使河道水位上涨,胀裂冰盖,大量冰块急速向下流动,受阻后形成冰坝,壅水偎堤,甚至决溢堤防;或冰坝自溃,形成凌峰,造成下游灾害。低纬度流向高纬度、河道弯曲、淌凌量大和坡度较缓的河流易发生此类灾害。

洪水(flood) 流域内由于集中大暴雨,大面积、历时长的大量降雨或不寻常的融雪而汇入河道的径流。中国河流洪水主要由降雨形成。平常年份的洪水为一般洪水,常年少见的洪水称"大洪水",历史上罕见的几十年或百年以上一遇的洪水称"特大洪水"。洪水超过河道泄流能力,会泛滥成灾,必须采取防洪措施。

洪水期(flood period) 河流由于流域内季节性降水、融冰、化雪,引起定时性水位上涨的时期。是一年中降水量最大、最集中的时期,虽带来丰富水资源,但易引起洪涝灾害。降水中的雨水,是河流补给最重要的形式。世界上大多数河流补给靠雨水。这些河流径流量的大小、水位变化决定了该流域内降水量的多少和降水季节变化。中国东部季风区夏秋多雨,冬春少雨,洪水期也相应出现在夏秋季节。

前汛期(pre-rainy season) 中国华南地区于每年4至6月间出现的降雨时期。这一时期的降水主要发生在副热带高压北侧的西风带中。广西、海南、广东、香港、澳门和福建南部这些地方年内第一个多雨的时段,主要出现在4月至6月。

主汛期(major flood season) 一年中存在两个或两个以上汛期的江河的洪水高发季节。江河定期的涨水现象称"汛"。汛期指江河连续涨水的时期。通常有两种含义:一是指河水自起涨至回落的时期;另一是指河水上涨和回落到某一水位(或流量),必须进行防守的时段,称"防汛期"。

后汛期(after flood season) 中国华南地区于每年 7 月至 9 月间出现的降雨时期。西太平洋高压脊线的季节性变化与中国东部地区主要雨带的季节性位移相对应。一般,5 月份高压脊线位于北纬 15°附近,主要雨带位于华南,相应地华南江河进入前汛期;6 月份脊线越过北纬 20°,主要雨带位于长江中下游和淮河流域,使江淮一带进入梅雨期;7 月中旬脊线向北越过北纬 25°,主要雨带移到黄河流域,华北进入雨季,而江淮流域正处在高压脊线控制之下,梅雨期结束而进入伏旱期,天气酷热少雨。脊线南侧为东风带,常常有东风波和台风活动,产生大量降水。因此,在 7 月中旬以后,华南又出现一条雨带,相应地各江河进入后汛期。

枯水(low water) 亦称"低水"。无雨或少雨时期的河川径流。主要由流域蓄水,特别是流域地下蓄水(浅层地下水和深层地下水)补给。在汛期,流域降雨丰沛,雨水一部分形成径流和耗于蒸发;另一部分积蓄在流域地表蓄水处(洼地、河网和湖泊等)和土壤、岩层的空隙中。此时,流域蓄水量增加。到了干旱时期,流域的径流量和蒸发量大于降水的补给量,流域蓄水量逐渐消减,河水位降落,流量减小,直到出现枯水。对一些小河流,在干旱季节,地下水补给可能中断,出现干涸断流现象。

枯水期(drought period) 亦称"枯水季"。流域内地表水流枯竭,主要依靠地下水补给水源的时期。当月平均径流量占全年径流量的比例小于 5% 时,属枯水期。主要发生在少雨或者无雨季节。起止时间和历时取决于河流的补给情况。一年内枯水期的历时长短,随流域自然地理和气象条件而异。

枯水位(low water lever) 在江河、湖泊的某一地点,经过长时期对水位的观测后,得出的在一年或若干年中河流水体枯水期的平均水位。

设计洪水(design flood) 为防洪、排涝等工程设计而拟定的、符合指定防洪设计标准的、当地可能出现的洪水。即防洪规划和防洪工程预计设防的最大洪水。内容包括设计洪峰、不同时段的设计洪量、设计洪水过程线、设计洪水的地区组成和分期设计洪水等。各项工程的特点和设计要求不同,需要计算的设计洪水内容也不同,如无调蓄能力的堤防和桥涵工程,要求计算设计洪峰流量;对滞洪区,主要计算设计洪水总量;对水库工程,需要计算完整的设计洪水过程线;当水库下游有防洪要求或梯级水库时,还需要计算设计洪水的地区组成;施工设计有时要求估算分期(季或月)设计洪水。根据资料条件,设计洪水可由流量资料推求,也可由雨量资料推求。

超标准洪水(extraordinary flood) 超过防洪系统或防洪工程设计标准的洪水。从经济合理和现实情况出发,防洪设施的保证率只能达到一定的设计标准,而洪水由于受自然因素及人类活动等影响,具有很大的随机性,可能超过设计标准。研究制订重点保护对象和重大工程的超标准洪水应急措施,并事先做好安排,供必要时采用,可避免发生毁灭性灾害。

典型年洪水(the typical year flood) 按照一定的设计标准,如频率为 50%、10%、5%、1%、0.1% 等,在当地的气象水文资料中,选出洪水的典型。根据各典型年的降雨、蒸发、径流的年内分配情况,可分析各项工程的工作条件或效益情况。

1954 年洪水(flood of Yangtze River in 1954) 发生在 1954 年的长江全流域特大洪水。1954 年,由于气候反常,雨带长期徘徊在江淮流域,中下游梅雨期比常年延长 1 个月,梅雨持续 50 天,且梅雨期雨日多,覆盖面广。因此,长江中下游出现近百年间最大洪水,造成严重洪涝灾害。中游汉口站洪峰水位 29.73 m,创实测最高纪录,相应洪峰流量 76 100 m³/s;下游大通站洪峰水位 16.46 m,超过历史最高值 1.66 m,最大流量 92 600 m³/s。该次洪水干流中下游洪水径流量大、集中、洪峰流量大,峰型庞大、洪水历时长,且上、中、下游洪水同时发生遭遇。该次洪水长江中下游湖南、湖北、江西、安徽、江苏五省,有 123 个县市受灾,淹没耕地 317 万 hm²,受灾人口 1 888 万人,死亡 3.3 万人,京广铁路不能正常通车达 100 天,直接经济损失超过 100 亿元。

1998 年洪水(flood of Yangtze River in 1998) 发生在 1998 年的长江全流域特大洪水。从 6 月中旬起,因洞庭湖、鄱阳湖连降暴雨、大暴雨,使长江流量迅速增加。7 月下旬至 9 月中旬,受长江上游干流连续 7 次洪峰和中游支流汇流叠加影响,大通站最大流量达 82 300 m³/s,仅次于 1954 年洪峰流量,为历史第二位。1998 年洪水期间长江中下游洪水位大多超过 1954 年的实测水位,高水位持续时间较长。该次洪水导致长江干堤九江段发生决口,几天之内堵口成功,沿江城市和交通干线未受淹;中下游干流和洞庭湖、鄱阳湖溃垸共 1 075 个,淹没总面积 32.1 万 hm²,耕地 19.7 万 hm²,涉及人口 229 万人,中下游五省死亡 1 562 人。

"75·8"洪水(Huaihe river flood in August 1975) 1975 年 8 月初因"7503 号"台风引起的特大暴雨引发的淮河上游特大洪水。8 月 4 日至 8 日,暴雨中心最大过程雨量达 1 631 mm,3 天(8 月 5 日至 7 日)最大降雨量 1 605.3 mm,最大 6 小时雨量 830 mm,超过 400 mm 的降雨面积达 19 410 km²。使河南驻马店地区包括板桥和石漫滩水库在内的 62 座水库漫顶垮坝,造成河南省 29 个县市、超过 1 100 万人受灾,73.3 万 hm² 农田受到毁灭性灾害,死亡人数超过 2.6 万人(存争议),纵贯中国南北的京广线被冲毁 102 km,中断行车 18 天,影响运输 48 天,直接经济损失近百亿元,灾害极其惨重。

洪水风险图(flood risk map) 针对可能发生的洪水的演进路线、到达时间、淹没水深、淹没范围和流速大小等过程特征进行预测,以图示洪泛区内各处受洪水灾害的危险程度的一种重要的防洪非工程措施。是针对某一风险的洪水,分析计算洪水淹没的区域及相应的经济损失,并按一定的规格在流域地形图上描绘和标明得出的表明洪水风险的图形。一般分江河湖泊洪水风险图、蓄滞洪区洪水风险图、水库洪水风险图、城市洪水风险图四类。主要有实际洪水调查法、水文水力学数值模拟法和水灾频率分析法三种制作方法。洪水风险图信息包括:(1)基础底图信息;(2)洪水管理工程信息;(3)洪水管理非工程信息;(4)风险要素信息;(5)社会经济信息;(6)延伸信息等。根据洪水风险图并结合洪泛区内社会经济发展状况,可做到:(1)合理制定洪泛区的土地利用规划,避免在风险大的区域出现人口与资产过度集中;(2)合理制定防洪指挥方案,避免临危出乱;(3)合理确定需要避灾的对象,避灾的目的地和路线;(4)合理评价各项防洪措施的经济效益;(5)合理确定不同风险区域的不同防护标准;(6)合理估计洪灾损失,为防洪保险提供依据。洪水风险图对当地有关部门的规划、建设与管理工作均有重要的参考价值。

防洪风险率(the flood control risk rate) 以风险率指标度量的防洪安全水平。在防洪中,由于洪水发生的随机性和工程管理运行中的不确定性等原因所造成的防洪失误的概率。如由于堤防年久失修造成溃决或洪水预报不准确造成防洪决策失误酿成洪灾的概率等。可通过洪水的概率分布和对工程管理运行状况的随机分析研究确定。主要有三种不同途径的风险率计算方法:(1)实测年最高水位序列的频率分析法;(2)采用已有的设计洪水成果;(3)基于洪水随机模拟模型生成的大样本序列。

防洪调度(flood control operation) 根据现时或预报的水情,以及预先制订的调度方案,科学地运用防洪工程或防洪系统中的设施,有计划地实时合理处置洪水,使防洪保护对象免受洪水灾害或者减轻洪灾损失的水利管理工作。一般有常规调度和优化调度两种方法。前者指按调度图或调度规程的调度,后者指按目标函数在一定约束条件下达到极大或极小的调度。防洪调度的主要目的是减免洪水危害,同时还要适当兼顾其他综合利用要求,对多沙或冰凌河流的防洪调度,还要考虑排沙、防凌要求。

洪水管理(flood management) 人类依据可持续发展原则,以协调人与洪水的关系为目的,理性规范洪水调控行为,增强自身适应能力,适度承受一定风险以合理利用洪水资源,并有助于改善水环境等一系列活动的总称。包括流域管理、风险管理、调度管理、社会管理、洪水资源利用等。

洪水预报系统(flood forecasting system) 在计算机上实现洪水预报联机作业的应用系统。硬件系统由信息采集设备、通信设备和信息处理设备等组成,软件系统由数据库、模型(方法)库、知识库以及会商和发布等子系统组成。是计算机技术与洪水预报模型(方法)相结合的产物。现代计算机及通信技术的发展,可信雨情和水情信息的采集、传输处理、洪水预报数学模型的计算分析、预报信息的分布服务联为一体,可为用户提供快速、及时和较高精度的洪水预报。

防洪决策支持系统(flood control decision support system) 为实现防洪工作规范化、现代化,提高洪水预报实效和精度,科学地进行防洪工程调度而编制的支持防洪决策的计算机应用系统。采用先进的计算机网络技术、数据库技术、地理信息系统和信息可视化技术,由人机交互、数据库、洪水预报、防洪调度和防汛抢险等子系统组成,为防洪抢险、抗旱防污、救灾指挥提供科学决策依据。

洪峰(flood peak) 亦称"洪水峰"。河流一次洪水过程的最高水位值或最大流量值的统称。前者称

"洪峰水位",后者称"洪峰流量"。河流每次出现洪峰时,堤防、水库,以及其他水利工程建筑物必须严加防范。

洪量(flood volume) 即"洪水总量"(48页)。

山洪(mountain flush) 山区暴雨径流汇向沟谷、山溪而成的洪水。具有坡陡流急,泥沙俱下,来势迅猛和暴涨暴落的特点。常因未及时防范而致灾害,造成田园被湮废,房屋、道路等被冲毁。可采取水土保持,修造谷坊、水库,整治山洪河道等措施防治。

防汛(flood prevention) 汛期对江河堤防、水库、闸坝等水利工程进行防护以防止洪灾的工作。包括汛前建立各级防汛机构领导防汛工作;汛期掌握水情、进行报汛和洪水预报,提高防护对象的抗洪、抗凌能力;组织人力、物力,加强管理和巡防,发生险情,及时抢修、加固或采取其他临时减洪措施,以免堤坝毁损溃决成灾;万一决口,必须迅速抢堵,如不能立时堵合,必须采取应急措施,制止决口扩大,以免灾情加剧;汛后进行修复及堵口工作,并进行工程的全面检查,作为岁修依据。关系到工农业生产和人民生命财产的安全,必须认真做好。

防汛物资调配(material allocation for flood control) 为确保安全度汛,对防汛抢险物资进行科学合理调配的工作。防汛抢险物资主要包含防汛抢险工具、设备和防汛储备物资两大类。在防汛抢险救灾时应迅速制订合理的调度方案,在众多防汛抢险物资储备库中选择恰当物资供应点,将救援物资尽快从各个供应点运送到物资调配中心,并公平合理高效地从物资调配中心分发到灾区各救助中心,从而向受灾区域及时运输所需的救灾物资,以赢得更多的时间,最大程度地缓解灾情,减小损失。

报汛(flood reporting) 河流上各水文站在汛期向主管部门及时报告河流的水位、流量和地区雨量等水文要素变化情况的工作。由主管水文部门,根据各地水文站在每天特定时间,以专用通信线路即时传送的各项水文要素观测值、观测方法和趋势等资料,汇编后分发各有关部门和单位,或向公众发布。每天报汛次数随洪水紧急情况及其变化趋势而定,有24、12、8、4、2、1次/日等。根据报汛,进行洪水、水文分析、汇编并通告各防汛单位,以便随时掌握水情,做好防汛工作。

潮汛(tide flood) 在太阳和月球的引力作用下,沿海河口的海水定期上涨的现象。每逢夏历朔、望日或延后二三日,涨潮最大,称"大潮汛"。河口因受涨潮顶托或潮水倒灌,引起河流水位抬高,如适逢河流洪水期间,潮汛会增加洪灾的危险。如台风、暴雨与大潮同时出现,不仅河口段水位上涨,而且堤防易迎风浪破坏,出现险情,甚至决口成灾。

春汛 释文见38页。

秋汛 释文见38页。

伏汛 释文见38页。

凌汛 释文见39页。

台汛(stage manners flood) 台风引起的降雨导致江河水位明显上涨的水文现象。多发生在中国东部沿海一带。

防台(typhoon prevention measures) 全称"防台风"。采取各种措施防止台风引起灾害的工作。台风过境时,伴随大风、降雨,河、湖、海边地势较低地区可能会河湖水泛滥,海水倒灌。可引起洪涝灾害,引发吹落高空的物体、吹倒房屋和树木、雨水倒灌、停水停电等事故,需制订应急预案,落实避险工作。防台预警由低到高分四级:蓝色预警、黄色预警、橙色预警和红色预警。

防潮(protection against tide) 采取各种措施预防海潮、风暴潮引起灾害的工作。应制订应急预案,储备应急物资。根据灾害天气预警等级,防潮预警由低到高分为四个等级:蓝色预警、黄色预警、橙色预警、红色预警。

洪潮遭遇(flood meeting with tide) 直接入海河流感潮段的上游洪水和天文潮水相遇的水文现象。感潮河段的最高水位既不单纯是河流上游最大来水所致,也不单纯是入海口最大天文潮水位所产生,是由上游来水和天文潮水两者遭遇组合共同影响决定的。洪潮遭遇可导致感潮河段的最高水位。

客水(water from neighbor region) 从外地区流入而非本地区降水所产生的径流。如过境河流流入的或由外地引进的水和由区外高地因降雨而流入的坡地水。在当地水源缺乏时,客水是可资利用的水量,但当地水量充沛时,客水入侵,会造成洪涝灾害,必须加以防范。

防汛特征水位(characteristic water level for flood prevention) 汛期江河、湖泊可能出现的几个关键性水位的总称。表示洪水安危情况,以便采取相应的防汛措施。包括警戒水位、设防水位、保证水位和分洪水位等。

警戒水位（warning water level） 江、河、湖泊水位上涨到河段内可能发生险情的水位。是中国防汛部门规定的各江河堤防需要处于防守戒备状态的水位。一般有堤防的大江大河多取决于洪水普遍漫滩或重要堤段水浸堤脚的水位。到达该水位时,堤防防汛进入重要时期,防汛部门要加强戒备,密切注意水情、工情、险情发展变化,做好防洪抢险人力、物力的准备,防汛队伍上堤防汛。

设防水位（protection water level） 汛期江水漫滩,堤防开始临水的水位。主要根据堤防的防御能力拟定。当洪水到达这一级高度时,需要防汛人员巡查防守。

保证水位（highest safety stage） 堤防工程所能保证自身安全运行的水位。根据江河堤防情况规定的防汛安全上限水位,亦即堤防设计安全水位。当洪水位低于或到达这一水位时,负责具体防汛的有关单位、部门要保证堤防安全。保证水位也是修建防洪工程、制订河流度汛方案和防洪调度的重要依据。汛期洪水位达到保证水位时,说明工程已处于安全防御的上限情况,堤身内外、堤防基础(包括离堤背一定距离范围)均可能出现严重险情。

分洪水位（flood diversion stage） 汛期当河道洪水超过下游河道安全保证标准时,为保下游安全、大局安全,需向蓄滞洪区分泄部分洪水时的水位。一般由具有管辖权的防汛指挥机构根据上游来水情况和下游泄水情况确定是否采取分洪措施,以便提前通知有关方面做好分洪准备,提前转移避险,确保人身安全,并利用河道分洪进行冲淤和调洪补水,尽量减少分洪损失。

安全泄量（safety discharge） 能安全通过河槽某一断面或河段而不致发生漫溢或堤岸溃决等险情的最大流量。由河道的过水能力、断面的安全程度并考虑沿河城镇、工矿、基础设施、农田的重要性决定。当河道的洪峰流量可能大于安全泄量时,为防止发生洪灾,可采取蓄洪、分洪等措施以削减下泄流量,使洪峰流量小于下游河道的安全泄量。

泄洪能力（capacity of flood discharge） 亦称"泄水能力"、"泄流能力"。在河渠中指安全泄量;在泄水建筑物中,指在某一水位(如设计或校核洪水位)下可安全通过泄水建筑物的最大流量。是河渠和水工建筑物设计或管理运行的重要依据。河渠、堤防、水工建筑物等在设计或校核情况下,要保证其泄洪能力,同时要求建筑物不破坏,被保护区不受灾害。

蓄洪（flood storage） 汛期拦蓄洪水,削减洪峰流量,防止洪水灾害的措施。有集中蓄洪和分散蓄洪两种。前者利用山谷水库或湖泊、洼地作为蓄洪区,集中拦蓄汛期洪水;后者通过水土保持措施,以及利用田间、塘坝、沟渠、河网分散拦蓄部分洪水。水库、湖泊蓄洪,需在其出口建闸坝,控制蓄洪,以削减洪峰流量。需确定蓄洪水位、泄洪流量和闸孔尺寸。蓄洪可与兴利结合,如通过水库调蓄,用以发电、灌溉、航运、给水、养鱼,以及增加地下水源的补给等,可达到化害为利的目的。

分洪（flood diversion） 在河流险区上游,将超过河槽安全泄量的多余洪水分流入邻近河流、湖泊、洼地(分洪区),也可绕过险区再归入原河,或直接入海,借以减轻下游河段洪水威胁的措施。需选择适当地点建分洪闸、分洪道,以控制分洪流量。进入分洪区的洪水,待洪峰过后,可通过泄水闸适时地泄入其他河流或绕过险区段再归入原河道下游。前者如汉水杜家台分洪区,泄水入长江;后者如长江荆江分洪区,泄水绕过荆江大堤险段后入原河道。再如海河流域的独流减河则直接分流入海。分洪需确定分洪控制水位、分洪流量和分洪孔口尺寸等。分洪区除湖泊外,常利用洼地担当,其滩地平时照常耕种,分洪时受淹。当河流上游水库陆续建成蓄洪区以后,可逐渐缩小分区范围,减少分洪机会,甚至停止分洪。

泄洪（flood release） 河流或水库洪水安全下泄的措施。如河道泄洪能力不足,为扩大过水断面或增加泄洪能力,常采取河道整治、筑堤和行洪三种措施。洪水经水库调蓄后,泄洪流量减小,并需通过溢洪道、泄洪隧洞或泄洪孔等泄水建筑物下泄。

滞洪（flood detention） 汛期暂时拦蓄洪水,削减洪峰流量,减轻下游河道洪水负担的措施。通常利用河道沿岸滩地或附近湖泊、洼地作为滞洪区,通过节制闸引进部分洪水暂时停蓄,以削减洪峰,待洪峰过后再徐徐归入原河道。若河道宽广,也可利用其本身滩地自然滞洪。随着河道上游水库和防洪工程的完善,滞洪区范围可逐渐缩小并减少使用机会,甚至停止滞洪。

行洪（passing flood） 为减免洪水泛滥,临时扩大河道过水断面,增加泄洪能力的一种措施。在河道发生特大洪水时,将河道洲滩或两岸大堤间阻水的圩堤临时放弃,作为行洪区,以增加泄洪能力,降低行洪水位,使洪水安全下泄。行洪区平时仍可照常耕种,如长江的洲滩和大堤间的圩堤区。随着河道上游水库和防洪工程的不断完善,行洪区范围可逐渐缩小并减少其行洪机会,甚至停止行洪。

减河(flood way) 为分泄河流洪水而开挖的新河。进口设有分洪闸。减河分洪可以入海、入湖、入其他河流或回归原河段的下游。如河北的独流入海减河、根治海河中新开的19条大型入海新河、江苏的新沂河、分淮入沂的淮沭新河等。

引河(guide canal) 开挖的引水河道。引正河水分泄,杀其水势,以利水流归入正槽,或使河流改道。分:(1)合堵决口引河,在堵塞决口时,开挖引河引导水流归入正槽,减小口门流量,借以挽险缓冲,易于堵口;(2)改移河道的引河,如在裁弯取直工程中,有时开挖一条引河,然后利用水流本身力量冲成新河道;(3)施工导流引河,在河道上修建水利工程时,可在施工地点上、下游河道用围堰隔断河流,在河岸上另开引河导流,以利围堰内干地施工。亦有将减河称"引河"的。

洪泛区(flood plain) 亦称"泛洪区",简称"泛区"。堤防溃决,遭受洪水淹没的地区。历史上黄河下游自孟津以下花园口、兰封、长垣、东明一带地区常堤防决口泛滥成灾,两岸和下游地区受灾,过去有黄泛区之称。

蓄滞洪区(store floodwater area) 河堤外临时储存洪水的低洼地区和湖泊等。其中多数历史上就是江河洪水淹没和蓄洪的场所。包括行洪区、分洪区、蓄洪区和滞洪区。

行洪区(flood way district) 主河槽与两岸主要堤防之间的洼地。历史上是洪水走廊,现有低标准堤防保护的区域。大洪水漫堤或有计划扒开堤防的沿堤洼地泄洪区域也属行洪。遇较大洪水时,必须按规定的地点和宽度开口门或按规定漫堤行洪。区内水流流速较小,洪水挟带大量富含有机质的泥沙沉积在行洪区的地表,使地表平坦、土壤肥沃。适宜非行洪期农业生产,易被盲目围垦和开发,严重阻碍下一次行洪,并使水位壅高,加重洪水灾害。

分洪区(flood-diversion area) 利用湖泊洼地修建堤圩或利用原有圩垸在河湖洪水超过某一标准时,用于有计划地分泄超额洪水的区域。是分洪工程的重要组成部分,也有些是分洪工程的主体。主要设施包括围堤、避洪安全设施、防浪设施和警报通信系统等,有些还包括进洪和排洪、排渍设施。按调洪作用,分蓄洪区和滞洪区。但有些分洪区先起蓄洪作用,后起滞洪作用。

分洪工程(flood-diversion project) 在河流的适当地点修建引洪道或分洪闸,分泄超过河道安全泄量的洪峰流量的工程。以减少下游河道的洪水负担。

避洪工程(flood shelter) 在蓄滞洪区建设的防护工程。一般仅供老弱病残、留守人员和来不及转移人员临时规避洪水使用,同时兼存部分粮食等物资。如临时避水台、避水楼、安全台(村台)和安全区等。

分洪道(flood bypass) 亦称"疏洪道"。人工设计的宣泄洪水的通道,利用天然河道或人工开辟的新河道分泄超过河道安全泄量的工程。分洪是指河道不能容纳的洪水分往其他河流、湖泊、分洪区,或人工设计的宣泄洪水的通道中去,以减轻洪水对原河道下游的威胁。有入海、入邻近河流、复归原河道、入湖和入分(蓄)洪区等类型。其线路和设计标准按地形、河势、地质和分洪流量等进行技术经济比较后选定。

堤(embankment;levee;dike) 亦称"堤防"。沿着江、河、湖、海岸边修筑的防水建筑物。用以约束水流、防止洪水泛滥或潮、浪侵袭,并有稳定河槽、导引水流增加宣泄能力的作用。按所在位置及工作条件不同,主要有江(河)堤、湖堤、海堤(或海塘)和减少水库淹没的库堤等。堤名称繁多,有大堤(或干堤)、子堤、戗堤、遥堤、缕堤、格堤、月堤、越堤、圈堤、套堤、撑堤、翼堤、贴堤、隔堤等。修筑堤防时,堤线位置要根据水流条件、地形、土质情况,以及经济性合理布设;根据防洪、防潮标准确定堤顶高程、堤距(两岸堤线间距离)和堤断面(垂直堤线的横断面)尺寸等。堤的施工要严格控制质量,如清理地基、选择土料,并做到层填层夯。在易受冲刷和重要地段,临水面可用块石或混凝土修筑。平时应注意岁修养护,汛期要做好防汛工作。

埝(small embankment) 亦称"堤"。河工上与堤同义,通常大者称"堤",小者称"埝"。俗称"民埝",如黄河上的缕堤即为民埝。其后面还有大堤,即遥堤。

青坎(meadow) 大堤背水坡脚与取土坑之间所留的地带。筑堤时常在堤后挖坑取土,但需留有一定宽度的青坎,以增加堤身安全,避免发生脱坡或管涌。抢险时也是应急取土之处。

保庄圩(dike of village protection) 在蓄滞洪区建设的保护村庄的堤及其配套工程。如圩堤、排涝涵闸、排涝站、撇洪沟、交通道路、灌溉涵等。

垸(protective embankment) 湖南、湖北等地在沿江、湖地带围绕房屋、田地等修建的堤。

海塘 释文见27页。

庄台(village platform) 淮河流域一种类似小岛的特殊防洪工程。一般是在行蓄洪区内筑起的一些台基或者在高地上建设的村庄。行蓄洪时,庄台成为洪水中的孤岛,四面环水,仅能通过船筏与外界交通。

避洪楼(flood building) 在行蓄洪区内建设的用于规避洪水的楼房。主要供老弱病残、留守人员和来不及转移的群众临时避洪之用,同时兼存部分粮食等物资。一般采用钢筋混凝土两层框架结构,房内有楼梯可直达二楼,平时储存粮食,蓄滞洪时群众可随时把其他一些生活必需品和贵重物品移至楼上,不仅可保障生命安全,还可最大限度减少财产损失。

戗堤(banquette) 帮筑坡面的堤工。即在险要堤段,堤身单薄或汛期堤身发生散浸、漏洞时,于堤坡外面加帮的堤。临水坡的叫"前戗"或"外戗",用不透水的黏土筑成,以利防渗;背水坡的称"后戗"或"内戗",用透水的沙土或层柴层土筑成,以利渗水排出。戗堤顶低于正堤顶。位于临水坡的一般与洪水位齐平。戗堤顶面称"戗台",亦称"马道"。

导堤(training levee) 防洪水利枢纽、河道整治和河口治导工程中引导水流的堤。在防洪堵合决口时引导水流入引河;在水利枢纽取、泄、输水结构的首尾,使水流有效、平顺、互不干扰地进出;在河道整治工程中引导水流,集中水力,以维持或增加主航道水深,便利航运;在裁弯取直和塞支强干工程中用以导流。此外,船闸的引航道也有用导堤做成的。

圩堤(enclosing levee) 亦称"圩"、"围堤"。在沿江、河、湖、海的沙洲、滩地以及低洼地区,圈围农田以及重要地区的堤。作用是防御江、湖泛滥,外水入侵或潮浪袭击,保障堤内生产及生活的安全。如防护天津免遭洪水淹没的大围堤,洞庭湖内围垦湖田或洼地的垸堤。其防汛作用与一般江河大堤略同。

圩(polder；dyke) 即"圩堤"。

翼堤(wing levee) 从高地或主堤分出的短支堤。从主堤伸向河中,保护险要主堤的安全;从主堤或高地伸向滩地,防止河流改向并保护滩地免遭洪水的冲刷和淤积;或从主堤与支堤交点伸出,使干、支流交汇为锐角以改善两流相交的情况。

子堤(subordinate levee) 亦称"子埝"。大堤顶靠近临河一面临时修筑的小堤。可用以防溢抢护。按材料,分:(1)纯土子堤,适用于堤顶较宽和取土方便之处;(2)土袋子堤,用麻袋或草袋装土堆筑,后面加筑土戗,适用于堤顶不宽、取土不便、土质不良或风浪较大之处;(3)护坡子堤,用木桩、木板或柳把做临水护坡,后面做土戗,适用条件同土袋子堤。

干堤(main dyke) 对沿江河湖海的保护区起重要防洪、防潮作用的堤防。区别于其他意义的堤防。一般为实地堤顶宽度大于5 m或基底宽度大于10 m或高度大于3 m的人工修建的挡水建筑物。

支堤(branch dyke) 在河流支流两岸所建的堤。

过水堤(overflow dike) 一种水工保护设施。主要是为阻止沟谷与河道的继续下切,使堤上游河道挟沙淤积起来,保证下埋管道的有效埋深。由于过水堤抬高原有河床面,在其下游脚跟处形成跌水,势必冲刷堤脚,故一般要求对脚跟部位做适当的消能措施,如护坦等。另河道纵向受到约束,其侧蚀相应加强,故对两侧边坡也应做防护。黄土地区基础较软,结构可做成柔性的,如石笼、抛石等,以适应不均匀沉降。

自溃堤(overflow dike) 某堤段上设置的一种非常溢洪设施。当水位达到设计的溢洪水位时,堤身即自行溃决泄洪。

戗台(berm) 亦称"马道"、"戗道",堤工上常称"二层台"。堤防或土坝坡面上的平台。堤防或土坝超过一定高度时,加筑戗台可增加堤坝的稳定性,且便于施工、检修、日常检查和观测。如堤身单薄,不够稳定,以及为防散浸、漏洞、脱坡时,可加筑后戗或前戗,其顶面即戗台。对于土坝,背水戗台上可结合修筑排水沟,以排除坝面雨水,免遭冲刷。

马道(berm) 即"戗台"。

迎水坡(riverside slope) 坝、堤、埝、海塘等朝向水库、河流、湖泊、池塘、海洋等的坡面。与背水坡对应。坡度缓于背水坡。一般需采用砌石、条石、混凝土、草皮等保护,以避免风浪、雨水冲刷。

背水坡(downstream slope) 坝、堤、埝、海塘等背向水库、河流、湖泊、池塘、海洋等的坡面。与迎水坡对应。坡度陡于迎水坡。一般采用草皮、砌石、条石、混凝土等保护,以防止雨水冲刷,必要时需在坡脚附近构建排水、反滤设施。

主坝(main dam) 河、湖、水库,以及其他水利工程中主要功能(拦洪、蓄水、挡水、泄水、拦沙和导流等)的大坝。如水利枢纽中的挡水坝、溢流坝和拦河坝等。主坝如被破坏,工程功能即丧失,可引起重大损失和灾害。堤防堵口或河流截流时,主要起堵截作用的正坝亦为主坝。

副坝(secondary dam) 河、湖、水库,以及其他水利工程中,不担负工程主要功能(如拦洪、挡水、泄水等)的小坝。建于河、湖、水库周围的鞍形缺口上,坝身不高。如被破坏,不会引起重大损失和灾害。有的蓄洪水库在遇非常洪水时,临时拆除副坝,以增加泄洪量,保证主坝和整个水库枢纽的安全。堤防堵口时,除主坝外的二坝、边坝等亦称"副坝"。

钢木土石组合坝(steel-wood earth-rock dam) 在抗洪抢险实践中创造的用于堤坝决口封堵截流的一种挡水建筑物。在堵口位置先形成上、中、下3个钢管与木桩组成的排架,再用钢管将3个排架连接成一个三维"框架";然后将袋装土料抛投到"框架"内,填满"框架"即形成截流建筑物的主体;最后在坝体上游侧铺设土工膜作为防渗体,以达到堵口截流目的。一般在中小型堵口工程中应用,其坝基宽度5~6.5 m,承受上下游水头0.5~1.0 m。优点是:(1)抛投料物的利用率大大提高,节约堵口工程投资;(2)稳定性好;(3)提高堵口截流的成功率,缩短堵口时间。缺点是堵口过程中,需要人在动水中打桩、连接,具有一定难度。

平工(steady section) 离河较远,仅当洪水漫滩才靠水,或主溜不靠近的堤岸。险工的相对语。如河流平直段及凸岸。堤段临河一边一般都有滩地,对堤身起保护作用,故无坝、埽和护岸工事。但遇洪水时河槽可能变化,主溜改向,也可变为险工,防汛时必须注意巡查。一般虽无冲刷致塌的险情,但防汛时必须注意漏洞和背河散浸、脱坡等问题。

险工(dangerous section) 河流大溜顶冲或大溜经常逼近最易出安全事故的堤岸。平工的相对语。如河身弯曲的凹岸。并非固定点,有时随洪水涨落而经常变动。最易因冲刷而发生坍塌,平时应做好护岸工程,汛期要加强防守。防守和抢护险工的原则是:(1)守堤尤需先守滩地安全;(2)减杀水流冲刷,防止岸脚淘空。根据险情,险工的防护措施有抛石护脚、沉辊护滩、挂柳沉树、桩柳护岸、丁坝挑流、厢埽护岸,以及帮筑堤身等。

险情(dangerous situation) 在汛期,由于水位上涨等原因,可能导致堤坝、水工建筑物发生严重破坏的情况。对堤防、土坝主要有:(1)堤(坝)顶漫溢;(2)临河(水)冲刷和坍塌;(3)背河(水)散浸、脱坡及管涌;(4)堤(坝)身漏洞、跌窝、裂缝及塌陷等。对水工建筑物主要有滑动、浮托、倾斜、裂缝、沉陷、漏水、土体变形以及冲刷等。对以上各种险情,如不及时抢护或抢护不当,就可能发展到整体破坏而导致冲毁或决口成灾。

主溜(main current) 亦称"大溜"、"正溜"。河流中流速最大的一股水流。随水位的变化有时在河的中心,有时靠近堤岸。靠近堤岸的主溜冲击力强,堤岸易遭冲塌。

分溜(current diversion) 堤防决口后,仅小股水流从口门外流的现象。系堤防初决或半决状态,尚未达到夺流的滩决地步,此时堵口比较容易。

挑溜(current deflecting) 在大溜顶冲地段,为保护滩地和堤岸免遭冲刷,筑矶嘴或丁坝将溜势挑开的措施。挑溜丁坝有:(1)透水丁坝,用柳枝等做成,适于含沙量较大的河流,有效地使泥沙落淤;(2)不透水丁坝,用石料或梢辊等筑成,坝头的基底用柴排保护。挑溜丁坝多在汛前做好,如汛期抢修则较为困难。

夺溜(main current going out from breach) 亦称"夺流"。主溜从决口外流,正河下游水流较小或逐渐干涸的现象。常发生于严重的滩决之后。夺溜后,水流另辟通路不复归入原河,称"夺溜改道"。欲使水流重归原河,其堵口工事复杂,一般不能直接硬堵,应在堤外决口对面河滩处先开引河,在其上首主流中建挑水坝,挑流使归引河,则口门水缓,自易堵合。

巡堤查险(inspection tour) 对堤防、滩岸进行水情、险象的巡逻检查工作。当河流洪水上涨到防汛水位时,巡堤查险工作即应开始,上涨到警戒水位时,要堤上设岗,分段分组昼夜防守。巡堤查险的任务:(1)观察水情溜势,如水位上涨、风浪袭击、主溜大小和逼近堤岸情况,对险工段进行水下探测,搞清堤岸护脚的安危;(2)注意险象,如临河有无漫溢、冲塌、漏洞、浪窝,背河有无散浸、管涌、脱坡,堤身有无漏洞、跌窝、裂缝和塌陷等迹象。及时发现,及时处理,万一已成险情,要迅速组织抢险。

堤防岁修(annual repair of levee) 每年汛前和汛后进行的堤防修缮工作。包括:(1)消除隐患,对洞穴、漏洞、陷窝和裂缝等探查和补修;(2)填残补缺,对堤防的残损、塌陷等的修补填实;(3)加高培厚,对堤身单薄或堤高不足的堤防进行扩建;(4)险段加固,对大溜顶冲的堤段加修护岸工程,对临河坍塌、背河脱坡的堤段翻修加固,发生散浸的堤段修导渗工程;(5)修复决口,对汛期未及时修复的决口予以修复;(6)修补护坡,对受损的堤坡进行夯坡或帮坡,补种草木或补修护面等。

堤坝隐患(hidden danger) 堤坝内部存在兽蚁洞穴、腐殖和虚土空隙、土层结合松散、地基处理不良等的现象。因不易发现,往往在汛期造成堤坝出现险情。汛前进行岁修工作时,要仔细探查消除隐患。

堤坝裂缝(crack) 堤防、土坝或其他建筑物结构本身发生开裂的现象。常因渗透、干缩、冻融、沉陷、受拉、剪切或温度收缩等引起。有纵向与横向、贯穿与非贯穿之分,尤以与建筑物或堤坝轴线相垂直的横向裂缝或贯穿裂缝危险最甚。会导致建筑物漏水、断裂、滑动或脱坡等严重后果,必须妥为防护处理。主要有消塞、整浆、开挖或挖槽回填及加强防渗等措施。对混凝土水工建筑物,为预防裂缝出现,结构本身常设置永久的温度收缩缝或沉陷缝,缝中还设止水材料。

塌陷(collapse) 亦称"蛰陷"。地表岩、土体在自然或人为因素作用下向下陷落,并在地面形成塌陷坑(洞)的一种动力地质现象。因堤身堤土未压实,孔隙较多,存在漏洞隐患和地基软弱或荷载较大等原因所致。

蛰陷(collapse) 即"塌陷"。

锥探(exploration of hidden hole) 检查堤身隐患(裂隙、空洞、兽穴、蚁巢等)的方法。用钢锥在堤身锥眼,凭压锥入土用力(或施力)的大小可感觉土质的虚实和有无隐患;然后拔锥并向锥眼中灌砂或泥浆,视钢锥带出土样和灌入数量的多少进一步推测有无隐患及其程度。

漏探(instrument of exploration of weep hole) 查探堤身漏洞的工具。有十字旋转桨,在水中可随水流移动旋转。旋转桨由薄铁皮制成,十字交叉固定在麻秆上,麻秆顶端插上数根羽毛,露出水面,漏探旋转时可目测到。当漏探深入水下,停止移动但仍旋转,说明所在处是漏洞口。查明洞口,方可采取临河堵漏措施。

浪窝(hole scoured by wave) 堤坡受风浪不断冲击、淘刷而成的浪坑。汛期堤防发生浪窝,应迅速用袋土、块石或柴枕压石填补,以防浪窝发展引起堤防临河堤坍塌以致溃决。为预防浪窝,可采取防浪措施。

鼓泡(bulging) 亦称"牛皮胀"。堤防背水坡面或坡脚附近地面的隆起现象。因渗流被外部黏性土及植物固结土层所阻而形成。分两类,一类是堤身发生漏洞,有集中渗流外冲而出口受阻所致;另一类是堤身有淤泥,经渗透变成流体而形成内软外硬的鼓泡。是一种险情,应利用导渗原则抢护,对前者宜采取柴草层反滤导渗,上压土料压护;对后者宜采取开沟导渗或砂石反滤导渗。

牛皮胀(bulging) 即"鼓泡"。

跌窝(levee sloughing) 汛期堤坝发生的突然局部塌陷。形如坑窝,故名。可发生在堤顶及靠近堤顶的临河或背河坡面和堤脚附近。有干跌窝和湿跌窝之分。干跌窝因土虚、空洞隐患存在,大雨后坍塌而成,窝内较干少水,可采取翻挖并回填土壤夯实的措施。湿跌窝因渗透产生管涌并扩大为漏洞,把土掏空塌陷而成,窝内满水,因有漏洞与临河相通,险情较为严重,要结合堵塞漏洞,翻挖填实。

管漏(piping) 堤坝或地基由散浸引起管涌并逐渐扩大集中而成的漏洞。由于管漏,土壤被水带出,堤身淘空,从而引起塌陷、脱坡以致堤坝溃决。必须立即采取堵漏措施。

散浸(saturated permeability) 亦称"窨潮"。背河堤坡渗水的现象。一般出现在临河水位较高、持续时间较长或堤身单薄的部位。开始时坡面变潮,土壤发软,随后普遍渗水。因常发生在背水坡,故称"背河散浸"。在少数情况下,由于河水骤降,渗水反向从临河坡面流出,发生"临河散浸"。背河散浸严重时会导致管涌、漏洞,以致脱坡,由散浸引起的脱坡称"散浸脱坡"。对散浸的抢护措施有前戗防渗、后戗导渗、背水坡开沟导渗或背水反滤,切忌背水坡黏土压渗。通常多采用防渗与导渗相结合进行抢护。

窨潮(saturated permeability) 即"散浸"。

脱坡(slide of slope) 亦称"滑坡"。堤坝坡面沿弧形裂面塌滑下挫的现象。主要因汛期河、库水位上涨,堤背发生散浸或堤(坝)身浸润线升高;堤(坝)身漏洞、裂缝引起漏水、渗水;堤后地势低洼、有水塘或堤(坝)基下有淤泥层,经散浸或渗透堤(坝)脚发软等原因,使土壤抗剪强度降低,并在渗流压力作用下使土体的抗滑力矩减小而滑动力矩增加产生滑动而致。地震作用和堤顶堆放过多重物,亦会加重脱坡的危险性。脱坡常发生在背河坡面,故称"背河脱坡"。但河、库落水时,由于渗流压力反向作用,亦间有发生于临河坡面。脱坡继续发展,会导致堤(坝)身崩塌。抢护原则为"消减渗流压力,恢复堤(坝)坡稳定"。如脱坡不严重,可采取滤水还坡;如无砂石透水材料,可采用柴土还坡;如脱坡严重,可采取透水土撑;如断面不足,可采取连续性的透水土戗;如堤脚有塘,应填塘固基;对漏洞,应堵塞漏洞;对裂缝,应翻修填实等。切忌打桩或压重。

渗漏(leakage) 水工建筑物或地基因渗透作用所发生的漏水现象。一般认为现清水者为渗,浊水者为漏。渗漏会发生管涌、流土而导致工程失事。水库漏水,影响蓄水效益。必须及时采取临水截渗背水导渗措施。

流土(soil flow) 在渗透力作用下,土体中的颗粒群同时起动而流失的现象。主要发生在地基或土坝下游渗流逸出处,是渗透变形的一种基本形式。可以发生在非黏性土中,也可以发生在黏性土中。非黏性土的流土形式如泉眼群、沙沸、土体翻滚最终被渗流托起;在黏性土中则表现为土块隆起、膨胀、浮动、断裂等。基坑或渠道开挖时所出现的流沙现象是流土的一种常见形式。

翻沙鼓水(sand boil under seepage) 汛期,堤防背水坡脚附近地面涌出集中渗流并带有细沙的现象。多因较强渗流通过堤基砂层所致。在翻沙鼓水的出口附近,渗流携带的细沙又沉积下来,淤成沙环。是一种变相的漏洞险情,但进水处一般位于深水下的砂层,难以在临河进行堵漏,故常在背河采取砂石或柴草反滤或者反滤围井措施抢护。

决口(crevasse) 溃堤(坝)的缺口。多因洪水漫溢或大溜冲击,或坍塌、漏洞所引起。依破坏程度,分:(1)初决,水流漫溢冲刷而发生的浅水决口,分溜不大;(2)半决,缺口较深,但尚未及堤底,分溜较大;(3)底决,堤身冲毁成沟,已及堤底,分溜颇大;(4)滩决,堤身全毁,滩地冲成沟槽,正溜由口门奔流而出。以底决及滩决最为严重。堤岸一旦决口,会迅速扩大,甚至夺流改道。必须立即抢堵。如不能立即堵合,应先盘筑裹头,制止口门扩大,待洪水退后再行堵口。

抢险(rush to deal with emergency) 汛期对堤防及其他水工建筑物发生险情时所进行的紧急抢护工作。是防汛工作中最迫切而紧张的任务,必须指挥及时、组织得当、措施有力,否则,极易造成灾害。应根据不同险情采取不同措施,主要有加高堤(坝)顶或加大河槽泄洪能力以防止漫溢;采用护坡、护脚或护基以防护堤岸坍塌或冲刷;采用防渗、堵漏或铺设反滤以防止漏水、翻沙及土壤变形;用临河防渗及背河导渗以防止散浸;用滤水还坡或透水主撑等以抢护脱坡;用灌浆、堵塞或开挖回填等以抢护裂缝、跌窝;用加重、设戗、筑堤或减少水位差等以防止建筑物滑动、倾斜或浮托。

防凌(prevention of ice jam) 凌汛河道上,采取适当措施防治或减轻凌汛危害的工作。冰凌有时可以聚集成冰塞或冰坝,使水位大幅度抬高,造成漫滩或决堤。防凌措施包括破冰和水库调节泄量等。预防性破冰常用人工打冰、破冰船破冰和炸药爆破等方法;应急性破冰常用爆破冰坝或大冰块、炮弹轰冰和飞机投弹炸冰等方法。预防性调节是利用水库调节河道流量,防止冰塞、冰坝的形成;应急性调节是在河道发生冰凌卡塞、堆积产生冰塞、冰坝,壅高水位,危及堤防安全时,大幅减少下泄流量,抑制水位上涨,避免产生灾害。

护坡(revetment of slope) 防护堤防、土坝及河岸等边坡免受风浪、雨水和水流所冲刷的工事。一般河堤内外坡面种植草皮,外坡加种防浪林带。湖堤、江堤及土坝因受风浪较大,外坡常用砌石、堆石、沥青混凝土、混凝土板或钢筋混凝土板防护,内坡常用碎石、砾石或植草防护。处在险工段及重要河堤段,为加强防护,以策安全,常需进行护岸工程,如砌石、抛石护岸、埽工护岸、沉排护岸、丁坝、顺坝护岸等。

水戗(ring dike by back slope) 亦称"背河月堤"。在堤防背水坡筑成的较长并充水的半圆形截水堤。是扩大的围井。当某段堤防漏洞较多，范围较大，不能一一做反滤设施时用之。堤内充水，对有溃决危险的堤防背水坡施加反压，以减少或平衡临河水压，以水做戗，防止漏洞继续扩大。修筑水戗是堵塞漏洞的临时抢护措施，汛后必须详加检查漏洞，重新翻修坚实。

反滤（filter） 使土体避免发生渗透破坏的保护措施。承担反滤作用的设施称"反滤层"或"反滤包"，采用砂砾石或土工布做成。前者由 2～4 层颗粒大小不同的砂、碎石或卵石等材料做成，顺着水流方向各层的颗粒逐渐增大，任一层的颗粒都不允许穿过相邻较粗一层的孔隙，同一层的颗粒也不能产生相对移动。后者由合成纤维通过针刺或编织而成的透水性土工合成材料构成。常设在土石等材料修筑的堤坝或透水地基上，也常用于防汛中处理管涌、流土等险情。

堵口（closure） "截流"的别称。堵塞堤、坝缺口和围堰合龙段的龙口。常用在对堤防决口口门进行封堵的工程中。当口门自然断流后，结合复堤选线堵复，称"堵旱口"；口门仍在流水，用各种办法拦截、封堵使水流完全回归河道，称"堵水口"。

合龙（breach blocking） 亦称"合拢"、"合龙门"。修筑堤坝、围堰或桥梁时从两端开始施工，最后在中间接合的施工。

闭气（water tight） 堵口或围堰工程合龙后，采取阻断水流和阻止缝隙漏水的措施。必须紧接着截流进行，以避免截流戗堤在长时间渗漏水作用下可能产生的破坏。方法有：（1）在正坝堵口合龙后，除合龙堤上加压土外，于口门坝前加修埽工，然后在临水面抛填反滤料、黏性土，使之闭气；（2）双坝合龙时，用边坝合龙闭气，在正坝与边坝之间，用袋土及黏土填筑土柜，边坝之后再加后戗，阻止透水；（3）修筑养水盆，即在坝后修筑围堤一道，把口门冲深的潭坑围起来，用以积蓄坝后渗水，抬高坝后水位与大河相平，即可闭气；（4）大型水电工程围堰采用混凝土防渗墙闭气。

龙口（gap section） 修筑堤坝或围堰时留在最后的缺口。水利水电工程截流施工中，采用进占方式向流水中抛投就地取材的填筑料、混凝土预制块形成横跨江河的戗堤。合龙时，龙口单宽流量大、流速高，场地狭窄，戗堤端部易被冲刷毁坏，合龙前需对戗堤端部进行防冲加固处理。合龙后戗堤需要采取

防渗措施封堵渗漏通道，即闭气。

混合堵（composite closure method） 平、立堵相结合的堵口方法。常用的有先立后平、先平后立、先立后平再立三种方式。特点是能合理安排平、立堵的顺序和工作量，力求发挥两种方法各自的优点，避免或减轻其缺点。

反滤围井（ring well with filter） 亦称"养水盆"。堤防漏洞出口处用土袋筑成的带有反滤设备的圆形小埝。因在背水面，亦称"背河（反滤）围井"。漏入围井内的水使井内水位升高。在其顶部放引水管，使井内维持一定水位，以降低渗流速度，不致扩大漏洞。围井内水位不宜过高，以防堤坡泡松，发生新的脱坡危险。是堵塞堤防漏洞的一种临时抢护措施，汛后需重新翻修，以彻底消除漏洞隐患。

抽槽回填（dental treatment for piping） 亦称"挖槽中堵"。堤坝治理横向裂缝或抢护浅部漏洞时，在堤顶上开一沟槽填堵的措施。在堤坝中心线附近或靠近背河堤肩，开一道与堤线平行的沟槽并深至裂缝或漏洞以下，然后用软楔，如棉絮或木板堵塞，再用土分层夯实，将槽回填。适于堤身宽大、漏洞较浅情况。是一种临时抢护措施，汛后尚须重新挖开翻修填实。

填塘固基（filling pool up；consolidation of foundation） 将紧临堤后的水塘用块石或土袋护脚，沙土填塘，以加固堤脚地基的措施。是汛期堤防发生散浸、脱坡或裂缝等险情时首先要进行的工作。

滤水还坡（restoration of dike slope） 清除堤坝脱坡处松土，陡立段削成斜坡，换填粗砂土或一层柴一层土将堤坡修复还原夯实的工程措施。在汛期抢护不严重脱坡时采用。粗砂或柴层起滤水作用以防止管涌，有利稳定。且需做好开沟导渗及填塘固基工作，汛后再重新翻修加固。

河道清障（river barrier clearance） 清除河道范围内影响行洪的阻水障碍物的措施。行洪障碍物如在河滩修建的各种套堤、高渠堤、高路基、码头，筑台建房，种植成片树林、芦苇等高秆作物，堆积废料等。按照"谁设障、谁清除"的原则，由河道主管机关提出清障计划的实施方案，由防汛指挥机构责令设障者在规定的期限内清除。

隐蔽工程（concealed works） 通过施工设备在地下构筑完成而难以进行直观检查的工程。水利工程中主要指基础工程、地基开挖、地基加固、地下防渗、

地基排水、地下建筑物工程等。重要隐蔽工程是指主要建筑物中直接影响工程质量、结构安全和使用功能的隐蔽工程。

堤基防渗（foundation seepage prevention） 堤防为减小渗漏、防止渗透变形而进行的地基处理措施。有水平防渗和垂直防渗两种。前者主要有黏土或土工膜铺盖；后者主要有混凝土防渗墙、深层搅拌桩、高喷灌浆、垂直铺塑、钢板桩等。

堤坡稳定（slope stability） 江河堤防迎水坡和背水坡安全运行的指标。包括滑动稳定和渗流稳定。前者一般采用瑞典法或简化毕肖普法等进行分析评价；后者需根据渗流场及其渗透坡降进行评估。

抛石（riprap） 用块石抛护堤岸或水工建筑物的边坡和底脚，加固基础使之免受水溜或风浪冲刷的措施。常用在大溜顶冲的险工段。抛石要形成自然坡度并高出水面。在水流较急块石易被冲走的部位，或在重要堤岸，可抛竹笼或石笼护坡护脚。

沉树（anchored willow） 将石块等重物系在带干枝的树木上，沉至凹岸河底，以防波浪冲刷的河工措施。因所用树木多为柳树，故亦称"坠柳"。

梢工（fascine works） 用梢料构成的一种治河工事。扎成细长的称"梢龙"；扎成粗短的称"梢捆"；包裹碎石扎成枕状的称"沉梢"；很长的沉梢称"沉辊"；扎成排状的称"沉排"；用层梢层土（石）填压做成的称"填梢"。广泛用于河流治导、护岸、护底、截流、堵口或坝工基础等诸方面工事。

沉排（sinking mattress） 亦称"柴排"。梢工的一种。用梢（秸）料扎成排状并用石块压沉的轻型河工防护建筑物或其构件。由梢龙扎成上、下两层网格，中间平铺梢料数层并相互垂直交叉，用铅丝扎牢，成矩形排体，排上再扎结矮篱成格、浮运至沉放地点，定位后，格间抛石，压沉至坡底。沉排总厚约 1 m，排上压石约 0.5 m³/m²，长宽视具体情况而定，可达数十米至百余米。沉排处岸坡不宜过陡，以保稳定，上端应低于历年最低水位，以免梢料干、湿易腐；下端应伸至河底冲刷部分以外的平坦处，并加压大块石或沉辊保护，以免排体折断散失。沉排整体性、柔韧性、抗冲性及耐久性好，可御较大流速。适应岸坡、河床变形，以及水深流急防护范围大的场合。现代常用高分子材料如聚丙烯编织布作排体，具有整体性好、自身强度高、轻柔、施工作业劳动强度低、施工效率高、应变能力强等优点。

梢料（fascine） 水利工程中用作河工材料的树枝梢。有柳、杨、榆、桑等枝梢，以柳枝梢为最好。以细长、柔软、新鲜、多带枝叶者为佳。不易腐烂，较秸料耐久，在水下易抓底不滑，有缓溜落淤的效能。多扎成梢龙、梢捆，作为治理河堤或护岸的材料。

秸料（straw and stalk materials） 水利工程中用作河工材料的秫秸、稻草、麦秸、芦苇等柴草的总称。其中芦苇亦称"苇料"。在梢料缺乏的地方，常用秸料代替。以干、长、坚实整齐并带根须的秸料为佳。秸料性质柔软，适应不平整的堤底、堤坡，能缓和水流，但易腐烂，不能耐久。多做成埽工，如丁厢埽、顺厢埽等。

石笼（stone basket；gabion） 用铅丝或木条、竹篾、荆条等材料编成各种网格笼，内填块石、砾石或卵石的水工结构物。按构成材料，分铅丝笼、木笼、竹笼和荆条笼等。多用于水深流急处的护岸、堵口、截流或修筑围堰，以及临时性的堰坝工程。现代意义的石笼是一种生态格网结构，是为防止河岸或构造物受水流冲刷而设置的装填石块的网箱，多以金属线材由机械将双线绞合编织而成，呈多铰状六角形。钢丝网片多采用抗腐耐磨高强的低碳高镀锌钢丝或 5% 铝锌稀土合金镀层钢丝（或同质包覆聚合物钢丝）编织，钢丝直径可达 2～4 mm，钢丝表面通常采用热镀锌保护；聚氯乙烯网片在镀锌铁丝的表面包一层聚氯乙烯保护层。广泛应用于水利、交通、市政、园林、水土保持等工程中。

沉船（sinking ship） 堤坝封堵决口的一种技术。将船满载土石材料开行至堤坝决口处凿沉，以封堵决口。多用于堤坝决口大而深、水头较高、水流较急，抛填土石料难以奏效的情况。如 1998 年长江抗洪抢险中多次使用。

埽工（fascine works） 简称"埽"。以薪柴（梢料、苇、秸）、土石为主体，以桩签、绳缆联系的一种捍溜护堤的水工建筑物。先将薪柴用桩绳捆束成坯（层），然后分坯压以土石（顶层为压埽土）即成。施工下埽时，全埽各坯依次入水下沉以后，均各以绳系于堤上桩顶（还有底钩绳亦扣于桩上），拉紧加固。埽工名类繁多，按做法，有顺厢埽、丁厢埽；按形态，有磨盘埽、月牙埽、鱼鳞埽、雁翅埽和扇面埽等；按作用，有藏头埽、护尾埽、裹头埽和护岸埽；按地位，有等埽、面埽和合龙埽等；按材料，有秸埽、柳埽和柳石楼厢埽等。埽工用于护岸、护滩和抢险，能抗御水溜对堤岸的冲刷；用于截流、堵口，易于闭气；还可用于整治河道的临时性工程。但质轻易朽，要经常修理，不适用于永久性工程。

硬厢（fascine revetment） 用钉桩木维系埽物而厢修的方法。软厢的相对语。厢修时，先打两行排桩入地，然后在排桩中填薪柴料物。桩柳护岸即用硬厢法厢修。

软厢（roped fascine faggot） 亦称"捆厢"、"楼厢"。在制作埽工时，用绳缆、桩签捆束薪柴（梢料、苇、秸）而厢修的方法。硬厢的相对语。是中国传统堵口河工技术。以大量埽料、柳枝、土石、绳缆、木桩，就地填捆，逐坯加厢，追压沉至河底，上部压石封顶的大体积埽体，为埽工的一种改进。薪柴根梢顺堤厢修者，称"顺厢"；薪柴根梢一颠一倒向外与堤岸成丁字形厢修者，称"丁厢"。下埽方法有桩船法、桩枕法和旱厢法等。桩船法是在堤上钉排桩，一桩一绳，绳的两头，一系桩上，一系捆厢船上，于排绳上一层坯一层土做埽工，徐徐松绳，追压到底；常用于堵口和截流。桩枕法是以柴枕代船，用堤上桩系柴枕顺堤下沉，枕先浮于水面，再于底钩排绳上一层坯一层土做埽工，徐徐松绳，枕随层坯逐渐下沉，直至追压到底；常用于护堤、护滩。旱厢法是在枯水时堤岸坡脚露出水面，平挖堤脚，整为埽台，然后在埽台上直接厢修埽工。

捆厢（roped fascine faggot） 即"软箱"。

楼厢（roped fascine faggot） 即"软箱"。

干旱（drought） 因久晴无雨或少雨，降水量较常年同期明显偏少而形成的一种气象灾害。主要有四种类型：（1）气象干旱，降水与蒸发的收支不平衡造成的水分亏缺现象；（2）水文干旱，降水与地表水或地下水收支不平衡造成的水分亏缺现象；（3）农业干旱，环境因素造成作物体内水分亏缺，影响其正常生长发育甚至枯死，进而导致减产或绝收的现象，包括大气干旱（干热风和高温低湿的气候条件，使作物蒸腾作用加剧，体内水分失去平衡，正常生长受到抑制）、土壤干旱（土壤含水量过低，作物根系吸水困难）和生理干旱（土壤含水量虽较多，但含盐量大，土壤溶液浓度过高，使作物根系吸水困难；土壤温度过低或严重缺氧，使根系吸水的正常生理过程受阻或遭到破坏）；（4）经济社会干旱，自然系统和人类社会经济系统中水资源不平衡造成的异常水分亏缺现象。一般是长期的现象，由气象因素引发，具

有出现频率高、持续时间长、波及范围广的特点。从古至今都是人类面临的主要自然灾害，不仅会给国民经济特别是农业生产等带来巨大损失，还会造成水资源短缺、荒漠化加剧、沙尘暴频发等生态环境问题。随着人类的经济发展和人口膨胀，水资源短缺现象日趋严重，也直接导致了干旱地区的扩大与干旱化程度的加重，干旱化趋势已成为全球关注的问题。

卡脖旱（critical drought） 发生在作物对水分特别敏感的需水关键期的干旱。为玉米等旱作物孕穗期遭受干旱危害的群众用语。玉米抽雄前后一个月是需水临界期，对水分特别敏感。此时缺水，幼穗发育不好，果穗小，籽粒少。如遇干旱，雄穗或雌穗抽不出来，似卡脖子，故名。有时因为干旱，雄雌穗间隔期太长，授粉不良，结实率低，产量下降。

旱情（drought） 某个时间段的某个地区干旱的情况。通常指淡水总量少，不足以满足人的生存和经济发展的气候现象。一般是长期的现象。当代常采用遥感监测旱情。与归一化植被指数和地表温度相关的温度植被干旱指数（TVDI）可用于干旱监测。尤其是监测特定年内某一时期整个区域的相对干旱程度，并可用于研究干旱程度的空间变化特征。

干旱指数（dry index） 亦称"干燥度"。反映气候干旱程度的指标。以年蒸发能力与年降水量的比值表示，即：$r = E_0/P$，式中 r 为干旱指数；E_0 为年蒸发能力，P 为年降水量，以 mm 为单位。当 r 小于 1.0 时，表示该区域蒸发能力小于降水量，该地区为湿润气候；当 r 大于 1.0 时，即蒸发能力超过降水量，说明该地区偏于干燥。r 越大，即蒸发能力超过降水量越多，干燥程度就越严重。

干旱监测（drought monitoring） 亦称"旱情监测"。对土壤含水量及其变化过程进行定时、定位监测的农田灌溉管理手段。对土壤含水量低于作物正常生长需水要求的水文情势及时做出预报，在春、夏、秋播期间和抗旱期间，编发墒情通报，为抗旱决策提供可靠依据。对发展农业生产、提高作物产量具有重要作用。主要监测方法有田间单点实测法、土壤水分模型法和遥感法三种。遥感法可快速获取大面积的土壤水分信息，具有宏观、动态、经济的特点，被广泛应用。归一化植被指数和温度植被干旱指数（TVDI）亦可用于干旱监测，其反映特定年内某一时期整个区域的相对干旱程度和空间变化特征。

旱情监测（drought monitoring） 即"干旱监测"。

干旱等级（dry grade） 区分干旱程度的标准。中国国家标准将干旱划分为五个等级，并评定其对农业和生态环境的影响程度：（1）正常或湿涝，特点为降水正常或较常年偏多，地表湿润，无旱象；（2）轻旱，特点为降水较常年偏少，地表空气干燥，土壤出现水分轻度不足，对农作物有轻微影响；（3）中旱，特点为降水持续较常年偏少，土壤表面干燥，土壤出现水分不足，地表植物叶片白天有萎蔫现象，对农作物和生态环境造成一定影响；（4）重旱，特点为土壤出现水分持续严重不足，土壤出现较厚的干土层，植物萎蔫、叶片干枯、果实脱落，对农作物和生态环境造成较严重影响，对工业生产、人畜饮水产生一定影响；（5）特旱，特点为土壤出现水分长时间严重不足，地表植物干枯、死亡，对农作物和生态环境造成严重影响，对工业生产、人畜饮水产生较大影响。

干旱预警信号（drought warning signals） 对应干旱级别的警示标志。分两级，分别以橙色、红色表示。橙色预警信号标准是：预计未来一周综合气象干旱指数达到重旱（气象干旱为25～50年一遇），或某一县（区）有40%以上的农作物受旱；红色预警信号标准是：预计未来一周综合气象干旱指数达到特旱（气象干旱为50年以上一遇），或某一县（区）有60%以上的农作物受旱。

气象干旱（meteorological drought） 某时段由于蒸发量和降水量的收支不平衡，水分支出大于水分收入而造成的水分短缺现象。

大气干旱（atmospheric drought） 大气温度过高、相对湿度过低，以及干热风等特殊气象原因造成植物缺水的现象。在高温低湿条件下，植物蒸腾消耗的水分很多，即使土壤并不缺水，但根系吸收的水分不足以补偿蒸腾的支出，也可引起植物体内水分亏缺。

土壤干旱（soil drought） 土壤水分不能满足植物根系吸收和正常蒸腾所需而造成的干旱现象。由于土壤含水量少，土壤颗粒对水分的吸力大，植物的根系难以从土壤中吸取足够的水分去补偿蒸腾的消耗，植株体内的水分收支失去平衡，从而影响生理活动的正常进行。

生理干旱（physiological drought） 土壤不缺水，但因不良土壤状况或根系自身的原因，使根系吸不到水分，植物体内发生水分亏缺的现象。不良土壤状况包括通气不良、溶液浓度过高、温度过低、肥料过多等，它们都阻碍根系吸取足够水分，使植物发生水分亏缺，失去平衡，正常的生理活动遭到破坏，致使植株凋萎，甚至死亡。生理干旱的结果与土壤和大气干旱相同。

墒情监测（soil moisture monitoring） 针对土壤墒情（土壤含水量）的观测。是监测土壤水分供给状况的农田灌溉管理手段。也是农田用水管理和区域性水资源管理的一项基础工作。通过检测土壤墒情，可严格按照墒情特点在关键时刻适量浇水，控制和减少灌水次数和灌水定额，以减少棵间蒸发，使灌溉水得到高效利用，达到积水目的。获取土壤墒情信息，也可为评估干旱提供数据资料。常用方法有称重法、中子法、γ射线法、张力计法和时域反射法等。

墒情预报（soil moisture forecast） 根据现时的土壤含水量和气象、水文信息，对未来某一时段内农田土壤水分状况及其变化趋势的监测、预报。有确定性方法和随机性方法两大类。前者包括经验公式预报法、水量平衡模型预报法和土壤水动力学法模型预报法；后者包括数理统计法和随机模拟法等。不仅可实现监视和监测点位的墒情动态，且能掌握大范围农田墒情和旱情严重程度及其在面上的分布规律，为农业适时适量灌溉和政府部门及时制定抗旱减灾对策提供科学依据。

湿润指数（moisture index） 即"湿润度"。衡量气候湿润程度的指标。干旱指数的倒数，以地面收入水分（降水）与其支出水分（蒸发、径流）的比值表示。用来对气候进行分类。当其大于1.0时，表示湿润；当其小于1.0时，表示干燥。

抗旱保墒（storing water in soil） 增加土壤蓄水能力、减少农田水分蒸发的综合农业节水技术。包括农业耕作技术、覆盖保墒技术、施水播种和抗旱育苗技术和化学节水保墒技术。在半干旱、半湿润地区没有灌溉条件的农田中，采用蓄水保墒、合理用墒，以充分利用天然降水的措施。抗旱保墒耕作是旱地农业生产最基本的耕作技术，主要分四类：（1）拦水增墒，采用沟垄、坑田、深翻、带状间作和水平防冲沟等耕作方法，就地拦蓄全部或部分天然降水，增高地墒。（2）增肥蓄墒，容易板结和跑墒的土壤，增施大量有机肥料，结合施用氮、磷、钾化肥，改善土壤性状和结构，提高土壤肥力和蓄水保墒能力。（3）抗旱播种,一般利用夏秋降雨较多,重点抓伏秋深翻,蓄积大量降水,然后采用耙耱保墒、镇压提墒、适时抢墒、深犁找墒或顶凌早播等;秋粮产地主抓秋水春用,夏粮产地着重夏水秋用,按墒情选用适当的抗旱播种方法,务使全苗。(4)选用抗旱作物,适当的抗旱作物及其优良品种可以更有效地提高有限地墒的利用率,确保增加农业产量。

抗旱天数(days of drought control) 农作物生长期连续干旱时,灌溉设施能确保作物需水要求的天数。是灌溉工程设计标准的一种简易表示方法。在中国采用抗旱天数作为灌溉设计标准的地区,单季稻灌区常用30~50天,双季稻灌区常用50~70天,经济发达地区可按上述标准提高10~20天,在小型灌区的规划设计中常被采用。由于无雨日的确定有实际困难,且此标准不便于与其他部门的保证率标准对照比较,故大中型灌溉工程和综合利用工程的设计中较少采用。

抗旱措施(anti-drought measures) 应对缺水或干旱的方法。主要有节水灌溉,节水抗旱栽培,启用应急水源,引、调客水等。

抗旱预案(anti-drought preparedness plans) 应对干旱灾害的预防和应急处置方案。一般根据干旱等级和出现的季节确定预警信息,制订分级应急响应方案。中国国家抗旱应急响应机制按干旱严重程度从高到低分一级、二级、三级和四级。

抗旱应急水源(water supply for anti-drought emergency) 为应对干旱而建设的临时性供水水源。包括地表水、地下水和其他水源。具有功能独特性、运行临时性、管理长期性的特点,其公益性、基础性和战略性强。主要有抗旱应急备用井、引调提水工程、水库等。

旱地农业(dryland agriculture) 以节水灌溉、发展旱生或耐旱农作物为主,最大限度蓄水保墒和最大限度提高水分利用率的农业。是在干旱、半干旱或半湿润易旱地区完全依靠天然降水从事作物生产的一种栽培技术。需把水源工程建设、节水灌溉与农业结构调整有机结合起来,采取综合措施,增强农业的整体抗旱能力。

坐水种(sowing with water) 亦称"抗旱点种"。一种耕作栽培模式。即在埯中(播种的土坑)先注水后播种,使作物种子恰好坐落在灌溉水湿润过的土壤之上,然后覆土。在干旱严重或缺水地区,可保

证作物出苗率。流程为:平整土地,浸种、拌种或种子包衣,挖坑或开沟,注水,点种,投肥,覆土。是一种古老的地面灌溉方法,灌溉用水量小,抗旱增产效果显著,在黑龙江、吉林等地广泛采用。优点有:(1)墒情好,提高出苗率;(2)可增加积温,提前出苗。且有利于提高肥效,致使种芽发育快、根系壮、苗势旺盛;(3)节水,较传统灌溉节水70%以上。

集雨工程(rainfall collection project) 在干旱、半干旱地区,以及其他缺水地区,将规划区内及其周围的降水进行汇集、存储,并加以有效利用的微型水利工程。一般由集雨系统、净化系统、存储系统、输水系统、生活用水系统和田间节水灌溉系统等部分组成,具有投资小、见效快、适合家庭使用等特点。常用的集蓄雨水设施有水窖、水池、涝池、塘坝、集流坝、人字闸、截潜流、过滤和净化等。收集的雨水主要用于农业灌溉,如淌灌、渗灌、滴灌、喷灌、微喷灌等。在干旱地区还用于人畜饮水和生活用水。现已由农村推广至城镇,如集雨式绿地、透水铺装、雨水集蓄利用等设施。

抗旱保水剂(drought resistant and water retaining agent) 亦称"土壤保水剂"、"抗蒸腾剂"、"贮肥蓄药剂"、"微型水库"。一种抑制土壤水分蒸发、促进作物根系吸水或降低蒸腾率,从而达到抗旱增产目的的化学制剂。在土壤中能将雨水或浇灌水迅速吸收并保住,变为固态水而不流动不渗失,长久保持局部恒湿,天旱时缓慢释放供植物利用。特有的吸水、贮水、保水性能,在改善生态环境、防风固沙工程中起到决定成败的作用。主要有:(1)土壤保水剂,利用强吸水性树脂制成的一种具有超高吸水保水能力的高分子聚合物;(2)抑制蒸腾剂,有叶面气孔开放抑制剂、薄膜型蒸腾抑制剂和反射型蒸腾抑制剂三类;(3)土面保墒增温剂,亦称"液体覆盖膜",喷洒到土壤表面后,很快在地表形成一层覆盖膜,达到抑制土壤水分蒸发,提高土壤温度的目的。广泛用于土地荒漠化治理、农林作物种植、园林绿化等领域。

土壤保水剂(soil conditioner water) 亦称"高效吸水剂"、"保湿剂"。利用强吸水性树脂制成的一种具有超高吸水保水能力的高分子聚合物。能迅速吸收比自身重数百倍甚至上千倍的水分,可在植物根系吸水土层中形成一个吸收、存储水分和养分的"微型水肥库",并能缓慢释放水分和养分,形成植物

所需要的微域湿润营养环境,其长效调控水分和养分的作用。能改善土壤通气状况、减少因干旱贫瘠和土壤板结所导致的种植损失,并具有反复吸水和渗水的性能。使用方法有种子涂层、种子包衣、蘸根和根系涂层、土壤表层撒施、穴施和制作育苗培养机制等。

农 业 水 利

农田水利(irrigation and drainage) 为发展农业生产的水利事业。基本任务是通过各项水利技术措施,改造对农业生产不利的自然条件,改良土壤,保持和提高土壤肥力,为稳产高产奠定基础。内容包括:调配地区水情,解决因水量在地理分布和时间分配上的不均匀性所造成的供需之间的矛盾;对农田水分的不足或过多进行调节,为农作物生长提供适宜的土壤环境。通过蓄水、保水、引水、提水、调水和灌溉、排水等不同工程措施来实现,以达到消除洪、涝、渍、旱、碱、潮等自然灾害和扩大灌溉面积的目的,同时结合农、林、牧措施,改造大自然,防止大面积水土流失,防治风沙,扩大农、林、牧草地的面积,并改善生态环境。

农村水利(rural water conservancy) 为增强抗御干旱洪涝灾害能力、改善农业生产条件和农民生活条件、提高农业综合生产能力、保护与改善农村生态环境服务的水利措施。主要内容包括:农田水利、农村饮水和乡镇供水。主要任务是围绕着农业增效、农民增收和农村稳定,不断完善防洪除涝、农村饮用水安全体系、农村水环境保护体系、农业节水高效灌溉体系、农村水管理和基层水利服务体系,以达到促进农民增产增收,改善农村生态环境,提高农业水资源科学利用程度和改善农民生活质量的目的。

农田水利基本建设(farmland capital construction) 通过水利和农业等综合措施,改造对农业生产不利的自然条件,建设旱涝保收、高产稳产农田的建设活动。内容包括:兴修水利、改良土壤、平整土地、造林、修路、改善农民居住条件等。主要任务是以改土、治水为中心,实行山、水、田、林、路综合治理。还应积极利用自然资源,如修建小水电站、整治塘坝等。进行农田水利基本建设,要因地制宜,讲求实效。

高标准农田建设(high standard farmland construction) 为全面改善农业生产条件而开展的土地平整、土壤改良与培肥、灌溉与排水、田间道路、农田防护与生态环境保护、农田输配电等工程建设,并保障其高效利用的建设活动。主要任务是通过各项工程建设,促进农田集中连片,增加有效耕地面积,提升耕地质量,优化土地利用结构与布局,实现节约集约利用和规模效益;完善基础设施,改善农业生产条件,增强防灾减灾能力;加强农田生态建设和环境保护,发挥生产、生态、景观的综合功能;建立监测、评价和管护体系,实现农田持续高效利用。

土壤剖面(soil profile) 从地表垂直向下,直到变化较小的母质(或基岩)为止的土壤纵剖面。土壤发生发展过程中形成一定的层次。典型剖面可分三层:最上层称"表土层"或"淋溶层",一般富含腐殖质,较为疏松;第二层称"心土层"或"淀积层",质地比较黏紧;第三层称"底土层",大多是成土母质。各层又可分若干亚层。剖面特征反映土壤的形成过程和性质,通过观察可大体了解土壤性状,为合理用土、正确选用排灌措施和改良土壤提供依据。

土壤孔隙(soil pore space) 存在于土壤中的孔道和间隙。以数量(孔隙率)和大小分布表示。对于土壤的导水(透水)和持水性来说,后者比孔隙率更为重要,它还影响土壤通气性、养分释放和移动、微生物活动和热特性等。按孔隙大小,分大孔隙(大于100 μm),亦叫"通气孔隙"或"非毛管孔隙",有通气、排水作用;中孔隙(100~30 μm),有导水性,毛管水运动快;小孔隙(30~3 μm),有持水性,毛管水运动慢。土壤孔隙决定了土壤质地、团粒化程度、有机质含量,以及耕作、施肥、干湿交替条件等。

土壤空气(soil air) 存在于未被水分占有的土壤孔隙中的气体。其数量和成分与大气交换、土壤层次、结构特性、土壤水分含量、内部生物化学过程等有关。一般土壤空气的成分与大气相比,含氮量大致相同,含氧量较低,二氧化碳含量为大气中的10倍。在结构性差的土壤中,二氧化碳会更多,氧则减少,影响作物的生长。进行耕作、增施有机肥料和合理灌排,可加速土壤空气的更新。

土壤通气性(soil aeration property) 土壤空气与大气不断交换从而得到更新的能力。气体交换是随其本身的压力梯度而移动扩散,在土壤非毛管孔隙中进行。土壤通气性与土壤结构特别是孔隙特性有关。土壤通气良好时可满足作物对氧的需要，还可使土壤发生生物和化学效应，给作物生长以间接影响。排水、耕作、增施有机肥料等可改善土壤的通气性。以土壤通气孔隙率反映土壤通气状态，一般土壤通气孔隙率大于10%时，土壤通气性就有保证。

土壤温度（soil temperature） 土壤的冷热程度。是作物的一个重要生长因素。对微生物活动、种子发芽和根系发育影响很大。热源来自太阳辐射。随昼夜、季节而变化，前者仅影响表土20 cm左右的深度，后者影响达几米深土层。坡向、植被、积雪覆盖，以及土壤颜色、表面粗糙程度、土壤水分含量等都会影响土壤温度。开沟排水和改良土壤结构是提高土壤温度的有效措施。

土壤酸碱度（soil acidity and alkalinity） 亦称"土壤pH"。土壤酸度和碱度的总称。通常用以衡量土壤酸碱反应的强弱。主要由氢离子和氢氧根离子在土壤溶液中的浓度决定，以pH表示。pH在6.5~7.5之间的为中性土壤；6.5以下为酸性土壤；7.5以上为碱性土壤。土壤酸碱度一般分7级（见下表）。中国土壤的pH为4~9。

pH	土壤酸碱度
< 4.5	极强酸性
4.5~5.5	强酸性
5.5~6.5	酸 性
6.5~7.5	中 性
7.5~8.5	碱 性
8.5~9.5	强碱性
>9.5	极强碱性

土壤水（soil water） 土壤中所存在和保持的水分。常以气态（水蒸气）、液态（水）或固态（冰）存在。液态水可分吸湿水、薄膜水、毛管水和重力水四种类型。与大气圈有密切联系，从大气降水和水汽凝结得到补给，消耗于蒸发和植物的散发（蒸腾）。不同类型的土壤水分被植物吸收利用的程度不同。在水文学中，土壤水的多少与下渗和径流的形成有密切关系。

土壤含水量（soil water content） 亦称"土壤含水率"、"土壤湿度"。单位数量的土壤所保持的水量。常用以下方式表示：(1)土壤中水分的质量占干土质量的百分率，称"干土重含水量"，用质量百分率表示；(2)土壤中所含水的体积占土壤总体积的百分率，称"体积含水量"，用体积百分率表示；(3)土壤中水的体积占孔隙体积的百分率，称"孔隙含水量"；(4)土壤中所含水量占田间持水量的百分率。干土重含水量使用最广泛，测量简单，常作为其他表示法或测定法对比的基础。体积含水量主要使用于土壤水分的理论研究。孔隙含水量或田间持水量，主要用于土壤贮水量和灌水定额的计算。土壤含水量各种表示方式可以进行互换。土壤含水量有时也以水层厚度或压力水头表示，主要用于水量平衡、势能计算。

吸湿水（hydroscopic water） 亦称"吸着水"、"强结合水"。被分子引力和静电引力牢固地吸附在土壤颗粒表面的水。吸湿水由于所受引力强，水分子被牢固地吸附在土粒表面，排列十分密集。不能自由移动，只有加热时，才能变成水汽而运动；无导电性和溶解养料物质的能力，不能被作物吸收利用。土壤吸湿水的含量与土壤质地、腐殖质含量和空气的相对湿度有关。一般来说，土壤中黏粒和腐殖质的含量较多时，其吸湿水含量就大些。如砂粒较多而腐殖质含量较少时，吸湿水含量就小。对于同一种土壤，在空气相对湿度较大时，吸湿水含量也较大；反之，则较小。当土壤处于饱和相对湿度时，它的吸湿水含量为最大。

薄膜水（film water） 亦称"弱结合水"。当土壤吸湿水达最大量后，在吸湿水外层所形成的膜状液态水。当土粒表面吸附水汽分子形成的吸湿水达最大量后，剩余的分子引力和静电引力向周围吸附液态水，这些水分子就围绕在吸湿水外层而定向排列。随着薄膜水厚度的增加，较外层的薄膜水所受引力较内层要弱。厚度增加到一定值后，部分薄膜水可摆脱引力的束缚，向薄膜水较薄的土粒表面移动。内层薄膜水很难移动，不能被作物所吸收。外层薄膜水可移动，但移动速度缓慢，数量也少，对作物生长的意义不大。此外，薄膜水厚，土粒间的距离就大，土粒就易于相对移动。反之则难于移动。薄膜水的厚度（或称"含量"）影响土的物理、力学性质。

结合水（bonded water） 吸湿水和薄膜水的统称。有强结合水与弱结合水之分，分别见"吸湿水"与"薄膜水"。

毛管水（capillary water） 亦称"毛细管水"。受

毛管力作用而保持在土壤孔隙中的水分。运动方向和速度依毛管力的大小而定。上升高度与毛管半径成反比，运动速度与毛管半径平方成正比。黏性土中孔隙小，毛管水上升高度大而运动速度很慢；砂性土中则相反，其上升高度小而运动速度很快；壤土介于两者之间。与植物生长关系密切。按存在形式，分毛管上升水和毛管悬着水。

毛管上升水（capillary rise water）　受毛管力的作用，地下水沿毛管上升并保持在土壤毛管孔隙中的水。存在于地下水面以上的土层。距地下水面愈近的土壤，其含水量就愈高；反之愈低。到达的最大高度称"最大毛管水上升高度"，与毛管半径有关。

毛管水强烈上升高度（capillary intense rising-height）　具有较大的毛管输水速度的毛管水上升高度。当地下水矿化度较高时，表土的积盐速度与毛管水的上升高度和输水速度有关；在毛管水最大上升高度范围内，输水速度快，积盐速度快，土壤容易返盐。因此，地下水临界深度主要由毛管水强烈上升高度来确定。如黏性土中，毛管水上升高度大于砂性土，但在砂性土中，毛管输水速度比黏性土要快得多。在相同的地下水位和矿化度条件下，轻质土易于返盐，即轻质土的毛管水强烈上升高度大于黏性土。

重力水（gravity water）　在重力作用下，沿土壤中非毛管孔隙由上向下移动的水。在水文地质学中称"下渗重力水"。当土壤含水量达到田间持水量后，毛管孔隙全部充水，多出的部分水就进入非毛管孔隙中，这部分水只受重力支配，不能保持在土壤孔隙中，与地下水一样，形成地下径流。旱作物灌溉后，不允许整个根系吸水层出现重力水，否则会导致灌溉水量损失、肥料流失和抬高地下水位，招致土壤的次生盐渍化。如地下水位过高，长期阴雨，耕层土壤中长期或大量存在重力水，会恶化土壤的通气性，易形成渍害，对作物生长不利，需及时排除。

气态水（soil water in vaporphase）　土壤孔隙中的水蒸气。由土壤水分蒸发而成，并与大气不断进行交换。遇冷凝结成水滴，成为土壤液态水。白天，气态水上升至地表，蒸发损失，或向下移动至温度较低的下层土中，凝结成液态水。夜间，表土温度降低，深层土壤中的气态水又向上移动至表土，凝结成液态水。土壤中气态水的含量极少，但土壤蒸发过程中，均是液态水转化为气态水而造成的土壤水分损失。

土壤水分常数（soil water constant）　根据土壤水分的性质、能量状态，以及与作物生长的关系，确定的几个特征土壤含水量。如吸湿系数、凋萎系数、毛管破裂含水量、田间持水量和饱和含水量等。这些数值可用含水量或土壤水吸力的大小来表示。用含水量表示时，因土质不同，其数值相差悬殊；如细砂土的田间持水量为 4.5%（以质量计），而粉黏土达 23.8%（以质量计）。如用吸力值表示，这两种土壤田间持水量的吸力值为 10~30 kPa。

吸湿系数（hydroscopic coefficient）　土壤的吸湿水达到最大值时的土壤含水量。是土壤水分常数的一种。完全烘干的土壤置于饱和相对湿度的空气中，土壤吸湿水含量将达到最大值。此时水分子被紧紧地吸附在土粒表面，土壤水吸力为 3.04 MPa。测定方法为：将盛有风干土的小称皿，放在空气相对湿度为 94% 的干燥器中（其中底部有 10% 硫酸溶液或硫酸钾饱和液），经一段时间，土样称至恒重，取此时土壤含水量即为吸湿系数。

凋萎系数（wilting coefficient）　亦称"凋萎点"、"凋萎含水量"。作物因无法从土壤中吸取水分，出现永久凋萎，相当于刚出现这种现象时的土壤含水量。是土壤水分常数的一种。随着土壤水由于植物根系吸水和表土蒸发而不断消耗，土壤含水量不断降低，土壤水吸力不断增加，作物根系吸水越来越困难。当叶面蒸腾量大于根系的吸水量时，作物的叶片就会卷缩下垂，呈现凋萎。如增加土壤含水量或降低外界的蒸腾能力，作物又恢复正常生长，这时称"临时凋萎"。当土壤含水量降低到某一值时，作物出现严重凋萎，即使灌溉或降低外界的蒸腾能力，也不能恢复作物的生命活动，称"永久凋萎"。相应的土壤水分吸力变化于 0.7~4.0 MPa 之间。一般取 1.5 MPa 所对应的土壤含水率为凋萎系数值。是土壤水对作物生长有效部分与无效部分的分界点，常作为土壤中有效含水的下限。

最大分子持水量（maximum molecular moisture-holding capacity）　薄膜水达到最大量时的土壤含水量。是土壤水分常数的一种。为吸湿水和薄膜水的总和。相应的土壤水吸力为 613 kPa。其中，部分含水量能被作物吸收利用，但数量很少。

毛管破裂含水量（moisture of capillary bond disruption）　亦称"毛管破裂点"、"生长阻滞点"。

毛管悬着水由于作物根系吸水和表土蒸发而逐渐减少,较粗的毛管首先排空,使毛管中的水分失去连续性,从而使毛管水的运动中断时的土壤含水量。是土壤水分常数的一种。土壤含水量低于此值,作物吸水困难,生长受到阻滞。该指标可视为作物吸水难易的转折点。其值为田间持水量的 60% ~ 70%,可作为农作物适宜湿度的下限,或用作灌水指标。

田间持水量(field capacity) 全称"田间最大持水量"。土壤中毛管悬着水达到最大值时的土壤含水量。是土壤水分常数的一种。也是在不受地下水影响时,土壤所能保持水分的最大值。测定方法为:选一块不受地下水影响的土地,降雨或人工灌溉使土壤剖面充分湿润,地表积水消失后,防止表土蒸发,经 1 ~ 3 天后(砂土时间可短些,黏土时间要长些),上层土壤的含水量基本稳定,此时测得的土壤含水量。包括吸湿水、薄膜水和毛管悬着水的总和。相应的土壤水吸力为 9.81 ~ 29.43 kPa。为土壤中有效水量的上限。常作为灌水定额计算的依据。在水文计算产流时,当土壤含水量超过田间持水量时,即以重力水流出,成为径流。其值的大小取决于土壤性质、结构和密实度等。一般需在现场测定,且随耕作、施肥等措施而变化。

持水当量(water-holding equivalent) 亦称"水分当量"。饱和土壤受一千倍地心引力的离心力作用下所保持的含水量。其值相当于该土壤的田间持水量。用饱和土置入离心机中测得,是实验室中测定田间持水量的一种近似方法。

土壤有效水分(soil effective moisture) 土壤中能被作物吸收利用的水。其范围在凋萎系数与田间持水量之间。相应的土壤水吸力范围为 29.13 ~ 1 471 kPa。土壤有效水分对作物生长来说并非等同有效。凋萎系数为有效水分的起点,由该点开始,有效性逐渐提高。毛管破裂含水量为难效与易效的转折点。超过田间持水量则成为多余的水分。凋萎系数、毛管破裂含水量和田间持水量是土壤有效水分分级的三个基本常数,也是灌溉和排水的参考指标。

饱和含水量(saturation capacity) 亦称"全蓄水量"。土壤所有孔隙全部充满水分时的土壤含水量。是土壤水分常数的一种。一般可通过孔隙率来计算,即饱和含水量(体积百分率)等于孔隙率。它代表土壤的最大蓄水能力。相应的土壤水吸力等于零。

土水势(soil water potential) 相对于纯水自由水面,土壤水所具有的势能。是势能的一种形式。土壤水与自然界中其他物质一样,具有各种形式的能量,因流动速度甚小,忽略其动能,集中研究土壤水的势能。当水分进入土壤孔隙中,受到吸附力、毛管力、重力和溶质离子的引力等作用,分别产生基模势(包括吸附势、毛管势)、重力势、溶质势和压力势等。这些能量的总和称"总土水势"。每一项称"分势"。根据国际土壤学会土壤物理学术委员会(1963 年)定义:在标准大气压下,从自由水面把无限少量的单位数量纯水等温、可逆地移动到土壤中某一吸水点,使之成为土壤水所做的功。其大小可清楚表明土壤水对作物的有效程度、土壤水运动的方向和速度。是研究土壤水分运动和土-植-气连续系统最基本的概念。

基模势(matrix potential) 亦称"基质势"。土壤基模产生的势能。即水与土颗粒间相互作用力、静电引力和毛管力所产生的势能。水在土壤孔隙中,受到胶体颗粒所具有的巨大表面能、表面静电引力的吸附,还受到孔隙中水气交界面上弯液面所产生的毛管力的吸持。因受到这些力的作用,使得水分由自由水面进入土壤,成为土壤水。由于内力做功,使得这部分土壤水的势能低于自由水面。其值在非饱和土壤中永远是负值。土壤含水量高,其值大(绝对值小);当土壤饱和时,其值等于零;土壤含水量低,其值就小(绝对值大)。还可分吸附势和毛管势。在总土水势中起重要作用。

溶质势(solute potential) 亦称"渗透压势"。水分子与溶质离子间相互作用的势能。土壤水中溶解有各种溶质,不同离子与水分子之间存在吸引力,由于这些力的作用,所产生的势能就低于纯水的势能。对纯水其值为零;对含有各种溶质的土壤水溶液,其值为负。在含盐量很低的土壤中,溶质势可忽略;在盐碱地里,溶质势在总土水势中起重要作用。在水-植-气连续系统中,植物吸水主要由于溶质势的作用。

压力势(pressure potential) 饱和土壤中,静水面以下任何一点都承受静水压力,超过基准面的水压力而产生的土水势。土壤在饱和状态下,压力势值等于静水压强,为正值。在非饱和土中,压力势等于零。也有把基模势称"负压力势"的。

重力势（gravity potential） 因重力对土壤水的作用,使土壤水所具有的势能。大小由土壤水在重力场中的位置,即相对于基准面的高差或距垂直坐标轴原点的位置来确定。其值可为正值,也可为负值。当坐标轴向上取,原点以上的均为正值;反之,则为负值。

土壤水吸力（soil water suction） 土壤水在承受一定吸力条件下所处的能量状态。不是土壤对水分的吸力。其意义和土水势同,其数值也相等,但符号相反。其名形象易懂,且可避免因使用负数的土水势所引起的麻烦。按水分子在土壤孔隙中所受的作用力,分基模吸力和溶质吸力。

土壤水容量（soil water capacity） 亦称"比水容度"。因单位吸力的变化,引起土壤可吸入或释放的水量。反映土壤在某一吸力范围内的保水性能。

土壤水分运动（soil water movement） 土壤中土水势分布不均,土水势梯度驱使水分向势能较低处运移以趋平衡的一种能量转换过程。可以气态方式进行,称"水汽运动",由于水汽数量少,仅在土壤非常干燥和土壤蒸发时考虑。大量的是以液态方式进行。实验证明,液态土壤水在非饱和状态下运动仍符合达西律,即流经非饱和土的水通量与土水势梯度成正比,流向指向水势降低的方向。

下渗率（infiltration rate；intake rate） 亦称"入渗率"、"下(入)渗速度"、"下(入)渗强度"、"渗吸速度"。降雨或灌溉水进入非饱和土壤的垂直入渗的速度。以单位时间通过单位面积的水量表示,即 mm/min 或 mm/h。是一个随时间变化的数值,在灌溉设计中选择下渗率时,一般不用"初渗"值,而采用整个灌水期内占优势的数值。

水力传导度（hydraulic conductivity） 亦称"导水率"、"毛管传导度"。在单位土水势梯度作用下,单位时间内通过单位面积土壤横断面的水量。亦即单位水势梯度下的渗透速度。单位为 cm/h 或 m/d。土壤饱和时,有较高的导水性能,且为一定值,常称"渗透系数"。对于非饱和土壤,部分孔隙,特别是大孔隙充气时,不再导水,导水性能低于饱和状态,随着土壤含水量的降低而降低。

扩散度（diffusivity） 亦称"扩散率"。在单位含水量梯度下,通过单位断面的土壤水流量。以 m²/d 或 cm²/h 计。是计算土壤水运动常用的一个参数。

土壤水分特征曲线（soil moisture characteristic curve） 土壤水的能量指标(即基模势或基模吸力)与土壤含水量的关系曲线。反映土壤水的基本特性,对分析土壤水分的保持和运动有重要作用。除受土壤质地、结构、密实程度等因素影响外,还受土壤中水分变化过程的影响,表现为吸水曲线和脱水曲线的分离,即土壤水分滞后现象。

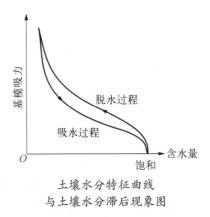

土壤水分特征曲线
与土壤水分滞后现象图

土壤水分滞后现象（soil water hysteresis） 土壤含水量随吸力(或基模势)在土壤吸水过程的变化落后于脱水过程的变化。当土壤在脱水(变干)过程中,含水量与吸力的关系曲线称"脱水曲线"。而在吸水(变湿)过程中,其关系称"吸水曲线",两条曲线并不重合,形成的封闭圈称"滞后圈"。土壤在干湿交替过程中,形成的水分特征曲线,称"扫描曲线",所有扫描曲线均落在滞后圈内,反映土壤吸力与含水量关系最大可能的变化状况,可解释土壤水分保持和运动的基本特征。

土壤水再分布（soil water redistribution） 地面水入渗后,在无水源补充情况下,水在土壤中的重新分布。入渗过程结束后,土壤水在吸力梯度和重力作用下,湿润锋继续向前。由于没有水源补充,只能消耗剖面中原先湿润部分中的水分,加深湿润层。此样剖面中的水分随时间不断重新分配。

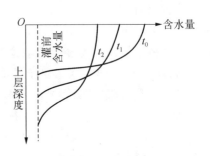

土壤水再分布图

t_0. 灌水或降水后土壤水分在剖面上的分布

t_1、t_2. 灌后 1 天和 4 天的水分分布

湿润锋（wetting front）　土壤在下渗过程中，湿润的土层前部与原干土层的交界面。在水分进入干土层的过程中，水流受到土壤中不连续含水量的影响，湿润层前部与干土层形成明显分界线。其后的湿润区称"传导区"。

张力计（tensiometer）　亦称"负压计"、"土壤湿度计"。测定土壤的基模势（或基模吸力）的一种仪器。主要由陶土头、连接管和真空压力表组成。陶土头是整个仪器的感应部件，要求结构均匀细密，可透水但不漏气。张力计内充满水后，陶土头饱和，其基模势等于零。插入土后，如土壤未饱和，则基模势小于零。由于势能不平衡，使张

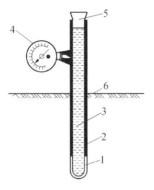

张力计
1. 多孔磁杯　2. 连接管
3. 气腔　4. 真空压力表
5. 装水口　6. 地面

力计中水向土壤中运动。张力计中由于失去部分水量而形成真空，直到陶土头内外壁的势能平衡为止。此时张力计中的势值由真空表显示，用于定点定位观测，其测定范围为 0～80 kPa。

中子测水仪（neutron moisture meter；neutron soil water meter）　用来测定土壤含水量的一种仪器。由中子源、慢中子探测器和定标器等组成。中子源为镭-铍、钋-铍或镅-铍等，能以很高的速度放射出中子。置于土壤后，快中子碰撞土壤和水的各种原子核，改变中子的运动方向，损失中子的能量。由于氢核的质量和中子质量大致相等，快中子与氢核碰撞后损失的能量最大，变成慢中子。慢中子由定标器计数。土壤含水量高，氢原子的浓度高，产生的慢中子就多。表明中子的慢化能力与土壤含水量有密切关系。只要在已知土壤容量下率定出慢中子流强度和土壤含水量之间的关系曲线，即可换算出土壤含水量。中子在土壤中散射范围为一球体，对于湿润的土壤，球体直径为 15 cm，干燥的土壤可达 50 cm。测得的土壤含水量为这个球体内的土壤平均含水量。一般只能测定地表 30 cm 以下的土壤含水量。

γ 射线测水仪（γ-ray moisture meter）　应用 γ 射线测定土壤含水量的仪器。根据 γ 射线穿透土壤层后受水的吸收使射线衰减的原理制成。测定装置为 γ 射线源、计数管和定标器。γ 射线源可采用钴-60 或铯-137。γ 源被放置在防护的铅制照准器中。野外测定时，放在有孔的铝管内，插入土壤，在距离 40～60 cm 处插入聚氯乙烯塑料管或金属管，管内装 γ 量子计数器，由计数器测定通过土壤的 γ 射线强度，由此确定土壤含水量。可测定土壤剖面范围内任意高度的土壤含水量，不破坏土壤；但不适用于因含水率改变而产生膨胀或干缩的土壤。如使用两种不同能量的 γ 源可同时测得土壤干容重和土壤含水量。

时域反射仪（time domain reflectometry；TDR）　利用土壤介电特性与其体积含水率的经验关系确定土壤体积含水率的仪器。根据高频电磁脉冲沿传输线在土壤中传播频率或传播速度可推算出土壤的介电常数，由于土壤基质中水的介电常数远大于土壤中固体颗粒和空气的介电常数，故随土壤含水率增加，其介电常数值相应增大，沿传输线高频电磁波的脉冲传播时间随之延长，通过测定土壤中高频电磁脉冲波在土壤中的传播时间或频率，根据经验公式即可确定土壤的体积含水率。其基本结构主要由主机、同轴电缆、波导连接器、波导棒四部分组成。用该仪器获取土壤含水率具有操作方便、测定迅速、数据精确、不扰动土壤、可连续测定等优点。广泛应用于现代农田土壤水分的监测。

电导率仪（electric conductance meter）　亦称"电导测水仪"。利用非盐碱地上土壤的含水量不同而具有不同导电性能的原理，所制成的测定土壤含水量的仪器。为消除土壤水中各种离子对电导度的影响，常把电极安置于块状石膏尼龙或石膏玻璃纤维中，作为测定水分的感应部件，置于土壤中的测点上。测得的电导度值，利用事先率定的土壤含水量与石膏块中电极间的电导度关系，换算出土壤含水量值。在土壤含水量较低时，精度较高。可连续测定，但石膏块使用较久会崩解。

土壤三参数仪（WET Sensor）　亦称"土壤墒情速测仪"。测定土壤水分、温度、盐分三参数的仪器。根据频域反射原理研发而成。主要由传感器和手持机两部分组成。可同时测定土壤温度、水分和盐分。主要用于农业和林业土壤墒情的测量等。

给水度（specific yield）　在降低地下水位时，单位体积的土壤所放出的水量。以无因次数 μ 表示。反

映土壤非饱和带水分运动的特性。与土壤性质、地下水位的埋深、降雨入渗补给和蒸发的情况有关。可通过室内或室外实验求得。是土壤释水性的一个重要指标，也是地下水资源计算和农田地下排水计算中不可缺少的参数。

潜水蒸发强度（intensity of ground water evaporation）亦称"地下水蒸发强度"。单位时间内地下水通过土壤层向地表的蒸发量。以 m/d 表示。其值随地下水位高低、气象因素、土壤性质、植被和耕作措施等因素而异。是设计地下排水工程和研究地下水动态的基本资料。

蒸渗仪（lysimeter） 亦称"测渗仪"、"渗漏测定计"、"溶度计"。综合测定土壤-植物-水系统水量平衡或溶质平衡的装置。由四周及底部封闭、具有排水设施、盛土或同时种植作物的容器及有关量测仪器组成。主要用于研究土壤中的水分运动、溶质输移、作物与水分的关系等，也可用于研究蒸散发。通常在野外成对、成组安置，以便进行对比观测研究。有称重式和非称重式两种。

作物灌水指标（watering index of crop） 根据环境因素或作物需要而确定的灌水特征值。是合理确定灌水时间和灌水定额的依据。可归纳为三类：（1）气象指标，指当时的气象条件和对近期气象变化趋势的估计，如在雨季之前，灌水定额宜小，持续干旱期间灌水定额宜大，在霜冻、低温或干热风降临之前要及时灌水；（2）土壤指标，指田间土壤水分状况、土壤物理性状、地下水矿化度及其埋藏深度等，其中土壤水分状况是确定适时适量灌水的主要依据；（3）作物指标，包括植株形态、群体动态和水分生理，反映植株体内的水分状况和对灌水的需求，据此安排灌水，能更准确地调节作物生活环境。

作物水分亏缺（crop water deficit） 当蒸腾失水超过根系吸水时，植物体内的含水量减少或叶片水势降低，开始影响其正常生理活动的现象。是土壤、大气、作物等多种因素综合作用的结果。可由作物本身的水分生理指标直接反映，也可由作物根系层土壤水分状况、气象等因素为指标来反映。

作物水分胁迫（crop water stress） 作物水分散失量超过水分吸收量，使含水量下降，细胞膨压降低从而使作物正常代谢失调的现象。土壤中缺水或干旱、淹水、冰冻、高温或盐渍条件等不良环境作用于植物体时，都可能引起。不同作物和品种对水分胁迫的敏感性不同，影响不一。干旱缺水是水分胁迫最常见的原因之一；在淹水条件下，有氧呼吸受抑制，影响水分吸收，也会导致细胞缺水失去膨压；冰冻引起细胞间隙结冰，特别是在严重冰冻后遇晴天，细胞间隙的冰晶体融化后又因蒸腾大量失水，易引起水分失去平衡而萎蔫；高温和盐渍条件下亦易引起植物水分代谢失去平衡，也会发生水分胁迫。

作物生理生态指标（watering physiological index of crop） 作物生长阶段的生理生态特征值。是确定灌水时间和灌水量的依据。主要有细胞液浓度、叶片水势、叶片气孔张开度、叶面积指数、根冠比等。不同作物或同一作物不同生长期指标不同；同一作物在不同栽培条件下生理生态指标也有差异。应通过试验确定适合具体情况的指标，测定时间和取样部位应力求统一和一致。

作物需水规律（rule of crop needs） 作物在不同情况下需水量的变化规律。作物需水量受气象条件、作物品种、土壤性质和耕作技术等因素的影响，在不同水文年份、不同地区、不同栽培条件下都不同。但有一定规律性，如干旱年比湿润年需水量多，生长期长的比生长期短的需水量多，耕作粗放的比精耕细作的需水量多等。同一作物各生育阶段的日需水量也不相同，一般在生育前期和后期，日需水量较小；生育中期，作物生长旺盛，日需水量较大。各生育期因土壤缺水所受的影响程度也不相同。

需水临界期（critical time of crop needs） 作物生理需水的关键时期。一般为从营养生长向生殖生长过渡的阶段，此期间如缺水或供水不足，会影响产量甚至歉收。因作物种类而不同，如棉花花铃期、玉米吐雄期、冬小麦拔节以后到灌浆期、水稻拔节孕穗和开花期等，对农田水分反应极为敏感。水分不足，必须及时灌水。

作物需水量（water requirements of crop） 亦称"蒸发蒸腾量"，简称"腾发量"。作物从播种到收获的整个生育期间的叶面蒸腾与棵间蒸发（植株间土壤或水面的蒸发）量之和。其值随地区的自然条件（气候、土壤、地下水位等）、作物种类、品种、农业技术措施等的不同而异。可通过田间试验测定，或采用估算方法求得。是灌区规划设计和计划用水必不可少的资料。

蒸发蒸腾量（evapotranspiration loss） 即"作物需水量"。

蒸发蒸腾率（evapotranspiration rate） 亦称"腾发率"、"需水强度"、"日腾发量"、"日需水量"。植物一天内消耗于叶面蒸腾和棵间（地面）蒸发的水量。受叶面面积、作物生长阶段、气候和土壤等因素影响。叶面面积愈大，蒸发蒸腾率愈高。气候因素中主要是太阳辐射、地温、气温、湿度，降雨和风也有影响。土壤因素指根区有效水量、土壤温度和盐分浓度等。蒸发蒸腾率可实测确定，其方法有土壤水分取样法、测筒法、能量平衡法等。

需水强度（crop needs intensity） 即"蒸发蒸腾率"。

潜在蒸发蒸腾量（potential evapotranspiration loss） 亦称"可能蒸发蒸腾量"、"蒸腾蒸发力"。土壤水分充足、植物覆盖茂密情况下的蒸发蒸腾量。如供水不足，在植物自身的调节作用下，比实际蒸发蒸腾量大。要求的土壤含水率通常不小于田间持水率的80%。可根据气象因素用经验公式法、水汽扩散法或能量平衡法估算。

蒸腾率（transpiration rate） 亦称"蒸腾强度"。单位时间的叶面蒸腾量。随植物的生长阶段、土壤水分状况、气候等因素而变化。

蒸腾比（transpiration ratio） 亦称"蒸腾系数"。植物生长过程中的叶面蒸腾量与所生产的干物质（除特别说明外，一般指收获物而言）的质量比。可在一定程度上表示植物的需水情况。一般为125～1 000，不同植物或在不同环境下，其值变化很大。

参考作物需水量（reference crop evapotranspiration） 参考作物在供水充足条件下正常生长所消耗的水量。作物需水量随作物种类、土壤性质和含水情况、气象条件等因素而变化。为研究其基本规律和通用计算方法，选择一种作物（多选牧草）作为参照物，称"参考作物"，实测该作物在土壤供水充足条件下的需水量，分析其与气象因素的关系，建立相应的经验公式。该公式可用于不同地区，具有普遍意义。参考作物需水量乘以具体作物的作物系数，即得该作物在供水充足条件下的需水量。再根据土壤实际供水状况加以修正，可得该作物在土壤水分不足条件下的实际需水量。

作物系数（crop coefficient） 作物在土壤水分适宜条件下的需水量与当地同期参考作物需水量的比值。随作物品种和生长阶段而变化，由实验确定。某种作物的作物系数乘以参考作物需水量即得到该作物的需水量。

需水系数（crop needs factor） 作物需水量与其主要影响因素的量的比值。如水稻需水系数，常用水稻需水量与水面蒸发量之比或用水稻需水量与气温之比来表示；旱作物则常用作物需水量与作物产量之比来表示。一般用试验的方法测得，可用其推求作物的需水量。

需水量模比系数（modulus of water requirements） 亦称"需水量模数"、"需水量模系数"。作物在各个生育阶段的需水量与全生育期需水量的比值。以百分率表示。不同作物的模系数不同。在气候相同，地形、土壤条件相似，栽培方法基本一致的情况下，同一作物的模系数基本一致。反映作物的需水规律，是拟定作物灌溉制度时分配需水量的基本依据，可通过试验资料确定。

作物田间耗水量（field consumption of crop） 作物从播种到收获的整个生育期内在农田中消耗的总水量。对于旱田，为作物需水量与深层渗漏水量之和。但在实施节水灌溉技术条件下，深层渗漏水量可忽略不计；对于水稻田，其值等于水稻需水量与稻田渗漏量之和。是灌区规划设计和计划用水的基本资料。

灌溉（irrigation） 人工补给农田水分的措施。借助工程设施，从水源（河流、湖泊、库塘、井泉）取水，通过渠道或管道输送到田间。不仅满足作物对水分的需要，还可达到培肥地力、调节地温及田间小气候、淋洗土壤盐分等目的。主要在作物生育期或播种前进行，前者称"生育期灌溉"，后者称"播前灌溉"。播前灌溉包括为缓解作物生育期间供需水量矛盾的储水灌溉。按水源的水位高于或低于渠首的设计水位，分自流灌溉和提水灌溉；按湿润土壤方式，分地面灌溉、地下灌溉、喷灌和滴灌等。还有放淤灌溉、污水灌溉、肥水灌溉等。灌溉必须适时适量，与农业技术措施密切配合，才能充分发挥作用。

灌溉制度（irrigation regime） 作物从播种到收获的整个生长期间的田间灌溉用水方案。包括灌水次数、灌水时间、灌水定额和灌溉定额。随作物种类、气候、土壤、地下水位高低和农业技术措施等因素而异。是指导农田灌水的重要依据，也是制定水利规划、设计灌溉工程和制定农田用水计划的基本资料。拟定的基本方法有：（1）总结分析当地的高产灌溉经验；（2）总结当地的灌溉试验研究资料；（3）进行农田水量平衡计算。

灌水定额(irrigating water quota) 单位面积上每次灌溉的水量。常以 m^3/hm^2 计。通常指净灌水定额。如包括毛渠渗漏和田间损失,则称"毛灌水定额",如还包括各级渠道输水损失,则称"灌区毛灌水定额"。

灌溉定额(sum of irrigating water quota) 作物从播种到收获单位面积上各次灌溉水量(即灌水定额)之和(旱田包括播前灌水,水田包括泡田水在内)。常以 m^3/hm^2 计。通常指净灌溉定额。如包括各次灌水过程中的毛渠渗漏和田间损失,则称"毛灌溉定额"。如还包括各级渠道输水损失,则称"灌区毛灌溉定额"。

计划湿润层(draught humidification zone) 对旱作物进行灌溉时,计划调节土壤水分状况的土层。是制定旱作物灌溉制度的基本资料。其深度随作物根系的发育情况、土壤性质、地下水的矿化度和埋藏深度等因素而异。作物生长初期根系很浅,其值较小;随着作物的生长和根系的发育,需水量也增多,其值也逐渐增加;地下水位高、矿化度大的地区取值应小些。一般应通过试验确定。通常从作物生长初期到末期,其值从 0.3 ~ 0.4 m 加深到 1.0 m 左右。

有效降雨量(available rainfall) 由量雨器测得的一次降雨总量除去截流、蒸发、下渗、填洼等损失后形成径流的雨量。在农田灌溉中则指降雨后能被作物利用的雨量。是制定作物灌溉制度的基本资料之一。对于旱作区,指降雨后存蓄在计划湿润层内的雨量,其值等于设计降雨量与降雨后形成的地面径流和深层渗漏量的差值。也常用降雨有效利用系数乘以设计降雨量进行计算。降雨有效利用系数的大小与一次降雨总量、降雨强度、降雨延续时间、土壤性质、作物地面覆盖、计划润湿层深度和雨前土壤含水量等因素有关,一般应根据实测资料确定。对于水稻区,指稻田允许最大蓄水深度与雨前田面水层深度之间所能存蓄的雨量。通常把小于 5 mm 或小于蒸发强度的降雨量视为无效降雨量。

作物地下水补给量(supplement from ground water) 旱作物在生长过程中,地下水借土壤毛管力作用上升到作物根系层内被作物吸收利用的水量。是旱作物灌溉设计中需要考虑的一种来水量。其值与地下水埋深、土壤性质、作物种类、作物需水强度和计划湿润层含水量等因素有关。一般地下水埋深在 2.5 m 以内时,地下水补给量为作物需水量的 5% ~ 25%;埋深超过 2.5 m 时,常可忽略不计。具体数值应通过当地或条件类似地区的试验观测资料进行估算。

深层渗漏量(deep percolation loss) 灌溉和降水后渗到作物根层以下的水量。在灌溉用水量中,应计入深层渗漏水量。其大小受每次灌水时的灌水量、降雨量、土壤性质和当时土壤含水量的影响。因灌水技术和田间管理的不同变化很大。

泡田(irrigation before transplanting) 水稻田插秧前的灌水工作。作用是使土壤浸透,适时犁耙,做到土细田平,并糊好田坎。田面水层以保持30 mm左右为宜,以便秧苗移栽。单位面积所需泡田水量称"泡田定额",一般为 750 ~ 1 800 m^3/hm^2,视土壤性质、地下水位高低和泡田天数而定。

水田渗透量(seepage of paddy field) 通过水田的耕作层向深层垂直渗漏掉的水量。是确定水稻灌溉用水量的基本资料之一。其大小与土壤性质、水文地质条件和灌排设施等因素有关,可通过实测或调查得到。是一种水量损失,但不能完全视为水量的浪费,因适宜的渗漏量可排除土壤中由于长期淹灌所积累的有毒物质(如硫化氢、氧化亚铁等),改善土壤的通气状况和养料条件,促进水稻的增产。

灌水模数(modulus of irrigating flow) 亦称"灌水率"、"灌溉用水率"。灌区单位面积上所需要的灌溉净流量。通常指净灌水模数。如计入灌溉系统的输水损失,则称"毛灌水模数"。可根据灌区各种作物各次的灌水定额逐个计算综合而得。是渠首引水流量和渠道设计的基本依据。

灌水模数图(irrigation modulus graph) 亦称"灌水率图"。以灌区各种作物的各次灌水模数值为纵坐标、时间为横坐标绘制的图。初步绘制的灌水模数图中,各时段的灌水模数值往往相差较大,且有短期停水现象,将给渠道的设计和管理造成困难,应进行适当修正。可通过调整各种作物的灌水模数(主要是调整灌水延续时间)和在允许范围内前后移动灌水日期,使修正后图中的灌水模数值比较均匀,能分出渠系的供水次数并使相邻两次供水有一定的间隔时间(不少于2 ~ 3 天)。渠道输水较均匀、稳定,可减少水量损失,并便于在停水期间进行工程维修。通常选取灌水模数图中延续 20 天以上的最大灌水模数作为计算渠首引水流量和各级渠道设计流量的依据。但如最大灌水模数的延续时间很短,可采用略小于最大值的灌水模数作为设计值。

灌水延续时间(duration of irrigation) 灌区内对一种作物完成一次灌水的延续时间。是决定灌水模数大小的因素之一。影响渠道设计流量的大小,关系到渠道及其建筑物的尺寸和造价。其值应视作物种类及其不同生长阶段、灌区面积大小和农业生产劳动计划等因素慎重选定。

灌水周期(irrigation cycle) 亦称"灌水时距"。在灌溉设计中,前后两次灌水的间隔时间。应等于灌溉计划层内土壤水分从上限降至下限所经历的时间。当土壤水分降至下限时,即应进行下一轮灌水。

灌溉用水量(duty of water) 满足灌区作物需水而进行灌溉的水量。作物的某次灌水定额与种植面积的乘积称该作物某次的"净灌溉用水量";整个生长期的净灌溉用水量为各次净灌溉用水量之和。如计入渠系的输水损失和田间损失,称"毛灌溉用水量"。毛灌溉用水量是进行水源工程的调节计算、确定灌区规模和水库库容,以及制定灌溉用水计划的依据。

灌溉用水过程线(histogram of irrigation water use) 以灌区(或种植区)的灌溉用水量或灌溉用水流量为纵坐标、时间为横坐标绘成的柱状图。横坐标的时间单位一般采用旬或五日,一年为一个用水周期。比较直观、使用方便。常据此绘制来水、用水量差值累积曲线,用以进行灌溉水库的径流调节计算,确定设计引水流量,编制水库调度计划、渠道引水计划和渠系配水计划等。不同年份(如干旱年、中等年、湿润年)的灌溉用水过程线不同。对于具有灌溉、供水、航运、发电等多目标利用的渠道,灌溉用水过程线是综合用水过程线的组成部分。

储水灌溉(storage irrigation) 将水预先存储在土壤内供作物生长期或供水不足时期吸收利用的灌溉。是干旱或半干旱地区拦蓄自然降水、利用未经调节的当地径流或河流来水的一种方式。可解决作物生育期供需水量之间的矛盾。按灌水季节有冬(或早春)灌、伏灌、秋灌之分。如在作物播前进行,为播前灌溉。还可与作物生长期各次灌水结合进行,使灌溉制度与天然来水配合。一般只进行一次,灌水定额较大。在盐碱化地区,可同时作为冲洗灌水。

播前灌溉(pre-irrigation;pre-sowing irrigation) 为保证种子发芽出苗,满足苗期需水而进行的播种前的灌溉。中国北方地区一些主要农作物如冬小麦、棉花、玉米等播种期多处在干旱季节,播前土壤水分不足,需要灌水补墒。有时为充分利用水资源,进行土壤蓄水供后期耗用,也进行播前灌溉,一般亦称"储水灌溉"。因整地倒茬情况不同可有不同的灌水方法。

冬灌(winter irrigation) 小麦越冬阶段的灌溉和冬闲地的蓄水灌溉。其作用是满足小麦生根、分蘖对水分的需要;防止春旱;平抑地温,防止冻害;保证冬闲地适时春播;疏松表土;对盐碱化土地,还可起洗盐改土作用。应根据当地气候、墒情、水源特点和农业技术条件,因地制宜进行。

节水灌溉(water-saving irrigation) 为减少灌溉水量投入、增加作物产出、提高灌溉效益而采取的各种措施的总称。主要措施有:(1)工程技术措施,包括渠道防渗、管道输水和土地平整等;(2)灌水技术措施,包括喷灌、滴灌、波涌灌溉和水稻浅湿灌溉等;(3)田间节水措施,包括减少灌溉用水量和提高田间水利用率,如雨水集蓄利用、土壤保墒和选择耐旱作物等;(4)管理技术措施,包括优化灌溉制度和优化水量调配等。

非充分灌溉(deficit irrigation) 水资源短缺地区部分满足作物需水要求,使灌溉效益达到总体优化的灌溉方式。主要包括:(1)把有限的水量用在农作物对缺水最敏感的时期,有效地遏制干旱造成的减产损失;(2)减少对缺水非敏感阶段的灌溉水量,扩大灌溉面积,使全灌区的总产量达到较高水平,保持较高效益。

调亏灌溉(regulated deficit irrigation) 在作物生育的某段时间人为地减少灌溉,使作物水分亏缺,对作物进行抗旱锻炼以提高作物产量的灌溉技术。主要根据作物的遗传和生态生理特性,通过控制土壤水分、抑制某些生育阶段作物的蒸腾速率,调节其光合作用产物向不同组织器官的分配,控制营养生长,促进生殖生长,提高籽粒或果实产量,达到提高水分利用效率的目的。

分根交替灌溉(roots-divided alternative irrigation) 使根系活动层的土壤部分区域干燥、其他区域湿润并交替变化的灌溉方式。通过人工控制,作物根系始终有一部分生长在干燥或较干燥的土壤区域中,让其产生水分胁迫的信号传递到叶气孔,形成最优的气孔开度;同时,由于干燥区域交替出现,使不同区域或部位的根系交替经受一定程度的干旱锻炼,能减小棵间全部湿润时的无效蒸发蒸腾损失和总的灌溉用水量,提高根系对水分和养分的利用率,既不牺牲作物的光合产物积累,又达到节水的目的。

控制灌溉(controlled irrigation) 一种水稻节水灌溉技术。根据水稻最佳生长状态的需水规律及其不同生长期对水分的敏感程度,拟定各生长期的土壤水分控制指标,大部分生育阶段无田面水层。进行动态、适时、适量地灌溉供水,调整水稻的生长状态和过程,使水稻生长向"合理群体结构"和"理想丰产株型"两者优化组合的模式发展,从而使水稻增产,并能减少作物需水量,有效减少灌溉用水量,显著提高灌溉水的生产效率。

精准灌溉(precision irrigation) 亦称"精确灌溉"。满足作物生长过程中对灌水时间、灌水量、灌水位置和灌水成分的精确要求,按照田间每个操作单元的具体条件,精细准确调整灌溉用水的措施。能最大限度提高水的利用效率和利用率,并保护农业生产环境,实现农业水资源的可持续利用。以高新技术为手段,以作物需水规律为依据,必须具备三个条件:(1)掌握详细可靠的作物需水规律;(2)运用先进的信息化技术,主要是遥感技术和计算机自动控制技术;(3)提供使两者相衔接的大量技术参数,特别是作物水分亏缺程度指标,并将这些指标转化为遥感标识和模型。

智能化灌溉(intelligent irrigation) 模拟人工决策的灌溉技术。利用田间布设的相关设备采集或监测土壤信息、田间气候信息和作物生长信息,并将监测数据传到控制中心,在相应系统软件分析决策下,对终端发出相应灌溉指令。不需要人为的控制,系统能自动感测到何时需要灌溉、灌多少量,可自动开启或关闭灌溉设施,实现按时按量灌溉。

自流灌溉(gravity irrigation) 利用重力作用使水由水源经由各级渠道输送到田间的灌溉。条件是水源水位高于渠首灌溉设计水位,只需建闸控制,实行无坝取水。从山区河流引水时,如水源水位低于渠首要求的水位但相差不大时,可利用河道比降较大的特点,把引水口位置向上游移动,寻找一个能满足自流引水要求的适当地点;或在预定地点拦河筑坝,壅高水位,实行有坝取水。成本较低,经济效益较大。

提水灌溉(water lifting irrigation; pumping irrigation) 亦称"扬水灌溉"、"抽水灌溉"。利用机械从水源取水并提升一定高度后借重力作用送入渠道或压力管道进行的灌溉,或直接由水源提水进行的灌溉。当水源水位低于渠首灌溉要求水位,且无其他经济合理的方法可提高水位时,应采用机械提水灌溉。一次把灌溉水提升到灌区最高点的称"一级提水灌溉";由几个泵站接力,经过几次提升,送水到灌区最高点的称"多级提水灌溉"。若在提水管路沿线有大片耕地需要灌溉,则应分级提水和分区配水,以减少能量消耗。需要一定的动力和机电设备,基建投资和运行费用较高,只有在不具备自流灌溉条件时才会采用。

灌区(irrigation district) 一个灌溉系统所控制的土地范围。包括灌溉面积和非灌溉面积两部分。根据灌溉面积的大小,可划分为大型灌区(大于20 000 hm^2)、中型灌区(666.7~20 000 hm^2)和小型灌区(小于666.7 hm^2)三类。按灌溉水源,分利用地表水的渠灌区、利用地下水的井灌区和井渠结合灌区。按取水方式,分自流灌区和提水灌区。

灌溉面积(irrigation area) 具有一定水源、取水和输配水工程设施,可适时地进行灌溉的耕地面积。是进行灌溉效益估算的依据之一。有净灌溉面积和毛灌溉面积两种。前者指在灌溉工程设计中计划灌溉的耕地面积;后者包括灌区的渠道系统、各类建筑物、田间工程等在内的总面积。

灌溉设计标准(irrigation design criteria) 灌溉工程设计的原则和依据。是确定引水流量,以及渠道、水库、坝、闸、抽水站等工程规模的依据。标准高低,决定着工程的经济效益。应以国家规范为依据,结合灌区水土资源、农业生产和当地经济发展水平等因素综合分析确定。具体表示方法有灌溉设计保证率和抗旱天数两种,可根据不同情况采用。

灌溉临界期(critical time of irrigation) 亦称"灌水临界期"。河流流量较小、水位较低,而灌溉要求的流量较大、水位较高,这两者矛盾特别突出的时期。用于无坝取水渠首工程的水文水利计算。往往不止一个,不同地区,不同作物或同一作物不同地区的灌溉临界期也不同,应根据来水和用水资料进行分析确定。

灌溉水源(irrigation water sources) 一切可用于灌溉的地面水(河流、湖泊、当地地面径流)和地下水。应有足够的水量和良好的水质。地面水水源由于水量在时间和地理上的分布不均,有时需要修建水库、塘坝等水利工程进行拦蓄调节,或者通过开挖引水渠从丰水区调水到缺水区,才能充分地为农田灌溉服务。地下水水源一般较稳定,但矿化度较高,对地面水缺乏的地区,其开采利用是十分重要的。城镇、工矿区的生活污水和工业废水,也可作灌溉水源,但必须经过处理,使之符合灌溉水质标准。

浑水灌溉(muddy water irrigation) 亦称"高含沙引水灌溉"。从多泥沙河流引用汛期含沙量较多的洪水进行的灌溉。是利用河流水、肥、土资源的一项措施。具有抗旱保墒、培肥地力、保持水土、减少下游河患等作用。历史悠久,早在 2 300 年前,就有"泾水一石,其泥数斗,且灌且粪,长我禾黍"的记载。经验是:按不同作物生长阶段,确定适宜含沙界限;按植株高矮,确定浑灌淤泥层厚度;为使淤厚均匀,适当加大单宽流量;推行小畦沟灌等。其渠道,要考虑有冲有淤,一定时间内保持冲淤平衡;并尽量使渠线缩短、顺直,加大比降,加快浑水入田的速度。

放淤(colmatage;colmation) 把含有大量泥沙的河(洪)水引入荒地、洼地、盐碱地或其他农田,使泥沙落淤,增加土壤肥力而改良土壤的措施。可改善土壤物理性质,提高土壤肥力,改造沙荒地;因大量淡水下渗,可降低土壤含盐量,改造盐碱地;垫高地面,改造涝洼地。由于地形条件不同,有淤灌和引洪漫地之别。农田放淤,多称"淤灌",起灌溉、培肥作用,实施时要有完善的灌溉引水工程设施和排水系统。淤灌结合作物灌水进行,视不同土质、地块、作物种类和苗情,合理用水,可兼收灌溉、施肥和改良土壤的效果。放淤区可根据需要修建引水建筑物、渠道、围堤、格田和排水沟。引洪漫地可利用暴雨后从山沟、荒坡、村庄、道路流下的洪水漫淤荒地(滩地、沟谷、洼地、沙漠、盐碱地、沼泽地),放淤水层和淤层的厚度应根据可能自由掌握,并可采取分洪、滞洪等措施。

劣质水灌溉(marginal water irrigation) 对不能完全满足灌溉水质要求的水源,采取相应的措施后,使其符合农田灌溉水质标准,用于灌溉的一种灌溉方式。主要包括污水灌溉、微咸水灌溉和高含沙水灌溉。开发利用劣质水资源可有效缓解水资源短缺,提高粮食产量,减缓日益增长的粮食、人口、资源、环境多重矛盾。但利用不当可导致减产、恶化土壤、地下水质量下降、传染疾病、破坏生态平衡和危害人类身体健康等。必须采取适宜的土壤、灌溉、作物栽培等管理技术,保证土壤质量和土地生产力,不造成农业生态环境危害,促进农业可持续发展。

污水灌溉(sewage irrigation) 亦称"再生水灌溉"。利用城市生活污水和工业废水进行的灌溉。可充分利用水肥资源并减少环境污染。因土壤微生物和植物根系的作用,可使污水中一些有毒物质失去原有的活性或被降解,使水质得到某种程度净化的效果。但在引灌前,必须经过处理,使水质符合灌溉水质标准。特别是工业废水,应在工厂排放前,消除有害重金属和生物难以降解的有毒有机物。工程设施包括:污水引水口(污水泵站)、沉淀池、污泥消化池、生物滤池、渠道系统等。并可利用天然洼塘(进行必要的工程和防渗措施)进行调蓄和冬贮,做到长年利用,扩大灌溉面积。进行污水灌溉应根据作物、土壤、气候和地下水埋深等因素的不同而区别对待,在维护环境和生态平衡的前提下,因地制宜地制定全面规划,建立必要的田间工程,严格控制灌水定额,提高灌水技术,加强管理。

微咸水灌溉(light-saline water irrigation;brackish water irrigation) 利用介于淡水与咸水之间、矿化度在 $2\sim5$ g/L 的水源进行的农田灌溉。在淡水资源紧缺的条件下,科学合理地利用地下微咸水,增辟灌溉水源,对保证农业稳产高产具有重要作用。应有高标准的灌排系统、较高的管理水平和合理的灌水方法,并配以平整土地、增施有机肥料和灌溉后及时松土等措施。技术关键在于对土壤水盐进行时间、空间和形态控制,做到有盐无害。其中,时间控制是针对灌溉后土壤水盐上行、下行运动的周期性和农作物不同生育期耐盐性的差异,强化水盐运动上行期和农作物对盐分敏感期的调控措施;空间控制包括搞好土地平整,减少局部盐斑,增施有机肥料,消减盐分对作物的危害;形态控制包括多施农家土杂肥,推广秸秆还田,改变土壤团粒结构,改善土壤理化性状,提高土壤蓄水保墒能力。

肥水灌溉(fertilizer-water irrigation) 利用含有一定量硝态氮或铵态氮的地下水对农田进行的灌溉。肥水的定义尚无统一规定,有的规定硝态氮含量大于 15 mg/L 的地下水为肥水。利用肥水灌溉增产效果显著,但应科学用水,合理灌溉。利用高矿化度的肥水灌溉时,应采取加强排水、深耕松土、控制灌水量和灌水次数、掺淡水或灌肥水后压淡水等措施,以防止土壤盐碱化。在缺磷地区,还应配施磷肥。

磁化水灌溉(magnetizing water irrigation) 使灌溉水以一定流速通过一定强度的磁场(由磁水器产生),形成磁化水进行的灌溉。对磁化水的机制尚在探索,据已有试验分析,主要是水的密度、黏度、pH、溶氧量、渗透压、表面张力、介电常数和电导率等有明显变化。增产效果显著,收获物质量提高,用于冲洗盐碱土,可提高脱盐效率,加速土壤中有益微生物的繁殖,促进土壤养分的转化。

灌溉回归水(irrigation return water) 引入灌区的水量流经地面和地下又排回原河流的水。包括灌溉水的田间损失、渠道渗水、退水,以及库塘的渗漏水等。重复利用回归水,对扩大灌溉面积、增加农业生产有重要意义。因灌溉水在田面和土壤中流动的过程中,有许多因素使回归水水质发生变化,故在重复利用时需进行水质分析。

灌溉水质(irrigation water quality) 灌溉水源的质量。通常以水中所含泥沙的数量和粒径、可溶性盐类的含量和种类,以及水的温度作为评价灌溉水质好坏的标准。灌溉水中的泥沙含量和粒径,以不破坏农田土壤结构和肥力和不淤积渠道为准。允许的泥沙粒径一般在 0.005 ~ 0.001 mm。灌溉水中的含盐量(即矿化度)和某些对作物危害严重的成分,如碳酸盐、钠、氯等离子的含量,应不超过作物的耐盐能力,以免影响作物生长。如水源受到污染,还应对汞、砷、镉、铬、硼和氰、氟、酚、醛等进行严格控制。利用工业废水和生活污水进行灌溉时,必须进行沉淀、氧化和消毒处理,使之符合国家规定的灌溉水质标准。

矿化度(degree of mineralization) 亦称"总矿化度"。地下水中各种元素的离子、分子和化合物的总含量。通常根据一定体积的水在 105 ~ 110℃ 的温度下蒸干后所得的干涸残余物总量来表示,也可将分析所得阴阳离子含量相加,求得理论的总矿化度。单位为 g/L 或 mg/L。按矿化度的大小可把地下水分为五类:(1)淡水,矿化度小于 1 g/L;(2)微咸水(弱矿化水),矿化度为 1 ~ 3 g/L;(3)咸水(中等矿化水),矿化度为 3 ~ 10 g/L;(4)盐水(强矿化水),矿化度为 10 ~ 50 g/L;(5)卤水,矿化度大于 50 g/L。淡水或微咸水可用于农田灌溉,咸水要采用

一定的技术措施后才能用于灌溉,盐水和卤水不能用作灌溉水。

灌溉水温(irrigation water temperature) 灌溉水的温度。是影响作物产量的一项因素。对水温的要求,因作物种类和生育阶段而异。如三麦根系生长的适宜水温为 15 ~ 20℃,允许最低水温为 2℃,对于水稻,如用低温水灌溉,会推迟作物生育期,造成延迟性冷害。据试验资料,水稻生育期平均水温 23℃ 接近不受害,低于此值,不稔率明显增加,当平均水温降到 18℃,不稔率为 100%。提高水温不仅对促进水稻的生育过程、减轻延迟抽穗起着重要作用,且以水保温,是防御孕穗期因气温低而造成障碍型冷害的措施。但在高温时期,可以水降温,避免高温对植株的危害。水稻生育的适宜水温为 30 ~ 34℃,最高温度为 40℃。中国有许多灌区,用水库深层水或井、泉水灌溉,温度往往偏低,必须采取提高水温的措施,如取水库表层水灌溉,或延长输水路程等措施。

灌溉工程(irrigation engineering;irrigation works) 为灌溉农田而修建的各项工程和设施的统称。包括从水源取水到田间灌水的整套工程设施。由三部分组成:(1)水源(河流、湖泊、塘坝、水库及井泉等)和渠首取水建筑物(渠首的闸、坝和提水泵站等);(2)输水和配水系统(包括各级渠道或管道,以及附属建筑物);(3)田间灌水设施。按其输、配水工程的结构类型,分明渠灌溉工程系统和管道灌溉工程系统两类,前者由各级明渠把灌溉水送往田间;后者则用有压管道完成输、配水任务。

蓄水灌溉(irrigation from storage works) 以河流或当地径流为水源,通过蓄水工程调蓄后进行的灌溉。可解决天然径流与灌溉用水在时间和空间的分配上存在的矛盾。

塘坝(pond) 亦称"塘堰"、"坡堰"、"陂塘"。山丘地区的小型蓄水工程。其容积小于 1 万 m³ 的称"小型塘坝",1 万 ~ 10 万 m³ 的称"大型塘坝"。修建在山谷、平缓坡地、冈地、山塝和沟谷的塘坝,分别称"山塘"、"平塘"、"冈塘"、"塝塘"和"冲塘"。主要作用是拦蓄当地地面径流,作为小面积农田的灌溉水源并供居民生活用水和发展水产养殖。对水土保持也有显著效果。

引水灌溉(diversion irrigation) 从河流或其他水源自流引水进行的灌溉。适用于水源的水位、流量

都能满足灌区用水要求的情况。工程设施包括在河流上修建引水枢纽(或称取水枢纽)及渠道系统。引水枢纽必须保证满足自流灌溉渠道的水位要求和流量要求,防止洪水及粗颗粒泥沙入渠。引水枢纽有无坝引水枢纽和有坝引水枢纽两种。

灌溉输水(conveyance of irrigation water) 灌溉水从渠首经干渠、支渠到达斗渠分水口的过程。

轮灌(rotation irrigation) 上一级渠道向下一级渠道配水时,下一级渠道依次轮流受水的渠道配水方式。有集中轮灌和分组轮灌。前者是依次逐渠配水,把上级渠道来水集中供给下一级的一条渠道,适用于上级渠道来水小的情况;后者把下级渠道划分为若干轮灌组,依次逐组配水。实行轮灌的渠道,要加大输水断面,一般只在斗渠、农渠采用。但在管理运用中,有时因水源供水严重不足,支渠也可实行轮灌。

续灌(continuous irrigation) 上一级渠道同时向下一级所有渠道配水的渠道配水方式。续灌渠道在灌水期间连续工作。一般干、支渠多采用续灌。

灌溉渠道(irrigation canal) 人工开挖或填筑的专供农田灌溉用的水道。按渠道通过的流量大小和所起作用,分干渠、支渠、斗渠、农渠等若干固定渠道,组成"灌溉渠系",简称"渠系"。农渠以下还可设临时性的田间毛渠、输水沟、灌水沟等,组成田间灌溉网,亦称"田间渠系"。

干渠(main canal) 灌溉渠系中起输水作用的第一级渠道。上承渠首,下接支渠,控制全灌区。应考虑地形、地质等条件规划布置。

支渠(branch canal;secondary canal) 灌溉渠系中兼有输水和配水作用的渠道。上承干渠,下接斗渠。多沿灌区内的分水岭布置,还应考虑行政区划和道路布局等因素。大、中型灌区的支渠一般控制面积多在1万亩以上。

斗渠(lateral canal) 灌区内的配水渠道。从支渠分水,配给农渠。其布置应考虑行政区划、田园化和机耕要求,要为农渠的合理布置创造条件。大、中型灌区的斗渠控制灌溉面积一般在5 000亩左右。

斗门(delivery gate) 设在斗渠进水口的启闭设施。用以控制和调节入渠流量。一般做成涵管式并安装插板闸门。

农门(rural gate) 设在农渠进水口的启闭设施。用以调节进入农渠的流量。

农渠(farm canal;quaternary canal) 灌区最末一级的固定渠道。从斗渠取水,配水入毛渠或直接送水入田间。其布置应适应田园化、机耕、种植和灌水要求。控制灌溉面积一般在500亩左右。

毛渠(little canal) 田间渠网中的第一级渠道。上承农渠,下接输水沟,或与灌水沟、畦、格田相接。属临时性渠道。

输水沟(feed ditch) 亦称"输水垄沟"。田间第二级临时渠道。垂直毛渠布置,下接灌水沟或畦。为适应地形,便于田间管理,其布置应有利于灌溉水进入灌水沟或畦田。

灌水沟(furrow;corrugation) 亦称"垄沟"。对中耕作物(如玉米、棉花)实施沟灌时,作物行间的受水沟。沟距即作物行距。也有几行作物为一垄的垄间受水沟。断面呈三角形或梯形,也起排水作用。其布置应按照地形、土质条件,合理择用。

泄水渠(sluiceway canal) 亦称"退水渠"。退泄渠道水的明渠。修建在易于发生事故和需要特别保护的关键渠段。如进水闸下游、引水渠末端、有大量坡水汇入渠段的下端,以及渡槽、倒虹吸、大填方渠段等重要工程的上游等。用以控制渠道水位不超过允许高度。如为泄空渠道剩余水量,也可在渠尾修泄水渠。

长藤结瓜式灌溉系统(irrigation system as a long vane with melons) 山丘地区引蓄结合、渠库塘相连的灌溉系统。从远处河流(水库)取水,通过盘山渠道引水到灌区,渠道又与沿线和灌区内部的中小水库、塘坝相连接。因河(库)如根、渠道如藤、库塘如瓜,故名。在非灌溉季节,可将河流水或水库的弃泄水输入中小水库和塘坝存蓄;灌溉用水紧张时期库塘同时放水灌田,可减轻骨干渠道的输水负担,节省修渠工程量;同时充分发挥灌区内部库塘的调蓄作用,提高复蓄次数,扩大灌溉面积;有些长藤结瓜系统的骨干渠道,常年输水,流量较均匀,有利于发展水电和航运。

渠道输水损失(conveyance loss of canal) 渠道在输水过程中由于渗水、漏水和蒸发而损失的水量。水面蒸发微小,一般不计。漏水损失,因施工不良或管理不善而造成,应尽量减少。通常所指输水损失,主要对渗水损失而言。其值与渠床土质、过水断面形态、渠道流量大小,以及地下水位高低等因素有关,可通过实测确定,在渠道设计中也可用理论或经验公式估算,如渗水损失过大,应采取防渗措施。

渠道防渗(canal seepage prevention) 防止渠道渗漏,提高渠系水利用系数的措施。有:(1)改变渠床土壤透水性能,如压实、人工淤填等物理机械方法和钠化法(食盐处理)、人工潜育法等化学生物处理方法;(2)在渠床表面建立防渗层,亦称"渠道护面"或"衬砌",如用黏土、灰土、水泥土、三合土、草泥等土料护面,用石、砖、混凝土、沥青等材料护面和设置塑料薄膜防渗层等措施,尽可能做到就地取材,费省效宏。渠道防渗还可防止灌区地下水位升高,提高渠道输水能力,节省建筑物投资,保障渠道输水安全,也有利于盐碱化的防治。

人工淤填(artificial siltation) 亦称"人工挂淤"。减少渠道渗漏的一种方法。在渠道水中掺入黏土浆液,使其细土粒随水下渗,填塞渠床土壤空隙。适用于沙质土渠道。在静水和动水中均可进行。用土颗粒大小要根据渠床土壤颗粒粒径确定,并使渠道水流中的含土量限制在某一范围内。厚度一般为2~10 cm。静水淤填适合于断面较小、坡降不大和周期性工作的渠道,并分次进行。动水淤填要控制渠中流速,淤填颗粒越细,流速应越小。渠道淤填后,必须加强管理养护。

试渠(canal conveyance test) 亦称"试水"。新建渠道或旧渠道扩建改建后,在正式使用前的放水试验工作。主要目的是检验工程质量是否符合设计要求,以发现问题。方法有分段试水和全渠道试水两种。一般大型灌区两种方法可结合使用;小型灌区宜采用分段试水,以策安全。试水时,流量一般由小到大逐渐增加,同时应有安全防范措施。

管道灌溉系统(pipe irrigation system) 由各级压力管道及其辅助设施组成的灌溉系统。一般由首部取水枢纽、压力管道系统和田间出水装置(喷头、滴头、放水阀门、给水栓等)三部分组成。根据灌溉设计流量和输水压力确定各级输、配水管道的管径,使灌溉系统的投资和年运行费用的总和最小,末级管道还要为各出水装置提供稳定而均一的工作水头。当有足够的天然水头时,首部取水枢纽只需修建调蓄水池或进水建筑物。但在更多的情况下则需修建加压泵站。

地下渠道(subsurface canal; conduit) 亦称"暗渠"。埋设在地下用以输送灌溉水的低压管道。水从渠首流经各级地下渠道,再通过地面放水口,进入田间。其系统组成是:渠首进水池(提水灌区为水泵出水池),干、支两级或干、支、毛三级管道,附属建筑物。一般布置成鱼骨形、梳齿形和环状管网。中国多用前两种。渠道一般用灰土(石灰或石灰类工业废料掺以矿渣、粉煤灰等,与黏性土料按一定比例拌和)夯筑,或采用混凝土管或水泥土管。断面有城门洞形、圆形等。与明渠相比,有不占土地,行水快,输水损失少,便于机耕和交通等优点;但费工、费料。

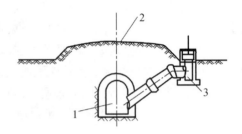

地下渠道示意图
1. 地下渠道 2. 机耕道 3. 放水井

配水井(distributary well; distribution box) 亦称"分水井"。地下渠道上的配水建筑物。用砖砌、混凝土预制或灰土夯筑,位于上下级渠(管)道衔接处,大小以能启闭闸门为度。主要起控制和分配水量、排气、调压、连接管道等作用,并作为检修地下渠道的出入口。

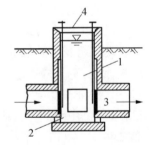

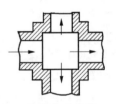

配水井示意图
1. 配水井 2. 沉沙池
3. 闸门 4. 井盖

给水栓(hydrant) 压力管道输水灌溉系统上末级固定管道的供水装置。由上、下两部分组成。下部为阀体,与固定管道的出水口连接;上部为阀开关和出水连接短管,与田间移动式供水管道连接。既是固定式管道和移动式管道的连接管件,又有闸阀的功能,控制向农田的供水流量。

田间工程(field works; on-farm development) 末级固定渠道控制范围内的临时或永久性灌排工程设施,以及土地平整、田间道路等工程的总称。田间灌溉工程包括只供一季作物灌水的毛渠、输水渠、灌水沟、灌水畦等临时性工程和埋设在地下的灌溉供水管道,以及附属管件、稻田田埂和田间道路等永久性工程。田间排水工程包括只供一季作物使用的临时排水沟网、埋设在地下的排水暗管及其附属设施等永久性排水工程。

条田(strip check) 亦称"耕作区"。末级固定渠道(农渠)和排水沟(农沟)之间的田块。是布置田间工程、进行机械耕作和组织田间灌水的基本单元。条田规格应考虑地形条件,作物对除涝防渍的要求,以及提高机耕效率,便于组织灌水、中耕等田间管理工作的要求。必须因地制宜,合理规划。一般宽度以 100~200 m、长度以 400~800 m 为宜。

格田(chequered field) 水稻种植区内四周围以田埂形如格子状的小田块。是耕作、灌溉和田间管理的独立单元。有独自的进出水口。其尺寸视地形、地面坡度、沟渠布置、土地平整工作量、耕作和田间管理要求而定。平原区,一般长约 100 m,宽 15~30 m;山丘区小些。

林带(forest belt) 亦称"林网"。带状的防护林。作用是:护田防风,护岸防冲,固沙遮阴,改善气候,绿化大地,提供木材、燃料。还可发挥排水作用,能在一定程度上降低地下水位。规划林带要因地制宜,因害设防,因地种植。选择树种要考虑速生、优质,经济林、用材林、果木林要结合一起考虑。林带结构应根据需要决定带宽,乔木、灌木相结合种植。靠田一侧,不宜种植高大乔木,以防遮光。在风速较大地区应使林带与主风向垂直。其防风的影响范围,一般等于树高的 20~30 倍。

灌水技术(irrigation technique) 将计划的灌水定额输入田间并转变为土壤有效水分的技术措施。要求做到根层土壤湿润均匀,减少田面流失和深层渗漏,避免土壤结构的破坏。随灌溉方法而异。

地面灌溉(surface irrigation) 灌溉水在顺着田面流动或储存过程中,主要借重力作用湿润土壤的灌溉。有畦灌、沟灌、淹灌、漫灌等四种不同方法,前三者广泛使用。采用何种方法,决定于作物种类、农业技术条件、田面坡度和土壤性质等因素。为提高田间用水效率,20 世纪后期又出现水平畦灌、涌流沟灌等技术。

畦灌(border irrigation;check irrigation) 在整地播种时,临时修筑小埂,把田面分成许多狭长畦田的地面灌溉方法。灌溉水沿畦面流动,在流动过程中借重力作用湿润土壤。适用于小麦、谷子等窄行距、密播作物。易造成田面冲刷、土壤板结、深层渗漏。要求合理选定畦田规格(长、宽),控制入畦流量和放水时间。在土壤透水性大或畦田纵坡小时,应缩短畦长,加大入畦流量。一般自流灌区畦长 30~100 m,入畦流量 3~6 L/(s·m)。畦宽视耕作机具而定,一般为 2~4 m。适宜的畦田坡度大致为 0.001~0.003。

膜上灌(film hole irrigation) 在地膜上输水,通过放苗孔或渗水孔向作物根系附近土壤补充水分的灌溉方法。是在地膜覆盖栽培条件下发展起来的一种节水灌溉技术。20 世纪 80 年代首创于中国新疆维吾尔自治区。应用时,要求地面平整,纵向坡度小,尽量采用可降解地膜,防止污染土壤。可通过调整渗水孔孔径和密度提高灌水均匀度和控制灌水量。其特点为灌水均匀、适量,可防止深层渗漏,不破坏土壤结构,技术简单,投资较少,还可减少土壤水分蒸发和提高地温,节水增产效果明显。可在干旱缺水地区用于灌溉棉花、玉米、甜菜、小麦等作物。

封水(closing inlet) 亦称"封口"、"改水"、"改口"。畦灌时水流到畦长的某个部位就封闭进水口的工作。如八成封水,即水流到畦长的 80% 时停止放水,由于水流到离畦尾还有一定距离就封闭进水口,畦内剩余的水流向前继续流动,到畦尾时则全部渗入土壤,使整个畦田受水较均匀。水流到畦尾时才停止放水则称"畦尾封水"或"满流封水"。根据不同的计划灌水定额、土壤透水性和畦田纵向坡度等条件,可采用不同的封水规定。

水平畦灌(level basin irrigation) 在短时间内供水给大块水平畦田的地面灌溉方法。畦田四周修筑围埂,面积有的达 13 hm^2 以上。灌溉水通过供水口迅速遍布全畦,而后缓缓入渗。适用于各种作物和土壤条件,特别是入渗速度较小的土壤。具有入渗均匀、深层渗漏少,无地面流失的优点,并可直接控制供水时间,便于实现自动化管理。但对土地平整要求很高。

沟灌(furrow irrigation) 在作物行间开沟灌水,主要借毛细管作用浸润土壤的地面灌溉方法。优点是不破坏土壤结构,省省水量。多用于棉花、玉米、甘蔗等宽行距中耕作物的灌溉。密植作物如小麦、谷子等,也有采用垄植沟灌的。在地面坡度较大,土壤透水性小的地区,可采用细流沟灌。

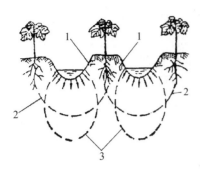

沟灌示意图

1. 灌水沟　2. 黏土湿润圈　3. 砂土湿润圈

涌流灌溉（surge flow irrigation） 亦称"波涌灌溉"。通过放水阀门周期性启闭，在灌水沟中产生涌流，以加快水流前进速度的一种沟灌技术。通过阀门的启闭时间调节水流的推进距离，间歇供水，分段湿润土壤。一定数量的水，在灌水沟中的流速，比均匀流速的灌溉快2~3倍。可缩短灌水沟始末端的入渗时间差，使灌溉水量沿灌水沟均匀分布，并减少起始端的深层渗漏；还可通过改变阀门的启闭时间，来调节末端尾水，减少尾水损失，提高田间灌水质量和效率。

漫灌（flood irrigation; wild flood irrigation; broad irrigation） 灌溉水沿着地面漫流的一种粗放的地面灌溉方法。可分两种：（1）自由漫灌，地面无任何地埂约束，任水随地面坡向漫流，仅限于水源充沛、地势平坦广阔、地形起伏不大的田面，草原灌溉在不引起土壤冲刷的情况下也可采用。（2）导流漫灌，用堤埂约束水流运动，限制自由漫灌的程度，但达不到畦灌标准要求的灌溉方法。无论哪种漫灌均浪费水量，灌水不匀，破坏土壤结构。只限于特定条件下采用。

淹灌（inundation irrigation） 将灌溉农田用土埂围成若干格田，灌溉水引入格田后在田面滞留，形成水层，借重力作用使水渗入土壤的地面灌溉方法。多用于水稻灌溉、淤灌和冲洗改良盐碱地。格田规格，视地形坡度和农渠（沟）间距而定。格田有独自的进出水口以防止串灌串排。

湿润灌溉（wetting irrigation） 在水稻返青后到黄熟期间，田面不留水层，土壤长期保持干干湿湿的稻田灌溉方式。根系层土壤含水量从饱和到田间持水量的85%之间变化。适用于地下水位高的稻田、低洼易涝田、山丘区冷浸田、江河平原的滨湖田，以及灌溉水温低、土质黏重、泥层深厚、保水保肥力强的

稻田。有利于提高水温、土温，改善土壤通气状况，促进根系下扎，利于水稻的健壮生长，并减少孑孑滋生。

水浆管理（water management of rice field） 水稻生育期间用水管理措施的总称。根据水稻各个生育期对水分的需要，结合当地自然条件（气候、土壤、水文地质情况）、水利条件、栽培技术、品种特点和生长情况等进行合理的灌溉和排水，以充分满足水稻对水分的要求，同时起调节土壤物理、化学、生物条件和控制肥力的作用。一般有水层灌溉、干干湿湿、落干烤田等措施。

地下灌溉（sub-irrigation） 在土壤内部供水的灌水方法。有以下几种方式：（1）暗管灌溉。借埋设在耕层下的管道，将灌溉水引入地下，由管道接缝或管壁孔隙流出渗入土壤。暗管可采用瓦管或穿孔塑料管，埋置深度和间距应通过试验确定。（2）潜水灌溉。抬高地下水位，地下水由毛管作用上升到作物根系层，向土壤补充水分，满足作物的需水要求。两种方法均不破坏土壤结构，省水增产，不占用耕地，便于田间管理和机械作业。但表土湿润不够，不利苗期作物生长。

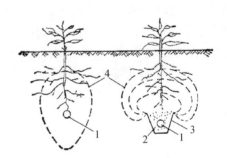

暗管灌溉示意图

1. 暗管　2. 砂　3. 槽　4. 浸润线

喷灌（sprinkler irrigation; overhead irrigation; spray irrigation） 以喷洒水滴的方式湿润土壤的灌溉方法。用专设的喷灌工程将有压水送至灌溉地段，压力水流经由专门的喷水装置（喷头）向空中喷射，在空气的摩擦、撞击下，形成细小水滴，洒落到田面上，湿润土壤。与地面灌溉相比，具有增产、省水、省工、保土和保肥，适应性强，机械化和自动化程度高等优点，但灌溉质量易受风的影响，设备投资和运行费用较高。

微灌（micro-irrigation） 利用专门设备将有压水流变成细小的射流或水滴，湿润作物根部附近土壤

的灌溉方法。主要包括:(1)滴灌,利用滴头或滴灌带将灌溉水以水滴状流出;(2)微喷灌,利用微型喷头将水喷洒到作物枝叶上和附近土壤上;(3)小管出流灌溉,利用细小的塑料管与供水毛管连接,以小管射流的方式湿润作物根部附近土壤。微灌压力低、出水流量小和灌水均匀,具有节水、节能和增产的效果。

微喷灌(micro-sprinkler irrigation) 通过管道系统输水,利用微型喷头以较小的流量将水或可溶性化肥喷洒到作物枝叶表面或附近土壤上进行灌溉的一种灌水方法。微灌的一种。是在滴灌和喷灌的基础上形成的一种灌水技术。主要用于地面灌溉或其他灌水方式难以保障的保护地特种作物,如温室蔬菜、育苗、花卉栽培或观赏作物。

喷灌系统(sprinkler system) 从取水至喷洒自成体系的喷灌设施。由水源、动力机、水泵、输水管道和喷头等部分组成。按系统中管道或喷灌机组是否固定,分固定管道式、半固定管道式、移动管道式、行喷机组式和定喷机组式等类型。

脉冲喷灌(pulse sprinkling irrigation) 用带有脉冲装置的喷头,间歇喷洒的喷灌。工作原理是:支管以小流量不断供水给水气箱,箱内水面不断升高,空气不断压缩,积累一段时间(1~5 min)后,通过压力自动控制装置,打开水汽箱的供水阀门,高压水从喷头喷出。随之水汽箱内压力下降,阀门便自动关闭,停止喷灌。水箱又开始充水,如此重复工作。射程较远,平均喷灌强度低,且可降低输水支管的管径和管道密度。

喷灌强度(application rate of sprinkling) 喷头在单位时间内喷洒在地面上的水深。单位为mm/h。是衡量喷灌质量的一个指标,也是喷头的主要技术参数。有点喷洒强度和平均喷洒强度,分别表示某一点的水量和某一面积上的平均水量。后者应小于土壤入渗率,才不致引起地表径流和土壤板结。

喷洒水利用系数(utilization factor of sprinkling water) 喷洒到灌溉土地上的水量与喷灌系统供给的水量之比。因喷洒过程中,部分水量在空中蒸发和被风吹走,故系数恒小于1,一般为0.7~0.9。是喷灌系统规划设计中的重要参数。

漂移损失(drift losses) 喷头喷出的水滴较小时,一部分水滴未落到地面就被吹出喷灌区域或在空气中直接蒸发掉,造成的喷灌水量的损失。其主要影响因素为喷洒水滴的直径、风速和相对湿度。

喷灌均匀度(sprinkling uniformity) 喷洒面积上水量分布的均匀程度。是衡量喷灌质量的一个指标,也是喷头的主要技术参数之一。与喷头结构、工作压力、喷头布置形式、喷头间距、喷头转速的均匀性、竖管的倾斜度、地面坡度和风速风向等因素有关。

雾化程度(degree of atomization) 喷射水流达到雾滴的程度。以降落到地面或叶面的水滴的平均直径表示。是喷头主要技术参数之一,也是衡量喷灌质量的一种指标。水滴太大会打伤植物,破坏土壤结构,影响产量;太小则耗费较多的能量,蒸发损失大,受风的影响也大。故要根据作物所能允许的范围加以选择。因水滴大小的量测比较困难,又有以喷头工作压力水头(m)与喷嘴直径(m)之比表示的,称"雾化指标",它与水滴大小有密切关系。根据中国实践,质量好的喷头,雾化指标在2 500以上,适用于一般大田作物;对蔬菜、大田作物幼苗期,应大于3 500。

灌水器(irrigation implements) 微灌系统的末级出流装置。包括滴头、滴灌管(带)、微喷头、微喷带等。可置于地表也可埋入地下。作用是把末级管道中的压力水流均匀而稳定地分配到田间,其质量直接关系到灌水质量和微灌系统的工作可靠性。

喷头基本参数(sprinkler basic parameters) 确定喷头主要技术特征的量。包括喷头的进水口直径、喷嘴直径(或喷孔截面积)、工作压力、喷水流量和射程。进水口直径指喷头进水管的内径,单位为mm。喷嘴直径单位为mm,非圆形断面则用喷孔截面积(mm^2)表示。工作压力是指喷头正常运转时的水压力,用压力计直接在喷头进口处的竖管内测出。喷头流量以m^3/h或L/s表示。射程是指喷头正常运转时,喷射水流所达到的范围内喷灌强度等于各点喷灌强度平均值5%的那一点到喷头的水平距离(m)。

喷头(sprinkler) 亦称"喷洒器"。将压力水喷射到空中散成细小水滴,均匀降落到田间的灌溉设备。按喷洒特点,可分散水式和射流式两大类。按工作压力和射程,分低压(近射程)、中压(中射程)和高压(远射程)喷头三类。要求水力性能好(较低的喷灌强度、较高的雾化程度,较均匀的水量分布),结构简单,使用灵活可靠、能量消耗少。选择喷头形式,主要决定于作物种类、土壤性质、喷灌系统的类型和作业方式等因素。

低压喷头（low-pressure sprinkler） 亦称"近射程喷头"。工作压力小于 200 kPa，射程小于 14 m，流量小于 2.5 m^3/h 的喷头。射程近，水滴击打强度小，主要用于苗圃、菜地、温室、草坪、园林、自压喷灌的低压区或行喷机组式喷灌机。

中压喷头（medium-pressure sprinkler） 亦称"中射程喷头"。工作压力处于 200～500 kPa 之间，射程在 14～40 m 之间，流量在 2.5～32 m^3/h 之间的喷头。喷灌强度适中，适用范围广，果园、草地、菜地、大田，以及各类经济作物均可适用。

高压喷头（high-pressure sprinkler） 亦称"远射程喷头"。工作压力高于 500 kPa，射程一般大于 40 m，流量大于 32 m^3/h 的喷头。喷洒范围大，但水滴打击强度大，多用于对喷洒质量要求不高的大田作物和草原牧草等。

射流式喷头（efflux sprinkler） 亦称"旋转式喷头"。喷射水流以一股集中的水舌在空中散成水滴并自动旋转的喷头。由喷体（喷嘴、喷管、弯管、空心轴）、喷座、转动机构、换向机构和粉碎机构等组成。喷头可具有单喷嘴、双喷嘴或三喷嘴。粉碎机构使射流粉碎成细小的水滴。转动机构推动喷头绕竖轴缓慢旋转。换向机构可使喷头来回旋转，没有换向机构的喷头只能作全圆周旋转。按转动机构的形式，可分反作用式、叶轮式和摇臂式三种。射流式喷头是中、高压喷头的基本形式，射程远，喷灌强度低，是使用得较多的一种喷头形式。但当竖管不铅直时，喷头转速不均匀，影响喷灌均匀度。

摇臂式喷头（swing arm sprinkler） 全称"摇臂撞击式喷头"，亦称"冲击式喷头"。装有弹簧的摇臂，在水力冲击下能自动旋转的喷头。射流冲击摇臂前部的导流器，使摇臂偏离一定角度，在弹簧扭力作用下向回摆动，并敲击喷体使其旋转一定的角度；导流器又进入射流，重复上述过程，使喷头作圆周旋转。通过换向机构，可使喷头向回转动，进行扇形喷洒。有单喷嘴喷头和双喷嘴喷头等。有换向装置的，可作扇形喷洒；无换向装置的，只作圆周喷洒。结构比较简单，转速稳定且易于调节，喷灌质量较好；但在有风或安装不平的情况下，转速不均匀，不能经受剧烈振动。多用于中射程喷灌。

叶轮式喷头（impeller sprinkler） 亦称"蜗轮蜗杆式喷头"。装有叶轮及蜗轮蜗杆可自动旋转的喷头。

喷嘴喷出的压力水舌冲击叶轮旋转，带动叶轮轴下的蜗轮蜗杆减速装置，使喷头随着蜗轮转动。加上换向机构，可作扇形喷洒。工作可靠，转速均匀，不受振动、风力和安装的影响；但结构复杂，造价较高。多用于中、高压移动式喷灌机组。

散水式喷头（spread sprinkler） 亦称"漫射式喷头"。水流以薄层向外散布的喷头。作全圆周或扇形喷洒。因喷头固定不动，故亦称"固定式喷头"。有三种：（1）折射式喷头。有全圆喷洒式和一侧喷洒两种，前者的折射面为一倒圆锥体，后者呈一斜面或弧面。压力水由喷嘴喷出，被折射面分散为薄层而散开。（2）缝隙式喷头。有固定缝隙式和可调缝隙式两种，前者为在喷管端部开一定形状的缝隙，水流作扇形喷洒；后者由可调节的倒圆锥体和底座组成，水流作全圆喷洒。（3）离心式喷头。由喷管和带喷嘴的蜗壳组成，水流沿着蜗壳内壁切线方向进入蜗壳，再经由喷嘴作全圆喷洒。工作压力低（50～3500 kPa），水滴小，构造简单和工作可靠；但射程小（3～10 m），喷洒强度大。适用于苗圃、温室、蔬菜地，以及山区自压喷灌系统和大型自走式喷灌机上。

折射式喷头（refraction sprinkler） 由喷嘴、折射锥和支架组成的喷头。水流由喷嘴垂直向上喷出，遇到折射锥即被击散成薄水层沿四周射出，在空气阻力作用下即形成细小水滴散落在四周地面上。

缝隙式喷头（fissure sprinkler） 在管端开有一定形状缝隙的喷头。缝隙与水平面成30°，能使水流均匀地散成细小的水滴，并喷得较远。结构简单，制作方便，一般用于扇形喷灌，但对水质要求较高，水在进入喷头之前需经过良好的过滤。

离心式喷头（centrifugal sprinkler） 主要由喷嘴、锥形轴（螺旋轴）、蜗壳、接头等部分组成的喷头。工作时水流沿蜗壳内壁的切线方向或螺旋孔道进入蜗壳，并绕垂直轴旋转，这样经过喷嘴射出的薄水层，同时具有离心速度和圆周速度，故水流离开喷嘴后就向四周散开，在空气阻力作用下，薄水层被粉碎成小水滴，散落到地面。

地埋式喷头（underground sprinkler） 非喷灌期间隐藏在地面以下的喷头。喷头全部埋入地下，灌溉时在水压力的作用下，喷头伸出到地面或作物表面以上进行喷洒灌溉。灌溉完成后因无水压力支撑，在重力作用下缩回地面以下，灌溉设备良好隐蔽。具有使用寿命较长且不影响地面田间作业的特点。

多用于绿地灌溉及部分经济作物的灌溉。

自压喷灌(sprinkler irrigation under natural head)亦称"重力喷灌"。将高处水源用管道引至灌区,以其自然水头所造成的压力进行的喷灌。按水源和灌溉农田的相对高差和喷灌压力的取得情况,分:(1)完全自压。水源水头完全满足喷灌所需压力。(2)自压并加压。水源水头不能完全满足喷灌要求,或部分喷灌面积位置较高,尚需再行加压。完全自压喷灌有不需机泵设备,投资少,节约能源,运行成本低,操作方便等优点。适用于灌区上方有库塘、渠道、山泉等水源的山丘区。

恒压喷灌系统(sprinkling system with steady pressure)保持管网压力相对稳定的喷灌系统。供水泵站采用多台水泵,在水泵与管网之间设置一个调压罐,在调压罐内,下部容积为灌溉水流所占据,上部容积被压缩空气所填塞,管网压力过高时,罐内水位上升,使压缩空气压力增大,通过传感器使部分水泵停机,管网压力下降时,罐内压缩空气压力减小,通过传感器使停机的水泵启动。消除了由于更换喷头、移动管道、部分地区中断或停止喷洒等引起管网压力的频繁变化,并能减轻或消除水锤的破坏作用,且具有节能、节水、运行安全、喷灌质量高等优点。

喷灌机组(sprinkling machine unit)简称"喷灌机"。由输水管道、增压、喷洒和行走等设备组成的喷灌机具。按移动方式,分手移式,如手抬式、手推车式、人工滚移式等;机械移动(机移)式,如滚移式、端拖式、拖拉机悬挂式、拖拉机牵引式、双臂式等;自动行走(自走)式,如中心支轴式(时针式)、平移自走式、平移-转动式、绞盘式等。按作业特征,分定喷式喷灌机和行喷式喷灌机,前者定点喷洒,后者边走边喷。

固定式喷灌系统(fixed sprinkler system)除喷头可移动外,喷灌系统的其他部分均固定不动,各级管道埋入地下,支管上设有竖管,根据轮灌计划,喷头轮流安装在部分竖管上进行喷洒的一种喷灌系统。系统操作使用方便,易于维修管理,多用于灌水频繁,经济价值高的蔬菜、林果和经济作物。但管材用量多,投资大,竖管对耕作有一定的妨碍。

半固定式喷灌系统(semi-fixed sprinkler system)支管和喷头可以移动,其他各组成部分都是固定的喷灌系统。干管埋入地下。喷灌时,将带有喷头的支管与安装在干管上的给水栓连接进行灌溉,并按计划顺序移动支管位置,轮流喷洒。设备利用率较高,管材用量较少。作为广泛使用的一种喷灌系统,特别适用于大面积喷灌工程建设。

移动式喷灌系统(movable sprinkler system)除水源工程外,水泵和动力机、各级管道、喷头都可拆卸移动的灌溉系统。喷灌时,在一个田块上作业完毕,依次转到下一个田块作业,轮流喷洒。设备利用率高,管材用量少,投资小;但设备拆装和搬运工作量大,维修工作量大,搬运时可能损坏作物。

双臂式喷灌机(boom-type sprinkling machine)亦称"双悬臂式喷灌机"。喷洒支管用悬臂式桁架装在拖拉机或拖车上的喷灌机组。有移动式和旋转式两种。前者用拖拉机或拖车牵引,边走边喷;后者位置固定,靠反作用力绕中心轴旋转喷洒,但位置改变时亦需拖车牵引。双臂式喷灌机喷灌质量好,但是结构较复杂,机行道占地多。适用于平坦的农田。

中心支轴式喷灌机(center-pivot type sprinkling machine)亦称"时针式喷灌机"、"圆形自走式喷灌机"。将一根安装着若干个喷头的长支管,架设在行走塔架上,以塔架的一端为中心支轴作圆周运动,边走边喷的喷灌机械。自动化程度高,灌水效率高,喷灌均匀度好,受风的影响小,设备投资少;但耗能大,机组拆装费事。宜用于大面积上的灌溉。

平移自走式喷灌机(straight self-propelled sprinkling machine)简称"平移式喷灌机"。将一根安装着若干个喷头的长支管,架设在行走塔架上,自动地向前平行移动,边走边喷的喷灌机械。喷灌均匀度好,受风的影响小,不改变耕作方式,可采用低压喷头以节省动力,设备投资少;但难保往返轮辙一致,设备振动大,影响自控系统的可靠性及寿命,机组拆装费事。适用于大面积常年灌溉的地区。

绞盘式喷灌机(winch-type sprinkling machine)用软管输水,绞盘卷绕钢索或软管牵引自走的喷灌机组。由喷头车、卷筒和驱动装置组成。通常有钢索牵引和软管牵引两种。结构简单,投资少,易于操作,使用灵活,对地形和地块形状的适应性强;但喷灌强度大,受风的影响大,喷灌均匀度差,耗能大,软管易损坏。适用于土地分散、地形复杂的农田,牧区草原和部分高秆经济作物和林业苗圃。

微喷头(mini-sprinkler)介于滴头与喷头之间的一种灌水器。是微喷灌系统的标志性设备。将管道内的连续压力水流以细小水滴形式喷洒在土壤表面，以有效补充土壤水分。灌溉时单位时间内喷洒到地面的水量应适应土壤入渗能力，不产生地表径流。

喷灌带（sprinkler irrigation hose） 通过机械或激光在塑料薄壁软管表面打孔的兼有输水和喷灌功能的塑料软管带。抗堵塞性能较强，对水源要求低，可不用过滤设备直接采用地下水源等进行灌溉，运行水压较低，流量较大且灌水时间短。适用于平地或山坡地的果树、茶园、荔枝、香蕉、苗圃、大田、花卉，以及大棚栽培作物的灌溉。

滴灌（drip irrigation；trickle irrigation） 利用管路系统和滴头等专用设备，使灌溉水（或含有化肥的水）缓慢滴出，浸润作物根系土壤的灌溉方法。可为作物提供良好的水、肥、气、热和微生物活动的条件，具有省水、省肥、增产的显著效果，且避免土壤板结和杂草滋生，还可适应复杂地形，易于实现灌水自动化。但造价高，滴头易堵塞，要求作水质处理，并需加强设备的维修保养工作。适用于干旱缺水地区，特别是干旱缺水的山丘区、高扬程灌区、深井灌区、严重渗漏的沙土区及城市郊区菜园、果园等。

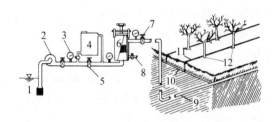

滴灌系统示意图

1. 水源　2. 抽水机　3. 压力表　4. 肥料罐
5. 调节阀　6. 过滤器　7. 阀门　8. 冲洗管
9. 干管　10. 支管　11. 毛管　12. 滴头

膜下滴灌（drip irrigation under mulch） 将滴灌技术与覆膜种植相结合的一种高效节水灌溉方法。滴灌带敷设在地膜下，通过滴灌枢纽系统将水、肥、农药等按作物不同生育期的需要量加以混合，借助管道系统使之以水滴状均匀、定时、定量浸润作物根系发育区域。具有高效节水、抑盐、增温保湿、节省农药等特点，能有效改善土壤水、热、气、肥条件。适宜在中国西部干旱地区推广应用。

滴灌带（drip irrigation hose） 亦称"滴灌管"。把滴头与毛管制造成一个整体，使其兼具输水和滴水功能的软管。输水过程中通过管壁上的孔口或滴头把水送到作物根部进行局部灌溉。按结构，分内镶式滴灌带和薄壁滴管带；按压力，分有压力补偿式滴灌带和非压力补偿式滴灌带两种。

滴头（dripper；emitter） 滴灌系统的灌水器。作用是消除管路中的剩余水压力，使滴灌水徐徐滴出。一般由硬塑料制成。按与毛管的连接方式，分插入式滴头（一端插入毛管的壁孔中）和管路式滴头（连接于两段毛管之间）。按减压方式，分毛管式滴头、管嘴式和孔口式滴头等。应视滴灌方式、土壤性质和作物种类等因素选择。基本要求是：出水量小，均匀稳定，结构简单，易于拆卸清洗，价格低廉，坚固耐用。

孔口式滴头（orifice type emitter） 利用微小孔口的局部水头损失减压的滴头。一般是旁插于毛管上，进、出水口直径很小，中间有较大的空腔，压力水流经过扩散、收缩或旋转等方式消耗剩余能量。

长流道滴头（long path emitter） 利用长流道的沿程摩阻损失减压的滴头。有狭长的流道，当水流通过流道时，由于沿程摩擦阻力，而将能量逐渐消耗掉，压力消散后的水流以水滴形式从滴头滴出，渗入土壤中进行灌溉。具体结构形式有三种：（1）管间滴头（卧装）。中国制造的管间滴头，其流道宽度 $0.75 \sim 0.9$ mm，长度 $50 \sim 60$ cm，在 1 个大气压下，额定出水流量为 $2 \sim 3$ L/h。（2）管上滴头（竖装）。结构与管间滴头基本相同，一头开口进水另一端封闭，螺纹芯子可拧出拧入，以便冲洗或调节流量。螺纹长的，流量为 7.5 L/h；螺纹短的，流量可达 9.5 L/h。（3）螺旋形滴头：亦称"发丝滴头"，是将内径为 $1.0 \sim 2.0$ mm 的细聚乙烯管的一端插入打好孔的毛管中，然后用微管缠绕毛管，形成螺纹流道，并把微管的另一端固定在毛管壁上，形成微管滴头。用调整微管长度的方法，使整个毛管沿程出水量达到设计的均匀流量。具有易于维修，造价低，使用寿命长等特点。

微孔毛管（micropore small hose） 管壁上密布着透水孔隙、埋设在作物根层以下土壤中的灌溉管道。使灌溉水通过管壁上的微孔由内向外呈发汗状渗出，随即进入土壤孔隙，给作物供水。有单壁管和双壁管两种类型，前者是通过管壁上的微孔渗水滴灌；后者有两层管壁，水由主管壁上的出水孔眼进入辅管腔，再经辅管壁上的孔眼渗出，辅管壁上的孔眼数是主管壁上孔眼数的 $5 \sim 10$ 倍。此类兼输水和出水双重功能的毛管多用塑料制成，出水孔口很小，易堵塞。

土壤湿润比（soil moist ratio） 在计划湿润层内，

湿润土体与总土体的体积比。通常用地表下20~30 cm深处湿润面积与总面积的比值表示。是滴灌工程的设计标准之一。取决于滴头流量、滴头间距和土壤类别。对宽行距栽培果树,其最小值在干旱地区取33%,在降雨量较多的地区取20%;对窄行距作物,如蔬菜、大田作物,其值一般为70%~80%。

井灌(water well irrigation) 利用打井开采地下水进行的灌溉。是合理、充分利用地下水,补充地表水不足的重要措施。亦可结合排水降低地下水位,防止土壤盐碱化,增加土壤的蓄水能力。但需做好地下水资源的开发利用规划和管理工作,避免过量开采,维持地下水的均衡状态。

井渠结合(combination of well irrigation and canal irrigation; irrgation with surface water and groundwater) 灌区内采取渠灌与井灌相结合的措施。是地面水、地下水联合运用的一种灌溉方式。尤其适合地面水源供水不足的灌区。一般在渠灌系统的基础上,以其农、毛渠为井灌的干、支渠,水井布置在渠道两侧。井灌可降低地下水位,渠灌时的渠道渗漏水量补充地下水源,使地下水位回升,当地下水位上升到一定程度时,采用井灌。井灌与渠灌相互配合,解决干旱缺水灌区水量供求矛盾,扩大灌溉效益;调控地下水位,有利于防止灌区土壤盐渍化;增加容蓄暴雨于地下的能力,既减轻地面的涝情,又补充灌溉水源。

井灌井排(irrigation and drainage by well) 利用竖井抽水,排灌结合,合理使用地下水源的一种措施。适用于浅层地下水水量丰沛,且矿化度不高,能用来灌溉的地区。竖井抽水可降低地下水位,同时抽出的水用来灌溉、淋盐。可避免因灌溉不当而抬高地下水位,产生次生盐渍化的危害。有工程量小,投资少,见效快等优点。在综合治理旱、涝、盐碱灾害中广泛应用。

筒井(shaft well) 亦称"浅井"。直径较大、形似圆筒、汲取浅层地下水的井。由井头(井口)、井筒(井身)、进水部分(滤水部分)和集水坑(或沉淀筒)组成。井深不超过30 m。直径在0.5 m以上,一般1~2 m,亦有3~4 m的。进水部分贯穿整个含水层,井底坐落在不透水层上的称"完整井",否则称"非完整井"。

大口井(large opening well) 亦称"大口径井"。由砖、块石、混凝土块砌成,或用钢筋混凝土、砾石水泥等就地浇筑以汲取浅层地下水的井。井径一般为2~12 m,常用的为5 m左右,根据水文地质条件、出水量、抽水设备、供水要求和施工方法等确定。井深一般小于30 m,视含水层埋藏深度及其厚度而定。按进水方式,分井底进水、井壁井底同时进水等。出水量大,使用年限长,就地取材,施工方便。适用于地下水源丰富、埋藏浅,含水层透水性良好的地区,如河漫滩和一级阶地以及干枯河床、古河道和稳定河段的岸边。

管井(tube-well; tubular well) 俗称"机井"、"深井"。一种应用广泛的地下取水构筑物。由井台、井管壁、滤水管和沉沙管等组成。井壁和含水层中进水部分均为管状。井深一般在200 m以内,最大可达千米。直径一般在500 mm以下,最大可达1 000 mm。通过抽水设备,可取集任何岩性和地层的地下水。管材可用钢管、铸铁管、钢筋混凝土管和塑料管等。

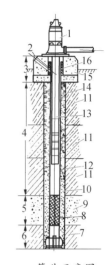

管井示意图

1. 水泵 2. 水位观测孔
3. 井头 4. 井身
5. 进水部分 6. 沉沙管
7. 不透水层 8. 滤水管
9. 含水层 10. 滤料
11. 非含水层 12. 井壁管
13. 泵管 14. 封闭物
15. 泵座 16. 护管

滤水管(strainer) 亦称"花管"、"过滤器"。管井的进水部分。起滤水阻砂,支撑和护壁的作用。有缠丝滤水管、包网滤水管、包棕混凝土滤水管、塑料滤水管或石棉水泥滤水管和砾石水泥滤水管等多种类型,可根据当地材料和含水层颗粒粒径选择。滤水管在井中的长度,根据当地水文地质条件确定。

筒管井(barrel-tube well) 亦称"改良井"、"下泉井"、"套井"。上部筒井和下部管井相结合的井。在下述情况下采用:(1)在潜水含水层较厚或浅层水源不足、深层水源丰富的地区。为增加出水量,可在筒井底部加打管井至隔层或穿透不透水层至承压含水层。

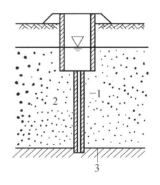

筒管井示意图

1. 管井 2. 含水层
3. 不透水层

（2）潜水水质不好，而下层有富水性较差但压力较高的承压含水层时。

真空井（vacuum well） 亦称"井泵对口抽"。把井管与水泵吸水管连接并密封成整体的管井。当水泵开动后，井内形成真空，使地下水进入的速度加快，增加出水量，提高动水位，缩短水泵吸水扬程，提高装置效率。一般应对地面到动水位以下 1~2 m 的井壁周围用沥青或水泥封闭，以防漏气。

井群（group of wells；battery of wells） 亦称"群井"、"联井"、"母子井"。由多眼水井联合开采地下水的井组。可在每眼井中安装抽水设备，抽水入同一渠道或管道；也可将几眼井用集水管或虹吸管连接起来，由主井集中抽水，称"虹吸联井"。按水文地质条件和用途，井位有直线形、棋盘形和梅花形等布置形式。可减少输水损失和提高地下水资源利用率。多用于城市、工矿企业的给水，矿区疏干排水，农田灌溉等方面。

卧管井（horizontal pipe well） 亦称"水平管井"。由卧管（水平集水管）和竖井组成的一种井型。地下水通过卧管汇入竖井。卧管一般长 100 m 左右，埋入深度至少应在最低地下水位以下 2~3 m，间距为 300~400 m。卧管一般为直径 20~30 cm 的砾石水泥滤水管，周围填 30~50 cm 厚的砾石作滤层。适用于地下水位埋深较浅（2~4 m）、土质黏重的地区，但应有渠水入渗或地面水人工补给，以保证其出水量稳定。

坎儿井（Karez；Kariz） 古称"井渠"，亦称"百眼串泉"、"串井"。干旱、半干旱地区开发利用浅层地下水进行自流灌溉的一种地下暗渠。一般顺地面坡度布置，包括竖井、暗渠两部分。竖井亦称"工作井"，在开挖暗渠时用以定位、进人、出土、通风，平时供检查维修用。暗渠分集水、输水两部分，前者深入含水层，收集地下水后通过输水部分引出地面与明渠相接。暗渠长的达 10 km 以上，断面一般宽 0.5~0.8 m，高 1.4~1.7 m。具有不需提水工具、流量稳定、减少蒸发损失和防风沙侵蚀等优点。适用于地下水埋藏较浅、含水层较薄或透水性较弱的山丘区，或山前洪积扇前缘。主要分布在中国新疆的吐鲁番、哈密等地，20 世纪 50 年代全新疆有坎儿井 1 600 多条，其中吐鲁番有 500 多条。中亚、中东、北非一带也有此类井。来源一说源于汉代关中井渠；一说源于波斯；一说创于新疆当地。

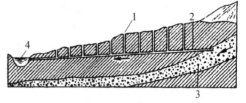

坎儿井示意图

1. 竖井　2. 暗渠　3. 含水层（水源）　4. 明渠

辐射井（radial well；radial collecting well） 亦称"横管井"。由筒井和若干个在含水层内沿井筒四周呈辐射状分布的水平集水管组成的井。地下水由辐射管汇入井中。井深与一般筒井相同，井筒的直径按辐射管施工方法和井内安装抽水设备的尺寸而定，一般约 3 m。人力施工可小些。也有把筒井改成辐射井的。辐射管一层布置 4~18 根，当含水层较厚、地下水丰富和渗透系数较大时，可布置两层。其长度根据出水量、含水层性质和管径大小确定，一般为数十米至一百多米。辐射管径有两种，人力施工时为 50~75 mm。机械施工时为 100~250 mm。具有出水量大和效益好的优点。适合于富水性差的亚黏土、黄土地区，透水性较好的浅埋薄层含水层，截取河床潜流，大型基础工程的排水等。

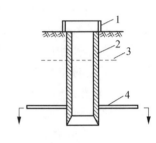

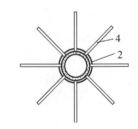

辐射井示意图

1. 井头　2. 井筒
3. 地下水面　4. 辐射管

锅锥（caldron type driller） 一种回转式打井机具。由框架、挡泥筒、离合器、锥身、刀齿和上下扩孔刀等组成。其成套设备包括钻架、锅锥、钻杆和绞车等。钻凿直径有 1 100 mm 和 550 mm 两种，分别称"大锅锥"和"小锅锥"。钻进时，钻杆带动锅锥回转，刀齿切削泥土，上下扩孔刀切削

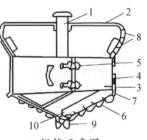

锅锥示意图

1. 挡泥筒　2. 框架　3. 锥身
4. 合页　5. 搭栓　6. 刀齿
7. 下扩孔刀　8. 上扩孔刀
9. 离合器　10. 进泥口

井壁,泥沙不断落入锥身,直至装满,由绞车将锅锥提升出井孔卸泥。锅锥打井适用于各种土、砂层。

水平钻机(horizontal drill)　在集水井内向四周打辐射状水平孔的钻机。主要由传动机构、手摇绞车、高压水泵、钻杆、钻头、机座、转盘、轨道等组成。在钻井过程中,高压水不断通过钻杆由钻头射出,冲刷土壤并把泥土冲出孔外,使钻孔不断延伸。

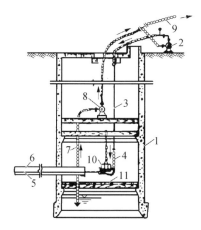

水平钻机示意图

1. 竖井　2. 水枪给水泵　3. 射水管　4. 胶管
5. 水枪　6. 套管　7. 吸水管　8. 排水泵
9. 排水　10. 撞锤　11. 施工平台

洗井(flushing of well)　成井的一项重要工序。其作用是清除井内的残存泥浆,冲掉钻井过程中形成的护壁泥皮,使滤料稳定,并抽出含水层中的细小沙粒,从而在外围形成天然的滤水层。此外,可增强井孔周围的透水性,使机井达到正常的出水量。洗井的方法有活塞洗井、空气压缩机洗井和注水洗井等。洗井时间要掌握好,当水内含沙和泥浆很少时即可停止。

土壤水库(soil reservoir)　农作物根系层土壤的贮水空间。以土壤空隙为蓄水库容,通过大气降水、农田灌溉、地下水和大气中水汽凝结等的补给,来满足作物生长对水分的需求,与地面水库的蓄水作用相似。土壤蓄水能力相当于土壤水库“库容”,其大小取决于土壤类型和根系层的深度。饱和含水量反映土壤水库的最大蓄水能力。土壤水资源通过“土壤水库”的调节而被植物连续地利用。

牧区供水(water supply for pastoral areas)　牧业地区的人畜用水、饲料基地和草场灌溉用水的供应。牧业生产流动性大,供水分散,既要满足牧区定居点的供水,又要满足流动放牧点的人畜饮水,还要在牧道上建立人畜饮水站,以保证人畜转移草场时的供水。在水源方面除充分利用地面水外,大力开发利用符合人畜饮水标准和灌溉水质要求的地下水,是解决牧区供水的重要措施。供水点的布置和规模,一般应考虑草场载畜量、牲畜饮水半径、牲畜饮水定额、饲料基地位置和草场灌水定额等因素。供水设施除一般的取水、引水建筑物外,还应修建符合牧区供水需要的蓄水池、饮水槽、饮水台等特有的供水设施。

农村饮水安全(rural drinking water safety)　使农村居民能够及时、方便地获得足量、洁净、负担得起的生活饮用水的工作和措施。农村饮用水安全评价分安全和基本安全两个等级,由水质、水量、方便程度和保证率4项指标组成,其中任何一项不达标即为饮水不安全。具体的标准是:水质符合国家《生活饮用水卫生标准》要求的为安全;每人每天可获得的水量不低于40~60 L 的为安全;方便程度为人力取水往返时间不超过10分钟的为安全;供水保证率不低于95%为安全。

灌溉管理(irrigation management)　灌区管理工作的总称。包括工程管理、用水管理、组织管理和经营管理。以用水管理为中心,采用多种手段,以实现灌区水资源的合理配置和灌溉系统的优化调度,促进工程的良性运行,达到节水增产目的,使有限的水资源获得最大的效益。

灌区计划用水(planned water use of irrigation district)　在灌区范围内有计划地分配和利用水量,达到高效利用水土资源的管理工作。主要工作内容是编制、修正和执行用水计划。在灌溉年度(季度)开始之前预估水源供水量和灌溉用水量,通过水量平衡计算,编制灌区年度(季度)用水计划;在每次灌水之前,根据当时的实际情况修正年度(季度)用水计划,编制该次灌水的实施计划。在此基础上采用适当的灌水技术,按计划向田间进行灌水,为农作物生长创造良好的生态环境,促进农业的高产、稳产。

灌溉预报(irrigation forecast)　根据天气预报、农田水分状况以及作物生长情况,对灌水日期和灌水量进行的预报。是灌区科学管理的重要手段,也是调节农田水分,为农作物在各生育时期创造适宜水分条件、合理利用水资源的重要工作。

作物水分生产函数(crop water production function; crop yield-water relationship)　作物用水量与产量之间数量关系的表达式。是制定优化灌溉制度的重要依据,可将缺水引起的产量损失降低到最低程度。有全生育期和不同生育阶段两种函数类型。根据某一地区的实测资料建立的函数关系式只能在当地和条件相似地区应用。但使用相对用水量(实际蒸腾量/潜在蒸腾量)与相对产量(实际产量/最大产量)的函数关系式则具有通用性。

量水槽(measuring flume)　通过缩窄渠道宽度、抬高渠底等措施使水流在槽内产生临界流速,构成一个控制断面,据此测算渠道流量的设施。常见的有巴歇尔量水槽、水跃量水槽、无喉道量水槽(喉道长度等于零)等。用木材、砖石、混凝土等材料修建或用混凝土预制构件装配。通过进口段水深的观测值,即可求得流量。具有水头损失小、不易淤积、适用的流量范围大($0.03 \sim 90$ m³/s)、量水精度高等优点,但结构复杂、造价较高。用于比降较小的清水或浑水渠道或小河流上。

量水喷嘴(measuring nozzle)　由挡水墙和管嘴组成的量测渠道流量的设施。挡水墙用木板、砖石、混凝土等材料建造,管嘴用铁皮、木板等制作。管嘴断面有圆形、方形和长方形三种。圆形和方形适用于窄深渠道;长方形适用于宽浅渠道。管嘴的长度和入口断面尺寸依管嘴出口的孔口尺寸而定。根据挡水墙上、下游的水位差和管嘴出口处的孔口面积计算渠道流量。为保证量水精度,进出孔口的上缘须淹没在水面以下至少5 cm。如渠道较宽、流量变化较大时,可在挡水墙上设置两个高程相同的管嘴,根据流量大小开启一个或两个管嘴进行量测。量水喷嘴量水精度较高、受泥沙淤积影响较小。适用于比降较小或水质较浑的渠道,过水能力一般为$0.07 \sim 0.45$ m³/s。

田间水利用系数(water efficiency in field)　灌入农田的有效水量与末级固定渠道供水量的比值。灌入农田的有效水量是指旱作农田计划湿润土层内灌水后增加的储水量或水稻田灌水后增加的储水量;末级固定渠道供水量指末级固定渠道放出的水量。其值与农田平整状况、田间工程配套状况和灌水技术水平等因素有关。是衡量田间水量利用程度的技术指标。

渠道水利用系数(water efficiency of canal)　渠道净流量(水量)与毛流量(水量)的比值。任一渠道从水源或上级渠道引入的流量(水量)称"毛流量(水量)";分配给下级各条渠道的流量(水量)之和称"净流量(水量)"。是表征渠道输水效率的技术指标,也是衡量渠道工程质量和管理水平的技术指标。

渠系水利用系数(water efficiency of canal system)　灌区在一定时段内从末级固定渠道(农渠)流入毛渠或直接灌入农田的水量与渠首同期进水总量的比值。是衡量各级渠道的输水效率、工程质量和管理水平的技术指标。

灌溉水利用系数(water efficiency of irrigation)　灌区在一定时段内灌入田间并储存在作物根系吸水层(土壤计划湿润层)中的有效水量(对稻田指灌入格田的水量)与渠首引入总水量的比值。是评价灌区工程质量、灌水技术水平和管理工作水平的技术指标。

作物水分生产率(crop water productivity; crop water use efficiency)　在一定的作物品种和耕作栽培条件下,单位水量所获取的产量。其值等于作物产量与作物净耗水量或蒸发蒸腾量之比值。单位为kg/m³。是衡量农田供水量被作物利用程度的一种技术指标。

排水工程(drainage engineering; wastewater engineering)　收集和排出人类生活污水和生产中各种废水、多余地表水和地下水(降低地下水位)的工程。主要设施有各级排水沟道或管道及其附属建筑物,视不同的排水对象和排水要求还可增设水泵或其他提水机械、污水处理建筑物等。主要用于农田、矿井、城镇(包括工厂)和施工场地等。

自流排水(gravity drainage)　排水区域内多余的地面水或地下水在重力作用下汇入排水沟道,逐级下排,最后进入容泄区的排水方式。当排水区域内最低地面高程高于容泄区的洪水位、农田地下水位控制高程高于容泄区的平均水位,并有一定落差足以补偿输水过程中的水头损失时,就可采用这种排水方式。技术简单,工程投资较少,使用广泛。

提水排水(pumping drainage)　借助提水机具将排水区域内多余的地面水或地下水排至容泄区的排水方式。现代提水机具主要是机、电驱动的提水机械。当排水区域内最低处的地面高程低于容泄区洪水位、地下水控制水位低于容泄区平均水位时采用。在平原低洼地区和水网圩区广为使用。兴建排水泵站是现代排水工程建设中最常采用的提水方式。

农田排水（farmland drainage） 排除田间积水和土壤中多余水分，降低地下水位的措施。包括除涝和降渍两部分。排水方式分地面排水（即排除涝水）和地下排水（即排除渍水和降低地下水位）。前者多用明沟排水，后者兼用明沟和暗沟（管）排水。按汇集地下水方式，分水平排水和垂直排水。水平排水是排水工程各组成部分都是水平或接近水平的，如明沟排水和暗管排水；垂直排水即竖井排水，通过打井以抽排地下水。按排水系统出口水位高低，分自流排水和提水排水。排水可改善土壤通气性，提高土壤温度、改良土壤、保证作物正常生长。

地表排水（surface drainage） 排除因降雨等产生的地表径流和地表积水的排水措施。

地下排水（subsurface drainage） 排除土壤中过多水分和降低地下水位的排水措施。有明沟、暗管（包括暗沟、鼠道）、竖井等形式。根据地形、土壤、水源补给等因素，结合社会、经济条件，比较分析后选定。

控制排水（controlled drainage） 通过在农田排水明沟或暗管的出口加设控制设施，按照作物生长要求和农田水分状况对农田地面水位或地下水位实行有效管理的排水方式。研究表明，控制排水不仅可减少不必要的水量流失，还可同时减少肥料的流失，从而减轻农田化学物质对水体的污染。是最好的水管理技术之一。

涝（waterlogging） 亦称"内涝"、"沥涝"。因当地降雨径流不能及时排出而酿成的灾害。表现为种植旱作物的农田积水、水稻田淹水过深、淹水时间太长，致使作物根系分布层缺氧、养分供应失调、作物生长受到抑制，轻则减产，重则绝收。常发生在排水工程不健全的平原低洼地区和暴雨洪水季节。

渍（subsurface waterlogging） 亦称"暗涝"。作物根系分布层土壤过湿的现象。土壤水分过多，会导致土壤通气不良，抑制作物根系发育，从而影响作物的正常生长。在地下水位过高或降水过多、土质黏重的地区，易遭受渍害。

冷浸田（cold waterlogged paddy field） 长期受冷泉水浸渍的低产农田。主要分布在中国南方各省的山区和丘陵谷地。一般耕作层较浅，底土较紧密；土温、水温低，土壤中还原状况强烈，有的产生铁锈水，缺乏有效养分。改良措施有：开沟排水、降低地下水位、消灭串灌串排、冬耕晒垡、客土改良、施用石膏等特种肥料和种植绿肥等。

除涝（waterlogging control） 亦称"治涝"。消除农田涝灾的措施。主要分为截、排、滞、降四类。截是拦截除涝区外部的径流（包括地面水和地下水），使其不进入本区域，如开挖截流沟。排是汇集区内涝水送到区外河流（容泄区），建立完整的排水沟系和排水闸、站。在平原易涝地区，可开挖河网，兼以容蓄涝水，并进行灌溉、航运、给水、养殖等综合利用。滞是充分利用区内湖泊、洼淀，汛前腾出部分容积，以临时存蓄涝水，待洪峰过后，再从湖泊、洼淀中排走，从而降低排水系统的投资。降是降低田间地下水位，减少地下水对作物根系层的水分补给。

除涝设计标准（design criteria for surface drainage） 为除涝工程设定的抵御涝灾能力的技术指标。常用的表达方式是要求除涝工程将某一重现期的暴雨径流在规定时段内排出区外，不影响作物的正常生长。暴雨重现期一般采用5～10年，经济发达地区可适当提高。暴雨历时应根据当地经常出现的成灾雨型分析确定，常用1～3天。排水时段视地形、作物耐淹能力和滞蓄径流的条件等因素而定，常用1～3天。设计标准越高，农业生产不受涝灾的保证程度越高，但工程投资、占地面积和运行费用也越大。应通过技术经济论证确定合理的设计标准。

排涝模数（modulus of waterlogging control） 单位面积上的排涝流量。单位为 $m^3/(s \cdot km^2)$。单位面积上要求排除的由设计暴雨产生的径流量，称"设计排涝模数"，是排涝工程设计的基本依据。受暴雨强度、地形、植被、土壤和河网密度等多种因素影响。排涝模数乘以排涝面积即得排涝流量。

排水临界期（critical period of drainage） 排水量最大而又最紧迫的排水时段。是一年中暴雨强度最大、雨量最多、作物最易受淹而导致减产的时期。如南方夏季多雨，早稻要落干收割，中、晚稻要移植，耐淹能力又最差，是排水最急、排水量最大的时期。

作物耐淹水深（water depth of submergence tolerance of crop） 在一定时间内作物受淹而不致影响产量的田间积水深度。随作物种类、生育阶段和淹水天数等而异。在除涝设计中，常依据作物耐淹水深，在暴雨多发季节用农田临时滞水，从而削减排涝流量，降低排涝工程规模和设备投资。

作物耐淹历时（period of crop submergence tolerance） 在暴雨期间田间积水而不致危害作物生长的允许淹

水天数。与作物种类、生育阶段、淹水深度等因素有关。是除涝设计中确定排水天数的依据。一般情况下,旱作物在耐淹水深下,耐淹历时为 1 天左右,水稻在耐淹水深下,耐淹历时为 2～5 天。

地下水适宜埋深(optimum ground water depth) 满足作物正常生长需要的地下水埋藏深度。随作物种类、生育阶段、土壤性质等而异。如小麦播种期为 0.5 m,分蘖越冬期为 0.8 m,返青至成熟期为 1.0～1.2 m。控制农田排水沟中的水位,可获得在作物不同生育阶段所需的适宜地下水埋深。地下水位保持在适宜地下水埋深的范围内,既满足防渍要求,又可利用地下水不断的补给,减少灌溉用水量。在有盐碱化威胁的地区,应根据地下水临界深度确定。

地下排水模数(subsurface drainage modulus) 亦称"排渍模数"。单位面积内排出的地下水流量。单位为 $m^3/(s\cdot km^2)$。其值与当地的气象、土壤、水文地质、排水沟密度和地下水位控制深度等因素有关,难以精确计算,根据实测资料分析确定,或采用类似地区的经验数据。是计算排水沟排渍流量(日常流量)的依据。

除涝排水系统(surface drainage system; drainage system for waterlogging control) 消除农田涝渍灾害的整套工程设施。基本组成部分包括田间沟网(系)、输水沟网(系)和排水出口(包括排水闸、站及容泄区)。多余的地面水和地下水经由田间沟网汇集后,通过各级输水沟到达干沟出口,自流或抽排入容泄区。根据排水区的地理条件,除涝排水系统中还有拦截区外坡地径流或分隔高低地的截流沟;在平原圩区,还有滞涝湖荡;对于平原易涝区的输水沟道,还应考虑灌溉、引水、航运等综合利用要求。按排水系统结构,分明沟排水系统、暗沟(管)排水系统和明暗结合排水系统。盐碱化地区,为控制地下水位和洗盐排水,还可出现除涝与治碱结合的竖井排水系统。

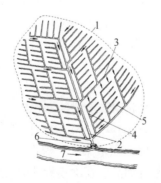

除涝排水系统示意图

1. 排水区边界　2. 干沟
3. 支沟　4. 斗沟　5. 农沟
6. 排水闸或泵站
7. 排水容泄区

明沟排水(open ditch drainage) 在排水区内,开挖沟道排除多余的地面水、地下水和土壤水的工程措施。具有施工方便、投资少、收效快等优点,但占地较多;沟道边坡受冲蚀、冻融和地下水逸出的动力作用易于坍塌;沟道常年湿润易生杂草;维修工作量较大。广泛用于农田排水,也常用于城镇、工矿区和施工场地的排水。

浅明沟(shallow ditch) 为汇集、排除田间积水和耕作层土壤滞水在田块中临时开挖的横、竖向排水沟。包括墒沟、腰沟等。是南方旱作区排除地表积水、土壤中多余水分,防治旱作物涝渍灾害的重要田间排水设施。

毛沟(little field ditch) 旱作农田中临时开挖的季节性排水小沟。联结着墒沟与农沟,与灌溉系统中的毛渠相对应。汇集地面水和耕层土壤中的多余水分。

腰沟(transverse ditch) 亦称"横墒沟"。在旱作农田中垂直耕作方向临时开挖的季节性浅明沟。作用是汇集、排除墒沟的积水。位于田块的中部。

墒沟(drain furrow) 临时开挖的田间排水浅沟。如北方旱地的排水垄沟,南方麦田的竖沟、横沟、围沟等。各地规格不一,应结合当地土壤条件、降水强度、作物种植要求而定。多余的地表水和表层土壤水汇集到墒沟后,流入横沟、围沟或毛沟。

农沟(field ditch) 明沟排水系统中的末级固定沟道。上承毛沟,下接斗沟,其深度和间距是田间工程规划的关键。深度要满足作物生长期间对地下水位控制的要求,也是确定各级输水沟道开挖深度的依据。其间距决定着田块的大小,应满足排地面水和农业机械化耕作的要求。与灌溉系统中的农渠相对应。根据调节地下水位的需要,农沟出口处可设闸控制。

容泄区(drainage reception area) 亦称"承泄区"。承纳并宣泄排水区排出水量的区域。河流、湖泊、水库、地下不饱和透水层、多孔岩层、岩溶溶洞或裂隙都可利用。位置应选在排水区的最低处,以便布置排水系统和顺畅地排水。河流作容泄区应具有稳定的河槽和足够的输水能力。如不能满足上述要求,必须采取适当的整治措施。湖泊为容泄区,如调蓄能力不足,应整治出流河道、改善出流条件、降低湖水位。

截流沟(intercepting ditch) 亦称"截水沟"、"撇洪沟"。为保护农田、村镇免受上方坡地径流的侵袭,在坡地下缘开挖的排水沟。通常沿等高线布设。

有的截流沟与库、塘连接，截蓄结合，以扩大灌溉水源;有的可拦截地下水流，兼起截渗作用。

截渗沟(seepage intercepting ditch) 为拦截外部流向保护区的地下径流而开挖的排水沟。一般布设在水旱田分界处、低地上方、背河洼地的边缘、山麓与河流冲积扇的下部地区、水库周围、渠道两侧、圩堤内侧、冲谷冷浸田的上方等处。用以防止保护区内地下水位的抬高，以免造成渍害和盐碱化。

撇洪沟(diversion flood ditch) 为拦截山洪，保护坡下农田、工矿、城镇、道路或建筑物等而修建的排水沟。在适当地点，把拦截的洪水导入沟溪或下游河道。

等高截流(contour interception) 在山丘地区的坡面上隔一定距离沿着等高线开挖截流沟(环山沟)，以截蓄或截引坡面径流的措施。可使山水就地入渗，或引入附近水库、塘坝容蓄，做到水不下山，既防止水土流失，又扩大灌溉水源。遇暴雨蓄水满溢时，再把山洪导引入下游河道。是山区水利化的重要措施。还应用于山圩分家或圩内高低地分片的治理。

沟洫(system of ditch and canal) 中国古代对农田排水沟道系统的称谓。早在西周时，农业生产实行井田制，已有比较完备的排水系统，排水沟小的为"沟"，大的为"洫"，统称"沟洫"。《周礼·地官·遂人》记载:"十夫有沟，百夫有洫。"汉代郑玄注释《周礼·地官·小司徒》也指出是用来消除水害的。后世常以"沟洫"两字表示农田灌溉排水的沟渠工程，现已鲜见使用。

沟洫畦田(border field with opendrains) 在平原地区，挖沟筑畦，用以蓄水除涝的工程措施。在一般不涝，但有时雨大会使土壤过湿、不下雨又会发生旱情的平原高地，对农田深翻整平，修筑地埂，构成畦田。筑埂取土挖出的沟称"沟洫"，以容蓄田间来水。沟洫要与固定排水沟道相衔接，做到能蓄能排。

沟洫条田(strip field with open drains) 简称"条田"。黄淮海平原上除涝的田间工程。在排水较畅的洼地或地势较平坦的缓坡地，开挖浅而密的田间沟，把田块分隔成条状。规格要根据地形、土壤条件，除涝、灌溉要求，机耕和田间管理的方便，因地制宜地确定，一般宽 50 m，长 200~300 m。条田沟要与排水系统衔接，使排水有出路。

沟洫台田(raised field with opendrains) 简称"台田"。黄淮海平原上的除涝治碱工程。在地势低洼、下游水位顶托、排水不畅的易涝易碱地区，开挖深而密的田间沟，利用挖沟出土抬高田面，故称"台田"。规格要因地制宜，如纯系除涝防渍，应稍高于常年积涝水深，一般抬高 0.2 m 左右;如为治碱，垫土厚度应根据盐碱化程度和土质情况，一般 0.3~0.5 m。宽度要考虑取土平衡，一般台面较窄，长度与条田同。要与排水系统衔接，使排水有出路。

抬田(raised field) 为了减少因兴建水利枢纽工程而造成耕地淹没损失，将浅水淹没区的耕地，垫高至土地征用线以上 0.5~1 m，保留耕地面积的工程措施，对抬高后的耕地进行田间工程建设，完善农田灌排条件，使被抬高后的耕地满足农业生产要求。江西峡江水利枢纽库区，为减少移民，兴建了近 2 000 hm² 的抬田，取得了良好的社会经济效益。

暗管排水(subsurface pipe drainage) 在地下埋设暗管以排除农田土壤多余水分、降低地下水位的措施。按结构形式，分:(1)管道，有瓦管、灰土管、水泥土管、混凝土管和塑料管等;(2)暗沟，挖一定深度的沟，上盖土堡再回填土而形成暗沟，或在沟底填滤水材料再回填土而形成填料暗沟;(3)鼠道(见"鼠道排水"(228 页))。

暗沟排水(blind ditch drains) 利用埋设在地下的排水沟排除土壤中过多水分和降低地下水位的措施。暗沟应上盖土堡再回填覆土，或在沟底填滤水材料再回填覆土。排水暗沟的埋深和间距，根据作物种类、土壤质地、降雨量和蒸发量大小等因素决定。暗沟坡降一般 1/500~1/1 000。优点是节省土地、不占农田;就地取材，节省工程投资;能保证排水深度;较好地控制土壤水分，改善土壤通气状况。但易塌淤，费工费料，又不便维修。也可用暗管代替暗沟，但投资会加大。

暗管排水系统(subsurface pipe drains system) 由暗管组成的农田排水系统。包括集(排)水管、输水管、截水管及其附属建筑物。集水管按一定深度和间距埋置于田间，末端与输水管连接。地下水和土壤中多余水分进入集水管后，再通过输水管排向泄水口。截水管多沿排水区边界垂直地下水流向布置，用以拦截邻区高地地下水的入侵，或设置在水旱作物分界处。管道上的建筑物，主要用于调节地下水位和工程检修。也可明沟与暗管结合。一般田间集水用暗管,输水用明沟。随着农田排水事业的发展,还有使用双层暗管的排水系统,或者上层鼠道与下层暗管相结合,以提高排水效能。

排水管滤层(drain filter) 包裹在排水管周围的滤料层。作用是使地下水能自由进入暗管,同时又能阻止土壤颗粒进入暗管或滤层。滤层材料应价廉且易于取材,便于运输、施工,确保排水效能。常用的滤料有砾石(有良好的级配)、稻草、麦秸、稻壳和泥炭碎屑等,在暗管埋设后,松散地铺裹在暗管外面。另一种是用玻璃纤维、尼龙织物或其他合成材料做成纸或用稻草、泥炭屑等做成1~2 cm厚的席,在埋管时成卷的放在铺管机上进行铺设。如排水暗管是穿孔塑料管(光壁管或波纹管),还可将滤层纸或席预先包裹在管外,再行铺管。如土壤是稳定的,也可不设滤层;但对于无黏性的细沙或粉沙土,滤层是必不可少的。一个设计合理的砾石滤层,还可作为稳定排水暗管的基础。

挖沟铺管机(pipe-laying trencher) 将挖沟和铺管两种功能集于一身的排水暗管施工机械。按挖掘部件,分链刀式挖沟铺管机和链斗式挖沟铺管机。前者的挖掘部件为带有刀片的链条,机器向前行驶,链刀同时旋转,挖成矩形沟槽,切割的土壤由螺旋输送器抛上沟的一侧或两侧地面。管道通过管箱铺设于沟底,接着填入滤料。链刀可随作业要求改变刀型和宽度,所需动力较无沟铺管机小。作业速度依土质软硬和选用的沟宽不同而异。后者的挖掘部件为两条带斗的链条,在链轮带动下,链斗通过输送带上的导料槽将土卸至沟的一侧,适用于开挖黏重土壤,但结构复杂,重量大,有被链刀式完全取代的趋势。又可按行走部件,分履带(链轨)式和轮胎式。挖沟铺管机的作业过程,可借激光自控装置准确控制管沟的纵坡。

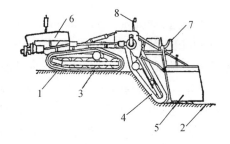

链轨式挖沟铺管机示意图

1. 地面 2. 沟底 3. 履带 4. 挖掘链
5 铺管箱 6. 柴油机 7. 驾驶座 8. 管线瞄准规标

无沟铺管机(trenchless plow) 亦称"排水管犁"。同时完成开槽、铺管、覆土工作的排水暗管施工机械。主要部件是带有刀口的柱形犁体(犁刀)和铺管装置。在动力驱动下直接行驶工作,靠犁刀挤压土壤开出一条沟缝,同时向沟缝放入管道和滤料。省去挖土工作,也无需回填,只要铺管机的履带在沟缝上行驶一趟就可弥缝。按控制埋管深度方法,分:(1)深度限制轮式,适用于坡度均匀且能采用等深度操作的农田;(2)浮动梁式,犁刀通过滚轮与拖拉机相连,操作深度是通过抬高或降低滚轮的挂结点而进行调节的,适用于地面不平的农田。无沟铺管机工作效率高,费用少(为开沟铺管机的1/3~1/2),但所需功率大,为147~294 kW,埋管直径较小,适用于湿润或干松土壤。

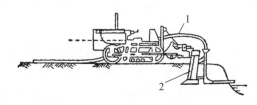

无沟铺管机埋管示意图
1. 波纹型塑料排水管 2. 犁体

排水管清洗机(drain pipe cleaner) 简称"洗管机"。冲洗排水暗管内沉积泥沙的专用机具。分高压和低压两种。前者由高压柱塞泵、连接软管和喷嘴等组成。清洗时,喷嘴的一个出水孔向前喷出高压水冲洗管道,另有三个出水孔向后喷水,使喷嘴和连接软管在排水管中边冲洗边前进。后者由活塞隔膜泵和胶管等组成。清洗时,借助人力将胶管送入排水管中进行冲洗,也可与拖拉机配套使用。

鼠道排水(mole drainage) 用特制的机具(鼠道犁)在土层中开凿、挤压出管状通道(称"鼠道"或"鼠洞"),以排除农田土壤多余水分的工程措施。鼠道犁的成洞部件由犁刀和锥形扩孔器组成,在拖拉机或动力绞盘的带动下,犁刀破土成缝,扩孔器挤压土壤成洞。鼠道直径小于10 cm,设置深度一般0.4~0.6 m,有的深达0.8 m左右,间距2~5 m。鼠道出口段与排水沟垂直相交,洞口用瓦管等材料加以保护,以防止坍塌。在水旱轮作地区,为减少稻田渗漏,还应在洞口增加控制设备。

鼠道犁(mole plough) 亦称"塑孔犁"、"暗沟犁"。由动力机、犁刀板和塑孔器等组成的开挖排水鼠道的专用施工机具。可由拖拉机或动力绞盘牵引作业,按与拖拉机的挂接方式,分牵引式与悬挂式;按工作部件,分振动式与非振动式。操作较简便。

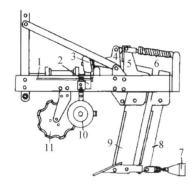

振动式鼠道犁示意图

1. 输入轴　2. 振动凸轮　3. 从动滚轮
4. 振动架　5. 振动刀刃安装附件
6. 压缩弹簧　7. 塑孔器　8. 固定刀刃
9. 振动刀刃　10. 限深轮　11. 圆盘锯齿刀刃

生物排水(biological drainage) 亦称"植物排水"。利用植物根系吸水和叶面蒸腾作用降低地下水位的排水措施。常与沟、渠、路结合,布置护田林网,兼收控制地下水位、防风固沙、抑制土壤返盐和改善农田小气候等效果。除树木外,还可种植根深叶茂、耗水量大的牧草和其他植物。

减压井(relief well) 设置在堤背水侧、坝下游土基内的排水设施。通常先在堤、坝下游坡脚外按需要的深度打出井孔,再在井内装滤管,并在滤管与井壁间填入砂砾料反滤层,以导渗入井,避免水流带出细沙,堵塞管壁。用以减小堤坝地基内的渗透水压力,防止土壤渗透变形和增强地基稳定性。主要用于基础为表层透水性弱而下层透水性强的双层或多层结构的土体。

沉沙井(desilting well) 排水暗管或灌溉渠道上沉积水流中挟沙的设施。为一方形(或圆形)坑。常用砖、石、混凝土筑成。暗管沉沙井一般设置在管线坡度转折点或上下管衔接处(也可作为管道联结箱)。为不妨碍耕作,埋置在地面以下并加顶盖。开敞的也起管道减压的作用。灌溉渠道上的,多设置在建筑物(如倒虹吸)进水口前。沉积的泥沙,可人工清除。

跌水井(drop well; drop shaft) 调节暗管比降的建筑物。一般设置在地面高差较大处,以衔接上下管

跌水井

段。多用混凝土或瓦管做成。在灌溉渠道上,也有用跌水井衔接上下渠段的。

竖井排水(shaft well drainage; vertical drainage) 亦称"垂直排水",简称"井排"。在排水区域内布置若干井点,通过抽取井水以降低地下水位的措施。地下水水质良好时,多结合井灌布置,以灌代排;如水质不佳,应把抽出的井水通过浅明沟送到排水区域以外。能较快地大幅度降低地下水位;有利于雨季蓄纳降水,减轻排涝负担;增加灌溉水源;改善地下水质;不必大量开挖明沟。但运行费用较高。

排水分区(division of drainage district) 根据排水区域内的地形特点和排水出路而进行分区治理的措施。目的是尽量扩大自流排水的面积,并解决排水区域内高低地之间的矛盾,使排水更加迅速有效,排水工程的规划布置更加合理经济,并便于运行管理。

圩区(polders) 亦称"圩垸"。四周环水、地势较低、依靠堤防保护方能从事生产、生活的地区。堤防包围的每一个独立区域,在长江下游地区称"圩",中游地区称"垸",统称"圩垸"。分布在沿江、滨湖和受潮汐影响的河流三角洲地带,地面高程大部分在河道的洪枯水位或高低潮位之间。汛期河湖水位常高于农田,必须筑堤防洪,在圩堤的适当位置建水闸、船闸、泵站,解决圩内的排水、灌溉问题和满足圩内外来往的交通需要。

灌排分开(separate irrigation and drainage system) 灌溉系统和排水系统分开布置的灌排模式。平原灌区宜采用灌排分开的布置方式,不仅可及时排除涝水和有效地控制地下水位,起到排涝、降渍、防止土壤盐碱化的作用,而且可通过灌溉系统引用河水进行灌溉或洗盐,并配合深沟排水达到改良土壤和淡化地下水的目的。

分级分片控制(control by steps and zonations) 在圩内和平原易涝地区,为解决高低地的排涝矛盾,根据地面高程分区划片,分别控制河网水位的治理措施。通过在圩区排水干河上建分级节制闸或简易船闸,并加高上游河堤,使圩内高低片分开,达到高水高蓄高排、低水低蓄低排,解决高低地的排涝矛盾。在平原易涝易旱地区,为发挥河网在除涝、蓄水、灌溉、航运等方面的综合效益,克服地形高低带来的矛盾,也需要在河道上设闸,实行分级分片控制。

河网(river net; river network) 在江河下游的易

涝平原上密布成网的水系。由新挖的许多大小河沟与原有河道所组成。以干、支河为骨干河网,大、中、小沟为基本河网或称"沟网"。作用是排水和降低地下水位,兼通农船。大、中、小沟的开挖,应结合田、渠、路、林统一规划。为便于控制运用,在骨干河网上,分段建闸,形成梯级,大沟出口处,也建闸控制,以便有计划地进行排、滞、蓄、引、灌。

梯级控制(stepped control) 在平原河网的骨干河道上,分段建闸以控制落差和分级治理的措施。为达到排洪、除涝、灌溉、航运、给水等综合利用的目的,在平原坡地的骨干河道上,根据地形的高程,分段建闸,使建筑物上下游的水面形成一定的落差,即所谓梯级。干旱时闭闸,遇到暴雨时开闸,有控制地进行滞涝、排水、引水、蓄水,灵活调度,以消除洪涝灾害,发展灌溉,保障工农业生产的需要。

蓄洪垦殖(flood storage and reclamation) 利用沿江、滨湖的洼地,兼顾分洪、种植双重任务的土地利用方式。在洼地周围筑堤建闸,使其与江、湖隔绝,进行垦殖,在江河流量不超过下游安全泄量的一般年份,保持正常的农业生产,而在大水年份,开闸分洪,利用垦殖区暂时滞蓄洪水。如长江中游的洪湖蓄洪垦殖区、华阳河蓄洪垦殖区。

围垦(inning) 在沿江、滨湖滩地或滨海滩地(海涂)上,圈围筑堤进行垦殖的工作。滨湖围垦称"围湖造田";滨海围垦称"海涂围垦"或"围海造田"。围垦区内需修建排灌系统,对海滩地尚需进行盐分淋洗和改良土壤。应在水利、农林牧副渔、卫生和环保等部门统一协调下规划围垦,综合利用自然资源,以发挥最高效益,保持生态平衡。中国自 1996 年后,为避免因围垦而使湖面缩小,影响蓄洪能力,围湖造田已受限制,对严重影响防洪的围垦区还要求退田还湖。

盐碱地改良(saline-alkaline land reclamation; improvement of saline-alkaline land) 亦称"治碱"、"改碱"。盐土、碱土和盐渍化土壤的改良和利用,以及预防土壤次生盐渍化的工作。分水利和农业两个方面。水利方面:建立完善的排灌系统,做到灌排分开,加强用水管理,严格控制地下水位,灌水冲洗,引洪放淤,种植水稻等,不断淋洗和排除土壤盐分。农业方面:(1)物理改良,改善土壤质地和结构,增施有机肥料,增强土壤渗透性能,减少土壤蒸发;(2)化学改良,降低或消除土壤碱性,改善其理

化性质;(3)生物改良,选种耐盐作物,改进种植方法,增加地面植被,减少地表蒸发。盐碱地改良要因地制宜,综合治理。

盐碱土(saline-alkaline soil) 含有过多可溶性盐碱成分的土壤。土壤饱和溶液在 25℃时的电导率大于 4 mS/cm,pH 小于 8.5,交换性钠的百分率小于15% 的土壤,称"盐土";电导率大于 4 mS/cm,pH 约为 8.5,交换性钠百分率大于 15%,所含可溶性盐中重碳酸钠占优势,并有部分碳酸钠存在的土壤,称"苏打盐土"或"碱化盐土";电导率小于 4 mS/cm,pH 为 8.5 ~ 10,交换性钠的百分率大于 15% 的土壤,称"碱土"。盐土和碱土统称"盐碱土",是干旱、半干旱地区分布很广的土类,在半湿润、湿润地区的滨海地带也有分布。盐土由于土壤溶液浓度高,妨碍植物根系吸水,严重时导致植株枯萎。碱土由于碱性强,对植物和土壤微生物都有毒害作用,并恶化土壤物理性状。在良好的排水条件下,盐土可通过灌水和利用降水淋洗土壤中过多的可溶性盐分,使土壤脱盐得以改良,并结合农业措施和林业措施,巩固脱盐效果。碱化盐土和碱土则需要使用化学改良剂,再配合农业措施和水利措施,进行改良。

盐土(solonchak; saline soil) 耕层土壤中水溶性盐类含量过高,危及作物生长的土壤。广泛分布于世界的干旱地带和沿海地区。中国主要分布在东北、华北、西北、渤海、黄海沿岸等地。其特征是盐分易在表土积累,形成盐霜、盐结皮等。可根据 1 m 土层内所含可溶性盐类占干土重的百分率来划分。含盐量小于 0.2% 称"非盐渍化土",0.2% ~ 0.5% 称"轻盐渍化土",0.5% ~ 0.7% 称"中盐渍化土",0.7% ~ 1.0% 称"强盐渍化土",大于 1% 则称"盐土"。其盐类的成分主要是氯化钠、硫酸钠。改良措施可采用排水、冲洗和种稻等,以加快土壤的脱盐。并结合种植绿肥,增施有机肥料等措施,可使它逐渐得到改良。

碱土(solonetz; alkaline soil) 土壤胶体吸附代换性钠离子较多,呈强碱性的土壤。在中国分布很少,只有东北、内蒙古和宁夏等地有少量存在。含盐成分主要是碳酸钠、重碳酸钠。一般都为光板地,土壤高度分散,湿时泥泞、干时固结,土壤通气性和透水性差,致使作物不易出苗生长。可根据代换性钠离子的含量(称"碱化度")划分,小于 5% 称"非碱化土",5% ~ 10% 之间称"弱碱化土",10% ~ 20% 之间

称"强碱化土",大于20%则称"碱土"。碱化程度较小的,可在灌溉排水的基础上,采用深翻结合施有机肥或种植绿肥改良。碱化程度高的,需施用化学改良剂(如石膏、磷石膏和黑矾等)。

盐渍化(salinization)　亦称"盐碱化"。盐分在土壤中积聚形成盐渍(碱)土的过程。滨海地区由于长期受海水浸渍发生盐渍化,内陆的干旱、半干旱地带,蒸发量大于降雨量,土壤下层和地下水中所含的盐分,因地下水埋深小,借水分的毛管上升不断进入耕作层,水分蒸发后,盐分就积聚起来,导致土壤盐渍化。地下水位的高低、地下水矿化度的大小与土壤盐渍化过程有着密切的关系。人为不合理灌溉等,也会使地下水位上升,引起或加速可溶性盐类在表层积聚,引起土壤盐渍化,这种盐渍化称"次生盐渍化"。

碱化(basification; alkalization)　土壤溶液中的代换性钠离子被土壤胶体吸附的过程。土壤中含有的碳酸钠、碳酸氢钠等盐类,能在土壤中发生强烈水解,胶体吸附一定量的代换性钠离子后,使土壤呈强碱性反应,形成土壤的碱化。苏打盐土逐渐脱盐、碱化,以及含有重碳酸钠和碳酸钠的地下水在上升过程中不断蒸发也能使土壤碱化。

次生盐渍化(secondary salinization)　亦称"土壤次生盐碱化"。由于不合理的人为措施而引起耕作土壤盐渍化的过程。主要因灌排系统不配套,过量灌水,排水受阻,引起地下水位上升所致。农业技术措施运用不当,也会加速其发展。防治措施应以减少对地下水的补给、降低和控制地下水位为主。有健全灌排系统、加强用水和排水管理、进行渠道防渗、采用节水灌溉技术、平整土地和合理运用农业技术措施等。

地下水临界深度(critical depth of groundwater)　在干旱季节,不致引起耕层土壤积盐的地下水埋藏深度。是盐渍化地区确定排水沟深度的依据。其值等于毛管水强烈上升高度与作物主要根系分布层厚度之和。如地下水矿化度不高,则可用耕作层厚度代替主要根系分布层厚度。

水盐运动(water-salt movement)　溶解于地下水或土壤水中的盐分随水运移的状况。是由于水的压力差或溶液浓度差的作用所致。与气候、地形、土壤、水文地质条件、灌溉排水和农业技术措施等因素有关。在蒸发作用下,土壤水或地下水把盐分积聚在地表,灌溉或冲洗又把盐分带到土层深部或排出区域之外。研究水盐运动规律,可掌握田间土壤和地下水盐动态变化,制定相应的控制措施,达到改造利用盐碱地和防治次生盐渍化的目的。

返盐(salt accumulation)　亦称"积盐"。盐分由土壤下层上升到表层的现象。形成原因主要是灌溉不当(如大水漫灌)和排水不良,使地下水位升高到临界深度以上。土地不平整、农业技术措施不当也会引起土壤返盐。持续不断地返盐会引起土壤重新盐碱化。

土壤改良(soil amelioration; soil improvement)　改善土壤性状,提高土壤肥力,为植物生长创造良好土壤环境的工作。主要有:(1)通过水利措施改良土壤,如排水、灌溉、洗盐、放淤等;(2)通过农业技术措施改良土壤,如深耕、施肥、合理轮作、压砂、换土、栽种绿肥作物、平整土地、修梯田等;(3)通过营造森林改良土壤,如营造护坡林、护田林、固沙林等。土壤改良必须根据当地的自然条件和经济条件,因地制宜地制订规划,分期分批实施,达到既改良土壤,又能当年收效的目的。

洗盐(salt-leaching)　用淡水冲洗土壤中过多盐分的措施。在盐碱地上采用拦蓄雨水、引水灌溉、种植水稻、引洪放淤等方法,可有效淋洗根层土壤中的过多盐分。必须与开沟排水相结合,使淋洗后的含盐水分及时排出,避免因抬高地下水位而招致土壤返盐的现象。

压盐(salt-leaching out root zone)　通过灌水淋洗土壤盐分的措施。在次生盐渍化威胁的地区(如中国西北及华北的一些地区),春季干旱多风,气温上升快,蒸发量加大,土壤水分损失较快,盐分随之向地表积聚产生返盐现象,以致影响作物生长,必须加大灌水定额,在满足作物需水的同时淋洗根层土壤盐分。通常盐碱地上的灌水定额要比当地非盐碱地的灌水定额约多20%左右。在秋季冲洗改良的盐碱地上,为防止春季返盐,保证春播,应进行播前灌水压盐,并加大灌水定额到 $60 \sim 100 \ \mathrm{m^3/}$亩,可明显地提高出苗率。

脱盐(desalinization)　农田土壤中可溶性盐类的含量逐渐减少的现象。农作物正常生长允许的土壤含盐量称"土壤脱盐标准"。改良盐碱土可通过以灌水冲洗和排水为主的水利措施结合农业措施,使作物根系层中的土壤含盐量逐渐减少,达到脱盐标准。

抽咸补淡(pumping off salted water and replenishing fresh water) 凿井抽走浅层地下咸水,再通过降水入渗或引地表水回灌,逐渐淡化地下水的措施。在浅层地下水矿化度很高的地区,利用竖井排水的方式将咸水抽出,通过明沟排水系统排入容泄区,能迅速降低地下水位,增加土壤蓄纳雨水的能力,减少地表径流,并使土壤盐分得到淋洗。在地表水源充足的地区,可采用人工回灌措施补给地下水,逐年降低地下水矿化度。对治理涝、渍和土壤盐碱化颇有成效。

蓄淡养青(fresh water storage and irrigating crops) 滨海垦区为防御咸水危害和拦蓄淡水而采用的工程措施的总称。措施有:修建挡潮堤、闸,以抗御风暴潮的威胁,防止咸水入侵;开挖排水沟,排除垦区内部的咸水;在河口处修建挡潮堤、闸,进行河槽蓄淡,海湾堵港蓄淡,圈围海滩地可利用垦区内部港汊、洼地蓄淡,以满足土壤洗盐、作物灌溉和生活用水的需要。

翻淤(turn up bottom clay) 改造盐碱地的深翻措施。土壤盐分分布上重下轻,下层土质又较好(如淤土)时,将下层好土翻到地表,把表层盐碱土翻到下层,可改变土壤剖面的盐分分布状况,为作物创造一个适宜生长的耕作层。

盖砂(covering sand) 以砂盖土的保墒防盐措施。风力强、蒸发量大、气候干旱、砂石资源较多的地区,在农田上盖砂可减少土壤蒸发和防止土壤返盐。有两种方法:(1)耕地前将砂撒开,经过耕作,使其与土壤混在一起;(2)在播种后出苗前,按播种方式将砂呈条状或穴状撒开,以覆盖播种部位地面,抑制返盐。盖砂的作用在于防止地面蒸发,减少盐分上升,改善盐碱地的水分物理状况。甘肃省有些地区也有用石子铺地保墒并防止返盐的。

覆盖(mulching) 利用某种材料覆盖农田土面或水面的一种栽培措施。具有保水、增温、改善土壤理化性能、有利土壤微生物活动、防止土壤盐碱化等作用,有利于促进农作物的生长发育。

水土保持(soil and water conservation) 防治水土流失,保护、改良和合理利用水土资源,建立良好生态环境的工作。运用农、林、牧、水利等综合措施,如修筑梯田,实行等高耕作、带状种植,进行封山育林、植树种草,以及修筑谷坊、塘坝和开挖环山沟等,借以涵养水源,减少地表径流,增加地面覆盖,防止土壤侵蚀,促进农、林、牧、副业的全面发展。对于发展山丘区和风沙区的生产和建设、减免下游河床淤积、削减洪峰、保障水利设施的正常运行和保证交通运输、工矿建设、城镇安全,具有重大意义。

小流域治理(small watershed control) 以小流域为单元,防止水旱灾害和水土流失的治理措施。其面积一般为 $10 \sim 30$ km^2。宗旨是:(1)全面规划,合理安排农、林、牧等各业用地,对流域内水土资源进行合理开发利用,对水旱灾害的预防和治理提出预案;(2)防治水土资源的损失和破坏,保护土地生产力;(3)防止流域生态系统退化,维持生态平衡,提高经济可持续发展能力。一般常分为总体规划和专项规划两种,前者是对全流域治理的总体布置;后者是对单项任务编制的具体方案,前者是后者的基础和依据。

水土流失(soil and water loss) 土壤在水的浸润、冲击作用下,结构发生破碎和松散而随水散失的现象。人类对水土资源不合理的开发和经营,使土壤覆盖物遭受破坏,加速水土流失进程。可使土壤肥力降低、水灾和旱灾频繁发生、地下水位降低、河道淤塞、环境质量下降、生态系统的平衡遭到破坏。必须采取水土保持措施加以防治。

风蚀(wind erosion) 以风的作用力为主要应力导致的土壤侵蚀类型。风力作用于地面,引起地表土粒、沙粒飞扬、跳跃、滚动和堆积,并导致土壤中细粒损失。主要发生在干旱和半干旱地区。

水蚀(water erosion) 以水的作用力为主要应力导致的土壤侵蚀或水土流失类型。水在流动过程中有破坏地表并掀起地表物质的作用。水流破坏地表有侵蚀、磨蚀和溶蚀作用三种方式。中国黄土高原水蚀作用最严重,造成水土流失,使河水中含沙量剧增。

面蚀(surface erosion) 全称"面状侵蚀",亦称"片蚀"。在缺乏植被的缓坡地面上,一遇暴雨,表层土壤均匀地受到冲刷,随水流失的现象。面蚀的速度虽较缓慢,但流失的是表层肥沃土壤,且分布面广,土壤侵蚀量很大,表土损失量每年可达$0.1 \sim 15$ mm,对农业生产的影响较大,也是河道中泥沙的主要来源。如不及时治理,还可能发展成为沟蚀。

沟蚀(gully erosion) 全称"沟状侵蚀"。降雨径流在地面上汇集成股,将斜坡地面切割出一定沟痕的水土流失现象。按发展阶段划分为:(1)细沟侵蚀。面蚀进一步发展,就在沿坡方向形成紊乱的侵蚀细沟,沟的宽深不超过 0.2 m,沟槽常不固定。(2)浅沟侵蚀。细沟进一步发展,相互连通、汇集而发展成浅沟,沟宽 1.5～2 m,深为 0.5～0.8 m,沟槽固定,沟的纵断面和坡面一致,耕作受一定阻碍。(3)切沟侵蚀。沟的宽深均大于 1 m,甚至达数十米,沟身下切已不和坡面一致,把原坡切割得支离破碎,耕作受阻,是水土流失带来的严重恶果。

沟壑密度(gully density) 单位面积上沟道所占的长度。以 km/km² 计。中国黄河中游地区,水土流失严重的地方,每平方千米面积上的沟壑数可达 30～50 条以上,总长达 6～7 km,且沟头每年以数十米至数百米的速度前进。

侵蚀模数(erosion modulus) 地表单位面积上每年由于水、风等侵蚀所丧失土壤的数量。以 $m^3/(km^2 \cdot a)$ 或 $t/(km^2 \cdot a)$ 计。用以表示土壤侵蚀的程度。

水平埝地(level terraces) 亦称“埝地”。中国西北黄土高原缓坡地区(地面坡度小于 5°)筑有宽顶缓坡土埂(埝)的条田。是一种水土保持工程措施。土埂一般沿等高线布置,就近取土堆筑、夯实,表面呈曲面,种植作物。两埝之间平整成水平田面。具有保水、保土、保肥、有利耕作和灌溉等优点。

沟头防护(gully head protection) 阻止侵蚀沟继续向上游延伸的防护措施。是山丘区水土保持的重要措施。在沟头上游坡面上沿等高线开沟筑埂,选择适当位置开挖涝池,拦蓄坡面径流;或加固沟头、营造沟头防护林等。

水簸箕(drainage dustpan) 在坡地侵蚀浅沟中,修筑小土埂,以蓄水拦沙的小型工程。土埂和与其垂直的沟槽构成簸箕状的坑塘,故名。沿沟槽分段修筑,形成工程群体,蓄水保土,拦沙造地,防止侵蚀沟继续下切。埂坎间距视沟槽纵坡而定,一般为 5～15 m,埂高一般采用 0.5～1.0 m,埂顶宽 0.2～0.3 m,外坡 1:1,内坡 1:0.5。集水面积较大时,在土埂一端设固定的泄洪口,宣泄过量洪水,保证堤埂安全。

人工沙障(blocking sand by artificial barrier) 为控制风沙危害而设置的障碍物。作用是:增加地表粗糙度,削弱近地面风速,改变风沙流结构,制止风蚀,调节堆积。类型有:(1)高行立式(障高 75～100 cm);(2)半隐蔽式(障高 20～30 cm);(3)隐

蔽式(埋在沙内,露出障顶约 5 cm);(4)平铺式;(5)簇式。按其类型分别选用草、枝条、砾石、黏土等材料。也可采用植树、种草等生物障碍,称“生物沙障”。

蓄水保土耕作(tillage techniques of storing water and conservation soil) 在坡耕地上采用的保水、保土、保肥、提高作物产量、减少土壤侵蚀的耕作方法。分为四类:以改变微地形为主的沟垄耕作、坑田(区田)耕作、圳田(0.6～1.0 m 宽的窄小梯田)耕作等;以增加植被为主的草田等高带状间作等;以减少土壤水分蒸发为主的保留残茬、秸秆覆盖、地膜覆盖、砂卵石铺盖(砂田)等;以增加土壤抗蚀力为主的免耕法、少耕法等。

涝池(pond; pool) 亦称“水塘”、“池塘”。在地面掘土成池,用以拦蓄地表径流的小型蓄水工程设施。是中国西北黄土高原地区的一种抗旱和水土保持工程措施。多开挖在路边、村旁、坡脚和沟头上方,以拦蓄地表径流,防止土壤侵蚀,为人畜饮水和抗旱灌溉提供辅助水源。

水窖(water cellar) 亦称“旱井”。干旱地区存蓄雨、雪水的地下工程设施。在地下水很深或地下水矿化度高的地区,在村旁、田边、路旁等水流汇集的地方,开挖形如瓶、瓮、窖洞等形式的土窖。深 5～10 m,直径 3～5 m,容积一般为 30～40 m³,大的可达 100～600 m³。内壁与底部用胶泥(黏土)防渗。下雨时,把地表径流蓄入窖内。是当地人、畜饮用水的主要来源,还可浇灌农田。在水源比较丰富的地区,为了蓄水、用水和管理方便,可修成连环旱井群。是高原、干旱地区的一种水利设施,也起防止水土流失的作用。

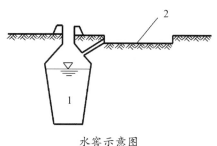

水窖示意图
1. 水窖 2. 沉沙池

淤地坝(warp lamd dam; silt retaining dam) 在侵蚀沟内为拦泥淤地而修建的坝工建筑物。坝体多为黄土均质坝,也有少量土石混合坝、塑性心墙坝和砌石拱坝。是中国西北黄土沟壑区水土保持工程措施

之一。具有拦截泥沙、增加耕地、削减洪峰、固定沟床等作用。坝上游的淤地称"坝地"或"沟（川）台地"。

谷坊（check dam） 在侵蚀沟壑或山溪中修筑的挡水拦沙的小坝。坝高一般小于5 m。是山丘区水土保持工程措施之一。按建坝材料，分土谷坊、石谷坊、混凝土谷坊和插柳谷坊等。可缓和水流，阻截泥沙，制止溪、沟侵蚀的发展，减轻山洪和泥石流的危害。小坝上游的淤地可造林或种植作物。

谷　坊

等高沟埂（contour furrow and ridge） 亦称"撩壕"。在山坡上沿等高线开沟，在沟的下侧堆土筑埂的水土保持工程措施。用以拦截降水径流，减少坡面冲刷。

鱼鳞坑（scaled pit；fish scaled pit） 在陡坡地上修筑的用以拦截地面径流和种植树木的小土坑。在靠山坡一侧挖土成坑，在外侧堆筑截流挡水的堤埂，坑的形状近似半圆，像一片鱼鳞。等高成行，上、下交错布置。坑的规格及其间距视地面坡度、土壤性质、设计暴雨量、植树造林要求等因素而定，水平方向的间距为1.5～3.0 m（约2倍坑径），上下两排坑的斜坡距离为3～5 m，坑深约0.4 m，土埂中间部位填高0.2～0.3 m。坑的堤埂一般用表土或石块砌筑，坑内生土外露，树宜种在坑的内坡。每坑一树。

水平沟（contour furrow；contour trench） 在山坡上沿等高线开挖的水平沟槽。是荒坡造林的水土保持设施之一。在25°左右的坡地上，自上而下，断续开挖，上下沟槽成品字形交错排列。作用是拦蓄雨水，减轻坡面冲刷。其断面大小、深浅和间距，视地形坡度、土质、雨量和植物的种类而异，一段长3～

5 m，深0.3～0.5 m，底宽0.3～0.5 m。沿沟的下侧用挖出的土、石垒埂，并植树于沟埂内侧。土埂和坡面可种草或矮小灌木。

梯田（terrace；terraced fiele） 在坡耕地上沿等高线筑埂、平地，修成台阶状的农田。是山丘区水土保持措施之一。各级田块的边缘用土石筑埂。按田面坡度状况，分水平梯田、反坡梯田、坡式梯田。可保水、保土、保肥，有利增产。

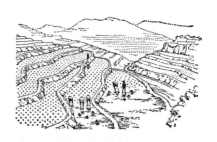

梯　田

引水拉沙（water diversion for sluicing sand） 开渠引水，利用水流能量冲拉沙丘，改变地形，降低风蚀危害，开发利用沙丘土地的技术措施。工程体系包括修建在沙丘上游的引水渠和蓄水池，沙丘顶部、腰部或坡脚处的冲沙壕，沙丘下游低洼地区拦截泥沙的围埂和排除余水的排水口等。引水渠的比降视水源含沙情况和地面坡度而定。新造出的平地，经加工平整和土壤改良，可用作农田、苗圃、林地或牧场。在陕西、内蒙古、甘肃、宁夏等地有水源条件的沙漠地区已推广使用。

防护林（shelter forest） 以防治风灾和改良生态环境为主要目的的人工林。按种植形态，分片林（含树丛、灌丛）、林带和林网。有调节江河流量、涵养水源、减少土壤侵蚀、保护堤岸、防风固沙、改善气候、净化和美化环境等作用。按保护的对象和发挥的功能，又可分水源涵养林、水土保持林、防风固沙林、农田防护林、牧场防护林、护岸林、护路林等。

戽斗（bailing bucket；noria；scoop） 形似斗状，两边系绳，在人力操控下汲水灌田的旧式农具。用粗绳缚于木桶或笆斗两边，两人相对站于沟、塘岸边，双手各执一绳，以协调的动作将沟、塘水汲入田间。中国很早就已使用。三国魏初张揖《广雅》已有记载。元代王祯《农书》卷十八："戽斗，挹水器也。凡水岸稍下，不容置车，当旱之际，乃用戽斗，控以双绠，两人掣之，抒水上岸，以溉田稼。其斗或柳筲，或木罂，从所便也。"

水车（waterwheel） 用人力、畜力、风力、水力或电力转动带有刮板的链带或带有汲水筒的水轮，将河、湖、塘、井中的水从低处提升到高处的机具。如龙骨水车、管链水车、斗式水车等。用于灌溉农田或排除积水。中国使用水车灌溉甚早，龙骨水车在公元168—189年间已有使用，斗式水车（国外称"波斯轮"）在公元670年前也已出现。《宋史·河渠志五》："地高则用水车汲引，灌溉甚便。"

斗式水车（bucked-chain waterlift） 亦称"波斯轮"。一种提取井水的机具。多用畜力拉转。因水平传动齿轮形似"八卦"，中国北方农村称"八卦水车"。国外称"波斯轮"。由齿轮和多个联成环状的水斗组成。据《太平广记》载，公元670年以前即已出现。原为木斗木轮，后改为铁制。提水高度不大于10 m，出水量约8 m^3/h，在管链水车出现后，逐渐被淘汰。

龙骨水车（dragon bone waterlift） 亦称"翻车"。一种古老的木制提水工具。由车槽、刮板、链条和齿轮等组成。用人力、畜力或风力带动链条循环转动，由装在链条上的刮板将水刮入车槽，水沿车槽上升，流入田间。提水高度一般为1～2 m，出水量随车槽尺寸和齿轮转速而异，一般为6～35 m^3/h。

人力龙骨水车

管链水车（disk-chain waterlift） 亦称"皮钱水车"、"解放式水车"。借助带有橡皮止水片的链条在汲水管中自下而上的运动，不断从井中提取地下水的机具。由机架、锥形齿轮、链轮、链条、皮钱（止水片）、水管和牵引杆等组成。水管垂直置于井中，管内有一根绕链轮转动的

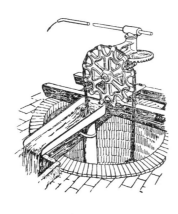

管链水车

链条，等距离串有许多皮钱，在人力、畜力或其他动力驱动下，链轮带着链条循环转动，皮钱即不断地提水出井。中国北方井灌地区曾广泛使用，后逐渐被水泵取代。但在能源短缺、地下水埋深不足10 m时，仍然适用。

筒车（scoop water wheel；tube waterlift） 亦称"转轮式水车"。用转轮带动汲水筒提取河水的机具。其转轮用木或竹制成，直立于河边，底部浸入水中，受水流冲击而转动。轮周系有竹制或木制的盛水筒，筒在水中盛水后，随轮转至上方，水自动倾入特备的槽内，流入农田。历史悠久，唐代刘禹锡《机汲记》中已有记载。中国甘肃、宁夏一带所用的筒车，轮径有达20 m以上的，当地称"天车"。自20世纪60年代水轮泵大量使用后，已逐渐被淘汰。

桔槔（shadoof） 俗称"吊杆"。利用杠杆原理制作的原始提水机具。在一横木上，选择适当位置作支点，系一根绳子，悬吊在木柱上或树干上，一端用绳挂一水桶，另一端系重物，使两端上下运动以汲取井水。有关的可靠记载最早见于《庄子》。

桔槔

辘轳（windlass） 安装在井口上方约1 m处的绞车式起重装置。井上竖立支架，上装可用手柄摇转的轮轴，转轮上饶一绳索，绳的一端固定在转轮上，另一端系提取的重物。摇动手柄，使转轮绕轴旋转，重物即被提升。另有一种双辘轳，转轮两端各有一个手柄，转轮上按不同方向绕两根绳索，下端各系一重物，无论转轮朝哪个方向旋转，两个重物一上一下，交替做功。常用于从井中汲水，也用于地下工程的施工出土和凿井采矿等。三国魏明帝（226—239年在位）建凌霄观时已使用。从井中汲水的井辘轳的较早记载见于南唐李璟（916—961）的《应天长》词"柳堤芳草径，梦断辘轳金井"。

风车（wind mill；wind wheel） 亦称"风力机"。

将风能转变为机械能的一种动力机具。历史悠久，见于东汉晚期（公元2世纪）墓葬的壁画上。由风轮、支架、机头、机尾和传动装置等组成。有卧轴式和立轴式两种。前者风轮的方向随风向的改变而移动；后者不论任何方向，均能使风帆迎风受力而推动风轮旋转。风轮旋转，通过传动部件带动龙骨水车、骨链水车或唧筒进行抽水，或作为农业加工的动力，还可带动发电机发电。是一种开发风力资源的良好工具。但受风速限制，不能持续运转，一般以3～6 m/s风速（相当于2～4级风）为宜。

泵站（pumping station；pumping plant） 亦称"水泵站"、"抽水站"、"提水站"。将水从低处提升至高处或增加输水管中水流压力的工程设施。由机电设备和水工建筑物组成。前者包括水泵机组、闸阀、辅助设备、变电所，以及泵房内的电器设备；后者包括引水建筑物、进出水池、进出水流道和泵房等。按用途，分灌溉泵站、排涝泵站、灌排结合泵站、给水泵站、排水泵站、调水泵站、增压泵站等；按动力，分机电泵站、潮汐泵站、水轮泵站、水击泵站、太阳能泵站等。广泛用于农田排灌、牧区供水、跨流域调水、工矿企业和城镇的给排水等方面。

泵站效率（efficiency of pumping station） 泵站输出功率占输入功率的百分率。表示泵站的能量利用程度。泵站运行时，动力机经传动装置带动水泵运转，通过进水管路将水从进水池吸入水泵后，再压至出水池。此过程的每个环节都有能量损耗，分别用动力机、传动装置、水泵、进出水管路和进出水池等设备的效率表示能量在各部分传递的有效程度。泵站效率则为上述各值之积。是评定泵站工程设计、机泵选型配套和运行管理水平的综合性技术指标，也是泵站技术改造的基本依据。

机电排灌（pumping irrigation and drainage） 机械排灌和电力排灌的总称。利用动力机或工作流体驱动水泵或其他提水工具，进行农田灌溉或排水的技术措施。工程内容包括泵站、输配电系统、灌排渠沟及其建筑物等。适用于不能自流灌溉或排水的地区。

泵房（pump house） 安装水泵，动力机，进、出水管道，电气设备和辅助设备的场所。分固定式和移动式两大类。固定式泵房根据基础的特点，又可分分基型、干室型、湿室型和块基型四种。移动式泵房有泵船和泵车两种。采用哪种形式，视机组类型、水源水位变幅、地基条件和枢纽布置方案等而定。

坞工泵站（masonry pumping station） 安装坞工泵的抽水站。与一般抽水站的区别是：用砖、石、混凝土、钢筋混凝土建造的开敞式进、出水室，代替轴流泵的进出水管路。泵房一般分三层：下层为进水室；中间为出水室，用钢筋混凝土板与进水室隔开，并在板中心安装坞工泵；上层为电机层，安装动力机、传动设备和电气设备。

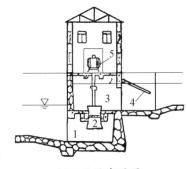

坞工泵站布置图

1. 进水室 2. 坞工泵 3. 出水室
4. 拍门 5. 电机

大型坞工泵站都担负排涝任务，部分小型坞工泵站既能用于灌溉，也能用于排涝。

泵船（pumping ship） 将水泵机组安装在船上，可移动工作的泵站。船位应选在河面较宽、水深、水流平稳、岸坡适度、河床稳定的河段或水库的适当位置。船舱部位安装水泵机组，首尾布置绞车、系缆桩、导缆钳等设施，岸坡上安装输水管，与水泵出水管用联络管相接。适用于水位变幅较大、建造固定泵站有困难的场合，小型泵船也可用于水网地区需要沿河流动抽水的场合。

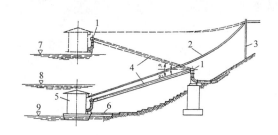

摇臂式联络管泵船布置图

1. 活动接头 2. 电缆 3. 电杆 4. 摇臂联络管 5. 泵船
6. 跳板 7. 最高水位 8. 平均水位 9. 最低水位

泵车（pumping car） 上面安装着水泵机组、可沿轨道上下移动工作的抽水车。与其行车轨道、牵引设备、绞车房、配电间、变电设备、进出水管道等共同组成抽水泵站。行车轨道和出水管沿水源的岸坡布置。适用于水源水位变幅较大、建固定泵站不经济的地方。不受河道水流的冲击与河道、水库风浪波动的影响，比泵船稳定性能好，但出水量较小。泵车站址应选择在倾角为10°～30°的岸坡，地质条件较好的地段。以河流为水源的泵车站还应选择靠近主流的河段。

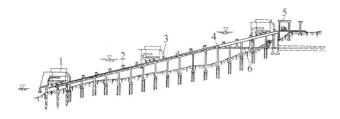

斜桥式泵车布置图

1. 泵车　2. 叉管　3. 联络管　4. 斜桥
5. 绞车房　6. 输水斜管

泵站前池（forebay of pumping station）　抽水站的引水渠与泵站进水池的衔接建筑物。平面呈梯形。结构简单，可建于一般地基上。具有平顺和扩散水流的作用，为水泵取水提供良好的条件。有正向进水和侧向进水两种。前者的水流方向与进水池水流方向一致，水流平稳；后者的水流方向，与进水池水流方向大致垂直。流速分布不

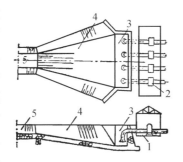

泵站前池和进水池示意图

1. 泵房　2. 机组　3. 泵站进水池
4. 泵站前池　5. 引渠

均，容易产生漩涡、回流和淤积，影响水泵取水。

泵站进水池（inlet sump of pumping station）　亦称"集水池"。水泵进水管取水的水池。是泵站的组成部分。位于泵房前的进水池可分开敞式、半开敞式和全隔墩式三种。在泵房下部的进水池则有矩形、多边形、半圆形和蜗壳形等形式。其形状和尺寸对水泵的效率、出水量、运行和泵站的工程造价等都有较大影响。设计时，应保证池中水流平稳，各断面流速分布均匀，避免水流脱壁，产生漩涡。其边壁以半圆形为最好，但对于立式轴流泵则以选用蜗壳形边壁为好。在多泥沙河流取水还应考虑防淤和清淤措施。参见"泵站前池"附图。

泵站出水池（outlet sump of pumping station）　抽水站出水管道与灌溉干渠或排水容泄区的衔接建筑物。起消能稳流，避免冲刷渠道或容泄区岸坡的作用。平面布置有正向出水、侧向出水和多向出水等形式，以正向出水的水流条件最好。按出水口出流方式，分自由出流式、虹吸出流式和淹没出流式。

前者仅用于临时性抽水装置；后两者多用于大中型泵站。各部分的尺寸，主要根据消能要求决定。应建于挖方地基上，采用浆砌块石或钢筋混凝土结构。

水泵进水流道（inlet conduit of pump）　与泵房基础浇筑成一体的有压进水室或管道。为水泵进水创造良好条件，以提高水泵效率。有以下几种形式：（1）肘形进水弯管。水流条件好，但施工开挖深度大，造型立模复杂。（2）钟形进水室。亦称"平面涡形进水流道"，剖面上部呈钟形，下部加设导流锥，水流条件较好，施工开挖深度小，立模较简单，但进水室较宽。（3）双向进水流道。从上、下两侧进水、出水，是排、灌结合的一种新型流道，可闸、站结合，但水流条件较差，需通过模型试验确定合理的形式和尺寸。

水泵出水流道（outlet conduit of pump）　水泵导叶体后至出水池的那部分流道。用钢筋混凝土浇筑而成。形式有：（1）直管式。管口设置拍门或快速闸门等断流装置，结构简单、容易断流、能适应出水池任何水位情况，但断流时易产生较大振动，管径较大时，则需在拍门上装置缓冲设备。（2）蜗形出水室。亦可用拍门和快速闸门断流，可缩短泵轴长度、降低泵房高度。适用于低扬程泵站，出水池水位变幅不太大的场合。（3）虹吸式。利用虹吸作用达到输水和断流的目的，运行安全可靠，但结构复杂、工程量大，适用于出水池水位变幅较大的场合。（4）双向出水流道。与双向进水流道配合，可灌、排结合，闸、站结合，适于水位变幅不大的场合。

真空破坏阀（vacuum break valve）　安装在虹吸式出水管驼峰处的通气阀门。主要作用是当需要停机或检修机组时，向管内充气，破坏真空，使之断流，防止机组倒转或排除进水管中的存水。此外，在机组启动时，虹吸管内水位升高，管内空气受压缩压力增大，使真空破坏阀自动打开，放出部分空气，加快出水管虹吸作用的形成，降低启动扬程。真空破坏阀须瞬时开启、动作灵活、安全可靠，在站内事故停电时，也能保证工作。

大型灌区（large-sized irrigation district）　设计灌溉面积在 2 万 hm^2 以上的灌区。根据《第一次全国水利普查公报》数据，全国共有大型灌区 456 处，总灌溉面积 1 867 万 hm^2，其中：设计灌溉面积 2 万～3.33 万 hm^2 的灌区占全国大型灌区灌溉面积的

31%；设计灌溉面积 3.33 万~10 万 hm² 的大型灌区占全国大型灌区灌溉面积的 33%；设计灌溉面积 10 万 hm² 以上的大型灌区占全国大型灌区灌溉面积的 36%。1996 年，水利部启动大型灌区续建配套与节水改造工程建设。

中型灌区（middle-sized irrigation district）　设计灌溉面积为 667~2 万 hm² 的灌区。其中，灌溉面积在 0.33 万~2 万 hm² 的亦称"重点中型灌区"。根据《第一次全国水利普查公报》数据，全国共有中型灌区 7 316 处，总灌溉面积 1 487 万 hm²。

小型灌区（small-sized irrigation district）　设计灌溉面积在 667 hm² 以下的灌区。根据《第一次全国水利普查公报》数据，全国共有 3.33~667 hm² 的小型灌区 205.82 万处，总灌溉面积 2 280 万 hm²。

特大型灌区（oversized irrigation district）　设计灌溉面积超过 66.6 万 hm² 以上的灌区。中国特大型灌区有 3 处，分别为内蒙古河套灌区（73.3 万 hm²）、四川都江堰灌区（72.4 万 hm²）、安徽淠史杭灌区（68.3 万 hm²）。

自流灌区（gravity irrigation district）　利用重力作用在水源处设闸取水，使灌溉水经由各级渠道输送到田间的灌区。当水源水位高于渠首灌溉设计水位时，就具备自流灌溉的条件，只需建闸控制，实行无坝取水。从山区河流引水时，如水源水位低于渠首要求的水位但相差不大时，可利用河道比降较大的特点，把引水口位置向上游移动，寻找一个能满足自流引水要求的适当地点；或在预定地点拦河筑坝，壅高水位，实行有坝取水。成本较低，经济效益较大。

水库灌区（reservoir irrigation district）　以水库为灌溉水源，通过灌溉渠系将灌溉水输送至田间灌溉的灌区。可解决天然径流与灌溉用水在时间和空间的分配上存在的矛盾。

提水灌区（water lifting irrigation district；pumping irrigation district）　利用机械从水源取水并提升一定高度后，借重力作用送入渠道或压力管道进行灌溉的，或直接由水源提水进行灌溉的灌区。当水源水位低于渠首灌溉要求水位，且没有其他经济合理的方法可提高水位时，应采用机械提水灌溉。一次把灌溉水提升到灌区最高点的称"一级提水灌溉"；由几个泵站接力，经过几次提升，送水到灌区最高点的称"多级提水灌溉"。若在提水管路沿线有大片耕地需要灌溉，则应分级提水和分区配水，以减少能量消耗。需要一定的动力和机电设备，基建投资和运行费用较高，只有在不具备自流灌溉条件时，才采用。

都江堰灌区（Dujiangyan Irrigation District）　四川中部引岷江水灌溉的灌区。因渠首为都江堰而得名。战国秦蜀郡守李冰创建。渠首位于都江堰市（原灌县），包括鱼嘴（分水工程）、飞沙堰（溢流分洪排沙工程）和宝瓶口（引水流量控制工程）三大主体工程。中华人民共和国成立后，对灌区进行大规模改建、扩建，使全灌区有效灌溉面积由 1949 年的 18.6 万多 hm² 发展到 66.7 万 hm² 以上。渠首设左（内江河口）右（沙黑总河）两个取水口，取水高程 729 m，六大干渠设计引水流量 600 m³/s。现有干渠、分干渠（灌排兼用）55 条，长 2 437 km；支渠 536 条，长 5 472 km；斗渠 5 460 条，长 12 037 km，其中已衬砌渠道占 30%。全灌区有大、中型水库 11 座，总库容 10.89 亿 m³；小型水库 364 座，总库容 1.51 亿 m³。灌区从 20 世纪 80 年代初开始建立起水利自动化和现代化管理系统。

泾惠渠灌区（Jinghui Canal Irrigation District）　陕西引泾河水灌溉的灌区。位于关中平原中部。北依仲山和黄土台塬，西、南、东三面有泾河、渭河和石川河环绕，清峪河自西向东穿过，总面积 1 180 km²，设计灌溉面积 9 万多 hm²，有效灌溉面积 8.4 万 hm²。灌区前身是郑国渠，与都江堰、灵渠合称"秦代三大水利工程"。相传始建于秦始皇元年（公元前 246 年），由韩国水工郑国主持修建，唐代后灌溉范围不断萎缩。20 世纪 20 年代末期关中大旱后，由近代水利学家李仪祉主持，兴建泾惠渠灌溉工程，到 1949 年灌溉面积为 3.3 万多 hm²。1949 年后对泾惠渠进行扩建、改建，渠首引水能力由原来的 16 m³/s 增加到 50 m³/s。灌区现有总干渠 1 条，干渠 4 条，支渠、分支渠 20 条，排水干沟 8 条，支沟 56 条，机井 14 000 多眼，抽水站 107 处，装机容量 8 100 kW。

洛惠渠灌区（Luohui Canal Irrigation District）　陕西引北洛河水灌溉大荔、蒲城和澄城三县的灌区。位于关中平原东部。北洛河横穿灌区，将其分为洛东、洛西两个部分。该灌溉工程始建于 1934 年，由近代水利学家李仪祉主持修建，原设计灌溉面积为 3.3 万 hm²，1950 年开始受益。后经扩建改建，使灌区形成一个以引为主、蓄引结合的新型灌区。总干渠全长 21.5 km，沿洛河东岸沟壑区经五号隧洞到达义井,再分为东、中、西三条干渠,构成洛东灌区的骨架。洛西干渠在总干渠 13 km 处设闸分水,长 22.1 km。渠首多年平均引水量为 2.1 亿 m³,占洛河径流量的 24.1%。有效灌溉面积 5.18 万 hm²;干支渠共有 23 条,总长 236.6 km,已衬砌 148.9 km,占总长度的 62.9%。

宝鸡峡引渭灌区(Baojixia Division Irrigation District) 陕西从渭河自流引水的灌区。位于关中平原西部,西起宝鸡峡,东至泾河岸,南界渭河,北抵渭北高塬腹地。控制面积 23.55 万 hm²。其前身为 1937 年由近代水利学家李仪祉主持修建的渭惠渠灌区。1958 年从渭惠渠总干渠 17 km 处引水,修建了"渭高抽"工程,扩建后灌溉面积由原来的 1.8 万 hm² 增至 8.2 万 hm²。1971 年建成灌溉面积为 11.8 万 hm² 的塬上灌区。按自然地形和工程布局,分塬上、塬下两大供水系统,分别在宝鸡林家村和眉县魏家堡筑坝设闸引水,灌溉着宝鸡、杨凌、咸阳、西安 4 市(区)的 14 个县(市、区)、97 个乡镇的近 20 万 hm² 农田。灌区有中型水库 6 座,总库容 3.3 亿 m³;总干、干渠 6 条,支渠 77 条,斗渠 1956 条;各类骨干建筑物 5107 座;抽水泵站 22 座,总装机 2.69 万 kW;水电站 4 座,装机 3.39 万 kW。是一个有两处引水枢纽、引抽并举、渠库结合、长距离输水、水工门类齐全的大型灌排体系。

景泰川提灌工程(Jingtaichuan Electric High-Lifting Irrigation Project) 从黄河提水的高扬程电力灌溉工程。位于甘肃景泰。设计灌溉面积 5.3 万 hm²。一期工程于 1974 年冬竣工,分 11 级提水,净扬程 446 m,提水流量为 10.3 m³/s,灌溉农田 2 万 hm²。支渠以上泵站 13 座,机组 96 台,总装机容量为 6.4 万 kW。渠系布置分总干、干、支、斗、农 5 级,总干渠长 20 km,干渠 2 条,支渠 15 条,支渠以上建筑物 451 座。

内蒙河套灌区(Inner Mongolia Hetao Irrigation District) 内蒙古从黄河自流引水的灌区。位于内蒙古河套平原。是中国最大的引黄灌区。南临黄河,北靠阴山山脉,西接乌兰布和沙漠,东抵包头市郊。河套灌区东西长 250 km,南北宽 50 km,总土地面积 119 万 hm²,包括巴彦淖尔七个旗县区,阿拉善、鄂尔多斯、包头的一部分,引黄灌溉面积 60 万 hm²,黄河流经灌区南部边缘 345 km,灌区年均引黄用水量约 48 亿 m³ 左右。引黄灌溉已有两千多年的历史,始于秦汉,兴于清末,直至民国时期逐步形成十大干渠。中华人民共和国成立至 20 世纪 90 年代,河套灌区经历了引水工程建设、排水工程畅通、世行项目配套等三次大规模水利建设阶段,形成比较完善的灌排配套工程体系。现有总干渠 1 条,干渠 13 条,分干渠 48 条,支渠 372 条,斗、农、毛渠 8.6 万多条。排水系统有总排干沟 1 条,干沟 12 条,分干沟 59 条,支、斗、农、毛沟 1.7 万多条,拥有各级灌排渠道 64 000 km,各类建筑物 18.35 万座。

红旗渠(Hongqi Canal) 河南林县(今林州市)的灌溉工程。1960 年开工,1969 年初步建成。从山西平顺石城镇引浊漳河水,在太行山中盘山开渠,穿岭越谷,进入林州市境。包括总干渠、三条干渠和支渠配套工程,渠道总长 2000 多 km,隧洞 180 个,渡槽 150 座,沿渠设中、小水库 50 座,塘坝 343 座,总有效库容 1 亿 m³,机井 1400 眼,提灌站 190 座和小水电站 47 座。灌区内形成一个蓄、引、提结合的长藤结瓜式灌溉系统。灌溉面积达 3.6 万 hm²,解决人、畜吃水困难。

苏北灌溉总渠(Northern Jiangsu Irrigation Main Canal) 位于苏北平原腹地,兼具分洪、排涝、灌溉、航运、发电等多种功能的人工河道。西起洪泽湖,东至扁担港入海,全长 168 km。1951 年冬季开工,1952 年春竣工。渠底宽 50~140 m,平均挖深 4 m。渠首建高良涧进水闸、船闸和水电站各一座,与洪泽湖沟通。在淮安附近与京杭运河相交,运河东建分水闸、船闸各一座。东沙港附近建阜宁腰闸、船闸和水电站各一座。海口建六垛南闸。两岸还有淮安抽水站、运西水电站、杨湾渠北闸、东沙港闸和十多座涵洞,形成江苏第一个人工开挖,配套齐全,能行洪、排涝、灌溉、航运、发电的综合利用河道。汛期经高良涧闸分泄淮河洪水 800 m³/s 入海;宣泄渠北地带涝水 300 m³/s;从高良涧闸引水 500 m³/s 灌溉沿渠两岸及里运河沿岸超过 26.7 万 hm² 农田;向里运河输送航运用水,当淮水不足时,可通过淮安抽水站抽引北调的江水入渠,灌溉两岸农田并利通航。

淠史杭灌区(Pi-Shi-Hang Rivers Irrigation District) 中国在丘陵地区兴建的最大灌区。位于安徽中西部,跨六安、寿县、肥西、合肥、肥东、长丰、金寨、霍邱、舒城和庐江等 10 县(市)。设计灌溉面积 80 万 hm²,灌溉水源为发源于大别山腹地的淠、史和杭埠三河。蓄引三河之水,建成紧密相邻的三个灌区,即淠河灌区、史河灌区和杭埠河灌区,总称"淠史杭灌区"。始建于1958年,1972年骨干工程基本建成,20世纪80年代又进行大规模的配套工程建设。灌溉工程体系包括位于大别山山谷中的佛子岭、磨子潭、响洪甸、梅山和龙河口五大水库;横排头、红石嘴2座渠首枢纽;2条总干渠、11条干渠、19条分干渠、317条支渠;支渠以上建筑物20 370座;中型水库24座;小型水库1 178座;水源补给站38座;从渠道取水的电灌站334座。在干旱期间用水较紧张,从2004年开始,采取"以供定需、定额配水、水权到县、总量控制、丰增枯减、实时调控"的管理措施,以缓解供水压力。

安丰塘水库(Anfengtang Reservoir) 古称"芍陂"。位于安徽寿县的一个平原水库。春秋时代(距今2500多年)楚令尹孙叔敖创建。《水经注》称"陂周一百二十许里",《后汉书·王景传》称"灌田万顷"。但其后塘面逐渐被垦占,到建园时,蓄水量不足1 000万 m^3,灌溉面积仅五六万亩。1958年将淠河东干渠与安丰塘串联,使其成为淠河灌区的反调节水库,进行全面整修,堤周长24 km,高6.5 m,水面34 km^2,库容9 100万 m^3,其中有效库容6 677万 m^3。灌溉面积增加到4.26万 hm^2。建有泄水闸(泄流能力110 m^3/s)1座,节制闸2座,放水涵洞15座。下游有分干渠2条,渠系配套大体完善。

人民胜利渠(People's Victory Canal) 曾称"引黄济卫灌溉工程"。位于河南新乡地区,引黄河水的灌溉工程。兼有补给卫河航运水量的任务。1951年动工,1952年4月放水。主要灌溉新乡、安阳、焦作的8个县(市、区)47个乡镇的9.8万 hm^2 耕地。灌区南起黄河,北至卫河,西界共产主义渠,东沿黄河故道伸展至柳微丰庄一带。灌溉系统包括引黄渠首闸一座,位于黄河铁桥西侧秦广坝头附近,正常引水流量60 m^3/s;固定渠系分总干、干、支、斗、农五级。总干渠沿京广铁路向北到新乡市注入卫河,担负灌溉、排涝和济卫等任务。总干渠上设沉沙池三处。灌区内有小型提灌站78处,机井11 000多眼,实行井渠结合灌溉。

韶山灌区(Shaoshan Irrigation District) 位于湖南中部丘陵地区,蓄引湘江支流涟水的自流灌溉工程。1965年动工,1967年全部建成。主要工程有:(1)水府庙水库。总库容5.6亿 m^3,其中防洪库容1.9亿 m^3,兴利库容2.7亿~3.7亿 m^3,具有灌溉、发电、防洪、航运和城镇厂矿用水、养殖等综合效益;水库枢纽包括高35 m的砌石重力坝1座,装机容量3万 kW的坝后电站1座,二级船闸1座。(2)洋潭灌溉引水枢纽。包括高14 m的砌石重力坝1座,装机容量1 500 kW,坝后电站1座,升船机1座,渠首进水闸1座。(3)渠系工程。主要有总干渠及南、北干渠240 km,支渠1 600 km,渡槽、隧洞35座,灌区内小型电灌站193处。韶山灌区灌溉着双峰、湘乡、湘潭、宁乡、韶山、望城、雨湖7县(市)共6.7万 hm^2 耕地。

尼罗河灌区(Nile River Irrigation District) 利用阿斯旺水利枢纽调节尼罗河径流并供水灌溉尼罗河三角洲平原和尼罗河谷地的灌区。位于埃及境内。灌区内气候干旱,年平均降水量仅10 mm,农业生产完全依赖灌溉。灌溉面积200万~300万 hm^2。主要灌溉作物有棉花、水稻、小麦、玉米、甘蔗和洋葱等。从尼罗河引水灌溉的历史悠久,最早可追溯到公元前3400年。根据国际协定,尼罗河向埃及的年可供水量为550亿 m^3,约占埃及全国用水量的95%,其中85%为农业用水。尼罗河上共建有9处闸坝工程,其中阿斯旺水利枢纽可对尼罗河水进行多年调节,向灌区常年供水;三角洲闸控制着三角洲的灌溉面积达162万 hm^2。现行灌水方法主要是沟灌和畦灌,平均每公顷灌溉定额在15 000 m^3 以上。为防治土地次生盐渍化,修建有较完善的排水骨干工程和田间暗管排水网。灌区成立农民用水者协会,吸收农民参与灌溉管理,着力提高灌溉用水效率。

印度河灌区(Indus River Irrigation District) 巴基斯坦从印度河干、支流引水灌溉的灌区。位于印度河下游的巴基斯坦境内。灌区面积1 400万 hm^2,灌区内降水分布极不均衡,南部较少,有些地区年降水量不足100 mm;北部降水较多,个别地区达2 000 mm以上,每年可种植两季作物。主要作物有水稻、棉花、烟草、甘蔗、玉米、小麦、柑橘、香蕉和椰枣等。印度河水源主要是冰山融化的雪水,含沙量小,水质良好,宜于灌溉。灌区工程始建于20世纪20年代。为解决印度与巴基斯坦的用水矛盾,两国在1960年签订《印度河水条约》,规定印度河干流和西部2条支流(杰赫勒姆河和杰纳布河)的来水归巴基斯坦使用;东部3条支流(拉维河、比亚斯河和萨特莱杰河)的来水归印度使用。巴基斯坦原靠东部3条支流供水灌溉的153万公顷农田改由西部河流供水,巴基斯坦在20世纪60~70年代兴建印度河西水东调工程。到80年代初期,灌区已建成3座大水库、19座拦河闸、45条引水渠道和9万余条输水渠道。引水渠道总长5.71万km,引水流量7 100 m³/s。年引水能力达1 296亿 m³。建成机井13万余眼。由于长期过量用水和排水不畅等原因,灌区土壤盐渍化现象严重。1960年开始实施盐渍化控制和土壤改良计划,收到一定效果。

灌溉农业(irrigation agriculture; irrigation farming) 泛指以水浇田的农业。根据水源水位高出或低于田面的情况,分为自流灌溉和提水灌溉。中国的灌溉具有悠久历史,在古代就修建有许多灌溉工程,四川都江堰灌区、内蒙古河套灌区、安徽芍陂、河北西门豹渠、陕西郑国渠、广西灵渠、浙江鉴湖、宁夏唐徕渠、太湖的塘浦圩田、南方沿江滨湖地区的圩垸河网工程等,都是历史上著名的灌溉工程。中华人民共和国成立后到20世纪末,共建成水库85 000多座,农用机井达到398万多眼,建成万亩以上灌区5 600多处,小型农田水利工程600多万处。使灌溉面积从1949年的1 600万 hm²增加到2000年的5 500万 hm²,增加2倍多,灌溉面积和增长速率均居世界前列。在不到全国农田总面积一半的灌溉面积上,生产着占全国总产2/3的粮食、棉花和其他经济作物。进入20世纪80年代后,灌溉工程的服务范围从过去单纯向农业供水扩大到向林业、牧业、渔业、乡镇工业,以及居民生活供水。著名的大型灌区有四川都江堰灌区、内蒙古河套灌区、安徽淠史杭灌区、宁夏青铜峡灌区、陕西宝鸡峡引渭灌区、河南人民胜利渠灌区、湖南韶山灌区等。灌溉作物主要有水稻、小麦、玉米等粮食作物,棉花、烟草等经济作物,以及蔬菜、果树等。中国采用的灌水技术以地面灌溉为主,有沟灌、畦灌和稻田淹灌等,喷灌、滴灌从20世纪70年代后期开始大面积推广应用,地下灌溉、地面管道灌溉等也已广泛使用。

城 市 水 利

城市水务(urban water affairs) 城市化地区涉水的一切事务。涵盖城市化地区防洪、治涝、排水、给水、水资源、水环境、水生态、水景观等涉水工程及非工程技术,涉及城市水文规律分析,城市防洪与减灾、城市水资源利用与保护、城市水务规划与管理、城市水环境保护与生态修复等基本理论研究和技术开发。

水务一体化(integrated water management) 对涉水事务的各个环节进行有效协调、统一管理的机制。水务一体化力求对区域防洪治涝和水资源的开发、利用、配置、节约、保护实行统一规划,统一调度,统一管理,改变涉水事务分散管理和多重管理造成的资源浪费、效率低下问题,更有效地利用水资源和降低洪涝灾害。

城市水文效应(urban hydrological response) 城市化地区人类活动和自然条件改变对水文过程和水文特性造成的影响。在城市化地区,屋顶、硬质地面等不透水面积的大幅度增加,绿地等透水面积显著降低,混凝土管道和人工河道为主体的排水系统取代天然河网排水体系,造成下渗量减少,地表径流系数增加,地面汇流时间缩短,径流总量增多和洪峰流量增大,导致城市化地区水文过程和水文特征的改变。

热岛效应 释文见32页。

水面率(water surface ratio) 区域内水面面积与总面积之比值。由于水面面积随水域水位而动态变化,故水面率通常是指常水位或平均水位的水面积与区域总面积的比值。是反映区域水生态环境状态的重要指标,在区域水安全、水资源、水环境、水生态、水景观规划与管理中起重要作用。

河道蓝线(river blue-line) 河道工程保护范围的控制线。河道蓝线之间的范围为河道蓝线控制范围,包括水域、沙洲、滩地、岸线、堤防、水工建筑物、护堤地、截水沟等河道管理范围及其外侧因河道整治和生态景观建设、绿化造林防护等需要而划定的河道保护范围和规划保留区。是城市规划的控制要素之一,是水务部门依法行政、指导河道建设和管理的重要依据,也是工程建设用地定界依据之一。

涉水工程(wading project) 与水体密切关联的工程。包括防洪、治涝、排水、供水、灌溉、航运、水资源、水环境、水生态、水景观等工程。在同一流域或同一区域,涉水工程之间具有一定关联,在规划、建设和管理中必须注意协调。

最佳水力半径(optimal hydraulic radius) 在河道断面形态、过水面积、水面坡降一定的条件下,河道断面过水能力(流量)最大时对应的水力半径。即最优水力断面的水力半径。一般,采用最佳水力断面的河道工程建设费用较小,常作为用于灌溉和排水河渠工程规划设计的依据。由于基于最佳水力半径的河渠工程一般多为矩形和梯形,造成河道滩地和湿地缺失,影响河道天然的水文、生态效应,必须引起足够的重视。

水域占补平衡(water area dynamic balance)　以同等的水域面积和水域功能补偿开发建设占用水域造成的影响。在区域开发建设中,占用多少水域面积,建设单位应当根据所在地水域保护规划要求和被占用水域面积、水量、功能,兴建相应的替代水域工程或者采取功能补救措施,并需得到水行政主管部门批准。建设项目占用水域采取"谁占用,谁补偿"、"占用多少,补偿多少"、"先补偿、后占用"的原则,以保持水面率和水域功能的稳定性。

竖向标高(vertical elevation)　竖向规划中开发建设者为满足道路交通、地面排水、建筑布置和城市景观等方面的综合要求,对自然地形进行利用、改造、确定坡度、控制高程和平衡土石方等进行的规划设计标高。

低影响开发(low impact development 缩写 LID)　通过源头分散的广泛控制措施,维持和保护自然水文和生态功能,缓解人类活动造成的径流增加、面源污染负荷加重的城市雨水管理理念。开发措施主要体现在雨水下渗、雨水滞蓄和雨水利用等方面,目的是有效维持开发前的水文条件,控制径流污染。典型的低影响开发措施包括绿色屋顶、渗透沟渠、生物滞留池、植草沟、渗透铺装、雨水桶等。

分散式雨水收集利用(distributed rainwater collection and utilization)　采用小型雨水收集设施对雨水进行收集和利用的控制措施。多采用分散式雨水桶收集雨水,经处理后作为杂用水用于冲厕、绿化、冲洗道路等。适用于单体建筑或小建筑群屋面等雨水水质较好的场所,尤其适用于已建成区、集中收集困难的单体建筑等。

退田还河(returning farmland to rivers)　将围垦河边或河内淤地改造成的农田恢复为河面的工程措施。天然河道是重要的富有生物多样性的生态系统,在调节气候、涵养水源、保持水土等方面具有不可替代的综合功能。退地还河能有效调节江河流量,促进环境稳定性的增强,保持生态的平衡。当围垦对象为湖泊时,称"退田还湖"。

退田还湖(returning farmland to lakes)　见"退田还河"。

城市水文模型(urban hydrological model)　能够按一定要求描述和模拟城市水文特性和水文过程的数学模型。目前常用的城市水文模型可以模拟城市的土地利用、排水工程、治涝工程、防洪工程的作用,模拟城市的产流过程、地面汇流过程、管渠汇流过程、河网汇流过程。模型可以根据设计暴雨或实际暴雨过程及边界条件,通过模拟计算,输出城市系统每一节点的水位、水头、流量、流速等水文过程和地面积水的时间、面积、积水深度等涝情特征。

平原河网感潮区(plain tidal river network)　受海洋潮汐影响、河道呈网状的平原区域。中国的平原河网感潮区位于东部沿海平原区域。河网密度高、地势平坦、水流顺逆不定、排水缓慢,汛期常遭遇上游洪水、当地暴雨、潮汐多重灾害,俗称"洪、涝、潮三碰头",极易造成严重的洪涝灾害。中国的平原河网感潮区人口密度高、经济发展快、人类活动影响显著,水安全、水资源、水环境、水生态等水问题复杂。

防洪风险管理(flood risk management)　基于降低洪水风险的管理。包括防洪风险分析、防洪风险评价、防洪风险决策、防洪风险监控全过程,目的是减少洪水发生频次,降低洪水灾害损失和重大人员伤亡事件。常用的三种措施:(1)减少洪水发生频率,使洪水远离保护区;(2)减少风险区人口财产损失,降低洪水灾害程度;(3)完善应急措施,降低洪水灾害后果。

分质供水(dual water supply)　按用户对水质需求采用独立管网系统按水质供水。分质供水系统一般以自来水为原水,分直接饮用水和一般生活用水,分别采用独立的管道供水系统直通用户,达到优质优用、低质低用的要求,保障人民健康,更好地利用水资源。

联网供水(networking water supply)　通过联网对不同区域供水系统进行统一调度的供水体系。打破原有供水管网系统的区域限制,在更大的范围内实行供水管道组网,由主管部门进行大范围、多角度的统一优化调度,可以对供水单位和用水单位进行更为精确化、个性化的水管理,避免了一些区域供水能力过剩而另一些区域供水不足的问题,尤其是能够应对由干旱、水污染等突发原因造成的局部区域的供水困难事件。

应急水源地（emergency water sources） 用于在非常情况下应急供水的水源系统。在常规水源严重污染、连续干旱、发生战争、地震灾害等非常情况下，常规供水不足或受阻中断时，应急水源地能够快速启用并在一定时间段内满足居民低水平用水需求。应急水源地规划建设是保障城市供水安全的一个重要举措。

城市防洪（urban flood control） 防御来自城市上游或城市周边区域的洪水以保障城市安全。城市防御的洪水类型主要有城市江河洪水、山丘区洪水、上游水库下泄洪水、周边区域暴雨洪水、沿海和河口风暴潮等。应针对城市特点和洪水类型，建立城市防洪体系，采取相应的防洪工程措施、防洪管理措施和非工程防洪措施。

城市内涝（urban waterlogging） 由于当地强降水或连续性降水超过城市排水能力致使城市内产生积水灾害的现象。反映城市内涝程度常用积水点数、积水范围、积水深度、积水时间来表达。造成内涝的客观原因是降雨强度高，降雨范围集中、降水历时长；城市局部区域地面高程低、排水系统设计标准低、排水系统淤积阻塞、排水工程故障、排水调度管理失误也是城市内涝的重要原因。

城市防洪体系（urban flood control system） 按城市防洪总体要求，由城市防洪工程措施、非工程防洪措施、防洪管理措施组成的防洪系统。常用城市防洪工程措施包括防洪堤坝、防洪涵闸、泄洪河道、分洪河道、防洪水库、分蓄洪区；城市非工程防洪措施主要包括加强城市防洪指挥系统、建立城市防洪预报调度系统、完善城市防洪信息系统、健全城市防洪应急机制和风险管理、推行洪水保险、重视城市防洪工程管理等。

城市治涝体系（urban waterlogging control system） 按城市内涝防治要求，由城市管渠排水工程、城市治涝工程、内涝应急系统组成的城市治涝防治体系。城市管渠排水工程通过常规的雨水管渠系统收集排除小流域面积上的降雨径流，主要针对城市常见雨情，设计重现期一般为 2～3 年。城市治涝工程包括城市河湖蓄排工程、地面滞蓄工程、地下储蓄和深隧排水工程等，主要针对城市高强度、大面积、长历时的超常暴雨，设计重现期一般为 20～100 年。内涝应急系统提供突发性涝情的应急对策措施，以降低突发性涝灾损失和后果。

城市防洪标准（urban flood control standard） 一般以所抵御洪水发生的频率或重现期来表达。体现了一个城市抵御洪水的能力，对城市的安全具有非常重要的意义，与城市的规模、人口、经济、重要性，以及洪水特性、自然地理特性等多重因素有关。中国颁布《防洪标准》（GB 50201—2014）和《城市防洪工程设计规范》（GBT 50805—2012）等规范，可以作为制定城市防洪标准的主要依据。

城市排水小系统（urban drainage system） 相对于城市治涝大系统而提出的、以市政管网为主体的城市雨水管渠排水系统。一般由道路边沟、雨水井、排水管道、调节池、排水泵站、滞留池等设施组成。城市排水小系统主要针对城市常见雨情，解决的是小流域面积上产生的排水问题，设计暴雨重现期不超过 10 年，一般为 1～3 年。

城市治涝大系统（urban stormwater control system） 由河湖蓄排工程、地面滞蓄工程、地下蓄水和深隧工程等组成的城市治涝系统。主要针对城市高强度、大面积、长历时的超常暴雨，设计重现期一般为 20～100 年，传输城市常规的管渠排水系统无法传输的径流，故称"治涝大系统"。在城市治涝大系统中，河湖蓄排工程接受来自城市管渠排水系统排入的暴雨径流；地面滞蓄工程的由城市绿地、道路、广场等具有一定滞蓄能力的工程组成，允许滞蓄超常暴雨径流，以降低城市暴雨径流强度；地下蓄水和深隧工程将超过管渠排水系统、河湖蓄排工程和地面滞蓄工程的涝水滞蓄地下和排放到较远的接受水体。

城市防洪圈（urban flood control loop） 城市外围封闭的防洪屏障。根据城市防洪保安的要求，利用堤防、防洪墙、涵闸等防洪工程措施，连接周边高地、山脊线，构成可以抵御城市周边河湖设计洪水的封闭屏障。在流域防洪工程体系无法满足城市防洪要求时，防洪圈是保护城市安全的一种有效途径，具有城市防洪自保工程性质。

防洪墙（flood wall） 亦称"防汛墙"。用于城市河道防洪的一种墙式挡水建筑物。由钢筋混凝土或砖石等建筑材料所建，具备占地面积小和强度高的特点，可以抵御河道高水位和风浪，常用于城市河湖沿线防洪挡潮，也适用于硬质堤坝的加高，以防洪水漫堤。

排涝泵站（drainage pump station） 排除城市或区域涝水的排水泵站。用来排除设计排涝标准下不能自流排至外河,且不能被滞洪区容纳的涝水量,其设计规模根据设计标准下的调洪分析计算确定,一般用泵站装机容量和设计排涝流量来表达。泵站规模决定于服务区域面积、服务区土地利用性质、服务区可调蓄水面率、当地暴雨特性、排涝设计标准、区域内外水位差等因素。

地下贮留池(underground retention basin) 建设在地面以下用于贮留雨水或城市污水的蓄水建筑物。如果是雨水地下贮留池,当汛期暴雨量超过城市排水系统排除能力时,多余的雨水可以暂时性存储于地下贮留池,在雨后排出,起到调蓄涝水的作用。在水资源不足地区,地下贮留池收集的雨水在处理后加以利用,可以补充当地的水资源。如果是污水地下贮留池,当城市污水量超过污水厂处理能力时,多余的污水可暂时存储于地下贮留池,在城市污水量低于污水厂处理能力时,把地下贮留池的污水送入污水厂处理,起到调蓄污水的作用。

深隧(deep tunnel) 位于城市地下深层的隧道排水系统。是在城市地下数十米深度开挖的通向远方收纳水体的大型隧道,具备较强的输送径流和滞蓄水量的能力。主要用于排除超过城市管渠排水系统排除能力的高强度、大范围、长历时的超标准暴雨径流。是现代城市在保留并发挥原有排水系统和天然水系作用的基础上,由浅层排水系统转向立体空间排水体系的有效途径,可解决城市排水防涝系统建设用地不足矛盾,提高城市的排水防涝标准,降低城市内涝灾害风险。另一作用是改变城市污水或污水处理厂尾水的排放点,使得城市污水和尾水远离诸如水源地、生态保护区、城市景观区等敏感区域,起到保护城市水资源和水生态环境作用。

渗透池(infiltration pond) 利用地面低洼地或地下水池提供给雨水渗透的设施。具有增加雨水下渗、调蓄雨水径流,降低排水流量,净化雨水水质作用。常见有地面渗透池和地下渗透池两类。当土地可得且土壤渗透性能良好时,可采用地面渗透池。池可大可小,也可几个小池综合使用,视地形条件而定。地面渗透池有的是季节性充水,有的则是四季均有水。在地面渗透池中宜种植植物。当地面土地紧缺时,可利用地下渗透池,即一种地下贮水装置,利用碎石空隙、穿孔管、渗透渠等贮存雨水,在降雨结束后能够不断向周边渗透,以补充地下水。

雨水花园(rain garden) 利用浅洼地种植湿地植物来控制雨水的设施。能加强雨水渗透,削减雨水径流量,截留雨水污染物质,改善雨水径流水质。适用于住宅区、商业区等建筑以及停车场、道路、广场等不透水区域的周边。

植物浅沟(biological ditch) 亦称“植草沟”、“生物沟”。一种生态地表排水工程措施。依托绿地或绿化带建设的浅沟,沟内植草,通过下渗、植物过滤等原理净化和削减雨水径流。植物浅沟具有滞留、削减、输送雨水径流,截流雨水污染物作用,一般不占用专门土地,适用于城市园区道路的两侧,不透水地面的周边、大面积绿地内等,可以与雨水管网联合运行,节约城市排水系统建设和面源污染治理费用。

下沉式广场(sunken plaza) 亦称“下凹式广场”。地面高程低于周边地区地面的广场。在遭遇特大的暴雨时可考虑滞蓄部分涝水,保障周边区域的安全。下沉式广场位置、面积大小和设计高程取决于区域内涝防御要求和设计暴雨重现期,一般需与城市规划设计同步进行。

下凹式绿地(sunken green space) 在地面或道路周边设置低于路面地平的绿地。是截流和净化小流量雨水径流的一种工程措施。可短时间存蓄雨水,增加雨水下渗量,降低汇流速度,减小地表径流,截留地面污染物质,是城市雨水利用方面的一种较为简便的方法,工程投资少,利用效果好。适用于住宅区、道路、停车场、广场等不透水区域的周边绿地。

绿色屋顶(green roof) 在建筑屋顶上种植植物滞蓄雨水的调控措施。在建筑屋顶上部分或完全的覆盖高质量的防水膜并种植适宜的植物,以补偿建筑物建设时所破坏移除的植被,通过植物的滞蓄功能调控作用于不透水表面的雨水。直接依托不透水建筑,不单独耗费土地资源,在源头上对水量和水质进行调控;可以消减暴雨径流量,减缓面源污染;美化城市居住环境,调控建筑物温度。

透水铺面(permeable pavement) 采用透水性铺设材料增加下渗量来削减雨水径流的工程性措施。常用的有透水沥青、水泥孔砖、网格砖、多孔性混凝土。可以让雨水渗透到地下,减少地表径流,涵养地下水。适用于城市路面、停车场和广场等地方。

等高绿地(contour grassland) 布置在广场、建筑物等不透水铺砌周边高程相等绿地。可均衡接受来自不透水铺砌物汇集的暴雨径流,通过绿地的下渗、滞蓄功能,减低暴雨径流强度和总量,拦截暴雨径流的污染物质,降低城市不透水面积增加对环境的影响。

渗透沟渠(infiltration trench) 具有较好渗透能力的城市雨水排水管渠。将传统的城市雨水管渠尤其是不透水的混凝土排水管渠改为渗透管、穿孔管或渗渠,周围回填砾石,雨水在排水构筑物输送过程中,通过埋设于地下的多孔管材向四周土壤层渗透,削减、净化雨水径流,涵养地下水。适用于地下水位埋深较大的城市区域。

综合径流系数(integrated runoff coefficient) 城市各类土地利用的地表径流系数的面积加权平均值。反映城市产流特性,是城市排水系统设计流量计算的主要指标。综合径流系数的计算公式为:

$$C = \sum \alpha_i c_i,$$

式中,C 为综合径流系数,α_i 为第 i 类土地利用面积权重,c_i 为第 i 类土地利用面积的地表径流系数。

地表径流系数(surface runoff coefficient) 流域面积上的地表径流深度与相应降水量的比值。城市不透水面积比重高,下渗量小,地表径流比重高,地表径流系数代表了城市产流强度,是分析城市内涝成因,确定城市排水系统规模的重要参数。在城市建设发展过程中,采用各种措施降低地表径流系数,可以减缓城市化对排水防涝系统的压力,有效地降低城市内涝灾害风险。

绿地下渗率(grassland infiltration rate) 水分自绿地地表渗入土壤中的强度。单位为 mm/min 或 mm/h。影响绿地下渗率的因素是绿地的植被类型、植物密度、土壤性质、地面坡度等。在充分供水条件下的地面下渗率称"下渗能力",下渗能力随入渗水量的增加而递减,可用下渗曲线或下渗公式来表达。在城市地区常用霍顿下渗公式来描述城市绿地下渗特征。

下渗曲线(infiltration curve) 下渗能力随时程变化的曲线。水透过地面进入土壤的过程称"下渗",渗入土壤的水量称"下渗量",单位时间的下渗量称"下渗率",在充分供水条件下的土壤下渗率称"下渗能力"。在土壤充分干燥和充分供水条件下,下渗能力随时程而递减,描述或拟合下渗曲线的经验方程称"下渗公式",如霍顿下渗公式、菲利普下渗公式、考斯加柯夫下渗公式等。

霍顿下渗公式(Horton infiltration formula) 美国人霍顿(R. E. Horton)在大量土壤入渗试验基础上于 1933 年提出的下渗公式。可以较好地拟合下渗能力随下渗时间的变化曲线。霍顿下渗公式是一个经验公式,表达式为:

$$f_p = f_c + (f_0 - f_c)e^{-kt},$$

式中,f_0 为初始下渗率,f_c 为稳定下渗率,t 为时间,k 为下渗率随时间的衰减参数。霍顿下渗公式一般能与实际下渗曲线配合较好,公式参数具有一定物理意义,得到广泛应用。

洪峰模数(peak discharge modulus) 洪峰流量与流域面积的比值。如果已知流域的洪峰模数,则洪峰模数与流域汇水面积的乘积为洪峰流量。反映了一个流域的洪峰流量强度,由于消除了流域面积对洪峰流量的影响,便于不同流域面积之间洪峰模数的对比分析。洪峰模数作为一个参数可以进行地区综合,无流量资料流域可以通过移用相似流域的洪峰模数的途径推求设计洪峰流量。

洪水利用(floodwater utilization) 将洪水转换为可利用的资源并降低洪水风险的措施。在开发利用洪水资源中,既要尽量减少洪水对人类社会造成的损失和侵害,还要发挥洪水在自然生态系统中的洗涤、净化、补充地下水、维持湖沼、改良土壤等重要而有益的作用。基于不同流域的水系特性和雨洪过程,在暴雨洪水监测、预报和预测的基础上,常用的洪水利用的途径包括:重复利用防洪库容多调蓄洪水;拦蓄汛末暴雨洪水;汛期从干流引水,跨流域配置洪水资源;启用行蓄洪区,回补地下水和湿地。

短历时暴雨(short duration rainstorm) 短时间内高强度的降水过程。天然小流域成峰暴雨历时不超过 24 h,在小流域设计洪水计算中,短历时暴雨是指历时不超过 24 h 降水,常采用 1、3、6、12、24 h 作为雨量统计时段。城市流域面积较小,成峰暴雨历时一般低于 120 min,在城市管渠排水系统设计流量计算中,短历时暴雨是指历时不超过 120 min 的降水,常采用 5、10、15、20、30、45、60、90、120 min 作为雨量统计时段。

城市暴雨公式(urban rainstorm formula) 描述城市设计雨量-重现期-历时的关系式。中国常用的城市暴雨公式的形式为:

$$q = \frac{A(1 + C\lg P)}{(t + b)^n},$$

式中，q 为暴雨强度（mm/min），t 为降雨历时（min），P 为设计重现期（年），A、C、b、n 为参数。与所在城市的暴雨特性密切相关，一般是采用当地实测暴雨资料率定得出。是推求城市管渠排水系统设计雨量的依据，各城市暴雨公式可在给水排水设计手册中查得。

城市设计暴雨雨型（urban design storm pattern） 城市设计暴雨的降雨强度随时间分配的过程。据此可以由设计雨量推求设计暴雨过程。特征包括雨峰的个数、主雨峰位置、时段雨量分配，降雨历时等要素。一般情况下，是对城市若干次实测次暴雨的雨型特征统计分析得出。

芝加哥雨型（Chicago Rainfall Pattern） 1957 年美国的凯弗（Keifer）和 Chu 在芝加哥市进行雨水管网系统研究时，根据强度—历时—频率关系得到的一种设计雨型。是以暴雨强度公式为基础，引入暴雨雨峰位置参数，通过数学推导转换为瞬时雨强过程线，可以用数学公式来表达。适用于城市短历时设计暴雨的时间分配。值得注意的是凯弗（Keifer）和 Chu 在当时采用的暴雨强度公式为：$q = \dfrac{a}{t^n + b}$，而中国目前通用的暴雨强度公式是：$q = \dfrac{a}{(t + b)^n}$，按凯弗（Keifer）和 Chu 的方法，转换出的暴雨时间分配公式是不同的，不能混淆使用。

地面集水时间（surface concentration time） 雨水从汇水面积上流程最远点传输到雨水口的时间。影响城市地面集水时间的因素包括流域面积大小、流域面积形状、地面覆盖类型、地面坡度和降雨强度等诸多因素。是由设计暴雨推求排水系统设计流量的重要参数，一般采用经验公式计算，或根据给水排水手册查算。

受纳水体（receiving water） 亦称"接受水体"。接纳排放废水、污水、尾水或其他类型排水的水体。包括河流、湖泊、海洋、水库、沼泽等。由于废水、污水及尾水包含有害污染物质，对受纳水体的水质和生态系统产生潜在的不利影响。因此，在确定废水、污水和尾水的受纳水体时，必须进行环境影响评价，认真分析排放的水量水质对受纳水体可能的不利影响，采取必要的补偿措施，以保障受纳水体可以满足水（环境）功能区划标准。

凝结核（condensation nucleus） 大气中能黏附水汽而且能使水汽凝结的微粒。半径一般小于 0.1 μm。雨云中的凝结核可以促使云中的水汽凝结成雨滴，形成降水。降水量大小与雨云的水汽含量、温度，以及凝结核数量和性质密切相关。人工增雨则是采用人工增加云中的凝结核数量的途径促进降雨的形成和雨量的增加。在城市化地区，人类活动会显著增加大气中凝结核的数量，使得城市地区的降水频次和降水总量增加。

初期雨水（initial rainwater） 一次降雨初期阶段的雨水。在降雨初期，雨水往往吸附和溶解了空气中的大量污染性颗粒和分子，降落地面的雨水又冲刷地面沉积物质，使得初期雨水中含有大量的污染性物质，远高于降雨中后期的雨水。如果将初期雨水直接排入自然水体，将会对水体造成污染，必须认真分析研究初期雨水污染成因和形成机制，采取对应的治理措施。

人工湖（artificial lake；man lake；reservoir） 即"水库"（4 页）。

亲水平台（waterside terrace） 从陆地延伸到水面或紧邻水边，使人们能够更方便地接近水体的场地和建筑物，如岸边的观景走廊、观景台、水面上的景观浮桥、水上步道等。人类的亲水性与生俱来，亲水平台以人水和谐为设计理念，加强人与自然的接触和沟通，改善城市环境及促进生态系统的健康。

亲水空间（hydrophilic space） 能适应不同人群和功能的需要变化，并展开一系列多元化的亲水活动的城市滨水的场地和设施。位于城市水域空间与陆地空间的交接区域，最接近城市滨水地带中水域的前沿。一般由水体、水体所附属的空间节点（码头、河埠、桥等）、沿河道路、小型开敞空间和沿河建筑构成。亲水空间强调了对人自身活动的支持和引导，将水域空间与城市陆域空间衔接起来，让水陆空间相容相渗。亲水空间使人的活动与水环境更加融合，加强两者的接触，形成多样的滨水生活。

清水通道（clear water channel） 专用于输送清洁水的控制性河道。由输水河道、河道沿程控制性水工建筑物、清水水源组成。清水通道建设的主要目的是将水源地的清水沿程不受污染地输送到需水地点或区域，输水河道又具备较好的生态景观功能。常用于河道沿程水环境功能区划不达标、周边河网水质较差的区域。

景观河道（landscape river） 寓有良好景观功能

的河道。一个良好的景观河道必须具有充分的水量、洁净的水流、生态性护岸，保持河流弯曲蜿蜒、断面宽窄不一、河底深浅变化的自然景观，河道两侧具有良好的植被、开阔的空间，为人们的休闲娱乐提供适宜的场所，创造人水和谐的优美境界。

复式断面（compound cross section） 由两个以上明显不同形态过水断面组成的河道断面。天然河道一般既有主槽又有滩地，多属于复式断面，枯水季节水流多在主槽内流动，洪水期间水流在主槽和滩地内同时流动。城市河道多为人工开挖或改造的河道，复式断面一般以常水位为基准设立沿河亲水走廊，低于亲水走廊的断面为枯水过水断面，高于亲水走廊为洪水过流断面。采用复式断面设计城市排洪河道可以解决常水位情况下亲水性不足的问题。

断头浜（ends down creek） 一端为盲端、另一端与其他水体相通的河浜。城市地区的断头浜因水体流通性差、自净能力低，易发生淤积和水质恶化，严重时会造成河水黑臭和蓝藻暴发的现象。

中水回用（reclaimed water utilization） 各种排水经处理达到回用水质标准后作为非饮用水加以重复使用。通常将饮用水称"上水"，用过的废水称"下水"，而将下水经过处理达到回用标准的非饮用水称"中水"。中水水质达不到饮用水标准，多用于非人体接触用水。按中水水质状况可用于厕所冲洗、园林浇灌、农田灌溉、道路保洁、洗车、城市喷泉、设备冷却、消防、河流补水等用途。是节约水资源、减少污水排放、保护生态环境的有效途径之一。

节水减排（water conservation and wastewater reduction） 亦称"节水减污"。在节约用水的同时达到减少污水排放的目的。中国很多区域面临水资源紧缺现象，与此同时河湖水质污染严重，更加重了水资源短缺现象，不少丰水地区亦出现水质型缺水状况，节水减排是水资源利用和保护的一项重要国策。

循环用水（cycling use of water） 在一个生产过程中，由给水、排水和水处理设施按一定的工艺流程组成一个闭路循环的用水系统，将系统内产生的废水，经适当处理后回用，不补充或少量补充新鲜水，而不排放或少排放废水的循环用水方式。采用循环用水的生产工艺基本没有尾水排放，可有效节约水资源，避免工业废水排放对水体的污染，是一种较佳的工业用水模式。

源头消减（source reduction） 通过从源头分散性控制措施消减雨水径流和面源污染的减污模式。常用的措施包括分散式雨水收集利用、雨水花园、雨水湿地、植物浅沟、下凹式绿地、透水铺面、渗透沟渠等。通过这些措施，可增加雨水下渗，涵养地下水，减小和滞蓄地表径流，拦截地面污染物质，延长汇流时间，降低涝水流量。可有效地缓解城市建成区面积扩张造成的地表径流增加、面源污染负荷加重的状况，维持城市的自然水文特性和生态功能。

分流制排水系统（separate flow system） 将生活污水、生产废水与雨水分别在两种以上管道系统内排放的排水系统。专用于排除生活污水和工业废水的系统称"污水排水系统"，污水排水系统的水全部送污水厂处理后排放。专用于排除雨水的系统称"雨水排水系统"，雨水排水系统的雨水可直接排入水体。还有一种是截流式雨水排水系统，可以截流污染较为严重初期雨水送入污水厂处理后排放，超过截流量的雨水直接排入水体，避免初期雨水对接受水体的污染。

合流制排水系统（combined flow system） 将生活污水，工业废水和雨水混合在同渠内排除的排水系统。常采用的是截流式合流制排水系统，在无雨期，排水系统的污水通过截流主管全部送入污水厂处理后排放，在雨期，当雨水与污水流量之和超过截流干管的输送能力时，超出的混合污水量经过溢流井或泵站排入受纳水体，称"溢流"。

给水排水工程

城镇水系统（urban water system） 以一定地域空间内的城镇水资源为主体，以水资源开发利用和保护为过程，随时空变化的动态系统。由城镇水源、供水、用水和排水四大要素构成。以水量保障、水质保障和水压保障为主要功能。从用水需求、环境污染、减少渗漏、节水措施和加强补给等方面进行调控，保证其功能的发挥。

给水系统（water supply system） 由取水、输水、水处理和配水等设施组成的总体。设施包括取水构筑物、输水管渠、水处理构筑物、调节和增压构筑物、配水管网等，其中输水管渠、配水管网、调节及增压构筑物总称"输配水系统"。按水源种类，分地表水

（江河、湖泊、蓄水库、海洋等）给水系统和地下水（浅层地下水、深层地下水、泉水等）给水系统；按供水方式，分自流系统（重力供水）、水泵供水系统（压力供水）和混合供水系统；按使用目的，分生活用水、生产用水和消防用水系统；按服务对象，分城镇生活给水和工业给水系统。

统一给水系统（combined water supply system） 用同一系统供应生活、生产和消防等各种用水的供水方式。系统中只有一个管网，即管网不分区，其供水具有统一的水压和水质。当工业用水量占总供水量比例较小、各类用户要求的水压和水质基本接近，且供水区地形平坦时采用，便于集中管理，节约建设费用。

分压给水系统（separate pressure water supply system） 根据地形高差或用户对管网水压的要求，实行不同供水压力的分系统供水方式。各区供水自成体系，又互相保持必要的联系。采用分压给水系统可避免低区水压过剩，以减少电费和维修等费用。

分质给水系统（separate quality water supply system） 根据用户对水质要求的差异，实行不同供水水质的分系统供水方式。可采用同一水源，经过不同的水处理过程和管网，将不同水质的水分别供给各类用户；也可采用不同水源，如地表水经混凝、沉淀后供给工业生产用水，地下水经消毒后供给生活用水等；将城市污水再生处理后作为厕所便器冲洗、绿化、洗车等用水，即另设生活杂用水系统；利用海水作为冲厕用水，即另设海水利用系统等。

分区给水系统（zoned water supply system） 将给水管网系统划分为多个区域，各区域管网具有独立的供水泵站，以满足特定的水压需求的供水方式。可降低平均供水压力，避免局部水压过高，减少爆管概率和泵站能量浪费。大型管网系统可能既有串联分区又有并联分区，以便更加节约能量。对于地形起伏较大的城镇，高、低区域采用由同一水厂供水的分压给水系统，称"并联分区给水系统"；采用增压泵房（或减压措施）从某一区域取水，向另一区域供水的系统，称"串联分区给水系统"。当城镇用水区域划分成相距较远的几部分时，由于统一供水不经济，可采用几个独立的系统分区供水，待城镇发展后逐步加以连接，成为多水源的统一给水系统。

区域给水系统（regional water supply system） 跨地域界限向多个城镇和乡村统一供水的方式。按照水资源合理利用和管理相对集中的原则，该系统供水区域不局限于某一城镇，而是包含若干城镇及其周边的村镇和农村集居点，形成一个较大范围的供水区域。可由单一水源和水厂供水，也可由多个水源和水厂组成。

集中式供水（central water supply） 自水源集中取水，经处理后，通过输配水管网送到用户或公共取水点的供水方式。包括自建设施供水。为用户提供日常饮用水的供水站和为公共场所、居民社区提供的分质供水均属于此。

分散式供水（decentralized water supply） 分散的从水源取水，未经处理或经简易处理的供水方式。

给水水源（supplying water source） 给水工程所取用原水的水体。分地下水源和地表水源。前者包括潜水（无压地下水）、自流水（承压地下水）和泉水；由于受形成、埋藏和补给等条件影响，具有水质澄清、水温稳定、分布面广等特点，但地下径流量较小，有的矿化度和硬度较高，部分地区可能出现铁、锰、氟、砷、氯化物、硫酸盐、各种重金属或硫化氢含量较高的情况。后者包括江河、湖泊、水库和海水，受地面各种因素影响较大，一般具有径流量相对较大、矿化度和硬度低、含铁锰量较低等特点，江河水浊度较高（特别是汛期）、水温变幅大、受沿岸污染影响较大，湖泊和水库水因流动性小、浊度较低、自净能力有限等，有机污染和富营养化问题较多。

给水工程（water supply engineering） ❶ 为居民或工厂、矿场、铁路供应生活、生产等用水的工程。其整套设施称"给水系统"，一般由取水构筑物、净水构筑物、泵房、调节水池、输水管道、配水管网等组成。将地面或地下的天然水，经过处理，符合使用标准后，输送给用户或用水设备。❷ 研究水的取集、输配和加工处理的一门学科。研究内容包括取水工程、给水处理工程和输配水工程。

取水工程（water intake engineering） 给水工程的重要组成部分之一。任务是从水源取水，并送至水厂或用户。由于水源不同，取水工程对整个给水系统组成、布局、投资及运行维护的经济性和安全可靠性具有重大影响。取水构筑物是取水工程中的主要设施，是自地表水源或地下水源取水的各种构筑物的总称。按水源类型，分地表水取水构筑物和地下水取水构筑物。前者主要有：（1）岸边式取水构筑物。设在岸边，原水直接流入进水间的取水构筑物，一般由进水间和泵房两部分组成。适用于岸边较陡、主流近岸、岸边有足够水深、水质和地质条件较好、水位变幅不大的情况。（2）河床式取水构筑物。利用进水管将取水头部伸入江河、湖库中取水，原水通过进水管流入进水间的构筑物，一般由取水头部、进水管（自流管或虹吸管）、进水间（或集水井）和泵房组成。适用于河床稳定、河岸较平坦，枯水期主流离岸较远，岸边水深不够或水质不好，而河中又具有足够水深或较好水质时。后者常见的有：（1）管井。从地面打到含水层，抽取地下水的井。用于开采深层地下水，直径一般为 50～1 000 mm，井深可达 1 000 m 以上。常见的管井直径大多小于 500 mm，井深也在 200 m 以内。随着凿井技术的发展和浅层地下水的枯竭与污染，直径在 1 000 mm 以上、井深在 1 000 m 以上的管井已有使用。按其过滤器是否贯穿整个含水层，可分为完整井和非完整井。管井施工方便，适应性强，能用于各种岩性、埋深、含水层厚度和多含水层的取水工程，是地下水取水构筑物中应用最广泛的一种形式。（2）大口井。由人工开挖或沉井法施工，设置井筒，以截取浅层地下水的构筑物。广泛用于开采浅层地下水，井直径一般 5～8 m，最大不宜超过 10 m，井深一般在 15 m 以内。具有构造简单、取材容易、使用年限长、容积大能兼起调节水量等优点，在中小城镇、铁路、农村供水采用较多。但深度浅，对水位变化适应性差，采用时必须注意地下水水位变化。

输配管网（delivery pipe & distribution system） 给水系统中的管道系统。从水源到水厂（原水输送）或当水厂距供水区较远时从水厂到配水管网（净水输送）的称"输水管"或"输水渠"。一般不沿线向外供水。输水管道的常用材料有铸铁管、钢管、钢筋混凝土管、PVC-U 管等，输水渠道一般由砖、砂、石、混凝土等材料砌筑。分布在供水区域内的配水管道网络称"配水管网"。功能是将来自集中点（如输水管渠的末端或贮水设施等）的水量输送并分配到整个供水区域，使用户就近接管用水。由主干管、干管、支管、连接管、分配管等构成。还需安装消火栓、阀门（闸阀、排气阀、泄水阀等）和检测仪表（压力、流量、水质检测等）等附属设施，以保证供水和满足生产调度、故障处理、维护保养等管理需要。

水质（water quality） 水的物理、化学、生物学等方面的性质。标志着水体的物理（色度、悬浮物等）、化学（有机和无机物含量）和生物学（细菌、微生物、浮游生物、底栖生物）特征及其组成状况。

用水水质标准（water quality standard） 用水对象（如生活用水、工业用水、城市杂用水、景观环境用水等）所要求的各项水质参数应达到的指标和限值。是给水处理的参考和依据，不同用水对象所要求的水质标准不同，主要包括生活饮用水卫生标准、食品和饮料类水质标准、城市杂用水水质标准、游泳池用水标准、工业用水水质标准等。随着科技进步和社会发展，水质标准在不断修订和完善中。

饮用水（drinking water） 供人饮用的水和生活用水，其水质应符合生活饮用水卫生标准。

给水处理（water supply treatment） 对水源水或不符合用水水质要求的水，采用物理、化学、生物等方法改善水质的过程。任务是通过必要的处理方法去除水中杂质，使之符合生活饮用或工业使用所要求的水质。水处理方法应根据水源水质和用水对象对水质的要求确定。对于不受污染的地表水源而言，水处理对象主要是水中悬浮物、胶体和致病微生物。常规处理工艺十分有效。对于微污染水源，水中溶解性有机物，特别是具有致癌、致畸、致突变的有机污染物（简称"三致物质"）或"三致"前体物，通常需要在常规处理工艺基础上增加预处理和深度处理。常规处理一般包括混凝、沉淀、过滤、消毒。预处理指设在常规处理工艺之前的粉末活性炭吸附、臭氧或高锰酸钾氧化、生物预处理等工序。预处理方法除能去除水中有机污染物外，同时也具除味、除臭及除色等作用。深度处理指在常规处理后的颗粒活性炭吸附、臭氧-活性炭、高级氧化、膜分离等工序。

混凝（coagulation） 水中胶体粒子以及微小悬浮物的聚集过程。是凝聚和絮凝的总称。其中胶体失去稳定性的过程称"凝聚"，脱稳胶体相互聚集的过程称"絮凝"。在工艺设计中，往往将混凝过程分为混合和絮凝两个阶段。前者指使投入的混凝剂迅速均匀地扩散于被处理水中以创造良好反应条件的过程，对取得良好混凝效果有重要作用；对水流进行剧烈搅拌以利于混凝剂快速水解、聚合及颗粒脱稳，通常在 10～30 s 至多不超过 2 min 内完成，速度梯度一般在 700～1 000 s^{-1} 之间。后者指完成凝聚的胶体在一定的外力扰动下相互碰撞、聚集，形成较大絮状颗粒的过程，主要靠机械或水力搅拌促使颗粒碰撞凝聚,絮凝体尺寸逐渐增大,粒径可从微米级增到毫米级,变化幅度达几个数量级。由于大的絮凝体容易破碎,故自絮凝开始至结束,速度梯度应逐次减小,采用机械絮凝池时,搅拌强度应逐渐减小;采用水力絮凝池时,水流速度应逐渐减小。

沉淀(sedimentation) 水中悬浮颗粒依靠重力作用,从水中分离出来的过程。在给水处理中,常遇到两种沉淀,一种是颗粒沉淀过程中彼此没有干扰,只受颗粒本身在水中的重力和水流阻力作用,称"自由沉淀";另一种是颗粒在沉淀过程中彼此相互干扰,或受到容器壁干扰,虽然其粒度和第一种相同,但沉淀速度却较小,称"拥挤沉淀"。典型的沉淀工艺主要包括平流沉淀池、斜管沉淀池和斜板沉淀池。是去除水中悬浮颗粒的工艺。

澄清(clarification) 集混凝、沉淀于一体的净水处理工艺。利用澄清池中活性泥渣层与原水中杂质颗粒相互接触、吸附,以达到清水较快分离的目的,可较充分发挥混凝作用和提高澄清效率。典型的澄清工艺主要包括机械搅拌澄清池、水力循环澄清池和脉冲澄清池。机械搅拌澄清池是利用机械的提升和搅拌作用,促使泥渣循环,并使原水中杂质颗粒与已形成的泥渣接触絮凝和分离沉淀的构筑物。水力循环澄清池是利用水力的提升作用,促使泥渣循环,并使原水中杂质颗粒与已形成的泥渣接触絮凝和分离沉淀的构筑物。脉冲澄清池是使处于悬浮状态的泥渣层不断产生周期性的压缩和膨胀,促使原水中杂质颗粒与已形成的泥渣接触絮凝和分离沉淀的构筑物。高密度沉淀(澄清)池作为针对微污染水源水质净化研发的新型净水工艺,采用载体絮凝技术达到快速沉淀目的,其特点是在混凝阶段投加高密度不溶介质颗粒(如细砂),利用介质的重力沉降及载体的吸附作用加快絮体生长及沉淀,具有处理效率高、单位面积产水量大、抗冲击负荷强、占地面积小等优点。

过滤(filtration) 借助粒状材料或多孔介质截除水中悬浮物的过程。滤池通常置于沉淀池或澄清池之后,进一步降低水的浊度,水中有机物、细菌和病毒等将随水的浊度降低而被部分去除,残留于滤后水中的细菌、病毒等在失去颗粒物保护和依附后,易于在消毒过程中被杀死,这为滤后消毒创造良好条件。在饮用水的净化工艺中,有时沉淀池或澄清池可省略,但过滤是不可缺少的,它是保证饮用水卫生安全的重要措施。典型的过滤工艺主要包括普通快滤池、虹吸滤池、无阀滤池和 V 形滤池。普通快滤池为传统的滤池布置形式,滤料一般为单层细砂级配滤料或煤、砂双层滤料,冲洗采用单水冲洗,冲洗水由水塔(箱)或水泵供给。虹吸滤池是一种以虹吸管代替进水和排水阀门的快滤池形式,滤池各格出水相互连通,反冲洗水由未进行冲洗的其余滤格的滤后水供给。无阀滤池是不设阀门、过滤与反冲洗过程自动进行的快滤池形式。V 形滤池采用粒径较粗的均匀滤料,各滤格两侧设有 V 形进水槽,冲洗采用气水微膨胀兼有表面扫洗的冲洗方式,冲洗排泥水通过设在滤格中央的排水槽排出池外。

消毒(disinfection) 使病原体灭活的过程。并非要把水中微生物全部消灭,只是要消除水中致病微生物(病菌、病毒和原生动物胞囊等)的致病作用。为防止通过饮用水传播疾病,在给水处理中消毒是必不可少的,是生活饮用水安全、卫生的最后保障。消毒可根据原水水质和处理要求,采用滤前及滤后二次消毒,也可仅采用滤前(包括沉淀前)或滤后消毒。采用滤前消毒可延长氯的接触时间,有利于杀死水中微生物,防止藻类生长,清洁滤砂和降低水的色度等,但氯耗稍大,当水中有机物含量高时,还将使出水的三卤甲烷含量增加。采用何种加氯方式应根据原水水质而定。

生物预处理(biological pre-treatment) 利用生物作用,置于常规处理工艺前用以去除原水中氨氮、异嗅、有机微污染物等的净水过程。水源水中营养物质浓度低,用于受污染水源水的生物预处理方法主要是生物膜法,常用接触氧化池和生物滤池。对水中氨氮去除有效,去除率可达 70%~90%,还能去除部分常量和微量有机污染物,改善水的浊度、色度等,减轻后续处理构筑物负荷,提高处理水水质。运行效果受温度影响较大,较适用于南方地区。当水中可生物降解有机物含量较低时,效果不好。需要增设大型处理构筑物,故建设费用较高,其推广受一定影响。

化学预处理(chemical pre-treatment) 依靠氧化剂的氧化能力,分解破坏水中污染物的结构,达到转化和分解污染物目的的净水过程。主要包括预氯化、高锰酸钾预氧化、光化学预氧化和臭氧预氧化等。以氧化水中有机物和藻类为主,改善水体色、嗅、味。

臭氧-活性炭工艺(ozone-activated carbon process) 利用臭氧氧化、颗粒活性炭吸附和生物降解功能所组成的净水工艺。在水中投加少量臭氧的目的是将溶解性和胶体状有机物转化为较易生物降解的有机物，将某些分子量较高的腐殖质氧化为分子量较低、易生物降解的物质并成为炭床中微生物的养料来源。在活性炭床内，有机物吸附在炭粒的表面和孔隙中，微生物生长在炭粒表面和大孔中，通过细胞酶的作用将某些有机物降解，因此有机物的去除在于活性炭吸附和生物降解的双重作用。在水源受到污染，水中氨氮、酚、农药及其他有毒有害有机物经常超标，而水厂常规处理工艺又不能将其去除的情况下，是饮用水深度处理的有效方法之一。

膜处理(membrane treatment) 以选择性透过膜为分离介质，在其两侧施加某种推动力，使进水侧组分选择性地透过膜，达到分离或提纯目的的水处理工艺。其推动力可是压力差、温度差、浓度差或电位差。在水处理领域中，广泛使用的推动力为压力差和电位差，其中压力差驱动膜处理工艺主要有微滤、超滤、纳滤、反渗透等，电位差驱动膜处理工艺主要有电渗析。前四种膜滤都是在压差推动力作用下进行的筛孔分离过程。微滤可滤除粒径为 $0.01\sim10$ μm 的微粒，超滤能截留水中相对分子质量在 $300\sim300\,000$ 的物质，以及细菌、病毒、胶体等微粒。反渗透和纳滤用于将低分子量的溶质(如无机盐、葡萄糖、蔗糖等)从水中分离出来，两者差别在于分离溶质的大小，反渗透需要较高的压力，纳滤所需压力则介于反渗透与超滤之间。电渗析是在直流电场作用下，以电位差为推动力，利用离子交换膜的选择透过性，使水中阴、阳离子作定向迁移，从而实现溶液的浓缩、淡化、精制和提纯。主要应用于工业用水和海水淡化等。

用水量(water consumption) 用户所消耗的水量。主要包括：(1) 居民生活用水量。居民日常生活所需用的水，包括饮用、洗涤、冲厕、洗澡用水等。(2) 公共建筑用水量。公共建筑所需用的水，包括机关、部队、学校、医院、商业、文体场所用水等。(3) 工业用水量。包括工业企业生产过程和职工生活所需用的水。(4) 消防用水量。只是在发生火警时才由给水管网供给，用水对水质没有特殊要求。一般城镇给水皆采用低压制消防系统，即当发生火警时，由消防车自管网中取水加压进行灭火。工业企业也有采用高压消防系统，即当发生火警时，通过提高整个管网的水压，保证必需的灭火水柱。有关消防水量、火灾次数和相应管网压力，应按照消防规范确定。(5) 自用水量。净水厂内部生产工艺过程和其他用途所需用的水量。(6) 城市杂用水量。用于道路清扫、绿化、车辆冲洗、建筑施工等的非饮用水。

工业用水重复利用率(repetitive use rate of industrial water) 在一定的计量时间(年或月)内，生产过程中使用的重复利用水量占总用水量的比例。

循环给水系统(recycling water supply system) 按水质要求不同，水经使用后不予排放而循环利用或处理后循环利用的给水系统。在循环过程中，蒸发、飞散、风吹、排污和渗漏等所损耗的部分水量，由水源或城镇管网不断向系统补充。具有节约能源和水资源、减少水源污染、提高供水可靠性和企业经济效益等优点，是工业给水中普遍采用的给水系统。

排水系统(wastewater engineering system) 收集、输送、处理、再生和处置污水和雨水的设施以一定方式组合成的总体。水在被用户使用后，水质受到不同程度的污染，成为污(废)水。这些污(废)水携带着不同来源的污染物质，会对人体健康、生活环境和自然生态环境带来严重危害，需要及时收集和处理后才可排放到自然水体或重复利用。城市化地区的降水会造成地面积水，甚至造成洪涝灾害，需要建设雨水排水系统及时排除。只有建立合理、经济和可靠的排水系统，才能达到保护环境、保护水资源、促进生产和保障人们生活和生产活动安全的目的。

排水体制(sewerage system) 在一个区域内收集、输送污水和雨水的方式。有合流制和分流制两种基本体制。前者用同一管渠系统收集和输送城市污水和雨水的排水方式。早期建设的排水系统，是将排除的混合污水不经处理直接就近排入水体，称"直排式合流制排水系统"。由于污水未经处理就排放，使受纳水体遭受严重污染。现常采用截流式合流制排水系统，该系统建造一条截流干管，在合流干管与截流干管相交前或相交处设置溢流井，并在截流干管下游设置污水厂。晴天和降雨初期时，所有污水都输送至污水处理厂，经处理后排入水体。随着降雨量增加、雨水径流量增大，当混合污水量超过截流管输水能力时，以雨水占主要比例的混合污水经溢流井溢出，直接排入水体。截流式合流制排水系统仍有部分混合污水未经处理直接排放,水体仍会遭受污染。后者将生活污水、工业废水和雨水分别在两套或两套以上管道(渠)系统内排放的排水系统。排除城市污水或工业废水的管网系统称"污水管网系统";排除雨水的管网系统称"雨水管网系统"。由于排除雨水方式的不同,分流制排水系统又分为完全分流制和不完全分流制两种排水系统。完全分流制排水系统包括污水排水系统和雨水排水系统;不完全分流制排水系统只有污水排水系统,未建雨水排水系统,雨水沿天然地面、街道边沟、水渠等渠道系统排泄,或为补充原有渠道系统输水能力的不足而修建部分雨水管道,待城市进一步发展后再修建雨水排水系统,使之成为完全分流制排水系统。

排放标准(discharge standard)　为保护水环境,结合污水受纳水体功能区,对排放的污染物种类和排放量进行控制的指标和限值。当污染物排放量低于受纳水体的自净能力时,水体质量不会下降,这是制定污水排放标准最基本的出发点。在中国,《地表水环境质量标准》是水污染物排放标准制定的基本依据。污水排放标准的制定应根据污水受纳水体的功能区区分,对不同的受纳水体功能区,执行不同的排放标准,高功能区执行高标准,低功能区执行低标准,保证受纳水体生态平衡、污染物降解和水体自净。制定排放标准还要考虑实际经济能力和对污染物的监测水平和能力。

污水处理(wastewater treatment)　对污水采用物理、化学、生物等方法进行净化的过程。将污水中所含的污染物质分离去除、回收利用,或将其转化为无害物质。按原理,分:(1)物理处理法。利用物理作用分离污水中呈悬浮状态的固体污染物质,如筛滤、气浮、过滤和膜滤等。(2)化学处理法。利用化学反应的作用,分离回收污水中处于各种形态的污染物质(包括悬浮态、溶解态、胶体态等),主要方法有中和、混凝、电解、氧化还原、汽提、萃取、吸附、离子交换和电渗析等。(3)生物化学处理法。利用微生物的代谢作用,使污水中呈溶解、胶体态的有机污染物转化为稳定的无害物质,主要方法分为利用好氧微生物作用的好氧法(好氧氧化法)和利用厌氧微生物作用的厌氧法(厌氧还原法)两大类。前者广泛用于处理城市污水和有机性生产污水,主要包括活性污泥法和生物膜法;后者多用于处理高浓度有机污水和污水处理过程中产生的污泥,现可应用

于城市污水和低浓度有机污水处理。按处理程度,分:(1)一级处理。采用机械方法和沉淀过程去除污水中悬浮物的过程。(2)二级处理。污水一级处理后,再用生物方法进一步去除污水中胶体和溶解性有机物的过程。(3)三级处理。在一级、二级处理后,进一步处理难降解有机物、氮和磷等能够导致水体富营养化的可溶性无机物等,主要方法有生物脱氮除磷、混凝沉淀、砂滤、活性炭吸附等。

格栅(bar screen)　拦截水中较大尺寸的漂浮物或其他杂物的装置。能减轻后续处理构筑物处理负荷,并使之正常运行。由一组平行的金属栅条或筛网制成,安装在污水渠道、泵房集水井进口处或污水处理厂端部。按格栅形状,分平面格栅和曲面格栅;按栅条净间隙,分粗格栅、中格栅和细格栅。

沉砂池(grit chamber)　去除水中自重较大、能自然沉降的较大粒径砂粒或颗粒的构筑物。一般设于泵站、倒虹管前,以便减轻无机颗粒对水泵、管道的磨损;也设于初次沉淀池前,以减轻沉淀池负荷,以及改善污泥处理构筑物的处理条件。常用的有平流沉砂池、曝气沉砂池和钟式沉砂池等。

初次沉淀池(primary settling tank)　设在生物处理构筑物前的沉淀池。用以降低污水中固体物浓度。是一级污水处理厂的主体处理构筑物,或作为二级污水处理厂的预处理构筑物。处理对象是悬浮物,同时可去除部分生化需氧量,可改善生物处理构筑物运行条件并降低其生化需氧量负荷。按池内水流方向不同,可分为平流式沉淀池、辐流式沉淀池和竖流式沉淀池。

活性污泥法(activated sludge process)　用活性污泥(充满微生物的絮状泥花)稳定和澄清废水的污水处理方法。先在人工条件下,对污水中各类微生物群体进行连续混合和培养,形成悬浮状态的活性污泥。再利用活性污泥的生物作用,分解去除污水中的有机污染物,然后使污泥与水分离,大部分污泥回流到生物反应池,多余部分作为剩余污泥排出活性污泥系统。处理技术有传统活性污泥法、氧化沟工艺(卡罗塞尔氧化沟、奥贝尔氧化沟、交替运行式氧化沟)、序批式活性污泥法等。

生物膜法(biofilm process)　在充分供氧条件下,用生物膜(表面生长微生物的黏性膜)稳定和澄清废水的污水处理方法。先采用各种载体,通过污水与载体的不断接触,使微生物在载体表面生长和繁殖,

由微生物群落内向外伸展的胞外多聚物使微生物群落形成孔状结构的生物膜。再利用生物膜对有机污染物的吸附和分解作用使污水得到净化。处理技术有生物滤池(普通生物滤池、高负荷生物滤池、塔式生物滤池)、生物转盘、生物接触氧化设备和生物流化床等。相对于活性污泥法,生物膜法在微生物相方面的特征有:参与净化反应的微生物多样,生物食物链长,能够存活世代时间较长的微生物;在处理工艺方面的特征有:对水质、水量变动有较强适应性,污泥沉降性能良好且易于固液分离,能够处理低浓度污水,易于维护运行且节能。

二次沉淀池(secondary settling tank) 设在生物处理构筑物(活性污泥法或生物膜法)后的沉淀池。用于污泥(活性污泥或腐殖污泥)与水分离,是生物处理系统的重要组成部分。

自然生物处理(natural bio-treatment) 利用自然生态系统的调节、自净功能消除污染的处理方法。分为:(1)稳定塘。经过人工适当修整,设围堤和防渗层的污水池塘,通过水生生态系统的物理和生物作用对污水进行自然处理。污水在塘中的净化过程与自然水体的自净过程相近。污水在塘内缓慢流动,经较长时间贮留,通过污水中微生物的代谢活动和多种水生植物的综合作用,使有机污染物降解,污水得到净化。能充分利用地形,工程简单、建设投资省,能够实现污水资源化,且能耗少,维护方便,成本低廉。根据塘水中微生物优势群体类型和溶解氧浓度,分好氧塘、兼性塘、厌氧塘和曝气塘。(2)土地处理系统。利用土壤、微生物和植物组成的生态系统处理污水。营养物质和水分的循环利用,使植物生长繁殖并不断被利用,达到污水净化目的。常用的工艺形式有慢速渗滤处理系统、快速渗滤系统、地表漫流处理系统、湿地处理系统、污水地下渗滤处理系统等。

脱氮除磷(nitrogen and phosphorus removal process) 去除污水中氮、磷的污水处理工艺。一般包括生物脱氮、生物除磷或化学除磷等过程。中国脱氮除磷工艺以厌氧/缺氧/好氧活性污泥法(亦称"A^2/O 活性污泥法")为代表。污水经过厌氧、缺氧、好氧交替状态处理,提高总氮和总磷去除效率。污水先进入厌氧池,同步进入的还有从沉淀池回流的含磷污泥,本池主要功能是释磷,同时部分有机物进行氨化;污水经过厌氧池进入缺氧池实现脱氮,硝态氮通

过内回流由好氧池补充;混合液从缺氧池进入好氧池,完成 BOD 去除、氨氮硝化和过量吸磷等多项生化反应。传统 A^2/O 工艺因脱氮和除磷所需的污泥龄差距大、缺氧段有机碳不足、缺氧和好氧段污泥浓度较低等缺陷,导致脱氮效果不理想,后出现分段进水 A^2/O 工艺、倒置 A^2/O 工艺等改良工艺,提高脱氮效果,尤其是总氮去除效果。

污泥处理(sludge treatment) 对污泥进行减量化、稳定化和无害化的处理过程。一般包括浓缩、调理、脱水、稳定、干化或焚烧等加工过程。污水处理过程中产生的污泥数量占处理水量的 0.3% ~ 0.5%(以含水率为 97% 计)。污泥中含有大量的有害有毒物质,如寄生虫卵、病原微生物、细菌、持久性有机污染物和重金属离子等,有用物质如植物营养素(氮、磷、钾)、有机物和水分等。因此污泥需要及时处理和处置,以便达到如下目的:(1)使污水处理厂能够正常运行,确保污水处理效果;(2)使有毒有害物质得到妥善处理或利用;(3)使容易腐化发臭的有机物得到稳定处理;(4)使有用物质能够得到综合利用,变害为利。总之,污泥处理和处置是对污泥进行减量化、稳定化和无害化并进行最终消纳的过程。

污泥处置(sludge disposal) 对处理后污泥的最终消纳过程。一般包括土地利用、填埋和建筑材料利用等。参见"污泥处理"。

城市污水再生利用(urban wastewater reclamation) 污水回收、再生和利用的统称。城市污水经过以生物处理技术为中心的二级处理和一定程度的深度处理后,能满足特定用水目的的水质要求和安全性要求的净化水称"再生水"。再生水利用的直接途径有城市景观用水、城市杂用水和工业用水等。主要用于城市园林浇灌、浇洒马路、补给市政景观水域等;再生水也可作为办公楼、学校、公共建筑物、工厂或家庭冲厕的冲洗水,但需单独设置再生水系统;再生水还可用于补充地下水、农田灌溉等。再生水利用在水循环、水资源调配中占有重要位置,是城市可依赖的水资源,同时也是保护和恢复水环境,维持健康水循环的重要途径。再生水利用应与水源保护、水环境改善、景观和生态环境建设等结合,综合考虑地理位置、自然环境条件、社会经济发展水平和水质特性等因素。

城镇雨洪利用(rainwater harvesting and utilization)

采用工程性和非工程性措施对雨水资源进行保护和利用的全过程。是实现开发新的水资源、保护城镇区域水环境和减少城镇区域洪涝灾害等多重目的的系统工程。主要包括雨水收集、储存和净化后的直接利用,以及通过各种人工或自然渗透设施使雨水渗入地下,补充地下水资源等间接利用。目的是利用雨水时空分布不匀的特点,采用拦蓄、储存的方式使雨水变弃为宝,化害为利。

水 力 发 电

落差(fall) 按同一基准面同时测得的河道(段)上、下两断面之间的水位差。单位以 m 计。河源与河口间的落差称"总落差"。河段两端的河底高程差或最低水位差,表征单位质量水体具有的水能,是估算该段河流水能蕴藏量的最主要参数之一。在重力作用下河水不断向下游流动,因克服流动阻力、冲蚀河床,使水能分散地消耗掉。水力发电的任务,就是采取适当工程措施,将这些被无益消耗掉的水能转化为人们需要的电能。河道某一河段比降陡,即单位长度河段落差大,有利于筑坝壅高水头,或有利于用较短的引水道集中较大落差。

水能(water energy) 陆地和沿海水体中蕴藏的天然水能源。水电站生产电能所必需的一种不污染环境又可再生的一次能源。主要包括河川水能资源和沿海潮汐水能资源。是水利资源的重要组成部分。河川径流相对于海平面具有一定的势能,在其流动过程中又有部分势能转化为动能,这种势能和动能即构成河川天然水能。潮汐水能主要是由日、月、天体引潮力和太阳辐射等作用所形成的潮差而成。天然水能在被开发利用前,常被水流消耗于克服流动阻力、冲蚀河床或海岸、挟带运送泥沙和漂浮物等,使所含水能分散地消耗掉。水力发电的任务,就是要通过一系列工程措施,利用水能生产电能。

水能利用(hydroenergy utilization) 通过一定工程措施,将天然水能开发出来为人类服务的活动。近代常以天然水能转化为电能的水力发电作为水能利用的主要方式。借助于坝、闸或水电站引水建筑物,将天然水能集中起来,再引取集中了水能的水流驱动水轮机,并带动发电机旋转,由此生产出电能。水流在流过水轮机并将其大部分水能传给水轮机

后,成为"尾水"泄向下游,其水量并未消耗。这种水能利用方式不消耗燃料,可获得大量廉价的电能,不污染环境,还可实现水资源的综合利用。

水力发电(hydropower) 采用一系列工程措施将水流所具有的位能、压能、动能转化为电能的过程。水力发电具有下列主要特点:(1)水流的能量用来发电后,在自然界的循环中还会产生新的水能;(2)不污染环境;(3)发电成本很低;(4)机电设备较简单,操作调节灵活;(5)需较多的投资,施工期较长;(6)造成一定的淹没和浸没损失;(7)可与灌溉、航运等水利事业相结合,达到综合利用的目的。

水能资源理论蕴藏量(theoretical calculation result of hydroenergy resource) 按河流多年平均年径流量和全部落差逐段算出的天然水能总量。其数值与径流量和落差有关。以年发电量和平均功率表示。根据 1981 年联合国新能源、可再生能源大会水电专家小组报告,全世界水能资源理论蕴藏量约为 44.3 万亿 kW·h/a。根据 2003 年全国水能资源普查结果,除台湾省外,中国河川水能资源理论蕴藏量约 6.08 万亿 kW·h/a(或 6.94 亿 kW),居世界首位。因种种条件限制,不可能全部被开发。

水能资源技术可开发量(technically developable amount of hydroenergy resource) 在当前技术水平条件下可开发利用的水能资源量。用河流规划和以前阶段确定的电站的年发电量和装机容量表示。年发电量为河流规划梯级联合运转情况下各梯级电站年发电量之和,装机容量为各梯级电站装机容量之和。

水能资源经济可开发量(cost-effectively developable amount of hydroenergy resource) 在当前技术经济条件下,技术可开发量中具有经济开发价值的水能资源量。用年发电量和装机容量表示。即与其他能源相比具有竞争力,在水库淹没处理、水生态和环境保护等方面无制约性因素的梯级水电站的合计量。

十三大水电基地(thirteen hydropower bases of China) 中国十三个水能资源丰富、开发利用条件优越的河流区段或地区。包括:金沙江水电基地、雅砻江水电基地、大渡河水电基地、乌江水电基地、长江上游水电基地、南盘江红水河水电基地、澜沧江干流水电基地、黄河上游水电基地、黄河中游水电基地、湘西水电基地、闽浙赣水电基地、东北水电基地、怒江水电基地。十三大水电基地的大中型水电站(装机容

量 50 MW 及以上)的总装机规模为 275 772 MW。

西电东送(electricity transmission from West to East China) 开发贵州、云南、广西、四川、甘肃、内蒙古、山西等西部省区的电力资源,将其输送到东部电力紧缺的广东、上海、江苏、浙江和京津冀地区的电力发展战略性工程。西部大开发的标志性工程之一。实施西电东送是中国资源分布和生产力布局的客观要求,也是变西部地区资源优势为经济优势、促进东西部地区经济共同发展的重要措施。从南到北形成三条从西到东的送电通道。南线是将贵州乌江、云南澜沧江和桂、滇、黔三省区交界处的南盘江、北盘江、红水河的水电,以及黔、滇两省坑口火电向华南电网输电;中线是将三峡和金沙江干支流水电送往华中、华东电网;北线是将黄河上游水电和内蒙古、山西坑口火电向华北电网输电。

水力发电站(hydropower station) 简称"水电站"。为水力发电而建设的由一系列建筑物和机电设备组成的综合工程设施。一般包括水库、挡水建筑物、泄水建筑物、进水建筑物、引水建筑物、尾水建筑物、发电厂房,以及各种机电设备等。如为综合利用枢纽,则尚有过船、过木、过鱼等设施。按水力资源分常规水电站、潮汐电站、抽水蓄能电站等;按调节性能分多年调节水电站、年调节水电站、日调节水电站、无调节水电站等;按集中水头和取得流量的方式分坝式水电站、引水式水电站、混合式水电站、集水网道式水电站等;也可按主厂房的结构特征分地面水电站、地下水电站、坝后式水电站、河床式水电站、露天式水电站等。对于综合利用的水利工程,当以水力发电为主要任务时常称"水电站",如新安江水电站;当水力发电为次要任务时,则常称"水库"或"水利枢纽",如官厅水库,丹江口水利枢纽等,这时的水电站则指该枢纽中专门为发电而采取的工程措施,即水电站引水建筑物、厂房、变压器场和开关站等。

水电站开发方式(development type of hydropower station) 水电站为集中落差形成水头和引取发电流量所采取的工程总体布置方式。按集中落差形成水头的方式,分坝式开发、引水式开发和混合式开发三种基本方式;按引取流量的方式,分蓄水式开发和径流式开发。此外,还有跨流域开发、集水网道式开发等。对于潮汐电站,其主要开发方式有单库式、双库式、多库式等。一般应通过技术经济分析论证确定。

坝式水电站(dam-type hydropower station) 亦称"抬水式水电站"、"壅水式水电站"。通过拦河筑坝壅高水位,使原河段的落差集中到坝址处,从而获得发电水头的水电站。采用坝式开发的水电站,一般需要具备较好的筑坝建库条件,且坝址上游常因形成水库而发生淹没。坝式开发方式有时可以形成比较大的水库,因而使水电站能进行径流调节,成为蓄水式水电站。若不能形成供径流调节用的水库,则水电站只能引取天然流量发电,成为径流式水电站。坝式开发的水电站,按其建筑物布置特点,分坝后式、河床式等。

坝后式水电站(hydropower station at dam-toe) 亦称"坝下式水电站"。电站厂房位于坝后的水电站。是坝式开发水电站中水头相对较高的一类水电站。因水头较高,故将厂房建在坝的下游侧(或一岸地下),可不承受上游的巨大水压力。常借助于较短的管道,穿过坝身、坝基或坝端岸上(地面或地下),将水电站所需水量从坝上游引入厂房。

河床式水电站(hydropower station in river channel) 电站厂房为挡水建筑物一部分的水电站。坝式开发水电站中水头较低的一种水电站。因其水头较低,坝上游侧的水压力不大,为节省工程量,常将水电站厂房与坝相衔接,作为挡水建筑物的一部分。水电站所需水量直接从厂房上游侧引入厂房,而不必修建专门的引水建筑物。

引水式水电站(diversion type hydropower station) 通过长引水道,引取水流并形成发电水头的水电站。主体工程为较长的水电站引水建筑物和水电站厂房。通常没有拦河坝,只有很矮的堰或闸(有时甚至只有一段导水堤)以便截取河水进入引水建筑物,因此没有可供径流调节的水库,往往是径流式水电站。若其引水建筑物中的水流为有压流,则称"有压引水式水电站",引水建筑物多采用有压隧洞,并通过调压室将隧洞与压力水管相联结。若其引水建筑物中的水流为无压流,则称"无压引水式水电站",引水建筑物多采用引水渠道,并通过压力前池将渠道与压力水管相联结。

混合式水电站(mixed-type hydropower station) 由坝和引水道共同集中形成发电水头的水电站。在开发河段的中部筑坝,从坝的上游侧开始,修建水电站引水建筑物(常为有压隧洞),向下游侧延伸至开发河段的末端,通过调压室与水电站的压力水管相联结。它常具有可进行径流调节的水库,因而往往是蓄水式水电站。

径流式水电站(run-of-river hydropower station)　不能进行径流调节的水电站。坝式开发的水电站,若其水库很小,有可能是径流式水电站;引水式开发的水电站,若没有水库,也是径流式水电站。它只能在水电站装机容量的范围内,按天然来水流量的大小,发出相应的水电站出力,不能适应电力系统负荷变化的要求,也不能蓄存洪水期多余的河川径流。因而供电质量较差,水能资源利用率也较低。其优点是可利用天然水能生产大量廉价电能,使火电站少发电而节省燃料。因没有或较少水库淹没损失,挡水建筑物工程量较小,使工程投资较小。

蓄水式水电站(storage hydropower station)　有较大水库可供进行径流年调节或多年调节的水电站。坝式开发和混合式开发中的水电站,若其水库较大,有可能是蓄水式水电站。其水电站引用流量能较好地适应电力系统负荷的变化,使供电质量较优,并使水能资源利用率较高。由于蓄水式水电站的电力补偿作用,能使整个电力系统燃料消耗率降低,从而获得较好的经济效益,故一般电力系统中常希望拥有一些蓄水式水电站。但其水库淹没损失较大,挡水建筑物工程量也较大,因而工程投资较大。

工程特征值(characteristic parameters of hydropower project)　表示工程基本特性的数值。如水库的特征水位和相应库容;泄洪建筑物的主要尺寸、堰顶高程、上下游设计水位;引水建筑物的尺寸和引水高程;水电站机组机型的额定水头、流量和水轮机转轮尺寸、机组台数;船闸、升船机、漂木道等的尺寸和设计水位等。确定工程特征值是规划设计工作的主要内容,应根据有关基本资料,经综合技术经济比较分析确定。

库容系数(regulation storage coefficient)　水库兴利库容与坝址断面处多年平均年径流量的比值。通常用来反映水库兴利调节能力。按该值大小,可初步判断水库的调节性能,如季调节、年调节、多年调节等。当库容系数为8%～30%时,一般可进行年调节。当天然径流年内分配较均匀,来水过程和用水过程差别不大时,库容系数为2%～8%时,即可进行年调节。当年水量变差系数值较小,年内水量分配较均匀时,库容系数大于30%就可进行多年调节。

否则,需要有更大的兴利库容才能进行多年调节。年调节水库一般可同时进行周调节和日调节。多年调节水库一般可同时进行年调节、周调节和日调节。

水库淹没损失(reservoir inundation loss)　水库建成后淹没影响范围内可能造成的经济损失。主要包括:土地、有开采价值的矿藏等资源损失;城镇、工矿企业、公路、铁路、通信与输电线,以及重要文物古迹等需搬迁或改线的基建费用;对水库淹没区、浸没影响区和库周影响区内居民点移民安置补偿费用等。应计入水库总投资。

水电站调节性能(storage performance of hydropower station)　水电站水库调节径流能力满足要求的程度。若水库调节周期越长、库容系数越大、弃水越少,则水电站的调节性能越好,在改善电力系统供电质量、减少系统中火电站燃料消耗、降低电能成本等方面起的作用也越大。

多年调节水电站(overyear storage hydropower station)　水库调节周期长达数年的蓄水式水电站。其调节性能很好,库容系数常在30%～50%甚至更大,能够将丰水年的多余入库水量蓄存在水库中,以补枯水年河川径流之不足。如吉林的丰满水电站、浙江的新安江水电站等。优点是弃水很少,天然水能利用率很高,对改善电力系统供电能力作用较大。但所需库容很大,以致淹没损失较大,因此,兴建前应审慎考虑。多年调节水电站可兼有年调节水电站和日调节水电站的作用。

年调节水电站(annual storage hydropower station)　水库调节周期为一年的蓄水式水电站。其库容系数多半在2%～30%范围内,只能将一年内洪水期多余入库水量的全部或一部分蓄存起来,以补该水文年枯水期河川径流之不足,其水电站调节性能比多年调节水电站要差些。当其库容系数较小时,其调节性能更差,蓄存的水量仅够补充枯水期几个月(3～4个月甚至更少)之用,而且一般年份洪水期中水电站弃水量较大,天然水能利用率较低,这种水电站称"不完全年调节水电站",亦称"季调节水电站",如广西西津水电站、甘肃刘家峡水电站等。相反,若库容系数较大,则有可能在一般年份中全年不发生弃水,供水期有可能长达半年以上,这种水电站称"完全年调节水电站"。年调节水电站能在一定程度上改善电力系统供电质量,水库淹没损失也比多年调节水电站小,并可兼有日调节水电站的作用。

日调节水电站（daily storage hydropower station）水库调节周期大体上为 24 小时的水电站。基本上可算作径流式水电站。其调节性能很差,库容系数远小于 1%,不能蓄存洪水以供枯水期使用,只能按照电力系统日负荷变化来调节一昼夜的入库河川径流,日产电能的多寡受河川径流的控制。对改善电力系统供电质量等作用比多年调节水电站和年调节水电站要差得多,各年洪水期水电站弃水也较大,因而天然水能利用率比年调节水电站更低。其优点是所需库容小,水库淹没损失少。如黄河青铜峡水电站。

无调节水电站（non-storage hydropower station）不能进行径流调节的水电站。属径流式水电站。水电站出力随河川径流量而变化,不能随电力系统负荷的变化而加以调节,不能起改善电力系统供电质量等作用。优点是不设水库,不存在水库淹没损失。如黄河盐锅峡水电站等。

电力系统负荷（load of electric power system）电力系统中电力用户的电力消耗总值。以电力用户的受电设备所消耗的功率来表示,单位为 kW。按照电力用户的性质,大体上可分为工业负荷、农业负荷、市政负荷和交通运输负荷四大类。电力用户的负荷随时间而变化,都有各自的需电特性。工业用电耗量大,农业用电具有季节性,市政用电在一昼夜间、季节间变化均较大等。通常电力系统负荷值与电力系统范围大小和所属范围内的国民经济发展水平等因素有关。

电力系统负荷图（load diagram of electric power system）简称"负荷图"。表示电力系统负荷随时间而变化的曲线。负荷图的形状与电力用户的组成及其用电比重有关。在不同电力系统或同一系统的不同时期,负荷图的形状是不同的,但具有周期性的变化规律。一般有日负荷图和年负荷图两种。

日负荷图（daily load diagram）电力系统负荷图的一种。电力系统负荷在一昼夜内的变化过程线。一般在夜间 1:00～2:00 负荷最小;早上 8:00～9:00 左右因许多工厂开工生产而形成高峰;12 时以后部分生产企业开始午休而使负荷略有下降;在傍晚 19:00～20:00,照明负荷最大,使系统负荷达最大值。日负荷图上有三个反映负荷特性的特征值,即最大负荷、平均负荷和最小负荷。

日负荷图峰谷差（difference between maximum and minimum loads of daily load diagram）简称"日负荷峰谷差"。最大负荷与最小负荷之间的差值。该差值的大小可反映出日负荷图的特性。峰谷差越大,反映日负荷越不均匀。

日电能累积曲线（mass curve of daily energy）亦称"日负荷图分析曲线"。以负荷值为纵坐标、电能量值为横坐标而绘出的曲线。表示日负荷图上某一负荷值与相应电能量(从 0 点水平线累积至该负荷值水平线的电能量)的关系。曲线上的最大电能值即为该日负荷图的日电能。为便于利用日负荷图进行动能计算,常需要事先绘制日电能累积曲线。

峰荷（peak load）亦称"峰部负荷"。日负荷图上最大负荷与平均负荷间的负荷区域。该区域的负荷在一昼夜间是不断变动的。是日负荷图上的三个区域之一,另两个区域是腰荷和基荷。

腰荷（shoulder load）亦称"腰部负荷"。日负荷图上平均负荷与最小负荷间的负荷区域。该区域的负荷在一昼夜内的一部分时间内有变化,另一部分时间内则不变。处于峰荷与基荷之间。

基荷（base load）亦称"基部负荷"。日负荷图上最小负荷线以下的负荷区域。该区域的负荷在一昼夜内都一样。是日负荷图上三个区域最下面的一个。

基荷指数（base load index）日负荷图上最小负荷与平均负荷之比值。表示负荷特性的一种指标。基荷指数愈大,表示基荷占负荷图的比重愈大,说明电力系统中用电比较稳定的电力用户较多。

日最小负荷率（minimum load rate of daily load diagram）日负荷图上最小负荷与最大负荷的比值。表示负荷特性的一种指标。该值越小,负荷图的高峰与低谷之差越大,说明日负荷越不均匀;反之则说明日负荷较均匀。

日平均负荷率（average load rate of daily load diagram）日负荷图上平均负荷与最大负荷的比值。表示负荷特性的一种指标。该值越大,表示日负荷的变化越小;反之则日负荷变化越大。

年负荷图（annual load diagram）电力系统负荷图的一种。电力系统负荷在一年内的变化过程线。年内负荷变化的原因,主要是由于冬季照明负荷较大、照明时间较长,夏季则相反。此外,系统中尚有季节性负荷,例如空调、灌溉、排涝和某些食品工业等的用电。一般采用两种曲线表示:一种是日最大负荷年变化曲线,是由一年中各日的最大负荷值连成;另一种是日平均负荷年变化曲线,是由一年中各日的平均负荷值连成。分静态年负荷图和动态年负荷图两种。

静态年负荷图(static annual load diagram) 年负荷图的一种。编制时不考虑负荷在一年内的增长情况。

动态年负荷图(dynamic annual load diagram) 年负荷图的一种。编制时考虑负荷在一年内的增长情况。有两个特征:(1)冬季电力系统负荷大,夏季则负荷较小(中国南方有的电力系统,由于夏季排灌用电较多,年负荷图呈双峰形且夏季最高负荷比冬季最高负荷大);(2)年末最大负荷要比年初最大负荷大。

年负荷增长率(incremental rate of annual load) 年负荷图中年末较年初的最大负荷增长值与年初最大负荷之比值。电力系统中电力负荷不断增长的原因,是工农业生产的发展和人民生活水平的不断提高。

设计负荷水平(design load level) 规划设计电站时作为设计依据的远景负荷值。电力系统负荷,一方面随着国民经济的发展逐年增加,另一方面随着供电范围的逐渐扩大或者几个电力系统进行合并而增加。电源选择,尤其是水电站的主要参数选择与电力负荷大小有密切关系,因此在规划设计新电站时,必须正确选定设计负荷水平。

火力发电站(steam power plant; thermal power plant) 简称"火电站"。利用煤、石油、天然气作为燃料生产电能的各种设备和建筑物的综合体。主要发电设备为锅炉、汽轮机和发电机。按生产性质,分凝汽式电站和供热式电站等类型。凝汽式电站的任务就是发电。锅炉生产的蒸汽直接送到汽轮机内,蒸汽压力推动汽轮机旋转,热能转换成机械能,然后汽轮机带动发电机旋转,将机械能转变成电能。废蒸汽经冷却后凝结为水,用泵把水抽回到锅炉中去再生产蒸汽,如此循环不已。与水电站相比,凝汽式火电站主要有以下工作特点:(1)工作保证率较高;(2)机组启动比较费时,不宜频繁启停;(3)从技术和经济角度出发,比较适宜担任电力系统的基荷;(4)单位发电成本较高,且燃料燃烧时排放的烟尘及废气会对环境造成污染。供热式电站的任务是既要供热,又要发电。当采用背压式汽轮机时,则蒸汽在汽轮机内膨胀做功驱动发电机后,其废蒸汽全部被输送到工厂企业中供生产用或者取暖用。背压式机组的发电出力,完全取决于工厂企业的热力负荷要求。若采用抽汽式汽轮机,则可在转轮中间根据热力负荷要求抽出所需的蒸汽。供热式火电站一般按供热图工作,主要担负电力系统的基荷。当不需要供热时,则与凝汽式火电站的工作过程相同。

火电站标准煤耗率(standard coal consumption rate of steam power plant) 火电站每发出1 kW·h电量所消耗的标准煤量。通常以"g/(kW·h)"表示。火电站发电煤耗量与发电量之比,称"发电煤耗率"。为使燃用不同发热量的煤炭或其他燃料的火电站的发电煤耗率指标具有可比性,将其实际燃煤消耗量按其发热能力折合成低位发热量29.31 MJ/kg的标准煤量计算,所得的煤耗率即为标准煤耗率。

火电站技术最小出力(technical minimum output of steam power plant) 允许火电站汽轮机所担负出力的下限值。由于汽轮机空转损失不因机组担负的负荷大小而改变,所以汽轮机出力减小就使其效率急剧降低,单位煤耗率大大增加,同时机组出力降低太多时,锅炉中因蒸汽生产量下降而使炉温下降甚多,影响锅炉正常运行,故必须限定允许出力的下限值。技术最小出力占机组最大出力的百分率,随机组容量、特性和燃料质量而异。

可再生能源(renewable energy resources) 在自然界中可以不断再生、永续利用、对环境无害或危害极小的能源。主要包括风能、太阳能、水能、生物质能、地热能、海洋能等非化学能源。具有资源分布广、利用潜力大、环境污染小、可永续利用等特点,是有利于人与自然和谐发展的重要能源。

绿色能源(green energy resources) 各种可再生能源(如水能、太阳能、风能等),生产和消费过程中对生态环境低污染或无污染的能源(如天然气、清洁煤和核能等),以及化害为利、同改善环境相结合、充分利用城市垃圾淤泥等废物中所蕴藏的能源的总称。

潮汐电站(tidal power station) 水电站的一种。在一个潮汐涨落周期内利用外海与内库的水位差发电的电站。在地形条件良好、涨落潮变幅大的海湾,修建大坝将海湾与外海隔开,以形成水量极大而又封闭的水库(内库)。利用潮汐涨落和控制水库闸门启闭时间,在水库内外形成水位差以驱动水轮发电机组发电。在规划设计中,必须进行系统长期的大海水位变化观测,以取得可靠的原始资料。在能源需要量大的地区,若具有良好的海湾条件,可考虑修建这种电站。

海水温差发电(ocean thermal power generation) 利用表层海水与深层海水的温度不同进行发电的工程技术。使用温暖的表层水加热沸点较低的氨等,使其沸腾,然后利用其蒸汽旋转涡轮,驱动发电机发电。转动涡轮发电之后的蒸汽使用温度较低的深层海水进行冷却,变回液体氨,然后再次使用表层水使之沸腾并转动涡轮。1881 年 9 月,由法国生物物理学家达松瓦尔(Jacques-Arsène d'Arsonval,1851—1940)首先提出,1926 年 11 月,法国科学院建立一个实验温差发电站,证实达松瓦尔的设想。2012 年11 月,中国国家海洋局第一海洋研究所的"15 kW 温差能发电装置研究及试验"课题在青岛市通过验收,使得中国成为第三个独立掌握海水温差能发电技术的国家。优点:不消耗任何燃料;无废料;不会制造空气污染、水污染、噪声污染;整个发电过程几乎不排放任何温室气体,如二氧化碳;全年且一天中所有时间段皆可发电,十分稳定;副产品是淡水,可供使用。缺点是:所需初始投资资金庞大;发电成本高;深海冷水管路施工风险高。

波浪能发电(wave power generation) 将海洋波浪无规则动能转换为电能的发电方式。海洋波浪有巨大能量,据估计,每平方千米海面波浪能功率可达10 万~20 万 kW。波浪能与波高的平方和波浪周期的乘积成比例。波浪能发电的主要方式:(1)利用波浪推力使置于海面的浮体上下波动,带动气室活塞上下运动以形成气流,推动涡轮机叶片旋转,驱动发电机发电;(2)利用波浪横向推力产生空气流或水流使涡轮机转动,带动发电机发电;(3)将低压大波浪变为小体积高压水,引入高位水池积蓄后形成水头,冲击水轮机,带动发电机发电。波浪能是清洁可再生能源,长期以来许多国家对其进行研究。20 世纪 80 年代以后,研究进入应用示范阶段。波浪能发电装置有浮置式和岸边固定式两种。1985 年挪威建成一座装机 500 kW 的波浪能发电站。2000 年英国也建成 500 kW 岸式波浪能发电装置。2001 年2 月中国广东汕尾建成首座 100 kW 岸式波力电站,试发电成功。

海流发电(ocean current power generation) 将海流能转换为电能的发电方式。海洋中除了有潮水的涨落和波浪的上下起伏之外,有一部分海水经常朝着一定方向流动,形成海流。风力的大小和海水密度不同是产生海流的主要原因。由定向风持续地吹拂海面所引起的海流称"风海流";由于海水密度不同所产生的海流称"密度流"。海流能是海水流动的动能。海流发电是依靠海流的冲击力使水轮机旋转,然后再变换成高速,带动发电机发电。据估计,世界大洋中所有海流的总功率达 50 亿 kW 左右,是海洋能中蕴藏量最大的一种。和利用陆地上的河流发电相比,海流发电既不受洪水威胁,又不受枯水季节影响,几乎以常年不变的水量和一定的流速流动,完全可成为人类可靠的能源。

抽水蓄能电站(pumped storage station) 水电站的一种。以水体为载能介质进行水能和电能往复转换的电站。功用是提高电力系统的供电质量和经济效益。建筑物包括高程不同的上、下两个水库,以及引水建筑物和厂房。主要设备有水泵、水轮机和发电电动机(三机式)或可逆的水泵水轮机和发电电动机(二机式)。水头在 600 m 以下的电站多用后者。电站运行过程包括抽水蓄能和放水发电两种工况。在电力系统负荷的低谷期利用火电和核电的富余电能把下水库的水抽至上水库,将电能转化为水的势能储存;在负荷的高峰期再从上水库放水至下水库发电以补充系统出力的不足。除担负峰荷外,还可用于系统调频和调相以提高系统的供电质量;此外,还可承担系统中的事故备用,以及黑启动等任务。按机组分,有纯抽水蓄能电站和混合式抽水蓄能电站。按运行周期,可分日抽水蓄能电站、周抽水蓄能电站和季抽水蓄能电站三种。

抽水蓄能电站综合效率(total efficiency of pumped storage station) 亦称"抽水蓄能电站总效率"。发电所得电能与抽水所用电能之比。电站抽水效率与发电效率之乘积。抽水效率是按水泵工况运行时的综合效率,即变压器、抽水机、电动机和压力水管效率的乘积。发电效率是按水轮机工况运行的综合效率,即压力水管、水轮机、发电机和变压器等效率的乘积。大型抽水蓄能电站综合效率为 0.75~0.77。

水能计算(hydropower computation) 设计水电站时,确定水电站出力和发电量、水电站在电力系统中的运行方式和与水电站主要参数有关的各种计算的统称。水能计算中的重要环节是确定水电站的动能指标：保证出力和多年平均年发电量。为设计电站的方案比较和装机容量的选定提供依据。

水电站动能指标（output power and energy indexes of hydropower station） 用来说明水电站动能效益及其对河流水能资源利用情况的特征值。一般包括保证出力、最大（或保证）工作容量和多年平均年发电量。

水电站水头（head of hydropower station） 水电站在发电过程中，所引用的单位重量水体所携带的天然水能。常用单位为 m。分为总水头、静水头、净水头等。总水头（亦称"毛水头"）等于水电站上下游水位差、流速水头差与压强水头差之和；当将上下游压强认为近似等于大气压，且流速又很小时，则有静水头等于上下游水位差；净水头等于总水头与水电站输水系统水头损失之差，通常水电站水头指净水头，当水头损失很小时，可忽略不计。上下游水位、流速和水头损失等常随水电站流量不断变化，故水电站水头也随之不断变化。水电站水头有瞬时值与时段平均值之分。

水电站水头损失（head loss in hydropower station） 水电站发电过程中所引用的河川径流或潮汐水流通过输水系统时产生的水头损失。有局部水头损失和沿程水头损失两种。实质上是单位质量水体在输水系统中的天然水能损耗。当采取一定措施（如减小输水系统的糙率、改善流道形状等）后可以减小水头损失，从而提高水电站的水能利用率，增加电能产量。水头损失常随水电站流量而变化。

水电站设计水头（design head of hydropower station） 设计中保证水电站预想出力等于水电站装机容量的各水头值中的最小值。通常，设计水头大于 200 m 左右的大中型水电站称"高水头水电站"；设计水头在 30～200 m 的称"中水头水电站"，设计水头小于 30 m 的称"低水头水电站"。

水电站效率（efficiency of hydropower station） 水电站出力与所引用的天然水流出力之比。常以百分率表示。其值常随水电站出力 N(kW)、水电站水头 H(m) 和水电站流量而变。若某时刻，水电站引用流量为 $Q_{引用}$(m³/s)，净水头为 $H_净$(m)，则水电站效率为：

$$\eta_水 = \frac{N}{9.81 Q_{引用} H_净} \times 100\%。$$

通常，大型水电站的 $\eta_水$ 为 80%～90%，中型水电站的 $\eta_水$ 为 75%～85%，而小型水电站的 $\eta_水$ 为 65%～75%。

水电站流量（discharge of hydropower station） 水电站在发电过程中单位时间内引用的河川径流或潮汐水量。常以 m³/s 为单位。分为引用流量、调节流量、保证流量等。通常所称水电站流量即指引用流量。是指某一时刻流过某一水电站各水轮机的流量之和。除无调节水电站外，一般水电站的引用流量，随水电站出力而不断变化。在水电站设计水头下，水电站出力等于水电站装机容量时，所需的引用流量常达该水电站引用流量的最大值，称"水电站最大过水流量"或"最大过水能力"。水电站进水口上游侧未经水库调节的河川流量称"天然来水流量"，因河川径流年内与年际分配的不均匀性而不断变化。无调节水电站的引用流量，在小于其最大过水能力的范围内，常等于其天然来水流量。其他各种水电站的入库河川径流常需经过本电站水库调节，以便使其引用流量能在一定程度上适应电力系统负荷的要求，此时水电站引用流量称"调节流量"。水电站调节流量各年各月仍然变化很大，其频率与水电站设计保证率近似地相等时，称该水电站的保证流量。水电站流量有瞬时值与时段平均值之分。

水电站弃水（non-beneficial spillage in hydropower station） 全称"水电站无益弃水"。水电站天然来水中，无法用以发电而弃入下游的多余水量。常发生在洪水期，此时河川径流特丰，虽经水库存蓄并且水电站按最大流量引用，仍有多余水量无法利用，被迫经由泄水建筑物泄放至下游，成为弃水。在设计水电站和水库时，应在经济有利和技术合理的前提下，尽量减少可能的弃水。

水电站出力（output power of hydropower station） 水电站某时间实际发出的电力功率，单位为kW。通常指该时间水电站经过高压开关站送往各输电线路的电力功率之和。若该时间水电站引用流量为 $Q_{引用}$，净水头为 $H_净$，水电站效率为 $\eta_水$，则水电站出力为：

$$N = 9.81 Q_{引用} H_净 \eta_水。$$

N 随电力系统负荷和河川径流的变化而变化，有瞬时值与时段平均值之分。

出力过程线（output power vs time graph） 将各

时刻的出力按时序点绘出的曲线。能反映出水电站在不同时刻的出力(或时段平均出力)随天然来水流量的变化和其他部门用水要求的变化而不断变化的情况。生产实践中常用的是平均出力过程线,如月平均、旬平均和日平均出力过程线。

水电站保证出力(firm output of hydropower station; guaranteed output) 水电站在长期运行过程中,符合设计保证率要求的一定时段内的平均出力。所取时段的长短,视水电站的调节性能而定。对无调节水电站、日调节水电站,是与设计保证率相应的日平均流量所能产生的出力;对年调节水电站,是符合设计保证率的相应设计枯水年供水期的平均出力。保证出力是选择装机容量的重要依据,也是水电站运行时的一种主要动能指标。

保证电能(firm energy; guaranteed energy) 对应于水电站保证出力的电能。等于保证出力与计算时段小时数的乘积。计算时段的长短与水电站调节性能密切有关。以年调节水电站为例,计算时段应是设计枯水年的整个供水期,以供水期小时数乘以保证出力,即得供水期保证电能,也就是水电站在供水期按设计保证率能保证发出的电能。这个特征值是选择水电站最大工作容量的依据。

水电站出力保证率曲线(guaranteed rate curve for output of hydropower station) 选择水电站装机容量时常用的一种曲线。通常是对过去若干年的水文资料进行径流调节计算和水电站出力计算,以求得在这些年中水电站各时段(月、旬或日)的平均出力,然后将这些平均出力值按大小次序排列,从大到小编序号。若时段数为 n,而某平均出力值 N_i 的序号为 m_i,则 N_i 相应的保证率为:

$$P_i = \frac{m_i}{n} \times 100\% 。$$

上式表示有 P_i 的时间能保证水电站出力不小于 N_i 值。将各 N_i 值及其对应的 P_i 值绘成曲线,即为出力保证率曲线。为节省计算工作量,可根据径流调节计算的结果,将各时段的水电站引用流量 Q_i 值按类似上述方法求出相应的保证率 P_i;然后据此绘成曲线,称"水电站流量保证率曲线",可用来计算水电站保证出力,但精度较低,常用于初步估算。

水电站设计保证率(design guarantee rate of hydropower station) 多年运行期间水电站能够按照预期设计要求正常发电的保证程度。用水电站正常发电时段数与预期运行总时段数相比的百分率表示。时段长短可根据水库调节性能和设计需要,按年、月、旬、日分别选用。与之相对应,通常有年保证率和历时保证率两种表示形式。年保证率指多年期间正常工作年数占运行总年数的百分率;历时保证率是指多年期间正常工作的历时(日、旬或月)占运行总历时(日、旬或月)的百分率。有水库调节的蓄水式水电站一般采用年保证率;径流式水电站采用历时保证率。是水电站设计的重要依据之一,用以合理解决供电可靠性、水能资源利用程度和电站造价之间的矛盾。当系统中水电站容量比例在25%以下、25%~50%或50%以上时,水电站设计保证率常分别采用80%~90%、90%~95%或95%~98%。

水电站预想出力(expected output of hydropower station) 一定水头下水电站可供正常工作的各台水轮发电机组所能发出的最大电力功率之和。根据水轮机的特性,水头等于或大于水电站设计水头时,水电站预想出力等于装机容量;反之则发生水电站受阻容量,使预想出力小于装机容量,且水头越小,预想出力越小。

水电站主要参变数(principal parameters of hydropower station) 亦称"水电站主要参数"。与水电站建设规模有关的参变数。包括水电站装机容量、水库正常蓄水位、水库死水位等水库特征水位,以及引水道长度、断面尺寸等。水电站主要参变数的选择,关系到电站投资、经济效益和水力资源的合理开发利用。

水电站多年平均年发电量(long term average annual energy output) 水电站多年工作期间平均每年生产的电能量。水电站的重要动能指标之一。其计算方法随设计阶段而异,可将几十年水文资料逐年进行发电量计算,然后求其平均值,亦可用简化方法,如设计平水年法或丰水年、中水年、枯水年等三个代表年法进行计算。

水电站装机容量(installed capacity of hydropower station) 水电站各发电机铭牌上额定容量的总和。是在标准功率因数条件下水电站的最大出力,说明电站规模大小的主要特征值。由最大工作容量、备用容量和重复容量三部分组成。选择水电站装机容量是水电站规划中一项极为重要而复杂的任务,应根据设计水平年的供电范围、电力系统的负荷特性、电力系统中的水火电比重、各种电站的特点和在电力系统中的作用，还应结合资源条件、枢纽总体布置、设备制造和供应条件，以及电力系统的发展规划，通过各种代表年的电力电量平衡、技术经济比较及综合分析选定。单独供电的中小型水电站和占系统容量比重较小的水电站，其装机容量选择可采用简化方法。

装机容量年利用小时数（operating hours of installed capacity） 简称"装机年利用小时数"。水电站全年发电量与装机容量之比值。是反映水电站设备利用率的一项重要指标。因水电站的工作情况多变，各种水文年份的年发电量差别甚大，所以水电站装机年利用小时数应由多年平均年发电量除以装机容量得出。表示平均每千瓦装机在一年内利用的小时数。

必需容量（required capacity） 为满足系统最大负荷要求，确保系统供电可靠性和供电质量所需设置的容量。等于最大工作容量与备用容量之和。是保证系统正常运行必不可少的容量。

水电站最大工作容量（maximum working capacity of hydropower station） 亦称"保证工作容量"。电力系统负荷紧张时刻水电站所能担负的工作容量（符合设计保证率要求）。具体数值根据系统需要、水能资源开发地点的水文条件、水电站设计保证率和水库的调节性能等决定。一般情况下希望水电站最大工作容量尽可能大，以替代更多的火电站工作容量。

备用容量（reserve capacity） 保证对电力用户的正常供电、分担最大负荷所需容量外增设的富裕容量。补充因各种原因而引起工作容量不足的部分。一般分为以下三类：（1）负荷备用容量。用以担负电力系统一天内瞬时的负荷波动及计划外负荷增长，以使电力系统频率维持在正常值范围。负荷备用容量一般取系统最大负荷值的 2%～5%。（2）事故备用容量。当电力系统中有发电和输变电设备发生事故时，这部分容量能够立刻投入系统替代事故机组工作，以保证正常供电。事故备用容量一般取系统最大负荷值的 10% 左右，且不小于系统中最大机组的容量。（3）检修备用容量。目的是保证系统中的所有机组得以进行定期检修。一般应通过电力系统年机组检修计划的安排加以确定。

重复容量（duplicate capacity） 亦称"季节性容量"。电力系统中非承担负荷必需，而为多发电能所装置的容量。装设在调节性能较差的水电站上，利用洪水季节丰富天然水量发出季节性电能，以便替代火电站电能，减少相应的燃料消耗。这部分容量在枯水季节因缺乏水量而不能发电，不能替代火电站工作容量，因此称"重复容量"（对电力系统而言）。设置重复容量，一般通过动能经济计算选定。

水电站工作容量（working capacity of hydropower station） 某时刻水电站为分担系统负荷而投入运行的那部分容量。各发电站的工作容量之和应等于该时刻系统总负荷。水电站某时刻能担负的工作容量，与水电站的水头和发电流量直接相关。

水电站空闲容量（spare capacity of hydropower station） 水电站上除保留作为备用容量以外的没有担负负荷的那部分容量。水电站出现空闲容量的原因，一方面是因为系统最大负荷出现的时间不多，负荷最大时的工作容量在负荷较小时有一部分成为空闲容量；另一方面，装机容量中还包括不常利用的重复容量。

水电站受阻容量（prevented capacity of hydropower station） 水电站在某一段时间内处于不能工作状态的那部分装机容量。水电站所能发出的最大出力与额定容量之差。出现受阻容量的原因，主要是遇到不利的水文情况，因水电站缺发电水量而使部分容量发不出电来；或者因水电站水头小于水轮机设计水头而使部分容量受阻。

可用容量（available capacity） 电站或电力系统中，可以担负系统负荷的容量。即可以被系统调度运行利用的容量。等于装机容量减去受阻容量和正在检修的容量。水电站可能因水头不足（小于水轮机设计水头）和流量不足而出现受阻容量，火电站则可能因燃料不足而出现受阻容量，这时，为保证正常供电，应将可用容量投入系统。

旋转备用容量（spinning reserve capacity） 在系统频率下降时能自动投入工作的备用容量。为平衡瞬间负荷波动与负荷预计误差，在运行状态下的水电机组留有适当容量担负备用。电力行业规范规定：旋转备用容量为全部负荷备用容量加事故备用容量的一半。

水库备用库容（reserve storage of reservoir） 因水电站分担系统事故备用容量而在水库中需要留出的库容（水量）。当设计水电站事故备用容量在基荷连续运行 3 ~ 10 天所需的备用容积（水量）小于水库兴利库容的 5% 时，可不专设事故备用库容。

水电站运行方式（operation mode of hydropower station）　水电站在电力系统调度运行中承担的任务和工作方式。水电站运行期间为满足电力系统负荷需求所采取的工作方式，包括其所承担的电力系统的工作容量、备用容量大小及其随时间的变化情况，以及工作容量在电力系统日负荷图上的工作位置变化情况等方面。按其在电力系统中的作用，分带计划负荷运行方式、调频运行方式、备用运行方式和调相运行方式；按时间周期划分，分日运行方式、周运行方式和年运行方式。一般应根据天然来水流量变化情况、电力系统负荷变化情况、水电站自身的调节能力及其在电力系统中的地位和作用等因素进行确定。为使系统供电可靠而经济，水电站应尽量减少弃水，多发电，并尽可能担任峰荷，以减少火电站的煤耗，因而不同调节性能的水电站在洪水和枯水等不同时期，应采用不同的运行方式。

调频电站（frequency modulation electric power station）　担任电力系统负荷备用容量的电站。能随时按系统要求自动调节出力，以适应系统瞬时的负荷波动及计划外负荷增长对有功功率的需求，使系统频率维持在正常值范围。调频电站的选择，应以保证电力系统周波稳定、运行性能经济为原则。靠近负荷中心、具有大水库、大机组的坝后式水电站，应优先选作调频电站。对于引水式水电站，应选择引水道较短的水电站作为调频电站。对于电站下游有通航等综合利用要求的水电站，在选作调频电站时，应考虑由于下游流量和水位发生剧烈变化对航运等引起的不利影响。当系统负荷波动的变幅不大时，可由某一电站担任调频任务，而当负荷波动的变幅较大时，尤其电力系统范围较广、输电距离较远时，应由分布在不同地区的若干电站分别担任该地区的调频任务。此外，若需安排日调节或无压引水式水电站承担负荷备用时，则水库应具有相应备用容量可连续工作 2 小时的备用容积。当系统内缺乏水电站担任调频任务时，亦可由火电站担任。但由于火电机组技术特性的限制，担任系统的调频任务往往比较困难，且单位电能的煤耗增加，因而常常是不经济的。

调峰电站（peak load modulation electric power station）　承担电力系统日负荷图上峰、腰负荷的电站。具备日调节及以上调节性能的水电站可担任系统调峰电站，无调节水电站一般承担系统基荷。在火电占比重较大、常规水电站较缺乏的系统内，抽水蓄能电站是比较理想的调峰电站。

调峰能力（peak load modulation capacity）　电站承担电力系统日负荷图上峰、腰负荷的能力。对电力系统而言，其调峰能力等于系统当日开机容量中的可调容量与开机容量的技术最小出力之差。

黑启动（black start）　大面积停电后的系统自恢复。电力系统因故障停运后，系统全部停电（不排除孤立小电网仍维持运行），处于全"黑"状态，在无法依靠其他电网送电恢复的条件下，通过启动系统中具有自启动能力的发电机组，带动无自启动能力的发电机组，逐步扩大系统的恢复范围，最终实现整个系统的恢复。由于现代电力系统的电网规模较大，一旦出现故障，影响面很大，容易由局部故障而影响全局，乃至发生恶性连锁反应，造成灾难性的严重后果。黑启动的关键是电源点的启动，常规水电站和抽水蓄能电站具有辅助设备简单、厂用电少、启动速度快等优点，一般作为黑启动电源的首选。水电站的黑启动是指在无厂用交流电的情况下，仅仅利用电站储存的两种能量——直流系统蓄电池储存的电能量和液压系统储存的液压能量，完成机组自启动，对内恢复厂用电，对外配合电网调度恢复电网运行。

电力电量平衡（balance of electric power and energy）　电力系统电力和电量的供需平衡。是水能规划设计中必不可少的工作。根据系统负荷要求对已建成的和正在规划设计中的水、火电站的容量和发电量进行合理安排，使它们在规定的设计负荷水平年中达到容量和电量的全面平衡。进行电力电量平衡，必须分析研究整个电力系统中各个电站如何配合运转，供电条件在年、月、日中的变化情况，以及各电站机组进行年计划检修的时间安排和承担全系统负荷备用、事故备用等情况。

调峰容量平衡（peak load modulation capacity balance）　电力系统调峰能力裕度分析。电力系统调峰平衡是其维持静态稳定的关键。在电力系统电力电量平衡成果的基础上，对各月最大负荷日的调峰容量盈亏情况进行分析，检验设计电站对电力系统调峰容量平衡的作用。电力系统调峰容量的盈亏可依据以下条件加以判别：（1）当各电站总的调峰能力等于（或大于）当日系统负荷图最大负荷减去最小负荷加上旋转备用容量时,则系统的调峰能力达到平衡(或有盈余);否则为调峰能力不足。其中,旋转备用容量一般取负荷备用容量加上事故备用容量的一半。(2)当各电站开机容量的允许最小出力等于(或小于)当日负荷图最小负荷时,系统调峰容量达到平衡(或有盈余);否则为调峰容量不足。这两个判别条件应同时满足,即统计调峰容量不足的额度时,以两判别条件中不足缺额较大者为依据;统计调峰容量盈余额度时,以两条件中盈余额度较小者为依据。

容量效益(capacity benefit)　水电站向电力系统提供调峰容量和负荷备用容量等而给系统带来的经济效益。一昼夜 24 小时内电力系统负荷处在不断变化中,并且高峰和低谷负荷相差很大,需要适宜的机组承担调峰任务。水轮发电机组开停灵便、迅速,有水库调节的水电站非常适宜担任系统负荷图中经常变动的峰荷部分,而使火电机组保持在平稳负荷下运行,使汽轮机组效率提高,从而降低燃料消耗和系统运行费用。水电站还可向系统提供负荷备用容量,以应对系统中难以预测的急剧跳动负荷,保证系统周波稳定,使电能质量得到改善。一般可按水电站必需容量乘以容量价格来计算。

电量效益(energy benefit)　水电站利用天然来水发电向电力系统提供电量而给系统带来的经济效益。一般可按水电站多年平均年发电量乘以电量价格来计算。

水电站水库调度(reservoir operation of hydropower station)　控制和调节水电站水库蓄水及合理分配用水的技术管理方法。根据水电站水库承担任务的主次和规定的调度原则,运用水库的调蓄能力,在保证大坝安全的前提下,有计划地对入库的天然径流进行蓄泄。由于水电站未来入库径流的不确定性,水库调度的基本要求是,在保证工程安全的前提下,协调与妥善处理水电站运行可靠性和经济性之间的矛盾,以达到除害兴利,综合利用水资源,最大限度地满足国民经济各部门需要的目的。

水电站经济运行(economic operation of hydropower station)　从全电力系统安全供电和经济供电的目标出发而拟订的水电站最优运行方式。水电站经济运行是加强水电站运行管理、充分利用水能资源的一项重要措施;也是整个电力系统经济运行的一个重要组成部分。一般准则为:在确保电力系统安全供电的前提下,使电力系统经济效益最大,电力系统燃料消耗的数学期望值最小。内容包括:水库长期(年内)最优调度方式、电站群间负荷的经济分配方式、水电厂内最优开机台数和开机程序的拟定等。

射流增差(tail water depression)　利用射流作用降低下游水位以增加落差。对于河床式水电站,洪水期下游水位抬高会使水电站水头减小,从而使出力减小,甚至受阻。当利用在电站主厂房内机组蜗壳的上方或下方设置的泄水道泄洪时,如设计合理,可以利用泄水射流的动能,将厂房下游尾水水体推远,降低尾水位,起到利用射流来增加水电站落差的作用,从而获得额外的电能。

效益指标(effectiveness index)　反映水利工程效果和收益的特征指标。反映水资源综合利用各部门效益数量、质量的特征值。对水电站来说,效益指标是保证出力、最大(保证)工作容量和多年平均年发电量等。在论证工程的经济性时起着重要作用。

水电站发电耗水率(water consumption rate of hydropower station)　水电站发 1 kW·h 电量所消耗的水量。单位:$m^3/(kW·h)$。说明水电站机组的运行效率。其数值与水电站水头和机组特性有关,应通过合理的运行调度、合理操控电站工作机组台数和机组间负荷分配,减小水电站发电耗水率。

季节性电能(seasonal energy)　洪水季节靠水电站重复容量所发的电能。水电站增装重复容量,可在洪水季节减少弃水而增发电能。利用季节性电能的条件是:(1)可替代火电电能,节省燃料;(2)有季节性电力用户需要这部分电能。

水库电能(reservoir electric energy)　靠放出水库蓄水量而获得的电能。长期调节水电站供水期总电能的两个组成部分之一。该值与兴利库容、电站平均水头有关。虽然随着水库放水,水电站平均水头也要减少,但一般说来,水库消落深度越大,所得水库电能越多,不过其增量越来越小。

供水期不蓄电能(runoff electric energy of reservoir)　供水期天然来水量发出的电能。长期调节水电站供水期总电能的两个组成部分之一。在某一水文年内,供水期天然来水量是一定的,如果要使水库不蓄电能大些,唯一的办法是使水头尽可能大些,亦即如要不蓄电能大些,水库消落深度就要小些。

替代电站(alternative power station)　水电站规划设计中,与水电站供电方案进行比较的其他电站。

一般以凝汽式火电站作为替代电站。在水能资源特别丰富的地区,而且在远景设计水平年内并无新火电站投入的情况下,也可以其他拟建水电站作为替代电站。

水电站群(hydropower station group)　若干水电站在同一电力系统中通过电力生产关系联成的组合群体。同时有若干水电站在电力系统中运行时,不能孤立地规划各个水电站,一定要考虑水电站群的特点和作用。利用各电站在水文、地形等方面的有利条件,充分发挥优点来提高总的保证出力值和总发电量值。水电站水库群开发布置方式一般有:(1)布置在同一条河流上,水库间有密切的水力联系,称"串联水库群";(2)布置在干流中、上游和主要支流上的水库,水库间无直接的水力联系,但有共同的任务,称"并联水库群";(3)上述两者的结合,称"混联水库群"。

梯级水电站(cascade hydropower stations)　一条河流上自上而下分段开发修建的一系列水电站的总称。其形式决定于各河段的具体条件,由梯级开发的规划设计确定,可用坝式、引水式或混合式。各梯级电站利用的河段落差应尽可能上下衔接,以充分利用河流的水能资源。其运行方式决定于它们的形式、水库调节性能和综合利用的需要,应统一调度,以综合效益最大和尽可能满足各方面的要求为目标。但在规划设计时应重视其对河流生态的影响。

河流梯级开发(river development in cascade)　从河流上游到下游选择若干坝址兴建一系列水利枢纽的开发方式。每一级枢纽的大坝抬高的水位尽可能连接上一级枢纽的尾水,从整体看来,形成一系列的阶梯,故名。一般常在上游修建高坝形成较大容量的水库,以调节径流,并使下游各梯级收益。下游虽建低坝亦可获得上游水库调节径流的效益,同时又不造成过大的淹没损失。河流(河段)梯级开发方案应根据水力发电在治理开发任务中的主次地位,在流域总体规划指导下,综合考虑社会经济发展对电力的需求、水能资源分布特点、综合利用要求、地形地质条件、水库淹没、动能经济指标和环境影响等因素,经方案比较选定。

脱水河段(river reach without water)　在河上(特别是在河道弯曲处)修建引水式水电站后,从坝址到水电厂厂址间形成的无水河段。一般在枯水季节或枯水年出现。跨流域开发时,有时在引水工程取水口下游河段会出现更长的脱水河段,给附近居民的生产和生活带来许多困难,对河流生态造成影响,在规划设计时应该重视,设法避免。

水电站开发顺序(developing order of hydropower station)　同一规划中各水电站开发建设的先后次序。决定于电站的地形、地质、淹没、交通、规模、综合利用效益等条件,国家及地区的经济情况和发展计划,由统一的全面规划确定。一般先开发技术经济指标优越、较接近负荷中心、能满足国民经济需要并便于今后其他水电站开发的工程。

梯级水库联合调度(joint operation of cascade reservoirs)　以提高梯级水电站总体动能经济效益为目标,将同一河流上各梯级水电站水库联系起来进行调度的方式。实施梯级水库联合调度,需确定各水电站水库运用中决策变量与状态变量之间的关系。其中,决策变量主要指各水电站发电流量(出力);状态变量指时段初水库水位、入库流量、时间等。水库调度的基本要求是协调和妥善处理水电站运行可靠性与经济性之间的矛盾。梯级各水电站具有水力、水利联系,水库调度更复杂,要考虑上、下游电站间水头、泄水量的相互影响。为充分利用水头和减少弃水,应合理拟定各水库蓄泄次序。

跨流域补偿调节(interbasin compensative regulation)　全称"跨流域径流电力补偿调节"。对不同河流上的若干水电站,利用它们之间水文不同步性和水库调节性能上的差异,以提高水电站群总体动能经济效益为目标所采取的补偿调节方式。这种运行方式用于不同流域而有电力联系的水电站群。不同河流的水文特性往往各不相同,出现的丰水和枯水在时间上有差异。通过联网,可使丰、枯径流相互调剂或者使枯水情况有所缓和;还可使具有水库调节的电站与没有水库的径流式电站进行相互间的电力补偿。补偿调节的效益主要体现在:能将较多的季节性电能转变为可靠电能,使水电站群总保证出力得到提高、总出力变化过程较为均匀,从而使系统获得尽可能大的替代火电容量的效益。系统联网进行电力潮流交换是实现跨流域电力补偿调节的必要条件。

农村水电站(rural hydropower station)　建于农村并向农村地区供电的水电站。是装机规模比较小(装机容量50 MW及以下)的水电站。中国有丰富的小水电资源,积极发展小水电和配套的地方电网,对解决农村用电特别是边远山区的农村用电具有十分重要的作用。至2014年底,农村水电总装机容量达7 300万kW。农村水电站投资主体多元化,由地方、集体或个人集资兴办与经营管理;管理机构应根据管理体制和实际需要进行设计。

代燃料电站(project of substituting small hydropower for fuel) 为替代农村居民燃料而修建的小型水电站。为开发农村水电资源,替代农村居民生活燃料,减少农村薪柴、煤炭、秸秆等消耗,保护森林植被(包括退耕还林、自然保护区、天然林保护区、水土流失重点治理区),改善生态环境,提高农村居民生活质量,改善生产生活条件,而修建的小型水电站。

水电农村电气化(rural electrification by small hydropower development) 开发农村地区水电资源实现农村电气化目标的战略举措和建设实践。20世纪80年代初开始的,中国针对广大农村地区无电缺电严重情况,在农村水电资源较丰富的地区实施的,以开发农村水电,提高农村用电水平,最终实现农村电气化为主要目的的基础设施建设工作。在经过"七五"至"九五"时期的农村水电初级电气化建设,以及"十五"和"十一五"时期的水电农村电气化建设两个阶段后,现已进入水电新农村电气化建设时期,其宗旨是服务"三农(农业、农村、农民)",让农民直接参与建设,在改善农村发展条件的同时,增加农民收入,解决农村的无电缺电问题,提高农村用电水平,改善农民生产生活条件,提高农民科学文化水平,推动社会主义新农村建设。水电新农村电气化建设区域内应有比较丰富的未开发的水能资源,或已建农村水电站具有扩建、技改增效潜力。以乡、村为基本单元,由一个或多个基本单元组成建设区,由一个或多个建设区组成水电新农村电气化建设县。坚持分散开发、并网运行、就近供电、余电上网的原则。

水电站厂房(hydropower house) 为装置水轮发电机组和辅助设备而构建室内空间的水工建筑物。包括主厂房、副厂房。主厂房内装置水轮发电机组和主要辅助设备系统,还设有用于设备拆卸、检修、安装的安装间(场)。副厂房内有中央控制室、配电装置室、其他辅助设备室、附属设备室,机修车间和各类化验室等。布置形式有:河床式、坝后式、坝内式、溢流式、岸边式、地下式和多用于小型水电站的竖井式、窑洞式等。

河床式厂房(power house of low head river plant) 建在河床内兼有挡水作用的水电站厂房。是挡水建筑物的一个组成部分。适用于水头较低(一般在35 m以下),单机容量较大的水电站。其体型尺寸和基础开挖量均较大。与拦河坝(闸)一样,应满足抗滑、抗倾、基础防渗等一系列要求。河床式厂房顺水流方向由进水口段、主厂房段和尾水段组成。水头低于20 m的河床式厂房往往采用灯泡式贯流机组,以节省投资。在主厂房部位设置泄水道的厂房,称"泄流式河床式厂房",简称"泄流式厂房",亦称"混合式厂房"。泄水道在厂房中的位置不同,其作用也不相同。采用泄流式厂房可以减小泄水建筑物的尺寸,有助于解决厂房附近的泥沙淤积问题,还可获得增加落差的效益(即射流增差效益)。

坝后式厂房(power house at the dam toe) 建在拦河大坝下游紧靠坝趾布置的水电站厂房。多适用于混凝土坝。通常布置在非溢流坝段的下游侧。适用于坝址河谷较宽、泄洪流量不太大的中、高水头水电站。厂坝之间一般设有永久伸缩沉降缝,厂房本身不起挡水作用。厂坝之间也可直接连接,共同保持整体稳定。发电引水压力管道穿过坝体进入厂房与水轮机连接。电站尾水渠与溢流坝下游水流衔接段之间用导墙隔开,避免泄洪干扰水电站尾水渠水流。有的水电站坝后厂房将机组分成前后双排布置,以缩短厂房长度,称"双排机组坝后式厂房";中国李家峡水电站安装有5台单机容量为400 MW的水轮发电机组,采用双排机布置,是世界上单机容量最大的双排机水电站。在坝后式厂房的基础上,将厂坝关系适当调整,并将厂房结构加以局部变化后形成的厂房形式还包括:(1)挑越式厂房,厂房位于溢流坝坝趾处,溢流水舌挑射越过厂房顶泄入下游河道;(2)溢流式厂房,厂房位于溢流坝坝趾处,厂房顶兼作溢洪道,用于坝址河谷狭窄、泄洪流量较大、厂房尺寸较大的水电站;(3)坝内式厂房,厂房移入坝体空腹内。压力引水钢管设在穿过坝体下部的混凝土廊道中,以避免坝体不均匀沉陷的影响并便于检修。在中、小型工程中也有用于土石坝的。

引水式厂房(diversion type power house) 厂房与坝不直接相接,发电用水由引水建筑物引入厂房。当厂房设在河岸处时称"引水式地面厂房"或"岸边式厂房"。引水式厂房也可以是半地下式的或地下式的。其纵轴线常与当地河道接近平行布置,以减少开挖量。

地下厂房（underground power house） 布置在地下洞室内的水电站厂房。其布置形式有：靠近上游水库的首部式，靠近下游河道的尾部式，引水道、尾水道长度相当的中部式。电站发电用水由引水系统引入厂房，再经尾水系统排往下游。优点是：不受地面不利的地形、地质和气候条件的影响，主厂房位置的选择比较灵活；缺点是：地质勘探工作量大，施工较复杂，厂房的通风、防潮等条件较差。为保证地下厂房安装、运行和检修，还需要布置其他地下硐室，包括地下副厂房、交通洞、出线洞、变压器洞、地下开关站、通风洞和尾水隧洞等。布置形式的选择，要结合水电站水能规划、当地的地形、地质、交通运输、出线条件、施工和运行条件，经过技术经济比较确定。

贯流式机组厂房（power house with tubular turbine） 装设有贯流式机组的水电站厂房。贯流式机组的主要特征是将引水室、导水机构、转轮和尾水管布置在同一直线上，水流直线贯穿而过。与安装常规轴流式机组的河床式厂房相比，具有结构简单、长度较小、基础较浅、施工方便、节省投资等优点。

抽水蓄能电站厂房（pumped storage power house） 安装可逆式水轮发电机组的厂房。与常规水电站相比，主要特点有：（1）机组安装高程低；（2）水头高，运行工况转换频繁，可能导致机组产生较大的振动，对厂房结构的刚度和振动控制有较高的要求。按结构和位置，分地下式、地面式和半地下式（竖井式）。抽水蓄能电站机组安装高程低，选择地下厂房布置，其结构不直接承受下游水压力作用，可避开因厂房淹没深度较大所带来的整体稳定性差、挡水结构承受荷载大、进厂交通布置困难等一系列问题，优势较为明显。抽水蓄能电站输水线路一般较长，按照地下厂房在输水系统中的位置，可以分为首部、中部和尾部三种布置方式。

潮汐电站厂房（tidal power house） 潮汐电站上安装水轮机、发电机和主要辅助设备的厂房。有单向发电及双向发电两种基本形式。单向发电厂房与普通河床式厂房相似，采用贯流式机组最为适宜。双向发电厂房中常装置贯流式机组，可有双向发电、双向抽水、双向泄水等多种功能，厂房结构简单，但机组较复杂。较小型的双向发电厂房中，也可装置常规轴流式水轮机，这时机组只有一个方向发电和另一个方向抽水，但可利用较复杂的进出水建筑物来达到双向发电的目的。根据施工方法的不同，潮汐电站厂房可分为就地浇筑厂房和浮运式厂房。

露天式厂房（outdoor power house） 将发电机加以防护后置于露天运行的水电站厂房。可分为全露天式和半露天式两种。前者完全不设上部结构，只在发电机顶部设一轻便的机罩，以避风雨灰沙等；机组安装和大修时，用门式起重机吊开机罩，临时加设雨篷或在露天进行检修。后者则具有低矮的上部结构，日常运行时与普通厂房相同，只在机组安装及解体大修时才打开房顶的顶盖，用房顶外的门式起重机起吊机组。因取消主厂房高大的上部结构，从而节省一部分投资，但要采用较昂贵的门式起重机来代替常规的桥式起重机，机组安装、检修、运行也不方便，安装、检修受气候条件影响。故很少采用。

发电机层（generator floor） 水电站主厂房中安装有发电机的楼层。常是主厂房机组段的最高层，其上有高大的空间，装有桥式起重机，以便吊运各种部件。发电机可以全部出露在该层楼板之上，也可以部分或全部埋没在该层楼板之下。发电机的安装、检修、监测、维护、运行主要在这一层进行。此层一般布置有机旁盘、励磁盘、调速器、油压装置、水轮机进口阀门吊孔、吊物孔，以及通往下层的楼梯间等。

水轮机层（turbine floor） 水电站主厂房中安装水轮机的楼层。水轮机可以出露在该层地坪之上，也可埋设在该层地坪之下，水轮机的安装、检修、监测、维护、运行均在此层进行。层内还布置有水轮机的辅助设备，如接力器及油、水、气系统的各种设备。如水轮机层上方未设出线层，则发电机的引出线也安排在水轮机层。

下部块体结构（lower block structure of power house） 水轮机层以下的厂房部分。形状和尺寸主要取决于水力系统的布置。水力系统包括压力钢管、水轮机进口阀门、蜗壳、水轮机、尾水管、尾水闸门，以及它们的附属设备。中、低水头的水电站的各种机电设备中，水力系统中过流部件的尺寸相对较大，因此，下部结构的尺寸一般决定了主厂房的长度和宽度。

装配场（erection bay） 水电站主厂房内专门用以组装和检修水轮机和发电机的场地。装配场的宽度与主机房相同，以便桥式起重机通行。长度一般等于 $1.0 \sim 1.5$ 倍的机组段长度；高程宜与发电机层相同，以充分利用场地。装配场的面积一般按解体大修一台机组来考虑，即能同时检修发电机转子、发电机上机架、水轮机转轮和水轮机顶盖。如果在场内检修主变压器，当起吊高度不足时要设变压器坑。当机组台数多于 6 台时，可考虑加长装配场或设两个装配场。

机墩（generator support） 亦称"机座"。水电站主厂房中支承发电机的工程结构。承受发电机结构传来的全部静荷载和动荷载，并将其传至厂房下部结构。一般为钢筋混凝土结构，具有足够的强度、刚度和抗震性能。竖轴机组的发电机机墩主要分圆筒式、框架式、块体式等数种。横轴发电机机墩结构比较简单。

水电站中央控制室（central control room of hydropower station） 水电站监测、操作的控制中心。在中央控制室内集中安装各种电气仪表设备，可监测全水电站各种设备的工作状态；有各种操作按钮控制各类机电设备运行情况，进行各种切换、启动、停车、增减负荷等操作。其中还安装有各种通讯设备，以便与电力系统和水电站各部位进行联系，并接受或发布命令。中央控制室应靠近主机组，以缩短各种电缆并便于值班人员迅速处理各种事故。室内应保持安静、明亮、干燥、温度适中，便于各种仪表设备正常工作，并给值班人员以良好的工作环境。

水电站厂房机组段（unit bay of hydropower house） 水电站主厂房中每台水轮发电机组及其相应土建结构所占据的空间。包括该机组的尾水管、蜗壳、下部块体结构和上部结构。对于大型电站，各机组段之间常以永久缝隔开；对于中小型水电站，则隔几个机组段才设永久缝。机组段的宽度就是主厂房下部块体结构的宽度，长度则大致等于相邻两台机组的中心距。

水电站尾水平台（draft tube deck of hydropower station） 水电站主厂房下游墙外位于尾水管上部的平台。可用以操作尾水闸门，布置主变压器、副厂房或道路等。

母线道（bus-bar gallery） 发电站厂房中用以敷设母线和发电机引出线的专用通道。由于引出线和母线通过的电流大，电压高（发电机电压或经变压器升高后的高压），为保证安全，避免短路，母线相互之间和母线与其他建筑物或设备之间要留有相当大的间距，需占据相当大的空间，而且对通风、防潮、保安、检修等均有较高的要求，需在主副厂房中设置专用的母线道。

主变压器场（main transformer yard） 安放升压变压器的场地。主变压器是水电站的主要电气设备之一，其场地布置对运行安全、维修方便和造价均有较大影响。布置主变压器场时应遵循：（1）应尽可能靠近发电机或发电机电压配电装置，以缩短发电机电压母线长度，减少母线电能损耗；（2）便于运输、安装及检修，最好与装配场与对外交通线在同一高程上；（3）便于维护、巡视和排除故障；（4）土建结构经济合理，基础坚实稳定，能排水防洪，并符合防火、防爆、通风、散热等要求。引水式地面厂房的变压器场的可能位置是厂房一端进厂公路旁、尾水渠旁、厂房上游侧或尾水平台上。采用强迫油循环水冷式变压器后，也可将其布置在副厂房内。河床式厂房多将主变压器布置在厂房下游侧尾水平台上。地下厂房常在主厂房附近专门的硐室内布置主变压器。

高压开关站（highvoltage switchyard） 水电站枢纽中，布置有输电、配电线路终端和主变压器高压出线的开关设备，进行电能集中、分配和交换的场所。开关站中的电气设备包括断路器、隔离开关、电压互感器、电流互感器、避雷器、阻波器、母线、结合电容器、并联电抗器，以及相应的系统安全和控制设施等。一般为露天式。当地形陡峻时，可布置成阶梯式或高架式，以减少挖方；当高压线有多种电压等级时，可分设两处或多处。也可采用气体绝缘金属封闭电器装置布置在室内，特别是厂房布置在地下的水电站。

GIS 开关（gas insulated switch gear） 六氟化硫封闭式的组合电器。国际上称"气体绝缘金属封闭开关设备"。将一座变电站中除变压器以外的一次设备，包括断路器、隔离开关、接地开关、电压互感器、电流互感器、避雷器、母线、电缆终端、进出线套管等，经优化设计有机地组合成一个整体。优点在于占地面积小，可靠性高，安全性强，维护工作量很小，其主要部件的维修间隔不小于 20 年。

厂房构架（power house superstructure frame） 发电站主厂房上部结构的承重支架。横向为一系列"门"形构架，纵向则以联系梁、吊车梁等将相应横向构架加以连接，形成固定在主厂房下部块体结构上的空间骨架。上部支承房顶，中间支承吊车梁和联系梁，四周围以墙和门窗，还可能支承楼板。一般常采用钢筋混凝土结构，在大型厂房中也有采用钢桁架式屋架和钢吊车梁。

吊车梁 释文见 155 页。

排冰道（ice removal device） 为排除堆积在水电站进水口处的浮冰而设置的泄水排冰建筑物。在严寒地区可能有浮冰沿河道或渠道流向水电站进水口,如不及时清除将会使进水口堵塞。排冰道的底板应在水库或前池正常水位以下,并用叠梁门进行控制。排冰道可将进水口前的表层水连同浮冰一起排至下游河道。

变顶高尾水隧洞（sloping ceiling tailrace tunnel） 一种具有较大顶坡（或同时略有底坡）、洞高沿程变化、洞内有明满交替流的尾水隧洞。特点是下游水位与洞内某处洞顶衔接,将尾水洞分成有压满流段和无压明流段两部分,明满流交界面位置随下游水位和洞内过水流量的变化而变化。当下游水位较低时,有压段较短,则水锤压力波动值较小,使得淹没水深较小的尾水管进口最小压力仍能满足运行要求。当下游水位较高时,有压段变长,水锤压力波动值增大,但此时尾水管进口淹没水深较大,其最小压力也能满足要求。因此,具有一定的尾水调压室作用,可取代尾水调压室或将其面积大大减小,节省工程投资。是尾水系统相对较短、尾水位变幅较大且地形地质条件不宜设大型尾水调压室水电站的一种可选择方案。

水电站输水建筑物（water conveyance structure of hydropower station） 将水流从水源输送给水轮机并将发电后的水流引至下游河道的水工建筑物总称。包括引水建筑物和尾水建筑物。引水式水电站的引水道还用来集中落差,形成水头。常见的输水建筑物为渠道、隧洞、管道等,也包括渡槽、涵洞、倒虹吸等交叉建筑物。

水电站引水建筑物（water diversion structure of hydropower station） 将水流从水源输送给水轮机的水工建筑物的总称。功用是输送水流和集中落差。有压引水枢纽中的建筑物可包括有压进水口、有压引水道（有压隧洞或管道）、调压室、压力水管等;无压引水枢纽中的建筑物可包括无压进水口、无压引水道（渠道或无压隧洞）、日调节池、沉沙池、压力前池、压力水管等。

动力渠道（power channel） 水电站的输水渠道。包括水电站引水渠道和尾水渠道。引水渠道是无压引水式水电站引水建筑物的一个组成部分,将水流从进水口引向压力前池,其功用是输送水流和集中落差。按运行特点,分自动调节渠道和非自动调节渠道,后者应用较多。断面尺寸由动能经济计算确定;应有足够的输水能力,并需满足防冲、防淤等要求。尾水渠道将发电后的水流引向下游河道,断面尺寸由动能经济计算确定。

自动调节渠道（self-regulating channel） 水电站引水渠道的一种。在水电站引用流量为零时仍不出现溢流的渠道。其堤顶水平,深度和断面面积向下游逐渐增大,末端不设溢流堰。适用于引水渠道不长、下游无其他部门用水的情况。渠道通过水电站设计流量时呈均匀流。

非自动调节渠道（unself-regulating channel） 水电站引水渠道的一种。在水电站引用流量较小时有弃水的渠道。其堤顶大致与渠底平行,末端设泄水道。渠道通过水电站设计流量时呈均匀流。随引用流量的减小渠末水位逐渐抬高,当引用流量减小到一定数值时泄水道开始泄水。适用于引水渠道较长、下游有其他部门用水的情况。

动力渠道水力计算（hydraulic calculation of power channel） 对水电站渠道在各种流态下特征水位的计算。为决定渠道尺寸提供依据。包括恒定流计算和非恒定流计算两种。前者包括均匀流和非均匀流计算,目的是求出水电站各种运行情况下的水头损失从而确定电能损失,为进一步的动能经济计算准备条件。后者包括:(1)水电站突然丢弃负荷的涌波计算,求得渠道沿线的最高水位,以决定堤顶高程;(2)水电站突增负荷的涌波计算,求得最低水位,以决定渠末压力水管进口高程;(3)水电站按日负荷图工作时,渠道中水位和流速的变化过程,以研究水电站的运行情况。

动力渠道设计流量（design flow rate of power channel） 渠道处于均匀流状态通过的流量。是确定渠道断面尺寸的主要依据。一般取水电站的最大引用流量为渠道的设计流量,小于渠道的极限过水能力。这样可以:(1)使渠道经常在壅水情况下工作以增加发电水头;(2)避免因流量增加不多而发电水头显著减小的现象;(3)使渠道的过水能力留有余地,以防止渠道淤积、长草或实际糙率大于设计采用值时,水电站出力受阻(即发不出额定出力)。渠道通过设计流量时的渠末水深等于正常水深。

动力渠道极限过水能力（limit flow capacity of

power channel） 渠末水深达到临界水深时渠道通过的流量。即渠道的最大过水能力。此时渠道的过流量超过设计流量。渠道最大过流量超过设计流量的百分率称"渠道的超负荷系数"。短渠道的超负荷系数大于长渠道。

渠道经济断面（economic cross-section of channel） 按动能经济计算确定的渠道最佳断面。即年计算支出最小的断面。渠道断面尺寸越小一次性投资越小，但水头损失越大，电能损失亦越大；反之，渠道断面尺寸越大则投资越大，电能损失越小。渠道经济断面是考虑当前利益和长远利益，通过动能经济计算确定的最合理断面。设计流量通过经济断面时的流速称"经济流速"，一般为 $1.5 \sim 2.0 \text{ m/s}$，可用来粗略估算渠道的断面尺寸。

压力前池（forebay） 简称"压力池"、"前池"。水电站引水渠道和压力水管间的连接建筑物，亦为平水建筑物。由渠道末端加宽加深而成。主要组成部分有：渐变段和池身，压力水管进口及其设备，泄水建筑物，清除漂浮物、排冰、排沙的建筑物和设备。其功用是给压力水管进口布置提供空间，向压力水管均匀地分配水量，清除水中的漂浮物、浮冰和泥沙；宣泄多余水量，提供一定的调节容积，以适应水轮机流量的瞬时变化。通常布置在陡峻的山坡上，应注意防渗和地基的稳定，水流应平顺。

日调节池（daily regulating pond） 具有一定的调节容积以适应水电站日负荷变化的水池。位于无压引水道的某一部位。对于担任峰荷的无压引水式水电站，无日调节池的无压引水道不能适应水电站流量的迅速变化，且过水断面应按水电站最大引用流量设计。若有日调节池，则其与压力前池间的引水道按水电站最大引用流量设计，而其上游的引水道则可按较小的流量（甚至接近水电站的平均流量）设计。日调节池应利用合适的地形建造，以接近压力前池为佳。

沉沙池（desilting basin） 为防止泥沙淤积渠道或磨损水力机械而修建的沉淀泥沙的静水设施。其组成部分有进出口段、沉淀池、冲沙和防污物设备等。利用扩大的过水断面和一定的长度以降低水流速度和挟沙能力，水流中泥沙逐渐沉淀。沉淀的泥沙，可开启冲沙设备的闸门进行冲洗或用人工、机械清淤。按清沙方式，分连续冲沙、定期冲沙和机械清沙三类。定期冲沙的沉沙池有单室式和多室式。前者在冲沙时一般要停止向用水部门供水，后者则可轮流冲沙以保证供水的连续性。机械清沙时一般要停止供水。

冲沙底孔（bottom flushing sluice） 在坝、进水口等建筑物底部设置的排除淤沙的底孔。包括进口和洞身两部分，中间设闸门控制水流。洞身部分称"冲沙廊道"。开启冲沙底孔的闸门，借高速水流可以排除沉积在水库、压力前池、沉沙池的泥沙和堆积在多沙河流无压进水口拦沙坎前的泥沙。

水电站进水口（intake of hydropower station） 以引水发电为主要用途的进水建筑物。进水口应满足以下要求：有足够的进水能力，保证要求的水质，水流顺畅、流态平稳、进流匀称，尽量减少水头损失，可控制流量，技术先进、经济合理。按水流形态，分有压进水口和无压进水口两大类。有压进水口亦称"水电站深式进水口"，进水口在最低水位以下，水流属有压流，适用于水库消落深度较大的水电站。有压进水口按所处位置和结构形式，又分坝式进水口、河床厂房式进水口、塔式（含岸塔式）进水口、闸门竖井式进水口、岸坡式进水口、从水库分层取水的进水口。有压进水口一般需设拦污栅、闸门、通气孔、充水管（或充水阀）、清污设施和闸门启闭设备等。对于大消落深度的水电站，为满足在最低发电水位时的运用，进水口设置的位置较低。在高水位运行时，进水口取出的为水库深部水体，水温较低，使下游河道内水体温度和含氧量等变化较大，对下游水生生物有不利影响，多设置多层进水口分层取水，一般用闸门控制分层取水。无压进水口亦称"水电站开敞式进水口"，进口水流为无压流，适用于无坝或低坝取水的水电站。无压进水口应布置在河流凹岸以防底沙进入，一般需设拦污栅、闸门、拦沙坎、冲沙道、清污设施和闸门启闭设备。

抽水蓄能电站进出水口（intake/outlet of the pumped storage power station） 抽水蓄能电站的进水口相应发电和抽水两种水流相反的工况，既是进水口，又是出水口，称"进出水口"。抽水蓄能电站的上库和下库均设有进出水口。上库进出水口在发电工况时进水，水流由上库流入进水口；在抽水工况时出水，水流从进出水口流出，进入上库。下库进出水口的水流工况与之相反。抽水蓄能电站的进出水口通常有侧式和竖井式两种，以侧式进出水口应用较多。侧式进出水口通常设置在水库岸边，竖井式进出水口设于水库内。水力设计应满足下列要求：(1)水流在两个方向流动时,流速均应分布均匀,水头损失小;(2)进流时,各级运行水位下进出水口附近不产生有害的漩涡;(3)进出水口附近库内水流流态良好,无有害的回流或环流出现,水面波动小;(4)防止漂浮物、泥沙等进入进出水口。

水电站拦污栅(trash rack)　设在进水口前,用于拦阻水流挟带的水草、漂木等污物的框栅式结构。由金属栅片和钢筋混凝土框架(或金属框架)组成。栅片插在框架的栅槽中。栅片由栅条和型钢边框焊接构成。栅条间距视水轮机形式和尺寸而定。水电站拦污栅在进水口前可布置成直立式或倾斜式(倾角一般为60°~70°)。栅前污物要定期清理,方法有机械清污和人工清污两种。

进水口闸门(intake gate)　在水电站进水口用以节制流量和切断水流的闸门。按工作性质,分工作闸门、事故闸门和检修闸门。工作闸门,亦称"主闸门",在正常使用情况下主要起控制水流的作用,一般要在动水中启闭。事故闸门,当管道设备或水轮机组发生故障时,用以关闭孔口的闸门,要求能在动水条件下快速关闭,切断水流,以防事故扩大;待事故排除后,再向门后充水平压,在静水中开启。检修闸门,当工作闸门或过水管道及其设备进行检修时,用以封闭孔口短期挡水的闸门,一般设于工作闸门的上游侧,可借助平压管等设备在静水中启闭。水电站进水口中需要装设的闸门,按进水口形式和根据对进水口下游建筑物的保护要求论证确定。为检修方便,在事故闸门之前还设一道检修闸门。当隧洞较短或调压室处另设有事故闸门时,可只设一道检修闸门。工作闸门和事故闸门需每孔一门并需配有固定式启闭机。检修闸门则可几孔一门,可采用活动式启闭机。闸门和启闭机的操作应灵活可靠。

闸门旁通管(gate bypass pipe)　在闸门开启前向引水道充水的管道。功用是使闸门前后压力平衡后在静水中开启。旁通管的断面尺寸决定于它的工作水头、引水道的容积、允许的充水时间,以及机组导叶的漏水流量。旁通管上设有阀门以控制流量。

充水阀(water filling valve)　亦称"平压阀"。在闸门开启之前向有压引水道充水的阀门。功用是使闸门前后压力平衡后在静水中开启。安装在闸门旁通管上或闸门上。也指设在平板闸门上的小门,利用闸门吊杆启闭。闸门开启前先提起吊杆一定距离打开充水阀(闸门本身未动),待充水结束后再继续上提吊杆开启闸门。闸门关闭时充水阀靠自重和吊杆自重关闭。

进水口淹没深度(submerged depth of intake)　有压进水口闸门孔口顶部在上游最低水位以下的深度。用以保证水电站在最低水位运行时不致出现漏斗状吸气漩涡,以免吸入空气和漂浮物。无吸气漩涡的临界淹没深度可按 $S_c = cv\sqrt{d}$ 估算,式中,S_c 为临界淹没深度(m);v 为闸门断面流速(m/s),d 为闸门孔口高度(m);c 为经验系数,其值为 0.55 ~ 0.73,对称进水的进水口取小值,侧向进水的进水口取大值。进水口的淹没深度应不小于临界淹没深度。进水口淹没深度与闸孔高度之比称进水口淹没度。决定进水口高程时应另计风浪高度。

引水隧洞(diversion tunnel)　在岩石中开挖成的地下输水道。将水流从水库引向水电站厂房。功能是输送水流、集中落差。按流态,分有压引水隧洞和无压引水隧洞两种。断面形式则有圆形、城门洞形和马蹄形等,有压引水隧洞多采用圆形断面。过水断面积一般由动能经济计算确定。引水隧洞和尾水隧洞统称"动力隧洞"。

尾水隧洞(tail race tunnel)　在岩石中开挖成的地下输水道,将发电后的水流引向下游。按流态,分有压尾水隧洞和无压尾水隧洞两种。多用于地下水电站。断面形式常采用城门洞形和马蹄形。过水断面积一般由动能经济计算确定。

隧洞经济断面(economic cross-section of power tunnel)　按动能经济计算确定的动力隧洞最合理的断面。隧洞断面越小投资越小,但水头损失即电能损失越大;反之,则投资越大,电能损失越小。动力隧洞的断面需根据当前和长远利益通过动能经济计算确定。在设计流量情况下与经济断面相对应的流速称"经济流速",一般为 3 ~ 5 m/s,可用来初步确定动力隧洞的尺寸。

隧洞临界流速(critical velocity in power tunnel)　水电站有压引水隧洞输送水流功率最大时的流速。隧洞输送的功率与通过的流量和扣除水头损失后的有效水头成正比。通过的流量越大,水头损失越大即有效水头越小,两者的乘积有一最大值。此时的流速称"临界流速"。水电站有压引水隧洞中的流速不应超过临界流速,并应有一定安全裕度。在一般情况下经济流速远小于此流速。

压力管道（pressure pipe） 从水库、压力前池或调压室将水流直接引入水轮机的管道。特点是坡度陡、内水压力大、承受水锤的动水压力。因靠近厂房，必须安全可靠，万一发生事故，应有防止事故扩大的措施，以保证厂房设施和运行人员的安全。根据材料可分为钢管、钢筋混凝土管和钢衬钢筋混凝土管三类。向机组的供水方式有三种：每台机组由一根专用水管供水称"单元供水"；全部机组由一根水管供水称"集中供水"；采用数根水管，每根水管向几台机组供水称"分组供水"。

压力钢管（penstock） 用钢材制成的水电站压力管道。钢管的材料应符合规范的要求。钢管的受力构件有管壁、加劲环、支承环、支座滚轮、支承板等。管壁、加劲环、支承环和岔管的加强构件等，应采用经过镇静熔炼的热轧平炉低碳钢或低合金钢制造。近年来一些大型水电站已开始采用屈服点为 $600 \sim 800$ MPa 的高强度钢材制造钢管。钢管按结构形式可分为以下几类：（1）明钢管，暴露于大气之中的钢管（包括设在地下硐室内的明管）；（2）地下埋管，置于岩石硐室中、钢管与围岩之间回填混凝土的钢管；（3）坝内埋管，埋设于混凝土坝内之钢管。

钢筋混凝土压力管（reinforced concrete pipe） 用钢筋混凝土制成的引水管或压力水管。按制作时钢筋受力状态，可分普通钢筋混凝土压力管、预应力钢筋混凝土压力管和自应力钢筋混凝土压力管三种。普通钢筋混凝土压力管能承受较高外压，经久耐用，但承受内压的能力较低，适用于低水头小型水电站。预应力钢筋混凝土压力管在制造时将钢筋张拉，自应力钢筋混凝土压力管采用膨胀水泥浇制，均为预先使钢筋处于受拉状态而混凝土处于受压状态，以便在承受内压时减小混凝土中的拉应力，以防混凝土开裂，故这两种钢筋混凝土压力管都可承受较高内压。

明钢管（exposed steel pipe） 布置在地面上或虽布置在地下洞内但管壁不受洞壁约束的水电站引水钢管。管线以直、短为佳，以减小水头损失和造价。明管宜做成分段式，在管道的首部、末端和转弯处应设镇墩，转弯处设镇墩以平衡管道的轴向力，两相邻镇墩之间的管身应设伸缩节。明钢管支承在一系列支墩上，管底离地面不小于 0.6 m，以便检修。支墩和镇墩应坐落在坚固的地基上，以减小不均匀沉陷。

按管身构造可分无缝钢管、焊接管和箍管。焊接管是用钢板经过卷曲成型后焊接制成，应用最广。管身无加劲环的称"光面管"，在承受内压和外压时，管壁自身有足够的强度和稳定性；利用加劲结构（加劲环和锚筋等）提高抗外压能力的称"加劲管"，当钢管抗外压稳定不足时，比增加管壁厚度的光面管经济。

钢管加劲环（reinforcing ring of penstock） 亦称"钢管刚性环"。加于钢管之外以提高其抗外压能力的环形肋。钢管是一种薄壳结构，能承受较大内压，但抗外压的能力较低。管壁易受外压失稳，发生屈曲，故需进行抗外压稳定校核。如抗外压稳定性不足，用加劲环提高钢管抗外压能力比加厚管壁的办法经济。加劲环用钢板、角钢或槽钢等制成，焊接于管壳之外。加劲环的截面积和间距由计算确定。

钢管进人孔（manhole of penstock） 管壁上供运行人员进入管内进行观察和检修用的孔道。常为 $450 \sim 500$ mm 直径的圆孔，间距不宜超过 150 m。尽量设在镇墩附近，以便固定钢丝绳、吊篮和卷扬机等。

埋藏式钢管（embedded pipe） 埋置于地下或混凝土中的压力钢管。由钢管、混凝土衬圈和围岩组成。深埋在岩体中的压力钢管称"地下埋管"，是将钢管敷设于在岩石中挖成的硐室内，钢管与围岩之间回填混凝土，因结构类似隧洞，亦称"隧洞式钢管"。埋设于混凝土坝内的钢管称"坝内钢管"，适用于混凝土坝坝后式厂房，多采用单管单机供水方式。若地质条件和混凝土施工质量良好，埋藏式钢管可利用围岩或混凝土承担部分内水压力以达到节约钢材之目的。

钢衬钢筋混凝土管（steel-lined reinforced concrete pipe） 钢管外包钢筋混凝土与钢管联合承载的组合结构。在内水压力作用下，钢衬与钢筋混凝土联合受力，从而可以减小钢板的厚度；由于钢衬可以防渗，外包的钢筋混凝土允许开裂，有利于充分发挥钢筋的作用。外包钢筋混凝土横截面外轮廓常采用圆形、方形或多边形（见附图）。厚度可根据环向钢筋的布置和混凝土的施工要求确定。钢衬钢筋混凝土形式的坝后背管，依据组合结构嵌入坝体下游面内的深浅，通常又可分不嵌入（全背式）、部分嵌入（半埋式）等类型。

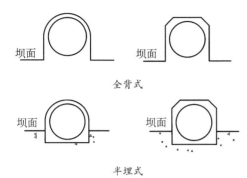

全背式

半埋式

钢衬钢筋混凝土管截面图

钢管镇墩(anchor block) 亦称"锚墩"。锚定明钢管的墩子。一般设在明钢管的转弯处,以承受管道的轴向不平衡力(同时也承受一定的法向力),固定管道不使其有任何位移。一般用混凝土浇制,靠自重保持稳定。按管道在镇墩上的固定方式,分封闭式和开敞式两种(见附图)。前者将管道包裹在块体混凝土之中,结构简单,对管道的固定好,应用较广;后者用锚定环和锚栓将管道锚定在混凝土墩座上,用于受力较小的情况。

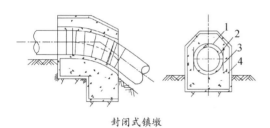

封闭式镇墩

1. 环向筋 2. 钢管 3. 锚筋 4. 温度筋

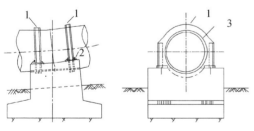

开敞式镇墩

1. 锚定环 2. 锚栓 3. 钢管

钢管镇墩示意图

钢管支墩(supporting pier) 明钢管的支承结构。主要承受水重和管道自重在法向的分力,允许管道在轴向自由移动,管道伸缩时作用于其顶部的摩擦力为其轴向荷载。相当于梁的滚动支承。按管身与墩座间相对位移的特征,分滑动式、滚动式和摆动式三类。滑动式又可分鞍式和支承环式两种,特

征是管道伸缩时沿支墩顶部滑动;滑动式摩擦系数较大,滚动式次之,摆动式最小,分别适用于管径从小到大。支墩的间距应通过结构分析和经济比较确定,一般在 6~12 m 之间,滚动式支墩和摆动式支墩可采用较大的间距。

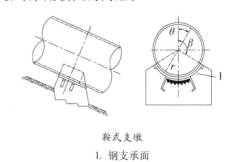

鞍式支墩

1. 钢支承面

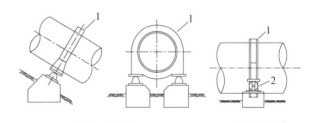

支承环式支墩 滚动式支墩

1. 支承环 1. 支承环 2. 辊轴

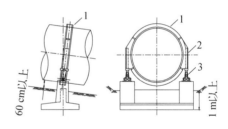

摆动式支墩

1. 支承环 2. 支柱 3. 摆柱

钢管支墩示意图

水电站岔管(bifurcation pipe of hydropower station) 亦称"水电站分岔管"。在以单管向多台水轮机供水的高压管道上,主管和各支管连接处的管段。特点是结构复杂、内水压力较高、水头损失集中。因靠近厂房,要求足够安全。岔管应结合地形地质条件,与引水线路、电站厂房协调布置。其典型布置形式有以下三种:(1)非对称 Y 形布置,简称"卜形布置";(2)对称 Y 形布置,简称"Y 形布置";(3)三岔形布置,用于主管后分成三个支管的布置形式。按材料可分钢岔管和钢筋混凝土岔管两类。钢岔管有贴边岔管、三梁岔管、月牙肋岔管、球形岔管和无梁岔管等不同形式。近年来发展的一种新的岔管形式,称"钢衬钢筋混凝土岔管"。

月牙肋岔管（crescent rib bifurcation pipe） 亦称"内加强月牙肋岔管"、"E-W 型岔管"。在岔管分岔处用一个完全嵌入管壳内的月牙形肋板加固的岔管。由瑞士 Escher Wyss 公司开发。主管和两根支管做成锥形，主管为扩大渐变的圆锥，支管为收缩渐变的圆锥，并且主、支锥均与以岔管中心为圆心的假想球相切；内水压力作用产生的 2 根分支锥管相贯处管壁的不平衡力，由嵌入管壳内部的月牙形加强肋来承担。是三梁岔管的一种发展。月牙形肋板按轴心受拉设计，可用厚钢板制成，不需锻造。月牙肋岔管布置有非对称"Y"形和对称"Y"形两种。由于月牙肋岔管具有受力明确合理、设计方便、水流流态好、水头损失小、结构可靠、制作安装容易等特点，在国内外大中型常规水电站和抽水蓄能电站中广泛应用。

球形岔管（spherical bifurcation pipe） 具有球状壳的岔管。是水电站钢岔管的一种。通过球面体分岔，由球壳、主支管、补强环和内部导流板组成。制造工艺较为复杂。在内压作用下，球壳受力均匀，能承受高压。适用于管径较小、水头较高的水电站。

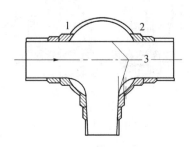

球形岔管结构图
1. 补强环 2. 球壳 3. 导流板

钢衬钢筋混凝土岔管（steel-lined reinforced concrete bifurcation pipe） 钢岔管外包钢筋混凝土，两者共同承受内水压力的岔管形式。内部钢衬可以防止内水外渗，而外部的混凝土允许开裂，使得钢衬和钢筋都能比较充分地发挥作用。钢衬可根据需要采用钢岔管的某种形式，由于钢筋混凝土参加承载，减轻钢衬的负担，因而与单独承载的明钢岔管相比，管壁可以减薄，加强构件也可减小甚至取消。该结构不仅可节省钢板用量，使选材和工艺要求更简单，降低造价，而且结构安全性也比明钢岔管高。

水锤（water hammer） 亦称"水击"。有压输水系统中由于流量改变所引起压力变化的现象。在有压输水系统中因流量改变，使有压输水管道中水流流速和动量突然变化，导致管道中水体压强急剧变化并以压力波的形式往复传播。常发生于水电站、泵站、抽水蓄能电站、城市供水等有压输水系统中。流量改变引起的压力升高称"正水锤"，压力降低称"负水锤"。在水锤计算中，忽略水体和管壁弹性的理论称"刚性水锤理论"，否则称"弹性水锤理论"。

水锤波（water hammer wave） 移动着的水锤压强。由于水体和管壁的弹性，在有压输水系统中产生水锤时，其压强将以某一速度沿管道传播。使压强升高的水锤波称"水锤升压波"，反之称"水锤降压波"。沿设定的正方向传播的水锤波称"水锤正向波"，反之称"水锤反向波"。水锤波在管道特性变化处（如进口、分岔、变径段、阀门等）都会产生反射和透射现象。传向管道特性变化处的水锤波称"入射波"，入射波到达管道特性变化处，为了保持该处压强相等和流量连续，一部分将以反射波的形式折回称"水锤反射波"，一部分将以透射波的形式继续前进称"水锤透射波"。水锤反射波与水锤入射波的比值称"水锤反射系数"；水锤透射波与水锤入射波的比值称"水锤透射系数"。

水锤波速（wave speed of water hammer） 水锤在有压输水系统中的传播速度。水锤波速可按下式计算：

$$c = \sqrt{E_{\mathrm{w}} \frac{g}{\gamma}} \Big/ \sqrt{1 + \frac{2E_{\mathrm{w}}}{KR}} \ .$$

式中，c 为水锤波速；E_{w} 为水的弹性模量；γ 为水的容重；g 为重力加速度；R 为输水道的半径；K 为输水道的抗力系数。对于均质薄壁管，$K = E\delta/R$，δ 和 E 分别为管壁厚度和弹性模量。对其他类型的输水道，K 值的计算可查有关文献。分子 $\sqrt{E_{\mathrm{w}}g/\gamma}$ 为声波在无限大水域中的传播速度，在常温常压下约为 1 435 m/s。分母 $\sqrt{1 + \dfrac{2E_{\mathrm{w}}}{KR}}$ 表示输水道弹性变形对波速的影响。水力发电工程中有压输水道的水锤波速约为 1 000 m/s。

直接水锤（direct water hammer） 节流机构开度变化历时小于一个相长（水锤波在管道中传播一个来回所用的时间）的水锤。产生条件为 $T_{\mathrm{s}} \leqslant 2L/c$，

式中 T_s 为节流机构开度变化历时，L 为管长，c 为水锤波速。因节流机构开度变化终了时，进口的反射波尚未返回，节流机构处的水锤压强全由其开度变化直接引起的水锤波构成。其值 $\Delta H = -\dfrac{c}{g}\Delta V$，式中 ΔH 为水锤压强，c 为水锤波速，g 为重力加速度，ΔV 为管道内的流速变化量。可达很大数值，在实际的水电站、抽水蓄能电站和泵站工程中应予以避免。

间接水锤（indirect water hammer） 节流机构开度变化历时大于一个相长的水锤。在节流机构的开度变化结束前反射波已经折回节流机构的水锤，产生的条件为 $T_s > 2L/c$，式中 T_s 为节流机构开度变化历时，L 为管长，c 为水锤波速。从进口折回的反射波在节流机构处发生再反射，节流机构处的水锤压强是由向上游传播的水锤波和向下游传播的水锤波的叠加结果。实际工程中产生的水锤现象多属间接水锤。在管长、流速、水头等条件相同情况下，间接水锤的最大压强要小于直接水锤的最大压强。

阀门相对开度（relative opening of valve） 亦称"阀门开度"。节流阀任意时刻的过水断面面积与其最大过水断面面积之比值。节流阀开度随时间变化规律称"阀门开度变化规律"，对水锤压强的变化过程有很大影响。在阀门开度变化历时一定的情况下，考虑调速器可能的调节范围，应采用水锤压强最小的阀门开度变化规律。常采用的阀门关闭规律有直线关闭和分段关闭（先快后慢或先慢后快）。

第一相水锤（first phase water hammer） 最大水锤压强出现在第一相末的水锤。在节流机构开度直线变化的情况下，判别条件是 $\rho\tau_0 < 1$，式中，$\rho = cv/(2gH_0)$（称"水锤常数"），c 为水锤波速，v 为管道流速，g 为重力加速度，H_0 为静水头，τ_0 为节流机构的初始开度。常出现在高水头电站中。

极限水锤（ultimate water hammer） 最大水锤压强出现在第一相以后的某一相的水锤。在节流机构开度直线变化的情况下，判别条件是 $\rho\tau_0 > 1$。常出现在中低水头的水电站中。对节流机构开度直线变化的水锤，可首先按判别条件确定属于何种类型，然后直接用相应的公式求出水锤压强的最大值。

水锤计算解析法（analytic method of water hammer calculation） 用解析公式直接求解水锤压强的方法。是水锤计算的常用方法之一。在任意开度变化规律下，可用解析公式或者连锁方程逐一求出各相末的水锤压强。对于阀门相对开度直线变化的情况，则可用公式直接求出水锤压强的最大值。优点是物理意义明确，应用简便；缺点是难以用来求解复杂的水锤问题和考虑摩阻对水锤压强的影响。

水锤计算特征线法（method of characteristics） 用特征线和特征方程求解水锤压强的方法。将考虑水流摩阻的水锤基本方程（一组拟线性双曲线型偏微分方程），转化成满足某特定条件（即沿特征线）的常微分方程求解。特征线法有两种：一种以压强变化相对值与流速相对值 ζ-v（或压强与流速 H-V）为坐标场；一种以位置与时间 x-t 为坐标场。x-t 特征线法原则上可解决任何形式的边界条件问题，可合理反映水轮机或者水泵水轮机的特性，能较方便计入水力摩阻的影响，具有较高的精度，便于用计算机进行求解。

水锤计算图解法（graphical method） 在压强变化相对值与流速相对值 ζ-v 坐标上，用特征线作图，求解水锤压强的方法。ζ 为压强变化相对值（水锤引起的压强变化值与静水头之比值），v 为管道相对流速（管道瞬时流速与最大流速之比值）。在 ζ-v 平面上有两根特征线，分别表示某点在时刻 t 的 ζ、v 与位于其上、下游距离均为 Δx 的两点在时刻 $t - \dfrac{\Delta x}{c}$ 时的 ζ、v 的关系，c 为水锤波速。若上、下游两点在 $t - \dfrac{\Delta x}{c}$ 时的 ζ 和 v 已知，则这两根特征线就完全确定。这两根特征线的交点即表示待求的某点在时刻 t 的 ζ 和 v。图解法醒目，在电算法普及之前是一种应用较广的方法。但不便于考虑摩阻影响，精度主要决定于图解者。

水电站调压室（surge chamber） 水电站有压输水系统中的平水建筑物。水电站负荷变化时，用于平稳输水道中流量及压力的变化。当水电站有压输水道较长而不能满足调节保证的要求时设之。是一个具有自由水面的贮水室，底部与输水道相通，将输水道分为引水道（在调压室上游）和压力水管（调压室下游）两部分。以其扩大的底面积与自由水面反射水锤波,从而达到减小压力水管中水锤压强、降低引水道受水锤影响的程度和改善机组运行条件之目的。地面调压室呈塔式结构,常称"调压塔";位于地下者似井,常称"调压井"。其位置应接近水轮发电机组,位于其上游者称"上游调压室",位于其下游者称"下游调压室"或"尾水调压室"。按结构形式和工作特点,分简单式调压室、阻抗式调压室、水(双)室式调压室、溢流式调压室、差动式调压室、气垫式调压室等。

简单式调压室(simple surge chamber) 亦称"简单圆筒式调压室"。自上而下断面不变且与有压输水道之间阻抗系数较小的调压室。特点是结构简单,与输水道的连接处断面较大,反射水锤波效果好,但电站正常运行时水流通过调压室底部的水头损失大,负荷变化时调压室水位波动振幅大、衰减慢。适用于低水头水电站。简单式调压室包括无连接管与有连接管两种形式,连接管的断面面积应不小于调压室处压力水道断面面积。

阻抗式调压室(throttled surge chamber) 亦称"阻力孔调压室(restricted-orifice surge chamber)"。底部通过阻力孔与引水道连接的调压室。水流进出调压室时在阻力孔处有附加水头损失,故室内的水位波动振幅小,衰减快,因而所需调压室的体积小于简单式。电站正常运行时水流经过调压室底部的水头损失小。但由于阻力孔的存在,对反射水锤波不利。设计时必须选择合适的阻力孔的尺寸和形状,应既能有效减小水位波动振幅和加快波动衰减,又不致过分恶化对水锤波的反射而引起引水道和压力水管投资的较大增加。适用于引水道不太长的水电站。

水室式调压室(surge shaft with double expansion chambers) 亦称"双室式调压室"。由一个断面较小的竖井和两个断面扩大的上下储水室组成的调压室。水电站丢弃负荷时,竖井水位迅速上升至上室,上室利用其扩大的断面抑制水位的上升速度;水电站增加负荷时,竖井水位迅速下降至下室,由于下室能向竖井补充足够的水量,从而限制水位下降。与简单圆筒式调压室相比,上室水体具有较高的重心,下室具有较低的重心,同样的能量可储存于较小的水体之中,故总容积小于简单式调压室。适用于水头较高、水库工作深度较大的水电站,但只适于建成地下结构。

溢流式调压室(overflow type surge chamber) 顶部设有溢流堰的调压室。水电站丢弃负荷时,调压室水位迅速上升至溢流堰并开始溢流,限制调压室水位的上升。溢出的水量可经泄水槽排走,也可设上室储存,待调压室水位下降后再向调压室补水。常与水室式调压室结合使用,这样使大部分的水体经溢流堰进入上室,以进一步提高进入上室水体重心,因而可减小上室容积。上室底部与竖井相连,以便在竖井水位下降时向竖井补水。适用条件与水室式调压室相似。

差动式调压室(differential surge chamber) 由两个或两个以上相互联系直径不同的圆筒组成的调压室。小圆筒称"升管",大圆筒称"大井"。升管的顶部有溢流堰,底部与有压输水道相连,并有阻力孔与大井相通。当水电站丢弃负荷时,进入升管的流量使升管水位迅速上升溢流,大井水位则因升管的溢流量和通过阻力孔口进入的水量而缓慢上升,最后与升管水位齐平达到最高涌波水位;当水电站增加负荷时,升管水位先迅速下降,随之大井通过阻力孔向升管补水,使其水位下降减缓,最后与升管水位齐平而达到最低涌波水位。在水位变化过程中升管水位和大井水位经常处于差动状态。这种升管和大井的最高和最低涌波水位都相等的差动调压室称"理想型差动调压室"。吸取阻抗调压室和溢流调压室的各自优点,波动振幅小,衰减快;但结构较复杂。根据地质地形条件,有些差动式调压室将升管布置在大井一侧或之外,形式虽异,但工作原理相同。

气垫式调压室(air cushion surge chamber) 亦称"空气制动调压室"。利用空气压力抑制水位高度和水位变幅的调压室。顶部有全封闭的气室,在水位波动过程中,气室内外无空气交换,室内气压随水位升降而增减,故可抑制水位波动的振幅。改变气室内的气压还可改变调压室的稳定水位,从而改变调压室的高度。布置上较自由,可靠近厂房布置,但需要较大的稳定断面,还需配置压缩空气机,定期向气室补气,需增加运行费用。在表层地质地形条件不适于做常规调压室或通气竖井较长、造价较高的情况下,气垫式调压室是一种可供考虑选择的形式。适用于水头较高的地下水电站。

调压室涌波(surge chamber oscillation) 亦称"调压室涌浪"。因水轮机流量变化引起的调压室水位波动。当水电站负荷变化时,机组相应地改变引用流量,水流的惯性引起调压室水位变化,并呈周期性振荡。经正确设计的调压室,其水位波动应逐渐衰减,最后达到新的稳定水位。可能达到的最高水位称"调压室最高涌波水位",对引水调压室而言,通常出现在水库最高发电水位时全部机组突然丢弃全负荷的情况。计算引水调压室最高涌波水位时,应取引水道的可能最小糙率,目的是确定调压室的顶部高程和引水道的最大内水压强。可能达到的最低水位称"调压室最低涌波水位",对引水调压室而言,通常出现在水库最低发电水位时电站最后一台机组投入运行或全部机组丢弃全负荷的水位波动第二振幅。计算引水调压室最低涌波水位时,前者取引水道的可能最大糙率,后者取可能最小糙率,目的是确定引水道末端高程和调压室底部高程。引水道顶部应在调压室最低涌波水位之下保留不小于2 m的裕度。

单向调压室(one-way surge tank) 底部设有逆止阀(亦称"单向阀"),只允许水流单向流动的调压室。当管道中的水压降到设定值以下时,逆止阀开启,调压室向管道补水,以防止管道中的压力进一步降低。当管道中的水压超过设定值时,逆止阀关闭,管道中的水流不能进入调压室。与普通调压室相比,可采用较小的高度。多用于小型水泵站和小型抽水蓄能电站。

调压室波动周期(oscillation period of surge tank) 调压室水位上下波动一个循环的历时。调压室波动周期的长短,与引水道长度和调压室断面积两者乘积的平方根成正比,与引水道断面积的平方根成反比。引水道的阻力对波动周期也有影响,但不显著。

调压室临界稳定断面(critical stable cross section area of surge tank) 亦称"托马断面"。为保证调压室水位波动振幅是随时间逐渐衰减所需的调压室最小横断面积。水电站有压引水系统设置调压室后,非恒定流的形态发生了变化,在"引水道-调压室"系统中有可能出现三种情况,一种是调压室水位波动的振幅随着时间逐渐增大;另一种是水位波动的振幅最终趋近于一个常数,成为一个持续的稳定周期波动;一个极限情况是水位波动的振幅随着时间逐渐衰减,最后趋近于零,而成为一个衰减的波动。调压室的实际断面必须大于波动稳定的临界断面,并

有一定的安全裕度。

水力振动(hydraulic vibration) 有压输水系统中可压缩水体所发生的流量变幅较小、压力变幅较大、频率较高的周期性振荡。不同于调压室水位波动和水锤的压力波动另一类非恒定流现象。当扰动频率与有压输水系统的自振频率相近,或水力系统本身不稳定,会引起剧烈的水力振动,出现水力共振现象,对水电站的危害很大。水电站设计中应重视水力振动分析,以确保水电站运行安全,防止水力共振事故发生。

水 电 设 备

水轮机(hydraulic turbine) 利用水流的势能和动能作原动力,使转轮转动的机械。是水电站的主要动力设备之一。主要部件有引水室、导水机构、转轮、尾水管、主轴和轴承等。工作时,转轮将水流能量转换成旋转机械能,并通过主轴,驱动发电机转子旋转。按工作原理和结构特征,分冲击式和反击式两大类。前者将水流能量转换成射流水柱的动能驱动水轮机;后者利用水流的势能和动能驱动水轮机。根据转轮中水流流动形式、转轮构造特征或水流作用在转轮上的方向等条件,这两类水轮机可分成下列各种形式:

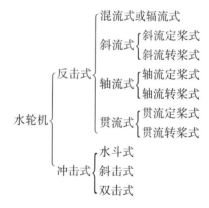

反击式水轮机(reaction hydraulic turbine) 水轮机的两大类型之一。由引水室、导水机构、转轮、尾水管、主轴和轴承等组成。水流从压力管或引水槽经过引水室和导水机构,在高于大气压力的条件下,沿转轮四周均匀地流入转轮全部叶片间流道,并在较低压力下均匀地从叶片间的流道流出,经尾水管排到下游。水流在转轮叶片间的流动过程中,把水

能传给转轮,使其旋转。分轴流式、混流式、斜流式、贯流式等,前两种应用较普遍。

冲击式水轮机(impulse turbine) 水轮机的两大类型之一。由喷嘴、射流偏流器、转轮、轮轴及机壳等组成。喷嘴将压力钢管出口的压能转换为动能,转轮将射流的动能转换为轴上的旋转机械能。分水斗式、斜击式和双击式等,以水斗式应用较广。

混流式水轮机(Francis turbine) 亦称"辐流式水轮机"。反击式水轮机的一种。由引水部件、导水机构、转轮、尾水管、主轴和轴承等组成。引水部件由圆形横断面钢蜗壳和固定导叶组成,转轮由上冠、下环和固定其间的许多扭曲叶片构成。有辐向流式和辐轴流式两种。前者水流沿辐向进出叶片、转轮;后者水流辐向流入叶片、轴向流出转轮。结构简单、运行可靠、效率较高、抗气蚀性能较好。适用于中水头的水电站,为最广泛使用的水轮机。适用水头范围为20~700 m。

轴流式水轮机(axial flow turbine; propeller turbine) 反击式水轮机的一种。水流经过转轮桨叶的方向与主轴线相平行。由引水部件、导水机构、转轮和尾水管等组成。引水部件由混凝土蜗壳和上下座环及多固定导叶组成;导水机构由多个流线型活动导叶等组成;转动部件由弹头形转轮体和垂直主轴线的少数扇面形桨叶组成;尾水管是混凝土肘形扩散型流道。分轴流定桨式水轮机和轴流转桨式水轮机,前者桨叶固定在转轮体上,后者桨叶可绕自身的轴线转动。适用水头范围为3~80 m。

轴流定桨式水轮机(fixed-blade propeller turbine; Nagler turbine) 轴流式水轮机的一种。桨叶固定不动,转轮结构简单,且可缩小轮毂直径增加过流量。运行时高效率区和出力范围远比混流式水轮机窄,当离开高效率区运行时,效率急剧下降。适用于功率不大和水头变化幅度较小的水电站。应用水头一般为3~50 m。

轴流转桨式水轮机(adjustable blade propeller turbine; Kaplan turbine) 轴流式水轮机的一种。运行时桨叶可绕自身的轴线转动改变安放角度,以适应水流方向的变化。通过调速器可使桨叶和导叶的转动协联动作,在负荷和水头变化时水轮机始终以较高效率工作,高效率区的流量和出力范围显著扩大,且提高运行稳定性。转轮桨叶一般为4~8片。转轮体内布置桨叶转动机构。桨叶轴用枢轴固定在轮毂上,枢轴经联杆和拐臂与操作架相连。通过活塞和推拉杆使操作架向上或向下移动从而转动桨叶。转桨式水轮机结构复杂,制造要求较高。

斜流式水轮机(diagonal flow turbine; deriaz turbine) 反击式水轮机的一种。水流经过桨叶的方向与主轴线呈45°~60°的倾斜角,故名。在结构上介于混流式与轴流式之间。倾角45°的桨叶和导叶协联调节。桨叶和导叶由于双重调节,高效率区的流量和出力范围较宽广,但结构复杂,加工工艺要求高,造价昂贵,实际应用不多。适用水头为20~150 m。

可逆式水轮机(reversible turbine) 同一转轮兼有水泵和水轮机两种用途的水力机械。配套的电机也兼有电动机和发电机的功能。其结构部件与一般反击式水轮机相似。机组可作为电动机水泵抽水,也可作为水轮发电机发电。优点是机组构造紧凑,引水和尾水管路,以及阀门合并为一套。但可逆转轮的水泵最优工况区和水轮机最优工况区并不重合,选择机组参数时须特别注意两种工况在实际工作范围内的配合,比常规水轮机有更高的选择要求。广泛应用于抽水蓄能和潮汐发电站。分混流式、斜流式和贯流式。其形状与普通的混流式水轮机、斜流式水轮机和贯流式水轮机有些相似。

贯流式水轮机(tubular turbine) 反击式水轮机的一种。由引水管、导叶、转轮和尾水管等部件组成。引水管位于转轮的上游侧,尾水管位于转轮的下游侧,引水管、转轮和尾水管装在同一轴线上,没有蜗壳,水流直贯转轮,故名。主要类型有全贯流式和半贯流式两种。后者又分灯泡贯流式、轴伸贯流式和竖井贯流式等。其中,后两种将发电机与水轮机分开布置,结构简单,维护方便,但效率较低,多用于小型水电站。灯泡贯流式机组将发电机布置在外面过流的灯泡状封闭壳体内,结构紧凑,效率高,在开发低水头、大流量的常规水能资源和潮汐能时应用广泛。全贯流式水轮发电机组的发电机转子装在水轮机转轮的外缘。因转轮外缘线速度大、密封困难,叶片强度难以保证,较少采用。贯流式水轮机与发电机两者之间可直接连接,也可通过行星齿轮等增速机构连接。可逆式贯流式水轮机具有正反向发电、正反向抽水和正反向过流的功能,非常适用于潮汐发电站。

灯泡贯流式水轮机(bulb tubular turbine) 半贯流式水轮机的一种。由灯泡体、导水机构、转轮、尾水管组成。灯泡体支承在管型座与固定导叶上,发电机安装在灯泡体内,转轮悬式布置,叶片可采用固定的或可转动的两种。采自水库的水流绕过灯泡体、支墩和座环,再经过导水机构流入转轮,最后由直锥形尾水管排出。水头在 5 m 以下时可采用行星齿轮增速机构以减小灯泡体尺寸。特点是发电机装在灯泡体内,低水头时,灯泡体放在进水侧,机组效率较高;在较高水头时,灯泡体放在尾水侧,机组强度和运行稳定性较好。此水轮机的流道平直,水力效率较高。但发电机的防潮、绝缘、通风等要求较高。适用水头 1 ~ 25 m。在水头较低的平原河道和沿海地区潮汐等水能开发中应用广泛。目前最大转轮直径超过 7 m,最大单机容量已达到 75 MW。

轴伸贯流式水轮机(shaft-extension type tubular turbine) 半贯流式水轮机的一种。发电机装在流道外部,由一根长轴与水轮机连接,检修维护方便、机组结构简单,但水轮机流道弯曲,长轴由尾水管弯管部分通过,水力损失较大。广泛应用于农村小型水电站。适用水头为 3 ~ 20 m。

竖井贯流式水轮机(pit type tubular turbine) 半贯流式水轮机的一种。机组布置在流道的竖井内,故名。一般采用齿轮箱增速。密封、防潮比灯泡贯流式水轮机容易,但结构不够紧凑,效率不高。仅应用于农村小型水电站,适用水头 3 ~ 25 m。

水斗式水轮机(Pelton turbine) 冲击式水轮机的一种。主要由喷嘴、喷针、转轮、折向器、机壳和尾水渠等部件组成。核心部件转轮由轮盘、轮毂和均布在轮毂四周的水斗组成。水斗为并列双椭圆体的表面,由喷嘴形成的射流冲击水斗,从而推动转轮主轴转动输出旋转机械能。最高效率略低于混流式,部分负荷时高效范围较宽。结构简单、维修方便,但制造工艺有较高要求。卧轴机组可单轮或双轮带动一台发电机,转轮可用单喷嘴或双喷嘴驱动;立轴机组喷嘴数最多为 6 个。大型的适用水头为 300 ~ 1 700 m,最大水头已达 1 767 m,最大单机容量已达 315 MW;小型水斗式水轮机的适用水头为 40 ~ 250 m。

双击式水轮机(cross-flow turbine;Banki turbine) 冲击式水轮机的一种。由调节闸板、喷嘴、转轮和尾水槽等组成。转轮是在两圆盘圆周间夹若干单曲面叶片构成的。喷嘴射流先向心地冲击转轮上部叶片,并离心地冲击下部叶片,最后以较低流速离开转轮进入尾水槽。因射流两次对转轮叶片进行冲击,故名。机组结构简单,转速比其他类型的冲击式水轮机高,运转维修方便。应用于农村小型水电站,适用水头 6 ~ 60 m。

斜击式水轮机(inclined jet turbine;Turgo impulse turbine) 冲击式水轮机的一种。主要由喷嘴和转轮等组成。转轮由外轮圈、内轮毂和其间所固定的若干单碗形斗叶组成。喷嘴射流以 22.5°的角度斜冲转轮正面的叶片后从背面流出。结构简单、造价低廉,但效率低。仅应用于小型电站。适用水头为 20 ~ 100 m。

导水机构(distributor) 反击式水轮机引导并控制水流的部件。作用主要是形成、改变进入水轮机水流的环量,并根据调速器指令改变导叶开度,调节流量以改变机组出力,以及在正常停机与事故停机时,停止机组转动。按水流通过导叶的方向,分径向式、轴向式和斜向式三种。第一种用于立式混流式和轴流式水轮机,后两种用于贯流式和斜流式水轮机。

蜗壳(spiral case) 反击式水轮机的引水室。因外形像蜗牛,故名。连同固定导叶、座环合称为引水部件。蜗壳断面面积自进口向尾部逐渐减小,以保证向导水机构均匀供水,并使水流形成环量。有混凝土蜗壳和金属蜗壳两种。混凝土蜗壳因厂房布置和电站地质条件的影响,其断面形状呈"L"形和"Γ"形,一般应用于水头在 40 m 以下的机组中。金属蜗壳断面形状呈圆形或椭圆形,一般应用于中高水头的机组中。

尾水管(draft tube) 反击式水轮机的泄水部件。为转轮出口的扩散管道。其功用有:将转轮出口水流泄向下游,当吸出高度大于零时,利用转轮至下游水位之间这一高度的位置势能,回收利用转轮出口的部分动能。回收利用转轮出口水流动能的能力以动能恢复系数表示,此系数越大,水轮机效率越高。按外形,分直锥形、弯锥形和弯肘形。前两者用于小型水轮机,后者用于大中型水轮机。

迷宫环(labyrinth ring) 亦称"止漏环"、"止水环"。混流式水轮机的减漏装置。按动与否,分固定迷宫环和转动迷宫环;按位置,分上迷宫环和下迷宫环。作用是限制旋转部分与固定部分之间的漏水损失以提高水轮机的容积效率。在结构上固定迷宫环与转动迷宫环之间形成一些沟槽,使水流通过这些沟槽时由于流道突然扩大和收缩从而增大水力损失,降低水流的压力差使漏水量减小。

射流折向器(jet deflector)　亦称"偏流器"。水斗式水轮机防止机组飞逸的部件。当机组丢弃负荷时,机组转速上升并可能到达飞逸转速,故要求针阀的喷针能快速移动以迅速减小或截断水流,但此时又将引起引水管道产生超过规定的水锤压力。射流折向器的作用是当机组丢弃部分负荷或全负荷时,它首先动作,在很短时间内将射流偏折一定程度或全部折离转轮,使射流不射向水斗,保证机组的转速上升率在规定值以下,与此同时喷针作慢速关闭,保证引水管内水锤压力上升率在规定值以下。射流折向器与喷针的协联动作通过调速器来实现。

水轮机最优工况(optimum conditions of hydraulic turbine)　水轮机在最小水力损失条件下运行时的工况。通常指当流入转轮水流的相对速度方向与叶片进口处骨线相切形成无冲击入流,以及转轮出口处水沿着轴向而无旋转形成法向出流时的工况。

水轮机空蚀(cavitation of hydraulic turbine)　水流空化过程对水轮机过流部件造成破坏的物理现象。当液体温度一定时,压力降低到某一临界值时,液体会汽化或溶解于液体中的空气发育形成空穴,称"空化"。在液体中形成的空穴使液相流体连续性遭到破坏,当这些空穴进入压力较低的区域时,开始发育成较大的气泡。然后带有空穴的水流至高压区发生突然凝结,四周液体以极大速度射向空泡中心形成巨大水锤压力,使空泡突然溃灭产生高速射流。空蚀是指空泡不断形成和溃灭引起射流不断打击流道金属表面,导致金属因疲劳而剥蚀。剧烈者会引起金属表面麻点、海绵状穿孔或大片断折,同时会引起水轮机振动和噪声,效率和功率下降。按发生的部位,主要有翼型空蚀、间隙空蚀、空腔空蚀和局部空蚀四种。空蚀破坏强度与运行工况、金属耐蚀性能和叶片表面光洁度有关。设计无空蚀的水轮机很不经济,一般以允许发生轻微空蚀和噪声,但不破坏水轮机工作特性和产生剧烈振动为前提。

水轮发电机组振动(vibration of hydraulic turbine and generator)　水轮发电机组在运行过程中纵向和横向跳动的现象。是水电站运行中常见异常现象,其原因大体有水力因素、机械因素和电气因素。电气原因主要是发电机定子和转子间的间隙不均匀、磁极线圈匝间短路等;机械原因主要是转动部分质量不均衡、主轴法兰联接不符合要求、发电机和水轮机主轴不同心、主轴变形、推力轴承或导轴承调正不良等;水力原因主要是水流压力脉动、导叶或叶片出水边的卡门涡列、叶片进出口边附近的脱流、尾水管涡带摆动等。水轮发电机的振动值如超过允许范围,应查清引起振动的原因,采取措施及时消除,否则会造成机组零件的损坏,严重时会与水工建筑物共振,造成更大的破坏。

比转速(specific speed)　简称"比速"。综合反映水轮机的转速、工作水头、出力或流量之间关系的单位参数,即同一系列的水轮机在相似工况下,1 m 水头发出 1 kW 出力时的转速。是一个无量纲量,表征水轮机特性的重要参数。代表同一个系列的水轮机的综合性能。一般采用设计工况或者最优工况的比转速作为水轮机分类的特征参数。现代各种水轮机比转速的大致范围为:水斗式,10～70;混流式,60～350;斜流式,200～450;轴流式,400～900;贯流式,600～1 000。

轮毂比(hub ratio)　水轮机转轮轮毂直径与转轮直径的比值。是桨叶式水轮机转轮的重要几何参数。轮毂比越小则转轮的流道宽度越大,可提高转轮的过流能力,改善气蚀性能;但轮毂比太小会使叶片转动机构布置困难。在选择时应在满足结构布置和强度要求的前提下尽可能取较小值。根据已有转轮的统计资料,轮毂比与水头呈线性关系,当水头为10～60 m 时,轮毂比为 0.35～0.6。

水轮机飞逸转速(runaway speed of hydraulic turbine)　导叶在某一开度时,水轮机轴输出功率为零(甩去全负荷),水流通过转轮产生的最大转速。可根据模型试验所得的单位飞逸转速来换算。混流式水轮机飞逸转速与导叶开度和工作水头有关,转桨式水轮机飞逸转速与导叶开度、桨叶转角和水头有关。在进行水轮机零件强度计算时,一般需按飞逸转速校核。在运行时,飞逸转速会引起转动零件的破坏和机组强烈的振动,故需采取防止措施。

水力机械过渡过程(hydraulic transient of hydraulic machinery)　水力机械从某一工况转换到另一工况所引起的水流压力、流量、调压室水位和机组转速等参数发生变化的过程。发生在启动、停机、甩负荷、增负荷过程中,有时会引起水力振动、机械振动或各部件的应力变化。为研究这些现象,必须在模型和真机上结合输水系统条件进行过渡过程试验或数值模拟计算,详细研究其全工况特性。采用模型试验或者数值模拟计算等综合分析的方法,能预测出过渡过程现象,使机组安全运行。

调节保证计算(calculation of regulation guarantee) 协调在过渡过程中水轮发电机组转速和水电站流道代表性部位水锤压强变化的计算。根据引水发电系统和水轮发电机组特性,合理选择机组的导叶调节时间和调节规律、机组转动惯量(亦称"飞轮力矩")等参数,使得在过渡过程中机组的转速和流道代表性部位的水锤压强变化都在允许的范围之内,并尽可能地减少最大水锤压强的数值,以降低工程投资。

小波动稳定(small fluctuation stability) 由"输水道—调压室"组成的系统,在调压室水位或负荷发生微小扰动时,系统和机组偏离平衡状态,扰动作用消失后经过一定的时间系统能够达到新的平衡状态,机组回复到原来的平衡状态的特性。为保证水电站和抽水蓄能电站机组的稳定运行和供电品质,必须进行小波动稳定计算分析,以判断小波动过程的稳定性和调节品质是否满足要求。调压室的断面面积应大于临界断面,通常称"托马断面",否则小波动稳定性不能满足要求。

大波动稳定(large fluctuation stability) 由输水道-调压室组成的系统,在机组负荷和调压室水位大幅度变化时,不能再近似认为波动是线性的条件下,调压室水位波动幅度是否随时间衰减最后趋近于零而成为一个衰减的波动的特性。如果小波动稳定性不能保证,则大波动必然不能衰减。为了保证大波动衰减,调压室的断面必须大于临界断面,并有一定的安全余量。

模型综合特性曲线(model turbine hill diagram) 以水轮机的单位转速为纵坐标,单位流量为横坐标,针对水轮机模型而绘制的几组等值线。对于反击式水轮机,通常包括导叶开度等值线、效率等值线、气蚀系数等值线和出力限制线;转桨式水轮机还包括桨叶安放角度等值线;对于冲击式水轮机,通常包括针阀开度等值线和效率等值线。一般由试验方法获得。

运行特性曲线(operating hill diagram) 在水轮机的直径、转速为常数时,以水轮机工作水头为纵坐标、水轮机出力为横坐标,针对原型水轮机而绘制的几组等值线。通常包括效率等值线、吸出高度等值线和出力限制线。有时还包括导叶(针阀)开度等值线、转桨式水轮机的叶片安放角度等值线。是根据模型综合特性曲线换算而来的。比模型特性曲线更直观地反映水轮机在各种工况下的特性,便于查用,对设计和运行管理有重要指导作用。

机械液压型调速器(mechanical-hydraulic governor) 由机械和液压元件组成的调速器。用离心摆作为测速元件,引导阀和辅助接力器作为第一级液压放大装置,主配压阀和主接力器作为第二级液压放大装置,油缓冲器作为暂态反馈元件。由感应同步电动机带动离心摆,电源来自与水轮发电机组同轴的永磁发电机,故离心摆的转速与机组转速成比例。具有稳定可靠的特点,但灵敏度差、不灵活、调整不方便。早期应用广泛,已逐步被电气液压调速器和微机调速器代替。

电气液压型调速器(electro-hydraulic governor) 由电气和液压元件组成的调速器。测频装置通常用LC谐振回路或频率-电压转换回路。电气回路以电子管、晶体管或线性集成电路为主要元件,并由此分成电子管电调、晶体管电调和集成电路电调三种。暂态反馈、负荷调整、永态反馈等装置也采用电气元件,放大装置则仍采用液压元件。为连接电气和液压两部分,设有电液转换器和行程-电压转换器。与机械液压型调速器相比,具有灵敏度高、性能好、参数调整方便、结构灵活等优点。已获得广泛的应用。

微机电液调速器(microcomputer electro-hydraulic governor) 核心控制器采用可编程逻辑控制器或可编程计算机控制器的调速器。与传统的调速器相比,其测量、放大、反馈和控制功能,在可靠性、调节品质和调节功能等方面都有提高。20世纪90年代已成为大中型水电站的主导产品。

反馈(feedback) 以某种方式把系统输出信号送回到输入端,与输入信号叠加,并以某种方式改变输入,进而影响系统功能的过程。有暂态反馈和永态反馈。反馈信号与输入信号符号相同者为正反馈,符号相反者为负反馈。暂态反馈是反馈信号与系统输出信号变化速度有关的反馈;永态反馈是反馈信号与系统输出信号成比例的负反馈。水轮机调节系统采用转速负反馈形成反馈控制系统以减少被控量——转速的稳态误差,还采用局部负反馈来形成有差调节和改善系统的稳定性及动态品质。

配压阀(distributing valve) 水轮机调速器中控制油路、接力器的元件。控制辅助接力器的称"辅助配压阀"或"引导阀";控制主接力器的称"主配压阀"。由阀芯、衬套和阀壳组成。阀芯的阀盘高度大于衬套上相应孔口高度的称"断流式",反之称"通流式"。为减少漏油,降低能耗,大中型调速器中均使用断流式。阀盘高度与孔口高度差的一半称"遮程(搭叠量或叠接量)",断流式的遮程为正。使孔口两侧遮程相等的阀芯位置称"几何中间位置"。使接力器处于静止状态的位置称"实际中间位置"。对应接力器不动的阀芯在实际中间位置附近最大移动范围称"配压阀死区"。为减小死区,要求较小的遮程,但遮程太小,漏油量较大,故常把阀盘或衬套上的孔口做成台阶形。

接力器(servomotor) 水轮机调速器中的液压元件。操作水轮机调节机构的称"主接力器",操作主配压阀的称"辅助接力器"。通常操作导水机构的主接力器有两个,安装在水轮机机坑内,也有放在水轮机顶盖上的;操作转桨式水轮机桨叶的主接力器一般放在转轮体内。相对位移速度(以最大行程为基准)和配压阀相对开度(以相应转速变化100%的行程为基准)的关系曲线的斜率称"接力器反应时间"或"接力器时间常数"。接力器有双侧进油式和单侧进油的差动式。前者活塞两侧的油压均受配压阀控制;后者活塞一侧油压受配压阀控制,另一侧通以固定压力的油或设置弹簧。

油泵(oil pump) 在接收新油、设备充油、排油和净化时使用的输油设备。其生产率应能在4 h内输送一台机组的用油量,或4~8 h内输送一台变压器的用油量;其扬程应能克服设备之间高程差、压力差和管路局部及沿程水头损失。多采用结构简单、工作可靠、性价比较好的齿轮油泵。

油压装置(oil pressure supply unit) 自动供给压力油的装置。由回油箱、压油槽、油泵组、阀组和仪表等组成。回油箱由滤网分隔成清油区和回油区,清油区的油由油泵打入压油槽,油泵根据压油槽油位大小自动启动或停机。压油槽内约2/3是空气、1/3是油,以利保持油压力稳定。在空气不足时,可手动或自动补气。在水电站,油压装置用于供给水轮机导水机构接力器、桨叶操作机构接力器,以及其他液压元件压力油。

油系统(oil system) 为水电站各种机电设备提供轴承润滑或液压操作采用的透平油,以及各种变压器、油开关等电气设备使用的绝缘油所涉及设备和管路及其配件的总称。通常由油库、油处理室、油化验室、油桶、油泵、油再生设备、管网、测量及控制元件组成。由于透平油和绝缘油的性质、要求不同,用途也不相同,这两个系统应相互独立,分别设置。

压缩空气系统(compressed air system) 为水电站各种机电设备提供压缩空气的设备和管路及其配件的总称。通常由空气压缩机及其附属设备、储气罐、管道和测量及控制元件等几部分组成。水电站、抽水蓄能电站通常设置高压空气系统和低压空气系统。高压空气系统主要为油压装置的压力油槽充气,提供压力,常用的气压为2.5 MPa、4.0 MPa,6.0 MPa等级的压力使用也越来越多。低压空气系统主要用户为机组停机制动风闸、蝶阀充气止漏围带、机组调相压水、高压开关利用压缩空气灭弧、水电站安装检修时的各种风动工具、寒冷地区的闸门和拦污栅防冻和清理等。压缩空气系统应能随时满足用户对于气量的要求,并且保证所提供的压缩气的压力、清洁度和干燥度达到相应用户的要求。

调压阀(relief valve) 在水轮机甩负荷过渡过程中控制蜗壳进口内水压力升高的引水流道旁通装置。在机组甩负荷导叶快速关闭时,连通尾水的旁通流道上的调压阀开启,泄去一部分流量,以减少压力引水管中水击作用引起的水压力升高。设置调压阀后,导叶关闭时间可缩短,有利于降低甩荷时机组转速上升率。在导叶全关后,再慢速关闭。用于具有长压力引水管道而又不宜设置调压井的水电站。但只在甩负荷后过渡过程中起作用,并不能改善由于长引水管道引起的调节系统动态品质的恶化。

水轮机进水阀(inlet valve of turbine) 亦称"水轮机主阀"、"水轮机阀"、"水轮机进口阀"。设置在水轮机蜗壳前的阀门。常用的有球阀、蝴蝶阀、针形阀和闸阀等形式。主要作用:(1)当调速系统或机组导水机构发生故障时,紧急切断水流,防止机组长时间飞逸;(2)装设进水阀后,不需要放掉压力管道内的压力水就可安全地检修水轮机,并可减小机组再次起动时的充水时间和充水量;(3)较长时间停机,关闭进水阀可减少漏水量,并避免导叶因缝隙漏水造成气蚀损坏;(4)几台水轮机合用一条压力输水管的引水式水电站,每台水轮机进口设置进水阀,则一台机组检修不致影响其他机组的正常运行。但由于价格较贵,对单元引水的压力输水管,大中型水电站最大水头小于120 m、小型水电站最大水头小于

150 m 时,设置进水阀应有论证。水轮机进水阀不应该用于调节流量。

球阀(ball valve)　亦称"球形阀"。阀体为球形、活门为圆筒形的一种阀门。开启时,过水流道是一个圆筒,其断面面积与钢管的断面相等,故阀门对水流的阻力极小。关闭时,活门旋转90°截断水流,并由活门上一块可动的球面圆板密封盖在水压推动下压紧在阀体上,形成严密的水封。用作水轮机进水阀的球阀可动水关闭,但需静水平压才能开启,只有全开和全关两个工作状态,不允许部分开启来调节流量。优点是开启时水力损失小,关闭时漏水少,密封面不易磨损,阀门操作力小。但结构复杂,笨重,造价高。一般用于高水头。

蝴蝶阀(butterfly valve)　简称"蝶阀"。阀体过水流道为圆筒形,活门为圆盘形或双层圆平板绕轴旋转的一种阀门。开启时,水流沿活门两侧流过;关闭时,活门四周与阀体接触,封闭水流通道。用作水轮机进水阀的蝴蝶阀可动水关闭,但需静水平压才能开启。只有全开和全关两种工作状态,不允许部分开启来调节流量。其止漏装置:大、中型多采用埋设在阀体内壁的压缩空气围带,关闭后充以压缩空气使围带膨胀而密封;小型多采用橡皮圈条或巴氏合金止水环密封。按活门主轴的位置,分竖轴蝴蝶阀和横轴蝴蝶阀。前者下部设推力轴承支持活门,操作机构设在活门上部,布置较紧凑;后者操作机构设在活门的一侧或两侧,结构较简单。优点是外形尺寸小,质轻,结构简单,操作方便。但活门在水流中造成一定的水力损失,高水头蝴蝶阀尤其。一般用于中低水头。

伸缩节(extension element)　为便于水轮机进水阀拆装或适应钢管热胀冷缩轴向变形所设置的特殊管接头。水轮机设进水阀时,在进水阀的上游侧或下游侧装设伸缩节,使在水平方向有一定距离可以伸缩移动,便于进水阀拆装。伸缩节与进水阀或钢管以法兰、螺栓连接,伸缩缝中装有3～4层油麻丝或橡胶盘根,用压环压紧,以阻止漏水。通常有单套筒伸缩节、双套筒伸缩节。用波纹管取代伸缩节的技术在工程中已有实际应用。

桥式起重机(bridge crane)　亦称"桥吊",俗称"天车"、"行车"。一种两端支承在厂房上、下游两侧钢筋混凝土吊车梁上,沿高架轨道行走的起重机械。是厂房内供起吊搬运重物用的设备。由大车(又称"桥架")、小车、驱动机构、提升机构和操纵装置等部分组成。一般有主、副两个吊钩。主钩起吊质量大,提升速度小,专供吊运发电机转子、水轮机转轮等大而重的部件;副钩起吊质量小,提升速度大,供吊运小型部件和辅助设备。大车在厂房吊车梁轨道上沿厂房纵向移动;小车在大车上沿厂房横向移动;吊钩装在小车上作上、下运动,有一定的提升高度。大车、小车、吊钩三者运动,构成了桥式起重机的空间工作范围。

双小车桥式起重机(twin trolley bridge crane)　装有两个可独立运行或联合运行的小车,行走于同一大车桥架上的桥式起重机。两小车各装一个起重量相等的主钩,通过平衡梁吊运发电机转子、水轮机转轮等大型重件。起升机构可变速,起升速度随起重量的降低而提高。优点是设备金属用量少,价格便宜,外形尺寸小;由于总高度较低,以及用平衡梁吊运时主轴可超出主钩极限位置,降低主厂房高度;便于翻转大型重件。适合于装机台数不多的大、中型水电站使用。

平衡梁(balance beam)　亦称"起重梁"。当用两台桥式起重机或用双小车桥式起重机的两台小车同时起吊发电机转子等重件时所必须使用的吊运工具,使吊运件的质量均衡地传递给两台桥式起重机或双小车桥式起重机的两台小车的绞车的滑轮组上。

试重块(test block)　起重机安装或大修后进行负荷试验的专用重块。通常用混凝土或者铸铁块制作,分成若干块组合而成。正式吊运设备之前,需用试重块进行额定起重量125%的静负荷试验和额定起重量110%的动负荷试验,以保证起重机工作的可靠性。

机组制动(braking of unit)　俗称"刹车"。强迫水轮发电机组在限定时间内停止转动的措施。一般采用活塞式制动闸,停机过程中当转速降至额定转速的30%～40%时,用0.69 MPa压力的压缩空气把制动闸瓦顶起紧压在发电机转子下部的制动环上,摩擦力矩消耗机组的旋转动能,使机组在1～5 min内完全停转。亦有采用电气制动等其他制动方式的。

供水系统(water supply system)　水电站为满足机组技术供水、消防供水和生活用水等需要所设置的附属装置。由供水水源、供水设备、用户及自动控制元件、管道等组成。应满足各用户对水量、水压、水质、水温的要求。技术供水亦称"工业用水"或"生产用水",即供给机组运行需要的水,包括:(1)冷却用水。发电机空气冷却器、推力轴承和导轴承的油槽冷却器、水冷式变压器、水冷式空压机、油压装置油槽冷却器等用水。(2)润滑用水。水润滑的水轮机导轴承用水。(3)操作用水。射流泵、水力操作的水轮机进水阀等用水。消防供水包括发电机消防、厂房消防、油库和油处理室消防、变压器消防等用水。常用的水电站供水水源有上游坝前水、厂内钢管或蜗壳中水、下游尾水、地下水等。一般均设主水源和备用水源,以保证供水可靠。水电站的供水方式有自流供水和水泵供水两种,按照电站水头范围,通过技术经济比较确定。

水电站排水系统(water drainage system) 水电站为排除水下部分渗漏水和机组检修时水轮机流道内积水所设置的附属装置。水电站需有:(1)生产用水的排水。如发电机空气冷却器、推力轴承和导轴承油槽冷却器的排水,其排水量大,排水设备位置高,通常能靠自压排至下游,不需专门设置排水设备。(2)检修排水。检查、修理机组和厂房的水下部分时,需排除钢管、蜗壳、尾水管内的积水,其高程低,排水量大,需用水泵直接从尾水管最低位置抽排,也可将积水先排入集水井或排水廊道,再用水泵抽出。(3)渗漏排水。厂房渗水、设备漏水,以及不能靠自流排出的生产污水的排水,属经常性排水,排水量小,不集中,通常先汇集至集水井,再用水泵排出。为确保安全,一般大中型水电站都将检修排水和渗漏排水分开设置成两个子系统。

真空泵(vacuum pump) 亦称"抽气机"。用来抽吸气体,使容器里形成一定真空度(负压)的机械。能把容器里的气体抽出,排至大气中。在水电站中常将其选作给排水系统的水泵启动充水设施。

水力监测系统(hydraulic monitoring and measuring system) 水电站为监视测量进水部分、输水部分、水轮机及其辅助设备的各项水力参数,而装设的仪表设备和管路装置。由测量元件、管路、非电量与电量转换元件、显示仪表等组成。作用为:(1)保证电站的安全、经济和自动化运行;(2)为设计、科研、运行提供原始资料;(3)为水轮机原型试验创造条件。水电站水力监测项目一般有:上、下游水位,水轮机有效水头,水轮机流量,拦污栅前后压差及堵塞信号,水轮机过流部分的压力和真空,辅助设备系统如冷却水的流量和压力、渗流水量等。此外,根据水电站具体条件,有的还进行水库水温、压力钢管爆破信号、泥沙含量、水轮机气蚀和效率测量等。

截止阀(stop valve) 一种阀瓣沿阀座中心线上下移动的阀门。关闭时,依靠阀杆的压力使阀瓣密封面与阀座密封面紧密贴合,阻止介质流动。结构简单、高度较小、操作灵活、密封性能好、密封面间相对摩擦小,但水力阻力系数较大,开启过流阀瓣经常受冲蚀,只许介质单向流动,安装时有方向性。水电站常用在管径较小的管路中供截流用,是使用很广泛的一种阀门。

减压阀(pressure reducing valve) 一种用来降低流体压力的自动阀门。利用流体过阀产生阻力造成压力损失,将进口压力降低至某一需要的出口压力。当阀前压力变化时,阀瓣和阀座的缝隙自动进行调整,使阀后压力保持恒定。水电站技术供水系统和压缩空气系统中常用减压阀降低压力,以适应用户要求。

水轮机真空破坏阀(anti-vacuum valve of hydraulic turbine) 亦称"真空防止阀"。减少水轮机转轮室负压的专用辅助设备。由轴承、止水塞和传动机构组成。安装于水轮机顶盖上,一般设2~4个。当转轮室内出现9.8~15.0 kPa低压时,真空破坏阀自动打开,接通大气,使转轮室恢复大气压。水轮机导叶的突然关闭,水流惯性和转轮的水泵作用会使转轮室产生低压或真空,引起尾水反击,容易冲击转轮或发生抬机现象。安装真空破坏阀后可降低真空度,使水轮机免受破坏,是水轮机上必备的辅助设备之一。

水轮机补气装置(air injection device of hydraulic turbine) 给水轮机尾水管漩涡区补充空气的装置。反击式水轮机偏离最优工况运行时,由于尾水管出现涡带而引起机组振动或负荷摆动,并伴随发生气蚀。设置补气装置后,当出现这种不稳定工况时,向涡带中心补进足够量的空气,可降低漩涡强度,改善机组的运行状况。补气方式分自然补气和强迫补气两类。尾水管压力低于大气压力时采用自然补气,依靠负压吸入空气。尾水管内压力较高,自然补气不能补入时采用强迫补气,常用压缩空气或射流泵等补气。

同步电机(synchronous machine) 转子转速与交

流电形成的定子旋转磁场同步转速相等的电机。磁极装在转子上,直流电通过励磁线圈形成磁场,转子旋转时,磁场亦旋转,在定子线圈内感应交流电动势。当定子电路接通时,产生交流电流,并形成旋转磁场。转子磁场和定子磁场转速相同,相互作用,传递能量。用作发电的称"同步发电机",用作拖动工作机械的称"同步电动机"。与汽轮机连接的发电机称"汽轮发电机",特点是转速高、隐极、卧式。与水轮机连接的发电机称"水轮发电机",特点是转速低、凸极、通常为立式。同步电动机用于拖动大功率工作机械,其无功功率可调整,不会像大型异步电动机那样吸收大量无功功率,且根据需要还可发无功功率。

水轮发电机(hydrogenerator) 由水轮机驱动的发电机的统称。通常用同步发电机,小型水电站中亦有使用小型异步发电机的。其主轴垂直安装的为立式,水平安装的为卧式。大中型水轮发电机多为立式,由转子、定子、上机架、下机架、推力轴承、上导轴承、下导轴承和通风冷却系统等组成。推力轴承置于上机架的为悬式水轮发电机,置于下机架的为伞式水轮发电机。伞式用于转速低于 150 r/min 的大容量机组上。按冷却方式,分风冷水轮发电机、水冷水轮发电机和蒸发冷却水轮发电机三种。采用空气冷却的风冷发电机适用于中小型水轮发电机;把纯水通入导体内进行冷却的水内冷发电机适用于大中型水轮发电机;利用高绝缘性能、低沸点的冷却介质沸腾吸热带走发电机热量而不需要泵进行循环、具有自适应能力的蒸发冷却水轮发电机适用于大型和巨型水轮发电机组。大、中型水轮发电机内设有风闸,停机时用压缩空气将风闸顶起,对转子制动,避免长时间低速旋转损坏推力轴承。

发电电动机(generator-motor) 亦称"电动发电机"。可逆式发电的电动机。可兼作发电机和电动机。在抽水蓄能电站和潮汐电站广泛使用。此电机在水轮机驱动下发电时作为发电机运行,向电网提供电力;在抽水时,从电网中吸收电能作电动机运行,驱动水泵抽水。与常规电机相比,作为与可逆式水泵水轮机配套的可逆式发电电动机,具有双向旋转、频繁启停、需要专门启动措施、过渡过程复杂和制造的难度大等特点。

发电机励磁系统(exciting system of generator) 形成和调节磁场的一组装置。由磁极、励磁电源和励磁调节装置等组成。常用的励磁电源有直流发电机(励磁机)和可控硅整流装置。励磁调节装置有复励装置和电压调节器等。前者把与定子电流成比例的电流互感器的二次侧电流送入励磁机的附加励磁绕组中去,以调整发电机端电压;后者根据发电机端电压大小调节励磁电流。通常还设有强励和灭磁等装置。前者用来在发生电气故障时,提高输电线路工作稳定性;后者用来在切除励磁时消散励磁线圈中的能量。

可控硅励磁(SCR excitation) 供给同步电机励磁电流的可控硅整流装置。其交流电源可由专用的与主发电机同轴的交流励磁机或由主发电机经变压或变流提供,或由厂用电提供。具有调节速度快、性能好、能增强电力系统稳定性、减少主机和厂房尺寸等优点。

永磁发电机(permanent magnet generator) 用永久磁钢制作磁极的三相交流同步发电机。在水电站中常与主机同轴安装在发电机顶部,用来测量水轮发电机转速。输出电压的频率正比于主机的转速。由于采用永久磁钢为磁极,输出电压的幅值在一定程度上亦正比于主机转速,故可送至电压继电器发转速信号。

直流电机(direct current machine) 把机械能转换为直流电能或逆向转换的一种电机。由电枢、主磁极、换向器和换向极等组成。主磁极固定在定子上,励磁电流形成固定的磁场。电枢旋转,作为发电机,在电枢绕组中感应的是交流电动势,经换向器整流成直流。为改善换向器工作,设有换向极。励磁绕组与电枢绕组串联的称"串励直流电机";励磁绕组与电枢绕组并联的称"并励直流电机";两个励磁绕组,一个与电枢绕组串联,另一个则并联的称"复励直流电机"。直流电机励磁电源为其他电源的称"他励直流电机"。调速方便,用在需要大范围无级调速的场合,在水电站用作主发电机的励磁电源和厂用直流电源。

励磁机(exciter) 供给其他同步电机励磁电流的发电机。在水电站用直流发电机作励磁机供给水轮发电机励磁电流。早期的大、中型水轮发电机常分设主励磁机和副励磁机。主励磁机为他励式,供给发电机励磁电流,副励磁机为并励式,供给主励磁机励磁电流。

异步电机(asynchronous machine) 亦称"感应电

机"。转子转速不等于定子旋转磁场同步转速的交流电机。定子绕组中通以交流电造成旋转磁场,这一磁场在转子绕组中感应电动势;转子绕组直接或通过电阻接通,因而产生感应电流。定子旋转磁场对载流转子绕组作用产生力矩。若转子转速等于定子旋转磁场转速,则转子中将不存在感应电流,力矩亦为零。因不需要励磁电源,故结构简单、体积小、使用方便,广泛用作电动机。可分为转子槽中嵌有导体并在两端设有短路环的鼠笼式异步电动机和转子上嵌有绕组并由滑环引出,经调节电阻连接的线绕式异步电动机。因调速困难,要吸收较多无功功率,故只在少数情况下用作发电机。

动力系统(power system) 各类发电厂的动力部分(核电厂和火电厂的热力系统、水电厂的水力系统)、发电机及其配电装置、热力网和热力用户、电力网和电力用户构成的总体。把发电厂、变电所、用户的用电设备和用热设备联结成整体,集中调度,可充分利用能源,保证供电、供热的可靠性和经济性。

电力系统(electric power system) 发电厂(指发电机和配电装置)、电力网、电力用户三者构成的总体。是动力系统的一部分。由于电能的生产、输送和使用必须同时完成,任一时刻的电能都必须保持平衡,而用户的电力消耗(即负荷)却在不断变化,故发电、输电、用电的各电气元件在生产过程中必须结合成整体,紧密联系,统一调度,以保证供电的可靠性和经济性。

电力网(electrical power network) 电力系统中变换电压、输送和分配电能的部分。包括各种电压的输电线路、升压变电站和降压变电站。是电能生产者(各种电厂)和电能消费者(各类电能用户)之间的联系纽带。

调相(phase modulation) 水电站同步发电机利用不发电的空闲时间,作同步补偿机使用,以调整系统电压与电流之间相位关系的一种运行方式。此时发电机实际是空载运行、过励磁状态的同步电动机,从电网吸收有功功率维持额定转速转动,同时向系统输送无功功率,即向电网提供电容性电流,以补偿电网中异步电机和变压器吸取的电感性电流,从而减小电流和电压的相位差,提高电网的功率因数,保证电压水平,提高运行稳定性。水轮发电机作调相运行的优点是不增加主机设备投资,运行方式转换十分方便。水电站普遍采用压水调相的方法,即用压缩空气将转轮室水面压低,使水轮机转轮在空气中旋转,以减少调相时的有功功率损耗。

调频(frequency modulation) 及时调整发电厂有功功率输出,使之与负荷保持平衡,以保证电力系统频率稳定的运行方式。由于电能不能贮存,而电力用户的用电情况是不断变化的,故在任一瞬时,必须使发电厂发出的有功功率总和等于此时刻电力系统所有负荷所需有功功率的总和。有功功率不足,将引起电力系统频率下降,致使电动机转速降低;发电厂发出的有功功率太多,电力系统频率过高,同样也影响用户的正常工作。因此电力系统频率波动不能超过允许范围。

变压器(transformer) 利用电磁感应原理把交流电由一种或几种等级电压,转变为同频率的另一种或几种等级电压的电气设备。由硅钢片叠成或卷成的闭合铁芯和用绝缘导线绕在同一铁芯上的原线圈(初级线圈)和副线圈(次级线圈)等构成。电力系统中,升压变压器将电压升高后送入输电线路,再经降压变压器降低电压后供用户使用。把不同电压的各个网络联结在一起,是构成电力网和电力系统的主要设备。用于输电和配电系统的变压器称"电力变压器"。按相数,分单相变压器、三相变压器;按绕组,分双绕组变压器、三绕组变压器、自耦变压器;按绝缘介质,分干式、油浸式等。此外,还有专用于测量的变压器,如电压互感器、电流互感器,用来调节电网电压的调压变压器,用于自动控制系统的控制变压器,以及用在一些需要特种电源的工业企业中如电炉、电焊、试验、整流等的专用变压器。

三绕组变压器(three-winding transformer) 每相铁芯上都绕有高、中、低压三个绕组的变压器。当一个绕组接上电源电压时,其他两个绕组能输出另两个不同等级的电压。用于联结三个不同电压等级的电网,或用于需要两种不同副边电压的场合。

自耦变压器(autotransformer) 高低压共用一个线圈,用高压线圈中间抽头作为低压线圈的一种变压器。电能传输借助于电磁感应和电流的直接传导。比同容量双绕组变压器用料省、体积小、成本低、损耗小、效率高。但过电压保护和继电保护都较复杂,短路电流比双绕组变压器大,必要时需采取限制措施,中性点必须接地,只能用在直接接地系统中。现应用日益增多。

变压器冷却(transformer cooling) 对变压器加强

散热、降低温升的措施。常用冷却方式有:(1)油浸自冷。变压器本身浸于油箱中,油箱壁上焊有油管或装有散热器,铁芯和绕组散发的热量传散给油,经油管或散热器的自然循环,通过壁面传散到空气中。(2)油浸风冷。较大容量的变压器在散热器上装有风扇以加强散热能力。(3)强迫油循环冷却。大容量的变压器在油箱外另设置油冷却器,用油泵迫使油循环,加大油流速度,使油经油冷却器得到冷却。

高压断路器(high-voltage circuit breaker) 用于高压在正常情况下接通和断开电路、在故障情况下自动迅速断开故障电流的开关设备。性能好坏主要取决于灭弧装置结构、灭弧介质性能及分断短路故障电流的能力。按相数,分单相、三相断路器;按灭弧介质,分用绝缘油作为灭弧介质和主要绝缘介质的油断路器、用压缩空气作为灭弧介质,并兼供绝缘和操作动力的压缩空气断路器、真空断路器、利用六氟化硫(SF_6)气体作为灭弧介质和绝缘介质的高压断路器的六氟化硫断路器、自产气断路器等;按开断速度,分快速、慢速;按安装地点,分户内、户外、防爆。按操作方式,分手动、电动、气动等。

隔离开关(isolator) 亦称"高压闸刀"。在高压配电装置中用来将电气设备与电源电压隔离,造成电路明显可见的空气绝缘间隔的高压电气设备。把需要检修的部分与处在高电压下的其他部分进行可靠的隔离,保证检修安全。应与断路器串联使用,在断路器断开的情况下,按隔离开关先合后拉的原则,进行接通或断开电路的操作。可用来进行某些电路的切换操作,改变系统的运行方式,以及用来接通或切断小电流电路,如断开或闭合电压互感器、避雷器、空载的小容量变压器、较短的空载线路等。因没有灭弧装置,不能用来接通和切断负荷电流,更不能用来切断短路电流,否则会在触头间产生强大电弧,甚至造成短路事故。

负荷开关(load switch) 用来接通和切断负荷电路但不能切断短路电流的一种电气设备。有压气式、油浸式和充六氟化硫(SF_6)式等几种。在短路容量较小的网络中,可配合熔断器代替高压断路器,即在正常负荷情况下由负荷开关操作电路,而在故障情况下由熔断器切断电路。一般为手动操作。

电压互感器(voltage transformer) 用来把电路中的高压交流电压转换成低压,供继电保护、监测和自动装置等使用的交流变压电气设备。工作原理、接法、特点,与电力变压器完全相同,只是容量较小。其原边绕组与主电路并联,副边绕组与仪表和继电器的高阻抗电压线圈并接。由于原、副边绕组间没有电的直接联系,因而使二次回路与高压隔开,保证操作人员和设备的安全。按冷却方式,分干式和油浸式;按工作原理,分电磁式和电容式;按相数,分单相和三相;按铁芯柱,分三柱式和五柱式;按安装地点,分户内和户外。其中电容式电压互感器实质上是一个电容分压器,可供110 kV和以上中性点直接接地系统测量电压之用。

电流互感器(current transformer) 亦称"变流器"。利用电磁感应原理,用来把电路中的大交流电流按一定比例转换成小电流,供继电保护、监测和自动装置用的交流电气设备。分单匝式、多匝式或油浸式、干式。通常由硅钢片或高导磁合金薄片制成的铁芯和原、副边绕组构成。其原边绕组串接于大电流电路中,因匝数很少,阻抗很小,对被测电路中的电流影响可忽略。副边绕组与测量仪表和继电器等的电流线圈串联,按一定电流比反映电路的电流。由于原、副边绕组之间没有电的直接联系,因而使二次回路与高压隔离,提高了装置的工作安全性,且可将测量仪表和继电器装设在离被测电路较远的地方。运行时副边绕组不准开路,以防止高电压。副边额定电流,一般规定为5 A,对弱电化的二次回路,则采用1 A或0.5 A,以利于测量仪表和继电器的标准化。

电抗器(reactor) 电感量很大、电阻很小的电感线圈。用空气或油浸冷却,串联在电路中使用。其电感量与通过的电流大小无关。分两类:(1)限流电抗器。在3~10 kV系统中,为选用较轻型的断路器和电缆,加装电抗器以限制短路电流。当电抗器外侧发生短路故障时,短路电流通过电抗器产生电压降,可保持母线电压在一定水平上,减少某一电路短路对其他电路的影响。(2)启动电抗器。抽水蓄能机组抽水工况异步启动,接入电抗器,使加在电机上的电压降低,电机的启动电流减小,从而使母线电压降减小。经常载流的大电流回路采用电抗器应经技术经济比较后确定。

避雷器(lightning arrester) 用来防止因雷云放电击穿设备绝缘的保护装置。接在被保护设备附近的导线与大地之间。有一个以空气作为绝缘介质的放电间隙,其放电电压低于被保护设备的绝缘强度允许值。一旦过电压达到避雷器的放电电压时,放电间隙先被击穿,对地放电,从而保护电气设备的安全。有保护间隙、管型避雷器、阀型避雷器三种类型。

母线(busbar) 发电厂和变电站用来连接各种电气设备,汇集、传送和分配电能的金属导线。用铜、铝、钢等金属制成。铜的电导率较高,耐腐蚀,力学强度高,但产量较少,价格贵;铝的电导率仅次于铜,又比较经济,故发电厂多采用铝母线。钢的力学强度略大于铜,但电导率低,钢母线用于交流时有较大的能量损耗,故使用较少。根据使用场合、电压、电流、力学强度、散热方式等不同要求,制成圆形、矩形、槽形、空心圆柱、多股绞线、强力风冷、管形水内冷、六氟化硫气体冷却密封等不同形式。按母线的刚度,分硬母线、软母线两种。户内配电装置的母线应着色,规定 A 相为黄色,B 相为蓝色,C 相为红色,接地线或零线为黑色或棕色。

电力电缆(power cable) 导电部分、绝缘部分和保护层都在一个整体中的输电线。由三部分组成:(1)电缆芯。用以传导电流,用铜绞线或铝绞线组成,有单根导体的称“单芯电缆”,有相互绝缘的三根导体的称“三芯电缆”。(2)绝缘层。使电缆芯相互之间和电缆芯对地绝缘。按绝缘材料,分交联聚乙烯电缆、聚乙烯电缆、乙丙橡胶电缆、油浸纸绝缘电缆、充油电缆和充气电缆。(3)保护层。使绝缘层密封,防潮,并保护绝缘层不受机械损伤。用于不宜采用架空线路的场合输送和分配电力。发电厂和变电站采用电力电缆时,可在地下沟道内构架上敷设,布置紧凑,可避免外界条件(如结冰、刮风、雷击、腐蚀性气体等)的影响,可靠性高。但散热差,载流量小,价格贵,故障检查和修复较困难。

闸刀开关(knife switch) 一种简单的低压开关。由固定在底座的定触头和可动刀片构成。只能手动操作,没有灭弧机构,利用拉长电弧使其在空气中熄灭。常与熔断器配合使用,用以接通或开断低压电路的正常工作电流,熔断器在发生短路故障或过负荷时自动切断电路。在较大容量的低压电路中,与自动空气开关配合使用,用来隔离电压,作为隔离电器用。按极数,分单极、双极和三极;按操作方式,分中央手柄、旁手柄和杠杆操作;按接线方式,分板前接线和板后接线等。安装时应使电源从闸刀开关到熔断器,以便拉开闸刀开关后可在脱离电源的情况下更换熔丝,且要注意使合闸时手柄向上,避免闸刀拉开后由于自重而自动合闸。

自动空气开关(automatic air switch) 触头在空气中工作的低压自动断路器。有良好的灭弧装置,是性能最完善的一种低压自动开关。可以手动或电动合闸和分闸,在电路发生过负荷欠电压时能自动分闸,快速灭弧,接通和分断能力大,比熔断器有较好的选择性及稳定性,可较准确地整定动作电流。按电源,分交流和直流两种;按结构形式,分万能式(框架式)和装置式(封闭式)两种。是低压大功率电路中的主要控制电器,如大中型水电站厂用电的总开关,小型水电站、电力排灌站发电机、变压器的低压主开关和非频繁起动电动机的电源开关。优点是操作方便,工作可靠,使用安全。适用于电压 380 V、频率 50 Hz 的交流或电压 400 V 的直流电气装置中,但不适用于频繁操作。

磁力起动器(magnetic starter) 亦称“电磁开关”。远距离直接频繁起停鼠笼式感应电动机的控制设备。由三相交流接触器和串接在两相中的两个热继电器组合而成。当电动机过负荷时,热继电器的接点分离,使接触器释放,电动机停止运行。由于接触器具有低电压释放的功能,故能起低电压保护作用。但因热继电器的惯性,短路电流通过的瞬间不能迅速动作,故不能作为短路故障的保护,必须配以熔断器保护短路装置。

主结线(main electrical connection) 亦称“电气主结线”、“电气主接线”。发电厂或变电站中主要电气设备及其连接母线所组成的电路结线。可分为单元结线、扩大单元结线、单母线结线、双母线结线、桥形结线、多角形结线和环形结线等。用规定的图形符号和文字示出(一般用单线图绘制,即三个相的电线用一条线表示)的,称“主结线图”。说明电能生产、输送和分配的关系,是设计、安装和运行操作的依据。其合理性对发电厂和变电站的安全可靠、运行灵活、检修方便、经济合理都有决定性的影响。电厂中央控制室内为满足运行分析的需要,设有主结线模拟图,能显示出各主要设备的运行状态,使运行人员随时了解现场情况,有助于正确操作和迅速处理事故。

配电装置(power distribution equipment) 安装在发电厂、变电站和工业企业等用电场所,在正常情况下接受和分配电能,故障时迅速切断故障部分的电气设备装置。将开关设备、保护电器、测量电器、联结母线和其他辅助设备按照主结线以一定顺序进行电气连接而构成。有户内配电装置、户外配电装置、成套配电装置三种。户内配电装置的全部电气设备安装在屋内，一般用于 10 kV 电压级以下。户外配电装置的全部电气设备安装在屋外露天场地，一般用于 35 kV 电压级以上。户外配电装置与户内配电装置相比，节省建筑面积，扩建比较方便，但占地面积较大，电气设备露天放置受环境气候影响较大，需采用较贵的户外型结构。

成套配电装置（packaged distribution equipment） 由制造厂将各种设备元件成套组装在全封闭或半封闭金属柜中的配电装置。电站或变电站按照主结线选择若干个柜组成整个配电装置。可分三类：（1）低压成套配电装置；（2）高压成套配电装置，亦称"高压开关柜"；（3）六氟化硫全封闭组合柜。工作可靠性高，使用安全，不受外界自然条件影响。与普通装配式户内配电装置比较，现场安装迅速、房屋体积小、建筑工程简化，但所用钢材较多、成本较高。

铅酸蓄电池（lead-acid storage battery） 亦称"铅蓄电池"、"酸蓄电池"。一种化学电源。其正极板的活性物质是棕色的二氧化铅，负极板的活性物质是灰色海绵状的金属铅绒；电解液是相对密度为 1.21（15℃）的稀硫酸溶液。充放电的化学反应是可逆的，放电时将化学能转换成电能，充电时则将电能转换成化学能贮存起来。每个电池额定电压为 2 V。大中型水电站广泛采用多个蓄电池串联成蓄电池组作为直流电源。

继电保护（relay protection） 电力系统中由各种继电器和辅助元件组合成对一次回路进行监视和保护的自动装置。是保证电力系统安全运行的有效方法之一。能反应电气元件的不正常工作状态，及时发出信号；事故时能自动、迅速、有选择地使断路器自动分闸，切除故障元件使其免受更严重的破坏，并缩小事故范围，保证无故障元件继续正常运行。其装置应满足四项要求：（1）选择性。故障时仅将故障元件切除，非故障部分应继续安全运行。（2）快速性。快速切除故障，以减小故障电流对设备的危害，加速母线电压的恢复。（3）灵敏性。对保护范围内发生故障或不正常工作状态，不论短路点的位置和短路的性质如何，都能灵敏地感觉，正确地反应。（4）可靠性。要求保护装置性能稳定，在保护区内故障不拒动，未故障或保护区外故障不误动。

差动保护（differential protection） 继电保护的一种。利用差动原理，比较被保护元件各端电量，以判定内外故障。有纵差动保护和横差动保护两种。前者适用于短的单回线路、变压器、发电机，以及大型电动机。在被保护元件始端和末端，各装设变比相同的电流互感器，并借辅助导线将其二次线圈串联，在辅助导线间串联一只电流继电器，流过继电器的电流为二次线圈电流之差。当正常工作和区外短路时，流过继电器的电流几乎为零，保护装置不动作；当保护区内发生短路时，两个电流互感器二次线圈的电流大小或方向不同，流过继电器的电流大于继电器的起动电流，保护装置动作。后者只适用于平行线路或有并联绕组的大型发电机，用来比较平行元件的电流。

自动重合闸（automatic reclosing switch） 断路器因某种故障原因分闸后，利用机械装置或继电自动装置使其自动重新合闸的设施。如电力系统发生的故障是暂时性的，经继电保护装置使断路器跳闸切断电源后，经预定时间再使其自动重合，如故障已自动消除，线路即重新恢复供电；如故障是持续性的，则断路器再次被跳闸，不再重合。按重合次数，分一次重合闸和多次重合闸；按相数，分三相和单相自动重合闸；按使用场合，分单侧电源和双侧电源自动重合闸。

抽水机（pumping machine） 亦称"扬水机"、"抽水机组"。把原动机的机械能或其他外加的能量，转换成流经其内部的水流的动能和势能的流体输送机械。常用来把一个地方的水输送到另一个地方，从低处送往高处或者使水流的压力增加。主要由水泵、动力机（电动机或内燃机等）与传动装置构成，也有连同进、出水管路称"抽水装置"的。按其动力类型，分电动抽水机、柴油抽水机、汽油抽水机、太阳能抽水机和风力抽水机等。

水泵（water pump） 由动力机带动，将水从一个地方输送到另一个地方，从低处扬至高处，或者使水流的压力增加的机械。可分为叶片泵、容积泵和其他类型泵。叶片泵是利用叶片的旋转运动，将能量传递给流经其内部的水体，使水的能量增加，主要分为离心泵、轴流泵和混流泵三种。容积泵是利用工作室容积的周期性变化，将能量传递给流经其内部的水体，使水的能量增加，可分为往复泵和旋转泵两种。前者利用柱塞在泵缸内作往复运动来改变工作室的容积,如往复式活塞泵;后者利用转子作回转运动改变工作室的容积,如齿轮泵、螺杆泵。其他类型泵有射流泵、水轮泵、水锤泵、气升泵等,它们利用液流或气流的运动将本身的能量传递给被输送的液体。广泛应用于灌溉、排涝、工矿企业与城镇的给排水等方面。

离心泵(centrifugal pump) 利用叶轮高速旋转产生离心力的作用迫使液体流动的一种泵。由泵壳、叶轮、泵轴、轴承、密封装置、口环等组成。当叶轮在泵壳内高速旋转时,叶轮中的水在离心力的作用下被甩向叶轮外缘,并将水压向出水管;叶轮中心形成真空,使进水池的水通过进水管被吸到叶轮中心。叶轮不停地旋转,水就不断地被吸进和压出。按叶轮的个数,分单级泵(一个叶轮)和多级泵(泵轴上两个以上叶轮串联);按叶轮的进水方式,分单面进水悬臂式离心泵(简称"单吸泵")和双面进水离心泵(简称"双吸泵");按装置方式,分卧式和立式两种。特点是扬程较高(一般为 20 ~ 100 m),但流量较小(一般在 1.0 m³/s 以下),启动前泵内必须充水或抽真空,以形成初始的工作条件。适用于山丘区的农田灌溉。

自吸式离心泵(self-priming pump) 不需真空泵抽气或人工灌水启动,能自动吸水的一种离心泵。按气、水混合的位置,分外混式和内混式两种。与一般离心泵不同的是:蜗壳体过水断面较大,出口处构成气水分离室;停机后泵内能储存少量的水。自吸原理是启动后由于叶轮高速旋转,叶轮中的存水与吸入侧的空气混合成气水混合物,并将其送至压出侧的气水分离室,空气从压出口逸出,水又重新沿蜗壳的回流孔流回叶轮外缘(或叶轮的进口和叶轮内),再与空气混合。如此反复循环,直至泵内及吸水管内的空气排尽,叶轮进口处产生负压,即完成自吸过程。自吸时间随泵型而异,从几十秒到数分钟不等。适用于启动、停机频繁和流动抽水的场合。广泛用于船舶、消防、建筑施工、石油、矿山以及喷灌等方面。

轴流泵(axial-flow pump) 利用旋转叶轮上的叶片对液体产生的升力增加液体压力并使之沿轴向流动的泵。因水流主要沿轴向流进和流出叶轮,故名。由圆筒形泵壳、叶轮、泵轴、轴承、导叶体、叶片调节机构等组成。按装置方式,分立式、卧式、斜式和贯流式等;按叶片调节方式,分固定式、半调节式和全调节式。固定式的叶片和轮毂浇铸在一起,不能改变安装角;半调节式的叶片的安装角可以在停机时人工调节,以适应不同扬程的要求;全调节式的叶片可用机械或油压机构随时进行调节,以适应扬程的变化,使水泵和动力机能在高效率范围内满载运行。轴流泵的特点是结构简单,效率较高,扬程低(一般在 20 m 以下),流量大(一般在 1 m³/s 以上)。适用于平原地区和低洼圩区的农田排涝和灌溉。

贯流泵(tubular through-flow pump) 亦称"圆筒泵"、"灯泡泵"。水流沿泵的旋转轴线方向通过泵内流道,没有明显转弯的卧式轴流泵和混流泵。分灯泡贯流式、轴伸贯流式和竖井贯流式。灯泡贯流式使用最多,可分为转轮的叶片是固定的和叶片可调节的两种。其流道是从吸入口到压出口呈直线形的圆筒通道,没有蜗壳,动力机安装在水泵的灯泡体内。体积小、泵房的建筑费用低、泵房噪声小、水力损失少、效率高。但对动力机结构、传动装置和通风措施等要求较高。

圬工泵(masonry pump) 亦称"无管泵"。一种低扬程的轴流泵。取消了一般轴流泵的弯管,而以混凝土圬工出水室代替。主要部件为喇叭管、叶轮、导叶体和轴。叶轮有铁制的和木制的两种。具有流量大、扬程低(2 m 以下)、效率较高、结构简单、造价低廉等特点。广泛应用于平原和低洼地区的农田排涝。

混流泵(mixed-flow pump) 亦称"斜流泵"。构造和原理同时具有离心泵和轴流泵特点的一种泵。扬程比轴流泵高,比离心泵低;流量比轴流泵小,比离心泵大。有蜗壳式混流泵和导叶式混流泵两种型式。蜗壳式混流泵由泵体、叶轮、泵轴、轴承体和密封装置等组成。有卧式和立式两种,前者的结构与单级单吸悬臂式离心泵相似,除叶型不同外,叶轮的形状也较离心泵的叶轮扭曲,蜗室也较离心泵的大;后者结构复杂,仅限于大泵。导叶式混流泵以导叶代替蜗壳,由进水喇叭、叶轮、导叶、出水弯管、泵轴、导轴承、轴承、润滑水管等组成,结构与轴流泵基本相似。混流泵结构简单、效率高、抗气蚀性能好,故应用较广。

斜流泵(diagonal-flow pump) 即"混流泵"。

潜水泵(submersible pump) 亦称"潜水电泵"。电动机与水泵组装成一个整体浸没于水中运行的一种水泵。由电动机、水泵和出水管等三部分组成。

按扬程大小(几米到几百米),分深、浅两种潜水泵;按电动机防水密封措施,分干式、半干式、充油式和湿式等潜水泵;按叶轮形式,分离心式、轴流式和混流式等潜水泵。具有机泵合一、结构简单、体积小、质轻、使用方便、无需固定的安装基础、便于移动使用等优点。适用于流动灌溉和井灌、工地排水。

深井泵(deep-well pump) 亦称"长轴深井泵"。专门抽取较深处水体的井用水泵。属立式单吸分段式多级离心泵或立式多级混流泵。扬程在 50 m 以上,有的国家规定扬程在 300 m 以上者才称"深井泵"。习惯上将其附属装置合称"深井泵"。由三部分组成:(1)井上部分。包括泵座、电动机或内燃机、传动装置等。(2)中间部分。包括输水管、传动轴、轴承等。(3)泵体部分,包括叶轮、橡胶轴承、导流壳、进水管、滤网等。深井泵的叶轮由多级离心式或混流式叶轮同轴串联而成,可从深几十米到几百米的井中抽水。但转动轴长,耗用钢材多,安装检修较麻烦,输水管加工精度要求高,传动效率低。

浅井泵(shallow-well pump) 一种抽取较浅处水体的井用水泵。中国将扬程在 50 m 以下的井泵称"浅井泵"。习惯上也将其附属装置合称"浅井泵"。由三部分组成:上部一般安装动力机,为立式电动机或内燃机;中间为出水管和传动轴;下部为泵体,一般装有 2～8 个离心式或混流式叶轮,进水管入口装有滤水网。结构简单,运行可靠,工作效率高。

水轮泵(water-turbine pump) 水轮机与水泵同轴安装的一种水力机械。机泵浸没于水下,利用水力推动水轮机的转轮,直接带动水泵叶轮旋转,将水上提。凡具有一定水头(大于 0.5 m)和足够流量的地方,如山区河流的急滩、水坝和渠道跌水或沿海有潮汐的地方,均可安装水轮泵。结构简单、制造容易,建站投资少,提水成本低,运行性能好,管理方便。还可为农副产品加工和发电等综合利用提供动力。

水锤泵(hydraulic ram pump) 亦称"冲击式扬水机"、"水击扬水机"。利用流水的能量为动力,根据水锤作用的原理进行扬水的机械。由进水管、泵体、进水阀、气压罐、排水阀等组成。水从高处落下,流入进水管,使排水阀快速关闭,水管内即产生水锤压力,拉开进水阀,将水压入出水管扬至高处。其扬水特点是自动和间歇的。结构简单,能利用小流量,扬程高,但出水量小。只适用于某些特定场合。

射流泵(jet pump) 利用射流形成真空而将水(或气体)上吸的泵。由喷嘴、喉管入口、喉管、吸入室和扩散管等部件组成。压力水(或气体)从喷嘴高速射出时,使吸入室形成真空,水(或气体)被吸入室内,压力水(或气体)与吸上的水(或气体)在喉管入口和喉管内混合,进行能量传递,再经扩散管使混合水(或气体)的动能转化为压能,最后经排出管送至高处。可利用各种有压流体作为工作动力,通常与高压泵联合工作。无运动部件,结构简单,工作可靠,安装、操作方便;但需要高压水(或气体)、效率低。广泛用于抽水、抽气、挖泥断流等场合。

螺旋泵(screw pump) 亦称"螺旋扬水机"、"阿基米德螺旋泵"。利用螺旋叶片的旋转,使水体沿轴向螺旋形上升的一种泵。由轴、螺旋叶片、外壳组成。抽水时,将泵斜置水中,使水泵主轴的倾角小于螺旋叶片的倾角,螺旋叶片的下端与水接触。当原动机通过变速装置带动螺旋泵轴旋转时,水就进入叶片,沿螺旋型流道上升,直至出流。结构简单,制造容易,流量较大,水头损失小,效率较高,便于维修和保养,但扬程低,转速低,需设变速装置。多用于灌溉、排涝,以及提升污水、污泥等场合。中国从 20 世纪 70 年代开始使用。

柱塞泵(plunger pump; reciprocating piston pump) 亦称"往复泵"。利用柱塞在泵筒内周期性地往复运动改变工作室容积而吸入、压出液体的泵。由柱塞、泵筒、吸压室、吸水阀、压水阀,以及带动柱塞作往复运动的机构组成。扬程高达 500 m。效率较高,能自吸。在输送黏度较大、不含颗粒的液体和要求自吸能力高的场合,有独特作用。出水量小且不均匀,一般不超过 200～300 m^3/h,泵体较重,体积较大。

扬程(pumping lift; head) 单位重力作用下的液体通过泵后所获得的能量增加值。用 H 表示,单位为 m。泵的扬程随着输送流量的大小而变化。水泵额定扬程是指额定流量下的水泵扬程。水泵进、出水池水位差与水流流经进、出水管路系统的所有水头损失之和,称"水泵装置需要扬程"。当进、出水池水面上的压力均为大气压时,实际的提水高度,即进、出水池的水位差称"装置净扬程"。

气蚀余量(net positive suction head,缩写 NPSH) 判断水泵是否发生气蚀的物理量。是表征水泵气蚀性能的重要参数,用以计算水泵的安装高程。其值等于水泵进口处的压力减去水泵工作温度下的汽化压力。由水泵模型试验得出。可从水泵产品样本上的性能曲线或性能表中查到。水泵的气蚀余量越大，其抗气蚀性能越差，安装高程就会越低。

允许吸上真空高度（permitted suction vacuum lift） 为保证水泵不发生气蚀，水泵进口断面允许的真空度。以 m 水柱计。是水泵吸水性能的重要参数，为计算水泵允许吸水高度和确定水泵安装高程的依据。可由水泵性能表或铭牌上查得。如使用水泵的地点地势较高和水温高于或低于 20℃ 时，必须对所查得的值加以修正。水泵的允许吸上真空高度越大，说明水泵抗气蚀性能越好。

闸阀（gate valve） 亦称"闸板阀"。安装在抽水站和水电站的油、气、水管路系统中的阀门。是管路上的流量控制装置。作用是：（1）离心泵启动前关闭闸阀，可使配用真空泵抽气充水（或油）；（2）离心泵启动时关闭闸阀，可减小启动电流，降低动力机的功率；（3）停机时关闭闸阀可以断流，防止泵倒转，保证机组安全停车；（4）部分关闭闸阀，调节流量；或改变油、气、水管路中液体的流动方向；（5）可作小型水电站中水轮机的进水阀。但装设闸阀后水力损失较大，应尽量少用。与止回阀、底阀统称"三阀"。

底阀（bottom valve） 安装在离心泵、混流泵进水管进口断面的单向阀门。外端通常附有防止杂物流入吸水管的栅网。作用是：水泵起动前如采用人工充水排气，可防止进水管中的水漏走；启动后，阀下水流顶开阀门，流入进水管；停机时，借阀门自重和管内倒流水的压力自行关闭。采用真空泵抽气的离心泵、混流泵和无需灌水抽气的自吸离心泵、柱塞泵、潜水泵以及叶轮淹没在水中的轴流泵、落井安装的离心泵、混流泵等都无需安装底阀。

止回阀（check valve） 亦称"逆止阀"、"单向阀"。防止管路内流体反向流动的阀门。当管内流体反向流动时，压迫阀内阀瓣关闭。安装在抽水站和水电站的油、气、水管路系统中。安装时，应使阀体上标明的箭头方向与流体的流向一致。设置后会增加水力损失。在高扬程泵站的出水管路上设止回阀时，应采取消除水锤影响的措施。对扬程不高、出水管道不长的泵站，常以管口的拍门来代替。

拍门（flap valve） 安装在水泵出水管口的一种简单的阀门。用铸铁或钢做成。用铰链与门座相联。水泵开机后，在水流的冲击下，自动打开。停机后，靠拍门的自重或倒流水的压力自动关闭。结构简单，造价低廉，能自动启闭；但水头损失较大，关闭时，有很大的冲击力。按结构形式，分普通拍门、带平衡锤的拍门、多扇组合拍门、机械平衡的拍门、油压缓冲的拍门等。

套用机组（reference unit） 选用已生产和有过运行经验的同类机组。合理套用与拟建电站基本参数相近的已建水电站的水轮机和发电机的型号和参数。对于容量较小的水轮机和发电机的选型可采用套用机组的办法或按水轮机系列型谱选择。在生产厂家尚未确定的设计阶段，亦常采用套用机组的参数和模型综合特性曲线，进行调保计算和厂房、输水道的有关设计。在最终采用机组确定后，再对有关参数进行复核和调整。

水 工 建 筑 物

水工建筑物（hydraulic structure） 水利工程中与水发生相互作用的各类建筑物的统称。按其功用大致可分：（1）挡水建筑物，如闸、坝、堤、海塘等；（2）泄水建筑物，如溢洪道、泄洪隧洞等；（3）取水建筑物，如进水塔、进水闸等；（4）输水建筑物，如渠道、输水隧洞、管道等；（5）整治建筑物，如丁坝、顺坝等；（6）专门性建筑物，如水电站和抽水站的厂房、船闸和升船机、防波堤和码头、鱼道、筏道、给水过滤池等。这些建筑物需承受水的各种作用，如静水压力、动水压力、渗流压力和水流冲刷等。

枢纽布置（layout of water project） 对水利枢纽中的各种水工建筑物进行的总体布局和组合安排。是枢纽设计中一项重要工作。需要综合考虑地形、地质、水流条件，以及建筑物之间的相互影响、施工、运行管理、技术经济、环境等各方面因素进行全面论证。通过综合比较，从若干个方案中，选定技术上可行、经济上合理、施工期短、运行可靠、管理方便的最优枢纽布置方案。对大中型枢纽的布置，一般还需进行专门模型试验。

水利枢纽等别（class of water project） 为使工程安全性和工程造价合理性适当统一起来，对水利枢纽按其规模、效益及其在国民经济中的重要性进行的等别划分。中国现行水利水电工程和水电枢纽工程规范中将水利枢纽分为五等，如下表。

水利水电工程分等指标

工程等别	工程规模	水库总库容 ($10^8 m^3$)	防洪			治涝	灌溉	供水	发电
			保护城镇和工矿企业的重要性	保护农田 (10^4亩)	治涝面积 (10^4亩)	灌溉面积 (10^4亩)	供水对象重要性	装机容量 ($10^4 kW$)
Ⅰ	大(1)型	≥10	特别重要	≥500	≥200	≥150	特别重要	≥120
Ⅱ	大(2)型	10～1.0	重要	500～100	200～60	150～50	重要	120～30
Ⅲ	中型	1.0～0.10	中等	100～30	60～15	50～5	中等	30～5
Ⅳ	小(1)型	0.10～0.01	一般	30～5	15～3	5～0.5	一般	5～1
Ⅴ	小(2)型	0.01～0.001		<5	<3	<0.5		<1

水电枢纽工程分等指标

工程等别	工程规模	水库总库容 (亿 m^3)	装机容量 (MW)
一	大(1)型	≥10	≥1 200
二	大(2)型	<10 ≥1	<1 200 ≥300
三	中型	<1.00 ≥0.10	<300 ≥50
四	小(1)型	<0.10 ≥0.01	<50 ≥10
五	小(2)型	<0.01	<10

水工建筑物级别(class of hydraulic structure) 根据其所属枢纽工程的等别及其在工程中的作用和重要性,对水工建筑物进行的分级。设计时区别对待不同级别的水工建筑物在抗御洪水能力、强度和稳定性,建筑材料,以及运行可靠性等方面的要求。中国现行的规范中,将水工建筑物分为五级,如下表。

水工建筑物分级

工程等别	永久性建筑物级别		临时性建筑物级别
	主要水工建筑物	次要水工建筑物	
一	1	3	4
二	2	3	4
三	3	4	5
四	4	5	5
五	5	5	

坝址选择(selection of dam site) 水利枢纽中坝轴线的选择。根据流域规划和工程综合利用的要求,结合河道地形、地质等调查资料和判断条件,初步选择几个可能的筑坝地段(河段),经过技术和经济等方面的综合比较后,选择一个最有利的河段和坝轴线,并初步确定坝型及其他建筑物形式和枢纽布置。随着设计的深入,地质资料、试验资料等的不断充实和方案比较的进一步深入,最终确定坝轴线和坝址。

坝型选择(selection of dam-type) 设计水利枢纽时,选择挡水建筑物类型和结构形式的工作。是初步设计阶段的一项重要内容。设计时,根据枢纽布置,坝址地形、地质和水文条件,提出可能的坝型和结构形式,并进行技术经济比较,同时考虑枢纽及其建筑物的施工条件、当地材料的取用条件、运行条件、综合效益、发展远景和投资指标等因素选定一种坝型作为设计的依据。

初步设计(preliminary design) 水利工程设计三阶段的第一阶段。主要任务是编制拟建工程的方案图、说明书和概算。包括选定适宜的坝(闸)址,确定工程等别和各建筑物级别、工程总体布置、主要建筑物形式和尺寸,选择水库的各种特征水位、水电站的装机容量、机组机型、施工导流方案,提出水库移民安置规划、环境评价等内容。若将全部工程设计分为两个阶段,则初步设计称"扩大初步设计",经国家批准的初步设计文件是基本建设中拨款和对拨款使用进行监督的基本依据。

技术设计(technical design) 水利工程设计三阶段的中间阶段。主要任务是论证本工程和主要建筑物的等级、形式、尺寸,以及基础处理的方案,对初步设计中提出的一些专门性问题进行深入的分析和研究。为论证选定方案的合理性,需进行必要的科学试验研究。其文件是编制施工详图和主要材料设备定货的依据,也是基本建设拨款和对拨款使用进行监督的基本依据。一般水利工程中,该阶段与初步设计阶段合并称"扩大初步设计"。

施工详图阶段（construction drawing stage） 水利工程设计三阶段的最后阶段。主要任务是进行建筑物的结构设计和细部设计；根据更深入的勘测资料，进一步研究地基的处理方案等问题；确定施工方法和施工总体布置，安排施工进度和施工预算等。

安全系数设计法（design method of factor of safety） 结构设计的一种方法。安全系数是反映结构安全程度的系数，是结构或构件抵抗破坏的能力（抗力）与荷载效应的比值。结构或构件在荷载作用下应满足安全系数的要求。如边坡稳定分析中抗滑力（矩）与滑动力（矩）之比称为"抗滑稳定安全系数"。安全系数设计法要求 $S \leqslant R/K$，式中，K 为安全系数，R 为结构抗力的取用值，S 为作用效应的取用值。如果 R/S 大于或等于规范给定的安全系数 K，即认为结构符合安全要求。此法形式简单，被广泛应用。

极限状态设计法（limit state design method） 结构设计的一种方法。当结构或构件的一部分达到某一特定状态时，就不能满足设计规定的要求，称此特定状态为该结构或构件的极限状态。极限状态可分为承载能力极限状态和正常使用极限状态两种。前者指结构或构件达到最大承载能力或达到不适于继续承载的变形状态。出现下列状态之一时，即认为超过承载能力极限状态：（1）整个结构或构件的一部分作为刚体失去平衡（如倾覆等）；（2）结构构件或连接件因超过材料强度而破坏（包括疲劳破坏）或因过大的塑性变形而不适于继续承载；（3）整个结构或构件的一部分转变为机动体系；（4）结构或构件丧失稳定（如压屈等）；（5）土石结构或地基、围岩产生渗流破坏等。后者指结构或构件达到正常使用或耐用性能的某项规定限值时的状态。出现下列状态之一时，即认为超过正常使用极限状态：（1）外观变形影响正常使用；（2）耐用性能损坏（包括裂缝、振动）影响正常使用。

挡水建筑物（water retaining structure） 用于拦截水流，以形成水库或壅高水位的水工建筑物。如各种坝、水闸和堤防等，其中以坝为典型代表。

专门性建筑物（special hydraulic structures） 为水利工程中某些特定单项任务而设置的水工建筑物。如专用于水电站的前池、调压室、压力管道、厂房，专用于通航过坝的船闸、升船机、鱼道、筏道，专用于给水防沙的沉沙池等。

水电站建筑物（hydraulic structure of water power station） 专为发电用的水工建筑物。如进水建筑物、引水建筑物、平水建筑物、尾水建筑物、水电站厂房、变电和配电建筑物等。进水建筑物的功能是按水电站的要求将水引入引水道；引水建筑物是将发电用水输给水轮发电机组；平水建筑物的功能是平稳引水建筑物中的流量和压力，以适应负荷变化；尾水建筑物用来控制和排泄发电尾水；水电站厂房用来安装水轮发电机组及其控制设备；变电和配电建筑物用来安装变压器和高压开关，将水电站发出的电流输出。

过鱼建筑物（fish-pass facilities） 专供鱼类洄游过闸、过坝用的水工建筑物。有鱼道、鱼闸、举鱼机等形式。各类型均有一定的使用条件，应根据水利枢纽的水头大小、地形条件、鱼类习性和河流条件等进行选择。

过木建筑物（log way; timber pass facilities） 专为木材过闸、过坝用的水工建筑物。有筏道、漂木道、举木机等。少数情况下，还有利用溢洪道漂木、船闸过筏、起重机吊运和绞车牵引等过坝方式。各类型的选择，主要考虑浮运木材的数量、枢纽水头的大小、水位变幅、泄水方式、地形条件和林业部门的要求等，特别要解决好过木建筑物与水利枢纽中其他水工建筑物的矛盾。

过坝建筑物（crossover hydraulic structures in dam complex） 为解决闸坝上下游之间的通航、过木（竹）和过鱼等问题而兴建的各种水工建筑物。如船闸、升船机、鱼道、鱼闸、举鱼机、筏道等。

筏道（raft chute; raft way; raft path） 水利枢纽中放送木排过坝的建筑物。由进口首部、槽身和出口建筑物组成。进口部分应保证木排有控制地顺利进入槽身。进口首部有两种基本形式：一种根据水位情况，进口高程可以调节；另一种进口为闸室筏道，其闸底倾斜，闸室首尾设有两道闸门。放木筏时，先开第一道闸门，木排进入闸室后关闭，再缓缓开启第二道闸门，将闸室内的水放空，木排落在闸底斜坡上，接着再开第一道闸门放水，木排就可冲放至下游。筏道在平面上宜布置成直线，槽宽不宜过大，以免木排在槽内左右摆动，一般比木排宽 0.3 ~ 0.5 m。筏道槽身可用木材、浆砌石、混凝土和钢筋混凝土等材料建成。槽身纵坡要根据槽中最小水深和排速来确定。筏道出口应保证在下游水位变化的范围内,使木排能安全顺利地流放,不搁浅并尽量减少木排钻入水中的现象。特点是用水放筏,不需用机械过木。但对以发电为主的水利枢纽不宜采用,因放木多在汛后,常与蓄水矛盾,以采用过木机为好。

鱼道(fish pass;fish way) 水利枢纽中供鱼类通行的建筑物。有槽式鱼道和池式鱼道等。槽式鱼道亦称"梯级鱼道",简称"鱼梯"。由斜坡式

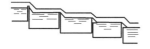

槽式鱼道纵剖面示意图

或阶梯式水槽组成的,断面呈矩形。槽式鱼道纵剖面如示意图。槽中设多级隔板,利用隔板将水位差分成若干级,形成梯级水面跌落,隔板上设过鱼孔。有堰式、淹没孔口式、竖缝式和组合式等多种。隔板间距、水深、隔板形状、每级水室的水头等均应根据鱼类习性和水流流态经模型试验选定。鱼道内的流速根据过鱼的习性设计。对于淡水鱼流速为 $0.15 \sim 0.4$ m/s;对强壮的鱼可达 $0.4 \sim 0.8$ m/s。池式鱼道由一连串分开的水池组成。各水池间用短的渠道连接。一般多利用天然的地形绕岸修建。槽式鱼道和池式鱼道都由进口、槽身、出口和诱鱼补给水系统等部分组成。其中诱鱼补给水系统的作用极为重要,需利用鱼类逆水而游的习性来引诱其进入。也可根据不同的鱼类,分别利用光线、电流、化学药品、压力变化对鱼施加刺激,诱鱼进入鱼道。设计时,应充分调查研究,广泛收集资料,作可靠的论证,提出合理的建筑结构,适合鱼类的习性,否则,易导致鱼类不能洄游产卵,使得珍贵鱼种绝迹。

鱼闸(fish lock) 工作原理类似于船闸的过鱼建筑物。有竖井式和斜井式两种。竖井式鱼闸,上下游各有一段导渠与闸室相连,水经放水管不停地进入闸室和导渠中,诱鱼进入导渠,由驱鱼栅将鱼推入闸室竖井,关闭下游闸门,随着闸室内水位上升,提升闸室底板上的升降栅,迫使鱼随水一起上升,当闸室中水位与上游水位齐平后,打开上游闸门,启动上游驱鱼栅,

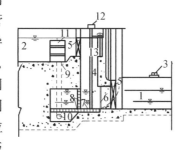

竖井式鱼闸结构图

1、2.上下游导渠 3.下导渠驱鱼栅 4.竖井 5.闸门 6.转动栅 7.升降栅 8.垂直和水平消力栅 9.放水管 10.放水管圆筒门 11.拦污栅 12.启闭机 13.驱鱼栅

将鱼推入水库内。斜井式鱼闸由上下闸室和斜井组成,斜井具有一定坡度,其余结构和工作原理基本与竖井式相同。

升鱼机(fish elevator;fish lift) 亦称"举鱼机"。建造在河道上载鱼过闸、坝的升降设备。有湿式和干式两种。前者是一个上下移动的水箱,当箱中水面与下游水位齐平时,开启与下游连通的箱门,使鱼进入鱼箱,然后关闭箱门,随即把水箱上举到箱内水面与上游水位齐平,再开启与上游连通的箱门,鱼便进入上游。后者是一个上下移动的渔网,工作原理与前者类似。

永久性水工建筑物(permanent hydraulic structures) 为保证发挥设计效益所需的各种水工建筑物。按重要性,分主要水工建筑物和次要水工建筑物。前者指其失事或停止运行后,将造成下游灾害或严重影响枢纽工程效益的水工建筑物,如大坝、泄洪建筑物、输水建筑物、电站厂房等。后者指其失事或停止运行后,不致造成下游灾害或对枢纽工程效益影响不大且易修复的水工建筑物,如挡土墙、导流墙、工作桥和护岸等。

临时性水工建筑物(temporary hydraulic structures) 水利工程施工或维修期间临时使用的水工建筑物。为修建永久性水工建筑物和保证其顺利进行,在施工或维修期间,临时修建的水工建筑物。当其作用完成后,即可废弃或改建成其他用途,如围堰、导流隧洞等。

取水建筑物(water supply works;water feed works) 输(引)水建筑物的首部建筑。如取水口、取水闸、扬水站等。当取水专为城镇工业生产和人民生活供水时还应包括水厂、滤池和卫生处理等设施。

动水压力(dynamic hydraulic pressure) 由于水流运动而在固体边界上产生的压力。由于黏滞力的影响,不同于静水压强,在运动水流任一点上各个方向的法向应力互不相等,但任意三个互相垂直面上的法向应力之和是保持不变的,因此就把它们的平均值作为对动水压力的衡量标准。常有以下几种情况:(1)水流惯性所引起。当水流遇到固体阻碍,改变方向,招致动量的变化而产生,例如,水流在反弧段运动时,以离心力方式,作用于反弧处。(2)水流的紊动及脉动所引起。由于其随机特性,某点的瞬时动水压力在时均压力上下脉动,大于或小于时

均值,最小值甚至变为负压。水流在固体表面遇到突体时会由于脉动现象产生负压,甚至引起空化、空蚀。(3) 在地震时坝体朝水体方向移动而引起的激荡力。是在静水压力外的附加荷载,称"地震动水压力"。(4) 土体内渗流坡降所引起的渗流动水压力。这种坡降引起土壤颗粒间的渗流,颗粒表面对水形成阻力,而水对颗粒作用渗透力,属于"体积力"。

地震作用(earthquake action; seismic action)　由地震引起的对建筑物的动力作用。分水平地震作用和竖向地震作用。地震引起的地面运动强烈程度称"地震烈度",一般由地震仪测得的加速度时程曲线表示,该曲线反映地震动强度(如峰值加速度)、频谱特性(如特征周期)和持续时间,亦称"强震地面运动'三要素'"。包括地震惯性力、地震动水压力、地震动土压力等,其大小与烈度或加速度有关,烈度达Ⅶ度以上(含Ⅶ度)的地震区,在设计水工建筑物时,要进行抗震设计。

水工建筑物抗震设计(seismic design of hydraulic structures)　为防止水工建筑物遭受地震作用发生破坏所进行的一种专项设计。包含抗震计算(或抗震试验)和抗震措施两项内容。抗震计算是为掌握水工建筑物遭遇地震荷载的动力响应,根据这些响应判断建筑物可能出现的破坏。抗震计算的方法有拟静力法和动力法,后者又有振型叠加法、反应谱法和时程分析法等。抗震措施则是为防止建筑物破坏所采取的工程措施。选址时应选择有利的工程场地和地基,结构设计时对混凝土建筑物采取减小顶部质量、局部增配钢筋、增设梁柱和支撑结构等;对土石结构可采取放缓边坡、设置加筋、做好坝身坝基的排水设施和盖重等,防止地震液化。

地震加速度时程曲线(time history of acceleration)　地震发生时由地震仪观测记录到的地面运动加速度与时间的关系曲线。是抗震设计计算的重要资料之一。由于建筑物所在位置与地震仪位置不同、实测值与设计值也不一样、地震发生的随机性,仅有实测值亦不能满足设计频率的要求,故也有采用人工模拟的方法生成地震加速度过程线或直接从实测值中选择有代表性的地震加速度过程线作为计算取用值。人工生成地震加速度过程线的主要步骤有:(1) 在地震危险性分析的基础上由震级、震中距(或断层距)确定场地周围一定范围内各震源的设计震级;(2) 用经验统计关系推求设计地震加速度最大值和卓越周期及持续时间;(3) 收集较远和较近地震台站有代表性的实测地震加速度时程曲线;(4) 以实测曲线为依据,按推求和实测的最大加速度及卓越周期比值调整为地面或基岩的设计地震加速度时程曲线。所谓有代表性,是指最大加速度、卓越周期和持续时间与用经验统计关系的推求值比较接近。

抗震设计标准(seismic resistant design standard)　建筑物在设计使用寿命期限内,抵抗地震作用的能力。由抗震设防烈度和建筑物使用功能的重要性确定,是建筑物抗震设计的依据。中国现行的《水工建筑物抗震设计规范》(SL 203—97 和 DL 5073—2000)规定:设计烈度低于Ⅵ度时,不进行专门的水工建筑物的抗震设计;设计烈度为Ⅵ度时,不进行专门的抗震计算(或抗震试验),但对于 1 级水工建筑物应采取适当的抗震措施;设计烈度为Ⅶ度~Ⅸ度时,应按照规范的规定进行抗震设计;设计烈度高于Ⅸ度的水工建筑物或高度超过 250 m 的挡水建筑物,除进行抗震计算(或抗震试验)外,还要对其抗震安全性进行专门研究论证。建筑物抗震设防按照"三水准"原则进行设计,即第一水准:当遭受到多遇的低于本地区设防烈度的地震(简称"小震")影响时,建筑物一般应不受损害或不需修理仍能继续使用;第二水准:当遭受到本地区设防烈度的地震(简称"中震")影响时,建筑物可能有一定的损坏,经一般修理或不经修理仍能继续使用;第三水准:当遭受到高于本地区设防烈度的罕遇地震(简称"大震")时,建筑物不致倒塌或不致发生危及生命的严重破坏。具体采取二阶段设计法,即第一阶段设计:按小震作用效应和其他荷载效应的基本组合验算结构构件的承载能力,以及在小震作用下验算结构的弹性变形,以满足第一水准抗震设防目标的要求;第二阶段设计:在大震作用下验算结构的弹塑性变形,以满足第三水准抗震设防目标的要求。对于第二水准抗震设防目标的要求,规范以抗震措施来加以保证。上述"三水准、二阶段"抗震设防目标的通俗说法就是:"小震不坏,中震可修,大震不倒。"

动安全系数(dynamic safety factor)　动力荷载作用下结构或构件抵抗破坏的能力(抗力)与荷载效应的比值。反映动荷载作用下结构或构件抵抗动力破坏时具备的安全储备能力,是水工建筑物抗震设计的一个重要指标。

动力响应(dynamic response) 亦称"动力反应"。建筑物或构件在动荷载作用下产生的加速度、速度、动位移和动应力等。结构抗震设计需首先求出地震作用产生的动力响应,再计算结构的整体稳定和强度等。根据需要,建筑物或构件的动力响应可采用拟静力法或动力法,后者又有振型叠加法、反应谱法和时程分析法等。

地震动输入(seismic input) 水工建筑物动力分析时输入的信息。与分析方法有关,有地震加速度时程曲线、设计反应谱等。输入信息不同,结构的动力反应差别较大。此外,还与输入方式有关,是动力分析研究的重要内容之一。

动强度(dynamic strength) 建筑物或构件抵抗地震、爆炸等动荷载作用不发生破坏的能力。其量值与所用材料和动荷载加载速率等有关,通常由试验确定。

动弹性模量(dynamic modulus of elasticity) 材料在动荷载作用下动应力与动应变之比。是反映材料抵抗动力弹性变形能力的指标。静力弹性模量是胡克定律中的一个重要参数。一般情况下动弹性模量也符合胡克定律。

结构振动模型试验(structure vibration test) 将建筑物按照一定比尺制作成模型,在振动荷载作用下通过测试模型的动力响应来研究建筑物抗震性能的试验。如大型振动台,直接将制作的建筑物(包括地基)模型放在台面上,通过输入给定的振动波,测量其振动作用效应。此方法灵活,成果可靠,但受设备条件限制,投资大,难以普遍采用。对于弹性结构,多数情况下是利用模型试验测定建筑物的自振周期和振型,再用振型分解法计算地震作用效应,方便简单、成果可靠,应用较多。

抗震工程措施(aseismic measures) 为提高建筑物抵抗地震破坏能力而采取的工程措施。一般需要在建筑物抗震分析的基础上才能确定采用具体的工程措施,如加大薄弱环节的断面尺寸、增加配筋量、提高压实质量、适当放缓上部坝坡、加强排水、灌浆等,均为水工建筑物常用的抗震工程措施。

扬压力(uplift pressure) 上下游水位差在水工建筑物及其地基内形成渗流对建筑物底面或其他截面施加的垂直指向该截面的水压力。为渗透压力和浮托力之和。其中渗透压力是由上下游水位差作用下形成的,作用于建筑物底面的上举力;浮托力为建筑物底面以上的下游水体产生的作用力。其大小除与下游水位和水位差有关外,还与坝底轮廓、有无阻水和排水设施,以及岩体裂隙发育程度、断裂带分布、岩体的溶蚀现象等有关。扬压力不利于坝体抗滑稳定。一般混凝土重力坝均采用灌浆帷幕阻水和排水设施,以降低扬压力。

温度荷载(temperature load) 亦称"温度作用"。温度变化对水工建筑物的作用。温升或温降使结构的材料产生膨胀或收缩,当结构受到约束,不能自由胀缩时,就产生应力。温度荷载大小及其在结构中的分布取决于结构外部环境和结构内部属性两个方面。前者包括与之接触的气温、水温、基岩温度和太阳辐射等因素;后者包括结构的形状、尺寸、材料热物理属性和内部热源等因素。混凝土结构应根据其类型和特征,分别考虑其在施工期和运行期的温度作用。施工期的温度作用,指早期混凝土的水化热升温和中期混凝土冷却产生降温;运行期的温度作用,指晚期混凝土完全冷却后由外界环境温度变化产生的温度作用。

冰压力(ice pressure) 水库表面冰层膨胀或破冰漂移对水工建筑物作用的压力。有静冰压力与动冰压力之分。前者指水库水面结冰后,当气温初升时冰层膨胀对水工建筑物作用的压力,其数值与冰厚、开始升温时的冰温和气温上升率等因素有关;后者指冰块破碎后受风或流水的作用而漂移,撞击在水工建筑物上产生的压力。

水工荷载组合(load combination) 作用在水工建筑物上的荷载,按其特性、条件、出现的概率与相互组合的可能性,而列出的不同组合。设计时视所采用的方法不同,其组合的名称也不一样。用安全系数设计方法时,分基本组合和特殊组合;用分项系数极限状态设计方法时,按承载能力和正常使用两种极限状态分别进行作用效应组合,分基本组合和偶然组合。持久状况下的基本组合也称长期组合,短暂状况下的基本组合也称短期组合。基本组合指设计情况(短期)或正常情况(长期),由同时出现的基本荷载所组成,如建筑物自重与正常或设计洪水位时的静水压力、扬压力、浪压力、动水压力,以及泥沙压力、冰压力、土压力、其他出现概率较大的荷载等。特殊组合(或偶然组合)指校核情况或非常情况,由同时出现的基本荷载和一种或几种特殊荷载所组成,特殊荷载有校核洪水位时的静水压力、扬压力、浪压力和动水压力,地震荷载或其他出现概率较小的荷载。

稳定安全系数(factor of stability safety) 水工建筑物在设计荷载作用下维持某种稳定状态的安全储备指标。不同场合下,计算公式涵义各不相同,要求的稳定安全系数也不相同。如重力坝用抗滑力与滑动力之比值表示,以保证抵抗滑动的稳定性;土坝用抗滑力矩与滑动力矩之比值表示,以保证抵抗坝坡、坝基局部滑动的稳定性;对保证抵抗倾覆稳定性的结构,则以稳定力矩与倾覆力矩之比值表示。设计水工建筑物时,各种结构的稳定安全系数都应满足有关设计规范规定的要求。

纯摩公式(friction factor formula) 设计重力坝等挡水建筑物时,在滑动面上只考虑摩擦力来计算抗滑稳定安全系数的公式。表达式如下:

$$K = f(\sum V - U) / \sum H,$$

式中,K 为纯摩抗滑稳定安全系数;$\sum H$ 为作用于滑动面上的滑动力;$\sum V$ 为作用于滑动面上并与滑动面垂直的作用力;U 为作用于滑动面上的扬压力;f 为滑动面的摩擦系数。

剪摩公式(shear-friction factor formula) 设计重力坝等挡水建筑物时,在滑动面上除考虑摩擦力之外,还考虑材料的凝聚力来计算稳定安全系数的公式。表达式如下:

$$k'' = [f''(\sum V - U) + SA] / \sum H,$$

式中,k'' 为剪摩抗滑稳定安全系数;$\sum H$ 为作用于滑动面上的滑动力;$\sum V$ 为作用于滑动面上并与滑动面垂直的作用力;U 为作用于滑动面上的扬压力;f'' 为滑动面的摩擦系数;A 为滑动面面积;S 为混凝土、岩石抗剪强度中的小值。一般采用的 k'' 为 4~5。还有一种公式采用现场试验综合测定抗剪断摩擦系数 f' 与抗剪断黏结力 C' 取代上式的 f'' 与 S,即抗剪断摩擦公式,这时抗剪断稳定安全系数为:

$$K' = [f'(\sum V - U) + C'A] / \sum H.$$

一般采用的 K' 值为 2.5~3.0。

材料力学法(method of strength of material) 亦称"重力分析法"。利用材料力学基本假定计算重力坝应力的方法。是一种常用的传统方法。忽略弹性变形的相容条件,假定水平截面上垂直正应力呈直线分布,应用平衡条件求坝体内任一点上的各应力分量和主应力。适用于重力坝的初步设计;高度在 50~60 m 以下的重力坝应用此法设计,精度已能满足要求。

边缘应力(stress at the dam face) 重力式混凝土坝上下游面上各点的应力分量和主应力。通常用材料力学求得坝体水平截面上的正应力后,在上下游面取微元体,按其平衡条件即可近似计算出边缘应力。设计重力坝的剖面时,常常只需控制边缘应力。

重力分析法(gravity method of analysis) 即"材料力学法"。

重力坝基本剖面(fundamental profile of gravity dam) 设计重力坝时,初步拟定的三角形剖面。拟定时一般只考虑主要荷载,满足强度、稳定条件的基本指标和经济原则,经试算比较选出最优剖面作为基本剖面。工程实践中常利用电子计算机来完成优选工作。

重力坝实用剖面(gravity dam profile) 为满足重力坝运行和施工要求,对其基本剖面进行修改后切合实用的剖面。如运行和交通需要,坝顶应有足够宽度,在构造上采用坝高的 8%~10%,一般不小于 2 m;在静水位以上坝顶需有一定的超高,其值取决于波浪高度和坝的级别;在坝身泄水孔、引水钢管的进口要设置拦污栅和闸门等设备,有时还要修改上游坝坡;对溢流坝段,应将顶部的溢流曲面和下游面修成平顺的曲线。上述种种修改会影响原基本剖面的强度和稳定指标,故最后还须适当调整大坝体形。

混凝土强度等级分区(grade zone of concrete in dam;marking of concrete in dam) 因混凝土坝各部位的工作条件不同,分区采用不同强度的混凝土。坝体各部位对强度、抗渗、抗冻、抗蚀、抗磨、发热量等有不同的要求,为适应这一要求并合理使用水泥,根据区别对待原则,采用不同的混凝土强度等级,可达到经济的目的;但会增加施工上的不便。在安排混凝土标号分区时,不宜分得过细。

稳定温度场(steady temperature field) 大体积混凝土坝经长期运行,水化热完全消失后,坝体最终所达到的温度场。水化热完全消失后,坝体边界上的温度(如水库的水温、气温)仍不断变化,这种变化对坝体表面附近的影响较为明显,内部影响较小。工程设计工作中常以各点年平均温度来表示稳定温度场。对运行的大坝,可通过原型观测得到,但在设计阶段,则需通过计算求出,以此作为温度控制的重要依据。

非稳定温度场(unsteady temperature field) 大体积混凝土中随时间和空间而变化的温度场。某一时刻的温度场常用等温线或云图表示。混凝土在浇筑过程中,由于水泥水化热的散发与初始和边界条件有关,还与采取的工程措施有关,情况较为复杂。实际的非稳定温度场问题需进行数值计算或试验获得,对研究温度应力有重要作用。

排水设施(drainage facilities) 将透过水工建筑物及其地基的渗水集中并安全排泄的工程措施。包括坝内和坝肩的排水廊道,电站厂房和地下建筑的集水廊道,坝脚排水,土坝下游的井、沟渠、管、地基上的排水网系,为降低渗透压力而设的减压井,截排降雨渗水的井、沟等。对土石坝尤为重要,因其对坝基、坝坡-坝体的局部与整体稳定起主要作用,可降低坝体浸润线、坝基渗压、截走降雨渗水,增加抗滑稳定性,并有效防止渗透变形。土坝的排水设施是坝体结构的重要组成部分,有贴坡排水、棱体排水、褥垫排水和组合排水等形式。与坝体接触面应设反滤层。

排水孔(drain hole) 用以排除建筑物内部或地基中渗透水的孔洞。常设在水闸消力池内和下游翼墙上、重力坝帷幕后的地基中,船闸闸室中,水位经常变动的护坡等处。设在建筑物内部,可降低浸润线位置,减少建筑物受到的浮力和渗透力;设置在地基中,可降低建筑物基底的渗透压力以增加建筑物的有效重量。

止水(water stop;seal) 设置在水工建筑物分缝结构的缝隙中或相邻结构缝隙中,用于防止漏水的构件总称。如重力坝横缝、拱坝周边缝、水闸沉降缝、隧洞衬砌之间的缝隙,以及闸(阀)门与孔口周边等缝隙处,均需设置止水。按材料,分沥青止水、紫铜片止水、橡皮止水、塑料止水、镀锌铁皮止水、沥青麻袋止水、帆布止水、麻绳止水,以及组合止水等。沥青止水

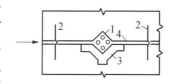

重力坝横缝沥青止水示意图
1. 沥青 2. 紫铜片止水
3. 预制混凝土块 4. 横缝

用于大体积混凝土,如闸墩、高坝的沉陷缝;紫铜片止水用于建筑物重要部位;橡皮止水用于闸门的周缘,并可避免在闸门局部开启时引起闸门和建筑物的震动;塑料止水和镀锌铁皮止水用于结构缝和施工缝处;其他形式的止水用于建筑物次要部位的接缝处。各种止水材料应具有适应变形、不透水的特点,且应具有耐久性能。如重力坝横缝沥青止水,断面呈方形,尺寸大致为 20 cm × 20 cm 至 30 cm × 30 cm;坝越高,井的尺寸相应越大。从坝顶到坝基,呈一井状,称"沥青井"。井中填料由石油沥青、水泥和石棉粉掺合而成。井中设有钢筋加热设备,钢筋插入井中以绝缘体固定,运行期用电焊机联结供电加热,熔化的沥青充填于缝隙起止水作用。

检查井(inspection shaft) 水工建筑物中用以检查内部结构的垂直通道的总称。如用来对坝体横缝止水进行检查的竖井,布置在缝中防渗沥青井后面 2～3 m 处,可采用边长为 0.8～1.0 m 的正方形断面,也可采用直径为 1.0 m 的圆形断面。井内应设钢筋爬梯,以便上下。近代坝较少采用。

迎水面(upstream face) 亦称"上游面"。挡水建筑物临水一侧的表面,如上游坝面。

背水面(downstream face) 亦称"下游面"。挡水建筑物临近尾水一侧的表面,如下游坝面。

土坝(earth dam) 全部或大部分由土料填筑而成的坝。按结构形式,分均质坝、心墙坝、斜墙坝、土石混合坝等。坝型选择需视筑坝材料的来源、分布、储量和施工条件而定。按不同施工方法,分碾压式、水力冲填式、水中倒土式和定向爆破式等。由于筑坝材料可就地取用,且施工方法简单,既可采用机械化施工又可采用人力施工,故常被广泛采用。

均质土坝(homogeneous earth dam) 坝体的全部或绝大部分由一种土料填筑的坝。坝体有防渗和支承作用,填筑土料常用壤土。为防止浸润线从下游坡直接逸出,在下游坝趾设置坝体排水。由于土料单一,施工方便,如坝址附近有足够的土料时,中小型工程应优先考虑选用。对于高坝,因土料需求量大,常不经济,故不采用。

水力冲填坝(hydraulic fill dam) 利用水力开采、运输土料,并依靠自重作用逐渐使泥浆土料脱水固结而密实的坝。有管道输送式和自流式两种。前者用水枪开挖土料成泥浆,用泥浆泵将泥浆经压力管输送到坝体,依靠排水设备将水排出坝外;后者靠水

力自流携带泥浆经渠道输送入坝体。工效较高、劳力节省，但要有充足的电能和水源，其坝坡宜缓，且由于孔隙水压力大，易于失稳，故采用较少。冶金矿山部门的尾矿坝本质上也属于水力冲填坝，高度可达 100 m。

水中倒土坝(earth dam built by dumping into ponded water) 在静水中倒土，逐层上升筑成的坝。施工时，先清基后划坝段，在坝段周围先填筑土埂，并向其中注水，然后将干土料倒入水中，利用水浸泡土团，破坏其结构，使土粒散化松软，造成有利的密实条件，在自重作用下逐渐固结压实，如此分层上升，形成坝体。为加速固结以利施工进度，可有控制地采用砂井、砂沟等排水系统，竣工后予以堵塞，如山西汾河水库的土坝（坝高 60 m）。此坝型在中国北方黄土地区和广东砾质土地区曾一度采用。优点是不需碾压，节省劳力，施工不受气候影响；缺点是干重度较小，坝坡缓，断面大，不易在水中崩解的土料不能使用。

自流式水力冲填坝(earth dam built by the sluicing siltation method) 亦称"水坠坝"。水力冲填坝的一种。引水入高于坝顶的土料场中，水土混合后，经顺坡渠道急流而下，在流动过程中拌和均匀成泥浆，并进入坝体的冲填池中脱水固结，然后土体逐渐密实成坝。所用土料必须遇水崩解，故只能在黄土地区修建中小型工程中运用。为中国根据水力冲填坝原理所创造的，可节省劳力、投资，施工方法简便。在华北、西北地区已用此法筑坝 500 余座，最大坝高达 52 m。

土石坝(earth-rock fill dam) 防渗体用土料、坝壳用石料或砂砾料堆筑而成的一种坝。与土坝相比，具有适应变形、坝坡陡、体积小等特点。按防渗

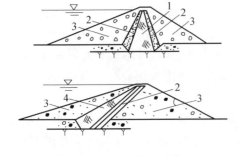

土石坝
1. 心墙 2. 过渡层和反滤层
3. 上、下游坝壳 4. 斜墙

体设置位置，分心墙、斜墙、斜心墙等形式。坝壳石料需选用坚固耐久的新鲜岩石，软化系数要高，主要是选好采石场，也可用洞挖弃料填筑。因其适应性好，可就地取材，随着设计理论的完善和施工技术的先进，到 20 世纪 70 年代，筑坝高度已达 200～300 m 级，成为广泛使用的一种坝型。

堆石坝(rock-fill dam) 除防渗体外，坝体主要由堆石填筑的坝。按施工方法，分：（1）抛填式，将筑坝石料从一定高度抛下，靠石块下落的撞击、振动，有时辅以水冲，使堆石体达到一定紧密度而成；（2）碾压式，采用振动碾，进行薄层铺筑碾压而成。因后者堆石坝的沉陷变形量仅为前者的 1/3～1/2，故 20 世纪 70 年代，碾压式堆石坝已取代抛填式。按防渗体在坝横剖面的位置，分斜墙堆石坝、心墙堆石坝等类型。前者防渗体在上游坝面或靠近上游坝面，后者防渗体在坝横剖面中间。防渗体可用黏土、沥青混凝土、浆砌块石、钢筋混凝土、木、钢等筑成，但木、钢采用极少。

碾压式土石坝(rolled fill dam) 采用机械碾压或人工夯实方法填筑的土坝或堆石坝。筑坝时，须将土石料压实，使其密实度达到设计要求。因施工方法简单，以及大型振动机具的应用，使土、砂、石料的压密更能达到良好的效果，因而得到广泛的应用。

坝顶高程(crest elevation) 正常或非常情况时的水位加上坝顶超高的高程。分别按正常（设计）情况和非常（校核）情况计算，得出两个坝顶高程后取其大值。

坝顶超高(freeboard) 坝顶超出静水位（正常或非常情况时的水位）的高度。坝顶过高，导致工程量增大；过低，则不安全。设计规范中对不同坝型、坝的级别、荷载组合下的超高有不同的规定。

坝顶宽度(crest width; top width) 坝顶部的宽度。根据大坝的坝型、构造、交通、运行、施工及其他专门要求而定。除土石坝之外，混凝土坝的坝顶宽度不足时，可采用悬臂结构进行加宽。

挡浪墙(parapet wall) 亦称"防浪墙"。为防止风浪爬高漫顶，在土石坝坝顶设立的挡水墙。一般高 1.2 m 左右，设置于坝顶上游侧，用浆砌石、混凝土等材料修筑。采用挡浪墙之后，坝顶超高可以相应减小，从而节省坝体工程量。设计时要保证墙体稳定，并与坝体的防渗设施有良好的连接而不渗漏。在少数情况下，混凝土坝或浆砌石坝的坝顶也设挡

浪墙。

坝壳（shoulder；shell） 土石坝中，除防渗体、排水设施以外的坝体部分。填筑土石坝外壳，主要用以承受外力，维持坝体稳定。一般采用粒径级配好、抗剪强度高的无黏性土作材料，如中、粗砂、砾石、卵石，堆石及其混合料等。

防渗体（anti-seepage） 水工建筑物中防止和减小水流渗透的部分。作用主要是减少渗漏损失，加长渗流路径，降低渗透压力，保证坝体防渗安全。通常用防水性能优良的材料筑成，如黏土、水泥、混凝土、钢筋混凝土、沥青等。按结构形式，分心墙、斜墙、斜心墙、齿墙、板桩、铺盖、截水槽、防渗墙、防渗帷幕等。不同的挡水建筑物采用的结构形式亦不同，如混凝土坝坝基采用防渗帷幕，土坝、堆石坝和土石混合坝采用心墙（或斜墙、斜心墙）、截水槽（或防渗墙）加防渗帷幕，水闸采用铺盖和板桩（或齿墙）等。

心墙（core wall） 设在土坝中间或稍偏上游的防渗体。按所用材料，分土心墙、沥青混凝土心墙、混凝土心墙和钢筋混凝土心墙等。应具有适应变形的性能，以防裂缝产生。施工时要严格保证质量，通常其顶部应高出上游水位，底部应伸入地基不透水层，或保证与截水墙有良好的连接。为改善坝体应力状态，避免裂缝，近代的高土石坝常修建成稍偏上游的斜心墙形式。混凝土和钢筋混凝土等刚性心墙在高土石坝中应用甚少。

斜墙（sloping wall） 设在坝体的上游坝面或靠近上游坝面的防渗体。按所用材料，分土斜墙、沥青混凝土斜墙、混凝土或钢筋混凝土斜墙等。近代高堆石坝由于堆石体在施工中可达理想的密实程度，采用混凝土或钢筋混凝土斜墙日益增多。

斜心墙坝（sloping core dam） 防渗体位于坝轴线上游侧且其上下游边坡均向上游倾斜的一种土石坝。可克服心墙与坝壳因沉降速率不同而产生的竖向裂缝和因拱效应产生的水平裂缝。可改善坝体应力状态，一般适用于高土石坝。厚度由所用材料的允许渗透坡降及施工要求确定。

斜心墙坝示意图

岸坡绕流（by-pass seepage） 河道上修建闸坝之后，因上下游水头差引起岸坡中的渗流。会导致渗漏损失、增大岸坡渗压、降低岸坡的稳定性，乃至影响闸坝安全。当存在顺河裂隙、断层带、岩溶管道时，会产生集中绕坝渗漏，对坝肩稳定不利。对高水头大坝的岩石岸坡一般要根据地形地质条件，采取灌浆帷幕阻水、排水、加固等措施，以确保坝肩稳定；对低水头闸坝的土质岸坡一般可设刺墙，以增大渗径并获得安全的逸出坡降，保证土体不发生渗透变形。

坝基渗漏（leakage of dam foundation） 筑坝蓄水后，库水经坝基渗透流向下游河床的渗漏。不仅造成水量损失，影响工程效益，且引起渗透压力并可能产生渗透变形，危及坝体安全。不同的坝基，渗漏量亦不同，如岩石坝基，主要通过岩石裂隙、节理、层理和断层带渗漏；砂砾石坝基，则通过孔隙、孔道、砾石集中层渗漏。一般坝基均需作防渗处理，有水平和垂直两种。前者常用黏土铺盖，效果不好，不适用于高水头的坝；后者常用截水槽、混凝土防渗墙、帷幕灌浆等，效果显著，适用于重要工程的坝基。不同类型的坝要求不同的坝基，其渗漏量亦因之不同。如土坝常建于深覆盖层上，坝基渗漏量大，常用截水槽或混凝土防渗墙及帷幕灌浆进行处理。混凝土坝常建于岩基上，用帷幕灌浆即可达到良好的防渗效果。

防渗墙（anti-seepage wall） 隔断挡水建筑物基础透水层的防渗体。按结构形式，分封闭式和悬挂式两种。前者深入基岩，隔断覆盖层，可阻挡全部渗透水流；后者悬挂于覆盖层中，不深入基岩，常用于围堰下的防渗处理，可允许深层渗漏。按建筑材料，分混凝土、钢筋混凝土和沥青混凝土等，选用时根据工程结构需要确定。适用于挡水建筑物的基础防渗处理，其顶部应与心墙等防渗体很好地连接，插入深度应由上游水头确定。优点是防渗效果好，抗压强度高。适宜作深覆盖层的防渗处理措施。

混凝土防渗墙（concrete anti-seepage wall） 用混凝土建成的地下连续防渗墙。适用于挡水建筑物的基础防渗处理，也可用作挡水建筑物的防渗加固处理。其顶部应与心墙等防渗体很好地连接，插入深度应由上下游水头确定，一般接触比降8～10。防渗效果好，抗压强度高，受力条件好，工程量少，投资省，施工干扰小。适宜作为深覆盖层的防渗处理措施。已建成的防渗墙深度达130 m以上。

截水墙（cut-off wall） 挡水建筑物基础上的一种防渗结构。形状似一座矮墙，保证地基的渗透稳定。用混凝土浇筑而成，位于透水性很小的地基上，伸入黏土防渗体中，能控制渗流量，延长渗径，具有良好的防渗效果。

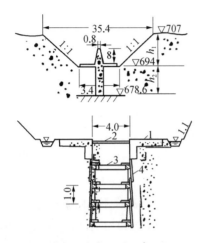

混凝土截水墙实例图（单位：m）

1. 混凝土锁口　2. 预制钢筋混凝土撑梁
3. 木支撑　4. 木挡板

截水槽（cut-off trench） 截断土石坝基础表面透水层的一种防渗设施。通常沿坝轴线开挖一条直至不透水层的梯形断面槽，槽内回填防渗材料，分层压实，并与坝体防渗设施（如斜墙或心墙等）连成整体，对均质坝，则用与坝相同的土料回填，以达防渗目的。槽底宽度应根据回填土料的允许渗透坡降和施工条件确定，但不小于 3 m。开挖边坡一般不陡于 1:1.0~1:1.5，取决于施工时槽内土坡的稳定要求。适用于透水层深度小于 10~15 m 的坝基。

铺盖（impervious blanket） 在闸、坝等建筑物的上游河床表面铺设的防渗体。通常用透水性小的黏性土或混凝土等构筑，长度一般为 4~6 倍水头，厚度自前缘至闸址或坝脚逐渐加厚。用以延长渗径、减小渗流坡降和渗流速度、减小闸坝底面的渗透压力，以利于建筑物的稳定。用土料做成的铺盖，表面需设砂砾、石块等保护层，以防冲刷。应注意与建筑物的连接，防止不均匀沉陷、裂缝、塌陷等造成的失效。

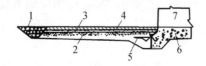

铺盖剖面图

1. 防冲槽　2. 黏土铺盖　3. 砂砾料保护层
4. 浆砌石护面　5. 沥青麻袋止水
6. 闸底板　7. 闸墩

土坝坝坡（embankment side slopes） 土坝上、下游坡的铅直高差与水平距离之比，即坝坡角的正切值。取决于土坝坝型、坝高、填筑材料，以及坝基地质等条件。一般根据经验用类比法初步拟定，再经过边坡稳定分析核算、修改确定，在满足稳定的前提下，应尽可能使坝坡陡些，以减少工程量。通常，土质斜墙坝的上游坡比心墙坝缓，而下游坡比心墙坝陡；壤土均质坝比砂或砂砾组成的坝坡要缓；同种土料的坝坡，上游坡缓于下游坡；黏性土料均质坝越高，坝坡越缓；当坝基为软弱土质时坝坡应适当放缓。

贴坡式排水（surface drain） 土坝排水设施的一种形式。在土坝下游坝坡底部，设置 1~2 层堆石，在石料与坝坡间设置反滤层。排水顶部应高出最高水位时的坝体浸润线逸出点以上 0.5~1.0 m，并要高出下游最高水位 1.5~2.0 m。对降低浸润线的效果甚微，且抗冻性较差，只在中小形土坝上采用。

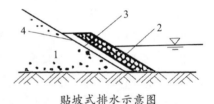

贴坡式排水示意图

1. 坝体　2. 贴坡式排水　3. 反滤层　4. 浸润线

棱体排水（rock toe drain） 土坝排水设施的一种型式。下游坡脚处，设块石棱体，棱体与坝体和非岩石地基之间设置反滤层。棱体顶面的超高（即超出下游最高水位的高度），根据坝的等级确定，一般为 0.3~1.0 m。为保证棱体不因掉入泥土污物而减低排水效果，一般其顶面不允许作为交通道路或马道。棱体内坡为 1:1~1:1.5，外坡为 1:1.5~1:2.0。排水棱体能降低浸润线，防止坝坡冻胀和渗透变形，保护下游坝脚不受尾水淘刷，并有支持坝体增加稳定的作用。在工程上应用广泛。

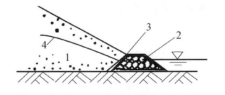

排水棱体示意图

1. 坝体　2. 排水棱体　3. 反滤层　4. 浸润线

褥垫式排水（blanket drain）　土坝排水设施的一种形式。从下游坝趾伸展入坝内,沿坝基面上平铺一层块石,在块石与坝体和非岩石地基之间设置反滤层。伸入坝内长度应小于 1/4 ~ 1/3 坝底宽,厚度 0.4 ~ 0.5 m。下游无水时,能有效降低浸润线,并有助于坝基排水和固结;缺点是由于地基沉陷变形易断裂且难检修,当下游水位高于排水设施时,降低浸润线的效果显著下降。中国采用不多。

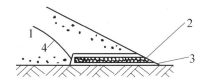

褥垫式排水示意图
1. 坝体　2. 褥垫式排水 3. 反滤层　4. 浸润线

管式排水（pipe drain; tile drain）　土坝排水设施的一种形式。由平行于坝轴线的集水暗管或堆石带和垂直于坝轴线的若干排水暗管或堆石带所组成,在排水与坝体和土基接合处设置反滤层。暗管用直径 15 ~ 80 cm 有孔的陶瓦、混凝土或钢筋混凝土制成。在下游无水时,能有效地降低浸润线,但易堵塞、折断,且不易检修。当下游水位高于排水设备时,降低浸润线的效果显著下降。适用于下游无水又缺少石料的地区。原唐山陡河水库土坝系采用这种排水,现很少采用。

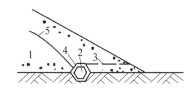

管式排水示意图
1. 坝体　2. 纵向排水管　3. 横向排水管
4. 反滤层　5. 浸润线

坝基排水（foundation drain）　土坝排水设施的一种形式。设在土坝下游坝脚处。在坝基透水层上有相对不透水层或坝基是冲积土(其水平渗透系数大于垂直渗透系数)时,在坝脚处产生较大渗透压力,使下游可能沼泽化。为此,在相对不透水层较薄的情况下,采用排水沟(在坝下游平行于坝轴线布置);在相对不透水层较厚的情况下,渗透压力大,可采用排水减压井。

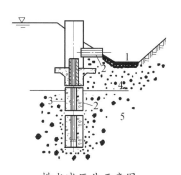

排水减压井示意图
1. 排水沟　2. 导水管　3. 滤水管
4. 沙壤土层　5. 砂砾石层

坝坡排水（drain on slope）　土坝排水设施的一种形式。在土坝下游坡面上布设方格形沟槽等表面排水系统,及时汇集并排走坡面的雨水。与贴坡式排水的区别是只排表面雨水,以降低浸润线。

反滤层（inverted filter; filter layer）　设置于粗细颗粒粒径相差悬殊的两种粒料之间的过渡层。由 2 ~ 3 层粒径不同、层面与渗流方向近乎垂直、在渗流方向上粒径由小逐渐加大的砂石料铺筑而成。在渗流出口、进入排水处以及细粒土壤与较粗粒径材

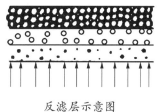

反滤层示意图
箭头所指为渗流方向

料的接触面等处设置。是防止土体发生渗透变形的一种有效工程措施。设计基本原则是:各层内的颗粒不能移动,相邻两层中粒径较小一层的颗粒不得穿过较粗一层颗粒的孔隙,被保护的土壤颗粒不得穿过反滤层,反滤层不能堵塞且要耐久、稳定。

干砌石坝（dry laid rock dam; stone pitching dam）用人工逐层干砌石料而筑成的坝。砌石料的形状要求比较规则,最好用条石,也可用毛石,孔隙用碎石填塞,孔隙率应小于 20% ~ 30%,每排石块之间错缝。坝坡主要决定于砌石性质,常为 1:0.5 ~ 1:0.8。坝体上游面需设防渗体。干砌石坝比堆石坝的坝坡要陡,用石量少;但施工麻烦,不适于机械化施工。适用于小型坝。

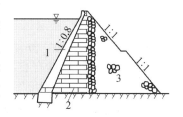

干砌石坝示意图
1. 防渗斜墙　2. 干块毛条石
3. 干砌石块

溢流土石坝(overflow embankment dam) 容许坝顶过水的土石坝。下游坝面和坝趾必须有坚固的防冲措施，并限制溢流的单宽流量。当坝体主要以土料填筑时称"溢流土坝"(亦称"过水土坝")，主要以堆石填筑时称"溢流堆石坝"(亦称"过水堆石坝")。按防冲措施，分：(1)坝体选用抗冲能力较强的大块堆石填筑，同时在坝趾浇筑混凝土，在下游面设钢格栅护面，并以拉杆锚于坝体，必要时还要放缓边坡；(2)坝体由一般土石料填筑，但以抗冲能力较强的材料(砌石、三合土、混凝土、钢筋混凝土、沥青混凝土等)护面；(3)坝的下游面以浆砌石或其他材料作近于铅直的陡壁，使水流一过坝顶即挑入河床，尽量缩短坝面流程以避免冲刷。溢流土石坝只偶尔用于泄流量和水头都很小的小型水库，或用作施工导流围堰。选用时要十分慎重，重要工程的永久性建筑物应用较少。

定向爆破筑坝(dam built by pin-point blasting method) 爆破岩体，借爆炸的力量将破碎的岩石抛向预定地点而堆填筑成的坝。爆破时，破碎的岩石沿最小抵抗线的方向抛出，利用这一原理，在地质、地形条件适合的河谷一岸或两岸布设硐室，埋置炸药，将爆出的大部分岩石抛向指定地点，以初步形成坝体，然后人工修整，并填筑防渗斜墙。广东南水水库和陕西石砭峪水库大坝都采用该方法筑成。该法省工省料，且紧密度较大(孔隙率在28%以下)；但整修清理工作量大，对山体有一定破坏，运用日久，山体受雨水冲刷，形成泥石流，将威胁坝体安全；地基处理和防渗体施工质量也难保证。仅适用于有利地形地质条件下的中、小型工程。

沥青混凝土面板坝(asphalt concrete face rockfill dam) 亦称"沥青混凝土面板堆石坝"。上游坝面采用沥青混凝土板作为防渗体的一种堆石坝。由沥青混凝土面板、垫层区、过渡区、主堆石区、堆石区和排水体等组成。沥青混凝土防渗性好，适应变形的能力强，且具有良好的水稳定性和热稳定性。面板的厚度和坡度，应根据渗透坡降、施工技术水平、面板铺筑机械施工要求和施工交通要求确定。

钢筋混凝土面板堆石坝(reinforced concrete face rockfill dam) 以斜卧在坝体上游面的钢筋混凝土面板作为防渗体的堆石坝。主要由防渗系统和堆石体组成。包括面板、趾板、垫层、过渡层、主堆石区、

次堆石区等。最早出现在20世纪30年代，当时采用抛投方式筑坝，坝体变形大，面板易开裂漏水，故曾停止使用。至20世纪60年代坝料采用振动碾压技术后得到了快速发展。现代面板堆石坝基本为混凝土面板堆石坝，造价低、工期短。已成功建设200 m级高坝，如中国2011年竣工的湖北清江水布垭面板堆石坝，坝高达233 m。

面板脱空(face slab dislocation) 混凝土面板与垫层因变形不协调而导致两者脱开产生空隙的现象。面板因失去垫层支撑，受力状况恶化，引起面板开裂破损，影响大坝安全。常发生于高面板堆石坝面板分期浇筑工况，后期面板浇筑时，因填筑体与前期面板顶部变形不协调而导致脱空。提高堆石体碾压质量并采取适当措施，可减小脱空量乃至避免面板脱空。

趾板(toe board) 混凝土面板堆石坝中用于支撑和连接面板与地基的重要构件。可直接浇筑在基岩上，与面板用周边缝分开，并用锚筋与基岩相连，也可设置在覆盖层上，与坝基防渗墙用连接板连接。具体布置形式应根据地形和地质条件而定。

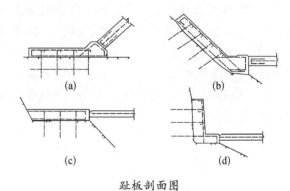

趾板剖面图

(a) 河床部位　(b) 陡岸坡用
(c) 缓岸坡用　(d) 峭壁岸坡用

垫层(cushion zone) 面板堆石坝中位于面板下游侧，起柔性支承作用的堆石层。将作用于面板上的库水压力较均匀地传递给下游的过渡区和堆石区，同时又缓和下游堆石体变形对面板的影响，改善面板应力状态。应具有低压缩性、高抗剪强度和尽可能大的变形模量，以减小荷载作用下堆石体变形对面板的影响。在一般土木工程中，也是建筑物与地基之间的构造层，位于夯实地基土之上，承受并传递地面荷载到地基。分弹性垫层和刚性垫层两类，材料一般为碎砖(石)、灰浆三合土或低标号混凝土。厚度150 mm左右。地基土干燥且承载力较大时，

地基中也可不设垫层。

周边缝（perimetric joint） 位于混凝土面板堆石坝面板与趾板之间的一种永久性结构缝。面板堆石坝的周边缝自坝顶一端起，沿面板与岸坡的交线下延，跨过河谷，再沿另一岸岸坡与面板的交线上升，至坝顶的另一端止。可改变面板与趾板、坝体与坝基面连接的边界条件，改善面板、坝体上游面的应力状态。周边缝中设止水，以防库水渗漏。

垂直缝（vertical joint） 为使面板堆石坝的面板适应堆石体变形、防止因温度变化（热胀、冷缩）产生裂缝或破坏而设置的垂直方向的构造缝，分张性垂直缝和压性垂直缝。垂直缝将面板分成数米或十余米的条形板块，缝内设止水，以防渗漏。通常情况下两岸坝肩附近的面板设置张性垂直缝，其余部分的面板可设置压性垂直缝。

柔性填料（plastic sealant filler） 用沥青或橡胶和填充料混合而成，具有一定内聚力的高塑性止水材料。用作面板堆石坝等建筑物接缝的止水。该材料易与混凝土黏结，耐化学侵蚀性能好。在水压力作用下易压入缝内，无毒，不污染环境。满足强度和耐久性要求。

挤压式边墙（extrusion side wall） 位于面板堆石坝垫层区上游侧的一种结构。由专门挤压机具完成。借鉴道路工程中混凝土路沿的拉模施工技术，在每填筑一层垫层料之前沿着设计断面用挤压式边墙机械制作一个半透水性连续的混凝土边墙，待其凝固后在其内侧按设计要求填筑大坝垫层料，简化垫层区施工超填、削坡修整、斜坡碾压等复杂工序。在中国公伯峡面板堆石坝施工中首次应用并推广。

连接板（connecting plate） 设于深厚覆盖层上的面板堆石坝趾板与防渗墙之间的连接结构体。起防渗和适应地基变形作用。常用钢筋混凝土结构，两端设缝，缝内设止水。其长度和厚度与水头、覆盖层厚度和材料有关，可根据经验或通过数值计算分析研究确定。

堆石坝分区（rockfill dam zone division） 为适应坝体不同部位的受力、变形和排水等要求而进行的坝体材料分区。从上游向下游依次为钢筋混凝土面板、垫层区、过渡区、主堆石区和次堆石区等。各区的分区原则是：（1）各区材料满足水力过渡要求，从上游向下游，渗透系数递增，相邻下游坝料对其上游材料有反滤作用；（2）各区材料变形模量从上游向下游递减，保证蓄水后坝体变形小，防止面板和止水系统破坏；（3）充分利用开挖石渣，以达到经济目的。

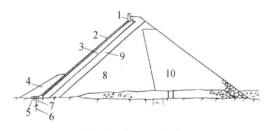

堆石坝分区示意图

1. L 形挡墙 2. 面板 3. 垫层区 4. 上游铺盖 5. 趾板
6. 帷幕灌浆 7. 固结灌浆 8. 主堆石区 9. 过渡区
10. 次堆石区 11. 河床砂砾石

L 形挡墙（L type retaining wall） 设于面板堆石坝顶部既挡水又挡浪的一种结构。多用钢筋混凝土，沿坝轴线修建，每隔 8～12 m 设一沉陷缝，缝内设止水，向两岸延伸至岸坡基岩或与结构物相连接。上游与面板相连而成为防渗系统的一部分。挡墙的高度视滑动模板施工时所需宽度而定。采用 L 形挡墙后，坝顶高程可相应减小，从而节省坝体工程量，设计时要保证墙体强度和稳定。

土工膜防渗心墙坝（core wall dam with geomembrane seepage-proofing） 将土工膜置于坝体中央作为防渗

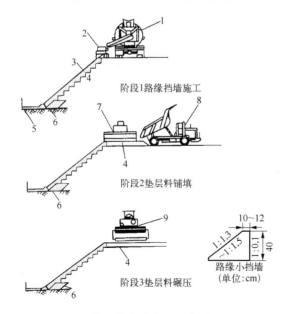

阶段1路缘挡墙施工

阶段2垫层料铺填

阶段3垫层料碾压

路缘小挡墙
（单位：cm）

挤压式边墙施工示意图

1. 搅拌车 2. 混凝土滑模挤压机 3. 路缘挡墙 4. 垫层料
5. 趾板 6. 小区垫层料 7. 平土机 8. 卡车 9. 振动碾

结构的一种土石坝。为便于施工,一般将土工膜竖直且成"之"字形埋在坝体中央,起到防渗心墙的作用。土工膜是一种以聚合物或沥青等材料制造而成的薄膜状土工合成材料,渗透系数在 $1 \times 10^{-11} \sim 1 \times 10^{-13}$ cm/s,几乎不透水。为提高土工膜的抗变形能力和防刺破能力,通常采用两侧有土工织物保护的复合土工膜。

土工膜防渗斜墙坝(sloping core dam with geomembrane seepage-proofing) 将土工膜置于坝体上游作为防渗结构的一种土石坝。也有将土工膜平铺在土石坝上游坡面起防渗作用。由于土工膜很薄,容易损坏,故常在其两侧或一侧覆盖有无纺织物或有纺织物作为保护层而成为复合土工膜,在复合土工膜的下部设垫层(支护层),上部设保护层,以保证其稳定性。

土工膜库盘防渗(reservoir plate with geomembrane seepage-proofing) 将土工膜作为防渗体置于水库库盘以防止其渗漏的技术。具有施工速度快、造价经济等优点。土工膜用作库盘的防渗层时,应在底部做好垫层,防止尖角物体顶破土工膜,土工膜搭接部位做好黏接,并在其上覆盖厚 25~30 cm 保护层,以维持稳定和防止老化。泰安抽水蓄能电站上水库就使用土工膜库盘防渗技术。

土工织物反滤(geotextiles filter) 采用土工织物作为反滤材料代替土质反滤层、起滤水保土作用的技术。在渗透水头作用下,水由细料土层流向粗料土层时,利用土工织物良好的透气性和透水性,使水流顺利通过,同时有效地截住土颗粒,不致其流失,保证土体渗透稳定。利用土工织物反滤应根据土工织物的有效孔径设计,防止淤堵失效。

土工织物排水(geotextiles drainage) 利用土工织物的透、排水性能排除渗水的技术。一般设置在建筑物下游的渗流出口处,利用土工织物自身孔隙排除渗水,同时起反滤作用。土工织物具有良好的透、排水性能,与传统土质透、排水材料相比,具有施工方便,造价低廉等优点。

胶凝砂砾石坝(cement-sand-gravel dam) 用砂砾石和胶凝材料修建的一种坝。筑坝技术是在碾压混凝土坝和面板堆石坝筑坝技术的基础上发展起来的。具有安全可靠、经济性好、施工工艺简单、速度快、环境友好等优点。胶凝材料含量比碾压混凝土坝小,温控措施相对简单。

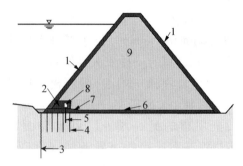

胶凝砂砾石坝断面示意图
1 混凝土保护层 2. 构造块 3. 帷幕灌浆 4. 固结灌浆
5. 坝基排水孔 6. 富胶凝砂砾石 7. 混凝土防渗层
8. 廊道 9. 胶凝砂砾石

堆石混凝土坝(rockfill concrete dam) 亦称"自密实堆石混凝土坝"。利用自密实混凝土的自密实和填筑性能,充填自然堆积(或辅以人工堆积)体的空隙,而形成的完整、密实、低水化热的一种大体积混凝土坝。自密实混凝土(SCC)具有高流动性和抗分离性特点,可在粒径较大的堆石体内(实际工程中采用的块石粒径可在 500 mm 以上)随机充填。具有水泥用量少、水化温升小、综合成本低、施工速度快、体积稳定性良好以及层间抗剪能力强等优点。在大体积混凝土工程中具有广阔应用前景。

重力坝(gravity dam) 依靠自身重量维持稳定的一种挡水坝。一般用混凝土或浆砌块石筑成。基本剖面接近直角三角形,其上游面近于垂直,下游面坡度在 0.7~0.8 之间。按是否过水,分非溢流重力坝和溢流重力坝两种。前者坝顶不过水,后者坝顶过水。重力坝坝身体积大,不能充分发挥材料强度的作用,一般常采取措施降低坝底扬压力,以节省坝体材料。重力坝历史较悠久,国内外已经修建的混凝土高坝中,重力坝占较大的比例。

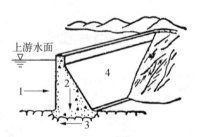

重力坝示意图
1. 水平推力 2. 坝体重力
3. 抗滑力 4. 下游坝面

溢流重力坝(over flow gravity dam) 坝顶过水的重力坝。既可建在岩基上,也可建在非岩基上。坝顶部和下游坝面需做成合适的曲线形,以使泄流平顺;为保证坝体和地基的稳定和安全,避免过坝水流冲刷坝脚,下游要有良好的消能措施以保护河床。

非溢流重力坝(non-flow gravity dam) 依靠自身重力维持稳定、坝顶不设溢流设施的大体积挡水建筑物。由混凝土、碾压混凝土或浆砌石建筑而成。基本剖面为三角形,整体是由若干坝段组成。重力坝在水压力及其他荷载作用下,依靠自重产生的抗滑力,以及自重产生的压应力来抵消由于水压力所引起的拉应力以满足稳定和强度要求。

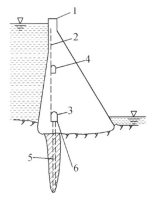

非溢流重力坝的剖面示意图
1. 坝顶　2. 坝身排水管　3. 坝基灌浆、排水廊道　4. 交通廊道　5. 防渗帷幕　6. 坝基排水孔幕

宽缝重力坝(slotted gravity dam; gravity dam with wide joints) 坝段之间设置有一定宽度横缝的重力坝。宽缝的宽度通常占坝段宽度的20%~35%,若超过40%,坝体有些部位可能产生较大拉应力。坝基中渗水可从宽缝地面排出,不仅坝底渗透压力显著降低,且扬压力作用面积也减小,工程量比同样高度的重力坝一般可节省10%~20%;施工期间,宽缝的缝面有助于散热;也可通过坝顶溢流。缺点是模板工程量较大。

空腹重力坝(hollow gravity dam) 简称"空腹坝"。在坝体腹部布置纵向大孔洞的重力坝。由于纵向大孔洞的存在,地基渗流从孔洞底部排出,大大降低坝底渗透压力,节省坝体混凝土或浆砌石方量;可将发电厂房布置于孔洞内,解决溢流坝同坝后厂房布置的矛盾,并缩短引水钢管、节省厂房的开挖工程;施工时散热条件也获改善。但该坝型施工较为复杂,坝身应力状态可能趋于不利,坝内布置厂房

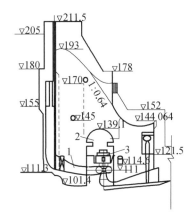

空腹重力坝结构图
1. 引水钢管　2. 腹拱　3. 电站厂房

时,须有较多防渗、防潮、止水措施以及通风给水等设施。

浆砌块石坝(stone masonry dam) 用块石浆砌而成的重力坝和拱坝的统称。剖面与混凝土重力坝或拱坝相似。一般在迎水面设有防渗面板,选用质地良好的条石和等级较高的水泥砂浆砌筑而成,并用高等级的水泥砂浆勾缝;少数情况下也可采用钢丝网水泥喷浆护面。优点是就地取材,节省水泥,如石料选择得当,注意提高施工工艺,砌体耗用水泥只需60~80 kg/m³;不需要采取任何散热和温度控制措施;不必设置纵缝,坝段长度也可大一些,少设横缝;在缺乏施工机械的情况下,可充分利用人力施工。但施工质量不易均匀,工期一般较长,砌体防渗性能差。在中国,这种坝历史悠久,应用较广。

永久缝(permanent joint) 水工建筑物中不需要进行接缝灌浆处理的结构缝。如沉陷缝、伸缩缝等。作用是适应地基不均匀沉陷和温度变形,避免产生有害裂缝,保证建筑物正常工作。

临时缝(temporary joint) 水工建筑物在施工期临时设置而运行期要求妥善处理的缝。如施工缝、临时性横缝、纵缝等。作用是方便混凝土浇筑和减小施工期的温度应力。

沉陷缝(settlement joint) 永久缝的一种。为避免混凝土水工建筑物各部分因不均匀沉陷产生裂缝而设置。只需设置在荷载和地基特性差别很大的建筑物之间,如兼作收缩缝,其布置应符合收缩缝的设置要求。

横缝(transverse joint) 设置于大体积混凝土坝内、沿坝轴线分成的若干坝段之间的缝。一般与坝轴线正交。分两类:(1)永久性横缝,又分沉陷缝和收缩缝两种。前者为适应地基变形可能产生的不均匀沉陷而设;后者为适应温度变化所产生的伸缩变形而设。有的永久性横缝则兼有双重作用。这类横缝的缝面一般不设键槽,也不作灌浆处理。但若单作沉陷缝且不均匀沉陷量又较大时,可用沥青油毡隔开,缝宽1~2 cm。(2)临时性横缝,因施工需要而设,其缝面设键槽和灌浆系统,以便在适当时机予以灌浆,

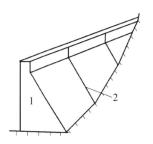

混凝土坝段横缝示意图
1. 坝体　2. 横缝

如拱坝和整体式重力坝的横缝均属此类。横缝均需设置专门的止水。

纵缝（longitudinal joint） 大体积混凝土坝中施工时设置的平行于坝轴线的缝。其分划的柱块宽度应能适应浇筑能力，减小施工期的温度应力，从而避免产生有害裂缝。是一种临时性缝。除上述常用的垂直纵缝之外，还有斜缝和错缝等其他形式的纵缝。除错缝之外，一般均设键槽，并预留灌浆系统，待坝体温度降到稳定温度后，缝内进行灌浆处理，以增强坝体的整体性。

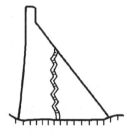

混凝土坝纵缝示意图

斜缝（inclined longitudinal joint） 纵缝的一种。在大体积混凝土重力坝剖面上大约沿第一主应力方向布置，缝面上的切应力极微小，但施工干扰较大。要用灌浆处理，但在自重作用下，缝面压紧，常不易进浆，因此也有不作灌浆处理的。重力坝分期施工或加高时，多采用之。

键槽（key; shear key） 混凝土坝的临时性横缝和纵缝上的齿槽。在先浇混凝土的缝面上立模浇出一系列沟槽，再浇邻块混凝土后，缝面便形成阴阳相嵌的键槽。横缝中的键槽沿缝面竖向排列，水平截面轮廓多为等腰梯形，作用是增加缝面在水平方向的抗剪能力。纵缝中的键槽沿缝面水平排列，垂直截面轮廓为三角形，槽的短长边大致分别与第一、第二主应力方向正交，作用是增加缝面在铅直方向的抗剪能力。键槽内分区布置灌浆系统，待坝体温度下降并接近其稳定温度场时，缝面有一定开度之后，进行灌浆。

纵缝键槽结构图
（单位：cm）

坝基排水孔（foundation drain hole） 设置在重力坝、拱坝等基础灌浆帷幕的下游，从坝底深入地基一定深度的井孔。坝基灌浆帷幕一般不能完全截断渗流，设置坝基排水孔可进一步降低坝底扬压力。常平行于坝轴线设置多排，靠近灌浆帷幕的一排称"主排水孔"，其余则称"辅助排水孔"。需在帷幕灌浆和固结灌浆完成后钻孔，以免堵塞失效。主排水孔

孔距一般为 2～3 m，孔深为帷幕深度的 40%～60%，直接通入排水廊道；辅助排水孔孔距一般为 3～5 m，孔深为 6～12 m，两者孔径均为 150～200 mm。辅助排水孔通往坝基排水廊道，或与靠近地基面的横向排水管相接，该管再通到廊道。排水孔通入坝体部分应在浇筑混凝土时预埋钢管，以免排水扩散到坝体混凝土中去。

廊道（gallery） 设置在大坝等水工建筑物内部乃至延伸到地基内部的通道。用于灌浆、交通、安装观测仪器、维修、排水、安置管道或安装电缆等，有的专为某种单一用途而设，有的则兼有多种用途。对于高坝，还常在坝内沿坝高每 15～20 m 设置一系列纵向廊道，并接以横向廊道通向坝外，各层廊道之间还有电梯井相连，在坝体内部构成廊道网。混凝土坝内廊道断面多为上圆下方，断面较小的次要廊道也有完全矩形，其最小尺寸约为 2.2 m×1.2 m，以便行人。所有廊道都须有照明和通风设备。

廊道集水沟（gallery gutter） 灌浆、排水廊道的底板两侧或一侧所设置的排水沟。横断面一般为 30 cm×30 cm。主要用途是汇集并排除灌浆施工时冲洗的污水，以及蓄水后来自坝体排水管和坝基的渗水。

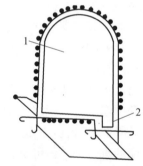

廊道集水沟示意图
1. 排水廊道 2. 集水沟

排水廊道（drainage gallery; unwatering gallery） 设置于坝体或坝底基岩表面用以收集、排除坝体或地基渗水的纵横向廊道。坝基由于基岩裂隙发育，坝基排水孔间往往仍有渗水逸出，为收集渗水，常在坝底基岩表面设置排水廊道。高坝坝基纵向排水廊道一般可设 2～3 条，纵向廊道之间按一定距离再设横向廊道，构成坝底基面排水系统，渗水汇流至设于低处的集水井，然后用水泵抽排至下游。

基础灌浆廊道（foundation grouting gallery） 设置在坝踵附近，可在其内进行坝基帷幕灌浆和兼作坝身和坝基排水的纵向通道。设计时应兼顾基础灌浆、排水、安全监测、检查维修、运行操作、坝内交通和施工需要等多种用途。高、中坝内必须设置，其纵向坡度应缓于 45°，坡度较陡的长廊道，应分段设置

安全平台及扶手。当两岸坡度陡于 45°时,可分层布置并用竖井连接。底板混凝土厚度宜不小于 1.5 倍的廊道底宽。距上游面距离不小于 0.05 ~ 0.1 倍的水头,且不小于 4 ~ 5 m。

基面排水(drainage at base level)　混凝土坝坝底基岩表面用以收集和排除地基渗水系统的总称。除坝基排水廊道之外,有时还埋有排水管(或暗沟)等,与坝基排水廊道在坝底基岩表面纵横相连,形成排水网。近代重力坝基面排水中排水管常取消不用,只留坝基排水廊道。

坝身排水管(porous concrete drainage conduit)设置在混凝土坝内靠近其上游面的一系列竖立排水管。作用是截断通过坝身的渗水并排入廊道,在廊道内同坝基排水孔中收集的渗水一起汇集于集水井,用水泵排到下游。常用预制多孔混凝土管,内径15 ~ 25 cm,在坝体浇筑混凝土时分段埋入坝内。排水管的间距一般 2 ~ 3 m,为避免上游坝面混凝土的溶滤破坏,排水管距上游面一般等于坝前水深的1/20 ~ 1/10,但不小于 3 m。

坝基集水井(sump at dam base; dewatering sump at base)　设置在混凝土坝坝基最低处的集水坑。一般坝内所有廊道与排水沟管均互相沟通,以便将渗水靠自流汇集,故选择在坝基的最低处设一个或若干个集水井,收集各方渗水,然后排到下游。集水井尺寸视需要而定,井上设泵室,内有自动启闭的深井水泵,可及时抽走井中积水。

灌浆区(grouting compartment zone)　混凝土坝的纵缝、横缝灌浆时,为便于分区施工所划分的区域。分区灌浆可保证灌浆质量,每区四周均设止浆片,以防浆液从缝中流出,并保证灌浆压力。每区面积通常为 200 ~ 300 m²,高度一般为 10 ~ 15 m,灌浆工作需先从下部灌浆区开始。

止浆片(grout stop)　混凝土坝的纵缝、横缝灌浆时,缝面上灌浆区四周设防止浆液外溢的金属片或塑料片。与止水片的要求基本相同,但止浆片的作用是临时性的。中国坝工实践中常用镀锌铁片。

混凝土塞(concrete plug for fault treatment)　亦称"断层塞"。在坝基范围内将大倾角断层的表层部分挖至一定深度,再用混凝土回填之后所形成的塞子。设计时,结构上将其作为梁来考虑,梁底破碎带承受一部分可能承受的荷载,而主要部分由混凝土

梁传到两侧基岩。断层表层的挖除深度(即梁的高度)同破碎带的宽度有直接关系。与坝体混凝土浇成一体,设计一般把梁看成与坝体截然分开而忽略坝体刚度对梁的有利影响,故合理设计问题有待进一步研究。

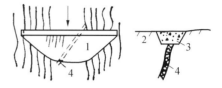

混凝土塞示意图
1. 坝　2. 基岩　3. 混凝土塞　4. 破碎带

拱坝(arch dam)　平面上呈拱形,借助拱的作用把水压力的一部分或全部传到河谷两岸的坝。主要依靠坝体强度和两岸拱座岩体的支承来维持稳定,拱截面上主要承受轴向压力,可充分利用筑坝材料的抗压强度。除水平拱的作用之外,尚有垂直悬臂梁的作用,坝面即使有局部开裂应力也可自行调整,具有较强的超载能力。按拱和悬臂梁分别承受荷载的比例,分薄拱坝、拱坝和重力拱坝等;按悬臂梁形状,分单曲率和双曲率拱坝;按材料,分混凝土拱坝、石拱坝。近代拱坝水平截面又从圆拱发展为抛物线、椭圆和三圆心拱等,使结构更加经济合理。但地基变形和温度变化对拱坝内力影响较大,对地形、地质条件、基础处理和施工质量等要求较高。宜建于具有完整、稳定岩基的峡谷中。

等半径拱坝(constant radius arch dam)　上游面为垂直圆柱面的拱坝。在平面上各高程拱圈的圆心在一铅直线上,从顶到底外半径相等,内半径按厚度需要而变化。构造简单,施工方便,适宜修建在 U 形断面的河谷中。若河谷形状接近梯形断面,为加大坝体下部拱圈的中心角,可在此基础上略加修改,即保持等外半径,而内半径和拱内缘的圆心予以变化,这时各高程拱圈自拱冠向拱端逐渐加厚,成为变厚拱。

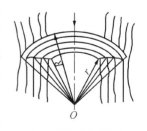

等半径拱坝平面图
R. 外半径　r. 内半径

等中心角变半径拱坝(constant angle variable radius arch dam)　各高程拱圈中心角保持相等,外半径从顶到底逐渐变化的拱坝。一般有三种布置方

式：（1）岸坡部分坝体保持直立而河床中间的坝体向下游倒悬；（2）河床中间坝体直立而岸坡部分的坝体向上游倒悬；（3）河床中间坝体稍向下游倒悬而岸坡部分稍向上游倒悬。三种方式倒悬程度和位置不同，对施工和

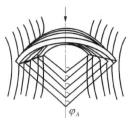

等中心角变半径
拱坝平面图

应力都有不同程度影响，应根据施工条件和应力情况选择。适宜修建在 V 形河谷中。

变中心角变半径拱坝（variable angle and radius arch dam） 各高程拱圈中心角不相等，外半径从顶到底逐渐变化的拱坝。应力情况比等半径拱坝有所改善，又避免或减小等中心角变半径拱坝布置所产生的倒悬现象。宜修建在 V 形或梯形河谷中。

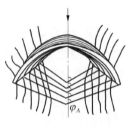

变中心角变半径
拱坝平面图

重力拱坝（arch gravity dam） 既靠坝的自重，又靠拱的作用来保持坝体稳定的拱坝。兼有重力坝和拱坝的受力特点，坝体承受的荷载大部分借悬臂梁的作用传给坝基；小部分借拱的作用传给两岸。一般修建在宽高比为 3.0～4.5 的宽河谷中。拱的作用较小，故坝底厚度一般为坝高的 35%～60%。

拱形重力坝（curved gravity dam） 平面上呈拱形的整体式重力坝。依靠自重来维持坝体稳定，拱的作用仅提高抗滑稳定的安全度，有时用以加长溢流前缘。工作原理与一般重力坝基本相同。

薄拱坝（thin arch dam） 底部厚度小于 15% 坝高的拱坝。所受的水平荷载几乎全部借拱的作用传给河谷两岸，依靠拱座岩体的支撑作用来维持坝体稳定。坝体厚度较小，沿坝高变化不大。适于修建在宽高比小于 1.5 的窄深河谷中。近代多系双曲拱坝。

单曲拱坝（single curvature arch dam） 亦称"定外半径式拱坝"。水平截面呈曲线形，而竖向悬臂梁截面不弯曲的拱坝。适用于 U 形或矩形断面的河谷。其河谷宽度上下相差不大，各高程中心角也较接近，外半径保持不变，仅需下游半径变化以适应坝厚变化的要求。但当河谷上宽下窄时，下部拱的中心角必然会减小，从而降低拱的作用，这要求加大坝体厚

度，且不经济。对于底部狭窄的 V 形河谷，可考虑采用等外半径变中心角拱坝。

双曲拱坝（double curvature arch dam） 亦称"穹形拱坝"。具有双向曲率的拱坝。具有平面拱和垂直拱两种作用，可使悬臂梁的弯矩减小，刚度增大；在平面上各高程可采用较理想的拱圈形式和中心角，应力分布较均匀，承载能力比单曲率拱坝

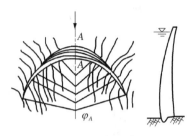

双曲拱坝平面图

大。但在结构布置和施工方面均较复杂。近代拱坝设计的趋势仍然尽可能利用双向曲率的优点，使坝体更加安全、经济。

拱坝体形（arch dam shape） 拱坝的形式和形状。包括水平拱圈的线型和拱冠梁的形状。水平拱圈的线型有单心圆弧拱、三（多）心圆弧拱、椭圆拱、抛物线拱、双曲线拱、二次曲线拱和对数螺旋线拱等；拱冠梁的形状有直立和弯曲两种，前者形成单曲拱坝；后者形成双曲拱坝。

空腹拱坝（hollow arch dam） 亦称"空腹重力拱坝"。为减小坝底扬压力或需要在坝内布置发电厂房时，在坝的断面中布置大孔洞的重力拱坝。由于空腹顶以上坝体重心偏向上游，故坝的前腿承担坝体大部分重量，对上游坝踵应力有利，且空腹顶以下前后腿混凝土分别隔开浇筑，散热条件较好，便于大坝温度控制。但结构较复杂，施工较麻烦。适于修建在洪水较大且河谷狭窄的河流上。并列布置溢流坝段与发电厂房有矛盾时，可考虑此种坝型。如湖南凤滩水电站所采用的为定圆心等半径的空腹拱坝。

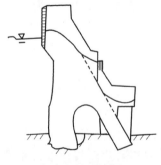

空腹拱坝剖面图

经济中心角（economic central angle） 跨度已定时拱圈体积最小的中心角。当拱坝的位置确定，即拱弧跨度确定时，拱圈中心角越大，半径越小，拱圈厚度随之减小；反之，拱圈厚度相应加大。按圆筒公式求得拱圈体积最小的理想经济中心角为 133°34′。若考虑弹性拱的工作特点，经济中心角可达 150°～

180°，但在实际布置中往往受地形、地质条件的限制。中心角过大不利于拱座稳定，在设计中，拱坝的较优中心角常取110°~120°。

试荷载法（trial load analysis） 亦称"多拱梁法"。拱坝设计规范计算拱坝应力的基本方法。将拱坝视为两个相互独立的杆系，即水平拱系统和悬臂梁系统，坝体所承受的荷载一部分由拱系统承担，另一部分由梁系统承担，利用拱梁在其交点处变位（径向的、切向的和扭转的）一致的条件，求得两者的荷载分配，然后按材料力学方法分别算出梁、拱的应力，从而得到坝体各点的应力。由于确定拱梁荷载的分配，需要反复试算，故名。优点是把复杂的空间壳体结构简化为杆件系统分析，概念清晰，精度满足设计要求，但计算工作量大。随着电子计算机的广泛应用，以求解交点变位一致的代数方程组来代替试算工作更加方便，应用更为广泛。

拱冠梁法（crown cantilever analysis） 一种最简单的试荷载法。仅取拱冠处的悬臂梁和若干层水平拱圈，根据梁拱相交点径向变位一致的原理，求得拱梁荷载分配。列出拱的径向位移方程时，假定同一高程拱圈分配到的荷载均匀分布，以一根拱冠梁所分配的荷载代表所有梁系的受力情况，即在同一高程上各悬臂梁具有相同的荷载分配。这些假定与实际情况虽有出入，不如试荷载法精确，但计算工作大为简化，且用于对称狭窄河谷的拱坝计算，能得出满意结果。常用于中、低拱坝的设计。

纯拱法（independent arch method） 亦称"水平拱法"。拱坝应力计算的方法之一。假定拱坝是由许多独立的、互不影响的、两端弹性嵌固于基岩中的水平拱圈所组成。每层拱圈可作为弹性固端拱计算。计算时，考虑各高程全部水平荷载、温度变化、地基变形等因素的影响。已有一套现成的公式和图表可资应用，计算方便，但不能反映各层拱圈之间的相互作用，也未考虑坝体内垂直悬臂梁的结构作用，计算成果与拱坝的实际工作情况并不相符。仅适用于狭窄河谷中的薄拱坝。

圆筒法（cylinder method） 早期计算拱坝应力的一种简单方法。假设拱坝为浸没于水中的圆筒一部分，按圆筒计算，沿拱圈外侧只有径向荷载，拱端支座也只有轴向反力。只能计算在均匀水压力作用下拱圈截面上的平均应力，或根据材料允许压应力估算拱圈的厚度，没有考虑拱座的嵌固、温度变化和地基变形等因素的影响。一般只适用于小型拱坝，已很少采用。

有限元等效应力（equivalent stress of finite element） 对有限元法计算结果的一种数值处理。将有限元法计算所得的有关应力分量，沿结构的厚度方向进行积分，求出结构截面相应的内力，再用材料力学方法求出的截面上的应力，便于用现行规范进行分析。常用于拱坝。可解决有限元法因单元类型、网格疏密带来的角缘应力集中问题。应用时应采用与材料力学法相似的基本假定。

垫座（plinth；socle） 亦称"鞍座"。为改善拱坝支承条件沿河谷浇筑的大体积混凝土基础。当河谷断面很不规则或局部有深槽时，可在坝体与基岩之间设置垫座，形成周边缝，以改善坝体应力分布及地基受力状态。大型拱坝的垫座常做成斜曲面，并需有止水和排水设备，构造和施工均较复杂。如质量控制不严，边缝易于漏水，应慎重采用。

封拱温度（closure temperature） 拱坝横缝灌浆时所选择的混凝土温度。各灌浆区的封拱温度根据不同高程的稳定温度场而定。封拱温度低，有利于降低坝体的拉应力，但人工冷却的费用相应增大。一般选择在水化热基本消散时的年平均气温（或略低），即坝体接近于稳定温度场，这样较为经济合理。日后拱坝的实际平均温度即以封拱温度为基准，上下摆动。

水垫塘（plunge pool） 利用二道坝形成水垫消耗能量的一种消能工。当坝下游水位较低水深较小时，在坝下游距坝脚一定距离处修建二道坝形成水垫，使跌落或挑射水流落入水垫消耗能量，避免淘刷坝脚。该消能工多用于高拱坝孔口消能或窄缝挑流消能方式中。具有体型简单、适应性强且工程量小等优点。特别适用于大坝下游消能区地质条件差的水利枢纽。

圆弧形横缝（transverse crack of circular arc form） 与拱圈轴线相垂直，每隔一定距离设置的圆弧形接缝。主要作用是减少坝体混凝土浇筑后在降温过程中产生的温度应力和裂缝。缝面需做键槽，并设置灌浆系统。

诱导缝（induced joint） 预先设置于坝体内部的一种横向结构缝。一般用于减小温度作用的影响或不均匀沉降。坝体施工时，根据经验或理论计算成果，在坝体内适当位置人为设置横缝，起"引诱"作用,使坝体在其他位置不再产生裂缝。在横缝内埋设止浆片和灌浆管等,待坝体冷却后再进行接缝灌浆,形成整体。也有不进行灌浆的,如高拱坝的周边缝等。

倒悬度(overhang degree) 坝体上游倒坡的水平距离与垂直距离之比。用以反映倒悬程度。如双曲拱坝由于各高程的中心角、半径和圆心的变化,其两岸悬臂梁易出现大小不等的倒悬,控制好倒悬程度可防止悬臂梁下游面梁向出现拉应力。拱坝的倒悬度一般控制在 1/3 以内。

推力墩(thrust pier) 传递或直接承受拱端推力的墩式结构。在坝顶高程附近因河谷的一岸或两岸形状不满足拱坝布置要求,通过修建重力墩以承担拱端推力,或将拱端推力传至坝肩山体。

重力墩(gravity pier) 设置在拱坝拱端与岸边岩体之间的重力式坝体。

断面平均温度(mean concrete temperature of section) 结构计算断面厚度方向的温度平均值。通常情况下,计算断面上的温度呈曲线变化,可分解成平均温度、温度梯度和非线性温度变化三部分。其中平均温度变化引起结构膨胀(温升)或缩短(温降),是温度荷载的主要部分;温度梯度变化引起结构挠曲;非线性温度变化引起表面变形。

等效线性温差(equivalent linearly-distributed temperature difference) 沿结构计算截面厚度方向,将实际温度分布按分布图形面积矩相等的原则换算成直线温度分布时的两侧温差。反映结构整体温度效应的大小、变化规律与截面曲率和挠度一致,但不能反映截面内自约束特性。

混凝土置换(replacement for concrete reinforcement) 挖除地基中对建筑物有影响的断层、夹层充填物和软弱破碎带等,用混凝土材料加以置换,是岩石地基处理的有效工程措施之一。当坝基中存在较大的软弱破碎带时,如断层带、软弱夹层、泥化层、裂隙密集带等,则需要进行专门的处理。对于倾角较大或与基面接近垂直的软弱破碎带,常采用混凝土梁(塞)或混凝土拱加固,即将软弱破碎带挖除至一定深度,用混凝土回填(置换)。若软弱破碎带延伸至坝体上下游边界线以外,则混凝土塞也应向上下延伸一定的范围,其延伸长度取 1.5～2.0 倍混凝土塞的深度。若软弱破碎带与上游水库连通,必须做好防渗处理,常用钻孔灌浆或用大口径钻机钻成套孔,内填混凝土形成连续防渗墙。对于倾角较小的软弱破碎带,除适当加深表层混凝土塞外,还要在较深的部位沿破碎带开挖若干个斜井和平洞,然后用混凝土回填密实,形成由混凝土斜塞和水平塞所组成的刚性支架,以封闭该范围内的破碎充填物。

周边缝(peripheral joint) 设置在拱坝坝体与垫座之间的永久结构缝。设置后,梁的刚度减弱,拱的作用加强且不再是无铰拱,改变了拱梁荷载分配的比例。可改善坝体应力状况;如适当加宽垫座,拱端推力通过垫座较均匀地分布到较大面积的基岩上,亦可改善地基的受力状态。

碾压混凝土坝(roller compacted concrete dam) 简称 RCD、RCCD。采用超干硬性混凝土经分层铺填碾压而成的坝。是一种将土石坝碾压设备和技术应用于混凝土坝浇筑技术施工的新型坝。与常态混凝土坝相比:(1)采用坍落度接近于零的超干硬性混凝土修筑坝的主体。(2)采用自卸汽车、皮带输送机、真空溜槽或管道运送熟料上坝。(3)浇筑时不设纵缝,设横缝时用切缝机切缝,不设横缝则全断面通仓浇筑。(4)用平仓机平仓,振动碾压实。(5)温控措施简化。(6)常用变态混凝土或土工膜在上游和溢流面设防渗层。

变态混凝土防渗(metamorphosis concrete anti-seepage) 碾压混凝土坝中一种加强抗渗性能的工程措施。即在碾压混凝土坝坝体上游侧 2～8 m 范围的碾压混凝土内,灌注纯水泥浆并振捣密实,形成防渗层。既不同于常态混凝土,也非碾压混凝土,故名。施工工艺简单、抗渗性好,可全断面施工,大大加快施工进度,故得到广泛应用。

金包银防渗(gold silvering anti-seepage) 碾压混凝土坝发展初期采用的一种防止渗透的工程措施。为解决碾压混凝土材料的防渗和强度问题,在坝体剖面四周用常态混凝土,视为"金",内部用碾压混凝土视为"银",俗称"金包银"。"金"的厚度为 2.0～3.0 m。因"金"与"银"的变形模量相差较大,易使坝面出现裂缝而漏水,已较少采用。

碾压混凝土(roller conpacted concrete) 亦称"干贫混凝土"。在砂石骨料中掺入水泥和粉煤灰组成的坍落度为零的一种干硬性建筑材料,其和易性、强度均较低。除用于碾压混凝土坝外,亦被广泛应用于公路路面和机场跑道等建筑工程中。干贫混凝土常用作垫层,或对强度要求不高的场合。

干贫混凝土（dry lean concrete） 即"碾压混凝土"。

切缝（kerf） 防止结构因温度变化产生裂缝而采取的一种措施。由切缝机完成。多作为碾压混凝土坝的横缝，也用于一般混凝土结构，如混凝土路面分缝等。在电动夯实机下部安装切缝刀片，切缝刀片上安装有法兰，切缝刀片通过法兰与电动夯实机下部的法兰螺栓连接；切缝刀片尺寸与碾压混凝土铺填厚度相适应，长300 mm、宽300 mm、厚10 mm。利用电动夯实机上下快速往复运动即可完成碾压混凝土坝的切缝，并在缝内充填聚乙烯防渗。此类切缝机体积小、质轻、机动灵活、操作方便，可有效提高切缝速度。

支墩坝（buttress dam） 由若干支墩和挡水面板组成的拦河坝。

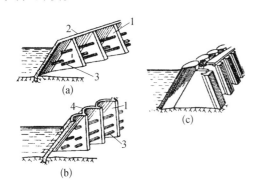

支墩坝的种类
（a）平板坝 （b）连拱坝 （c）大头坝
1. 支墩 2. 平面盖板 3. 刚性梁 4. 拱形盖板

一般用混凝土和钢筋混凝土材料建造，现倾向采用纯混凝土建造，在小型工程中也有用浆砌石筑成。大多数修建在岩石地基上。上游水压力由倾斜的挡水面板传给三角形的支墩，再由支墩传给地基。按挡水面板的形式，分平板坝、连拱坝和大头坝三种；按支墩的结构形式，分单支墩、双支墩和空腹双支墩等。由于地基渗透水可从支墩之间的空隙中逸出，作用在支墩底面的渗透压力很小，加之利用倾斜面板上的水重有助于坝体稳定，工程量节省；但支墩比较单薄，在地震区，应采取措施，保证其所需的侧向刚度。

连拱坝（multiple arch dam） 支墩坝的一种。由若干倾斜的拱形挡水面板和支墩组成。拱与支墩大多刚性连接，成为空间体系的超静定结构。拱圈中心角一般为150°~180°，拱形挡水面板常采用等厚半圆拱。支墩有单支墩和空腹双支墩两种形式，在高坝中多用空腹双支墩以增强稳定性。拱形挡水面板的厚度小，跨度大，用料较省，但这一坝型不易做成溢流坝，施工也较复杂，温度变化和地基不均匀沉陷都会使坝身产生应力，一般应修建在坚固的岩基上。

大头坝（massive head dam） 亦称"大体积支墩坝"、"撑墙坝"。支墩坝的一种。由许多独立的支墩组成，支墩的上游面向两侧扩大，形成悬臂头部，即挡水盖面。在各支墩头部之间用温度沉陷缝分开，缝中设有止水设施。一般都修建在岩基上，也可做成溢流式。有单支墩和双支墩两种。其头部上游面做成多边形或圆弧形，少数做成平面形。单支墩的每个坝段由一个支墩组成，结构简单，施工方便，便于观察检修；双支墩的每个坝段由两个互相平行的较薄支墩组成，下游用隔墙相连。侧向刚度单支墩稍逊于双支墩，其头部易于产生竖向的劈头裂缝，也难于布置施工导流底孔。在高坝中为了在坝上溢流，可在支墩的下游面向两侧扩大，形成溢流面，对非溢流单支墩大头坝，这一措施也可加强支墩的侧向稳定。双支墩大头坝的优点是侧向刚度较大，既可做成溢流的，又便于布置导流底孔或坝身引水管道，与单支墩大头坝比较，不易产生劈头裂缝，但施工中需要的模板较多。是支墩坝中的常用坝型。常建在岩石基础上。

平板坝（deck dam；flat slab buttress dam） 支墩坝的一种。由挡水平板和支墩两部分组成。通常平板用缝与支墩分开，简支在支墩的托肩上，以适应相邻支墩一定程度的不均匀沉陷，并避免挡水平板上游面产生的拉应力。在支墩间设置加劲梁或加劲肋，以防止支墩发生纵向弯曲与横向倾覆。平板坝主要建在岩基上，少数低坝也可建在非岩基上，但这时常做成溢流式的，即在支墩顶部和下游面设溢流面板，并采用非真空实用堰剖面，称"溢流平板坝"。因平板用钢筋混凝土修筑，消耗大量钢筋，且防渗、抗裂、防锈蚀等均较差，已很少采用。

溢流平板坝（overflow deck dam） 坝顶可以过水的平板坝。上游面设挡水面板、支墩顶部和下游面设溢流面板，并常采用非真空实用堰剖面。过坝水流以底流水跃或自由挑流等方式与下游衔接。一般为钢筋混凝土结构，常建于岩基上，坝高不大时也可建于土基上。土基上的必须采用连续基础板，使支墩能较均匀地把荷载传给地基，减小地基所承受的压力。

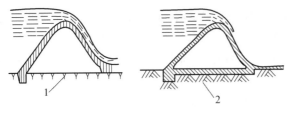

溢流平板坝示意图
1. 基岩　2. 土基

水闸（sluice）　建筑在渠道或河道上的一种低水头挡水、泄水建筑物。由上游连接段、闸室、下游连接段组成。闸室为主体部分，其中设有闸门，用以调节水位、控制过闸流量。上游连接段包括铺盖、防冲槽、上游翼墙、护坡等，具有防冲、防渗、引导水流平顺入闸的作用。下游连接段包括消力池、海漫、防冲槽、下游翼墙、护坡等，以消减水流能量、保护河床和两岸。水利工程中，水闸应用甚广。按所担负任务，分进水闸、节制闸、排水闸、退水闸、挡潮闸、分水闸、分洪闸、冲沙闸等；按结构形式，分开敞式水闸和封闭式水闸。也有按施工方法或结构形状等分类的，如装配式水闸、浮运式水闸、桩基式水闸、浮体闸等。

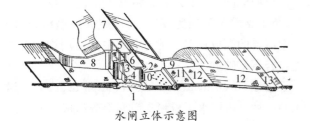

水闸立体示意图

1. 闸底板　2. 闸墩　3. 胸墙　4. 闸门　5. 工作桥
6. 公路桥　7. 堤顶　8. 上游翼墙　9. 下游翼墙
10. 排水孔　11. 消力池　12. 海漫　13. 防冲槽

进水闸（canal intake）　亦称"渠首闸"。水闸的一种。建筑在灌溉、发电、给水等引水渠道的首部。主要用以调节引水流量，同时也可拦阻水面漂浮物、防止洪水或推移质泥沙入渠。

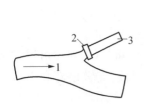 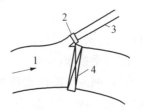

进水闸布置示意图　　节制闸布置示意图
1. 水流　2. 进水闸　　1. 水流　2. 进水闸
3. 引水渠　　　　　　3. 引水渠　4. 节制闸

节制闸（regulating sluice）　水闸的一种。一般横跨河道或渠道。用以抬高水位、调节流量，以满足灌溉、发电等引水的要求，也可改善航运条件。

排水闸（drainage sluice）　水闸的一种。通常设在排水河道的末端。用于排除防洪堤内低洼地区的渍水。当堤外水位低时，可开闸排水。在汛期，则关闸阻挡堤外河水倒灌。

退水闸（escape sluice）　亦称"泄水闸"。水闸的一种。多设在干渠末端。用以排泄渠道中多余的水量，保证渠道运行安全，或放空渠道内的水，以便于进行渠道检修。

冲沙闸（scouring sluice）　亦称"冲刷闸"、"排沙闸"。水闸的一种。常与拦河坝、进水闸等联合组成渠首工程。开启冲沙闸门，借水流的冲刷作用，将积淀在进水闸前的泥沙经闸孔泄至下游河道。如在渠道上设沉沙池，则在其末端建冲沙闸，以便定期排沙。

分洪闸（flood diversion sluice）　水闸的一种。作用是把天然河道容纳不下的洪水泄入沿岸的分洪区、滞洪区或分洪道。

挡潮闸（tidal sluice）　建于河流入海河段、防止海潮倒灌的水闸。涨潮时，潮水位高于河水位，关闸挡潮；汛期退潮时，潮水位低于河水位，开闸排水。枯水期闸门关闭，既挡潮水，又兼蓄淡水，以满足灌溉和航运需要。具有双向挡水、单向泄流和操作频繁等特点。在设计、运行管理和维修养护方面，均较其他水闸复杂。

涵洞式水闸（culvert type barrage）　水闸结构形式之一。闸门后部的闸室部分及洞身为封闭结构，由填土地下的涵洞、附设有闸门和启闭设备的闸室、上游和下游连接段组成。常建在挖方较深的渠道中，或填土较高的土堤下。如建在较差的土基上，由于填土较重，应避免产生较大的不均匀沉陷，以防止洞身断裂。

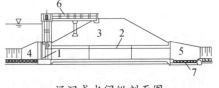

涵洞式水闸纵剖面图

1. 闸门　2. 涵洞　3. 土堤　4. 上游翼墙
5. 下游翼墙　6. 工作桥　7. 消力池

桩基式水闸（barrage on pile foundation）　支承在桩群上的水闸。在软基上建造水闸，基础承载力不够时，可用桩基处理。桩柱可用木桩、混凝土桩、钢筋混凝土桩或井柱桩等。施工时可预制桩柱，再行打入;也可就地浇筑,在桩顶上浇筑桩台,然后在其上建闸。

装配式水闸(fabricated sluice) 闸室(闸底板除外)的各部分用预制构件装配起来的水闸。预制构件多在工厂制备,然后运至现场装配。具有施工速度快、造价低、节省模板、受气候影响小等优点。由于整体性不够,抗震性能差。

浮运式水闸(floating transported sluice) 简称"浮运闸"。由独特的施工方法建造的水闸。闸墩上下游两端装有临时闸门(常用叠梁式闸门),使闸室成为空箱。借助于海潮或大水季节的高水位,将闸室整体浮运至闸址,再向闸室冲水使闸室下沉就位。最后安装闸室的上部结构和上下游连接段。一般采用轻型钢筋混凝土结构,便于运输和装配。

橡胶坝(rubber dam) 亦称"纤维坝"、"橡胶水闸"。用高强度合成纤维作受力骨架,内外涂敷橡胶作保护层,加工成胶布,将其锚固于底板上形成封闭状坝袋,通过充排水(气)管路向坝袋内充水(气)将其充胀形成的袋式挡水坝。坝顶可以溢流,并可根据需要调节充水程度(坝高),控制上游水位,以发挥灌溉、发电、航运、防洪、挡潮等效益。主要适用于低水头、大跨度的闸坝工程。

液压升降坝(hydraulic lifting dam) 由弧形(或直线)面板、液压杆、支撑杆、液压缸和液压泵组成的一种挡水建筑物。利用液压缸顶住活动面板的背面,使活动面板绕其底部转动实现挡水(升坝)、行洪(降坝)的目的。在活动面板背面的中上部,每隔一段距离安装一根支撑杆,其上部与面板背面铰接,下部支撑在滑槽内。升坝时,先开启液压系统,将活动面板升至最高位。放坝时,打开液压系统回油开关,支撑杆下滑放平。同时也可在滑槽内设两个或多个限位卡,使活动坝面放下1/3或1/2,支撑杆起到支撑活动坝面的作用。

套闸(simple lock;sluice lock) 水网圩区的一种简易船闸。多利用原有河道作为上下游引航道和闸室,上下游的闸首由节制闸代替,一般采用门下输水。用于水头差不大,通行船只小,交通运输量不大的场合。

闸室(chamber of barrage) 亦称"闸身"。水闸挡水和控制水流的主体部分。由闸底板、闸墩、闸门、边墩、胸墙、工作桥等组成。设计时,在各种水位组合下,应满足闸室整体抗滑稳定、基底压力较均匀和

基底最大压力不超过地基承载能力等要求,软弱地基应考虑沉陷,各部分结构应满足强度要求。为适应地基不均匀沉陷和温度变化引起的结构变形,一般在闸墩或底板上设缝,将多孔水闸分成若干段。

闸底板(floor of barrage;foundation slab of barrage) 闸室的组成部分之一。是闸室的基础,将闸室结构的重力和外荷载较均匀地传给地基,并兼有防冲、防渗的作用。依靠底板与地基土体接触产生的摩擦力来维持闸体的稳定。在其上、下游端设有齿墙,可增加闸身抗滑稳定。对沙性土地基,还常在上游齿墙下设置板桩,以减小渗透压力,降低渗流坡降,保证地基抗渗稳定。按结构形式,分平底板和反拱底板两种,平底板又可分整体式和分离式。有时为加大底板刚度、减小基底压力,也可将平底板做成空箱式。反拱底板具有拱结构的优点,能节省混凝土和钢筋,但受温度和不均匀沉陷的影响较大,现已较少采用。

阻滑板(anchorage slab;drag plate apron) 在水闸闸室上游端设置的增加闸室稳定性的板。通常用钢筋混凝土制作,用钢筋与闸室底板连接。主要借助于板上水重、自重与板下扬压力之差所产生的摩擦力来增加闸室的抗滑稳定性,同时还可兼作铺盖用。只能作为一种安全储备,设计时,闸室自身的抗滑稳定安全系数至少应等于1。

门槽(gate slot) 为支承闸门和引导闸门启闭,在闸墩上设置的凹槽。按作用,分主门槽和检修门槽;按形状,分直线门槽和曲线门槽。尺寸根据闸门的厚度和支承形式而定。一般主门槽深0.2~0.4 m、宽0.5~1.0 m,检修门槽一般深0.15~0.20 m、宽0.15~0.30 m。常会使水流产生漩滚,造成闸墩磨损、气蚀,故需特别加强门槽的坚固性。

闸墩(pier) 溢流坝、水闸或其他过水建筑物上用以分隔溢流孔口、支撑闸门的墩子。尺寸取决于闸门的类型、启闭方式,以及孔口尺寸。若沉降缝设在闸墩中面上,其厚度要加大。为使水流平顺,孔口有较高的泄流能力,也应有合适的流线形。通常用混凝土、钢筋混凝土或浆砌条石建造。

边墩(side pier) 闸室与河岸、土堤(或其他建筑物)的连接结

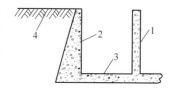

水闸边墩示意图
1. 闸墩 2. 边墩
3. 闸底板 4. 填土

构。位于闸室(或溢流坝)两端。用以支撑闸门、挡土、防冲和防渗。当闸身较高,或地基软弱时,在边墩靠土的一侧另设岸墙(或称"岸墩")与两岸连接,边墩与岸墙之间应设沉陷缝,以适应地基不均匀沉陷。

齿墙(cut-off wall)　建筑物基础前后端向下嵌入地基中的墙。有深齿和浅齿两种。浅齿墙深度一般不大于2 m。有延长渗流途径、在下游可降低渗流出逸坡降、增加建筑物抗滑能力等作用。深齿墙常嵌入不透水层,有良好的防渗和抗滑作用,也可设在下游侧作为防冲设施。

胸墙(skimmer wall)　设于溢流孔上部的固定或简支的板式墙。一般采用钢筋混凝土结构,固定或简支在闸墩上。小跨度胸墙可做成上薄下厚的板式结构,大跨度胸墙可做成板梁式结构。顶部高程应高出上下游最高水位或潮位,并有足够的超高。为使水流平顺的通过闸孔,胸墙底缘在水流方向上常做成平顺的曲线轮廓。在上游水位变幅较大,过堰流量有限制时,闸孔顶部设置胸墙可减小闸门高度和工作桥高度。某些进水闸常用以防止浮冰的侵入。

闸孔跨距(span of sluice opening)　单个闸孔的净宽。大小取决于闸门结构形式、启闭设备条件、闸孔的运用要求(如是否宣泄漂浮物、浮冰和过船等)或闸坝的分缝、施工条件等。闸孔跨距较大,则闸门较宽,闸墩所受推力较大,要求有较强的启闭设备,工作桥和公路桥跨度也较大。闸孔跨距较小,则闸孔数较多,操作管理不便,水流条件不如闸孔跨距大而闸孔少的情况。中国的水闸,闸孔跨距一般10 m左右。溢流坝的闸孔跨距有较大的变化幅度,一般取决于闸门和启闭设备的制造水平。

岸墙(abutment wall)　闸室与堤(或两岸)的连接结构。用以挡住闸室两侧填土,使河岸土堤免受冲刷。结构形式有重力式、悬臂式、支墩式(扶壁式)、空箱式、连拱式等多种。常用混凝土、钢筋混凝土和浆砌石等材料建造。

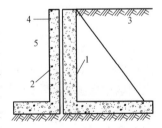

岸墙与边墩示意图
1. 支墩式岸墙　2. 边墩
3. 填土　4. 沉陷缝　5. 闸孔

翼墙(wing wall)　水闸、涵洞、渡槽等建筑物的进出口与上下游堤岸连接的建筑物。用以引导水流,挡住两侧填土,保护堤岸不受水流冲刷和防止绕岸渗流引起的渗透变形等。与闸室(或洞身、槽身)之间一般设缝分开,以减少不均匀沉陷对结构的影响。按布置形式,分扭曲式、圆弧式、斜降式和反翼墙式等。按结构形式,分重力式、扶壁式、悬臂式和空箱式四种。常用浆砌石、混凝土或钢筋混凝土建成。

工作桥(service bridge)　设于闸墩上,供安置闸门启闭机械和操作管理用的桥梁。高度随闸门形式而定,宽度随启闭机要求而定。闸孔跨距较小时,工作桥一般采用板式结构;闸孔跨距较大时,工作桥多采用梁板式结构。

公路桥(highway bridge;vehicular bridge)　为便于公路通过闸、坝顶而架设的桥梁。通常设在闸、坝顶靠上游一侧,与工作桥错开。

边墩绕流(by-pass seepage around abutment)　亦称"侧向绕流"。水闸挡水后,在上下游水位差作用下,上游水绕过两岸连接建筑物的渗透水流。是一种三向无压渗流。自上游水边线开始,随着水流向下游渗透,水面逐渐降落,到下游水边线处渗出。对翼墙、岸墙(或边墩)等均产生渗透压力,并有可能使两岸土体发生流土、管涌等渗透变形,也会引起水量损失。应合理地布置上、下游翼墙,有时还在岸墙后设置刺墙及在出口处设置排水措施,以减少不利影响。

地下轮廓线(under outline of structure;bottom contour of structure)　闸、坝等建筑物的铺盖、护坦、板桩和闸、坝基底等不透水部分与地基的接触线。形状和尺寸应根据地基土体性质、不透水层的深度、建筑物的作用水头等条件,通过技术经济比较确定。

改进阻力系数法(improved resistance coefficient method)　对阻力系数法进行改进的一种闸基渗流分析方法。把闸基的渗流区域按可能的等水头线划分为几个典型流段,根据渗流连续性原理,流经各流段的渗流量相等,各段水头损失与其阻力系数成正比,各段水头损失之和等于上下游总水头。是在阻力系数法的基础上发展起来的,对进出口段和不规则齿墙处的阻力系数进行修正,计算精度比阻力系数法高。适用于均质、各向同性的地基。

刺墙(lateral;key-wall;spur wall)　闸、坝等挡水建筑物的两岸连接部分中伸入土内的防渗体。可延长绕流渗径以减少渗流坡降,防止沿岸墙背面形成集中渗流。多用混凝土、浆砌石、黏土等材料构筑。可在闸、坝等侧向绕流渗径不足时采用。

角墙式进口（intake with corner wing wall） 亦称"反翼墙式进口"。水闸和涵洞进口的一种形式。由两段正交的翼墙组成，顺水流方向的翼墙长度一般大于或等于铺盖长度，然后90°插入河渠两岸。往往在直角转弯处发生回流，淘刷岸坡，必须加以防护。其优点可保证两岸有足够的防渗长度，避免绕流渗透所产生的破坏。对于小型水闸和涵洞，往往将顺水流方向的一段翼墙省去，而直接转弯90°插入河渠两岸，称"一字墙进口"或"一字翼墙"。

八字形斜降墙式进口（intake with splay triangular wall） 水闸和涵洞进口的一种形式。翼墙的平面形状为八字形。随着翼墙向上游延伸，其墙顶高度逐渐降低。该翼墙在顺水流方向所偏转的角度一般小于30°。构造比较简单，但因水流从墙后翻入墙前，易产生立轴漩涡；影响进水量，有时会形成泥沙淤积；对于防范绕岸渗流的作用较小。多用于小型水闸和涵洞。

闸门（gate） 闸室的组成部分之一。装置在闸墩上可启闭以控制闸孔水流的挡水结构。一般由挡水面板、传力结构（梁系、支架等）、可动部件（滚轮、支铰等）、止水和附件等组成。挡水面板可用钢、木、钢筋混凝土、钢丝网水泥砂浆等材料制作。按面板形式，分平面闸门、弧形闸门、波浪形面板闸门、折板式面板闸门、双曲扁壳闸门、圆柱壳体弧形闸门、三角形闸门和叠梁式闸门等。按工作条件，分工作闸门（主闸门）、检修闸门等。按启闭方式，分直升式、横拉式、升卧式、下卧式、立轴旋转式、横轴旋转式等。

检修闸门（bulkhead gate） 专供检修使用的闸门。常设在工作闸门上游，以备检修工作闸门或其门槛时关闭断流之用。一般只要求在静水中启闭，工作条件较简单，结构一般可相应简化。如水工建筑物下游的水位淹及工作闸门，则在工作闸门下游也要设检修闸门。

事故闸门（emergency gate） 当工作闸门损坏或启闭闸门的设备发生突然事故时，用以关闭孔口以防事故扩大的闸门。由支架梁、挡水面板、传动和传力结构、启闭机等组成。要求能在流动的水流中迅速关闭。

平面闸门（plane gate；rectangular lift gate） 挡水面板为平面的闸门。是水工建筑物中最常用的一种门型。包括承重结构、支承移动装置、封水设备和吊

耳等。承重结构是由面板、横梁、纵梁和边柱等组成的肋形板梁结构。面板主要用钢板，但小型闸门和低压闸门的面板也有用钢丝网水泥和木材做成。大型或高压平面闸门的边柱上附有滚轮、滑块或履带等支承移动装置，以减小闸门的启闭力。以滚轮方式升降的平面闸门，称"定轮式平面闸门"。常作为露顶式孔口的工作闸门、管道中的事故闸门或检修闸门。以滑块方式升降的平面闸门称"滑动式平面闸门"。滑块和轨道一般可用青铜、钢材、铸铁或压合胶木等材料制成，广泛应用胶木滑道和不锈钢轨道，小型闸门也有采用木材的。以履带在门槽中支承升降的平面闸门称"履带式平面闸门"。把支承闸门边柱与门槽轨道之间的滚柱用链片串联成履带。在大型闸门上，门叶每侧最少应设两条履带，以防其中某一关节损坏而使整个闸门操作失灵。履带式闸门可用作管道进口的工作闸门或事故闸门。一般小型平面闸门采用螺杆式启闭机，大中型平面闸门则多采用卷扬式启闭机或油压启闭机操纵闸门。当挡水高度较大，用一扇平板门不足以挡水时，可用由上、下两扇平板门叶组成的闸门。按布置形式，分双轨式和单轨式两种。双轨式上、下扉均有各自的轨道。单轨式上、下扉共用一个轨道，并将上扉做成Γ形结构，以保证闸门有一定移动范围，而且下扉梁格在下游面，可避免冰块和漂浮物淤塞，布置比较合理。双扉平板闸门在上、下扉的搭接处必须要有良好的止水设备。适用于有准确调节上游水位要求、排泄漂浮物或冰凌而不致过多损耗水量时，或因闸门高度过大，工作桥过高的场合。

双扉平板闸门（double-leaf vertical lift gate） 由上、下两扇平板门叶所组成的闸门。按布置形式，分双轨式和单轨式两种。前者上、下扉均有各自的轨道，活动范围较大，上扉可完全下降，结构简单，但下扉梁格结构在上游，闸门提升较困难。后者上、下扉共用一个轨道，并将上扉做成Γ形结构，以保证闸门有一定移动范围，且下扉梁格在下游面，可避免冰块和漂浮物淤塞，布置比较合理。双

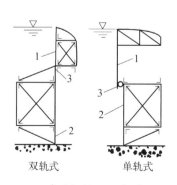

双轨式　　单轨式

双扉平板闸门示意图
1. 上扉闸门　2. 下扉闸门
3. 中间止水

扉平板闸门在上、下扉的搭接处必须要有良好的止水设备。适用于要求准确调节上游水位、排泄漂浮物或冰凌而不致过多损耗水量时，或因闸门高度过大，工作桥过高的情况。

护镜门（goggles gate） 水闸中采用的一种新型门。平面上呈半圆拱型，挡水面即为半个圆筒，也可在圆筒上设置有闸门控制的若干个小孔。关闭或开启闸门时，启闭机械使门体绕半圆筒支铰转动。特点是开敞式、低水头、大跨度、大宽高比。门体所受荷载经过挡水面板、主横梁、纵梁、边梁等构件传递至支铰，水流和结构受力均较复杂。其布置和尺寸需由水工和结构模型试验确定。江苏南京三汊河口闸采用"双孔护镜门"型。

江苏南京三汊河口闸

有轨平面弧形双开闸门（rail plane radial double gate） 水闸工程中采用的一种新型闸门。平面上呈弧形，采用卷扬式启闭机双向牵引，闸门内设水舱，通过内置充排水系统自动调节舱内水量，以控制闸门对轨道的压力。结构新颖，具有弧形门和横拉门的特点，跨度大，运行方式独特。能改善水利工程的运行和航运工作条件，对于大跨度低水头的城市防洪工程具有重要的应用价值和观赏价值。中国京杭运河常州市区段改线段上的钟楼闸首次采用此种闸门形式，其闸门跨度达 90 m，门体高 7.5 m，门体外面板弧面半径 60 m。

π 形闸门（π type gate） 主框架为"π"形结构的主横梁式弧形闸门。分为潜孔式和露顶式两种。主要特征是闸门跨度大。南京划子口河闸拆建工程闸门采用了"π"形潜孔弧形钢闸门，单孔跨度达 30 m。

活动坝（movable dam） 即"水闸"（314 页）。

弧形闸门（tainter gate；radial gate） 挡水面板呈弧形的闸门。由面板、支臂和支承铰等部分组成。支承铰搁置在闸墩或边墩下游某点或牛腿上。闸门启闭借动力和机械的牵引绕固定铰轴转动。闸门的旋转中心通常与弧形面板的圆心相重合，面板上水压力的合力通过旋转中心，因而所需启门力较小。面板和支臂一般采用钢结构，小型工程也有用钢丝网水泥和钢筋混凝土等材料做成。按主梁布置方式，分

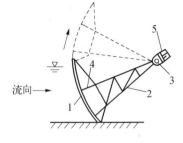

弧形闸门示意图
1. 面板 2. 支臂 3. 支铰
4. 主梁 5. 牛腿

主横梁式和主纵梁式两种。常用于跨度较大的闸孔和高水头的泄水孔。

圆筒闸门（cylinder gate） 门体为一直立的空心圆筒，用以封闭水平面为圆形孔口的闸门。一般有露顶式和潜没式两种。前者适用于水头不大和上游水位变化较小的情况。后者按其结构又分开敞式和封闭式两种，适用于水库进水塔的环形孔口。由于作用在圆筒上的水压力是均匀向心的，故门体移动时阻力较小，门体结构较轻。但孔口衬砌部分所用钢材较多，且无法在门前安设事故闸门或检修闸门，部分开启时，水流向心互撞，流态紊乱，门后容易产生空蚀。近年应用很少。

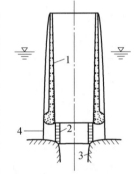

圆筒闸门示意图
1. 进水塔 2. 闸门
3. 泄水道 4. 环形进水口

双曲扁壳闸门（oblate shell gate） 挡水面板的壳体呈双向弯曲形的闸门。壳面可以凸向下游，也可以凸向上游。面板常用钢丝网水泥砂浆制作。具有质轻、造价低等优点。多用于孔口宽度小于 6 m 的中小型水闸，尤其适用于闸门高宽尺寸相近的方形孔口。

圆柱壳体弧形闸门（radial gate with cylinder surface） 挡水面板呈圆柱形壳体的闸门。常用钢丝网水泥砂浆制作，支臂和梁系为钢筋混凝土结构。具有弧形闸门的特点，启门力较小。可用于跨度较大的闸孔。

拱形闸门（arch gate） 亦称"立拱闸门"。具有拱形结构的闸门。一般由钢丝网水泥砂浆制成的圆柱形面板和钢筋混凝土边框组成。在两侧端柱间常设拉杆或横隔板以承受面板产生的侧向推力。多用于

中小型水闸。

升卧式闸门（gate inclined to horizontal position after lifting） 亦称"上卧式闸门"。在开启过程中逐渐倾倒，最后平卧于闸孔上方的闸门。多采用钢结构。有利于降低工作桥高度，但检修较困难。在风力较大的地区可减小闸门上的风荷载。

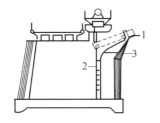

升卧式闸门示意图
1. 闸门开启位置 2. 闸门关闭位置 3. 主轨道

屋顶式闸门（bear-trap gate） 亦称"双瓣卧式闸门"、"卧式斜撑闸门"。由两扇分别绕水平轴转动的平面门叶构成形如屋顶的闸门。门叶分别铰支在门室的上下游侧，利用水力操作启闭。门室排水时，两扇门叶沉入门室，平卧在室内，孔口开启泄水；门室充水时，促使门叶浮起，孔口关闭挡水。无需设中间闸墩，闸孔净跨不受限制，有利于排水、排冰，但结构复杂，检修维护较困难，如有泥沙过堰，将受一定影响。适用于需要排冰、过木的低水头建筑物。

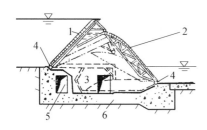

屋顶式闸门示意图
1. 上游门叶 2. 下游门叶 3. 门室
4. 支承铰 5. 引水廊道 6. 底板

舌瓣闸门（flap gate） 顶部附有一个曲线形舌瓣的平面闸门。舌瓣与闸门铰接，转动舌瓣可调节流量和排冰。舌瓣尺寸和形状主要取决于溢流条件，高度一般 1.5～2 m。适用于要求准确调节上游水位，以及要求排泄漂浮物或冰凌时不致损耗过多水量的场合。

旋转刚架闸门（rotating frame gate） 由绕轴旋转的一系列梯形刚架构成的闸门。立起时依

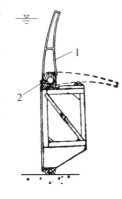

舌瓣闸门示意图
1. 舌瓣门体
2. 连接铰

靠本身互相挤紧形成挡水面。一般用钢材或木材制成。结构简单，刚度大，启闭迅速。但刚架只能竖起或放倒，不能停留在中间位置，不能调节水位。适于作检修闸门或用在季节性通航的河道上，洪水期打开闸门通航，枯水期关闭闸门蓄水灌溉。

浮箱式闸门（floating camel gate） 可浮动的空箱闸门。由钢材或钢筋混凝土制成。使用时将空箱门体浮运到门槽位置，然后充水使其下沉就位，封闭孔口形成挡水面。当需要开启闸门时，只要抽出箱内储水，闸门即自行浮起。只能在静水中操作，可用作船坞工作闸门或其他露顶式孔口的检修闸门。

自动翻倒闸门（automatic flashboard） 简称"翻倒闸门"。利用水力和杠杆原理使闸门绕水平轴转动、且能自动开启和关闭的闸门。由门体、支铰、门墩和减震装置等组成。结构简单、造价低、管理方便、不需要启闭设备但不能调节流量。适用于上游河床坡度大、来水急、洪峰流量大的河道，有时在河岸溢洪道上也被采用。

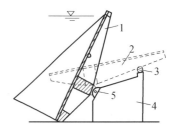

自动翻倒闸门示意图
1. 关门位置 2. 开门位置
3. 缓冲垫 4. 门墩 5. 支铰

叠梁门（stoplogs） 由许多单根梁在闸门槽内叠放起来遮蔽孔口的闸门。常用木材、钢筋混凝土或钢材等做成。闸门启闭是逐根操作，比较费时。多用作检修闸门、施工闸门，在小型的涵闸上也可作工作闸门。

钢丝网水泥面板（steel-mesh cement deck） 用多层重叠的钢丝网和高强度等级的水泥砂浆浇抹而成的面板。是一种接近于匀质的弹性材料。具有良好的抗裂和抗冲击性能，易于成形，不用或少用模板，节省钢材和木材，降低工程造价的特点，但耐久性较差，在水利工程中常用作闸门的挡水面板。为减少钢丝网用量和增加砂浆的密实度，有时在网层之间夹填一定数量直径 4～6 mm 细钢筋，便于成形和浇抹，称"加筋钢丝网水泥面板"。

闸门止水（gate seal） 亦称"水封"。防止闸门关闭后门叶与闸孔周界间缝隙漏水的装置。止水材料要求富于弹性，常用的有橡皮和方木等。一般安设在门叶上；有时也安设在预埋件上。按安设位置，分

顶止水、侧止水、底止水和中间止水四种。在露顶式闸门上只有侧止水和底止水,潜孔闸门上还有顶止水。闸门高度过大而采用分段连接时,还要设置中间止水。不同的门型所采用的止水形式、布置位置和效果也不同。如止水装置效果不好,闸门会严重漏水,可能引起闸门振动。

启闭机(gate hoist)　启闭闸门的机械设备。借电动机、手摇机或液压机通过传动系统进行操作。常用的有卷扬式、螺杆式和液压式三种。按启闭机能否移动,还有固定启闭机和活动启闭机两种。

活动启闭机(travelling hoist)　移动式启闭闸门的起重机械。平时安放在某一位置,当需要时可移动到所需的位置使用。常用的有门机和门架式启闭机等。包括移动、动力传送和牵引等部分。移动部分是安装在启闭机底脚上的滚轮,动力传送部分有齿轮、蜗轮等方式,牵引部分常用钢索。一般一台移动式启闭机应控制四孔以上的闸门才能获得经济效果。特点是启闭荷载变化大,启门速度小,工作安全可靠,机械效率高,结构简单,造价维修费用低,操作方便,外观整洁,体积小。适用于大孔口、高水头的重型闸门。

固定启闭机(stationary hoist)　固定安装在闸门附近用以启闭闸门的起重机械。如绞车、液压启闭机等。传动方式有皮带传动、链条传动和齿轮传动等。牵引方式为钢索和螺杆式等。小功率的启闭设备由人工操作。一般启闭质量超过25 t者用电力传动,但均附有人力手摇装置,供断电时事故备用。一台固定启闭机一般开启一孔闸门,也可同时开启数孔闸门。优点大致同活动启闭机。

螺杆式启闭机(screw and worm gate hoist)　利用螺母旋转使螺杆升降,带动闸门启闭的机械。由动力机、减速装置、螺母、螺杆、机座等组成。结构简单,成本低。在没有动力机时,可用人力启闭。适用于启门力较小的直升式闸门。

油压式启闭机(hydraulic hoist)　利用油压装置启闭闸门的机械。由动力机、高压油泵、供油和回油管路、油缸、活塞杆等组成。有顶式和拉式两种。为加大启门行程,活塞杆可做成能伸缩的套管结构。使用时也可将油缸平卧,用以推拉闸门。具有启门力大、启门速度快、运动平稳、操作方便等特点。

泄水建筑物(release structure)　用来宣泄水库、渠道在洪水期间或其他情况下多余水量,以保证坝或渠道安全的水工建筑物。如各种形式的溢流坝,溢洪道,泄洪隧洞,坝身的中孔、底孔和涵管等。形式选择由地形、地质、坝型和泄水量等确定。在重力坝枢纽中,一般采用坝顶溢流、大孔口泄流或两者配合使用,并用深式泄水孔辅助泄洪或放空水库;在拱坝枢纽中,一般采用坝顶、坝身泄水孔和泄洪隧洞,或河岸式溢洪道。在土石坝或结构复杂的轻型坝的枢纽中,一般采用河岸式溢洪道、泄洪隧洞或两者配合使用。

设计流量(design flood discharge)　设计泄(放)水建筑物或输水建筑物时所采用按正常运用情况通过的流量。如水利枢纽中溢洪道设计流量系根据设计洪水按规划要求经过洪水调节之后通过溢洪道下泄的流量;灌溉渠道、引水隧洞、航道、渡槽、水闸等在设计时均按规划要求确定设计流量。

校核流量(flood discharge for check of project design)　设计泄(放)水建筑物或输水建筑物时在设计流量外尚须考虑的一个非常情况的流量。建筑物在通过校核流量时,按规范规定,各种安全系数要求比设计流量时作相应的降低。

泄洪量(flood discharge capacity)　溢洪道、泄水底孔、泄洪隧洞等泄水建筑物的设计流量或校核流量的统称。

坝身泄水孔(outlet in dam)　位于库水面以下的坝体泄水孔道。一般包括进口段、管身段和出口段。按孔内流态,分有压泄水孔和无压泄水孔。前者水流充满出口上游整个孔道,无自由水面;后者进口段为有压段,其下游为明流段。近代混凝土坝中设置的泄水孔大多采用无压式。按其沿坝高的设置高程,分中孔和底孔。前者位置较高,除可供给下游用水外,常作为泄洪的一种布置方式;后者位置较低,由进水口、管道、出口、消能工和尾水渠等组成,用以调洪预泄和放空水库,供给下游用水,辅助泄洪及排沙,甚至兼作施工导流。当以放空为主要目的时,其进口高程决定于要求水库放空达到的

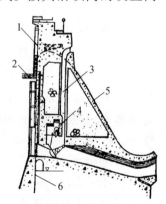

无压泄水孔示意图

1. 上坝爬梯　2. 检修平台
3. 通气管　4. 通气孔口
5. 溢流坝面　6. 坝轴线

最低水位,断面尺寸决定于放空—X 定库容要求的时间。当以排除入库泥沙和库内淤沙为主要目的时,其高程决定于容许淤沙高程或有利于异重流排沙,孔数和孔口截面尺寸决定于排沙范围和排沙量。为防止磨损,排沙底孔应由耐磨的材料作衬砌。除用坝身泄水孔排沙外,也可利用坝外泄水隧洞排沙。

放空底孔(unwatering outlet) 以放空水库为主要目的而设置的坝身泄水孔。其进口高程决定于要求水库放空达到的最低水位,断面尺寸决定于放空一定库容所要求的时间。

排沙底孔(flushing outlet) 以排除入库泥沙和库内淤沙为主要目的而设置的坝身泄水孔。其高程决定于容许淤沙高程或有利于异重流排沙,孔数和孔口截面尺寸决定于排沙范围和排沙量。为防止磨损,排沙底孔应由耐磨的材料作衬砌。除用坝身泄水孔排沙外,也可利用坝外泄水隧洞排沙。

通气孔(air vent; ventilation stack) 在有压进水口工作闸门或事故闸门之后用以充气和排气的孔道。功用是当闸门快速关闭时输入空气以防引水道出现有害的真空;引水道充水时则用以排气。其断面面积取决于闸门紧急关闭时的进气量(一般取其等于引水道的设计流量)。通气流速对露天钢管可取 30~50 m/s,对埋藏式管道可取 70~80 m/s。顶部高程应超过上游最高水位,需有防止封冻和进气时吸入人、物的措施。

溢流前缘(net length of overflow crest) 溢流坝或水闸过水部分的净长。亦即所有溢流孔口的总长。取决于总泄量、地质条件、闸坝结构形式,以及枢纽布置的其他要求等因素。

溢流面(overflow face) 溢流坝、溢洪道或无压斜井隧洞等供水流自坝顶平顺通向下游的曲面。溢流坝的溢流面自上向下由溢流段、直线段和反弧段组成。堰顶溢流段的形状对泄流能力和流态有很大的影响。按设计堰面是否出现真空(负压),分真空剖面堰和非真空剖面堰两类。真空剖面堰流量系数较大,但出现负压容易引起坝体振动和堰面空蚀。工程中常采用非真空剖面。直线段上端与堰顶曲线相切,下端与反弧相切,直线的坡度应由溢流坝的稳定和强度条件确定。反弧段的作用是使水流平顺地按预定的消能方式与下游衔接,通常采用圆弧曲线,其半径可根据溢流坝高度、堰顶水头及消能方式等因素确定。

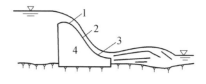

溢流坝剖面示意图
1. 溢流段 2. 直线段 3. 反弧段 4. 溢流坝

WES 剖面(WES standard spillway shapes) 亦称"幂曲线剖面"。溢流坝或溢洪道中实用堰顶部溢流段常用的剖面形式之一。剖面顶点上游段原为两圆弧,1961 年葡萄牙里斯本土木试验室建议改为三圆弧。1969 年美国陆军工程兵团水道试验站进行试验研究,1970 年正式引入该剖面。在顶点下游的溢流曲线为幂指数关系,并以下列方程式表示:

$$y = x^n / (kH_d^{n-1}),$$

式中,x、y 为以溢流面顶点为原点的坐标;H_d 为设计水头;k、n 为常数,对上游堰面不同坡度 k、n 取不同值。施工放样较方便,流量系数较大,应用较广泛。

克-奥型剖面堰(C-O curve profile weir) 溢流坝或溢洪道堰顶部溢流段常用的一种剖面形式。由美国水利学者克里格(W. P. Creager, 1917—)和苏联水力学者奥菲采罗夫(Holodensky)根据薄壁堰上的溢流水舌形态,经试验研究后分别提出,故名。该剖面的溢流曲线各点坐标值以堰顶设计水头为参数的形式表示。当堰顶水头大于设计水头时,坝面出现负压,流量系数增大;反之,坝面出现正压,流量系数减小。有Ⅰ型和Ⅱ型两种。前者上游面垂直,常用于岩基上的溢流坝;后者上游面顶部成 45°倾斜,较适用于软弱地基上的溢流坝。因该剖面的溢流曲线不用公式而用坐标数据,施工放样不便。

厂房顶溢流(spill over powerhouse) 水库洪水从水电厂厂房顶部泄往下游的溢流方式。有两种:一种是在溢流坝后接着利用厂房顶盖作为溢流的反弧段和挑流鼻坎;另一种是将泄槽溢洪道架设在厂房上方。通常所指主要是前一种。布置紧凑,比采用地下厂房等其他方案节省工程量。但需考虑厂坝联结方式、泄水时厂房顶水流可能引起结构振动和气蚀破坏,以及对电厂尾水影响等问题。适用于地质条件许可的河流峡谷中的混凝土坝。工程实例如中国浙江新安江水力发电站。

二道坝(auxiliary dam；secondary dam)　设置在溢流坝下游，具有一定高度的过水坝。用以壅高坝后尾水水位。挑流消能时，增加坝后水垫厚度，减小冲刷坑深度。底流消能时，壅高消力池水位，保证在池内形成水跃。其位置和高度，一般应通过水工模型试验确定。有时，二道坝之后仍需继续消能，有时需再设一道较低的坝。也有把坝后的这两道坝合称二道坝的。

分水墙(partition wall)　亦称"隔墙"。在水利枢纽中，将水流按不同流态的要求分隔成不同区域的墙。枢纽中有不同的专门建筑物(如船闸、电站、过木和过鱼建筑物、溢流坝等)，当两相邻建筑物对水流有不同要求时，需设墙隔开。如溢流坝与电厂、溢流坝与船闸，中间均须设分水墙。当泄洪孔口较多时，亦可在下游用分水墙分段隔开，既可在小流量时集中泄洪，避免产生折冲或其他不利水流，也可在修理时，便于集中处理。

收缩段(contracted section)　明渠中从宽度较大段过渡到宽度较窄段而设的渐变衔接段。用以使水流收缩，较平顺地与下游段衔接。常用于从宽段到窄段的明渠之间。如河岸溢洪道中从宽度较大的控制堰段过渡到宽度较窄的陡坡泄水渠段，之间常以直线规律变化。

扩散段(divergent section)　明渠中从较窄段扩大到较宽段的渐变衔接段。用以扩散水流，减小单宽流量，降低流速。较常见的有为减小溢洪道消能段的单宽流量而设于溢洪道泄水渠末的渐变扩散段，处于高流速区，边墙扩散角一般限制在7°以内，以免发生水流脱离和折冲现象。

渐变段(transition)　泄水或输水建筑物中为避免过水断面突变而建造的沿程逐渐变化的部分。水工隧洞中指闸门上、下游过水断面有变化的两段，闸门上游的一段称"闸前渐变段"，一般呈喇叭形，即由上游端最大的矩形进口收缩到闸门处矩形孔口；闸门下游的一段称"闸后渐变段"，即由闸门处矩形孔口渐变至洞身的圆形断面。

反弧段(bucket)　与溢流面直线段相接而使下游鼻坎、护坦或河床过渡连接的曲线段。能使堰顶下泄的水流，平顺地改变方向，与下游水流衔接。一般采用圆弧形式，圆弧曲线半径(反弧半径)与溢流坝的高度、堰顶水头和消能方式有关，不应过小，常采用反弧上水深的5倍左右(反弧上水深为校核洪水位闸门全开时该处水深)，甚至8～10倍。流速大时，或与护坦相连时，宜采用上限值。但反弧半径过大，将使其长度增大，增加工程量。

折冲水流(swinging flow)　闸坝泄向下游的水流由于不能均匀扩散，而主流集中沿下游河道或左或右摆动的现象。会淘刷河岸和河床，并使下游水流不稳定。一般的防止办法是设分水墙，布置消力墩、扩散槛和齿槛等，以及安排正确的闸门开启程序等。

下游消能(downstream energy dissipation)　位于泄水建筑物下游消减水流能量的工程措施。下泄的水流具有巨大动能，上下游水位差愈大，下泄水流动能也愈大。这种能量远超过原河道所能容纳的范围，如不加限制，必将冲刷下游河床和岸坡，甚至危及建筑物安全。按消能方式，分底流式消能、挑流式消能、面流式消能和混合式消能等。其效果的好坏涉及水利枢纽中各水工建筑物的安全和正常运行，是水利枢纽设计中的重要问题之一。

消能工(energy dissipators)　为消减下泄水流动能和保护河床或建筑物免于冲刷破坏而设置的工程设施。种类很多，常用的如保证发生水跃消能的消力池；导致面流水跃消能的跌坎或戽斗；使水流挑射远处，实现空中掺气扩散消能，并跌落入水中继续扩散消能的挑流鼻坎。有时狭义地指消力池内的辅助消能设备，如消力墩、消力槛等。

底流式消能(energy dissipation by hydraulic jump)　使下泄水流产生底流式水跃进行消能的方式。一般采用消力池，但需保证在池内形成水跃所需要的尾水深度，使水跃范围内的河底得到强有力的保护。利用水跃漩滚，内部的水流流态及其与主流间的混掺、紊动和摩擦以消耗水流的能量，使水流从急流状态转为缓流状态，减轻对下游河床的冲刷。一般进流佛汝德数越大，消能效果越好。适用于水闸工程。高水头溢流坝、溢洪道和泄水隧洞等泄水建筑物虽有采用，但由于需修建较长的消力池，工程量和投资较大，应用不多。

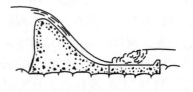

底流式消能示意图

面流式消能（energy dissipation of surface regime）使溢流坝下泄的主流与尾水表层衔接并逐渐扩散的消能方式。表层主流与河床之间形成逆溯漩滚以消减水流的部分能量。常用一定的鼻坎与下游连接。由于主流在坝后一定距离内集中于表层，底部逆溯漩滚的流向朝着坝趾，且流速较低，河床一般不需加固。但因高速水流在表面，并伴有强烈的波动，甚至向下游绵延很长距离难以平稳，可能影响电站运行和下游航运，且易冲刷两岸，需增加下游护岸工程投资。面流式消能的水流流态受尾水位影响很大，尾水低于鼻坎，水流可能直接跌入或被挑向下游；尾水过深，可能出现面流底流型流态，甚至在一定条件下，出鼻坎主流潜入河底，成为底流流态，使河床遭受冲刷。一般用于下游尾水较深，单宽流量变化较小，水位变幅不大或有排冰、漂木等要求的场合。

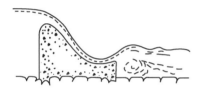

面流式消能示意图

挑流式消能（energy dissipation of skijump type）使下泄水流以自由水舌形式挑射至下游尾水中的消能方式。一般采用挑流鼻坎形式。水舌出坎后，在空中抛射过程中扩散，由于空气的阻滞和混掺、水体内部的碰撞，以及落入尾水后继续扩散形成强烈的漩滚等作用，消耗水流能量。鼻坎高程、反弧半径、挑角等都应根据具体条件选择，使水舌下落形成的冲坑不影响坝体等建筑物的安全和岸坡的稳定。常用连续式的鼻坎。为使水舌更有效地掺气扩散，有时采用差动式的鼻坎。挑流式消能将水舌挑射至坝后一定距离处，坝后可不需修筑消力池等护底工程，冲坑范围小。是岩基上广为采用的一种消能方式。但挑流水舌会产生"雾化"现象，对水电站等建筑物和设备的运行有一定影响。

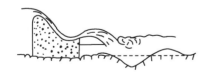

挑流式消能示意图

混合式消能（mixing energy dissipation）亦称"消力戽消能"。使下泄水流产生多种流态的消能方式。

在溢流坝坝脚做成反弧形戽斗，借戽尾鼻坎对水流的反击和导向作用，使戽内发生位于主流水舌之上的表面漩滚，戽外形成位于出戽主流之下的底部搅滚，以及出戽水流形成较高的涌浪和涌浪后的表面漩滚，构成"三滚一浪"流态，产生强烈的紊动摩擦和扩散作用，从而消减水流能量。一般戽坎呈连续式，戽外底部旋滚作用强烈，可能将下游河床沙石带入戽内，磨损戽面，且出戽水流波浪较大，波动范围也较广，易冲刷下游河岸。也有采用戽坎为齿槽相间的差动戽，以缓和戽外底部漩滚，因而兼有减浪和防止砂砾回流进入戽内的作用。但齿坎易遭气蚀，结构也较复杂，极少应用。一般适用于坝后尾水较深、变幅较小、无漂运要求，且下游河床和两岸有一定抗冲能力的场合。中国石泉水电站溢流重力坝是采用混合式消能的实例。

混合式消能示意图

窄缝式挑流消能（energy dissipation by contracted jet）在泄水道的挑流鼻坎上以导墙急剧收缩成狭窄竖缝的挑流消能方式。可加强出坎水流在垂直面上的扩散，掺气将更为充分；由于减小单位面积上的落水能量，可减小冲刷坑深度。一般适合高坝枢纽，特别适用于河谷狭窄的场合。西班牙、葡萄牙等国较早在实际工程中采用。中国也有采用。

消力池（stilling basin）使下游水深增加，以形成水跃的工程设施。随下游河床高程的不同和促成水跃的需要，可取不同形式。可在护坦末端设尾槛；也可把河床挖至一定深度；也可两者兼用，以形成消力池。其长度随水跃长度需要而定。当尾水深度有较大变化时，可采用斜护坦，以使在下游不同水位时，都能发生水跃。在消力池内设辅助消能工，可加速促成水跃，减短消力池长度。

辅助消能工（stilling basin appurtenances）设于消力池内，用以加速消能或改善流态的设施。有尾槛、陡坡消力墩和消力墩三种。设于消力池中部的单个突起物，称"消力墩"；在消力池中交错布置，利用其对水流的反击作用，使水流分散，相互撞击，以达到消能的目的。有时也设于池首或陡坡末端，称"陡坡消力墩";两者均可加速消能,起缩短池长、减小池深的作用。

水垫塘消能（plunge pool；energy dissipation in cushion pool）　见"水垫塘"（311页）。

空中对撞消能（energy dissipation by air collision）利用挑射水流在空中撞击以消耗能量的消能方式。拱坝的泄水消能方式之一。在拱坝左右两侧的坝体上,分别设置具有挑流鼻坎的滑雪道式溢洪道,利用拱坝坝顶过流向心收敛的特点,使两侧对冲式滑雪道中的挑流水舌在空中对撞,从而消耗大量能量,并减轻对下游河床的冲刷。该消能方式消能效率高,但雾化现象较为严重。

宽尾墩联合消能工（flaring pier combined energy dissipater）　将宽尾墩与挑流消能相结合的一种消能方式。将平尾墩或尖尾墩的尾部扩宽成宽尾墩,迫使水舌纵向拉开,以加大水流的纵向扩散和掺气。解决高水头、大流量、低佛氏数条件下,难以用常规消能方法解决的消能问题。在中低水头工程中,运用得当可获得与高坝相同的消能防冲效果。主要的联合方式有宽尾墩与挑流、底流、面（戽）流和消力池的组合。已成功应用于河北省潘家口水库工程。

洞内孔板消能（the hole orifice energy dissipation）用于有压泄洪隧洞的一种新型洞内消能方式。利用孔板的收缩效应,使水流在流经孔板时,流线突然变化,孔板下游漩涡区的水流产生强烈紊动、混掺和内部剪切作用,从而使一部分能量转化为热能,达到泄洪洞洞内消能的目的。其能量耗散可分为两种途径:一是通过孔板环附近的压力骤降及强烈脉动消能;二是通过孔板剪力流的剪切作用消能。具有结构简单、流态稳定、水流参数易于控制等优点。

尾槛（end sill）　设于消力池尾部的槛。有连续槛和齿槛两种。能在立面上调整出池水流,使之呈有利的流速分布,具有减小底部流速,防止池后河床被冲刷,并加强平面扩散和削减下游边侧回流等作用。尾槛可稍减小对消力池长度和深度的要求,增大对

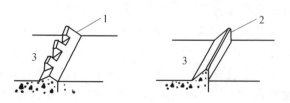

尾槛示意图
1. 齿槛　2. 连续槛　3. 消力池

各种流量和尾水位的适应性,其高度不宜过大,否则槛后将形成二次水跃。

护坦（apron）　泄水建筑物下游保护河床免受急流冲刷的加固工程设施。主要指底流式消能设施中消力池的护底,也可指在采用其他消能方式时对坝后部分河床的保护工程。一般用混凝土或钢筋混凝土建成,表面应较平整并具有一定强度,以经受急流冲刷。在运用中切忌石块等硬物停留在消力池中或护坦上随水流翻滚"球磨"。护坦与坝体之间用缝分开,以防不均匀沉陷引起断裂。护坦范围较大时要适当分缝,沿水流方向的缝与坝的横缝一致。对于岩基,为了减小护坦下的渗透压力,其下可设排水沟网或用垂直钻孔穿过护坦,并略伸入基岩,成为排水孔。在护坦上设置锚筋,减小护坦厚度借助基岩提高护坦的稳定性。在软土地基上,护坦应具有一定厚度,以其自重保证在浮托力、渗透压力和脉动压力等作用下维持稳定。

逆坡式斜护坦（antidip apron）　底面沿水流方向逐渐升高的护坦。当尾水深度不足时,在水流收缩断面处向下挖深而成。能给水流以反力,促成水跃产生。

顺坡式斜护坦（sloping apron）　底面沿水流方向逐渐降低的护坦。坡度一般不大于1:4。由于底面具有坡度,水深向下游逐渐变大。不同流量所形成的第一共轭水深都可在护坦上与其相应的第二共轭水深相遇,而发生水跃,以保证其消能作用。

护坦锚筋（anchor ties for apron）　为保证护坦稳定而将其锚固在基岩上的钢筋。护坦上作用有浮托力、渗透压力和水流脉动压力,常利用护坦锚筋的拉握,使护坦厚度不致过大。锚筋插入深度一般为1.5～3.0 m,上端与护坦的钢筋网连接,下端劈开,插入楔子,打入钻孔内,再用水泥浆灌满固结。在坚固完整的基岩上,采用护坦锚筋可取得良好的效果。

护坦排水孔（drains through apron）　为排除护坦底部渗流以减少渗压而系统布置的穿过护坦的孔洞。护坦底部承受渗透压力较大时,或基岩较软弱、构造发育、护坦锚筋抗拔能力较差时,可考虑采用这种穿过护坦并略伸入基岩的排水孔,借以有效降低作用在护坦底部的渗透压力,增强护坦的稳定性。孔布置成方形或梅花形,孔排距视需要而定,孔径和深度由渗透压力确定,可用钻机造孔,插入排水花管,孔口用砂浆封住。

海漫（flexible apron） 设在消力池后的防冲加固结构。具有扩散水流,加糙增阻,防冲和进一步消除水流剩余能量的作用。常用浆砌块石、干砌块石、堆石等建筑,接近护坦处宜用较坚硬的材料,如干砌块石或混凝土板等,其下游可用抛石、梢捆、石笼等护底。

防冲槽（erosion control trench; scouring prevention trench） 在海漫末端或上游防护段的前端用块石填筑的深槽。具有防止或减轻护底（包括海漫）与原河（渠）床底交界处冲刷的作用。在槽后有冲刷时,填石可自动散布保护河床。

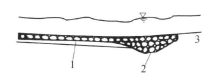

防冲槽剖面图
1. 海漫 2. 防冲槽 3. 原河床

挑流鼻坎（jet bucket） 为保证溢流水舌按预定方向和距离射至下游而设置的坎台。其高程应定得恰当,宜与下游水位平齐,或稍高于下游水位。通常有连续式或差动式鼻坎两种形式。根据枢纽布置的特殊要求,还可做成斜向挑流鼻坎、三向扭曲挑流鼻坎和窄缝（竖缝）式挑流鼻坎等。

差动式鼻坎（differential bucket） 与水流方向垂直,呈齿、槽相间形式的挑流鼻坎。齿坎横断面形状常为矩形或梯形,通常齿宽较槽宽为大。其水流分经高坎（齿）和低坎（槽）挑出,加大挑流水舌在垂直方向扩散,增强水流的撞击和掺气,提高消能效果。为避免齿坎侧壁的气蚀破坏,反弧半径宜偏大,且应设通气孔或其他减蚀措施。

连续式鼻坎（plain bucket） 无任何齿、槽的挑流鼻坎。挑出水舌扩散效果不如差动式鼻坎,但构造简单、坎上水流较平顺、不易产生负压、射程较远、施工也较易,故广泛采用。

扩散角（divergence angle） 泄水建筑物出口导墙与轴线所交的角度。取值适当,可使水流在平面上均匀扩散,减小出流的单宽流量,有利于消能,或使下游水流条件得到改善。水闸闸室下游导水墙（翼墙）一般取8°~12°,若其值过大,将产生回流而造成折冲水流,招致危害性冲刷。溢洪道等泄水道末端因流速较高,扩散角一般不宜超过7°,以免水流与边墙脱离。

挑射角（exit angle of jet） 简称"挑角"。溢流坝或泄水道反弧段鼻坎末端切线与水平线的夹角。根据不同消能方式,鼻坎应具有适宜的挑射角,使下泄水流按一定角度射向下游。挑流式消能时,一般取20°~30°;混合式消能时稍大,一般取45°,也有取37°或者40°,面流式消能时较平缓,常取10°左右。

挑距（jet trajectory distance） 挑流消能时,下游冲刷坑最深点至挑流鼻坎的水平距离。一般应尽可能大些,以免冲刷坑危及建筑物的安全。根据模型试验和原型观测结果,冲刷坑最深点大致在水舌外缘延伸线上。工程上一般按自由抛射体原理进行估算。

冲刷坑（Scour pool） 泄水建筑物下游河床受到水流冲刷作用后形成的局部坑塘。在工程设计中,应根据下泄水流和河床地质等情况,采用合适的消能工形式,使冲刷坑的深度及其与建筑物的距离都不至于危及建筑物的安全。估计冲刷坑深度的公式很多,工程中常用的近似公式为:

$$D = kq^{1/2}H^{1/4},$$

式中:$D = t + d$,t 为下游水深（m）,d 为地基冲深（m）;q 为鼻坎上的单宽流量（m³/(s·m)）;H 为上、下游水位差（m）;k 为系数,与地质情况有关,一般情况取1.25,在岩基上取0.86~3.16,绝大多数在1.0~1.8之间,地基软弱时,应取偏大的k值。

平台扩散水跃消能（energy dissipation by hydraulic jump on divergent channel） 泄水隧洞（或管道）出口水流的一种常用消能方式。主要消能设施由平台扩散段、消力池（消力塘）和两者之间的衔接段组成。出口水流借平台产生横向扩散,然后沿衔接段（通常为抛物面）跌入消力池而产生水跃消能。平台扩散段的翼墙扩散角不能太大,一般与出口水流的佛汝德数成反比。

喷射扩散消能（energy dissipation by free jet expansion） 有压泄水隧洞或管道出口水流经扩散器或射流阀门自由喷射出去,经掺气扩散后再落入下游河床的消能方式。射流阀门可用锥形阀、空注阀等,其直径要有一定限制。结构简单经济,但要求出口不低于下游水位,且下游有一定水深。

压力式扩散消能（energy dissipation by pressure

flow expansion） 在泄水管道出口处设扩大口径的封闭圆筒形结构,水流进入筒内突然扩散并剧烈撞击混掺的一种强迫消能方式。消能效率高,但水流的主流位置不稳定,筒壁所受动水压力周期性变化易引起振动,应用不广。只有受地形地质条件限制,采用其他常规消能方式难以布置时才考虑选用。

人工加糙（artificial roughness） 用人工方法使明渠、水槽的水流边界粗糙度达到预定值的各种措施。实际工程的渠道陡坡上有时布置各种形态的凸起物,以增加水流阻力,降低流速,有利于防冲。河工模型中或水力学试验研究中为实现水流阻力相似或其他目的,也要对模型河床或试验水槽进行人工加糙。

掺气减蚀（cavitation control by aeration） 亦称"加气减蚀"。对泄水建筑物的高速水流进行人工掺气以削弱气穴溃灭压强而使水流固体边界免受气蚀破坏的工程措施。如在容易发生气蚀的溢流面上设通气槽与大气相连,或设小凸坎使水流局部脱离而形成空腔,并使空腔与大气相连。在水流高速运动情况下,将空气带入空腔,经自动掺混,使溢流壁面形成含气水流层,含气水流的弹性较大,从而避免高速水流产生的负压引起的空蚀破坏。是有效且经济的一种工程措施。广泛运用于水利工程,以及船舶、喷管、核电站等场合。

泄水道首部（head work of outlet） 泄水隧洞（涵管）上游端为安装、操作闸门和拦污栅,并保证进水顺畅而设的各种建筑物的统称。由进口段（包括拦污栅段）、闸门井、闸室、渐变段组成。实际工程中有塔式首部、竖井式首部、斜坡式首部、岸塔式首部和无塔进水首部等。

塔式首部（tower intake） 不与岸坡连接,直立于水工隧洞进口的塔式结构。是泄水道首部建筑物的一种。塔顶高出上游水位,设有操纵平台和启闭机室,并要建桥与库岸或大坝相连。设计时应考虑其所受风浪、冰、地震等影响,保证结构稳定性。有封闭式或框架式两种。前者一般为矩形或圆形钢筋混凝土结构,四周挡水,内部检修方便;作为引水建筑物首部时并可在其不同高程设进水口,适应库水位变化,保证引用温度适宜的水。后者通常为钢筋混凝土空间框架结构,较前者节省材料,但只能在低水位时检修,而且泄水时闸门槽要进水,流态较差,易引起气蚀,大型工程中较少应用。塔式首部常用于

岸坡低缓、地质条件差的隧洞进口或土石坝坝身涵管进口。

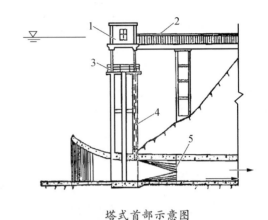

塔式首部示意图
1. 启闭机室 2. 工作桥 3. 检修台
4. 通气孔 5. 收缩缝

竖井式首部（shaft intake） 在水工隧洞进口附近山体中开凿竖井并衬砌而成的结构。是泄水道首部建筑物的一种。其下部与隧洞相接,顶部设置闸门启闭机操纵室。从隧洞进口上游端至竖井闸门室前一段的断面由大而小地渐变,称"闸前渐变段",以利水流平顺;当闸门孔口（一般为矩形）与其下游洞身断面形式（如圆形）不同时,还要设闸后渐变段。洞身流态可设计成有压流或无压明流。前者一般用装置平板闸门的竖井,井内经常充水;后者一般用装置弧形闸门的竖井,门后为明流,井内不充水。竖井式首部结构较简单,不受风浪影响。地震影响也较小,安全可靠,经济合理;但自上游至竖井一段不便检

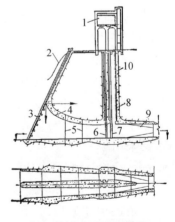

上:纵剖面 下:平剖面

竖井式首部示意图
1. 启闭机室 2. 原岩石线 3. 拦污栅
4. 椭圆曲线 5. 收缩缝 6. 检修门槽
7 工作门槽 8. 爬梯 9. 渐变段 10. 闸门

修。适用于河岸地形条件不利修建其他首部建筑物形式的水利枢纽工程。

斜坡式首部（inclined intake；band slope intake）利用水工隧洞进口处较坚固稳定的岩坡进行平整、衬砌而成的结构。是泄水道首部建筑物的一种。其闸门、拦污栅轨道直接敷设于斜坡上。结构简单，施工方便，稳定性好，工程量小。但闸门倾斜运行，面积要加大，且不易靠自重下降。改进办法是将隧洞进口段局部上抬，使其轴线与斜面近于正交。广泛应用于中小型工程，大型工程也可用于安装、操作检修闸门。

岸塔式首部（bank-tower intake） 依靠水工隧洞进口岩坡上建造的直立或倾斜的塔式结构。是泄水道首部建筑物的一种。利用水工隧洞进口岩坡，将其清理至新鲜岩层，塔身与岸坡部分或全部相连，用钢筋混凝土浇筑而成。塔身下部与隧洞口相连，塔顶部有启闭机室，塔身支承拦污栅和闸门。稳定性比一般塔式首部

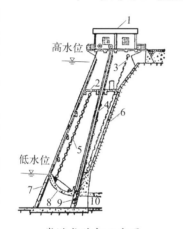

岸塔式首部示意图
1. 启闭机室　2. 检修平台
3. 通气孔　4. 轨道　5. 拦污格栅
6. 锚筋　7. 拦污栅　8. 圆弧
9. 闸门　10. 隧洞

好，甚至可对岩坡起一定加固作用，且无需修建岸桥，施工也较简便。隧洞进口处有陡峻坚固岩坡情况下常可采用。

平压管（by-pass） 为减小检修闸门的启闭力而设于检修门闸室侧墙内的通水管路。进口和出口分别位于检修门的上、下游，并装控制阀。开启检修闸门前，应先打开控制阀，从上游引水充入检修闸门与工作闸门之间，使检修闸门上、下游水压平衡，开启闸门时可消除水压力所

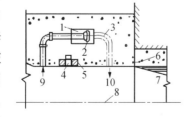

平压管示意图
1. 平压管井　2. 平压管阀门
3. 平压管　4. 闸门井槽
5. 二期混凝土　6. 止水片
7. 渐变段　8. 隧洞中心线
9. 进水　10. 出水

造成的摩阻力。管的内径视要求在多长时间内平压而定。

拦污栅（trash rack；screen） 设置在引水建筑物前用以防止飘浮物进入的遮拦设备。通常由金属框架和栅条组成。为保护水轮机安全运行，设于水电站进水口的拦污栅称"水电站拦污栅"。

溢洪道（spillway） 设置在坝上或其附近河岸的泄洪建筑物的统称。是河川水利枢纽的重要组成部分。用以排泄水库内多余水量，控制水位，保证挡水建筑物安全。常采用表孔堰流方式过水，其泄流量与堰顶水头的 3/2 次幂成正比，亦即可使泄流量随库水位的上升而迅速增大。为保证水库的灵活调度，通常设闸门控制；中小型工程的溢洪道也可不设闸门。类型和名称很多，与挡水建筑物结合的是各种溢流坝；设于坝外的溢洪道则又分开敞式河岸溢洪道、侧槽式河岸溢洪道、竖井式溢洪道、虹吸式溢洪道等；为确保水库安全而设立的，有应急溢洪道、自溃式溢洪道等。溢洪道选型应结合拦河坝坝型和地形、地质条件确定，拦河坝为大体积混凝土或浆砌石重力式结构时，常采用坝身溢洪道（溢流坝）；拦河坝为土石坝时则选用某种河岸溢洪道。各部分基本尺寸要根据枢纽泄洪任务，进行多种方案的调洪演算，与拦河坝坝高一起，由整个枢纽的技术经济条件比较，择优选定。

开敞式河岸溢洪道（chute spill-way；open riverside spillway） 亦称"陡槽式河岸溢洪道"。设在坝址河岸，以明流陡槽泄洪的一种最常用的坝外溢洪道。一般由进水渠、控制堰（宽顶堰或各种实用剖面堰）、泄水槽（陡槽）、下游消能工和尾水渠等部分组成。控制堰轴线一般与泄水槽轴线正交，过堰水流流向与泄水槽轴线方向一致，水流顺畅。在平面上宜直线布置，当受地形、地质等条件限制而采

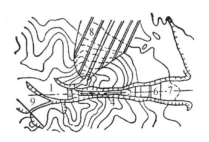

开敞式河岸溢洪道示例
1. 进水渠　2. 控制堰　3. 收缩段　4. 泄水槽
5. 扩散段　6. 消能工　7. 尾水渠　8. 土坝
9. 应急溢洪道

用弯段时,应有足够大的转弯半径,并注意解决可能的冲击波和离心力引起的水面超高等问题。高水头溢洪道的高流速部位要注意防止气蚀,边墙高度要考虑掺气现象。溢洪道沿线应尽可能位于岩基上,有时限于天然条件,不得不布置于土基上时,单宽泄流量不能太大。适用于河岸具有高程适当的马鞍形垭口或平缓台地时的地形、地质条件。

侧槽式河岸溢洪道(side channel spillway) 设在坝址河岸一侧,以明流方式泄洪的一种坝外溢洪道。由控制堰、侧槽、泄水渠、下游消能工等部分组成。控制堰的轴线大致顺河岸等高线布置,水流过堰后进入与堰的轴线几乎平行的侧槽内,然后急转约90°通过槽末泄水渠泄往下游。侧槽内水流为沿程变量流,具有复杂的螺旋流态。为适应水流特点和节省工程量,侧槽常用变底宽、变深度的深窄梯形断面,并用混凝土衬砌,具体尺寸应据泄流量要求进行水力计算或试验决定。泄水渠既可是明流陡槽,也可是明流泄水隧洞,但均应布置合适的下游消能工。适用于河岸地形陡峻,布置一般开敞式溢洪道导致开挖工程量过大时的地形、地质条件。

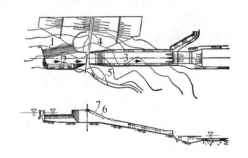

上:平面布置 下:纵剖面布置
侧槽式溢洪道示例
1. 控制堰 2. 侧槽 3. 泄水渠 4. 坝轴线
5. 上坝公路 6. 右岸墙顶及护坡顶线 7. 左岸墙顶线

竖井式溢洪道(shaft spillway;morning-glory spillway) 水流从环形堰汇入在山岩内开凿的竖井中,经出水隧洞泄往下游的一种坝外溢洪道。由喇叭口、竖井、出水隧洞组成。环形堰横剖面有两种形式,一种是圆锥台形的宽顶堰,另一种是实用堰,两者一般都为轴对称布置。堰上设闸门(如平板门、弧形门)时要建径向闸墩;或不设闸墩而采用环形闸门(即圆筒闸门),开门泄洪时闸门下至堰内门室中。

当地形条件限制时,堰和竖井喇叭口可建成非轴对称的,但此时要研究特殊的水力学条件。适宜于拦河坝本身不宜溢流的高水头水利枢纽,而河岸地形条件又不利于采用其他形式溢洪道的场合,尤其当利用施工导流隧洞作为出水隧洞时较为有利。

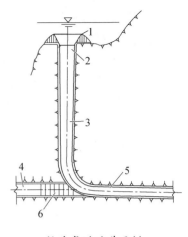

竖井式溢洪道示例
1. 环形闸门 2. 喇叭口
3. 竖井 4. 施工导流洞
5. 出水隧洞 6. 混凝土塞

虹吸式溢洪道(siphon spillway) 一种利用虹吸管原理泄水的封闭式溢洪道。由进口、虹吸管、控制虹吸作用的辅助设备、泄水陡槽和消能工等组成。当上游水位超过进口遮檐内的堰顶高程(一般与水库正常高水位齐平)时即开始溢出小流量,并带走空气;当水位继续升高,空气继续被带走而造成一定真空度后,水流即以虹吸满管流态下泄;直至上游水位重新降至正常高水位以下,虹吸作用破坏,泄洪乃停止。既可设于坝上,也可设于河岸,并能在较小的水头下有较大的泄流能力。不用闸门而可自动泄洪或自动停泄,也自动地调节上游水位;但超泄能力小,真空度较大时易引起气蚀破坏和振动,构造较复杂,进口易被冰块或污物堵塞。除中小型工程有时采用外,大中型工程很少采用。

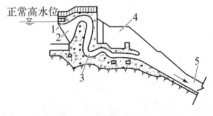

虹吸式溢洪道示例
1 遮檐 2. 进口 3. 弯段 4. 表孔消力池 5. 陡槽

非常溢洪道(emergency spillway) 亦称"应急溢洪道"。水利枢纽中用以应付意外洪水即超过溢洪道设计标准的可能特大洪水的溢洪道。常与土坝、土石坝、堆石坝等建筑物一起布置。与正常溢洪道相比,仅是一种保坝措施,启用机会极少。常用的有自溃式非常溢洪道和破副坝两种。前者在适当位置和高程建混凝土底坎和泄水槽,底坎上填筑一道自溃式土堤挡水,当特大洪水使水库水位超过堤顶高程时,土堤即自溃泄洪。当枢纽缺乏修建自溃式非常溢洪道条件而有合适的副坝利用时可考虑后者,当遇特大洪水时挖开或炸开副坝泄洪,以保主坝。

滑雪式溢洪道(skijump spillway) 水流通过形如滑雪道的开敞式泄水道,流至下游的泄洪建筑物。一般在平面上呈直线,有时也可扭转流向,使水流泄至指定区域,增强消能效果。特别在拱坝中可较自如地使水流充分扩散,或使水流互相撞击,获得良好的消能效果。

溢洪道控制堰(control weir) 设于河岸溢洪道首部用以控制泄流的溢流堰。一般用混凝土或钢筋混凝土建造,中小型工程也可用浆砌石结构。通常成直线布置,也有成曲线或圆弧形布置。堰的横剖面形态主要有平底板式的宽顶堰和实用堰两种。前者结构简单,施工方便,但流量系数较低,前缘长度较大,多用于中小工程;后者流量系数较大,可使前缘缩短,但施工复杂,多用于大、中型工程。堰上一般设有闸门,中小型工程也可不设(此时堰顶高程应与水库最高蓄水位齐平)。堰顶高程、孔口尺寸等主要参数通常由多种方案的调洪演算和技术经济比较来选定。作为挡水结构,除满足水力条件外,还应满足稳定和强度的要求。适用于各种类型河岸溢洪道。

输水建筑物(water conveyance works) 为灌溉、发电、供水等目的,从水源(如水库、湖泊或河道)向外部或下游输水的水工建筑物。如引水隧洞、输水钢管、涵管、渠道和渠系建筑物等。形式选择视引水目的、取水高程,以及地形、地质条件等因素而定。如从水库引水,以灌溉、供水为目的而设置的输水建筑物,应布置在灌溉或供水地区的一侧,其中灌溉取水高程不宜设置过低,以免水温过低,不利于作物生长。为发电目的而设置的输水建筑物,应满足发电输水的专门要求。

引水建筑物(intake works) 在河流、渠道上修建的用以引取、控制流量的水工建筑物。通常指输水建筑物的首部结构,如水厂引水口、灌溉工程和水电站引水口、扬水站等,因此亦称"渠首"。按引水方式,分无坝引水口和有坝引水口两种。前者不需要筑坝抬高水位,靠自流引水,只需建首部建筑物;后者要借筑坝以抬高进口水位,同时修建首部建筑物。扬水站是将水从低处提向高处的引水建筑物,需要

修建专用的泵房。

无坝引水口(damless intakes) 无需在原河道上筑坝抬高水位而直接在河岸上开挖的引水口。宜布置在河道较稳定弯段凹岸的顶点偏下的地方,以减少泥沙入渠。进水口轴线最好与河道水流成较小的引水角,便于平顺地引入主流。为调节引水量,引水口一般建有引水闸,必要时还应有冲沙闸、导流装置、导流堤等。适用于当河道枯水期水位和流量都能满足引水要求的场合。

有坝引水口(dam intakes) 筑坝抬高河道水位,以便引水自流入渠的引水建筑物。由拦河坝、进水闸、冲沙闸或冲沙廊道等组成。大体可分侧面引水和正面引水两种形式。前者指进水闸位于岸边,引水方向与河道流向呈正交或斜交,冲沙闸位于坝线上,以便冲沙时与流向一致;后者正面引水,可使引入进水闸的水流平顺,并可产生横向环流以减少泥沙入渠。有坝引水口的进水闸与冲沙结构常组成一个整体,使表层水从进水闸入渠,含有泥沙的底层水经冲沙设备排到河道下游。

水工隧洞(hydro-tunnel) 开凿在岩体中的一种输水孔道。用于引水、泄洪或导流。在平面上宜直线布置,避免转弯时水流的离心力造成负压而恶化洞内流态,可减少施工的复杂性。若不能直线布置时,应以平缓的曲线转弯,转弯半径应大于5倍隧洞洞身断面宽度。按洞内水流有无自由表面,分有压隧洞和无压隧洞两种。按隧洞断面形状,分城门洞式隧洞、蛋形隧洞、马蹄形隧洞、圆形隧洞等。圆形断面一般用于有压隧洞,其他形状的断面一般用于无压隧洞。隧洞进口建筑物的形式有竖井式、塔式、岸塔式和斜坡式四种。

有压隧洞(pressure tunnel) 沿隧洞全线以满管有压流态输水或泄水的水工隧洞。一般为圆形过水断面,断面尺寸由水头、流量确定,但岩体情况及施工条件也有一定影响。作为泄洪用的有压隧洞流速不加限制;而水电站引水系统的有压隧洞,洞内流速应有限制,以减小水头损失。

无压隧洞(non-pressure tunnel; free flow tunnel) 以无压明流流态过水的水工隧洞。多用圆弧顶拱和直墙组成的城门洞形断面,当岩石条件差,存在侧向山岩压力时宜采用卵形或马蹄形断面。泄洪洞多采用无压隧洞,但要解决高速水流可能带来的掺气、气蚀、冲击波等问题,宜尽量直线布置,并保证水面以上

有一定净空。岩石条件良好且流速不大时也可不衬砌。

圆形隧洞（circular tunnel） 水工隧洞的一种。断面为圆形，能均匀地承受岩土压力和内外水压力，受力条件好，过水能力大，可采用机械化方法施工。适用于承受内水压力的水电站引水洞或排沙洞，在无压隧洞中很少使用。

城门洞式隧洞（tunnel with circular arch on side-walls） 水工隧洞的一种。隧洞的两侧为直墙，顶部为平拱或半圆拱。圆拱中心角一般为 90°~180°，小于 90°的拱推力较大。施工方便，两端与渠道连接的

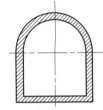

城门洞式隧洞
横剖面图

渐变段较简单。适用于岩石坚硬完整、铅直山岩压力较小、无侧向山岩压力或侧向山岩压力较小的场合。

马蹄形隧洞（horseshoe tunnel） 水工隧洞的一种。断面似马蹄形。顶拱、侧墙和底板均为圆弧，受力条件较好。既可现场浇筑，亦可用钢筋混凝土预制装配。适用于岩石软弱破碎、山岩压力较大的地质条件。

马蹄形隧洞
横剖面图

内水压力（internal water pressure） 作用于水工隧洞内部的一种荷载。方向垂直于隧洞衬砌的内壁。对于圆形有压隧洞，计算时可将其分为均匀内水压力和非均匀内水压力两部分。前者强度为

$$p_0 = \gamma h_o$$

式中，γ 为水的单位体积所受重力，h 为高出衬砌内壁顶点的测压管水头；后者强度为

$$q_0 = \gamma r_B (1 - \cos\theta)_o$$

式中，r_B 为衬砌内半径，θ 为自铅直直径的上端算起到 q_0 的计算位置之间的极角。非均匀内水压力的合力方向向下，数值等于无压满洞水重。对于无压隧洞，一般按静水压力计算。

外水压力（external water pressure） 作用于水工隧洞衬砌外面，来源于地下水的一种荷载。大小取决于岩石的透水性能及相关工程措施，方向垂直于衬砌的外壁。在工程设计中，常假设在隧洞进口处

的地下水位与水库的正常蓄水位齐平，隧洞出口处的地下水位与洞顶外壁或下游水位齐平，中间以直线相连，作为地下水位线，用以决定高出衬砌外壁顶点的地下水高度，再乘以折减系数 β，作为从衬砌外壁顶点算起的外水压力的计算水柱高度。根据中国工程经验，β 值一般为 0.25~1.00，视地质、水文地质和防渗、排水等情况而定。

喷锚支护（spray concrete and deadman strutting） 为维持地下硐室稳定性而采用的喷混凝土支护、锚杆支护或两者联合使用（有时还加钢筋网）的工程措施统称。可适应各种岩层条件，其施工速度快，应用灵活，施工时可以根据实地情况随时调整喷混凝土的厚度或锚杆数量和长度。有以下四种类型：（1）喷混凝土支护。随隧洞向前掘进，喷射混凝土于围岩表面，与围岩紧密黏结而共同工作，对有裂隙的块状围岩可起胶结作用。（2）锚杆支护。亦称"锚固自衬"，即在地下硐室周围，根据围岩地质条件，按一定距离、方向和深度进行钻孔，插入钢锚杆，再用螺帽或沙浆固定，对有裂隙成层的围岩可起联结和加固作用。（3）喷混凝土与锚杆支护两者联合使用。（4）喷锚加钢筋网支护。对于较软弱岩层，可在喷锚支护中加设钢筋网，以提高喷混凝土层的强度，承受拉应力并减少温度裂缝。用喷锚支护代替常规衬砌可取得良好经济效果。中国 20 世纪 50 年代末开始采用，常作临时支护，70 年代开始，逐步用作永久性工程。

衬砌（lining） 对于在天然地基上开挖的明渠或岩土中开凿的隧洞、竖井、斜井或大体积建筑物内孔洞进行的人工护面。有保证断面稳定、防冲、防渗、维持表面光滑平整、承受水压等功用。渠道衬砌所承受的荷载小，一般起护坡、防冲、防漏水和增加过水能力等作用，常用混凝土、浆砌石、三合土等结构。水工隧洞衬砌分抹面衬砌和受力衬砌两类，前者用于坚固岩体中的无压隧洞，其作用是降低过水断面粗糙度、防冲、防渗、保护岩石免于风化等；后者用于有压隧洞或山岩压力大的无压隧洞，兼有防止山岩塌落、抵抗水压力等作用。视具体条件可选用混凝土、喷浆、喷混凝土、钢筋混凝土、钢丝网喷浆、预应力混凝土、装配式钢筋混凝土、钢板等材料，小型工程有时采用砖石衬砌。在大体积混凝土水工建筑物内部的泄水孔洞则多用钢板衬砌。

隧洞衬砌（tunnel lining） 对隧洞洞壁进行的人

工护面。围岩条件较好时,可采用抹面、喷浆(或钢丝网喷浆)或喷混凝土等材料和方式,当围岩条件差或荷载大且复杂时,则采用钢筋混凝土、装配式钢筋混凝土、钢板等进行衬砌。钢筋混凝土衬砌,需现场架设钢筋并立模浇筑混凝土。圆断面有压输水隧洞衬砌的钢筋通常由环向受力筋、纵向和环向温度筋,以及箍筋构成钢筋网,随荷载条件的不同,受力筋根据结构计算确定以单层(内层)或双层(内、外层)布置。衬砌厚度一般为洞径的 1/8 ～ 1/12,且不小于 20～25 cm。为使衬砌与围岩结合紧密并加固围岩,衬砌施工中常进行回填灌浆和围岩的固结灌浆。在水工隧洞(特别是有压隧洞)中应用十分普遍。装配式衬砌由混凝土、钢筋混凝土或金属(铸铁、钢)预制块组合拼装而成的隧洞衬砌结构。适用于三种情况:(1)以盾构法进行隧洞施工;(2)衬砌后立即承受山岩压力;(3)地下水对现浇混凝土有侵蚀性。为便于采用同一形状的标准预制块,这种衬砌宜用于圆形隧洞。装配式衬砌的内壁常喷浆抹平,以降低糙率并提高过水能力。缺点是接缝易漏水。单纯的装配式衬砌很少用于水工隧洞,常与其他形式衬砌一起形成组合衬砌,即外层用装配式衬砌,内层用混凝土或钢筋混凝土衬砌。钢板衬砌则以压延钢板焊接而成的衬砌。常用于高水头水工隧洞或坝内深式底孔,用以承受巨大内水压力或抵抗高速水流冲蚀。为发挥钢板的抗拉能力,避免过大的内水压力传给外层的混凝土或钢筋混凝土,一般设成双层或多层,在层间酌留微小弹性层,当受荷发生伸张变形而紧贴外层时,就可以大大减少传给外层的荷载。由两种不同衬砌结构组合在一起的衬砌形式亦称"双层衬砌""组合衬砌"或"混合衬砌"。

预应力衬砌(prestressed lining) 在混凝土内预加压应力的一种衬砌。预压应力可抵消或部分抵消因受荷载产生的拉应力,减小衬砌的厚度和开挖土方量,节省水泥和钢材,还可增强衬砌的抗裂性和抗渗性。按预加应力方法,分压浆式预应力衬砌、拉筋式预应力衬砌、钢箍式预应力衬砌等。适用于以内水压为主要荷载的圆形断面高水头有压隧洞。压浆式预应力衬砌将水泥沙浆或纯水泥浆压注到衬砌背面的空隙中,使衬砌承受预压应力。为防止水泥浆干缩引起预应力损失,应采用膨胀水泥。不需金属材料,简单经济,但只用于围岩坚固完整的场合。拉筋式预应力衬砌是在混凝土衬砌外侧缠以预加拉应力钢筋,使混凝土得到预压应力。当隧洞直径不大时可在工厂整段预制,在外缘缠好受拉钢筋,并用水泥砂浆或喷浆加以保护,然后运进隧洞安装,再利用混凝土泵在衬砌与围岩间的空隙中灌满混凝土。当隧洞直径很大时,预制整段衬砌不便搬运,可用预制混凝土块在隧洞内进行拼装,用特制的机械缠绕钢筋,然后再进行高压回填灌浆,填塞衬砌与围岩间空隙。施加预应力时不影响围岩,可用于岩石较弱的隧洞中。钢箍式预应力衬砌则在衬砌外侧缠以钢箍,用千斤顶拉紧钢箍,对衬砌施加预压应力。对整体式衬砌或装配式衬砌均可采用,适用于软弱岩层中的大直径隧洞,但最后需进行回填灌浆,将衬砌与围岩间的空隙填塞。

锚固自衬(deadman strutting) 亦称"锚杆支护"。为加固成层裂隙围岩而采用的工程措施。根据围岩地质条件选择一定间距、方向和深度布设钻孔、插入锚杆、再加螺帽,填入砂浆固定,与衬砌混凝土或喷射混凝土连成一体。参见 330 页"喷锚支护"。

上埋式管道(buried conduit) 直接置于地基上且上埋填土的管道。是输水管道的一种。管身多为钢筋混凝土结构,尺寸不大时可用预制圆管,尺寸较大时多为现场浇筑,断面形状可采用多种形式。埋置于土坝坝下时应特别注意施工质量,严防填土与管道接触面发生集中渗流,为此应设置截流环;管身接缝做好止水,防止渗水侵入坝体;为防止沉陷产生的不良后果,管身附近填土的密实度应提高。管道顶部与两侧的填土之间由于沉陷量不同而产生摩擦力,故计算管道受力时,除其顶上土重之外,还应计入上述摩擦力的附加压力。

沟埋式管道(trench conduit) 在坚实的土层中开挖沟槽,将管道埋于沟中,上覆以回填土的管道。是输水管道的一种。管身多采用预制钢筋混凝土圆管,一般断面尺寸不大。由于槽壁的挟持作用,管顶形成土拱,使土压力减小,计算时不计入附加压力。为防止内外水的渗透,管身接缝需做好止水。适用于小型输水工程,如灌溉、排洪、给排水等。

钢管廊道(covered way for steel pipe) 土石坝内用以放置输水钢管的混凝土或钢筋混凝土廊道。属上埋式管道的一种。

钢管廊道示意图
1. 钢管 2. 廊道

置于坚固岩基上和埋存于土石坝内。其内部除布置钢管外,并可供检查、观察、维修通行之用。亦可结合施工导流,前期作为导流洞,后期放置输水钢管。

截流环(cutoff collar;impervious collar) 为加长渗径,防止管道外壁与填土之间产生集中渗流而设于管周的凸缘或套环。突出于管壁外部,高度(即嵌入土中深度)一般 0.5~1.5 m,每 10~20 m 设置一道。为防止对管道产生不利的约束作用,有时将截流环与管道以缝分开,缝中填沥青止水,使管道可沿纵向伸缩。

渠首工程(headwork;diversionwork) 亦称"取水枢纽"、"引水枢纽"。渠道首部处修建的若干水工建筑物的综合体。按取水方式,分自流渠首和提水渠首两类。自流渠首又分无坝渠首和有坝渠首两种。由于河流水文泥沙特性和引水条件的不同,每种渠首都有不同的布置形式和相应的建筑物。无坝渠首不建拦河坝,只在河岸适当地点开口引水。由拦沙坎、引水渠、进水闸和冲沙池等组成。按取水口的多少,分一首制渠首和多首制渠首两种。前者只有一个取水口,适用于河床稳定的河道;后者有几个取水口,适用于多泥沙河道,若其中一口淤废,尚有其他口可用,并可轮流清淤。选择渠首地点,一般应使枯水时期的水位和流量都能满足引水要求,尤其在大江大河的下游常被采用。工程简单、投资少、工期短;但不能控制河道水位和较难防止泥沙入渠。有坝渠首由拦河坝(闸)、冲沙闸(冲沙廊道)和进水闸等组成。当灌区地势较高,无坝渠首不能满足引水要求时,在河中修建拦河坝抬高水位,以便自流引水。按防沙设备的形式、布置和构造,分沉沙槽式渠首、冲沙廊道式渠首、引水渠式渠首、人工弯道式渠首、底拦栅式渠首、两岸引水式渠首等。

沉沙槽式渠首(headwork with settling basin) 有坝渠首的一种。采用正面排沙,侧面引水的布置形式。在进水闸前,由导水墙、冲沙闸和进水闸的上游翼墙共同组成沉沙槽。当进水闸引水时,水流经过沉沙槽沉沙后,转90°的弯流入进水闸。在槽中沉沙淤满后,开启冲沙闸,可迅速予以清除。在中国西北和华北地区广泛采用。该类渠首引水时进沙较多,又有不少改进形式,如在沉沙槽内建造分水墙,或采用曲线形的导水墙等。

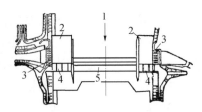

沉沙槽式渠首平面布置图
1. 河道 2. 沉沙槽 3. 进水闸
4. 冲沙闸 5. 拦河坝(闸)

引水渠式渠首(canal intake) 有坝渠首的一种。若渠首建在山峪出口处,由于河道狭窄,河岸陡峻,建筑拦河坝后,就无场地布置进水闸和冲沙闸,故沿山坡开挖引水渠引水,并在下游适当地点,按正面引水,侧面排沙的原则,布置进水闸和冲沙闸,以引取表层水流,排走底沙。

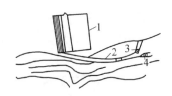

引水渠式渠首平面布置图
1. 拦河坝 2. 引水渠
3. 冲沙闸 4. 进水闸

人工弯道式渠首(headwork with artificial bend) 有坝渠首的一种。由人工引水弯道、泄洪闸、进水闸、冲沙闸,以及下游退水河道等组成。一般在推移质挟沙的山溪性河流上,仿照天然河湾,将河道整治为弯曲的引水渠,造成人工环流,并在弯曲引水渠的末端,按正面引水,侧面排沙的原则,布置进水闸和冲沙闸,以引取表层水流,并将含沙量多的底流排到下游河道。泄洪闸位于引水口处,拦河建造,用以宣泄洪水,兼排上游河道淤积的泥沙,并使上游河道主槽靠近引水口,保证引水弯道有良好的引水条件。冲沙闸和泄洪闸下游的退水河道,通常用导流堤加以整治,适当缩窄,以便集中水流加大输沙能力,避免或减缓其淤积。中国新疆地区广泛采用。

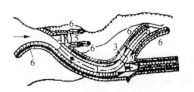

人工弯道式渠首平面布置图
1. 人工引水弯道 2. 进水闸 3. 冲沙闸
4. 泄洪闸 5. 退水河道 6. 导流堤

冲沙廊道式渠首(headwork with scouring culvert) 有坝渠首的一种。根据水流泥沙沿深度分布不均匀(表层少而颗粒细,底层多而颗粒粗)的情况,在进水闸槛下建有冲沙廊道，以便引取表层水流，使底沙由廊道排走。渠首建筑物包括进水闸、冲沙廊道及拦河坝（闸）等。廊道的布置一般迎着河流方向或与河流方向成某一角度。适用于粗沙

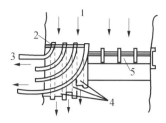

冲沙廊道式渠首平面布置图

1. 河道　2. 进水闸　3. 渠道
4. 冲沙廊道　5. 拦河坝（闸）

砾石河道。印度广泛采用，中国建造不多。

两岸引水式渠首（headwork with two-sided intakes on both banks）　有坝渠首的一种。当河道两岸都有引水要求时，可在拦河坝（闸）的两端，分别建造沉沙槽式渠首，以便两岸同时引水。布置简单，造价低，但实践证明，常有一岸引水口易被泥沙淤塞。故多从一岸集中引水，除所在岸用水外，再通过埋设在坝内的管道，将另一部分水量输送到对岸，或在渠首下游适当地方建筑渡槽（或倒虹吸管）向对岸输水。中国山西、陕西和新疆等地均有建造。

底拦栅式渠首（headwork with bottom screen dam）有坝渠首的一种。由底拦栅坝、泄洪排沙闸、导流堤等组成。最简单的只有一座拦栅坝。一般在多砾石的河道上，建造低槛坝，坝内设引水廊道，并在坝顶铺设拦栅。当河水从坝顶溢流时，一部分或全部水流经拦栅流进廊道，然后由廊道的一端流入渠道。河流中的推移质，除细颗粒泥沙随水流进入廊道外，砾石和卵石则由拦栅顶上的水流挟到坝的下游。进入廊道的泥沙，可经设在干渠上的冲沙闸排入原河道。布置容易，结构简单，施工方便，造价低廉。但拦栅空隙容易卡石或被漂浮物堵塞，需要经常清理。适用于含大

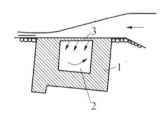

底拦栅式渠首平面布置图

1. 底拦栅坝　2. 引水廊道
3. 拦栅

颗粒推移质的山溪性河流。中国新疆、甘肃和陕西等地建造较多。

冲沙廊道（scour gallery；sluiceway）　设于渠首，防止泥沙进入渠道的一种建筑物。通常设在进水闸底槛内，通到河道下游。引水时将水流分为上下两层，上层水流进入水闸，而含有大量泥沙的底层水流则从冲沙廊道冲到河道下游。为冲走泥沙，冲沙廊

道内流速应大于推移质泥沙的启动流速，一般不宜小于 1.5～3.0 m/s。其进口要迎着底层水流的方向布置，断面宜采用矩形，侧墙与底板要镶护耐磨材料。进口需设闸门，如下游是淹没出流，出口也宜设置闸门，若不冲沙时，就关堵出口，以免泥沙倒灌。

拦沙坝（sand screen；inlet sill）　一种防沙建筑物。一般建在引水口的前缘，使底沙沿拦沙坝流动而引离引水口，以减少底沙入渠。在多沙河流上修建灌溉渠道时，常设置在渠首。

落差建筑物（drop structure）　渠系工程中用于克服落差的水工建筑物。用于泄洪、排水和退水的渠道坡度较陡处。常把落差集中，设置跌水或陡坡，在其下需有消能措施，以减少对下游渠道的冲刷。

跌水（drop；fall）　❶落差建筑物的一种。水流自跌水口流出后，呈自由抛投状态，跌落于下游消力池中，故名。有单级跌水和多级跌水两种。前者由进口连接段、控制堰口、消力池、出口连接段四部分组成。后者除进口、出口连接段外，中间由若干个控制堰口、消力池连续布置而成。用于河岸式溢洪道和渠道上的落差集中处。单级跌水有斜管式跌水、直落式跌水、格栅式跌水和箱式跌水等形式。斜管式跌水水流自跌水口流出后，经由倾斜的压力暗管，流入下游消力池中，故名。倾斜的压力暗管多用预制的钢筋混凝土管，其直径通常小于 1 m。适用于水头小于 5 m 的渠道退水工程和水电站的泄水道。直落式跌水水流自跌水口流出后，直接跌落至竖井中，故名。其形式与井式溢洪道相似。由进口连接段、竖井、横道、消力池和出口连接段等部分组成。适用于水头较大的退水、泄洪工程。格栅式跌水水流自跌水口流出时，先经由跌水口末端设置的格栅进行消能，然后下泄，故名。为提高消能效果，可采用多层格栅或在格栅处加设阻水板（或消力梁）。适用于小型渠道低水头的退水工程。箱式跌水的跌水口在平面上呈凹形，水流由三个方向沿跌水口自由跌落于箱中，互相撞击，进行消能，故名。适用于小型渠道低水头的退水工程。❷亦称"门槛水"。天然河流中，纵向水面比降特别陡峻，形成突然跌落的水流。常发生在河床急剧收缩，随之又突然放宽的河段，或河床突然隆起又突然凹陷的河段。会造成航行困难。

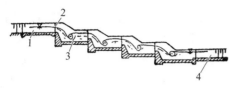

多级跌水示意图

1. 进口连接段　2. 控制堰口　3. 消力池　4. 出口连接段

倒虹吸（inverted siphon）　亦称"倒虹吸管"。渠道与河流、谷地、道路、山沟及其他渠道相交处的一种交叉建筑物。形状似倒置的虹吸管，故名。由进口、管身和出口三部分组成。管身断面有圆形、矩形、拱形等。其进出口形式有斜管式或竖井式两种。所用的材料根据水头、流量的大小和就地取材、安全经济等原则进行选择，常见的有砖石、陶瓷、钢材、混凝土和钢筋混凝土等。当管道承受水头较低、管径较小时，可用陶瓷或砖石；水头较大时，多用钢筋混凝土管或预应力钢筋混凝土管。斜管式倒虹吸的斜管坡度一般与河渠的边坡相同。可通过较大的流量，且水流顺畅，在实际工程中采用较多。竖井式倒虹吸的竖井底部设置集沙坑，以便清除泥沙和修理管身时抽排管内积水。施工比较容易，但水流不顺畅。多用于穿越道路，管内流量不大，压力水头较小（小于 3～5 m）的场合。当河谷有深槽时，为减少施工困难，降低倒虹吸管身的压力水头，缩短管路长度和减小管道中的沿程损失，在河谷的深槽部分建桥，在桥上铺设管身，称"桥式倒虹吸"。管身底部高程应在洪水位以上 0.5～1.0 m，以便宣泄洪水。若河流有通航要求，管身底部高程应按照航运要求确定。管身在桥头两端山坡转弯处设置镇墩，其上开设放水检修孔，以便检修。

涵洞（culvert）　一种输水建筑物。由洞首、洞身、上下游连接段组成。洞首由底板、岸墙和启闭闸门，以及工作桥等构成。洞身用于输水。流量较大时，可用钢筋混凝土箱式涵洞；流量小于 10 m³/s 时，可用管式涵洞。每节洞身长度一般为 15～20 m，地基良好时，可大于 20 m。上下游连接段包括翼墙、护坡、护坦、海漫、防冲槽等。按形状，分管形涵洞、箱形涵洞、盖板式涵洞、拱形涵洞；按用途，分灌溉涵洞、排水涵洞；按流态，分无压式涵洞、有压式涵洞、半有压式涵洞；按长短，分长涵洞、短涵洞。可作为河道与其他河道或道路的交叉建筑物。

有压式涵洞（pressure culvert）　水流在洞身的全部长度内都充满水流且无自由水面的涵洞。为均匀地承受土压力和内外水压力，宜采用圆形断面。为防止冲刷和绕渗，进出口段应做成喇叭形，接缝之间需防渗止水。其通过流量按管流的水力学公式计算。

无压式涵洞（free-flow culvert）　水流在洞身的全部长度内具有自由水面的涵洞。其流量按一般堰流公式计算。若下游水位已影响通过涵洞的流量时，应考虑淹没影响。当涵洞进口附近的水深大于涵洞一定高度时，涵洞内的水流流态将由无压式转变为半有压式或有压式。

管形涵洞（pipe culvert）　亦称"涵管"。洞身断面形状为圆形的涵洞。用混凝土或钢筋混凝土制成。一般由工厂生产或在工地预制，就地铺设。若涵管的填土高度小于 6 m，也可采用素混凝土管。因其断面为圆形，受力情况和过水时的水流条件都比较好，故使用较多。

箱形涵洞（box culvert）　洞身断面形状为正方形或长方形的涵洞。用钢筋混凝土浇制。根据设计需要，可采用单孔、双孔或多孔。其结构尺寸主要根据洞身的土压力和洞内外的水压力确定。一般用于洞顶填土高度较低，通过流量较大的场合。

盖板式涵洞（slab culvert）　洞顶为盖板的涵洞。洞身断面形状为方形或长方形。用浆砌石或混凝土作底板和两侧墙身，用钢筋混凝土板或条石作顶部盖板。多用于小型水利工程，通过流量较小、洞内为无压流。因浆砌石的防渗性能较差，可能发生渗漏，对于重要的和较大的工程，不宜采用。

拱形涵洞（arch culvert）　洞顶呈拱形的涵洞。常用浆砌石作底板和两侧墙身，用浆砌条石作顶拱。顶拱的形式有平拱（矢高为 1/4～1/8 跨径）和半圆拱（矢高为 1/2 跨径）。平拱所用材料较少，但拱应承受较大的水平推力，因而两侧墙身需要较大的尺寸。半圆拱的水平推力较小，但拱内压力线与拱轴线相差较远，在拱圈的断面上可能出现拉应力，因而拱圈需要较大的厚度。用于小型水利工程，通过流量较小，洞内为无压流。

水工建筑物地基处理（foundation treatment of hydraulic structure）　亦称"地基加固"。人为改变水工建筑物地基（土或岩石）的工程性质或组成，使之适应工程需要所采取的技术措施。需处理的一般为软弱地基和不良地基，目的是提高地基的承载能力或抗渗能力，视工程要求和场地地基而定。方法很多,主要有排水固结、振密和挤密、置换和拌入、灌浆、加筋和基础托换等。采用何种方法加固处理,应视岩土的性质、时效要求,以及荷载的大小等条件选定。可用于新建工程,也可作为事后补救措施用于已建工程。

锚索(cable bolt) 用于加固岩体的一种钢丝索。在岩体内钻孔至稳固岩层,将钢丝索一端锚固在完整稳定的岩体中,另一端固定在岩体表面的混凝土锚塞上,对钢丝索施加预拉应力,将不稳定岩体与稳定岩体连在一起,或使分层岩块彼此连成整体,从而达到加固岩体的目的。优点是随时开挖随时支护,施工速度相对较快。锚索长度、间距取决于最可能的滑动面位置和可能滑动体的体积等,需经计算确定。适用于岩坡、岩基和大型地下硐室围岩的加固。

预应力锚固(prestressed anchorage) 应用预应力锚杆或锚索对岩体实施加固的一种措施。对岩体的扰动小,施工快捷,安全可靠且经济实用。广泛应用于大型地下硐室、深基坑和高边坡的支护和加固,还可用于各类建筑物的补强加固。

渡槽(flume) 一种为灌溉、通航渠道跨越山谷、河渠、洼地和道路的交叉建筑物。由槽身、支承结构、基础和进出口连接段等组成。按支承结构形式,有梁式、拱式和桁架拱式三类;按槽身断面形式,有矩形和 U 形两种。常用材料为砌石、混凝土、钢筋混凝土、预应力钢筋混凝土、钢丝网水泥和预应力钢筋网水泥等。

梁式渡槽(girder flume) 渡槽的一种。槽身直接支承在支墩或排架上,既能输水又兼作承重梁,故名。按支点位置和梁的结构形式,分:(1)简支梁式渡槽。槽身两端简支于支墩上,具有结构简单,施工吊装方便,槽身接缝处的止水构造简单、可靠等优点,但跨中弯矩较大,底板受拉,对抗裂防渗不利。(2)双悬臂梁式渡槽。槽身两端自支点外悬,与简支梁式渡槽相比,可以增大跨度,节省钢筋。但悬臂部分变形或地基产生不均匀沉陷时,接缝处止水易被拉裂。支座附近的槽身容易产生横向裂缝。若设每节槽身总长为 l,悬臂长度为 a,当 $a = 0.25l$ 时,称"等跨双悬臂梁式渡槽",特点是各跨跨度相等、跨中弯矩为零且底板位于受压区,对抗裂防渗有利;当 $a = 0.207l$ 时,称"等弯矩双悬臂梁式渡槽",特点是跨中正弯矩与支座负弯矩绝对值相等且较小,但因纵向上下层均需配置受力钢筋,跨度又不相等,施工

也不方便,所以较少采用。(3)单悬臂梁式渡槽。一端简支、另一端自支点外悬的梁式渡槽。悬臂段不宜过长,以保证槽身在简支端支座处有一定的压力。一般只在双悬臂梁式向简支梁式过渡,或与进出口建筑连接时采用。常用的槽身断面有矩形和 U 形两种。前者通常采用钢筋混凝土或预应力钢筋混凝土,中小流量无通航要求时,在槽顶加设拉杆,以利于槽身侧墙的受力。有通航要求时,可每隔一定距离在侧墙上加一道肋,或做成变厚的侧墙。槽宽较大时,常需在底板下设置两道以上的纵梁,称"多纵梁式矩形渡槽"。后者常用钢丝网水泥或预应力钢丝网水泥等材料建造。具有水力条件好、纵向刚度较大、横向内力小、结构轻型和经济等优点。适用于中小流量。

拱式渡槽(arch aqueduct;arch flume) 槽身支承结构采用拱式的渡槽。按支承结构,分:(1)板拱式渡槽。槽身支承结构采用板拱形式。其截面为空箱形,顶面为桥,桥面行车过人,桥下空箱为渡槽。(2)肋拱式渡槽。槽身支承结构采用肋拱形式。主拱圈由拱肋和横系梁组成,用钢筋混凝土或混凝土建造。(3)双曲拱式渡槽。主拱圈由拱肋、拱波和横向联系组成。主拱圈在纵、横两个方向均呈拱形,故名。(4)桁架拱式渡槽。以桁架拱片为主要承重结构。桁架拱片由上、下弦杆和腹杆组成,并由横向联系构成整体。槽身位于其顶部时,下弦杆成拱形,称"上承式";位于其中部或底部时,上弦杆成拱形,称"中承式"或"下承式"。腹杆布置有斜杆式和竖杆式,前者常用于大、中跨度,后者常用于小跨度。常用浆砌块石、钢筋混凝土或预应力钢筋混凝土建造。具有受力条件好,跨度大等优点。适用于流量较大的场合。

交叉工程(canal crossings) 运河和道路、天然河流,以及渠道或溪沟相交时修建的交叉建筑物的总称。主要有桥梁、涵洞、倒虹吸管、渡槽、船闸和渡口等形式。根据运河与相交对象的相对高程、水文和地质条件、工程技术和施工条件,以及经济性等因素,经过技术经济比较确定采用的形式。如淮河入海水道与京杭大运河就采用"上槽下洞"的交叉形式,京杭运河经渡槽(上槽)过水,且可通航,淮河洪水经倒虹吸(下洞)排泄。

导流屏(diverting device) 亦称"导流建筑物"、"环流整治建筑物"。一种激起人工环流的整治建筑

物。由一系列导流板组成。导流板有一定的吃水深,使表层水流与底层水流不一致而形成人工环流,用以控制泥沙运动,从而控制河床的冲淤动态。多用于灌溉引水口的整治,也用于护岸、改善航道和其他河道整治工程。

导流建筑物(diversion structure) 即"导流屏"。

栈桥式透水坝(pile and waling groynes) 亦称"木桩透水丁坝"。治导工程的一种。在深水处,用三根木桩组成一组,钉入河底,视水深和流速大小的不同,可排列成 2~6 行,顶上再用横木联结。容许水流透过坝体,多用作临时性工程。

三角架透水坝(tripod groynes) 亦称"杩槎透水坝"。治导结构的一种。由杩槎承载重物建成的丁坝、顺坝或锁坝。可用以作护岸、截流建筑物,多成排成行排列,易搭易拆。先将杩槎放入水中,然后用梢料(或木条)作压盘木放在撑木上作平台,随即用石料、草袋淤包或柳淤包等压住。压盘木以能联 3~4 个杩槎为宜。随着杩槎的下沉,陆续加添梢料和石料(或柳淤包),直到杩槎下部沉入河底并达到设计高程为止。

透水淤沙浮坝(floating groyne to facilitate silting) 简称"浮坝"。整治建筑物的一种。沿整治线打一排直径约 0.2 m 的木桩,桩距 2.0~2.5 m,在桩顶扎直径约 0.1 m 的横木联结,横木上再挂梢捆一层或两层,梢捆末端用横木联结,不使其散开。在平面上为一顺坝。内外有一较大水位差,加大底部流速和推移质的运行强度,但坝后底部流速较小,推移质又迅速淤积。调节浮坝内外水位差,可控制坝后的淤积高度和范围。在具有较大推移质含沙量的河流中,浮坝才有显著的效果。

抛石护坡(riprap protection of slope) 以抛石保护河岸、堤坝等边坡的保护面层。至少应有两层,下面铺设垫层(反滤层)。抛石的尺寸和厚度、垫层的级配和厚度,视河岸土质、水流和波浪等条件而异。适用于水流顶冲、易被淘刷的堤段、裹头等处。施工时,将块石运至堤顶,顺坡面人工抛下,将其抛入水下堤脚和坡面。施工简单,能适应坡岸冲坍变化,但用石量大,易受水流干扰,层次不易掌握。

砌石护坡(stone pitching slope protection) 以砌石保护河岸或堤坝边坡的工事。有干砌和浆砌两种。前者一般砌成平滑坡面,适用于土坝和堤岸的护坡,抗冲流速小;后者砌成阶梯形,或平滑坡面,适用于土坝、渠道上流速大的引、泄水口两侧的护坡和江河湖海重要堤段的护岸,抗冲流速大。砌石多用单层,下面铺设垫层(反滤层)。砌石的尺寸和厚度、垫层的级配和厚度,视坡上的土质、水流和波浪等条件而异。一般常用作永久性护坡,但造价较高,其中浆砌更贵。

柳栅护坡(wicker mat slope protection) 在河岸上栽种几行柳栅,以保护岸坡免受水流冲刷。柳树生长迅速,根系发达,蒸发能力强,能保持土壤干燥固结。

杩槎(macha) 拦截河道水流的一种简易水工建筑物。中国在 2 000 多年前修筑都江堰时就已使用。用三根长 6~8 m 的木料,构成一个三角架,插入河中,前二,后一。三角架的数量视河的宽度而定。中部绑横木,上压装有卵石的竹兜。临水面绑扎横木作檐梁。檐梁前置一排签子,上铺竹笆、薹席。然后再在外培堆装有卵石的竹笼、黏土等,形成一道截流坝。杩槎还可用作调节水量和流向、抢险堵口、护堤护闸等。施工方便、造价低廉、易筑易拆、灵活机动。

水工建筑物除险加固(strengthening and eliminating dangers for hydraulic structures) 对存在缺陷、老化、年久失修的水工建筑物进行检修和加固处理,以达到保证水工建筑物设计功能和安全运行而开展的工作。水工建筑物常见的缺陷和险情有:坝体倾斜、裂缝、脱落,以及岸坡坍塌、塌坑、坝坡滑动、塌陷、渗透变形、漏水等。常用措施有:环氧灌浆、防碳化处理、加高培厚、抛石护砌或石笼护脚、墙背后加混凝土、开挖回填、充填灌浆、放缓坝坡、压重固脚、增设铺盖防渗墙、高压喷射灌浆等。

大坝加高(dam heightening) 增加原有大坝的高度并使其在各种工况下满足稳定和强度要求正常工作的措施。大坝加高主要有两种情况:(1)开始建坝时就已计划好的,采用"分期施工、分期蓄水"的方式;(2)为满足某种需要(如增加库容或增加发电量等)。一般采用"后帮"式加高。即在原坝体的下游侧加贴或培厚坝体,在顶部按坝体剖面要求加高。土石坝因坝体剖面大,稳定要求容易满足,当加高不多时,经论证也可采用"戴帽"加高法,即直接在原坝顶上下游侧设直立的高挡墙,中间填土。与一次建成相比,具有能在投资较少的条件下提前发挥效益的优点。中国加高续建项目中规模最大的工程是丹江口大坝。意大利的高桥坝是一座拱坝,位于阿迪基(Adige)河的支流费尔西纳(Fersina)河上,曾加高过7次,加高次数世界第一。

裂缝处理(crack treatment) 处理水工建筑物因各种因素产生的裂缝的措施。目的是恢复其整体性和抗渗功能,保持或增强结构强度和耐久性。裂缝是水工建筑物常见的缺陷,有些对安全威胁很大,一旦发现,必须查明原因,及时处理。由于不同种类的裂缝有不同的危害程度,因而应根据裂缝所在的部位和成因,以及建筑物的工作状态,选择处理措施。对混凝土结构,常用的处理措施有:表面涂抹贴补法、填充法、灌浆法、结构补强法、混凝土置换法、电化学防护法和仿生自愈合法等。对土石结构,常用的处理措施有:开挖回填法和灌浆法等。

防渗体缺陷处理(anti-seepage defect treatment) 对水工建筑物防渗体因施工质量不好、材料老化或特殊荷载作用(如地震)等原因造成的缺陷进行加固处理的工作。主要处理措施有:混凝土防渗墙、高压喷射灌浆、复合土工膜、帷幕灌浆等。根据实际情况选用。

水工建筑物安全监控(safety monitoring of hydraulic structures) 为了解水工建筑物工作性态、保证其安全运行而进行的监测和控制工作。受水文、地质、施工质量、材料老化、突发洪水、地震等因素的影响,水工建筑物的运行性态和安全与否必须予以关注,在建筑物内埋设观测仪器,通过人工观测或自动采集,获得反映建筑物运行性态的信息,并运用力学、数学和水工知识建模分析、推理判断,对建筑物的工作状态作出综合评价。根据性态监测结果,控制建筑物运行,对处于非正常状态的水工建筑物采取一系列有效的措施,必要时进行加固处理。

水工建筑物安全监测(safety monitoring of hydraulic structures) 通过观测仪器和巡视检查,获得建筑物和地基变形、渗流和应力应变等信息,并进行整理分析,以掌握了解水工建筑物工作状态的工作。预先在水工建筑物内外部及其地基内埋设观测仪器,及时测得反映水工建筑物和地基性态变化的各种数据并进行分析处理,目的是掌握水工建筑物在施工期和运行期的实际工作性态,以便及时采取应急或加固措施,保障建筑物安全运行。同时,也可为检验工程设计、指导施工、检验施工质量和提高运行水平提供依据。

大坝安全监控(safety monitoring of dam) 对大坝在外荷载作用下运行状态和安全性的监测和控制。根据预先埋设在坝体内的仪器,通过自动采集或人工量测,以及观察并综合应用坝工、力学、数学等理论进行确定性分析和统计分析,建立监控预测模型,对大坝的安全状态做出综合评判和决策,对异常现象采取及时有效的措施,确保大坝安全运行,充分发挥效益。

大坝安全监控模型(dam safety monitoring model) 用于监控大坝安全运行的数学模型。主要有两类:一类是以数理统计知识为基础,结合数学、力学,以及水工结构理论建立的统计模型、确定性模型和混合模型;另一类是以模糊数学、灰色系统、神经网络等人工智能理论和方法建立的监控模型。不论哪一种监控模型都是以某一监测物理量(效应量)为函数,建立各种预测预报模型,应用这些模型监控大坝的运行状态。

大坝安全统计模型(statistical models of dam safety) 应用统计学方法研究大坝观测效应量与荷载、时间等环境量之间关系的一种数学模型。1956年意大利的托尼尼(Tonini)首次将影响大坝观测效应量的环境量因子分为水压、温度和时效三部分。建立统计模型的关键是因子选择和各因子数学表达形式的推求,通常根据专业知识用确定性函数法、物理推断法和统计相关法确定。利用观测资料建立统计模型并进行分析,可解释大坝以往的运行状况,预测未来的工作性态。

大坝安全确定性模型(deterministic models of dam safety) 以计算力学的有限元法为主,结合应用统计学方法研究大坝观测效应量与荷载、时间等环境量之间的关系并用于大坝安全监控的一种数学模型。以位移为例,大坝任一点的位移δ按其成因可分为水压力分量δ_H、温度分量δ_T和时效分量δ_θ,即:$\delta = \delta_H + \delta_T + \delta_\theta$。式中,$\delta_H$、$\delta_T$、$\delta_\theta$均用有限元法计算确定。将实测值与计算值进行拟合,得到观测效应量的数学模型,由此可预测该效应量的变化、反演坝体结构特性和有关的物理力学参数。1977年由意大利学者首先提出,中国于1985年成功应用于佛子岭连拱坝的结构性态分析。

大坝安全混合模型(mixed models of dam safety monitoring) 综合应用结构分析的有限元法和统计学方法研究大坝观测效应量与荷载、时间等环境量之间关系的一种数学模型。以大坝位移为例,按其成因可分解为水压分量 δ_H、温度分量 δ_T 和时效分量 δ_θ。δ_H 用有限元法计算值，δ_T 和 δ_θ 通过确定性函数或物理推断法确定，或 δ_H、δ_T 用有限元法计算值，δ_θ 通过确定性函数或物理推断法确定。经多元或逐步回归分析得到观测效应量的数学模型，由此对大坝进行安全监控和预报。

监控指标（monitoring index） 反映建筑物从一种工作性态变化到另一种工作性态（如从正常状态到不正常或失效状态）的标准。可分几个阶段，或称几个界限，用于监控界限的值称"监控指标"。如大坝安全监控指标可分为两级：第一级为大坝正常监控指标，是大坝正常状态和不正常状态之间的界限值，亦称"警戒值"；第二级是大坝极限监控指标，是大坝安全与否的界限值，亦称"危险值"。用于建筑物监控的效应量有变形、应力、裂缝开度、坝基扬压力、渗透压力和渗漏量等。影响建筑物安全监控指标的因素复杂，需根据各建筑物的具体情况研究确定，不同的坝其监控指标不同，即使坝高、坝型相同，其监控指标也不一样。同一座坝对不同的监测物理量可建立不同的安全监控指标。

变形监测（deformation monitoring） 对建筑物及其地基、建筑基坑或一定范围内的岩体或土体的位移、沉降、倾斜、挠度、裂缝等进行的监测工作。分外部变形监测和内部变形监测。目的是掌握水工建筑物的实际工作性状，科学、准确、及时地分析和预报建筑物的变形状况，为安全运行提供必要的信息，以便及时发现问题并采取措施。也可为完善设计或技术方案、提高工程设计水平提供依据。

外部观测（external observation） 对水工建筑物外部效应量进行的观测工作。包括水平位移观测、垂直位移观测（沉降观测）、渗流观测（渗透流量和透明度观测）、裂缝开合度观测和水流形态观测等。根据观测资料对建筑物安全进行监控。

内部观测（internal observation） 对水工建筑物内部效应量进行的观测工作。包括温度观测、应力应变观测、无应力计观测、测压管水位观测和渗透压力观测等。根据观测资料对建筑物安全进行监控。

渗流监测（seepage monitoring） 对水工建筑物在上下游水位差作用下产生的渗流场进行的监测工作。包括坝体渗透压力监测、坝基渗透压力监测、坝肩绕坝渗流监测和渗流量监测等。在坝身和坝基适当部位，设置测压管或渗压计观测坝体和坝基渗透压力，在两岸坝肩设置测压管或渗压计观测坝肩地下水位，以及在其下游适当部位设置量水堰或渗压计组观测渗流量等。以及时了解水工建筑物在运行过程中坝体浸润线位置和渗流区各点渗透压力大小、坝体和坝基扬压力大小，以及通过坝体和坝基渗流量的变化情况。

渗透压力监测（seepage pressure monitoring） 利用渗压计或者测压管观测渗流场内部孔隙水压力的工作。包括坝体渗透压力监测和坝基渗透压力监测。前者包括观测断面上的压力分布和浸润线位置的确定；后者包括坝基天然岩土层、人工防渗和排水设施等部位的渗透压力观测，如扬压力等。

渗流量监测（seepage flow monitoring） 利用量水堰或渗压计组观测坝体或者坝基渗透流量的工作。大坝总渗流量通常由坝体渗流量、坝基渗流量和通过两岸绕渗或两岸地下水补给的渗流量三部分组成。为分清渗流量的组成，应尽量做到分区观测，为渗流分析提供可靠依据。

透明度监测（transparency monitoring） 渗透水流透明程度的监测工作。透明度是表示光透入水中深浅的程度，是水体能见程度的一种度量，也是水体环境质量、水质优劣最直观的指标。监测方法主要有铅字法、十字法和萨式盘法。前两种方法采用透明度计或带刻度的玻璃筒对取样水进行目视测量，由于受透明度计或玻璃筒长度的限制，对于透明度超过筒长的水样，不能测量出具体的透明度值，因此不常用；萨式盘是直径为 20 cm、黑白各半的圆盘，将其沉入水中，以刚好看不到它时的水深表示透明度。

量水堰（flow measurement weir） 用于量测水流流量的设施。多用于测量渠道或水槽的过水量、大坝和坝基的渗漏量等。其形式有宽顶堰、实用堰和薄壁三角堰、矩形堰和梯形堰等，以薄壁三角堰应用较多。根据堰上水深可算出过堰流量。当用该设备监测大坝渗漏量时，需在坝脚下游一定范围内设截渗墙，并向两岸延伸，以便集中透过大坝及其地基的渗水，再用渠道将渗水引向下游，在渠道内设堰量测渗水量。薄壁量水堰是一种使用最早且精度较高的测流设施，制造简单，安装方便，造价较低。既可单独使用，也可与渠系建筑物配合使用。可做成固定的，也可做成活动的。广泛用于水力学、水工实验室和灌排渠道上。

视准线法（collimation method） 亦称"方向线

法"。观测水工建筑物水平位移的一种方法。以建筑物两端两个不受建筑物变形影响的工作基点的连线为基准,用以测量建筑物上位移标点的水平位移量。当工作基点与位移标点的高程相差不大而且接近水平时,观测仪器一般采用放大倍数不小于30倍的经纬仪或照准仪。对于重要的坝或较长的坝,则要求更精密的经纬仪或照准仪。精度易受大气折光的影响。

引张线法(tense wire method) 用于观测水工建筑物水平位移的一种方法。一般用0.8～1.2 mm的不锈钢丝,置于管径大于设计位移量2～3倍的保护管中,紧拉于坝的廊道两端、坝外山头上的基点间,其间的每个观测墩上,设置浮托,以减少悬链的影响。如不能保证上述基点完全固定,需在基点处设置倒锤与之相接,才能测得坝上各测点的绝对位移值。观测时用设置于观测墩上的测微显微镜读数,测定每个观测墩相对于引张线的位移量,据此求得坝上各测点的水平位移值。

激光准直法(method of laser alignment; laser clinometer) 用激光束作为准线测定大坝水平位移的一种方法。在坝的两岸设置基点A和B,在基点A上安置激光经纬仪,B点安置固定觇标,在坝的每一位移观测点上安置活动觇标。觇标由两片硅光电池组成接收靶,并有平衡电路指示接收光束中心与光电池中心重合,活动觇标附有测微轮控制左右方向的移动,当A点的激光经纬仪发射光束中心与B点的固定觇标光电池中心重合时,能利用此激光束作为基准线来测定大坝的位移值。观测时,先将激光经纬仪照准固定觇标,再依次照准位移观测点上的活动觇标,调节测微轮使光束中心与光电池中心重合,即可用游标读出坝体上各测点的位移量。与视准线法相比,能量集中、单色性好、方向性强。以激光束代替人的视线,经过光电池接收,可消除照准误差,提高观测精度。

坝面标石(surface marker; surface mark stone reference monument) 埋设在土石坝表面的位移测量标志。常由底板、立柱和标点头组成。根据坝的重要性、规模、施工、地质情况和采用的观测方法进行布置,以能全面掌握建筑物的变形状态为原则。常将垂直位移标石与水平位移标石设在同一标点桩上,亦可据需要分开设立。标石本身必须坚固可靠,并与建筑物牢固结合。

沉降观测(settlement observation) 亦称"垂直位移观测"。对建筑物沉陷程度的观测。在建筑物上埋设若干沉陷观测点,并在建筑物附近比较稳定的地点埋设水准基点,用精密水准测量的方法定期测定沉陷观测点相对于水准基点的高差(如连通水管法、十字臂杆法等),从各沉陷观测点高程的变化,可了解建筑物沉陷的情况。连通水管法测定沉陷变形是利用连通管内水面保持水平的原理,在建筑物上安装两个近似等高的容器,容器之间分别用通水管和通气管连接,并注入适量的水或防冻液体,容器中的水位由于水压和气压的平衡处于同一水平面上。当建筑物中两个容器发生相对沉陷时,水位相对于容器亦发生变化。这种变化可借助于测微装置精确测定。两点间的沉陷量等于该次观测值与首次观测值之差。十字臂杆,亦称"横梁式固结管"。是观测土石坝坝体内部沉陷的设备。主要由管座、带横梁的细管、中间套管等组成。根据工程重要程度、结构形式、地形、地质及施工方法等情况布置使用。一般应在原河床、最大坝高、合龙段及进行过固结计算的断面内分别安设。观测时,用水准仪测出管口高程,再用测沉器或测沉棒、自上而下依次测定管内各细管下口至管顶距离,换算出各测点之高程。

挠度观测(deflection observation) 对建筑物构件受力后的挠曲变形程度的观测。用以了解建筑物不同高程处的水平变形状况。建筑物挠曲线状态异常时,会出现水平裂缝。一般采用正锤和倒锤测量。

正锤(plumb line; pendulum wire) 全称"正锤线"。观测混凝土坝和砌石坝挠度的一种设备。在坝体内的观测竖井、宽缝等的上端悬挂带锤球的不锈钢丝作为基准线,沿不同高程设测点,可测得各测点的相对水平位移,以求得坝体的挠度。锤除上述采用一点支承多点观测的装置之外,也有采用多点支承一点观测装置,此时在不同高程埋设夹线装置,在坝基设观测台。不论何种装置,锤球均应置于油桶中,以加速锤球的静止和稳定。

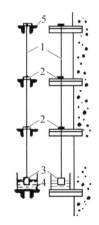

正锤一点支承多点
观测装置示意图
1. 垂线 2. 观测仪器
3. 锤球 4. 油箱
5. 支点

倒锤（reversed pendulum wire） 全称"倒锤线"。观测混凝土坝和砌石坝挠度的一种设备。由浮体组、垂线、观测平台和锚固点等组成。利用液箱中液体对浮子的浮力，将锚固在基岩深处的不锈钢丝拉紧，成为一条铅垂线，用此垂线可测定建筑物的绝对变位。因垂线支点在下，故名。观测方法和变形值的计算与正锤相同。因是一条位置不变的铅垂线，故坝体不同高度处设置的观测点与倒垂的偏离值，即为点的位移值。

裂缝监测（crack observation） 用于观测混凝土建筑物裂缝开合度的工作。在裂缝的两侧埋设一对金属标点，或三点式金属标点、型板式三向标点，观测裂缝的空间变化。也有用差动式电阻测缝计，其工作原理同差动式电阻应变计，但外壳具有较应变计更柔软的波纹管，能承受更大的纵向位移和部分剪切位移。

倾斜仪（clinometer） 亦称"测斜计"。用于量测坝和基础转动角的仪器。基本部件是一只高灵敏的气泡水准和一只精密的测微杆。测微杆由测微圆筒和指标组成，测微圆筒上有刻度线格值，两格值之间代表1″，另有计数轮指明转动圈数。总的观测范围是3°。

水管倾斜仪（cross connection clinometer） 用于变形观测的一种仪器。利用相连通的水管水位读数的差值，求得两点间的相对高差，由此高差与两点间的距离之比，求得倾斜角。不受距离的限制，距离愈长，测得的倾斜角愈精确。多用于混凝土坝的廊道中。

测斜仪（inclinometer） 用于观测土坝内部变形的一种仪器。可同时观测三个正交方向的变位。测斜仪按其工作原理有伺服加速式、电阻应变片式、差动电容式、钢弦式等多种。比较常用的是伺服加速度式、电阻应变片式两种，伺服加速度式测斜仪精度较高，目前用得较多。测斜仪的构造如图所示。测斜仪上下各有一对滑轮，上下轮距500 mm，其工作原理是利用重力摆锤始终保持铅直方向的性质，测

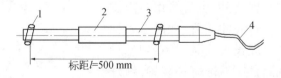

测斜仪构造示意图
1. 导向轮 2. 敏感部件 3. 壳体 4. 电缆

得仪器中轴线与摆锤垂直线间的倾角，倾角的变化可由电信号转换而得，从而可以知道被测结构的位移变化值。

应力计（stress detector；stress meter） 埋设在混凝土结构内用于直接量测混凝土应力的仪器。由外径为184 mm、厚为12 mm（两者之比约为15：1）的圆形受压板和电气感应元件组成。受压板有上下两部分，其间有0.3 mm厚的充满汞的隔缝。作用在内部受压板上的水银压力几乎等于外压，电气感应部分感受受压板的变形，产生电阻比的变化。应力计可直接得出非常接近真值的应力值。但不能测拉应力，只能测压应力。

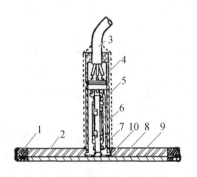

应力计结构图

1. 橡皮圈 2. 上部受压板 3. 电缆
4. 布套 5. 瓷制线框 6. 电阻线
7. 钢套管 8. 汞层
9. 下部受压板 10. 内部受压板

温度监测（temperature observation） 量测混凝土结构内温度变化的一项工作。常在混凝土内部埋设电阻式温度计进行量测。电阻式温度计利用金属导体随温度变化而改变电阻的特性制成。外壳用铜套管，内部感温部分用直径为0.1 mm的高强度漆包线卷于内部铜管上制成。观测时为消除电缆电阻的影响，采用三芯电缆，需以电桥进行观测。

渗压计（pore pressure meter；percolation pressure gauge） 用于量测混凝土内或基岩中流速不大的渗透压力的仪器。压力水通过渗压计进水口多孔质的透水石和黏性油后，使受压板挠曲，传递给置于受压板后的电气感应部分（即小应变计）。测量范围及灵敏度取决于受压板的厚薄，故设计时应注意板厚度的选用。

钢筋计（reinforcement meter） 量测钢筋混凝土内钢筋应力的仪器。在与所需量测的钢筋断面积相

同的钢管内放入一个小应变计,小应变计的两凸缘端用螺钉紧固在钢管内,利用两者应变相等的原理而制成。两端还附有约 20 cm 长的钢筋,从小应变计的测量中,将所测出的钢管的应变乘以钢筋的弹性模数,可得出钢筋的应力。当钢筋计受温度影响时,则需考虑温度补偿问题。

压力计(pressure gauge;pressure meter) 亦称"压力盒"。观测混凝土和基础的应力和压力变化的仪器。主要由圆形板、汞层、膜板组成。常用的为卡尔逊型遥测压力计。是利用两块圆形板将作用于板上的压力通过 0.1 mm 厚的汞层传给膜板,膜板发生弯曲。用一个观测装置(缩小的遥测应变计)测定这种弯曲程度的大小,从而测定压力。可同时观测温度。

无应力计(non-stress meter) 用于观测混凝土内非应力变形的仪器。由混凝土筒、应变计组成。用应变计进行混凝土坝应力观测时,所得的变形是混凝土在应力、温度、湿度,以及化学作用下所产生的总变形。故需同时在测点附近埋设无应力计,以观测混凝土的非应力变形(在温度、湿度,以及化学作用下产生的变形),并从混凝土的总变形中扣除这部分非应力变形,即可求得混凝土的应力应变。

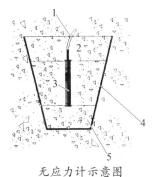

无应力计示意图
1. 电缆 2. 铅丝 3. 应变计
4. 无应力计筒 5. 混凝土

漫顶事故(overtopping accident) 洪水从非溢流坝漫流过顶的事故。土坝漫顶常酿成灾难性的溃坝,设计施工和运行中要求绝对避免。当土坝设计标准偏低,溢洪道尺寸不够或有堵塞时,都会招致土坝漫顶。对混凝土坝,如漫顶的水深很小,历时很短,虽不一定会导致垮坝,但为保证安全,漫顶也是不允许的。防止的主要措施是保证必要的安全超高和溢洪道泄洪能力。

漏洞事故(leakage accident) 土坝在下游坝坡或下游坝趾出现孔洞漏水的事故。若坝身土粒未被带出,则漏出的水较清,称"清水漏洞"。若土粒被漏水带出,则漏水浑浊,称"浑水漏洞"。浑水漏洞往往是清水漏洞的发展恶化,如不及时抢护,会迅速发展而导致严重事故乃至垮坝。产生漏洞事故主要是由于坝身施工质量较差或坝内坝基存在隐患。

水力劈裂(hydraulic fracture) 土坝或混凝土的裂缝由于高压水渗入缝中致使其进一步扩展的现象。

模型试验 释文见 90 页。

水工模型试验(hydraulic model test) 研究水利工程中水流特性和规律的模型试验。通常专指研究水工建筑物中水流运动及其对建筑物和上下游影响的模型试验。建立缩小尺度的、与某一具体建筑物相似的模型,重演相似的水流现象,以便于进行观察量测。根据试验结果可验证理论,提出修改工程设计方案。试验模型可分为正态和变态两种,前者保持严格的几何相似,后者的垂直比尺与水平比尺不相等。此外还可分为整体模型和断面模型,前者研究三维水流,后者把原型水流简化为二维处理。对于各种专门问题,如水流所引起的建筑物振动、船舶锚系力、两相水流、空化和空蚀等,试验都应遵循专门的相似律进行。

相似律(law of similitude) 两个或多个物理体系互为相似的条件和规律。在一对物理现象中,如各对应点上同类物理量之间都成常数比例,则称"相似",该常数称"相似常数",也就是模型试验中该物理量的"比尺"。一物理体系中某几个特征物理量根据规律能组合成一无因次数,则一切与之相似的物理体系中该无因次数都必须相等,称"相似准数"或"相似判据"。两个物质体系的各对应部分的尺寸都成一定比例,称"几何相似"。两运动物体对应点的速度及运动轨迹成一定比例,称"运动相似"。两个物质体系中,作用于对应点上的力都成一定比例,则称"动力相似"。对某一种物理现象,根据研究目的,必须推求出恰当的相似准数,使相似的体系中各有关物理量的比例常数之间保持一定的关系。最普遍的相似律,可认为是以下的三个定理,即通常所说的"相似三定理":(1)相似现象间的相似准数保持同量;(2)描述现象的物理方程可改写为由无因次准数所组成的方程;(3)单值条件相似且单值条件中各量所组成的相似准数相等是相似的充要条件。

地质力学模型试验(geomechanical model of rupture test) 亦称"地力学模型试验"、"岩石力

学模型试验"。用于研究复杂地质条件下建筑物及其地基受力变形特性的一种试验。是基于一定的相似原理对某一工程地质构造进行缩尺研究。模型应能模拟山体中的断层、破碎带和软弱带，有时还包括一些主要节理裂隙组，应能体现岩体的非均匀异向、非弹性和非连续等岩石力学特征。模型的结构尺寸、边界条件和作用荷载、岩体材料的容重、强度和变形特性等的模拟均需满足相似理论。

因次分析（dimensional analysis） 亦称"尺度分析"、"量纲分析"。通过对有关物理量因次之间关系的分析求得某种物理规律的一种辅助性研究方法。是制定各种物理单位的依据，也是决定模型相似条件的重要方法。在多种物理量中，我们选定几个基本量建立了单位系统，各物理量与基本量之间的关系表现为该物理量的"因次"。这种关系式是几个基本量的指数幂的乘积，称"因次式"。一般选择质量 M、长度 L 和时间 T 为基本量，则力的因次式为 $[F] = MLT^{-2}$，能量的因次式为 $[E] = ML^2T^{-2}$，功率的因次式为 $[P] = ML^2T^{-3}$。物理方程式等号两端表达式的因次必须相同，这是方程的齐次性或因次均匀性。进行因次分析时，先需设定影响该物理现象的一切主要因素，即描述该现象的函数中所包含的变数，再利用因次均匀性求出若干个无因次数。这些无因次数不随单位的改变而更易其数值。一组物理现象如互为相似，则借助因次分析法求得的几个无因次数必保持为同量。

π 定理（π theorem） 根据物理量之间函数关系的结构以推求无因次准数的定理。是因次分析方法的主要定理。假定表示某一物理过程的函数式中包含 n 个物理量，其中 k 个具有互相独立的因次，则经过处理可改写为包含 $(n-k)$ 个由这些物理量所组合成的无因次准数（π_i）的函数式。如有一函数式 $f(\pi_1; \pi_2, \cdots, \pi_n) = 0$，经过变换可写成 $f(\pi_1; \pi_2, \cdots, \pi_p) = 0$，$\pi$ 的个数 $p = n - k$。一般力学问题中 $k = 3$，则 $p = n - 3$，即一物理现象中包含 n 个变量，就可求出 $(n-3)$ 个无因次准数。

比尺效应（scale effect） 亦称"缩尺影响"。在模型试验中，采用不同的比例缩小原物而使模型中所测定的各种物理量换算为原型量会得出不同结果的效应。在水利工程中，通常在设计阶段需要确定地基基础、建筑结构、水流动态等基本数据以验证和修改设计，但由于模型以一定比例缩小，测得的物理量与原型差别较大，两者换算产生一定误差，比值愈大误差一般也愈大。这种影响一般不易消除，只有用原型观测结果来修正。

奥洛维尔土坝（Oroville earth dam） 位于美国加利福尼亚州境内费瑟河上。系斜心墙土石坝。1967年建成。最大坝高 234 m，坝顶长 2 316 m，坝体方量 5 963.9 万 m³。水库库容 43.62 亿 m³。坝址地基为角闪岩和花岗岩。

阿斯旺土坝（Aswan earth dam） 位于埃及阿斯旺境内尼罗河上。系心墙土石坝。1970年建成。最大坝高 111 m，坝顶长 3 820 m，坝顶宽 40 m，坝底宽 980 m，坝体方量 4 262 万 m³。水库库容 1 689 亿 m³，水电站装机容量 210 万 kW。坝址地基在 130 m 深以内为砂砾石沉积层，其下 50～60 m 厚为渗透性很小的砂壤土、极为致密的粉土、泥板岩和砂岩互层。基岩为花岗片麻岩和岩浆岩的变质岩。

努列克土坝（Nurek earth dam） 位于塔吉克斯坦共和国境内瓦赫什河上。系心墙土石坝。1972年第一期工程运行，1980年建成。最大坝高 300 m，坝顶长 731 m，坝体方量 5 800 万 m³。水库库容 105 亿 m³，水电站装机容量 270 万 kW。坝址地基为砂岩和粉砂岩。

大狄克桑斯重力坝（Grande Dixence gravity dam） 位于瑞士瓦莱州境内狄克桑斯河上。系混凝土重力坝。1962年建成。最大坝高 285 m，坝顶长 695 m，坝体方量 589 万 m³。水库库容 4 亿 m³，水电站计划装机容量 170 万 kW。坝址地基为花岗岩。

布拉茨克宽缝重力坝（Bratsk slotted gravity dam） 位于俄罗斯联邦伊尔库茨克境州内安加拉河上。1964年建成。最大坝高 125 m，主坝坝顶长 1 430 m，包括两侧土坝总长 5 140 m，坝体混凝土方量 441.5 万 m³。水库库容 1 693 亿 m³，水电站装机容量 450 万 kW。坝址地基为辉绿岩。

胡佛坝（Hoover dam） 亦称"霍维尔拱坝"。位于美国科罗拉多河上。系重力拱坝。1936年建成。坝高 221.4 m，坝顶长 379 m，坝顶半径 152 m，坝顶中心角 138°，坝顶厚 13.7 m，坝底厚 202 m，厚高比 0.91，坝体方量 336.4 万 m³。水库库容 348.52 亿 m³，水电站装机容量 208 万 kW。坝址地基为安山岩、角砾岩。

英古里拱坝（Inguri arch dam） 位于格鲁吉亚共和国英古里河上。系对称双曲薄拱坝。1982年建成。枢纽以防洪发电为主。坝高271.5 m，在中国小湾、溪落渡拱坝建成之前，居世界拱坝之冠。坝顶长680 m，坝顶半径380 m，坝顶中心角102°，坝顶厚10 m，坝底厚58 m，坝体方量396万 m³。水库库容11.1亿 m³，水电站装机容量130万 kW，后增设尾水电站34万 kW。坝址地基为石灰岩、白云岩。

萨扬舒申斯克拱坝（Sayano-Shushenskaya arch dam） 位于俄罗斯联邦境内叶尼塞河上游，从萨扬峡谷到米努西斯克盆地的出口段。系重力拱坝。1989年全部建成。坝高245 m，坝顶长1 066 m，坝顶半径600 m，坝顶中心角120°，坝顶厚25 m，坝底厚114 m，坝体方量907.5万 m³。水库库容313亿 m³，水电站装机容量640万 kW。坝址地基为变质石英砂岩。

旦尼尔约翰逊连拱坝（Daniel Johnson multiarch dam） 亦称"马尼克V级（Manic V）连拱坝"。位于加拿大魁北克省境内马尼夸甘河上。属该河第五梯级。系混凝土连拱坝。1989年建成。最大坝高214 m，坝顶长1 314 m，坝体方量225.5万 m³。水库库容1 418.52亿 m³，水电站装机容量237.2万 kW。坝址地基为安山岩。

姆拉丁尼拱坝（Mratinje arch dam） 位于南斯拉夫皮瓦河上。系双曲拱坝。1976年建成。坝高220 m，坝顶长268 m，坝顶厚4.5 m，坝底厚29.3 m，坝体方量74.2万 m³。水库库容8.9亿 m³，水电站装机容量36万 kW。坝址地基为石灰岩。

佛子岭连拱坝（Fuziling multiarch dam） 位于安徽霍山境内淠河东支上。系混凝土连拱坝。1952年1月兴建，1954年11月竣工，系新中国成立后兴建的第一座较高的混凝土连拱坝。控制流域面积1 840 km²，水库库容4.81亿 m³。连拱坝由20个支墩、21个拱和两端连接重力坝组成，最大坝高74.4 m（连同1.3 m坝顶栏杆挡水墙），坝长510 m。支墩和拱在河床段左、右侧和岸坡段分别有3～4种不同的标准尺寸。每个支墩由两片墩墙构成，每6 m以0.5 m厚铅垂的肋连接，墩墙外侧等宽，为6.5 m。拱为半圆拱，内半径6.75 m，拱厚在河床段一般由顶上的0.6 m渐变到底部60 m高处1.7 m左右。支墩及拱均为钢筋混凝土结构。坝址地基为变质岩。

欧文瀑布水库（Owen Falls reservoir） 亦称"维多利亚湖"。位于乌干达布干达省境内维多利亚尼罗河上。系世界上最大的水库。1954年建成。水库库容2 048亿 m³。挡水建筑物为混凝土重力坝，最大坝高31 m，坝顶长831 m。

官厅水库（Guanting reservoir） 位于北京西北约80 km的永定河上游。系新中国成立后兴建的第一座大型水利工程。1951年10月兴建，1954年4月建成。后又曾改扩建，至1989年完成。具有防洪、供水、灌溉和发电等综合效益。控制流域面积43 402 km²，总库容41.6亿 m³。拦河坝为砂质黏土心墙坝，最大坝高约52 m。右岸设一条排沙输水洞，洞宽8 m；左岸设溢洪道，净宽52 m；引水式电站装机3台，总容量3万 kW。坝区出露岩石为古老的中震旦系雾迷山组硅质灰岩，有少量燕山微伟晶花岗岩脉侵入，第四系松散沉积物在河床和两岸广泛分布，河谷呈凹形。

三门峡水库（Sanmenxia reservoir） 位于河南三门峡。黄河干流上第一座大型水利工程。1960年水库蓄水。以防洪为主，兼有发电、灌溉、防凌等综合效益。控制流域面积688 400 km²，占全流域面积的92%，总库容159亿 m³。挡水建筑物为混凝土重力坝，最大坝高106 m，坝顶长713 m，坝体方量163万 m³。水电站装机容量40万 kW。由于黄河含沙量大，达37.8 kg/m³，年平均入库沙量为16亿 t，经改建后于1973年开始按"蓄清排浑"低水头控制运用，在防洪、防凌、灌溉、发电等方面均收到一定效益。

丰满水电站（Fengman hydropower station） 位于吉林省吉林市第二松花江上。系发电和防洪等综合性水电站。1937年兴建，1943年第一台机组发电。1950—1953年进行大规模续改建。控制流域面积42 500 km²，总库容107.8亿 m³。主坝坝型为混凝土重力坝。坝高90.5 m，坝顶长1 080 m，坝体方量194万 m³。左侧坝内设泄洪高孔11个，总泄流能力9 240 m³/s。水电站装机容量100.4万 kW。因坝体质量差计划拆除重建。

新安江水电站（Xinanjiang hydropower station） 位于浙江建德新安江上。是中国第一座自行勘测、设计、施工和制造设备的大型水电站。以发电和防洪为主。1960年4月第一台机组投产。控制流域面积 10 480 km², 占全流域面积的 88.5%, 水库库容 178.4 亿 m³。挡水建筑物为混凝土宽缝重力坝。坝高 105 m, 坝顶长 465.4 m, 坝体方量 138 万 m³。水库设计洪水流量为 27 600 m³/s, 主要泄洪方式采用坝顶厂房顶溢流。水电站装机容量 66.25 万 kW。坝址地基为砂岩。

乌江渡水电站(Wujiangdu hydropower station) 位于贵州遵义境内乌江上。以发电为主。1974 年兴建, 1983 年建成。控制流域面积 27 790 km², 库容 23 亿 m³。主坝坝型为混凝土拱形重力坝。坝高 165 m, 坝顶长 368 m, 外半径 500 m, 坝体方量 193 万 m³。设计洪水流量为 19 200 m³/s, 泄洪方式为坝体溢洪道和左右岸泄洪隧洞。水电站装机容量 63 万 kW。坝址地基为灰岩。

碧口水电站(Bikou hydropower station) 位于甘肃文县碧口镇上游 3 km, 嘉陵江支流白龙江干流上。系引水式水电站。以发电和防洪为主。1969 年兴建, 1976 年 3 月第一台机组发电, 同年建成。控制流域面积 26 000 km², 水库库容 5.21 亿 m³。主坝坝型为壤土心墙土石混合坝。坝高 101.8 m, 坝顶长 297 m, 坝体方量 440 万 m³。水库设计洪水流量为 7 630 m³/s, 主要泄洪方式为开敞式溢洪道和隧洞。枢纽工程还有纵向原木运输过木道。装机容量 30 万 kW。坝址地基为千枚岩、凝灰岩。

龙羊峡水电站(Longyangxia hydropower station) 位于青海贵德境内黄河上游龙羊峡谷前段, 距峡谷进口 2 km 处。1978 年兴建, 1987 年发电。控制流域面积 131 420 km², 水库库容 276.3 亿 m³, 水电站装机容量 128 万 kW。挡水建筑物主坝为拱形重力坝, 最大坝高 178 m, 坝顶长 382 m, 坝顶宽 15 m, 坝底宽 80 m, 外半径 265 m, 坝顶中心角 83°, 坝体方量 154 万 m³。坝址地基为闪长花岗岩。使用中国制造的第一台 32 万 kW 水轮发电机组。

丹江口水利枢纽(Danjiangkou hydro project) 开发治理汉江和南水北调中线水源的水利工程。位于湖北丹江口境内丹江入汉江的汇合口下游 1 km 处。具有防洪、发电、灌溉、航运和水产养殖等综合效益。分两期开发; 初期工程 1958 年 9 月开工, 1974 年建成。控制流域面积 95 217 km², 占总集水面积 65%, 总库容 208.9 亿 m³。枢纽建筑物包括拦河坝、坝后式厂房、2 座灌溉渠首与 150 t 垂直升船机等, 水电站设于河床左侧, 总装机容量 900 MW(150 MW×6

台)。拦河大坝总长 2 494 m, 河床部分为宽缝重力坝, 长 1 141 m, 两岸为土石坝。1969 年冬至 1974 年又建成丹江渠道主体工程。为满足远期输水要求, 南水北调中线水源工程——丹江口水利枢纽大坝加高于 2005 年 9 月开工, 大坝由高度 97.0 m 加高 14.6 m, 最大坝高达 111.6 m, 坝顶高程 176.6 m。大坝加高完成后, 蓄水水位从原来的 157 m 提高到 170 m, 增加库容 116 亿 m³。水库的主要任务以防洪、供水为主, 兼有发电、航运等功能。丹江口水库大坝加高提高了汉江中下游防洪标准, 保障江汉平原和武汉市安全, 汉江中下游防洪标准由 20 年一遇提高到 100 年一遇。

葛洲坝水利枢纽(Gezhouba hydro project) 位于湖北宜昌市郊, 三峡出口南津关下游 2.3 km 处。系长江干流上建设的第一座水利枢纽工程。在三峡水利枢纽建成后, 担负着三峡水库反调节和改善三峡坝址到南津关之间航道的任务。1970 年底兴建, 1981 年 8 月第一台机组发电。坝址控制流域面积 100 万 km², 约占全流域面积的 55%。主体工程包括 3 座船闸、2 座水电站、泄水闸、冲沙闸和挡水建筑物等。船闸为单级船闸, 最大水头 27 m, 其中 Ⅰ、Ⅱ号两座船闸闸室有效长度 280 m, 净宽 34 m, 槛上最小水深 5 m, 一次可通过一个总载货量 12 000 ~ 16 000 t 的船队, 是世界最大船闸之一。水电站总装机容量 271.5 万 kW, 年发电量 157 亿 kW·h, 使用中国制造的第一台 17 万 kW 低水头轴流转桨式水轮发电机组。电站厂房上游设有导沙坎和排沙底孔, 以防厂前淤积, 并减少粗沙过机对水轮机组的磨损。泄水闸共 27 孔, 最大泄量为 83 900 m³/s, 是枢纽的主要泄洪建筑物。

三峡水利枢纽(Three Gorges Hydraulic Project) 开发和治理长江的关键性骨干水利工程, 为中国和世界上已建的规模最大水利枢纽工程。坝址位于湖北宜昌三斗坪西陵峡谷上游, 下游距葛洲坝水利枢纽约 40 km。坝址以上控制流域面积 100 万 km², 多年平均径流量 4 510 亿 m³, 具有防洪、发电、航运等综合利用效益。坝址基岩为花岗岩。枢纽坝轴线全长 2 309.47 m, 主体建筑物包括拦河坝、水电站厂房、通航建筑物等。拦河坝为混凝土重力坝, 正常蓄水位为 175 m, 坝顶高程 185 m, 最大坝高 181 m。河床中部为泄洪坝段。枢纽最大泄洪能力 11.6 万 m³/s, 可宣泄万年一遇洪水。左、右两侧为厂房坝段。水电站厂房为坝后式,共安装 26 台单机额定容量为 70 万kW的混流式水轮发电机组,左厂房 14 台,右厂房 12 台,总装机容量 1 820 万 kW,右岸地下厂房还装有 6 台 70 万 kW 水轮发电机组,是世界最大的水电站。双线五级连续梯级船闸位于左岸,单级闸室有效尺寸为长 280 m、宽 34 m、坎上最小水深 5 m,最大水头 130 m。可通过万吨级船队。单线一级垂直升船机建在左岸,承船厢有效尺寸为 120 m×18 m×3.5 m,客货轮最大过船吨位 3 000 t。水库总库容 450 亿 m³,其中防洪库容 221.5 亿 m³,通过季调节运行,可使荆江河段的防洪标准由约十年一遇提高到百年一遇。水电站年平均发电量 846.8 亿 kW·h,每年可替代消耗原煤 4 000 万~5 000 万 t。显著改善长江宜昌至重庆 660 km 的航道,单向年通过能力由约 1 000 万 t 提高到 5 000 万 t。1992 年 4 月 3 日,第七届全国人民代表大会第五次会议审议并通过《关于兴建长江三峡工程的决议》。1994 年 12 月 14 日正式开工。工程采用分期导流方式,分三期施工:一期工程以 1997 年 11 月 8 日实现大江截流为标志;二期工程以 2003 年实现水库初期蓄水、第一批发电机组发电和永久性船闸通航为标志;三期工程于 2009 年实现全部发电机组发电和全部枢纽工程完成。

锦屏拱坝(Jinping arch dam) 位于四川凉山彝族自治州木里和盐源交界处的雅砻江大河湾干流河段上。坝址以上流域面积 10.3 万 km²,占雅砻江流域面积的 75.4%。2005 年 11 月开工,2013 年 8 月 30 日,首批两台 60 万 kW 机组投产,2014 年底全部投产发电。坝址地基为绿片岩、大理岩、砂板岩。枢纽建筑物由挡水建筑物、泄水建筑物、引水发电建筑物等组成,其中挡水建筑物为混凝土双曲拱坝,坝高 305 m,为世界同类坝型最高。坝顶弧长 552.25 m,坝顶宽度 16.0 m,坝底厚度 63.0 m,厚高比 0.207;泄水建筑物由坝身泄水孔和左、右岸泄洪洞组成,水库库容 77.6 亿 m³,装机容量 360 万kW。

小湾拱坝(Xiaowan arch dam) 位于云南西部南涧与凤庆交界的澜沧江中游河段与支流黑惠江交汇后下游 1.5 km 处,是澜沧江中下游河段的"龙头水库"。2002 年开工,2010 年建成。坝址地基为片麻岩,建基面岩体,以微风化Ⅰ、Ⅱ类岩体为主。以发电为主,兼有防洪、灌溉、拦沙和航运等综合利用的效益。坝型为混凝土双曲拱坝,最大坝高 294.5 m,坝顶长 922.74 m,拱冠梁顶宽 13 m,底宽 69.49 m。水库总库容 151.32 亿 m³,水电站装机容量 420 万kW。

小浪底水利枢纽(Xiaolangdi Hydraulic Project) 位于河南洛阳以北、黄河中游最后一段峡谷出口处,上距三门峡水利枢纽 130 km。是治理黄河的关键性水利枢纽工程。于 1994 年 9 月主体工程开工,1997 年 10 月 28 日截流,2000 年 1 月 9 日第一台机组发电,2001 年底全部建成。控制坝址以上流域面积 69.4 万 km²,占黄河流域面积的 92.3%,以防洪、防凌、减淤等效益为主,兼顾供水、灌溉和发电。拦河坝为壤土斜心墙堆石坝,坝顶长 1 667 m,最大坝高 160 m。位于斜心墙底部的混凝土防渗墙厚 1.2 m,最深达 82 m。泄洪排沙系统和引水发电系统均建于左岸山体内,构成了密集复杂的地下硐室群。水库库容 126.5 亿 m³,其中长期有效库容 51 亿 m³,拦沙库容 75.5 亿 m³。可使黄河下游防洪标准由 60 年一遇提高到千年一遇;可基本解除黄河下游凌汛威胁;可使下游全断面减淤 78 亿 t,相当于下游河床 20 年不淤积抬高;多年平均调节水量增加 20 亿 m³;水电站总装机容量为 180 万kW,年平均发电量51 亿kW·h。

水布垭混凝土面板堆石坝(Shuibuya concrete face rockfill dam) 位于湖北恩施土家族苗族自治州巴东境内的水布垭镇,清江中游。是清江梯级开发以发电为主,并兼顾防洪、航运等的龙头枢纽。2001 年开工,2009 年竣工。坝址地基为栖霞组灰岩。拦河坝为混凝土面板堆石坝。为世界同类坝型的最高坝。最大坝高 233 m,坝顶宽 12 m,坝顶长 660 m。坝顶设钢筋混凝土防浪墙,墙高 5.2 m。大坝上游坝坡 1:1.4,下游坝面设置"之"字形马道,马道宽 4.5 m,下游综合坝坡 1:1.4。水库总库容 45.8 亿 m³,装机容量 160 万 kW。

向家坝水利枢纽(Xiangjiaba Hydraulic Project) 位于四川宜宾和云南水富交界的金沙江峡谷出口处。系金沙江下游河段开发的最后一个梯级。2006 年 11 月开工,2015 年 6 月底竣工。控制流域面积 45.88 万 km²,总库容 51.63 亿 m³。具有发电、防洪、灌溉、航运等综合效益。枢纽建筑物包括拦河坝、左岸坝后厂房、右岸地下厂房、左岸通航建筑物和两岸灌溉取水口等。拦河坝为混凝土重力坝,最大坝高 180.00 m,坝顶长度 909.26 m。水电站装机容量 640 万 kW。

旁多水利枢纽（Pangduo Hydraulic Project）　位于西藏拉萨河流域中游河段，林周县旁多乡下游 1.5 km 处。系西藏投资规模最大的水利枢纽工程。以灌溉、发电为主，兼顾防洪和供水。控制流域面积 16 370 km²。枢纽建筑物主要由沥青混凝土心墙沙砾石坝、泄洪洞和泄洪兼导流洞、发电引水洞、电站厂房和灌溉输水洞等组成。2009 年开工，2013 年 12 月首台机组正式发电。碾压式沥青混凝土心墙砂砾石坝，坝顶高程 4 100 m，最大坝高 72.3 m，坝顶长 1 052 m，坝顶宽 12 m。水库总库容 12.3 亿 m³，设计灌溉面积 4.325 万 hm²，水电站装机容量 16 万 kW。该坝地质条件复杂，深厚覆盖层采用混凝土防渗墙和帷幕灌浆联合防渗。

隔河岩水利枢纽（Geheyan Hydraulic Project）　位于湖北长阳长江支流清江干流上，上距恩施市 207 km，下距高坝洲水电站 50 km。以发电为主，兼有防洪、航运等综合效益。控制流域面积 14 430 km²，占全流域面积的 85%。由挡水建筑物、泄水建筑物、右岸引水式水电站和左岸垂直升船机组成。1998 年 4 月除升船机外，全部工程通过竣工验收。受坝址地形和地质条件的制约，大坝为双曲重力拱坝，采用"下拱上重"结构，即下部为拱坝、上部为重力坝，最大坝高 151 m，坝顶长 653.5 m，坝顶高程 206 m。总库容 34.4 亿 m³。水电站装机容量 120 万 kW，多年平均发电量 30.4 亿 kW·h。

糯扎渡心墙堆石坝（Nuozhadu core rockfill dam）　位于澜沧江下游普洱市思茅和澜沧交界处。2014 年 6 月竣工。坝型为心墙堆石坝，心墙顶宽 10 m，上下游坡度为 1∶0.2，设两层反滤层。最大坝高 261.5 m，坝顶宽 18 m，坝顶长 630.06 m。坝体填筑方量 3432 万 m³。水库库容 237.03 亿 m³，水电站装机容量 585 万 kW。坝址地基为花岗岩。

龙滩碾压混凝土重力坝（Longtan roller compacted concrete gravity dam）　位于珠江流域西江水系的红水河上游，控制流域面积 98 500 km²，中国最高重力坝。2001 年 7 月开工，2003 年 11 月实现截流；2006 年 11 月下旬蓄水，2007 年 7 月第一台机组发电；2009 年 12 月 7 台机组全部投产。最大坝高 216.5 m，坝顶长 830.5 m，坝底宽 168.58 m，坝体方量 730 万 m³。总库容 272.7 亿 m³，水电站装机容量 540 万 kW。坝址地基为砂岩、泥板岩。采用分期建

设，建设工期 9 年。大坝断面分为初期断面和最终断面，加高方式为平行后帮式（贴坡式）。

天荒坪抽水蓄能电站（Tianhuangping pumped-storage power station）　位于浙江安吉境内，太湖流域西苕溪支流大溪上。系日调节纯抽水蓄能电站。电站枢纽包括上水库、下水库、输水系统、地下厂房硐室群和开关站等部分。电站主体工程于 1994 年 3 月开工，1998 年 1 月第一台机组投产，2000 年 12 月底全部竣工投产。上水库由主坝和 4 座副坝围筑而成，呈"梨"形。主副坝均为沥青混凝土面板土石坝。最大坝高 72 m，坝顶长 503 m。副坝最大坝高 9.33 m，4 座副坝总长 822.3 m。水库库岸和库底均用沥青混凝土防渗。上水库无天然径流注入，不设泄洪建筑物；下水库挡水建筑物为钢筋混凝土面板堆石坝，坝高 92 m，左坝头布置无闸门控制的侧堰式溢洪道。上水库设计最高蓄水位 905.2 m，相应库容 919.2 万 m³；下水库设计最高蓄水位 344.5 m，相应库容 859.56 万 m³。总装机容量 180 万 kW，最大发电毛水头 610 m。为中国已建抽水蓄能电站中单个厂房装机容量最大、单级水泵水轮机水头最高的，在世界上同类电站中也位居前列。

沙牌碾压混凝土拱坝（Shapai roller compacted concrete arch dam）　位于四川汶川境内岷江一级支流草坡河上。系碾压混凝土拱坝。1997 年 6 月兴建，2001 年建成。坝高 132 m，为 20 世纪末世界最高的碾压混凝土坝，拱为三心圆单曲拱，垫座高 12.5 m，坝顶厚度 9.5 m，坝底厚度 28 m，坝顶中心线弧长 250.25 m，最大中心角 92.48°，厚高比 0.238，碾压混凝土方量 38.3 万 m³。水库库容 0.18 亿 m³，总装机容量 3.6 万 kW。坝址地基为花岗岩、花岗闪长岩。

大伙房水库输水工程（Dahuofang reservoir water transfer project）　东北地区最大的跨流域调水工程。是辽宁重点水利建设项目。由水资源丰富的外流域引水入浑河上的大伙房水库，并经大伙房水库调节后向浑河、太子河和大辽河地区缺水严重的抚顺、沈阳、辽阳、鞍山、营口、盘锦、大连等七座城市提供工业用水和生活用水。设计调水流量 70 m³/s，多年平均调水量 17.88 亿 m³，多年平均入大伙房水库水量 17.47 亿 m³。主要由取水口建筑物、输水隧洞、出口建筑物等组成。输水隧洞全长 85.31 km，是世界上最长的输水隧洞，纵坡比 1∶2 380，钻爆法施工段选

取标准马蹄形断面,成洞洞径 3.5 m,隧道掘进机施工段采用圆形断面,成洞洞径 7.16 m。

淮安枢纽(Huaian project) 位于江苏淮安南郊楚州区、京杭运河与苏北灌溉总渠交汇处北侧的淮河入海水道上。系淮河入海水道的第二级枢纽。具有泄洪、排涝、灌溉、南水北调、发电、航运等综合功能。2000 年 10 月兴建,2003 年 10 月竣工。主体工程包括上槽下洞交叉建筑物、4 座大型电力抽水站、10 座涵闸、4 座船闸、5 座水电站、1 座变电站等 24 座水工建筑物。既是南水北调东线工程输水干线的节点,又是淮河东流入海的控制点。

淮安枢纽全景图

临淮岗防洪枢纽(Linhuaigang flood control project)位于淮河干流中游王家坝与正阳关之间。是淮河流域最大的防洪工程。集水面积42 160 km²。该工程与上游的山区水库、中游的行蓄洪区、淮北大堤以及茨淮新河、怀洪新河等共同构成淮河中游多层次综合防洪系统,使淮河中游防洪标准提高到百年一遇。2001 年底兴建,2006 年 10 月建成。主体工程由主坝、南北副坝、引河、船闸、进泄洪闸等建筑物组成。全长 78 km。主坝长 8.54 km,坝顶宽 10 m,坝顶高程 31.7 m。南副坝长 8.41 km,坝顶宽 6.0 m,坝顶高程 32.25 m。北副坝长 60.56 km,坝顶宽 6.0 m,坝顶高程 32.21～32.95 m。进泄洪闸包括:49 孔浅孔闸、14 孔姜唐湖进洪闸、12 孔深孔闸等工程。整项工程涉及河南、安徽两省,主体工程跨安徽霍邱、颍上、阜南三县,是治淮 19 项骨干工程之一,也是淮河防洪体系中具有关键性控制作用的枢纽工程,被誉为"淮河上的三峡工程"。

曹娥江大闸(Caoe sluice) 位于浙江绍兴钱塘江下游南岸主要支流曹娥江河口。闸址距绍兴市区约30 km,距上虞市区 47 km,距杭州市约 85 km,距宁波市约 158 km。是中国强涌潮河口地区第一大闸,浙东水资源配置重要枢纽工程。以防潮(洪)、治涝为主,兼顾水资源开发利用、水环境保护和航运等综合利用功能。2005 年 12 月兴建,2007 年 4 月建成。大闸枢纽主要由挡潮泄洪闸、堵坝、导流堤、连接坝段,以及管理区等组成。挡潮泄洪闸共 28 孔,每孔净宽 20 m,总宽 697 m,顺水流方向长 507 m。工作闸门为双拱鱼腹式钢闸门,采用液压启闭方式。堵坝位于河床右侧,为土石混合坝,长611 m,最大坝高29.5 m。左岸连接坝和导流堤上各布置一条鱼道,左岸鱼道长 514 m,右岸鱼道长 429 m。

南水北调工程(South-to-North Water Transfer Project) 为缓解中国华北和西北地区水资源短缺的国家战略性工程。中国南涝北旱,南水北调工程通过跨流域的水资源合理配置,促进南北方经济、社会与人口、资源、环境的协调发展,分东线、中线、西线三条调水线。通过三条调水线路与长江、黄河、淮河和海河四大江河的联系,构成以"四纵三横"为主体的总体布局。东线输水工程在江苏扬州附近抽长江水通过京杭运河,用闸控制,逐级提升水位,使水流经洪泽湖、骆马湖、南四湖的微山湖、昭阳湖、独山湖、南阳湖,沿鲁运河进入山东黄河南岸的东平湖。由于黄河河道比长江抽水站高出 40 m,黄河以南的干线沿途需建 13 个梯级,26 个大型电动抽水机站逐级抽水、提升,把水提送过黄河。黄河是东线干线的分水岭。水引送过黄河后,则向北自流至天津。东线的输水干线全长约 1 150 km,其中黄河以南约660 km,以北约 490 km。南水北调东线工程分两期进行:第一期先引水到黄河南岸,主要解决长江与黄河之间,特别是淮河以北地区水源不足的问题;第二期工程的关键工程之一是穿越黄河,开挖巨型输水隧洞,使长江水从黄河河底穿过。并在第一期工程抽水能力 600 m³/s 的基础上再增加抽水能力 400 m³/s,扩大一期工程的输水线路和各站的抽水能力,把水调过黄河。东线工程开工最早,且有现成输水道,已供水。中线输水工程,从汉水的丹江口水库引水,远期把路线再向南延长到长江三峡,增加长江引水。从丹江口引水,到河南郑州西北的桃花峪,穿过黄河,再沿京广线西侧北上,可基本自流到终点北京。2014 年 12 月 12 日,南水北调中线正式通水。西线输水工程是提高金沙江、雅砻江、大渡河的水位,开凿穿过长江与黄河的分水岭巴颜喀拉山的输水隧洞,把江水引入黄河上游,补充西北地区的水资源。结合黄河干流上的骨干水利枢纽工程,还可向邻近黄河流域的甘肃河西走廊地区供水,必要时也可及时向黄河下游补水,尚未开工。

水利工程施工

招标(invitation for bid)　市场经济条件下进行大宗货物的购买、建设工程发包,以及工程咨询、工程采购采用的一种交易方式。与投标相对。由招标人发出招标公告或投标邀请书,说明招标的工程、货物、服务的范围、标段(标包)划分、数量、投标人的资格要求等,邀请特定或不特定的投标人在规定的时间、地点按照一定的程序进行投标的行为。

投标(bidding)　与招标相对应的概念。由投标人向招标人书面提出自己的报价(要价)及其他响应招标要求的条件,参加获取货物供应、承包工程或咨询服务的竞争;招标人对各投标人的报价及其他条件进行审查比较后,从中择优选定中标者,并与其签订交易合同。

施工组织设计(construction organization planning)　研究施工条件、选择施工方案、对工程施工全过程实施组织和管理的指导性文件。是编制工程投资估算,设计概算和标底,及投标报价的主要依据。其内容和详细程度视设计阶段而异。水利工程初步设计阶段的施工组织设计文件内容一般包括施工条件、施工导流、料场的选择与开采、主体工程施工、施工交通运输、施工工厂设施、施工总布置、施工总进度、文明施工与环境保护、主要技术供应及其附图等。工程投标和施工阶段的施工组织设计文件内容包括:(1)工程任务情况和施工条件分析;(2)施工总方案、主要施工方法、工程施工进度计划、主要单位工程综合进度计划和施工的力量、机具和部署;(3)施工组织技术措施,包括工程质量、施工进度、安全防护、文明施工,以及环境污染防护等各种措施;(4)施工总平面布置图;(5)总包和分包的分工范围和交叉施工部署等。初步设计阶段由设计单位编制,投标和施工阶段由施工单位编制。

施工进度计划(construction scheduling)　确定整个工程施工顺序和施工速度的文件。是编制资金、物质、设备供应计划、确定附属企业和设施规模的依据。计划包括:安排各工程项目的施工顺序和工期;确定完成该工程所需的人力、机械、材料的数量;编排各项工程的时间进度。一个好的施工进度计划,可以均衡、连续、有节奏地进行施工,确保工程进度、工程质量和施工安全。其表达方式有施工进度横道图、施工进度网络图等。

有效施工天数(available working days)　某段时期内适合于某工种施工的天数。一般以月进行计算,水利工程施工一般为露天作业,受自然条件(如雨天、高温、严寒等)的影响较大,而各种工种为了保证质量,均要求在适宜的自然条件下施工。因此,计算有效施工天数时需扣除该月不适于该工种施工的天数和法定节假日而剩下的天数,便称"该工种的月有效施工天数"。随工种而异,也与采取的施工措施有关。

设计概算(primary cost estimate)　建筑工程初步设计阶段编制的拟建工程建设费用的文件。是编制基本建设计划、控制基本建设拨款、考核建设成本和设计合理性的重要依据。由设计单位根据初步设计图纸、工程量计算规则、现行法定的概算定额、按照现行概算编制规定分析确定的基础单价及其有关费率、初步设计阶段编制的施工组织设计文件内容等编制而成。在水利水电工程中,是编制施工招标标底、利用外资概算和执行概算的依据。

施工图预算(budget of construction drawing project)　亦称"设计预算"。施工图设计阶段,根据施工图设计文件、施工组织设计、现行法定的工程预算定额和工程量计算规则、地区材料预算价格、施工管理费标准、企业利润率、税金等,计算每项工程所需人力、物力和投资额的文件。是由设计单位负责编制的施工图设计的组成部分。是施工前组织物资、机具、劳动力,编制施工计划,统计完成工作量,办理工程价款结算,实行经济核算,考核工程成本,实行建筑工程包干和建设银行拨(贷)工程款的依据。主要作用是确定单位工程项目造价,是考核施工图设计经济合理性的依据。

施工预算(construction budget)　施工单位内部编制的一种预算。是企业加强经济核算、改善经营管理的重要环节。在施工各预算控制数字下,由施工单位根据施工定额,结合施工组织设计和现场实际情况,在施工前编制。可供施工单位计算施工用工、用料和施工机械台班需要量;制定用工用料计划;下达施工任务书;核算工程成本等。

工程竣工决算(final accounts of project) 建设项目全部完工后,在工程竣工验收阶段,由建设单位编制的从项目筹建到建成投产全部费用的技术经济文件。是建设投资管理的重要环节,工程竣工验收、交付使用的重要依据,也是进行建设项目财务总结,银行对其实行监督的必要手段。可核定新增固定资产的价值,了解概(预)算实际执行的情况,发现投资使用中的问题等。

直接费(direct cost) 直接用于建筑安装工程的费用。由人工费、材料消耗费、机械台班费和其他直接费用组成。是计算工程成本的基本费用之一。反映劳动生产率,工艺技术,组织管理,材料、燃料消耗,机械使用率和工作效率等方面的水平。

间接费(indirect cost) 建筑安装工程中,除直接费用以外,为该工程支出的费用。是工程基本费用之一。由施工管理费和其他间接费用两部分组成。前者包括除生产工人之外其他工作人员的基本工资和包括生产工人与工作人员的辅助工资及其工资附加费、办公费、固定资产与工具使用费、试验费、差旅交通费等。

预备费(contingency cost) 通称"不可预见费"。工程设计与施工中,由于事先难以预见到的原因而增加的建设费用。包括:由于设计变更和遗漏工程所增加的投资;政策性变动而增加的投资;单价变动而超出原投资的费用;在建设过程中工资调整的差价;调整材料、设备单价的差额;实施新定额而引起的差额;防汛抢险费用和经过主管机关批准在施工中允许增加的费用等。

成本管理(cost management) 有关成本计划、调节、控制和分析的管理工作。包括成本管理机构和制度的建立和健全,成本计划的编制和执行,成本的核算和分析等工作。任务是对成本形成过程进行控制,随时纠正偏差,全面、正确、及时地计算生产过程中人力、物力和财力等各种消耗,力争以最少的消耗取得最大的生产成果,完成成本指标。

定额管理(rating management) 有关生产过程中监督和控制人力、物力、财力消耗标准的管理。包括定额管理机构和制度的建立和健全,科学制定定额和及时修改,组织评定各项定额的执行结果等工作。是施工企业合理组织工程施工的基础,用以计算生产能力,拟定施工进度计划及其相应的物资供应和劳动工资等计划;协调和控制人力、物力和财力各环节之间的平衡和消耗;考核职工的工作质量、数量和技术水平。

劳动定额(labor norm; labor ratings) 亦称"人工定额"。在一定的生产技术和生产组织条件下,完成某项生产任务所需的劳动量消耗标准。用完成单位产品所消耗的劳动时间表示的称"劳动工时定额";用单位劳动时间所完成的产品数量表示的称"劳动产量定额"。通常用工时或工日表示劳动量消耗。

机械定额(rating of machine facture) 机械设备在合理的施工组织和相当熟练的工人操作下,生产质量合格的单位产品的消耗标准。用完成单位产品所消耗的机械时间表示的称"机械时间定额";用单位机械时间所完成的产品数量表示的称"机械产量定额"。通常以台班(一台机械工作一班时间)表示机械的时间消耗。

材料定额(rating of material consumption) 在合理的施工组织和工艺流程条件下,生产质量合格的单位工程(产品)所消耗的材料数量标准。单位工程所需消耗材料的数量与工艺技术水平、劳动组合、劳动者的熟练程度和施工组织有关。为了降低材料消耗定额,常需采用新工艺新技术,故材料消耗定额亦应随之修订。

概算定额(rating of approximate estimate; rating form for estimate) 依据单位工程的结构形式或施工特点,以不分部位的扩大量度为单位,完成该量度单位所需的人工、材料和机械设备的消耗标准。是在预算定额的基础上综合扩大编制而成。如完成100 m³混凝土重力坝的混凝土浇筑,开挖100 m³的土方等所需人工、材料和机械设备的消耗标准。用于工程初步设计阶段编制工程概算。

预算定额(rating of budget; rating form for budget) 以建筑物的结构部位或分部、分项工程的扩大量度单位为对象,完成该量度单位所需人工、材料和机械设备的消耗标准。如填筑100 m³坝体黏土心墙土方、开挖100 m³平硐石方、浇筑100 m³闸墩混凝土等所需的人工、材料和机械设备的消耗标准。用于编制工程的修正总概算和施工预算;编制施工进度计划和单位工程施工进度计划;确定工程施工的人工、材料和机械设备等的需要量;签订承包合同;掌握投资拨款和检查分析施工机构的经济活动等。

施工定额（construction rating） 完成某一结构部位或结构构件的一个施工过程所需人工、材料和施工机具的数量标准以及合理的劳动技术等级组合标准。如安装 10 m^2 模板，开挖 10 m^3 土方，运输 1 t 钢筋等所需要的人工、材料和施工机械台班的消耗指标。可作编制作业计划，签发施工任务单，结算工资和实行限额领料制度等的依据，也是编制概（预）算定额的基础。

技术管理（technical management） 企业生产过程中对全部技术活动进行科学管理的总称。包括技术管理机构和制度的建立和健全、科学研究、生产技术标准、工程质量控制、技术革新、技术革命、技术组织措施、技术经济分析和技术教育等工作。从技术上保证工程优质、高产、安全和低耗。

施工调度（construction dispatching） 平衡和调节各施工环节以保证工程计划顺利实施的管理工作。按作业计划及时检查施工前各项准备工作和施工进度，发现和消除影响计划完成的不利因素，及时对施工中不平衡情况进行调整。在施工管理机构中设立调度系统，加强施工调度工作，可使施工管理工作具有高度的机动性和灵活性，避免工作脱节和窝工浪费，不断提高工作效率和管理水平，保证工程顺利施工。

质量管理（quality management） 有关施工质量检查和检验的管理工作。包括质量管理机构和制度的建立和健全，质量标准的制定和执行，技术检验的组织，质量事故的处理，计量检定和工程质量验收等工作。主要任务是检查和监督施工，保证和不断提高工程质量，做到防患于未然，及时制止可能发生的质量事故。

工资管理（wage management） 有关工资和奖金的管理工作。包括工资管理机构和制度的建立和健全，工资和奖金计划的编制和执行等工作。主要任务是在保证劳动生产率提高的基础上，提高职工的实际收入水平。

劳动保护（labour protection） 在生产过程中为保护劳动者的安全和健康，改善劳动条件，防止工伤事故，防止职业病和女工保护等方面采取的一系列组织技术措施。包括安全技术和工业卫生两个方面。前者的任务是防止和消除施工中的伤亡事故，保障职工安全和减轻繁重的体力劳动。后者的任务是改善劳动条件，防止和消除高温、粉尘、噪声及有毒气体等，保障职工的身体健康。包括制定安全生产和工业卫生的技术措施；建立和健全安全生产责任制、劳动保护制度，进行安全生产和安全技术的教育等。

材料储备期（reserve period of materials） 防止工程因待料而停工，仓库的材料储存量能供应施工需要的天数。决定于材料的性质、来源、自然条件、运输方式、运距和运输工作组织等因素。一般外来材料比本地材料储备期长，水运比陆运长，自河床开采的土石料，比采自陆地的储备期长。

设备管理（equipment management；facility management） 有关机械设备的管理工作。包括机械设备管理机构和制度的建立和健全，机械设备使用和维修的管理，机械设备技术改造的管理和机械设备增减变动的管理等。主要任务是使机械设备经常处于完好状态，提高机械设备利用率，充分发挥机械设备效能，并使机械设备现代化。

设备完好率（equipment perfectness） 亦称"机械设备技术完好率"。全年或某一时段内，某类技术状况完好的机械设备台日数与在册机械设备总台日数的百分率。是反映机械设备技术状况的指标。技术状况完好的机械设备台日数，是指某类设备中完全符合单项设备完好标准的台日数。

设备利用率（utilization rate of installation） 亦称"机械设备出勤率"。全年或某一时段内实际使用的机械设备与该期间实有机械设备的百分率。是反映机械设备利用程度的指标。包括设备数量利用率、设备时间利用率和设备生产能力等具体指标。与施工任务饱满程度，原材料、燃料和动力的供应情况，管理和调度水平及设备完好率等有密切关系。

设备折旧率（installation depreciation rate） 机械设备在使用年限内每年的有形和无形损值的百分率。设备交付使用后，有有形和无形两种损耗。前者是由于设备正常使用而发生的物理、化学机能的衰退；后者是由于社会劳动生产率的提高，或由于技术进步、效能更好的新型设备出现，原设备虽然实物形态没有大量损耗，而价值形态却发生贬值，以致提前退废。以上两种损耗，引起设备价值下降，都需要借助产品实行价值转移，即构成产品成本的一部分来实现设备损值的补偿。一般采用使用年限法进行计算。

机械台班费(machine shift expense) 一台机械在一个台班(8 h)的时间内工作所需要的各项费用。是将机械设备在管理、使用、保养、维修的过程中按技术标准所需要的各项费用,科学地转移到每个台班使用成本中的一种表现形式;也是机械设备使用的计资依据和实行单机核算或班组核算的基础。由不变费用和可变费用组成。不变费用包括基本折旧费、大中修折旧费、维护保养费、安装拆卸费、辅助设施费和保管费等,此类费用在每个台班中不因施工地点和条件的改变而发生较大的变化;可变费用包括人工工资、动力或燃料费和其他零星费用等,此类费用因施工地点和条件的改变,会发生较大的变化,应按当地当时的具体情况计算。

施工运输(construction transport) 工程施工中建筑材料和设备等的运送工作。是决定工程进度和造价的关键环节之一。常用的运输方式有:有轨运输、无轨运输、起重运输和连续运输等。根据运输量、运输距离和当地的地形条件等因素来选用运输方式。

自卸汽车(dump truck) 亦称"倾卸汽车"、"翻斗汽车"。具有倾卸装置,可使车厢倾翻卸货的汽车。按倾卸装置,分液压式、机动式和手摇式等,现多用液压式;按倾卸的方向分,有单侧自卸汽车、双侧自卸汽车和向后自卸汽车等。适用于装运砂石料、土壤和煤炭等散粒状材料及混凝土等半流动性物料,可节省卸货人力、缩短卸货时间。

挂车(trailer) 亦称"拖车"。不能独立行驶,需用牵引车(汽车、牵引汽车或拖拉机)拖带的车辆。按载重量,分轻型挂车和重型挂车;按结构,分单轴挂车、双轴挂车和半挂车等。单轴挂车和双轴挂车,其质量基本上由本身承担。半挂车的部分质量由牵引汽车车架上的支承连接装置承担,其前部备有接地轮,以便在与牵引汽车分离时支承前部荷重。选用挂车时应考虑与牵引车配套。

卷扬道(winch tractive road) 亦称"绞车道"。利用绞车牵引车厢沿轨道运送材料的装置。由轨道、绳索、绞车、车厢、滚轴和安全装置等组成。按布置方式,分单线交替式、复线交替式、头尾索式和连续索式。常用于斜坡地运输,其中交替式用于坡度较陡的地面,空车可以借自重放回;头尾索式用于坡度较小的地面;连续索式适用于各种地形。

索道运输(cableway transport) 用架空钢索作为轨道的一种运输方式。钢索用塔架或支杆架立,吊运的物料沿索道移动。当由高处向低处运输时,吊运的物料靠自重下滑,山区应用较多。分单索式和双索式两种。单索式的架空索兼作承重索和牵引索,运料斗夹紧在连续移动的架空索上随之运行;双索式的料斗在承重索上运行,由牵引索牵引。

连续运输(continuous transportation) 沿着规定路线连续地搬移材料的一种运输方式。按其作用原理和用途,分带式运输机运输、螺旋运输机运输、气力运输和水力运输等。

带式运输机(conveyor belt) 俗称"皮带机"。利用首尾相接的输送带连续运输散粒或小件材料的机械。输送带支承在多对托辊上,由卷筒驱动。有固定式和移动式两类。前者距离较长,机架可分段拼装,用数台串联组成运输系统,总长可达数千米。后者移动方便,卸料高度可以改变,用于运输线路经常改变的场合。带式运输机结构简单,支承较轻便,生产率高,在水利工程施工中广泛用于土、砂石料和混凝土等物料的运输。

螺旋运输机(screw conveyer) 用安装在管槽内的螺旋叶片连续推送散粒或粉状材料的机械。材料从一端装入,螺旋叶片转动时,材料沿管槽向前连续推进。构造简单,能使材料密封运输,但能量消耗大。适宜短距离运输。水利工程施工中常用于水泥等的运输。

千斤顶(jack) 亦称"举重器"。一种起重工具。起重量大而举升高度不大。有螺旋式、齿条式和液压式等几种。常用的液压式是用液压泵将油液压入活塞缸中,顶起活塞和置于其上之重物。多为人力驱动。广泛用于修理、安装等工作。

绞车(winch) 亦称"卷扬机"。转动卷筒缠绕钢索牵引或提升重物的机械。是起重机械的基本组成部分。按卷筒数量,分单卷筒、双卷筒和多卷筒三种。按动力,分手动和机动两种,前者牵引力小,速度慢,用于零星安装作业;后者用电动机或内燃机驱动。

起重桅杆(gin pole) 亦称"把杆"。一种简易的垂直起重机具。桅杆竖立在工作地点,用缆索固定。桅杆顶部装有手拉葫芦或滑轮组起吊重物。按桅杆的材料,有木制和金属制两种,后者起重量和起重高度均较大。结构简单,可就地拼装,多用于临时性安装或装卸作业。

井式升降机（shaft elevator）　沿井架垂直升降的起重机械设备。井架由型钢拼装而成,用牵缆固定。料斗或装料平台由绞车-滑轮组牵引,沿井架内侧的导轨上下运送物料。起重速度较快,效率较高,多用于建筑工地作砂石料、砖瓦、灰浆及混凝土等材料的垂直运输。

起重机（crane）　亦称"吊车"。提升并搬移重物的机械设备。由起重机构、回转机构和变幅机构组成。移动式起重机还有行驶机构,以扩大运动搬移范围,用电力或内燃机驱动。按结构,分有两类:一类是用臂架承重和变幅,如桅杆式起重机、塔式起重机、门式起重机、履带式和汽车式起重机等;另一类是以架空的轨道（索道或钢轨）承重和变幅,如缆式起重机、龙门式起重机和桥式起重机等。广泛用于水利工程的建筑和安装作业,如混凝土浇筑,模板和钢筋的吊运及构件和设备的吊装等。

桅杆式起重机（mast crane）　由桅杆、起重臂架和底座等组成的固定回转式起重机。按桅杆固定的方式,分牵缆式和斜撑式两种。前者桅杆较高,用4～6根牵缆固定;后者桅杆较低,由2根刚性斜撑支撑,用在四周不允许固定牵缆的场合,如河边、码头等。构造简单、起重量大,但控制范围不大。常安装在船舶、码头和建筑工地作装卸和安装工作。

自行式起重机（self-propelled crane）　具有自行式行走机构的动臂旋转起重机。按行走机构,分履带式、汽车式和铁路式。水利工程施工中常用前两种。履带式起重机由履带行走机构和回转机构、起重机构组成,适用于水工建筑物底层和辅助工程的混凝土浇筑,大型设备的拆装和建筑工程中各种构件和设备的安装;汽车式起重机由载重汽车底盘加装回转装置和起重装置而成,行驶速度快,转移方便,但需要有较好的道路,适用于分散的、临时性的起重装卸工作。选择和使用自行式起重机时要注意其稳定性。

塔式起重机（tower crane）　起重臂安装在竖直塔身上部的起重机。按行走机构,分轨道式、轮胎式、履带式和爬升式（不能行走的）、附着式等;按回转方式,分塔顶回转式和塔身回转式两种,前者塔身不转,起重臂和平衡锤随塔顶锥形架回转,后者的起重臂随塔身一起旋转;按变幅方法,分起重臂俯仰变幅和起重小车沿臂架下的轨道水平移动变幅

两种,前者适用于安装工作,后者适用于浇筑混凝土;按起重量大小,分轻型、中型和重型三种。具有较高的有效高度和较大的工作空间。水利工程中以轨道运行塔顶回转的中型、重型塔式起重机应用较广。适用于大坝混凝土浇筑和重型构件、机电设备的安装。

门座起重机（portal crane）　一种底座呈门框形,能沿地面轨道运行的起重机。门框净空较大,可让车辆通过。顶端装有象鼻架,通过连杆机构使臂架变幅时起吊的重物作水平移动,简化了操作,提高了吊运的安全性和效率。多用于造船厂和港口码头的装卸作业。在混凝土坝和水电站厂房施工中,广泛用于浇筑混凝土,吊运钢筋、模板及设备和构件的安装等。

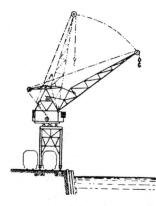

门座起重机

双悬臂起重机（hammer head crane）　上端对称装有两个起重臂架的大型移动式起重机。底部是可沿轨道移动的门座,两个起重臂架不能回转和俯仰,起重小车沿臂架下弦轨道行走,以改变起重幅度。结构笨重,安装、拆移困难,故应用不广。适用于直线式特大型混凝土重力坝施工。

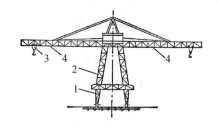

双悬臂起重机
1. 门座　2. 塔架　3. 起重小车　4. 起重臂架

缆索起重机（cable crane）　用缆索作承重轨道,用于使重物跨越河流、山谷或地面障碍物的起重机。承重索张拉于两塔架之间,起重小车由牵引索牵拉沿承重索运行。跨度可达1 000 m,起重量可达25～50 t。按塔架布置方式,分固定式、辐射式和平行移动式三种。固定式缆索起重机只能控制一狭长地带;辐射式缆索起重机一端塔架固定,一端塔架可沿

弧形轨道移动,控制面积为扇形;平行移动式缆索起重机两端塔架都可移动,控制范围大。工作不受施工地区地形、水文条件、基坑开挖和工程进展的影响,可减少施工现场的干扰和拥塞现象。常用于窄河谷、高水头水利枢纽的施工。

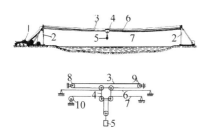

缆索起重机示意图
1. 传动机构　2. 塔架　3. 牵引绳
4. 载重小车　5. 重物　6. 承载绳
7. 起升绳　8. 运行驱动轮　9. 导向轮
10. 起升卷筒

龙门起重机(gantry crane)　桥架两端固定在有车轮的支腿上,沿地面轨道运行的起重机。起重小车在桥架上运行。多用于露天货场和混凝土预制厂装卸和搬移构件。如桥架一端的支架落地,另一端支持在高架轨道上,称"半龙门起重机"。

塔带机(tower-belt machine)　一种适用于浇筑大体积混凝土坝体的高强度混凝土浇筑机械。主要由塔式起重机、爬升套架、皮带运输机等组成。皮带机与爬升套架相连接,爬升套架则附着于塔式起重机的塔柱外围,爬升套架可沿塔柱上下移动,从而带动皮带机升高或降低。具有混凝土水平运输、垂直运输和仓面布料等功能,通过与混凝土供料线的配合使用,可实现混凝土从拌和楼到仓面施工的连续、均匀、高效作业。

胎带机(tyre-belt machine)　一种快速、高效的混凝土输送、浇筑设备。主体结构由底盘、伸缩皮带机、回转机构、变幅机构、活动配重等部分组成,其中伸缩皮带机是整机的核心工作部件。其输送距离借助伸缩机构可在一定范围内连续改变,具有安装方便、机动性强、浇筑强度大、布料均匀等特点。广泛用于水利、水电、码头等工程的高强度混凝土浇筑中。

索铲(funicular shovel; pull shovel)　用钢索牵引铲斗沿土面切土,并将土拖运至卸土地点的机械装置。分拖曳式和塔架式两种。拖曳式索铲的铲斗是一个无底的马蹄形钢斗。工作时,由牵引索拖动,沿土面切土并运到卸料台卸料。塔架式索铲的铲斗是有底的,悬挂在运行小车上,沿承重索运行。工作时,由牵引索拖动铲斗沿土面铲土,装满后,承重索提起铲斗,由牵引索拉向卸土地点卸土;与拖曳式相比,开挖深度大、钢索磨损小,但设备费较贵。索铲一般宜挖取较松软土壤和砂石料。常用于砂石料场。

采砂船(dredge)　利用安装在船体上的采选设备进行河道采砂的机械。工作机构由船体、抽砂输送系统、冲砂系统、排空系统、移动系统等组成。按移行方式,分钢绳式、桩柱式、混合式;按挖掘设备,分链式、单斗式、吸扬式;按挖掘深度,分浅挖(<6 m)、中挖(6～18 m)、深挖(18～50 m)、超深挖(>50 m)。采砂船的选型需考虑开采物料的粒径、结构紧密程度、航道水深、开采深度以及配套运输设备载重量等。

铲运机(scraper)　用装有刀片的铲斗挖土并完成运土和卸土工作的挖运机械。按牵挂方式,分拖式和自行式两类。前者用履带式拖拉机牵引,适宜运距为80～600 m 的土方工程,结构简单,国内广泛使用;后者自身备有动力装置,行驶速度快,灵活性高,一般为大型铲运机,适宜运距为800～3 500 m 的较大规模土方工程。当用于开挖硬土时,硬土要预先翻松,在砂砾石层、冻土和沼泽地带不宜使用。常用于渠道、大型基坑的开挖,堤坝、路基的填筑等土方工程。

铲运机

推土机(dozer)　拖拉机前部装有推土刀的挖运机械。使用时放下推土刀,向前铲掘并推送土壤至预定地点。推土刀的位置和角度可以调节,以适应铲土、填土和平土工作,亦可用以清除障碍物。合理的推土距离为80 m 以内。推土刀的操纵有钢索操纵和液压操纵两类。液压操纵可强制切土,质量轻、操作灵活轻便,采用较多。行走机构有履带式和轮胎式两种,前者有良好的越野性能和较大的顶推力,应用较广;后者由于结构简单、运行灵活,适用于分散的土方作业。

装载机（loader）　用铲斗装载物料的机械。铲斗装在机械前部,机械向前运行并铲装物料后,油缸将铲斗顶起,行驶到卸料地点卸料。按行走装置,分履带式和轮胎式两种。前者接地压力小、重心低、行走平稳,适宜在崎岖不平或较松软的场地工作;后者制造成本较低,运行灵活,应用较广。按工作性能,分装载型和挖掘型两种。前者一般

装载机

为单轴驱动,功率较小,用于装载散状材料;后者为双轴驱动,功率较大,有一定挖掘能力,可进行土方开挖和装载工作。它们都可兼作短距离的运输工具。

土石方压实机械（compaction equipment）　对土石填料施以压实力以增大其密实度的施工机械。按施加于土壤的压实力的方式,分碾压机械、夯实机械和振动机械三种。碾压机械靠沿着表面滚动的碾碌重,在短时间内对土石填料产生静压力作用,使填料颗粒互相移动而密实,常用的有平碾、肋形碾、羊足碾和气胎碾等。夯实机械靠夯体下落时的冲击力使填料颗粒得以重新排列而密实,常用的有人工夯、电夯、汽夯和蛙式打夯机等。振动机械是借机械的振动和自重使填料颗粒产生自振、位移而密实,有板式振动器和振动碾两种类型。

平碾（smooth wheel roller）　亦称"静压碾"。碾筒表面平整的碾压机械。工作部分由碾筒、导架和刮土刀组成。由拖拉机拖带工作或自行式。碾筒可用石材、混凝土或钢铁铸成,中空可加填料以调节碾重。常用于压实黏土和壤土,适宜于广场路面的压实,但压实后的土层层

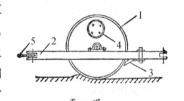

平　碾
1. 碾筒　2. 导架　3. 刮土刀
4. 装料孔　5. 挂钩

面结合不好、压实厚度不大,碾压时碾筒前有拥土现象。水利工程中很少用作主要压实机械。

羊足碾（padfoot roller）　碾筒表面上装在许多羊足形突起物的碾压机械。工作部分由碾筒、导架、刮土刀组成。由拖拉机拖带工作。碾筒中空,可加填料以调节碾重。由于羊足插入土中接触面积小而压

力大,可以提高土壤的密实度和改善层面结合质量。适用于黏性土壤的压实。在压实易碎的含碎石、砾石、风化石的土壤时,能起到捣碎石料的作用,得到较高的密实度。水利工程中使用广泛。

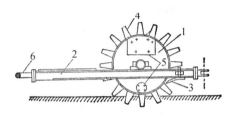

羊足碾
1. 碾筒　2. 导架　3. 刮土刀　4. 羊足
5. 装料孔　6. 挂钩

气胎碾（pneumatic tyred roller）　碾筒由汽车轮胎并联而成的碾压机械。工作部分由碾碌、导架、压重箱组成。由拖拉机拖带工作或制成自行式。压重箱内可添加铁块或混凝土块调节碾重。柔性碾碌可适应土壤的变形,接触面积大而接触压力分布均匀,作用时间长。接触压力大小取决于轮胎气压。工作时可根据土壤性质、碾压要求调节碾重和轮胎气压,以改变其接触面积和接触压力,以免破坏土壤结构。与羊足碾相比,适应性强,压实土层厚,碾压遍数少,效率高,成本低。水利工程中使用广泛。

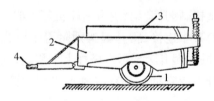

气胎碾
1. 碾筒　2. 导架　3. 压重箱　4. 挂钩

振动碾（vibrating roller）　碾筒上装置高频激振器的碾压机械。工作部分与普通碾压机械相比,增加了激振器、动力、传动和减震装置。有振动平碾、振动羊足碾、振动气胎碾等多种。主要靠振动力与静压力的共同作用,引起填料自振,造成颗粒之间位移而使填料密实。振动碾的效率取决于振动力、静压力、频率和振幅。由于振动力影响深度大、面积广,压实填料厚度可高达 0.8~2.0 m,而且压实遍数少,效果比一般碾压机械高得多。适用于各种土石料的压实。对于松散颗粒料,包括石块的压实,特别有效。水利工程中土石坝的压实多采用拖带式振动碾。

夯土机（tamper）　由起重机（或挖土机改装）和夯

板组成的夯土机械。夯板用铸铁制成,多为圆形或方形,直径或边长为 0.8~1.5 m(应大于铺土厚度),重为 1~4 t。为提高夯实效果,夯板底面可做成弧面或附以羊足。夯板落距(夯板起落高度)为 1~3 m,能夯实 1 m 厚的土层,可在工作面狭小处使用。生产效率较高,对黏性土、无黏性土,甚至块石填料的压实都适用。由于起重机(或挖土机)的机械使用费比碾压机械的费用高得多,限制其普遍使用。

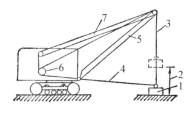

夯土机

1. 夯板 2. 落距 3. 升降索 4. 导向索
5. 支杆 6. 绞车 7. 支杆索

蛙式打夯机(frog rammer) 利用夯锤上部偏心块转动时的离心力作用,使夯锤上下运动夯实土壤的机械。构造简单、使用方便、尺寸小。适用于工作面狭小或与坝头基岩、混凝土建筑物邻接处的土方压实工作。

边墙挤压机(sidewall extruder) 一种用于混凝土挤压边墙施工的机械设备。主要由后轮、成型仓、搅笼仓、动力仓、液压系统和前轮转向机构 6 大部分组成。通过运用连续式压移原理,可在施工中连续形成梯形断面形状的混凝土边墙。在混凝土面板堆石坝挤压边墙施工法中被广泛使用,也可用于需要修建混凝土边墙的各种场合。

土石方开挖工程(earth rock excavation) 土木、水利等工程中以土石开挖为主的施工作业。包括松动、破碎、挖装、运输出渣等工序,是最常见的量大而繁重的施工工作。包括渠道、隧洞、溢洪道、地下厂房、水工建筑物基础开挖和边坡开挖,航道疏浚及筑坝土石料和混凝土骨料的开挖。可采用人工或机械施工。在开挖坚硬土质或岩质地层时,常采用爆破法松动,以便于开挖。在特定条件下,也可采用水力机械或定向爆破法完成开挖工作。

土石方调配(earth-rock allocation) 根据规划论和最优化原理,对土石方工程进行挖、填方量的综合平衡,合理调配施工组织设计的工作。挖、填方量很大的工程,设计时应尽量考虑利用有效挖方。例如,

土石坝工程应考虑河岸式泄水建筑物(溢洪道、水工隧洞)的土石挖方与坝体填方之间的土石方调配。对挖方出土和填方进土的时间、数量、运输方向和线路以及多余或不足土石方的安排进行统筹规划,以选择经济合理的调配方案。土石方调配方法有多种,如累积曲线法、土石方计算表调配法等,生产上多采用土石方计算表调配法,其优点是直接在土石方表上进行调配,方法简捷,调配清晰,精度符合要求。

掌子布置(working face planning) 开挖工作面的布置设计工作。在开挖工程的平面图和断面图上,对挖土机的工作面(掌子)进行分析,合理安排挖土机的工作位置、开行路线和运输线路。掌子的形状和尺寸取决于挖土机的类型和开挖方式。合理的掌子布置可提高挖土机的工作效率,减少欠挖、超挖和人工修建进出车道和修坡整平等附加工程量。

切土理论(earth cutting theory) 研究挖土机械挖土过程中,切土刀受力情况的理论。主要研究切土刀所受的挖掘阻力,包括切削过程中土壤作用在切土刀上的切削阻力、土壤切离后装入铲斗过程中的摩擦阻力和对铲斗后壁推力的装土阻力。对沿地面拖拉的铲斗,还应计入铲斗自重的摩擦阻力。影响切削阻力的因素主要有土壤的性质(土壤结构、黏度、密实度、含水量等)、切土刀的几何形状、切削角度、切削轨迹和切削速度等。掌握切土理论,可以正确确定挖土机械的工作参数,提高生产效率。

难方开挖(formidable earth excavation) 土方开挖工程中非正常土质的特殊施工作业。例如,遇到砂礓土或流砂,会阻碍开挖工作的正常进行。砂礓土质地坚硬,不易挖除;若遇流砂会出现流砂涌进基坑,造成淤填回升、边坡倒塌的现象。需采取特殊措施如用爆破开挖砂礓土、用井点排水降低地下水位控制流砂等方法才能顺利进行开挖作业。

土石方填筑工程(earth rock fill work) 用土石材料填筑各种土木、水利建筑物和构筑物的施工作业。包括土石坝、河堤、海堤、围堰和各种土石回填工程等。常采用机械力、水力或爆炸产生的挤压和振动力来促使其密实。根据填筑标准和施工条件,合理选择填筑方法、压实机械和压实参数等,并经过严格的施工控制和质量检查,以满足水工建筑物的密实度、强度、抗渗和沉降等设计要求。

土方压实（earthwork compaction） 用人力或机械力迫使土颗粒互相压密挤紧,增大土体密实度的施工作业。压实工作可将部分空气从土体中排出,增大土体的密实度、抗剪强度,减少土体的压缩性,提高其抗渗性并增加土工建筑物的均匀性。压实方法一般有碾压法、夯实法和振动压实法以及利用运土工具压实,对于淤泥质土方,有堆载预压法、真空预压法等。土体的压实程度取决于土体的含水量和它的物理、力学特性（颗粒级配、黏性、压缩性等）以及压实机械形式和施加压实力的大小。

土石方压实标准（compaction criterion） 土石方填筑作业的压实质量控制标准。黏性土的压实标准常以压实度和最优含水率作为设计控制指标,设计干密度以击实试验的最大干密度乘以压实度求得;砂砾石和砂的压实标准则以相对密度作为设计控制指标,对砂砾石料还应将按相对密度要求得到的不同含砾量的压实干密度作为填筑碾压控制标准;堆石的压实标准常以孔隙率作为设计控制指标,堆石的碾压质量可用施工参数和干密度同时控制。在施工初期应通过碾压试验验证设计压实标准的合理性和所应采取的措施;再结合工程设计和施工条件综合分析,选定合理的土石方填筑压实标准。土石方压实标准直接关系到工程的施工难易程度、质量、工期和工程造价。

压实参数（compaction parameter） 某种压实机械对一定的土石料进行压实时的施工控制数据。包括机械参数和施工参数两类。机械参数包括碾压设备的型号,振动碾的频率、振幅和质量,气胎碾的轮胎内压力,夯板质量和落距等。施工参数包括铺土厚度、压实遍数、土体含水量、加水量、压实机械的工作速度和压实生产率等。这些参数关系到压实工作的效果和工程的质量。应参考类似工程的经验,通过现场压实试验来选定。

压实试验（compaction test） 为土石方填筑工程的设计和施工提供数据和控制标准所进行的试验。包括室内击实试验和现场压实试验。室内击实试验是在实验室内研究黏性土的压实性质的基本方法。振动台法是在实验室内研究粗粒土和堆石的压实性质的常用方法。现场压实试验结合设计压实标准、工程可能采用的压实机械和选定的土石料,通过试验最后确定压实标准、压实机械和现场施工控制的压实参数等。土石坝的设计填筑碾压标准应在施工初期通过压实试验验证;当采用砾石土、风化岩石、软岩、膨胀土、湿陷性黄土等性质特殊的土石料时,对1级、2级坝和高坝,宜进行专门的碾压试验和相应的实验室试验,论证其填筑标准。

堆石薄层碾压法（rock-fill dam by rolling） 薄层铺料经逐层碾压修建堆石坝的施工方法。常采用重型振动平碾（加载后质量10~15 t）作为堆石体的压实机械,在面板堆石坝堆石体施工中还用到特重型振动平碾（加载后质量15~20 t）。采用振动碾进行堆石薄层碾压,使堆石体密实而变形较小,为建造150 m以上的高土石坝提供了技术保证。此外,对石料要求较低,各种石料包括各种有效挖方的石碴甚至风化岩石都可作为堆石坝的填筑材料。是水利工程中修建堆石坝常用的施工方法。

水枪（monitor） 将高压水流转变为高速水射流的机械。由上下弯头、导管和喷嘴等组成。导管和喷嘴均可作俯仰和旋转运动,以改变射流方向。射出的高速水流具有很大的冲击力,可以冲切土壤并拌成泥浆。在亚砂土、页岩地区使用最有效。适用于基坑开挖、平整场地、开挖土料等工程。

泥浆泵（mud pump） 输送泥浆或含有小粒径杂质液体的特种泵。有活塞式和离心式两种。前者的阀门结构能适应泥浆流动的要求;后者与离心式水泵相似,但叶轮直径较大,叶片数目较少（2~4片）而厚度较大,为防止泥沙磨损,泵壳侧面备有可换或可调整的抗磨圆盘。

水力冲填（hydraulic fill） 用水力将含填料泥浆输送到冲填地点进行水工建筑物填筑的作业。泥浆在冲填面上的漫流过程中,水流扩散,流速减小,粗粒土先沉淀,细粒土后沉淀,微细粒土到沉淀池缓慢沉淀,形成按土粒粗细分布的冲填面。选择级配良好的土料,控制冲填面上的泥浆流速和沉淀池的尺寸,可控制冲填面上的土粒分布,满足各种冲填建筑物的设计要求。典型的水力冲填坝是用高压水枪在料场冲击土料使之成为泥浆,然后用泥浆泵将泥浆经输泥管输送上坝,分层淤填,经排水固结成为密实的坝体。根据土坝的构造要求和特点,可用两面冲填法冲填心墙土坝,一面冲填法冲填斜墙土坝,端进冲填或嵌填法冲填均质土坝等。在河口或海岸,通常以含黏量小于10%的砂质土浆充入织物管袋,形成棱体或围堰,其内侧冲填泥浆形成堤坝主体,表面设置防护设施。

进占法（bank-off advancing method） 卸料铺料的一种方法。汽车在已平好的松土层上行驶,卸料,用推土机向前进占平料。进占法卸料,虽料物稍有分离,但对坝料质量无明显影响,不会影响洒水、刨毛作业。进占法铺料层厚易控制,表面容易平整,压实设备工作条件好,但石料易分离,表层细粒多,下部大块石多。

后退法（regressive method） 卸料铺料的一种方法。汽车在已压实合格的坝面上行驶并卸料。此法卸料方便,但对已压实土料容易产生过压,对砾质土、掺合土、风化料可以选用。应采用轻型汽车(20 t以下),在填土坝面重车行驶路线要尽量短,且不走一辙,控制土料含水率略低于最优值。后退法中汽车可在压平的坝面上行驶,减轻轮胎磨损,可改善石料分离,但推土机控制不便。

土砂松坡接触平起法（sand soil contacted placing and spreading） 反滤层填筑方法的一种。能适应机械化施工,填筑强度高,可以做到防渗体、反滤层、与坝壳料平起填筑,均衡施工,是被广泛应用的土石坝坝体填筑施工方法。根据防渗体土料和反滤层填筑的次序、搭接形式的不同,分先砂后土法、先土后砂法、土砂交替法几种。先砂后土法先铺反滤料后铺土料,该法由于土料填筑有侧限,施工方便,工程应用较多;先土后砂法先铺土料后铺反滤料,齐平碾压。

留台法（leaving method） 土石坝坝体分块填筑时坝壳料接缝处理的一种常用方法。在先期铺料时,每层预留1~1.5 m的平台,后期新填料松坡接触,先期和后期填料的接缝处应进行骑缝碾压。适用于填筑面大的情况,坝壳不需削坡处理时应优先选用。

削坡法（slop cutting method） 土石坝坝体分块填筑时坝壳料接缝处理的一种方法。坝体接坡面可用推土机自上而下削坡,适当留有保护层,配合填筑上升。削坡可减缓坡度,减小滑坡体体积,减少下滑力,可有效提高衔接处的密实度。推土机逐层削坡,其工作面比新铺料层抬高一层,削坡松料水平宽度为1.5~2.0 m,新填料与削坡松料相接,共同碾压。削坡工序可在铺料以前平行作业,施工机动灵活,能适应不同的施工条件。

斜坡碾压（slope rolling） 面板堆石坝坡面的碾压工序。由于面板堆石坝已压实合格的垫层,其上游临坡边缘带无法进行平面碾压,为使混凝土面板有一个坚实的支撑面,而在垫层上游斜坡面上进行专门碾压。是垫层斜坡护面前必须进行的一道工序,同时为了避免填筑期间被雨水冲蚀,规范规定坝体每升高10~20 m左右进行一次斜坡面修整、碾压及防护。国内大多数工程采用10 t斜、平两用振动碾进行斜坡碾压施工。

挤压式边墙施工法（extrusion sidewall construction） 面板堆石坝垫层区上游坡面防护施工的一种方法。在每填筑一层垫层料之前,用挤压式边墙机制做出一个半透水混凝土边墙,边墙施工之后1~2 h,铺设碾压垫层料,垫层料和边墙基本同步上升;浇筑面板前,按要求喷涂乳化沥青。垫层区用水平碾压取代传统工艺中的斜坡面碾压,此法可以提高压实质量,保证密实度;边墙对坡缘的限制作用,使得垫层不需要超填,施工安全性提高;边墙坡面整洁美观,施工设备简化;施工进度加快,为坝体度汛提供了一定的有利条件。

爆破（blasting） 利用炸药爆炸时产生的破坏力破坏周围介质的一种方法。分陆地爆破和水下爆破两种。陆地爆破按装药位置,分内部爆破和外部爆破。内部爆破又分炮孔爆破和药室爆破,用于采矿、筑路、水利等工程的土石方施工;外部爆破是将炸药包置于被爆物体的表面进行爆破,常用于破碎大孤石和大块岩石的二次爆破。水下爆破要求炸药有良好的抗水性,分钻孔爆破和裸露爆破。常用于爆破礁石、岩塞和水下建筑物,如清理航道、爆除输水隧洞预留岩塞等。

爆破机理（blast mechanism） 爆破过程中周围介质破坏原因的理论。爆破是炸药爆轰产生的冲击波的动态作用和爆轰气体准静态作用的结果,其机理可归纳为:(1)冲击波反射拉应力破坏理论,炸药爆炸时,冲击波的强度超过岩石的极限抗压强度,使周围岩石破碎,而冲击波遇到自由面时形成反射拉力波,使岩石从自由面起向药包中心层层破坏;(2)流体动力学理论,在介质中产生爆炸的各种过程,可运用流体动力学的原理,借助于质量守恒、动量守恒和能量守恒3个定律,推导出爆破理论上的一些主要关系式;(3)功能平衡理论,爆破时,介质破坏所需能量来源于炸药爆炸所产生的有效能量。由于爆破作用过程极为复杂,影响因素很多,现有的各种理论都不够完善,故通常在实际爆破工程中,仍广泛采用经验公式和经验数据。

爆破作用圈(acting ring of burst) 具有一定药量的炸药包在无限介质中爆炸时,受到爆炸作用力影响的范围。随着离爆源距离的增大,介质依其破坏特征,大致可分三个圈(区域):(1)压缩圈(亦称"粉碎圈"),压应力大于介质抗压强度,岩石多被压成粉末;(2)破坏圈,介质产生不同程度的破坏;(3)振动圈,介质不破坏,只发生质点弹性振动现象。振动圈以外,爆破能量完全消失。

爆破漏斗(blasting crater) 药包在介质中爆破后,在自由面附近形成的一个倒立圆锥体形的爆破坑。形似漏斗,故名。实际形状多种多样,随土石性质、炸药性能、药包大小和药包埋置深度等而异。按爆破作用指数(n),分标准抛掷爆破漏斗(n=1)、加强抛掷爆破漏斗(n>1)、减弱抛掷爆破漏斗(0.75<n<1)和松动爆破漏斗(0<n<0.75)等。

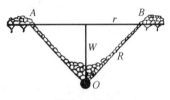

爆破漏斗图
AB. 自由面　O. 药包
W. 最小抵抗线　r. 漏斗半径
R. 漏斗作用半径

最小抵抗线(minimum burden) 药包中心到自由面的最短距离。是一个重要的爆破参数。对炸药量多少、爆破效果优劣影响很大。被爆破体沿最小抵抗线方向抵抗爆破作用的能力最弱,是破碎和抛掷的主导方向。当与炮眼轴线正交时爆破效果最为理想,其夹角愈小,效果愈差。

自由面(free face) 被爆破的介质与空气接触的表面。爆破时,介质的破坏主要是因自由面上应力波反射转变成为拉伸波造成的,自由面越多,爆破效果越好。工程中,常利用有利的地形、地质构造(如裂隙、断层等)或者人为地制造多个自由面,以节省炸药量,提高爆破效果。

爆破作用指数(blasting action index) 爆破漏斗半径(r)与最小抵抗线(W)的比值。常用n表示,n=r/W。是爆破中的主要参数之一,关系到爆破范围的大小、抛掷量的多少、抛掷距离的远近和爆破漏斗的可见深度等。在选用n值时,应根据地形情况和不同的爆破目的,选取适宜的数值。如定向爆破,辅助药包的n值常选用1.00~1.25,主药包的n值常选用1.25~1.75。

松动爆破(loose blasting) 受爆介质没有移动位置,但已被松动的爆破。埋置在介质中的炸药包爆破后,破碎的介质并不从爆破漏斗中抛出,只是堆积在爆破漏斗内。松动爆破的装药量计算,通常用经验公式 $Q_松 = 0.33KW^3$。式中:$Q_松$为药包量或装药量(kg);K为单位耗药量(kg/m^3);W为最小抵抗线(m)。常用于石料开采、基坑开挖、隧洞开挖等工程。

抛掷爆破(throw blasting) 药包爆破后破碎介质沿最小抵抗线方向向外抛出一定距离的爆破。按爆破作用指数(n)的不同,有加强抛掷爆破(n>1)、标准抛掷爆破(n=1)、减弱抛掷爆破(0.75<n<1)三种类型。如按指定方向抛掷,即为定向爆破,属于加强抛掷爆破的一种。水利工程中,常利用定向爆破筑坝、开挖渠道等。

炸药(explosive) 在外界能量作用下,由其本身的能量发生爆炸的物质。主要特性有:(1)化学反应快;(2)产生大量的热;(3)生成大量高压气体。按炸药的作用,分主爆炸药(即工程炸药)和起爆炸药两类。常用的主爆炸药有:硝铵炸药、胶质炸药、梯恩梯炸药、铵油炸药和黑火药等;常用的起爆炸药有:雷汞、叠氮化铅、特屈儿、黑索今等。在水利、建筑、采矿、冶金等生产建设或国防建设上都有广泛的应用。

单位耗药量(powder factor) 爆破单位体积岩石所消耗的炸药量。常用单位:kg/m^3。大小主要随岩石坚固性而定,最好通过爆破试验取得。其值越大,炸药用量越大,岩石破碎程度越甚。当爆破作用指数 n<1.5 时,其值变化不大,但当 n>1.5 时,由于炸药爆轰气体能量损失增大,其值随之急剧增大。

炸药威力(power of explosive) 炸药爆炸时的做功能力。以爆力和猛度表示。前者又称"静力威力",用定量炸药炸开规定尺寸铅柱体内空腔的容积来衡量,表征炸药炸胀介质的能力;后者又称"动力威力",用定量炸药炸塌规定尺寸铅柱体的高度来表示,表征炸药粉碎介质的能力。在水利水电工程中,对特定类型的岩石评估炸药威力的主要参数有:(1)爆容,爆轰产生的气体从爆轰开始至气体膨胀到一定程度停止,气体的膨胀倍数;(2)爆热,表征爆轰中的能量,能量越大、作功能力越强;(3)爆速,在爆轰中爆速越快,单位时间反应的炸药越多,对岩壁的瞬间压力越大,对"粉碎区"影响效果越明显;(4)炸药密度,在一定范围内炸药密度越大,威力越大,低于某值无法产生爆轰,高于某值会造成"压死"现象;(5)岩石密度,密度过大,需要的炸药能量越多,密度过小,裂隙发育,爆轰气体做功能力下降,不利于台阶爆破;(6)岩石中纵波的波速和岩体变形模量等。

炸药敏感度(bursting susceptibility) 炸药在外能作用下发生爆炸反应的难易程度。主要包括:(1)爆燃点,炸药对热能的敏感度,在5 min 规定时间内,使0.05 g 炸药爆炸的最低温度;(2)发火性,炸药对火焰的敏感度;(3)撞击敏感度,炸药对机械作用的敏感度;(4)摩擦敏感度;(5)引起爆敏感度,引起爆炸的极限起爆炸药量。炸药起爆所需的外能少,表示该炸药敏感度高。其高低对于安全使用、加工制造和运输储存十分重要,是决定炸药是否适合于爆破工程大量使用的重要因素之一。

炸药氧平衡(oxygen balance of powder) 炸药实际含氧量与炸药爆炸分解时,使炸药本身含碳、氮、氢完全氧化的需氧量之间的相差程度。在数值上用1 g 炸药内的物质所含不足或多余的氧气质量表示。有零氧平衡、正氧平衡和负氧平衡。炸药中的含氧量恰好使可燃元素完全氧化,称"零氧平衡";如果有多余的氧,称"正氧平衡";如果含氧不足,称"负氧平衡"。在爆破工程中应力求使炸药为零氧平衡或微量正氧平衡,方法是调整炸药成分或调整各成分的配合比例。

炸药殉爆距离(inductive blasting distance) 亦称"诱爆度"。一个药包爆炸后能引起邻近另一个药包爆炸的最大距离。单位为cm。是衡量炸药爆炸敏感度的一个指标。殉爆距离大,说明该炸药的爆炸敏感度高。

炸药安定性(soundness of powder) 炸药在储存、运输过程中保持其原有的物理、化学性能的能力。分化学安定性和物理安定性。对安定性差、易变质的炸药,在储存、运输过程中要根据该类炸药的性能,采取必要的防范措施。

装药最佳密度(optimum charge density) 炸药能够获得最好爆破效果时的密度。高于或低于这个密度,爆破效果均会降低。

不耦合装药(decouple charge) 药卷表面与炮眼孔壁之间保留一定间隙的装药方式。间隙中一般为空气,也可填入矿粉、石粉等介质。通常用不耦合系数(炮孔半径与药卷半径的比值)表示不耦合程度,

为防止孔壁破坏,该值一般取2~5。爆轰波通过空气介质传播到孔壁岩石中,炮孔与药卷间的空气形成气垫,可将爆轰初始阶段的气体能量(部分)储存起来,削弱了作用于炮孔的初始压力峰值,而后受压气垫又将大量储存的能量释放做功,延长爆轰气体的作用时间,改善爆破效果。广泛应用于预裂爆破和光面爆破。

导火索(safety fuse;blasting fuse) 亦称"引火线"、"导火线"。引爆火雷管和黑火药的一种爆破材料。药芯由轻微压缩的黑火药制成,加上三根(有的为一根)人造纤维或棉线以增加其强度。芯线外,包缠数层纱麻线,并涂有沥青等防潮剂。外径为5~6 mm,长度按使用时的燃烧时间确定。按燃速不同,分正常燃烧导火索(燃速一般为100~115 s/m)和缓燃烧导火索(燃速一般为180~210 s/m)。要求燃速准确、误差不超过10 s,耐水时间不低于2 h,使用时无折断、破裂、缺药、受潮、发霉等缺陷。

导爆索(primacord) 亦称"传爆线"、"导爆线"。一种起爆材料。其一端用雷管起爆后,能迅速传递起爆能,使药包爆炸。构造与导火索类似,但内芯是高级烈性炸药(如黑索金、泰安等),外面涂以红色或红黄相间色,以与导火索区别。有普通导爆索和安全导爆索。外径为5.7~6.2 mm。通常要用雷管引燃,爆速快(6 000~7 000 m/s),抗水性好,可在水中使用。适用于深孔和硐室爆破。

导爆管(nonel) 非电能起爆系统的一种点火装置。以塑料软管为主体,外径为3 mm,内壁涂有均匀薄层高能混合炸药。可直接用枪弹击发或雷管引爆,末端可引爆延发或瞬发雷管,但不能直接引爆炸药和导爆索。爆速低、有一定的延发时间,使用时不受距离限制,传爆性能可靠,防水性好,使用方便而安全,不怕杂散电流和静电,消耗有色金属材料很少,是一种很有发展前途的起爆器材。水利工程中已广泛应用。

雷管(detonator;blasting cap) 一种起爆器材。是容易爆炸的危险品。由金属、纸质或塑料管内装填烈性炸药而成。最初只装雷汞,故名。按起爆方式,分火雷管和电雷管。电雷管按爆发时间的不同,又可分瞬发电雷管和延发电雷管。对雷管的基本要求是:在规定的时间和起爆能作用下,能准确爆炸,当温度、湿度变化时,能保持安定,运输、保管和使用要安全。

火花起爆（detonation initiation of spark ignition）利用导火索燃烧时喷射出的火焰使火雷管起爆，由此引起炸药包爆炸的方法。导火索长度根据起爆次序与安全操作要求计算决定。优点是操作容易、设备简单；缺点是一次点燃的药包数受到限制、不易检查、不够安全。常应用于小型水利工程和某些缺乏电源的小规模爆破工程。

电力起爆（detonation initiation of electric ignition）利用电能首先使电雷管爆炸，由此引起炸药包爆炸的方法。起爆电源有普通照明电源、动力电源、蓄电池、干电池等，也可用发爆器（放炮器）起爆。可用仪表检查雷管和线路质量，同时起爆若干个炸药包，对起爆次序容易控制；但设备、操作较复杂。适用于各种爆破，特别是大规模爆破和水下爆破。

导爆管起爆（detonation initiation of nonel tube）新型非电起爆方法。通过冲击激发源（雷管）轴向激发导爆管，在管内形成稳定传播的爆轰波，导致末端的导爆雷管起爆进而引起炸药的起爆。

导爆索起爆（detonation initiation of detonation cord）一种少雷管起爆方法。在爆破作业中，从装药、堵塞、连线等施工程序上，都没有雷管，当一切准备就绪，实施爆破之前接上起爆雷管，利用雷管引爆导爆索，再由导爆索起爆炸药。

起爆网络（detonating network）由导爆管、导爆索或起爆电路形成的一次爆破网络。可达到准爆、齐爆或微差起爆的目的。按起爆方法，分电力起爆网络、导爆管起爆网络、导爆索起爆网络和混合起爆网络。电力起爆网络的准爆性可检查，但需防外电场干扰；导爆管起爆网络的准爆性无法检查，安全性相对较好；导爆索起爆网络齐爆性好、安全性最高，缺点是成本高，准爆性无法检查。

浅孔爆破法（chip blasting method）亦称"炮孔法"、"炮眼法"。一种爆破方法。在被爆破体内钻成深度为 0.5～5.0 m、孔径为 35～75 mm 的圆筒形炮孔，然后装药、堵塞、爆破。用于松动爆破。优点是操作简便，适应各种地形，破碎岩石较均匀，对开挖面的形状、规格容易控制，但生产效率低，钻孔工作量大。广泛用于基坑、隧洞和地下厂房的开挖等。

深孔爆破法（long hole method）一种爆破方法。在被爆破体内钻成深度大于 5 m、孔径大于 75 mm 的炮孔，然后装药、堵塞、爆破。在梯段爆破中，有垂直深孔、倾斜深孔、水平深孔三种方式。优点是单位耗药量小，劳动生产率高，一次爆破岩石方量大，施工速度快；但钻孔设备复杂，爆后的岩石块体大而不均匀，常需增加二次爆破。多用于料场开挖、深基坑开挖等。

硐室爆破法（chamber blasting method）亦称"药室爆破法"、"大爆破"。一种爆破方法。把大量炸药集中装在专门挖掘的药室内进行爆破。炸药包通过导硐（包括竖井、平硐、斜井）放入药室。优点是一次爆破方量大，便于大型机械挖掘和运输，但块体常不均匀，需要二次爆破，耗药量大，震动力和破坏作用较大。常用于土石方开挖量大而集中的工程，如定向爆破筑坝，或由于岩石坚硬，用其他方法施工效果差，或工期紧迫的场合。

裸露爆破法（bare blasting method）亦称"表面爆破法"、"外部爆破法"。一种爆破方法。将药包直接放置于被爆破体的表面，然后进行爆破。为了提高爆破效果，常将药包置于岩石凹槽内或裂缝处，药包上用皮革、湿土等物覆盖。主要用于大岩块的二次爆破、炸除孤石和水下暗礁等。

控制爆破（controlled blasting）一种爆破方法。在爆破作业中，为了达到某一特定目的而采用的控制性爆破。常用的有光面爆破、微差爆破、挤压爆破、定向爆破和预裂爆破等。

定向爆破（directional blasting）一种控制爆破方法。使被爆破的岩石朝着预定方向集中抛掷。应用定向爆破时，爆破作用指数 n 的选择很重要，它与地形坡度有关。根据中国的经验，当抛掷率约为 60% 时，n 值可参考下表：

地形坡度（°）	15～30	30～45
n	2～1.75	1.75～1.5
地形坡度（°）	45～60	60～70
n	1.5～1.25	1.25～1.0

水利工程中常用来进行堆石坝的堆筑和开挖渠道等。

光面爆破（smooth blasting）一种控制爆破方法。保护遗留岩体和围岩表面平整的爆破。紧接在主体爆破之后，利用布设在设计轮廓线上的炮孔准确地将预留的光爆层（主体爆破范围与轮廓线之间的岩体）炸除，形成光面。在进行光面爆破的岩石区段，为控制裂缝的形成，光爆层厚度一般为炮孔直径的

10~20倍,炮孔间距一般为光爆层厚度0.75~0.90倍。宜采用小直径炮眼和不耦合装药。常用于隧道、建筑物基础和地下硐室的开挖,露天爆破等作业。

预裂爆破(presplit blasting) 一种控制爆破方法。预先在爆破区周围钻孔爆破,形成一条沿设计轮廓线贯穿的裂缝,以防止冲击波破坏爆破区外岩体的爆破。在主装药爆破孔起爆前先起爆预裂孔,使主爆体与围岩间形成一定宽度的预裂缝,以反射主爆体爆破时产生的应力波,防止对围岩的破坏。预裂孔孔径明挖时一般为70~165 mm、隧洞开挖时一般为40~90 mm、大型地下硐室一般为50~110 mm,孔间距为孔径的7~12倍,不耦合装药系数通常为2~5。常用于道路路堑、建筑物基础、隧道掘进、地下硐室及基坑等的开挖工程。

缓冲孔爆破(cushion blasting) 一种控制爆破方法。在崩落孔和预裂(周边)孔之间,平行于开挖边界设置一排缓冲孔。装药与预裂爆破相似,不耦合装药和间隔装药,且在药包与孔壁间充填惰性物的爆破方法。可降低应力波传播的作用,用于少数需保护的要害部位爆破。缓冲孔的特点是孔间距与排间距略小于崩落孔,且孔底不设置超钻或减少超钻量,同时控制缓冲炮孔中的装药量使其低于崩落孔。缓冲孔与预裂孔同时起爆,或略迟于预裂孔起爆。

微差爆破(millisecond blasting) 亦称"毫秒爆破"。一种控制爆破方法。将炮眼分组,用毫秒电雷管进行顺序起爆。一般时间间隔为15~75 ms,常用的为15~30 ms。能明显降低有害的地震作用和爆破产生的空气冲击波强度。若参数选取得当,还可大大改善爆破效果。爆后岩块较均匀,大块率低,爆堆较集中,炸药消耗量小。

岩塞爆破(rock-plug blasting) 一种爆破方法。水库蓄水后,开挖从水库引水的隧洞时,在隧洞进口处预留一个岩塞,待隧洞和进水建筑物全部建成后,再将岩塞爆除,让水进入隧洞。在岩塞附近设一聚碴坑,当爆破岩塞时,石碴可随水流冲进坑内堆积。

水下爆破(underwater blasting) 一种爆破方法。炸药包置于水下进行爆破。水下爆破的钻眼工作可在水面上进行(作业船、水上作业平台),也可在水下进行。炸药要求有良好的抗水性能,在水压作用下仍具有一定的爆炸威力和敏感度。清碴工作是由水流带走(粉碴)和挖泥船挖除(较大块石)。常用于河道整治、浚深和清除水下各种障碍物(如废旧建筑物、沉船、孤石、暗礁等)。

静态爆破(static blasting) 一种爆破方法。在静态条件下破碎岩石、混凝土等物质。先在被破碎体内钻孔,将用水搅拌后的膨胀性破碎剂填入孔内,利用其水化反应产生的膨胀压力,使被破碎体发生龟裂破坏。无噪声、震动、飞石和炮烟等现象,安全可靠,但破坏威力不大。适用在邻近建筑物无法采用炸药爆破或大型机械施工的条件下,破碎岩石和拆除混凝土建筑物等。

瞎炮(misfire) 亦称"哑炮"。在爆破中,炸药包拒爆的现象。产生瞎炮的原因有:爆破材料不合要求;炸药、雷管等储存过久或受潮失效;操作技术错误,如起爆线路接错或折断、损坏、漏电;起爆电流不足、电压不够等。爆破作业中应尽量避免瞎炮,一旦出现,必须立即处理。处理的方法常用:表面爆破法炸毁瞎炮;灌水使药包受潮失效;另设钻孔装药爆炸引起瞎炮殉爆等。

爆破安全距离(safety distance of blasting) 爆破过程中,免遭碎石飞散、爆破地震效应、空气冲击波和殉爆等影响的最小距离。必须预先进行设计确定。爆破前应将安全距离以内的人员、牲畜、建筑物和机械设备等迁移或采取可靠的防护措施。

爆破公害(public nuisance from blasting) 爆破产生的负面效应。爆破作业伴生的空中飞石、空气冲击波、地震波、噪声、粉尘和有毒气体等对爆区周围环境造成的有害影响。爆破公害的控制和防护是工程设计中的重要内容,包括在爆源上控制公害强度、在传播途径上削弱公害强度和对保护对象进行防护等。

固定式模板(stationary form) 模板的一种。按照混凝土构件的结构形状,在施工现场临时拼装固定。拼拆困难、材料损耗大、只能使用一次、成本高。适用于数量少、结构复杂、形状特殊的工程部位混凝土施工。水利工程中常用于建筑物基础、尾水管及输水涵洞等。

拆移式模板(detachable form) 模板的一种。具有定型尺寸,按建筑物混凝土块尺寸,在施工现场组合拼装。由面板、肋板、支架三个基本部分组成。肋板将面板联结在一起,并由支架安装在浇筑块上。

有标准模板、悬臂式模板和大型钢木模板三种类型。其特点是拼装、移动、拆除方便，能多次重复使用，施工快，但维修工作量大，成本较高。在水利工程中使用广泛。

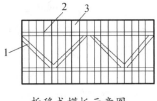

拆移式模板示意图
1. 斜撑 2. 肋板 3. 面板

标准模板（standard form） 拆移式模板的一种。为使模板具有广泛的适用性，常将模板尺寸规格化，制成标准模板。有大型标准模板（宽 100 cm、长 325 ~ 525 cm）和小型标准模板（宽 75 ~ 100 cm、长约 150 cm），分别用于高 3 ~ 5 m 的混凝土浇筑块和薄层浇筑块。构造简单，重量较轻。是水利工程中使用最普遍的一种模板。

移动式模板（travelling form） 模板的一种。具有移动机构，可随混凝土浇筑进展沿建筑物分段移动，且可重复使用。主要由定型模板和车架两部分组成。适用于等截面且浇筑段长的混凝土建筑物，如渠道护面、隧道衬砌、挡土墙等混凝土浇筑。

滑升模板（slipform） 模板的一种。能沿混凝土结构物浇筑面连续不断滑升。主要由液压顶升或绳索牵引系统和模板系统两部分组成。特点是简化立模、拆模和搭脚手架等繁杂工序，提高工作效率；混凝土连续浇筑避免了施工缝，混凝土整体性好。适用于高大等截面或截面变化不太大的钢筋混凝土整体式建筑物，如闸坝、贮仓、水塔、桥墩、沉井、油罐和码头等。

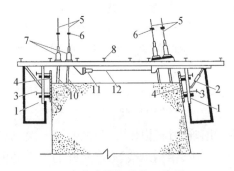

双面滑升模板结构示意图

1. 提升架 2. 调坡丝杆 3. 微调丝杆
4. 模板面板 5. 支承杆 6. 限位调平器
7. 千斤顶 8. 次梁和主梁 9. 围图
10. 支承杆套管 11. 收分千斤顶 12. 收分拉杆

真空模板（vacuum form） 模板的一种。具有密封和反滤性能，能借助真空设备吸取混凝土表层一定深度内部多余水分的模板。

脱模隔离剂（form coating） 浇筑混凝土前涂抹在模板面上的隔离材料。工程上常用废机油、肥皂液（或肥皂下脚料）、石灰水等。可减少混凝土与模板之间的黏结力，拆模时使混凝土表面光滑，棱角整齐，且能保护模板。选用隔离剂要考虑配制简单、经济适用、取材容易、脱模效果好、不沾污构件表面、对混凝土无损害作用等因素。

模板周转率（form cycling rate） 模板重复使用的次数。取决于模板材料、形式、结构和装拆模板的操作工艺等因素。预制构件模板周转率要比现场浇筑的模板周转率高；钢模板比木模板周转率高。通常木模板周转率一般为 5 ~ 10 次，钢模板的周转率可达 100 余次；固定式模板的周转率只有 1 ~ 2 次，拆移式模板可达 30 ~ 50 次。提高模板周转率是降低工程成本的有效途径。

钢筋加工（reinforcing bar processing） 为钢筋混凝土或预应力混凝土提供钢筋制品的制作工艺过程。钢筋制作工艺通常采用流水作业，其流程如图。钢筋经过单根钢筋的制备、钢筋网片和钢筋骨架的组合加工等工序制成成品后，运往施工现场安装。

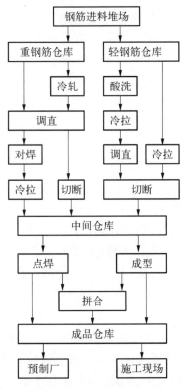

钢筋加工工艺流程图

钢筋代换（reinforcement replacement）　当施工中遇有钢筋的品种或规格与设计要求不符时，按钢筋等强度或等面积原则进行代换。代换原则：对抗裂性要求高的构件，不宜用光面钢筋代换螺纹钢筋；钢筋代换时不宜改变构件中的有效长度；代换后的钢筋用量不宜大于原设计用量的 5%，也不低于 2%，且应满足规范规定的最小钢筋直径、根数、钢筋间距、锚固长度等要求。为保证对设计原图的理解不产生偏差，钢筋代换应由设计单位负责变更设计，同时必须征得监理部门的同意。

套筒连接（sleeve connection）　一种钢筋连接方法。将两根待接钢筋插入钢套筒内，用挤压连接设备沿径向或轴向挤压钢套筒，使之产生塑性变形，依靠变形后的钢套筒对钢筋的握裹力实现钢筋的有效连接。适用于承受拉、压双向作用力的各类结构中的钢筋连接。

锥螺纹连接（connection of cone whorl steel bar）一种钢筋连接方法。将两根待接钢筋端头用套丝机加工成锥形外丝，然后用带锥形内丝的套筒将连接钢筋两端拧紧的钢筋连接方法。适用于钢筋混凝土结构的梁、柱、板、墙等结构中直径较大的钢筋连接。

等强直螺纹连接（connection of uniform-strength straight threads of reinforcing bars）　一种钢筋连接方法。中国 20 世纪 90 年代开发成功的新一代钢筋机械连接技术。通过对钢筋端部冷镦扩粗、切削螺纹，再用连接套筒对接钢筋。这种接头综合了套筒挤压接头和锥螺纹接头的优点。

骨料料场（aggregate material yard）　混凝土中起骨架或填充作用的粒状松散材料的料源、生产加工场所。分人工骨料料场和天然骨料料场。最佳用料方案取决于料场的分布、高程、骨料的质量、储量、天然级配、开采条件、加工要求、弃料多少、运输方式、运距远近、生产成本等因素。骨料料场的规划、优选，应通过全面技术经济论证。天然骨料是采集砂砾石经筛分分级而得；人工骨料通过块石开采、破碎、筛分和制砂等工序完成。骨料料场要合理安排破碎、筛分、冲洗和运输等设备。

颚式碎石机（jaw crusher）　亦称"夹板式碎石机"。采用活动颚板相对于固定颚板作周期性往复摆动而破碎石料的机械。由机座、固定颚板、活动颚板和传动装置组成。工作时，石料受到颚板间的挤压和冲击作用而破碎。按颚板的摆动方式，分简单摆动式、复杂摆动式和组合摆动式三种。颚式碎石机装料口大、破碎力强、结构简单、破碎比的调节较方便、价格低廉，是骨料粗碎和中碎的主要机械。

锥式碎石机（cone crusher）　由内碎石锥体对于外碎石锥面作圆周形摆动而破碎石料的机械。由机体、外碎石锥面（固定）、内碎石锥体（转动）和偏心传动装置组成。从顶部装料口装入的石块在两圆锥面之间受挤压和弯曲而破碎。装料高度大、结构较复杂，但产量大、产品粒度形状较好。适用于大型骨料加工厂破碎中等粒径碎石。

反击式碎石机（counterattack crusher）　由转子、固定在上机体上的反击板和下机体组成的碎石机。是利用电动机带动高速回转的转子冲击石料，使石料沿切线方向以较高的速度抛向反击板进行撞击，而后又反弹回到转子旋转的空间内反复碰撞，从而使石料碎裂。被破碎的小粒径石料从转子与反击板间的间隙中排出。适用于中细碎，其结构简单，安装方便，运行可靠安全。

棒磨机（rod mill）　一种磨碎石料的机械。因研磨体为钢棒得名，用于人工骨料场制砂。在钢制旋转圆筒内装研磨体和石料，圆筒旋转时产生的离心力和摩擦力将石料和研磨体带到一定高度，然后落下，经不断地相互撞击和摩擦而将石料磨成细粉。可用湿法和干法操作，湿法操作时常配置分级机，干法操作时则常配置抽风和分离设备。

振动筛（vibrating screen）　筛面作快速振动的筛分设备。筛面为平板状，倾斜安装，用机械力或电磁力使筛面作快速振动。按振动特点，分偏心振动筛、惯性振动筛、自定中心振动筛和共振筛等几种。特点是筛面振动强烈，可迫使筛面上砂石料发生离析，细骨料易于筛出。筛分效果较好，外形尺寸小，筛网更换容易。是水利工程中筛分砂、细石料的主要设备。

圆筒筛（trommel）　靠倾斜安装的带孔圆筒旋转进行材料分级的设备。圆筒上分段开有不同孔径的筛孔，筛孔的直径从进料口起逐段由小到大。圆筒旋转时，石料从进料口起由小到大逐级筛出。结构简单，用于小型工程筛分砂石料。

螺旋洗砂机（screw washer）　砂料在管槽内由螺旋叶片搅动并推送，同时受水冲出的洗砂设备。管槽与水平成 18°~20° 安放，砂子自较低端装入，被螺旋叶片推向较高端,同时由较高端通水进行逆流冲洗。污水从低端溢出,洗净的砂由较高端排出。用于清洗含泥和其他杂质过多的砂料。

水力分砂器(hydro-classifier) 利用压力水对砂料进行筛选分级的设备。常用的为箱式水力分砂器和垂直水力分砂器。前者外形为一梯形箱,中间用隔板分隔成几个分砂室,每室底部通入压力水,在分砂室中形成上升水流,每室的上升水流流速递减。进入第一分砂室的砂料遇上升水流时,只有颗粒较大的砂子沉到室底,其余的被水流夹带到第二分砂室,此室中的上升水流速较第一室小,较细颗粒的砂子在此室中沉积下来。这样,在各分砂室中沉积不同粒径的砂子。泥和其他杂质由溢水口排出,沉下的砂从底部排出。后者砂料从上端进料管加入,压力水由下面进入,形成上升水流,使细砂和杂质悬浮,粒径较大的砂粒下沉并从下面的出口排出。分出砂粒粒径的大小可借调节水的上升流速来加以控制。

堆取料机(stacker-reclaimer) 用来堆存和挖取散粒状材料的专用机械。由行走装置、机座、回转机身、皮带运输机、取料斗轮和驱动装置组成。堆料时,物料由进料皮带运输机(正转)卸入堆料场;取料时,开动斗轮挖取物料,经摇头皮带机(反转)、漏斗和出料皮带机卸入运输工具。多用于矿山、码头等大型堆场。在大型水利工程中用于砂石料堆场。

混凝土拌和机(concrete mixer) 亦称“混凝土搅拌机”。拌和混凝土的机械。按拌和方式,分自落式、强制式和连续式三种。自落式拌和机是用拌和筒内壁上的叶片将混合料带到一定高度后再自由坠落,反复地进行拌和。拌和筒有钵形、鼓形和双锥形等几种,其中钵形多为小型,适用于实验室拌制少量混凝土;鼓形适用于拌制塑性混凝土;双锥形多为大型,适用于拌制低流动混凝土和大骨料混凝土。强制式拌和机的拌和筒固定不动,用旋转叶片对拌和筒内的混合料进行强制搅拌,适于拌制干硬性混凝土。连续式拌和机是连续进料、拌和与出料的机械,生产率高,但拌和的混凝土质量不易保证。

混凝土拌和楼(concrete batching and mixing plant) 具有拌和混凝土设备的多层机械化施工装置。顶部为储料层,各种骨料和水泥分别储存在储料斗内,水由管道送入水箱;其下为配料层,有控制室和自动配料秤,将水泥、各种骨料、水和外加剂按要求配好;再下为拌和层,装有拌和机,配好的混合料经受料斗装入拌和机,拌成混凝土后卸入出料斗,由运输工具运往浇筑地点。自动化程度高,生产效率高,运转费用少,但基建投资大。现已有各种规模的定型设计,由可拆卸的金属构件和成套设备组成。广泛用于大型水利工程和城市混凝土中心站。

混凝土搅拌运输车(concrete mixing and transporting car; truck mixer; transit mixer) 亦称“汽车式混凝土搅拌机”。混凝土在运输途中进行搅拌的机械。由汽车底盘、水箱、搅拌筒及其驱动装置组成。在料场或混凝土工厂将已配好的干混合料装入搅拌筒,并在水箱中装好水。当车驶近浇筑现场时,开动搅拌筒并加水,待到达卸料地点时,混凝土已拌成。可保证混凝土在运输途中不致发生初凝和离析。近年来,搅拌运输车也接受已拌和的混凝土,在运输途中搅拌筒进行缓慢的转动,使混凝土质量能更好地得到控制。

混凝土运输(concrete transportation) 连接混凝土拌和与浇筑的中间环节。对工程质量和施工进度影响较大,运输时间有一定限制,要求在运输过程中混凝土不初凝、不分离、不漏浆、无严重泌水、无过大的温度变化,能保证混凝土入仓温度的要求。包括水平运输和垂直运输。运输设备有汽车、有轨机车、门式起重机、塔式起重机、缆式起重机、塔带机、胎带机。运输方案通常由几种设备组合而成。

混凝土泵(concrete pump) 用推挤力使混凝土沿管道连续输送的机械。有机械式、液压式和挤压式等类型。机械式混凝土泵由曲柄连杆机构带动活塞往复运动来压送混凝土;液压式混凝土泵是由液压系统驱动活塞往复运动来压送,具有运转平稳、压力大、容积大等优点,是应用最广的形式;挤压式混凝土泵的泵壳内安装有挠性软管,在转子上安装两个滚轮,转子转动时,滚轮挤压软管,使混凝土被吸进和压送出去。要求被输送的混凝土坍落度、骨料粒径不能太大。常用于隧洞衬砌、高层建筑和水上建筑物施工时的混凝土输送。

混凝土吊罐(concrete bucket) 盛装流态混凝土的专用容器。有立式吊罐和卧式吊罐两种。立式吊罐系钢制或铝制的圆筒形容器,底部设卸料弧门、用手动或气动开启下料,有时还装有低压附着式振捣器,以利卸料。可直接从拌和楼(站)装料运至浇筑地点,再由起重机械吊运入仓。卧式吊罐需用自卸汽车或机动翻斗车等运输工具自拌和楼（站）将流态混凝土运来卸入卧罐内，再由起重机械吊运入仓。

混凝土溜槽（concrete chute） 流态混凝土入仓的一种卸料工具。当混凝土入仓高度大时，为防止混凝土产生离析，常用木制或金属制的凹形溜槽进行入仓浇筑，流态混凝土经过溜槽的缓降作用，徐徐进入仓面，可保持混凝土的均一性。

混凝土溜管（concrete tube） 流态混凝土入仓的一种卸料工具。由挂钩将若干只圆锥台形的金属管串联起来，在其顶部设置混凝土进料漏斗而成。当混凝土入仓高度大时，为防止混凝土产生离析，常用溜管缓降，使混凝土保持均一性。

混凝土浇筑（concrete placement；concreting） 将拌制好的混凝土料浇筑入仓、平仓、捣固密实的施工过程。浇筑要求连续、均匀并防止混凝土产生离析；平仓是用人工或机械的方法，将整个浇筑的仓面均匀摊平和充满混凝土料；捣固密实亦称"振捣"，有人工捣固和机械振捣两种，水利工程中普遍采用机械振捣方法。

冷缝（cold joint） 同一浇筑块上下两层混凝土的浇筑时间间隔超过初凝时间而形成的施工质量缝。由于某种原因在前入仓混凝土初凝后，才浇筑新混凝土，使前后混凝土间出现一个软弱的结合面。其产生原因主要是由于混凝土的制备和运输能力不足或布料不合理。避免出现冷缝的措施是提高混凝土制备和运输能力或改变浇筑方法。

冲毛枪（roughing gun） 用于混凝土浇筑中，混凝土施工缝表面冲毛处理的专用设备。分风砂冲毛枪和高压水冲毛枪。风砂冲毛枪利用高压风、水和粗砂混合水流和砂粒，将混凝土表面的灰浆、乳皮、水锈、油污等清除干净；高压水冲毛枪则利用高压水流进行混凝土收仓面和开仓面的冲刷清理工作。高压水冲毛枪高效、环保，已成为目前最常用设备。

仓面喷雾机（water cabin sprayer for surface） 一种用于混凝土养护的设备。主要由雾化、供风和摆动三个系统组成。雾化系统包括雾化喷头、过滤器、压力表和控制阀等，用于水的雾化；供风系统包括斜流高压风机和控制开关，用于微细雾滴的喷射；摆动系统包括支架、电机及摆杆等，用于扩大喷雾的覆盖面。喷射的雾滴在混凝土浇筑仓面的上方形成水雾层，可以阻挡阳光直接照射仓面，形成局部小气候；同时部分微细水滴在蒸发的过程中吸热，使仓面降温。

混凝土真空吸水养护（concrete curing vacuum suction） 通过专用设备进行混凝土养护的措施。使用真空机，把混凝土内的自由水分吸出，可以加快混凝土凝结速度，缩短养护时间。设备主要包括真空泵、真空室、吸水垫等，借助大气压与吸水垫内形成的真空负压的压力差，克服混凝土颗粒间的内聚力和黏附力，使混凝土受到挤压作用，从而将混凝土内除水化作用以外的水分和气泡排出。

混凝土振捣器（concrete vibrator） 利用振动作用使混凝土在浇筑时捣实的机械。常用压缩空气或电力作动力，使机件因偏心旋转或往复冲击产生振动。有表面式、附着式、插入式和振动台等类型。表面式混凝土振捣器是利用振捣器底板将振动传递给混凝土表面；附着式混凝土振捣器是将振捣器夹紧在模板上，通过模板将振动传给混凝土；两者主要用于梁、柱、板等小型混凝土构件的振捣。插入式混凝土振捣器是振动体直接插入混凝土，用于大断面构件和大体积混凝土的振捣。振动台专用于振捣小型混凝土预制构件。

混凝土养护（curing of concrete） 在混凝土硬化过程中为保持适当温度和湿度所采取的措施。混凝土浇捣后，通常用表面洒水，或用湿草袋、湿麻袋覆盖等方法养护，特殊情况下可用蒸汽、电热、暖棚等加热方法养护。可使制件达到预期的强度和密实度，并防止由于干缩产生裂缝。

混凝土低温季节施工（construction of concrete in low temperature） 低温条件下浇筑混凝土的工程措施。工程所在地的日平均气温连续5天稳定在5℃以下或最低气温连续5天稳定在−3℃以下，作为低温季节混凝土施工的气温标准。当日平均气温低于−20℃或最低气温低于−30℃时，一般应停止浇筑混凝土。主要措施有：（1）施工组织上合理安排，保证混凝土成熟度达到1 800℃·h以上；（2）创造混凝土强度快速增长条件；（3）增加混凝土拌和时间；（4）减少拌和、运输、浇筑中的热量损失；（5）预热拌和材料；（6）增加保温、蓄热和加热养护措施。

成熟度（maturity） 检验混凝土是否允许受冻的标准。用 R 表示。对普通硅酸盐水泥，$R = \sum (T + 10)\Delta t$；对矿渣大坝水泥，$R = \sum (T + 5)\Delta t$。式中：$T$ 为混凝土养护温度（℃），Δt 为混凝土养护期时间

(h)，$\sum$ 是对所有混凝土养护温度和养护时间乘积求和。《混凝土施工规范》中规定 1 800℃·h 为低温季节混凝土施工的允许受冻临界值。

蒸汽养护(steam curing)　一种混凝土养护方法。新浇筑的混凝土构件置于养护室内，并通入蒸汽使达到有利于混凝土硬化的温度和湿度。可使混凝土构件在短期内(1～3 天)达到一定强度而脱模。

电热养护(electric heat curing)　一种混凝土养护方法。在新浇筑混凝土的内部或外部通电加热。内部加热是用电极把交流电通到混凝土内部，混凝土本身作为电阻，把电能变为热能；外部加热是用电炉，或在混凝土表面铺一层盐水饱和的锯末，再在其中通电发热。电热养护混凝土，用电量大(每 1 m^2 混凝土约耗电 200 kW·h)，价格高，故只在特殊情况下使用。

暖棚养护(warm house curing)　一种混凝土养护方法。在已浇筑的混凝土结构物上搭封闭棚，在棚内生火升温，促使现浇混凝土较快硬化。是混凝土冬季施工的一种防冻措施。

混凝土真空作业(concrete vacuum operation)　由一套专门设备(真空模板、真空泵以及其他相应的设备)借真空作用把混凝土表面或内部多余的水分抽除的作业。可增加混凝土的密实度，提高强度和抗渗、抗磨、抗冻能力。水利工程中常用于溢流坝面、挑流鼻坎、溢洪道泄槽等受高速水流作用部位的混凝土浇筑。

混凝土水下浇筑法(underwater concreting)　直接在水下进行混凝土浇筑的方法。有垂直导管法、盛袋堆筑法和倾灌法等。施工时，水流速度不宜过大，最好为静水，以防止混凝土受水的冲刷、扰动而分离散失；要避免外部水进入混凝土内部，以保持原有级配和水灰比。

混凝土分部浇筑(prepakt concreting)　将粗骨料和水泥砂浆分别送入浇筑块的混凝土浇筑方法。按施工程序不同，有压浆法和铺浆法两类。前者先填骨料，后将水泥砂浆压入骨料空隙而成混凝土；后者先铺水泥砂浆，后填粗骨料，经振捣而成混凝土。能加快施工速度，但质量不易控制。

混凝土温度裂缝(temperature cracking of concrete)　由于混凝土温度变化产生的裂缝。浇筑后的混凝土在短时间内有较大的温升，随着散热降温、体积缩小，当体积变化受到某种约束时，就会产生温度应力。当温度应力超过混凝土的极限抗拉强度时产生裂缝。常发生在散热条件差的大体积混凝土内。按约束的不同，分深层裂缝和表面裂缝两种。前者是混凝土降温收缩受到外界(基础或老混凝土)约束而产生，一般由基础向上发展贯穿整个坝段；后者是当混凝土表面保护不良或受寒潮袭击时，表层混凝土的降温收缩受内层混凝土的约束引起。防止裂缝的措施除提高混凝土质量外，主要是混凝土温度控制。

混凝土温度控制(concrete temperature control)　为避免混凝土温度裂缝，把大体积混凝土的温度变化控制在允许范围内的施工措施。主要有三个内容：(1)防止深层裂缝的产生。主要措施有减少混凝土发热量(采用低热水泥，减少水泥用量等)；降低混凝土的入仓温度(加冰拌和、预冷骨料等)；加速混凝土块体热量散发(薄层浇筑，适当延长间歇时间和预埋冷却水管通冷水降温等)；采取合理的分缝、分层、分块，合理安排施工程序等。(2)防止表面裂缝的产生。主要措施是表面保护、加强养护和防止不利的气温(严寒、酷热、骤冷)影响等。(3)为及时对混凝土坝段的纵缝(包括拱坝的横缝)进行接缝灌浆，需把混凝土坝段温度按期降到灌浆温度。主要措施是预埋冷却水管通冷水强迫降温等。上述这些措施彼此影响、互相制约，必须因地因时制宜，才能收到良好的技术经济效果。

施工缝(construction joint)　亦称"工作缝"、"建筑缝"。因施工原因，大体积混凝土建筑物进行分层分块间歇浇筑而临时设置的接缝。如混凝土坝内的水平缝、纵缝、斜缝等。为使施工缝处混凝土连接良好，需进行凿毛或冲毛处理。此外，如上、下层混凝土浇筑的间歇时间过长，可能由于温差过大而导致产生很大的拉应力，需在施工缝面上布置防止发生裂缝的钢筋网等。对垂直或倾斜施工缝，除事先在缝面设置键槽外，在特定条件下，事后需进行接缝灌浆予以填实，对重要的倾斜或垂直施工缝面上有时还需布置插筋，以满足建筑物的整体要求。

骨料预冷(aggregate precooling)　拌制混凝土前将骨料冷却至设计温度的措施。按要求不同，预冷骨料的方法有：(1)浸水法，在专设冷却塔中，将粗骨料浸泡在 2～4℃ 的冷水中 30～45 min 后取出；(2)喷水法，在运送骨料的皮带上方用 2～4℃ 冷水喷洒骨料 3～15 min；(3)气冷法，在运送骨料的皮带廊道布置冷风管,向皮带上的骨料吹冷气;(4) 真空汽化法,将骨料放入密闭储料罐内抽真空,使石子和砂内的水分蒸发汽化而吸热冷却。

水管冷却(pipe cooling) 在混凝土浇筑时,埋设水管,在浇筑后通水冷却混凝土的施工措施。水管采用钢管或塑料管,内径 19～32 mm,在平面上布置成与坝轴线平行或垂直的连通管网,成蛇形状,每层间距 1.5～3.0 m。管子水平间距 1.5～2.0 m。应用灵活,适应性强,但管材耗量大,成本高。是控制混凝土内部温度的有效措施。

分缝分块浇筑法(concrete placing with block system) 大体积混凝土建筑物的一种施工方法。由施工缝和结构缝将混凝土建筑物划分成一定长、宽、高的施工块,每块均需经过立模、扎筋(纯混凝土建筑物无此工序)、混凝土浇筑、养护等施工工艺过程。对块间的水平(或近乎水平)施工缝作凿毛或冲毛处理;对垂直缝和斜缝根据要求作出处理或不处理。有柱状浇筑法、通仓浇筑法、斜缝浇筑法、错缝浇筑法等几种。

通仓浇筑法(concrete placing without longitudinal joint) 亦称"长块浇筑法"。分块浇筑法的一种。在同一坝段内,只有水平缝而无纵缝的坝体混凝土浇筑。浇筑块高度在基础约束范围内为 0.75～1.0 m,上部块高为 3.0 m 左右。优点是不设纵缝,无需坝体接缝灌浆,整体性好;浇筑工作面大,有利于高度机械化施工。缺点是浇筑面积大,坝体降温收缩时基础约束比柱状浇筑法大,故对混凝土防裂的温度控制要求较高。

凿毛(chiselling) 为使新老混凝土接合良好,用凿子或风镐等将老混凝土表面结硬的乳皮凿去形成毛面的作业。凿毛深度以老混凝土上的石子有 1/3～1/2 裸露为准。因劳动条件差、强度大,且可能松动老混凝土面上的石子而影响结合的强度,除少量特殊结构部位使用外,目前已基本被冲毛作业代替。

冲毛(roughing) 在混凝土浇筑后不待完全结硬,即用风砂枪、高压水枪等将混凝土表面的一层乳皮冲去形成毛面的作业。一般在浇筑混凝土 24～48 h 后进行。冲毛效率的关键是冲毛时机的掌握,混凝土浇筑后间隔时间过长会冲不动,过短会冲毛过深。目前,常在新浇混凝土表面喷洒缓凝剂,以延缓混凝土的凝固时间,延长冲毛的适用时间。

碾压混凝土(roller compacted concrete) 一种用于碾压筑坝法施工的混凝土。一般为 VC 值 10～30 s 的干贫混凝土,其水泥用量较少,常掺用粉煤灰、矿渣等掺合料,水化热温升低,坍落度为零。为了避免施工时骨料分离,一般需采用较大的砂率,骨料最大粒径不超过 80 mm。亦是一种混凝土筑坝施工技术,其施工程序是:下层块铺砂浆、混凝土汽车运输入仓、平仓机平仓、振动压实机压实、振动切缝机切缝和切缝后无振动碾压。碾压混凝土坝既具有混凝土坝体积小、强度高、防渗性能好、坝身可溢流等特点,又可简化温控措施,具有土石坝施工程序简单、快速、经济,可使用大型通用机械的优点。一般在大体积混凝土内部使用。

VC 值(VC value) 干(硬性)贫(水泥)混凝土振动压实参数。是衡量碾压混凝土拌合物工作度和可施工性能的指标。用在规定的振动台上将碾压混凝土振动达到合乎标准(表面泛浆)的时间(以 s 计)表示。影响碾压混凝土 VC 值的因素主要有:(1) 单位用水量;(2) 拌合物骨料级配;(3) 粉煤灰含量;(4) 砂率;(5) 外加剂掺量。试验表明:当 VC 值小于某值(通常为 40 s)时,碾压混凝土的强度随 VC 值的增大而提高;当 VC 值大于该值时,混凝土的强度则随 VC 值增大而降低;碾压混凝土坝通常采用 VC 值为 10～30 s 的干贫混凝土。

变态混凝土(distorted concrete) 一种介于常态与碾压特性之间的混凝土。在干贫混凝土拌和物中加入适量的水泥灰浆(一般为混凝土总量的 4%～7% 之间)使其具有可振性,再用插入式振捣器振动密实,形成一种具有常规混凝土特征的混凝土。具备常态混凝土的可振捣性,同时又具备碾压混凝土施工快、强度高等优势。在碾压混凝土坝的施工中,变态混凝土通常布置在坝的上游面用于防渗,也广泛地运用于振动碾无法直接碾压的基岩面与碾压混凝土接合部、模板边缘、廊道周围、坝内配筋处等部位。

通仓薄层浇筑(long block and thin lift placing) 碾压混凝土坝施工环节之一。同一高程作为一个仓面进行混凝土浇筑,层厚各工程有不同的选择,日本通常在 70 cm 左右,美国在 30 cm 左右,中国的坑口重力坝为 50 cm。通仓薄层浇筑可增加散热效果、取消冷却水管,减少模板工程量,简化仓面作业,有利于加快施工进度。

层面处理(layer face treatment) 碾压混凝土坝施

工环节之一。正常间歇面的处理,采用刷毛或冲毛清除乳皮,露出无浆膜的骨料,再铺砂浆或灰浆,继续铺料碾压。连续碾压的临时施工层面通常不进行处理,但对上游面防渗区,需铺砂浆或水泥浆,防止层面渗水。由于碾压混凝土坝层面较多,处理工作量大、容易产生薄弱面,需要认真控制层面处理质量。

混凝土切缝机(concrete power saw) 在碾压混凝土坝大仓面薄层浇筑施工中切割坝体成缝的机械。由履带或轮胎式底盘、金属构架、液压油缸、振动装置和切刀组成。工作时,硬质合金切刀被液压油缸压住,沿金属构架作垂直方向高频振动,在压力及振动力的作用下,刀具切割混凝土成缝。

微膨胀混凝土(mirco-expansion concrete) 在强度增长过程中产生体积膨胀的混凝土。在普通的混凝土中添加一定的膨胀剂,使混凝土能够发生一定的膨胀,从而弥补混凝土的收缩,达到预防混凝土裂缝、提高混凝土性能的目的。目前混凝土工程中可采用的膨胀剂有:硫铝酸钙类、硫铝酸钙-氧化钙类和氧化钙类。

钢纤维混凝土(steel fiber reinforced concrete) 在普通混凝土中掺入乱向分布的短钢纤维所形成的一种新型的多相复合材料。这些乱向分布的钢纤维能够有效地阻碍混凝土内部微裂缝的扩展和宏观裂缝的形成,显著改善混凝土的抗拉、抗弯、抗冲击和抗疲劳性能,具有较好的延性。普通钢纤维混凝土的纤维体积率在1%~2%之间,较之普通混凝土,抗拉强度提高40%~80%,抗弯强度提高60%~120%,抗剪强度提高50%~100%,抗压强度提高幅度较小,但抗压韧性却大幅度提高。

模袋混凝土(bag concrete) 通过模袋控制成形的混凝土。通过高压泵把混凝土或水泥砂浆灌入模袋中,混凝土或水泥砂浆的厚度通过袋内吊筋带(绳)的长度来控制,混凝土或水泥砂浆固结后形成具有一定强度的板状结构或其他形状结构。作为一种新型的建筑材料,可广泛用于江、河、湖、海的堤坝护坡、护岸、港湾、码头等防护工程。优点有:(1)一次成型,施工简便、速度快;(2)适应各种复杂地形,特别在水下施工;(3)模袋具有一定的透水性,可以迅速降低水灰比,加快混凝土的凝固速度,增加混凝土的抗压强度。

地 下 建 筑 物 施 工(underground engineering construction) 在岩土内部建造设施的工程作业。如隧道、隧洞、水电站调压井、地下厂房等。特点是施工条件较差,如空气污浊、工作面狭窄等;质量要求高,如防渗、防武器破坏等;影响安全施工的因素多,如坍方、岩爆、瓦斯逸出和泉涌等;技术措施复杂,如坍方处理、新奥法衬砌和预应力固结灌浆等。地下建筑物施工比地面建筑物施工的单价高、进度慢。

硐室开挖(cavern excavation) 硐室施工的一项作业。开挖方法的选择受地形、地质和水文地质条件,隧洞断面大小、形状和埋置深度,施工机械和安全防护措施等因素的影响。岩石硐室可采用钻孔爆破开挖法和掘进机开挖。土质隧洞可采用盾构开挖法、顶管法和明挖法等。

钻孔爆破开挖法(drilling and blasting excavation method) 用炸药爆轰破碎岩石的开挖方法。包括布孔、钻孔、装药、堵塞、起爆、通风散烟、安全检查和处理、初期支护、出碴等工序。按工程特点和施工条件的不同,分全断面开挖法、台阶开挖法、导洞开挖法和导井开挖法等。优点是适应性强,不论硐室断面尺寸、岩层坚硬或松软破碎、有无涌水等,均可适用。

钻孔机具(drilling equipment) 爆破工程中用于钻凿炮眼的机具。按操作方式,分人工钻孔机具和机械钻孔机具。前者主要有锤、钢钎、掏勺等;后者主要有凿岩机、空气压缩机和钢钎或其他钻机等。钢钎一般为中空六角钢,端部镶有合金钻头,其形式有一字形钻头(亦称"单刃钻头")、十字形钻头和梅花形钻头(亦称"星形钻头"),人工钻孔都采用一字形钻头。国内普遍采用以压缩空气为动力的凿岩

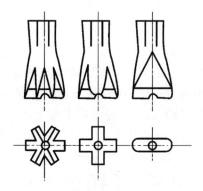

左:梅花形钻头
中:十字形钻头
右:一字形钻头

钻头形式

机,如手风钻、轮胎钻、潜孔钻等,以电动机或内燃机为动力的钻机也常采用。除手风钻用于浅孔爆破外,其他钻机皆可用于深孔爆破。

凿岩机(rock drill) 俗称"钻机"。在岩石上钻凿孔眼的机械。以电为动力的凿岩机称"电钻",适用于松软岩石钻孔;以压缩空气为动力的凿岩机称"风钻",适用于坚硬、中硬岩石钻孔。水利工程施工中,最为广泛采用的凿岩机有手风钻(手持式、支腿式、行走式等)、潜孔钻等。

潜孔钻(down-the-hole drill) 将钻头和产生冲击作用的风动冲击器潜入孔底进行凿岩的设备。以电、压缩空气或液压为动力,带动钻杆、冲击器、钻头回转,同时,压缩空气进入钻杆,推动冲击器活塞反复冲击钻头,将岩石破碎成孔。利用推压机构升降钻具。构造简单,行走方便,粉尘少,噪声小,是一种常用的钻孔设备。

全断面隧道掘进机(tunnel boring machine,缩写TBM) 一种开挖岩石隧洞的机械。由旋转刀盘、出渣系统、液力支撑和推进机构、动力传动机构等组成。掘进时,刀具切割、剥落开挖面上的岩石,由铲斗铲起并卸在输送带上运出。按破碎岩石的原理,分滚压式和铣削式两类。前者切削头上的盘式滚刀压在开挖面上连续旋转,使岩石破碎;后者切削头上有4个与切削头逆向旋转的刀盘,在复合旋转运动下,使岩石破碎。通常,全断面掘进机只能开挖圆形隧洞。优点是破岩和出碴联合作业,掘进速度快,开挖表面平整,超挖量小,对围岩扰动小,劳动强度低和施工安全等;但耗能量大,产生粉尘多,需复杂的通风系统和配备一定的操作维修技术力量。适用于隧洞断面不变、中硬岩石的长隧洞施工。

盾构开挖法(shield excavation method) 用盾构掘进机开挖土质隧洞的方法。每个作业循环包括盾构掘进机顶入土层,挖土和运土,千斤顶缩回,安装隧洞预制构件衬砌等。各项工序均由机械操作。在有地下水的情况下,可采用头部密封的盾构掘进机。一面向盾构掘进机外面压注膨润土泥浆,以加固洞壁;一面由切口环切削土壤,与泥浆混合后由泥浆泵抽排出洞外。施工安全、工效高,但操作技术复杂、成本高。适用于圆形断面的土质长隧洞施工。

盾构掘进机(shield tunnelling machine) 一种开挖、支护土质隧洞的机械。由型钢和钢板拼装成一个圆筒形壳体,头部为切口环,口部刀刃切入土体

内,以防止挖土时产生坍方。中部为支承环,有纵、横向隔板加强壳体,也作为工作人员的操作平台。沿环向周围设有千斤顶,用以推进盾构掘进机前进。尾部为衬砌环,设有起重设备,用以吊装预制构件进行隧洞衬砌作业。

顶管法(pipe jacking method) 亦称"顶进法"。用千斤顶强力顶推预制钢筋混凝土管段到地层内,在管壁的保护下,开挖隧洞的一种方法。先分段开挖竖井,在竖井内设置支承结构和滑轨,拼装预制管段,安装千斤顶。然后千斤顶顶推管段,在管段内挖土,千斤顶缩回,接长预制管段。顺序循环,直至预制管段被顶出地层。为了减小切入地层的阻力,在预制管段的头部可增加一段刀刃管。设备简单、结构整体性好、省工、安全和成本低,但隧洞埋置深度和一次顶进长度受到顶推力的限制。适用于浅埋在土质地层中的短小隧洞。

隧洞沉埋法(immersed tunnelling method) 用密封的预制钢筋混凝土管段在深海中装配建成隧洞的施工方法。把在船坞内预制好的密封钢筋混凝土管段浮运到现场,沉放在基床或桩台上,在水下进行连接,采用柔性接头形式,由沉管对接时安装的带状橡胶止水带和连接处钢封门拆除后在管内安装的 Ω 状橡胶止水带组成两道防水屏障。港珠澳大桥的岛隧工程即采用此法施工。

施工支洞(construction adit) 为加快长隧洞、高竖井或斜隧洞的施工进度、改善通风条件和保证施工安全而设置的交通洞。通常为平洞。由于地形限制,也可采用斜井或竖井。选择施工支洞位置应注意使增加的工作面有足够的掘进工作量,但不致使施工通风距离过长;各工作面的掘进工作量基本均衡;开挖工作量较小,以及地质和水文地质条件较好等。在满足施工净空要求的前提下,尽量减小施工支洞断面,并尽可能与永久性建筑物相结合。设置施工支洞可增加施工工作面,加快进度,减少多工种平行作业的干扰。当隧洞穿过大断层或软弱破碎带需要作特殊处理时,施工支洞可绕过该段,使处理工作不影响隧洞的正常施工。工程建完后若无特殊用途,应将施立支洞回填堵塞。

全断面开挖法(full-section tunnelling method) 亦称"隧洞全断面掘进法"。以隧洞的整个断面为一开挖单元,在一次开挖作业循环内完成的施工方法。当每完成一次开挖循环后,隧洞的整个断面推进一

段距离。优点是工序集中,便于管理,开挖进度快。缺点是只有一个爆破自由面,单位耗药量大,大断面隧洞需机械化施工。适用于地质条件较好、隧洞断面不大或机械化程度较高的隧洞施工。

台阶开挖法(bench cut method) 隧洞断面按台阶状掘进的一种施工方法。把隧洞断面划分成先后开挖的层次,开挖作业循环每次只挖一层,各层依次错开一段距离而形成台阶状。有水平台阶和垂直台阶两种类型。水平台阶又分下台阶和上台阶两种形式。下台阶是先开挖上层断面,随后开挖下层断面,可及时进行拱部衬砌,防止坍顶或落石,以保证施工安全;但需机械装碴,上下层均需铺设道轨,或用挖掘机直接挖碴。上台阶是先开挖下层断面,然后开挖上层断面,上部开挖的石碴堆积在漏斗棚架上,利用石碴自重下落装车,出碴效率高但上下层均需排险。水平台阶适用于高度大的隧洞。垂直台阶是把断面左右分成台阶,分层开挖跨度小,顶部不易坍方,但需作业车为高空作业服务,适用于大跨度隧洞。

导洞开挖法(drift method; pilot tunnel method) 对隧洞断面分块进行开挖的一种施工方法。隧洞最先开挖的部分称"导洞"。导洞断面根据出碴线的布置、装碴、运输设备等条件确定。在导洞超前开挖相当距离之后,再逐次扩大导洞断面。为创造良好的自然通风条件、便于精确掌握隧洞轴线和了解导洞沿线的地质情况,可将导洞全线打通,然后进行扩大开挖。按导洞的位置不同,有下导洞开挖法、上导洞开挖法、上下导洞开挖法、中央导洞开挖法(扇形开挖法)、侧导洞或品字形导洞开挖法和多导洞跳格开挖法等。优点是导洞断面小,不易坍方;导洞扩大开挖时增加了自由面,减少了炸药单位耗药量。但导洞开挖工作面小,不适于大型机械施工。

竖井导井开挖法(shaft sinking method) 沿竖井纵向先开挖一条导井,然后扩挖成竖井的施工方法。导井采用反井开挖法,爆破后崩落的石碴由水平隧洞运出。也可采用爬罐机械施工,爬罐可沿敷设在垂直岩壁的轨道上爬行,施工人员在爬罐内操作。或采用天井钻机钻凿大直径导井。导井打通后,即可自上而下扩挖竖井,通过导井漏碴到水平隧洞出碴。该法开挖速度快、施工安全,需有机械设备。适用于大型竖井施工。

钻孔台车(rock drilling jumbo) 一种能在开挖工

作面上操纵多个钻头同时钻孔的机械。包括凿岩机、钻臂、多层工作台、车架和行走装置。有轨道式、轮胎式、履带式三类。轨道式具有大型门架,台车腹下铺设道岔,运输工具可在门架下调车和通过,适用于全断面开挖的大型硐室施工。轮胎式结构轻巧,灵活机动,但钻孔和出碴不能同时进行,适用于工作面多的硐室施工。履带式具有轮胎式的特点,但适用于断面较小的硐室。

掏槽孔(cut hole) 在一个自由面的开挖工作面上,布置的全套炮孔中最先爆破的一组炮孔。较其他炮孔至少早爆100 ms,先掏出一个缺口,开辟出第二个自由面,为其他炮孔爆破创造有利条件。按石质坚硬程度,掏槽孔应比其他炮孔适当加深。根据地质条件、开挖断面大小等因素,其布置形式分楔形掏槽、锥形掏槽、直孔掏槽等。

崩落孔(breast hole) 在炮孔中起主要爆破作用的一组炮孔。在开挖工作面上,崩落孔均匀布置在掏槽孔的外围,其方向与开挖工作面垂直,孔底位于同一平面上,以保证爆破后工作面平整。崩落孔在掏槽孔爆破后,按控制的毫秒间歇时间相继爆破。

周边孔(periphery hole) 保证爆破后开挖面的周边符合设计轮廓而布置的炮孔。布置在硐室的边界和转角上。按凿岩机操作宽度的要求,炮孔位置至少离开挖边线10~30 cm,向边界外倾斜。对软弱岩层,孔底距离设计边界10~15 cm;对中硬岩层,孔底抵达设计边界;对坚硬岩层,孔底超出设计边界10~15 cm。全套炮孔的爆破先后顺序是掏槽孔、崩落孔、周边孔。

隧洞坍方(roof-fall) 隧洞掘进中在未衬砌的局部地段发生土石方坍塌的现象。常见的有:口部坍方,即洞口切口部位的坍方;隐蔽坍方,坍方未堵塞隧洞,洞顶形成自然拱而趋稳定;通顶坍方,坍方堵塞隧洞,洞顶以上地层全部松动。坍方原因属于地质条件的有:(1)岩石松软或夹杂砾石层;(2)岩层水平成层,在层理间有夹土层;(3)断层地带岩石风化破碎;(4)喀斯特溶洞;(5)岩层有严重裂隙或破碎。属于施工影响的有:(1)长期支撑在临时支架上,岩石风化严重;(2)支撑强度不够;(3)断面开挖跨度过大,支撑不及时。隧洞坍方往往造成人员伤亡、经济损失、延误工期等不良后果,施工中必须特别防范。主要防范措施有:(1)施工过程中加强对可能坍方地段的观测工作;(2)采用超前灌浆、超前锚杆加固围岩;(3)多导洞跳格开挖,变大跨度为小跨度,先拱后墙,及时衬砌;(4)采用光面爆破或隧洞掘进机开挖,减小对围岩的扰动,开挖后及时喷混凝土支护;(5)冻结法加固围岩。

炮眼利用率(blasthole utilization factor) 一次爆破循环后,工作面推进的距离和炮眼深度的比值。岩石爆破不能按炮眼的全深炸落,在开挖工作面上留下未被充分利用的残根,称"炮根"。炮眼深度减去炮根深度为工作面推进的距离。炮眼利用率一般为 $0.8 \sim 0.9$。

硐室支护(cavern support) 为防止硐室围岩失稳而采用的临时加固措施。根据地质条件,对硐室不同部位可采用拱部支撑、全断面支撑、密排式支撑等结构形式。设计支护结构时,要求坚固稳定,构造简单,装拆方便,净空较大,尽量就地取材,尽可能与永久性衬砌结合。按结构材料不同,分木支撑、钢支撑、钢筋混凝土支撑、锚杆支撑和喷混凝土支撑等。

漏斗棚架(hopper shed support) 利用石碴自重下落装车的一种装碴设施。在门框式支撑上加设漏斗而成。拱部扩大开挖的石碴可堆落在导洞内搭设的漏斗棚架上,通过漏斗靠自重下落装入斗车。有单车道、双车道两种定型结构。

小型装岩机(mucker) 小断面隧洞内装载石碴用的机械。分铲碴式和扒碴式两类。前者有直接装车和经皮带转运装车两种。依靠机械推力和惯性将铲斗插入碴堆,装满后提升铲斗翻过机身卸入斗车或皮带喂料斗内。优点是操作简单、设备费用低,但工作范围有限,需人工辅助集碴,斗容小,生产率低。后者又分耙斗式、蟹爪式和立爪式三种。耙斗式装岩机由绞车用钢丝绳牵引耙斗,扒取石碴沿槽子扒至卸料口装入斗车;蟹爪式装岩机通过一对蟹爪插入碴堆作平面运动;立爪式装岩机则垂直插入碴堆往复扒碴,将石碴扒入盛料斗,通过链板运输机连续装车。扒碴式装岩机优点是装碴范围大,生产率高,且能进行清底工作,但要求石碴块度小,钢丝绳、爪齿等易磨损。适用于导洞和小断面隧洞的施工。

大型装岩机(loader) 大断面隧洞内装载石碴用的机械。具有履带或轮胎行走装置和大容量的铲斗。有挖掘机、装载机和装运机等。挖掘机依靠斗柄的推力驱动铲斗插入碴堆装碴,由推土机配合集碴;装载机的铲斗能进行集碴和装碴工作,有正面卸料式和三面卸料式;装运机能完成集碴、装碴和运碴工作。优点是装碴效率高,装碴范围大,但要求较大的开挖净空,路面要用碎碴铺平,对处理内燃机排出的废气、减少轮胎打滑和延长轮胎寿命等,需采取必要的技术措施。适用于断面大于 15 m² 的大、中型隧洞的施工。

硐室照明(cavern lighting) 保证硐室施工中良好可见度需要的技术措施。必须符合安全要求,照明线路的电压应采用低压,在施工地段用 24 ~ 36 V,在成洞地段可用 110 ~ 220 V。为保证照明电源不致发生间断,照明线路应采用单独系统,不与动力线接在一起。有渗水、潮湿的地段需用胶皮电缆,工作面附近应使用防水灯头和防水灯罩。架设电线位置必须与高压风管、水管和通风管分开。照明电线要求布置在开挖前进方向的隧洞左侧岩壁上;横跨通道的电线,最低点的高度不低于 2 m。

硐室通风(cavern ventilation) 排除因爆破、机械产生的有害气体或粉尘,保持硐室内有足够新鲜空气流通的一种技术措施。按通风方式,分压入式、吸出式和混合式三种。压入式通风是利用压入式通风机向洞内吹入新鲜空气,把有害气体和粉尘赶出洞外;由于风速大,能很快将工作面的有害气体和粉尘冲淡并由硐室排出,排出物在洞内随风扩散、蔓延范围大,开挖长隧洞时,工作人员需穿过蔓延的混浊气流进入工作面。吸出式通风是通过风管将有害气体和粉尘吸走并排出洞外,不影响工作人员爆破后进洞工作,但洞内风压小,通风时间长。混合式通风是同时使用压吸两套设备,压入式通风机吹入新鲜空气,吸出式通风机吸出有害气体和粉尘,兼有压入式和吸出式两种通风方式的优点。

喷射混凝土衬砌(shotcrete lining) 在洞壁上通过喷射混凝土而形成的一种衬砌结构。把一定配合比的水泥、砂、石和速凝剂的干拌料,通过喷射机经管路压送到喷嘴处与高压水混合后,喷射到岩面上凝结硬化而成。破碎围岩可先用锚杆或挂钢丝网加锚杆加固后,再喷射混凝土。喷射混凝土和围岩黏结成一个整体,能共同承受围岩压力,阻止水汽和空气进入岩体,防止岩石风化。优点是施工速度快、临时支撑和永久性衬砌相结合、工作面净空大、施工安全、造价低。缺点是要求开挖面平整、衬砌表面粗糙、防水性能较差、操作时粉尘多。适用于岩石破碎或采用全断面开挖法的硐室施工,不适用于高压输水隧洞。

钢模台车(telescoping steel form; steel trolley) 一种可移动的多功能隧洞衬砌模板设备。如图所示。由移动的钢梁、车架、钢模和千斤顶等组成。有平移式和穿行式两种。前者的车架和模板固定在一起,拆模后整套活动模车移到新的浇筑区段。后者的车架和钢模可以脱开,钢模单独被固定在浇筑区段,车架则可穿过浇筑区移到拆模区段连接拆除的钢模,移到新的浇筑区段进行安装,使车架能为数套钢模服务。优点是模板装拆方便、施工速度快、浇筑的混凝土表面光滑等。适用于全断面一次浇筑、断面不变的长隧道施工。

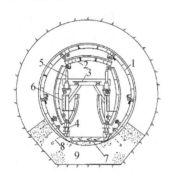

钢模台车简图
1. 架好的钢模　2. 移动时的钢模
3. 工作平台　4. 台车底梁
5. 垂直千斤顶　6. 台车车架
7. 枕木　8. 拉筋　9. 已浇底拱

新奥法(new austrian tunnelling method, NATM) 全称"新奥地利隧洞施工法"。维护和利用围岩的自承载能力进行隧洞开挖和支护,以达到节约投资目的的地下工程施工方法。采用毫秒微差爆破和光面爆破技术进行开挖,使用锚杆、钢筋网和喷射混凝土等柔性支护措施适时进行支护,控制围岩的变形和松弛,使围岩成为支护体系的组成部分,并通过对围岩和支护的量测、监控来指导地下工程的设计和施工。广泛用于铁路、交通、水利、冶金、采矿部门的地下工程中。

柔性支护(flexible support) 能密贴围岩或深入到岩体内部的轻型支护措施。使围岩形成三向受压状态,允许围岩有一定变形而不松弛破坏,有效地发挥围岩自承载能力。常用的柔性支护有锚杆支护、喷射混凝土支护和喷锚(网)复合支护等。

支护时机(supporting opportunity) 有效解除围岩变形释放的能量,充分发挥围岩自承载能力,使支护系统的抗力降至最低,支护材料的使用最为经济合理的一个时间段。

封拱(arch closure) 对混凝土浇筑区段衔接部位的拱顶预留工作孔进行封堵的施工技术。常用千斤顶封拱和混凝土泵封拱两种方法。前者混凝土由活门装入设有活动底模的模板盒内加以捣实,依靠千斤顶将活动底模上的混凝土顶入封口内,用插板临时挡住混凝土,千斤顶拉回活动底模,经几次顶推混凝土,即可将工作孔填实。后者在相邻浇筑区段预留安设导管用的浇筑孔和排气孔,混凝土通过导管压入封拱区内。灰浆从排气孔开始流出,表明已灌满。千斤顶封拱设备简单,混凝土泵封拱施工方便。

混凝土防渗墙(concrete diaphragm wall) 利用钻孔、挖槽等机械,在透水地基或坝(堰)体中以泥浆固壁,挖掘槽形孔或连锁桩柱孔,在槽(孔)内浇筑混凝土或塑性混凝土筑成的具有防渗功能的地下连续墙。防渗墙混凝土采用泥浆下直升导管法浇筑,自下而上置换孔内泥浆,在浆柱压力的作用下自行密实,不用振捣。单个槽孔的浇筑必须连续进行,并在较短的时间内完成。防渗墙分段建造,一个圆孔或槽孔浇筑混凝土后构成一个墙段,许多墙段连成一整道墙。墙的顶部与闸坝的防渗体连接,两端与岸边的防渗设施连接,底部嵌入基岩或相对不透水地层中一定深度。根据实际需要混凝土防渗墙也可不封闭透水地基而呈悬挂状,达到减少地基渗水流、延长渗径的目的。

地下连续墙施工法(underground diaphragm wall construction method) 在地下修建连续墙体的施工方法。用专用的挖土设备在泥浆固壁的条件下从地面上分段开挖出窄而深的槽孔,以混凝土或其他防渗材料构筑成墙段。逐段伸展墙体,通过施工接头连成整体,形成连续的地下墙体。优点是地下工程施工不需大开挖,无需排水,对地面交通和建筑物影响小;施工方法较成熟,能适应从松软的淤泥到密实的砂卵石,漂石和岩层的各种不同的地层条件。缺点是施工工艺环节多,对技术能力、管理水平和施工经验要求较高;对于岩溶地区,含承压水头很高的砂砾层或很软土层尚需借助其他辅助方法。

钻劈法(trenching by concussion and split) 用冲击钻机钻凿主孔和劈打副孔形成槽孔的一种防渗墙成槽方法。劈打副孔时在相邻的两个主孔中放置接砂斗接出大部分劈落的钻碴。由于在劈打副孔时有部分(或全部)钻碴落入主孔内,因此需要重复钻凿主孔,此作业称"打回填"。施工工艺流程为:施工准备→钻机就位→对准孔位→主孔钻入→劈打副孔→劈打小墙→清孔换浆和验收→下导管浇筑混凝土→成墙。适用于槽孔深度从几米到几十米较大范围,墙体厚度60~120 cm。适应于各种复杂地层,其缺点是工效较低,机械装备落后,造价较高。

钻抓法(trenching by drilling and grabbing) 用冲击或回转钻机先钻主孔,然后用抓斗挖掘其间副孔,形成槽孔的一种防渗墙成槽施工方法。可采用两钻一抓、三钻两抓、四钻三抓形成长度不同的槽孔。这种方法能充分发挥两种机械的优势:冲击钻机的凿岩能力较强,可钻进不同地层,先钻主孔为抓斗开路;抓斗抓取副孔的效率较高,所形成的孔壁较平整。抓斗在副孔施工中遇到坚硬地层时,随时可换上冲击钻机或重凿克服。此法一般比单用冲击钻机成槽提高工效1~3倍,地层适用性也较广。主孔的导向作用能有效地防止抓斗造孔时发生偏斜。

铣削法(trenching by cutting) 用专用的铣槽机铣削地层形成槽孔的一种成槽施工方法。该法对地层的适应性强,施工深度大;成槽质量高、速度快;施工安全质量容易控制和保证;现场施工管理易于控制;费用高。如液压双轮铣槽机先后用于长江三峡二期围堰、黄河小浪底等大坝坝基混凝土防渗墙成槽施工,其最大成槽深度可达150 m。

挖槽机(groover;trench excavator) 装有导向架,专用于开挖地下连续墙槽孔的挖土机械。由行走装置、动力机构、挖土装置、导向机构和置换泥浆的装置组成。按挖掘原理,分钻头式挖槽机、挖斗式挖槽机和铣削式挖槽机三类。钻头式挖槽机利用各种钻头对地层进行破碎,借助稳定液的循环将土石碴排出槽外;按钻头对地层的破坏方式,分回转式挖槽机、冲击式挖槽机和回转冲击式挖槽机;按钻头数量,分独头钻挖槽机和多头钻挖槽机;按泥浆循环方式,分正循环挖槽机和反循环挖槽机。挖斗式挖槽机的挖斗既对土层进行破坏,又能直接将土碴运出槽外,有抓斗式挖槽机、铲斗式挖槽机和旋转挖斗式挖槽机三种形式。铣削式挖槽机亦称"双轮铣成槽机",为液压控制,由两个切削滚轮以相反方向旋转切削地层。

冲击式钻机(impact-type drill machine;percussion type drill machine) 利用钻具提升后自由下落的冲击作用,使岩石破碎而钻凿成孔的机具。按钻具的

连接方法,分钻杆冲击式和钢绳冲击式两种;前者效率低,很少采用;后者由机架、动力机械、冲击机构、操纵机构、钻具等组成,构造简单、操作方便、不易卡钻、可钻较大直径的孔,但不能高速钻进、钻进方向较难控制、不能取出岩芯。广泛用于水工建筑物的基础(如大桥桥墩基础钻岩、砂砾石坝基防渗处理钻孔、减压井的钻设)等大型建筑物工程。

冲抓锥(impact grab) 由冲抓锥头、绞车塔架、动力机械等组成的一种钻机。冲抓锥头由抓瓣、配重、连杆、上下滑轮组、开关机构等组成。工作时,依靠锥头自重向井底冲击,抓瓣切入地层挖取泥沙甚至块石,然后提升出井口卸泥。由卷扬机经钢丝绳,通过一离合器控制锥头的升、降、抓、卸动作。一般打井深度为40~50 m。孔径一般为1.1 m,钻进速度为0.2~1.0 m/h。除适用于一般地层外,对砾石层、卵石层以及一般40 cm直径的漂石,也有较高的钻进效能。

冲击式挖槽机(impact groover;impact trench excavator) 挖槽机的一种。由动力设备、冲击操作机构和钻头等组成。通过钻头上下冲击破碎土壤,并使与加入的稳定液混合,用泵抽出,经过处理,分离出土碴后,稳定液送回槽内循环使用。可根据不同的土质更换钻头。结构简单,操作方便,可控制槽孔大小,但速度不能太高,需控制槽孔挖进方向。适用于在土质、砂质和砂砾质地层中造孔。

抓斗式挖槽机(grabbing groover;grab trench excavator) 挖槽机的一种。与普通的抓斗式挖土机相似,为保证挖槽精度,设有导向装置。其抓斗形式,按其起落方式,分吊索抓斗和导板(杆)抓斗;按其启闭方式分,有钢索抓斗和液压抓斗;按其卸土方式分,有中心提拉式抓斗和斗体推压式抓斗。导板(杆)抓斗的斗体上设有导板,起导向作用,增大抓斗重量以避免抓斗起落时晃动,提高挖槽精度和效率。是地下连续墙施工中常用的挖槽机械。多用于地层较软、深度较浅的工程。

回转式钻机(rotary drill) 亦称"转(磨)盘式钻机"。一种利用不断旋转的回转式钻头切削土石的钻机。有两种:(1)转盘回转式钻机。由塔架、钻头、钻杆、转盘、泥浆泵、绞车和动力机械等组成。动力通过传动机构直接由具有多边形内孔的转盘带动钻杆和钻头旋转,靠钻杆的自重不断切削泥沙和岩石,同时由泥浆泵通过钻杆向钻头输送压力泥浆,以

冲出钻头切下的破碎泥沙。深度可达 300 m 或更深,适用于砂层、黏土层和夹有少量砾石、卵石的地层和岩石层,不适于钻过厚的砂卵石层。(2)立轴回转式钻机。由塔架、空心立轴、卡盘、钻杆、钻头、泥浆泵和动力机等组成。动力通过传动机构使空心轴和卡盘带动钻杆和钻头旋转,并设有专门装置以供给钻井压力。这种钻机的工作原理与转盘回转式钻机相同。

液压铣槽机(hydraulic slotting machine)　防渗墙施工中用于铣削法成槽的机械。采用液压与电气控制相结合,从而实现铣槽机成槽自动化的整个过程。同等地层中,其成槽效率比冲击式钻机高得多。当将液压控制和电气控制结合起来使用时,整个传动装置能实现很复杂的顺序动作,接受远程控制。

泥浆固壁(stabilization of drill hole with mud)　在地下造孔或挖槽时,用泥浆作稳定液固定槽孔土壁的一种措施。泥浆胶质与槽孔土壁的颗粒黏结后,具有一定的抗剪力;另外,泥浆的重量对槽孔壁施压,形成一种液体支撑,泥浆由槽孔向土壁内的渗透力,形成一层固壁结泥层。一般槽内泥浆液面高出地下水位 0.6~1.0 m 时即能防止槽孔土壁坍塌。

稳定液(drill hole stabilizing liquid)　地下造孔时用来维持孔壁稳定的泥浆浆液。用途是:(1)稳定孔壁;(2)通过泥浆循环将开挖出来的泥碴排出孔外;(3)冷却和润滑钻具,减轻钻具磨耗。工程所用的稳定液主要是膨润土泥浆,有时用符合要求的黏土代替。其中需加入一些掺合物,使泥浆的比重、黏度、凝胶化倾向、钙离子含量、pH 和失水量等指标达到规定要求。在使用过程中,因泥浆改变性能,需要经常测定并进行调整。

塑性混凝土(plastic concrete)　防渗墙墙体材料的一种。水泥用量较低,并掺加较多的膨润土、黏土等材料的大流动性混凝土。具有低强度、低弹模和大应变等特性。弹强比一般为 200~400,大大低于普通混凝土,是一种柔性材料,可以很好地与较软的基础相适应,又具有很好的防渗性能。

自凝灰浆(self-hardening slurry)　以水泥、膨润土等材料拌制的浆液。在建造防渗墙槽孔时起固壁作用,槽孔建造完成后,该种浆液可自行凝结成一种低强度、低弹模和大极限应变的柔性墙体材料。与常规混凝土防渗墙相比,自凝灰浆防渗墙省去或简化浇筑工序,具有泥浆废弃少、墙段连接施工简便、接缝质量高、造价较低、便于拆除等优点。自凝灰浆在低水头堤、坝基础防渗工程和临时围堰防渗工程中应用较多,还可用于配合装配式钢筋混凝土防渗墙和钢板桩防渗墙施工。

槽孔(trench hole)　为浇筑防渗墙墙段而钻凿或挖掘的狭长深槽。一般由若干个独立的钻孔(单孔)相连形成,也可只有一个单孔。槽孔长度划分的基本要求是尽量减少墙段接头,有利于快速、均衡和安全施工,槽孔划分是准确计算防渗墙工程量的基础。

单元槽段(groove element)　分段建造地下连续墙时划分的基本施工段。施工时需逐段进行开挖和墙体施工。单元槽段的划分对地下连续墙的施工影响很大,需考虑地下连续墙的用途、结构和形状,挖槽机械的性能,起重机械的能力,混凝土的供应能力,贮浆池的容量,场地,连续作业时间和槽段的施工方法等。工程中单元槽段的长度一般为 5~10 m,取值受到造孔深度、地层条件、地下水位深度和槽段施工次序等因素的影响。

分层开挖(layered excavation)　钻机分层挖槽的开挖方式。有分层平挖和分层直挖两种。分层平挖在预定开挖的槽段两端各钻一圆孔作为导孔,将两孔之间土体划分为若干薄层,钻机沿水平方向往返进行破碎地层,施工精度较高,但挖槽速度较慢。分层直挖将单元槽段的土体以一节钻杆左右的长度为一层,划分为若干厚层,用钻机竖直钻孔往返破碎地层,挖槽速度快,但槽壁不太平整,且深度较大钻杆易于偏向挖空一面,会影响吊放钢筋笼(构架)等后续工序的施工,适用于深度不大的松软土层。

灌浆(grouting)　通过设置的管路系统向建筑物地基、大体积混凝土和土石建筑物内部灌注某种浆液的施工作业。浆液可以充填孔隙裂缝,硬化胶结形成结石,改善灌浆部位的建筑特性,加强其整体性,提高力学强度和防渗性能。按作用,分固结灌浆、帷幕灌浆、接缝灌浆、回填灌浆、纵缝灌浆、预应力灌浆、补强灌浆等;按材料,分水泥灌浆、黏土灌浆、黏土水泥灌浆、沥青灌浆、化学灌浆等;按被灌地层,分岩石灌浆和砂砾石地基灌浆。灌浆工作包括钻孔、洗孔、压水试验、灌浆、检查、封孔等工序。灌浆工艺要经过灌浆试验或类比,作仔细的技术经济分析后确定。灌浆工程属隐蔽工程,在施工中应重视原始记录、技术资料整编和质量检查工作。

固结灌浆（consolidation grouting） 加固建筑物基岩的灌浆工作。用以对存在破碎、裂隙等缺陷的基岩进行处理，提高岩体弹性模量和承载能力，增进其均匀性和完整性，减少岩体变形和不均匀沉陷，减少坝基岩体的开挖量。固结灌浆范围和孔距、孔深取决于基岩的破碎带、裂隙、节理和软弱层的分布和基础承载要求。最终孔距一般为 3~6 m。排距略小于孔距。孔深分三种：浅孔（5 m 以下），多用于坝基表层岩体的全面加固，用全孔一次灌浆法灌浆；中深孔（5~15 m），用于地基差的地段进行重点灌浆，用全孔一次灌浆法或分段灌浆法灌浆；深孔（15 m 以上），用于基岩深处有破碎带或软弱层，或高坝基础应力大的地段，用全孔分段灌浆法施工。

帷幕灌浆（curtain grouting） 用浆液灌入岩体或土层的裂隙、孔隙，形成阻水幕，以减小渗流量或降低扬压力的灌浆工作。帷幕顺坝（闸）轴线方向靠近上游面布置，用以截断坝（闸）等挡水建筑物的地基渗流，可起到减少渗漏损失，降低坝（闸）底面上的渗透压力，防止地基和土坝的渗透变形，保证坝基稳定和大坝安全的作用。分接地式帷幕灌浆和悬挂式帷幕灌浆两种。前者达到地基的相对不透水层；后者未达相对不透水层，在坝身不高、不透水层埋藏较深时，常辅以铺盖、排水减压等工程措施。帷幕灌浆孔的深度大，多用回转式钻机钻孔，分段灌浆法灌浆，按 2~4 次灌浆次序，采用中间插孔逐步加密灌浆孔法进行施工。

砂砾地基灌浆（gravel foundation grouting） 在砂砾地基中设置防渗帷幕的灌浆工作。其作用是减少渗漏和防止土石坝基础的渗透破坏。主要有打管灌浆法、套管灌浆法、循环钻灌法和预埋花管灌浆法等。常用的浆液有水泥黏土浆液，也可用纯水泥浆，空隙较大时，可用水泥砂浆，或由多种材料拌制的膏状浆液等。砂砾地基灌浆应满足可灌性的要求，最好通过灌浆试验来决定砂砾层是否可灌。

接触灌浆（contact grouting） 加固混凝土坝和其他混凝土建筑物与基岩接触面的灌浆工作。可提高接触面的结合质量，使基岩与混凝土建筑物连成整体，保证建筑物的稳定和防渗要求。基面坡度超过 45°时，必须进行接触灌浆。有钻孔灌浆法和预埋灌浆盒灌浆法两种。前者是钻孔穿过混凝土达到接触面处，采用循环灌浆法进行灌浆；后者是在接触面上预埋灌浆盒和灌浆管路系统，将管路引到廊道式建筑物外部，通过管路进行灌浆。

回填灌浆（backfill grouting） 用浆液填充混凝土与围岩或混凝土与钢板之间的空隙和孔洞，以增强围岩或结构的密实性的灌浆。这种空隙和孔洞是由于混凝土浇筑施工的缺陷或技术能力的限制所造成的。目的是对隧洞混凝土衬砌或支洞堵头顶部缝隙作灌浆填充。在衬砌混凝土达到设计强度的 70%后，回填灌浆要尽早进行。

纵缝灌浆（longitudinal joint grouting） 为保证相邻混凝土块紧密连成整体，对混凝土坝施工纵缝进行的灌浆工作。在纵缝两侧混凝土块达到稳定温度时进行。若为拦洪、蓄水等原因而要提前灌浆，则应预先在混凝土中设置冷却水管加速其冷却，使之达到稳定温度才能进行。浇筑混凝土坝时应在纵缝面上分区预埋灌浆系统，每区高 10~15 m，面积 200 m²，用止浆片隔开。灌浆系统包括进浆管、回浆管、升浆支管、灌浆盒、排气管、排气槽、事故进浆管、事故回浆管等。灌浆前进行灌水，检查灌浆系统是否畅通，并起到清洗作用，再用优质水泥拌制浆液进行灌浆。灌浆压力为 0.2~1 MPa，视灌浆区位置和面积而定，压力过小，影响质量，过大则可能造成缝隙张开，使混凝土块体产生拉应力而开裂。

化学灌浆（chemical grouting） 用化学材料制成浆液进行灌浆的工作。主要以有机化学物为灌浆材料，有丙凝、环氧树脂等。化学材料从配制成浆液起到聚合止，为低黏度液体，可灌入极微细（0.1 mm 以下）的缝隙，经过一定时间的反应即聚合而成凝胶体。工艺与水泥灌浆基本相同，采用纯压法灌注。按浆液制备方式，分单液法和双液法两种。前者是在灌浆前将浆液按配方一次配成，由灌浆泵压送到灌浆部位；后者则先配成两种浆液，按比例同时由两个泵压送到灌浆孔口，经混合再送到灌浆部位。混合后的浆液经一定时间聚合成凝胶体。与单液法相比，双液法工作灵活，节省材料，但技术要求较高。化学灌浆材料都有一定的毒性，设计、施工中应避免污染环境和人身中毒。适用于水泥灌浆无法处理的工程部位，增强其防渗和承载能力。

灌浆设备（grouting equipment） 灌浆工作所采用的机械设备。主要有钻孔机、灌浆机、搅拌机和管路装置。常用的钻孔机有风钻、架钻、回转式钻机等。灌浆机应满足灌浆压力和吃浆量的要求，机身轻便、结构简单、安全可靠，常用的有单缸立式和双缸卧式活塞泵两种。搅拌机用来连续搅拌浆液,保证灌浆机连续工作,并使水泥浆不发生沉淀和离析。管路装置包括送浆管、回浆管、橡塞、阀门、压力表等。

全孔一次灌浆法(full-length-hole grouting) 全孔作为一段一次进行灌浆的方法。一般在孔深不超过 10 m 的浅孔,地质条件好,岩石完整、漏水较小又无特殊要求时采用。此法的孔径可以尽量小,以能满足灌浆要求为限。固结灌浆多采用此法。

全孔分段灌浆法(stage grouting) 将灌浆孔分段进行灌浆的方法。按钻进和灌浆顺序不同,分自上而下分段钻灌注、自下而上分段灌浆法和混合分段灌浆法等几种。自上而下逐段钻进逐段安设灌浆塞进行灌浆,适用于地质条件较差的场合,可以避免向上段绕塞串浆,逐段增大灌浆压力,提高灌浆质量。缺点是灌浆后需待凝一定时间,钻灌交替进行,费工费时。自下而上分段灌浆可以一次钻成全孔,然后自下而上逐段进行灌浆。其优缺点与上法相反,适用于较好的地质条件。混合灌浆法系综合使用前两法,如灌浆孔上部采用自上而下分段钻灌法,下部采用自下而上分段灌浆法。

纯压灌浆法(non-circulating grouting) 在灌浆孔段中灌浆浆液不循环流动呈屏蔽状态的灌浆方法。浆液在压力作用下进入灌浆孔后,扩散到岩石孔隙中,灌浆孔内浆液不再返回到灌浆泵。用固体颗粒材料制作浆液时,因灌浆孔内浆液不是经常处在流动状态,固体颗粒便会沉淀,堵塞裂缝进口,影响灌浆质量。故只在岩石吃水量很大或灌浆孔径很小,难以安设循环式灌浆塞时采用。化学灌浆常采用此法。

循环灌浆法(circulating grouting) 浆液通过射浆管注入孔段内,部分浆液渗入到岩体裂隙中,部分浆液通过回浆管返回到浆液搅拌机,保持孔段内浆液呈循环流动状态的灌浆方式。可使浆液在灌浆孔段中保持流动状态,减少沉淀,有利于提高灌浆质量。大坝基础帷幕灌浆多采用此法。

循环钻灌法(circulating drilling and grouting) 砂砾地基灌浆的一种方法。采用循环泥浆固壁钻进,钻完一段即行灌浆,不待凝结即开始下一段钻进和灌浆,如此自上而下逐段完成全孔的钻灌工作。孔口一般设孔口管保护,起钻孔导向和防止冒浆的作用。钻灌连续,操作简便,节省时间,自上而下分段钻灌,灌浆压力较高,灌浆质量较好。缺点是孔口管

设置要求紧密,容易冒浆而且不易拔出。泥皮对灌浆有不利影响。

打管灌浆法(grouting with sinking pipe) 砂砾地基灌浆的一种方法。灌浆管由钢管、钻有孔眼的花管和管靴组成。用锤打至设计深度,冲洗掉进管中的砂子,然后自下而上分段拔管进行灌浆。设备简单,操作方便。适用于覆盖层较浅,不含大块石的砂砾石层中设置要求不高的防渗帷幕。

套管灌浆法(grouting with casing pipe) 砂砾地基灌浆的一种方法。边钻进边下套管到设计深度,冲洗钻孔,放进灌浆管,然后拔起套管到第一灌浆段的顶部,对第一段进行灌浆。灌完后将灌浆管提到第二段,上提套管到第二段顶部进行第二段灌浆。如此自下而上进行逐段灌浆。可避免塌孔和埋钻事故,但耗套管较多,灌浆浆液易沿套管外壁上冒,时间长会胶住套管,造成拔管困难。应用较少。

GIN 灌浆法(GIN grouting) 采用单一、稳定的浓稠水泥浆液,根据选定的灌浆强度值控制灌浆过程的一种岩体加固水泥灌浆方法。灌浆时采用水灰比较低的中等稠度的稳定浆液,把稳定水泥浆液视作宾厄姆流体,在流动时具有黏滞性和黏聚性,符合宾厄姆流体方程和流变曲线的特性。用计算机监测和控制灌浆过程,实时地控制灌浆压力和注入率,提高灌浆质量。不适用于细微裂隙和宽大裂隙(包括喀斯特地层)的灌浆处理。

孔口封闭灌浆法(orifice-closed grouting) 在钻孔的孔口安装孔口管,自上而下分段钻孔和灌浆,各段灌浆时都在孔口安装孔口封闭器进行灌浆的方法。优点是孔内不需安设灌浆塞,施工简便,可节省大量时间和人力;每段灌浆结束后,不需待凝即可开始下一段的钻进,加快进度;多次重复灌注,有利于保证灌浆质量;可以使用大的灌浆压力等。采用孔口封闭灌浆法时必须埋设孔口管并设置孔口封闭器。适用于高压水泥灌浆工程。是中国用得最多的灌浆方法。

灌浆浆液浓度(grout concentration) 浆液中固体颗粒灌浆材料与水的重量比。其大小影响到灌浆质量。太浓则流动性差,扩散范围小,不能灌入细小裂隙。太稀则扩散范围大,可能超出要求灌浆范围,造成浪费,而且凝结后收缩大,影响灌浆效果。灌浆时应根据灌浆压力与吃浆量的变化,从稀到浓变换浓度,直至吃浆量达到结束标准时,以所变换的那一级

浆液浓度结束灌浆。国内岩基灌浆、帷幕灌浆浆液水灰比可采用5、3、2、1、0.8、0.6(或0.5)六个比级;固结灌浆浆液水灰比可采用3、2、1、0.6(或0.5),也可采用2、1、0.8、0.6(或0.5)四个比级。灌注细水泥浆液时,水灰比可采用2、1、0.6或1、0.8、0.6三个比级。

灌浆试验(grouting test) 为使灌浆设计、施工符合规定要求,在工地选择有代表性的地段,按相关规范、规程要求进行的试验。试验的结果,可作为灌浆设计、施工的主要依据。灌浆试验完成以后应提出灌浆试验报告,论证灌浆处理的技术可能性、经济合理性,推荐合理的施工顺序、施工工艺、灌浆材料和最优的灌浆浆液配合比,提供有关的设计施工技术数据如孔深、孔距、排距、灌浆压力以及灌浆设备的意见等。

灌浆压力(grouting pressure) 施加于灌浆孔中浆液的压力。是灌浆的一项主要工作参数。浆液在压力作用下,进入岩石的裂隙和孔洞。压力高,浆液扩散范围大,能压入更细小的裂隙,使充填缝隙的浆液中水分易于析出,提高结石质量。压力过大则会使岩石裂缝张开或使坝体和基岩抬动,恶化原来的地质条件,也有可能将浆液压到灌浆区以外,造成浪费。压力过小,浆液不能进入细小缝隙,扩散不到设计灌浆范围,影响灌浆质量。通常应根据岩性和裂隙情况以不抬动覆盖岩层为原则,确定不同深度岩层的允许灌浆压力值,再根据灌浆试验,作必要的修正,然后进行灌浆。

可灌比(permissible grouting ratio) 衡量土层能否接受灌浆的指标。用 M 表示。为地基土粒径 D_{15} 与灌浆材料粒径 d_{85} 之比值,即 $M = D_{15}/d_{85}$。一般认为:$M < 5$ 时,地基土没有可灌性;$5 \leqslant M < 10$ 时,可灌性差;$M \geqslant 10$ 时可灌水泥黏土浆;$M \geqslant 15$ 时可灌水泥浆。

预埋花管法(embedded holey pipe method) 砂砾地基灌浆的一种方法。边钻进边下套管或用泥浆固壁钻到设计深度,清洗孔内残留砂砾,下放一根花管,其内壁光滑,管底封闭严密,每隔 35~50 cm 钻 4 个环状排列的射浆孔,并用橡皮箍套紧,然后在套管与花管之间灌注黏土水泥拌制的封闭填料,边下填料边起套管,直至将套管起出,填料将花管埋住为止。间隔 10~15 天,待填料凝固以后,才开始灌浆。灌浆时在花管内放入带有双橡塞的灌浆管,对准花管中需要开环灌浆的环孔,先用稀浆或清水升压开环,接着开始灌浆。可以根据需要自上而下或自下而上以及混合法进行灌浆,甚至可重复进行灌浆。此法灌浆方便,质量高,但埋管麻烦,需要大量花管。适用于质量要求高的灌浆工程。

锤击法沉桩(drive-in piling method) 用打桩锤的冲击力锤击桩头,克服土壤对桩的阻力,使桩下沉的方法。通过人力、机械力或气动力将锤升高,达一定高度后,让其自由下落,锤击桩顶,使桩缓缓沉入基础。人力锤击只能用于锤击浅桩,一般深度不超过 5 m;中等或较深的沉桩需用机械力或气动力,一般深度可达数十米。气动力驱动易于控制,应用较广泛。

振动法沉桩(vibro-in piling method) 在桩头上刚性连接一振动锤,利用锤的振动和振动冲击作用,使桩克服土壤阻力沉入土中的方法。通过一定频率的振动,减少桩周围的土壤阻力,再通过振动冲击使桩下沉。适用于砂性土、黏土、淤泥质地基,与其他方法沉桩配合使用,能达到良好的效果。但振动冲击对砂土基础有一定的扰动影响,有可能产生液化,在斜坡上不宜采用。

射水法沉桩(jet-in piling method) 亦称"水冲法"。用冲射管喷出高压水束,破坏桩尖下土壤结构,减少阻力,桩在自重和压重(一般是打桩锤)的作用下沉入土中的方法。水冲对土壤结构的破坏很大,极易使桩产生偏位;遭破坏的土壤短期内不易恢复原有强度,一般不单独使用,常与锤击法沉桩或振动法沉桩配合使用。使用射水法沉桩在达设计标高以上 1~2 m 时,停止水冲,再用锤击法或振动法沉至设计标高。适用于淤泥、砂、砂砾土、砂性土和黏土地基,以砂性土最为有效。

压桩法沉桩(press-in piling method) 借助桩架自重和桩架上的压重,通过滑车换向把桩压入土中的方法。优点是设备简单,打桩振动对地基和附近建筑物的影响较小,可避免打桩引起的滑坡。此法靠静力使桩压入土中,压桩阻力大,因受设备限制,只适用于均质软土地基。

打桩机(pile driver) 用于陆上打桩作业的机械。由桩架、桩锤、绞车、动力设备和行走装置组成。行走装置有轨道式和履带式两种。桩锤有蒸汽锤、振动锤、柴油锤和液压锤等。

打桩船(floating pile driver; pile driving barge) 装有打桩机械进行水上和岸边作业的打桩船舶。打桩架一般固定在艒甲板上,可作俯仰动作,以便进行打直桩和打斜桩作业。船舶移动主要靠锚缆,一般有6~8根。为保持打桩时的平稳,除加设锚缆外还装有平衡装置,用以保证桩身位置和坡度的准确。

打桩锤(pile hammer)　用于完成预制桩的打入、沉入、压入、拔出作业的施工机械。打桩锤有蒸汽打桩锤、振动打桩锤、柴油打桩锤、液压打桩锤等几种形式。蒸汽打桩锤是用蒸汽作动力,推动汽锤活塞做功打桩的锤;振动打桩锤是振动法沉桩时所用的打桩锤,有低频振动锤、中高频振动锤、超高频振动锤、振动冲击式锤四种;柴油打桩锤是以柴油燃烧爆炸作动力的打桩锤;液压打桩锤是以液压装置推动锤头打桩的锤。

替打(driving cap)　桩顶的垫件。接在桩顶与桩锤之间,起缓冲作用,以减少对桩顶的打击力。用硬木和钢材制作。要有一定刚度,使锤击的能量更有效地传递给桩。

打桩应力(pile driving stress)　在周期性的锤击作用下,桩身所产生的应力。在锤击时桩上的任一点均会出现压、拉应力的变化,如应力过大,将会使桩身破损。影响打桩应力的主要因素有:锤的冲程、锤击速度、锤垫的刚度、桩型和桩的材料、土质条件、桩的制造质量和沉桩方法等。

打桩控制(pile driving control)　为保证打桩质量所进行的控制。包括偏位控制、高程控制和贯入度控制。偏位控制是控制桩的偏位不超过规定,以免结构受到有害的偏心力和引起预制构件安装的困难。高程控制是保证桩下沉到设计标高,以满足对桩承载力的要求。贯入度是桩在每一锤击下的下沉量,可大致地反映桩的承载能力。贯入度控制即在锤击沉桩达设计标高,或虽未达设计标高但桩已下沉困难时,要根据最后几击的平均贯入度判断桩是否已满足承载力的要求,是否还需要继续沉桩。

钻孔埋桩法(bored pile)　在桩位上造孔,将预制钢筋混凝土桩插入孔内的方法。为保证桩和孔壁的接触,常在孔中预先灌入一些水泥砂浆,凝固后即成。一般常用于锚固岸坡上的危岩和坍滑体。

置换法(displacement method)　用无侵蚀性和低压缩性的散粒材料(如砂、壤土、砾石等)取代地基一定范围内软弱土层的软基加固方法。人工置换地基可起到扩散基础应力,减小下卧软土地基承受的地基应力和沉降量,以及加速排水固结的作用。常用的有:(1)挖除置换法,用人工或机械挖除软土,置换好的填料;(2)强制挤出置换法,直接在软土地基上填以填料(填土或砂石料),在填料荷重和强大的机械力的作用下,将软土或淤泥挤走,达到置换目的;(3)强夯置换法,是将重锤提到高处使其自由落下形成夯坑,并不断夯击坑内回填的砂石、钢渣等硬粒料,使其形成密实的墩体,达到置换目的。

排水固结法(drainage consolidation method)　促使土壤排水固结的软基加固方法。在软基表层或内部造成水平或垂直排水通道,在土体自重或附加荷载的作用下,使其排水固结。按排水通道的布置方法,分:(1)水平排水固结法。亦称"砂垫层法"。在软基表面铺一层砂料或砂砾石,在上面填土或施加其他荷载,使软土孔隙水压力增高,加速排水固结。适用于加固浅层软土地基。(2)垂直(竖向)排水固结法。在软基中按一定间隔设置排水井,其中投放入排水性能良好的材料(砂、碎石、塑料排水带等)作为排水通道,软土表面铺填排水材料。在填土或其他荷载作用下,软土中的超静水压力增高,孔隙水被迫流向排水通道,沿垂直(竖向)排水通道经地面水平排水垫层流走。适用于加固较深的软土地基。垂直(竖向)排水固结法按排水材料,可分砂排水法、袋装砂井排水法和塑料带排水法等。

砂井排水法(sand drainage method)　垂直(竖向)排水固结法的一种。用打砂井的机械成孔并灌入砂子,在地层中形成砂柱,以此作垂直排水通道。砂井的直径较大。砂井按正方形或三角形布置,其间距根据固结要求确定。此法的缺点是用砂量大,在很软的地基上不便施工。

石灰桩法(lime pile method)　加固软基的一种方法。由生石灰与粉煤灰等掺合料拌和均匀,在孔内分层夯实形成竖向增强体,并与桩间土组成复合地基的地基处理方法。该法利用石灰化学反应过程中的吸水、膨胀、发热现象使土粒间的孔隙水脱水,并挤压孔周围的软土,使之发生第二次脱水密实。主要用于处理软黏土地基。应用时,要注意石灰对地下水的污染。

水泥粉煤灰碎石桩(cement-flyash-gravel pile)简称"CFG桩"。由水泥、粉煤灰、碎石、石屑或砂等混合物加水拌和形成高黏结强度桩,并和原桩周围土体组成复合地基的地基处理方法。施工方法是先用长螺旋钻机钻孔或沉管成孔,然后用混凝土泵向孔内压送一种由水泥、粉煤灰、碎石、石屑或砂等混合料加水拌制而成的特殊材料，边压注边提升钻具，直至达到预定的高程成桩。施工中不用泥浆，无污染，无振动，不受地下水位的限制；施工简便，成本低廉。适用于黏性土、粉土、砂土和以自重固结的素填土等地基，对于淤泥质土应按地区经验或通过现场试验确定其适用性。

固化法（solidification method） 加固软基的一种方法。在软土地基中加入水硬性材料，经化学物理变化，使土壤固化。常用的水硬性材料有石灰、水泥和某些活性工业材料。主要有水泥土深层搅拌拌和法、石灰拌和法和旋喷法等。优点是固化快，无需加荷载预压，完工后即可投入使用，加固后地基强度大。缺点是固化材料用量大。可用于表层软基的加固，或深层软土的固化。

水下施工（underwater construction） 直接在水下修造建筑物或从事施工的作业。如应用水下开挖、水下抛筑、水下压实、水下爆破、水下浇筑混凝土、水下敷设、水下切割，以及潜水等作业在水下直接进行修建护底工程、航道疏浚、建造沉井沉箱、敷设管道等。能减少修筑围堰和基坑排水等工作，有时可加快施工进度。但施工质量不易得到保证。

挖泥船（dredger） 开挖水下土、石方的工程船舶。按工作原理，分水力式和机械式两类。水力式挖泥船依靠泥浆泵吸泥和排泥，一般为吸扬式挖泥船；机械式挖泥船通过机械力作用挖掘泥土，有链斗式挖泥船、抓斗式挖泥船和铲斗式挖泥船等。用于河道或航道、港池的疏浚工作，水下基槽的开挖等。

吸扬式挖泥船（pump dredger；suction dredger） 用泥浆泵吸泥和排泥的一种挖泥船。主要装置是离心式泥浆泵，将泥浆（泥沙与水的混合物）经吸泥管吸入泵休后由排泥管压送出去。常用的有绞吸式挖泥船和耙吸式挖泥船两种。适用于大规模的疏浚工作。

绞吸式挖泥船（cutter suction dredger） 吸扬式挖泥船的一种。利用吸泥管进口处转动着的绞刀绞松河底土质，使泥沙与水混合成泥浆，通过泥浆泵的真空作用，泥浆从吸泥口经吸泥管吸进泵体，再经排泥管输送至排泥区。一般为非自航式，有钢桩碇泊式和锚缆碇泊式两种。适于风浪小、流速低的航（河）道和港口施工。以开挖沙、沙壤土和淤泥等土质为主。

耙吸式挖泥船（drag suction dredger） 吸扬式挖泥船的一种。将耙吸管下放河底，利用泥浆泵的真空作用，通过耙头和吸泥管自河底吸取泥浆经排泥管进入泥舱中，泥舱满载后，吊起耙吸管，航行至排泥区开启泥门卸泥；或吸起的泥浆不装入舱内，由排泥管直接排于船外水域中。有的还装有吹泥泵，可将泥舱中的泥浆吸出而进行吹填工作。特点是能自航，船体大，抗风能力强和调遣灵活、挖泥效率高等。适于在海港和河口航道施工。一般可开挖淤泥、软黏土、沙壤土和各种砂性土。

抓斗式挖泥船（grab dredger） 用抓斗进行循环式挖泥的挖泥船。利用船上旋转式起重机的吊杆和绕于绞车滚筒上的钢缆，操纵抓斗的升降和启闭来抓取水下泥土。有自航式和非自航式两种。自航式挖泥船中设有泥舱，泥舱装满后，船自航至排泥区开启泥门卸泥。非自航式挖泥船配备泥驳装泥，由泥驳航行至排泥区卸泥。一般用于航道、港口和水下基础工程的开挖工作，适于开挖淤泥、砂卵石和黏性土；采用特制的抓斗，也可用于水下爆破的清碴作业。

铲斗式挖泥船（shovel dredger） 用铲斗进行循环式挖泥的挖泥船。利用吊杆和斗柄将铲斗伸入水中，推压斗柄，拉紧钢缆使铲斗切入河底挖掘泥土，然后由绞车牵引钢缆将铲斗提升至水面适当高度，由旋转装置转至泥驳卸泥。一般为非自航式。适于挖掘黏土、砂卵石和水下爆破的石碴，以及清理围堰和水下障碍物等。

链斗式挖泥船（bucket dredger） 由多斗装置进行连续式挖泥的一种挖泥船。利用一系列泥斗在斗桥上连续运转挖掘水下泥土。挖泥时，船体的横移和前移由一个主（尾）锚缆和四个边锚缆的交替收放进行。一般为非自航式。按排泥设备和方式，分：（1）泥驳链斗式挖泥船，是泥斗挖取泥土经顶部的泥阱、卸泥槽卸入泥驳；（2）泥泵链斗式挖泥船，自设泥舱，由泥斗挖取的泥土卸入泥舱后，冲水搅拌成泥浆，用泥浆泵抽吸泥浆经排泥管压送至排泥区；（3）高架卸泥链斗式挖泥船，是泥斗挖取泥土由高架的皮带输泥机送至排泥区。链斗式挖泥船开挖精度较高，常用于开挖港池停泊地和建筑物基槽等。适于开挖沙壤土、壤土、砂卵石和淤泥等土质。水利工程中常用来开采砂砾石料，故亦称"采砂船"。

挖泥船纵挖法（longitudinal dredging method） 挖

泥船沿挖槽纵轴方向,边前移(或航行)边挖泥的施工方法。前移(或航行)方向与水流流向一致者,称"顺流纵挖";反之,称"逆流纵挖"。适于自航式挖泥船的挖泥工作。

挖泥船横挖法(lateral dredging method) 挖泥船由挖槽的一边向另一边横移挖泥的施工方法。当挖至一边后,前移一定距离,再向另一边横挖,如此往返进行施工。前移方向与水流流向一致者,称"顺流横挖";反之,称"逆流横挖"。适于非自航式挖泥船的挖泥工作。

疏浚回淤率(recirculation rate of dredging silt) 疏浚施工期间,单位时间内回淤(泥沙返回挖槽内沉积)的泥沙厚度。常以每天多少毫米表示(mm/d)。其值随水流含沙量、底沙的推移、挖槽边坡的稳定等情况而异,少的每天仅几毫米,多的可达几十毫米。主要用于计算疏浚期间挖槽的回淤土方量。

吹填(hydraulic reclamation; hydraulic fill) 疏浚泥土通过泥浆泵(或吹泥船)和输泥管线排送至陆地或河、海等岸边浅滩,进行土方填筑的施工方法。往往结合航道疏浚的泥土处理工作进行,使废土得到利用;也有为某项填筑目的而专门组织挖泥船挖泥并进行吹填。适用于吹填场地、扩大陆域、吹泥造田或改良土壤,吹砂填筑堤坝或结合河道整治工程吹填整治建筑物等。

吹填土(hydraulic fill; dredger fill) 用泥浆泵把泥砂排送到四周筑有围堤的填土区,经沉淀排水后形成的土层。特点是:(1)颗粒较细,黏土粒、粉砂含量较多,且土粒在吹填区分布不均匀,近吹泥管出口处沉积的土粒较粗;(2)含水量大于液限,土粒很细时,水分难以排出,土体初期呈流动状态,以后随表面水分蒸发而形成一薄层硬壳,下层仍处于流动状态,土壤结构性很差;(3)较长时间内仍会处于饱和状态,压缩性高,承载力很低。在自然状态下,需很长时间甚至数十年才能固结,为使吹填土区能尽快使用,需采取排水固结等加固措施。

泥场(dumping area; disposal area; spoil ground) 亦称"泥库"。用来存储吹填泥土的区域。可利用自然洼地或修筑围堤形成具有一定容积的场所。吹填泥浆在泥场内沉淀的过程中,需排除大量清水,故必须在泥场边界的适当位置设置水门排水,随时调节水位的升降,以控制泥沙的流失和达到泥场吹填的平整。

基床抛石(base riprap) 水下基槽开挖完成后,按基床设计断面抛投石料的作业。采用水上或陆上机具进行。离岸较远且与岸不相连的基床抛石,水上机具主要是抛石船;在离岸较近的地点建造基床时,可用陆上机具进行抛石,如从栈桥或浮桥上抛石。在松软地基上,抛石前应先铺设排体。为避免漏抛和超抛,应经常进行水深测量。

抛石船(dump ship) 用于抛投石料以填筑水下基床、截流堤和潜堤等的工程船舶。按抛石方式不同,有翻石船和开底驳船两种。前者主要由船体和倾翻机构组成,石料堆放在甲板面上,利用倾翻机构使石料倾泻于水下;后者由船体、底门和底门启闭机构组成,石料装载于船舱中,随着底门的开启,石料自行卸落。当抛石水深较小时,应用翻石船较合适;当抛石水深较大时,两者均适用。

基床平整(base leveling) 对抛石基床的顶面和边坡进行整平的工作。使基床均匀承受上部荷载传来的压力和达到设计标准。常由潜水员进行作业。有粗平、细平和极细平几种。粗平时,一般在伸出工作船边的两根钢轨上安装滑轮,用重轨做成的刮尺通过滑轮吊在水中,刮尺两端系以测绳控制刮尺高程,潜水员以水平方向推动刮尺,使基床顶面符合设计要求。细平和极细平的方法相同,整平高程用水下基线控制,在抛石基床的两侧埋入两根钢轨,并使其顶面符合要求的标高,潜水员将刮尺在轨道的顶面上推行,使其达到要求精度。

基床水下夯实(underwater base compaction) 抛石基床粗平后,用起重船悬挂夯板进行水下夯击使之密实的施工方法。基床高度较大时,应分层夯实,每层夯实厚度一般不大于2 m。夯击次数根据试夯确定。不进行试夯时,一般采用每点8夯次。夯击时,夯板轨迹应有一定重叠;分段夯击时,打夯的搭接长度不小于2 m,以免漏夯。

潜水作业(plan of diving operation) 人或机械在水下环境里进行的水下施工作业。常把10 m以内的称"浅水潜水作业",10~45 m的称"中水潜水作业",超过45 m的称"深水潜水作业"。一般水面波浪大于4级时,禁止潜水员下水。水流流速大于3 m/s时,将增加潜水作业的困难和危险性。用于港口工程施工的水下作业、水下电焊作业、水下打捞或清除障碍物等,还可用于海底采矿、水中养殖、水下营救和水下检查维修等。

潜水用具（diving equipment）　潜水员潜水作业所使用的装备。包括潜水服装、供气设备、通信工具和照明设备等。潜水服装包括钢帽、水密衣、铅砣和潜水鞋；供气设备常用两缸或三缸手摇活塞式泵，供气量要求较大时可用压缩空气机；通信工具用电话和信绳，信绳还有传递工具物品和救险的作用；照明设备用水下照明灯，对于深水潜水，还需配备潜水船供潜水员进达水底。

沉箱法施工（caisson method）　在地下水位以下，在沉箱内干土上进行挖土施工，并通过特殊的装置井运土的施工方法。施工中沉箱制作完毕后，进行沉箱浮运、沉箱沉放和沉箱填充。沉箱浮运是当沉箱制作完毕，下水浮起后，用拖轮拖运到建筑工地的工作，沉箱两侧需用导向船保护，以增加稳定性防止撞坏，并便于设置锚缆设备和安装起重机具等；沉箱沉放是在沉箱浮运到安装地点就位后，逐步增加压重使其沉到事先已整平好的河床，继而在沉箱下部的工作室中挖土下沉到设计标高的工作；沉箱填充是沉箱下沉到设计深度后，为保证其安全稳定而抛入填充材料的工作，填充材料一般有混凝土、浆砌块石或砂砾石等。

水下管道敷设（underwater pipe laying）　在河、海或湖底铺设管道的施工作业。主要有沟槽开挖、敷管、沟槽回填等工序。沟槽开挖的方法有预先挖沟法和后挖沟法两种。前者在管道敷设前先挖沟槽，可用挖泥船或碎石船开挖，也可用水下爆破法开挖；后者先将管道敷设在底面上，用水下埋管机把管道下面的土切开，使管子下沉。敷管时先将单节钢管焊接成 100～500 m 长的管段后再进行敷设。沟槽回填可用水下推土机将沟侧的泥土推入沟中，或用船运送沙石料至预先设置的台船，沿料斗抛入水底。

水下切割（underwater cutting）　用水下自动切割机切割钢管或其他物件的作业。由起重机吊起切割机，并沿钢管内壁下滑，到位后使切割机头旋转，切割机上的两把对称切断棒即可把钢管切断。水下自动切割机系用一空心切断棒，内通以氧气，在切断棒和被切的物体之间产生电弧将被切物体预热，利用钢材的氧化反应热来熔断钢材。

海上作业平台（sea working platform）　用于外海施工作业的专用平台。其上装置打桩机、大型钻机、起重机或混凝土搅拌机等施工设备。有接地式和漂浮式两种。前者是一艘带有几条支腿的驳船，支腿插入海底后，利用自升装置将驳船升至水面以上，且不受波浪影响；后者类似于驳船，为改善因风浪引起的摇摆，提高船舶的稳定性，常采用双体船型。

板桩（sheet-pile）　排桩支护结构中常用的挡土构件，设置在基坑侧壁并嵌入基坑底面的形状长而扁的支护结构竖向构件。可用于低边坡、基坑等的支护。预制的钢筋混凝土板桩具有施工简单、现场作业周期短等特点，曾在基坑中广泛应用，但由于钢筋混凝土板桩的施打一般采用锤击方法，振动与噪声大，同时沉桩过程中挤土也较为严重，在城市工程中受到一定限制。在水利工程中，连续的板桩能够延长渗径，减少渗透坡降，起到防渗作用，一般设在需防渗建筑物上游侧。

排桩（soldier pile wall）　沿基坑侧壁排列设置的支护桩和冠梁所组成的支挡式结构部件或悬臂式支挡结构。最常用的桩型是钢筋混凝土钻孔灌注桩和挖孔桩，此外还有型钢桩、钢管桩、钢板桩、型钢水泥土搅拌桩等。适用于基坑侧壁安全等级一、二、三级的可采用降水或截水帷幕的基坑。其中悬臂式结构适用于较浅的基坑（在软土场地中一般不宜大于 5 m）。

土钉墙（soil nail wall）　由随基坑开挖分层设置的、纵横向密布的土钉群、喷射混凝土面层和原位土体所组成的支护结构。其构造为设置在坡体中的加筋杆件（即土钉或锚杆）与其周围土体牢固黏结形成的复合体，以及面层所构成的类似重力挡土墙的支护结构。单一土钉墙适用于基坑侧壁安全等级二、三级的地下水位以上或经降水的非软土地基，且基坑深度不宜大于 12 m。当基坑潜在滑动面内有建筑物、重要地下管线时，不宜采用土钉墙。

土层锚杆（earth anchor）　在深基础土壁未开挖的土层内设置的由杆体（钢绞线、普通钢筋、热处理钢筋或钢管）、注浆形成的固结体、锚具、套管、连接器所组成的一端与支护结构构件连接，另一端锚固在稳定土体内的受拉杆件。

内支撑体系（inner support system）　深基坑开挖中采用的一种围护方式。内支撑是设置在基坑内的由钢筋混凝土或钢构件组成的用以支撑挡土构件的结构部件。支撑构件采用钢材、混凝土时分别称"钢内支撑"、"混凝土内支撑"。支撑系统由水平支撑和竖向支承两部分组成。对于软土地区基坑面积大、开挖深度深的情况，内支撑系统由于无需占用基坑外侧地下空间资源、可提高整个围护体系的整体强度和刚度以及可有效控制基坑变形的特点而得到大量的应用。围檩、水平支撑、钢立柱和立柱桩是内支撑体系的基本构件。

强夯法(dynamic compaction method) 反复将夯锤提到高处使其自由落下,给地基以冲击和振动能量,将地基夯实的施工方法。用起吊设备将具有一定重量的夯锤吊起,从高处自由落下,对地基进行反复夯击,给地基以强烈的冲击和振动,使得软弱土孔隙中的气体和液体排出,迫使土体孔隙压缩,使土粒重新排列,从而提高地基的强度,降低地基的压缩性。适用于加固碎石土、砂土、黏性土、湿陷性黄土、杂填土等各类软弱地基和消除粉细砂液化。

振冲法(vibroflotation) 在振冲器水平向振动和高压水的共同作用下,使松散碎石土、砂土、粉土、人工填土等土层振密,或在软弱土层中成孔,然后回填碎石等粗粒料形成桩柱,并与原地基土组成复合地基的地基处理方法。适用于处理砂土、粉土、粉质黏土、素填土和杂填土等地基。对于处理不排水抗剪强度不小于 30 kPa 的饱和黏性土和饱和黄土地基,应在施工前通过现场试验确定其适用性。

深层搅拌法(deep mixing method) 以水泥浆作为固化剂,通过专用的深层搅拌机械,将固化剂和地基土强制搅拌,使固化剂与土体充分拌和,硬结形成具有整体性、水稳定性和一定强度的桩体的地基处理方法。适合于处理正常固结的淤泥和淤泥质土、粉土、饱和黄土、素填土、黏性土以及无流动地下水的饱和松散砂土等地基。

高压喷射灌浆法(jet grouting) 简称"高喷灌浆"、"高喷"。一种采用高压水或高压浆液形成高速喷射流束,冲击、切割、破碎地层土体,并以水泥基质浆液充填、掺混其中,形成桩柱或板墙状的凝结体,用以提高地基防渗或承载能力的地基处理方法。喷射形式有旋喷、摆喷和定喷三种。旋喷是使喷射管做旋转、提升运动,在地层中形成圆柱形桩体的高压喷射灌浆施工方法;摆喷是使喷射管做一定角度的摆动和提升运动,在地层中形成扇形断面的桩柱体的高压喷射灌浆施工方法;定喷是使喷射管向某一方向定向喷射时,同时提升,在地层中形成一道薄板墙的高压喷射灌浆施工方法。

垂直铺塑法(vertical plastic paving) 在开槽机开设的沟槽内铺设防渗膜进行垂直防渗的地基防渗施工方法。一个槽段的施工工序包括施工准备、造槽及泥浆固壁、成槽清孔、塑膜铺设、槽内回填土等。铺塑材料常用聚乙烯防渗膜(亦称"PE 膜")。具有开槽机连续稳定、施工速度快、防渗效果好、适用条件广、成本低等特点。在江河堤坝防渗堵漏、水库土坝坝基浅层防渗加固等工程中得到广泛应用。

围堰(cofferdam) 在施工导流中用来围护基坑和保证水工建筑物干地施工的临时性挡水建筑物。按施工材料,分混凝土围堰、土石围堰、草土围堰、钢板桩格型围堰等;按是否过水,分过水型和不过水型两类;按与水流方向的相对位置,分横向围堰和纵向围堰两类;按与坝轴线的相对位置,分上游围堰和下游围堰两类。除了作为永久建筑物的一部分外,围堰一般为临时建筑物,在导流任务完成后一般应予以拆除。

导流方式(diversion pattern) 在河道中修建建筑物时的施工期控制水流方法。按主河床基坑的形成特点,分全段围堰法导流和分段围堰法导流。前者亦称"围堰一次拦断河床法导流",水流经河床以外的临时或永久泄水道向下游宣泄;后者亦称"分期围堰法导流",用围堰将水工建筑物分段、分期围护起来进行施工。与全段围堰法导流、分段围堰法导流配合的辅助导流方式主要有淹没基坑法导流、隧洞导流、明渠导流、涵管导流、渡槽导流、底孔导流、缺口导流等。辅助导流方式应根据工程具体条件分析采用,可单一使用,也可几种方式配合使用。

明渠导流(open channel diversion) 施工导流的一种方法。在河岸或河滩上建造明渠作为施工导流泄水建筑物。多用于岸坡较缓或有溪沟、老河道可利用的河流。采用加大底坡形成急流和全面衬砌减小糙率等措施,加大明渠泄水能力,使明渠导流也有用于河床狭窄、流量较大的山区河流。尤其因地质或其他原因开挖隧洞有困难时,或隧洞不能满足施工期间放木等要求时,明渠导流常成为一种可供选择的方法。

隧洞导流(tunnel diversion) 施工导流的一种方法。用隧洞作为施工导流泄水建筑物。导流隧洞断面形状常用城门洞形、圆形或马蹄形。隧洞造价较高,采用隧洞导流应尽可能结合发电、泄洪、放空水库等永久性隧洞。确有需要时也可建造导流专用隧洞,在导流完成后予以封堵。多用于山区河流,河床狭窄,两岸陡峻和岩质坚硬的场合。

底孔导流(bottom outlet diversion) 施工导流的一种方法。利用预留在前期所建坝体中的孔口下泄河水。是混凝土坝最常用的一种后期导流方法。底孔一般布置在混凝土坝段或厂房段内,对于宽缝重力坝也有将底孔布置在两坝段间的宽缝中,支墩坝则可布置在两个支墩之间。底孔的个数、尺寸和高程决定于导流的需要,同时也应考虑到有利于截流和封孔工作。底孔位置还应注意到坝体内永久性孔道和其他设施的布置。底孔可与坝身永久性孔(如放空、冲砂孔等)结合使用,也有专门为导流而设置的。后者在导流完成后应予以堵塞。此法优点是不需专门泄水建筑物,可降低造价和节省时间,坝体施工不受过水影响,工作面大;缺点是底孔的封闭和堵塞均较困难,易造成坝身薄弱环节。

涵管导流(culvert diversion) 施工导流的一种方法。利用涵管作为泄水建筑物。涵管一般用钢筋混凝土制成后埋入坝体。特点是结构简单,施工方便迅速,有利于缩短工期,因涵管穿过坝体,故需注意与坝体的结合,以及涵管本身因沉陷而可能出现的破坏。多用于中、小河流上修建的低水头土石坝工程。

渡槽导流(flume diversion) 施工导流的一种方法。用渡槽作为泄水建筑物。渡槽常用木料、钢筋混凝土或钢材制成。特点是结构简单,施工方便,可以争取主体工程有较长施工期限;但其过水能力小,仅适用于窄河床、小流量的河流上修建中、小型水利工程。

导流标准(diversion standard) 选择导流设计流量进行施工导流设计的洪水设计标准。按施工导流的挡水、泄水和封堵蓄水等特点划分,洪水设计标准主要分导流建筑物洪水设计标准、坝体施工期临时度汛洪水设计标准、导流泄水建筑物封堵后坝体度汛洪水设计标准等。导流标准的合理选择,对工程施工的顺利进行和经济效益具有重大影响,标准不宜过高,也不宜过低,应结合工程具体情况进行分析、论证。

导流设计流量(design discharge for diversion) 施工导流工程设计计算所依据的流量。对于不同时期、不同任务均有不同要求的设计流量。一般有为决定各期导流建筑物尺寸,施工拦洪,封孔蓄水后大坝安全校核,蓄水发挥效益,龙口尺寸,截流等所需的设计流量。当工程有施工通航或下游用水要求,或采用过水围堰方案时,还应选定各自专门的设计流量。选定导流设计流量最常用的方法是频率法,也有采用统计法、调查分析法和预报法等。其大小关系到工程的安全和经济。过大则增加导流工程费用,偏安全但不经济;过小则不安全,故需慎重对待。

导流方案(diversion scheme) 水利工程施工中不同导流时段、不同导流方式的组合。导流方案的选择应考虑的主要因素有水文条件、地形条件、地质及水文地质条件、水工建筑物的形式及其布置、施工期间河流的综合利用、施工进度、施工方法和施工场地布置等。此外,导流方案的选择应使主体工程尽可能及早发挥效益,简化导流程序,降低导流费用,使导流建筑物既简单易行,又适用可靠。

施工拦洪水位(design flood level during construction) 汛期施工中,通过导流泄水建筑物下泄导流设计洪水流量,而可能在上游形成的水位。是施工导流、进度安排的一个重要控制指标。对于非全年挡水的围堰,在汛期前,应将坝体修建到拦洪水位以上,以保证汛期用坝体挡水,且能在坝面上继续施工。对于不允许过水的土石坝,则更需确保大坝安全。

封孔蓄水(closing and ponding) 施工后期,封闭导流泄水孔,建筑物开始蓄水的工作。是施工进度安排的一个重要控制环节。选定封孔时间既要保证工程发挥效益的期限,又要保证建筑物的安全和正常运转。封孔以后开始蓄水,上游水位即不断上升,必须做好相应的上游拆迁工作,如果下游有用水要求,则应考虑预留放水孔道。对底孔或隧洞,一般采用下闸门封孔方法,通常用钢或钢筋混凝土平板闸门。没有永久性要求的底孔或隧洞,下闸封孔后,应予以堵塞。梳齿导流时,其泄水、浇筑坝体和封孔实际上相互交叉同时进行,不需专门封孔。

施工通航(navigation during construction) 在水利枢纽施工期间为使河道航运不中断,或尽可能减少断航时间而采取的临时性通航措施。包括合理安排过船建筑物在内的枢纽建筑物的施工程序和施工布置,通航建筑物建成投产前,选择一个临时性的通航方案,如修建临时通航建筑物或转运站等。施工通航方案对船闸形式的选择及其在水利枢纽中的布置均有一定的影响。如长江三峡水利枢纽工程分别采用明渠和临时船闸作为施工通航建筑物。

截流(river closure) 施工中拦断河床迫使水流从专门导流泄水建筑物(如明渠、隧洞、底孔)下泄的工作。在流水中进行,且其水力条件在截流的中、后期可能相当恶劣,落差、流速可达到相当大的程度,因而难度较大。如果失败,不仅工程量成倍增加,而且延误围堰作用时间,影响工程导流方案,甚至推迟整个工程的工期。是施工中一项难度大的关键工作。常用的方法是抛投块石、石笼或网兜石等物料截流。此外,结合特殊施工方法还有爆破截流、水力冲填截流等。

截流设计流量(design discharge for closure) 截流工程设计所依据的流量。最常用的选择方法是频率法。由于截流时间较短,且可根据当时水流情况加以适当调整,故频率标准可以较低,一般采用 5%~10% 的旬或月平均流量,或最大日平均流量作为设计流量。也有采用统计法或水文预报法选择。选择截流设计流量单独使用某种方法都有不足之处,最好采用几种方法进行比较,再配合预报法校核。

进占(advance) 截流中在河床一侧或两侧向河床中填筑截流戗堤的施工作业。

平堵(horizontal closure method; submerged embankment closure method) 抛投物料沿整个戗堤轴线全面抛投,戗堤全面上升,直至出水截流的堵口方式。一般在龙口设置浮桥或栈桥,用运输工具在桥上抛投。应均匀抛料,使戗堤均匀上升,避免造成高差形成水流集中而产生险情。优点是截流中单宽流量较小,水流条件较好;对龙口下游基床冲刷不严重;工作面大,可提高抛投强度。但需要修建浮桥或栈桥,增加投资,并延长工期。

立堵(vertical closure) 用运输工具在龙口两端向中间抛投物料,或一端抛料向另一端前进,进占戗堤,最后拦断河道的堵口方式。特点是龙口落差和单宽流量均大于平堵,水流条件较差,应根据口门水深、水头和流速大小采用不同的抛投物料,必要时需抛投大块石、石笼或大混凝土块体等;龙口处常形成楔形水流和立轴漩涡,冲刷较严重;工作面小,使抛投强度受到一定限制。突出优点是无须架设抛投栈桥,不仅节省投资而且赢得时间,易与其他措施配合,且可适应龙口水流条件变化,采用不同的材料和技术,灵活性大;准备工作简单,可用一般机械设备,成本低。近年来运输工具的大型化,使立堵抛投强度已大大提高。

截流戗堤(closure embankment) 在龙口中用来截断河流的部分堤段。为减少截流工程量,截流戗堤通常不是围堰的全断面,而待截流后再加高培厚到设计断面。用抛投料截流,岩基上常用密集断面,软基上则常用下部为结合护底、抗滑等要求的扩展断面,上部为密集断面的混合式断面。

单戗堤截流(one-embankment closure) 堵截江河时,集中在一条戗堤(如上游围堰)上进行截流的方法。水流作用全部集中在此戗堤上,落差、流速均较大,截流困难,需抛投大尺寸物料。优点是截流地点集中、单一,没有互相干扰和配合的问题,易于组织施工。适用于落差小于 3 m 的工程。

多戗堤截流(poly-embankment closure) 采用几条戗堤(如上、下游围堰)协同进占截流的方法。常用的是两、三戗堤截流。优点是造成多级跌水,水流作用由几条戗堤共同负担,减小每条戗堤的截流难度;但要求各条戗堤的进占密切配合,施工组织复杂,且需机械、人力均较多,成本较高。适用于落差大,截流水力条件不利的工程。

宽戗堤截流(wide-embankment closure) 当截流水力条件不利时,将截流戗堤加宽至几十米甚至几百米进行截流的方法。优点是戗堤宽大,使水流作用分散,削减龙口流速,增加消能效果;可采用较小的抛投物料,且流失量少;工作面宽度大,可提高抛投强度,加快截流进度。因戗堤宽,工程量亦增加很大。应尽量使戗堤结合为坝体的一部分,可减少投资。

抛投物料(dumped material) 截流工程中,抛投入水用以堵截水流的物料。对质量、形状、粗糙度等均有一定要求,而且要求开采、制作、运输方便和费用低廉。在截流流量、落差不很大的情况下,大多数工程均采用块石为抛投物料。当水流条件很差,单个块石由于尺寸有限,不足以维持稳定时,采用大型的抛投物料,如利用多数块石联合作用的块石串、填石网兜、填石铅丝笼,或大岩块、混凝土四面体等。

护底(river bottom protection) 截流工程中,保护河床床面防止被水流冲刷的措施。能起抬高基床,使床面平整,从而降低截流难度的作用。护底范围主要包括龙口及其下游侧;在围海堵口或潮汐河流截流,有双向水流作用,龙口上下游两侧均应护底。常用的护底材料有块石、竹笼、铅丝笼、排体等,护底宽度应略大于龙口宽度,上、下游长度视土质情况和水流条件而定。

裹头（embankment end reinforcement） 加强龙口戗堤端部防冲的措施。一般需在龙口戗堤端部位置抛投大块石、石笼、串体等以形成裹头。

龙口落差（fall across gap） 截流期间龙口上、下游的水位差。是衡量截流难度的一种指标。河道截流中，落差大于 2 m 的称"高落差截流"，小于 2 m 的称"低落差截流"。落差愈大，口门处流速愈大，截流难度就大。实际工程中，宜采取措施对落差加以控制，不使过大。

人工降低地下水位（artificial dewatering；lowering of underground water） 在基坑四周打井，从井中抽水，使井的附近形成地下水降落漏斗，因各降落漏斗相连，使基坑内大面积地下水位下降的基坑排水方法。主要有井点排水和管井排水两种。在透水的砂性土中使用。

井点排水（well-point dewatering） 人工降低地下水位的一种方法。在基坑四周按一定间距埋入针滤器，由针滤器、集水总管、集水箱、离心式水泵和真空泵等组成井点排水系统。真空泵的作用在于排除随地下水进入管路的土中空气和管路本身可能的漏气，使水泵正常工作。由于受真空吸水高度的限制，降深能力仅为 4 ~ 5 m，超过此值时，可采用多层的井点布置方案。

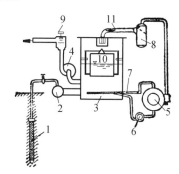

井点排水设备示意图
1. 针滤器　2. 集水总管　3. 集水箱
4. 水泵　5. 真空泵　6. 冷却水泵
7. 冷却水管　8. 分水器　9. 调节阀
10. 浮筒　11. 抽气管

电渗排水（electro-osmotic drainage） 一种用于渗透系数较小的黏土或淤泥降低地下水位的井点排水法。排水时，一般沿基坑四周布置两列正负电极，正极通常为金属管，负极为井点的排水井，通电后，地下水将从正极向负极流动，再由井点系统的水泵抽走。一般用于开挖深度较大、渗透系数较小且土质较差的地层。

管井排水（pipe well drainage） 人工降低地下水位的一种方法。在基坑四周设置管状滤水井，在水井中放入吸水管，地下水借重力作用流入水井后，被普通离心式水泵（或深水泵）抽走。管井通常由下沉钢管组成。钢管的下端有网式滤头，最外面一层是保护用粗铅丝网，中间一层是细铅丝滤网，里面用直径为 3 ~ 4 mm 的铅丝稀疏地绕在钻有许多小孔的钢管上，把滤网和钢管隔开，使水流畅通。在滤网层外面常设反滤层。此外，也可用射水泵和压气升液器作为管井排水的抽水设备。

系统工程（system engineering） 以系统为研究对象，用定量分析方法使服务于特定目标的各项工作的总体达到最优的一门科学。从系统总体目标出发，调查、分析系统中各成分要素，确定各成分要素间相互联系和制约的关系，建立各种系统分析模型（方案），通过优化求解、综合评价（定量和定性比较），以得到总体最优的方案，供选择或预测之用。以近代数学方法和电子计算机为工具，用来研讨和解决一般系统的调查、分析、规划、设计、组织、管理、评价和预测等问题。

模拟技术（simulation technique） 对系统本身、系统环境和外界扰动条件等进行模拟计算的一种数学分析方法。一般可在计算机上模拟系统，从而进行研究、分析和实验，以便在实际的新系统建立以前，预测近似实际的结果。对不可能或不便于用实物进行实验的系统，更有重要意义。

系统分析（system analysis） 在一个被研究的系统范围内，运用逻辑思维推理，科学分析的计算方法或模拟，对系统进行定性和定量分析求得系统整体最优的决策方法。有技术分析方法、数学分析方法和经济分析方法等。技术分析方法在各个技术领域中均有专门介绍；数学分析方法主要为运筹学中的各种方法；经济分析方法主要有成本效益分析、投资效果分析、向量表示法、不确定性分析和主观判断分析等。

成本效益分析（cost-benefit analysis） 对多个待选方案评价其成本和效益，并通过比较以选择最佳方案的分析方法。可用公式 $E = f(c_i, s)$ 表示效益、成本、数量之间的关系。狭义的成本效益分析，产品数量 s 固定，效益 E 仅受成本 c_i 的影响。广义成本效益分析，产品数量 s 对效益 E 亦发生影响。成本效益分析时常用的评价优劣标准是：（1）效益相同时,取成本最小者;(2)成本相同时,取效益最大者;(3)效益、成本成比率时,取比率最大者。

投资效果分析(analysis for gain advantage of investment) 对企业系统进行整体性能评价的一种方法。分三种情况考虑:(1)投资相同时,以效果最大者为优。可直接计算经营费用节约额为评价标准。(2)效果相同时,以投资最小者为优。可直接计算投资节约额为评价标准。(3)投资较大的方案,效果大于投资较小的方案时,计算多投资部分和经营费用节约部分的回收期或投资效果系数为评价标准。

运筹学(operational research) 论述最优化理论的数学方法的学科。是近代数学的一个组成部分。有数学规划、网络技术、排队论、博弈论、库存论、决策论和搜索论等分支。是系统工程理论基础之一。研究的问题一般都表现为物与物的关系。通过建立数学模型,进行定量分析达到最优化目标。对参数较多的问题,要应用电子计算机求解。

数学规划(mathematical programming) 通过建立所研究系统的数学模型,以求其最优解的一种数学解析方法。即在满足一组等式或不等式约束条件下,求出一组变量的解,使目标函数值达到最大或最小。包括线性规划、整数线性规划、非线性规划、几何规划、动态规划和多目标规划等。其中:线性规划是指目标函数和约束条件都是线性方程的数学规划;非线性规划是指目标函数和约束条件中至少有一个非线性方程的数学规划;整数线性规划是全部变量要求取整数解的线性规划;动态规划是解决多阶段决策过程最优化问题的一种数学规划。常用于水利水电工程的施工组织设计和结构优化设计。

施工动态仿真(dynamic simulation of construction) 将面向对象仿真技术、虚拟现实技术、多主体(人性化智能)技术和实时控制理论方法集成应用于水利水电工程施工模拟的软件系统。主要内容包括:综合考虑各种约束条件的施工随机动态数学逻辑关系模型和基于真实施工场景下的交互式仿真智能体模型;真实施工场景下施工实时交互式仿真与控制方法和基于多主体的施工动态仿真与优化方法;实时仿真的施工进度预测与分析以及实际可行的进度控制等。

监控与预测信息(monitor and forecast information) 水利水电工程施工中常用的表明施工状况、环境等信息。实时监控信息主要有施工进度、上坝强度、施工质量和施工资源配置等信息;预测信息包括短期和长期的降雨和气温等、施工过程中分析与决策问题等施工条件的估计和判别。不同坝型对监控和预测的信息有不同要求,通过对实时监控数据的处理和分析,以及预测信息的统计分析,为施工仿真提供更真实的计算参数。

施工实时控制(real-time control of construction) 利用现代信息技术对水利水电工程施工的过程进行实时的监测、分析、反馈、控制,以加快施工进度、提高工程质量。包括各种数据信息的在线采集和传输、三维视景仿真、施工质量动态监测和预警、施工进度实时控制分析、施工资源调配以及数据存储、分析和管理等。大坝施工实时控制和分析需要多项技术方法的支持,实现系统的应用功能,对施工过程的质量与进度进行动态地监控和分析,高效地集成和分析大坝建设过程中的海量施工信息,为大坝施工过程中管理者的科学决策提供技术支持。

仿真建模(simulation and modeling) 为对事物深入研究,通过对其本质做出抽象而建立的一个与真实系统具有本质相似性的模型。可以是数学模型或是物理模型,可利用它进行一系列的仿真实验。建模和仿真是分析、研究和设计各类系统,特别是复杂系统和大系统的有力工具。在水利水电工程实践中,有不同层次的仿真模型,尽可能全面模拟工程建造和运行全过程是仿真建模追求的终极目标。

数字大坝(digital dam) 利用高度发达的现代数字信息技术,全方位地实现对大坝全寿命周期信息的实时、在线、全天候监测、分析和管理。是大坝长期安全运行分析的管理平台。是一个不断丰富发展的概念。通过个人数字助理(PDA)、全球定位系统(GPS)、通用分组无线业务(GPRS),以及更广泛的互联网、物联网等技术来实现对高坝建设过程的监控,不同类别的永久传感器监测大坝不同部位的运行情况。将具有挑战性的技术难题交给机器人处理,人类只需做好中枢的管理运作,是数字大坝集成技术的追求目标。

信息集成(information integration) 系统中各子系统和用户的信息,通过采用统一的标准、规范和编码,实现全系统信息共享,进而实现相关用户软件间的交互和有序工作。标准化是信息集成的基础,主要包含通信协议标准化、产品数据标准化、调节网络标准化、电子文档标准化和交互图形标准化等。集成平台是信息集成的有力工具，是面向对象的开放式集成技术。

网络计划（network schedule） 在水利水电工程施工进度计划编制中，用网络图来描述工作之间的逻辑关系及其工作时间参数的进度计划。网络图是由箭头线和节点组成的用来表示工作流程有向、有序的网状图形。用网络计划对工程的进度进行安排和控制，以保证实现预定的科学管理目标，其工作原理：（1）把一项工程的全部建造过程分解为若干项工作，并按其开展顺序、相互制约和相互依赖的关系，绘制出网络图；（2）进行时间参数计算，找出关键工作和关键线路；（3）利用最优化原理，改进初始方案，寻求最优网络计划方案；（4）在网络计划执行过程中，进行有效监督和控制，以最小的消耗，获得最佳的经济效果。

资源均衡（resource equilibrium） 施工过程中劳动力、施工机具和建筑材料的配置，在一定的时间段内尽可能相同，以防止出现劳动力窝工或施工机具闲置等现象。要实现各类各种资源同时均衡是困难的，通常是谋求主要资源的均衡，其他资源与其相匹配。管理上可按资源的重要性、资源消耗的时间区域，以及资源配套等角度对施工资源进行分类，建立多资源均衡优化模型，进行资源优化配置。

港口　航道　河口　海岸

海洋水文学与海岸动力学

海岸动力学（coastal dynamics）　研究海岸带波浪、潮汐、海流、冰凌等海岸动力因素运动的基本规律，及其与海岸泥沙、岸滩、海岸工程建筑物等相互作用的学科。是海岸工程和海岸带资源综合开发利用的理论基础。主要研究：（1）波浪理论、波浪传播、折射、反射、绕射、破碎，浅水域传播变形，风浪的生成、发展和传播、衰亡及其随机特性（统计特性和波能谱），波浪与水流、岸滩、建筑物相互作用；（2）潮汐、风暴潮、海啸、海湾静振等长周期波运动的预报，潮流和其他沿岸流运动；（3）泥沙基本特性，海岸、河口泥沙运动机制和冲淤演变规律，港口航道泥沙淤积，以及海岸防护措施；（4）海岸动力因素及其影响的现场观测、物理与数学模型试验、观测资料的分析、统计整理方法。

海洋水文学（marine hydrology）　水文学的一个分支。主要研究海洋水文要素及其变化规律。海洋水文要素包括海水温度、盐度、密度、透明度、水色、潮汐、波浪、海流、风暴潮、海冰、海岸泥沙、海水化学成分等。海洋水文学的研究，为港航工程、海涂围垦、海岸防护、海岸带和海洋资源开发，海洋污染预测和防治等提供水文资料和数据。

水色（water color）　海洋、湖泊、水库，以及池塘中的水在现场所呈现的颜色。用以估计水的光学性质和水质。水本身无色，透入水中的光线受水中悬浮物和水分子的选择吸收和选择散射的综合作用而呈现出不同的颜色。如纯水中，短波的蓝色光线被散射的程度最大，而被吸收的程度最小，因此纯水呈浅蓝色或蓝色。测定水色常用特制的水色计与天然状态下的水色进行比较。水色计从蓝色到褐色共有21个标准色。

波浪（wave）　在外力作用下，水质点离开平衡位置而作往复振荡运动，形成水面起伏运动，并向一定方向传播的现象。是海洋、湖泊、河流等宽敞水面上常见的一种水体运动形态。按生成原因，分：（1）由风力引起的波浪称"风成波"；（2）船舶航行产生的波浪称"船行波"；（3）太阳和月球引力引起的波浪称"潮汐波"；（4）地震引起的波浪称"地震波"，通常称"海啸"。按作用于波浪的力，分自由波和强制波。按水深相对于波长的大小，分深水波和浅水波。按波的周期，分毛细波、次重力波、重力波、超重力波、长周期波。其中以风成波和潮汐波最常见，又以风成波形成的海浪对港口和海岸工程等水工建筑物的影响最大。表征波浪大小的标志主要是波高和波周期。在海上波浪周期一般介于 $1 \sim 20$ s 之间。巨大的波浪会对防波堤、码头、堤坝、闸门等水工建筑物造成严重破坏，波浪的动力作用会引起泥沙运动，使岸滩崩塌，港口和航道淤积等。

波浪要素（wave characteristics）　表征波浪运动特性和形态的各种物理量。主要包括波峰、波谷、波高、波长、波周期、波速、波陡、波向线、波峰线等。

波峰（wave crest）　水面波动的最高点。各波峰点的连线称"波峰线"，它与波向线正交。

波谷（wave trough）　水面波动的最低点。

波高（wave height）　在液体波动中，相邻波峰和波谷的垂直距离。是表征波浪大小的主要标志之一。波浪的能量与波高的平方成正比，故波高的量值反映出波浪的能量的大小。常用平均波高（$\overline{H}$）、有效波高（$H_{1/3}$），和十分之一大波（见 392 页"部分大波"）波高（$H_{1/10}$）等表示。中国沿海的年平均波高北部小南部大：渤海沿岸 $0.3 \sim 0.6$ m，黄海沿岸约 0.6 m，南海沿岸约 1.0 m。

波长（wave length）　两相邻波峰（或波谷）间的水平距离。是波浪特征要素之一。波长（L）等于波速（c）与周期（T）的乘积，即：$L = cT$。波浪传至浅海后，随着水深的减小，波速变小，因而波长亦相应地减小。

波周期（wave period） 两相邻波峰（或波谷）通过同一固定点所需的时间。是波浪特征要素之一。波浪周期（T）等于波长（L）与波速（c）的商，即：$T = L/c$。波浪周期在时间和空间上的变化均较小，一般用一段时间的平均值表示。

波速（wave celerity） 波浪在水体中的传播速度。通常用单位时间内波形传播的距离表示。波速 c 的大小取决于水体深度 D，以及波长 L 或波周期 T，即：

$$c = \sqrt{\frac{gL}{2\pi}\mathrm{th}\frac{2\pi D}{L}}$$

或 $c = \frac{gT}{2\pi}\mathrm{th}\frac{2\pi D}{L}$。

当水深很小（小于二十分之一波长）时，波速仅取决于水深，即：

$$c = \sqrt{gD}$$

当深度很大时（大于半波长时），波速仅取决于波长或波周期，即：

$$c = 1.25\sqrt{L}$$

或 $c = 1.56T$。

波陡（wave steepness） 波高（H）与波长（L）之比值。即 $\delta = H/L$。波浪传入浅海后，波长减小，波高增大，波陡随之变大。当到达极限波陡时，波浪发生破碎。深水推进波的极限波陡为 0.142；波浪进入浅水区后，极限波陡与相对水深（D/L）和岸滩坡度（m）有关。

海况（oceanic conditions） 风力作用下的海面外貌特征。可根据海面波峰形状及其破裂程度和浪花泡沫出现多少等征状来确定等级。海况等级如下表所示：

等级	海面征状
0	海面光滑如镜，或仅有涌浪存在
1	波纹或波纹与涌浪同时存在
2	波浪很小，波峰开始破裂，浪花呈玻璃色
3	波浪不大，但很触目，波峰破裂，其中有些地方形成白浪
4	波浪具有明显形状，到处形成白浪

（续表）

等级	海面征状
5	出现高大的波峰，浪花占了波峰上很大面积，风开始削去波峰上的浪花
6	波峰上被风削去的浪花，开始沿着波浪斜面伸长成带状，有时波峰出现风暴波的长波形状
7	风削去的浪花布满波浪斜面，有些地方达到波谷，波峰布满浪花层
8	稠密的浪花布满波浪斜面，海面变成白色只有波谷内某些地方没有浪花
9	整个海面布满稠密的浪花层，空气中充满水滴和飞沫，能见度显著降低

波级（wave scale） 表示波浪大小的等级。级别愈大，波浪愈高。有将风浪、涌浪分别定级，也有依同一标准分级，中国采用后者。中国国家海洋局1987年颁布的《海滨观测规范》中的波级如下表所示：

波级	波高范围（m）		名称
0	0	0	无浪
1	$H_{1/3} < 0.1$	$H_{1/10} < 0.1$	微浪
2	$0.1 \leqslant H_{1/3} < 0.5$	$0.1 \leqslant H_{1/10} < 0.5$	小浪
3	$0.5 \leqslant H_{1/3} < 1.25$	$0.5 \leqslant H_{1/10} < 1.5$	轻浪
4	$1.25 \leqslant H_{1/3} < 2.5$	$1.5 \leqslant H_{1/10} < 3$	中浪
5	$2.5 \leqslant H_{1/3} < 4$	$3 \leqslant H_{1/10} < 5$	大浪
6	$4 \leqslant H_{1/3} < 6$	$5 \leqslant H_{1/10} < 7.5$	巨浪
7	$6 \leqslant H_{1/3} < 9$	$7.5 \leqslant H_{1/10} < 11.5$	狂浪
8	$9 \leqslant H_{1/3} < 14$	$11.5 \leqslant H_{1/10} < 18$	狂涛
9	$H_{1/3} \geqslant 14$	$H_{1/10} \geqslant 18$	怒涛

表中 $H_{1/3}$ 和 $H_{1/10}$ 分别表示有效波高和十分之一大波波高。

风浪（wind wave） 风力直接作用下形成的波浪。属于强制波。外形相对于竖轴不对称，背风面较迎风面陡。在强风作用下便翻倒和破碎，伴有浪花和泡沫，造成海面能见度低。传播方向基本上与风向一致，在近岸受地形等因素影响，波向和风向可能相差较大。风浪的产生和发展，主要取决于风速、风向、风区长度（水面沿风向长度，简称"风距"）及其作用的持续时间、水深和水体形态等因素。目前已可根据气象和地形资料进行风浪预报。

涌浪（swell） 风力停止后仍存在的或在风力作用范围之外的无风区中水体仍继续传播的波浪。其波面较为平坦而规则，波面比较光滑，波峰宽度和波长都较大，波周期、波速较风浪大，且随着传播距离的增加，波周期和波长都逐渐增大。传播速度大于风暴的移动速度，往往在风暴来临之前即可传到岸边，故开敞海岸水域出现涌浪时常是生成风浪的外海风暴即将来临的征兆。

混合浪（mixed wave） 风浪和涌浪叠合形成的波浪。风区内风向变化或风速减小，或风区以外涌浪传播进入都会形成混合浪。混合浪的波高较其组成的风浪或涌浪大，其周期则介于两者之间。

海啸（tsunami） 亦称"津浪"。海底地壳变动、火山爆发和海中核爆炸等引起的海水波动现象。具有极大的波速，周期为 15～60 min。波长可达数百千米。波高在外海并不显著，但由于水深大，传播速度很快。当传至近岸时，由于水深变小、波速减慢，波高急剧增大，达几米至十余米，使海水泛滥成灾，岸滩坍塌，造成人、畜伤亡和财产损失。一般在工程设计时由该地区的历史记录加以确定。

深水波（deep water wave） 水深大于半倍波长的波浪。不受海底影响，水质点运动轨迹接近于圆形，波动振幅随深度的增加而急剧减小，即水面附近的水质点运动比较显著，深处则很微弱甚至静止。深水波的传播速度（c），只取决于波长（L），与水深（D）无关，即 $c = \sqrt{gL/(2\pi)}$。

浅水波（shallow water wave） 水深小于半倍波长的波浪。其运动受海底摩擦影响，水质点运动轨迹接近于椭圆。水底附近的水质点运动与水面附近一样明显，对海岸带泥沙运动、沿海港口航道淤积均有较大作用。浅水波的传播速度（c）取决于水深（D）和波长（L），即

$$c = \sqrt{\frac{gL}{2\pi} \text{th} \frac{2\pi D}{L}}。$$

如水深（D）很小（$< L/20$），$\text{th} \frac{2\pi D}{L} \triangleq \frac{2\pi D}{L}$，则 $c = \sqrt{gD}$，与波长无关。

规则波（regular wave） 具有确定波高、波周期和波向的波浪。规则波有二维规则波、三维规则波和线性（微幅）规则波、非线性（有限振幅）规则波之分。二维规则波任何相位的水面高程在与波向垂直的方向上保持不变，亦称"长峰规则波"；三维规则波在与波向垂直的方向上有水位波动变化，亦称"短峰规则波"。二维、三维规则波可视为具有一维、二维波能谱的不规则波的一种数学概化，是研究海浪及其与岸滩、建筑物相互作用的重要和有效的方法。严格说来，海浪是一种不规则波。但为便于研究，可把海浪看成是由无限多个单一规则波叠加而成的。

不规则波（irregular wave） 亦称"随机波"。随机出现的水面波动。可视为很多波高、波周期、波向和相位各不相同的波系随机叠加而成。外观的水面波动是一随机过程，其波高、波周期都属于随机变量、各自服从一定统计规律，可用特征波（具有一定统计含义的特征波高、波周期的波列）来表征。其波能谱既表示随机过程的二阶统计特性，同时内观上描述波能在频率域与方向域上的分布特性。不规则波理论是当代海浪研究的重大进步，在规则波理论基础上进一步反映出天然海浪的随机性与不规则性。

拍岸浪（surf） 亦称"击岸波"。当波浪传至近岸处前坡变陡而形成的破碎波浪。波浪由深水传至浅水或近岸区域后，将发生波长缩短、波高增大等现象，加上受海底摩擦影响，波峰比波谷传播速度快，使波形的前坡变陡、后坡变缓。当波形的这种不对称性发展到后面波峰部分超过前面波谷部分时，导致波浪的倒卷和破碎。在水深骤减的情况下，波浪一次破碎后即向海岸拍击。如海底平缓，波浪破碎后又形成新的波浪继续向岸推进，并周期性的破碎，最后向海岸拍击。拍击时表层水质点呈显著的向前运动，形成一股水流，而底层则产生回流。对海岸和沿岸工程往往起破坏作用。

内波（internal wave） 密度不同的介质受外力扰动而出现的波动。发生在海洋中密度垂直分布有显著变化的水层上，或有淡水流入的海区的海水与淡水分界面上。其波动振幅可为表面波的数倍。在发生内波的分界面两侧，水流流向相反，往往对拖网作业造成事故，对航行船舶可造成减速或停滞不前。使海水运动及水文要素的分布和变化更为复杂，对水下潜艇的活动，声学探测仪器的使用以及海洋生物活动区域和范围，都有重要影响，成为当前海洋科学的重要课题之一。

前进波（progressive wave） 亦称"长峰波"。波

形沿一定方向传播且在与波向垂直的剖面上无变化的周期性波动。是一种最基本的二维水波。不同前进波系互相作用会形成不同形态的波浪,如波高、波周期相同但传播方向相反的两个前进波系线性叠加形成驻波(见"驻波");波高、波周期相同而波向不同的两个前进波系叠加形成三维波(见"三维波");波高、波向相同但波周期相差微小的两个前进波系叠加形成波群(见 393 页"波群");许多不同波高、波周期、波向的前进波系随机叠加形成不规则波系(见 390 页"不规则波")。

驻波(standing wave) 亦称"立波"。由入射波和反射波叠加而成的、波形不向前传播、只在两波节间周期性升降的波。位于相邻两波腹中间水位不动的波节,水质点只作水平往复振动。驻波的波长和波周期与原始入射波一样,而波高则为原始入射波的两倍。当直立海岸(或直立式水工建筑物)前的水深大于波浪破碎的临界水深,且入射波的传播方向与直立海岸垂直时容易形成。

强制波(forced wave) 直接处于外力作用下的波动。一方面作用力不断地给波动提供能量,使波动继续发展;另一方面由于介质的摩擦作用而消耗能量,使波动不断衰减。当两种能量相当时,波动达到稳定。它不但依赖外力的性质,而且还取决于介质的性质。风浪是一种强制波。

自由波(free wave) 亦称"余波"。外力作用消失后或外力作用区域内形成的强制波向外传播演变而成的波浪。只受重力和惯性力作用。随着介质摩擦作用消耗能量,波动逐渐衰减。但由于水体黏性很小,波动能持续相当长时间。例如,风区内风消失后或风浪向外传播形成的涌浪(见 390 页"涌浪");脱离震源区向外传播的海啸(见 390 页"海啸");封闭或半封闭水域产生的静振(见 395 页"静振")等。

孤立波(solitary wave) 仅有一个波峰、波长为无限、运动相对于时间和位置不作周期性变化的波动。水质点只在波峰附近作较显著的运动,能量也集中于波峰附近。传播速度取决于水深(D)和波高(H),即

$$c = \sqrt{g(D + H)}。$$

孤立波传至浅水区时将变得不稳定,并最后破碎。

船行波(ship wave) 船舶航行于水中所产生的非定常水面波动。船舶在开敞深水域中航行时,船首两侧和船尾下游沿航向轴线左右夹角约 18°~20° 波动区内形成横波与纵波两个波系,横波向下游传播,纵波则与航向成一定夹角向两侧传播。其尺度与船型、航速、航道断面和航线至岸边距离等因素有关。对船舶产生航行阻力,影响船舶适航性能,对船舶航行、靠泊也有一定影响,对岸滩、堤坝亦有破坏作用。

三维波(three-dimensional wave) 亦称"短峰波"。波形沿一定方向传播,其横向(包括波峰线)也有波动变化的波浪。两个波高、波周期相同但波向不同的前进波系叠加,或斜向入射波遇直墙反射后在墙前水域均可形成三维波。前进波和驻波可视作其特例。

线性波(linear wave) 亦称"微幅波"。振幅与波长之比微小的波浪。忽略波陡(波高与波长之比)对波浪运动特性的影响,适用于简单线性叠加而忽略相互作用。可用来近似地描述大多数波动现象。通常关于波浪运动特性的描述多数是针对线性波而言的。

非线性波(nonlinear wave) 亦称"有限振幅波"。振幅与波长之比值有限的波浪。线性波(微幅波)是其近似描述。波面的波峰段尖窄、波谷段平坦,波动中心线在静水面以上,波长、波速除与波周期、水深有关外,还随波高而变化。水质点运动轨迹不再是封闭的圆形或椭圆形。波浪的总动能大于总位能。波能传递速度与群速不相等。波系叠加产生非线性相互作用,形成新的波系。

破碎波(breaking wave) 浅水波发生破碎的水面波动。波浪在近岸水深逐渐变浅的水域传播变形时,波高增大、波长减小,波峰比波谷传播速度快,使波峰前坡变陡,后坡变坦,当波峰顶水质点向前水平速度大于波速、波高与波长之比或波高与水深之比达到临界值时,波浪失去稳定而发生破碎,常伴有浪花和波能损耗。对于不同的岸线形态、水下地形和深水波波要素,波浪可能产生多次破碎或连续破碎,其破碎形态各异。在陡峭岩壁、直立堤前波高与水深比达到临界值时波浪直接破碎冲击在岩面、墙面上,产生浪花飞溅和巨大打击力。工程上,在堤前半个波长以内破碎的波称"近破波";在堤前半个波长以外破碎的波称"远破波"。

波浪反射(wave reflection) 波浪在传播过程中遇到陡峻的岸坡或人工建筑物时,全部或部分被反

射,形成反射波的现象。反射波的波长和波周期与入射波相同,但波高随反射波能的大小而定。反射波能与入射波能之比称"波能反射率",其随岸坡或建筑物的坡度、糙度、空隙率和波浪陡度的不同而异。当波能反射率为1时,反射波的波高等于入射波波高;小于1时,反射波波高小于入射波波高。反射波的传播方向根据反射定律确定。反射波常和入射波叠加成驻波,使波高增大。波浪通过波浪绕射和波浪折射进入港内,在码头前沿产生反射,造成局部水面激荡,不利于船只的停靠和作业。建筑物兴建和港口设计时应采取措施消除或避免波浪反射。

波浪折射(wave refraction) 波浪在浅水区传播过程中波向线发生偏转的现象。当波浪以某一角度传向岸边时,同一波峰线上各处水深不同,波速亦不同,致使深水处的波峰逐渐赶上浅水处的波峰,波峰线与等深线间的夹角逐渐减小。与波峰线正交的波向线随之偏转,最后趋于与等深线垂直。折射作用的结果是两波向线间的距离发生变化。当两波向线间的距离缩小时,波能辐聚,波高增大。这些特点,在建筑物规划布置时都应注意。

波浪绕射(wave diffraction) 波浪绕过障碍物(岛屿或建筑物)传播到遮蔽水域的现象。是波能重新分配的一种过程。绕射后波浪的波长和波周期不变,但同一波峰线上的波高则不相等。在海岸工程中常需考虑波浪绕射的影响,如分析防波堤对港口水域掩护的实际效果;确定港口水域内波峰位置和绕射波主波向线位置;确定港口水域内各处的绕射波波高。

波浪变形(wave deformation) 波浪在不均匀水深、有障碍物或有水流的水域传播时引起波要素和运动特性的变化。包括波浪绕射、反射、折射和破碎。深水波沿垂直于等深线方向传播进入水深变浅水域,其波周期保持不变,波长、波速随水深变浅而变小,波高开始逐渐变小,而后又渐增大,直至波高与波长、波高与水深之比达到临界值时发生破碎。波浪在底部地形复杂的水域中传播还会产生联合折射、绕射和反射现象。

波浪爬高(wave run-up) 建筑物上波浪上爬的最高点相对于静止水面的高度。

波浪力(wave force) 亦称"波压力"。波浪作用在建筑物上的压力。包括静压力和动压力两部分。其大小随建筑物形式不同而异。可用波力计测定,也可根据波浪性质、波浪要素和建筑物形式等用不同公式计算求得。工程应用上往往借助于模型试验。

波能(wave energy) 波动水体具有的能量。包括动能和势能两种。前者是水质点以一定速度运动而产生的能量;后者是水质点的位置相对于它的静止中心的高度差所具有的能量。波浪能量与波高的平方成正比,故波高的量值反映出波能的大小。波能利用已成为当今海洋新能源领域的重要研究课题之一。

波浪谱(wave spectrum) 把实际波浪按振幅、频率、方向或位相所分成的系列。波浪谱给出波浪能量相对于各组成部分的分布关系,故亦称"能量谱",是波浪谱的主要形式。若只考虑能量相对于频率的分布,称"一维谱"(波浪频谱),如同时考虑能量相对于频率和方向的分布,则称"二维谱"(波浪方向谱)。波浪谱的研究对工程设计、海浪预报均有重要意义。波浪谱的出现把波浪研究提高到一个新水平,并构成当今波浪研究的主要方向之一。

波浪玫瑰图(wave rose diagram) 简称"波玫瑰"。表明某地一定时间内波浪的分布状况图。似玫瑰花朵,故名。表示各个方位上各级波浪的出现频率。频率最大,表示该方位波浪出现次数最多。亦可用来表示各方位上的最大波高、平均波高、平均波周期等。根据工程设计需要,可绘制不同时段的波浪玫瑰图,如年波浪玫瑰图、季波浪玫瑰图、月波浪玫瑰图等。

部分大波(partial large wave) 以最大一部分波的平均波高表示的波浪。将观测到的高低不等的波浪系列(简称"波列")按波高大小依次排列,并就最大一部分波高计算平均值,称"部分大波的平均波高",用 H_p 表示。如将最大的十分之一大波的波高取平均值作为特征波高,则具有此特征波高的波浪称"十分之一大波",亦称"显著波"。最大的三分之一大波的波高取平均值作为特征波高,则具有此特征波高的波浪称"三分之一大波",亦称"有效波"。反映出海浪的显著部分或特别显著部分的状态,在工程设计和理论研究中有较广泛的应用。

有效波(significant wave) 见"部分大波"。

累积频率波高(accumulative frequency of wave height) 将波高按大小顺序排列,划分若干区间,分别求出各区间的频率值,再逐区间加以累积,得到一系列的频率累积值。用 H_F 表示。如 $H_{5\%} = 2$ m,即从大到小排列有 5% 的波高大于或等于 2 m。部分大波波高与累积频率波高之间有如下的近似换算关系:$H_{1/100} \approx H_{0.4\%}$;$H_{1/10} \approx H_{4\%}$;$H_{1/3} \approx H_{13\%}$。

风区(fetch area) 风速和风向基本相同的风所吹过的海域范围。习惯上把从风区上沿风吹的方向到某一点的距离称为风区长度,简称"风区"。当风时一定时,对应于某一风区(长度)内的波浪达到定常状态时,此风区长度称"最小风区"。

波群(wave group) 由波向和振幅相同,波长和波周期近似的波系干涉叠加后形成的波形包络线。其振幅随时间、空间位置变化,最大值为原组成波振幅的 2 倍,传播速度介于 1 倍至半倍组成波波速之间,量值上与线性波波能传递速度相等。

台风浪(typhoon wave) 由台风引起的巨大海浪。破坏力巨大。中国位于太平洋西岸,海岸开阔且漫长,容易受季节性台风的影响。当台风形成后,台风中心的最大风速可达 $50 \sim 60$ m/s,在强风作用下,在广阔的海面上可以形成十几米,甚至几十米的巨浪。在巨浪向近岸传播的过程中,一方面由于掀沙作用造成水下地形冲蚀,另一方面由于波浪变形造成波能局部集中,有可能对已有的或正在建设的海岸工程带来灾难性的后果。

波流相互作用(wave-current interaction) 潮流、海流、径流、风生环流与波浪的相互作用。考虑到流剖面是否均匀,流速在水平方向的变化,流随时间变化尺度的异同,波向与流向的角度变化,波流相互作用的形式多种多样。波流相互作用现象在河口及海湾地区特别显著:涨潮时顺流进入河口的波浪变平,落潮时逆流进入河口的波浪变陡,有时造成波浪破碎,带来航行困难。波浪谱可以描述作为随机过程的海浪,而海流又会改变波浪谱。除了表面波,流也影响着界面波的传播。是非线性科学的前沿课题,具有重要工程意义。

潮汐(tide) 在日、月引潮力作用下,海水发生的周期性运动。分水平和垂直两个方向。前者指海水的周期性流动,称"潮流";后者指海面的周期性升降、涨落,习惯上称"潮汐"。完成一次涨落平均约需12h25min,因此一昼夜海面通常有两次涨落,白天的称"潮",夜间的称"汐",故名。月球引潮力是太阳引潮力的 2.25 倍,故潮汐与月球的关系更为密切。理论上,全球大洋表面在月球引潮力作用下将从球面变成橢圆球面的形状,在地月连线方向上,较原球面凸起的两端相当于海面的升高,即高潮。在中间带及其附近较原球面凹陷,相当于海面下降,即低潮。因地球自转,就某地而言,海面在 1 个"太阴日"内应有两次高潮和两次低潮,但由于月球赤纬离地球距离的变化,以及海水的摩擦、惯性、海区地理特征等对潮汐都有显著影响,因而有半日潮、全日潮和混合潮之分。因月相的盈缺,潮汐在半个月内还有"大潮"和"小潮"的明显变化。此外,与太阳辐射有关的气压、风、降水和蒸发等也将引起海面的附加振动,并叠加在日、月所引起的"天文潮"之上,使潮汐随时间和空间的变化都较复杂。

天文潮(astronomical tide) 亦称"引力潮"。只由月、日天体的引潮力引起的潮汐。是海洋潮汐中的主要组成部分。天文潮的高、低潮高度及其出现时刻,受日、月、地三者天体运动的周期性变化影响,都有一定的规律。其中长期的变化有半月、月、半年、年、8.85 年和18.61 年周期。潮汐表刊载的逐日潮高、潮时资料属天文潮。其在大洋中的潮差仅约 1 m,涨落潮历时也基本相同,但作为潮波传至浅海近岸地区,由于波的变形、反射等,使振幅增大,故近岸多数地方的潮差都在 1 m 以上,且涨潮历时缩短、落潮历时增长。

气象潮(meteorological tide) 由水文气象因素(如风、气压、降水、蒸发等)引起的海面振动现象。因水文气象因素与太阳的辐射都有直接或间接的关系,故亦称"辐射潮"。引起的海面振动周期从几分钟到几天,振幅自几厘米至几十厘米,甚至 1 m 以上。与天文潮同时出现,常打乱天文潮的正常规律。以近海较显著。特大的气象潮称"风暴潮",是由热带风暴(如台风)、温带气旋或寒潮过境而引起的海面异常升高或降低,振幅可达几米以上。

涨潮(flood tide) 海面自低向高上升的过程。涨潮开始时速度缓慢,之后较快,到达最高位置之前又趋缓慢。

落潮(ebb tide) 海面自高向低下降的过程。落潮开始时速度缓慢,之后较快,到达最低位置之前又趋缓慢。

高潮(high tide) 在潮汐的一个涨落周期内,水面上升达到的最高潮位。有些半日潮海区,一昼夜前后两次高潮位互不相等,称"日潮不等"。一日内较高的一次高潮称"高高潮",较低的一次高潮称"低高潮"。

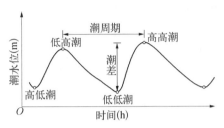

潮水位过程线

低潮(low tide) 在潮汐的一个涨落周期内,水面降落达到的最低潮位。有些半日潮海区,一昼夜前后两次低潮位互不相等,称"日潮不等"。一日内较低的一次低潮称"低低潮",较高的一次低潮称"高低潮"。

潮差(tidal range) 潮汐涨落过程中,海面的高(低)潮位与相继的低(高)潮位之差。自低潮位至其后相继的高潮位之差称"涨潮潮差";自高潮位至其后相继的低潮位之差称"落潮潮差"。潮差的大小受地形等影响,各地不一。同一地点因日、月、地相互位置不断改变,潮差也逐日变化。一定期间内潮差的平均值称为相应期间的"平均潮差",如日平均潮差、月平均潮差、年平均潮差和多年平均潮差。

潮型(tidal type) 划分潮汐在一个太阴日内的涨落次数、并反映相邻两次高潮(或低潮)高度不等程度的类型。分半日潮、全日潮和混合潮。

半日潮(semi-diurnal tide) 潮汐的一种类型。在一个太阴日(24h50min)内出现两次高潮和两次低潮,约半日完成一个周期。大多数海区的潮位涨落属这一类型。定量划分海区潮汐类型时,用太阳主要全日分潮 O_1、太阴-太阳赤纬全日分潮 K_1、太阴主要半日分潮 M_2 的调和常数振幅 H 的比值作为标准,当 $(H_{K_1} + H_{O_1})/H_{M_2}$ 的值小于 0.5 时,属半日潮。

全日潮(diurnal tide) 潮汐的一种类型。在一个太阴日(24h50min)内完成一个周期。一天只有一次高潮和低潮。发生在少数海区。潮差的变化与月球的赤纬关系密切。有时半个月内少数日期也可出现一日两次涨落的半日潮,但这时潮差小,日不等现象显著。定量划分海区潮汐类型时,用太阳主要全日分潮 O_1、太阴-太阳赤纬全日分潮 K_1、太阴主要半日分潮 M_2 的调和常数振幅 H 的比值作为标准,当 $(H_{K_1} + H_{O_1})/H_{M_2}$ 的值大于 4 时,属全日潮。

混合潮(mixed tide) 半日潮与全日潮之间的过渡潮型。分不正规半日混合潮和不正规全日混合潮。前者特点为 1 个太阴日(24h50min)有两次高潮和低潮,但两次高(低)潮的高度显著不等;后者不等现象更严重,以致 1 个太阴日有时只发生一次高潮和低潮的全日潮型涨落,但半个月内发生全日潮的天数不超过 7 天。定量划分海区潮汐类型时,用太阳主要全日分潮 O_1、太阴-太阳赤纬全日分潮 K_1,太阴主要半日分潮 M_2 的调和常数振幅 H 的比值作为标准,当 $(H_{K_1} + H_{O_1})/H_{M_2}$ 的值介于 0.5~2.0 时,属不正规半日混合潮;当比值介于 2.0~4.0 时,则属不正规全日混合潮。

大潮(spring tide) 亦称"朔望潮"。海水面的潮汐升降幅度逐日变化,在朔(夏历初一)、望(夏历十五)日,因太阳、月球和地球三者近似处于一直线上,由太阳和月球引起的潮汐叠加的结果,使海面涨落的幅度较大,故名。各地潮汐因受其他因素(如海水摩擦、惯性、岸线轮廓和海底地形等)的影响,发生大潮的日期并不在朔、望日,常推迟 2~3 日。

小潮(neap tide) 亦称"方照潮"。海水面的潮汐升降幅度逐日变化,在上、下弦(夏历初七、八和廿二、廿三)日,因太阳、月球和地球三者近似处于直角位置,由太阳和月球引起的潮汐相互抵消的结果,使海面涨落的幅度较小,故名。各地潮汐因受其他因素(如海水摩擦、惯性、岸线轮廓和海底地形等)的影响,发生小潮的日期并不在上、下弦日,常推迟 2~3 日。

寻常潮(ordinary tide) 亦称"中潮"。介于大潮和小潮之间出现的潮汐。当太阳、月球和地球三者运行位置处于直线和直角之间时,由于太阳和月球引起的潮汐使海面涨落的幅度介于大潮和小潮中间,故名。

风暴潮(storm tide;storm surge) 亦称"风暴增水"、"风暴海啸"、"气象海啸"或"风潮"。由强烈的大气扰动(如热带风暴、温带气旋或冷峰过境时产生的强风、气压骤变等)所引起的海面异常升降,使沿岸一定范围出现显著的增水或减水的现象。在大潮期间,如恰遇强烈的风暴袭击,使其所影响的海域潮水位暴涨,海区潮位超过正常范围,可能对堤防和海工建筑物造成巨大破坏。

涌潮(tidal bore) 亦称"怒潮"或"暴涨潮"。一种发生于喇叭形海湾或河口中的潮汐。涨潮时,宽阔的口门吞进大量海水,由于海湾或河口宽度急骤缩窄、水深渐减,潮波发生变形,前坡变陡,潮速加快,宛如水墙向前推进。中国钱塘江口的涌潮著称于世,发生时涛声隆隆、水花飞溅、咆哮奔腾,蔚为壮观。此外,巴西的亚马逊河口的涌潮也颇具盛名。

增水(increasing water)　因持续一定时间的向岸风或其他气象因素的变化,造成在一段时间内沿岸局部水域水位超过单纯由天文原因引起的正常潮位。若低于正常潮位,则称"减水"。

减水(decreasing water)　见"增水"。

引潮力(tide generating force)　地球绕地月(及地日)公共质心运动所产生的惯性离心力与月球(及太阳)引力的合力。海洋的潮汐现象主要是由月球产生的,其次是由太阳产生的。引潮力的大小与月(日)的质量成正比,与地球距月(日)的距离的平方成反比。

潮汐间隙(tidal interval)　亦称"太阴间隙"。高潮间隙和低潮间隙的合称。某处海面自月中天时刻至发生第一次高潮的时间间隔,称"高潮间隙";至发生第一次低潮的时间间隔,称"低潮间隙";偶或仅指高潮间隙为潮汐间隙。据潮汐理论,某处海面在月中天时应出现高潮,但实际上因海水摩擦、地形等的影响,常延迟几十分钟至几小时后出现,这段延迟时间即高潮间隙。一个月内,逐日的潮汐间隙略有变化,其平均值分别称"平均高潮间隙"和"平均低潮间隙"。大、小潮时,其高潮间隙接近于平均值;大至小潮时,小于平均值;小至大潮时,大于平均值。朔、望日的第一次高潮时刻的高潮间隙称"潮候时"。

潮龄(tidal age)　从朔、望日到发生大潮的时间间隔。其值为 1～3 d。

潮汐不等(tidal inequality)　潮汐不等有下列五种:(1)周日不等,除赤道和高纬度地区之外不存在潮汐周日不等现象外,均有相邻二次高潮(或低潮)的潮高和潮时不等的现象。(2)半月不等,当太阳与太阴时角相差 0° 和 180° 时,潮差最大,是朔望大潮;当太阳与太阴时角相差 90° 和 270° 时,潮差最小,是方照小潮。故有半月周期变化。(3)月不等,由于潮高与月地距离的三次方成反比,因此一月中月球的近地点与远地点引起月周期变化。(4)年不等,由一年中太阳近地点与远地点引起年周期变化。(5)多年不等,由于日月的共同作用有 18.61 年的变化周期,所以有潮汐多年不等现象。

潮波变形(tidal deformation)　外海潮波进入河口受地形和径流的影响,或运动至浅水区域受地形影响,高低潮位、涨落潮历时,以及潮位与潮流之间的相位等所产生的变化。潮波上溯过程中,波峰的水深大,推进快,波谷水深小,传播慢,逐渐使潮波前坡变陡,后坡变坦,涨潮历时缩短,落潮历时延长,潮型曲线呈现不对称现象。潮差愈大,波峰和波谷的传播速度差愈大,潮波变形愈显著。因河口宽度缩窄和水深渐浅,引起潮波反射和摩阻增大。潮波的反射,使潮差和相位差都增大。例如,在挡潮闸下河道里,潮差可增大一倍,相位差达 90°。摩阻增大,潮差沿程降低;径流增大,沿程的高低潮位都有明显的增高,愈向上游增高值愈大。此外还受科氏力和风力等影响,故河口潮波变形十分复杂。

静振(seiche)　亦称"假潮"。封闭或半封闭水域产生的水体自由振动。湖泊、水库、海湾、通道、港口、船闸等封闭或半封闭水域内初始扰动力消失后形成的驻波型自由波,自振周期通常为几十秒至几小时,取决于水域平面形状与尺度、水深和驻波节点数目等,当外作用力的周期等于水体自振周期时引发共振运动,其振幅急剧增大。静振时水质点在节点或口门处水平流速增大,可能影响船舶系泊或航行。

验潮站(tidel station)　亦称"潮位站"。为了解某一地点海面的潮汐变化特性,在岸边一定地点,按一定的标准,设置自记水位计和水尺,系统地、连续地观测、记录潮位逐日逐时变化过程的测站。所得的潮位资料是海洋水文基本资料,可用于潮汐调和分析、潮汐预报和潮汐研究。

潮位(tidal level)　全称"潮水位"。受潮汐影响而涨落变化的海水表面高程。所标记的潮位高程数据,随起算面(即潮位零点)不同而不同。中国沿海各地曾用大沽零点、1956 黄海零点、废黄河零点、吴淞零点、罗星基准点、坎门零点、珠江基面等作起算面。中国大地测量法式规定统一用"1985 国家高程基准"作为起算面。

潮汐调和分析(harmonic analysis of tides)　潮汐(或潮流)观测资料的一种分析方法。海面的潮汐涨落可认为是由许多频率、振幅和初相角各不相同的简谐运动叠加的结果。实践上把潮位观测资料,用潮汐理论的潮高公式进行计算,求出每个分振动(称"分潮")的振幅和初相角,再经天文因素的修正,即得到每个分振动在 18.61 年的平均振幅和只与地理条件有关的迟角,这两者能反映一个海区的地理特征对潮汐的影响,称"潮汐调和常数"。用以推算未来一定期间内的潮汐变化及分析该地点或海区的潮汐特性。

潮汐调和常数(harmonic constant of tides) 见"潮汐调和分析"(395页)。

潮汐预报(tidal prediction) 亦称"潮汐推算"。根据太阳和月球运行规律、所在地潮汐观测的历史资料和地理条件,对该地未来每日逐时的潮位及高潮和低潮出现的时刻和高度进行潮汐调和分析推算所作出的预报。多用电子计算机计算,潮汐表刊载的即属这类计算的结果。精确的短期预报还要考虑当时的气象因素,多用气象、潮汐历史资料建立经验关系,对潮汐表上的预报潮位进行修正。供沿海渔业、盐业、港口建设、海运等作业参考。

潮汐表(tidal tables) 刊载各主要港口未来一年内潮汐、潮流变化情况以及潮汐的各特征值等的一种专门资料集。如主港每天高、低潮的时刻和高度,潮汐调和常数,外海潮流变化等。供海运、渔业、盐业、建港和国防等有关部门参考。

同潮时线(cotidal line) 把海区潮汐图上同一潮位相连得出的曲线。一般取月球在标准子午线(中国取东经120°)的上(下)中天时至该线发生高潮时的时间间隔,换算成以太阴时为单位。通常分别绘制太阴主要半日分潮 M_2、太阳主要半日分潮 S_2、太阴-太阳赤纬全日分潮 K_1 和太阳主要全日分潮 O_1 四个主要分潮,分别称"M_2分潮同潮时线"、"S_2分潮同潮时线"、"K_1分潮同潮时线"和"O_1分潮同潮时线"。与等潮差线一起构成某分潮的潮汐图,用以形象地描述潮波在海区的传播和分布情况。

等潮差线(co-tidal amplitude line) 把海区潮汐图上潮差相等的各点按一定方法连成的曲线。通常分别绘制太阴主要半日分潮 M_2、太阳主要半日分潮 S_2、太阴-太阳赤纬全日分潮 K_1 和太阳主要全日分潮 O_1 四个主要分潮,分别称"M_2分潮等潮差线"、"S_2分潮等潮差线"、"K_1分潮等潮差线"和"O_1分潮等潮差线"。与相应的某分潮同潮时线一起构成某分潮的潮汐图,用以形象地描述潮波在海区的传播和分布情况。

无潮点(amphidromic point) 潮汐图上某个潮差为零的点。多指某一分潮而言。按潮汐理论,近岸浅海和海湾中,前进的入射潮波受岸线和海底的阻挡将产生反射,反射潮波与入射潮波的叠加,在地球自转偏向力的作用下,潮波即呈绕某无潮点旋转,其同潮时线汇交于该无潮点,距无潮点越远,潮差越大。

潮区界(tidal limit) 潮汐河口中发生潮位变化的上界。涨潮时潮波由河口沿河道上溯,潮波变幅等于零的分界点。其位置并非固定不变,随河水流量大小与涨潮流强弱等因素的不同组合而上下移动。中国长江的潮区界平常位于铜陵市大通,枯水时可上移至安庆,特大洪水时可退至荻港。自河口至潮区界之间的河段称"感潮河段"。

潮流界(tidal current limit) 潮汐河口中出现往复流的上界。涨潮时潮水沿河道上溯,潮水流速与河水流速相等,潮水不再上溯的界点。其位置并非固定不变,随河水流量大小与潮流强弱的不同组合而上下移动。中国长江的潮流界在枯水季节位于镇江附近,汛期则在江阴以下。

纳潮量(tidal prism) 水面由于潮汐涨落所造成的某一水域(如港池、海湾、河段)内水体体积的变化量。其大小和变化对该水域的泥沙运动和地貌变化,特别是港池、海湾口门附近的水流状态和泥沙运动有很大影响。

设计潮位(design tide level) 设计水位和极端水位的总称。设计水位是指港口或建筑物在正常使用条件下的高、低水位,在设计高、低水位范围内,要满足设计船型的船舶安全靠泊和作业。极端水位是指港口或建筑物在极端条件下的校核高、低水位,在出现校核高、低水位时应满足码头有必要的安全度。对海港和潮汐作用显著的河口港,采用高潮累积频率10%和低潮累积频率90%作为设计高、低水位。对于汛期潮汐作用不明显的河口港,采用多年历时1%和历时98%的潮位作为设计高、低水位。极端高、低水位采用重现期潮位,除利用极值Ⅰ型分布外,也用皮尔逊Ⅲ型分布,频率分析资料年数一般不少于连续20年。

乘潮水位(tidal level available to navigation) 亦称"乘高(低)潮作业水位"。为感潮河段进港航道局部淤滩所设定的,设计船型可以有条件安全通过的航道设计水位。高潮前后满足一定历时要求的最低和最低以上的水位,或低潮前后满足一定历时要求的最高和最高以下的水位。如"二小时乘高潮水位为4.25 m",即高潮前后水位大于和等于4.25 m

的连续时间有两小时。船舶可在这段时间进出港口、通过航道的浅滩段、停靠码头进行装卸。海岸、海洋工程的施工中，有时需乘高（低）潮前后一段时间内水位较高（低）才能作业，故作业计划或施工设计中，常需要知道某一历时的乘潮水位。其持续的历时由作业或施工内容而定。乘潮水位值由实测潮位资料按统计方法求得。

潮升（tide rise） 自理论最低潮面（海图深度基准面）至平均大潮高潮面或平均小潮高潮面的垂直距离。前者称"大潮升"，后者称"小潮升"。在海图上，通常注明相应的潮升值，表示该海区潮汐变化的大致情况，供航运人员驾驶船舶时参考。

平均海面（mean sea level） 亦称"平均海平面"。某海区、某一定期间（如一日、一月、一年或多年）内海面的平均位置。分别以相应的逐时潮位观测资料按一定的方法计算，有日、月、年和多年平均海面之分。多年平均海面简称"海平面"，可作为陆地高程起算的基准面。不同海区的平均海面有所不同。1987 年经国务院批准，国家测绘局公告，依据青岛验潮站的观测数据所确定的多年平均海面——"1985 国家高程基准"作为全国的高程基准面。

理论最低潮面（theoreticaly lowest tide water） 原称"理论深度基准面"。海图水深的起算面。根据潮汐调和常数计算确定。一般由 8～11 个分潮（主要包括 M_2、S_2、N_2、K_2、K_1、O_1、P_1、Q_1 8 个天文分潮；M_4、MS_4、M_6 3 个浅水分潮）推求得到。根据 1998 年国家标准《海道测量规范》（GB 12327—1998）规定，"以理论最低潮面作为深度基准面，深度基准面的高度从当地平均海面起算"。即原来作为海洋测绘深度基准面的理论深度基准面改名为理论最低潮面。同时规定，在计算理论最低潮面时，增加 2 个长周期分潮（S_a、S_{Sa}）进行长周期改正，因此计算理论最低潮面的分潮从 11 个增加到 13 个。

平均大潮高潮面（mean high water springs） 一定期间内各次大潮高潮水位之平均值。对半日潮海区，可由潮高起算面算起的多年平均海面的高度 A_0 加上太阳主要半日分潮 M_2、太阳主要半日分潮 S_2 的调和常数 H_{M_2}，H_{S_2} 之和求得，即：平均大潮高潮面 $= A_0 + (H_{M_2} + H_{S_2})$。

平均大潮低潮面（mean low water springs） 一定期间内各次大潮低潮水位之平均值。对半日潮海区，可由潮高起算面算起的多年平均海面的高度 A_0

减去太阳主要半日分潮 M_2、太阳主要半日分潮 S_2 的调和常数 H_{M_2}，H_{S_2} 之和求得，即：平均大潮低潮面 $= A_0 - (H_{M_2} + H_{S_2})$。

1985 国家高程基准（National Vertical Datum 1985） 根据青岛验潮站 1952—1979 年的潮汐观测资料确定的黄海平均海面所定义的高程基准。国家水准原点设于青岛市观象山，作为中国高程测量的依据，它的高程是以"1985 国家高程基准"所定的平均海面为零点测算而得，废止了原来"1956 黄海高程系统"的高程。在水准原点，1985 国家高程基准在 1956 黄海高程基准上 0.029 m。即在水准原点，1985 国家高程基准与 1956 黄海高程基准之间的换算关系为：1985 国家高程基准 = 1956 黄海高程基准 – 0.029 m。

1956 黄海高程系统（1956 Huanghai Height Datum） 以青岛验潮站 1950—1956 年验潮资料算得的平均海面作为高程基准的全国统一高程系统。由于该高程系统验潮资料过短，准确性较差。是在当时客观条件下所能够选择的最佳方案，在相当长的年份中，对于统一全国高程基准发挥了重大作用。但该高程系统又存在明显的不足和缺陷。这主要是因为只采用青岛验潮站 7 年的验潮资料，潮汐数据序列较短，不能消除长周期潮汐变化的影响，计算的海面不大稳定。国家测绘主管部门决定以青岛验潮站 1952—1979 年的潮汐观测资料为计算依据，重新计算黄海平均海面。参见"1985 国家高程基准"。

大沽零点（Dagu zero point） 旧中国的高程系统的一种。在华北地区应用较广。1902 年天津建港之初，进行大沽浅滩测量时，承担测量任务的英国海军驻华舰队兰博勒号炮船船长司密斯，经过 16 天的潮汐观测，将大潮期平均低潮位确定为大沽零点，并以此作为高程基准面。大沽零点作为潮位零点后，先是被海图采用作为塘沽的深度基准面，用以起算海图的深度和潮汐表中的潮高。1958 年前，黄河水利委员会以精密水准校核沿陇海线各水准点以大沽零点起算的高程，发现新旧测量结果不一致，他们取其差数的平均数改正各点大沽零点的高程，称"新大沽零点"高程，新旧大沽零点高程在三门峡相差 18.9 cm。海图深度和潮汐表潮高在 1976 年以后改用大沽零点下 88 cm 为基准面。大沽零点在 1985 国家高程基准下 1.325 m。

废黄河零点（Abandoned Yellow River zero point）

在全国高程起算点未统一之前,用作江苏省北部、安徽省淮北等地区高程的起算点。江淮水利测量局以 1911 年 11 月 11 日下午 5 时废黄河口的潮水位作为起算高程,称"废黄河零点"。后该局又用多年潮位观测的平均潮水位确定新零点,其大多数高程测量均以新零点起算。"废黄河零点"高程系统的原点,已湮没无存,原点处新旧零点的高差和换用时间尚无资料查考。在"废黄河零点"系统内,存在"江淮水利局惠济闸留点"和"蒋坝船坞西江淮水利局水准标"两个并列引据水准点。在江苏沿海很多地方废黄河零点在 1985 国家高程基准下 0.19 m。

吴淞零点(Wusong zero point) 中国确立最早的高程基准面。在全国高程起算点未统一前,为长江流域地区高程的基准面。光绪三十二年(1906 年)上海浚浦局利用张华浜 1871—1900 年人工观测的黄浦江潮水位资料,以最低水位值确定为"吴淞海关零点",后正式定名为"吴淞零点",作为供助航、整治黄浦江及长江口航道使用的部门高程基准。因为测量的误差和历史的原因,各地所采用的不尽相同,上海的吴淞零点(城建)在吴淞口与当地理论最低潮面相同,在 1956 黄海高程系统之下 1.630 m;吴淞零点(长办)在吴淞零点(城建)下 0.28 m;浙江吴淞零点在吴淞零点(城建)下 0.241 m。

珠江基面(Pear River datum) 全国高程起算点未统一之前,为珠江流域地区高程的起算点。两广督练公所参谋处测绘科在广州西濠口粤海关前珠江边设立水尺验潮,取得中等潮位定为零点,由此联测出粤海关正门口基石面高程,作为珠江高程起算点。称其基面为"珠江基面"。从此开始,珠江水系的水利、水文测量统一采用"珠江基面"高程系统。在 1985 国家高程基准上 0.557 m。

罗星塔基准点(Luoxingta datum) 在全国高程起算点未统一之前,为闽江流域工程部门常用的高程起算点。该基准点为罗星塔对岸马江低潮水位。为避免商船触礁沉没事故,清政府在闽江口下游设验潮站,船政衙署与港务当局请来德国工程师对闽江下游水位及流量进行系统观测。经 1866 年至 1896 年的三十年时间,确定了闽江罗星塔段的最低水位,以"罗零点"作为最低水位固定观测标记,福建陆上高度和水下深度都以它为起算点。1955 年,水利部门在罗星塔基准面上 20 m 高处,重新埋石定位。在

1956 黄海高程系统下 2.179 m。

坎门零点(Kanmen zero point) 国民政府于 1929 年 10 月设定,作为统一全国海拔高度的起算点。建于 1929 年的浙江玉环坎门验潮所,是中国人自己选址、设计和建造的第一座验潮站。根据坎门验潮所从 1930 年到 1934 年间 48 个月的潮位观测和数据统计,经分析得出了平均海面,被命名为"坎门零点"。基于坎门零点的基准面所建立的高程系统被称为"坎门高程"。1958 年,地图学家曾世英(1899—1994)编的《中华人民共和国地图集》的附图中,引用"坎门零点"为起算数据。

海平面上升(sea level rise) 由全球气候变暖、极地冰川融化、上层海水变热膨胀等原因引起的全球性海平面上升现象。为绝对海平面上升。研究表明,近百年来全球海平面已上升了 10～20 cm。但世界某一地区的实际海平面变化,还受到当地陆地垂直运动、缓慢的地壳升降和局部地面沉降的影响,全球海平面上升加上当地陆地升降值之和,即为该地区相对海平面变化。因而,研究某一地区的海平面上升,只有研究其相对海平面上升才有意义。海平面监测和分析结果表明,中国沿海海平面变化总体呈波动上升趋势。1980—2013 年,中国沿海海平面上升速率为 2.9 mm/a,高于全球平均水平。2013 年国家海洋局《中国海平面公报》发布的中国沿海各省(自治区、直辖市)未来 30 年海平面上升的预测值见下表:

区域名称	未来 30 年预测值(mm)	区域名称	未来 30 年预测值(mm)
辽宁	70～150	浙江	70～145
河北	65～140	福建	65～130
天津	105～195	广东	75～155
山东	85～155	广西	60～120
江苏	85～155	海南	85～165
上海	85～145		

潮流(tidal current) 天体(主要是月球、太阳)引潮力引起的周期性海水水平运动。与潮汐同时发生,同样有日周期、月周期、年周期和多年周期的变化。按潮流的流速和流向变化,有旋转流和往复流两种。潮流和潮汐一样有半日潮、全日潮和混合潮

之分。中国渤海以混合潮为主,东海以半日潮为主,南海以全日潮为主。

潮流椭圆(tidal current ellipse)　将某分潮流按中心矢量法逐时点绘出一个周期内各个时刻的分潮流矢量,将矢量端点相连绘成的曲线。因形似椭圆,故名。潮流椭圆的长、短半轴及其方向分别代表该分潮流的最大、最小流速和流向。海上实测潮流流速因包括许多分潮流的共同作用,故其逐时矢量端点的连线的形状一般较为复杂。

旋转流(rotary current)　亦称"回转流"。潮流的一种类型。流向在一个潮汐周期内呈360°旋转。发生在大多数海区,尤其是在外海。主要原因是水质点在其流动过程中受科里奥利力作用的结果。理论上,北半球按顺时针、南半球按逆时针方向旋转。但近岸浅海地区受地形影响,水质点常受来自不同方向潮波的作用,使潮流的旋转方向或为顺时针,或为逆时针。

往复流(alternating current)　潮流的一种类型。只在两个方向往复变化。其流动过程为:从流速为零的憩流开始,沿一个方向潮流流速逐渐增大,至最大后又逐渐减小,经再次憩流后换为另一方向,同样地,经历由小到大、再由大到小的过程,完成一个循环。多发生于狭窄的港湾、海峡、水道、海湾和河口。

涨潮流(flood current)　与涨潮同时所发生的海水流动。在近岸,通常是海水从外海向岸边方向流动。

落潮流(ebb current)　与落潮同时所发生的海水流动。在近岸,通常是海水从岸边向外海方向流动。由于浅水效应,涨、落潮流过程与涨、落潮过程间会存在一定的相位差。

憩流(slack water)　潮流转向中短时间出现流速为零的流态。在海峡、狭窄海湾或河口水道内的潮流呈周期性往复流动,当涨、落潮流交替时,出现短时间潮流近乎停止流动的状态。一般地,潮流流速大的,憩流时间短;潮流流速小的,憩流时间长。

潮量(tide volume)　一定时间内通过某一断面的潮流的总流量。分涨潮量与落潮量两种。

海流(ocean current)　海水运动形式之一。海洋中大规模海水沿着一定方向并具有相对稳定速度的流动。按成因,分风海流、梯度流和潮流等;按水温,分寒流和暖流;按与海岸相对关系,分沿岸流、向岸流和离岸流。掌握海流规律,对国防建设、渔业生产、交通运输以及气象预报等均有重大意义。

余流(residual current)　海流中除去周期性的潮流后的剩余部分。主要组成部分是风海流、密度流和河流入海的径流。余流分析是研究海岸带物质运移方向的重要手段。

风海流(wind driven current)　由风在海面产生的切向力作用引起的大规模水体流动。在深海地区,表层风海流流向偏离风向45°,在北半球偏右,在南半球偏左。而流速则与风的切向力、垂直湍流系数及所在地地理纬度有关。随着深度的增加,流向的偏离逐渐加大,流速则逐渐减小,到某一深度处,流向与表层流向相反,流速仅为表层流速的4%左右,这一深度称"摩擦深度"(通常为100~200 m)。在浅海地区,表层风海流流向偏离风向的角度小于45°,且深度愈小,偏离角度也愈小,在深度很小的海区,流向几乎与风向一致。世界各大洋近表层的某些主要海流属于风海流。例如,太平洋、大西洋和印度洋的南、北赤道流就是该海区偏东信风引起的风海流。

梯度流(gradient current)　由于等压面相当于等势面发生倾斜时,出现压强梯度力的水平分量,海水因压力分布而产生运动,此时还派生出科里奥利力和摩擦力与之平衡,而形成的海流。在梯度流忽略摩擦力且为定常时,称"地转流"。

坡度流(slope current)　亦称"倾斜流"。当海水密度是均匀的,等压面的倾斜是由外压场引起的,如因风力、气压变化、降水或大量河水注入所造成的海面倾斜,等压面倾斜角不随深度变化引起的一种流动。是梯度流的一种。沿等压线流动,在北半球沿流动方向的右侧压力大于左侧压力。其流速与等压面倾斜角的正切成正比。因等压面倾斜不随深度而变,故流向和流速也不随深度而变。

上升流(upwelling)　海水从深层上升的流动。发生于表层海水离散的海区。如近岸处表层海水被风吹离海岸,深层海水因补偿而上升,也可因海岸地形等特殊条件所引起。其水温一般较低,盐度一般较高,有明显的降温和稳定气流的作用。上升流把营养盐丰富的深层水带到表层,使浮游生物大量繁殖,为鱼类生长提供丰富饲料,故上升流海区多为良好的渔场。

下降流(downwelling)　表层海水下沉的流动。多发生在大陆或岛屿的迎风岸,风力作用使沿岸地区发生海水堆积,迫使沿岸表层海水下沉。在海流辐聚区,海水也会因辐聚而下沉。可使下层海水增温,沿岸气候变暖。

沿岸流(longshore current) 因风力作用或河流径流入海,或者波浪折射等而形成的一股沿着局部海岸流动的水流。当水中存在温度差和密度差时,或当波浪传播方向与海岸斜交时,会产生一股与海岸平行的流动。是沿岸泥沙运动的基本动力。

波生流(wave-induced current) 波浪破碎后产生的水流。近岸海区的波生流表现为:引起水体质量输送的向岸流和因上述向岸流引起近岸水位升高而促使底部海水向海流动的回流。波浪斜向趋近海岸时,将产生与海岸线平行的沿岸流。波生流对海岸地貌形成具有重要作用。

优势流(dominant current) 表示涨潮流或落潮流在河口流态中占优势的量值。涨潮流大于落潮流时,称"上溯优势流";反之,称"下泄优势流"。以落潮流总量与涨潮流总量的百分率作为优势流的判别值,大于50%时,为"下泄优势流";小于50%时,为"上溯优势流";等于50%时,称"滞流点"。

暖流(warm current) 水温高于所流经海区水温的海流。通常自低纬地区流向高纬地区,水温沿程逐渐降低,如黑潮、墨西哥湾暖流等。对沿途气候有增温、湿润的作用。

黑潮(Kuroshio current) 亦称"台湾暖流"或"日本暖流"。北太平洋西部流势最强的暖流。是整个东中国海环流的主干,对该海区的水文气象条件有重大影响。北赤道海流在菲律宾群岛东岸向北转向而成。主流沿台湾岛东岸、琉球群岛西侧北流,直到日本东岸。在北纬40°附近与千岛寒流相遇,并在西风吹送下折向东流,成为北太平洋暖流。

寒流(cold current) 水温低于所流经海区水温的海流。通常自高纬地区流向低纬地区,水温沿程逐渐增高,如千岛寒流、秘鲁寒流等。对沿途气候有降温、减湿作用。

千岛寒流(Oyashio current) 亦称"亲潮"。北太平洋西北部寒流。自堪察加半岛沿千岛群岛南下,在北纬40°附近与黑潮相遇,并入东流的北太平洋暖流。

大洋环流(ocean circulation) 海水在大洋范围内形成首尾相接的独立环流系统。分两种:(1)大洋表层环流,主要是风生环流。位于赤道南、北的低纬度海域。受东南信风和东北信风的作用,形成自东向西的南、北赤道海流,到大洋的西边界受海岸所阻,主流分别向南、北方向流去。到达中纬度海域遇到盛行西风所驱动的海流(西风漂流),一起自西向东流去。在大洋东边界再分成向赤道和向极地的两支海流。向赤道的海流与南、北赤道流汇合,构成一个闭合的反气旋型环流系统,分别称"南亚热带环流系统"和"北亚热带环流系统"。在北半球向极地的海流,最后与西风漂流汇合,构成闭合的气旋型环流系统,称"亚寒带环流系统"。在南半球中纬度的海区,自西向东无海岸阻挡,因此西风漂流变成绕地球纬度运动的南极绕极流,无法形成南半球亚寒带环流系统。(2)大洋深层环流,为热盐环流。位于极地海洋中的海水,因表层冷却而下沉,而后缓缓地流向各大洋,各自构成南北大洋的深层环流系统。大洋环流对各海区水文气象要素有很大影响。

厄尔尼诺现象(El Nino) 在南美洲西海岸(秘鲁和厄瓜多尔附近)向西延伸,经赤道太平洋至日期变更线附近的海面温度异常增暖的现象。"厄尔尼诺"一词源自西班牙语,原意"圣婴",故名。会使整个世界气候模式发生变化,造成一些地区干旱而另一些地区又降雨量过多。其出现频率并不规则,但平均约每4年发生一次。基本上,当现象持续期少于五个月,称"厄尔尼诺情况";持续期是五个月或以上,便称"厄尔尼诺事件"。

拉尼娜现象(La Nina) 赤道太平洋东部和中部海面温度持续异常偏冷的现象。拉尼娜(西班牙语原意"圣女")是厄尔尼诺现象的反相,也称为"反厄尔尼诺现象"或"冷事件"。是热带海洋与大气共同作用的产物。表现为东太平洋明显变冷,同时也伴随着全球性气候混乱,常与厄尔尼诺现象交替出现,但发生频率要比厄尔尼诺现象低。拉尼娜现象出现时,中国易出现冷冬热夏,登陆中国的热带气旋个数比常年多,出现"南旱北涝"现象。

净流程(net velocity process) 潮汐河口每一潮周期出现的上溯流程与下泄流程的差。涨潮流程大者净流程向上游,称"上溯流";落潮流程大者净流程向下游,称"下泄流"。绘制某一定点潮周期中的流速过程线(v-t曲线),分别求出涨落潮流速与时间坐标轴线所围的面积F和E,即代表上溯和下泄两种流程。如以涨落潮流速过程线的总面积($F+E$)除落潮(或涨潮)流速过程线的面积,并以百分率表示,

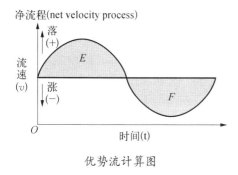

优势流计算图

可直接求得表征净流程流向的优势流为:当$E/(F+E)>50\%$,为下泄流;$E/(F+E)<50\%$,为上溯流;$E/(F+E)=50\%$,净流程为零的点,称"滞流点"。

滞流点(null point of tidal current)　潮汐河口涨落潮过程中净流程为零的点。其位置随下泄径流量大小和潮流强弱变化。洪季径流量大,滞流点下移;枯季径流量小,滞流点上提。径流量相同时,随潮差大小变化,潮差大滞流点移向上游,潮差小则推向下游。因而河口区的滞流点位置在一定范围内变动。底部滞流点附近的含沙量大,往往是高含沙量区,容易产生淤积,故滞流点变动范围成为河口的严重淤积区。参见"净流程"(400页)。

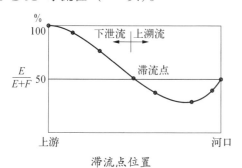

滞流点位置

海水盐度(sea water salinity)　1 kg 海水中所含溶解物质的总克数。以千分率(‰)表示,单位为g/kg,符号为$S‰$。海水是一个含有多种物质的复杂体系(已知元素80多种),1891年马赛特发现"海水组成恒定性",即海水中的主要成分在水样中的含量虽然不同,但它们之间的比值是近似恒定的。由于海水中氯含量最多,因此可先测出氯度(Cl‰),再由关系式

$$S‰ = 1.806\,5Cl‰$$

求出盐度。1978年国际有关海洋机构提出使用海水的导电性来定义海水盐度,并提出现时最广泛采用的实用盐度S的计算式,即

$$S = 0.008\,0 - 0.169\,2R_{15}^{1/2} + 25.385\,1R_{15} +$$
$$14.094\,1R_{15}^{3/2} - 7.026\,0R_{15}^2 + 2.708\,1R_{15}^{5/2},$$

式中,R_{15}为在15℃和1个标准大气压下,海水样品的电导率与$S=35‰$的标准海水电导率之比值。此定义自1982年1月1日起在国际上采用。海水盐度随蒸发、降水、径流、海流、海水混合等因素变化而变化,其值从大洋的35‰以上至沿岸(特别是河口内)为零。红海是世界上海水盐度最高的海,其北部海水盐度达41‰~42‰。

海岸线(coastline)　海面与陆地接触的交界线。随潮水涨落而变动。在现代海岸线以外,还有上升或下降的古海岸线。国家标准《海道测量规范》(GB 12327—1998)规定:海岸线以平均大潮高潮时所形成的实际痕迹进行测绘。中国大陆海岸线从鸭绿江口起,曲折延伸直抵北仑河口,全长超过18 000 km,加上面积在500 m²以上的6 500多个海岛的岛屿岸线约14 000 km,总长超过32 000余 km。

海岸带(coastal zone)　陆地与海洋相互作用、相互交界的一个地带。上界是海蚀崖的顶部或击岸波流能够作用到的海滩顶部,下界到浅海波浪能够作用到的海底。海岸带一般分:(1)潮上带,高潮面以上的地带,但在特大高潮或风暴潮时尚能被海水淹没;(2)潮间带,平均低潮面与平均高潮面之间的地带(包括高潮面以上海浪上爬区域),是潮水和风浪最易影响的范围,处于海陆交替的环境之中,其宽度在淤泥质海岸可达数千米;(3)潮下带,平均低潮面以下的地带。

潮间带(intertidal zone)　高潮时的海岸线与低潮时的海岸线之间的带状区域。按大、小潮的高潮线和低潮线的范围,分三个带:大潮高潮线和小潮高潮线之间称"高潮带";小潮高潮线和小潮低潮线之间称"中潮带";小潮低潮线和大潮低潮线之间称"低潮带"。

海滩(beach)　海岸带中潮间带和潮上带的合称。即平均低潮面以上直至特大高潮或风暴潮可以作用到的地带。一般是由砂、砾和泥质松散物质组成的平缓地带。主要受原始地形和风力、潮汐、波浪作用的影响。按组成物质,分:(1)硬质滩,包括石滩(陆地岩层延伸部分)、磊石滩(卵石直径大于10 mm)、砾滩(砾石直径为1~10 mm)、珊瑚滩(由珊瑚虫遗体组成);(2)软质滩,包括沙滩(沙粒直径

为0.03～1 mm)、泥滩(直径小于0.03 mm)、泥沙混合滩;(3)软硬质混合滩,包括沙砾混合滩和贝类养殖滩。按生长植物,分树木滩、红树滩、芦苇滩、丛草滩等。

大陆架(continental shelf) 亦称"大陆棚"。大陆周围的浅水地带,从低潮线开始以极缓的倾斜度延伸至海底坡度显著增大的地方。岛屿周围的这类地带称"岛架"。世界上的大陆架占海洋总面积的7.5%。大陆架的平均坡度为0°07′,水深0～200 m,宽度10～1 000 km以上。中国大陆架的水深一般为50 m,最大达180 m,宽度由100 km到500 km以上。大陆架上生物资源丰富,海底石油储藏量很大,已成为人们调查研究和开发利用的重要对象。

海湾(bay) 海洋伸进陆地的部分,其深度和宽度逐渐减小的水域。国家标准《海洋学术语 海洋地质学》(GB/T 18190—2000)对海湾的定义是:"被陆地环绕且面积不小于以口门宽度为直径的半圆面积的海域"。多存在于基岩海岸,岸上的山岭伸向大海形成海岬,两个海岬环抱的海湾,水深坡陡,风平浪静,是天然良港,如大连湾的大连港、胶州湾的青岛港等。小型海湾可辟为海滨浴场。海湾还可形成天然养殖场。

拦门沙(entrance bar) 河口口门附近堆积地貌的统称。河流入海处因水流扩散、流速骤减、海水的絮凝沉降作用,河流下泄的泥沙大量沉积,形成潜没水下横亘河口的堆积地貌。当潮波变形达到一定程度后,外海来沙也会落淤成拦门沙。其位置主要取决于径流和潮流的相对强度,并随着径流与潮流对比关系的变化在一定范围内摆动。其部位主要取决于潮流和径流势力的对比。当潮流势力远大于径流势力时,在口门内淤积成沙坎;反之,在河口口外或其附近淤积成拦门沙。钱塘江、泰晤士河等河口都有沙坎,长江口存在拦门沙。拦门沙和沙坎处水深较浅,对航行不利。通常采用疏浚或筑导堤等方法加以改善。

漂沙(drift sand) 构成海岸带的底质受波浪和水流作用而产生移动的沙。与港口、航道、锚地的冲淤变化关系极为密切。在沙质海岸建港时,应事先调查漂沙方向、漂沙来源、漂沙量及其分布等情况。

浮泥(fluid mud) 半流动状态的泥。大风后在港口、航道、锚地等的底部易形成。颗粒极细,容重小。中值粒径小于0.05 mm,湿容重在1.2g/cm³以下。

当底部流速较小时,泥与水之间有一清晰的界面,能沿一定的坡度运动,但因流速小,故输沙量一般不大。当底流增大时,浮泥掀扬,输沙量增大。由于浮泥具有流动性,故其深度仍可作为航行水深。当湿容重超过1.3g/cm³时,浮泥失去流动性,并固结成淤泥。浮泥的形成、运移和固结,是河口浅滩形成与航道回淤的重要因素之一。

絮凝(flocculation) 悬浮于水中带电解质的颗粒,在进入含电解质的液体时,阳离子吸附于颗粒四周,将两个以上颗粒凝聚在一起的现象。另外,由于颗粒分子的热扰动(即布朗运动),以及颗粒沉降速率的差异和水流紊动等原因,颗粒相互发生碰撞而凝聚在一起,形成絮团。影响絮凝的因素有黏土矿物成分、颗粒大小、盐度、泥沙浓度、温度、水中污染物、水流流速等。絮凝现象产生后,絮团尺寸增大,加速其沉降。沉积在河底的絮凝体常呈环形、长链形和树枝形等,孔隙很大,密实过程缓慢,随时可能被水流带走,但随着时间的推移,絮凝体中水分逐渐排出,形成淤泥,甚至黏土,常成为航道中的严重障碍。

回淤率(siltation rate) 单位时间内的航道、港池等的回淤量。是确定航道和港池维护疏浚量和疏浚周期的指标之一。其大小与泥沙来量和水流条件有关。回淤泥沙的来源主要包括流域来沙和潮汐、风浪作用下带回航道的泥沙。为确保航道水深,要经常进行维护性疏浚,清除回淤泥沙。一年内的回淤厚度通常称"回淤强度"。

沿岸输沙(longshore sediment transport) 在波浪和水流的作用下形成的沿岸泥沙运动。沿岸输沙主要考虑波浪和水流作用下的平行海岸线的泥沙纵向运动。波浪和水流作用下与海岸线垂直的泥沙横向运动,一般称"向离岸输沙"。

骤淤(strong siltation in short time) 大风天由于风浪掀沙,导致水体含沙量剧增,使得港池或航道短时间内发生泥沙集中淤积的现象。风暴骤淤是粉砂质海岸港池、航道建设中需要重点关注的问题。

冰凌(ice run) 寒冷季节水面出现的结冰现象。对港口作业、船舶进出港口影响很大,对于水工建筑物也有一定的破坏作用。在港址选择、水工建筑物设计时要考虑冰凌的影响。

冰期(ice period) 水面有冰情的时期。分总冰期和固定冰期。前者指首次出现冰情至最后消失冰情间的总日数;后者指固定冰出现至消失的一段时期。总冰期中可以出现间断的无冰日期。可影响当地水运和港口作业天数。

港　口

港(port;harbor)　水陆交通运输枢纽。具有运输的设备和条件。常与地名连用,如上海港、大连港。按地理位置,分海港、河港、运河港和水库港等;按用途,分商港、军港、渔港、油港等。亦指可供船只停泊的水湾、河汊,如长江的黄田港、六圩港等。

港口(port;harbor)　位于江、河、湖、海或水库的沿岸,具有水陆联运设备和条件,便于旅客上下、货物装卸、船舶给养或修理等,可供船舶安全进出和停泊的运输枢纽。范围包括港口水域和港口陆域。

港口工程(harbor engineering)　与港口有关的各项工程设施及修建这些设施的活动的总称。包括港址选择、工程规划设计及各项设施(如各种建筑物、装卸设备、系船浮筒、航标等)的修建和施工等。

港界(harbor line;port boundary)　港口范围的界线。按地理环境、航道情况、港口吞吐量、港口设备,以及港内工矿企业的需要,预留出适当的发展余地划定。港界以内一般由港务部门统一管理,执行港务监督,以保证船舶和港口运输车辆在港内的安全停泊和行驶,以及港口建设和营运合理地、按计划地进行。在水域方面的港界,多利用海岛、岬角、河岸的突出部分、岸上的显著建筑物等或设置灯标、浮标等作为标志。

港区(harbor block;port area)　港界范围以内属港务部门管理或分辖的区域。为充分发挥港口设备的能力,便利货物的装卸、运输和管理,按港口货运或水域水深的具体情况,划分为若干个作业区,如件货装卸作业区、集装箱作业区、煤炭作业区、客运区等。

港口总平面(layout of port)　一个港口所需各项设施、设备和建筑物的总体布设。港口总平面包括新建、扩建和改建的大、中型泊位海港工程的水域、陆域、装卸工艺及其相应的配套设施的布置。

港口陆域(land area of harbor)　港界范围内所包围的陆地。一般包括装卸作业地带和辅助作业地带。前者又包括码头前沿作业地带,以及仓库、货棚、货场、铁路装卸线、道路、站场和通道等;后者包括车库、工具房、变电站、机具修理车间、作业区办公室和消防站等。

港口陆域纵深(mean width of land area of harbor)　码头前沿线(突堤式码头从堤根处起算)至港区后方边界线的平均宽度。纵深尺度主要受地形的限制。规划设计时,需考虑港口吞吐量、货种、装卸工艺、港口平面布置、铁路分区车场形式、港区发展余地以及港口所在城市规划的要求等多方面因素。

码头前沿作业地带(front handling place of harbor)　从码头前沿线到第一排仓库或堆场的前缘带之间的场地。是货物装卸、转运和临时堆放的场所。作业地带宽度应根据码头前沿的设备、装卸工艺流程等确定,一般为25～40 m。

港口作业区(handling area of harbor)　港口在装卸和运输管理上相对独立的生产单位。按货种、货物流向、吞吐量、船型和码头位置等划分。可使同一货种的装卸工作相对集中进行,提高机械化程度、机械设备的利用率和管理水平,避免不同货种相互影响,便于货物存放和保管,充分发挥库场能力。

港内泊稳条件(port berthing condition)　各类型船舶靠泊码头或在码头上停靠、装卸作业所允许的水文、气象条件的统称。

港口水域(water area of harbor)　港界范围内所包围的水面。包括进出港航道、口门、回旋水域、锚地和港池等部分。

进港航道(approach channel)　供船舶进、出港口行驶的航道。为使船舶能安全便利地进出港口,常选择天然水深良好、泥沙回淤量小、能尽量避免横风横流干扰、受冰凌等影响较少的水域布置航道,并在平面布置上尽量取直线。有单行和双行两种。

港口口门(harbor entrance)　航道进入港口的入口处。有防波堤掩护的海港,口门设在一防波堤堤头与天然屏障之间,或两防波堤堤头之间的航道入口处。一般设一个或数个供船只进出,有时亦用于排沙或排冰。口门处通常设置导航标志。口门位置应尽量接近深水区,与海岸和码头保持一定距离。

回旋水域(turning basin)　亦称"回旋池"、"调头水域"。为船舶进出港口、靠离码头等需要而改变航向或调头所设的水域。面积大小与船舶尺度、调头方式,以及当地风向、风速、水流等有关。

锚地(anchorage) 亦称"锚泊地"、"泊地"。供船舶在水上停泊和进行水上作业的水域。分海港锚地和河港锚地两类。海港锚地又分港外锚地和港内锚地。前者供船舶等待引航、检疫时停泊,大船于暴风来临前驶离码头,也大多锚泊于此;后者供船舶进行水上装卸过驳,船只等待靠泊码头和候潮出港、较小船舶锚泊避风。河港锚地供待装、待卸船舶,过境换拖船队和加煤、加供应物品的船舶临时停泊和编解船队之用,宜设置在装卸作业区附近,便于船舶调度。油船锚地一般单独设置,在河港中应位于港区下游。

港口水深(water depth of harbor) 指进港航道、口门、船舶在港内航行、停泊和装卸时所需的各水域的控制水深。是港口的重要指标之一。表明港口的条件和可供船舶利用的基本界限,并保证船舶行驶和停泊时的安全。

港池(dock basin) 码头前供船舶停泊、装卸(包括外档作业)和靠离操作的水域。主要有开敞式港池、封闭式港池和挖入式港池。开敞式港池入口处不设闸门或船闸,水面随水位变化而升降;封闭式港池入口处设有闸门或船闸用以控制水位;挖入式港池在沿岸地上开挖而成。按码头的布置,分顺岸码头前港池和突码头间港池。应满足波浪小、水流平稳和水深足够等要求。

码头(wharf; pier; quay) 港口中供船舶停靠、货物装卸和上下旅客的水工建筑物。是港口的主要组成部分。按平面轮廓,分顺岸式码头、墩式码头和突堤式码头等。按断面轮廓,分直立式码头、斜坡式码头等。按结构,分岸壁式码头、栈桥式码头、浮式码头等。按用途,分件货码头、专用码头(如石油码头、煤炭码头、矿石码头、集装箱码头、渔码头)和客运码头等。除货运、客运码头外,还有专供港内工作船使用的工作船码头,以及为修造船而专设的修船码头、舾装码头等。

码头前沿线(line of wharf apron) 码头前沿与水域的交界线。是船舶傍以停靠的线。总长度常作为港口规模的重要指标之一。

泊位(berth) 港内供船只停泊的位置。供停泊一艘船所备的位置称"一个泊位"。

泊位能力(berth occupancy) 一个泊位一年中能通过的货物吞吐量。是确定港口通过能力的基本数据和确定港口生产任务的依据。其大小取决于港口的年营运天数、船舶到港和货运的不平衡系数以及码头装卸设备和工作效率、管理水平等多种因素。

泊位利用率(berth efficiency) 在一年中泊位供船舶实际使用的时间占总时间的百分率。用以表明泊位的使用情况,是设计港口泊位数和泊位能力的指标之一。常通过统计分析实际资料确定,一般控制在 70%~85% 。

驳岸(quay wall) 比较陡峻的、能够直接停靠小船或驳船的人工或天然岸坡。在有些地区,小型简易码头也称"驳岸"。在驳岸边可以进行简单的装卸作业,但场地和设备均不充分,或甚为简陋,主要靠人力操作。

货种(cargo category) 货物的种类。在港口运输中,常把运输量较大的货物分为件货、煤炭、矿石、建筑材料、水泥、木材、钢铁、粮食、石油及其制品、化肥和农药、集装箱和其他大类货物,作为统计货物运输量构成的主要货种。

件货(general cargo) 亦称"件杂货"。计件点数运输的货物。品种多,形式、大小、质量各异。分有包装和无包装两种。前者有箱装、捆装、袋装、篓装、桶装和坛装等,一般在仓库内存放;后者有车辆、钢材、木材和砖瓦等,大多露天存放。由于件货品种繁多,而每种批量不大,装卸机械效率不易发挥,故件货码头的通过能力一般较低。为提高装卸效率,应尽可能安排成组运输或集装箱运输。

散货(bulk cargo) 运输过程中不加包装的块状、颗粒状和粉状的货物。如煤炭、矿石、砂石和散装粮谷等。粮谷属细散货,需入库存放;其他属粗散货,可露天堆放。批量较大,适于水路运输,在港口中常设专业性码头和设备以提高装卸效率。

液体货物(fluid cargo) 运输过程中呈液态的货物。主要包括原油、成品油和液化天然气。

集装箱(container) 一种可重复使用的装运货物的主要组合运输工具。装件货的国际通用标准集装箱的尺寸为 6.1 m×2.44 m×2.44 m,额定质量 20 t。为便于计算运输量,目前多以 20 t 的集装箱作为标准计算单位,其他集装箱均按额定质量进行折算。按制箱所用材料,分钢质集装箱、铝合金集装箱和玻璃钢集装箱。按用途,分装运一般件货的普通集装箱、装运水果蔬菜之类的通风集装箱、装运液体货物的油集装箱和装运冷藏冻货的冷藏集装箱等。按结构形式,分可拆装式和非拆装式两大类。用集装箱把多种多样的件货配装成标准化的重件,可大大提高装卸效率,加速车船周转,减少货损、货差,简化包装和理货手续等。集装箱运输的发展,已引起船型、码头形式和装卸机械的改革。现今集装箱运输在世界上得到广泛应用。

集装箱码头(container wharf) 专供集装箱船停靠和进行集装箱装卸作业的码头。是集装箱运输系统的中枢。一般应具有专门的装卸、运输设备,集运、储放集装箱的宽阔货场,装卸集装箱和货物分类用的仓库货棚等。集装箱的装卸作业有集装箱开上开下法和集装箱吊上吊下法两种。

综合性码头(complex wharf) 亦称"通用码头"。可供多种货物进行装卸作业的码头。以装卸件货为主,采用通用的装卸机械作业。特点是适应性强,但装卸效率不高。常用于货种不稳定而批量不大的情况。

专业性码头(specialized terminal) 专供固定流向的单一货种装卸用的码头。装卸操作专业化,如煤炭码头、矿石码头、石油码头和集装箱码头等。特点是码头机械设备的操作固定、单一,装卸运输作业系统化或形成自动流水线,装卸效率高,码头的通过能力大,便于管理等。

滚装船码头(roll-on roll-off terminal) 亦称"开上开下码头"。能够满足滚装船的装卸作业,即车辆开上或开下滚装船要求的码头。

多用途码头(multi-purpose terminal) 能适应普通件货船、新型散货船、集装箱船、半集装箱船和滚装船装卸作业的码头。

货主码头(private wharf) 厂矿企业为所需原料、燃料和制成品的运输而自建的码头。沿江、河、湖、海的大型厂矿企业自建码头后,可充分利用水路运输,减少倒载和短途运输。由企业自建自用自管,专业性强,装卸效率高。

石油码头(oil terminal) 简称"油码头"。装卸原油和成品油的专用码头。与普通客码头、货码头及其他建筑物之间要有一定的防火安全距离。特点是货物荷载小,装卸设备简单。对于海上巨型油轮,由于吃水大,抗御风浪能力强,故码头前的泊稳条件要求不高。海上装卸原油的深水码头有单点系泊、多点系泊、岛式码头和栈桥式码头等类型。

单点系泊(single-point mooring system) 在海上系泊油轮并装卸原油的一种设施。有浮筒式和固定塔架式两种类型。浮筒式采用较广,主要部分为一特制浮筒,用4~8个锚链系结于海底的锚或锚碇块上,为加强锚固效果,有时在锚链上加系重块,设置于离岸的深水处。系泊中心点离岸有3~4倍船长的安全距离。特点是油轮停靠时不需抛锚,且不用拖轮可直接系缆于浮筒或装有活动接头的塔架上;油轮可随风浪或潮流环绕系泊中心自由回旋;在无掩护水域风浪较大情况下仍可进行装卸作业;设施本身的建设较快;但维修费用较大,在装卸多种不同的油品时有困难,装卸效率不高。固定塔架式用栈桥伸入深水处,油轮系缆于有活动接头的固定塔架上,可以装卸不同品种的油品。

多点系泊(multi-point mooring system) 在海上系泊油轮并装卸原油的一种设施。由几个浮筒或由浮筒和船锚共同组成。系泊部分与装卸部分分开设置。这种系泊、装卸方式承受风浪、海流的能力小,只能用于风向、流向稳定,波浪掩护良好的地区,故采用不多。

驳船(barge) 装载货物的单层甲板船或无甲板船。大多不设推进设备,由拖轮拖带或顶推。其方形系数较大、吃水浅、干舷低、货舱浅而宽,便于货物的堆放和装卸。有木驳、铁驳、钢丝网水泥驳等多种。油驳外形与干货驳相似,但舱数较多。装有推进设备的驳船称"机动驳"。内河运输中广泛采用驳船组成的船队,沿海运输中近年来驳船也用得不少。优点是建造简单,造价低,维护容易;缺点是航行性能和操纵性能差。

港作船舶(harbor working craft) 为港口工作服务的各种船舶的统称。包括拖轮、在港区范围内驳运货物的驳船、供煤船、供油船、供水船、引水和检疫船、带缆船、消防船、破冰船、航道测量船、港口交通船、浮筒和浮标作业船和港口挖泥船、泥驳、潜水员船等。

趸船(pontoon) 供船舶停靠、船货装卸和旅客上下的一种箱形船体的非自航船。常是浮码头和斜坡码头的重要组成部分,也可用作浮式起重机的组成部分和水上仓库。可用木、钢、钢筋混凝土、钢丝网水泥等材料制造。内部有纵横隔板,将体腔分隔为若干水密舱,在个别舱室漏水时可不致沉没。趸船上的设备一般有防冲护舷、系船柱、绞盘、锚链、引桥支座等,还有撑杆支座、起重吊杆或皮带机支座、水电设备、灯杆等。

设计船型(design ship type of harbor) 在建港工作中,对港口某一项或几项工程(如进港航道、回旋水域、锚地、港池、码头泊位等)进行设计时所参照的船型。可从国内定型船舶、国外成批生产的船舶或附近航线上历年航行的船舶中进行统计分析选定。对代表船型需给出其性能和尺度,如船的总长、垂线间长、总宽、型宽、型深、平均满载吃水、最大吃水、载货量或载客量、舱口数、舱门尺度、舱容量、吊杆能力和航速等。这些尺度可以是属于同一船只的,或从某类型中综合分析而选取的数值,应视设计的工程的性质而定。

船舶实载率(real ship load rate) 进港(或出港)船舶的实际载货量与船舶的额定吨位(设计净载质量)之比。是计算港口所需泊位数和港口通过能力的一个参数。通常按一定时期(年、季、月)内某种船舶进港(或出港)的实际载货量进行统计分析求得。

登记吨(register ton) 亦称"容积吨位"。船舶的容积单位。船舶建成后,对舱室进行丈量,以2.83 m³为一吨作注册登记。有总登记吨和净登记吨两种。前者简称"总吨",是船上全部封闭空间(包括上层建筑)的总容积;后者简称"净吨",代表船内实际作为营运使用的有效舱间,即在船的封闭空间中扣除不用于装货和载客的空间(如机舱、驾驶室、办公室、储藏室、船员用房等),然后折合成的登记吨。净吨是缴付船舶停靠码头费、通过运河费等的依据。

排水量吨位(displacement tonnage) 简称"排水量"。船舶所排开水体的质量。即整个船舶的质量,通常以吨计。排水量随船舶载重量的增减而变化,分满载排水量和空载排水量。前者为船舶在满载吃水时的排水量,它等于船的本身(船体和机器设备)质量与船员及其行李、燃料、储备的消耗物资以及货物和旅客的质量之和;后者为船舶没有装载旅客、货物和相应的燃料、消耗物资情况下的排水量。

船舶总载重量(ship deadweight) 船舶满载排水量与空载排水量之差。包括货物、旅客、燃料和储备消耗物资等的质量。

船舶净载重量(ship net tonnage) 船舶所能运载货物和旅客的总质量。为港口规划设计的依据之一。

船型尺度(ship dimension) 亦称"计算尺度"。从船体壳板内侧和龙骨上表面量得的船舶尺度。用于船舶性质的计算、研究和建造时放样。包括船长、型宽、型深、型吃水和干舷等。

船舶总尺度(overall measurement of ship) 亦称"船舶实际尺度"。船的全长(亦称"总长")、全宽、全高和吃水等尺度。是设计港口水工建筑物、船坞、船闸、航道、桥梁和装卸机械等尺度的依据。全长是从船首柱最前端至尾柱最末端的水平距离,如果在首柱和尾柱以外还有突出部分,也应包括在全长之内。全宽是船舷两侧突出部分的最大水平距离。全高是船底基线(与龙骨线相切并与载重水线平行的水平线)量至船舶最高点的垂直距离。全高减去吃水,所得出水面以上的船舶高度,称"连樯高度",此高度决定了航道上桥梁净空的要求。在中横剖面上,满载水线至龙骨底面的垂直距离称"满载吃水"。由于机舱位于船尾,或载货不均衡,或船体结构和设备重力不平衡,以及航行时船首、船尾吃水变化等原因,龙骨线常非水平而有倾斜,使船首尾吃水不同,这种现象称"纵倾"。船尾吃水常大于船首吃水,此时,船尾的满载吃水为船舶的"最大吃水"。

船舶方形系数(ship block coefficient) 亦称"排水量方形系数"、"排水量系数"。满载水线下船体排水的体积与船型尺度中的船长、型宽和型吃水三者的连乘积之比。比值(即方形系数)越大,船体的容量也越大;反之越小。一般海洋货轮的方形系数约为0.8,快速客货轮约为0.7,快速军舰有时低达0.5。船舶方形系数小,表明船体瘦削,这必然减小货舱容积,但却可减小船行阻力而提高航速。

港口吞吐量(port handled cargo volume) 在一个计算年度内经港口运进和运出并经装卸的货物总吨数。即通过该港码头线装载上船和从船上卸下的货物量,包括在该港内船转船的货运量的总和。是商港规模大小的指标。

吞吐量不平衡系数(cargo volume factor) 港口的最大月吞吐量与全年平均月吞吐量之比。是决定港口建设规模的重要参数之一。在计算中,一般应取不少于三年的连续统计资料为依据。

港口通过能力(port capacity) 港口在一定装备条件下,按照先进的装卸工艺和合理的操作,在一定时间(年、月、日)内所能完成的最大装卸货运量。单位以吨计;也有用按规定时间内所装卸的船舶艘数表示,如以码头单位长度在一年内所能通过货物的平均吨数计,以 t/(m·a)为单位,称"年平均单位码头长度的通过能力"。如通过能力是指港口某一作业区或某一货种而言,需按该作业区范围内的泊位或该货种分别进行计算。是港口作业状况的一项综合性指标。其大小主要决定于泊位大小、泊位数、港作船舶、库场、铁路装卸线和道路等设施的状况,也与劳动组织、管理水平等有关,并受车、船到港的均衡性、货运季节性、货种等影响。

港口集疏运(port transportation)　一般以港口为中心,运用港口各项设施或条件(如码头、库场、道路、装卸设备、运输车辆等),与港外的铁路、水路、公路、管道、航空等相联系的运输方式。

通航密度(density of navigation)　单位时间内通过航道某一断面或港口口门的船舶艘次。是确定航道尺度和建筑物标准的一项重要指标。反映船舶在航道中航行的频繁程度。

疏运能力(discharge and transport capacity)　将货物分疏出港的各类运输工具或方式的能力。港口是交通运输的枢纽,是货物的集散地,也是各类运输方式的转换站,大量经由海洋船舶进口的货物,需由铁路、公路、内河船舶,以及其他运输方式(如管道)疏运往内地。港口的疏运能力需与该港的海上航线的运输能力经常保持平衡,或稍有富余,方能保持港口畅通,避免堵塞而招致海运能力的浪费。

港口腹地(port hinterland)　经港口输运货物和旅客的地区。其范围应根据港口地理位置及其与腹地交通运输情况确定。

港口年营运天数(annual handling of harbor)　一年中港口能够进行正常作业的天数。同一港口各作业环节的营运天数可能不全相同,需根据其实际情况确定。如码头的年营运时间为年日历天数扣除因气象条件影响(包括风暴、封冻、大雾、下雨等)和因码头修理而不能进行作业的时间。

港口装卸工艺(cargo handling technology of port)　在港口实现货物从一种运载工具(或库场)转移到另一种运载工具(或库场)的空间位移的方法和程序。港口装卸工艺直接影响装卸效率、港口通过能力、车船周转、货运质量、装卸成本、劳动条件等,而且是码头泊位数、库场面积、车辆装卸线长度等设计的依据。

港口仓库(harbor godown)　专供经过港口进出的货物作为临时或短期存放的房屋。是港口的重要组成部分。其建筑结构要求跨度大、净空高、库门宽,以便于装卸机械和车辆在库内作业和通行。有的仓库为便利车辆装卸,还设有装卸平台。按所存放的货种,分件货仓库、散货仓库、危险品仓库和冷藏仓库等。按仓库位置和货物存放时间长短,分前方仓库和后方仓库。按其他特点,还可分通用仓库、专用仓库和单层仓库、多层仓库等。港口仓库能便利货物集运,加速车船周转,提高港口通过能力,保护货物安全。

前方仓库(wharf shed)　亦称"第一线仓库"。设在码头前方,紧接着前沿装卸操作地段的港口仓库。以组织船舶快装、快卸为主,兼供货物的短期堆存。其容量以能容纳船舶装卸的周转量为准,一般不小于一艘设计代表船型的货运量。特点是货物存期短,周转快。不建房屋而采用露天场地形式时,称"前方货场"或"堆场",或称"第一线货场"。

后方仓库(back storage)　亦称"第二线仓库"。位于港区后方的港口仓库。距码头泊位较远,用以堆存所需存库较长时间的货物。为了加速船只货物装卸周转,堆存于前方仓库中的货物,如在规定期满时仍未提取,应予疏运出港,或转存后方仓库。

港区堆场(harbor storage yard)　港内堆存货物的露天场地。为便利货物集运,加速车、船周转,提高港口通过能力,凡不需存入仓库的货物均在堆场上存放。存放的货种有散货、件货、集装箱等。堆场地面需加铺砌,铺面材料有混凝土、沥青混凝土、块石等,应视堆放货物的种类和装卸、运输机的类型选用。地面应有一定坡度,并设置排水孔和排水管道以利排水。

库场能力(storage capacity)　港口仓库或堆场在一个年度内所能通过货物的最大数量。以万 t/年计。是港口通过能力的重要组成部分之一。其大小与仓库或堆场的使用面积、单位面积货物堆存量和货物平均堆存期等因素有关。

单位面积货物堆存量(storage of unit area)　单位面积上允许堆存货物的数量。以 t/m^2 计。是计算仓库和堆场所需面积的一个指标。与货种、堆垛方式、装卸机械类型等多种因素有关。码头前沿货场的单位面积堆存量不能超过码头设计计算中所规定的地面均布载荷。

货物平均堆存期(mean storage period)　统计期间(年、季、月),货物在仓库或堆场内的平均堆存天数。以日计。是表明港口管理水平、计算库场容量、确定库场周转次数和库场能力的重要参数。堆存期的长短与货物种类、流向和库场所在位置等因素有关。在库场内堆存时间较长的货物,需存入后方仓库或后方堆场。

入库系数(storage factor)　在港口或作业区中,一年内进入仓库或堆场的货物总量与货物吞吐量之比。港口吞吐量减去车船直取和船转船直接转载的货运量,即为货物的入库数量。入库系数是根据港口吞吐量确定仓库或堆场面积的重要参数,与货种、车船直取作业的比重以及货运调度水平等有关。

货运不平衡系数(cargo transport factor)　反映货物生产、消费、流通过程中受季节等影响而引起货运不平衡的综合系数。分货运时间不平衡系数和货运方向不平衡系数。前者为在某一定统计周期内(通常取为一年)最繁忙时期的月(或日)货运量与统计周期内的月(或日)平均货运量之比;后者为某一航线区段(或港区)在某一定统计时期内(年、季、月)正向运输的货物量与反向运输的货物量之比,运输量较大的方向定为正向货运。

斜坡式码头(sloping faced wharf)　亦称“斜坡码头”。前方断面呈斜坡状的码头。或只设有固定斜坡道,或由固定斜坡道和趸船组成。斜坡道有实体斜坡道和架空斜坡道两种。前者在天然岸坡平缓时采用,设计坡度应尽量接近天然岸坡,其坡面稍高于天然地面。后者在岸坡较陡或岸坡为凹形时采用。趸船顺水流方向布置,而斜坡道则与水流方向垂直;当要求坡道平缓而垂直布置有困难或有特殊要求时,可考虑坡道与水流方向斜交。这种码头一般适用于水位变幅大的河港或水库港。在斜坡道上设缆车道和缆车的称“缆车码头”;采用引桥作为趸船与岸上联系的称“浮码头”。

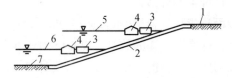

斜坡式码头示意图
1. 地面　2. 实体斜坡道　3. 趸船　4. 船
5. 高水位　6. 低水位　7. 水底

直立式码头(vertical faced wharf)　前方断面为直立式轮廓的码头。有重力式、板桩式和高桩式等多种结构形式。因便于船舶停靠和进行装卸,在海港中广泛采用,也可用于水位变幅较小的河港和运河港。

半直立式码头(half-vertical faced wharf)　前方断面轮廓上部为直墙、下部为斜坡的码头。适用于水位差变幅不大,高水位经常保持在上部直墙部分,而天然岸坡又较陡的场合。可建造在水库上游的壅水河段上和作为市区沿岸的小型码头。

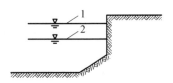

半直立式码头示意图
1. 高水位　2. 低水位

半斜坡式码头(half-sloping faced wharf)　前方断面轮廓上部为斜坡,下部为直立的码头。适用于水位差变幅大,尤其低水位持续时间较长的河港。

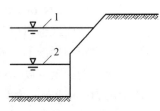

半斜坡式码头示意图
1. 高水位　2. 低水位

双级式码头(double stepped quay)　前方断面为折线形并分成上、下两级的码头。其上级供洪水时期使用,下级在洪水期间被淹没,供一般水位时和枯水期间使用。两级可布设在同一断面上,也可布设在不同断面上,或分设在不同的地点。适用于水位差变幅甚大而洪水期不长(占全年通航期仅10%～15%)的河港。

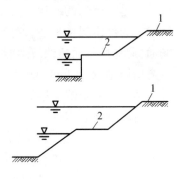

双级式码头示意图
1. 上级　2. 下级

多级式码头(multistage wharf)　分设上、中、下三级和三级以上的码头。

顺岸码头(wharf; quay)　靠船线顺原岸线布置的码头。适合于岸坡较陡的地段,其填挖土方量较少,与建造突堤式码头或自岸边开挖港池相比,可能比较经济,但所需岸线长,如多个顺岸泊位相连,则占用岸线更长;优点是陆域宽阔,占用水域宽度小。在河港中采用较多,可沿河两岸布置,也可用于狭长的海湾中。在平直海岸使用时,由于岸线长,将增加防波堤工程量。

突堤式码头(pier; jetty) 亦称"突码头"。前沿线自岸线向外伸出布置,与岸线成直角或斜角的码头。两侧都可靠船,所占岸线短;码头前水域的掩护也比顺岸码头好。海港常需防波堤掩护,岸线不宜太长,故常采用。建造河港时,由于突堤式码头自岸伸出,影响水流,易发生泥沙淤积,故不宜采用。

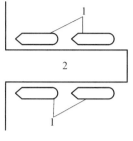

突堤式码头平面示意图
1. 船 2. 码头

整片式码头(bulkhead wharf) 靠船前沿顺岸整片地与岸连接的高桩码头。在软弱地基上建造,常采用宽桩台形式。宽桩台一般分前方桩台和后方桩台。适用于码头前线离岸较近,或陆地场地较小的情况。

引桥式码头(T or L shaped pier and approach trestle) 离岸线一定距离、用引桥与岸连接的码头。适用于运输量较小的泊位。用引桥式代替整片式结构,可节约投资。按运输量的需要,可采用单引桥或双(或多)引桥。靠船力较大时,码头应具有必要的横向刚度。

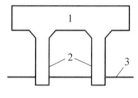

双引桥式码头示意图
1. 码头 2. 引桥
3. 岸线

墩式码头(dolphin pier) 在码头线上用相隔一定间距的、不连续的靠船墩所构成的码头。靠船墩可布置成与岸直接相连;或布置在岸线外,用引桥与岸上连通。与整片式码头相比,具有工程量小、造价低和码头结构刚度大等优点。适用于来港船舶的长度相差不太大的情况,如煤码头和油码头等。

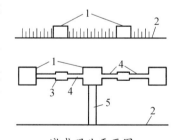

墩式码头平面图
上:靠船墩与岸直接相连
下:靠船墩用引桥与岸相连
1. 靠船墩 2. 岸线 3. 桥墩
4. 联桥 5. 引桥

岛式码头(offshore pier; island pier) 建在离岸水域与陆域无陆地连接的码头。状似孤岛,故名。是为适应油轮巨型化而发展起来的一种深水码头。通常采用墩式结构,主要用于靠泊海洋油轮并进行原油装卸。油轮与岸间的输油方式一般均采用水下管道。若需要,岛式码头两侧均可靠船。

栈桥式码头(landing pier) 栈桥与岸相连的离岸码头。用于石油、煤炭、矿石和客运等的专业性码头。由于油轮、矿石轮大型化的发展,码头前的泊稳要求相应降低,被日益广泛采用。有的栈桥式码头甚至伸延到无掩护的、开敞的深水区。海轮与岸地间用架设于栈桥的管道或皮带式输送机输送原油或矿石。与引桥式码头的区别在于:前者的栈桥长度大而桥面宽度小;后者的引桥短而宽,且有时有几个引桥,常兼作件货装卸之用。

栈桥(landing bridge) 在桩顶或墩、柱上修筑梁板系统,构成可供通行的排架结构。按结构材料,分木栈桥、钢栈桥、钢筋混凝土栈桥和混合结构栈桥等。特点是窄而长,承受的荷载一般不大,通常是行人、管道、皮带输送机等。在港口中,一般用作建筑物之间或建筑物与岸之间的连接桥梁。

透空式码头(open pier) 码头面与水底间透空的码头。包括梁板式、框架式、无梁面板式、后板桩式、管柱式等高桩码头和栈桥式码头、架空斜坡道式码头等。主要优点是码头结构的挡水面积小,不妨碍或很少妨碍波浪、水流和泥沙通过,可防止或减少港口淤积。适用于各种水域条件。

重力式码头(gravity quay wall) 依靠结构本身及其填料所受的重力来保持自身结构稳定的码头。主要由上部结构、墙身、基床、墙后填料和减压棱体等部分组成。按墙身结构,分方块式、整体砌筑式、沉箱式和扶壁式等。按所用的主要建筑材料,分浆砌块石式、混凝土式和钢筋混凝土式等。优点是结构坚固耐久,对较大集中荷载的适应性较好,抵抗船舶水平荷载的能力强,不需设置专门的靠船构件。但要求有良好的地基,所需材料用量较大,施工期较长。

阶梯形断面方块码头(stepped block quay wall) 普通方块码头的一种。断面的形式为阶梯形,故名。为最早采用的形式,断面上小下大,墙身底宽和断面面积都较大,需用方

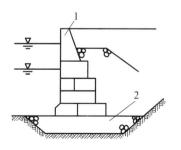

阶梯形断面方块码头示意图
1. 胸墙 2. 基床

块的数量较多,且墙身重心靠前,地基应力分布不均匀。目前,除小型码头外已经很少采用。

衡重式断面方块码头(block quay wall with counter weight) 普通方块码头的一种。是常用的形式。以墙身自身来稳定,底宽较墙身中部为小,重心后移,地基应力较均匀。但墙身中大下小,施工时需防止方块向岸内倾倒,其基底应力有所增大,对地基要求较高。

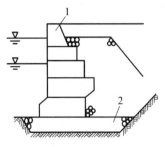

衡重式断面方块码头示意图
1. 胸墙 2. 基床

卸荷板式方块码头(block quay wall with relieving slab) 普通方块码头的一种。墙身上部压一块卸荷板,故名。是较新颖的结构形式,卸荷板使码头地面荷载(包括填土和地面使用荷载)对板下墙背所产生的土压减小,并使墙身重心后移,墙身断面和底宽都较小,地基应力比较均匀。

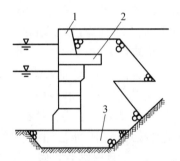

卸荷板式方块码头示意图
1. 胸墙 2. 卸荷板 3. 基床

卸荷板(relieving slab) 用于重力式码头或挡土墙的板状构件。能减小地面荷载(包括填土和地面上的使用荷载)对墙背所产生的土压力,故名。常用混凝土或钢筋混凝土预制而成,安放在胸墙底,并宜将胸墙底面尽量放低,以提高卸荷作用。卸荷板不仅能减小土压力,还能使墙身重心后移,显著降低地基最大应力,故采用甚广。

整体砌筑码头(masonry quay wall) 墙身为整体结构的重力式码头。用现场浇筑混凝土或就地浆砌块石构成。结构整体性好,施工不需大型起重设备,但需具有干地施工的条件,现场浇筑或砌筑的工程量较大。如在水下施工,需浇筑水

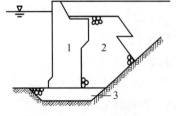

整体砌筑码头示意图
1. 整体砌筑墙身 2. 抛石棱体 3. 基床

下混凝土或采用压力灌浆混凝土。

沉箱码头(caisson quay) 墙身为沉箱结构的重力式码头。沉箱平面形状一般为矩形,也有圆形或其他形状。沉箱中充填砂石,以节省造价。比方块码头整体性好,地基应力也较小。常适用于工程地点附近有预制沉箱的条件,或工程量大而要求工期短的大型码头。

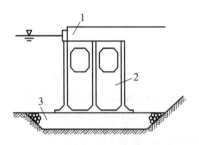

沉箱码头示意图
1. 胸墙 2. 沉箱 3. 基床

扶壁码头(buttress quay) 墙身为钢筋混凝土扶壁结构的重力式码头。扶壁结构由立板、底板和肋板组成。可预制安装;在干地施工条件下,也可现场浇筑,形成在纵向上较长的连续扶壁。预制安装时,扶壁单元(分段)的长度决定于起重设备的能力,一般不宜太小。现场浇筑时,则其分段长度即等于收缩缝间距。与沉箱码头相比,能节约钢筋混凝土材料,但整体性较差;与方块码头相比,则水上安装和潜水工作量较少。一般适用于水深不大的中、小型码头。

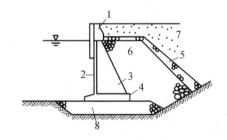

扶壁码头示意图
1. 胸墙 2. 立板 3. 肋板 4. 底板 5. 反滤层
6. 填石 7. 中砂 8. 基床

板桩码头(sheet pile quay) 由进入地基一定深度的连续板形构件构成直立墙体的码头。分无锚板桩码头、单锚板桩码头和双锚板桩码头。单锚板桩有一个锚碇,结构简单而受力比较明确,应用甚广。在水深较大或地基软弱的情况下,为防止板桩所受弯矩过大,可采用双锚板桩。双锚板桩的下层拉杆有时需在水下安装。板桩两拉杆的实际受力和设计

计算可能不符,如有一层拉杆超载断裂,便可能导致整个结构的破坏。按材料,分钢板桩码头和钢筋混凝土板桩码头。板桩码头结构简单,施工速度快,造价低。除特别坚硬或过于软弱的地基外,一般均可采用。

格形板桩码头(sheet pile cell quay) 用钢板圈成的格形板桩为主体(下部结构)所构成的码头。格形板桩形成的主体内抛填砂石,形成一道坚固的厚墙,顶部浇筑混凝土形成上部结构,墙后回填土石料。板桩靠自身稳定无需拉锚。特点是能承受较大的土压力和波浪载荷,施工速度快,但需用钢材较多,造价较高。

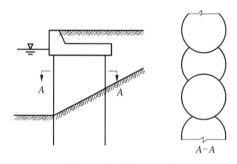

格形板桩码头示意图

锚碇墙码头(quay with anchor wall) 由立板墙、底板和锚碇结构组成的码头。由重力式结构和板桩结构两者混合组成,属混合式结构。立板墙亦称"板墙",用以挡土,码头的土压力通过板墙传给底板,也有一部分通过板墙上端传给拉杆和锚碇。底板靠上方的回填土重力以保持稳定。这种结构作用于地基的水平力小,具有较好的抗滑稳定性;其地基应力比重力式结构小而均匀;但比沉箱码头和扶壁码头施工的安装工序多,墙面接缝也多,耐久性较差。

高桩码头(high-piled wharf) 由基桩和桩台组成的码头。是码头建筑物的一种主要结构形式。将作用于码头的载荷通过桩台分配给基桩,由桩群传到地基中去。按其结构形式,分梁板式、无梁面板式、桁架式高桩码头等。

承台式高桩码头(quay with high level platform on piles) 高桩码头的一种。上部结构由水平承台、胸墙和靠船构件等组成。承台一般采用现浇的混凝土结构或少筋混凝土结构,其上用砂、石料回填。优点是码头地面集中荷载经过回填料扩散,承台受力均匀;整体性和耐久性好;对打桩偏位要求较低。但承

台自重大,桩多而密,现浇混凝土工作量大,要求施工水位较低。一般适用于水位变化较大的河港码头,工程上较少采用。

前板桩式高桩码头(high piling quay with front sheet piles) 亦称"刚性桩台式高桩码头"。高桩码头的一种。板桩位于桩台前方,构成码头岸壁,桩台下的岸坡依靠前方板桩保持稳定。桩台多为现浇混凝土、浆砌块石或钢筋混凝土扶壁式整体结构。优点是基桩的防护条件好,且可减少基槽开挖量;由于桩台窄,刚度大,故总的耐久性较佳。缺点是自重大,预制装配程度低,施工复杂,造价较高。适用于地基条件较好的中、小型码头。

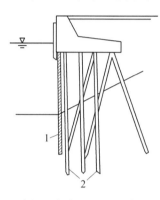

前板桩式高桩码头示意图
1. 板桩 2. 基桩

后板桩式高桩码头(high piling quay with back sheet piles) 高桩码头的一种。板桩设置在桩台后方,用以挡土和减小桩台宽度。桩台可采用梁板结构、无梁大板或桁架等形式;板桩上部可支承在桩台上,或另设锚碇。与前板桩式高桩码头相比,后板桩式回填土量少,桩台所受土压

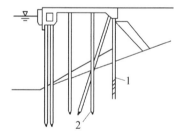

后板桩式高桩码头示意图
1. 板桩 2. 基桩

力小。但桩基的防护条件差;在斜坡上打桩时,往往会使先打好的板桩向前倾斜,施工中需采取适当的预防措施。

全直桩码头(vertical pile wharf) 所有桩基均采用直桩的高桩码头。具有桩力均匀,结构受力合理,沉桩快速方便,施工期桩受力较小和能较好适应岸坡变形等特点。全直桩码头结构分柔性结构和半柔性结构。

装配式框架梁板码头(quay with fabricated frame and beam-board superstructure) 一种透空式结构的码头。由预制杯形基础块、钢筋混凝土框架、钢筋混凝土梁和板组合装配而成。码头结构不采用桩基,

依靠自重维持其整体稳定性,透空结构自重比方块码头和沉箱码头轻,造价较低。适用于岩基和坚实的土壤地基。

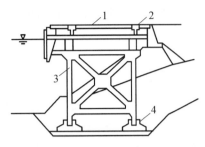

装配式框架梁板码头示意图
1. 面板 2. 纵梁 3. 框架 4. 杯形基础块

浮码头(floating pier) 亦称"趸船码头"。由固定在岸边的,供船只停靠的趸船组成的码头。由趸船、锚系和支撑、引桥及护岸等部分组成。特点是趸船随水位涨落而升降,作为码头面的趸船甲板面与水面间的高差基本不变。一般适用于水位变幅大的客货码头、渔码头,以及用管道运输液体货物的码头。在河港中,趸船一般顺岸布置;当同类型的泊位较多时,可采用趸船之间有联桥连接的连片形式,此时趸船、撑杆、联桥、活动引桥等宜采用统一尺度。在海港中,有时可用趸船的长边垂直于岸,布置成突堤式码头形式,两侧靠船,比较经济。

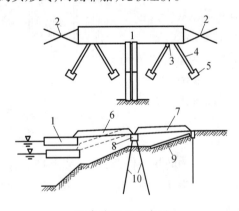

顺岸浮码头示意图
1. 趸船 2. 锚链 3. 球铰 4. 撑杆
5. 支撑墩 6. 活动引桥 7. 固定引桥
8. 桥墩 9. 斜坡护岸 10. 基桩

趸船码头(landing stage) 即"浮码头"。

码头结构(wharf structure) 构成码头建筑物的主体。由上部结构、下部结构和码头设备三部分组成。上部结构用于安装各种码头设备,并能同下部结构连接在一起,包括梁、板、胸墙和许多部件,如轨道梁,接电槽或工业管道槽等。为便于货物运输,码头面上常需用混凝土或钢筋混凝土板块铺砌。下部结构将码头自重及作用于上部结构的荷载传递到基础和地基中去。它决定码头的基本结构类型,如重力式码头的下部结构是重力墙和基床,重力墙又可采用方块、沉箱或扶壁挡土墙等多种结构形式。桩式码头的下部结构为桩基。码头设备主要包括系船及防冲设备、码头路面、供水设备和供电的各种管线等。

横向排架(lateral row frame) 高桩码头的桩基与其上的横梁(桁架或无梁板)组成的排架。桩基布置关系到码头结构受力情况和总造价。

码头胸墙(parapet wall of wharf) 位于码头顶部外沿,用以系靠船舶的墙壁。墙面上安装防冲设备,墙壁能挡住后方的回填料,并能把作用于墙上的外力传到码头结构和地基中去;有时还起着将下部结构连成整体的作用。常用系船柱连成一个整体。胸墙构造因码头结构形式的不同而略有不同,重力式码头的胸墙常采用浆砌块石或现浇混凝土结构,其底面高程应高于施工水位。卸荷板式方块码头的胸墙底面应尽可能放低,以提高卸荷作用。板桩码头的板桩自由高度较小时,可用胸墙代替帽梁和加强导梁,以简化结构,也便于安装护舷,此外,如将钢板桩的钢导梁埋入胸墙,还可防止锈蚀。

码头基床(wharf bed) 用碎石块抛填而成的重力式码头的人工基础。非岩石地基上的基床能把建筑物的荷载分布到更大的范围,从而减小地基应力。基床的最小厚度应使基床底面的最大应力不超过地基的容许应力。在岩石地基上,基床对于预制安放的结构(如方块和沉箱)起垫平作用。按结构,分暗基床、明基床和混合式基床三种形式,根据码头前水

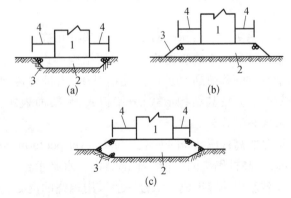

基床形式
(a)暗基床 (b)明基床 (c)混合式基床
1. 重力式建筑物 2. 基床 3. 边坡 4. 肩宽

深、地形、地基情况和使用要求等选用。影响基床稳定的因素有基床形式、厚度、边坡、肩宽、直墙下的基底应力和码头前的波浪、水流条件等。

码头回填(back fill) 用土石料填筑在码头墙后形成的码头地面。为减小墙后土压力,在紧靠墙背的部分常填以内摩擦角较大的材料,以形成减压棱体。

减压棱体(prism fill for relieving pressure) 亦称"抛石棱体"。码头墙后回填土石料时,紧靠墙背部分采用的内摩擦角较大(一般可用碎石)或容重较小的材料(如煤碴、珊瑚礁等)。用以减小墙后的土压力,形状如平卧的棱体,故名。重力式码头墙后或板桩墙后是否需要设置减压棱体及其棱体的断面尺寸,应根据结构形式和当地材料情况确定。为了减小棱体的体积,可采用分级式(亦称"折闪式"),棱体不很高时,分级一般不多于两级。棱体顶面和坡面上应设反滤层。

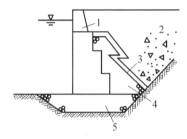

两级式减压棱体示意图
1. 胸墙 2. 回填土 3. 反滤层
4. 减压棱体 5. 抛石基床

码头端部翼墙(quay end wing wall) 顺岸码头端部与岸坡连接处的挡土墙。翼墙建在斜坡上,与岸线垂直,高度逐渐变化,一般易发生不均匀沉降,使结构出现裂缝,但不致影响码头使用。如端部处不受地形限制,码头端部亦无使用要求,可采用其他结构形式。如将码头线后的端部外侧填土筑成斜坡,并将码头端部外侧墙身筑成台阶状,以形成护岸。这种形式一般不会产生不均匀沉降,且便于日后码头的延长。适用于码头端部遇地形变化的情况,并可兼供停靠小型工作船舶之用。

斜拉桩板桩结构 (sheet pile structure with sloping anchor piles) 用斜拉桩锚碇的板桩结构。斜拉桩除承受拉力外,还可减小作用于板桩上的土压力,从而减小板桩厚度和入土深

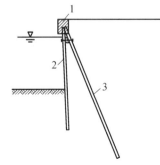

斜拉桩板桩结构示意图
1. 帽梁 2. 板桩 3. 斜拉桩

度。板桩和斜拉桩安装在一起,在后方回填之前即可承受外侧一定的波浪作用。但斜拉桩所需断面及长度均较大,结构受力情况也比较复杂。适用于小型码头、驳岸和护岸。占地面积小,尤其适用于岸线后方狭窄,不便设置锚碇结构的地段。

主桩板桩结构(sheet pile structure with main piles) 由主桩和板桩在一起组成的板桩结构。主桩较长,板桩较短。板桩打在主桩之间,在顶部用帽梁连接板桩和主桩,锚碇拉杆仅拉在主桩上。适用于中、小型码头和护岸工程。

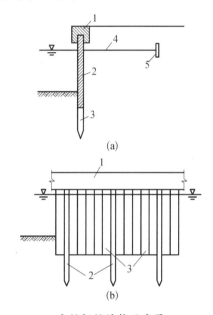

主桩板桩结构示意图
(a)断面图 (b)立面图
1 帽梁 2. 主桩 3. 板桩 4. 拉杆 5. 锚碇板

主桩套板结构(sheet slip structure with main piles) 用主桩和横向套板组成的结构。适用于小型码头和护岸工程。

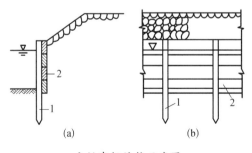

主桩套板结构示意图
(a)断面图 (b)立面图
1. 主桩 2. 横向套板

桩基承台(platform on piles) 简称"桩台"、"承台"。设置在一组基桩顶部的上部结构。其上的作

用力(包括自重和荷载),由基桩传递到深层地基。按底面位置的高程,分高桩承台和低桩承台。前者底面在水底(或地面)以上。按承台的力学性质,分刚性桩台、柔性桩台和非刚性桩台。

刚性桩台(rigid platform on piles)　受力后只有整体性的位移和转动,而本身变形则小到可以忽略不计的桩基承台。如砌石承台、混凝土(或少筋混凝土)浇筑的承台、桁架式高桩承台等。

非刚性桩台(non-rigid platform on piles)　木结构或连接不好的装配式钢筋混凝土的桩基承台。常用作后方桩台。计算受力时把桩台的横梁视作支承在桩上的多跨简支梁。

柔性桩台(flexible platform on piles)　工作情况介于刚性桩台与非刚性桩台之间的桩基承台。如钢筋混凝土桩台、梁板式高桩码头和无梁面板式高桩码头等。

簇桩(dolphin)　孤立于水中的桩柱式建筑物。一般由成束状的若干根桩组成。在桩顶处相互束紧,也有于桩顶加筑小型钢筋混凝土桩台或用钢板桩围筑成墩柱式的。按用途,分靠船簇桩、防冲簇桩和导航簇桩等。

码头设备(quay facility)　码头上的系船设备、防冲设备、路面、供水和供电的各种管线等的总称。包括船舶停靠码头、装卸、旅客上下及修船、舾装作业时所直接使用的各种设备。对于码头生产率、工人劳动条件、人身安全,以及维修工作量等都有很大影响。

系船浮筒(mooring buoy)　一种设在水面上的浮式系船设备。由浮筒、锚链和锚碇三部分组成。浮筒为钢质的密封式浮体,略呈圆鼓形,也有呈圆锥形的;锚链均为钢制;锚碇可采用铸铁沉锤、钢筋混凝土或混凝土的蛙形锚或沉块。主要设置在锚泊地,供船只系泊使用。也有设置在修船滑道末端,供船舶拖上滑道时定位用。

系船柱(mooring post; bollard)　供船舶停靠码头时栓系缆绳的设备。按用途,分普通系船柱和风暴系船柱。前者设置在码头前沿,中心距前沿线一般为 0.5 ~ 0.8 m。若靠前沿过近,对带缆操作不安全;若太靠后,码头外缘可能磨损缆绳,并有碍装卸机械作业和减小门机吊臂的有效跨度。后者供风暴时船舶系缆使用,一般设在码头后方,遭受台风机会少或大风时船舶不在港内避风的港口可不设。有的港口,为不妨碍装卸机械的运行,不在码头后方另设风

暴系船柱,而将前方普通系船柱的尺寸加大来替代。系船柱的柱头形状关系到它的使用方便,常用的有单面挡檐、大小挡檐、全挡檐等几种,其中以单面挡檐柱头采用最广。

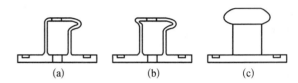

系船柱柱头形状示意图
(a) 单面挡檐柱头　(b) 大小挡檐柱头
(c) 全挡檐柱头

系船环(mooring ring)　供船泊停靠码头时系缆用的环。有圆形环、带挂钩的圆环和卡环等形式。埋设在码头立面或胸墙立面上特设的凹槽内,以免船舶碰撞。安装位置依使用要求而定:潮差不大时,可设置在码头立面上,间距 10 ~ 20 m,高程在码头顶面以下 1.2 ~ 2.0 m;潮差较大时,可上下交错设置两排。主要供小型木船、帆船和驳船等系泊。

防撞设备(fender system)　防止船舶停靠时与码头直接碰撞,并用以消减撞击能量的设备。一般分三种类型:(1) 护舷类,有整片式、分组式和浮护木;(2) 橡胶防撞设备类,有筒形、鼓形、V 字形和充气胶囊等,或利用废旧轮胎;(3) 靠船桩类,有钢筋混凝土桩和钢桩。其形式的选择,取决于船型、码头结构形式,以及潮汐、波浪、风等条件。对中、小型船舶,一般多采用护舷,或同时加挂旧轮胎,使用效果良好。对大型船舶,其撞击能量甚大,而码头结构近年又向轻型方向发展,以采用弹性较大、具有良好消能特性的橡胶防撞设备为好。

护舷(fender)　亦称"护木"。码头或船舶边缘使用的一种弹性缓冲装置。主要用以减缓船舶与码头或船舶之间在靠岸或系泊过程中的冲击力,防止或消除船舶、码头受损坏。按材料,分木制护舷、钢护舷和橡胶护舷;按形状,分圆筒形护舷、鼓形护舷和 D 形护舷等。圆筒形护舷的受力特点为反力低、面压小、吸能量合理,在靠泊时,对船舶横摇和纵摇适应性强,不受船舶大小影响,用途广,安装维修方便,特别适用于老式码头;鼓形护舷的受力特点为反力低、吸能量大。

靠船桩(mooring dolphin)　码头防撞设备的一种。有钢筋混凝土桩、钢桩、钢板桩或纤维桩。透空式码头前的潮差较大、停靠的船型又大小不一时,护

舷底端需做得很低,如用悬臂式靠船构件,所需悬臂又太长,构造上不易处理,此时,可采用靠船桩。桩上安装护舷,桩顶与码头前沿相靠处,可垫上橡胶块。钢筋混凝土桩的弹性较小,如靠船力大,易产生裂缝。钢桩和纤维桩则具有弹性较大的优点。

系网环(mooring ring) 供船舶在码头进行装卸作业时拴系安全网的设备。一般装设在货运码头前沿的路面上,与码头前沿线的距离为 0.6～1.0 m,沿码头线的纵向间距为 2.0～3.0 m。前沿有道牙时,也可安设在道牙内侧的立面上。如个别系网环兼作系船环使用,其构造应适当加大加强。

防波堤(breakwater; mole) 防御波浪入侵,形成一个掩蔽水域所需的水工建筑物。位于港口水域的外围,兼防漂沙和冰凌的入侵,赖以保证港内具有足够的水深和平稳的水面以满足船舶在港内停泊、进行装卸作业和出入航行的要求。有的防波堤内侧也兼作码头用或安装一定的锚系设备,可供船泊靠泊。按其平面布置形状,分突堤和岛堤;按断面形式,分斜坡式、直墙式和混成式三种。

突堤(jetty) 在平面布置上,一端与岸相接、一端突伸入海的防波堤。与岸相连,便于交通联系。故其内侧常可兼作码头使用,此时堤顶需有足够宽度以供安置装卸设备、交通路线,以及堆场、仓库等。

岛堤(island breakwater; shore breakwater) 在平面布置上,两端均不与岸相连的防波堤。孤立于水中如岛,故名。有时为了掩护较大的港口水域面积,或者需要两个或两个以上的口门,需采用岛堤,或同时采用突堤和岛堤。

潜堤(submerged breakwater) 淹没在水面下的堤。一般多在高潮时淹没,低潮时露出,其堤顶多在平均水位附近。

堤头(jetty head; mole head) 防波堤三面临水的端部。突堤为伸到深水而构成港口口门的一端,岛堤则两端都是堤头。堤头三面受到波浪冲击,水流冲刷最强,受力十分复杂。是堤干段的依靠,应有较大的稳定性和强度。因此,常把堤头加宽;从使用要求考虑,如在堤头设置灯标和内侧布置系靠船泊设备等,也需将堤头加宽。直墙式防波堤的堤头段长度一般为堤头宽度的一倍半至两倍左右,平面形状常采用半圆形和矩形拼合形式,也有用圆形、矩形或其他多边形的。斜坡式防波堤为了改善口门的

航行条件和港内的泊稳条件,也可采用直墙式的堤头。

斜坡式防波堤(mound type breakwater) 简称"斜坡堤"。断面两侧为斜坡形式的防波堤。大多用块石堆成,在坡面和堤顶用大块石或混凝土块作护面层。优点是对地基承载力的要求较低,对地基沉降不甚敏感,可修建在比较软弱的地基上;可就地取材,充分利用当地的粗砾料和石料;施工比较简单,一般不需大型起重设备;如有损坏,较易修复;波浪在坡面破碎而反射轻,消波性能良好。缺点是需要的材料量大,并大致与水深的平方成比例地增加;坡面上的护面石块或人工块体如质量不足,将被波浪打击滚落,需要经常修补;在使用方面,堤侧不能兼作靠船码头。一般适用于地基土壤较差、水深较小和当地盛产石料的场合。

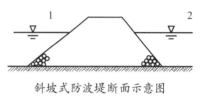

斜坡式防波堤断面示意图
1. 港外 2. 港内

直墙式防波堤(vertical wall breakwater) 简称"直墙堤"、"直立堤"。横断面为直墙形式的防波堤。由基床和直墙组成。按墙身主体结构,分方块堤、沉箱堤等类型。水深较大时,直墙式防波堤所需的材料比斜坡式防波堤节省;在使用上,堤的内侧可兼供靠船之用。但堤下的地基应力较大,对不均匀沉降有一定的要求;建成后如发生损坏,难于修复,

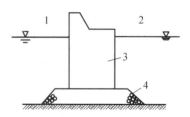

直墙式防波堤横断面示意图
1. 港外 2. 港内 3. 直墙 4. 基床

由于波浪在墙面反射,可能影响港内水面的平稳。适用于海底土质坚实、地基承载能力较好和水深较大不会发生波浪破碎的场合。水深很大时,墙身甚高,地基压应力过大,不宜采用。除以重力式直墙为墙身主体结构者外,还有双排板桩或格形板桩结构等形式,但很少采用。

混成式防波堤(composite breakwater) 亦称"高基床直墙堤"。由直立式墙身和斜坡式基床混合组成的防波堤。与直墙式防波堤之间的区分不存在明

显界限,增加直墙式防波堤的基床厚度,即形成混成式防波堤。它的下部堆石基床的顶面高程在最低水位时,墙前水深需大于波浪破碎水深,可避免波浪直接在斜坡顶上破碎,

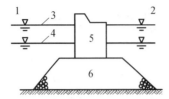

混成式防波堤横断面示意图
1. 港外 2. 港内 3. 高水位
4. 低水位 5. 墙身 6. 基床

致使上部直墙受破碎波的强烈作用。水深较大时,建造直墙式防波堤在技术上比较困难,且直墙过高,作用于地基的应力也太大;如采用斜坡式防波堤,则所需材料过多;此时最适宜于建造混成式防波堤。

透空式防波堤(permeable breakwater) 堤身支承在桩或柱上,下部透水的防波堤。根据波浪理论,波浪的能量主要集中在水面附近,故可不将堤身筑到水底,只需挡到一定的深度即可。在材料使用上和在经济上都较为合理,但不能阻止水流对港内水域的干扰,也不能防止泥沙入港。适用于水深大而波浪较小处,或建实体防波堤会导致港内产生严重淤积时采用,在浙江、福建等省波浪相对较小而含沙量相对较大的渔港常采用。

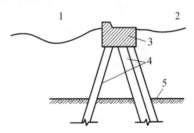

透空式防波堤横断面示意图
1. 港外 2. 港内 3. 堤身
4. 桩 5. 水底

浮式防波堤(floating breakwater) 亦称"活动式防波堤"。由浮体及其锚系设备组成的防波堤。浮体的阻尼作用,可使其后的波浪减弱。随水位变化而上下浮动,修建或拆迁较易,不易引起港内淤积,可用作临时性防浪措施。浮体的消波性能与其形式、尺度和构造等有关。在巨大风浪作用下,浮体摆动剧烈,可能彼此互碰而损坏;如发生走锚或锚链被拉断,可能导致全部浮堤的失事。

活动式防波堤(movable breakwater) 即"浮式防波堤"。

喷气消波设备(pneumatic breakwater) 亦称"气压式防波堤"。一种在水下敷设管道排放压缩空气用以消减波浪的装置。利用空压机从有孔管道喷排气泡,形成气幕和两侧的环流,阻碍并消减波浪。喷气管安设在足够的水深以下,船舶可经越其上自由进出港口。优点是敷设管道和装置空气压缩机的初始投资不大,造价与水深无关,施工简易,便于拆迁。但空气压缩机所需动力较大,运转费用较高,对产生消波效果的理论研究至今还不充分。适用于临时性的消波措施。

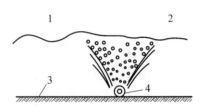

喷气消波设备示意图
1. 港外 2. 港内 3. 水底 4. 喷气管

喷水消波设备(hydraulic breakwater) 一种在水面安置喷嘴,迎着波浪喷射水流以消减波浪的装置。喷水使波浪发生破碎,消耗波浪能量,达到消减波浪的目的。此外也有采用推进器形成迎面水流,迫使波浪破碎,其效果与喷水消波

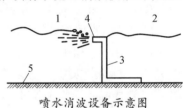

喷水消波设备示意图
1. 港外 2. 港内 3. 水管
4. 喷水口 5. 水底

效果相似。喷水管架设在水面下而靠近水面处,比敷设喷气消波设备的喷气管困难,喷水比喷气所需用的能量更大,故尚未获得实际应用。

透孔式沉箱防波堤(caisson breakwater with wave chamber) 一种直墙式防波堤。沉箱分成内、外两室,外侧临海一侧为空室,内室在沉放时填砂石料。外室的外壁上做透水孔,波浪作用时让部分水体进出,损耗其能量,形成消能室,可以减小波浪的反射和波浪对沉箱的作用力。

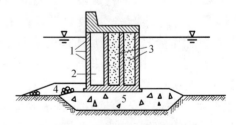

透孔式沉箱防波堤示意图
1. 透水孔 2. 消能室 3. 填砂砾石
4. 填石 5. 砾石

削角式防波堤（gravity wall with cutaway section）一种直墙式防波堤。上部结构和胸墙部分削成斜角。可减少大波时的波浪的水平作用力,有利于堤身的稳定;但此时的越顶水流有碍于堤顶的使用,且对堤内侧的水面稳定不利。

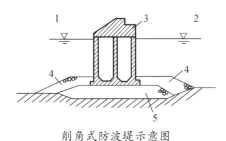

削角式防波堤示意图

1. 港外　2. 港内　3. 上部结构
4. 块石　5. 砾石基床

密集桩防波堤（row-of-piles breakwater）用几排间距较小而密集的桩构成的防波堤。利用波浪在桩间破碎和发生绕流等,使波浪能量消耗。

双排板桩堤（double row sheet pile breakwater）一种直墙式防波堤。墙身用双道排桩构成。打好两排钢板桩或钢筋混凝土板桩后,在板桩上端接近水面处安装导梁和拉杆,板桩之间填充砂石,填满后顶上加混凝土盖板,并浇筑上部结构。因水上施工时间长,堤身的坚实性、耐久性均不如重力式直墙堤,耗用钢材量又大,故实际很少采用。

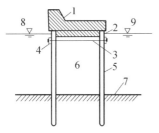

双排板桩堤示意图

1. 上部结构　2. 盖板　3. 拉杆
4. 导梁　5. 板桩　6. 砂石填料
7. 水底　8. 港外　9. 港内

格形板桩堤（sheet pile cell breakwater）一种直墙式防波堤。墙身用格形板桩构成。比双排板桩堤结构坚固。当波浪作用时,在两格间凹入处受到较大的作用力,使填砂从锁口缝淘出,在寒冷地区,堤

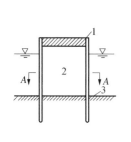
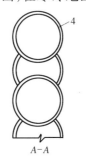

A—A

格形板桩堤示意图

1. 混凝土盖板　2. 填砂　3. 海底　4. 板桩

的抗冻性能较弱。

堆石防波堤（rubble mound breakwater）简称"堆石堤"。斜坡式防波堤的主要构造形式。选用未风化、不成片状、不带裂纹,具有一定强度并耐侵蚀的石料堆筑而成。按堤身石料的粗细分配和堆筑方法不同,分两种:（1）不分级堆石防波堤,是最古老的筑堤方式,所用石块不分大小混合堆筑。石块质量15～160 kg 不等,施工简单,堤身密实,如发生沉降也较均匀。考虑波浪作用随水深向下逐渐减弱,可采用折坡,下坡较陡,以节约石料而不影响堤坡稳定。（2）分级堆石防波堤,将较小石块堆放在下层和堤芯,大石堆放在上层和堤面,外坡采用更大的石块堆筑。这样可使大小石块得到合理使用,增加堤坡稳定而不增加大石料用量。此外,还有一种水力冲填的土砂芯堤,堤面用石块或混凝土块保护。仅适用于水浅浪小之处,如用于海涂围垦工程。

砌石堤（breakwater with laying stone）亦称"砌石护面堤"。用干砌块石作护面层的堆石堤。在堤面干砌的块石与块石之间,相互紧贴嵌接,比抛堆和铺放密实,也较牢固。砌石护面只需砌筑一层,砌筑时应使石块的长边垂直于坡面,称"丁砌"。砌石下面常铺设垫层以平整堤坡。在现场施工中,由于自然条件（如水位、波浪和风雨等）的限制,砌筑时难免有不到位之处。竣工后,在波浪作用下,堤坡将有可能从最薄弱的一点开始破坏,只要有一石块脱离坡面,其周围石块即失去嵌固而相继松动,以至滚落,护面层的垫层被淘刷,致使堤迅速破坏。

异形块体（irregular fabricated unit）指用于建造斜坡式防波堤的形状特异的人工块体。用混凝土预制,一般不放钢筋。用作斜坡堤护面层的块体种类甚多,中国较常用的有四脚锥体、四脚空心方块、扭工字块体等。混凝土异形块体应具有的性能和要求是:（1）单个块体的质量能满足稳定性和施工能力的要求;（2）块体的稳定性好,且相互间有嵌固作用;（3）空隙率大,消波性能好;（4）块体本身构造简单而牢固;（5）施工方便;（6）能适应较陡的坡度,以节省堤心材料用量;（7）单位坡面面积上所需混凝土的用量省。

四脚锥体（tetrapod）异形块体的一种。由四个截去顶端的圆锥形脚柱合成。作护面层时,应铺放

两层,下层正放,并以一行一脚向坡顶,另一行两脚向坡顶,间隔布置;上层插空正放,遇较小空档放不进时,个别的可以倒置插入。块体间相互咬合钳制,稳定性高;所构成的面层空隙率大,能有效地消减波浪能量;在相同波浪作用下,四脚锥体比块石或混凝土方块所需的稳定重力小;比混凝土方块节约水泥。

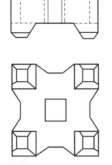

四脚空心方块示意图

四脚空心方块(hollow square; hollow tetrahedron) 异形块体的一种。平面轮廓为正方形而四边的中部略凹入,方块中央有空孔;从侧面看,有四个短脚,故名。只能铺放,短脚向下。具有重心低、稳定性强、消波性能好和节省混凝土等优点。用作护面,可以铺放一层,但应排列整齐,并使相互靠紧;堤坡不陡于1:1.25,以坦坡为宜。由于需要铺放施工和堤坡损坏后难于修复等原因,四脚空心方块较适用于水浅浪小地区。

扭工字块体(dolos) 异形块体的一种。两肢相互垂直,中部以一短柱相连,略如一扭转的"工"字,故名。用此块体作护面层空隙率高,在任意堆放两层时空隙率可达60%,消波性能很好。由于块体的两肢相互垂直,在一般情况下总有一肢横卧,任意堆放两层时,下层横卧之肢常被另一块体所压,故稳定性高。缺点是两肢间的连柱强度不足,在施工起吊过程中,个别块体会发生断裂现象。

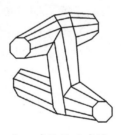

扭工字块体示意图

平底四脚锥体(quadripod) 异形块体的一种。形状与四脚锥体近似,不同的是底部三个脚柱都平卧在底平面上,故重心较低。由于向上的一脚柱和底部三脚柱不相同,用它来作护面层,铺放时不能像四脚锥体那样任意插放,任意用一脚向下倒插,故优点并不显著。

三柱体(tribar) 异形块体的一种。由三个直立的短圆柱,中间以叉肢相连而成。三柱体在安放时便于整齐排列,空隙率高,消波性能好;但中间叉肢强度不足,有时会断裂。

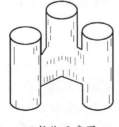

三柱体示意图

铁砧体(akmon) 异形块体的一种。可用于斜坡堤和护岸工程的护面层。形状为一方形短柱,两端各向两侧放宽,略似打铁用的铁砧,故名。个体稳定性与四脚锥体相近。任意堆放两层时,空隙率约达55%,消波性能较好;块体无细肢,本身强度大,不易断裂。

铁砧体示意图

凹槽方块(modified cube) 异形块体的一种。用于斜坡式防波堤及护岸工程的护面层。在立方块的顶面上做出一个十字形凹槽,在其底面上做一方形凹槽即成。比方块节省混凝土。由于其顶、底面的凹凸不平,消波性能较方块为好,但制模工艺复杂。

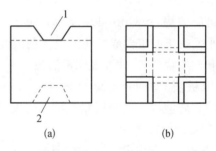

凹槽方块示意图
(a) 立视图 (b) 俯视图
1. 十字形凹槽 2. 方形凹槽

船厂水工建筑物(hydraulic structure of shipyard) 修船和造船时供船舶坐墩、下水和支承船体用的水工建筑物。包括船厂的舾装码头、试车码头、修船码头,以及材料运输码头、系泊码头、船坞、滑道等。修船时把船体露出水面,支承于支墩上,以便进行船体水下部分的修理,称"坐墩"。修船和造船完毕后,将船体移到水上,称"下水"。由于船体质量很大,在船舶修、造和坐墩、下水期间不容许因地基的不均匀沉降而致使船体产生较大附加应力和变形,故这类建筑物应具有一定的技术要求。

船台(shipway) 供修船或造船用的水平或倾斜场地。修船时,船舶坐墩、下水需通过滑道;造船时,在船台上建成的船体需通过滑道下水,船台一般需与滑道配合使用,习惯上常统称"船台滑道"。倾斜船台常与木滑道、涂油滑道配合使用,其工作面与倾斜下水滑道一致,故可简化移船操作,但工作不及水平船台方便。水平船台只能用于机械化滑道,因船体由倾斜转为水平或由水平转为倾斜,需采用一定的移船设备。

滑道（slipway）　供船舶坐墩、下水用的斜面建筑物。按船舶纵轴与其坐墩、下水的运动方向,分纵向滑道和横向滑道,前者船的纵轴与坐墩、下水运动方向一致;后者船的纵轴与坐墩、下水运动方向垂直。按船舶坐墩、下水时运载船体的工具,分木滑道和机械化滑道。按滑道坡度,分直线坡度滑道、折线变坡滑道和弧形滑道。直线坡度滑道使用广泛;弧形滑道只用于修、造小型船舶,如渔船等;折线变坡滑道很少使用。

木滑道（wooden slipway）　亦称"牛油木滑道"。在天然地基上铺设木梁构成的滑道。梁上放滑板,船体支承在滑板上,用手摇或电动绞盘或绞车拖曳船舶坐墩或下水。构造简单、造价低廉,但使用不便。一般用作升降小型船舶的临时设施。

涂油滑道（greased slipway）　在天然地基或人工地基上建造钢筋混凝土基础作为承重结构,其上放置长方木铺成的下水滑道。在滑道上涂厚层油脂,再放置滑板,使船体坐落到滑板上,船体即由自重借助滑板滑向水面。只用于造船下水,不能用于修船坐墩,故亦称"造船台"。优点是滑道无需牵引设备,结构简单,造价较低廉。可供大、中、小型船舶下水之用。

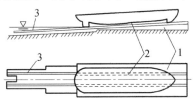

纵向涂油滑道示意图
1. 船台　2. 滑板　3. 滑道

龙骨墩（keel block）　船台上供搁置船体的墩架。位于船体中央纵龙骨下的,称"中龙骨墩",位于两边的,称"边龙骨墩"。有木质和铁质两种。前者用方木叠成,其下也可垫放钢筋混凝土制的短方柱。方木的叠放形式,有顺平枕木式和井字式。后者大都做成方形框架式。

机械化滑道（mechanical slipway）　用机械小车和动力牵引组成的滑道。有纵向和横向两种。按移船方法的不同,纵向和横向机械化滑道又各有多种形式。木滑道和涂油滑道均以一个滑道结合一个船台,如同时有多艘船舶需要修理,则需有许多船台滑道,所需岸线甚长;同时因船台倾斜,工作不便。机械化滑道用机械小车代替滑板,一条滑道可供若干船台使用,提高滑道的使用率;且船台水平,使船舶

修理、建造的工作条件大为改善。

纵向滑道（longitudinal slipway）　下水方向与船舶纵轴方向平行的滑道。有机械化滑道和非机械化滑道两种。前者按船舶由滑道斜轨转移到水平船台上的方法,分平板车式、摇架式、自摇式和斜架车式等纵向机械化滑道。各种纵向滑道的共同点是:(1)滑道轴线与岸线垂直,所占岸线短,但需用的水域较宽;(2)轨道的总长度和滑道所占面积较横向滑道为小,造价可以较低;(3)纵向滑道所能承载的船舶较横向滑道为大;(4)船舶坐墩时,船轴与岸线垂直,便于在滑道水下部分的两侧布置栈桥、墩柱等导向设施和船舶在坐墩前的定位;(5)下水车的长度大,牵引力大多沿着车的纵轴作用于车的正中,故船舶升降时下水车不易发生倾斜。

横向滑道（side slipway）　下水方向和船舶纵轴垂直的滑道。多为机械化滑道,以高低轨滑道和梳式滑道使用最广。优点是:(1)船舶坐墩、下水时,船舶与岸线平行,受水流影响较小,在河流中甚为明显;(2)所需水域的宽度不大,滑道末端水深可较纵向滑道为小。缺点是:(1)船舶坐墩时定位不便;(2)船舶移动方向与船轴垂直,移动时易偏扭;(3)下水滑道的轨道数较多,轨道总长比纵向滑道大,造价一般较高;(4)占用岸线较长。

摇架式滑道（slipway with cradle）　一种纵向机械化滑道。采用平板车载船,在滑道顶端设一坑槽,其中安设摇架,平板车运行到摇架顶面后,操纵摇架下的千斤顶,可将摇架从倾斜位置调节为水平位置。然后再通过横移车和平板车把船移送到水平的船台区。摇架支座少,对基础要求较高,且摇架本身结构复杂,仅适用于较小船舶。

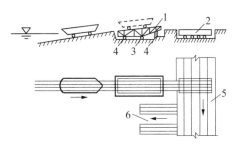

摇架式滑道及船台布置示意图
1. 摇架　2. 横移车　3. 铰支座
4. 千斤顶　5. 横移区　6. 船台区

自摇式滑道（curve surfaced side slipway）　亦称"横移变坡滑道"。一种纵向机械化滑道。由滑道

区、横移区和船台区三部分组成。特点是船舶由倾斜转至水平的过程和沿横移轨道移船的过程结合在一起。横移轨道为奇数,正中间一根是水平的单轨,在其两侧的横移轨道则一侧低于中轨,另一侧高于中轨。在过渡段范围内,低的向上倾斜,逐渐升高;高的向下倾斜,逐渐降低。到过渡段末端则全部轨道均与水平轨道在同一水平面上。与摇架式滑道相比,省去了摇架,结构简化,不受摇架对船重的限制,可用于较大船舶。

平板车纵向滑道(longitudinal slipway with platform trucks) 亦称"船排滑道"。一种纵向机械化滑道。用纵横梁构成的平板车载船在滑道上滑行,车架不高,车面与滑道平行。有连续平板车和分节平板车两种。常用的分节平板车亦称"船台小车"或"随船小车"。这种滑道由木滑道发展而成,小车减低滑道上的阻力。修船工作可在倾斜滑道向岸上延伸的斜面上进行,也可再用横移小车把船横移到旁侧的船台上进行。但当船舶坐墩、下水时,舣浮将使船首受到集中压力(称"船首压力"),船体受到弯矩;在修船期间,不能消除由于船体倾斜给工作带来的不便。

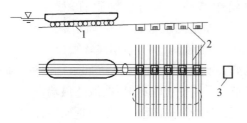

平板车纵向滑道布置示意图

1. 船台小车 2. 横移小车 3. 绞车

斜架车纵向滑道(longitudinal slipway with wedge trucks) 亦称"楔形下水车滑道"。一种纵向机械化滑道。斜架车为斜楔形,顶面(即承船台的表面)水平,车架底部倾斜而平行于下水滑道。为适应多船位需要,通常采用双层车。船坐落在斜架车顶面

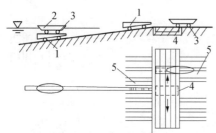

斜架车纵向滑道及船台布置示意图

1. 斜架车 2. 船 3. 船台车
4. 横移车 5. 船台区

的船台车上,当斜架车拉升到与水平地坪相接时,船台车把船载移到横移车上,通过横移车再转送往水平的船台上。斜架车纵向滑道消除了船首压力,船在坐墩、下水过程中始终保持水平状态,且构造上斜架车的轮子数量可较多,减小轮压,对轨道基础的要求可相应降低;但双层车的构造高度较大,需增加滑道末端水深,同时水下工程量大。

高低轨滑道(slipway with high-low railway) 一种横向机械化滑道。下水轨道与横移轨道由一特殊的过渡段连接。平面上,两组轨道在过渡段相互平行;在纵断面上则两组轨道由曲线形的高低轨道连接。下水车兼作横移车,备有两组走轮,一组走轮的轮底缘在同一水平面上,车在水平的横移轨道上行驶时,这组走轮承重;另一组走轮的底缘一高一低,好像一长短不同的两条腿,故俗称"高低腿车"。在过渡段,荷重由一组走轮转移到另一组,船体在任一位置都保持水平。采用高低轨滑道,船舶由斜轨转至平轨不需换车和转向,船体直接搁置在随船小车上制造,避免繁重的换墩及垫墩工作。

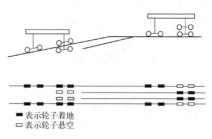

■表示轮子着地
□表示轮子悬空

高低轨滑道示意图

梳式滑道(comb-type slipway) 一种横向机械化滑道。由倾斜的滑道区、水平横移区和船台区组成。滑道区的倾斜轨道上端向岸上延伸,突入于水平横移轨道之中,水平横移轨道向水面延伸至斜坡顶以外,在搭接处倾斜轨与水平轨相互交叉成梳齿形,故名。船台区和横移区在同一平面上,通过船台车的车轮转向,船台车载运船只从水平横移轨道移到与之正交的水平纵移船台区的轨道上。在船台车的底架大梁间装有油压千斤顶,可将车架顶起,使船台车转向。梳式滑道适用于自重小于3 000 t 的平底河船。

气囊下水(air bag launching) 平地造船常用的下水工艺。船舶依靠船底多个气囊的滚动供船舶移动下水,克服了以往中小型船厂修造船舶能力受制于固定式船台下水滑道和船坞的限制,具有省投资、省工、省时、机动灵活、安全可靠、综合经济效益显著等

特点。

船坞(dock) 用于建造或检修船舶的水工建筑物。分干船坞和浮船坞。干船坞简称"船坞"或"干坞",有一低于地面、三面封闭的坞室,在迎水的一面设有坞门,用引水灌入和排水来控制室内水面升降。船舶进坞后,用泵抽去坞内的水,船即坐落到支墩(龙骨墩)上。干船坞按用途,又可分造船坞和修船坞。造船坞的深度较小,只需将建成的船体(空壳)浮起即可,故亦称"浅坞"。干船坞操作安全方便,使用条件好。

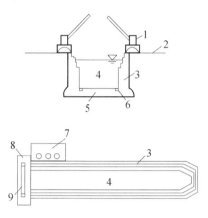

干船坞布置示意图
1. 起重机 2. 地面 3. 坞墙
4. 坞室 5. 坞室底板 6. 排水沟
7. 水泵站 8. 坞首 9. 坞门

双坞室式船坞(twin dock) 在较长大的坞室中加设一中间闸门的干船坞。是干船坞的一种特殊形式。加设闸门构成两间坞室,可同时容纳几艘小船进坞,缩短修船周期,充分发挥坞室效用;对于大型造船坞,则可同时建造一个半船舶。

灌水船坞(filling up dock)用浮力进行船舶坐墩、下水的船坞。在构造上略与干船坞相似。其一侧或两侧有高出水域水位、与船厂区地坪高程一致的台阶,称"上阶";其底下的坞室部分,称"下阶"。船进入坞室下阶部位后,将坞门关闭,向坞室内灌水,使坞室内水位上升船

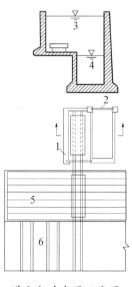

灌水船坞布置示意图
1. 上坞首坞门
2. 下坞首坞门
3. 上阶 4. 下阶
5. 移船区 6. 船台区

随之漂升而横移到上阶上,然后将灌入之水泄出,船即坐落在上阶的龙骨墩上以进行修理,或者坐落在放置于上阶的移船车上,由车载送至船台区修理。

浮船坞(floating dock) 简称"浮坞"。用于修造船,自身可以在水面上沉浮,并能移动的船坞。是由侧墙和坞底组成的一个船舶状的大型浮体。两侧均有墙,横剖面形状呈"口"字形或仅一侧有墙的"L"形,前者采用较广。两端开敞,坞底及侧墙中分隔为若干水密舱,置有抽水机、发电机等设备。船只上墩时,舱内先充水使坞下沉,从坞端将船引入坞中,然后排除水密舱内之水,坞即载船浮出水面。采用钢结构或钢筋混凝土结构,钢筋混凝土结构的自重较大,但可大量节约钢材,且本身不需坞修,造价较低。建造浮船坞不受当地水位和地质条件影响,能从一地拖往他地,但与岸上车间的联系较差,一般适于大水位差地区供大型船舶作小修和事故修理之用。此外,浮船坞还可与岸上的船台联合构成"浮坞船台联合系统",浮坞甲板上铺设轨道和安放移船车,被修船舶入坞后坐落在移船车上,然后将浮坞拖到预定的岸边位置,再向坞内适当充水,使浮坞落于支墩上,连接岸上轨道,便可把移船车连同船只拖往岸上船台。这种方式与单独使用浮坞相比,提高浮坞的使用率;与船台滑道相比,免除水下滑道的施工。

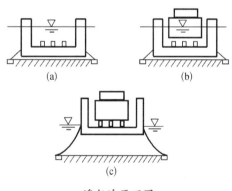

浮船坞原理图
(a) 沉坞 (b) 进坞 (c) 浮坞

分段式浮坞(sectional pontoon dock) 由若干分段组成的浮船坞。使用时分段之间用螺栓连接,可按船舶的大小,使用几个分段或全部分段。具有灵活性,每一分段长度需小于坞室宽度,便于把每个分段在另一部分分段中进行坞修。但缺乏纵向刚度,不利于用来修理大型船只或纵向强度受损的船只。因此,有一种半分段式浮坞的构造形式,其坞墙与坞底分开,坞墙为整体一片,以保证浮坞的纵向刚度,

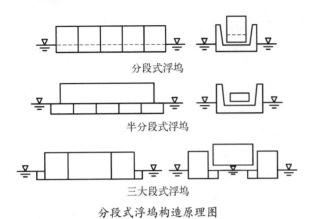

分段式浮坞

半分段式浮坞

三大段式浮坞

分段式浮坞构造原理图

坞底分段,便于自身坞修。还有一种分三大段式的浮坞,分段间用按板或焊接相连,全坞既具有一定的纵向刚度,也可分开进行自身坞修。比整体式浮坞要增加材料用量,结构复杂,操作麻烦,故采用不广。

母子浮坞(pontoon aboard floating dock)　一种特殊形式的浮船坞。母船坞有抽水机,子船坞没有。使用时,子船坞停放在母船坞内,一同下沉至必要的水深,引待修船进坞,然后抽除母船坞舱格中的水,使它带同子船坞和船舶一同上浮,此时子船坞舱格中的水经由通水阀门而自流流出,然后关闭子船坞阀门,母船坞再充水下沉,由子船坞独自支承船舶浮于水面上。可提高抽水设备的使用率,但往复拖运工作较繁,且与它配合的浮坞坑所需深度甚大,因而增大其投资和营运费用,采用很少。

坞室(dock chamber)　干船坞的主体部分。可供船体停放,以及修、造船体。有足够的长度、宽度、深度以及承载能力,并能保持室内干燥。坞室长度除容纳最大船舶长度外,还要考虑船首、船尾外的必要工作间距,以及拆卸、安装尾轴和螺旋桨所需的空间等。坞室水深应等于船舶进出坞时的最大吃水加上龙骨墩高度(1.2～1.5 m)和必要的龙骨富余水深(0.3～0.5 m)。坞墙顶面高程一般与船厂区地坪相适应,需在设计高水位以上。当采用中龙骨墩和横撑支船时,坞墙常做成台阶形;如采用中龙骨墩和两排机械边龙骨墩,坞墙常做成直墙式。由于船首尖突,坞尾的平面形状常用梯形,尖端束狭,以节约工程量。

坞首(dock entrance)　位于船坞首部支持坞门的建筑物。由底板和门墩组成,其构造按地质条件及所选用的坞门形式而定。门墩有对称的和不对称的两种,一般在其内部布置输水廊道,并在坞首底部做

一门槛;为了检修,有时做两道门槛,内槛支持工作坞门,外槛可安放备修坞门。在非岩石性地基上,一般均采用坞首底板和门墩连成一体的连接式结构。底板通常采用少筋混凝土。在较好的非岩石性地基,门墩可用混凝土或筋混凝土重力式结构;如地基较差,可用空箱式结构;在岩石地基上,坞首底板及门墩可用分离式结构。

坞门(dock gate)　安装于坞首的挡水结构。要求水密性好,对启闭速度的要求不高。多为钢结构,小型坞门也可采用钢木混合结构。按作用,分工作坞门和备修坞门。前者在船坞正常工作时使用;后者设在工作坞门外,仅在修理工作坞门、门座和坞槛时使用,在修理工作坞门时,可用备修坞门暂时代替工作坞门。除人字门常设备修坞门外,其他形式坞门的干船坞多不设备修坞门。坞门形式应根据船坞规模及用途、所在水域水位的变化及管理条件等确定。

浮坞门(dock pontoon; dock caisson)　亦称"浮箱式坞门"。一种用浮力启闭的坞门。在构造上与坞首不相联系,内部分隔为若干水密舱,在工作舱中装置抽水机。具有漂浮稳定性,可以拖运。启闭坞门的方法是:关门时向压载舱中充水,使门下沉在坞首门框中;开门时抽水卸载使门上浮,将门拖出坞首门框。优点是,水密性好,使用可靠,坞首土建工程量小;但构造较复杂,启闭时有抽水、灌水、拖曳定位等操作,因而启闭速度较慢。在各种坞门形式中采用较广。

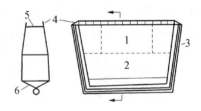

浮坞门结构示意图

1. 工作舱　2. 压载舱　3. 止水靠木及橡皮
4. 栏杆　5. 上甲板　6. 固定压载

船坞灌水系统(dock filling system)　为船坞内船舶平稳起浮所采取的进水布置方式和相应的技术措施。干船坞通常都是利用水域与坞室的水位差,通过坞门中的门孔或特设的输水涵道或廊道自流灌入。如通过门孔灌水,流经孔口的流量过大时,水流正冲龙骨墩和船舶,影响安全,同时也会引起坞门振动,一般仅适用于小水头的小型船坞。利用输水廊道灌水,廊道的进水口直接与水域相通,其位置在最

低水位以下,但也不宜过低,以避免泥沙进入。廊道的出水口可直接通向坞室内的集水沟,也可专设灌水口。在廊道中设机械操纵的阀门,有的还有备修阀门。干船坞的灌水时间一般约 1 h,为使流速缓慢,可延长至 1.5 ~ 2 h。为减小灌水时坞内水面的波动,可采取消能措施,如在廊道出口处和沟内布置消力坎等。

船坞排水系统(dock drainage system) 将干船坞坞室内的水全部排空的设施。由水泵站和相应的集水设备组成。以水泵站为中心,坞室内的水由集水明沟经集水廊道流向集水池,水泵的进水管插在集水池内,将水提升,经排水管排入水域。干船坞对排水时间要求不高,大型船坞的排水时间一般为 4 ~ 6 h。

船坞泵站(dock pumping plant) 供坞室排水的主要设施。泵站布置可与坞首分离,或与坞首结构结合一体。多为地下式,泵站顶面与坞顶齐平,以免影响起重运输机械的运行。由于集水廊道需低于坞底,集水池底板位置更低,故泵道基坑较深,挖方量大,因此大多用立式泵,以减小泵站面积和基坑挖方量。将泵站和坞首边墩相连,可省却一面墙,又可使各管涵廊道缩至最短;但在结构上,如在软土地基,则可能产生不均匀沉降,且泵站振动也可能对坞首产生不利影响。水泵站一般应设主水泵两台以上,当一台发生故障时,仍可不妨碍船坞的使用。除主水泵外,还需另设辅泵,称"疏水泵"。

船坞疏水系统(dock drainage system) 为干船坞在修、造船期间排除雨水、生产废水、渗水等而设置的疏水泵和相应的设备。为便利排水,坞底横剖面除中龙骨墩宽度内为水平外,两侧应作成 1:50 ~ 1:100 的横向坡,在坞底两侧近坞墙处设排水沟,一般为明沟,沟的纵坡 1:300 ~ 1:600,沟上盖以有孔的盖板。在船坞水泵站内一般设置疏水泵两台,实际使用中,由于坞室排水至最后阶段,坞内水面已很低,此时也用疏水泵来抽干坞内的余水。疏水泵的容量一般为主泵的 2% ~ 5%。

修船码头(repairing quay) 专供船舶修理时停靠的码头。与船坞配套使用。将待修船只停靠在修船码头,拆卸船上的机械设备,送往车间修理;再将船体拖运到滑道或船坞,坐墩出水,修理船体的水下部分;待水下部分修好后,再回到修船码头,修理船体的水上部分并重新安装好机械设备。因此,这种码头应配备有起吊、运输、动力、机修、拖运等设备。

舾装码头(equipment and repair quay) 船舶进行舾装工作的码头。船体建成下水后,拖运到码头停靠,进行安装船机、管系、电气设备和船的上部建筑等工作。要求有良好的起重运输条件和必要的动力设施。也常兼作试车码头和修船码头使用。

试车码头(quay for propeller thrust trial) 专供船舶试车的码头。要求有较大水深和较强的系缆设备。可在舾装码头中选取一个泊位,加大水深,以兼作试车用,利用风暴系船柱供试车系缆。若试车工作量大,应设专门的试车码头。为节约投资,试车码头可用墩式结构。如水域有足够宽度,可采用船体纵轴垂直于岸线的试车码头,用实体岸壁或一独立靠船墩以抵抗船首推力。这种码头占用岸线短,造价低,且船尾离岸较远,水深较大,因而试车条件较好。

模型试验港池(model test basin) 水力模型试验的一种主要设备。由安放水工模型的试验水池和流体运动的发生装置组成。通常具有以下几种装置:(1)水流系统,包括水泵、水库、管道等,给港池提供稳定的水流流场;(2)潮汐发生装置,形成往复的潮汐水流;(3)生波机,造规则波或不规则波;(4)浑水装置,为模型中悬移质泥沙提供来源。此外,还有为考虑盐、淡水混合用的盐水装置。不同的试验港池安设不同的发生装置,综合试验港池则安设几个可同时使用的发生装置。试验水池面积一般为数百至数千平方米,水深为数十厘米至一米。试验港池常放在室内或室外顶上加棚盖,也有露天的。适用于进行河流、河口、海湾水流模型试验,港口布置、海岸防护整体模型试验,岛式码头、海上平台单点系泊空间模型试验等。

宁波-舟山港(Ningbo-Zhoushan Port) 中国吞吐量最大的港口。位于中国东南沿海,背靠长江经济带与东部沿海经济带"T"形交汇的长江三角洲地区。海域岸线总长 4 750 km,用于规划港口深水岸线 384.9 km。全港共 19 个港区,截至 2014 年,拥有泊位 723 个,是集装箱远洋干线港、国内最大的矿石中转基地、国内最大的原油转运基地、国内沿海最大的液体化工储运基地和华东地区重要的煤炭运输基地。2014 年港口吞吐量达到 8.73 亿 t。

上海港(Shanghai Port) 集装箱吞吐量世界第一的港口。位于长江三角洲前缘,地处长江东西运输通道与海上南北运输通道的交汇点,是中国沿海的主要枢纽港。海域岸线总长 589 km,已利用岸线 150.1 km。全港共 14 个港区,截至 2010 年底,拥有泊位 1 942 个。港口从事装卸、仓储、物流、船舶拖带、引航、外轮代理、外轮理货、海铁联运、中转服务以及水路客运等服务。2014 年,港口完成货物吞吐量 7.55 亿 t,集装箱吞吐量 3 528.5 万标准箱(TEU),居世界第一。

天津港(Tianjin Port)　中国北方最大的综合性港口。位于天津市海河入海口,处于京津冀城市群与环渤海经济圈的交汇点,是中国北方重要的对外贸易口岸。港口岸线总长 32.7 km,水域面积 336 km^2,陆域面积 131 km^2。由北疆港区、南疆港区、东疆港区、临港经济区南部区域、南港港区东部区域 5 个港区组成。截至 2014 年,拥有泊位 159 个,是专业化煤炭装船港、集装箱干线港、大宗散货中转储运中心和旅客运输、商品汽车中转储运中心。2014 年港口完成货物吞吐量 5.4 亿 t,集装箱吞吐量 1 400 余万标准箱(TEU)。

广州港(Guangzhou Port)　中国南方重要港口。位于中国广州市珠江沿岸,临珠江入海口,是中国沿海、内河重要的运输枢纽和对外贸易的重要口岸。全港由内港、黄埔、新沙、南沙 4 大港区组成。截至 2010 年,拥有各类泊位 912 个,泊位岸线总长 51.3 km。港口提供各类散杂货、大宗原材料,以及集装箱的装卸、仓储、转运等服务。2014 年,港口完成货物吞吐量 4.38 亿 t,集装箱吞吐量 1 484.6 万标准箱(TEU),其中外贸吞吐量 10 847 万 t。

南京港(Nanjing Port)　中国内河主要港口。位于长江下游河段,距长江入海口 380 km,是长江流域水陆联运和江海中转的枢纽港。其北岸岸线长 110 km,南岸岸线 98 km。全港包括龙潭、七坝、西坝、仪征、新生圩、浦口等港区。共有生产性泊位 257 个,其中万吨级泊位 44 个。该港拥有以龙潭港区为依托的集装箱物流基地、以江北港区为依托的能源化工物流基地和以新生圩港区为依托的外贸散杂货物流基地。2014 年,港口完成货物吞吐量 2.2 亿 t。

深圳港(Shenzhen Port)　中国沿海主要枢纽港。位于广东省珠江三角洲南部,珠江入海口伶仃洋东岸,毗邻香港。岸线总长 35.1 km。全港包括蛇口、赤湾、东角头、妈湾和盐田 5 个港区。2014 年港口货物吞吐量 2.23 亿 t,集装箱吞吐量 2 403.67 万标准箱(TEU)。

连云港港(Lianyungang Port)　地处新亚欧大陆桥东端的港口。位于江苏省的东北端、海州湾西南岸。全港包括连云、赣榆、徐圩、前三岛、灌河 5 个港区。拥有开放性泊位 44 个。2014 年港口货物吞吐量 2.10 亿 t,2013 年集装箱吞吐量 548.8 万标准箱(TEU)。

武汉港(Wuhan Port)　交通运输部定点的水铁联运主枢纽港。位于长江中游,长江与京广铁路交汇处。全港包括汉阳、汉口、阳逻、沌口、青山、左岭等港区。2014 年货物吞吐量达到 1.48 亿 t,集装箱吞吐量 100.52 万标准箱(TEU)。

港口淤积(port deposition)　泥沙因波浪或潮流的作用,在港口内沉积,引起港池内水深变浅的现象。

港口导航(port navigation)　利用常规的助航标志、海上交通监管设施,以及全球定位系统(GPS)使船舶安全进出港口,协助指引船舶进出港航行的设施。

防波堤口门(breakwater gap)　防波堤堤头之间或是堤头与天然屏障之间的船舶出入口。

航　　道

河流流态(flow regime in river)　河道中水流运动表现的形态。由于河槽的断面和平面形状差异及流速变化等原因,促使水流形成种种形态,如回流、横流、泡水、漩水、滑梁水、扫弯水、剪刀水、跌水等,妨碍船舶航行。如碍航现象严重,需采取工程措施予以消除。

回流(return flow)　在河流障碍物上、下游产生的平面环流。水流边界突然变化处,例如,遇到高出水面障碍物阻挡时,产生与主流方向相反、平面上呈环形流动的流态,危害航行。河道中突然束放的上下游两侧岸边,伸入河中的矶头、石梁的上下游等常出现回流。在丁坝上、下游坝根处也有回流,但不碍航。相反,丁坝回流区内泥沙容易落淤,形成边滩。

泡水(boil)　河道内较强的上升水流涌向水面,导致流动中的水体局部隆起和翻滚的水流流态。速度较高的水流受水下障碍物阻拦,反击向上涌升,产生高压水流,冲破水面,四面奔散。其强弱取决于断面平均流速和水深,对航行影响很大。当船舶由一侧通过时,船体在横向推压作用下,偏离航线,推至岸边或乱礁丛中造成事故。常见于山区河段,出现在滩险的下深潭或河床地形复杂的河谷内。

漩水(eddy;vortex)　亦称"漩涡"。河道内有较强的竖轴环流,导致流动中的水体局部旋转、漩心凹陷的水流流态。其中心旋转速度大于边缘,中心水面逐渐低凹呈锅底形,并随水流逐渐向下游移动。船只误入大而强的漩水,失去控制能力时,可能被推至乱礁丛中撞坏或造成翻船事故。多出现在流速或流向显著不同的水流交界地带。

横流(transverse current)　由横比降产生的由一岸流向另一岸的水流。常出现在河岸一侧有石梁、凸嘴的阻水处,交错浅滩、汊道的分流和汇流处、弯曲河段,以及建有丁坝、顺坝等建筑物处。对航行极为不利,可把船舶推向岸边搁浅或触礁。

滑梁水(over-ledge flow)　水流溢过卵石碛梁、石梁或丁坝、顺坝的横流。强度较大,当石梁、顺坝等障碍物的淹没水深小于航深的一定范围时,船舶易被推送至障碍物处,产生碰撞或搁浅。

扫弯水(bend-rushing flow)　在弯曲河道内斜向顶冲凹岸的面层水流。流速较大的急弯河段,水流受弯道离心力的影响产生扫弯水,其强度随流速大小和弯曲程度而异。出现扫弯水处的流态往往很乱,当航槽比较狭窄,船舶进入扫弯水区时,有可能发生触礁或翻船事故。

剪刀水(scissors-like flow)　在两岸相对突出的地貌(如矶头等)出现趋向河心的两股水流,又向下游逐渐收缩成一束的水流。在平面,水舌呈V状,犹如剪刀,故名。主要出现在卡口急流滩上,妨碍上行航船。

过渡段浅滩(crossing shoal)　位于河道过渡段内的浅滩。上、下游深槽间的连接河段为过渡段,其太长或太短都能使泥沙在河段内淤积形成各种形式的浅滩,如正常浅滩、交错浅滩、复式浅滩、散乱浅滩等。沿着河流深泓线纵剖面河床隆起部分称"沙埂",它横向联结上、下边滩或边滩与心滩(或江心洲),隔断上下深槽。顺应上、下边滩最高处的连线为滩脊线。沿水流方向通过滩脊线的最低处称"鞍槽",一个过渡段只有一处鞍槽,表明主流稳定,可望获得良好的通航水深;若鞍槽增多,则表明洪水降落期主流摆动不定,通航水深减小,浅滩恶化。

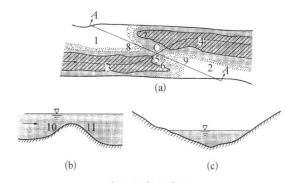

浅滩组成示意图
(a) 平面图　(b) 沿深泓纵断面图　(c) A—A 断面图
1. 上边滩　2. 下边滩　3. 上深槽　4. 下深槽
5. 沙埂　6. 上深槽尖潭　7. 下深槽倒套
8. 上沙嘴　9. 下沙嘴
10. 上波　11. 下坡

边滩(side bar)　依附于河岸的大片泥沙堆积体。在弯曲型河流中,边滩在凸岸;在顺直微弯型河流中,边滩犬牙交错,分布在河槽两侧;在汊道的进出口也有分布。

深槽(deep pool)　水深较大处的河槽。河流凹岸的环流作用强,常能冲刷河床形成深槽。弯道过渡段的环流减弱或消失,水流呈扩散状,多淤成浅滩。在弯曲河流中,深槽与浅滩交替出现。

浅滩(shoal)　枯水期航深不足的滩段。在山区河流的石质滩中约占30%,因基岩横跨河底,局部突起,或两岸崩岩大量坠入河中而形成。在山区河流的沙卵石滩和平原河流的滩险中,浅滩都占绝大多数。形成的根本原因是输沙不平衡,主要因素有:流速减小;洪枯水流向不一致;环流减弱;上游局部来沙量大。浅滩高程随水位升降而不断地变化,通常遵循涨水期淤积、落水期冲刷的规律。一般多出现在束窄段的上、下游宽阔处,各种河口处,两河弯间的过渡段内,汊道河段的分流和汇流处,以及有水下障碍物的地方。是通航的主要障碍,应借治导工程或疏浚工程予以改善。

正常浅滩(normal shoal)　亦称"好滩"。上、下深槽相互对峙而不交错的浅滩。特征是:边滩和深槽相互对应分布,弯曲半径适中,边滩较高,水流从上深槽过渡到下深槽的流路平顺,河床冲淤变化不大,平面位置也比较稳定。常出现在曲率平缓的弯曲河段和河身较

正常浅滩示意图
1. 上深槽　2. 下深槽　3. 上边滩
4. 下边滩　5. 正常浅滩

窄的顺直河段的过渡段上。水深较大,一般情况下不碍航,无须整治。

交错浅滩(deeps-staggered shoal)　亦称"坏滩"。上、下深槽交错的浅滩。上深槽的末端伸入下边滩,形成尖潭;下深槽的上端插入上边滩,形成沱口。沱口水深较大,水流阻力相对较小,水面比降也较小,而上深槽由于沙埂的壅水作用,水面较高,形成上、下深槽间的横比降,使水流呈扇形扩散漫流入下深槽。水位愈枯,漫滩水流愈分散,削弱了水流对浅滩的冲刷能力,使浅滩恶化。同时,浅滩脊宽浅,无明显鞍槽;浅滩冲淤变化较大,航道极不稳定,航行条件不良,必须加以整治。常出现在河身较宽、边滩较发展的微弯河段,或弯曲半径很小的弯道间的短过渡段。堵塞沱口,消除流向沱口的横向水流,是整治这类浅滩通常采用的方法。

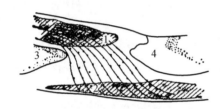

交错浅滩示意图
1. 尖潭　2. 沱口　3. 上边滩　4. 下边滩

尖潭(stretching downward pool)　见"交错浅滩"。

沱口(stretching upward pool)　亦称"倒套"。见"交错浅滩"。

沙嘴(sand spit)　从河、海岸边或江心洲向外延伸的大片低平狭长的泥沙沉积体。边缘多呈圆弧形、锯齿形或镰刀形。常出现在海湾岬角、河口附近、内河弯曲河段的凸岸。沙嘴下方多出现局部回流,对航行有一定影响。

复式浅滩(dual crossing)　两个或两个以上浅滩组成的浅滩群。各浅滩之间有共同的中间深槽和中间边滩。常出现在比较顺直的河段和过渡段很长的河段内。游荡性河段上的浅滩也是一种复式浅滩。整治时应对浅滩群通盘考虑,防止发生治好上滩而恶化下滩的情况。

散乱浅滩(random crossing)　河床宽而浅,没有明显边滩和深槽的散乱沙滩。水深较小,水流分散,主流摆动不定。沙体位置随水位升降变动,航道很不稳定,航行条件极差。常出现在河槽宽阔的顺直河段,以及有周期性壅水的河段上。整治时根据上、下游河势,确定一条弯曲的整治线,用建筑物将散乱沙体连成整体并促淤形成边滩,固定河势,引导水流集中冲刷航槽。

急流滩(rapids)　坡陡流急,船舶上行困难的滩险。由于河床断面急剧收缩,束阻水流或河床上有纵向或横向石梁,使水面比降陡峻而形成。坡降很大,水流湍急,影响通航,但蕴藏着丰富的水能资源。一般出现在河流的上游。解决急流滩的通航措施有:(1)通过整治,切除束狭的地形地物,扩大过水断面,或筑潜坝壅水,减小坡降,降低流速;(2)借助助航设施,如绞滩站,绞拖船舶上滩,也可两者结合使用。

险滩(hazardous rapids)　航道狭窄曲折,礁岩罗列,水流紊乱,航行困难的地方。由外来物如因沉船、巨石等侵入河床,石梁伸入河中或航槽形态不良而形成。可采用爆破方法消除。但炸礁后,可能因上游水面降低又出现新险滩,施工前宜慎重考虑。

石滩(rock shoal)　岩石构成的险滩河段。有基岩滩、崩岩滩和溪沟滩。基岩滩由河底石盘、石梁以及从岸边伸入江中的基岩等形成;崩岩滩由岸壁崩塌或岸山滑坡,大量岩石坠入江中,堵塞河床而形成;溪沟滩由溪沟内冲出大量块石等堆积于河道中形成。石滩既可以是坡陡流急的急流滩,也可以是航道狭窄曲折、礁石罗列、流态险恶的险滩,还可以是枯水期航深不足的浅滩,一般以急流滩和险滩居多。常出现于丛山峻岭的峡谷河段,河道曲折,突然缩窄或放宽的部位。整治时一般采取炸礁,调整不利的河床形态,以改善水流。

沙卵石滩(sand and pebble shoal)　河床上堆积深厚沙卵石覆盖层的滩险。主要是浅滩,也有少量急流滩或险滩。这类滩险因床沙粒径较粗,河床能控制水流,变形幅度比沙质河床要小,但在洪水时受水流冲刷,局部会出现较大的变形。一般多出现于中、下游的丘陵区河段,常位于过渡段、汊道内、支流河口和峡谷河段的上、下游。

溪口滩(bourne mouth aggradation)　由溪沟冲出的大量沙石堆积在干流溪口形成的急流滩。两岸有较大溪沟汇入的河流,当山洪暴发时,溪流挟带大量沙石冲出沟口侵入干流,因沟口断面突然扩大和受干流水流顶托,沉积在溪口,形成扇形碛坝,侵占干流河床,缩窄干流泄水面积而成滩。

优良河段（optimum reach）　在天然情况下，能满足航行要求，并在较长时期内处于相对稳定状态的河段。枯水期为单一河槽，航道尺度满足航行要求；两岸岸线平整，曲率和过渡段长度适宜；深槽凹岸与过渡段浅滩水深相差不太悬殊；过渡段浅滩脊与水流动力轴线正交，上、下深槽不交错。

航道（waterway）　为组织水上运输而规定或设置（包括建设）的船舶航行通道。是一条具备一定深度和宽度的连续适航水体。按所在水域或通行船舶不同，有木排航道、海轮航道、内河航道、平原航道、山区航道、桥区航道和进港航道、入海航道等。弯曲航道应是圆滑曲线与直线段平顺衔接。航道上一般均设有航标等导航设备。

航道网（waterway network）　干支直达，江河湖海沟通，形成能通航统一船舶（队）尺度的网络。通过开挖运河、渠化、导治等工程，使各个水系沟通，船舶可四通八达，增加货物运距，减少中转倒驳，降低运输成本。开发航道网是发展航运事业的根本措施之一。

平原航道（waterway in plain area）　位于平原地区的航道。一般在河流的中下游，河床开阔，坡度平缓，流速较小。河床多系沙质，航行条件较好。但泥沙易沉积形成碍航浅滩，且航槽较易变动。导治的主要任务是解决航道水深不足。

山区航道（waterway in mountainous area）　位于山丘地区的航道。一般在河流的上游，两岸往往为高山峡谷，河床狭窄弯曲，坡陡流急，底质为石质或沙卵石，航行条件较差。山区航道形成的滩险，多为险滩和急流滩。导治的任务主要是解决礁石碍航，水流湍急，流态紊乱。

数字化航道（digital waterway）　采用先进的数字和信息技术，实现航道属性中航道空间河势、航槽、水深、水位、助航设施等主要信息的航道数字化。可以对航道自然条件进行实时采集、量化分析和综合处理，实现科学决策，提升内河航道的服务水平。数字化航道的主要作用是在电子航道图的基础上，结合船舶跟踪导航系统、航标遥测监测系统、水位遥测系统，以及系统支承平台，实现航道维护全天候、全方位、全过程管理。

定线制航道（routing waterway）　利用长江南京以下河段水深河宽特点，将航道宽度500 m、近期航道维护水深10.5 m水域设置为深水双向航道，中间设置100 m宽分隔带，在深水航道外两侧各200 m范围设置为推荐航路，严格实行各自靠右航行原则的航道。大型、特大型船舶、深水海轮在深水航道中行驶，小型船舶在推荐航路行驶。定线制自2005年7月实行以来，每年进港海轮船舶递增30%以上，增加航道通过能力，取得良好的经济效益。

深水航道（deep-water channel）　一般指大型河口及近海水域能满足1万吨级以上海轮安全航行的航道。在内河航道中，超过内河通航标准最大船舶（3 000吨级）的航道列入Ⅰ级航道。近年来，随着船舶大型化发展，河口及近海水域5万吨级、10万吨级深水航道不断建成，甚至建成20万吨级、30万吨级特大型深水航道。

拖带船队（towing train）　拖轮在前，用缆索拖带的驳船队。由于拖带船队的各个驳船可以利用船队前进时的附随水流，使运输阻力小于单船，故能充分发挥拖轮动力的经济效益。在航道平面尺度允许的条件下，为减少船队阻力，逆流行驶时可以采取一列式拖带方式，顺流行驶时可以采用多排并列式拖带方式。拖带船队系柔性连接，能适应弯曲半径较小的航道，适用于内河和风浪较小的沿海水域。

顶推船队（push tow train）　置推轮于驳船队之后，顶推驳船前进的船队。在内河，顶推船队一般可由几艘或十几艘驳船组成，最大船队载重量可达数万吨；在海上，顶推船队一般推轮顶推一艘驳船。顶推船队回转灵活、制动好，减少拖轮在前面行驶时激起的涡流、波浪阻力，因而速度快，效率较高，航速比拖带船队可提高8%~15%，推力比拖轮牵引力大12%~29%，从而降低运输成本。为船队运输的发展方向。

分节驳船队（integrated barge train）　一艘推轮和若干艘分节驳用机械联结组成的顶推船队。有全分节驳船队和半分节驳船队两种。前者适用于运输流向稳定的大宗货物；后者适用于货物种类繁多，批量小，需在航行中增减驳节的场合。分节驳船队的线型好，能减少阻力，提高航速；驳节方形系数大，船队尺度相同时，载重量可比普通驳船队增加，若载重量不变，则船队长度可缩短；驳节线型简单，便于建造，单位造价较低；编解队作业简单，驳船上可不必配备船员，节省大量人力，降低营运费用。

航道等级（waterway class）　确定航道重要程度的标准。目前世界上有两种表示方法：一种以航道水深的大小表示,如美国;另一种以船舶单驳的吨位大小表示,如中国和西欧各国。中国按内河可通航50~3 000吨级及以上吨级船舶分Ⅰ~Ⅶ级7个等级标准。通航3 000吨级及以上吨级船舶为Ⅰ级航道,通航2 000吨级船舶为Ⅱ级航道,通航1 000吨级船舶为Ⅲ级航道,通航500吨级船舶为Ⅳ级航道,通航300吨级船舶为Ⅴ级航道,通航100吨级船舶为Ⅵ级航道,通航50吨级船舶为Ⅶ级航道。

航道尺度(channel dimensions) 表征航道水深、宽度、弯曲,半径以及跨河建筑物的净空高度和净空宽度等尺寸的总称。航道水深、宽度和弯曲半径指枯水期浅滩上保证通航的最小尺度。在确定航道标准尺度时,应以保证船舶正常安全航行,获得合理的运输效益(如在通过能力、船舶阻力等方面),投资费用较少等为原则。

通航净空尺度(dimensions of navigation clearance) 保证船舶(队)安全通过跨河桥梁、渡槽、管道、电缆等建筑物的通航跨度尺寸。包括净空高度和净空宽度。净空高度指跨河建筑物底部至设计最高通航水位的垂直距离(如为高压电线,还应加上电力场影响的范围),应满足设计船舶空载的水上高度加富裕值。净空宽度指规划航道底标高以上墩柱间的最小通航净宽度,应符合单向航行船舶(队)的航行宽度要求。当水流流向与跨河建筑物轴线(或墩台边线)交角超过5°时,净跨需相应加宽。此外,跨河桥梁、渡槽还需满足下列要求:多孔桥至少应有两孔能通航;桥墩侧面应尽可能与水流平行;碍航滩险、弯道、汇流口或港口作业区、锚地与桥渡间应有一定的距离。通航净空尺度随航道等级不同而异,航道等级愈高,其值应愈大。

航道水深(channel depth) 简称"航深"。设计最低通航水位下,航道宽度范围内的浅滩河段最小水深。等于船舶标准吃水加航道富裕水深。为了充分利用中、洪水时优越的航道条件,发挥水运的经济效益,可以允许枯水期船舶减载通航。目前,国内外规定的航道水深在枯水期都小于船舶标准吃水加航道富裕水深。

航道宽度(channel width) 设计最低通航水位时,具备航道标准水深的宽度。分单线航道宽度和双线航道宽度。单线航道宽度为:$B_1 = B_s + L\sin\beta + 2d$;双线航道宽度为:$B_2 = B_{sd} + B_{su} + L_d\sin\beta + L_u\sin\beta + d_1 + d_2 + C$。式中,$B_1$、$B_2$分别为单线、双线航道宽度;$B_s$、$B_{sd}$、$B_{su}$分别为船舶(队)、下行船舶(队)、上行船舶(队)宽度;L、L_d、L_u分别为船舶(队)、下行船舶(队)、上行船舶(队)长度;β为船舶(队)航行漂角,Ⅰ~Ⅴ级航道可取3°,Ⅵ和Ⅶ级航道可取2°;d、d_1、d_2分别为船舶(队)、下行船舶(队)、上行船舶(队)外舷与航道边缘的安全距离;C为船舶(队)会船时的安全距离。

航道弯曲半径(curvature radius of channel) 弯曲航道中心线的半径。船舶(队)沿弯曲航道行驶时需不断改变航向,使船舶(队)承受力矩、侧压力和水动压力,增加了操纵的困难性,为此要求弯曲航道具有一定的半径。其值愈大愈好。航道弯曲半径与航道宽度有密切关系,航道宽度增加,弯曲半径可适当减小。

航道断面系数(cross section coefficient of channel) 设计水位时,航道或运河过水断面面积与通航标准船舶(队)设计满载吃水的船艏浸水断面积的比值。是设计航道或运河断面尺度的主要数据之一。其值大小关系到航道或运河的断面尺度及其相应的开挖土方量,以及船舶的功率和航速。在航道或运河中,当船型和航速一定时,航行阻力与航道断面系数值成反比;当船型和航道断面系数一定时,航行阻力随航速的增加而增加。当航速较大时,为减少航行阻力,航道断面系数应取得大些。运河中的流速、行船的密度、河岸的土质,以及护岸情况与河床糙率等也在不同程度上影响航道断面系数的取值。设计航道或运河断面时,航道断面系数取值一般不小于7,中国运河设计中则建议采用8~10。

通航期(navigation period) 一年中,河流允许船舶航行的总天数。时间长短取决于船舶的尺寸和相应的设计最低通航水位持续的天数。处于高纬度地区的河流,通航期还受到冬季封冻的影响。船舶的吃水愈大,相应的设计最低水位要求愈高,通航期愈短。有时为延长河流的通航期,允许船舶减载航行。

通航保证率(guaranteed ratio for navigation) 多年内保证设计船舶满载年通航的天数与总天数的百分率。例如,通航保证率95%,即在多年内平均每年有18天水深不足要求,船舶必须减载通行或断航。河流通航保证率需根据航道等级和货运要求确定。

通航设计水位(design stage for navigation) 按照通航保证率确定作为航道尺度、整治和跨河建筑物设计标准的水位。根据工程规模大小、自然地理及经济条件等,常用综合历时曲线法、频率保证率法、频率统计法等方法确定。国内大都采用频率保证率法,较符合实际情况。分设计最低通航水位和设计最高通航水位两种。在内河水道中,用设计最低通航水位作为航道水深的起算水位。

最高通航水位（maximum navigable water-level）天然河流或人工运河在通航期内允许船舶航行的最高水位。船闸的闸室墙顶,以及跨河桥梁、渡槽等的下缘高程均按此通航水位和必须保证的水上净空高度确定。一般可按航道等级选定 5～20 年一遇频率的洪水重现期水位作为设计最高通航水位。

最低通航水位（minimum navigable water-level）天然河流或人工运河在通航期内允许船舶航行的最低水位。航道底和船闸门槛的高程均按此设计水位和必须保证的最小水深确定。一般在多年水位资料中选取具有多年历时保证率或保证率频率法规定的低水位作为最低通航水位。

航行下沉值（squatting number）　亦称“动吃水”。船舶航行时船体下沉和纵倾的数值。是计算航道通航水深所需富裕值的主要参数。船舶在浅水中航行时,船侧流速愈接近表面愈大;同时船首分散开的三向水流,在浅水中被强制变成二向水流,使船侧水流速度进一步增加,助长了船体下沉。当弗劳德数超过一定值及船首连续回波的影响,使船首上浮,又会形成船尾下沉。船舶尺寸愈大,航速愈高,航道尺度愈小,则航行下沉值愈大。

河流渠化（river canalization）　改善天然河流航行条件的一种工程措施。在天然河流上建造一系列闸坝,壅高上游河段的水位以增加通航水深,并利用船闸或升船机等通航建筑物使船舶克服筑坝后形成的水位差。有连续渠化和局部渠化之分。前者沿整条河流建造一系列闸坝将河流分成若干级河段,使下级闸坝的回水与上级闸坝衔接,适用于河流枯水流量很小,航道水深普遍不足,沿河滩险密布,货运量大,需大幅度提高通航能力的河流。后者只在某一河段上建筑闸坝壅高水位,淹没上游滩险急弯,以改善该河段的航行条件,适用于河床比较稳定,泥沙淤积不严重,且货运量不大,对通航要求不高的河流。闸坝于枯水时期关闭挡水,改善上游河段的航行条件;洪水期开闸泄水,恢复河流的天然状态。能改善航行条件,增加通航水深,保证航道宽度和曲率半径,降低流速等;并常能结合进行水利资源的综合利用。但船舶需要通过船闸或升船机,增加了航行时间。

连续渠化　见“河流渠化”。

局部渠化　见“河流渠化”。

运河（canal）　人工开凿的通航水道。用以沟通不同河流、湖泊和海洋等水域,利用有利地形,避开地理上的天然障碍,缩短运输线路,发挥水运航道的作用。按地理条件,分内陆运河和海运河两大类。为了保证通航的要求,常在运河上修建船闸、抽水站等建筑物。有的内陆运河,除兴航运之利外,还兼有排洪、灌溉、调水和城市与工业供水之利。运河对发展交通运输、繁荣经济、促进文化交流可起重大作用。

内陆运河（inland canal）　位于内陆,专供内河船舶通航的运河。如中国的京杭运河和俄罗斯的伏尔加河-顿河运河。

海运河（maritime canal）　位于近海陆地上,沟通海洋,供海船通航的运河。如苏伊士运河、巴拿马运河和美国大西洋的沿岸运河等。

设闸运河（lock canal）　设有船闸或升船机的运河。中国京杭运河的黄河至长江段即属设闸运河。优点是流速小,截断沙源后淤积少,水位稳定,能够保证通航水深,开挖运河的土方量小。缺点是整个工程投资和运转费用较大,通过能力受通航建筑物的限制,在水源不充裕地区供水复杂。一般应尽量避免建造设闸运河,但受具体条件限制,如运河连接的水域间水位差较大,或跨越分水岭,或经过地形复杂的地带等情况下不得不采用之。

开敞运河（lock-free canal）　不设船闸或升船机,船舶可以自由无阻碍航行的运河。如苏伊士运河。优点是不需建造水工建筑物,通过能力不受通航建筑物的限制;可以由邻近水源自流供水,供水简单。缺点是运河内有一定的水流,其水面随所连接的水域水面的升降而变动,常引起岸坡坍塌,河床冲刷;有时运河的开挖土方量也较大。适用于地势比较平坦和所连接的两水域间的水位差不大的地区。

苏伊士运河（Suez Canal）　位于埃及东北部亚、非两洲分界线,联结地中海和红海的著名国际通航运河。1859—1869 年利用已涸的大、小湖沼和洼地沿地峡的最低部位浚成航道。从塞得港至陶菲克港全长 160 km,连同伸入地中海和红海苏伊士湾,河段总长 173 km。河面宽 160～200 m,河底宽 60～

100 m,平均水深约 15 m。可通行 6 万 t 满载海轮和 25 万 t 空船,通过时间平均为 15 h。可缩短西欧与印度洋之间绕道非洲好望角的航程 8 000～10 000 km。通过船舶数量及其货运量均冠于各国际运河。运河经第二期扩建工程完成后航道水深增至 23.5 m,水深 11 m 处的宽度增至 210 m,过水断面面积 5 000 m²,可通航载重 20 万吨级、空载 70 万吨级的油船。2014 年 8 月 15 日,埃及政府宣布,在苏伊士运河东侧开凿一条新运河,工程包括 35 km 的新开凿河道,以及 37 km 拓宽和加深的旧河道,使苏伊士运河实现双航道通行。2015 年 8 月 6 日,新苏伊士运河正式开通。

巴拿马运河(Panama Canal) 位于巴拿马共和国中部,沟通太平洋与大西洋的国际通航运河。全长 81.6 km,航宽152～305 m,航道最小水深12.8 m,最大水深为 13.7 m。船只通过运河需经三级船闸,逐级提高水位,升至海拔 26 m,然后通过加通湖,再经过三级船闸降至海平面。巴拿马运河基本是双线航道,能通航 4.5～6.5 万 t 巨轮,通过运河平均需 27 h,其中航行历时 8～10 h。1881 年起由法国公司开凿,工程因公司破产而中断;1904 年由美国重新开凿,至 1914 年 8 月 15 日完工。1920 年正式通航,成为国际航运水道之一,使两大洋沿岸航程缩短 5 000～15 000 km。2014 年 2 月正式开工扩建工程,并于同年竣工。扩建工程包括:在运河两端各修建 1 个三级提升船闸和配套设施,还拓宽和加深运河河道。扩建后的巴拿马运河总面积达约1 432 km²,其通行能力比以前提高 1 倍以上,并可通行装载 1.6 万个集装箱的货船。

运河供水(feeding of canal) 为保证运河中经常具有足够的水深以保持航行的连续性而供给的水量。运河中由于蒸发、渗漏、过闸用水量和船闸闸门漏水等水量损失,常导致水位下降,水深不足,需从天然河流、湖泊或水库引水补充。当运河水位低于地下水位时也可把地下水作为运河供水的部分来源。有自流供水和机械供水两种。前者适用于运河流经地区的天然水源水量丰富,水位高于运河水位,或用人工方法壅高水源水位,以自流引水方式供给运河水量;后者适用于受地形和水源条件的限制,不能自流供水,或因水源不足,不能完全依靠自流供水的场合。

航道整治(waterway training;channel improvement) 为满足航行条件,对航道进行清除航行障碍、规顺水流的工程措施。有以整治建筑物集中水流冲刷浅滩、增加航深、调整水流和以疏浚(包括炸礁)、拓宽、加深断面调整河床两种方法。平原河流以前者为主,辅以调整河床的方法,山区河流主要从调整河床着手。具体任务有:整修不利于航行的河槽平面、纵剖面和横断面形态,以适应航道尺度的要求;消除或改善不利于航行的急弯和汊道;减缓过大的纵向或横向流速,消除险恶的流态;稳定河道主流,控制和调整泥沙在河槽内的运动等。

炸礁工程(underwater blasting works) 河道中用爆破方法开挖石质航槽或清除碍航礁石等的工程措施。航道炸礁工程有水上爆破和水下爆破之分。前者适用于枯水期暴露水面上而洪水时期碍航的情况,施工方法与陆上爆破相同;后者适用于枯水期仍淹没于水下的暗礁。水下爆破的劳动强度大,生产效率低,耗药量大,工程质量也难以保证。水下大面积、大方量的炸礁,可采用围堰施工,变水下作业为干地作业,常可获得良好的施工效果。炸礁工程具有爆破威力大、施工快、受气候影响小等特点。广泛应用于山区河流的航道治理。

水下钻孔爆破(underwater bore-hole blasting) 将药包置于水下钻孔内进行爆破的方法。一般是将钻孔设备安装在专用的工作船上,钻孔后在船上往孔内装填炸药,待工作船移到安全区通电起爆。是水下炸礁的主要施工方法。

水下排淤爆破(underwater desilting explosion) 利用爆炸的能量排除床底淤泥,以便置换具有承载力的沙土或碎石的方法。适宜在河(海)床淤泥层较厚、工程量又较大时,可快速地进行置换,提高筑坝或建筑物基础工程的效率。

水下挤淤爆破(underwater squeezing explosion) 利用爆炸的能量促使床底预填的碎石挤掉软基中淤泥的方法。适宜在河(海)床淤泥层较厚时,快速地提高筑坝或建筑物基础工程的效率。在大型围海筑坝工程中应用较多,可省去围堰工程,节省基础工程费用。

绞滩(vessel warping over rapids) 用绞车设备拖曳逆流上驶的船舶驶过急流险滩的措施。在岸上或趸船上设置绞滩站进行工作。有船舶自绞、水力绞滩和机械绞滩数种。绞滩的一次性投资少,解决通航问题的速度快,不会出现副作用。但船舶过滩时间增加,降低了航道通过能力,增加航道养护费用。从长远观点看,凡是通过整治能使船舶自航上滩的滩险,都不宜设绞滩站或只暂时设绞滩站,以后逐渐取消。

扫床(sweeping bed) 为清除航道而进行的检查。目的是了解障碍物的位置和它的碍航程度,对较易清除的障碍物及时清除,难以清除者,则根据其水深情况和碍航程度,先行设置浮标标示。有全面扫床、定期扫床和事故扫床三种。

清槽(clearance of channel observations; channel cleanout) 用专用船舶、爆破和围堰等方法清除河槽中的障碍物。包括清底和清岸两部分。清底即清除航道界限内对船舶有直接危险的偶然性水底障碍物(如沉树、沉木、沉石、遗落的铁锚、沉船的残骸等);清岸是清除沿岸地带可能掉入河槽中而成为水下障碍物的物体,如已倒下的树木、木桩等,其工作范围一般由水边线算起,宽度为5~20 m。

整治线(training alignment) 对整治河段拟定的理想新河槽在整治水位时的水边线。根据河流来水、来沙、河床边界条件、河床演变规律、航运要求等审慎确定。在拟定时,除整治线宽度要适当外,还必须注意:整治线的起迄点应以稳定深槽的主导河岸为依据;过渡段长度应适宜,一般取1~3倍的整治线宽度,其方向应尽量与中、洪水流向相适应,以通过浅滩上的最大流速区。还应全面考虑两岸工农业和防洪需要等。

整治线宽度(training alignment width) 整治后要求新河槽在整治水位时的河面宽度。过宽则整治建筑物不能起束水作用;过窄将会产生过度的局部冲刷而引起下游河段的淤积,或者流速过急使航行条件恶化。可采用模拟本河流优良河段宽度的方法确定,也可用计算方法确定。计算公式一般为:$B_2 = KB_1(H_1/H_2)^y$。式中,B_2 为整治线宽度;B_1 为整治前整治水位时河宽;H_1 为整治前整治水位时断面平均水深;H_2 为整治后整治水位时要求达到的断面平均水深;K 为系数,一般近似为1;指数 y 取 1.20~1.67,可根据各河流的具体情况选用。

整治水位(training stage; regulated water stage) 整治工程对滩险航行条件有显著改善的水位。平原河流为与整治建筑物头部高程齐平的水位,是布置整治建筑物的依据之一。对于航道整治来说,一般与优良河段边滩高程相当,保证率为 24%~45%。

可用模拟优良河段边滩高程,或用造床流量来计算确定。

整治流量(training discharge) 相应于整治水位时的流量。可由水位-流量关系曲线查得。

水深改正系数(depth correction coefficient) 整治水位时河槽横断面平均水深与航道边缘水深的比值。即 $\eta = H/T$。式中,η 为水深改正系数,H 为整治水位时河槽横断面平均水深,T 为航道边缘水深。和整治水位时的河宽与航宽的大小比值有关,比值愈大,水深改正系数愈小。平原河流通常为 0.8~0.9,一般取 0.85。

疏浚(dredging) 为维护和提高航道尺度而采用的一种工程措施。利用挖泥船或其他方法浚深拓宽航道,以改善航行条件,保证航道畅通,提高航道通过能力。按工程性质不同,分基建性疏浚和维修性疏浚两种。前者为提高航道标准尺度,在较长时期内从根本上改善航行条件;后者为维护现有航道标准尺度而进行的正常性疏浚,包括临时性疏浚。

基建性疏浚(capital dredging; initial dredging) 从根本上改善航行条件的疏浚。主要用于开挖人工运河,开辟新航道,拓宽和加深原航道,开挖引河,切除岸滩,填塞汊口,炸除石堆和硬土角等。一般说来,规模和工程量大,工期长,并能使河床水流结构发生根本变化,施工前需慎重研究。

维修性疏浚(maintenance dredging) 为维护通航期内航道足够水深的疏浚。主要是为浅滩河段进行的恢复性挖槽和在航期内消除回淤等进行的清理性挖泥。一般说来,规模和工程量较小,工期较短,水流结构不发生大的变化。

挖槽(dredged channel) 用挖泥船浚深拓宽航道的工作。挖槽位置应选在便利船舶航行、施工简便、工程量少,以及挖槽稳定和回淤量最小的地方。挖槽方向应与主流向一致,特别是与底流流向一致;通过浅滩鞍槽的进出口应扩大成喇叭形,并适当加深;轴线尽量成直线,必须转折时,转折处的曲率半径应尽量放大;断面宜窄而深,不宜宽而浅,宽度不得大于原河宽的1/3。

抛泥区(dumping site) 疏浚工程中弃置挖出泥土的地方。可抛至陆上,填洼地造田。也可抛至远离航道的水域中,切忌抛在航道边缘、挖槽进出口附近,以及通向码头和船坞的水域等妨碍航行和加剧挖槽回淤的地区。施工条件许可时,一般可弃土填塞沱口和废汉,或用以抬高边滩高程。

疏浚土(dredging material; spoil)　用疏浚的方法挖起的土、石。常用于筑坝、填筑路基、围堰吹填、制作建筑材料等,变废为宝,综合利用。

疏浚量(dredging quantity; volume of dredging)挖槽内浚挖的土石方数量。衡量施工工程效果的重要指标。

上方(barge measure; volume of board)　亦称船方。按测算泥舱装载量、观读产量计读数或其他经验方法求得的疏浚土石方量。是疏浚施工方计量和考核施工效果的常用指标。

下方(bed measure; volume in situ)　按疏浚前、后测图计算出的疏浚土石方量。是计量和核查实际工程效果的常用指标。

吹填造地(land aggradation by reclamation)　用吹填的方法填高滩地或低洼地,形成新的陆地。如中国曹妃甸大型围海吹填造地工程等。

吹填筑坝(daming by reclamation)　用吹填土筑坝或填筑坝基。在大型围海造地和航道整治工程中,采用吹填筑坝技术,可大大降低工程投资。如曹妃甸围海造地工程、长江中游界牌河段整治工程等。

裁弯取直(cut-off)　为畅泄水流和保证通航,利用人工或水流冲刷将过于弯曲的河段裁直。在过于弯曲河段中的狭颈处,人工开辟一条较短的新河道代替旧河道,或先开辟一条较小的引河,借水流力量逐渐冲刷成新河道。有时由于河道弯曲过甚,弯颈特狭,经洪水冲决,使水流改趋直道,称"天然裁弯"。有内裁与外裁之分。裁弯段老河长度与引河长度的比值称"裁弯比"。裁弯比太小,则引河线路长,工程量大,效益不高;裁弯比太大,引河线路短,引河比降太陡,流速大,则引河发展很快,不仅使引河本身难以控制,也会引起下游河势剧烈变化。以往裁弯比多在 3～7,现在有的达到 13,应根据具体条件,全面分析决定。具有畅泄水流、降低上游水位、减少洪水泛滥、便利农田排水、增加土地面积、缩短航程和改善航道条件等优点。但局部改善河流性质,破坏相对平衡状态,有时会引起不良后果,在实施前应审慎研究。

裁弯引河(pilot channel)　人工开挖的引水道。在裁弯取直工程中,有时先开挖一条引河,然后利用水流本身力量冲成新河道。设计时应在引河能够冲开并发展成新河道的条件下尽量减少引河的开挖断面,以降低工程费用。在堵塞决口时,开挖引河将水流导入正槽,借以缓冲险情。

整治建筑物(training structure)　为改善水流条件,稳定或改变河道而修筑的水工建筑物。在河道整治工程中,为防止河岸崩塌,维持稳定河槽,保证航道和行洪通畅,必须平顺水流,调整水流的方向和改善水流对河床、河岸的作用,常需修建治导、护岸工程。按外形和作用,有覆盖式平顺护岸、丁坝、顺坝、锁坝、鱼嘴;按对水流的作用,有实体、透水、转流建筑物;按与水位的关系,有潜没、淹没、不淹没建筑物;按所用建筑材料,有轻型和重型建筑物;按使用年限,有临时性和永久性建筑物。选择整治建筑物的类型,应结合整治工程的要求,整治河段的水流和河床演变特点,取材条件,施工条件及造价高低等全面考虑确定。一般工程量很大,还要适应复杂的水流、气候和河床变形条件。就地取材和材料的强度与韧性,是确定形式和结构的重要原则。常用的材料有土、石、梢、木、竹、苇、秸等。重要工程或在特殊情况下,也可用混凝土、沥青、金属等。此外,聚烯烃纤维织物也大量采用。

实体坝(solid dike)　不允许水流自由通过坝体的整治建筑物。一般多用块石、钢筋混凝土板桩、钢板桩等材料构筑。有时也可用疏浚航道挖取的泥土吹填坝心,坝基和坝面分别用沉排和块石保护。其特点是坝身不透水。适用于流速大,水流急,河床演变剧烈的河段。

透水坝(pervious dike; permeable)　允许水流自由穿过坝体的整治建筑物。一般采用梢、竹、木、聚烯烃纤维织物等材料构筑。透水坝的作用取决于透水系数,其值为建筑物透水孔隙在水流垂直面上的投影面积与建筑物在水流垂直面上的投影总面积之比。透水坝的孔隙面积愈大,透水系数愈大,阻水作用愈小,缓流促淤的效果就较差。一般说来,透水系数小于 0.5 时,透水坝的作用才显著。透水系数小于 0.25 时,透水坝的作用接近实体坝。

丁坝(groyne; spur)　一种治导河道的水工建筑物。由坝根、坝身和坝头三部分组成,坝根与原河岸连接,坝头向河槽延伸或逐段延长至计划整治线。由于坝轴线与原河岸构成丁字形,故名。坝型及结构的选择,应根据水流、地质和工作条件,结合因地制宜、就地取材等原则进行。按结构形式,有土心丁坝,抛石丁坝,沉排丁坝,柳石坝垛等;按布置形式和性能,有上挑、正挑、下挑丁坝,对口、交错丁坝,淹没、不淹没丁坝,长、短丁坝,勾头、阶梯式丁坝等。常成群建筑,可布置在河流的一岸,也可同时在两岸布置,还可与顺坝联合使用。两座丁坝间的空间称"坝田"。航道整治中使用丁坝在于调顺河床,缩窄河身,集中水流,冲刷河槽,增加航深,满足航行要求。但对水流的干扰较大,坝头受水流冲击,局部冲刷比较严重,坝根易被水流冲毁。也可促使泥沙在坝田淤积,形成理想的新岸线。还用来迎挑水溜离岸,借以保护河岸和稳定堤防,称"挑溜坝"。在海岸防护和保滩工程中也常采用丁坝。常用的建筑材料为石料、梢料、竹、木等,也有采用混凝土、钢材、钢筋混凝土和塑料等建造的。

顺坝(parallel dike training wall; longitudinal dike)亦称"导流坝"。坝轴线与水流或河岸接近平行的治导建筑物。上游端的坝根埋入河岸,下游端的坝头与河岸间留有缺口或与河岸连接。多布置在整治线上,功用是造成新岸线,约束水流,冲深坝前河槽。又有引导水流、保护原河岸和河滩的作用,一般只在一岸布置。坝型有轻型、重型之分,常用梢料、块石、沉排、木笼等筑成。坝的主要布置形式有普通顺坝、丁顺坝、倒顺坝等。普通顺坝的坝根与上游的河岸相连,坝身与整治线重合,坝头延伸到下方的深槽。在急弯凹岸建造的顺坝,顶高较低,它能够增大航道的弯曲半径,拦阻横向水流,增加航深,但导沙作用较差。倒顺坝是一种倒置的顺坝,坝根与下游的河岸或洲滩相连,坝头向上游延伸。它除了能够导引或调整水流流向以外,还能够把泥沙导入坝田内淤积。丁顺坝是由丁坝和顺坝二者相结合的坝,如山区河流上用来调整水流的勾头丁坝。

沙袋填心坝(sandbag-cored dam)　以沙袋填心、块石护面的建筑物。在大型航道整治和围海造地工程中运用较多,可大大降低工程投资。如汉江襄樊至皇庄河段航道整治、长江中游界牌河段整治工程、曹妃甸围海造地工程中都得到成功应用。

锁坝(closure dike)　横跨河槽,用于封闭汊道和串沟、加强干流的建筑物。其高度略高于平均枯水位,不阻碍洪水的宣泄。坝顶中部是水平的,两侧于1/4坝长处以大于1:25的坡度向两侧升高,并嵌入河岸形成两个坝根,可使漫溢水流的流态比较稳定,不致搜掘两侧河岸。多布置于汊道的下口,以利于挟沙水流进入废槽,加速淤积,同时,也可减少干流

淤积。河流挟沙不多时,也可建在汊道的上口,以利用废槽作为船舶的避风港。应特别注意坝根与河岸的连接,使之嵌入河岸,并加强上、下游岸坡的防护,以免遭受淘刷损坏。缺点是,在加大通航主汊流量的同时,也加大主汊来沙量,可能使河床发生变化。

潜坝(submerged dike)　淹没于水下的治导建筑物。如潜丁坝、潜锁坝等。其功用除与同类的非淹没建筑物相同外,主要用于调整河床坡降和断面。建于河弯深槽的河底上时,坝顶即设计断面的河底,以均匀河底高程,壅高上游水位,调整比降,增加水深。还可促使潜坝之间逐渐落淤,抬高河床。

鱼嘴(fish mouth type dividing dike)　建造于河道中的分水工程。前端伸入水下,向后逐渐升高,顶部与江心洲首部连接,形似鱼嘴,故名。其作用是稳定分汊口洲头,控制分流分沙比。因顶冲水流,多用块石砌筑,或用竹笼(内盛石块)堆砌而成。如著名的四川都江堰鱼嘴分岷江为内外两江。

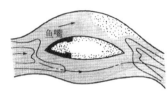

鱼嘴工程示意图

都江堰灌区各级渠道的分水建筑物,古代多采用鱼嘴形式,现代已改建分水闸控制。

鱼骨坝(fishbone dam)　位于江心洲头前端滩面修筑的组合式坝体。由一条顺水流方向的龙骨坝和数条垂直于龙骨两侧的翼坝组成,翼坝顺水流方向布置逐渐加长,平面上形同鱼骨,故名。在长江东流水道整治工程中,分别在玉带洲头部、老虎滩头部布置鱼骨坝工程,主要作用为稳定洲头、防止洲头冲刷崩退,控制两汊分流比和分沙比。

丁坝间距(interval between groynes)　丁坝群中相邻两座丁坝间的距离。一般凹岸较密,为上一座丁坝长度的1~2倍;凸岸较稀,为上一座丁坝长度的1.5~3倍;顺直段介于两者之间。如间距过大,主流将进入坝田,使水流扩散,降低航道中的水流输沙能力,达不到整治的目的,有时甚至会引起坝田和河岸的冲刷;如间距过小,丁坝数量增加,投资随之增大。

坝头冲刷坑(end scour bole of groyne)　在水流折冲作用下丁坝坝头处形成的深坑。位于坝轴线的下游一侧。建造丁坝后,上游产生壅水使水位抬高,水流的位能增加而动能减小。水流通过坝头时,由于过水断面骤然减小,水流受到挤压,位能减小,动能增加,即流速增大。同时,水流在绕过坝头时,形成

水平轴漩涡,这样,不仅使坝头受到很大冲击,而且使坝头前的河床遭受强烈的冲刷,形成冲刷坑。较大的冲刷坑,将使坝头崩坍后退,危及坝身安全。影响冲刷坑深度的主要因素是流速、坝长、坝轴线方向、坝头向河坡的大小和河床土质等。

上挑丁坝(groyne placed upstream) 坝轴线斜向上游以迎挑水流的丁坝。不淹没时起束水攻沙的作用;淹没时造成底流趋向坝田,面流趋向河心的螺旋流,有利于冲刷航道,加速坝田淤积。对水流的干扰大,坝头处水流紊乱,造成的冲刷坑较大。适用于水流较平顺、含沙量较大的冲积性平原河流。上挑角度一般以 60°~70° 为宜。

下挑丁坝(groyne placed downstream) 坝轴线斜向下游的丁坝。不淹没时起束水攻沙作用;淹没后,漫过坝顶的水流偏向河岸,冲刷岸坡,底流趋向河心,使坝田的淤积效果降低。对水流干扰小,坝头水流较平顺,造成的坝头冲刷坑也较小。适用于流速大、流态紊乱、含沙量小的山区性河流。冲积性平原河流的轻型丁坝,一般也采用下挑丁坝。下挑角度以 120°~135° 为宜。

正挑丁坝(groyne placed at right angles to flow) 坝轴线与水流方向垂直的丁坝。对水流的干扰和造成坝头冲刷坑以及坝田淤积程度均小于上挑丁坝。但在多沙河流上,坝田淤积程度与上挑丁坝差别不大。适用于潮汐河段或流向顺逆变化的河段。

削坡(bank grading) 按一定坡度修整岸坡的作业。是砌筑护坡之前首先进行的工作,便利护坡工程砌筑和工程质量控制,以保证岸坡的稳定。

排水盲沟(blind drain) 沟壁设有反滤层、沟内由块石或碎石填筑的透水暗沟。便利岸坡集中排水,保护岸坡免遭暴雨冲刷破坏。

护脚(toe protection) 以块石或其他材料保护坡脚、防止水流淘刷的工程措施。坡脚是平顺斜坡式护坡工程中最底部的部分,是保护岸坡稳定的基础。在航道整治工程中,坚持"坡脚为先"的原则,强调坡脚在整个护坡工程中的重要性。

镇脚棱体(toe-ballasting prism) 从坡脚向里直至枯水平台的填筑体。位于斜坡式护岸中护底与护坡的结合部,起调整水下岸坡、支撑水上岸坡的作用。

枯水平台(low-water platform) 亦称"脚槽"。镇脚棱体的顶面。其高程主要根据施工水位确定,一般为设计最低通航水位以上 0.5~1.0 m。其宽度根据岸坡的稳定性来考虑,一般为 2.0 m 左右。

软体排(soft mattress) 采用聚乙烯编织布,在布面上下用尼龙绳组成的网格加强编织布强度,沿水下地形展铺,用块石或混凝土块体压载的排体。其最大功能是适应河(海)床变形,常用作坝(堤)体护底,防止水流淘刷坝(堤)底脚。在水下工程中广泛应用,使用土工织物种类繁多,形式也多种多样。

勾头丁坝(hook groyne) 在坝头下游一侧加建一段与水流方向接近平行的坝体而构成的丁坝。多用于上挑丁坝。勾头起引导水流、改善丁坝坝头水流的作用。勾头长度约为坝身在垂直流向平面上投影长度的 0.4 倍。近海围堤工程保护中,在双向潮流作用较强的局部区域,也有的采用坝头两侧勾头丁坝。

航标(beacon; channel mark) 设置于通航水域或其附近,供船舶定位、导航或其他专用目的(如测定航速)的人工助航标志。包括视觉航标、无线电导航设施、音响航标。按水域,有沿海航标、内河航标;按设置位置的可靠性,有固定航标(如灯塔)和漂浮航标(如灯船、浮标)两类;按用途,有定位标、导标、避险标、转向标和专用标等;按航标性质,有昼标、灯标、音响标和无线电航标等;按作用,有接岸标、桥涵标和灯桩。设置在河流左、右岸的航标分别涂以不同颜色,发光颜色也不同;设在右岸或表示右岸的标志涂红色,夜间燃点红色灯;设在左岸或表示左岸的标志涂白色或绿色,夜间燃点白色灯或绿色灯。

内河航标(beacon for inland waterways) 设置在天然河流的航标。其作用是:准确标出航道的方向、界限、航道内和它附近的水上或水下障碍物和建筑物,表示航道的最小深度,预告风讯,以及指挥狭窄和急弯河道的水上交通。分三类:(1)引导航行的标志,如过河标、沿岸标、导标、过渡导标、首尾导标、桥涵标等;(2)指示危险的标志,如泛滥标、三角浮标、鼓、棒形浮鼓、左右通行浮标等;(3)信号标志,如水深信号杆、通行信号台、鸣笛标、界限标、电缆标、横流浮标、风讯信号标等。

过河标(crossing mark) 标示过河航道的起点或终点。指示由对岸驶来的船舶在接近标志时沿本岸航行;或指示沿本岸驶来的船舶在接近标志时驶向对岸。也可设在上、下方过河航道在本岸的交点处,指示由对岸驶来的船舶在接近标志时再驶往对岸。标杆顶端安装两块正方形板组成的一种导航标。两块板分别同所指示的上、下行航道方向垂直。过河标距离超过3 km,目标不够显著时,可根据需要在标杆前加一块或两块同顶标颜色相同的梯形牌。

沿岸标(bankwise mark)　标示沿岸航道的岸别,指示船舶继续沿着本岸航行的标志。标杆上端装球形顶标一个。左岸顶标为白色(黑色),标杆为白、黑色相间横纹。右岸顶标为红色,标杆为红、白色相间横纹。

导标(leading mark)　由前低后高的两座标杆所构成的导线标示航道方向的导航标。指示船舶沿该导线标示的方向航行。前后两座标志的标杆上端各装正方形板一块,板面指向航道方向。如导线标示的航道过长以致标志不够明显时,可在标杆前加装梯形牌,梯形牌面向所标示的航道方向。在导线标示的航道内应使船舶白天看到前标比后标略低,夜间保证后标灯光不被前标遮蔽。前后两导标的延长线准确指示狭窄航道的方向,引导船舶沿该导线行驶。

过渡导标(transition range marks)　标示一方为导标指示的狭窄航道,另一方为较宽阔的沿岸航道或过河航道的标志。指示由导线标示的航道驶来的船舶在接近标志时驶入沿岸航道或过河航道;同样也指示由沿岸航道或过河航道驶来的船舶在接近标志时驶入导线标示的航道。其前标与过河标相同,后标与导标相同。

首尾导标(head and stern leading marks)　由前后鼎立的三座标志组成两条导线,分别标示上、下方导线标示的航道方向的导航标。指示沿导线标示的航道驶来的船舶在接近标志时转向另一导线标示的航道。其中一座为共用标与过河标相同,另两座标志与导标相同。

侧面标(lateral mark)　设在浅滩、礁石、沉船或其他碍航物靠近航道一侧,标示航道的侧面界限,或设在水网地区优良航道两岸,标示岸形、突嘴或不通航的汊港的标志。指示船舶在航道内航行。浮标可采用柱形、锥形、罐形、杆形或桅顶装有球形顶标的灯船。固定设置在岸上或水中的侧面标(灯桩)可采用杆形或柱形。

左右通航标(middle ground mark)　设在航道中个别河心碍航物或航道开始分汊处,标示该标两侧都是通航航道的标志。浮标可采用柱形、锥形或灯船。灯桩可采用柱形。

示位标(position-indicating mark)　设在湖泊、水库、水网地区或其他宽阔水域,标示岛屿、浅滩、礁石和通航河口等特定位置,供船舶定位或确定航向的标志。

泛滥标(flood mark)　设在洪水淹没的河岸和岛屿,标示河岸的界限和岛屿的轮廓的标志。在标杆上端装置一个截锥体,也可以安装在具有浮力的底座上作为浮标设置。

桥涵标(bridge opening mark)　引导机动船下、上行通过桥孔的航标。设在通航桥孔迎船一面的桥梁中央,标示船舶通航桥孔位置。正方形标牌表示通航桥孔。多孔通航的桥梁,正方形标牌表示大轮通航的桥孔,圆形标牌表示小轮通航的桥孔。

信号标志(signal mark)　为航行船舶揭示有关航道信息的标志。有通行信号标、鸣笛标、界限标、水深信号标、横流标、节制闸标6种。

通行信号标(traffic control signal mark)　设在上、下行船舶相互不能通视,同向并驶或对驶有危险的狭窄、急弯航段或单孔通航的桥梁、通航建筑物和施工禁航等需通航控制的河段,利用信号控制上行或下行的船舶单向顺序通航或禁止通航的信号标志。

水深信号标(depth signal mark)　设在浅滩上、下游靠近航道一侧的河岸上,提示浅滩航道最小水深的信号标志。

专用标志(special-purpose mark)　为标示沿、跨航道的各种建筑物,或为标示特定水域所设置的标志。包括管线标和专用标两种。管线标主要标示跨河管线的两端或一端岸上,或设在跨河管线的上、下游适当距离的两岸或一岸,禁止船舶在敷设水底管线的水域抛锚、拖锚航行或垂放重物,警告船舶驶至架空管线区域时注意采取必要措施的标志。专用标志主要标示锚地、渔场、娱乐区、游泳场、水文测验、水下钻探、疏浚作业等特定水域,或标示取水口、排水口、泵房,以及其他航道界限外水工构筑物的标志。

内河航标配布(beacon allocation for inland waterways)　根据航道条件和运输需要,以河区为单位,经技术经济论证确定的内河航标的配置分布。分四类:(1)一类航标配布,配布的航标夜间全部发光,白天船舶能从一座标志看到下一座标志,夜间船舶能从一盏标灯看到下一盏标灯;(2)二类航标配布,发光航标和不发光航标分段配布;(3)三类航标配布,航标配布的密度比较稀,不要求从一座标志看到下一座标志;(4)四类航标配布,只在航行困难的河段或个别地点配布航标。

浮标(buoy) 设在水面上的一种锚锭浮动航标。不包括灯船。用以指示航道、航道边缘、浅滩、礁石、沉船等的位置。设在海面上的多采用铁制浮筒,并以锚链和沉锤固定;设在内河的,可用铁或竹、木制成。装有发光设备者称"灯浮标"。

灯塔(lighthouse) 设置在海上航线附近的岛屿或港口海岸的大型航标。因有强力的发光设备,且通常建成塔形,故名。在夜间,能定时发出闪光,供船舶定位和指示航向。有的装有雾警设备。

灯船(light ship; light vessel) 一种作为航标使用的船。灯船船体要求严格水密,排水量十至数百吨。船体颜色鲜明,装有灯架和发光设备,有的还装有音响设备。有自航灯船和非自航灯船两类,后者又分有人看守灯船和无人看守灯船两种。一般用于宽广的河口或重要航道中,用以标出暗礁或浅滩所在,有时也作指示航线用。

灯桩(light beacon) 一种柱形或三角形铁架式的航标。顶端装有发光灯,作用同灯塔,但灯光射程不及灯塔远。一般安装在航道附近的岸边和港口防波堤的堤端,也设在港口入口处或船舶转向处的岸边,一前一后安置两个或两个以上的灯桩,组成引导灯桩,引导船舶前进。

航道标牌(waterway signs) 设在水网地区航道或运河航道两侧指示船舶航行方向、地点、地名、里程等功能的标牌,如京杭运河江苏、浙江段。航道标牌的底色为绿色,标牌上的文字和指向符号为白色,设置于左岸的标牌杆件为黑白色相间斜纹,设置于右岸的标牌杆件为红白色相间斜纹。航道标牌的正面底色、文字和图案均用反光材料制成。分指向牌、地点距离牌、地名牌、分界牌、里程牌、桥梁净高提示牌、港口和锚地预告牌7种。

航道维护(maintenance of waterway) 为保持航道及其设施达到规定的标准和技术要求,保障航道畅通而进行的各项工作。主要是维护和保持预定的航道标准,包括航道尺度、航道维护类别、航标配布类别等标准而实施的各项工程技术措施。航道维护应遵循分类维护,逐步改善,保障航道畅通的原则。在实施过程中,应遵守《中华人民共和国水法》、《中华人民共和国航道管理条例》、《中华人民共和国航标条例》、《中华人民共和国航道管理条例实施细则》和《内河航道维护技术规范》等法规,同时,还应积极慎重地采用新技术、新材料和新工艺。

航道管理(waterway administration) 为保证向船舶提供良好的航行条件,对航道及航道设施所进行的各项管理工作。《中华人民共和国航道管理条例》规定:中华人民共和国交通部主管全国航道事业。各级交通主管部门设置的航道管理机构是对航道和航道设施实行统一管理的主管部门。

航道服务区(waterway service area) 在运输繁忙河段,不侵占航道宽度条件下,航道一侧设置专门为船民服务的水域和陆上区域。主要为供水供油、维修保养、船舶登记、收费管理、超载卸载堆放、小超市、食堂、浴室、生活污水和油污水处理及医务室等,满足广大船员的生产供给、生活供给、船舶维修、管理功能、环保节能、休闲服务等多项服务功能。航道服务区的建设,是提高航道服务水平的重要举措。

船闸运行管理(ship lock operation management) 为保证船闸处于良好的运行状态,维护船舶上、下行通行安全所进行的日常运行操作和各项调度管理工作。必须确立为航运服务的宗旨,充分提高船闸通过能力,为过往船舶提供安全、及时、方便的运行条件,同时努力提升船闸服务水平。

过船建筑物(ship passing structures; navigation structures) 亦称"通航建筑物"。为使船舶通过航道上有集中水位差的区段而设置的水工建筑物。

船闸(navigation lock) 亦称"厢式船闸"。使船舶通过航道上集中水位落差的通航建筑物。由闸室、闸首、闸门、引航道以及相应的设备组成。闸门安设于上、下游闸首上。闸门关闭时闸室与上、下游河段隔绝。闸室通过输水廊道与上游或下游河段连通,在输水廊道中设有阀门,以控制进出闸室的流量。当闸室通过输水廊道与上游连通时,水自上游流入闸室,室内水位由下游水位上升到与上游水位齐平,此过程称"闸室的灌水"。当闸室通过输水廊道与下游连通时,水自闸室流到下游,室内水位自上游水位下降到与下游水位齐平,此过程称"闸室的泄水"。当船舶停泊于闸室内时,借助灌水或泄水调整闸室水位使船舶在上、下游水位之间作垂直升降,从而克服航道上的集中水位落差。船舶通过船闸的过程称"船舶过闸"。按所处地理位置和航行船舶的不同,分海船闸、内河船闸等类型。

海船闸（sea lock）　建造于封闭式海港中作为口门，或建造在海运河和入海河口供海船航行的船闸。由于潮汐作用，承受双向水头，闸底平坦，内外闸首的闸槛均位于同一高程上。涨潮时，乘高潮位引船入闸，驶入港内；落潮时，利用港内高水位，引船入海。可以利用海船闸控制潮位，以便大吨位船舶进出港，提高航运能力。

内河船闸（inland lock）　内河水道上供内河船舶航行的船闸。在渠化河段上由于筑坝挡水，一般均能保证在上游最低水位时闸槛上有足够的通航水深。上闸首常建有帷墙，上、下闸首的闸槛不在同一高程上。这种船闸有时也被用来宣泄部分洪水流量。其结构尺寸应根据通航能力和水深确定。

多级船闸（multichamber locks）　亦称"多室船闸"、"梯级船闸"。沿船闸轴线方向连续有两个以上闸室的船闸。作用在多级船闸上的总水头由几个闸室平均承担。特点是闸首、闸室的结构比高水头的单级船闸简单，但总长度较大，船舶过闸时间较长，影响通过能力和船舶的周转。适用于水头较大的河段。

多线船闸（multiple locks）　在航道上平行修建的两线或两线以上的船闸。它的两个闸室有时并列在一起，中间共用一闸室墙，在中间隔墙内设置沟通两相邻闸室的输水廊道，使两个闸室相互利用部分的泄水水量作为灌水水量，以节省过闸用水量。适用于航运频繁，单线船闸不能满足上、下游两个方向的货运要求或不允许因船闸检修而停航的河段。

广室船闸（basin lock）　闸首口门宽度小于闸室宽度一半或一半以上，闸室宽度大而长度小的船闸。优点是闸门及其启闭机械简单、钢材用量节省、闸室墙的工程量小。缺点是船舶进出闸室需要横向移动，使过闸船舶操作复杂化，延长了过闸时间。适用于小河支流。

省水船闸（thrift lock）　在船闸闸室的一侧或两侧设置储水池的船闸。贮水池储存闸室泄出的部分水量，在灌水时灌入闸室，以节省船舶过闸用水量。贮水池的数量取决于需要储存的过闸用水量的相对容积，数量越多，容积越大，可节省的水量也越多。适用于水源不足，特别是需要抽水补水的运河越岭段。

井式船闸（shaft lock）　在船闸下闸首进口上部建有横向胸墙的船闸。犹如矿井，故名。胸墙下面留

有船舶必需的通航净空尺度。下游闸门一般采用上提式平板闸门。当水头较高，地基条件较好，可以建造单级船闸时，为减小下游闸门的高度而建造。特点是结构简单，节省钢材，投资少。适用于落差大的河段。

船闸有效尺度（effective dimensions of lock）　船闸闸室的有效长度、有效宽度和门槛水深的总称。有效长度是闸室内可供过闸船舶安全停泊的长度；有效宽度是闸室墙迎水面最突出部分之间的最小距离；门槛水深是最低通航水位时闸首门槛最高点的水深，其值等于最大设计船舶的满载吃水加富裕水深。

门槛水深（water depth above sill）　见"船闸有效尺度"。

船闸闸室（lock chamber）　船闸中由上、下闸首和两侧闸墙围绕的空间。供调整水位、升降船舶，从而使船舶克服水位落差。船闸闸室中设有系船设备。按侧墙的断面形式，有斜坡式和直立式两种。斜坡式结构简单、造价便宜，但耗水量大、输水时间长、岸坡容易崩塌，多用于水量充足、水头较低的小型船闸。直立式的结构避免了斜坡式的缺点，是现代船闸中最常用的一种形式。

闸墙（lock wall）　船闸闸室两侧起挡土、挡水和靠船作用的构筑物。船闸闸室墙的一侧有水，另一侧填土。

闸底（chamber floor）　船闸闸室的底部结构。闸室底板的作用是：防止闸室灌、泄水时，闸底受到水流的冲刷；防止在机动船舶螺旋桨作用下，引起对闸底的淘刷；防止在渗流作用下，引起地基土壤的渗透变形。

闸首（lock head）　分隔闸室与上、下游引航道或相邻两闸室的挡水建筑物。由边墩和底板构成。主要起挡水作用，使闸室内能维持上游或下游水位。设在闸室上游端的为"上闸首"，下游端的为"下闸首"，两相邻闸室之间的为"中闸首"。船闸闸首上设有工作闸门、输水阀门和检修闸、阀门及其启闭机械、输水系统，以及船闸的管理和操纵设备等。闸首的轮廓形状及尺度多视输水系统和闸、阀门的形式以及地基土壤的性质等条件而有所不同。

导航墙（guide wall）　位于船闸引航道内，直接和船闸或升船机闸首的边墩衔接并向上下游延伸，用以引导船舶进出船闸或升船机的构筑物。

隔流堤（dividing dike）　将泄水闸、电站、溢流坝的水流通道与引航道分隔开的构筑物。

引航道（approach channel）　连接船闸与主航道，引导船舶进出船闸的一段航道。内部设有导航建筑物，在船舶进闸方向的一侧还设有靠船建筑物，以保证船舶进出船闸的安全与方便，并为等待过闸的船舶提供停靠场所。按平面形状，分对称式引航道和非对称式引航道两种。前者引航道轴线与船闸轴线重合；后者引航道轴线与船闸轴线错开一定距离，通常根据地形条件、船舶进出船闸的繁忙程度及其行驶方式等确定。

外停泊区（outer berthing area）　设置在上、下引航道外，供船舶编解队、更换拖船和等候过闸的停泊水域。

前港（front harbor）　亦称"外港"。水库口或湖口的船闸前面用防护建筑物形成的水域。能保护船舶在有风浪的情况下安全地进出船闸。港内设有专门的编队区，以便在必要时供船舶重新编队过闸。前港的水域面积根据可能同时停泊在港内等候过闸的船舶数量编队作业所需的面积确定。

靠船墩（dolphin；berthing pier）　供过闸船舶靠泊使用的构筑物。

浮式系船环（floating mooring ring）　设置于船闸闸墙凹槽内，随闸室水位升降浮动的系船环。由系船环、浮筒和小车等组成。系船环安装于小车的金属浮筒上。利用浮式系船环可使系船缆绳始终处于拉紧状态，防止过闸船舶的上下左右摆动。是一种能适应水位变化的良好系船设备。广泛应用于大、中型船闸。

浮式系船柱（floating mooring bitts）　设置于船闸闸墙凹槽内，随闸室水位升降浮动的系船柱。

过闸方式（lockage fashion）　组织船舶（队）通过船闸的作业方式。有单向过闸、双向过闸、成批过闸、开通闸等。

船闸通过能力（lockage capacity）　在一个通航期内通过船闸的总货运量（以吨计）或船舶总数。是船闸运转工作的基本指标。其大小决定于船舶过闸所需的时间，上、下行船舶行近船闸的均匀程度和闸室有效面积的利用程度等。其中船舶过闸时间是影响船闸通过能力的决定性因素。

过闸耗水量（lockage water）　船舶通过船闸时，由于向闸室灌、泄水，每次从上游泄放到下游的水量。是船闸的一项重要经济技术指标。包括船舶过闸用水量和闸、阀门的漏水量。前者指船闸灌、泄水所需的水量，等于闸室内的上下游水位之间的水体，其大小决定于上下游水位差、闸室的平面尺寸和船舶排水量等；后者指由于闸、阀门止水不密实而从上游向下游流失的水量。

船闸渗流（seepage of navigation lock）　在船闸的地基和闸首边墩、闸室墙后所产生的渗流。船闸的渗流情况与闸室底是否透水有关。当闸室为不透水底板时，整个船闸为一挡水建筑物，渗流从上游经过闸首及闸室底板下的地基，并经过闸首边墩和闸室墙后的回填土向下游渗出。当闸室为透水底板时，闸首和闸室分别为独立的挡水建筑物。为减少作用在建筑物上的渗透压力，防止地基土壤的渗透变形，应根据工程地质条件、水文地质条件、作用水头、闸室结构形式以及船闸在枢纽中的布置进行综合考虑，确定其防渗布置。

过闸时间（lockage time）　一个船舶（队）从上游经过船闸到达下游或从下游经过船闸到达上游所需的时间。包括船舶进出闸室的时间、启闭闸门的时间和闸室输水时间，是影响船闸通过能力大小的决定因素。缩短船舶进出闸室和输水时间是缩短过闸时间的最有效的措施。对于中、小型船闸，过闸时间一般在 30 min 左右。

输水时间（lock filling and emptying time）　亦称"灌泄水时间"。通过向闸室灌水或泄水，使闸室中的水面由下游水位上升到与上游水位齐平，或由上游水位下降到与下游水位齐平所需的时间。输水时间的长短应能满足船闸设计通过能力的要求。作用在船闸上的水头的大小、输水系统的形式和船舶在闸室中的停泊条件是影响输水时间的主要因素。水位差愈大，满足船舶停泊条件的输水时间就愈长。采用复杂的输水系统可以缩短输水时间，但结构复杂，施工困难，投资也大。输水时间通过水力计算或模型试验确定。对于中、小型船闸，输水时间一般为 10～15 min。

输水系统（lock filling and emptying system）　为船闸闸室灌水和泄水而设置的全部设备。由输水廊道、输水阀门和消能设备等组成。输水系统应满足船闸通过能力所需的输水时间，使在闸室和引航道内的船舶具有良好的停泊条件，以及水流不致损坏船闸各部分的构件。分集中输水系统和分散输水系统两大类,根据船闸的水头大小和结构形式、输水时间的长短和工程造价等进行选择。

分散输水系统(longitudinal culvert filling and emptying system)　亦称"长廊道输水系统"。在船闸闸室墙或闸室底板内布置有纵向输水廊道,以及纵、横支廊道和出水孔,水流通过出水孔分散地流入或流出闸室的船闸输水系统。水流分散,出流比较均匀,闸室内水面相对较平稳。与集中输水系统相比,具有较高的输水效率,船舶过闸停泊条件可得到显著的改善。但构造比较复杂,闸底开挖较深。多用于高水头的大型船闸。

集中输水系统(end filling and emptying system)　亦称"头部输水系统"。船闸灌、泄水的设施全部集中布置在闸首范围内的输水系统。灌水时,水经上闸首集中流入闸室,泄水时,闸室中的水经下闸首集中流入引航道。简单的形式是在闸门上设置阀门。有短廊道输水系统、门下输水、门缝输水和槛下输水等形式。其特点是闸室中不需设置输水廊道、闸室结构简单,但水流集中从闸首流入闸室,产生具有一定能量的纵向水流,影响过闸船舶的停泊条件。适用于中、低水头(约在15 m以内)船闸。

长廊道输水系统(long culvert filling and emptying system)　即"分散输水系统"。

短廊道输水系统(loop culvert filling and emptying system)　在船闸闸首两侧边墩内并绕过工作闸门设置输水廊道进行灌、泄水的船闸输水系统。是船闸集中输水系统中应用最为广泛的一种形式。

等惯性输水系统(inertia-equilibrium filling and emptying system)　在船闸闸室底部设置前后、左右对称的纵、横支廊道,使由闸室中心进入闸室的水流惯性达到近似相等的船闸输水系统。

闸门输水系统(gate filling and emptying system)　在船闸工作闸门上设置孔口输水,或部分开启船闸工作闸门输水的船闸输水系统。船闸人字闸门、平板闸门和三角闸门等工作闸门上均可设置孔口输水。能动水启闭,利用平板闸门和弧形闸门输水的亦称"门下输水";利用三角闸门输水的亦称"门缝输水"。

槛下输水系统(under-sill filling and emptying system)　利用船闸闸首门槛下底板内的短直廊道进行灌、泄水的船闸输水系统。槛下输水布置的输水孔口沿闸首口门全部宽度布置在闸首底板内,并

用隔墙分隔构成几个直通的廊道,廊道的高度通常为0.5~1.0 m,输水阀门设置在廊道的前端,采用单扇宽而矮的平面阀门。

船闸输水水力计算(hydraulic calculation of lock filling and emptying systems)　针对船闸输水非恒定流进行的水力计算。在进行船闸输水系统设计时,为了满足船闸通过能力和船舶过闸停泊条件的要求,必须进行船闸输水水力计算。计算的主要内容为输水阀门面积的确定、输水系统阻力系数和流量系数的确定、输水水力特性的计算、船闸停泊条件的计算和输水阀门工作条件的计算等。

船舶停泊条件(berthing condition)　衡量过闸船舶停泊平稳程度,判断船闸输水系统优劣的重要指标。通常以闸室灌、泄水过程中水流对过闸船舶产生的作用力的大小(即过闸船舶的缆绳拉力的大小)作为具体判别参数。一般规定,良好停泊条件的缆绳拉力应不超过规定的允许系船缆绳拉力或位移值。

缆绳拉力(bawser pull)　指闸室灌、泄水过程中由于水流动力的作用而在船舶缆绳上所产生的拉力。其大小表征过闸船舶停泊条件的好坏。影响其大小的因素主要是输水系统形式、输水阀门开启的时间和方式、过闸船舶的大小和停靠在闸室(或引航道)中的位置等。一般借助于船闸水力学模型试验,利用专门的仪器测定。

船闸输水阀门空化(valve cavitation of navigation lock)　船闸输水阀门在开启过程中由于高速水流作用而导致的空化。

船闸闸门(lock gate)　装置在船闸闸首口门上,用以挡水的闸门,由门扇结构、支承装置和止水等组成。按工作性质,分工作闸门、检修闸门和事故闸门;按门扇结构特性和启闭方式,分人字闸门、平面(板)闸门、横拉闸门、三角闸门、弧形闸门、升卧闸门、叠梁闸门和浮箱闸门等;按闸门的制造材料,分钢闸门、木闸门、钢筋混凝土闸门和钢丝网水泥闸门等,最常用的是钢闸门。

平板闸门(plane gate;bulkhead gate)　由可垂直升降或升卧的单扇平板门构成的能承受双向水头的闸门。

人字闸门(miter gate)　由两扇绕垂直轴旋转的平板(或拱形)门扇结构、支承部分、止水和工作桥等构成的闸门。关闭时,两门扇支承在斜接柱上,呈

"人"字形,故名。开启后,两个门扇分别隐藏于闸首边墩的门龛内。按梁格布置方式,分立柱式人字闸门和横梁式人字闸门两种。特点是闸门以三铰拱的作用来承受水压力,能封闭高而宽的孔口,闸门的厚度较小,造价较低,启闭力较小,启闭迅速。但不能承受反向水压力,不能在有水压力的情况下启闭,闸门的水下支承部分易于损坏,检修困难,止水线长且为折线,止水效能较差。是应用最广泛的一种闸门。

横拉闸门(horizontal rolling gate) 沿垂直于船闸轴线方向横向移动的单扇平板闸门。关闭时,通过门扇两端兼做止水用的支承垫木把水压力传到闸首边墩上;开启时,闸门即被横向拉入闸首边墩一侧的门库内。优点是能承受双向水头,启闭力较小,启闭时间短。缺点是需要设置门库,闸首平面布置不对称,闸首结构和底板的受力情况复杂化,闸首工程量较大;闸门的水下滚轮易于磨蚀,检修困难,闸门厚度不由经济梁高度决定,而由横向倾覆稳定性决定,厚度较大;有时为减轻门重,在门上设有浮箱,但在波浪作用下浮力有所增减,闸门容易振动。一般应用于口门较宽且承受双向水头的船闸上。

三角闸门(wedge gate) 由左、右各一扇绕垂直轴转动的楔形门体构成的顶视呈三角形的闸门。三角闸门挡水时,门扇上的水压力的合力通过转轴中心(或偏心甚小),故能在有水压的情况下启闭;能够承受双向水头压力,在潮汐河流上能在接近平潮时段内将上、下游闸门敞开过船而成为开通闸;在水位差不大的情况下,可利用门缝进行灌、泄水。优点是能封闭高而宽的孔口,在动水中启闭灵活且时间短;缺点是门扇结构为空间构架,并承受空间力系的作用,材料用量较多,闸门制造、安装和检修技术要求较高,门库所占空间和闸首工程量较大。在中国沿海、沿江感潮河段的船闸上被广泛采用。

顶枢(upper gudgeon) 人字闸门门轴柱的上部支承。能防止门扇倾倒,保证门扇绕门轴柱转动。由拉杆、颈轴和锚定构件组成。大型船闸上的顶枢拉杆多采用三角形桁架,以固定颈轴轴承于刚性连接板上,避免拉杆受弯扭曲。

底枢(lower bearing) 人字闸门门轴柱上的下部支承。能保证门扇绕门轴柱转动。由固定在闸门上的承轴巢、预埋在闸首底板混凝土中的承轴台和固定于承轴台上的轴头面三个基本部分组成。承轴巢一般与闸门底框梁的支垫底铸成整体。在承轴巢的穹形曲面上镶有青铜衬垫,轴头顶部的半球面抵紧于承轴巢的穹形曲面上。轴头下部则固定在承轴台上,承轴台将轴头所受的力传给闸底板。轴头多由铬镍钢制成,承轴台一般用铸钢制造。

船闸阀门(lock valve) 设在船闸输水廊道上,用来控制灌、泄水的闸门。按其作用,分输水阀门(亦称"工作阀门")和检修阀门两种。

反向弧形阀门(reversed tainter valve) 门面凸向下游、水平旋转轴固定在阀门井的上游壁的下缘,由弧形面板和支臂构架组成的船闸阀门。其阀门井位于阀门面板的上游,增加了阀门井的水柱高度,可以防止水流将空气带入船闸闸室,有利于改善闸室内的水力条件,并使阀门井内水面波动小,阀门不致发生严重的振动。具有水力条件好、门体刚度大、操作简便、启闭灵活和启门力小等特点。广泛应用于高水头船闸。如中国的葛洲坝、水口、五强溪、三峡等船闸的输水阀门均采用反向弧形阀门。

推拉杆式启闭机(hoisting machine with rigid connecting rod) 通过连接在闸门门体上刚性推拉杆来启闭船闸闸、阀门的启闭机。一般由推拉杆、传动系统和动力装置等部分构成。根据传动系统的不同,分齿杆式启闭机、曲柄连杆式启闭机、轮盘式启闭机和液压式启闭机等。布置在水上,机构较紧凑,传动较准确,操作简单可靠,便于检修,但行程不宜过长。

葛洲坝船闸(Gezhouba Navigation Lock) 位于中国湖北省宜昌市长江三峡出口南津关下游2.3 km处的葛洲坝水利枢纽中的船闸。葛洲坝水利枢纽具有发电、航运和防洪综合效益,根据河势规划和航运要求,船闸采取两线三闸的总体布置方案。两线分居枢纽两侧的大江和三江,左线三江航道设有2号和3号船闸,其间为6孔冲沙闸,每年汛末进行冲沙,清除引航道和口门区的淤积泥沙,冲沙流量约为6 000 m³/s。三江上游右侧防淤堤长1 750 m,下游引航道总长度3 900 m。右线大江航道设有1号船闸,右侧为9孔冲沙闸。大江上游航道左侧为1 000 m的防淤堤,下游航道左侧为390 m长的导航隔流堤墙。葛洲坝1号和2号船闸闸室长280 m,宽34 m,门槛水深分别为5.5 m和5.0 m。3号船闸闸室长120 m,宽18 m,门槛水深为3.5 m,设计水头均为27 m。3座船闸的单向通过能力为5 000万t。最大设计船型为4×3 000 t级顶推船队和3 000吨级客货轮。

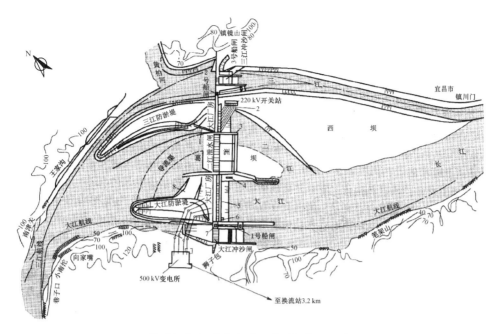

葛洲坝船闸总体布置示意图（单位：m）

1. 导沙坎　2. 操作管理楼　3. 厂闸导墙（排漂孔）　4. 左管理楼　5. 中控楼　6. 右管理楼
7. 右安装场（排漂孔）　8. 拦（导）沙坎

三峡船闸（Three Gorges Navigation Locks）　位于长江三峡水利枢纽左岸临江的坛子岭左侧的船闸。为双线连续 5 级船闸。在坝轴线处离左岸电站约 1.2 km，每线船闸的主体段由 6 个闸首和 5 个闸室组成，总长 1 607 m。在第 1 闸首、第 6 闸首的上、下游设置长 200 m 的导航墙和靠船墩。上游引航道在冲沙闸右侧建一全长为 2 720 m 的隔流堤，口门宽度 220 m。船闸上游引航道宽 180 m，直线段长 930 m，下游引航道长 2 722 m，右侧设置隔流堤，口门宽度为 200 m。双线船闸在正常情况下，一般每线船闸按单向运行。在一线船闸检修时，另一线船闸采用单向成批过闸、定时换向的运行方式，换向时在闸前有错船的要求。规划的年单向货运量为 5 000 万 t。船闸闸室尺寸为 280 m×34 m×5.0 m。船闸总设计水头 113 m，分成 5 级后，考虑到上、下游通航水位变幅分别为 40 m 和 11.8 m，为了适当降低闸墙高度，采用只补水不溢水的方式来划分各级船闸的工作水头，并通过输水阀门进行操作。中间级闸首最大工作水头为 45.2 m。于 2003 年 6 月建成并投入试运行，它是中国内河航运中地位最重要的船闸工程。

升船机（ship lift）　亦称"举船机"。建造在航道上用机械驱动的方法升降船舶的通航建筑物。由承船厢、支承导向结构、驱动装置、事故装置等组成。按升船机运动的方向，分斜面升船机和垂直升船机两类；按运船方式，分干运升船机和湿运升船机两种，前者船舶停放在无水的承船厢承台上，后者船舶浮运在充水的承船厢中。以船舶向上游行驶为例，船舶通过升船机的程序是：船舶从下游引航道驶进承船厢，关闭下闸首工作闸门和承船厢下游端的厢头门；泄去这两道门之间空隙内的水，松开承船厢与下闸首间的锁定装置和密封装置，在驱动装置作用下，承船厢上升并停靠在与上闸首对接的位置；松开承船厢与上闸首之间的锁定、密封装置，给闸门之间空隙内灌水；开启上闸首的工作闸门及承船厢上游端的厢头门，船舶即驶进上游引航道。与船闸相比具有适应水头较大、运船速度较快、耗水量较少和船舶在引航道内的停泊条件较好等优点。缺点是工程造价高，对升船机的建造安装以及为保证其安全运

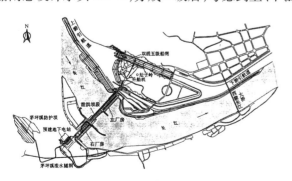

三峡船闸总体布置示意图

转的机电设备的制作需较高的工艺水平。适用于水头高而又不宜修建船闸的航道上。

垂直升船机（vertical ship lift） 承船厢沿垂直方向升降，支承导向结构为直立支架的一种升船机。按支承平衡方式，分均衡重式垂直升船机、浮筒式垂直升船机和水压式垂直升船机等三种。比斜面升船机的运船速度快，通过能力高，易于适应上、下游水位的变化。但需要建造高大的支架或开挖很深的竖井，同时还需建筑高大的闸首，对事故保安设备的要求较高，技术问题较复杂。适用于水头较高（一般超过40 m），且地形较为陡峻的航道。

均衡重式垂直升船机（vertical ship lift with counterweight） 用均衡重来平衡承船厢及其中水重的垂直升船机。是垂直升船机中最早出现的一种形式。其驱动机械只需克服整个运动系统的阻力即可使承船厢在上下闸首之间升降。按平衡方式，分双线相互平衡和单线独立平衡两种。前者承船厢本身兼作平衡另一线承船厢的重物，可以省去专门的平衡装置，但当上、下游水位变幅较大时操作复杂，且一线检修时另一线必须停航，影响通过能力；后者用专门的均衡重来平衡承船厢的重力，承船厢用钢绳绕过支承导向结构的绳轮与均衡重相连。均衡重有均匀布置和集中布置两种，易于适应上、下游水位的变化，各线运行不相互牵制，但需设置专门的平衡装置。

浮筒式垂直升船机（floating vertical ship lift） 用浮筒的浮力来平衡承船厢重力的一种垂直升船机。其驱动机械需克服整个运动系统的阻力。浮筒一般布置在承船厢下面，在浮筒井内升降。为保证浮筒井内水面齐平，各浮筒井底间用水平管连通。这种升船机的支承导向结构比较简单，但在地面以下需开挖较深的浮筒井，往往受地质条件限制；受风力和其他因素的影响时，厢内一端的水面壅高，将导致承船厢倾斜，影响升船机的运转；浮筒等设备经常处于水下，不便检修。一般适用于升程不高、过航船舶吨位不大的航道。

斜面升船机（inclined ship lift） 承船厢沿斜面运行，支承导向结构为倾斜轨道的一种升船机。是最早采用的一种过坝建筑物。另有一种靠活动挡板推动浮运船舶的水坡式升船机亦属此类。按升船机的运行方向与船舶纵横向的关系，分纵向斜面升船机和横向斜面升船机两种。结构和施工比较简单，承

船厢在地面上行驶，不需要巨大的高空结构，对地基的要求较低，事故保安设备比较简单；但运行距离长，通过能力较低，运行过程中承船厢内水面激荡，影响船舶的停泊条件。常应用于地形比较平坦的地方。

水坡式升船机（slope flume-type ship lift） 不用承船厢，而用一块活动挡板推动浮运船舶的三角形水体沿着斜坡式水槽向上、下游运行的一种斜面升船机。活动挡板由两台电动机车驱动，两侧和底部均有止水设备。水槽与上游引航道用闸首隔开，而在下游则直接伸入引航道。这种升船机能克服10 m以上的水头和推动300 t以上的船舶，土建工程量小，运行过程中水面波动不大。但挡板与水槽之间的水密性不易保证。适用于坡度较缓航道。1973年法国首先建造，中国目前尚缺乏完整的建造经验。

承船厢（ship carrier） 升船机中装载船舶升降的设备。有干运承船厢和湿运承船厢两种。前者为一承船平台，没有厢头门和厢壁，构造较为简单；后者为一槽形结构，两端设有厢头门，它的有效尺寸决定于设计船舶的外形尺寸、吃水、船舶进出的方式和速度等。通常采用钢结构的桥梁体系，布置成上承式桥或下承式桥以载运船舶。有时还有驱动事故装置、导向装置、拉紧装置等。

承船车（ship carrying carriage） 斜面升船机中用以装载船舶的工具。车体为无车顶的槽形长方体，两端设有闸门（称"厢头门"），车体内装水，船舶浮载于其中。车体的侧壁和底架通常为整体结构，由纵、横梁和面板构成。通过设置在主纵梁下的行轮组支承在斜坡道的轨道上行驶，在承船车底部设置侧向导轮沿斜坡道的基础侧壁运行。按其运行方式，分自行式承船车和钢绳卷扬曳行式承船车两种。前者设置有驱动动力装置，后者则通过钢绳由设置在闸首（或坡顶）的绞车曳引升降。

升船机闸首（head of ship lift） 将升船机的承船厢或承船车、支承导向结构等与上、下游航道隔开的挡水结构物。在承船厢（车）升降过程中，升船机闸首起挡水作用；在承船厢（车）停靠时，升船机闸首在承船厢（车）与航道之间起衔接作用，使船舶顺利进出承船厢（车）。当承船厢（车）可以直接下水时，在下水的一端不设升船机闸首。其结构与船闸闸首基本相同，一般设有工作闸门、检修闸门、闸首和承船

厢间的拉紧装置、充泄水装置,以及交通桥和管理房屋等。

通航隧洞(navigation tunnel) 运河穿过山岭的一段地下航道。通常采用单线航行。断面形状有圆形、椭圆形和马蹄形等,决定于地质条件、航运要求和施工技术与方法等。其宽度、水深和水上净空尺度与船舶尺寸、船舶过洞方式和曳引设备等有关。在隧洞的一侧或两侧设有曳引道,两端设有引航道和导航、靠船建筑物。隧洞一般采用直线,洞底多呈水平。

通航渡槽(navigation flume) 亦称"运河桥"。跨越河流、道路或峡谷的一种交叉工程。类似于桥梁和引水渡槽。一般采用钢结构或钢筋混凝土结构,由槽身和槽座两部分组成。通常采用矩形断面,大小决定于设计船舶的尺寸,一般采用单线航行以节省工程投资。其两端设置渐变段与运河衔接,纵坡必须保证最大流量时的流速不超过航行许可流速。为消除不均匀沉陷的影响,槽身常用止水缝分成若干段。槽座是承重结构,有墩座、排架或拱座之分。通常设置在运河与天然河流、道路或峡谷等相交而运河高程又高出天然河流或道路的场合。在升船机的闸首与航道衔接部分也有设置通航渡槽的。

尼德芬诺升船机(Niederfinow Ship Lift) 德国柏林-什切青航道尼德芬诺处的一座均衡重式垂直升船机。1934 年建成。升船机提升高度为 36 m,其承船厢为铆接钢结构,净重约 965 t,带水总重 4 300 t。有效尺寸为 85 m × 12 m × 2.5 m,可运载 1 000 t 的船舶。该升船机的建成和安全运行为升船机作为通航建筑物的一种主要形式提供了工程范例。

克拉斯诺亚尔斯克升船机(Красноярский судоподъёмник) 俄罗斯叶尼塞河的克拉斯诺亚尔斯克水利枢纽的一座纵向斜面升船机。建成于 1975 年,1984 年 7 月正式投入运行。该升船机为两面坡式,上、下游斜坡道坡度均为 1:10,上游坡道长 306 m,下游坡道长 1 192 m。上、下游斜坡道交会处设有直径为 105 m,坡度为 1:10 的转盘。根据地形条件,上、下游斜坡道布置在夹角为 142° 的折线上。升船机承船厢的有效尺寸为 90 m × 18 m × 2.5 m,轮距为 9 m,承船厢自重加水重为 6 720 t,可通过 1 500 t 船舶。克服水位差为 101 m,最大升程为 115 m。

河　　口

河口(estuary) 河流与其汇入水域如海洋、湖泊、水库、其他河流等相互影响的区域,范围和形态取决于两者大小及其水情变化。按汇入水域性质,分两种:一种是支流汇入干流,即受干流洪水倒灌和支流洪水影响干流泄流的区域;另一种是河流注入海洋,即受海洋潮汐和盐度影响与外海受径流影响的区域。入海河口因潮汐上溯的影响区域远比盐度入侵长得多,其河口区一般指感潮河段,按动力作用的差异,可分河流近口段、河口段和口外海滨段三部分。

河流近口段(river section near estuary) 潮区界至潮流界之间的河段。潮位有规律地升降,水流始终指向下游,以河流特性为主。

河口段(estuarine section) 河流近口段至口外海滨之间的河段。受径流、潮流和盐度的影响显著。随着径流和潮流的相互消长变化,河口段的水流结构、泥沙运移和河床演变极为复杂。有时为便于阐述河口段的河床演变,对潮汐作用显著的河口,又划分为河口河流段、河口过渡段和河口潮流段。

河口河流段(estuarine river section) 河口段的上段。其河槽主要由径流塑造,河床形态接近河流近口段,海水的盐度入侵影响较小,口外来沙的淤积量也不多。

河口过渡段(estuarine transition section) 河口段的中段。介于河口河流段和河口潮流段之间。潮流和径流的作用较强,咸水与淡水在这一地段交汇。随着径流和潮流两股势力彼此相互消长,时而以径流作用为主,时而以潮流作用为主。河床冲淤变化较大,深槽位置不稳定,常出现妨碍船舶航行的浅滩,需要整治和疏浚。

河口潮流段(estuarrine tidal section) 河口段的下段。潮流是塑造本段河床的主要动力,径流的影响不显著,河床尚稳定。但河口拦门沙却常在此段出现,成为入海航道的主要障碍。

口外海滨(shore area at the estuary) 河口区的下段,海岸边至滨海浅滩外缘的区域。主要受外海潮流、盐度、沿岸流和风浪等影响,径流作用甚微。

间接河口(indirect estuary) 亦称"第二河口"。

潟湖或海湾的出口。汇入潟湖或海湾的河口称"直接河口"或"第一河口"。由于潮汐进出潟湖或海湾,间接河口的口门内外往往都会出现拦门沙,影响航行。

潮汐河口(tidal estuary) 亦称"入海河口"。河流入海受到潮汐影响的河段。其水位和含盐度都因潮汐涨落和径流大小而变化。根据径流和潮流势力对比的强弱和挟沙量的不同,塑造成的河口形态亦不同。通常,按地貌,分三角洲河口和三角港河口两类;按海洋动力因素的影响程度,分强潮河口和弱潮河口,前者年平均潮差大于 4 m,后者小于 2 m。也有按河口盐淡水混合程度来区分的,一般将盐度垂直分布差小于 15% 的河口称"强潮河口",反之称"弱潮河口"。

强潮河口(macrotidal estuary) 年平均潮差大于4 m 的河口。特点是:(1)潮差大,河床容积大,如钱塘江河口平均潮差(澉浦站)达 5.35 m;(2)潮流强,水流的紊动掺混作用强,盐度垂直分布较均匀,对流速分布及泥沙运动无明显影响。强潮河口的潮流段,河身一般宽而浅,河床多为细粉沙。大潮期内,涨潮流作用强,主槽向涨潮流顶冲方向摆动;在径流较强季节,落潮流强,主槽向落潮流方向摆动,使主流线大幅度频繁摆动,平面位置很不稳定。

弱潮河口(microtidal estuary) 年平均潮差小于2 m 的河口。特点是:(1)潮流弱,径流相对较强;(2)潮差小,潮流速亦小,咸淡水属弱混合型。弱潮河口下游均匀展宽,潮波不会引起河床剧烈变形,落潮流流速常大于涨潮流流速。来沙充沛时,常在口门附近或口门外形成拦门沙。

三角洲河口(delta estuary) 沙洲突出于大陆海岸线外呈三角形的河口。因流域来沙丰富,口外潮差较小,潮流不足以将泥沙输送至外海,堆积而成。按形状,有鸟趾状三角洲和圆弧状三角洲两种。前者由于洪水漫溢,沿河槽两侧淤积成自然堤,约束和稳定主流,促使河床不断向外海延伸,形似鸟趾状,故名,如美国密西西比河口;后者由于洪水经常泛滥冲击,河槽摆动不定,淤积形成扇面形,故名,如埃及尼罗河口。

三角港河口(funnel estuary) 海岸线凹入陆地,呈喇叭形的港湾式河口。通常属强潮河口。潮差较大,潮流较强,流域来沙不多,即使有泥沙下泄,也能很快被潮流和沿岸流带走。如中国钱塘江河口和英国泰晤士河口。

河口盐淡水混合(saltwater and fresh water mixing in estuary) 入海河口的水体中出现盐水与淡水混合的现象。一般以 2‰ 盐度作为咸水界。混合程度主要取决于河道下泄淡水流量的大小和海洋潮汐作用的强弱。因此,咸水界在一定范围内变化。根据径流和潮汐动力作用的强弱不同,这两种不同密度水体的混合通常表现为弱混合型、缓混合型和强混合型三种型态。不同的混合型态,其水流特征各异,对河口的泥沙运移和浅滩淤积都有很大影响。

缓混合型河口(partially mixed estuary) 亦称"部分混合型河口"。盐淡水混合为缓混合型的河口。潮流作用较强时,盐淡水交界面不明显,且能促使垂直方向出现紊动混合,使向下游流动的淡水与向上游运动的盐水混合、扩散到整个水深,盐度从表面到底层连续增加,水平方向和垂直方向均存在盐度梯度,但垂直盐度梯度仍存在比较大的转折点,可视为盐淡水交界面的位置。在盐水入侵范围的上游,涨落潮流沿垂线的分布规律和一般河流相似,最大流速出现在表层附近,沿水深都是下泄流占优势。在盐水入侵范围内,盐淡水交界面以上是净的下泄流,最大流速出现在表面附近;交界面以下是净的上溯流,最大流速出现在近底部。当落潮流转涨潮流时,往往出现表层还在落潮,而底部却已涨潮的交换流。交换流是反映河口密度流的重要特征之一。缓混合型河口的楔顶位置随径潮流强弱而变化,淤积的范围比较长,沉积物没有明显的分选现象。美国萨凡纳河口、英国泰晤士河口和中国长江口都属于这类河口。

强混合型河口(well mixed estuary) 亦称"垂向均匀混合型河口"。盐淡水混合为强混合型的河口。河口潮流作用很强而出现强烈紊动混合。盐淡水垂向混合均匀,沿水深的密度差甚微,垂线流速分布形态改变也不大。沿河道纵向能测到较显著的水平盐度梯度,通过纵向水平混合,盐度向上游输送。因此,在强混合型河口,海水入侵可上溯很远的距离。由于垂线流速分布改变不大,河口淤积位置与盐水入侵顶点不一定有直接关系,可能更多的是受河口地形、来水来沙条件,以及其他物理因素的影响。中国钱塘江河口是强潮河口,为典型的强混合型河口。

弱混合型河口(weakly mixed estuary) 亦称"高

度分层型河口"。盐淡水混合为弱混合型的河口。当潮汐作用较小,径流至河口仍起支配作用时,淡水从面层下泄,盐水成楔形沿河底上溯。这两种不同密度的水体间没有或很少有交换,中国珠江河口、美国密西西比河口都有此类弱混合型现象发生。这类河口的垂直盐度梯度是不连续的。在弱混合型范围内,上层的淡水向下游流动,下层的盐水因潮汐作用小,涨潮时以小流速向上游运动,出现上下层方向相反的水体运动。淡水层的最大流速出现于水面附近,盐水层的最大流速发生在近底部和靠近弱混合型盐水楔顶附近。一般认为其上溯的顶点附近是严重淤积地区,其中颗粒大的物质沉积于上游,小者落淤于下游。

河口整治工程(estuary regulation works)　为开发河口地区水利资源所采取的工程措施。河口受到径流、往复潮流和风浪的影响,有时还有沿岸流的作用,又是盐、淡水相互消长的地区,动力条件复杂,泥沙运动强烈,底床演变复杂多变。河口的自然演变往往不能符合人类开发利用河口的要求,如河口淤积将影响排洪或航运,河口侵蚀将影响土地资源利用,河口盐水入侵将影响城市供水安全,需要进行综合整治。应按照"综合开发、综合整治"的原则,遵循河口演变的基本规律,因势利导。所采用的整治建筑物包括导堤、丁坝、顺坝和潜坝等。各种建筑物的作用和类型与内河航道整治工程相似,但河口地区受涨、落潮双向水流和较大风浪的作用,在布置和设计建筑物时必须予以考虑。

河口航道治理工程(estuary navigation channel regulation works)　改善河口航道通航条件的工程措施。河口地区动力条件复杂,泥沙运动和地形演变十分剧烈,入海航道口门区的水下浅滩,尤其是拦门沙常成为船舶航行的主要障碍,航道开挖经常会引起泥沙回淤。根据河口动力和泥沙输移模式,治理原则主要有:(1)统一和规顺河槽中的径、潮流主要流路,集中水流,刷深航道;(2)选择水流较清、水深较大、河床稳定、河槽不大而规顺、口外沿岸流较强的汊道先进行整治;(3)尽量使水、沙分槽宣泄或分泄多余水量;(4)力求缩短盐水楔变化段的长度,集中泥沙落淤位置,以利于疏浚。通常采用整治、疏浚或两者结合的措施来治理航道。利用导堤、丁坝和顺坝等整治建筑物发挥导流、挡沙和减淤的功能,采用疏浚手段实现航道的成槽和维护。

河口防护工程(estuary protection works)　防止河口区泛滥淹没或岸滩崩坍后退的工程措施。包括河口堤防工程、河口护岸工程和河口保滩工程。为抵御风暴潮泛滥,淹没城镇、农田和工矿企业而修建的海堤为堤防工程;防止堤岸崩坍、抵御潮浪冲击而构筑的工程为护岸工程;阻止风浪和水流剥蚀滩面和冲刷滩涂的工程为保滩工程。

河口挡潮闸工程(tidal barrier works)　建造在河口潮区界范围内,具有挡潮御卤、蓄淡供水等作用的水闸。也能起缩短堤防长度、利于防汛抗台和提高低洼地区排涝速度的作用。但挡潮闸会改变河口水流条件,使含泥沙的河口出现闸下河道淤积,迅速降低河道的排涝和通航能力,修建时应引起注意。

海　岸

海岸(coast)　海洋与陆地相互接触和相互作用的地带。包括遭受以波浪为主的海水动力作用的广阔范围,即从波浪所能作用到的海底,向陆延至暴风浪所能达到的地带。陆地与海水的交界线称"海岸线"。因其随潮汐涨落而不断变动位置,一般定义海岸线为多年平均大潮高潮位与陆地的交界线。海岸带是指陆地与海洋的交界地带,是海岸线向陆、海两侧扩展一定宽度的带型区域。中国在进行海岸带调查时,规定海岸带范围为由海岸线向陆方向延伸10 km左右,向海至水深10～15 m等深线的区域。中国有18 000 km的海岸线,根据岸滩物质的组成,主要分淤泥质海岸、粉沙质海岸、沙质海岸、基岩海岸、红树林海岸和珊瑚礁海岸。

淤泥质海岸(muddy coast)　由中值粒径小于0.03 mm的淤泥和黏土等细颗粒物质组成的海岸。淤泥质海岸的主要特征是:岸线平直、一般位于大河河口两侧;海底坡度平缓,通常小于1/1 000;潮滩发育好、宽而分带,水下地形无明显起伏;潮流、波浪作用显著,以潮流作用为主;泥沙颗粒间存在较强的黏着力,在盐水中絮凝现象明显,运动方式以悬移质为主;潮滩冲淤变化频繁、潮沟周期性摆动明显。

粉沙质海岸(silty coast)　由中值粒径介于0.03～0.1 mm的极细沙和粗粉沙等颗粒物质组成的海岸。粉沙质海岸的主要特征是:海底坡度平缓,通常小于1/400,水下地形无明显起伏;在水中泥沙颗粒间有一定黏着力,干燥后黏着力消失;泥沙颗粒易起动、易沉积、密实快,运动形态复杂,在强波浪和潮流作用下,以悬移质、底部高浓度含沙层和推移质形式运动;在大风浪作用下,海床易发生骤冲骤淤。

沙质海岸(sandy coast) 由中值粒径大于0.1 mm的沙、砾、粗砾、卵石等粗颗粒物质组成的海岸。沙质海岸的主要特征是:岸线平顺、岸滩较窄;在高潮线附近泥沙颗粒较粗,海底坡度较陡,通常大于1/100;从高潮线到低潮线,泥沙颗粒逐渐变细,海底坡面变缓;以波浪作用为主,泥沙颗粒间无黏着力,泥沙运动主要发生在波浪破碎带内,兼有悬移质和推移质的运动形式;在波浪破碎带附近常出现一条或几条平行于海岸的沙坝。

基岩海岸(rocky coast) 由岩石组成的海岸。基岩是被海浪冲击形成的海蚀岩台等海蚀地貌,包括海蚀洞、海蚀拱桥、海蚀崖、海蚀平台和海蚀柱。基岩海岸的主要特征是岸线曲折、湾岬相间、岸坡陡峭、滩沙狭窄。

红树林海岸(mangrove coast) 生长着耐盐、繁茂的红树林的海岸。红树林生长在热带和亚热带的潮滩上,热带海区60%~70%的岸滩有红树林分布。红树林根系发达,树冠茂密,不仅具有防风、防浪、促淤和护岸的作用,也是海洋生物繁衍的优良场所。

珊瑚礁海岸(coral coast; coral reef coast) 由珊瑚礁组成的海岸。珊瑚礁是以石珊瑚骨骼为主体,混合其他生物碎屑所组成的生物礁。珊瑚礁有削弱波能及保护海岸的作用,也是鸟类和其他生物在海域栖息的场所。珊瑚岛礁还可以作为海运补给与救捞基地、海洋研究基地、海洋开发基地或海防前哨。

海岸防护工程(coastal protection works) 保护海岸所采取的工程措施。用于保护沿海城镇、农田、盐场、电厂和岸滩等,抵御风浪、沿岸流和潮流对岸滩的冲刷与剥蚀,防止风暴潮对陆地的泛滥和淹没。主要包括海堤、护岸和保滩工程。

海涂围垦工程(coastal reclamation works) 用海堤围护部分海涂(沿海滩涂),使其不受潮浪侵袭,以进行垦殖生产的工程措施。海涂是沿海由泥沙覆盖的海滩地,一般指潮间带干湿交替的泥滩。海涂面积辽阔、土地肥沃、资源丰富,有很大的开发利用价值。海涂围垦是人类开发海岸带、化海为地的主要手段之一。世界上围垦较著名的荷兰,其国土中1/5的陆地是围垦而得。中国围垦工程始于汉代,至唐代已相当发达。中华人民共和国成立后,全国围垦力度逐渐加大,大部分围垦土地已开发为良好耕地。早期围垦是在高滩地上筑堤护地,属"先垦后围"。随着生产发展,人类向海要地,开始在低滩地上筑堤,或封堵海湾,然后排水形成耕地,称"先围后垦",中国的大部分围垦属此类型。随着围垦事业的发展,海涂的开发利用日趋多样化,已不仅限于传统的发展农业、水产、盐业的需求,也兼顾到交通运输、工业生产、能源开发、采油采矿、蓄淡供水、旅游,以及国防等方面的需要。

围海工程(sea reclamation works) 为满足海洋开发的需求,用海堤围割部分海域的工程措施。主要包括海堤、水闸,以及其他专用或附属建筑物。包括三种主要类型:(1)顺岸围海,主要海堤与海岸线大体平行,筑在前沿潮间带内,从而分割部分海涂;(2)港湾围海,海堤布置在港湾口门处,将港湾与外海分开;(3)河口围海,与河口治理相结合,堤线布置可以与岸线平行,也可以截断河口的分汊。围海时自然条件复杂,水下施工难度较大,主要技术问题有防浪护坡、软基筑堤、围海堵口和保滩促淤等。修筑围海海堤的最后阶段是围海堵口,常用的方法有抛石堵口、沉箱堵口和下闸堵口等。围海堵口与河道截流不同之处在于:受潮汐影响,龙口处出现交替的双向水流,截流堤两侧均有稳定、冲刷、渗流等问题,龙口处流速出现由小变大、再由大变小的周期性变化。围海堵口的施工难度主要取决于所围海域面积和当地潮差的大小。围海堵口过程中龙口处最大流速随口门尺寸变化的曲线称"转化口门线",可根据设计潮型和全潮库容推求。转化口门线可用以合理设计堵口方案,较适用于中、小型海湾堵口工程。

蓄淡工程(freshwater storage works) 沿海地区为保障工农业生产和生活用水而采取的一种拦蓄淡水的工程技术措施。常用的办法是修建堤坝,将部分海域与海隔离,然后利用天然河水冲淡和换置原来的海水,使水中含盐度和其他指标达到生活和生产用水的要求,形成一个淡水水库。当分隔的部分海域为一海湾或海湾的一部分,称"海湾水库",库容量一般较大;当原来为海涂而由顺岸堤坝分隔的,称"海涂水库",库容量一般较小。修建这种水库,除建造堤坝外,冲淡措施,以及如何防止堤身、堤基和库区的渗漏是重要的技术问题。

保滩促淤工程（beach protection and siltation promotion works）　为保护沿海滩涂，防止其被波浪剥蚀和促使水流中挟沙在滩面上落淤的措施。滩涂在风浪、潮流的冲刷作用下，滩面泥沙被掀起并随水流漂移，造成滩面降低或滩沿崩塌，进而淘刷岸坡、威胁堤岸。故护岸必先保滩。保滩常与促淤围垦相结合，即促使水流中挟沙落淤于滩面上，既能抬高滩面高程，加快围垦，又起保滩护岸作用。保滩促淤主要有生物措施和工程措施两种。前者在滩面上大面积种植耐盐植物，起消波缓流、促使挟沙落淤的作用。中国较多种植的有大米草、红树林等。后者在滩面修建工程，如丁坝、顺坝、潜堤等，亦可起同样作用。工程措施一般采用石块、混凝土等材料。

海岸工程（coastal engineering）　为海岸防护、海岸带资源开发和空间利用所采取的各种工程技术措施。主要包括海岸防护工程、围海工程、海港工程、河口治理工程、海上疏浚工程，以及潮汐电站工程等。是海洋工程的重要组成部分之一。与海洋学、气象学、地质学、流体力学、建筑力学、土力学等学科有密切联系，已逐步形成一门系统的技术学科——海岸工程学。一般位于沿岸浅海水域，受波浪、潮汐、水流等复杂的海岸动力因素作用，其本身也会对周围海洋环境和生态环境产生一定影响。1950 年美国土木工程师学会（ASCE）下属的海岸工程研究委员会发起并组织了第一届海岸工程国际会议，以后每两年举行一次。

海堤（seawall；sea dike；sea embankment；coastal levee）　沿海岸修建的一种挡潮防浪、防止田地被淹没的堤防建筑物。在一些地区亦称"海塘"。是海岸防护工程的主要设施。中国早在东汉时期（公元 25—220 年）即开始兴建海堤，到唐、宋时已建成海堤长达数千千米，著名的有江南海堤、钱塘江海堤、苏北范公堤等。早期海堤多建于高滩地上，堤身较低，随着海涂开发利用事业的发展，从海岸防护发展到向海要地，海堤修建也逐步向低滩地扩展，地基多为海淤泥，抗剪强度小，而堤身高度却不断增大，有的高30 m有余，技术问题日趋复杂。与一般河道水工建筑物相比，海堤工程的特点是有挡潮防浪要求、地基一般较软弱、同时大多需在水下施工等。按断面形式，分斜坡式、直墙式和混合式三种。堤顶高程一般应高于设计风暴潮位时的风浪爬高，并预留一定的安全超高。堤身多用土石料修筑，迎水面用块石、混凝土板、人工块体或沥青混凝土等作护坡，在风浪作用较弱处可不护坡或用植物护坡，也有用塑料膜护坡，或塑料袋灌混凝土护坡等。堤体渗流是引起海堤破坏、威胁海堤安全的主要原因之一。因此，通常在海堤后坡设置闭气土层或防渗土工织布等防渗措施。

离岸堤（offshore breakwater；detached breakwater）　建造在岸边与岸线接近平行且与岸线不相衔接的一种海岸防护建筑物。用以形成波影区（掩护区），具有消减堤前入射波能、促使泥沙在堤后淤积，以及防止海岸和滩地侵蚀等作用。

连岛堤（groyne connected island breakwater；island breakwater）　连接岸外岛屿而建造的一种海岸防护建筑物。其目的在于连接陆地与岛屿的交通，或形成波影区以利于船舶停泊，或截断沿岸流（包括潮流）流路，促使挟沙落淤、形成陆地。

人工岛工程（artificial island works）　为实现某种海洋开发的目的，在海中人工建造岛屿的工程措施。狭义的人工岛是指在海中填筑的陆地，广义的人工岛包括能在海中形成一定使用场地的固定式或漂浮式海上建筑物。可用于港口、机场、钻采、旅游、储存设施和工业基地等。1992 年建成的日本关西国际机场人工岛和2007 年建成的迪拜人工岛是世界上著名的人工岛。中国于20 世纪90 年代建成了大庆油田张巨河人工岛、胜利油田埕岛人工岛和澳门国际机场人工岛，2008 年建成如东洋口港人工岛，2009年开始建设的港珠澳大桥包括 3 个人工岛工程。

人工育滩工程（beach nourishment works）　一种人工补沙护滩的工程措施。从陆域或海域沙源地采沙填补于海滩上，以恢复原来被侵蚀的沙滩或填造成新的沙滩。常在附近有充足的沙源时或结合疏浚吹填工程采用。补沙后的海滩每年仍会流失一定沙量，需注意补沙后的监测，若干年后需再适量补沙。该方法始于美国，后推广至欧洲、日本、中国等。根据补沙位置的不同，分沙丘补沙、滩肩补沙、剖面补沙和近岸补沙。

沙丘补沙（dune nourishment）　将补给泥沙堆放在平均高潮位以上的沙丘附近。并不是直接拓宽干滩，而是通过加固沙丘来抵御风暴潮对海岸的侵袭。

滩肩补沙（berm nourishment）　将补给泥沙堆放在平均潮位以上形成宽而高的滩肩，是比较常见的补沙类型。优点是能快速拓宽干滩，见效快。但此处的泥沙活动性较大,在天然水动力的作用下,补沙后的一段时间内会出现侵蚀,减小干滩宽度,需加强补沙后的监测和实施再补沙措施。

剖面补沙(profile nourishment)　将补给泥沙堆放在整个海滩剖面上。旨在快速形成新的平衡剖面,提高剖面稳定性。但干滩宽度的增加量有限,且施工难度相对较大。

近岸补沙(shoreface nourishment)　将补给泥沙堆放在岸滩的平均低潮位以下的附近区域形成人工沙坝。一方面可依靠自然波浪的作用将泥沙逐步向岸输移以拓宽干滩,另一方面可起到消减波能、减弱后方波浪从而控制岸滩侵蚀的作用。此方法造价低,但短期见效慢。较适用于长期的海岸侵蚀防护。

人工岬角(artificial headland)　人工建造的从岸边伸向海中的海岸防护建筑物。模拟天然岬角的功能,改变波浪传播形态,使波浪能接近于正向入射到达岬湾内各点,最大限度地减小沿岸输沙和海岸侵蚀,使岬湾内形成稳定的弧形岸线,起到保护海岸的作用。

跨海通道工程(cross-sea channel works)　通过河口海岸连接两端陆地的工程。主要包括跨海大桥和海底隧道。对改善交通运输和促进经济发展有重要作用。如2009年开始建设的港珠澳大桥,连接香港大屿山、澳门半岛和广东珠海。

跨海大桥(cross-sea bridge)　横跨海峡或海湾的海上桥梁。这类桥梁的跨度一般都比较长,技术要求较高。建设过程中涉及的工程问题包括宽阔海域施工测量、结构耐久性、灾害地质应对措施、复杂海洋环境施工等。如中国杭州湾跨海大桥。

海底隧道(undersea tunnel)　在海峡、海湾和河口等处的海底之下建造沟通陆地间交通运输的交通管道技术工程。海底隧道一般分海底表面和海底地层之下两种类型,建筑方法也不相同。海底隧道不妨碍水上船舶航行、不受大风大雾等气象条件的影响。世界上著名的海底隧道有日本青函隧道和英法海峡隧道等。

海岸风能工程(coastal wind power works)　通过风力发电机将海岸风能转化为电能的工程措施。与陆地相比,海面粗糙度低,风速大且相对稳定,发电效率较高,但造价较为昂贵。海上风电场的建设会对周边环境造成一定影响,在设计时需给予考虑。

潮汐能电站工程(tidal power station works)　利用潮水涨落形成的潮汐能发电的电站工程。潮汐能电站一般需要有优良的地形和地质条件的海湾,在海湾入口处建堤坝、厂房和水闸,与海隔开,形成水库。利用涨落潮时内水位与海水之间的水位差,引水经厂房内的水轮发电机组发电,发电效率与当地潮差有关。根据不同的建筑物布置和发电方式,潮汐能电站主要分单库单向电站、单库双向电站和双库双向电站三种形式。世界上第一座大型潮汐能电站于1967年在法国朗斯建成,中国最大的潮汐能电站是1985年建成的浙江省温岭市江厦潮汐试验电站。

潮流能电站工程(tidal current power station works)　利用潮水水平运动时所具有的动能发电的电站工程。在岸边、海峡、岛屿之间的水道或湾口处潮流速度较大,是潮流能利用的有利条件。潮流能发电装置分水平轴式、垂直轴式和振荡式三种主要形式。潮流运动是周期性的,因此潮流能发电也会周期性变化。潮流能电站的选址应考虑潮流能密度、流向稳定性、连续发电时间和对周边环境的影响等因素。1985年美国在墨西哥湾流中试验小型的潮流发电系统,并发电2 kW。中国于2005年在浙江舟山市岱山县建成一座40 kW的潮流能试验电站。

波浪能电站工程(wave power station works)　利用波浪具有的动能和势能发电的电站工程。波浪能利用方式包括:(1)利用波浪推力使置于海面的浮体上下波动,带动气室活塞上下运动以形成气流,推动涡轮机叶片旋转,驱动发电机发电;(2)利用波浪横向推力形成空气流或水流使涡轮机转动,带动发电机发电。20世纪80年代以后,波浪能发电研究进入应用示范阶段。波浪能发电装置主要有浮置式和岸边固定式两种。1985年挪威建成一座装机500 kW的波浪能电站。2000年英国也建成500 kW岸式波浪能发电装置。2001年2月中国广东汕尾建成首座100 kW岸式波浪能电站。

浅海采油采矿工程(offshore mining works)　在浅海海域开采储存于海底的石油或矿产资源的工程。浅海海上钻井、采集、储输等工程措施与陆上有较大区别,技术范围广,难度大。石油开采一般通过采油平台,其形式包括固定式和浮式两大类,取决于浅海油田的地理位置、海洋环境条件、地质条件、结构地基响应和产品运输条件等。矿物开采规模较大的包括建筑用砂和砾石、锡石、金刚石、铁矿砂和金矿砂等,使用的采矿工具包括链斗式采砂船、吸扬式采砂船、抓斗式采砂船和空气提升式采砂船等。

浅海海底管线(submarine pipeline)　埋设在海底的用以输送石油或天然气的管线。是海上油气开发生产系统的重要组成部分,也是最快捷、最安全和经济可靠的海上油气长距离持续输送方式。海底管线的优点是可以连续输送,几乎不受环境条件的影响,不会因海上储油设施容量限制或穿梭油轮的接运不及时而迫使油田减产或停产。故输油效率高,运油能力大。另外海底管线铺设工期短,投产快,管理方便和操作费用低。缺点是管线处于海底,多数又需要埋设于海床中一定深度,检查和维修困难,某些管段受风浪、潮流、冰凌等影响较大,有时可能被海中漂浮物和船舶撞击或抛锚而遭受破坏。

滨海电厂工程(coastal power plant works)　在滨海地区建设火电厂或核电厂的工程。燃料运输和电力输送较为便利。一般利用海水作为发电过程中各种设备的冷却水。加热后的冷却水温度比原海水温度高,往往通过排水口排放。这种温排水会使受纳海域水温升高,对海洋环境造成不利影响。

滨海电厂取排水工程(water supply and drainage works of coastal power plants)　滨海电厂取水口和排水口的建设工程。是滨海电厂工程的重要组成部分。包括取排水口的位置和形式的设计,以及取排水渠道、暗涵、隧洞、导流堤、隔热堤等取排水建筑物的布置。应参考当地水文气象、地形、泥沙运动、工程地质和地震等海洋环境基础资料,结合当地原材料供应、运输和施工条件,贯彻因地制宜方针,选择经济合理的设计方案,尽量减小对海洋生态环境的影响。

长江口深水航道治理工程(Yangtze Estuary Deep-water Channel Regulation Project)　改善长江口航道通航条件的综合治理工程。工程选择河道形态与建设条件最优的南港北槽进行治理,采用"整治+疏浚"的总体治理方案,即在北槽建设分流口及双导堤加长丁坝群的整治建筑物,达到导流、挡沙、减淤的目的,为深水航道开挖和维护创造良好的条件;同时采用疏浚手段,实现航道的成槽及维护。按照"一次规划、分期建设、分期见效"的原则,长江口深水航道治理工程分三期实施。一期工程设计通航水深8.5 m,1998年1月开工,2000年3月完工,2002年9月通过验收;二期工程设计通航水深10.0 m,2002年4月开工,2005年3月完工,2005年11月通过验收;三期工程设计通航水深12.5 m,2006年9月开工,2010年3月完工,2011年5月通过验收。至2011年1月,12.5 m深水航道已上延至江苏太仓。长江口深水航道治理工程建设规模巨大,治理难度极大,共兴建整治建筑物约170 km,其中包括总长97.2 km南北导堤和总长34.7 km的19座丁坝,完成疏浚工程量超3亿 m³。建成后的水深12.5 m、总长92.9 km、底宽350~400 m的双向航道,可满足第三、四代集装箱船和5万吨级船舶全天候进出长江口,大大提高航道的通过能力,提升长江口及长江的航运能力。

长江口青草沙水库(Qingcaosha Reservoir in Yangtze Estuary)　中国最大的潮汐河口避咸蓄淡型水库。位于长江口南支下段南北港分流口水域,由长兴岛西侧和北侧的中央沙、青草沙、北小泓、东北小泓等水域组成。2007年开工,2011年全面建成通水。工程包括总长约48 km的环库大堤,水库总面积近70 km²,设计有效库容4.35亿 m³,日供水量达719万 m³,是上海市最大的城市供水水源地。

须德海围海工程(Zuider Zee Reclamation Project)　世界著名的围海工程。须德海(Zuider Zee)原是凹入荷兰北部的一个浅海湾,1927年开始进行海湾堵口工程,1932年完成。在湾口处建成一条长32.5 km、宽90 m的拦海大堤,使4 000 km²的海湾与外海隔开。通过引淡排咸,形成一个面积为1 200 km²的淡水湖,命名为"艾瑟尔湖(Ijssel Lake)"。同时又进行了大规模围垦造陆,造地面积达1 700 km²,约占荷兰全国耕地面积的8%。

荷兰三角洲计划(Netherland Delta Project)　世界著名的防洪防潮工程。位于荷兰西南部的莱茵河口以南地区。工程主要包括总长达16 km的4座拦海大堤、3条分隔各海湾潮流的副堤、2座水闸和新航道两岸的堤防加固工程。1958年开始实施此项计划,1986年宣布竣工并正式启用。能防止风浪、风暴潮、洪水灾害,并缩短海岸线700 km余;形成的淡水湖确保了工农业和饮用水来源,并开辟新的游览区。

杭州湾围垦工程(Hangzhou Bay Reclamation Project)　中国的大型围垦工程之一。位于钱塘江口,是河口围垦的实例。钱塘江河床变化复杂,纵向冲淤幅度大,横向摆动频繁,边滩涨坍不定。新中国成立后,采用围垦与整治相结合的方针有计划地进行治理、围垦。不仅钱塘江得到了初步整治和束窄,河口上段主槽流路达到了基本稳定,而且沿岸围垦土地已发展成为浙江省主要农业基地之一。杭州湾是粉砂质地基,多年围垦工程的实践,创造了不少富有成效的技术措施,如砂基筑堤、砌石盘头、灌水密实等。

曹妃甸围海工程(Caofeidian Reclamation Project) 中国大型的围海工程之一。位于河北唐山南部的渤海湾沿海。规划面积380 km², 其中陆域310 km², 水域70 km²。工程开始于2003年,分三个阶段:初期起步阶段(2005—2010), 主要目标和任务是围海造地105 km², 围填养殖池塘面积0.75 km², 建成区面积将达到90 km²; 中期快速起步阶段(2011—2020), 再完成围海造地150 km², 建成区面积达到230 km²; 远期完善提高阶段(2021—2030), 最终完成曹妃甸示范区310 km²的围海造地及其基础设施配套建设任务,建成中国北方地区最大的深水港区,形成世界级规模和水平的重化工业基地。

香港机场填海工程(Hong Kong Airport Reclamation Project) 世界著名的填海造陆工程。1989年,香港政府公布香港机场核心计划,兴建位于大屿山赤鱲角的新香港国际机场及其配套的基建设施。其中包括"西九龙填海计划"和"中区填海计划第一期"两项重点填海工程。"西九龙填海计划"是在九龙半岛的西面填海造地334 hm², 以兴建连接新机场的道路与铁路,以及作为其他发展之用。"中区填海计划第一期"是在上环与卜公码头之间填造约20 hm²的土地,将中区海岸线向前伸展最高达350 m, 土地的主要用途是兴建港铁香港站和扩展中环商业区,以及重置中环码头。

迪拜人工岛工程(Dubai Artificial Island Project) 世界著名的人工岛工程。位于阿联酋迪拜沿岸,由朱美拉棕榈岛、阿里山棕榈岛、代拉棕榈岛和世界岛等4个岛屿群组成,所有的岛屿均由人工填海完成。3座棕榈岛的外形酷似棕榈树,而世界岛的外形则是按照世界地图的布局。在岛上设置住宅区和度假区,主要发展旅游业。工程于2001年开工,其中朱美拉棕榈岛已于2007年完工。

杭州湾跨海大桥(Hangzhou Bay Bridge) 目前世界最长的跨海大桥。大桥横跨中国杭州湾海域,北起浙江嘉兴海盐郑家埭,南至宁波慈溪水路湾,全长36 km。在离南岸约14 km处,设计有一个面积达12 000 m²的交通服务救援海上平台,同时也是一个旅游休闲观光平台。2003年11月开工,2007年6月贯通,2008年5月启用,建成后缩短宁波至上海的陆路距离约120 km。杭州湾跨海大桥所处的杭州湾是世界三大强潮海湾之一,自然条件复杂、海上工程量大。在工程建设中创造不少技术创新成果,形成了多项自主核心技术。其建成通车,对推动环杭州湾都市圈建设和深化长三角交流合作产生积极的影响。

江厦潮汐试验电站(Jiangxia Tidal Power Station) 位于浙江省温岭市西南角江厦港的潮汐能电站。电站枢纽由大坝、发电渠道、厂房、泄水闸、开关站等组成。深港部位最大坝高16 m。为单库双向发电的低水头电站,厂房直接挡水。1972年开始建设,1980年第一台双向灯泡贯流式水轮发电机组并网发电,1985年共安装5台机组,2007年第6台机组投产运行。电站总装机容量为3 900 kW, 年发电量约为720万kW·h。为中国进一步开发利用潮汐能源积累丰富的经验。

朗斯潮汐能电站(Rance Tidal Power Station) 位于法国北部英吉利海峡圣马洛湾朗斯河口的潮汐能电站。站址地处的海区平均潮差8.5 m, 最大潮差13.5 m。水库面积22 km², 有效库容1.84亿m³, 水深12~25 m, 河床为基岩。1967年12月全面建成送电。枢纽建筑物总长750 m, 由厂房、堤坝、水闸和船闸组成。采用单库双向发电方式。装机容量24万kW, 由24台机组组成。设计年发电量5.44亿kW·h。

环 境 与 生 态

环 境 水 利

环境水利（environmental hydraulic engineering）研究水利与环境相互关系的学科。既研究兴建水利对环境产生的影响，也研究环境变化对水利的影响和提出的新任务、新要求。理论基础是环境水力学、环境水文学、环境水化学（水污染化学）、环境水生物学（污水生物学）等。主要研究内容包括：（1）水资源和水环境保护。传统水利主要侧重于水量的保护和开发利用，而保护水质、防治水体污染已成为当前水利工作的主要内容之一。可分水质和水量两个方面，前者包括水质监测、水质调查与评价、水质管理、水质规划、水质预测等；后者包括节约用水和污水重新利用等。（2）水利工程的环境影响评价与生态效应。（3）流域（区域）环境水利。包括流域（区域）、城市环境水利规划、水污染综合防治和环境水利经济等。

环境水力学（environmental hydraulics）亦称"污染水力学"、"水质动力学"。研究污染物质在水体中的迁移、扩散、转化规律的学科。是环境学科与水力学及流体力学的交叉学科。探求污染物因混合、输移而形成的浓度随时间和空间的变化关系，从而计算出污染物在水体中浓度的时空分布，为预测污染物排放对水环境影响的程度与范围、优化污染物排放口的设置、制定区域的环境容量或允许排放量等提供科学依据。

环境水文学（environmental hydrology）环境学与水文学相互渗透的一门边缘学科。以水文循环的观点，把水质与水量密切联系起来，从事环境问题中的水文研究。主要研究内容有：（1）各种水体水质污染的形成、发展、变化规律，如降雨冲刷非点源污染污水的形成及其定量估算，点或非点源污染的污水进入水体后的运动演化规律及其与水体水文特性

的关系；（2）由于环境改变所引起的水文水质效应，如城市化所引起的特殊暴雨的径流规律和水质变化，水利工程对水文水质的影响，森林和农耕的水文水质效应等。

水体污染（water body pollution）简称"水污染"。污染物进入水体所引起的水的品质恶化。因进入水体的污染物在一定时空范围内超过水体自净能力而致。常见的有：（1）病原微生物污染，如伤寒杆菌、痢疾杆菌、霍乱弧菌等引起传染病的发生或流行；（2）有机物污染，由于氧化分解大量消耗水中溶解氧，甚至转为厌氧分解，水变黑发臭；（3）无机盐污染，影响生活、工业或灌溉用水；（4）营养盐（如磷、氮）污染，使藻类大量繁殖，水质富营养化；（5）各种油污染，减少河流复氧，影响水的自净作用；（6）毒物污染，主要有砷、氟、铅、汞、酚、DDT、六六六、有机含氯化合物、多氯联苯和芳香族氨基化合物等；（7）放射性物质污染质；（8）废热水污染。水质污染的水域不能正常使用，甚至会危及人类健康。

污染源（pollution source）形成水体水质污染的来源。按成因，分自然污染源和人为污染源两类。前者属自然地理因素，如特殊的地质或其他自然条件使一些地区某种化学元素大量富集，或天然植物在腐烂中产生的某些毒物等；后者属人为因素，由人类的生产、生活活动所引起。按排入水体的形式，分点污染源、非点污染源两种。

点污染源（point source pollution）简称"点源"。水体污染源的一种。工业或生活污水以地点集中的形式排入水体。有固定地点排出和流动排出之分。前者排放具有经常性，如工业废水的排放口、城镇生活污水的排放口和污水处理厂的排放口等。后者指污染物从分散的、流动的运输设备排出，如轮船等。

非点源污染（non-point source pollution）溶解的以及固体的污染物从非特定的地点，在降水（或融雪）冲刷作用下，通过径流过程而汇入受纳水体（包括河流、湖泊、水库和海湾等）并引起水体富营养化

或其他形式的污染。相对点源污染而言,非点源污染主要由地表的土壤泥沙颗粒、氮磷等营养物质、农药等有害物质、秸秆农膜等固体废弃物、畜禽养殖粪便污水、水产养殖饵料药物、农村生活污水垃圾、各种大气颗粒物沉降等,通过地表径流、土壤侵蚀、农田排水等形式进入水体环境所造成。具有分散性、隐蔽性、随机性、潜伏性、累积性和模糊性等特点,因此不易监测、难以量化,研究和防控的难度大。

水污染物(water pollutant) 排入水体中引起污染的物质。按性质,大致分九类:(1)有机物质,如有毒的酚、醛、硝基化合物等,无毒的蛋白质、脂肪、木质素等,在微生物作用下消耗水中大量溶解氧,在厌氧条件下产生有毒物质,使水发臭变质;(2)无机盐类和酸、碱,如硫酸盐类、碳酸盐类、硝酸盐类和磷酸盐类等;(3)悬浮固体,如采矿、建筑、农田水土流失及工厂和生活污水中汇入水体的悬浮固体物;(4)漂浮固体和液体,如石油、油脂及其他漂浮物质;(5)重金属,如汞、铅、铜、锌、铬和镉等;(6)有毒化学品,某些浓度很低但仍有毒性的有机和无机化合物,如有机氯和有机磷农药等;(7)致病微生物;(8)放射性物质;(9)工业废热水。

工业废水(industrial wastewater) 工矿企业在生产过程中排出的废污水。是水体的主要污染源之一。其成分和数量依生产性质和工艺过程而异。一般可分工业冷却水和工艺废水两种。前者与原料不直接接触,只要回收热量或稍加处理,就可以循环利用。后者与原料直接接触,危害性较大,所含有的毒物、病原体和有机物等可能对水资源的利用产生不良影响,有时甚至使水资源丧失使用价值,对居民身体造成危害。

生活污水(domestic sewage) 人类生活过程中产生的污水。是水体的主要污染源之一。居民生活和公共服务产生的污水称"综合生活污水"。主要是粪便和洗涤污水。城市每人每日排出的生活污水为150~400 L,其量与生活水平有密切关系。生活污水中含有大量有机物,如纤维素、糖类、脂肪和蛋白质等;也常含有病原菌、病毒和寄生虫卵;无机盐类的氯化物、硫酸盐、磷酸盐、碳酸氢盐和钠、钾、钙、镁等。总的特点是含氮、含硫和含磷高,在厌氧细菌作用下,易生成恶臭物质。

化学性污染(chemical pollution) 有机化合物和无机化合物对水体的污染。使水中溶解氧减少,溶解盐类增加,水的硬度变大,酸碱度发生变化及水中含有剧毒物质。造成水体自净能力降低,腐蚀船舶、管道及水利建筑,破坏水产资源和生态系统,甚至危及人类的身体健康等。

物理性污染(physical pollution) 漂浮物、浑浊物、有色废水和热废水对水体的污染。包括水面漂浮油膜、泡沫及水中放射性物质等。会导致水中溶解氧减少,有机物分解速度加快,水中氧的消耗增大;造成浮游植物的光合作用减少;水温上升,有毒物毒性增加,破坏鱼类生存条件,危及人类的健康。

生物性污染(biological pollution) 污水微生物、细菌对水体的污染。主要污染源是生活污水,其中含有丰富的营养基,非常适合微生物和细菌的滋长,大量的未经处理的生活污水排入水体中,会造成水源的污染,引起病原微生物的传播。最常见的有病菌、寄生虫卵、病毒等。生活污水是伤寒、霍乱、痢疾、蛔虫、血吸虫、呼吸道病毒和肝炎病毒等的滋生地。一般在每升污水中,肠道传染病菌可达数百万个,病毒可达50万~7 000万个,对人体危害极大,很容易引起疾病的蔓延和传染,排放之前应作净化处理。

易降解水污染物(non-conservative water pollutant; degradable water pollutant) 可由生物分解或水解作用降低浓度的有机水污染物。包括有机酸、醛、酮、醇、醚和酚等有机氧化物,环氧化物,卤化物,有机硫化物,有机氮,有机磷化物和高分子化合物等数千种含有一定毒性的有机污染物;腐殖质、纤维素、脂肪、淀粉、蛋白质、糖类等一般有机污染物。以各种化合物形式排入水体,在微生物的生化作用或水解作用下,分解为结构简单的水和二氧化碳,从而降低了浓度。如这类污染物超过水体承纳能力,会耗尽水中的氧,使水体成嫌气状态,发生黑臭。

难降解水污染物(conservative water pollutant; non-degradable water pollutant) 难于由生物分解或水解作用降低浓度的有机和无机水污染物。其有机水污染物有腐殖酸、磺酸盐、碳氢化合物(石油)、氯丹、六六六、DDT、狄氏剂、艾氏剂等有机氯化物,烷烃、烯烃、环烷烃化合物,芳香族胺及芳香烃衍生物等;无机水污染物有无机盐(硫酸铵、硝酸钙、氯化钠、碳酸钾等),和无机碱(苛性钾、苛性钠、消石灰、硫化碱等)。这类污染物在微生物作用下,分解速度极缓慢,毒性比易降解的水污染物大。其有机水污染物的危害程度比无机水污染物更严重。

水体中可溶性盐类(soluble salt in water) 可溶解在水体中的盐类。其中,由钠、铵、钾阳离子与硝酸根、磷酸根、硅酸根组成的盐类是水生物的营养盐;由硫酸根、硝酸根、盐酸根与钙、镁、铝、锰、锌、铁、铜等离子组成的盐类,使水渗入淡水生物的压力增大,对水生物产生不良影响。钙、镁离子使水的硬度增高,给工业和生活用水带来不利,甚至会失去工业使用价值。此外,硫化物、亚硫酸盐和亚铁盐等还原物质会减少水中的溶解氧含量。这些盐类水溶液的酸碱性随组成成分而定,强碱强酸盐呈中性,如氯化钠;弱碱强酸盐呈酸性,如氯化铵;强碱弱酸盐呈碱性,如碳酸钠。

悬浮固体污染物(pollutant of suspended solids) 不溶于水,并悬浮于水中的有机和无机固体污染物。如石油,氯化镁,钠、铁、铝或硅的氧化物,钙盐,木质素,微生物的残骸等。按其性质、粒径,分浮上物、浮上膜、胶体和沉淀物四类。浮上物和浮上膜增加水体浊度,影响观感性状,妨碍水面复氧,减少阳光透射率。胶体会被泥沙吸附,或与潮汐带入海水中的盐类作用发生沉积。沉淀物是粒径较大和凝聚的悬浮物。胶体和沉淀物产生的沉积,阻碍底层生物生长,减少鱼类饵料来源,若其中有一定数量的有机质,便消耗水中的氧,甚至会发生嫌气发酵,使水生物遭受毒害。

漂浮液体污染物(pollutant of drift liquid) 具有非对称两亲分子结构的不溶或微溶于水的有机液体化合物。主要有分子量较高的脂肪酸盐、磺酸盐等皂类物质,羧酸盐,硬脂酸钠,油酸钠,烷基磺酸盐,烷基芳香族磺酸盐,胺盐,氯化十六烷三甲基胺,羟基,酰胺基等;以及分子量较低的有机酸、醇、胺等。其一分子结构亲水,另一分子结构亲油、气。当这种化合物在水中时,亲水分子向下与水保持稳定,亲气分子向上与大气保持稳定,因而上升到表层呈漂浮状。

水体放射性污染物(radioactive pollutant in water) 水体中含有的原子核在衰变过程中放出 α、β 和 γ 射线的放射性物质。其放射性活度以每秒发生核衰变的数目来表示,单位为 Bq。主要来自铀、钍、镭等矿脉及尾矿的雨水淋溶和径流冲刷,矿坑和洗矿废水,核反应堆冷却水和核燃料再生废水,核试验放射性沉降物等。它们通过直接辐照和食物链对人体产生危害,能导致脱发,皮肤红斑,白细胞、红细胞、血小板减少,白血病和癌症等。

污染物扩散(pollutant diffusion) 自然水体中的污染物浓度不均匀,即存在浓度梯度时,污染物从高浓度处向低浓度处迁移的现象。衡量污染物扩散能力大小的量为扩散系数,影响扩散系数的因素有水体的温度、流速、紊动强度、浓度、浓度梯度等。研究污染物扩散对污染带影响范围的确定、排污总量控制、排污口设置优化等有着重要的意义。

水质指标(water quality index) 指明水质状况的标准。有单项指标和综合指标之分。前者用表征水的物理、化学和生物特性的个别要素指明水质状况,如金属元素的含量、溶解氧、细菌总数等;后者用来指明水在多种因素作用下的水质状况,如生物化学需氧量用以表征水中能被生物降解的有机物污染状况,总硬度用来指明水中含钙、镁等无机盐类的程度,生物指数则用生物群落结构表示水质。

溶解氧(dissolved oxygen) 溶解在生活污水或其他液体中的分子氧。常用符号 DO 表示。计量单位为 mg/L。水中溶解氧含量可作为判断水体是否受到有机物污染的一个重要指标。在静水中,水面的氧靠扩散作用进入水层,因此,湖、塘的溶解氧含量与深度成反比;在动水中,紊流能促使氧迅速进入水中。溶解氧的含量与空气中氧的分压、水的温度有密切关系。压力增大,溶解氧增加。在自然情况下,空气中的含氧量变动不大,故和水温关系密切,水温愈低,溶解氧含量愈高。是鱼类和好氧菌生存和繁殖所必需的物质,低于 4 mg/L 时,鱼类难以生存;当水源被有机物污染后,由于好氧菌的作用而使其氧化,从而消耗氧,水中溶解氧不断减少,甚至接近于零,这种情况下厌氧菌就会大量繁殖,使有机物腐败,水变黑发臭。

生化需氧量(biochemical oxygen demand) 水中有机物质在微生物的作用下,进行氧化分解所消耗的溶解氧量。常以符号 BOD 表示。计量单位为 mg/L。是间接表示水中有机物污染程度的一个指标。水中有机物愈多,水的 BOD 就愈高,从而溶解氧减少。水中有机物的生物氧化过程与水温和时间有密切关系,BOD 的测定皆规定温度和时间条件。实际工作中以 20℃培养 5 日后 1 L 水样中消耗掉的溶解氧的 mg 数来表示,称"五日生化需氧量",缩写为 BOD$_5$。

化学需氧量(chemical oxygen demand) 亦称"化学耗氧量",简称"耗氧量"。用化学氧化剂(如高锰酸钾、重铬酸钾)氧化水中需氧污染物质时所消耗的氧气量。常以符号 COD 表示,计量单位为 mg/L。是评定水质污染程度的重要综合指标之一。COD 的数值越大,则水体污染越严重。一般洁净饮用水的 COD 值为几至十几 mg/L。COD 测定较易且快,但由于氧化剂的种类、浓度、氧化条件有所不同,导致可氧化物质的氧化效率也不相同,故同一水样采用不同检测方法时,所得 COD 值也有所差异。在送检水样时,应注意选定统一的测定方法,以利分析对比。

总有机碳(total organic carbon) 水中有机物所含碳的总量。常以符号 TOC 表示。计量单位为 mg/L。有机碳在水中经微生物作用,发生分解,消耗溶解氧,使水中氧的含量迅速下降。有机碳对水的污染作用远比无机碳影响大,对溶解氧的变化常起着决定作用。测定水中 TOC 的含量可以综合地判断废水中有机物污染程度。

氨氮(ammonia nitrogen) 水中以游离氨(NH$_3$)和铵离子(NH$_4^+$)形式存在的氮。常以符号 NH$_3$-N 表示。计量单位为 mg/L。是判断水体富营养化的一项重要指标。过量的氨氮可导致水富营养化现象产生,是水体中的主要耗氧污染物,从而对鱼类及某些水生生物产生毒害。

总磷(total phosphorus) 水样经消解后将各种形态的磷转变成正磷酸盐后测定的结果。常以符号 TP 表示。计量单位为 mg/L。被用来表示水体受营养物质污染的程度,也是判断水体富营养化的一项重要指标。

总氮(total nitrogen) 水中各种形态无机和有机氮的总量,包括硝酸盐、亚硝酸盐和氨氮等无机氮和蛋白质、氨基酸和有机胺等有机氮,常以符号 TN 表示。计量单位为 mg/L。常被用来表示水体受营养物质污染的程度。

电导率(electric conductivity) 电解质溶液在电场作用下的导电能力。单一电解质溶液的电导率与电解质的含量成正比。酸、碱和盐类溶解于水,或水被杂质污染后就成了电解质溶液,其电导率的大小,反映了溶解物的多寡。根据电导率可推断水体被污染的程度。

水质监测(water-quality monitoring) 监视和测定表征水体水质状况和成分的工作。是水质保护基础工作之一。多数是在水化学分析的基础上,结合水文测试技术发展起来的。包括物理监测和生物监测。主要内容有站网规划、布点取样、项目监测、样品分析和数据整理等。水体水质受污染源和水体水文规律影响,是随机变量,必须长期连续监测,才能收集到具有代表性的数据。

水质监测站网(water quality monitoring network) 在水系上设置一群水质监测站所形成的水质监测系统。以满足监视水环境质量及与水文测站相结合为其设置原则。要求系统的水质监测站设在:(1)主要污染源和污染源较集中的河段;(2)重点保护河段,如饮用水水源地、生态敏感区、重要湿地、风景游览区、重点城市、水产资源较丰富的水域和具有重大经济价值的河段;(3)水文特性和自然地理环境显著变化的河道,如水系干流的控制河段、较大支流汇入的河段、湖泊水库的出入口;(4)国际河流出入国境河段;(5)不同省份或城市的重要交界区;(6)其他有特殊要求的地区等。

水质监测项目(water quality monitoring items) 需监视和测定的表征水体水质状况的要素。按性质,分:(1)物理类监测项目:水温、电导率、浑浊度、透明度、色度、沉积物和固体悬浮物等;(2)无机化学类监测项目:金属元素、放射性物质、矿化物、硫化物、硬度和氯化物等;(3)有机化学类监测项目:溶解氧、生化需氧量、化学需氧量、总有机碳、氰化物、石油类、苯酚、阳性洗涤剂和有机氯等;(4)营养物类监测项目:氨氮、亚硝酸盐、硝酸盐、有机氮、总磷、有机磷和磷酸盐等;(5)生物和微生物类监视项目:鱼类、浮游生物、固着生物、底栖生物、藻类和细菌等。另外还包括水文气象的某些要素。使用时要依照监测目的和测试技术选择。

水质监测断面(water quality monitoring section) 为监视和测定水质状况而在水体中设置的采样断面。布设时,要考虑水文、水力和河道特性,并顾及排污口位置、排污量和物质的扩散规律。水质监测断面上布置有采样垂线和采样测点。按作用,一般分三类:(1)控制断面,用以反映污染河段的水质状况,布置在废污水排放口下游,废污水经河水充分混合的河段;(2)对照断面,用以表示进入污染河段前的水质状况,通常布设在排污河段的上游或河流进入城市的上游段;(3)消减断面,了解污染水体经水流稀释自净后消除的程度,设在控制断面的下游或河流流出城市的下游段。

水质采样器(water sampler) 采集水质样品的一种装置。有人工采样器和自动采样器两种。人工采样器的材料必须对水样的组成不产生影响,且易于洗涤,对先前的样品不能有任何残留。自动采样器,一种是适合于与流量成比例的戽斗式采样器,另一种是适合于废水水流频繁采样要求的管式采样器,其探测设备由装置在不同高度上的几根管子操作,以便调整废水水流的流量变化。

采样点(sampling point) 根据不同污水来源而决定的采取水样的地点。供水系统有三种采样点:(1)净化处理前采取原生水水源;(2)净化处理后采取供水水源;(3)在配水系统内采取出水口水源。工业污染源有两种采样点:(1)从最后排泄到河流中,从城市的集中系统中和污水管道中采取原状污水水源;(2)对被限制的特殊工业污染源应沿排放口向源逆行采取附加水样。污水处理厂有两种采样点:(1)在未处理的废水注入点采样;(2)在处理后的出流点采样。地面河流有两种采样点:(1)在支流汇入口、工业污染源的污水出口和污水处理厂的出口等的上游和下游两个地点采样;(2)为满足分析要求而专门采样。

采样(sampling) 亦称"取样"。采集水质样品的方法。主要有三种方式:(1)一次取样,在特定时间从河流中单独一次采取水样。若流量和浓度都随时间而变化,则不宜采用。(2)合成取样,在一段时期内(如24 h)采取一系列水样,并且相应地按一定比例适当测定流量。通常根据流量变化而采取。若对工业排放的废水取样,则应根据工艺运转程序采取。(3)自动取样,按采样的要求,制作自动采样器取样。

采样频率(sampling frequency) 在单位时间内(如一日、一月、一年)应该取样的次数。测量水量和水质的数据都具有随机性,为获得随机变量的统计特征值,必须进行频繁的观测,以保证样本特征值能代表总体。它是按一定的设计要求进行推算,以确定应测量的次数,将求得的所需取样的次数大致均匀地分配在所要求的整个监测期间,就可确定出采样频率。

水质代表样(water quality representative sample) 能代表原水质取样要求的水样。为了减轻大量的野外和室内的工作量,经过可靠的已有资料分析,确定一种取样方法,按该方法取样,就能得到水质代表样。例如,水质在断面上浓度分布不均匀,则通过多垂线、多点法的实测资料进行分析,找出断面上某一点取样浓度与断面平均浓度的可靠关系后,即可用一点的水样作为水质代表样。

水质混合样(water quality mixture sample) 将同一水质监测断面,而不同垂线、不同取样点的水样,按一定的权重混合起来的合成体。在河流中,污染物浓度在断面上和垂线上往往呈不均匀分布,因而从断面上某一点采取的水样,不能表示河流受污染的真实状况。除了要准确了解污染带内的浓度分布状况需要监测断面上各点浓度分布之外,一般情况下只要了解断面污染浓度的平均状态。取水质混合样就是通过水样混合而得平均状态的一种简便方法。

水质调查(water quality investigation) 非长期定点的水质监测和调查工作。目的是在较短时期内,获取水体污染现状(包括兴建大型水利工程所造成的影响)和危害程度的资料,寻觅和测定造成水体污染的根源,认识影响水体污染(净化)的环境条件,揭示水体污染的发展趋势。一般都为专门任务而进行。例如:(1)为区域环境规划而进行区域内河流的水质调查;(2)为查明某一河段、水系、湖泊、水库的污染现状,作出水质(现状)评价,为控制污染提供科学依据,或据此布设水质监测站(网);(3)针对规划环境影响评价、建设项目环境影响评价、项目后评价等,进行的水质调查和监测;(4)为科研目的而进行的现场调查和实验,有时亦称"科研监测"。

水质度量单位(unit of water quality measurement) 衡量水体中污染物质含量的度量。有浓度单位和输送率单位两种。前者用1 L水中含有各种污染物质的质量来表示,单位为 mg/L 或 μg/L;后者是单位时间内流过某一断面的污染物质量,在河流上可用流量乘某污染物浓度而得出,单位为 kg/s。

水质本底值(background value of water quality) 亦称"自然背景值"。指水体尚未受到明显和直接污染的水质成分、含量和状况。反映水体水质在自然界存在和发展的过程中,原有的成分和特征,亦即原始状态,是水体污染的对照值。水体附近兴建工程前进行水环境影响评价时,常需进行水体水质本底值调查,以作为兴建工程后水质受影响的对比标准。

污水排放量(quantity of wastewater effluent) 排入水体的废水或污水的流量。一般用每天排放多少吨(废水或污水)来表示,并将 1 m^3 污水近似为 1 t 计。污水排放量与污水中某成分的浓度之乘积即为该成分污染物排放负荷,对受纳水体的水质关系很大。进行水污染研究时,对各类排污口不仅应监测水质浓度,而且应同时测定污水排放量。

污染物降解(degradation of pollutant) 污染物在水体中经过物理、化学和生物作用,从而浓度下降的过程。水中的好氧微生物会在氧的作用下,把一些有机物分解成无机物,如二氧化碳、水,把氨转化为硝酸盐,使水体得到净化;污染物同时也可能会被水体中的悬浮物如泥沙所吸附、沉淀,致使污染物浓度下降等。

水体自净(self-purification of water body) 进入水体中的污染物质,随时间和空间的推移,由于物理、化学和生物的作用,污染物质浓度逐渐降低,使水体环境部分地或完全地恢复原状的净化过程。由于稀释、扩散、混合、挥发和沉淀等而使污染物质浓度降低,属物理净化;由于氧化还原,酸、碱反应,分解、化合、吸附和凝聚而使污染物质浓度降低,属化学净化;由于生物活动(如通过细菌的作用),使复杂的化合物逐渐氧化、分解,而引起污染物质浓度降低,属生物净化。

底泥沉积物释放(release of bottom sediment) 河床或湖泊、海洋底泥中的各种污染沉积物,在物理、化学、光化学或生物的作用下得到分解,从而向水体中释放的过程。

湖泊内源污染(lake endogenous pollution) 进入湖泊的营养物质通过各种物理、化学和生物作用,逐渐沉降至湖泊底质表层所形成的污染源。积累在底泥表层的营养物质,可在一定的物理化学环境条件下,从底泥中释放出来重新进入湖泊水体,从而形成湖内污染负荷。

湖泊外源污染(lake exogenous pollution) 工厂排污直接或间接进入湖泊水体、农田肥料农药污染等污染物通过入湖河道或地面径流、大气沉降等途径进入湖泊所造成的污染。

浅水湖泊(shallow lake) 一般认为水深小于 6 米的湖泊。往往具有充分混合(即不存在温度分层和物质浓度梯度)及湿地特性。是一类较为脆弱的生态系统,湖水与底泥间物质交换强烈,沉积较为缓慢,具有较低的污染负荷能力,对污染响应比较敏感,是极易发生富营养化的水体之一。

深水湖泊(deep lake) 水深相对较深,在垂向上具有温度、密度或浓度分层等典型特征,一般认为存在温跃层(是指水体以温度分层时温度有明显差异的一层)的湖泊。具有较高的污染负荷能力,生态系统的抵抗力和稳定性也比较强。

污染物质复合作用(pollutants composite function) 多种污染物同时存在时,由于物理、化学、生物等作用,污染物之间发生相互作用,从而对同一介质(水体、土壤、大气、生物)产生综合性的污染。

氧亏(oxygen deficit) 亦称"缺氧量"。水体中饱和溶解氧和现存溶解氧的差。计量单位为 mg/L。耗氧愈多,氧亏愈大,同时由大气补充水中的氧量也愈多。

河流复氧(river re-oxygenation) 亦称"河流再曝气"。当河流水体中的氧浓度低于饱和状态时,空气中的氧不断溶入地面水中以补充水中的溶解氧的过程。是河流自净作用的重要过程,也是天然河流所具有的平衡耗氧的机制。有机污染物排入河流后,好氧细菌消耗溶解氧,使河流缺氧,这时,河流从水面吸收大气中的氧而得到补充。急流、起伏不平的河床及风力引起的波浪都可使水的复氧过程加快;在静止水体,也可通过人工曝气等方法,加快促进复氧。雨水和清洁的支流也可带入部分溶解氧。

同化能力(assimilatory capacity) 在一定的水域、水量条件下,基于维持水域一定的含氧水平,该水域对有机污染物的自净能力或自净量。河流的同化能力与河段的流量、流速、水温、允许的最低溶解氧含量及污染物本身的特性有关。研究水体对污染物的同化能力是确定地区有机污染物排放标准的基础工作之一。

氧下垂曲线(dissolved oxygen sag curve) 针对受污河段,所绘出的溶解氧沿河程或随时间变化的一条曲线。曲线呈下凹或下垂状,故名。从曲线可看出溶解氧先是逐渐减少,这是污染物排入后耗氧为主的阶段,之后达最低点,然后溶解氧又逐渐增大,这是复氧为主的阶段,再经过一段距离或时间,河流又恢复到原来的含氧状况。曲线中溶解氧的最低点称"临界点",氧下垂曲线的方程如下:

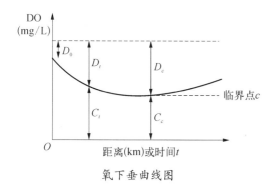

氧下垂曲线图

$$D_t = \frac{k_1 L_0}{k_2 - k_1}(10^{-k_1 t} - 10^{-k_2 t}) + D_0 10^{-k_2 t},$$

式中，D_t 为 t 时刻的氧亏（缺氧量），L_0 为初始生化需氧量，D_0 为初始的氧亏，k_1 与 k_2 分别为以 10 为底的耗氧系数和复氧系数。

复氧系数（reaeration coefficient of oxygen） 当自然水体中的氧浓度低于饱和值时，大气中的氧会溶入地面水中以补充水中的溶解氧形成水体复氧的参数。是衡量复氧速率的一个定量指标，目前有许多不同的经验和半经验公式来计算复氧系数，主要是将复氧系数与流速、水深、水力坡降等建立相关关系，从而建立复氧系数公式。

耗氧系数（coefficient of oxygen consuming） 进入水体的有机物在生物化学作用下发生好氧分解，在单位时间内消耗溶解氧，使污染物浓度降低的参数。

热污染（thermal pollution） 现代工业生产和生活中排放的废热所造成的环境污染。如火力发电厂、核电站和钢铁厂的冷却系统排出的热水，以及石油、化工、造纸等工厂排出的生产性废水中均含有大量废热。这些废热排入地面水体之后，能使水温升高，使局部水环境增温明显，从而可能对水生态系统产生直接或间接危害。

富营养化（eutrophication） 在人类活动的影响下，生物所需的氮、磷等营养物质大量进入湖泊、河口、海湾等缓流水体，引起藻类及其他浮游生物迅速繁殖，水体溶解氧量下降，水质恶化，鱼类及其他生物大量死亡的现象。在自然条件下，湖泊也会从贫营养状态过渡到富营养状态，不过这种自然过程非常缓慢。而人为排放含营养物质的工业废水和生活污水所引起的水体富营养化则可以在短时间内出现。水体出现富营养化现象时，浮游藻类大量繁殖，形成水华。因占优势的浮游藻类的颜色不同，水面往往呈现蓝色、绿色、红色、棕色、乳白色等。

水库分层（reservoir stratification） 水库表层水和浅层水，因日照较多而温度较高，底层水温度则相对较低，因此而造成的水库的分层现象。主要包括水温分层、溶解氧含量分层及水质分层现象。水温是水质因素的一个重要变量，在确定其他水质指标的过程中往往与水温有关。库面温水层一般保持较高的溶解氧水平，而库底由于有机质分解、水生物生长耗氧，使库底溶解氧浓度减小。不同的湖泊和水库，水温垂向分层的差异较大，一般由强到弱划分三种类型：分层型、过渡型和混合型。分层型水库的水体上部温度竖向梯度大，称"温跃层"或"斜温层"；在水体表面由于热对流和风吹掺混，水面附近的水体产生混合，水温趋于一致，这部分水体称"同温层"或"混合层"；水库底部温度梯度小，称"滞温层"。但是到冬季则上下水温无明显差别，严寒地区甚至会出现温度梯度逆转现象，上层接近于 0℃，底层接近于 4℃。混合型无明显分层，上下水温均匀，竖向梯度小，年内水温变化却较大。

溶解氧超饱和（the super saturation of oxygen） 因剧烈掺气等原因造成空气中的分子态氧溶解在水中成为溶解氧的量显著增加，使得水体中溶解氧超饱和的现象。水中的溶解氧的含量与空气中氧的分压、水的温度都有密切关系。在自然情况下，空气中的含氧量变动不大，故水温是主要的因素，水温愈低，水中溶解氧的含量愈高。但是水利工程会造成溶解氧的超饱和现象，如在高坝大库条件下的泄水建筑物过流或大坝通过泄洪孔洞泄流时，水流跌落的过程中伴随着剧烈的水气交换，往往因剧烈掺气使得下游水体中溶解气体含量显著增加，造成下游水体溶解气体超饱和，并随着水流迁移影响到下游更远的范围，从而对水生生物特别是鱼类造成不利影响和伤害。

生境（habitat） 亦称"栖息地"。生物的个体、种群或群落生活地域的环境。包括必需的生存条件和其他对生物起作用的生态因素。是生态学中环境的概念。由生物和非生物因子综合形成的，而描述一个生物群落的生境时通常只包括非生物的环境。

水土交界面（interface of soil and water） 河流、湖泊、水库、海洋等水体底部土壤和沉积物表面与水体的接触面。在此界面上发生沉积物内源性释放过程。水土交界面的营养盐交换通量及其交换规律的研究对水体营养负荷的控制和湖泊水环境的改善有着重要价值。水土界面交换通量研究通常有以下几种方法：间隙水浓度扩散模型估算法；原柱样静态培养法；原柱样流动培养法；原位箱式观测法；质量守恒模型等。

吸附（adsorption）　物质（主要是固体物质）表面吸住周围介质（液体或气体）中分子或离子的现象。分物理吸附和化学吸附，前者是指吸附剂与吸附质之间是通过分子间引力（即范德华力）而产生的吸附，在吸附过程中物质不改变原来的性质；后者是指吸附剂与吸附质之间发生化学作用，生成化学键引起的吸附，在吸附过程中不仅有引力，还运用化学键。

解吸（desorption）　吸附的逆过程。分物理解吸和化学解吸。凡对吸附不利的条件，如减压、升温等，皆有利于解吸。

水华（algal blooms；algae bloom）　淡水水体中藻类大量繁殖的一种自然生态现象。是水体富营养化的一种特征。主要由于生活和工农业生产中含有大量氮、磷、钾的废污水进入水体后，蓝藻（严格意义上应称"蓝细菌"）、绿藻、硅藻等藻类成为水体中的优势种群，大量繁殖后使水体呈现蓝色或绿色的一种现象。也有部分的水华现象是由浮游动物——腰鞭毛虫引起的。另外，海水中出现此现象（一般呈红色）则称"赤潮"。

水质评价（water quality assessment）　在明确目标下，依据给定的准则，对水质的特性和效果等质量属性（包括物理、化学和生物属性）作出判断，确定水体水质价值的工作。其准则随评价目标而异：为保护环境的水污染评价，应以对人类生活和工作，特别是对人类健康的适宜程度和维护生态平衡为判断准则；为水资源开发的水质评价，则以合理开发、综合利用和保护管理水资源为判断准则。按时间，分现状评价、回顾评价和影响评价；按水的性质，分物理指标评价、化学指标评价和生物指标评价；按评价方法，分单项评价和综合评价。

水质目标（water quality goal）　环境组织管理部门，为改善、管理、保护水环境而设定的、拟在一定期限内力求达到的水质质量水平和环境结构状态。其根本作用在于为水环境保护明确方向和目标，也便于有效地进行水环境管理。是制定水环境战略、水环境治理与规划的前提和出发点。水质指标目标值的确定应当在充分考虑目标水体的生态结构和功能以及影响水质标准的各项因素的条件下，尽量以现时的监测、实验数据，以及模型模拟的结果作为确定依据，排除主观干扰，力求客观、科学和规范。目标过低，不能满足社会发展需要；目标过高，超过了客观条件的许可，难以达到。

受损水体（impaired water bodies）　因水污染致使水域的生态功能和环境功能受到破坏的水体。随着工农业的快速发展和城镇化的不断扩展，很多自然的水域，江河湖库和近海水体等遭到污染，如过量的氮、磷等营养物质进入湖泊水库，造成湖库蓝藻暴发，使湖库的生态系统遭受巨大破坏。对于受损水体的修复，主要以控制污染源输入为主，大多采取"高强度治污，自然生态恢复"的技术路线，即控制外源污染负荷并配合生态恢复等其他措施。

环境保护目标（environmental protection goals）　环境规划和环境评价中重点关注与保护的对象。一般指规划区域或拟建设项目周围一定范围内集中居民住宅区、学校、医院、保护文物、风景名胜区、水源地和生态敏感点等。

国控断面（national controlled sections）　为了解重要水体的污染程度及其变化情况，由国家环保行政主管部门设置并控制的监测断面和监测点。包括重点河流、重点湖库、重要饮用水源地、省界断面、国际河流、风景名胜区、自然保护区、生态敏感和脆弱区、重要湿地等。

现状评价（present situation assessment）　根据近两三年的环境监测资料对某地区的环境质量所进行的评价。一般以国家颁布的环境质量标准或环境背景值作为依据。评价范围，可以是一个行政区域、一个自然区域或一个功能区。评价内容主要包括：环境污染评价；环境生态评价；环境美学评价。用来比较环境质量状况及其变化趋势；寻找污染治理重点；为环境综合治理、城市规划和环境规划、环境评价提供科学依据；预测评价拟建的项目对周围环境可能产生的影响；研究环境质量与人群健康关系等。

环境敏感目标（environment-sensitive goals）　依法设立的各级各类自然、文化保护地，以及对建设项目的某类污染因子或者生态影响因子特别敏感的区域。主要包括：（1）自然保护区、风景名胜区、世界文化遗产地和自然遗产地、饮用水水源保护区；（2）基本农田保护区、基本草原、森林公园、地质公园、重要湿地、天然林、珍稀濒危野生动植物天然集中分布区、重要水生生物的自然产卵场及索饵场、越冬场和洄游通道、天然渔场、资源性缺水地区、水土流失重点防治区、沙化土地封禁保护区、封闭及半封闭海域、富营养化水域;(3)以居住、医疗卫生、文化教育、科研、行政办公等为主要功能的区域,文物保护单位,具有特殊历史、文化、科学、民族意义的保护地。

水污染综合评价(water pollution comprehensive assessment) 用多项水质指标判断受污染后水体价值的工作。有取用同一性质的多项指标和不同性质的多项指标两种方法。评价时,将多项指标代入模拟水质的数学模型计算综合评价指数,由此判断水体价值。其数学模型呈线性形式,各项指标相互叠加。例如:

$$WQI = \sum_{i-1}^{n} \omega_i m_i,$$

式中:WQI 为水污染综合评价指数,指明水质综合状况;ω_i 为指标 i(或水质评价参数 i)的权重;m_i 为指标 i(或水质评价参数 i)的浓度值转换数,转换数的形式随评价方法而定,有浓度值、超标倍数(用标准值为基数的相对浓度值)、随浓度大小评定的分数值等;n 为选用指标的数量。水污染综合评价可期望得到水质总状况,弥补单项指标评价的片面性。

环境影响评价(environmental impact assessment) 简称"环评"。对规划或拟建项目实施后可能造成的环境影响进行分析、预测和评估,提出预防或者减轻不良环境影响的对策和措施,进行跟踪监测的方法与制度。通俗说就是分析项目建成投产后可能对环境产生的影响,并提出污染防治对策和措施。

水质预测数学模型(mathematical model for water quality prediction) 根据污染物进入水体的物理运动、化学反应和生化效应等复杂现象与过程,以及各影响因素的相互作用,用数学模型预测未来水质特性的变化规律。是水环境质量影响评价、污染物排放总量控制指标制定,以及水污染控制系统规划与管理中必须采用的手段。在水质模拟中,应根据水体的水文、水动力、排污条件类型等,采用相应的污染物一维、二维、三维水质模型。

水环境容量(water environmental capacity) 在不影响某一水体正常使用的前提下,满足社会经济可持续发展和保持水生态系统健康的基础上,参照人类环境目标要求某一水域所能容纳的某种污染物的最大负荷量或保持水体生态系统平衡的综合能力。特指在满足水环境质量的要求下,水体容纳污染物的最大负荷量,因此亦称"水体负荷量"或"纳污能力"。包括稀释容量和自净容量。

环境承载力(environmental carrying capacity) 在一定时期和一定的区域范围内,在维持区域环境系统结构不发生质变,区域环境功能不朝恶性方向(明显不利于人类活动)转变的前提下,区域环境系统所承受的人类各种社会、经济活动的能力。具有资源性、客观性、相对变异性、可调控性、多向性的特点。环境承载力的功能,从外延上讲主要包括对环境系统的保护和恢复;从内涵上讲主要包括服务、制约、维护、净化、调节等多种功能。

湿地环境效应(environmental effect of wetlands) 湿地对环境产生的积极的影响。包括:蓄水能力强,能起防洪抗灾作用;可提供水源和补充地下水;可以调节气候,过滤污物净化水质,防止水土侵蚀,保持生态平衡等。

环境累积效应(environmental cumulative effects) 一项活动与其过去、现在和可以合理预见的将来的活动结合在一起时,因影响的增加而产生的对环境的影响。当一个项目的环境影响与另一个项目的环境影响以协同的方式结合,或当若干个项目对环境产生的影响在时间上过于频繁或在空间上过于密集,以致各项目的影响得不到及时的消纳时,都会产生累积影响,可表现在时间和空间的累积。

环境友好社会(environment friendly society) 一种人与自然和谐共生的社会形态。其核心内涵是人类的生产和消费活动与自然生态系统协调可持续发展。是由环境友好型技术、环境友好型产品、环境友好型企业、环境友好型产业、环境友好型社区等组成。主要包括:有利于环境的生产和消费方式;无污染或低污染的技术、工艺和产品;对环境和人体健康无不利影响的各种开发建设活动;符合生态条件的生产力布局;少污染与低损耗的产业结构;持续发展的绿色产业;人人关爱环境的社会风尚和文化氛围等。

环境可持续发展(environmental sustainable development) 既要达到发展经济的目的,又要保护好人类赖以生存的大气、淡水、海洋、土地和森林等自然资源和环境,使子孙后代能够永续发展和安居乐业的发展方式。

环境损益分析(environmental benefit and cost analysis) 用价值规律对工程建设环境效应的计量分析。用于权衡工程建设对环境改善的效益和对环境破坏引起的经济损失及其治理所需要的投资。在评价一个地区的经济发展成就和建设项目的效益时,把资源和环境的破坏程度及影响和所产生的环境效益折合成经济价值纳入总投资或成本核算。

环境风险分析(environmental risk analysis) 在各种非正常情况下,对工程的兴建、运转和管理可能对环境引起风险的类型、危害及发生概率等进行识别、预测和评价的工作。

水环境质量标准(quality standard of water environment) 为控制和消除污染物对水体的污染,根据水环境长期和近期目标而提出的质量标准。除制定全国水环境质量标准外,各地区还可参照实际水体的特点、水污染现状、经济和治理水平,按水域主要用途,会同有关单位共同制定地区水环境质量标准。按水体类型,分地表水环境质量标准、海水水质标准、地下水质量标准;按水资源用途,分生活饮用水卫生标准、城市供水水质标准、渔业水质标准、农田灌溉水质标准、生活杂用水水质标准、景观娱乐用水水质标准、瓶装饮用纯净水水质标准、无公害食品畜禽饮用水水质标准、各种工业用水水质标准等。

水污染物排放标准(standard of water pollutants discharge) 为实现水环境质量标准而实行的一种限制污染源排放的水质管理标准。主要有两类:(1)浓度控制标准,以浓度单位(mg/L)来控制污染源的排放,对有害污染物的排放浓度定出最高容许值。工业"三废"排放试行标准即属于此类;(2)总量控制标准,以排放量(kg/d)来控制污染源的排放。

排污削减量(reduced waste water discharge) 为控制水体污染而应削减的排污量。当现实排污量大于容许排污量时,超过容许排污量的那部分即为排污削减量。应设法加以处理去除(如建污水处理厂等),才能保护水源达到既定的质量标准。

环境规划(environmental planning) 人类为使环境与经济和社会协调发展而对自身活动和环境所做的空间和时间上的合理安排。其目的是指导人们进行各项环境保护活动,按既定的目标和措施合理分配排污削减量,约束排污者的行为,改善生态环境,防止资源破坏,保障环境保护活动纳入国民经济和社会发展计划,以最小的投资获取最佳的环境效益,促进环境、经济和社会的可持续发展。是环境决策在时间、空间上的具体安排,是规划管理者对一定时期内环境保护目标和措施所作出的具体规定,是一种带有指令性的环境保护方案。

水功能区划(water function regionalization) 根据水资源开发利用状况及经济社会发展需要,将水域按其主导功能划分成不同区域。科学合理地划定水功能区,以满足水资源合理开发、高效利用和有效保护的需求,为科学管理水环境与水源提供依据。中国水功能区划分两级体系:一级区分水域水源保护区、缓冲区、开发利用区及其保护区;二级区分饮用水源区、工业用水区、农业用水区、渔业用水区、景观娱乐用水区、过渡区和排污控制区。这种分区可使水资源开发利用更趋合理,以求取得最佳效益,促进经济社会可持续发展。

饮用水水源保护区(drinking water source protection area) 国家为防治饮用水水源地污染、保证水源地环境质量而划定,并要求加以特殊保护的一定面积的水域和陆域。分饮用水地表水源保护区和饮用水地下水源保护区。按照不同的水质标准和防护要求,又分一级保护区和二级保护区。必要时可增设准保护区。

排污许可(discharge permit) 凡是需要向环境排放各种污染物的单位或个人,都必须事先向环境保护部门办理申领排污许可证手续,经环境保护部门批准获得排污许可证后,方能向环境排放污染物的制度。是具有法律意义的行政许可,是环境保护管理的制度之一,是以许可证为载体,对排污单位的排污权利进行约束的一种制度。

非点源污染物控制(non-point source pollution control) 根据非点源污染的形成特点和发生过程,对其进行的控制和治理的工作。包括源系统控制、径流—污染物传输过程控制和汇系统治理三个层次。以污染源控制与径流量削减为基点,合理选择、组合利用多水塘系统、植被缓冲、湿地、土地渗滤、促渗技术和管理措施等方法与技术,削减径流量,降低污染物输出浓度,分级削减污染负荷,使非点源污染得到有效控制。

环境修复(environmental remediation) 借助外界

的作用力,使环境的某个受损的特定对象的部分或全部恢复成为原来初始状态的活动。严格说来,修复包括恢复、重建、改建等三个方面的活动。恢复(restoration)是指使部分受损的对象向原初状态发生改变;重建(reconstruction)是指使完全丧失功能的对象恢复至原初水平;改建(renewal)则是指使部分受损的对象进行改善,增加人类所期望的"人造"特点,减小人类不希望的自然特点。

人工复氧(artificial aeration)　利用水利工程曝气作用、机械曝气装置等措施,使水体增氧的过程。是在局部河段或在较短期间改善水质的有效途径。可用于修复污染严重的城市河流水环境或应对突发性的污染冲击负荷。

水库冷害(hazard of reservoir cold water)　水库下泄低温水引起的危害。水库修建后形成了巨大的停滞水域环境,由于水深不同的区域接受太阳辐射的程度不同,加之风力、入流和垂向水流交换的作用,水库会沿水深方向出现一定的水温分层现象。与天然河道不同,调节性能较强的水库库区水深大,流速缓,在热季易出现明显的水温分层,导致水库深处下泄的水温较天然水温低。而下泄的低温水在温度、组成成分方面的差异会对敏感的下游农作物和鱼类产生不利影响。

污染物总量控制(total amount control of pollutant)以环境质量目标为基本依据,根据环境质量标准中的各种水质参数及其允许浓度,对区域内各种污染源的污染物的排放总量实施控制的管理制度。在实施总量控制时,污染物的排放总量应小于或等于允许排放总量。区域的允许排污量应当等于该区域环境允许的纳污量。环境允许纳污量则由环境允许负荷量和环境自净容量确定。污染物总量控制管理比排放浓度控制管理具有较明显的优点,它与实际的环境质量目标相联系,在排污量的控制上宽、严适度。执行污染物总量控制,可避免浓度控制所引起的不合理稀释排放废水、浪费水资源等问题,有利于区域水污染控制费用的最小化。

水污染综合防治(comprehensive prevention of water pollution)　综合运用各种措施以防治水体污染的措施。防治措施涉及工程的和非工程的两类,主要有:(1)减少废水和污染物排放量,包括节约生产用水,规定用水定额,改善生产工艺和管理制度,提高废水的重复利用率,采用无污染或少污染的新工艺,制定物料定额等。对缺水的城市和工矿区,发展区域性循环用水、废水再用系统等。(2)发展区域性水污染防治系统,包括制定城市水污染防治规划、流域水污染防治管理规划,实行水污染物排放总量控制制度,发展污水回用技术,经适当人工处理后用于灌溉农田和回用于工业生产等。(3)发展效率高、能耗低的污水处理等各种技术来治理污水。

清洁生产(clearer production)　减少或者避免产品生产、服务和使用过程中污染物的产生和排放,以减轻或者消除对人类健康和环境危害的生产方式。清洁生产不是把注意力放在末端,而是不断采取改进设计、使用清洁的能源和原料、采用先进的工艺技术和设备、改善管理、综合利用等措施,从源头削减污染,提高资源利用效率,将节能减排的压力消解在生产全过程。其核心是"节能、降耗、减污、增效"。强调在污染发生之前就进行削减。这种方式不仅可以减小末端治理的负担,而且有效避免了末端治理的弊端,是控制环境污染的有效手段。

生态环境调水(water transfer for environmental and ecological demand)　为补偿区域生态需水量或为改善某些河流或湖泊的水环境质量而进行的区域性调水。通过调水以提高自然河湖水体自净能力,增加生态用水量,改善区域水系水质,并增加水体的流动性。例如,实施"三河"调水、扎龙湿地补水;引江济太、引江济巢等。是通过水资源统一调度和优化配置进行水环境治理的一种有意义的探索,也为水污染综合治理特别是应急情况下污染控制提供一种新方法。

引江济太(Water Transfer from Yangtze River to Taihu lake)　针对太湖流域河网湖泊水体流速缓慢,纳污能力低,流域水污染和水质型缺水较为突出的问题,依据"以动治静、以清释污、以丰补枯、改善水质"的原则,依托望虞河、太浦河等骨干工程,将长江水引入太湖和相关河网,改善太湖和河网水环境质量,改进太湖流域水资源配置的水事活动。自2002年开始实施,到2014年,通过望虞河常熟水利枢纽累计引水超过90亿 m^3,其中通过望亭水利枢纽直接入太湖超过40亿 m^3,通过太浦闸向下游增供水超过100亿 m^3,受益范围近2万 km^2,受益人口约3 000万,使太湖保持在3.0~3.4 m的适宜水位,换水周期从300天缩短至250天左右,有效地改善了太湖及流域水质、缓解流域水质型缺水矛盾,遏制流域水环境恶化趋势。通过望虞河引长江水入太湖的调水工程，是运用水利手段改善太湖流域水环境的一个重要举措。

黄河调水调沙　释文见 4 页。

流域水环境规划（environmental plan of watershed）依据国家有关法规和各种标准提出的流域水环境控制和治理的规划。包括：提出流域水体功能区划和水质控制指标，确定水质超标河段和主要污染物，确定各河段主要污染物的环境容量，确定各排污口的允许排放量，并且提出最佳治理方案、预测污染治理费用等。其工作程序为：（1）找出流域水环境的主要问题；（2）确定规划目标；（3）选定规划方法；（4）拟定规划措施；（5）提出供选方案；（6）规划实施。

生 态 水 利

生态学（ecology）　研究生物与周围环境之间相互关系和相互作用机制的科学。德国生物学家海克尔（Ernst Heinrich Haeckel, 1834—1919）于 1866 年首先提出，主要研究一定地区内生物的种类、数量、生物量、生物史及空间分布；该地区营养物质和水等非生命物质的质量和分布；各种环境因素，如温度、湿度、光、土壤等对生物的影响；生态系统的能量流动和物质循环；环境对生物的调节和生物对环境的调节。现代生态学是研究生物生存条件、生物及其群体与环境相互作用过程及规律的科学，其目的是指导人与生物群的发展。研究对象从分子到生物群，包括个体生态学、种群生态学、群落生态学、生态系统生态学和生物群生态学。随着生态学的发展和应用范围的扩大，出现越来越多的分支学科。按照生物类群，分动物生态学、植物生态学和微生物生态学；按照环境或栖息地的类型，分陆地生态学、淡水生态学和海洋生态学；生态学的理论与人口、资源和环境等实际问题的结合，产生了应用生态学，包括环境生态学、农业生态学、恢复生态学、污染生态学、自然资源生态学、人类生态学、城市生态学、持续发展生态学、全球生态学等；生态学与其他学科的相互渗透，形成了一些新型的边缘科学，如数学生态学、化学生态学和经济生态学等。

种群（population）　在一定时间内占据特定空间的同一物种（或有机体）的集合体。是物种存在的基本形式。其内部的个体可以自由交配、繁衍后代，从而与其他地区的种群在形态和生态特征上彼此存在一定的差异。任何一个种群在自然界都不能孤立存在，而是与其他物种的种群一起形成群落，共同执行生态系统的能量转化、物质循环和保持稳定机制的功能。具体来说，具有空间分布、种群数量和种群遗传三方面的基本特征。空间分布特征是指种群有一定的分布范围，在分布范围内有适于种群生存的各种环境资源条件。种群个体在空间上的分布可分均匀分布、随机分布和聚集分布。此外，在地理范围内分布还形成地理分布。数量特征是种群的最基本的特征。种群数量随时间而变动，并且有一定的数量变动规律，主要通过种群密度、出生率、死亡率、年龄结构、性比等种群基本参数表示。遗传特征是彼此可进行杂交的同种个体所组成，而每个个体都携带一定的基因组合，个体之间通过交换遗传因子而促进种群的繁荣。

生物群落（biotic community）　生存在特定区域或生境内的各种生物种群所组成的集合体。群落内各种生物由于彼此间的相互影响、紧密联系和对环境的共同反应，而使群落构成一个具有内在联系和共同规律的有机整体。一个生态系统中有生命的那部分就是生物群落，有以下特征：（1）具有一定的物种组成，每个群落都是由一定的植物、动物、微生物种群组成的，物种组成是区别不同群落的首要特征，一个群落中物种的多少和每一物种的个体数量，是度量群落多样性的基础；（2）具有一定的外貌和结构，包括形态结构、生态结构和营养结构；（3）具有形成群落环境的功能，生物群落对其居住环境产生重大影响，并形成群落环境；（4）不同物种之间的相互影响，群落中的物种有规律地共存，即在有序状态下共存；（5）一定的动态特征，生物群落是生态系统中具有生命的部分，生命的特征是不停地运动，其运动形式包括季节动态、年际动态、演替和演化；（6）一定的分布范围，任一群落分布在特定地段或特定生境中，不同群落的生境和分布范围不同；（7）群落的边界特征，不同群落之间都存在过渡带，这一过渡带被称为"群落交错带"，它有明显的边缘效应。

群落演替（community succession）　亦称"生态演替"。在一定区域内，群落随时间而变化，由一种类型转变为另一种类型的生态过程。群落的发展是有顺序的过程,是有规律地向一定方向发展的,因而是可以预测的;演替是由群落引起物理环境改变的结果,以顶级群落形成的系统为其发展顶点。在一定地区内,群落从演替初期到形成稳定的成熟群落,一般要经历先锋期、过渡期和顶极期三个阶段。群落的组合动态是必然的,而其静止不变则是相对的,研究群落的演替不仅可以判明生态系统的动态机理,而且对人类的经济活动和受损生态系统的恢复和重建具有重要的指导意义。

生态系统(ecosystem) 在一定的时间和空间范围内,生物群落与非生物环境通过能量流动和物质循环所形成的一个相互影响、相互作用并具有自调节功能的自然整体。根据研究目的和对象,划定生态系统的范围。最大的是生物圈,包括地球上的一切生物及其生存条件。小的如一片森林、一块草地、一个池塘都可以看作是一个生态系统。地球上的任一生态系统都有以下特点:(1)是生态学上的一个结构和功能单元,属生态学上的最高层次;(2)内部具有自调节、自组织、自更新能力;(3)具有能量流动、物质循环和信息传递三大功能;(4)食物链上营养级数量有限;(5)是一个动态系统。

生产者(producer) 能用简单的无机物制造成有机物的自养型生物。包括所有进行光合作用的绿色植物和一些化能合成细菌。这些生物能利用无机物合成有机物,并把环境中的能量以生物化学能的形式第一次固定到生物有机体中。这种固定过程又称"初级生产",因此生产者又称"初级生产者"。生产者制造的有机物是地球上包括人类在内的其他一切异养生物的食物源,在生态系统的能量流动和物质循环中居首要地位,是生态系统中最基础的成分。

消费者(consumer) 不能利用无机物质制造有机物质的生物。不能直接利用太阳能来生产食物,只能直接或间接地依赖于生产者所制造的有机物质的异养生物。根据取食地位和食性的不同,消费者可分草食性动物、肉食性动物和杂食性动物等。在生态系统中起着重要作用,不仅对初级生产物起着加工、再生产的作用,而且许多消费者对其他生物种群起着重要的调控作用。在生态系统物质循环和能量流动中也起着十分重要的作用,促进了整个生态系统循环和发展,维持着生态系统的稳定。

分解者(decomposer) 亦称"还原者"。如细菌、真菌、放线菌、原生动物和一些小型无脊椎动物等异养生物。主要功能是把动植物的有机残体分解为简单的无机物,归还到环境中,再被生产者利用。大约有90%的初级生产量,都需经过分解者归还大地;如果没有分解者的分解作用,地球表面将堆满动植物的尸体残骸,一些重要元素就会出现短缺,生态系统就不能维持。分解者在生态系统的物质循环和能量流动中,具有重要的意义。

物质循环(cycle of material) 各种化学元素包括生命有机体所必需的营养物质,在不同层次、不同大小的生态系统内,乃至生物圈里,沿着特定的途径从环境到生物体,从生物体再到环境,不断地进行着的流动和循环构成的生物地球化学循环。即生态系统的物质循环。包括地质大循环和生物小循环两类,它们是密切联系、相辅相成的。地质大循环是指物质或元素经生物体的吸收作用,从环境进入生物有机体内,然后生物有机体以死体、残体或排泄物形式将物质或元素返回环境,进入大气、水、岩石、土壤和生物五大自然圈层的循环。地质大循环的时间长、范围广,是闭合式的循环。生物小循环是指环境中元素经生物体吸收,在生态系统中被多层次利用,然后经过分解者的作用,再被生产者吸收利用。生物小循环时间短、范围小,是开放式的循环。

能量流动(energy flow) 生态系统中的潜能通过食物链的关系在生产者、消费者、分解者等有机体之间进行的流动和传递。生态系统中能量有动能和势能两种存在状态。动能是生物及其环境之间以传导和对流的形式互相传递的一种能量,包括热和辐射。势能亦称"潜能",是蕴藏在有机分子键上的能量,它代表着一种做功的能力和做功的可能性。地球上所有生态系统的最初能量都来源于太阳。进入大气层的太阳辐射能一般只有1%左右为植物光合作用所吸收,通过绿色植物的光合作用转化成生物产品的化学潜能,这些能量在生态系统中通过食物链逐级传递,推动物质在生态系统中的流动和循环。生态系统中的能量流动严格遵循热力学定律,即自然界能量可以由一种形式转化为另一种形式,在转化过程中按严格的当量比例进行,总有一部分能量转化为不能利用的热能而耗散;生态系统中能量流动具有单向流动和逐级递减的特点,形成一种金字塔形的营养级关系,生态系统的营养级一般只有4~5级,很少超过6级。能量在生态系统流动时,从太阳辐射输入生态系统的能量流动过程中,能的质量是逐步提高而浓缩,能量流动是把较多的低质量能转化为另一种较少的高质量能的过程。

信息传递(information transfer)　生态系统中的种群或其个体所具有的各类信息,在种群和种群之间、种群内部个体与个体之间,甚至生物和环境之间的相互传递。是生态系统的基本功能之一,在传递过程中伴随着一定的物质和能量消耗。信息传递和联系的方式是多种多样的,它的作用与能量流、物质流一样,把生态系统各组分联系成一个整体,并且有调节系统稳定性的作用。按传递方式的不同,分物理信息传递、化学信息传递、行为信息传递和营养信息传递。生态系统中以各种光、声、热、电、磁等为传递形式的信息称"物理信息";生态系统的各个层次都有生物代谢产生的化学物质(信息素)参与传递信息、协调各种功能,称"化学信息";植物的异常表现和动物异常行动传递某种信息,可称"行为信息";在生态系统中生物的食物链就是一个营养信息系统,各种生物通过营养信息关系联系成一个互相依存和互相制约的整体。无论哪种传递,都是为了适应环境而进行的传递。

反馈调节(self-regulating feedback control)　当生态系统中某一成分发生变化的时候,必然会引起其他成分出现一系列的相应变化,这些变化最终又反过来对最初发生变化的那种成分加以影响的过程。反馈是一个复杂过程,可分负反馈和正反馈。具有增强系统功能作用的称"正反馈";具有削弱和降低系统功能作用的称"负反馈"。生态系统中某种成分的变化引起其他一系列的变化,反过来是加速最初发生变化成分的变化为正反馈,它的作用常常是使生态系统远离稳定。负反馈则相反,它是保持系统稳定性的主要机制。要使系统保持稳定,只有通过负反馈控制。地球和生物圈是一个有限的系统,其空间、资源都是有限的,所以应该考虑用负反馈来管理生物圈及其资源,使其成为能持久地为人类谋福利的系统。

生态系统类型(ecosystem-type)　生态系统根据其能量和物质运动状况以及生物、非生物成分区分为多种类型。按生态学的生物成分,分植物生态系统、动物生态系统、微生物生态系统、人类生态系统。按生态系统结构和外界物质与能量交换状况,分开放系统,即生态系统内外的能量和物质都可进行不断交换的系统;封闭系统,即能阻止物质的输入和输出,但不能阻止能量出入的系统;隔离系统,即与外界完全隔离,物质和能量都不能输入和输出的系统。按人类活动及其影响程度,分自然生态系统、半自然生态系统和人工生态系统。以能量为依据,分几乎完全依赖于太阳的直接辐射、生产力很低的自然无补加的太阳供能生态系统;生产力最高的自然补加的太阳供能生态系统,包括河口湾、潮间带、湖泊和热带雨林;人工补加的太阳供能生态系统,包括农田、水产养殖等人工经营的生态系统;燃料供能的城市工业生态系统。按照生态系统的非生物成分和特征,宏观上又可分陆地生态系统和水域生态系统;陆地生态系统根据其组成成分、植被特点进一步分荒漠、苔原、极地、高山、草地、稀树干草原、温带针叶林、亚热带常绿阔叶林、热带雨林、农业生态系统和城市生态系统;水域生态系统进一步分淡水生态系统和海洋生态系统。

生态系统服务功能(ecosystem services)　生态系统和生态过程所形成及所维持的人类赖以生存的自然环境条件与效用。不仅为人类提供食品、医药及其他生产生活原料,还创造和维持地球生态支持系统,形成人类生存所必需的环境条件。其内涵包括:有机质的合成与生产、生物多样性的产生与维持、气候调节、营养物质储存与循环、土壤肥力的更新与维持、环境净化与有害有毒物质的降解、植物花粉的传播与种子的扩散、有害生物的控制等许多方面。其每一种形式都必须有生态系统功能作为支撑,以人类从生态系统中获取利益为基础,不能脱离人类的需求而独立存在;与生态系统功能相互依存,提供给人类的生态系统服务中的产品、净化空气、水土保持、旅游文化等功能之间也相互联系在一起。其自身的各种形式之间形成了多种相互关联的模式,气体成分的调节伴随着气候的调节,水分的调节与土壤保持相依存、与土壤肥力的保持和产品生产功能相关联。是各种生态系统过程和功能在不同时空尺度下相互作用的结果和表现。受多种环境变化驱动力的影响,最重要的直接驱动力包括土地利用、气候变化、过度开发、外来物种入侵和污染等,这些环境变化驱动力之间常具有协同作用,生态系统服务功能的改变往往是有一种或多种驱动因素共同作用的结果。

生物多样性(biodiversity)　生命有机体及其赖以

生存的生态综合体的多样性和变异性。亦即生命形式的多样性(从类病毒、病毒、细菌、支原体、真菌到动物界和植物界),各种生命形式之间及其与环境之间的多种相互作用,以及各种生物群落、生态系统及生境和生态过程的复杂性。包括多个层次,主要是遗传多样性、物种多样性、生态系统多样性和景观多样性。遗传多样性亦称"基因多样性",是指所有生物个体所包含的各种遗传物质和遗传信息,既包括了同一种的不同种群的基因变异,也包括了同一种群内的基因差异。物种多样性是指物种水平上的生物多样性,是用一定空间范围内物种的数量和分布特征来衡量的。生态系统多样性是指生物圈内生境、生物群落和生态过程的多样性,以及生态系统内生境差异、生态过程变化的多样性。生境多样性主要指无机环境,如地貌、气候、土壤、水文等,是生物群落多样性甚至是整个生物多样性形成的基本条件。生物群落多样性主要指群落的组成、结构和动态方面的多样化。景观多样性是指不同类型的景观在空间结构、功能机制和时间动态方面的多样性和变异性。

生态系统完整性(ecological integrity)　反映生态系统在外来干扰下维持自然状态、稳定性和自组织能力的程度。可从两个不同角度定义:一是从生态系统组成要素的完整性来阐释,认为生态系统完整性是生态系统在特定地理区域的最优化状态,在这种状态下,生态系统具备区域自然生境所应包含的全部本土生物多样性和生物学结构,其结构和功能没有受到人类活动胁迫的损害,本地物种处在能够持续繁衍的种群水平;另一个是从生态系统的系统特性来阐释,认为生态系统完整性主要体现在以下三个方面:(1)生态系统健康,即在常规条件下维持最优化运作的能力;(2)抵抗力和恢复力,即在不断变化的条件下抵抗人类胁迫和维持最优化运作的能力;(3)自组织能力,即继续进化和发展的能力。在外来压力干扰下,生态系统在自组织过程中可能存在五个演替方向:(1)生态系统维持原有的状态,其完整性没有受到影响;(2)生态系统返回到早期的演替阶段,其完整性受到一定程度的影响;(3)生态系统经过分歧点产生新的结构,其完整性受到一定程度的影响;(4)生态系统演替到某一状态点后发生灾变,然后形成新的结构,其完整性在受到严重破坏后,通过系统的自组织作用,经过一段时

间后,在一定程度上得到修复;(5)生态系统崩溃,系统的完整性完全被破坏。从生态系统内在的自组织进程来看,在外来干扰下,如果生态系统能够一直维持它的组织结构、稳定状态、抵抗力、恢复力,以及自组织能力,那么就是一个完整良好的生态系统。

生态系统稳定性(ecological stability)　生态系统受到干扰时抵抗偏离初始状态的抗干扰能力和受到干扰后返回初始状态的恢复能力。包括局部稳定性、全局稳定性、结构稳定性、循环稳定性、轨道稳定性、物种丧失稳定性、相对稳定性和绝对稳定性。局部稳定性是系统受到较小的干扰后仍能恢复到原来的平衡点,而受到较大的扰动后无法回到原来平衡点;全局稳定性是系统受到较大的扰动后远离平衡点,但最终仍能恢复到原来的平衡点;结构稳定性是系统内各种组分按照一定的规律、在某一平衡点表现一定范围的波动,对系统平衡点影响可忽略,如植物种类及数量季节波动。循环稳定性是指系统围绕一个中心点或区域循环或振动,如捕食者-猎物系统具有这个特性;轨道稳定性是指一个系统不管其起点如何,总是向着某终点或终极域移动,如植物群落演替;物种丧失稳定性是指系统丧失一个物种后,所有其他物种将维持一个新的局部稳定的平衡点;相对稳定性是反映系统稳定程度的量化概念;绝对稳定性是反映局部稳定和全局稳定的概念。

生态平衡(ecological equilibrium)　生态系统通过发育和调节所达到的一种稳定状态,包括结构上的稳定、功能上的稳定和能量输入、输出上的稳定。由于能量流动和物质循环总在不间断地进行,生物个体也在不断地进行更新,它是一种动态平衡。当生态系统达到动态平衡的最稳定状态时,它能够自我调节和维持自己的正常功能,并能在很大程度上克服和消除外来的干扰,保持自身的稳定性。但是这种调节功能是有一定限度的,只有在某一限度内才可以调节自然界或人类施加的干扰。当外界压力超过某一阈值时,生态系统的自我调节功能就会受到损害,甚至失去作用,从而引起生态失调,甚至造成生态系统崩溃。具体表现在生态系统的营养结构被破坏、有机体的数量减少、生物量下降、能量流动和物质循环受阻,甚至发生生态危机。引起生态平衡破坏的因素有自然因素和人为因素两类。自然因素主要是指自然界发生的异常变化或自然界本身就存在的对人类和生物的有害因素,如火山爆发、地壳运

动、冰川活动、地震、气候变化等；人为因素是指人类的干扰对生态系统造成的影响甚至灾难性的危害，如环境破坏、过度利用自然资源、修建大型工程、人为引入或消灭某些生物等。

生态系统受损（damaged ecosystem）　生态系统的结构和功能在自然干扰、人为干扰（或者两者的共同作用）下发生改变或出现障碍，打破生态系统原有的平衡状态的现象。如果受损程度较低，当停止干扰时，生态系统可以较快地恢复到正常状态；如果干扰强度、时间继续增加，超过一定阈值，生态系统的稳态将被打破，系统崩溃、退化到另一极端；若这种干扰持续下去，最终将会达到人工荒漠。按生态系统受损后的表现，可以分结构受损类型、景观受损类型和混合类型三种。结构受损类型是指在自然或人为因素作用下，生态系统的结构首先受到破坏，主要表现为生态系统的组成成分发生变化，随后引起生态系统过程受阻、功能失调等其他后续后果。这种类型比较常见，樵采砍伐、挖取药材、寻求工业原料、病虫害往往引起这种受损。环境污染引起敏感程度不同的物种先后从生态系统中消失导致的破坏也属于这种类型。景观受损类型亦称"片段化类型"，即生态系统内部的结构基本上没有受到影响，但生态系统的面积减少，由成片连续分布变成不连续分布的斑块，斑块之间在空间上相对隔离，如水电站库区。混合类型是兼有前面两种类型，生态系统受损往往表现为结构和景观上同时发生变化，这种类型最为常见。

水生态系统（water ecosystem）　淡水生态系统和海洋生态系统的总称。淡水生态系统包括静水生态系统、流水生态系统和湿地生态系统三种类型。海洋生态系统可进一步分河口区、沿岸浅海区、沿岸上升流区和大洋区生态系统等类型。静水生态系统是指那些水的流动和更新很缓慢的水域，如湖泊、池塘、水库等，具有明显的成带现象，在水平方向上可划分为沿岸带、敞水带和深水带；流水生态系统是指那些水流流动湍急和流速较大的江河、溪涧和水渠等，具有水流不停、陆水交换多、氧气丰富的环境特征，其生物群落分急流生物群落和缓流生物群落两种类型；湿地生态系统是指地表过湿或常年积水，生长着湿地植物的地区。湿地是介于陆地和开放水域之间过渡性的生态系统，其水位通常会随着季节和年际变化而上下波动，它兼有陆地和水域生态系统

的特点。

浮游动物（zooplankton）　水中营异养生活的浮游生物。一般有原生动物、轮虫、枝角类和桡足类四大类。不能像浮游植物一般进行自养生活，而必须摄取其他生物，如浮游植物或更小的浮游动物，作为延续生命的食料。种类极多，从低等的微小原生动物、腔肠动物、栉水母、轮虫、甲壳动物、腹足动物等，到高等的尾索动物，几乎每一类都有永久性的代表，其中以种类繁多、数量极大、分布又广的桡足类最为突出。此外，也包括阶段性浮游动物，如底栖动物的浮游幼虫和游泳动物（如鱼类）的幼仔、稚鱼等。在水层中的分布较广，是中上层水域中鱼类和其他经济动物的重要饵料，对渔业的发展具有重要意义。其分布与气候有关，可用作暖流、寒流的指示动物，还有不少种类可作为水污染的指示生物，如在富营养化水体中，裸腹溞、剑水蚤、臂尾轮虫等种类一般会形成优势种群。有些种类，如梨形四膜虫、大型溞等在毒性毒理试验中作为实验动物。

浮游植物（phytoplankton）　在水中营浮游生活方式的微小植物。大多数是单细胞藻类。包括蓝藻门、金藻门、黄藻门、硅藻门、甲藻门、隐藻门、裸藻门和绿藻门八个门类。水生态系统中最重要的初级生产者，通过光合作用将无机物转换成为新的有机化合物，启动水域生态系统中的食物网，在水域生态系统的能量流动、物质循环和信息传递中起着至关重要的作用。在大小和体积上差别显著，一般根据粒径大小分为小型浮游植物（$20 \sim 200 \ \mu m$）、微型浮游植物（$3 \sim 20 \ \mu m$）和超微型浮游植物（$0.7 \sim 3 \ \mu m$）。温度、光照、水动力学特性、营养盐等是影响浮游植物的生长和分布的环境因子。区域内任何理化性质改变，浮游植物种群密度就会随之改变。通过观察某一特定种群的密度、空间分布和种群数量的变化趋势，可以判断当地的环境条件是否发生变化。例如，湖泊（水库）浮游植物数量的增加，特别是蓝藻疯长和生长季节的延长就是湖泊（水库）富营养化的一个重要标志。

挺水植物（emergent microphyte）　整个植物体分别处于土壤、水体和空气三种不同环境中的植物。植物的根系固定在水体的底泥中，茎叶的下半部沉没在水中，上半部露出在空气中。是水生植物界最为复杂的一类，在空气中的部分，具有陆生植物的特征；生长在水中的部分（根或地下茎），具有水生植

物的特征。常分布于 0~1.5 m 的浅水处,典型代表是芦苇、蒲草、水葱、水芹、茭白等。

沉水植物(submergent plant) 只有在花期将花和少部分茎叶伸出水面外,整个植株都沉没在水中营固着生存的大型水生植物。它们的根有时不发达或退化,由植物体的各部分吸收水分和养料,通气组织特别发达,有利于在水中缺乏空气的情况下进行气体交换。叶子大多为带状或丝状,如轮叶黑藻、狐尾藻、黑藻、小茨藻等。给水生动物提供更多的生活栖息和隐蔽场所,可以增加水中的溶解氧,净化水质,扩大水生动物的有效生存空间,幼嫩部分可供水生动物摄食,从而改善整个水生生态系统。

底栖动物(zoobenthos) 生活史的全部或大部分时间生活于水体底部的水生动物群。除定居和活动生活的以外,栖息的形式多为固着于岩石等坚硬的基体上和埋没于泥沙等松软的基底中。此外,还有附着于植物或其他底栖动物体表的,以及栖息在潮间带的底栖种类。在摄食方法上,以悬浮物摄食和沉积物摄食居多。多为无脊椎动物,是一个庞杂的生态类群。按其尺寸,分大型底栖动物、小型底栖动物和微型底栖动物。按其生活方式,分固着型、底埋型、钻蚀型、底栖型和自由移动型。固着型是固着在水底或水中物体上生活的动物,如海绵动物、腔肠动物、管栖多毛类、苔藓动物等;底埋型是埋在水底泥中生活的动物,如大部分多毛类、双壳类的蛤和蚌、穴居的蟹、棘皮动物的海蛇尾等;钻蚀型是钻入木石、土岸或水生植物茎叶中生活的动物,如软体动物的海笋、船蛆和甲壳类的蛀木水虱;底栖型是在水底土壤表面生活、稍能活动的动物,如腹足类软体动物、海胆、海参和海星等棘皮动物;自由移动型是在水底爬行或在水层游泳一段时间的动物,如水生昆虫、虾、蟹。多数底栖动物长期生活在底泥中,具有区域性强,迁移能力弱等特点,对于环境污染和变化通常少有回避能力,其群落的破坏和重建需要相对较长的时间;多数种类个体较大,易于辨认;不同种类底栖动物对环境条件的适应性和对污染等不利因素的耐受力和敏感程度不同。根据上述特点,利用底栖动物的种群结构、优势种类、数量等参数可以反映水体的质量状况。

无脊椎动物(invertebrate) 不具有脊椎骨的比较低等的动物类群。与脊椎动物相对应。不论种类还是数量都非常庞大。从生活环境上看,海洋、江河、湖泊、池沼,以及陆地上都有它们的踪迹;从生活方式上看,有自由生活、寄生生活和共生生活的种类;从繁殖后代的方式上看,有的种类可进行无性繁殖,有的种类可进行有性繁殖,有的种类既可进行无性繁殖还可进行有性繁殖,个别种类还可以进行幼体生殖、孤雌生殖等。按其进化顺序,分原生动物、海绵动物、腔肠动物、扁形动物、线形动物、环节动物、软体动物、节肢动物、棘皮动物等类群。

胁迫效应(stress effect) 生物所处的不利环境引起生态系统发生变化、产生反应或功能失调的作用,但不立即使生物致死的结果。人为胁迫可以分急性胁迫和慢性胁迫。急性胁迫特征为突然发作,强度激剧增加,周期较短。如城市淤泥大量输入河流生态系统中,导致溶解氧含量接近于零,植物被破坏。慢性胁迫特征为持续时间较长或频繁复发,但强度不高。如水质恶化和高密度放养会导致水生物群落结构和功能的基本改变,也可能发生驯化和遗传适应。

环境要素(environmental elements) 亦称"环境基质"。构成人类环境整体的各个独立的、性质不同的而又服从整体演化规律的基本物质。通常指自然环境要素,包括大气、水、生物、岩石、土壤,以及声、光、放射性、电磁辐射等。是组成环境的结构单元,环境结构单元组成环境整体(或称"环境系统")。

河流缓冲带(stream buffer zone) 陆地生态系统与水生生态系统的交错地带。由河岸两边向岸坡爬升的树木(乔木)和其他植被组成,是防止和转移由坡地地表径流、废水排放、地下径流和深层地下水所带来的养分、沉积物、有机质、杀虫剂和其他污染物进入河流系统的缓冲区域。与水体相邻,没有明显的界线,是水生和陆生环境间的过渡带,呈线状。具有四维结构特征,即纵向(上游—下游)、横向(河床—泛滥平原)、垂向(河川径流—地下水)和时间变化(如河岸形态变化及河岸生物群落演替)四个方向上的变化。具有净化水质、保护物种多样性、调节河流流量、稳固河岸、丰富的动植物资源、旅游和美化等功能。

河岸带(riparian zone) 陆地上同河水发生作用的植被区域。通常指高、低水位之间的河床和高水位之上直至河水影响完全消失为止的地带,也可泛指一切邻近河流、湖泊、池塘、湿地,以及其他特殊水体并且有显著资源价值的地带,包括非永久被水淹没的河床及其周围新生的或残余的洪泛平原,其横向延伸范围可抵周围山麓坡脚。作为河流生态系统与陆地生态系统的过渡带,它包括岸生植被、动物和微生物及其环境组成的完整生态系统,在结构和功能上与其他生态系统有显著的区别,且其界线可以根据土壤、植被和其他可以指示水陆相互作用的因素来确定。河岸带生态系统对增加动植物种类和数量、提高生态系统生产力、治理水土污染、保护和稳定河岸、调节微气候和美化环境、开展旅游活动等均有重要的现实和潜在价值,也是良好的农、林、牧、渔业生产基地。同时,河岸带具有明显的边缘效应和独特的生态过程,也是最脆弱的生态系统和流域生物多样性最容易丧失的地区。

生态廊道(ecological corridor)　具有不同于周围景观基质的景观要素,并能发挥保护生物多样性、过滤污染物、防止水土流失、防风固沙、调控洪水等生态服务功能的线状或带状通道。能促进廊道内动植物沿廊道迁徙,达到连接破碎生境、防止种群隔离和保护生物多样性的目的。主要由植被、水体等生态性结构要素构成,它与"绿色廊道"表示的是同一个概念。包括三种基本类型:线状生态廊道、带状生态廊道和河流廊道。线状生态廊道是指全部由边缘种占优势的狭长条带,如小道、公路、树篱、地产线、排水沟和灌渠等;带状生态廊道是指有较丰富内部种、具有中心内部环境的较宽条带;河流廊道指河流两侧与环境要素相区别的带状植被,亦称"滨水植被带"或"缓冲带"。具有保护生物多样性、过滤污染物、防止水土流失、防风固沙、调控洪水等多种功能。建立生态廊道是景观生态规划的重要方法,是解决当前人类剧烈活动造成的景观破碎化,以及随之而来的众多环境问题的重要措施。不同类型的生态廊道在设计过程中都需涉及数量、本底、宽度、连接度、构成、关键点等关键性问题。

河流连续体(river continuum)　在水文循环过程的不断作用下河流从源头到河口的自然结构(宽、深、流速、流量、温度和熵焓等物理变量)、优势生物和生态系统过程呈现连续梯度变化。在河流纵向流动方向,表现出河流顺水流方向的连续性;在横向方向,洪水时漫溢,使主流、河滩、河汊、静水区和湿地连成一体,形成复杂的河流-河漫滩系统,这是河流横向连续性;在垂直方向,地表水与地下水水体交换过程直接影响河床底质内的生物过程,表现垂向的

连续性。河流生态群落结构和功能是梯度分布的物理系统的选择结果,具有最佳分布位置。上游生物群落多分解者,下游多利用者和捕食者,上、下游生物群落互相弥补功能上的不足,从而使整个大系统具有最有效的利用和转换能源的功能。

景观多样性(landscape diversity)　不同类型的景观在空间结构、功能机制和时间动态方面的多样性和变异性。反映景观的复杂程度。分斑块多样性、类型多样性和格局多样性三种类型。斑块多样性是指景观中斑块的数量、大小和斑块形状的多样性和复杂性。类型多样性是指景观中类型的丰富度和复杂度。格局多样性是指景观类型空间分布的多样性与各类型之间和斑块与斑块之间的空间关系和功能联系。

生境破碎化(habitat fragmentation)　原来连续成片的生境,由于自然或人为因素干扰,被分割破碎,形成分散、孤立的岛状生境或生境碎片,导致景观由单一、均质和连续的整体趋向于复杂、异质和不连续的斑块镶嵌体发展的过程。在生境破碎化过程中,常会留下像补丁一样的生境碎片,称"斑块生境"。随着破碎化因子作用持续不断地加剧,斑块面积减小,斑块数量增加,原有斑块与那些高度改变的逆退景观相互隔离,并逐渐退缩消失,最终发展成在生物地理学上所称的生境岛屿。其后果是:造成物种生存面积丧失,使面积敏感物种区域灭绝;破坏物种栖息地,使得生境数量减少,生境质量下降,生境结构改变,导致生物多样性下降;使斑块彼此隔离,改变种群的扩散和迁入模式、种群遗传和变异性能等,影响物种的繁殖和迁移能力,造成隔离效应。可用斑块数量、斑块面积、生境总量,以及斑块之间的隔离程度来量化测度斑块破碎化。通常采用平均斑块大小和斑块数量描述斑块属性,连接度与平均邻近距离衡量斑块间的隔离程度。

空间异质性(spatial heterogeneity)　所研究的系统或系统属性在空间上的复杂性和变异性。生物系统的主要属性之一。是生态学,尤其是景观生态学的一个重要概念,是产生空间格局的主要原因。系统属性是生态学所涉及的任何变量,如植被类型、植物盖度、种群密度、生物量和土壤养分等。复杂性指系统属性的定性或类型描述,变异性指系统属性的定量描述。不考虑功能作用,仅考虑结构特征的空间异质性称"结构异质性";相对应,与生态学功能和

过程有关的空间异质性称"功能异质性"。在景观上,空间异质性定量分析可从空间特征与空间比较两方面考虑。空间特征主要采用数学方法,如变异函数、信息指数、分数维等对景观上某些属性的空间变异定量化。空间比较是在空间特征定量化基础上,探索景观属性的变异程度,探测同一系统、同一变量在不同抽样时间中的变化;比较不同地点同一变量在不同系统间的变化;建立同一地点上不同变量之间的相关关系。

野生动物丰富度(richness of wild animal species) 研究区域内已记录的生存于自然状态下、未经人类驯化、非人工饲养的各种哺乳动物、鸟类、爬行类、两栖类、鱼类、软体类和其他动物的分布和种属(含亚种)。用于表征野生动物的多样性。野生动物分濒危野生动物、有益野生动物、经济野生动物和有害野生动物等4种。濒危野生动物是指由于物种自身的原因或受到人类活动或自然灾害的影响而有灭绝危险的野生动物物种,如大熊猫、白虎等;有益野生动物指那些有益于农、林、牧业,以及卫生、保健事业的野生动物,如肉食鸟类、蛙类、益虫等;经济野生动物指那些经济价值较高,可为渔业、狩猎业捕获的动物;有害野生动物指害鼠和各种带毒动物等。

野生维管束植物丰富度(richness of wild vascular plant species) 区域内已记录的野生维管束植物的分布、种属(含亚种、变种或变型)。用于表征野生植物的多样性。维管束是指在蕨类植物、裸子植物、被子植物的叶和幼茎等器官中,由初生木质部和初生韧皮部共同组成的束状结构。维管束彼此交织连接,构成初生植物体输导水分、无机盐和有机物质的一种输导系统——维管系统,并兼有支持植物体的作用。有时也根据维管束的有无作为划分高等植物与低等植物的界限,故维管束植物亦可称"高等植物"。

外来物种入侵度(degree of invasion alien species) 区域内外来入侵物种数与本地野生哺乳类、鸟类、爬行类、两栖类、淡水鱼类、蝶类和维管束植物种数的和之比。用于表征生态系统受到外来入侵物种干扰的程度。外来物种入侵是由众多自然因素和社会因素共同作用的结果。其入侵风险主要来自四个方面:自身因素、环境因素、人为因素和入侵后果。自身因素是外来物种本身具备的有利于入侵的生物学和生态学特性,如外来入侵物质很强的繁殖能力、传播能力等固有的特性,以及对环境改变的适应能力。环境因素是适合外来物种入侵的各种生物和非生物因素,如本地的竞争、捕食者或天敌,适宜外来物种生长、繁殖、传播、爆发等的气候条件等。人为因素是人类活动对外来物种入侵产生的影响,如人类活动为外来物种入侵创造了条件,对外来物种入侵、传播扩散和爆发疏于防范或采取不适当的干预措施。入侵后果是外来物种各种不利于人类利益的生物学、生态学特性作用结果,表现为经济、环境、人类健康的损失。外来物种的入侵是导致生物多样性丧失的主要原因,已成为全球性热点环境问题。

生态水利(ecological hydraulic engineering) 研究水资源的开发利用对生态环境的影响、水利工程建设与生态系统演变的关系,以及在进行水资源开发、利用、保护和配置时保证生态系统的自我恢复和良性发展的途径和措施的事业。涵盖水利事业和水利产业目标,又突出环境目标,与可持续发展的三维目标即经济、社会、环境相一致。其特征主要体现在六个方面:(1)生态水利发展模式和途径与传统水利发展途径对水的传统利用方式的本质性区别;(2)生态水利的开发利用是在人口、资源、环境和经济协调发展的战略下进行的;(3)目标明确,要满足世世代代人类用水需求,体现人类共享环境、资源和经济、社会效益的公平原则;(4)遵循生态经济学的原理,应用系统方法和高新技术,实现水利的公平和高效发展;(5)要求用生态学的基本观点来指导水利规划、设计、建设和管理;(6)节约用水是生态水利的长久之策,也是缓解中国缺水的当务之急。

生态水利工程学(eco-hydraulic engineering) 研究水利工程在满足人类社会需求的同时,兼顾水域生态系统健康与可持续性需求的原理和技术方法的工程学。水利工程学的一个新的分支。既是一门交叉学科,也是一门应用的工程学科,学科基础吸收生态学的理论和方法,促进水利工程学与生态学的交叉融合,用以改进和完善水利工程的规划理论和设计方法。研究对象不仅是具有水文特性和水力学特性的河流,而且还有具备生命特性的河流生态系统。研究范围从河道及其两岸的物理边界扩大到河流走廊生态系统的生态尺度边界。技术方法包括:对于新建工程,提供减轻对于河流生态系统胁迫的技术方法;对于已经人工改造的河流,提供河流生态修复规划和设计的原则和方法、提供河流健康评估技术、提供水库等工程设施生态调度的技术方法、提供污染水体生态修复技术等。

水利工程生态效应（ecological effect of hydraulic engineering） 水利工程建设对自然界的生态破坏和生态修复两种效应的综合结果。生态破坏是指水利工程直接作用于水生态系统,造成水流紊乱之后破坏原有生态系统空间连续性,使得生态系统的生产能力显著减少和结构显著改变,从而引起生态退化。如建造水库以后,使河道下游水量减少而引起的湿地面积的减少,野生动物的减少,河道自身净化能力降低,产生水质恶化等环境问题等。生态修复是指利用水利工程改变现有水流运动规律,减免洪、涝、旱灾对生态系统的破坏,恢复河流浅滩,使之光热条件优越,又形成新的湿地,恢复河流形态和水质,改善环境等。可分三个层次:第一层是对下游能量、物质(悬浮物、生源要素等)输送通量影响;第二层是河道结构(河道形态、泥沙淤积、冲刷等)和河流生态系统结构和功能(种群数量、物种数量、栖息地等)的变化;第三层综合反映所有一、二层次影响引起的变化。

生态疏浚（eco-dredging） 以工程、环境、生态相结合方式来解决河湖可持续发展问题的疏浚方式。目的在于清除高营养盐含量的表层沉积物,包括沉积在淤积物表层的悬浮、半悬浮状的絮状胶体等,属生态工程范畴。特点是以较小的工程量,最大限度地将储积在淤积物表层中的污染营养物质移出水体,以改善水生态循环,遏制河湖稳定性的退化,同时注重生物多样性和物种的保护,以不破坏水生物自我修复繁衍为前提,又为生物技术介入创造有利条件。

生态护坡（ecological slope protection） 具有自然生态功能的河湖护坡系统。综合工程力学、土壤学、生态学和植物学等学科的理论与方法对斜坡或边坡进行支护,形成植物的或工程和植物组成的综合护坡系统及防护技术。是一项既满足河道护坡功能、又有利于恢复河道护坡系统生态平衡的系统工程。可分植物护坡和植物工程措施复合护坡。植物护坡主要通过植被根系的力学效应(深根锚固和浅根加筋)和水文效应(降低孔压、消弱溅蚀和控制径流)来固土、防止水土流失,在满足生态环境需要的同时,还可以进行景观造景。植物工程措施复合护坡以采用基于工程材料的种植基与植物构成复合生态护坡,主要利用铁丝网与碎石复合种植基、土木材料固土种植基、三维植被网、水泥生态种植基等,在种植基中栽植植物,形成网格与植物复合护坡系统,既能起到护坡作用,同时能恢复生态、保护环境。常用的生态护坡类型包括人工种草护坡、平铺草皮护坡、网格生态护坡、液压喷播植草护坡、客土植生植物护坡、生态袋护坡等。

生态工法（ecological engineering method） 亦称“近自然工法”。广义上是指应用生物和非生物材料,对周边环境进行保育、维护、利用和改良;狭义上是指利用乡土材料,在尽可能不破坏当地生态环境和自然景观的条件下,对边坡、河流等侵蚀区域所采取的整治措施。是一种尊重自然,遵循自然法则,使人工建设与环境生态相结合,从而达到人与自然共存共乐的设计理念和工程方法。

土壤生物工程（soil bioengineering） 采用存活植物及其他辅助材料构筑各类边坡(山地斜坡、江河湖库堤岸、海岸坡岸等)结构,实现稳定边坡,减少水土流失和改善栖息地生境等功能的集成工程技术。是一项建立在可靠的土壤工程基础上的生物工程。通常采用有生命力植物的根、茎(枝)或整体作为结构的主体元素,把它们按一定的方式、方向和排列插扦、种植或掩埋在边坡的不同位置;在植物群落生长和建群过程中加固和稳定边坡,控制水土流失和实现生态修复。

植被恢复技术（vegetation restoration technique） 运用生态学原理,通过保护现有植被、封山育林或营造人工林、灌、草植被,修复或重建被毁坏或被破坏的森林和其他自然生态系统,恢复其生物多样性和生态系统功能的技术。植被恢复是通过人工或人工与天然结合等手段营造出植物长久生长的生育基础,使植被得到有效恢复的过程。植被恢复与植被重建、植被修复、生物多样性恢复,以及生物工程治理等词语的内涵基本相同,既是一种治理手段,同时也是治理的过程和目的。

前置库（pre-dam） 在大型河湖、水库内入水口处设置规模相对较小、用于净化来水的水域。将河道来水先蓄存在小水域内实施一系列水净化措施,同时沉淀来水挟带的泥沙后,再排入河湖、水库。其功能主要包括蓄浑放清、净化水质。通常由三部分构成,即沉降系统、导流与回用系统和强化净化系统。沉降系统是利用现有沟渠,加以适当改造,并种植芦苇等大型水生植物,对引入处理系统的地表径流中的颗粒物、泥沙等进行拦截、沉淀处理。导流与回用系统是防止暴雨期间前置库系统溢流,把初期雨水引入前置库后,后期雨水通过导流系统流出,根据需要处理出水,经回用系统进行综合利用。强化净化系统是利用营造的砾石、植物根系、微生物的处理系统,过滤、吸附和降解水体中污染物。

升鱼机 释文见 295 页。

鱼礁(fishing bank) 诱使鱼类聚集形成渔场的海底隆起物或堆积物。分两种:(1)天然鱼礁,有礁石、浅滩、坑槽、暗礁等。天然鱼礁的成因有:火山性鱼礁、构造性鱼礁、珊瑚礁。(2)人工鱼礁,用人工设施在海底建造的鱼礁。一般在水深 20 ~ 200 m 海底利用天然物或工业废物制作"石头鱼礁"、"木筐树木鱼礁"、"废车船鱼礁"、"废轮胎鱼礁"等,也有用钢筋、混凝土,以及聚乙烯材料制作各类"底鱼礁"、"浮鱼礁"等。

白洋淀流域生态补水工程(Artificial Recharge for Ecological Restoration of Baiyang Lake) 针对白洋淀水质污染严重、生态环境遭到严重破坏、珍贵野生动植物绝迹等一系列生态功能萎缩的问题,自 1997 年以来,先后由上游水库引水补充淀水,以恢复、维持其生态系统稳定平衡的水事活动。白洋淀属于平原半封闭式浅水型湖泊,不具备多年调节能力,在丰水年或汛期往往大量弃水,枯水年入淀水量不足。加之多年气候干旱,以及流域内工农业迅速发展需水量激增等原因,20 世纪 80 年代以来,入淀水量锐减,淀水位 13 次降至干淀水位 6.5 m(大沽高程)以下,出现了严重的干淀现象。从 2004 年开始,水利部、河北省先后组织实施了 1 次"引岳济淀"、3 次"引黄济淀"两项大型跨流域补水工程,入淀总水量 5.18 亿 m³。生态补水的实施,缓解淀区缺水危机,遏制生态系统结构破坏和功能丧失的趋势,维持淀区水生态的基本平衡,并开始恢复白洋淀在维护地区生态平衡,调节区域气候、调蓄洪水和保护生物多样性等方面的生态功能。

南四湖生态补水工程(Artificial Recharge for Ecological Restoration of Nansi Lake) 针对南四湖地区持续干旱,湖内蓄水几近干涸,周边地区经济损失严重,湖区人民生活用水困难,湖内水道全线断航,湖区生态环境严重恶化的问题,为拯救湖内濒临死亡的物种,保护南四湖生物物种延续和多样

性,利用江苏省江水北调工程从长江向南四湖应急生态补水的水事活动。2002 年 12 月 8 日,利用江苏省已有的江水北调工程紧急实施从长江向南四湖应急生态补水,整个补水过程历时 86 d。在完成补水 1.1 亿 m³ 后,南四湖水面面积比补水前增加 120 km²,湖区周边地下水位回升,生态环境得到改善,基本满足南四湖湖区鱼类、水生植物、浮游生物和鸟类等基本用水需求,保证南四湖生态链的完整和生物物种的延续,补水取得显著的生态效益。

湿地生态恢复工程(wetland ecological restoration) 通过生态技术或生态工程对退化或消失的湿地进行修复或重建,再现干扰前的结构和功能,以及相关的物理、化学和生物学特性,使其发挥应有作用的工程技术活动。针对退化的湿地生态系统进行,包括湿地面积变化、湿地水文条件改变、湿地水质改变、湿地资源的非持续利用和外来物种的侵入等多种类型的生态特征的变化。总体目标是采用适当的生物、生态和工程技术,逐步恢复退化湿地生态系统的结构和功能,最终达到湿地生态系统的自我持续状态。

小流域综合治理(small watershed comprehensive management) 形成防治水土流失综合体系的各项活动的总称。以小流域为单元,在全面规划的基础上,合理安排农、林、牧、副各业用地,对流域内水土资源进行合理开发利用,防治水土资源的损失和破坏,布置水土保持的农业技术措施、林草措施、工程措施、治坡措施与治沟措施,以及其他各种水土保持措施,保护土地生产力,防治流域生态系统退化,维护生态平衡,使各项措施互相协调、互相促进,以提高区域经济可持续发展能力。治理面积一般为 10 ~ 30 km²。以小流域为单元进行综合治理,有利于集中力量按照各小流域的特点逐步实施,由点到面,推动整个水土流失地区水土保持工作的开展,使水土保持工作的综合性得到充分体现。

生态承载力(ecological carrying capacity) 生态系统以其自我维持、自我调节的功能,持续支持一定发展程度的社会经济规模和具有一定生活水平的人口数量,并支持人类社会系统可持续发展的能力。包括三层基本含义:一是指生态系统的自我维持和自我调节能力,即其弹性力大小;二是指生态系统内资源与环境子系统的供容能力,即资源和环境的承载能力大小;三是指生态系统内社会经济——人口子系统的发展能力。前两层含义为生态承载力的支

持部分,第三层含义为生态承载力的压力部分。生态系统的客观属性,是其承受外部扰动的能力,也是系统结构和功能优劣的反映。生态承载力不是固定不变的,而是相对于某一具体历史发展阶段和社会经济发展水平而言的,集中体现了自然生态系统对社会经济系统发展强度的承受能力和一定社会经济系统发展强度下自然生态系统健康发生损毁的难易程度。

生态系统健康(ecosystem health) 生态系统是稳定的和可持续的,亦即该系统在时间上能够维持其组织结构、能够进行自我调节和具有对胁迫的恢复能力。可用活力、组织和恢复力来度量生态系统健康,具体包括以下六方面内容:(1)健康是生态内稳定现象;(2)健康就是没有疾病;(3)健康是多样性或复杂性;(4)健康是稳定性或恢复力;(5)健康是活力或增长的空间;(6)健康是系统组成要素间的平衡。若将人类视为生态系统的组成部分,同时考虑生态系统自身的健康状态及其满足人类需求和愿望的程度,则在原有的活力、组织和恢复力三个评价指标的基础上,新增生态系统服务功能的维持、管理的选择、外部输入减少、对邻近系统的危害和人类健康影响五个指标,强调除了生态方面的健康外,满足人类合理需求的能力也是健康的重要内容。

生态功能区划(ecological function regionalization)根据区域生态环境特征和生态环境问题、生态环境敏感性和生态服务功能空间分异规律将区域空间划分为不同生态功能区的工作。其本质是生态系统服务功能区划。是以生态系统健康为目标,针对一定区域内自然地理环境分异性、生态系统多样性,以及经济和社会发展不均衡性的现状,以自然资源保护和可持续开发利用思想为指导,考虑分异生态系统服务功能对区域人类活动影响的不同敏感程度后所构建的具有空间尺度的生态系统管理框架。反映基本景观特征的主要生态模式,强调不同时空尺度的景观异质性,即由环境资源的异质性、群落演替和干扰带来的景观要素组成和空间结构上的变异性和复杂性。通过识别生态系统的关键因子、空间格局的分布特征,以及动态演替的驱动因子,就能揭示生态系统服务功能的区域差异,进而因地制宜地开展生态功能区划,引导区域经济-社会-生态复合系统的可持续发展。

河流生态修复规划(river ecological restoration planning) 在充分发挥生态系统自组织功能的基础上,采取工程和非工程措施,促使河流生态系统恢复到较为自然的状态,改善其生态完整性和可持续性的工作框架。主要任务包括:(1)水质改善、水文条件的改善。通过水资源的合理配置以维持河流河道最小生态需水量;通过污水处理、控制污水排放、生态技术治污、提倡源头清洁生产、发展循环经济以改善河流水系的水质;提倡多目标水库生态调度,即在满足社会经济需求的基础上,模拟自然河流的丰枯变化的水文模式,以恢复下游的生境。(2)河流湖泊地貌特征的改善。恢复河流的纵向连续性和横向联通性;保持河流纵向蜿蜒性和横向形态的多样性;外移堤防给洪水以空间并扩大滩地;退耕还湖和退渔还湖;采用生态型护坡以防止河床材料的硬质化。(3)生物物种的恢复。濒危、珍稀、特有生物物种的保护、河湖水库水陆交错带植被恢复、水生生物资源的恢复等。总目的是改善河流生态系统的结构和功能,主要标志是生物群落多样性的提高。

重要生态功能区(important ecological function zone) 在保持流域和区域生态平衡,防止和减轻自然灾害,确保国家和地区生态安全方面具有重要作用的区域。生态服务及其价值具有明显的空间转移特征,即重要生态功能区生态系统所产生的服务及其价值可以通过水、空气等流通介质流动到区域外其他地方,并在具备适当外部条件时对这些地方的经济社会发展产生效用。具体内涵有:(1)水源涵养服务空间转移,重要河流上游和重要水源补给区的植被与土壤所涵养的水分,通过河流水系等输水通道转移到中下游地区并在那里产生生态服务,如江河源头区、重要水源涵养区;(2)土壤保持服务空间转移,植被发育良好的重要生态功能区,由于植被和枯落物的保护,雨水对土壤的侵蚀减少,其生态系统的土壤保持服务可以体现在下游区域,即避免下游区域因上游土壤流失传输而导致湖泊、河流和水库的泥沙淤积,如水土保持的重点预防保护区和重点监督区;(3)防风固沙服务空间转移,在风沙源区,由于重要生态功能区植被的作用减少大风对本区土壤表层颗粒吹扬,这一生态服务可以体现为减缓或避免下风向区域沙尘灾害的发生,如防风固沙区;(4)生物多样性保护服务空间转移,在生物多样性丰富的重要生态功能区,由于人为保护生物多样性所产生的生态服务,可以通过流动介质转移到区域外其他地方并在那里表现出来,如重要渔业水域;(5)洪水调蓄服务空间转移,重要生态功能区中森林、湿地等生态系统所产生的调节洪峰、储蓄洪水等生态服务,可以体现在减少或避免该区域外其他地方的洪灾损失,如江河洪水调蓄区。

生态脆弱区(ecological vulnerable region) 亦称"生态交错区"。两种不同类型生态系统交界过渡区域。由于人为或自然因素的多重胁迫,该区域生态环境系统或体系抵御干扰的能力弱,自然恢复时间较长,对全球气候变化敏感,时空波动性强,边缘效应显著,环境异质性高,且在现有经济和技术条件下,逆向演化趋势不能得到有效控制。中国主要有五个典型脆弱生态区,即北方半干旱农牧交错带、北方干旱绿洲边缘带、西南干热河谷地区、南方石灰岩山地地区和藏南山地地区,共涉及 12 个省市区 64 个县市约 127 km²。这些地区主要面临土地沙化、草场退化、土壤盐碱化、石漠化、生物多样性降低、水资源短缺趋势加剧、植被减少、森林生态功能下降、生态系统承载力下降、环境容量低、抗干扰能力下降、社会经济发展滞后等生态和社会经济问题。

生态建设(ecological construction) 人类为获取一定的生态经济效益,以生态经济学的理论和方法为指导,在协调生态系统与经济系统之间关系、维持生态经济平衡的基础上,运用生态经济规律去规划、设计、影响、改造、控制和调节生态经济系统的活动。其目标是要维持生态经济平衡。核心任务:一是解决经济增长对生态系统资源需求的无限性与生态系统资源的数量和资源更新能力的有限性的矛盾;二是解决经济增长的发展性、动态性与生态系统要求维持系统的相对平衡和稳定的矛盾;三是解决经济运动表现为社会有序性与生态系统运动表现为自然有序性的矛盾。

生态足迹(ecological footprint) 亦称"生态占用"。特定数量人群按照某一种生活方式所消费的由自然生态系统提供的各种商品和服务功能,以及在这一过程中所产生的废弃物需要环境(生态系统)吸纳,并以生物生产性土地(或水域)面积来表示的一种量化方法。其应用意义是:通过生态足迹需求与自然生态系统的承载力(亦称"生态足迹供给")进行比较即可以定量的判断某一国家或地区目前可持续发展的状态,并对其未来的人类生存和社会经济发展做出科学规划和建议。

生态红线(ecological red line) 对维护国家和区域生态安全及经济可持续发展、保障人民群众健康具有关键作用,在提升生态功能、改善环境质量、促进资源高效利用等方面必须严格保护的最小空间范围和最高或最低数量限值。具体包括生态功能保障基线、环境质量安全底线和自然资源利用上线(也可称"生态功能红线"、"环境质量红线"和"资源利用红线")。生态功能红线划分为以下三类:一是生态服务保障红线,主要指提供生态调节和文化服务,支撑经济社会发展所必需的生态区域;二是生态脆弱区保护红线,主要指保护生态环境敏感区、脆弱区,维护人居环境安全的基本生态屏障;三是生物多样性保护红线,主要指保护生物多样性,维持关键物种、生态系统和种质资源生存的最小面积。环境质量红线是指为维护人居环境和人体健康的基本需要,必须严格执行的最低环境管理限值;资源利用红线是指促进资源能源节约,保障能源、水、土地等资源安全利用和高效利用的最高或最低要求。

湖泛(black water aggregation) 湖泊富营养化水体在藻类大量爆发、积聚和死亡后,在适宜的气象、水文条件下,与底泥中的有机物在缺氧和厌氧条件下产生生化反应,释放硫化物、甲烷和二甲基三硫等硫醚类物质,形成褐黑色伴有恶臭的"黑水团",从而导致水体水质迅速恶化,生态系统受到严重破坏的现象。湖泛区域的低溶解氧往往导致局部区域所有的大型生物出现死亡现象,形成所谓的"死亡区域"。对湖泊生态系统的危害程度与其发生的区域、面积以及持续时间有密切关系。小范围的湖泛对鱼类等大型动物的危害往往有限,因为这些鱼类可以逃离这些蓝藻水华堆积所导致的低氧或者厌氧区域,而其他一些游泳能力较弱的或者不具有游泳能力的生物往往遭遇灭顶之灾。

生态需水量(eco-water demand) 维持生态系统健康发展、恢复受损生态系统健康,以及解决各种生态问题(如保护湖泊、湿地、水生生物、生态防护林等)所需要的水量。广义上,指维持全球生物地理生态系统水分平衡所需要的水,包括水热平衡、生物平衡、水沙平衡、水盐平衡等所需要的水;狭义上,指维持生态环境不再继续恶化并逐渐改善所需要消耗的水资源总量,即生态环境建设用水。按照保证生态系统好坏程度所需水量不同,分最高生态需水量、合理生态需水量和最低生态需水量;按照生态系统状况的参考状态,分现状生态需水量、天然生态需水量和目标生态需水量;按照天然生态系统和人工生态系统的不同,分人工生态系统需水量和天然生态系统需水量;在计算生态需水量时,分植被(林地)生态需水量、湖泊生态需水量、河道生态需水量、城市生态需水量,以及供水系统的生态需水量。

水功能区水质目标(water quality target-oriented water function zoning) 根据国民经济发展规划和江河流域综合规划的要求,将江、河、湖、库等水域划分为不同使用目的的水功能区后,对其相应提出的水质管理目标要求。中国地表水功能区采用水功能一级区、水功能二级区的两级区划制度。水功能一级区分为保护区、缓冲区、开发利用区和保留区四类,水功能二级区将一级区中的开发利用区细化为饮用水源区、工业用水区、农业用水区、渔业用水区、景观娱乐用水区、过渡区和排污控制区七类。保护区指对水资源保护、自然生态和珍稀濒危物种的保护有重要意义的水域,该区内严格禁止进行其他开发活动,其水质目标执行《地表水环境质量标准》(GB3838—2002)Ⅰ、Ⅱ类标准或维持水质现状。开发利用区指具有满足工农业生产、城镇生活、景观娱乐等需水要求的水域,如主要城镇河段、受工业污染明显的河段。该水域根据开发利用要求进行二级功能区划,按二级功能区划执行相应的水质标准,或不低于现状水质类别。缓冲区指为协调省际间、矛盾突出的地区间用水关系,以及在保护区与开发利用区相接时,为满足保护区水质要求而划定的水域。按实际需要执行相关水质标准或按现状控制。

河流生态修复(river ecological restoration) 保护和恢复河流系统达到一种更接近自然的状态,并利用可持续的特点以增加其生态系统的价值和生物多样性的活动。即修复受损河流物理、生物或生态状态的过程,使修复后的河流较修复前更加健康和稳定。目标包括:河岸带稳定,水质改善,栖息地增加,生物多样性增加,渔业发达及美学和娱乐,以期河流能够更加自然化。影响评价和监测包括:修复过程和修复后的生态监测、所造成的影响跟踪评价,以及利用模型的预测评价,成功与否直接影响到人类的生产、生活和健康。可通过监测水生大型无脊椎动物、鱼类和涉水鸟类种群和数量,以及湿地栖息地改善情况来表征修复的效果,当系统能够自我维持时就意味着修复的完成。

生态调度(ecological regulation) 水库在实现防洪、发电、供水、灌溉、航运等各种经济效益、社会效益的同时兼顾其生态效益的调度方式。即既要满足人类的需水要求又要满足生态系统的需水要求、兼顾生态的水库综合调度方式。水资源利用的生态效益往往受其社会经济效益制约。因此,生态调度是在一定时期内以防洪作为约束,以河流健康作为目标,通过协调各兴利因子,在实现社会发展和防洪安全的同时,减小水库的负面影响,保护或修复生态系统来达到目标的一个均衡优化调度问题。

人工湿地(constructed wetland) 人工设计、建设,模拟自然湿地结构和功能的复合体。由水、具有透水性的基质、微生物、水生植物、无脊椎或脊椎动物组成,并通过其中一系列生物、物理、化学过程实现污水净化。净化污水的原理是湿地环境中所发生的沉淀、吸附、过滤、溶解、气化、固定化、离子交换、络合反应、硝化、反硝化、营养元素的摄取、生物转化和细菌、真菌的分解作用等过程。起主要作用的是细菌的分解和转化作用。大型水生植物将空气中的氧气传输到根部,形成氧化微环境,刺激好氧微生物对有机物的降解。特点:基建和运行费用低,易于操作维护,处理效果良好,不仅能去除COD(化学需氧量)、BOD(生化需氧量)等,而且能去除氮磷和重金属,具有显著的生态环境效益和很强的观赏性。与风景园林建设或生态农业等相结合,有可能提供直接或间接的经济效益。缺点:单位体积污水处理量所要求的占地面积较大,受气候条件的限制较大,易产生淤积堵塞饱和现象。根据污水在湿地中的流经方式,分自由表面流人工湿地、水平潜流人工湿地、垂直流人工湿地。自由表面流湿地与自然湿地最为接近,废水在填料表面漫流,绝大部分污染物的降解由位于植物水下茎秆上的生物膜来完成。水平潜流湿地的污水在填料层表面下潜流,能充分利用整个系统的协同作用,水力负荷大,占地小,对COD、SS(悬浮物)、重金属等污染物的去除效果好,卫生条件也较好。垂直流人工湿地的污水从湿地表面纵向穿过填料床,床体处于不饱和状态,氧可通过大气扩散和植物传输进入人工湿地,其硝化能力高于水平潜流湿地,可用于处理氨氮含量较高的污水。

污水土地处理系统(wastewater land treatment system) 利用土地以及其中的微生物和植物根系对污染物的净化能力来处理已经过预处理的污水或

废水,同时利用其中的水分和肥分促进农作物、牧草或树木生长的工程设施。一般由污水预处理设施、污水的调节和储存设施、污水的输送、布水及控制、土地处理单元和排出水收集系统组成。主要有地表漫流系统、慢速渗滤系统、快速渗滤系统、自然湿地系统和地下渗透系统五种类型。具有投资少、能耗低、易管理和净化效果好的特点。净化机制:土壤的过滤截留、物理和化学的吸附、化学分解、生物氧化,以及植物和微生物的摄取等作用。主要过程:污水通过土壤时,土壤将污水中处于悬浮和溶解状态的有机物质截留下来,在土壤颗粒的表面形成一层薄膜,这层薄膜里充满着细菌,能吸附污水中的有机物,并利用空气中氧气,在好氧菌的作用下,将污水中的有机物转化为无机物;土地上生长的植物,经过根系吸收污水中的水分和被细菌矿化的无机养分合成植物的组成成分,从而实现污水净化。

生态影响(ecological impact)　人类或人类社会的各种活动对生态系统产生的作用和所引起的生态系统结构和功能变化,以及由此导致对人类或人类社会的效应。按影响来源,分直接影响和间接影响;按影响效果,分不利影响和有利影响;按影响程度,分可逆影响和不可逆影响;按累积效应,分累积影响和非累积影响。直接生态影响指人类活动所导致的不可避免的、与该活动同时同地发生的生态影响。间接影响指由直接作用所诱发的其他后续作用。有利影响指对人群健康、社会经济或其他环境的状况和功能有积极的促进作用的影响。不利影响是对人群健康有害,对社会经济发展或对其他环境状况和功能有消极阻碍或破坏作用的影响。可逆影响指人类活动造成生态系统某些结构和功能的改变在其生态恢复力范围内,可逐渐恢复到以前状态的影响。不可逆影响指造成生态系统结构和功能的改变不能恢复的影响。累积生态影响指经济社会活动各个组成部分或者该活动与其他相关活动(包括过去、现在、未来)所造成的生态影响的相互叠加。

生态影响评价(ecological impact assessment)　利用生态学的原理和系统论的方法,对自然生态系统许多重要功能的系统评价。是对人类开发建设活动可能导致的生态影响进行分析和预测,并提出减少影响或改善生态环境的策略和措施。例如,分析某生态系统的生产力和环境服务功能,分析区域主要的生态环境问题,评价自然资源利用情况和评价污染的生态后果,以及某种开发建设行为的生态后果等,都属于生态影响评价的范畴。是环境影响评价的重要组成部分,反映人类对生态质量的需要和追求,体现生态质量与人类社会之间的关系。

水体生产力(primary production of the water body)　水生维管束植物、浮游植物以无机物为原料,利用太阳能,经过光合作用制造有机物的能力。即植物通过光合作用,吸收和固定光能,把无机物转化为有机物的生产过程。以单位水面下水柱在单位时间生产的有机物质量表示。时间以秒或小时为单位,称"光合速率";时间以日或年为单位,称"光合产量"。决定水体生产力的限制因素主要是营养物质、光和食草动物的捕食。最重要的营养物质是氮和磷。测定方法主要有氧气测定法、叶绿素测定法、放射性标记测定法和卫星遥感技术应用。氧气测定法是利用呼吸消耗氧的多少来估算总光合量中的生产力;叶绿素测定法是根据叶绿素和同化指数来计算水体生产力;放射性标记测定法是将放射性(^{14}C)碳酸盐加入海水中,经过一定时间的培养,测定浮游植物细胞内有机^{14}C的数量,计算浮游植物光合作用固定的碳量;卫星遥感技术是根据遥感测得的近红外和可见光光谱数据而计算出来的标准化植被差异指数,计算水体表层叶绿素的光合作用有效辐射。

生态监测(ecological monitoring)　利用生命系统各层次(个体水平、种群水平、群落水平、生态系统水平)对自然或人为因素引起的环境变化的反应,来监测环境质量状况及其变化。不同生物物种对环境中的毒物、污染物及其含量有不同的反应,可用来监测环境受污染的程度。包括生物监测,是比生物监测更复杂、更综合、更广泛的一种监测技术。优点:(1)具有较高的灵敏度,有些生物对某种污染物的反应很敏感,与较低浓度污染物质接触一定时间后便出现不同的受害症状;(2)能连续对环境监测,生命系统各层次都有其特定的生命周期,利用生命系统的变化来指示环境质量,使得监测结果能反映出某地区受污染或生态破坏后累积结果的历史状况;(3)同种生物能监测多种干扰,通过指示生物的不同反应症状,分别监测多种干扰效应;(4)能监测生态系统的变化,能真实和全面地反映外界干扰的生态效应所引起的环境变化。方法有指示生物法、生物指数法、生物多样性指数法和生产力测定法。指示生物法是利用指示生物来监测环境状况。生物指数法是以群落中优势种为重点,对群落结构进行研究,利用数学公式反映群落种类组成上的变化,以说明环境的污染状况。生物多样性指数法是应用数理统计方法求得表示生物群落的种类和个数量的数值,用以评价环境质量。

生态健康(ecology health) 反映人类的衣、食、住、行、玩、劳作环境及其赖以生存的生命支持系统的代谢过程和服务功能完好程度的系统指标的状况。包括人居物理环境、生物环境和代谢环境的生态健康;人体和人群的生理和心理的生态健康;产业系统和城市系统代谢过程的生态健康;景观、区域系统格局和服务功能的生态健康;人类意识、理念、伦理和文化的生态健康。

环境健康风险评价(environmental health risk assessment) 对环境污染引起的人体健康状况和生态危害的种类及程度的描述过程。是狭义环境风险评价的重点,把环境污染与人体健康联系起来,定量描述污染对人体健康产生危害的风险;是收集、整理和解释各种与健康相关资料的过程。目的在于估计特定暴露剂量的有害因子对人体不良影响的概率,以评价人体健康所受到损害的可能性及其程度。

透明度(water transparency) 水质指标之一。表示水的能见度,即水透过光线的能力。用以表示水的清澈程度。主要影响因素是水体中所含悬浮物及浮游生物的量,两者含量愈大,透明度愈小。测定方法是:(1)实验室内测定时,用管底有标准符号、管壁有刻度的玻璃管,将水注满。随后迅速放水到肉眼从上向下通过水层恰好看清管底符号为止。用此时的水柱高度表示水的透明度。(2)野外测定时,通常把一直径为 30 cm、中间刻有黑线的白色圆盘(透明度板)垂直水面慢慢放入水中,用肉眼从垂直水面上方所能看到的最大深度,即表示水的透明度。

叶绿素 a(chlorophyll a) 化学式 $C_{55}H_{72}MgN_4O_5$。包含在浮游植物的多种色素中的重要色素。在浮游植物中,占有机物干重的 1%~2%,是估算初级生产力和生物量的指标,也是赤潮监测的必测项目。测定方法,主要有荧光分光光度法和分光光度法。荧光分光光度法以丙酮提取色素,进行荧光测定,根据提取液酸化前后的荧光值,计算叶绿素 a 及脱镁色素的含量。此法需要的样品量少,灵敏度高,可排除脱镁色素的干扰。叶绿素 a 与脱镁色素比值,可衡量浮游植物生理状态的优劣。分光光度法虽灵敏度低,但可根据 3 种色素的不同吸收峰,分别测得叶绿素 a、b、c 的含量。富营养化水体中藻类生长旺盛,此类水体中代表藻类的叶绿素 a 常大于 10 μg/L,水体叶绿素 a 含量可反映水体富营养化程度。

微囊藻毒素(Microcystins,缩写 MC) 一类具有生物活性的七肽单环肝毒素。由于多肽中两种可变氨基酸组成的不同,具有多种异构体。其中存在最普遍、含量最多的是 MC－LR,MC－RR,MC－YR 这 3 种微囊藻毒素(L、R、Y 分别代表亮氨酸、精氨酸和酪氨酸)。具有水溶性和耐热性,加热煮沸都不能将毒素破坏;自来水处理工艺的混凝沉淀、过滤、加氯、氧化、活性炭吸附等也不能将其完全去除。易溶于水、甲醇或丙酮,不挥发,抗 pH 变化,化学性质相当稳定,自然降解过程十分缓慢。世界卫生组织(WHO)推荐的饮水中的藻毒素标准为 1.0 μg/L,《生活饮用水卫生标准》(GB 5749—2006)将饮用水中微囊藻毒素含量限制为 1.0 μg/L。水中微囊藻毒素可采用高效液相色谱法和间接竞争酶联免疫吸附法测定。

水生态文明(water ecological civilization) 人类遵循人水和谐理念,以水定需,量水而行,因水制宜,以实现水资源可持续利用、支撑经济社会可持续发展、保障生态系统良性循环为主体的人水和谐文化伦理形态。是建设可持续的水资源保障、平衡的水生态系统和先进的水科技文化所取得的物质、精神、制度方面的综合成果。内涵包括:(1)水生态文明倡导人与自然和谐相处,核心是"和谐";(2)水资源节约是水生态文明建设的重中之重;(3)水生态保护是水生态文明建设的关键所在;(4)水生态文明建设与经济建设、社会发展同步进行,是实现可持续发展的重要保障。

水利经济与管理

水 利 经 济

商品水（commodity water） 经过人工调节供给需水部门方便地使用的水资源。是劳动产品，具有使用价值和价值。天然水资源是一种自然资源，和土地、矿藏一样，在开发利用前不具有商品价值，只有投入一定劳动量、资金和采用工程技术措施进行开发和利用后，才具有商品价值。例如，灌溉用水、发电用水、城乡居民生活用水、工业用水等都是商品水。

水利经济（water resources economy） 以水为载体，从事水资源开发、利用、保护、节约、管理和治理水患过程中产生的各种经济关系和经济活动的总和。在国民经济发展中属于部门经济，类似于林业经济、能源经济等。包括：水利发展与经济社会的关系；水利在国民经济中的地位和作用；水利发展状况评价；水利产业的所有制形式；水利资产产权界定和流转；水权的分配和流转；水利产业管理体制；水利生产和经营；水利建设投融资；水利工程兴利除害经济效果；水利项目建设管理体制等。此外，还包括水利项目技术方案的优选和经济效果评价方法；水利工程的施工和水利工程经营管理的经济问题；流域、地区水利开发和综合利用水利工程的优化规划等。

水利工程经济（water engineering economy） 水利工程建设、运行和管理等活动中的经济关系分析和经济效果评价。属于水利经济的一部分。按照水利开发目标，分防洪工程经济、治涝工程经济、灌溉工程经济、水力发电工程经济、工业和城乡供水工程经济、航运工程经济、水土保持工程经济、水利旅游经济、水产养殖经济等。主要内容包括：水利建设项目的费用和效益分析，水利建设项目影子价格的测算，水利建设项目的经济评价，水利建设项目的区域经济和宏观经济影响分析和社会评价，水利项目建设方案比选、水利建设项目经济效果不确定性分析、综合利用水利工程的投资费用分摊，水利建设项目后评价等。

水市场（water market） 取得、交换水资源开发利用权，水资源、水商品使用权，实施跨流域、跨区域的水量分配的场所和由此形成的人与人、人与社会相互关系的总和。表现为一个有结构、分层次的市场体系。公共水资源使用权向水资源使用单位和个人流转称"一级水权市场"，经济主体之间水权流转称"二级水权市场"，水商品供应者和使用者形成的交易市场称"最终消费市场"。水市场的发育和完善有利于促进水资源从低效益部门向高效益部门转移，提高水的利用效益和效率。由于水的特殊性，水市场具有准市场（或不完全市场）的特征。

水资源价值（water resources value） 水资源对支持生命、生态、环境和经济、社会发展作用的度量尺度。其理论基础是水资源作为自然资源、经济资源和社会资源的有用性和稀缺性。主要由水资源数量、质量、开发利用条件，以及净化和美化环境、调节气候等方面的效用决定。其核算尚无统一、规范的方法。将水资源价值纳入国民经济核算体系，是可持续发展观的客观要求，也是实行水资源有偿使用制度的前提和基础。

水资源费（water resources fee） 利用取水工程或设施直接从江河、湖泊和地下取水的单位和个人，因为消耗水资源向水资源所有者缴纳的费用。按照所有者分享资源开发效益和自然资源有偿使用原则，中国的水资源费由水行政主管部门代表国家向水资源开发利用和使用者收取。主要用于对水资源进行保护、监测、勘测和管理等所付出的劳动和服务费用的补偿。水资源费全额纳入财政预算，由财政部门按照批准的部门财政预算统筹安排。学术界对水资源费的性质存在几种不同的观点：（1）对水资源宏观管理费用的补偿；（2）由法律规定的体现水资源国家所有权的资源税;(3)以费的形式出现,同时具有费和税的双重性质;(4)国家管理型的水资源价格。随着资源价格改革的不断深入,水资源费向水资源税演变是一种必然趋势。

水资源有偿使用制度(reimbursable usage system of water resources) 将水资源作为稀缺的经济资源,向水资源开发利用者或水资源使用者收取一定费用的制度。包括水资源费制度和水价制度。水资源所有者和水资源开发利用部门通过出让水资源使用权或提供商品水,而收取一定的费用,用于补偿水资源规划、开发、利用、治理和保护成本,并获取资源收益和合理的经营利润。由水资源的稀缺性和工程水的商品属性共同决定,对促进节约用水和水资源可持续开发利用具有积极作用。

排污权(pollutants discharge right) 亦称"排放权"。单位和个人在环境保护监督管理部门批准的额度内,在确保该权利的行使不损害其他公众环境权益的前提下,依法享有的向环境排放污染物的权利。排污权由美国经济学家戴尔斯于1968年首先提出,作为环境管理的手段,将政府作为社会的代表和环境资源的拥有者,把排放一定污染物的权利通过无偿分配或竞拍方式出售给污染单位或个人。其载体一般为排污许可证。污染者可以从政府手中购买这种权利,也可以向拥有排污权的污染者购买,污染者相互之间、污染者与潜在污染者之间可以出售或转让排污权。

水权交易(trade of water right) 拥有水权的权利人与用水需求者通过水权交易市场自愿进行水权让渡或转让的行为。交易主体是"水权人"或潜在"水权人"(包括用水者协会、水区、自来水公司、地方自治团体、企业和个人等);交易对象是"水权";交易的基本原则必须符合利益性使用,且不得对第三方造成任何破坏;交易形态分短期交易(季节性或年度租赁)和永久性交易。作用是通过市场机制,引导水资源优化配置和高效使用。中国的水法律规定水的所有权属于国家和农村集体经济组织,水权交易仅限于水的使用权交易。

排污权交易(trade of pollutants discharge right) 拥有排污权的企业和个人与需要获得额外排污权份额以降低污染控制成本的企业和个人之间,在符合法律规定的情况下达成的自愿交易。前提是:满足一定地区在一定期限内污染物总量控制要求。目的是:通过控制和减少排污量,实现经济发展与环境保护的协调。意义是:通过市场调节企业排污需求,合理、有效使用当地的环境容量资源,促进企业采用技术进步减少污染,最大限度减少治理污染的成本,提高治理污染效率。为保障排污权交易的规范和顺畅,政府需要在排污权交易中做好几点工作:交易前保证交易目的的行政指导、交易过程中的行政审核、交易后的监测监督。

水污染补偿(water pollution compensation) 对因水污染而遭受经济损失和健康损失的社会经济主体进行补偿的行为。当各种污染物进入水体的数量超过水体自净能力时,造成水污染现象,由此导致相关用水主体生产效益损失或生产成本增加,甚至导致人身健康受损,需要由污染责任者向污染受害者进行补偿。当责任者认定和追诉困难时,由政府承担补偿责任。由于水污染的特殊性,水污染补偿具有明确的方向性,一般由上游补偿下游,但当上游水环境保护水平达到或超过考核要求时,则需要由下游对上游进行奖励性补偿。中国不少地区试行了跨界水污染补偿,通过选定、监测跨界断面的水质指标,根据指标超标情况,按照制定的补偿标准计算补偿资金,并通过一定的程序补偿给水污染受害者。如2009年陕西省制订《陕西省渭河流域水污染补偿实施方案》,2011年由财政部、环境保护部牵头制订《新安江流域水环境补偿试点实施方案》等。

水生态补偿(water ecological compensation) 水生态服务功能受益者对水生态服务功能提供者进行补偿的行为。由于具有良好的经济激励效果,被政府作为环境经济政策采用,用于以保护水生态环境、促进人与自然和谐为目的,调整水生态环境保护和建设相关各方之间利益关系。根据水生态服务的准公共属性,补偿的主体可以是政府,也可以是个人、企业或者区域。遵循的原则是"受益者付费"和"破坏者付费"原则。比水污染补偿的内涵更丰富,需考虑生态系统服务价值、生态保护成本、发展机会成本等多种因素。政府在水生态补偿中发挥主导作用。

水利多种经营(diversified economy of water resources) 水利工程管理单位凭借工程建设形成的水面、水域、岸线资源、土沙资源,以及技术、设备等优势,在不影响水利工程功能正常发挥的前提下,开展工程开发目标以外的生产经营和服务活动的总称。包括水产养殖、水利工程施工、水利旅游、岸线滩涂开发、土地开发、建材生产加工，以及其他类型生产经营项目。作为水利工程管理单位财务收入的有益补充，有利于稳定水管单位队伍，改善水利工程运行维护状况。往往因经营规模较小、经营管理水平不高，市场竞争能力较弱。随着水利改革的深化，水利多种经营通过转型升级，将向质量更高、效益更好的方向发展。

水费（water fee） 用水户为所用水量向供水生产单位或部门交纳的费用。是供水生产单位或部门为满足国民经济各部门生产和人民生活需要进行供水生产和服务的经营性收入，用于弥补供水生产成本和费用、交纳税金、获取合理利润。本质上是商品水的销售收入。按收取时间不同，分先收费后供水、先供水后收费；按收取方式不同，分供水单位直接收取和委托代收；按交费对象不同，分农业水费、工业水费、居民生活水费、公用事业水费、特种用水水费、水力发电水费、航运补水水费等。

水利工程投资（investment of water conservancy project） 为达到水利工程设计效益所需的全部工程建设资金。包括工程投资、建设征地移民安置补偿费、水土保持工程投资、环境保护投资，以及建设期贷款利息。其中工程投资包括：建筑工程投资、机电设备及安装工程投资、金属结构设备及安装工程投资、施工临时工程投资，以及包括建设管理费、生产准备费、科研勘察设计费和其他税费在内的独立费用。如果由于修建水利工程导致原有效益或生态环境受到极大的影响，还应该包括补救措施所需的附加投资。临时性工程的投资在施工完成或工程有效使用期内如有部分残值可以回收，则应在工程投资中扣除。工程投资扣除残值后称"净投资"。

综合利用水利工程费用分摊（cost allocation of multipurpose water conservancy project） 综合利用水利工程的全部费用（投资与年运行费）在各受益水利部门之间的合理分配。其目的是为了正确评价和论证各受益水利部门技术经济指标的合理性，分析和选择最优的工程规模和主要技术参数等。计算方法较多，有些还较为复杂，主要有库容分摊法、水量分摊法、替代工程费用分摊法、效益分摊法和主次地位分摊法等。选择分摊方法时，既要考虑该综合利用工程为满足某水利部门要求而增加的费用高低，又要考虑给各水利部门带来的实际效益大小，还要考虑各水利部门在工程运行过程中的主次地位等因素。

水电站单位千瓦投资（investment per kilowatt of hydropower station） 水电站投资与装机容量的比值。水电站的单位经济指标之一。单位为元/kW。

水电站单位电能投资（investment per kilowatt-hour of hydropower station） 水电站投资与多年平均年发电量之比值。水电站的单位经济指标之一。单位为元/（kW·h）。

水电站发电成本（power prime cost of hydropower station） 发出单位电能所需要的年运行成本和费用。单位为元/（kW·h）。反映水电站运行的物质消耗、劳动消耗和其他费用的相对高低，一定程度地反映水电站经济效益和经营情况。可以在电源方案选择时作为一种衡量经济效果的指标。

水电站增加千瓦投资（investment per incremental kilowatt of hydropower station） 每增加1 kW装机容量所需增加的投资。单位为元/kW。常用两个装机容量方案之间每增加1 kW容量所需的平均投资表示。

水利工程运行成本费用（operation costs and expenses of water conservancy project） 维持水利工程正常运行每年所需的经常性支出。一般分直接费用、间接费用和期间费用。（1）直接费用包括水利工程运行和生产经营消耗的直接材料费、直接燃料和动力费、直接工资，以及与运行、生产相关的其他直接支出；（2）间接费用包括间接材料费、间接人工费、折旧费、低值易耗品消耗，以及其他间接费用；（3）期间费用包括管理费用、财务费用和销售费用。纯公益性水利工程的运行成本费用可细化为燃料动力费、工程维修养护费、工程管理费和其他经常性支出。

水利工程年运行维护成本（annual costs of operation and maintenance of water conservancy project） 水利工程在生产运行过程中，为维护其设施的完好性能、保证其正常运行所需花费的费用。包括日常运行、维护、养护、修理，以及一般防汛等费用。修理费包括岁修费用和大修费用，其中大修费用并非每年均衡支出，可采取将使用期内大修费用总额平均分摊到各年的办法计提。

综合利用水利工程投资分摊（investment allocation of multipurpose water conservancy project） 将综合利用水利工程的投资在开发利用目标、受益部门或受益地区之间进行合理分摊的工作。水利工程在建造过程中所投入的建筑、设备、管理等费用，根据其服务对象，分共用投资和专用投资，为多个受益部门服务的投资（如水库、大坝等）为共用投资，专门为某一部门服务的投资（如电厂、船闸、灌渠等）为专用投资。共用投资应遵循相应的原则，采用适宜的方法进行分摊。分摊方法有库容分摊法、效益分摊法和剩余效益-费用分摊法等。目的是为确定工程的合理开发规模，核算和合理确定供水、供电等水利产品的成本和价格提供费用依据，并为工程项目建设筹资提供参考依据。

贷款利率（loan interest rate）　在单位时间（计息周期）内发生的利息与贷款本金之比。一般以一年为一个计息周期。反映资金的使用成本。水利工程建设期贷款利率影响工程总投资，运行期贷款利率影响水利工程运行管理费用。

折旧费（depreciation cost）　水利固定资产在使用过程中按期提取的因资产损耗而计入成本费用的固定资产转移价值。水利固定资产经过使用后，其价值会因为消耗而逐步减少，对这部分消耗掉的价值进行估值，以货币形式计入生产成本和费用，并进行会计账面提取，以弥补水利固定资产的贬值。为恢复和更新水利工程固定资产提供资金，使水利工程运行得以延续和发展。计算方法很多，主要包括使用年限法（直线折旧费）、加速折旧法和工作量法。

折旧率（depreciation ratio）　在一定时期内固定资产折旧额与固定资产原值的比率。反映固定资产价值分摊到成本费用中的程度。分个别折旧率、分类折旧率和综合折旧率。与采用的折旧费提取方法有关，采用直线折旧法时，取决于固定资产使用年限。

水利工程经济效益（economic benefit of hydraulic engineering）　水利工程（或水利设施）投入运行后所能获得的经济收益的总称，一般以有、无工程对比所增加的物质财富、节约的费用或减少的损失表示，主要以货币计量。如提供生产用水使工农业增产所获得的收益，兴建防洪除涝工程所减少的洪涝灾害损失等。分直接经济效益和间接经济效益。

防洪效益（benefit of flood control）　运用防洪工程设施和非工程措施所获得的各种直接和间接的收益。主要包括：（1）经济效益，指保障国民经济各部门和地区经济发展、减免国家和人民生命财产遭受损失所带来的效益；（2）社会效益，指在保障社会安定和促进社会发展中发挥的效益；（3）环境效益，指修建防洪工程设施后，保护和改善生态环境所起的作用和可获得的效益。一般通过有、无防洪设施相比较，以所减免的洪灾损失和可增加的土地开发利用价值等表示。计算方法一般采用频率法或系列法，已建成防洪工程效益计算采用实际发生年法。

洪灾损失（flood loss）　洪水毁坏和淹没造成经济损失、社会灾难和人员伤亡的总称。包括江河湖泊洪水泛滥、河道滩地受淹、堤防毁损、平原淹没，以及山洪暴发引起泥石流和滑坡，对土地、房屋、道路交通设施以及工、农业生产造成的破坏和人员伤亡的损失等。包括洪灾直接损失和洪灾间接损失。

治涝效益（benefit of waterlog control）　治涝工程措施所取得的经济效益、社会效益和环境效益的总称。经济效益通常可用减免的农、林、牧、副、渔等用地因涝灾减产失收造成的经济损失，城乡工矿企业、经济设施等受涝停产、减产和停运的经济损失，城乡居民住房和财产受涝的损失，以及公共设施毁损等其他经济损失表示；社会效益主要是避免因涝灾导致农业减产失收，造成农副产品供应紧张，影响正常生活，引起社会秩序混乱的后果；环境效益主要是避免土壤沼泽化和次生盐碱化，避免积涝造成水质和卫生条件恶化而引起疫病流行，减免林、草等因长期浸泡死亡而恶化生态环境等不良后果。计算方法有频率法、系列法、内涝积水量法和雨量涝灾相关法等。

灌溉效益（irrigation benefit）　运用灌溉工程所产生的各种效益的总称。包括：（1）经济效益，指提高农作物产量和质量所得到的效益，用实物或货币表示，采用分摊系数法、影子水价法和缺水损失法计算；（2）社会效益，指对当地经济结构的调整、生活水平的提高、社会风尚的改善和安定团结局面的巩固等国民经济和社会发展产生的效益和影响；（3）环境效益，指对当地环境产生的有利效果。

节水灌溉效益（benefit of water-saving irrigation）　采用节水灌溉工程或节水措施在原有灌溉面积上增加的效益，以及将节约的水量用于扩大灌溉面积或用于提供城镇用水而获得的效益的总称。采用有无节水工程（节水措施）对比或节水前后对比进行计算，包括直接效益和间接效益。直接效益指有无节水工程（节水措施）或节水灌溉前后原有灌溉面积增加的产出效益，以及节约水资源投向其他用途的净产出;间接效益指采取节水灌溉后节约水资源的价值、减少污染治理的费用以及节水灌溉后实现的节能效益、节地效益和省工效益等。

水力发电效益(benefit of hydro-electric engineering) 水电站向电网或用户提供电力、电量和发挥其他功能为社会创造的经济效益、社会效益和环境效益的总和。(1)经济效益,包括出售电力与电量所获得的经济收益;担任电网的调峰、调频、调相和事故备用等,提高电网生产运行的经济性、安全性和可靠性所产生的经济效益;替代火电站,减少火力发电所需燃料用量和相应的开采与运输费用。(2)社会效益,包括水电站提供廉价能源,促进地区国民经济发展,改善人民的物质与文化生活条件等方面的效益。(3)环境效益,包括水力发电减少燃煤、石油等资源性消耗,减少对大气的污染和对自然的破坏,改善和调节小气候等方面的效益。

梯级水电站联合调度效益(joint dispatching benefit of cascade hydropower stations) 一条河流上修建的、上下游互相衔接的一系列水电站中,由水资源、水能资源的联系,通过联合调度产生的总效益。包括:(1)首尾相连的各级水电站可充分利用全河段落差;(2)通过在河流上游建造较大的龙头水库以调节流量和水头,提高对河流流量的利用率,从而提高全河流所有梯级电站的保证出力、调峰能力和发电量;(3)减少因筑坝引起的淹没损失;(4)通过梯级最优开发和联合调度可满足不同用水部门对上下游水位、流量等的要求。

城镇供水效益(benefit of urban water supply) 水利工程向城镇企业、居民和各种社会公共事业供水获得的效益。包括:(1)经济效益,主要是供水增加城镇工矿业、服务业等的产量和产值,节省因强化节水或采取替代措施而改变工艺流程的费用,避免因水质不良造成工农业产品质量下降所致的损失。(2)社会效益,主要有满足城镇居民日常生活用水的要求,避免供水不足、间歇供水、减压供水乃至停水给居民带来的影响,避免因水质不良引起的各种疾病,保障社会正常活动等。(3)环境效益,主要是提供必要的冲污、稀释、洒洗用水,维护城镇的卫生环境;补充河、湖水量,维护城镇必要的水域环境;提供林木、绿地、园林和苗圃用水,美化城镇环境;供给道路淋洒等用水,降低扬尘,提高环境质量等。计算方法有最优等效替代措施法、缺水损失法、影子水价

法和分摊系数法。

城镇供水缺水损失(damage and loss of urban water shortage) 水利工程供水不能满足城镇工矿企业、公共事业和居民的生产、生活用水的需求而造成的所有直接损失和间接损失之和。以城镇工矿企业缺水为例,直接损失是指因缺水导致工矿企业减产、停产或产品质量下降的净产值损失,间接损失是指工矿企业因缺水导致生产秩序破坏和市场声誉受损等不利影响带来的损失。

灌溉效益分摊系数(share coefficient of irrigation benefit) 水利灌溉和农业措施共同作用产生的农作物增产和品质改善总效益中,水利灌溉措施对总效益贡献的比例。是计算灌溉效益的关键参数。常用试验法、同类灌区对比法和水利灌溉发展阶段统计法等确定。

水运效益(benefit of water transport) 采取航道疏浚、航道整治、河流渠化和修建船闸等水运工程措施,增加航道水深、改善航运条件获得的效益。包括:(1)经济效益,主要有提高通航船舶的吨位、增加客货运量、缩短航行时间和航运周期、降低航运成本和运输费用、减少航行事故造成的损失等;(2)社会效益,主要有促进沿河地区经济和文化的发展,提供新的就业机会等;(3)环境效益,主要是河道渠化或疏浚整治所起的美化风景、改善水质的作用等。

水土保持效益(benefit of soil and water conservation) 在水土流失地区通过保护、改良和合理利用水土资源,实施各项水土保持措施后,所获得的生态效益、经济效益、社会效益的总称。具体体现在以下几个方面:(1)保持水土,减少水、肥、土的流失,从而增加当地农、林、牧等业的各项收益;(2)减轻泥沙对河道、水库和其他水利工程的危害,节省河道、渠道等的清淤费用,延长水库的使用寿命;(3)减轻山洪、泥石流的灾害,减少抗灾费用;(4)保持和改善生态环境,如减低风速、防止风沙灾害、改善小区气候、美化环境等。由于量化计算比较困难,通常只考虑采取水土保持措施后,农、林、牧业等收益的增量,以及减少水土流失方面的效益。

水利旅游效益(benefit of water conservancy tourism) 利用水利工程本身或由其形成的宽阔水域发展旅游获得的效益。包括:(1)经济效益,主要是增加旅游经济收入,促进地区交通、商业、服务业和工艺手工业等的发展,繁荣地区经济;(2)社会

效益,主要有提供游览、娱乐、休息和体育活动的良好场所,丰富人们的精神生活,增进旅游者身心健康,创造社会就业机会,传播水文化等;(3)环境效益,主要有旅游点的水域和周围山川、道路、村庄等环境的改善。水利旅游也可能引起对水域污染的负效益。

水产养殖效益(aquaculture benefit) 利用适宜水域养殖水产经济动植物获得的各种效益。水库的水域宽广、水源充沛、水质良好、饵料丰富,可以放养鱼、蟹、虾、龟、鳖等水生动物,库边可种植芦苇、藕和菱等水生植物等。包括:(1)经济效益,主要是增加水产品的产量和产值并促进水产品加工业的发展;(2)社会效益,主要是丰富人们的生活资料,增加就业机会等。

水利工程生态效益(ecological benefit of water conservancy project) 水利工程建成后发挥调节区域生态系统良性循环,促进区域生态平衡,从而改善人类生产、生活和环境条件而产生的有益影响和有利效果。包括改变水资源空间分布不均、促进水资源合理配置;改善流域内部水文条件和循环状态、调节区域小气候;保障区域内部林草等生物物种的水资源供给,使林草资源在涵养水源、调节大气、水文、净化空气、保育土壤和维持生物多样性等方面更好地发挥作用等。

水利工程环境效益(environmental benefit of water conservancy project) 修建水利工程比无工程情况下,对调节气候、改善水环境和生产生活环境、减缓温室效应和酸雨危害等方面效益的总称。是水利工程效益的重要组成部分,也是水利工程发挥经济效益和社会效益的基础。

水利工程社会效益(social benefit of water conservancy project) 修建水利工程比无工程情况下,在保障社会安定、促进社会发展、增加就业机会、增长人们收入、提高生活水平等社会福利方面所做贡献的总称。是水利工程效益的重要组成部分。由于多数水利工程具有基础性和公益性的特点,其社会效益十分显著。

流域生态系统服务价值(watershed ecosystem services value) 流域作为一个对人类生存和保证生活质量提供生态产品和服务的完整系统,对其提供的产品和服务采用一定的方法,对其经济价值量所做的估计。流域生态系统不仅可以为人类的生存直接提供各种原料或产品(食品、水、氧气、木材、纤维等),而且具有调节气候、净化污染、涵养水源、保持水土、减轻灾害、保护生物多样性等功能,进而为人类的生存与发展提供良好的生态环境。这些产品和服务的价值的量化估计,可以为经济发展和生态保护提供宏观决策的参考依据。

水利工程直接经济效益(direct economic benefit of water conservancy project) 由水利工程直接提供的产品和服务的经济价值。如灌溉工程的直接经济效益是指由灌溉工程建设运行而增加的农产品的经济价值;防洪工程的直接经济效益是指防洪工程实际减免的各类财产因洪水冲毁、淹没而造成的损失。

水利工程间接经济效益(indirect economic benefit of water conservancy project) 亦称"波及效益"、"扩波效益"。水利工程产生的与其直接提供的产品和服务无关的其他效应和效果的价值。与水利工程直接经济效益相对应。如防洪工程避免的交通设施损毁为直接经济效益,但避免的因交通中断导致运输停滞或时间延误而造成的经济损失则为间接经济效益。

防洪保护费(flood protection fee) 亦称"防洪保安费"、"堤围防护费"、"河道建设费"。防洪工程受益者接受堤防、分洪和洪水调度等防洪减灾服务,向防洪工程管理单位或部门缴纳的费用。是省(市、区)级政府在本行政区域范围内开征的政府性水利建设专项基金,也是依据"谁受益,谁负担"的原则,所建立的防洪工程受益者承担部分或全部防洪工程运行维护费用的运行管理机制。各地征收情况不尽相同。分人民生命财产保护费和生产保护费两类。前者均按人头或户籍征收,后者即农业生产保护费、工业生产保护费和交通运输、商业等行业保护费等,一般按销售收入的费率征收。征收范围为直接接受防洪工程保护的地区,征收原则包括:(1)为保障某一地区的防洪安全所付出代价的大小,付出代价大的地区收费标准应该高于付出代价小的地区;(2)防洪保护区防洪标准高低,防洪标准高的地区的收费标准应高于防洪标准低的地区;(3)防洪保护区的经济发展水平,经济发达地区的收费标准应高于经济欠发达地区,城市收费标准一般应高于农村。

洪水保险(flood insurance) 为配合洪泛区管理,限制洪泛区不合理开发,减少洪灾社会影响,对居住在洪泛区的居民、社团、企业、事业等单位实行的一种保险制度。属防洪非工程措施之一，一般有自愿保险（通用型洪水保险、定向型洪水保险、专向型洪水保险）和强制保险（政策型洪水保险）两种形式，后者更有利于限制洪泛区的不合理开发。凡参加洪水保险者，按规定保险费率定期向保险公司交纳保险费，保险公司将保险金集中起来，建立保险基金。当投保单位或个人的财产遭受洪水淹没损失后，保险机构按保险条例进行赔偿。基本特点：（1）洪水保险风险很大，在局部地区难以满足大数定理；（2）洪水风险分布的地域性差异很大，自愿参加专项洪水保险的人数不多；（3）洪水保险的支付能力与经济发展水平密切相关；（4）洪水保险理赔时间过于集中，理赔对象分布面广；（5）洪水风险难以用频率刻画；（6）洪水保险所承担的风险不仅在经济方面，而且也在社会方面。有利于洪灾后及时恢复正常的生活和生产，并可减少国家对洪灾的救济经费，从而减少洪灾对社会的不利影响；引导防洪区的建设，限制在分蓄洪区和洪泛区内的不合理开发利用，降低洪灾损失。

标杆电价（benchmark electricity price） 为推进电价市场化改革，国家在经营期（项目经济寿命周期）电价的基础上，对新建发电项目实行按区域平均成本统一定价的电价政策。其本质是平均先进水平成本条件下确定的电价水平。由政府价格主管部门事先向社会公布，是新建发电项目经济评判的基准电价。煤电发电项目上网标杆电价按照项目经济寿命周期内合理补偿社会平均成本、合理确定收益和依法计入税金的原则核定；风力发电项目的上网电价按招标确定的价格执行；生物质发电项目由国务院价格主管部门分地区制定标杆电价，或按招标确定的价格执行；水电项目上网电价按省级电网企业平均购电价格扣减输电价格协商确定；太阳能、海洋能、地热能发电项目上网电价按照合理成本加合理利润的原则制定。标杆电价的作用：（1）提前向社会公布标杆电价，为投资者提供了明确的电价水平，稳定投资者投资预期，为投资决策提供价格信号；（2）促使发电企业加强内部管理，促进发电企业之间的公平竞争；（3）为逐步向电力市场化过渡奠定基础。

水价（water price） 亦称"供水价格"。供水经营者通过一定的工程设施，按照政府规定或供需双方商定的标准，销售给用户使用的单位商品水的价格。其基本构成包括资源水价、工程水价和环境水价。资源水价是体现国家作为所有主体制定的水资源的价格；工程水价是指通过具体或抽象的劳动把水资源变成产品水、进入市场成为商品水所花费的代价；环境水价是水资源开发活动造成的生态环境功能降低的经济补偿价格。水价的制定遵循公平性、水资源高效配置、成本回收和可持续发展四项原则。影响因素主要有：生产成本、用水户经济承受能力、供求关系、需求结构、水资源区位和国家经济政策等。

水价模式（water pricing mode） 水价定价模式。常用水价模式有：（1）供水服务成本定价模式；（2）用户承受能力定价模式；（3）投资机会成本定价模式；（4）边际成本定价模式；（5）完全市场定价模式；（6）全成本定价模式。由于各国社会经济发展水平以及水资源赋存条件不一样，因此在选择水价模式时要考虑具体的国情。美国国内各州的水价模式并不都一样，如美国西部由于水资源紧缺而采用服务成本定价或完全市场定价模式；英国采用全成本定价模式。发展中国家由于对农业经济的依赖性大，因而大都采用用户承受能力定价模式。

完全水价（full cost price of water） 亦称"全成本水价"。以水资源在社会循环过程中发生的所有成本为基础确定的水价。水资源社会循环指从自然界取水、输送、净化、分配、使用、污水收集和处理到最后排入自然水体的整个过程。该过程中发生的所有成本就是完全成本。一般认为完全水价应包括资源水价、工程水价和环境水价，也可考虑加上水资源的社会机会成本。完全水价模式不仅考虑了供水的所有成本，也体现了水资源的稀缺性，兼顾了供水成本，将水污染成本内部化，刺激人们节约用水，改善生活习惯，改进生产方式，促进环境保护。

两部制水价（two-part water tariff） 由两种定价机制构成的水价，一部分是与实际使用量无关，而与用水规模或占用量有关，定期支付的基本费用或容量费用，无论用水户的实际用水量如何，都要支付这笔固定费用；另一部分是按实际用水量计量收费的水价。这两部分水价分别分摊生产或服务的固定成本和可变成本。两部制水价主要有两种模式：（1）容量水价与计量水价相结合；（2）基本水价与计量水价相结合。是一种比较科学的水价，兼顾了供水部门财务收入的稳定和用水者节约用水的激励。其中由基本水价确定的基本水费可以保证工程的固定成本得到基本的弥补,由计量水价确定的计量水费按实际用水量收取,有利于防止浪费,促进节约用水。

基本水价(basic water price) 亦称"容量水价"。两部制水价中与使用量无关,而与用水规模或占用量有关,定期支付的基本费用或容量费用。无论用水户的实际用水量如何,都要支付这笔固定费用。基本水价按用水规模或占用容量,分几个等级以定值数额表示。基本水价的实施,明确了供水工程的折旧、维修费和工程生产人员工资等固定开支必须由用水户承担。供水收入必须首先保障该工程的存在及可运行,才能保障供水工程的安全、正常运行,是用水户必须缴纳的费用。同时,明确供水单位必须提留折旧费、维修费,以用于供水工程的维修改造,促进工程长久效益的发挥。

计量水价(water price based on quantity measurement) 两部制水价中根据实际用水量计算收取水费的价格。与基本水价不同,计量水价主要用于补偿水工程的变动成本。计量水价按照补偿基本水价以外的水资源费、材料等其他成本、费用以及计入规定利润和税金的原则制定。计量水价模式主要有两种:(1)单一计量水价;(2)阶梯式计量水价。长期以来,中国一直实行单一计量水价,即每一单位的用水量价格相同;阶梯式计量水价将用水量分成若干阶梯式等级,每个等级对应不同的单价。阶梯式计量水价将会成为中国水价模式改革的一个方向。

超额用水累进加价(progressive charge system for water use exceeding quota) 对用水户的合理、基本用水实行正常的价格,超过合理水平的用水实行较高价格的水价。超用水量越多,水价越高。其中合理水平的用水可视为在一定的社会、科技进步和国民经济发展水平下,单位产品、单位面积或人均生活所需要的社会(区域)平均用水量。超额用水累进加价制度是促进节约用水的主要经济手段。供水单位供给用水户基本用水的水价应是正常价格,甚至是较为优惠的价格;用水户超额用水不符合社会全局的利益,在水资源紧缺的条件下,用水户的超额用水就意味着其他用水户的基本用水可能得不到应有的保障,需要限制用水户超额用水的行为,超过的水量不能享受正常的水价,应对超额用水部分付出较

高的经济代价。实行超定额累进加价制度是水资源累进收费标准的进一步延伸,主要目的是控制用水行为,促进节约用水。

工业水价(industrial water price) 供水单位或部门向工、矿企业等工业生产部门提供商品水销售和服务时所采用的水价。中国现行的工业水价实行的是计量水价,即根据用户的用水量进行收费。一般不区分具体的工业部门而实行统一的水价,但在缺水地区采用差别化水价和超计划加价政策,即高耗水行业水价高于一般行业。根据现行水价政策,按照完全生产成本费用、税金和合理利润确定,同时需根据市场需求状况进行调整。

农业水价(irrigation water price) 供水经营者借助一定的水利工程设施将水资源输送给农业用水户后,向用水户收取水费所采用的价格。分农业用原水价格和农业水利工程供水价格。农业用原水价格实际上就是原始状态下的水资源价格或水资源费。农业生产本身具有极强的公益性,除了满足全社会的食品安全,对维护社会稳定具有重要的战略地位之外,农业生产还对地区的生态环境等有着重要的作用;中国农业供水绝大部分是由专门的水管机构来完成,水管机构在完成供水的同时,也承担着供水系统的管理维护工作和地区灌溉管理工作。考虑到农业生产的多功能性和特殊性,世界各国在水价政策中对农业水价给予了特殊的规定。中国《水利工程供水价格管理办法》明确界定了农业水价是水利工程供给农业用水的价格,农业供水具有公益性和政策性,一般实行保本微利定价原则。

生活用水水价(domestic water price) 供水单位对城镇生活用水和农村生活用水收取水费所采用的水价。城镇生活用水由居民用水和公共用水(含服务业、餐饮业、货运邮电业和建筑业等用水)组成,农村生活用水除居民生活用水外还包括牲畜用水。城镇居民生活用水,亦指城镇居民住宅用水,即指城镇居民在家庭中的日常生活用水,其中包括冲厕、洗浴、洗涤、饮用、烹调、清洁、庭院绿化、洗车,以及漏失水等。"城镇居民生活用水价格"是指城镇自来水供应给其服务范围之内的城镇居民使用时所采用的终端价格,包括水资源费、供水价格和污水处理费等三个部分。

环境水价(environmental water price) 经使用的水体排出用户范围后污染他人或公共的水环境、影

响水资源良性循环利用时,为进行污染治理和水环境保护而由用水户支付的费用。水价的组成部分之一。具体体现为污水处理和废水再利用费。环境水价确定的主要依据是以污染用水的处理费用作为基准进行间接计量。环境水价计收的主要目的是对生态环境保护进行补偿,从经济管理的角度保障生态用水,激励水资源高效利用。

水利工程供水成本(cost of water supply of water conservancy project) 水利工程在供水过程中发生的各项供水生产成本、费用的总和。包括水资源费、直接材料费、燃料动力费、工资和福利费、折旧费、工程养护修理费和其他直接费用等。是制定供水价格最重要的依据。供水成本核算可以分会计核算方式和技术经济学核算方式两大类。一般将水利工程供水成本分资源成本、固定资产成本和年运行成本三大类,其中资源成本为水资源费;固定资产成本包括固定资产折旧费(静态)和贷款年利息净支出;年运行成本包括工程维护费、管理人员工资福利费、工程管理费、材料动力费和其他费用。

水利建设项目经济评价(economic evaluation of water conservancy construction projects) 对水利建设项目的投资经济效果所进行的评价。是水利建设项目可行性研究的组成部分和重要内容,是项目或方案抉择的主要依据之一。分国民经济评价和财务评价两个层次,以前者为主,即从国家经济整体利益角度考察水利建设项目的效益和费用,计算项目对国民经济的贡献,分析项目的经济效率、效果和对社会的影响,评价项目的经济合理性。除考虑项目本身的直接效益和直接费用以外,还要计及由项目所引起的间接效益和间接费用。在价格体系不甚合理的条件下,国民经济评价一般采用修正价格(影子价格),并按照国家统一的社会折现率进行经济分析。财务评价是在国家财税制度和价格的条件下,从项目的角度,计算项目范围内的财务费用和效益,分析项目的财务生存能力和偿债能力、盈利能力,评价项目的财务可行性。对属于社会公益性质的水利建设项目,当国民经济评价合理而无财务收入或财务收入很少时,无须进行财务评价,但应进行财务分析计算,提出维持项目正常运行需由国家补贴的资金数额和需采取的经济优惠措施及有关政策。

技术经济比较(comparison in technical and economical aspects) 选择方案时进行技术和经济比较的总称。技术比较是为了选择技术上可行的方案,即纳入技术经济比较的方案,在现有技术条件下是可行的,或者在一定期限内经过努力是可以办到的。经济比较是为了选择经济上合理的方案,要求所选方案的经济效果好,各项经济评价指标符合评价准则的要求。

水利工程替代方案(alternatives of water conservancy project) 满足相同、特定开发目标,功能上能完全或基本取代水利工程项目论证方案的其他方案。可以是水利项目方案,也可以是非水利项目方案。在水利工程建设项目可行性论证阶段,为提高建设项目方案论证的科学性,需要拟订能满足水利工程建设目标的多个方案,各方案互为替代方案,共同参与最优方案筛选,以经济评价最优作为方案选择的基本原则,确定水利工程建设项目最优方案。

使用年限(service life) 水利水电工程及其建筑物从开始使用之日起至不能再履行原功能(或者履行原功能需要花费很大代价)的年限。水利水电工程及其各种建筑物的使用年限可参考有关规定确定。如《水利水电工程合理使用年限及耐久性设计规范》(SL 654—2014)对水利水电工程及其建筑物的合理使用年限进行了规定。

经济寿命(economic life) 建筑物或设备使用到经济上不合算时的年限。一般短于使用寿命。建筑物或设备达到经济寿命期时,由于运行维修费大于所能取得的效益,需要更新设备和改造建筑物。经济寿命与科学技术的发展有关,当新的设备替代旧的设备时,也就缩短了经济寿命。

经济分析期限(economic analysis period) 工程方案进行经济论证时,根据建筑物和设备的经济寿命和投产后所产生的效果变化而确定的一个合理期限。一般包括工程建设期和主体工程建筑物的经济寿命。在经济分析期限内,能够充分显示出工程运行后的各种有利的和不利的经济、环境及其他方面的后果,并使收益和支出达到稳定的状况。利用经济分析期限的概念,可使被论证的各方案之间具有统一的比较期限。当比选方案的合理使用期限不同时,经济分析期限应当取两者之大者。在这一期限中,合理使用年限短的方案在达到其经济寿命时,需要更新重建一次,才能进行两者经济性优劣的比较。一般大中型水利工程,经济分析期限通常为 30~50

年,特大型水利工程经济分析期更长。

基准年(datum year)　不同时点的效益和费用作比较时,作为时间价值折算所采用的基准年份。在进行各工程方案的比较时,为将不同时间的效益和费用加以对比,一般以工程建成后第一年或开工建设第一年作为基准年,将不同年份的效益和费用值,统一按复利折算到基准年的现值,从而使各工程方案在时间上有可比较的基础。

水利工程技术经济指标(techno-economic indicators of water conservancy project)　在技术上和经济上全面衡量和考核水利工程及其组成设备、物资、资源利用状况、管理水平、工程质量和效益的度量标准。也是水利工程技术方案、技术措施、技术政策经济效果的数量反映。既反映水利工程各种技术经济现象与过程相互依存的多种关系,又反映生产经营活动的技术水平、管理水平和经济成果。一般分价值指标与实物指标、综合指标与单项指标、经济指标与财务指标、绝对数量指标与相对数量指标、总量指标与人均指标、数量指标与质量指标。

净现值(net present value)　用设定的社会折现率或行业基准折现率将项目计算期内各年净现金流量(即现金流入量与现金流出量的差值)折算到基准年年初的现值代数和。它反映项目投资的净收益,是衡量或评价项目经济效益优劣的一种方法。进行项目经济评价时,当净现值大于或等于零,项目可行,否则项目不可行。

益本比(benefit-cost ratio)　亦称"效益费用比"。工程方案在经济分析期内各项效益现值与费用现值的比值。是评定工程方案优劣的一项指标。当益本比大于或等于1.0,方案可行;益本比小于1.0,方案不可行。独立方案比较时,益本比越大的方案越优;互斥方案比较时,需进行方案间增量分析,当增量益本比大于或等于1.0时,扩大规模的方案才是合理的。其计算可采用折算到基准年的总效益与总费用或年效益与年费用之比。

内部报酬率(internal rate of return)　亦称"内部收益率"。一个工程项目内在的取得投资报酬的能力。以净效益现值等于零时的折现率表示。即在这样一个折现率下,考虑时间价值,一项投资在未来产生的效益现值,刚好等于投资和成本现值,该折现率也就是该投资项目可望达到的报酬率。

投资回收期(investment recovery period)　从项目建设年份开始,用项目净收益回收项目全部投资所需要的时间。一般以年为单位。分静态投资回收期和动态投资回收期。前者是在不考虑资金时间价值的条件下,以项目的净收益回收其全部投资所需要的时间;后者是把投资项目各年的净现金流量按基准收益率折算成现值之后,以净现值回收全部投资所需的时间。后者一般大于前者。

经济折现率(economic discount rate)　从国民经济的角度对资金机会成本和时间价值的估量。代表占用社会资金所应获得的最低收益率。适当的折现率有助于合理分配建设资金,引导资金投向对国民经济贡献大的项目,调节资金供需关系,促进资金在短期和长期项目间的合理配置。中国《建设项目经济评价方法与参数(第三版)》中将折现率规定为8%,供各类建设项目进行国民经济评价时统一采用。

财务基准收益率(financial benchmark yield)　企业、行业或投资者在考虑资金时间价值的前提下可接受的投资项目的最低收益水平。在项目财务评价中,是评价项目财务内部报酬率指标的基准判据,也是计算项目财务净现值指标的折现率,是判断投资方案在财务上是否可行的依据。受资金来源、投资机会成本、项目风险,以及通货膨胀率等因素的影响。

开发性移民(development resettlement policy)　把移民安置纳入区域经济和社会发展体系,与安置区自然资源、人力资源开发有机地结合起来,通过发展经济、重建安置区、提供就业岗位,为移民创造新的生产、生活条件,实现移民妥善安置与安置区发展良性循环的一系列工作的总称。目的是使移民生产、生活达到或超过搬迁前的水平。方法是将移民资金统筹考虑,除去必需的一次性补偿资金外,其余作为发展资金,由政府领导、移民主管机关具体指导、农村集体经济组织实施、移民参与,运用移民资金开发资源、发展生产、建设库区、重建家园。

水库移民安置规划(reservoir resettlement planning)　将水库淹没区内居民迁移到淹没区以外适宜地区所需要的社会经济系统重建和发展的规划工作的总称。分移民安置规划大纲和移民安置规划。前者在项目建议书批准后编制;后者应根据批准的移民安置大纲,在工程可行性研究报告阶段编制。主要内容包括:水库淹没范围确定、社会经济调查、淹没影响实物指标调查、农村移民安置规划、集镇迁建规划、城镇迁建规划、工矿企业迁建规划、专业项目恢复改建规划、防护工程规划、库底清理规划、费用计算和实施进度等。

水库移民环境容量（environmental capacity of reservoir resettlement） 水库移民安置区在一定时期内、在保证自然生态良性发展、保持一定的生活水平和环境质量的条件下，按照拟定的规划目标和安置标准，考虑对区域自然资源的综合开发利用后，区域所能供养和吸收的移民人口数量。主要与移民安置区面积、气候条件、生物资源、矿产资源、土地资源、经济发展水平、人口素质和时间等因素有关。分现实容量和潜在容量两部分，潜在容量在条件具备时可转换为现实容量，但环境容量存在最大约束值。水库移民安置规划首先要分析移民安置区环境容量，并以此制约和指导移民安置规划。

水库淹没损失补偿（loss compensation of reservoir inundated） 对水库淹没范围内的各类财产损失和库区社会经济系统恢复重建过程中的耗费给予的补偿。按财产和经济损失，分：因兴修水库而必须废弃、拆迁、加固、防护的田地、林场、牧场、工厂、矿山、道路、桥梁、房屋、名胜古迹，以及必要的工程设施和相应的居民迁移所造成的物资和经济损失的补偿。按移民安置，分：农村移民安置补偿、集镇迁建补偿、城镇迁建补偿、工业企业迁建补偿和专业项目恢复改建补偿。依据国家政策法规和项目实际，根据淹没实物指标调查结果，按照补偿政策和具体标准，计算补偿费用并兑付给相关单位和个人。

水 利 管 理

水法律（water laws） 为调整有关开发、利用、节约、保护和管理水资源、防治水害等人类活动所产生的各类水事关系而制定的水事法律的总称。中国现行的水法律主要包括：《中华人民共和国水法》《中华人民共和国水土保持法》《中华人民共和国防洪法》和《中华人民共和国水污染防治法》，以及与水有关的法律，如《中华人民共和国环境保护法》《中华人民共和国海洋环境保护法》等。《中华人民共和国水法》是中国调整水事关系的基本法律，于1988年1月21日第六届全国人大常务委员会第二

十四次会议审议通过，同年7月1日起施行。2002年8月29日第九届全国人大常委会第二十九次会议通过修订。共8章82条，包括：总则，水资源规划，水资源开发利用，水资源、水域和水工程的保护，水资源配置和节约使用，水事纠纷处理和执法监督检查，法律责任，附则。

国际水法（international water laws） 调整国家间在国际水域开发、利用和保护、管理等方面产生的水事关系的水法律总称。一般包括调整水事关系的国际公约、双边或多边条约、协定，以及国际惯例。可以约束国际水域关联国在开发利用共有水资源中损害他国利益和破坏水域生态系统的行为。国际上已签订100多部国际水法，主要有《跨界水道和国际湖泊保护和利用公约》《为保护和可持续利用多瑙河进行合作的条约》（简称《多瑙河公约》）《湄公河流域可持续发展合作协定》等。中国也与一些周边国家签订过共同开发利用国际河流的协议，如《中华人民共和国政府与蒙古国政府关于保护和利用边界水的协定》《中华人民共和国政府和哈萨克斯坦共和国政府关于利用和保护跨界河流的协定》等。内容由国际水域关联国协商确定，有的比较单一，如中国、老挝、缅甸和泰国于2001年就澜沧江-湄公河自由通航达成的协议；也有的比较全面，如《多瑙河公约》的内容包括：缔约目的和原则，保护、改善和合理利用流域水资源，缔约国必须确保水资源的可持续利用、养护和恢复生态系统，设立多瑙河委员会等。

水法规（regulations and rulers of water） 依据水法和其他法律制定的用于调整水事活动中社会关系的各项水行政法规、水行政规章和地方性法规的总称。水行政法规是国家最高行政机关依法制定和发布的有关调整水事活动中社会关系的行政法规、决定、命令等法规性文件。水行政规章是指国家水行政主管部门依法在本部门的权限内、按照法定程序制定的有关水资源开发、利用、保护、节约、管理和防治水害等方面的决定、命令和规定等规范性文件。地方性法规是指地方权力机关和地方行政机关按照法定程序制定的有关调整水事关系的地方性法规、决定和命令等规范性文件。与水法律一起构成水法律法规体系。

水行政立法（water administrative legislation） 水行政机关依照法定权限和程序提出水法律草案，制定水行政管理方面的法规、规章，以及其他规范性文

件的行政行为。包括水法规的制定、修改和废止。目的是建立和完善水法规体系,规范各项水事活动。中国水法规体系分为法律、行政法规、地方性法规、部门规章和地方性规章五个层次。法律、行政法规和地方性法规分别由全国人大常委会、国务院和地方人大常委会制定。国务院水行政主管部门负责部门规章的制定,同时负责水法律、水行政法规的起草。地方水行政主管部门负责地方性规章的制定。

水行政执法(law enforcement in water administration) 各级水行政主管部门依照水法规的规定,在社会水事管理活动中对水行政管理对象采取的直接影响其权利义务,或者对其权利的行使或义务履行情况进行监督检查、并对其违法行为进行查处的具体行政行为。遵循的原则:法定原则、程序原则、公开公正原则、教育与处罚相结合的原则。实施方式:水行政检查监督、水行政许可、水行政处罚和水行政调解。其行为的生效要件包括:(1)执法的主体合法;(2)执法的权限合法;(3)执法的行为真实;(4)执法的内容合法;(5)执法的程序合法;(6)执法行为符合法定形式。

水行政司法(law justice in water administration) 各级水行政主管部门依法进行水行政调解、处理或复议,以解决水事纠纷和水行政争议的行为。水行政调解是由水行政主管部门依据水法律、法规和水事纠纷的本质原因,通过说服教育,促使当事人充分协商,互让互谅,达成协议,解决水事纠纷的活动;水行政处理是由水行政主管部门在水事管理活动中对当事人或具体事项进行处理的行为;水行政复议是指为解决水行政调处当事人不服水行政主管部门调处行为而设立的水行政争议解决制度。

水政策(water policies) 国家机关根据经济和社会发展情况和需要,为实现一定时期内开发、利用、节约、保护水资源和防治水害的目标而制定的行动准则或行为规范。体现在宪法、法律、行政法规、长期计划和财政专项预算等多种形式中。中国的水政策涵盖水资源开发利用、水利产业发展、水资源保护、防洪工程保护、节约用水等方面。有些政策长期有效,有些政策具有明确的实施期限。如《水利产业政策》(1997—2000)、《国家节水技术政策大纲》(2005—2010)、《全国重要江河湖泊水功能区划》(2011—2030)、《国务院关于实行最严格水资源管理制度的意见》(2012—2030)、《蓄滞洪区安全与建设指导纲要》(1988—)等。

水利产业政策(industry policy of water conservancy) 国家为实现一定时期内水利产业的发展目标而制定的行动准则。在中国,1997年10月28日由国务院以国发[1997]35号颁布了《水利产业政策》,政策实施期限自发布之日起,至2010年止。该政策是中国在经济快速增长、水利发展滞后并成为国民经济发展制约瓶颈的前提下出台的。目的是为促进水资源的合理开发和持续利用,有效防治水旱灾害,缓解水利对国民经济发展的制约。一般意义上的水利产业政策往往包括水利产业在国民经济中的定位,水利项目的公益性和经营性分类,水利建设资金的筹集,水利产品和服务的定价机制,水利产品和服务的规范性收费等内容。对推进水利产业化,鼓励节约用水,保护水资源,促进水资源可持续利用具有积极作用。

水价改革(water price reform) 在水资源有偿使用制度和商品水理念指导下,将水价作为调节水资源供需、促进节约用水、维持水利工程良性运行的政策工具,对水价进行实现政策目标的改革进程和举措。中国的水价经历了无偿供水、福利供水、商品供水三个阶段,水价改革在城市供水和水利工程供水两个领域分别推进,围绕科学制定调价目标、规范调价程序、理顺水价结构、严格水价成本监审、完善水价计价方式等方面进行改革。水利工程水价改革以2004年1月1日国家发展改革委员会与水利部联合颁布《水利工程供水价格管理办法》为标志,首次将水价纳入商品价格管理范畴,规范水利工程水价形成机制,以及核价的原则和方法。针对农业用水总量多、效率低、节水潜力大的特点,2013年开始,水利部协调财政部,在前期试点基础上,以节约用水、降低农民水费支出、促进灌排工程良性运行为改革目标,积极推进农业水价综合改革。

水价管理办法(rules of water price management) 依据相关法律、法规对水价性质、作用、形成机制、管理体制进行规定的规范性文件。中国的水价管理办法包括《水利工程供水价格管理办法》和《城市供水价格管理办法》。前者针对水利供水经营者通过拦、蓄、引、提等水利工程设施销售给用户的天然水价格的管理,包括总则、水价核定原则和办法、水价制度、管理权限、权利义务及法律责任、附则六部分;后者针对城市供水企业通过一定的工程设施,将地表水、地下水进行必要的净化、消毒处理,使水质符合国家规定的标准后供给用户使用的商品水价格的管理,分总则、水价分类与构成、水价的制定、水价申报与审批、水价执行与监督、附则六个部分。

水权(water right) 水资源的所有权、占有权、使用权、管辖权、受益权和处置权的总称。中国实行水的所有权和使用权相分离的水权管理制度。《中华人民共和国水法》规定,水资源属于国家所有,水资源的所有权由国务院代表国家行使。农村集体经济组织的水塘和由其修建管理的水库中的水,归该集体经济组织所有。按照法定权限,水行政主管部门对水资源享有管辖权和配置权,具有批准给予用水户对水资源进行使用和处置的权利。国务院发展改革主管部门和国务院水行政主管部门负责全国水资源的宏观调配。实行取水许可制度和水资源有偿使用制度,用水户经水行政主管部门或流域机构批准,领取取水许可证,并缴纳水资源费,才能获得取、用水权,称"初级(或一级)水权"。水权也可通过水权市场购买获得,称"二级水权"。界定清晰的水权可通过市场进行交易,促进水资源的合理配置和高效利用。水权与水价、水市场共同构成水权交易制度的三要素。

初始水权(initial water right) 单位和个人依法申请,经国有水资源产权代表(各级政府的水行政主管部门)依照法律、法规的规定、按照法定程序批准而取得的水权。水权的批准必须以江河流域的综合规划、全国和地方的水中长期供求计划,以及经批准的水量分配方案或协议为前提。中国水资源以时空分布不均和人均水资源量少为特征,国家实行用水总量控制和用水定额管理的宏观调控政策。初始水权主要依据 2008 年水利部颁布实施的《水量分配暂行办法》和 2006 年国务院颁布实施的《取水许可和水资源费征收管理条例》进行分配和依法取得。

二级水权(secondary water right) 单位或个人通过水权交易市场购买获得的初始水权权利人让渡的水权。初始水权转换为二级水权,通常由水使用权利人经政府水行政主管部门同意,通过水权交易市场将水权登记范围内的水量,按照市场价格让渡给需求者。二级水权的设立,使水权成为一项具有市场价值的流动性资源,通过市场机制,诱使用水效率低的水权人考虑用水的机会成本而节约用水,并把部分水权转让给用水边际效益大的用水人,使新增

或潜在用水人有机会取得所需水资源,从而达到提升社会用水总效率的目的。

河岸权(river revetment right) 亦称"沿岸权"。一种与土地拥有权紧密关联的水权分配方式。源于英国的普通法,它规定毗邻河流或湖泊的土地拥有者可以合理和有效使用该河流湖泊的水。河岸权制度虽然能够明确界定水权,但也存在用水范围过小和水资源配置效率低的缺陷。法律是否采用河岸权制度,视各国国情和各地自然条件而定。中国由于土地所有权的公有性质,水权配置不采用河岸权制度。对于国际河流、跨界水域,河岸权拓展为对江、河、湖、海等国际水域的沿岸国家对属于其领土(或领海)部分的国际水域和国际公认的经济专属区的水域享有的管辖、使用、损害赔偿,以及分享整个水域利益的权利。

水权制度(water right system) 对水权取得、登记、确权、流转等方面进行规范的制度的总称。包括取水许可制度、水权登记制度、水权确权制度和水权流转制度。取水许可制度是水行政机关对水使用权利人提出的取水申请进行审批的制度;水权登记制度是水使用权利人,对依法取得的使用地表水、地下水的权利进行登记,从而获得国家承认并给予确权的一种制度;水权确权制度是对水使用权利人给予确认的制度;水权流转制度是对水使用权利人将已确权的水量通过市场进行流转、获取收益并促进水资源优化配置的一种制度。

取水许可制度(water-drawing permit system) 水行政机关依据法律、法规的规定,对需要取得水使用权的潜在权利人提出的直接从地下或者江、河、湖中取水的申请,作出批准或不批准的水行政决定,并对获得批准者颁发取水许可证的一项水管理制度。除少量取水(如家庭生活、畜禽饮用取水、农业灌溉少量取水),为农业抗旱应急必须取水,为保障矿井等地下工程施工安全必须取水,为防御和消除对公共安全或者公共利益的危害必须取水等情形无须申请取水许可以外,其他一切取水单位和个人都应当依法申请取水许可,并依照获得的取水许可证的规定取水。国务院水行政主管部门负责全国的取水许可制度的组织实施和监督管理。县级以上人民政府水行政主管部门或其授权部门分级负责取水许可申请的审批和取水许可证的发放和管理。

水事关系(relations of water affairs) 在防治水害

和开发、利用、节约、保护、管理水资源的人类活动中产生的各种社会关系的总称。包括水事行为、水事秩序、水事矛盾、水事纠纷、水事协调、水事经济关系、水事法律关系等。水事是指个人、单位或地区之间涉及与水有关的权利和义务关系的事务的总称。此处,"水"包括水(水量、水质)、水域(江河、湖泊、地下水层、行滞洪区等)、水工程等。通常所说的水事关系是指水事法律关系,包括行政法律关系内容,也包括民事法律关系的内容,涉及面很广,形成了错综复杂的权利义务关系。

水事纠纷(water disputes) 在开发、利用、节约、保护、管理水资源和防治水灾害过程中,以及由水环境污染行为、水工程活动所引发的一切与水事有关的各种矛盾冲突。从纠纷当事人角度,分个人与个人之间的水事纠纷、集体与集体之间的水事纠纷、个人与集体之间的水事纠纷等类型;从法律关系的角度,分行政争议和民事纠纷;从地域角度,分国际水事纠纷和国内水事纠纷,前者又分两国水事纠纷和多国水事纠纷;后者又分一个行政区域内的水事纠纷和跨行政区水事纠纷、一个流域内的水事纠纷和跨流域的水事纠纷。特点包括:(1)区域性;(2)季节性;(3)尖锐性;(4)多样性;(5)复杂性;(6)技术性。处理原则:《中华人民共和国水法》规定不同行政区域之间发生水事纠纷的,应当协商处理;协商不成的,由上一级人民政府裁决,有关各方必须遵照执行。

水行政管理(water administration) 以防治水害,合理开发利用和有效保护水资源,充分发挥水资源的综合效益,以适应国民经济发展和提高人民生活质量为宗旨,由水行政主管部门或其授权的组织依法对全社会各项水事活动实施的组织、指导、协调和监督的活动。简言之,就是政府对水事活动实施的行政管理。包括四层含义:(1)水行政管理的宗旨体现国家和人民的根本利益和社会主义现代化建设的需要;(2)水行政管理的主体是各级人民政府及其水行政主管部门或法律法规授权的组织;(3)水行政管理的对象是各项水事活动,包括兴利和除害;(4)水行政管理不仅行使一般的行政管理职权,而且还行使对国有水资源的权属管理。内容包括:(1)资源管理:包括权属管理、开发利用管理、用水管理;(2)水利行业管理:包括水利工程管理、水土保持管理、河道管理;(3)调处水事纠纷。中国水行政管理职责的内容可以概括为两大类:公共管理和公共服务。具体包括:(1)制定水资源政策法规和部门规章;(2)开发利用和合理配置水资源;(3)管理和保护水资源及水利工程设施;(4)建设水利工程设施和研究推广水利科学技术;(5)防治水旱灾害和水土流失;(6)统计、发布水利公共信息和管理水利外事;(7)负责水行政执法。

水行业管理(management of water industry) 对包括原水、自来水的生产与供应、排水和污水处理等业务活动进行的专业化分类管理。主要包括管理体制、监管体系和从业人员管理。水行业管理体制模式:就管理主体而言,通常由政府作为直接责任主体,所有权、监管权与经营权分开模式,企业化运作、多元经营模式。就区域范围而言,有单个企业管理和区域性系统统一管理。水行业监管体系一般由水行业法律法规、成本与价格监管、所有者监管、环境质量监管、信息监管、市场监管和建立科学体系组成。从业人员管理主要有定员定岗、教育培训等。

水资源权属管理(management of water rights) 简称"水权管理"。水行政机关或其授权的部门依法对水资源实施调配、处理的管理。包括水资源使用权管理与水资源所有权管理。《中华人民共和国水法》规定,水资源所有权属于国家,但水资源的所有权与使用权是可以分离的。水资源使用权包括自然水权和社会水权。自然水权是指自然界对水资源的使用权,社会水权包括公民的生产水权和生活水权。

水资源开发利用管理(management of water resources development and utilization) 依法取得水权的部门或单位对其开发利用水资源的各项事业所实施的管理。以达到合理开发、利用、节约和保护水资源,防治水害,实现水资源的可持续利用,适应国民经济和社会发展需要的目标。包含水资源开发利用与水资源管理。水资源开发利用是指兴建蓄水、引水和提水等水利工程设施,控制和调节水资源,以满足人类社会各个部门的用水需要。水资源管理是指水行政主管部门,综合运用法律、行政、经济、技术等手段,对水资源的分配、开发、利用、调度和保护进行管理,以求可持续地满足社会经济发展和改善环境对水的需求的各种活动的总称。

水管理体系(water management system) 与水行政管理、水行业管理和水资源开发利用管理相关的部门、机构和单位所构成的管理系统。包括法律体系、组织体系、规划体系、政府资金投入体系。法律体系主要由《中华人民共和国水法》、《中华人民共和国防洪法》、《中华人民共和国水污染防治法》和各级行政法规组成;组织体系由中国的流域管理部门和行政区划管理部门组成;规划体系分流域规划和区域规划,流域规划和区域规划又细分为综合规划和专业规划,流域范围内的区域规划应当服从流域规划,专业规划应当服从综合规划;政府资金投入体系分中央和地方两方面,中央财政水利资金分配管理与现行管理体制密切相关,主要涉及财政部、国家发展改革委、水利部、国务院南水北调办、国务院三峡办等部门。

水管理制度(regulation of water management) 依法确立的规范水事活动的各项管理制度的统称。中国现行的水管理制度包括水资源优化配置制度、取水许可证制度、有偿使用制度、水价制度、节水制度、水质管理制度、水事纠纷调理制度、监督检查制度和水资源公报制度等。2011 年中国实行最严格水资源管理制度,主要内容概括来说,就是确定"三条红线",实施"四项制度"。

水行政主管部门(water administrative department) 履行水资源综合管理职能的政府行政机构。其主要职责为加强水利工作的政策、法规、规划、协调、监督等宏观控制和调节,加强水资源的统一管理、开发利用和保护,加强对水工程和水事活动的行业管理,以更好地为城乡居民生活和国民经济各用水部门服务。任务是:依法对本行政区的水资源、水工程和其他水事活动进行行政管理,把水利系统的法制建设与深化改革有机地结合起来,使水利工作逐步纳入法制建设轨道,建立正常的、科学的治水管水用水秩序,使水利更好地为社会和国民经济服务。具体有:(1)宣传执行《中华人民共和国水法》和有关水事的法规、方针政策,并拟订《水法》配套法规或地方法规;(2)统一管理本行政区水资源的规划、评价、开发、利用和保护,防治水害;(3)会同有关部门制订水的长期供求计划,归口管理节约用水;(4)管理水域和水工程保护;(5)管理和推行取水许可制度,征收水资源费;(6)对《中华人民共和国水法》和其他水事法规,进行执法检查、监督;(7)协调水事纠纷;(8)对水利队伍建设、培训进行行业管理等。中华人民共和国水利部是国务院水行政主管部门,负责全国水资源的统一管理和监督工作,中国重要

江河、湖泊设立的流域管理机构由国务院水行政主管部门确定。县级以上地方人民政府水行政主管部门按照规定的权限,负责本行政区域内水资源的统一管理和监督工作。

流域管理(watershed management) 国家对重要江河、湖泊以自然流域为单位,围绕水资源配置、节约和保护目标,对流域内水事活动进行的统一管理。包括水资源的开发、利用、治理、配置、节约、保护,以及水土保持等活动的管理。通过对流域内水资源的统一管理,改善水环境,增强江河湖泊的纳洪涝的能力,使水资源得到充分的利用,为流域内国民经济和社会发展提供有效的水资源保障。流域管理又可称"流域治理"、"流域经营"、"集水区经营"等,都表明了将流域作为一个生态经济系统进行经营管理,不仅为了充分利用流域内的水资源,更延伸到流域内土地资源等其他自然资源的经营管理,使整个流域内的生态和经济发展到最佳状态。

流域管理机构(watershed management agency) 国家水行政主管部门的派出机构。国务院水行政主管部门在国家的重要江河、湖泊设立的流域管理机构在所辖范围内行使法律、行政法规规定的和国务院水行政主管部门授予的水资源管理和监督工作。该机构负责流域内水量配置、水环境容量配置、规划管理、河道管理、防洪调度和水工程调度等,享有法定的水权,负责落实国家水资源的规划和开发利用战略,统一管理、许可和审批区域水资源开发利用。根据工作需要,可设一级或二级派出机构,不受地方行政机构的干涉,依法监督区域内机构对水资源的开发、利用、排放、治理、工程建设等工作。2002 年新《中华人民共和国水法》对流域管理机构的法定管理范围确定为:参与流域综合规划和区域综合规划的编制工作;审查并管理流域内水工程建设;参与拟定水功能区划,监测水功能区水质状况;审查流域内的排污设施;参与制定水量分配方案和旱情紧急情况下的水量调度预案;审批在边界河流上建设水资源开发、利用项目;制订年度水量分配方案和调度计划;参与取水许可管理;监督、检查、处理违法行为等。对流域管理的职责主要是宏观管理。中国的流域管理机构是长江、黄河、淮河、海河、珠江、松辽水利委员会和太湖流域管理局。

水区域管理(water management of administrative region) 以行政区域为单元进行的水资源管理。地

方人民政府要对本行政区域的经济社会发展负责，必然要管理本行政区域的自然资源，包括水资源。中国重要江河都是跨区域的，因此实行流域管理与区域管理相结合水资源管理体制。与流域管理以流域内水环境和生态为管理核心不同，水区域管理趋向于综合利用辖区内的水资源以充分发展区域经济，往往更趋向于水的社会属性的管理。侧重于生活用水和生产用水方面的管理，以优先满足生活用水的前提下高效配置水资源为目的，并积极促进各产业间充分利用水资源，为社会创造更大的效益。具有以下特性：（1）封闭性，区域在自身的经济发展过程中容易产生各自为政的现象，限制了区域之间的交流，与流域管理的开放性和耗散性形成对比；（2）完整性，区域内各地区和部门都受同一个政府的领导而具有完整性，而流域内各区域和部门没有统一的领导而具有分离性；（3）独立性，从行政能力看，区域具有完整而发达的自上而下的垂直式的行政系统而具有独立管理的能力，而流域各要素虽然具有整体性和关联性，但缺乏相应的管理能力，具有较强的依赖性；（4）协调性，在市场经济体制下，区域内地方政府是内部政治、经济、文化、社会等方面发展的协调者，而流域是以水资源的综合开发利用为中心的区域利益的协调者。

水利产业管理（industry management of water conservancy）　对以水资源为基础或以水资源配置为对象的经济活动组成的集合。包括水资源开发利用、节约保护，以及防治水害等的管理活动。水利产业是国民经济的基础产业和基础设施。水利产业管理实行有偿供水和有偿服务的企业化管理模式，其重要内容是完善水利产业组织体系建设，强化水利产业资产经营人才的培养等。水利产业管理就是从观念、产权关系、行业管理、管理模式和人才等方面对水利产业进行的调整和改革。

水资源一体化管理（integrated water resources management）　通过构建协调、统一的水资源管理体系，对水资源、水环境、水生态进行综合管理，以实现水资源综合开发、优化配置、高效利用和有效保护的科学组合为目标的水资源管理模式。是保障水资源可持续利用的重要基础。中国在借鉴国外经验的基础上，国家对水资源实行流域管理与行政区域管理相结合的管理体制，并在城市推行一体化的水务管理体制，统筹安排生活、生产、生态用水，保障人口、资源、环境和经济的协调发展。

流域综合管理（integrated watershed management）　以流域为基本单元，把流域内的生态环境、自然资源和社会经济视为相互作用、相互依存和相互制约的统一的生态社会经济系统，以水资源管理为核心，以生态环境保护为主导，以维持江河健康生命为总目标的流域管理模式和管理活动的总称。其特点是：政府、企业和公众等共同参与，综合运用行政、法律、经济、科技、宣传教育等手段，全面考虑与水有关的自然、人文、生态的水资源管理和决策方法。包括流域资源管理、生态管理、环境管理，以及流域经济和社会活动管理等一切涉水事务的统一管理。

数字流域管理（digital watershed management）　综合运用遥感（RS）、地理信息系统（GIS）、全球定位系统（GPS）、网络技术、多媒体和虚拟现实等现代高新技术对全流域的地理环境、自然资源、生态环境、人文景观、社会和经济状态等各种信息进行采集和数字化管理，构建全流域综合信息平台和三维影像模型，供各级政府部门共享，以便有效管理整个流域的经济建设和环境保护，科学地做出宏观的资源利用和开发决策的管理。

水利信息化管理（information management of water conservancy）　充分利用现代信息技术，深入开发和利用水利信息资源，实现水利信息的采集、输送、存储、处理和服务的现代化，全面提升水利事业活动效率和效能的过程。目的在于促进信息交流和资源共享，实现各类水利信息及其处理的数字化、网络化、集成化、智能化，直接为水资源的开发利用、水资源的配置与使用、水环境保护与治理等管理决策服务，提高水利行业科学管理的能力和水平。

水利工程管理（management of water conservancy project）　对已建成的水利工程进行运行、维护、管理等工作的总称。内容包括：工程设施的安全观测和监控；工程的日常运行和维护；设备和仪器的检修和维护；水文和水情的观测；防洪度汛；水利调度；水利工程管理单位的内部管理等。基本任务是：保持工程建筑物和设备的完整、安全并使其经常处于良好的技术状况；正确运用工程设备以提高工程效益；正确操作闸门启闭和各类机械、电机设备以防止事故；更新、改造工程设备和提高管理水平。目的是实现工程持久、正常运行，充分发挥水利工程的效益。

水利公安（water police）　公安机关设在水利部门

的水行政执法组织。任务是保卫水、水域、水工程，维护水利治安秩序，依法对违反水法规并构成犯罪和涉及治安管理处罚的水事案件和行为进行查处。目的是加强水事执法，保护水、水域、水利工程设施的安全，最大限度地发挥有限水资源的综合效益。

水利产业（water resources industry） 以水利设施为依托的各种生产和经营活动的总称。包括江河湖泊治理、防洪除涝、灌溉、供水、水资源保护、水力发电、水土保持、河道疏浚、江海堤防建设等兴利除害的所有规划、咨询、设计、建造、生产经营、运行管理、科学研究、信息服务，以及水库养殖、水上旅游、水利综合经营等。是国民经济的基础设施和基础产业，具有不同于其他产业的一些特征，以经济效益为主的供水、水力发电、水库养殖、水上旅游和水利综合经营等具有经营性；以社会效益为主的防洪除涝、农业供水、水土保持、水资源保护等具有公益性。

非经营性水利项目（hydraulic project for non-business operation） 水利工程中以社会效益为主、公益性较强的项目。包括防洪除涝、农田灌排骨干工程、城市防洪、水土保持、水资源保护等。此类项目一般由具体的政府机构或社会公益机构担任项目事业法人，对项目建设的全过程负责并承担风险。其建设资金主要从中央和地方预算内资金、水利建设基金，以及其他可用于水利建设的财政性资金中安排，维护运行管理费由各级财政预算支付。

经营性水利项目（hydraulic project for business operation） 水利工程中以经济效益为主、兼有一定社会效益的项目。包括城镇供水、水力发电、水库养殖、水上旅游和水利综合经营等。此类项目必须实行项目法人责任制和资本金制度。其建设资金主要通过非财政性的资金渠道筹集，维护运行管理费由经营管理单位营业收入支付。

综合利用水利项目（multi purpose water conservancy project） 兼有社会效益和经济效益两种属性的水利工程项目。能综合利用水利资源，兼有防洪、除涝、发电、供水、灌溉、航运等多种功能。建设资金按经营性和非经营性两类产业合理分割。此类项目应实行企业（项目）法人责任制，按经营性产业的切块投资界定企业法人的投资责任；按非经营性产业的切块投资分别界定中央政府、地方政府的拨款和投资责任，以及受益者的集资责任。运行费用也应按上述原则界定对应主体的分担责任。

水利特许经营项目（franchise project of water conservancy） 一些由政府交由专业投资人投资建设，按照合同约定的期限在项目建成后开展特许经营，使其通过运营收回项目投资并取得合理报酬，再由政府收回管理的水利项目。其目的是缓解水利项目政府资金短缺和提高项目建设效率。

建管合一（combined system of construction and management） 水利工程项目的建设和运行管理由同一主体分阶段负责的管理体制。是水利工程项目法人责任制的重要内容之一。可从根本上克服计划经济时代实行建管分离体制而导致的设计、施工、运行相互脱节，投资效益无人负责，建设项目效益低下，政府作为单一投资主体对工程建设项目承担无限责任等弊端。

管养分离（separation of management and maintenance） 水利工程运行管理与维修养护分离的简称。将水利工程维修养护业务和养护人员从传统的水利工程管理单位剥离出来，独立或联合组建专业化的养护企业，以全面实现水利工程维修养护的专业化、社会化和市场化。水利工程需要养护时，由水利工程管理单位通过招标方式择优确定养护承包人。

水利项目法人责任制（legal person responsibility system for water conservancy project） 由项目法人对水利工程建设的全过程管理负责，对项目建设的工程质量、工程进度、资金管理和生产安全负总责的一种建设管理制度。根据水利项目的经济属性，水利项目分经营性和非经营性两大类型。经营性水利项目实行企业（项目）法人责任制，由企业投资建设和生产经营，企业对项目的策划、筹资、建设实施、生产经营、偿还债务和保值增值实行全过程负责，并承担投资风险。此类企业要根据公司法组建有限责任公司或股份有限公司，从事投融资活动和生产经营。非经营性水利项目由政府在项目可行性研究报告批准后，设立或通过招标方式确定项目事业法人，作为工程项目的责任主体，承担项目的建设实施、运行维护和资产的保值责任。

水利水电工程合同管理（contract management of water conservancy and hydropower project） 水利水电建设主管部门、发包人、监理人、承包人依据法律法规，对水利水电工程施工合同关系进行组织、指导、协调及监督，保护当事人的合法权利，处理施工合同纠纷、防止和制裁违法行为,保证施工合同实施的一系列活动。目的是规范水利水电工程建设市场,使水利工程建设有据可依,发生纠纷时有章可循。内容包括:施工进度的管理、工程质量管理、工程安全管理、技术措施管理、物资管理、设备管理、成本计划与控制管理等。施工合同管理贯穿工程招投标、合同谈判与签约、工程实施、交工验收和保修阶段的全过程。

水利工程总承包(general contracting of hydraulic engineering)　将水利工程项目全过程或其中某个阶段(如设计或施工)的全部工作发包给一家资质符合要求的承包单位,由该承包单位再将若干专业性较强的部分工程任务分包给不同的专业承包单位去完成,并统一协调和监督各分包单位的工作。业主只与总承包单位签订合同,易于发挥总承包单位的管理优势,有利于降低造价。

平行分包(parallel sub-contracting)　业主将建设工程的设计、施工及材料设备采购的任务经过分解分别发包给若干个设计单位、施工单位和材料设备供应单位,并分别与各方签订合同。分解任务与确定合同数量、内容时考虑工程情况、市场情况、贷款协议要求等因素。优点是:(1)有利于缩短工期,设计阶段与施工阶段形成搭接关系;(2)有利于质量控制,合同约束与相互制约使每一部分能够较好地实现质量要求;(3)有利于业主选择承建单位,合同内容比较单一、合同价值小、风险小,对大型或中小型承建单位都有机会竞争。缺点是:(1)合同关系复杂,组织协调工作量大;(2)投资控制难度大,总合同价不易确定,工程招标任务量大,施工过程中设计变更和修改较多。

水利水电工程移民监理(resettlement supervision of hydraulic engineering)　依据国家有关法律、法规和政策,已批准的水利工程移民文件、规划报告和已签订的合同,对水利工程移民全过程进行监督控制和管理的工作。通常由水利工程建设单位或业主委托一个独立的、专业化的社会监理单位实施。主要内容包括:(1)在初步规划阶段,进行工程移民可行性研究、参与设计任务书的编制;(2)在详细规划阶段,提出详细的移民规划要求、组织移民方案评选,协助建设单位选择移民工程的勘察、设计单位,商签勘察和设计合同,审查移民工程设计和概算;(3)在实施阶段,协助业主签订有关合同,编制工程

移民总体计划,审查年度计划,调解业主与地方移民机构和工程承包商的争议,检查移民工程进度、质量、移民搬迁安置和工程移民资金的使用,参与组织工程移民的竣工验收。

水利水电工程移民监督评估(resettlement monitoring and assessment of hydraulic engineering)　签订移民安置协议的地方人民政府和项目法人根据《大中型水利水电工程建设征地补偿和移民安置条例》的规定,采取招标的方式,共同委托有移民安置监督评估专业技术能力的单位,对移民安置进行全过程监督评估的活动。内容包括:对移民搬迁进度、移民安置质量、移民资金的拨付和使用情况,以及移民生活水平的恢复情况的监督评估。监督评估单位在具体的监督评估工作中,必须熟悉移民政策和移民安置规划,按照规划中的各项指标,系统、全面、规范、专业地进行监督评估,切实维护移民的合法权益。

水利调度管理(water resources scheduling management)　促进水资源合理配置的一系列管理工作的总称。遵循水资源合理开发利用的客观规律,通过组织、指挥、指导和协调等手段,合理运用现代科学技术和现有水域、水利工程,改变江河、湖泊天然径流在时间和空间上的分布状况,以满足社会经济发展、人民生活和生态用水需求,达到除水害、兴水利,综合开发利用水资源的目的。

大坝安全管理(dam safety management)　为保证大坝安全制定技术标准和规程并进行综合管理工作的总称。大坝的建设和管理必须贯彻安全第一的方针。兴建大坝必须符合由国务院水行政主管部门会同有关大坝主管部门制定的大坝安全技术标准,选择有资质的设计单位、施工单位按标准、规范进行设计和施工;并按照工程基本建设验收规程组织分阶段验收和最终验收。大坝运行期的安全管理内容包括:注册登记,工程安全监测,巡回检查,维修养护,控制运用,安全保卫,技术资料归档,安全鉴定和除险加固设计审查等。国务院水行政主管部门会同国务院有关主管部门对全国的大坝安全实施监督。县级以上地方人民政府水行政主管部门会同有关主管部门对本行政区内的大坝安全实施监督。

大坝安全鉴定(dam safety appraisal)　对大坝的工作性态和运行管理进行综合评价和鉴定的工作。鉴定内容包括工程质量、运行管理、防洪标准、结构安全、抗滑、抗渗、抗震和抗腐蚀等。鉴定的基本程序先后为:大坝安全评价、大坝安全鉴定技术审查和大坝安全鉴定意见审定。实行定期制度,大坝建成投入运行后,应

在初次蓄水后的 5 年内进行首次安全鉴定,以后每隔 6 ~10 年进行一次。运行中遭遇特大洪水、强烈地震、工程发生重大事故或出现影响安全的异常现象后,应适时组织专门的安全鉴定。

堤防管理(levee project management) 为确保堤防工程安全运行,采用观测、分析、协调、控制和科学技术等手段对堤防进行的综合管理工作。管理范围包括:堤防系统全部工程和设施的建筑地和管理用地。具体工作内容包括:堤防工程观测,如水位、潮位、堤身沉降、浸润线、堤防表面,以及堤基渗压、水流形态、河势变化、河岸崩坍、冰情、波浪等;工程交通系统管理;通信系统管理;生物工程和其他维持管理设施的管理。

河道管理(river management) 通过法律、技术、经济和行政等手段,保障河道的防洪、供水、通航和水生态安全,并发挥综合效益的管理工作。依据的法律有:《中华人民共和国水法》《中华人民共和国河道管理条例》《河道采砂收费管理办法》《河道管理范围内建设项目管理的有关规定》《关于抓紧实施湖泊管理的通知》和《中华人民共和国航道管理条例》等。管理内容包括:河道整治和建设、河道保护、河道清障、河道技术和信息管理等。国务院水行政主管部门是全国河道的主管机关;各省(自治区、直辖市)的水行政主管部门是行政区域的河道主管机关。

湿地管理(wetland management) 运用法律、技术和经济等手段对湿地进行的管理工作。国家对湿地实行保护优先、科学恢复、合理利用、持续发展的方针。管理的内容包括:合理保持湿地的水源供给、涵养湿地、保持和改善湿地的自然生态环境等。良好的湿地环境管理可为鸟类和其他生物资源提供栖息和繁衍的场所,也有助于改善当地的气候条件。国家林业局负责全国湿地保护工作的组织、协调、指导和监督,并组织、协调有关国际湿地公约的履约工作。县级以上地方人民政府林业主管部门按照有关规定负责本行政区域内的湿地保护管理工作。

海涂管理(tideland management) 运用法律、行政、技术和经济手段对沿海滩地资源的开发利用进行规划和管理的工作。对海涂资源(港口、淡水、海水、水产、海洋能、植物与林业、旅游和自然保护区等)的开发利用必须贯彻综合利用和统一管理的原则。管理内容包括:(1)制定海涂资源开发利用管理条例(或海涂法),为海涂开发提供法律依据;(2)建立海涂管理专门机构,统一管理海涂开发利用事宜;(3)进行科学规划,协调各地区、部门和行业之间的关系;(4)组织多学科、多部门协同科学研究。

分滞洪区管理(flood diversion and storage area management) 通过技术、经济、法律和行政手段,对河堤外用作临时行蓄洪水的低洼地区和湖泊实施的管理工作。管理内容包括:制定分滞洪区范围、群众迁安避洪和滞洪运用方案,实施分滞洪区运用补偿政策、监测洪涝灾害和控制分滞洪遭受的损失,以及控制分洪区经济建设规模等。

灌溉管理 释文见 223 页。

自主管理灌排区(self-management irrigation and drainage district) 参照世界银行提出的经济自立灌排区的理念,结合中国灌区的实际情况,倡导并推广的一种新型的农业灌溉管理模式。通过组建用水者协会和供水单位或供水公司,建立符合市场机制的供水、用水管理制度,实现用水户自主管理灌排区水利设施和有偿用水,保证灌排区的良性运行和可持续发展。

农民用水者协会(water users association) 灌溉用水户按灌排系统服务区水文边界,结合乡、村、组的行政区划,自愿组建的群众性管水组织。遵循合作互助、民主管理和自我服务原则,具有法人地位,主要从事水资源开发和购买、水费收取、水量分配、水事纠纷调解工作,参与水资源权属管理、农田水利工程设施和末级渠系建设管护等工作。协会的组建将过去松散的管理组织变为具有严密章程、法律地位的管水组织,在灌排区投入、管理、决策和监督等方面变被动为主动,并为理顺政府、供水单位(公司)与农民三者之间的关系,形成良好的灌排区运行管理机制创造条件。

水环境管理(water environment management) 运用行政、法律、经济、教育和科学技术等手段,通过对损害水环境质量的人的活动施加影响,协调社会经济发展与水环境保护之间的关系,处理国民经济各部门、各社会集团和个人有关水环境问题的相互关系的活动总称。属环境管理的四大内容之一(水、大气、土壤、生物)。其管理内容包括:水环境计划管理、水环境质量管理和水环境技术管理三个方面。水环境管理和水环境治理是水环境保护的两大手段,发展中国家水环境管理更为重要。《中华人民共和国环境保护法》对环境管理制度进行了规定,国务院环境主管部门是全国水环境管理的主体,由于水环境管理的复杂性,需要协调水利、城建、农业、航运、公安等多个部门共同参与。

水量管理(water quantity management) 根据社会经济发展需求和水资源承载能力,对水资源开发、水资源配置和节约用水进行论证、调控和诱导的管理活动的总称。水量管理与水质管理共同构成水资源管理的两个重要方面。包括水资源规划管理和水资源论证、流域和区域取用水总量控制、实施取水许可和水资源有偿使用、严格地下水管理和保护、强化水资源统一调度等管理内容。可采取法律、行政和经济手段，其中经济手段是适应市场经济要求的效率较高的手段。

水质管理（water quality management） 为控制水污染、保护水资源的利用价值，通过技术手段、法律手段、行政手段和经济手段，对水体水质进行监测、保护和治理的管理工作总称。技术手段主要包括水质测报预报、流域水质保护规划、水质监测；法律手段主要包括制定水质保护和管理的法令、规定；行政手段主要包括健全水质保护机构，制定水环境质量标准和废水排放标准，实行水资源论证制度，排污许可制度，水质保护监督制度等；经济手段主要包括推行促进水质保护的技术经济政策，如实施排污收费和水污染奖惩制度等。

水污染源管理（water pollution source management） 通过规划、行政、法律、经济和科学技术等手段，对向地表或地下排放的水污染源进行控制的综合管理工作的总称。管理内容包括：水污染源调查和评价，水污染源治理规划，新建、改建和扩建工程项目的环境影响评价报告书审核，建设项目水污染源管理，水污染事故调查和仲裁，有毒化学品的管理，非点源污染的管理，水污染物排放许可证的审批和发放等。

水政监察（water administration supervision） 水行政执法机关依法对所管辖范围内的水事活动及其行为者（公民、法人或者其他组织）遵守、执行水法规的情况进行监督检查，对水事违法案件和行为进行调查、处理的行政执法活动。内容包括：（1）宣传贯彻水法规；（2）保护水、水域、水工程、水土保持、水生态环境，以及防汛抗旱、水文监测等设施；（3）维护正常的水事秩序；（4）对水事活动进行监督检查；（5）对违反水法规的行为实施行政处罚或采取其他行政措施；（6）配合、协助公安和司法部门查处水事治安和刑事案件。遵循合法性原则、合理性原则、保障水法规实施原则和公开性原则。

最严格水资源管理制度（strict management system of water resources） 2011—2013 年党中央、国务院，以及相关部门陆续出台的有关严格水资源和水环境管理的一整套制度的总称。为解决人多水少、水资源短缺、水污染严重、水生态恶化等日益复杂的水资源问题，实现水资源高效利用和有效保护，2011 年中央 1 号文件和中央水利工作会议明确要求实行最严格水资源管理制度，确立水资源开发利用控制、用水效率控制和水功能区限制纳污"三条红线"，2012 年 1 月国务院发布《关于实行最严格水资源管理制度的意见》，进一步明确了水资源管理"三条红线"的主要目标，制定"四项制度"保障，即用水总量控制制度、用水效率控制制度、水功能区限制纳污制度和水资源管理责任和考核制度。2013 年 1 月国务院办公厅发布《实行最严格水资源管理制度考核办法》，由此构成中国现阶段"三条红线"、"四项制度"、"一个考核办法"的最严格的水资源管理制度，其中"三条红线"是核心。

水资源管理"三条红线"（"three red lines" for water resources management） 中国"最严格水资源管理制度"的重要组成部分。分别指水资源开发利用控制红线、用水效率控制红线和水功能区限制纳污红线。其政策目标：针对中国现阶段水资源过度开发、粗放利用、水污染严重三个方面的突出问题，从严格控制用水总量过快增长、着力提高用水效率、严格控制入河湖排污总量三个方面，做出政策目标的设计。遵循原则：保障合理用水需求、强化节水、适度从紧控制原则。控制指标：国务院发布的《关于实行最严格水资源管理制度的意见》将《全国水资源综合规划（2010—2030）》提出的 2030 年水资源管理目标作为"三条红线"控制指标：到 2030 年全国用水总量控制在 7 000 亿立方米以内；用水效率达到或接近世界先进水平，万元工业增加值用水量降低到 40 立方米以下，农田灌溉水有效利用系数提高到 0.6 以上；主要污染物入河湖总量控制在水功能区纳污能力范围之内，水功能区水质达标率提高到 95% 以上。

饮用水源地管理（drinking water source management） 为保障饮水安全，对在提供城镇居民生活及公共服务用水（如政府机关、企事业单位、医院、学校、餐饮业、旅游业等用水）的取水工程的水源地域内，从事生产、生活、作业等人类活动依法进行监督管理的行政和执法活动的总称。包括水源地规划、保护区划定、水质水量巡查、水质监测、水源污染事故和违法行为的查处、水源破坏行为的打击、水源净化系统综合管护等。根据《饮用水水源保护区污染防治管理规定》，饮用水水源保护区一般划分一级保护区、二级保护区和准保护区，各级保护区有明确的地理界线，包括一定的水域和陆域，设有一定的禁止事项。饮用水源地管理实行行政首长负责制和属地管理原则，城建、水利、环保、公安、交通、海事、农业等部门共同协作，是一项涉及多部门的复杂的管理活动。

水功能区分级管理(hierarchical management of water function region) 水功能区实行流域管理与行政区域管理相结合的制度。流域管理机构会同有关省、自治区、直辖市水行政主管部门负责国家确定的重要江河、湖泊,以及跨省、自治区、直辖市的其他江河、湖泊的水功能一级区(保护区、缓冲区、开发利用区和保留区)的划分,并按照有关权限负责直管河段水功能二级区(在水功能一级区的开发利用区中划分为饮用水源区、工业用水区、农业用水区、渔业用水区、景观娱乐用水区、过渡区和排污控制区)的划分。流域管理机构对其直管河段(水库)水功能区进行监督管理,并会同有关省、自治区、直辖市水行政主管部门对流域内重要省界缓冲区、其他重要水功能区进行监督管理。其他的水功能区由有关县级以上地方人民政府水行政主管部门进行监督管理。取水许可管理、河道管理范围内建设项目管理、入河排污口管理等法律法规已明确的行政审批事项,县级以上地方人民政府水行政主管部门和流域管理机构应结合水功能区的要求,按照现行审批权限划分的有关规定分别进行管理。

自然保护区管理(management of nature reserve) 为完成自然保护区目标的具体手段和措施。在统一的管理体制下,中国形成了自然保护区独特的分类型、分部门和分级的管理体系,对自然保护区进行全面管理。《自然保护区类型与级别划分原则》将中国自然保护区划分为国家级、省(自治区、直辖市)级、市级和县(市辖区、旗、县级市)级四级。国家级自然保护区,由其所在地的省、自治区、直辖市人民政府有关自然保护区行政主管部门或者国务院有关自然保护区行政主管部门管理。地方级自然保护区,由其所在地的县级以上地方人民政府有关自然保护区行政主管部门管理。自然保护区的分区管理即将自然保护区划分为核心区、缓冲区和实验区。国家对自然保护区实行综合管理与分部门管理相结合的管理体制。国家环境保护行政主管部门负责全国自然保护区综合管理。林业、农业、国土资源、水利、海洋等有关行政主管部门在各自的职责范围内,主管有关的自然保护区。

水利旅游管理(water conservancy tourism management) 为统筹兼顾、科学合理地开发利用和保护水利风景资源,保护水资源和水生态环境,保障水工程的安全运行,对水利旅游项目进行的管理。是对利用水利部门管理范围内的水域、水工程和水文化景观开展观光、游览、休闲、度假、会议、科学、教育等活动进行的一系列管理过程。在满足旅游者求知、求新、求奇等各种各样的物质需求和精神需求同时达成统筹兼顾、科学合理地开发利用和保护水利风景资源,保护水资源和水生态环境,保障水工程的安全运行的目的。为科学合理地开发利用水利风景资源,规范水利风景区建设与管理,加强水资源和生态环境的保护,水利部陆续出台《水利风景区管理办法》(水综合〔2004〕143号)、《水利风景区发展纲要》(水综合〔2005〕125号)、《水利旅游项目管理办法》(水综合〔2006〕102号)、《水利旅游项目综合影响评价标准》(SL 422—2008)、《水利风景区规划编制导则》(SL 471—2010)、《水利风景区评价标准》(SL 300—2013)等一系列规章和标准,建立完善的管理制度体系。

水资源供给管理(water resources supply management) 利用各种工程措施在可利用水资源中增加有效供水量,通过供给扩张达到供需平衡的管理活动。缘于人们对水资源"自然赋予"的传统观念,强调供给第一,以需定供。水资源自然赋予观根源于水资源供给量相对于需求量而言是充裕的,在生产上导致水资源的粗放经营和大量消耗,在生活上导致水资源的浪费和过度开采,在水资源管理上导致松散式管理,水资源消耗速度和紧张程度缺少恰当的手段和杠杆衡量。

水资源需求管理(water resources demand management) 在水资源承载力的约束条件下,综合运用经济、技术、法律和行政手段来规范水资源开发利用中的人类行为,提高水资源的质量和利用效率,降低水资源需求,以实现资源环境和人类经济社会可持续发展的管理。主要内容包括水价、水权等的经济管理手段;用水总量控制、用水效率控制、水功能区限制纳污和水资源管理责任和考核、用水许可证等的制度法规;先进节水、污水净化处理技术、水平衡监测的技术手段;以及提高全民节水意识和引导良好消费行为的诱导手段。着眼于水资源的长期需要,强调在水资源供给约束条件下,把供给方和需求方各种形式的水资源作为一个整体进行管理。基本思路是:除供给方资源外,把需求方所减少的水资源消耗也视为可分配的资源同时参与水资源管理,使开源和节水融为一体。运用市场机制和政府调控等手段,通过优化组合实现高效益低成本的利用和配置水资源。

用水定额管理(water quota management) 节水部门以用水定额这一宏观指标为基本依据,以保证水的合理配置为原则,通过计量核算、制定计划、价费政策等手段,达到水资源高效利用的过程。包括制定宏观的用水定额、确定水分配计划的制定原则、设计合适的价费政策、制定科学的管理方案实施细则等。水行政主管部门会同有关行业主管部门结合区域产业结构特点和经济发展水平,制定农业、工业、建筑业、服务业,以及城镇生活等各行业用水定额。

水平衡测试(water balance test) 对一个可封闭的用水体系,在特定的研究周期内,利用水平衡理论和方法,通过水量、水质基础信息的准确采集、规范化整编、系统化分析、资源化整合、合理化建议等环节,围绕水资源的取、用、耗、排所进行的监测和分析的总称。通过水平衡测试,可以摸清企业的用水现状,正确评价企业的用水水平,挖掘企业节水潜力,确定企业产品用水量,从而进一步确定企业用水定额,并作为一定区域内合理用水、计划用水,节约用水的一项科学依据。水平衡测试方法主要有在测试管道泄漏量基础上的一级平衡法、逐级平衡法和综合平衡法。

城乡供水一体化(unification of urban and rural water supply) 在平等的基础上,统筹规划城乡空间范围内的供水系统建设与管理。在流域协调的框架内,包括水量预测、水源应用、供水系统网络建设等统一规划,实现城乡一体化发展,保障合理调度、配置和利用水资源,实现供水系统区域空间协调,供水系统设备共享,促进地区经济、社会的可持续发展。以整体空间为统筹基础,统一规划城市和农村的区域供排水网络系统,统一协调供水、污水处理、排水及供排水管网的协调布局等。

虚拟水战略(virtual water strategy) 将增加凝结在产品和服务中的虚拟水量作为解决流域或地区内部水资源短缺问题的应对策略。虚拟水是在生产产品和服务中所需要的水资源数量。从系统的角度出发,运用系统思考的方法找寻与问题相关的各种各样的影响因素,提倡出口高效益水资源商品,从富水国家或地区购买水密集型农产品,从而节省本地区的用水量。虚拟水贸易是虚拟水战略的主要实施方式。虚拟水战略实施的前提条件是必须满足有这样两种类型的国家或地区存在:一是贫水国家或地区,无论其粮食是否短缺;二是富水国家或地区,并且粮食富足。虚拟水战略的思路拓宽了水资源配置领域,提高全球水资源利用效率。

生态补偿(Eco-compensation) 以保护和可持续利用生态系统服务为目的,以经济手段为主调节相关者利益关系,促进补偿活动、调动生态保护积极性的各种规则、激励和协调的制度安排。有狭义和广义之分。狭义的生态补偿指对由人类的社会经济活动给生态系统和自然资源造成的破坏及对环境造成的污染的补偿、恢复、综合治理等一系列活动的总称;广义的生态补偿则还应包括对因环境保护丧失发展机会的区域内的居民进行的资金、技术、实物上的补偿,政策上的优惠,以及为增进环境保护意见,提高环境保护水平而进行的科研、教育费用的支出。通过对损害(或保护)资源环境的行为进行收费(或补偿),提高该行为的成本(或收益),从而激励损害(或保护)行为的主体减少(或增加)因其行为带来的外部不经济性(或外部经济性)。生态补偿机制的建立需明确补偿主体、补偿对象、补偿原则、补偿标准、补偿方式等生态补偿要素。

防灾减灾预警系统(early warning system for disaster prevention and reduction) 采用遥感遥测、数据传输和人工决策指挥平台等现代科学技术,按灾害的科学分类原则,根据事先确定的预警阈值或约定,对可能发生的自然灾害或突发危机事件提前发布警报和灾前提供警示信息的智能化系统。早期预警可更好地应对突发重大灾害的袭击,一般包括灾害监测和预测、信息快速处理和传输、基础数据库、决策指挥、应急决策支持、灾害实时评估、信息发布和公众应急反应等八大体系。基本任务是要在尽可能远的警戒距离和尽可能长的预警时间,及时、准确地探测到来袭目标,判断真伪并测定有关参数,处理有关信息,通过信息系统迅速报知,特别是将突发危机事件早期警戒获得的情报传递到战略指挥机构,为决策当局和高级指挥机构提供战略决策的准确信息。可为防灾减灾决策提供科学依据,为有效监测、预报灾害奠定基础,为掌握认识灾害发生发展规律及动态变化趋势积累资料。

水资源资产化管理(capitalization management of water resources) 把能够作为生产要素投入到生产经营和管理活动中去的水资源作为资产,从开发利用到生产、再生产的全过程,遵循自然规律和经济规律,以货币加以计量进行投入产出的管理。实现水资源资产化管理的基本特征是确保所有者权益、自我积累和产权的可流动性,核心是产权管理。要明确解决水资源资产产权关系,强化国家对国有水资源资产所有权管理,理顺国家、企业、个人诸多方面的经济关系。通过对水资源的资产化管理,建立起明晰的产权并实现产权的可流转,保证每一个经济主体自身的利益实现最大化。目的是有偿使用水资源,通过投入产出管理,确保所有者权益不受损害,增加水资源产权的可交易性,促进水资源价值补偿和价值实现。

水资源供需平衡(water resources supply and demand balance) 水资源可供水量与实际需水量间的平衡关系。水资源的可供给量与其开发技术经济水平有关;实际需水量与生产发展能力、人民生活水平和水资源利用程度等有关,故在不同时期可供水资源量和实际需水资源量是可变的。水资源供需分析是以区域现状和预测水资源系统、社会经济系统及供需水系统的状况和发展趋势为基础,对各水平年的供需水系统主要特征参数和性态进行定性、定量的综合分析。供需关系有三种情况:(1)供大于需,说明可利用的水资源尚有一定潜力;(2)供等于需,说明水资源的开发程度适应现阶段的生产、生活需要;(3)供小于需,说明水资源短缺,需立即采取开源节流等措施,以缓解供需矛盾。水资源供需间的平衡是相对的,水资源供需平衡分析计算是做好水资源规划、开发利用和管理的重要基础工作。

跨流域调水管理(interbasin water transfer management) 对从一个流域调水到另一个流域,使两个或两个以上流域的水资源经过相互调剂得以合理开发利用的水资源配置的管理。包括:(1)跨流域调水机构管理体制与机制:建立统一的组织管理机构,明确管理权限,组织管理机构制定各项政策、调水原则、水资源调度程序、用水户分水模式、调水工程水费征收办法、水源区水资源费征收办法,并协商确定运行管理机构的权限和义务等事项;制定调水工程建设、保护与运行管理的有关机制。(2)跨流域调水各环节的管理:规划期管理,即在工程规划(或编制项目建议书)阶段对工程立项依据、工程建设规模、受水区水资源状况、受水区节水潜力、水源区水资源状况、用水需求等进行审查;取水管理,跨流域调水工程建设必须进行水资源论证报告书和进行取水许可审批;用水管理,明确分水模式,按公平、公正、公开的原则,契约核准的各受水区水量(或流量、分水比例)为其有权拥有的最大水量(或流量、分水比例),若受水区需要更多水资源或有多余水量,可通过水权购买或转让的方式进行。

小型水利工程产权制度改革(property right system reform of small water projects) 针对农村小型水利工程主体多元、产权不清、管护责任不明确、管护经费缺乏等突出问题而进行的综合性改革工作。改革目标为:明确所有权和使用权,落实管护主体和责任,对公益性小型水利工程管护经费给予补助,探索社会化和专业化的多种水利工程管理模式。改革措施主要包括:建立以各种形式农村用水合作组织为主的管理体制,采用承包、租赁、拍卖、股份合作等灵活多样的经营方式和运行方式。

河长制(river chief mechanism) 由各级党政主要负责人担任河长,负责辖区内河流的污染治理的一种机制。是从河流水质改善领导督办制、环保问责制所衍生出来的水污染治理制度。目的是为保证河流在较长的时期内保持河清水洁、岸绿鱼游的良好生态环境。通过河长制,让本来无人愿管、被肆意污染的河流,变成悬在河长们头上的达摩克利斯之剑,在中国水污染日益严峻的情况下,是一项催生河清水绿的可行制度。

水利工程管理单位体制改革(system reform of hydraulic engineering management unit) 以确定水利工程管理单位类别和性质为重点,合理定编定岗,规范财政支付范围和方式,分类推进人事、劳动、工资等内部制度改革一系列工作的总称。目的在于建立职能清晰、权责明确、符合中国国情和社会主义市场经济要求的水利工程管理体制和管理科学、经营规范、效益提高、水资源可持续利用的运行机制。

大中型灌区改造(upgrading of large and medium-sized irrigation district) 对大中型灌区进行渠系优化、工程美化、防渗加固和工程配套等方面工作的总称。目的是建设经济可行、运行安全、管理方便的灌溉体系,提高灌区田间配套工程建设标准和水的利用率。需要根据大中型灌区的实际情况,通过统一规划灌区骨干工程与田间工程,统一调配和管理灌区水资源,在保证生态环境用水的基础上规划灌溉用水,发展高效节水型农业,增加灌区群众的经济收入,增强灌区的经济实力。

水利工程除险加固(danger removal and consolidation of water conservancy project) 为水利工程的持续安全运行,运用先进的项目管理技术和

施工工艺,对影响水利工程运行安全的问题和隐患进行排查、修补、加固的工作。是水利工程管理中一项十分重要的任务,直接关系到水利工程防洪泄洪、兴利除害、改善环境的职能和作用,也是实现水资源可持续利用和社会经济可持续发展的战略举措。

水利水电工程移民安置(resettlement of hydraulic engineering) 对水利水电工程建设征地影响产生的非自愿移民的居住、生活和生产等进行全面规划与实施,为移民重建新的社会、经济、文化系统的全部活动。目标是:保障移民搬迁后的生产、生活达到搬迁前的水平,并保证移民在新的生产、生活环境下的可持续发展。内容包括:移民的去向安排,移民居住和生活设施、交通、水电、医疗、学校等公共设施的建设或安排,土地征集和生产条件的建立,社区的组织和管理等。安置方式主要有:本地靠后安置与异地安置、集中安置与分散安置、政府安置与移民自谋出路安置等多种安置方式。是一项多行业、综合性、极其复杂的系统工程,也是水利水电工程建设的重要组成部分,直接关系到工程建设的进展、效益的发挥乃至社会的安定。

水利风景区建设与管理(construction and management of water conservancy scenic spot) 水利部门以水域(水体)或水利工程为依托,充分利用较好的风景资源和环境条件形成的水利风景区,进行以保护为前提的开发、建设和管理工作。前提是:以保护水资源、水环境,修复生态,维护水工程安全运行,促进人与自然和谐发展。总目标为:建立符合经济社会发展要求的水利风景区建设管理体制和运行机制。具体目标包括:水利风景区规划、设计、管理规范化,生态环境保护法制化,基础设施建设科学化,服务人性化,建设管理投资主体多元化,经营管理企业化,科学合理地开发和利用水利风景资源,促进水利风景区建设与管理工作可持续发展。

科技　信息　文化

水 利 科 技

水利科技（water conservancy science and technology）人类在从事水利事业的各种活动时，所包含的对江河湖海开发、治理与保护中，以及勘测、规划、设计、施工、运行与管理过程中的科学理论、方法、工程技术的知识体系。是水利事业发展的主要动力与基础。水利事业不仅与自然界，也与人类社会有紧密关系。因此，水利科技融合了自然科学、工程科学、环境科学、管理科学、经济学与社会学等众多学科内容，其中也包含探讨人与自然复杂关系的哲学内容。

水利学科（water conservancy discipline）水利科技的知识体系中，按研究对象、研究内容，以及人才培养专业等加以区分的各个分支。其内涵随着水利事业的发展而变化。根据 2011 年国务院学位委员会、教育部颁布的《学位授予和人才培养学科目录（2011 年）》，目前，水利学科的主干学科有：水利工程一级学科下设的 5 个二级学科，即水文学及水资源、水力学及河流动力学、水工结构工程、水利水电工程、港口、海岸及近海工程；农业工程一级学科下设的二级学科农业水土工程；林学一级学科下设的二级学科水土保持与荒漠化防治。与水利学科紧密相关的学科有地理学、力学、材料科学与工程、土木工程、动力工程、地质工程、环境科学与工程，以及应用经济学等。

中国水利学会（Chinese Hydraulic Engineering Society，缩写 CHES）中国水利科技工作者组成的群众性、学术性社会团体。成立于 1931 年 4 月，原名中国水利工程学会，1957 年重建并改为现名。宗旨：促进水利科学技术的繁荣和发展，促进科技创新与人才的成长。任务：组织国内与国际的学术交流与合作；普及水利科技知识，弘扬科学精神，传播科学思想和科学方法，推广先进技术；开展技术开

发、技术推广、技术咨询、技术服务；开展继续教育和技术培训；编辑出版水利科技期刊和学科专著；举荐科技人才，表彰和奖励在学术活动中做出优异成绩的团体和个人。下设泥沙、岩土力学、施工、水工结构、水文、农村水利等 35 个专业委员会，以及若干工作委员会和办事机构。主办《水利学报》、《水科学进展》、《泥沙研究》、《岩土工程学报》、《灌溉排水学报》、《中国防汛抗旱》等水利期刊。2002 年国家科技部批准设立"大禹水利科学技术奖"。2012 年全国工程教育认证协会批准设立水利类专业认证委员会秘书处。学会每五年举行一次全国会员代表大会并选举理事会。日常办事机构设在水利部。

中国水利工程协会（China Water Engineering Association，缩写 CWEA）中国水利工程建设管理、施工、监理、运行管理、维修养护等企、事业单位，以及热心水利事业的其他相关组织和个人，自愿结成的非营利性、全国性行业自律组织。成立于 2005 年 8 月。宗旨：团结广大会员遵守宪法、法律、法规，遵守社会道德风尚；贯彻执行国家有关方针政策；促进社会主义物质文明、精神文明和和谐社会建设；服务于政府、服务于社会、服务于会员；维护会员的合法权益；起到联系政府与会员之间的桥梁和纽带作用，发展繁荣水利事业。业务范围：研究总结水利工程建设与管理行业改革、发展的理论和实践；参与有关行业发展、行业改革和与行业利益相关的政府决策方案论证；提出有关经济技术政策和立法的建议，参加政府举办的听证会；制定本行业的行规行约，建立健全行业自律机制，维护会员的合法权益，维护行业内的公平竞争，协调会员关系等。主办《水利建设与管理》、《中国水能及电气化》、《水资源开发与管理》、《江河》等期刊。主管单位水利部。

中国农业节水和农村供水技术协会（Chinese Agricultural Water-saving & Rural Drinking Water Supply Technology Association）中国农业节水和农村供水的企、事业单位、行业管理部门和个人自愿

组成的全国性、非营利性社会团体。成立于1995年,原名"中国农业节水技术协会",2007年经水利部、民政部批准,改为现名。宗旨:团结全国广大水利工作者,以及有关企事业单位和大专院校,共同促进农业节水和农村供水事业的发展,促进农业节水和农村供水技术的推广,促进基层水利技术和管理人才的培养,为中国水资源的合理开发、高效节约和可持续利用,为中国农村水利事业的蓬勃发展发挥推动作用,做好服务工作。业务范围:调查研究有关农业节水、农村供水的情况和问题,向政府提出行业发展规划、经济技术政策、经济立法等方面的建议;加强发展与国外同行业的交往,接待来华访问团体,组织经济技术交流与合作及国外科技考察,组织有关国际专业会议、展览会;组织专业人才和基层管理、技术人才的学习培训;组织研究、开发、引进和示范推广有关农业节水和农村供水领域的新技术、新产品、新经验等。主管单位水利部。

中国水力发电工程学会(China Society for Hydropower Engineering,缩写CSHE) 中国水力发电工程科学技术工作者自愿组成并依法登记的全国性、非营利性学术团体。成立于1980年6月。宗旨:促进水力发电科学技术的繁荣和发展,促进水力发电科学技术的普及和推广,促进水力发电科技人才的成长和提高,为社会经济可持续发展服务,为广大的水力发电科技工作者服务。下设水能规划及动能经济、水库、环境保护、水文泥沙、地质及勘探、水工及水电站建筑物、水工水力学、高坝通航工程、碾压混凝土筑坝、混凝土面板堆石坝等30个专业委员会,以及国际河流水电开发生态环境研究工作委员会和学会秘书处。主办《水力发电学报》、《水电能源科学》、《大坝与安全》、《岩土工程学报》、《水电站机电技术》、《水力发电年鉴》等学术期刊。经国家科技部批准设立"水力发电科学技术奖",并发起设立潘家铮水电科技基金。每五年举行一次全国会员代表大会并选举理事会。秘书处设在北京。

中国航海学会(China Institute of Navigation,缩写CIN) 中国航海科技工作者,以及交通、海军、海洋和渔业系统中的有关单位自愿组成的公益性、学术性的法人社团。成立于1979年4月。宗旨:团结和组织航海科技工作者,促进航海科学技术的繁荣和发展,促进航海科学技术人才的成长和提高,为中国航运经济的发展和航海事业的腾飞而努力奋斗。业务范围:开展航海学术交流,活跃学术思想,提高航海科技水平,促进航海科学技术的开发和应用;接受对航海科技发展战略、政策和建议中的重大决策和科技项目进行论证的委托,提出决策建议;进行航海科技奖评审和奖励、科技成果鉴定、技术职务资格评定、科技文献和标准的编审;开展航海科技及其相关领域内的技术咨询、技术服务、技术转让,以及技术和展品展览等。下设海洋船舶驾驶、内河船舶驾驶、内河航运开发建设、水运规划与技术经济、船闸等19个专业委员会,以及秘书处。经国家科技部批准设立中国航海科技奖。主办《中国航海》、《航海技术》等学术期刊。业务由交通运输部指导。

中国海洋工程学会(China Marine Engineering Society,缩写CMES) 中国海洋工程科技工作者,以及相关单位自愿组成的学术性社会团体。成立于1979年。业务范围:开展海洋工程科学技术交流活动,促进学科发展;接受海洋工程领域重大课题和关键问题的委托、咨询任务;对国家海洋工程事业和技术的政策、措施和发展方向提出建议;发掘和推荐海洋工程科技人才,推广研究成果;开展国际学术交流及港、澳、台地区的学术交流活动,促进国内外同行在海洋工程方面的学术交往与合作;普及海洋科普知识,培养年轻一代对海洋工程事业的热爱。下设海岸工程、近海工程、海洋能源、水下工程和潜水技术4个专业委员会。主办《海洋工程》和《China Ocean Engineering》(英文版)等学术期刊。秘书处设在南京水利科学研究院。

中国水运建设行业协会(China Water Transportation Construction Association,缩写CWTCA) 中国水运建设行业的企、事业单位自愿组成的行业性、非营利性社会组织。成立于2001年7月。宗旨:努力为政府和会员单位服务,维护会员单位的合法权益,进一步完善和规范水运建设市场,促进水运建设行业的进步和发展,使水运建设单位在中国的现代化建设中发挥更大作用。业务范围:发挥政府与会员之间的桥梁纽带作用,宣传、贯彻政府的方针、政策;积极开展行业调查研究,进行行业统计和经济活动分析,为政府主管部门决策提供依据;参与研究本行业发展战略,为政府主管部门制定行业规划、相关产业政策和立法工作提供建设性意见;组织经营管理、技术开发等方面的经验交流、研讨、培训等活动,推动先进技术和装备的开发、引进及推广,为本行业的经济、技术合作和学术交流提供咨询服务等。下设工程建设及材料、工程勘察设计及标准化、工程施工、航道等七个专业委员会。主办《水运建设信息》学术期刊。秘书处设在北京。

中国水土保持学会（Chinese Society of Soil and Water Conservation，缩写 CSSWC）　中国水土保持科学技术工作者和团体自愿组成的学术性、非营利性社会团体。成立于 1986 年 5 月。宗旨：团结广大水土保持科技工作者，开展国内外学术交流，培养科技人才，普及和提高水土保持科学技术，为发展中国的水土保持事业做贡献。业务范围：组织开展国内外水土保持学术交流活动和科学技术考察活动，促进国际民间水土保持科技合作；推广水土保持先进技术，普及水土保持科学技术；接受有关政府部门的委托，进行科技项目评估与论证，科技成果鉴定，技术职称资格评定，科技文献编纂与技术标准的编审等工作；为各级决策部门制定水土保持科技发展战略、法律法规，提出合理化建议，对政策和经济建设中的重大决策进行科技咨询；承担国家水利、林业、农业主管部门及相关业务主管部门委托的工作等。下设防护林、水土保持生态建设、小流域综合治理、水土保持规划设计、生态修复、泥石流滑坡防治等 14 个专业委员会。主办《中国水土保持科学》学术期刊。秘书处设在北京林业大学。

中国环境科学学会（Chinese Society for Environmental Sciences，缩写 CSES）　中国环境保护科学和工程技术研发、环境教育和科普、环境管理和生态保护人员，以及关心支持环境科技工作的产业界人士、社会工作者和相关单位自愿结成的学术性、非营利性社会组织。成立于 1978 年 5 月。宗旨：团结和依靠广大会员和环境科技工作者，促进环境学科发展、技术创新和推广；普及环境科学技术知识，提高全民科学素质；培养举荐环境科技人才，为经济社会可持续发展和环境保护事业贡献力量。业务范围：开展学术交流，活跃学术思想，促进环境科学技术创新；编辑出版环境保护学术、科普书刊和论文专辑，组织编写学科发展报告，引领环境学科发展；组织开展重大环境问题调查论证，为政府制定环境保护战略、政策规划、法规标准提供咨询服务和技术支持；积极承担政府委托的各项工作等。下设环境物理学、环境化学、环境地学、环境生物学、水环境等 16 个分会及环境影响评价、环境监测、环境标准

与基准、生态农业、环境规划等 13 个专业委员会以及 7 个工作委员会。主办《中国环境科学》学术期刊。秘书处设在北京。

中国海洋湖沼学会（Chinese Society for Oceanology and Limnology，缩写 CSOL）　中国海洋湖沼科学科技工作者自愿结成的学术性、非营利性法人社会团体。成立于 1950 年。宗旨：团结广大海洋湖沼科技工作者，促进海洋湖沼科学技术的繁荣和发展，促进海洋湖沼科学技术的普及和推广，促进海洋湖沼科学科技人才的成长和提高，促进海洋湖沼科学技术与经济的结合，为社会主义物质文明和精神文明建设服务。业务范围：开展与海洋湖沼学科有关的学术交流活动，组织海洋湖沼科学重点学术课题的探讨和科学考察活动；促进与海洋湖沼科学有关的国际民间科技合作，以及同国外海洋湖沼学术团体和科技工作者的友好联系；对与海洋湖沼学科有关的国家科技发展战略、政治和经济建设中的重大决策进行科技咨询，组织海洋湖沼科技工作者参与国家科技政策、科技发展战略、法规制定和国家相关事务的科学决策、民主监督工作；接受委托进行海洋湖沼科技项目论证、科技成果鉴定、技术职称评定以及科技文献和标准的编审，提供技术咨询和技术服务等。下设藻类学、鱼类学、水文气象、海岸河口、风暴潮和海啸等 17 个分会（专业委员会）和 4 个工作委员会。设立"曾呈奎海洋科技奖"，并与中国海洋学会、中国太平洋学会联合设立"海洋科学技术奖"。主办《海洋与湖沼》、《中国海洋湖沼学报》（英文版）、《湖泊科学》、《水生生物学报》4 种学术期刊，每年还编印《海湖学会通讯》和学术会议论文集。秘书处设在北京。

中国水利经济研究会（China Society of Water Economics，缩写 CSWE）　中国水利经济工作者及其相关行业专业技术人员组成的群众性、学术性社会团体。成立于 1980 年 11 月。宗旨：团结广大水利经济工作者及其相关行业专业技术人员，开展水利经济研究和学术交流，促进水利经济的繁荣和发展，促进水利经济人才的成长和提高，为科教兴国和国家的可持续发展服务。业务范围：开展水利经济研究和国内外学术交流，普及水利经济知识，为提高科学决策水平和水利经济效益服务；组织广大水利工作者及社会有关人士，开展水利建设与管理中的重大水利经济问题的研究，促进水利事业的发展；开

展水利经济政策和法规等方面的研究与咨询服务工作,为加快水利改革发展献计献策。主办《水利经济》学术期刊,由河海大学编辑出版。秘书处设在北京。

国际大坝委员会(International Commission on Large Dams,缩写 ICOLD) 旨在推动坝工技术进展的国际非政府间学术组织。是国际大坝技术界公认的权威机构。成立于 1928 年。现有 90 个国家委员会。宗旨:通过相互信息交流,包括技术、经济、财务、环境和社会现象等问题的研究,促进大坝及其有关工程的规划、设计、施工、运行和维护的技术进步。活动形式包括各国家委员会间的信息交流,在一定时间组织年会、执行会、大会及其他会议,组织合作研究和试验,发表论文集、公报和其他文件等。每三年举行一次大会,每年举行一次年会,定期出版公报(平均每年 4~5 期),每年一次年报,每六年出版一次大坝登记,每八年出版一次辞典(不定期)。下设水电站和水库综合管理、大坝水力学、水库泥沙、大坝设计中的地震因素、大坝设计计算分析、环境、大坝安全等 24 个专业委员会。中心办公室设在法国巴黎。委员会设执行会议,有主席 1 人、副主席 6 人,任期 3 年,秘书长主持巴黎中心办公室的工作。中国于 1974 年 4 月正式成为会员国,中国大坝协会(CHINCOLD)代表中国参加国际大坝委员会的各项活动。

国际灌溉排水委员会(International Commission on Irrigation and Drainage,缩写 ICID) 在灌溉、排水、防洪、治河等科学技术领域进行交流与合作的国际非政府间学术组织。成立于 1950 年。宗旨:鼓励和促进工程、农业、经济、生态和社会科学各领域的科学技术在水土资源管理中的开发和应用,推动灌溉、排水、防洪和河道治理事业的发展;研究并采用最新技术和更加综合的方法为世界农业可持续发展做出贡献。业务范围:组织国家灌排委员会间的信息交流;举办不定期的会议、研讨会、工作组会议、展览、培训和考察;组织一定的研究及试验;印发科研杂志、会刊、论文报告、指南、书籍、文件以及视听和电子宣传材料等。最高决策机构为国际执行理事会,下设 6 个常设委员会和 4 个地区工作组,其中技术常设委员会下设 3 个专门技术委员会和 16 个技术工作组,中心办公室设在印度新德里。每三年举行一次大会,并不定期举办学术会议、地区性会议和

研讨会等。主办《灌溉与排水》学术期利。中国灌溉排水国家委员会成立于 1980 年,1983 年成为国际灌溉排水委员会的会员国。秘书处设在北京中国水利水电科学研究院。

国际水文科学协会(International Association of Hydrological Sciences,缩写 IAHS) 全球水文科学领域最大的国际非政府间学术组织。隶属国际大地测量学和地球物理学联合会(IUGG)。成立于 1922 年。原名"国际科学水文协会(IASH)",1971 年改为现名。宗旨:联合各国水文科学家,促进水文水资源领域的基础研究和应用研究,为水资源优化利用提供科学基础。其研究方向主要包括全球陆地水的物理、化学和生物过程;水和气候及其他物理和地理因素的关系;侵蚀泥沙及其和水文循环的关系;检验在水资源的利用和管理中的水文问题以及人类活动对水文的影响等。下设地表水、地下水、陆地侵蚀、水质、冰雪、水资源系统和遥感资料传递等 9 个科学委员会。主办《水文科学学报》学术期刊和论文集。凡国际大地测量学及地球物理学联合会的正式成员国即为本协会的正式成员国,并设立国家委员会。协会内设执行局,总部地址随在任秘书长所在地而变。每四年举行一次大会和学术讨论会。1977 年恢复中华人民共和国会员资格,1981 年国际水文科学协会中国国家委员会成立,秘书处设在北京。

国际水资源协会(International Water Resources Association,缩写 IWRA) 以水资源为研究对象的国际非政府间学术组织。成立于 1972 年。宗旨:推动各会员国水资源规划、开发、管理、科研、教育等方面的研究和发展;为水资源工作者提供国际论坛;在水资源领域内开展国际合作。总部设在法国蒙彼利埃市,最高权力机构是执行局理事会,中心办公室设在美国芝加哥伊利诺伊大学,由执行理事处理日常工作。执行局理事会每年召开一次会议,决定有关技术及行政事项,理事会下设地区委员会、国际合作委员会、会员委员会及出版委员会。协会每三年举行一次水资源世界大会,还不定期举办各种讨论会、研究会等。协会主办有《国际水》(Water International,季刊)和国际学术会议论文集(不定期)学术期刊。协会设有"晶体水滴奖"、"学生奖学金"、"最佳论文奖"和"周文德纪念讲学者荣誉奖"等奖励基金。

国际水利与环境工程学会(The International Association of Hydro-Environment Engineering and

Research,缩写 IAHR) 由世界范围内从事水力学及其相关学科与应用领域的工程师、专家和学者组成的独立的学术性组织。成立于 1935 年。协会初称"国际水工建筑研究协会",第二次世界大战后改称"国际水力学研究协会(International Association for Hydraulic Research)",1999 年更名为"国际水利工程与研究协会(International Association of Hydraulic Engineering and Research)",2009 年改为现名。宗旨:交流、激励和促进水文、水管理、工程水力学等与水利有关学科的基本理论方面的研究和应用,同时推动将先进的科学技术应用于解决各国的水问题,为世界范围内水利事业的持续发展和水资源管理的优化做出贡献。主要活动:成立工作委员会、实施研究议程、召开世界大会和专业会议、举办研讨会和短训班;出版学术杂志、专著、会议文集;参与各有关世界组织(如 UNESCO, WMO, IDNDR, GWP, ICSU)和世界水理事会组织的国际行动计划;开展同国际或地区组织的合作等。最高权力机构是理事会,下设水力学、水环境和创新与专业发展等 3 个学术分会,包括流体力学、水利信息学、实验方法与仪器、水力机械与系统、冰研究与工程、地下水水力学与管理、城市排水、专业教育与培训等 16 个专业委员会。每两年召开一次年会暨学术讨论会。主办《Journal of Hydraulic Research》和《Journal of River Basin Management》两种学术期刊。秘书处设在西班牙马德里。

世界水理事会(World Water Council,缩写 WWC) 讨论全球水问题、协调全球水行动的非政府组织。成立于 1996 年。成员:联合国下属有关机构,国家研究机构,各国政府有关部门、科研院校、有关公共机构和私营公司。宗旨:推动水资源和水服务管理的各方之间达成一个共同的战略视角。任务:对全球水状况进行全方位评价,确定地方、地区和世界面临的严峻水问题;提高世界各地区、各阶层和公众对严峻水问题的认识;向有关机关和决策者提供咨询和信息,促进水资源的可持续利用;倡议制定行动计划,宣传节水政策和策略;促进水资源规划和管理;帮助贫困地区获得符合水质要求的水,并保证合理用水;为达到战略共识提供论坛等。每三年在世界水日前后举行一次大型国际会议,即"世界水论坛"。秘书处设在法国马赛。

世界水协会(International Water Association,缩写 IWA) 亦称"国际水协"。全球水环境领域的最高学术组织。由组建于 1947 年的原"国际供水协会(International Water Supply Association)"和组建于 1965 年的"国际水质协会(International Association on Water Quality)"在 1999 年合并而成。拥有数万名会员,是世界水大会的主办方之一。目的:提高对水的综合管理,保证为公众提供安全供水和足够的卫生设施。任务:召集世界范围内饮用水、污水、再生水和雨水领域顶级水行业专家,进行研究开发实用技术、政策咨询、项目管理等,致力于为全球水行业独创出革新、实用和可持续的解决水危机和水需求的方法提供帮助。每年在世界各地组织和举办水管理和水技术的各类大会和研讨交流会,每两年组织召开一次世界水大会。每年定期举办的技术前沿会议,分别是水资源可持续利用前沿技术、给排水处理技术前沿、水务资产管理前沿,作为对世界水大会内容的补充。

世界气象组织(World Meteorological Organization,缩写 WMO) 世界各国政府间开展气象业务和气象科学合作活动的国际机构。成立于 1873 年。联合国的专门机构之一,其前身为"国际气象组织(International Meteorological Organization,缩写 IMO)",1947 年更为现名。1951 年 3 月 19 日在巴黎举行世界气象组织第一届大会,正式建立机构,同年 12 月成为联合国的一个专门机构。宗旨:推动和促进全世界合作建立网络,以进行气象、水文和其他地球物理观测,并建立提供气象服务和进行观测的各种中心;促进建立和维持可迅速交换气象情报及有关资料的系统;促进气象观测的标准化,并保证观测结果与统计资料的统一发布;推进气象学在航空、航运、水事问题、农业和其他人类活动领域中的应用;促进实用水文活动,加强气象服务部门与水文服务部门间的密切合作;鼓励气象学和适宜的其他有关领域中的研究与培训。组织机构包括:世界气象大会、执行理事会、区域协会、技术委员会和秘书处。秘书处为组织的常设办事机构。出版有《世界气象组织公报》等刊物。总部设在日内瓦。

国际航运协会(Permanent International Association of Navigation Congresses,缩写 PIANC) "国际航运大会常设协会"的简称。历史最悠久的国际性航运组织。成立于 1885 年。总部设在比利时布鲁塞尔。包含有国家会员、公司会员和个人会员。

宗旨：推进工业化国家和正在实施工业化国家的内河航道、海上进港航道、河港和海港的规划、设计、建设、改造、维护和运营；组织与渔业设施、水上运动和水上休闲航行相关的活动；为世界航运工程技术的发展做出重要贡献。协会主办并出版有《PIANC Working Group Reports》《The e-Newsletter "Sailing Ahead"》《The PIANC Yearbook》。中国于1981年成为PIANC的正式国家会员，2005年成立PIANC中国分会。

全球水伙伴（Global Water Partnership，缩写GWP） 旨在通过推动、促进和催化，在全球实现水资源统一管理的理念和行动的国际网络组织。成立于1996年8月。目标：建立和坚持水资源统一管理的原则；支持在全球各区域国家流域和地区层次上符合水资源统一管理的行动；填补在水资源统一管理方面的空白，鼓励水伙伴在各自的人力和财力条件下满足人民对水的需求；提供水资源供需关系的适应和协调方面的技术支持。全体委员大会是最高权力机构，每年召开全体大会一次，制定战略和方针，审议工作成果。指导委员会是最高领导机关，每年召开两次会议。日常工作由秘书处负责，秘书处设在瑞典国际发展合作署。

美国地球物理联合会（American Geophysical Union，缩写AGU） 国际性非营利研究机构。原为成立于1919年的美国国家科学院全国研究理事会下属的分支机构，独立运营到1972年。拥有来自全球135个国家的5.8万余名会员。活动着重在组织和传递国际地球物理学跨学科的资讯，包含四大领域：大气和海洋科学、固体地球科学、水文学和太空科学。任务：提升地球和太空环境的科学研究，并将结果告知大众；增进地球物理学和相关学科组织之间的合作；发起并参与地球科学研究计划，以科学会议和出版刊物传递信息，增进地球物理学的各学科发展。出版刊物包含周刊《Eos》和18个同行评审期刊，其中最有名的是《地球物理研究期刊》和《地球物理研究通讯》，大多数期刊都有高影响因子。

欧洲地球科学联合会（European Geosciences Union，缩写EGU） 非营利、非政府间的学术组织。成立于2002年。与美国地球物理联合会（AGU）一起，是全球两个最大的地球科学联合学会。总部设在德国慕尼黑。每年举办一次大型学术年会。国际EGU年会是欧洲乃至世界地球科学研究者的盛大会议，内容涵盖地球、行星和空间科学的25个学科分类，包括大气科学、水文科学、海洋科学、自然灾害、岩石磁学、地球动力学、地貌学、能源资源与环境、地震学和构造地质与大陆构造学等学科。主办15种开放获取学术期刊。

国际水教育学院（Institute for Water Education，缩写IWE） 联合国教科文组织和荷兰政府共同设立的从事国际性水利教育和研究的教育机构。成立于2003年。位于荷兰代尔夫特（Delft）。原名国际基础设施、水利与环境工程研究院，1957年起开设水文工程学的硕士和博士研究生学位文凭课程。长期致力于为发展中国家业内人员提供水利与环境工程领域的专业教育与培训，包括环境科学与技术、环境规划与管理、湖沼学与湿地生态系统、水源质量管理、市政供水和基础设施、供水工程、卫生工程、城市综合工程、水源管理、水资源管理、水务管理、水质管理、水科学与工程、水文和水资源、水利工程与流域开发、海岸工程及港口发展、土地与水资源开发、水力信息学等，并在全世界范围内实施大量的研究和能力建设培训。将工程与自然科学和管理科学相结合，形成独特的教学体系，尤其是通过与大学和科研机构紧密合作的方式，使受教育和培训人员有机会在专业知识和技能方面得到提高。

国际水文计划（International Hydrological Programme，缩写IHP） 联合国教科文组织成立的当代世界在水文、水资源领域最重要的国际科学合作计划。由世界各国政府组织参加。1975年开始，组织成员国执行一系列计划项目，其中有水科学中的水文研究方法、培训与教育（1975—1980），应用水文学和水资源水文学研究、水资源合理管理的科学基础研究（1981—1983，1984—1989），变化环境中的水文与水资源的可持续发展（1990—1995），脆弱环境中的水文与水资源发展（1996—2001），水的交互作用-处于风险和社会挑战中的体系（2002—2007），水-压力下的系统与社会响应（2008—2013）等；以及组织出版刊物、情报交流、学术会议和地区合作等以促进国际水文合作；开展水文科学的教育和培训。领导机构是政府间理事会，由联合国教科文组织理事国组成。每两年举行一次会议，休会期间由国际水文计划秘书处行使职能。成员国在其国内设立国际水文计划国家委员会，其任务是制订参加国际水文计划的本国计划，并促其实施。中国于1974年参加国际水文计划,并于 1979 年成立常设的中国国家委员会。

国家重点实验室(State Key Laboratory,缩写 SKL) 由国家科技部批准设立,依托一级法人单位建设、具有相对独立的人事权和财务权的科研实体。国家科技创新体系的重要组成部分。依托单位主要为高等院校、中科院和各行业科研机构,以及以中央企业为主体的企业。任务:聚集和培养优秀科学家,组织开展高水平基础研究和应用基础研究。实行"开放、流动、联合、竞争"的运行机制。目前,已设立的与水利相关的国家重点实验室有:水沙科学与水利水电工程国家重点实验室(清华大学)、水文水资源与水利工程科学国家重点实验室(河海大学、南京水利科学研究院)、水资源与水电工程科学国家重点实验室(武汉大学)、山区河流开发保护国家重点实验室(四川大学)、水利工程仿真与安全国家重点实验室(天津大学)、流域水循环模拟与调控国家重点实验室(中国水利水电科学研究院)、海岸和近海工程国家重点实验室(大连理工大学)、河口海岸学国家重点实验室(华东师范大学)。

水沙科学与水利水电工程国家重点实验室 2006 年 7 月由科技部发文批准建设。依托清华大学。研究方向有:水文水资源科学与管理、水沙科学与水环境、岩土力学与工程、高坝新型结构和水力机械动力学与工程。围绕长江、黄河等江河治理,以及西部大开发、西电东输和南水北调三大战略工程建设、大型水利枢纽的生态环境效应、"高坝、大库、强震"下的枢纽布置与设计、"高性能、高稳定和高经济性"特大型水轮机组等开展科学研究。

水文水资源与水利工程科学国家重点实验室 2004 年 10 月经科技部批准成立。依托河海大学和南京水利科学研究院。前身是 1989 年批准、1993 年建成的水资源开发利用国家专业实验室和 2002 年批准建设的水资源开发教育部重点实验室。研究方向有:水资源演变机制与高效利用;流域水文过程及防灾减灾;河流水沙动力学与水生态保护;河口海岸综合治理与保护;水工程安全与灾变控制。

水资源与水电工程科学国家重点实验室 2003 年 12 月批准建设,2006 年 10 月通过国家科技部建设验收。依托武汉大学。研究方向有:水资源时空演变与综合调度;农业节水及环境效应;河流水沙运动与江湖治理;水工结构与库坝安全;水电站安全运行与控制。设置 5 个研究所:水文水资源研究所、农业水利研究所、河流湖泊研究所、水工结构研究所和水电站安全研究所。

山区河流开发保护国家重点实验室 原为 1988 年 5 月国家计委正式批准建设,1992 年 1 月通过国家验收的水力学与山区河流开发保护国家重点实验室。2004 年更为现名。依托四川大学。研究方向有:高坝水力学、工程水力学、山区河流动力学、岩石力学、高坝大库水环境、大坝与库岸安全以及梯级电站智能调度等。以山区河流开发、高坝及其他大型水利水电工程、河流健康及水环境保护等方面的应用基础研究为主要任务。

水利工程仿真与安全国家重点实验室 2011 年 4 月科技部批准建设。原为 2003 年批准的天津市重点实验室,并于 2007 年批准的教育部重点实验室。依托天津大学。研究方向有:重大水利工程仿真理论与技术、多因素耦合动力作用与灾变机制、全寿命周期安全性分析与风险调控理论,水利工程的环境生态效应与安全调控原理等。主要面向重大水利水电枢纽工程、重大港口海岸近海工程建设和运行中遇到的高标准高质量建设安全、长期安全运行等科学技术问题,开展原创性基础研究和高技术应用基础研究。

流域水循环模拟与调控国家重点实验室 2011 年 5 月科技部批准建设,2013 年 12 月通过科技部验收。依托中国水利水电科学研究院。主要研究方向有:二元水循环基础理论研究;流域水循环及其伴生过程研究;复杂水资源系统配置与调度研究;流域水沙调控与江河治理研究;水循环调控工程安全与减灾研究等。建有水循环与配置实验场、河流环境实验室、水力调控实验室、水沙调控与江河治理实验室、灾害机理实验室、工程抗震实验室、水环境实验室、结构材料实验室、离心模拟试验室。

海岸和近海工程国家重点实验室 1986 年由国家发展计划委员会批准筹建,1990 年通过国家验收,以后又 4 次通过由国家计委(国家发改委)委托国家自然科学基金委组织的评估。依托大连理工大学。研究方向有:海洋动力因素与海岸、海床和结构物的相互作用研究;海洋环境污染的动态分析与防治研究;海岸和近海工程结构体系及其全寿命性能测定和设计研究;海岸和近海工程系统的安全防护与防灾减灾研究;海岸和近海工程系统的数值仿真与试验模拟的技术研究。

河口海岸学国家重点实验室 1989 年由国家发展计划委员会批准筹建,1995 年 12 月通过国家验收并正式向国内外开放。依托华东师范大学。主要研究方向:河口演变规律与河口沉积动力学;海岸动力地貌与动力沉积过程;河口海岸生态与环境。主要围绕中国沿海经济带,特别是三大河口三角洲地区发展对河口海岸研究的迫切需求开展应用基础研究。

国家工程研究中心(China National Engineering Research Center) 由国家发展改革委员会批准、在具有较强研究开发和综合实力的高校、科研机构和企业中设立的研究开发实体。国家科技创新体系的重要组成部分。宗旨:以国家和行业利益为出发点,通过建立工程化研究、验证的设施和有利于技术创新、成果转化的机制,培育、提高自主创新能力,搭建产业与科研之间的"桥梁",研究开发产业关键共性技术,加快科研成果向现实生产力转化,促进产业技术进步和核心竞争能力的提高。

水资源高效利用与工程安全国家工程研究中心 水利类国家工程研究中心之一。依托河海大学和中国长江三峡工程开发总公司,于 2005 年 3 月共同组建。中心根据国民经济、社会发展需要和市场需求,针对产业发展的重点,在水资源高效利用、水资源合理配置、长距离调水调度与仿真、水污染控制与治理、水工程安全五个研发方向,以及拓展的新能源(风电)等业务,进行行业及产业关键共性技术的研发和技术扩散与转移。

疏浚技术装备国家工程研究中心 水利类国家工程研究中心之一。由中国交通建设股份有限公司、中交上海航道局有限公司、中交天津航道局有限公司、中交广州航道局有限公司、上海振华重工(集团)股份有限公司、中交四航工程研究院有限公司共 6 个单位共同出资组建,于 2012 年 11 月批准成立。围绕国家和行业发展需求,建立疏浚共性技术和关键装备的研发、试验和工程化平台,开展高效节能疏浚技术、先进疏浚机具与部件,疏浚监控系统自动化和优化技术,疏浚土有益利用及环保疏浚技术,关键疏浚设备等的研发和产业化 4 个方向工程研究,推进相关技术标准研制、重大科技成果的系统集成和推广应用,推动国际合作交流,为相关企业提供技术咨询服务。

国家工程技术研究中心(China National Engineering Technology Research Center) 由国家科技部批准设立,并依托于行业、领域科技实力雄厚的重点科研机构、科技型企业或高校的科研开发实体。拥有国内一流的工程技术研究开发、设计和试验的专业人才队伍,具有较完备的工程技术综合配套试验条件,能够提供多种综合性服务,与相关企业紧密联系,同时具有自我良性循环发展机制。宗旨:在中国社会主义市场经济体制建立过程中,探索科技与经济结合的新途径,加强科技成果向生产力转化的中心环节,缩短成果转化的周期。同时,面向企业规模生产的实际需要,提高现有科技成果的成熟性、配套性和工程化水平,加速企业生产技术改造,促进产品更新换代,为企业引进、消化和吸收国外先进技术提供基本技术支撑。

国家大坝安全工程技术研究中心 简称"国家大坝中心"。水利类国家工程技术研究中心。依托长江勘测规划设计研究院(简称"长江设计院")和长江水利委员会长江科学院(简称"长江科学院")。在"湖北省大坝安全诊断及加固工程技术研究中心"和"水利部水利工程安全与病害防治工程技术研究中心"基础上,于 2009 年 12 月组建而成。任务:开发新建大坝安全关键技术、已建坝性状检测、监测技术及病险坝除险加固技术,积极引进国外先进技术,通过消化、吸收、技术推广及工程化和产品化,提高中国水库大坝的安全水平。

国家工程实验室(China National Engineering Laboratory) 由国家发展改革委员会批准,依托企业、转制科研机构、科研院所或高校等设立的研究开发实体。国家科技创新体系的重要组成部分。任务:开展重点产业核心技术的攻关和关键工艺的试验研究、重大装备样机及其关键部件的研制、高技术产业的产业化技术开发、产业结构优化升级的战略性前瞻性技术研发,以及研究产业技术标准、培养工程技术创新人才、促进重大科技成果应用、为行业提供技术服务等。

港口水工建筑技术国家工程实验室 水利类国家工程实验室。由交通运输部天津水运工程科学研究院、天津大学、中交一航院、中交一航局、天津港集团、大连港集团、神华黄骅港务集团公司、洋山同盛港口建设有限公司、中交天津港湾院、天津水运工程勘察设计院共 10 个单位联合组建,于 2012 年 11 月批准成立。针对中国沿海港口航道开发建设、运营面临的深水港湾资源少、超常规自然灾害频发、码头超负荷运转等突出问题,开展港口建筑物新型结构、地基基础稳定性安全监测、老码头结构检测评估与加固等关键共性技术的研发和工程化应用工作。

中国水利水电科学研究院（China Institute of Water Resources and Hydropower Research,缩写 IWHR） 中国从事水利水电科学研究的国家级社会公益类非营利性科研机构。隶属水利部。院址在北京。发展历史可追溯到 1933 年,前身为中国最早的水利科学研究机构——中国第一水工试验所。1958 年经国务院规划委员会批准,将多家单位合并,组建了水利水电科学研究院,1994 年经国家科委批准更名为"中国水利水电科学研究院"。主要研究领域覆盖了水文学与水资源、水环境与生态、防洪抗旱与减灾、水土保持与江湖治理、农村与牧区水利、水利史、水力学、岩土工程、水工结构与材料、工程抗震、机电、自动化、工程监测与检测、风能等可再生能源、信息化技术等多个学科方向。联合国教科文组织和中国政府合属的国际泥沙研究培训中心、国际大坝委员会中国委员会、国际灌排委员会中国委员会、国际水利与工程协会中国委员会、全球水伙伴中国委员会等组织秘书处的挂靠单位。设有 2 个一级学科博士后流动站和 8 个博士和硕士学位授予专业。出版学术期刊《水利学报》、《中国水利水电科学研究院学报》、《国际泥沙研究》、《水电站机电技术》。

南京水利科学研究院（Nanjing Hydraulic Research Institute,缩写 NHRI） 中国从事水利、水电、水运科学研究的国家级社会公益类非营利性科研机构。隶属水利部。院址在南京。始建于 1935 年。原名"中央水工试验所",是中国最早成立的水利科学研究机构。1942 年更名为"中央水利实验处",1950 年更名为"南京水利实验处",1956 年更名为"南京水利科学研究所",1984 年更名为"水利电力部交通部南京水利科学研究院"。1994 年更名为"水利部交通部电力工业部南京水利科学研究院",2009 年更名为"水利部交通运输部国家能源局南京水利科学研究院"。主要从事水文水资源、水工水力学、河流海岸、岩土工程、材料结构、大坝安全、水生态环境、海洋资源利用、农村电气化以及水利水文自动化等方面的基础理论、应用基础研究和高新技术开发,并承担水利、交通、能源等领域中具有前瞻性、基础性和关键

性的科学研究任务。水利部大坝安全管理中心、水利部水闸安全管理中心、水利部应对气候变化研究中心、水利部基本建设工程质量检测中心、水利部水文仪器及岩土工程仪器质量监督检验测试中心的挂靠单位。设有水利工程、岩土工程博士、硕士学位与土木工程、环境工程、材料学硕士学位授权点。出版学术期刊《中国海洋工程（英文版）》、《水科学进展》、《岩土工程学报》、《水利水运工程学报》、《海洋工程》、《水利信息化》、《小水电》。

长江水利科学研究院（Changjiang River Scientific Research Institute,缩写 CRSRI） 简称"长科院"。为国家水利事业及长江流域治理、开发与保护提供科技支撑,同时面向国民经济建设相关行业提供技术服务,开发科技产品的国家级社会公益类非营利性科研机构。隶属水利部长江水利委员会。院址在武汉。建于 1951 年。研究领域:防洪抗旱与减灾、河流泥沙与江湖治理、水资源与生态环境保护、土壤侵蚀与水土保持、工程安全与灾害防治、流域水环境、国际河流、农业水利、生态修复研究,工程水力学、土工与渗流、岩石力学与工程、水工结构与建筑材料、基础处理、爆破与抗震,工程质量检测、机电控制设备、水工仪器与自动化,野外科学观测,以及空间信息技术、计算机网络与信息化技术应用等。设有博士后科研工作站以及水利工程、土木工程 2 个一级学科硕士学位授予专业,出版学术期刊《长江科学院院报》。

黄河水利科学研究院（Yellow River Institute of Hydraulic Research,缩写 YRIHR） 简称"黄科院"。以河流泥沙研究为中心的多学科、综合性国家级社会公益类非营利性科研机构。隶属水利部黄河水利委员会。院址在郑州。建于 1950 年 10 月。研究方向:泥沙运动基本理论、黄河流域环境演变及泥沙灾害防治、河床演变及河道整治、水库运用方式、河口演变及治理技术、河流数字模拟技术、土壤侵蚀与模拟、水土保持生态工程技术、水土保持监测与效益评价、黄河水沙变化、水资源与水生态、水资源评价理论与方法、流域水资源可持续利用、流域水资源管理理论与技术、节水理论与技术、水利工程险情预警预报技术、防洪减灾技术、防汛抢险资源配置理论与技术、水利工程管理理论与标准化、防洪工程安全评价、安全检测与隐患探测技术、工程可靠性理论、土力学基本理论、工程物探理论及技术、水工程材料开

发与应用、黄河泥沙处理与资源利用等。设有博士后科研工作站。

珠江水利科学研究院　原名"珠江水利委员会科学研究所"。承担流域重大问题、难点问题及水利行业中关键应用技术问题研究任务的中央级科研机构。隶属水利部珠江水利委员会。院址在广州。建于1979年。设有河流海岸工程、资源与环境、水利工程技术、信息化与自动化、遥感与地理信息工程5个专业研究所，建有水利部珠江河口动力学及伴生过程调控重点实验室、国际泥沙研究培训中心珠江研究基地、水利部珠江河口海岸工程技术中心、珠江流域水土保持监测中心站和珠江委水政监察总队遥感工作站等科技创新平台。

水工程生态研究所　原名"水利部中国科学院水库渔业研究所"。水利部和中国科学院双重管理的科研事业单位。所址在武汉。成立于1987年。主要承担流域（区域）水生态保护规划和水生态监测系统规划的编制工作，流域内主要区域的水生态监测、调查和基础数据的收集、分析与评估，编制主要河流水生态状况报告，负责流域水生态状况监测数据系统和数据规划体系的研究，编排相关的技术规程、规范，开展水生态保护有关的新技术示范与推广，开展水工程建设生态学影响的实验研究、重要工程建设的生态学效果影响评估、关键水生生物物种及资源的保护对策研究、过鱼设施及人工湿地等生态恢复措施的研究与示范、生态水文学的理论研究等工作。国际河流科学学会理事成员和世界鲟鱼保护学会理事成员，中国水利学会水生态专业委员会的挂靠单位。出版学术期刊《水生态学杂志》。

天津水运工程科学研究院（Tianjin Research Institute for Water Transport Engineering，缩写TRIWTE）　简称"天科院"。交通运输部直属科研事业单位。院址在天津。成立于1974年。从事交通运输科技事业发展中具有基础性、战略性、前瞻性的共性技术和重大工程建设关键技术研究，承担海岸河口、内河港航、环境保护、水工建筑、水运工程的计量检定、水运工程仿真与信息化、勘察测绘、岩土工程、风工程等领域的科研、技术咨询以及安全评价工作。研究方向：港口航道泥沙、波浪及水工建筑物、港工结构、环境工程、原体勘测、安全评价。设有博士后科研工作站。出版学术期刊《水道港口》。

国际小水电中心（International Center on Small Hydro Power，缩写ICSHP）　从事小水电国际合作、国内服务的水利部直属公益性事业单位。是联合国国际小水电组织总部所在。2000年成立，位于杭州。1994年，由联合国工业发展组织、联合国开发计划署等国际组织和中国政府共同倡议，经各成员组织间的多边协商成立了有60多个国家200多个成员参加的国际小水电组织，1999年中国成为该组织的东道国，其总部设在国际小水电中心。2007年，民政部批复国际小水电组织以"国际小水电联合会"的名称在民政部登记注册，在国内成为具有独立法人资格的社会团体。任务：推动小水电技术合作、协调小水电开发管理、建设小水电交流平台、从事小水电咨询服务、执行小水电经济援助、开展小水电政策研究、协助小水电市场开拓、建立小水电信托基金。

亚太地区小水电研究培训中心（Hangzhou Regional（Asia-Pacific）Center for Small Hydro Power，缩写HRC）　中国政府和联合国开发计划署（UNDP）及联合国工业发展组织（UNIDO）合作成立的国际区域性组织。是中国小水电对外合作的窗口，也是水利部农村电气化研究所，和致力于农村水电及电气化发展研究和服务的专业研究所。成立于1981年，位于杭州。2002年1月划归南京水利科学研究院管理。任务：开展农村水电行业管理的政策法规研究，承担农村水电行业发展规划编制，组织农村水电行业技术标准研究、制定、修订及宣传，开展小水电技术进步的研究与信息交流，进行小水电工程质量检测，为发展中国家提供小水电技术培训和援助。

美国陆军工程兵团（United States Army Corps of Engineers，缩写USACE）　亦称"美国陆军工兵队"、"美国陆军工程师兵团"。美国主要水利机构之一。隶属于美国联邦政府和美国军队。其前身为西点军校工程班，后被国会授权承担民用土木工程建设，业务范围不断扩大。先后承担全国河道整治及港口建设、防洪工程的建设、管理内河航运规划并结合开发水电、全国水坝安全检查等任务。主要职责：进行水利工程的规划、设计、施工管理及运行维护，包括防洪设施、围垦海滩、疏浚航道、环境管理和生态系统恢复，不直接承担施工任务，同时承担美国国内外大量军事工程的修建，开展技术研究与开发活动。拥有和管理600多座水库，总有效库容2 440亿 m^3，水电站90余座，装机容量近2 000万 kW。下设11

个分局、40个分区以及多个科研机构,水道试验站是其最大的科研机构。制定的水电工程标准体系等文件,在世界范围内得到广泛应用,成为水电项目建设的世界通用标准。

美国田纳西河流域管理局(Tennessee Valley Authority,缩写TVA) 美国主要水利机构之一。大萧条时代罗斯福总统规划建立的综合开发利用田纳西河流域自然资源、专责解决田纳西河谷全面发展问题、美国联邦政府隶属机构。创建于1933年5月,位于美国田纳西州诺克斯维尔(Knoxville)。管理地区包括田纳西、弗吉尼亚、北卡罗来纳、佐治亚、亚拉巴马、肯塔基和宾夕法尼亚7个州中的4万平方英里土地。任务:修坝建库,控制洪水;治河建闸,提供航运;廉价电力,造福民众;服务社区,带动发展。完成了许多具体的计划项目,成绩斐然,得到流域区内民众的认可。在当时的美国人心目中,是一个成功的典范,是一个最有效率的政府机构。是"美国的一项伟大成就,这一成就树立了在地方自治基础上开发资源的基本原则"。

美国水和能源服务部(Water and Power Resources Service,缩写WPRS) 原名"垦务局"(United States Bureau of Reclamation)。美国的主要水利机构之一。创建于1902年,隶属于美国内政部。早期致力于美国西部地区17个州的大坝、水电站和渠道的建设,已经建设了600座大坝和水库,包括著名的科罗拉多河上的胡佛坝和哥伦比亚河上的大古力坝,促进了人们在美国西部建立家园并推动了当地经济的大发展。现已成为一个水管理机构,是美国最大的水批发商、美国西部第二大水力发电生产商。任务是在帮助满足日益增加的对水的需要的同时,保护环境和它所建造的这些公共设施的投资的利益。

俄罗斯科学院水问题研究所(Water Problems Institute Russian Academy of Sciences,缩写WPIRAS) 俄罗斯水土资源基础研究领域的主要科研单位。成立于1967年11月,位于莫斯科。研究方向:(1)河流的形成规律,陆地水循环建模、水体和陆地表面与大气相互作用的研究,对气候改变和人类活动条件下地表和地下水土资源状态和质量进行预测;(2)水物理、水动力、水化学、水生态建模,预测其对生态情况的影响;(3)对气候改变的影响、水体和水质对自然环境影响等进行评价;(4)陆地水保

护科学基础、完善水力系统功能和发展模式和方法。下设水环境动态部、水质量和生态部、水资源控制部、水生环境保护部。

英国水力研究中心(HR Wallingford. Britain,缩写HRWB) 原名"英国水研究中心"。英国从事土木、水利工程与水环境的科学研究和开发、咨询的机构。前身是英国政府直接领导下的水力研究局,1982年从国立研究机构改制为私人咨询公司,并与软件公司、房地产公司、航运公司联合组建为集团公司。分设了海岸工程部、港口与河口工程部、水管理部。主要研究领域有河流工程、潮汐工程、海岸和海洋工程和农田水利灌溉和管理等。主要研究方向有:河流动力学,河流泥沙和河道整治,水库泥沙,水流量测技术,地下水运动,河流污染,大坝、水库、溢洪道和水电站的勘察和可行性研究等。主要从事灌溉、排水、防洪、城市给排水、港口与航道、海岸工程等方面的规划、设计与技术咨询。同时,也为水环境监测、模拟、评估与管理提供全面的技术服务。在世界著名河流泥沙专家怀特博士(W. R. White)带领下,研究的Aokers-White河流输沙公式成为研究波浪水流共同作用下海岸带泥沙运动的基本公式。总部位于英国牛津郡。

法国地球物理及工业流体动力学实验室(France Geophysical and Industrial Fluid Dynamics Laboratory,缩写FGIFDL) 原名"法国夏都国家水工试验室"。法国著名水利科研机构。成立于1946年,位于巴黎大区的夏都(Chatou)。前身为"法国国家水力学实验室",隶属于法国电力公司,现已改制为公司。主要学科和研究领域为:流体力学、大气动力学、燃烧学、水轮机、两相流、气蚀、地球物理流体力学、近海水动力学、波浪学、泥沙输送、气流环境科学等。此外,还有水资源管理方法、水力学的随机方法、水力学和流体力学的实验方法、水工仪器、近海水力学和能源生产中的流体力学等。实验室出版的刊物有:年刊《活动报告》(Rapport D'activite)和不定期刊物《实验室消息》(L. N. H. Information)。

荷兰代尔夫特水力研究所(The Dutch DELFT Hydraulic Institute;Deltares) 荷兰一所独立的研究机构。成立于1927年,位于南荷兰省代尔夫特。代尔夫特三角洲研究中心的组成部分。从事与水流、泥沙输移、河床演变、航运、水质,以及海工建筑物、截流工程、泵站、闸坝工程等有关工程技术问题的研

究,并从事基础理论的研究,如计算水力学、随机系统理论、信息技术及测试技术等。在水、土壤和地下资源,以及基础设施领域,将科技知识与实践经验独特地结合起来,在灾害多发的三角洲、沿海地区及江河流域的实际规划、设计和管理方面成为知识开发、传播和应用的领跑者。

丹麦水力研究所(Danish Hydraulic Institute,缩写DHI) 丹麦非营利性的私营研究和技术咨询机构。成立于1964年。丹麦技术科学学院成员和丹麦应用技术和工程服务行业协会会员。致力于应用和发展水力学及水文水资源工程的先进技术和方法。主要从事海岸、河口、港口工程、城市水力学、水资源,以及环境工程的设计、软件研究和水工模型实验等工作。提供有关工程设计、运行、管理的广泛的咨询服务和软件系统。并重视国际合作交流,先后在百余个国家和地区开展数学物理模型和野外测量的研究工作。实行董事会管理制度,下设5个业务处室(水资源处、河流水力学处、海岸和环境工程处、港口海岸处、监测处),3个研究中心(情报中心、生态模拟中心、国际计算水力学中心)。

日本港湾空港技术研究所(Port and Airport Research Institute) 成立于1946年。为日本国土交通省下属的独立行政法人。1950年,运输技术研究所成为港湾机场技术研究所的一部分。1962年,港湾技术研究所独立。2001年,行政改革为独立行政法人。主要从事港湾、机场管理、沿岸区域和海洋等有关研究。位于横须贺市。

德国卡尔斯鲁尔联邦水工研究所(German Karlsruhe Federal Hydraulic Institute) 前身为1903年由普鲁士人在柏林创建的水工、土工和航建研究所。创建于1948年,总部设在卡尔斯鲁尔(Karlsruhe)。直属联邦交通部领导。主要从事河道整治、河道渠化、河流和河口形态学、推移质和悬移质输沙率、水工结构、土力学和基础、多孔介质水流、地下水、河岸和海岸保护等研究。研究所设有3个机构和建筑、地质、水工水力学、数据处理4个分部。

印度中央水利电力研究站(Central Water and Power Research Station,缩写CWPRS) 印度水利电力领域第一个国家级研究机构。隶属于印度水利部,建于1916年。主要研究领域包括:水文和水资源分析、江河工程、水库及其附属建筑物、海岸和近海工程、船舶流体力学、水力机械、基础和结构、土木工程、应用地球科学、仪表量测和控制工程、水利电力情报系统等。设有防洪、船舶流体力学、桥梁工程、水工结构、水力学、岩土力学、仪器及模型工程技术等46个研究单位。总站位于马哈拉施特拉邦浦那。

意大利结构模型研究所(Istituto Sperimentale Modelli E Strutture,缩写ISMES) 亦称"意大利贝加莫试验模型与结构研究所"、"意大利模型结构试验研究所"。世界顶尖的结构力学研究所之一。建于1951年,研究范围包括:结构工程、土木工程、岩石力学、数学模拟等实验研究,以及应用于环境问题的工程和地质学。

大禹水利科学技术奖(Da Yu Water Conservancy Science and Technology Award) 简称"大禹奖"。经国家科学技术部批准、由中国水利学会设立和承办,面向全国水利行业,奖励在水利科学技术进步中做出突出贡献的集体和个人的科学技术奖励项目。设立于2002年,每年评定一次。宗旨:鼓励科学技术创新,充分调动广大水利科学技术人员的积极性和创造性,加速水利科学技术事业的发展和现代化建设。奖项设置有:应用研究及应用基础研究成果奖,技术开发与发明成果奖,应用推广先进科学技术成果奖,其他科学技术成果奖。

水力发电科学技术奖(Hydro Electric Power Science and Technology Award) 由中国水力发电工程学会设立和承办、面向全国水力发电行业的科学技术奖励项目。设立于2010年,每年评定一次。宗旨:贯彻"尊重劳动、尊重知识、尊重人才、尊重创造"的方针,鼓励团结协作、联合攻关,鼓励自主创新、攀登科学技术高峰,鼓励应用推广先进科学技术成果,促进科学研究、技术开发与水力发电生产建设、经济、社会发展的密切结合,促进科技成果商品化和产业化,加速水力发电科技创新与可持续性发展战略的实施。奖项设置有:技术开发与发明项目奖,应用推广先进科学技术项目奖,社会公益项目奖,重大工程项目奖。

中国航海科技奖(China Navigation Science and Technology Award) 全称"中国航海学会科学技术奖"。经国家科学技术奖励工作办公室批准,由中国航海学会于2002年设立的科学技术奖励项目。每年评定一次。宗旨:奖励航海领域(包括交通、海军、海洋、渔业)在科学研究、技术创新与开发、科技成果的推广应用和实现高新技术产业化等方面取得成果或做出贡献的个人、组织，以促进航海科技进步，加快航海事业的发展。奖项分特等到三等4级，涉及技术开发类、社会公益类、重大工程类和软科学研究类等项目。

潘家铮水电科技基金（Pan Jiazheng Hydropower Technology Fund） 全国水电科技基金奖励项目。由中国水力发电工程学会、浙江大学、国家电网公司、中国长江三峡集团公司、中国水电工程顾问集团有限公司、河海大学等42个单位共同发起设立，于2008年5月18日在北京成立。宗旨：弘扬潘家铮先生"忠诚敬业、求实创新"的精神和纪念他对中国水利水电事业做出的巨大贡献，引导和激励水电水利工程科技工作者进行科技创新，支持、鼓励在水电水利工程科技创新中取得突出成绩的单位和个人，加快培养水电水利工程科技创新人才，促进中国水电水利事业的发展。设立"潘家铮水电奖学金"、"潘家铮奖"（个人奖）和"水力发电科学技术奖"（项目奖）三项公益性奖励项目。前两项每年评选一次，第三项两年评选一次。

严恺教育科技基金（Yan Kai Education Fund for Science and Technology） 全国水利教育科技基金奖励项目。1995年，由河海大学、部分水利企事业单位与校友，以及严恺院士本人共同出资设立。宗旨：弘扬严恺院士倡导的"艰苦朴素，实事求是，严格要求，勇于探索"的科学精神，鼓励河海大学教学、学习成绩突出的师生，以及全国水利系统的优秀科技人员。设立的奖励项目有：（1）"严恺奖学金"，奖励河海大学全日制在读优秀研究生、本科生；（2）"严恺港口、航道和海岸、海洋工程专项奖学金"，奖励河海大学港口、航道和海岸、海洋工程学科专业的全日制在读优秀研究生、本科生；（3）"严恺教育奖"，奖励在教书育人、管理育人、服务育人工作中取得突出成绩的河海大学教育工作者；（4）"严恺科技奖"，奖励在科学研究、科技开发工作中取得突出成绩的河海大学科技工作者；（5）"严恺工程技术奖"，奖励"严恺教育科技基金"捐资单位、河海大学合作发展委员会成员单位以及其他有关单位取得突出成绩或做出重大贡献的优秀科技工作者。前两项每学年评选一次，后三项每两年评选一次。

张光斗科技教育基金（Zhang Guangdou Science and Technology Education Fund） 全国水电科技教育基金奖励项目。2006年10月，由清华大学联合水利、水电行业的11家企事业单位共同发起设立。宗旨：弘扬张光斗先生为水利水电工程建设和科技教育事业不懈奋斗的精神，促进中国水利水电事业发展，鼓励水利水电科技人才的成长。奖励项目有："张光斗优秀学生奖学金"，奖励在全国水利水电院校学习的优秀学生，每学年评选一次；"张光斗优秀青年科技奖"，每两年评选一次，奖励在水利水电行业从事科研、设计、施工和管理方面作出突出成绩的未满45周岁的优秀科技工作者。

水利青年科技英才奖（Water Conservancy Youth Science and Technology Award of Excellence） 全国水利科技奖励项目。2004年6月，由水利部设立。宗旨：全面贯彻科教兴国、人才强国战略，实施科学治水方针，加快培养、造就高层次专业技术人才队伍，选拔、表彰为水利事业做出突出贡献的优秀青年专业技术人才，引导水利行业青年专业技术人员健康成长，早日成才。每两年评选一次，每次评选名额不超过10名，参选者年龄一般不超过45周岁。

世界气象日（World Meteorological Day） 亦称"国际气象日"。世界气象组织规定的全球性的社会纪念日。1960年6月，世界气象组织执行委员会为纪念1950年3月23日世界气象组织成立和《国际气象组织公约》生效，确定每年3月23日为"世界气象日"。每年的世界气象日，世界气象组织执行委员会都要选定一个主题进行宣传，以提高世界各地公众对与自己密切相关的气象问题及其重要性的认识。每一个主题都集中反映了人类关注的与气象有关的问题，主题的选择主要围绕气象工作的内容、主要科研项目，以及世界各国普遍关注的问题。

世界水日（World Water Day） 亦称"世界水资源日"。为了唤起全球公众的水意识，建立一种更为全面的水资源可持续利用的体制和相应的运行机制。1977年召开的"联合国水事会议"向全世界发出严重警告：石油危机之后的下一个危机便是水危机。1993年1月18日，第47届联合国大会根据联合国环境与发展大会制定的《21世纪行动议程》中提出的建议，通过了第193号决议，确定自1993年起，将每年的3月22日定为"世界水日"。决议提请各国政府根据自己的国情，在世界水日开展宣传活动。宗旨：推动对水资源进行综合性统筹规划和管理，加强水资源保护，解决日益严峻的淡水缺乏问题，开展广泛的宣传,以提高公众对开发和保护水资源的认识。联合国水机制和联合国人居署负责对全球的世界水日活动进行协调,为每年的世界水日确立一个主题。

世界海洋日(World Ocean Day) 联合国决议确定的全球性有关海洋的社会活动节日。2008年12月5日,第63届联合国大会通过第111号决议,确定自2009年起,每年的6月8日为"世界海洋日"。宗旨:世界各国都能借此机会关注人类赖以生存的海洋,体味海洋自身所蕴含的丰富价值,同时也审视全球性污染和鱼类资源过度消耗等问题给海洋环境和海洋生物带来的不利影响。

世界湿地日(World Wetlands Day) 国际湿地公约常委会确定的全球性有关湿地的社会活动日。1996年10月,国际湿地公约常委会确定每年的2月2日为"世界湿地日"。每年都确定一个不同的主题。湿地是全球价值最高的生态系统,利用"世界湿地日",政府机构在这一天组织公民采取各种活动来提高公众对湿地价值和效益的认识,从而更好地保护湿地。

中国水周(China Water Week) 中国政府为提高全社会关心水、爱惜水、保护水的意识而设立的社会活动周。1988年《中华人民共和国水法》颁布后,中国水利部将每年的7月1日至7日确定为"中国水周"。主要内容是宣传1988年1月通过的《中华人民共和国水法》、普及水法律知识、增强全民关于水的法律意识和法制观念,自觉地运用法律手段规范各种水事活动,促进水法规的贯彻实施。1993年,世界水日确立之后,考虑到世界水日与中国水周的主旨和内容基本相同,从1994年开始,把"中国水周"的时间改为每年的3月22日至28日,使宣传活动更加与"世界水日"的主题相结合。从1991年起,中国还将每年5月的第二周作为城市节约用水宣传周,进一步提高全社会关心水、爱惜水、保护水和水忧患意识,促进水资源的开发、利用、保护和管理。

中国水博览会(Chinese Water Expo;Water Expo China) 由中华人民共和国水利部发起、商务部批准,并得到国家众多相关部委支持的专业涉水展会。由中国水利学会和法兰克福展览(上海)有限公司共同举办。展会充分适应水行业的实际需求,通过国内外参展商带来最新的产品和技术,为中国乃至全球迫切需要支持的涉水建设领域提供最佳解决方案。1989年举办了第一届国际水利技术装备展览会,1996年举办第二届国际水展,1999年举办第三届国际水展,2001年举办第四届国际水展,2006年根据中国水务体制改革和中国水市场的需要,国际水展正式更名为"中国水博览会",并决定每年举办一届。

李仪祉(1882—1938) 中国水利学家、教育家。原名协,字宜之,后改仪祉,陕西蒲城人。留学德国。1915年,参与创办中国第一所高等水利专门学府南京河海工程专门学校,任教授、教务长,曾一度主持教务,主讲河工学、水文学、大坝设计等课程,培养中国第一批水利专门人才。导淮委员会(现淮河水利委员会)总工程师,黄河、华北水利委员会委员长,陕西省水利局长兼渭北水利工程总局总工程师,曾兼任扬子江水利委员会顾问、陕西省教育厅长、国立西北大学校长等职。中国水利工程学会主要创始人、首任会长,后又任历届会长,直到去世。率先引进西方现代水利科学技术,并结合中国水利工程实际,重视勘测研究,强调实地调查,提倡模型试验,将水利工程置于近代科学基础之上。提出"治理黄河方策",主张上游加强水土保持,中游多辟蓄洪、拦洪水库,下游稳定中水河床等,把治黄理论与方略向前推进一大步。主持兴修泾惠、洛惠、渭惠和织女渠等灌溉工程,对陕西省农业发展有重要作用。著有《黄河治本的探讨》、《对于治理扬子江之意见》、《水功学》和《导淮先从入海着手之管见》等。

潘镒芬(1893—1954) 中国水利专家。字万玉,江苏吴县(今苏州)人。1909年毕业于江苏省铁路学堂。曾任黄河水利委员会技正兼河防组主任,花园口堵口工程处处长,黄河堵口复堤工程局副局长,黄河水利工程总局副局长等职。曾主持山东河防20年,熟悉全河险工,多次主持堵口大工。抗日战争时期,河决花园口,他致力于新河道的修防。著有《黄河堵口工程之研讨》、《改进黄河水利方面的几项建议》、《秸埽之研究》等。

郑肇经(1894—1989) 中国水利学家。字权伯,江苏泰兴人。同济大学毕业。德国萨克森工业大学市政工程研究所国试工程师。回国后,任河海工科大学、中央大学教授,上海工务局主任工程师、代局长,青岛港务局局长兼总工程师,全国经济委员会水利处处长、水利司司长。新中国成立后,任同济大学、华东水利学院教授。1934年在南京创办中国第一所现代水工和土工试验研究机构——中央水工试验所(后改名"中央水利实验处"),并长期担任所长、处长。1937年参与创办中央大学水利系。为中国20世纪30至40年代水利工程建设和科学研究事业的主要组织者之一,并两度主持苏北运河和里下河地区洪灾的堵口复堤和善后工作。著有《河工学》、《渠工学》、《海港工程学》、《中国水利史》和《中国之水利》等。

汪胡桢(1897—1989) 中国水利学家。浙江嘉兴人。南京河海工程专门学校毕业。美国康奈尔大学硕士。回国后,任河海工科大学、中央大学、浙江大学教授,导淮委员会设计主任工程师,钱塘江工程局副局长兼总工程师。新中国成立后,历任华东军政委员会水利部副部长,治淮委员会委员兼工程部长,佛子岭水库工程总指挥,水利部北京勘测设计院、黄河三门峡水库总工程师,北京水利水电学院院长,水利部顾问等职。第一、第二、第三、第五届全国人大代表,第六届全国政协委员。中科院学部委员(院士)。曾主持佛子岭水库、三门峡水库的设计工作。著有《水工隧洞的设计理论和计算》、《地下硐室的结构设计》等,主编《中国工程师手册》和《现代工程数学手册》。

须恺(1900—1970) 中国水利学家。字君悌,江苏无锡人。南京河海工程专门学校毕业。美国加利福尼亚大学硕士。回国后,任华北水利委员会技术长、导淮委员会总工程师、水利部技监、中央大学教授兼水利系主任、联合国远东经济委员会防洪局代局长等职。新中国成立后,任水利部技术委员会主任,水利电力部北京勘测设计院院长、规划局总工程师。中国水利学会创始人之一,曾任副理事长。第一至第三届全国人大代表。曾主持杨庄坝,三河坝,邵伯、淮阴船闸,綦江渠化,赤水河和乌江整治等工程的设计和施工。多年主持全国水利技术行政工作,培养不少水利专门人才。著有《中国的灌溉》等。

张含英(1900—2002) 中国水利学家。山东菏泽人。先后在北洋大学、北京大学求学,后赴美国留学,伊利诺伊大学毕业,康奈尔大学硕士。回国后,任黄河水利委员会委员、秘书长、总工程师、委员长等职,期间还担任过青岛大学教授,北洋大学教授、教务长、校长,中央大学教授。新中国成立后,历任水利部和水利电力部副部长兼技术委员会主任。中国科协第一届委员,中国水利学会理事长、名誉理事

长。第一至第三届全国人大代表,第五、第六届全国政协常委。1981年加入中国共产党。主持或参与组织多项重要水利工程项目的规划、施工等。在黄河治理中引进近代科学技术,开展查勘测量工作,建立第一批水文测验站、水土保持试验站、河道治理模型试验所和第一个大型引黄灌区。著有《治河论丛》、《黄河治理纲要》和《防洪工程学》等。

高镜莹(1901—1995) 中国水利专家。天津人。清华大学毕业。美国密歇根大学硕士。回国后,先后在东北大学、天津工商学院和北洋大学任教。任华北水利委员会黄河测量队队长、技正兼工程组主任、代理总工程师,整治海河委员会工务处处长,华北水利堵口复堤处处长,华北水利工程局副局长。新中国成立后,历任华北水利工程局总工程师,河北省人民政府委员,官厅水库工程局局长、总工程师,水利部勘测设计局副局长、技术委员会主任、技术司司长、顾问等职。第三届全国人大代表,第五、第六届全国政协委员。长期从事和领导水利技术管理工作,致力海河流域治理、放淤取得成效;主持官厅水库建设取得成功;多次主持审查全国大型水利工程的规划设计,编制工程规范,解决重大技术问题。

施嘉炀(1902—2001) 中国水利学家。福建福州人。清华大学毕业。美国康奈尔大学硕士、马萨诸塞工学院硕士。回国后,任清华大学副教授、教授、土木系主任、工学院院长,西南联合大学教授、工学院院长。抗日战争期间负责指导勘测云南省水能资源,负责设计和监修腾冲叠水河、大理下关、喜洲万花溪3座小型水电站。新中国成立后,历任清华大学教授、水利系水文水电站教研组主任。中国水力发电工程学会第一届理事长。对长江三峡水利枢纽水库正常蓄水位问题进行多年研究。著有《梯级水电站设计问题》、《论抽水蓄能电站》和《水利资源综合利用》等。

李赋都(1903—1984) 中国水利学家。陕西蒲城人。同济工艺专科学校毕业。德国汉诺威工业大学博士。曾任天津中国第一水工试验所所长兼北洋工学院教授,西北农学院教授、水利系主任。新中国成立后,任西北行政委员会水利局局长、黄河水利委员会副主任。第一、第二、第三、第五、第六届全国人大代表,第三届全国政协委员。毕生从事水利和治黄工作,对中国的水利建设和治黄事业做出贡献。曾主持都江堰治本工程设计工作。提出治理黄河要

上、中、下游并举,上游开发水电资源,中游治理水土流失,下游整治河道、排洪排沙。著有《黄河的治理》、《都江堰治本工程计划概要》和《天津中国第一水工试验所的设计》等。

张昌龄(1906—1993) 中国水力发电专家。江苏南京人。清华大学毕业。美国马萨诸塞理工学院硕士。回国后,先在中央政府资源委员会任职,主持中国早期兴建的桃花溪、狮子滩、西昌和天水等水电站的设计,后任水力发电工程总处三峡勘测处主任,其间主持长江三峡水利枢纽坝址最早的地质、水文勘测工作。新中国成立后,先后担任燃料工业部、电力工业部和水利电力部所属水电规划设计院和水力发电建设总局副总工程师、总工程师,主持或参加审查、研究中国的大、中型水力发电建设工程项目。参与组织编制和审查《水工建筑物抗震设计》、《混凝土重力坝设计》等重要的规程、规范。晚年担任水利电力部咨询,并被聘为长江三峡水利枢纽建筑物专题论证专家组顾问。是中国第一部《水工设计手册》(第一版)编纂主要主持人之一。

沙玉清(1907—1966) 中国水利学家。字叔明,江苏江阴人。中央大学毕业。后赴德国汉诺威工科大学留学,并曾派赴英国、法国、荷兰和日本等国考察。历任西北农学院教授、水利系主任,中央大学教授、土木系主任,华东水利学院教授,西北水利科学研究所所长等职。毕生致力水利学的教学和研究工作,早年创办中央水利实验处武功水工试验室(今西北水利科学研究所)。对泥沙研究和开拓泥沙运动学新学科做出贡献。著有《农田水利学》和《泥沙运动学引论》等。

崔宗培(1907—1998) 中国水利学家。河南南阳人。交通大学唐山工学院毕业。美国艾奥瓦大学博士。回国后,先后任河南焦作工程学院教授,四川省政府、全国水利委员会和水利部技正,重庆乡建学院教授、水利系主任,中国农村水力实业公司总工程师,东北水利工程总局总工程师等。新中国成立后,历任水利部设计局副局长、北京勘测设计院副总工程师、水电部北京勘测设计院总工程师、水电建设总局副局长、水利部规划设计管理局总工程师等职。长期从事水利工程的规划、设计和建设,参与主持密云、青铜峡、刘家峡、岳城、龚嘴、三门峡等水利水电工程的规划设计,葛洲坝、小浪底、黑山峡和南水北调等大型工程的技术咨询。主编《中国水利百科全书》(第一版)。

王化云(1908—1992) 中国治理黄河专家。直隶馆陶(今属河北)人。北京大学毕业。曾任冠县县长、冀鲁豫边区黄河水利委员会主任。新中国成立后,历任黄河水利委员会主任、黄河三门峡工程局副局长、水利部副部长、河南省第五届政协主席等职。第一至第六届全国人大代表。1938年加入中国共产党。长期致力治理黄河工作。先后提出"宽河固堤"、"蓄水拦沙"、"除害兴利,综合利用"、"上拦下排"和"调水调沙"等治河方针和治黄方略。多次考察黄土高原,总结群众治山治水经验,大力推进水土保持工作。提出巩固下游堤防、整治河道、治理河口和建设防洪工程体系,以提高排洪排沙能力。参与领导三门峡水利枢纽修建和改建工作,倡导修建小浪底水利枢纽。著有《我的治河实践》等。

顾兆勋(1908—2000) 中国水利学家、教育家。浙江上虞人。1932年交通大学唐山工学院土木系毕业。1937年留学英国曼彻斯特大学,1940年获博士学位后回国。先后任四川省水利局工程师,中央水利实验处研究员,中央大学教授、水利系主任。新中国成立后,历任南京大学教授,华东水利学院教授,华东水利学院水工结构系主任、河川系主任、名誉主任;全国水利类教材编审委员会副主任、中国水利学会常务理事、中国水利学会水力学专业委员会副主任委员。参与佛子岭、新安江、丹江口、葛洲坝、三峡、万安、水口、陈村等水利水电枢纽和大亚湾核电站港口和取排水口布置方案等国家重点工程的技术论证和咨询。1956年加入中国共产党。专于水工结构和水工水力学研究。著有《水力学》、《涵闸工程》等教材,参与主编《水工设计手册》(第一版)、《水利工程辞典》、《水利词典》等,为《辞海》、《农业大百科全书·水利卷》编委会成员。主持翻译苏联《水工手册》、美国《土石坝工程》论文集等。

黄文熙(1909—2001) 中国水利学家,中国土力学学科奠基人之一。江苏吴江人。中央大学毕业。美国密歇根大学博士。回国后到重庆中央水利实验处任职,创办土工试验室并任主任,又兼任中央大学水利系教授、系主任和水利部水利讲座教授。新中国成立后,历任南京大学、南京工学院、华东水利学院、清华大学教授,南京水利实验处处长,水利电力部水利水电科学研究院副院长、顾问,南京水利科学研究院顾问等。中国水利学会、中国水力发电工程学会副理事长,中国土力学与基础工程学会理事长。中科院院士。第三届全国人大代表,第二、第三届全国政协委员。20 世纪 30 年代首先在中国开设土力学课程,提出框架力矩直接分配法和拱坝结构分析的格栅法;40—50 年代创立地基沉降新计算方法,用有效应力原理解释砂土液化机制;70 年代后主持建立"清华弹塑性模型"。长期参与黄河、淮河、海河、西南地区和三峡等国家重大工程的咨询工作。著有《水工建设中的结构力学与岩土力学问题》和《土的工程性质》等。

伍正诚(1910—1986)　中国水利学家、教育家。浙江杭州人。1934 年清华大学土木系毕业。1936 年留学德国柏林大学和卡尔斯诺工业大学,1938 年获德国国家工程师学位后回国,先后在西南联合大学工学院任清华专任讲师兼云南省水力发电勘测队队长、昆明湖电厂兼螳螂川水电厂工程处副主任工程师等职;抗日战争胜利后,任浙江大学教授、交通大学教授。新中国成立后,历任上海交通大学教授,华东水利学院教授、勘测设计院副院长。中国水力发电学会第一届副理事长、电力工业部科学技术委员会委员等。1956 年加入中国共产党。专于水能利用、水利水电规划、水电站建设。在中国最早从事水能梯级开发、风力发电、抽水蓄能发电、潮汐发电、湖水发电等多种形式的水能资源开发利用研究。著有《水电站装机容量选择》、《水能资源系统工程》、《系统规划论》、《水能利用》等。

王鹤亭(1910—1996)　中国水利专家,新疆现代水利事业的开拓者。江苏江阴人。中央大学毕业。早期在导淮委员会工作,1936—1940 年到印度考察灌溉和水利水电工程。1944 年受派率队赴新疆开展水利工作,曾任新疆省水利勘测总队副总队长兼代理总队长、新疆省水利局局长兼总工程师。新中国成立后,历任新疆省水利局局长兼总工程师、新疆军区工程处副处长兼总工程师、新疆农业厅总工程师、新疆维吾尔自治区水利厅副厅长兼总工程师。第一至第六届全国人大代表,第五届全国政协委员,新疆维吾尔自治区第五和第六届人大常委会副主任、第四届政协副主席。参与组织领导新疆大批水利工程建设和农垦建设,研究解决盐渍土改良、渠道防渗和弯道引水排沙等工程技术问题。

张书农(1910—1997)　中国水利学家。江苏宝应人。中央大学毕业。曾赴德国柏林科技大学留学。回国后,历任重庆复旦大学、贵州遵义浙江大学教授;抗日战争胜利后任南京中央大学教授、水利系主任。新中国成立后,历任南京大学教授、水利系主任,华东水利学院教授、副教务长,河海大学教授、环境水利研究所所长,南京水利科学研究所副所长。中国水利学会泥沙专业委员会副主任委员。中国现代开展水流结构与河流泥沙运动研究的奠基人之一,在国内首先开展环境水利科学研究,研究课题"温差异重流、潮汐河流部分分层流三元扩散问题研究"获国家科学大会奖。著有《河流动力学》、《环境水力学》和《治河工程学》等。

刘光文(1910—1998)　中国水利学家、教育家。中国水文学科奠基人之一。浙江杭州人。清华大学毕业。美国艾奥瓦大学硕士。回国后任广西大学、重庆大学、中央工程专科学校、自贡工业专科学校、交通大学、复旦大学教授。新中国成立后,历任华东水利学院和河海大学教授、水文系主任。国务院学位委员会第一届学科评议组成员,联合国教科文组织国际水文计划中国国家委员会副主席。长期从事水文学的教学和研究,对中国高等学校水文学专业的创立和教学有重要贡献。著有《水文分析与计算》、《英汉水文学词汇》、《水文学》和《高等水力学》,主编《水文计算》,译著有《水文分析与计算》(上、下册)。

谢家泽(1911—1993)　中国水文学家。湖南新化人。清华大学毕业。德国柏林高等工业学院凭证工程师。回国后任中央大学、交通大学教授。新中国成立后,历任南京大学教授、水利部水文局局长、水利电力部水利水电科学研究院副院长兼水文研究所所长。中华人民共和国"人与生物圈"国家委员会委员,国际水文组织中国委员会理事长,中国水利学会副理事长。1950 年起主持建立健全全国水文领导机构,组织制定全国主要水文站网规划,编制水文测站规范,编纂《水文年鉴》和《水文图集》。发表论文有《1950 年淮河洪水的分析》、《松花江水文特征分析》和《关于合理解决洪水频率计算方法问题》等。

徐芝纶(1911—1999)　中国力学家、教育家。江苏江都人。清华大学毕业。美国马萨诸塞理工学院硕士、哈佛大学硕士。回国后历任浙江大学教授,资源委员会水力发电勘测总队工程师兼设计科科长,重庆中央大学教授,交通大学教授、水利系主任。1952 年参与创建华东水利学院,并先后任教授、教务长、副院长、学术委员会主任。江苏省力学学会理事长。中科院院士。第三届全国人大代表,第二、第六届全国政协委员。早期从事基础梁、板研究。在中国最早介绍并教授有限单元法,并应用于解决实际工程问题,取得众多有限单元法的早期研究与应用成果。著有《工程力学教程》、《弹性力学问题的有限单元法》、《弹性力学》(上、下册,获 1988 年全国优秀教材特等奖)、《弹性力学简明教程》和《应用弹性力学》(英文版)等。

黄万里(1911—2001) 中国水利学家。上海人。交通大学毕业。美国康奈尔大学硕士、伊利诺伊大学博士。回国后任全国经济委员会水利处技正、四川省水利局工程师、长城工程公司经理、水利部视察工程师、甘肃省水利局局长兼总工程师、东北水利总局顾问等。新中国成立后,任唐山铁道学院和清华大学教授。黄河三门峡水利枢纽规划建设时,提出在黄河泥沙问题没有解决条件下,建设三门峡水库会造成泥沙严重淤积和渭河洪涝,是规划的重大失误。现已证实其观点是正确的,三门峡水利枢纽不得不多次改建。此外,还对长江三峡卵石输移量的计算和三峡高坝的可行性问题,向国家决策部门提供多项建议。著有《洪流估算》、《沙流连续方程意义的简释》、《连续介体动力学最大能量耗散率定律》等。

林一山(1911—2007) 中国水利专家。山东文登人。1931 年投身抗日救亡运动,1934 年参加革命工作,1936 年加入中国共产党。抗日战争时期曾任北平师大地下党中心支部书记,胶东特委常委、书记和胶东军政委员会主任,参与领导胶东地区的抗日战争;解放战争时期先后任中国共产党青岛市委书记兼市长、辽南省委书记兼军区政委、辽宁省委副书记兼军区副政委、第四野战军南下工作团秘书长。新中国成立后,历任中南军政委员会水利部副部长、党组书记,中南军政委员会财经委员会副主任,长江水利委员会主任、党委书记,长江流域规划办公室主任、党委书记,长江葛洲坝工程技术委员会主任、水利部顾问。中共八大代表,第五、第六届全国人大常委会委员。在组建并长期领导长江水利委员会(长江流域规划办公室),组织编制长江流域综合利用规划,组织建设荆江分洪工程、丹江口水利枢纽等工程,提出南水北调东、中、西线调水方案,主持葛洲坝工程修改设计和复工工作,推动兴建三峡工程并领

导和组织完成三峡工程的主要前期工作中发挥重大作用。著有《葛洲坝工程的决策》、《中国西部南水北调工程》、《高峡出平湖——长江三峡工程》、《河流辩证法与冲积平原河流治理》、《林一山论治水兴国》等。有《林一山治水文集》、《林一山回忆录》。

严恺(1912—2006) 中国水利学家、海岸工程专家、教育家。福建闽侯人。交通大学毕业。荷兰德尔夫特科技大学工程师。回国后,历任中央大学教授,黄河水利委员会技正兼设计室主任,河南大学水利工程系教授、系主任,交通大学讲座教授等。新中国成立后,任华东水利学院副院长、院长,河海大学名誉校长,并先后兼任南京水利科学研究所(院)所长、名誉院长,南京水文研究所所长,江苏省水利厅厅长。中国水利学会理事长,中国海洋学会副理事长,中国海洋工程学会理事长,国际大坝会议中国委员会主席,联合国教科文组织国际水文计划政府间理事会副主席兼中国委员会主席。中科院院士,中国工程院院士,墨西哥科学院外籍院士。第三届全国人大代表。主持和参与钱塘江、淮河、太湖治理,珠江三角洲规划,全国海岸带资源综合调查,塘沽新港和连云港建设,长江葛洲坝、长江三峡水利枢纽、南水北调、长江口深水航道等工程的科技工作。主持的《中国海岸带和海涂资源综合调查研究》获1992 年国家科技进步奖一等奖。获 1996 年中国工程院首届中国工程科技奖、1997 年何梁何利基金技术科学奖。主编《中国海岸工程》、《海港工程》、《中国南水北调》、《海岸工程》、《大辞海·建筑水利卷》、《辞海》(第四至第六版,水利分科)和《水利词典》等。

张光斗(1912—2013) 中国水利学家、教育家。江苏常熟人。1934 年交通大学毕业,1936 年、1937 年先后获美国伯克利加利福尼亚大学硕士、哈佛大学硕士。抗日战争爆发后,回国从事水电站建设工作,曾负责设计桃花溪、下清渊硐等水电站,曾任全国水力发电总处设计组主任工程师、总工程师等职。新中国成立后任清华大学水利工程系主任、副校长,中国科学院、水利电力部北京水利水电科学研究院院长。国务院学位委员会副主任,中国水利学会副理事长等。中科院院士,中国工程院院士,墨西哥工程科学院外籍院士。第三届全国人大代表,第五届全国政协委员,第六、第七届全国政协常委会委员。1956 年加入中国共产党。1958 年负责设计密云水

库,并为葛洲坝、丹江口、三门峡、小浪底、二滩、三峡、龙滩等大型水利枢纽及黄河、长江流域的其他多项大型水利水电工程规划建设提供技术指导、提出创意、解决关键技术问题。受聘为国务院三峡工程建设委员会《长江三峡水利枢纽初步设计报告》审查核心专家组组长、国务院三峡工程质量检查专家组副组长。曾参与制订国家科学技术发展第一个远景规划、参与主持《中国可持续发展水资源战略研究》。获国家科技进步二等奖、全国高等学校优秀教学成果一等奖、中国工程科技奖、光华工程科技成就奖、中国水利学会功勋奖、何梁何利基金科学与技术进步奖、美国伯克利加利福尼亚大学"哈兹国际奖"等。著有《水工建筑物》(上、下册)、《专门水工建筑物》等。

张瑞瑾(1917—1998) 中国水利学家、教育家。湖北巴东人。武汉大学毕业,曾赴美国垦务局和加利福尼亚大学进修。回国后任中央水利实验处研究员。又先后任武汉大学教授、工学院副院长、水利学院院长,武汉水利学院副院长、院长、名誉校长。中国科学院技术科学部水利学组成员。为水利高等教育、泥沙研究和长江黄河治理开发做出重要贡献。在泥沙运动基础理论研究中的"水流挟沙力"科学研究成果获1978年全国科学大会奖,并被授予"在科学技术中做出重大贡献的先进工作者"称号。著有《河流动力学》、《中国泥沙研究》(英文版,与谢鉴衡合著)等,有《张瑞瑾论文集》。

李鹗鼎(1918—2001) 水力发电工程专家。天津人。1940年清华大学(西南联合大学)土木系毕业。1943年至1946年留学英国进修水力发电工程。回国后参与云南螳螂川水电站、四川上清渊硐水电站的设计、施工。新中国成立后,历任燃料工业部水力发电建设总局副处长,电力工业部勘测设计总院副总工程师,四川狮子滩水电工程局、黄河三门峡工程局、刘家峡水电工程局总工程师,水电部水电建设总局副总工程师,四川映秀湾水电工程局、水电部第九工程局总工程师,水电部基建司总工程师、副司长,电力工业部副部长,水电部总工程师。中国工程院院士。中国水力发电工程学会第一届副理事长、第二至第四届理事长、名誉理事长,国际大坝委员会副主席。第七届全国政协委员。主持施工狮子滩、三门峡、刘家峡、映秀湾、猫跳河等水电站工程,成功解决诸如复杂基础处理和大坝浇筑等许多施工技术难

题;负责审查决策乌江渡、凤滩、东风、漫湾、大化、岩滩、水口、二滩、天生桥、龙羊峡等大型水电工程建设。是新中国水电事业的开拓者之一。

林秉南(1920—2014) 中国水利学家。福建莆田人。中国水利水电科学研究院高级工程师。1942年交通大学唐山工学院毕业。1946年赴美留学,获美国艾奥瓦大学硕士、博士学位。1955年回国参加新中国的水利建设。先后任水利水电科学研究院水工冷却水研究所副所长、水力学研究所所长,水利水电科学研究院院长、名誉院长。清华大学兼职教授,美国科罗拉多州立大学客座教授。曾任国际泥沙研究培训中心顾问委员会主席,三峡工程泥沙论证专家组组长,国务院三峡工程建设委员会办公室泥沙专家组组长,中国水利学会副理事长,国际水利工程与研究协会(IAHR)亚太地区分会主席,钱宁泥沙科学奖基金会主任委员,《International Journal of Sediment Research》主编。全国政协第五至第八届委员。中科院院士。长期从事水力学与河流动力学的理论与应用研究,在明渠非恒定流研究和高速水流研究方面取得开创性的成果。赴美期间提出的"计算明渠非恒定流的指定时段构造特征线网法"成果先后被收入美、日学术专著。是高坝水流宽尾墩新型消能工的发明者之一,主持完成的《宽尾墩、窄缝挑坎新型消能工及掺气减蚀的研究和应用》获国家科技进步二等奖。作为三峡水利枢纽泥沙专家组组长,带领国内泥沙专家联合攻关,对采用蓄清排浑方式控制三峡水库泥沙淤积的可行性做出客观论证,并对其实施效果进行长期跟踪研究,为三峡水利枢纽的顺利建设和有效运行提供科学依据。获1978年全国科学技术大会先进个人奖,美国土木工程学会干旱地区水利工程奖,IAHR终身荣誉会员奖。著有《工程泥沙》、《林秉南论文选》等。

华士乾(1921—2001) 中国水文学家。江苏无锡人。1948年中央大学土木系毕业。历任水利电力部水文局水情室主任、技术处长、预报研究室主任,水利部南京水文水资源研究所副所长、总工程师。兼任中国科学院地理研究所研究员,南京大学、河海大学兼职教授。中国水利学会水文专业委员会副主任委员。专于水文科学研究。参与并主要负责"63·8"和"75·8"特大暴雨洪水调查和资料分析;负责国家科委重点项目"流域产流计算数学模型"研究,获国家科技进步三等奖;主持国家"六五"科技攻

关项目"北京市水资源系统分析及其数学模型的研究",获国家科技进步二等奖;主持中美合作基金项目"水火电系统实时调度研究",获美国土木工程学会水资源规划与管理奖;参与主持的国家"七五"科技攻关项目"长江防洪系统研究",获水利部科技进步三等奖。主编《水资源系统分析指南》、《洪水预报方法》,后者被译成俄、朝、越文版。参与主持编撰《中国水利百科全书:水文与水资源分册》、《中国农业百科全书:水文水资源卷》等。

钱宁(1922—1986) 中国水利学家。浙江杭州人。中央大学毕业。美国加利福尼亚大学博士。回国后,任中科院水工研究室研究员、水利电力部水利水电科学研究院河渠研究所副所长、清华大学教授。国际泥沙研究中心顾问委员会副主席。中科院学部委员(院士)。早年与美国水文学家爱因斯坦(Hans Albert Einstein,1904—1973)合作,发展了高度不均匀沙的输沙理论。倡导将河流动力学与地貌学结合研究河床演变,为该学派创始人之一。此外,还开拓和推动高含沙水流理论研究。主持研究的"集中治理黄河中游粗沙来源区"取得重要成果,获国家自然科学奖二等奖。对黄河泥沙研究和治理规划,解决钱塘江口、长江葛洲坝水利枢纽和长江三峡水利枢纽的泥沙问题,做出重要贡献。1986年获全国五一劳动奖章。著有《泥沙运动力学》(合著)和《黄河下游河床演变》等,有《钱宁论文集》。

张蔚榛(1923—2012) 中国水利学家、教育家。河北丰南人。1945年北京大学土木系毕业,1955年获苏联科学院技术科学副博士学位。回国后历任武汉水利电力学院(后并入武汉大学)副教授、教授,农田水利研究所所长,主持筹建中国第一个农田水利实验室。曾任第一、第二届国务院学位委员会学科评审组成员,国家教委科学技术委员会土建及水利学科组成员,国家自然科学基金委员会第二至第四届水利学科组成员,水利部技术委员会委员,水利部地下水管理专家组成员,国际灌排委员会灌排系统建设与运行委员会委员。中国工程院院士。中国现代农田水利学科的开拓者。主持和参与黄、淮、海平原中低产田改造综合治理研究,承担多项国家"六五"、"七五"、"八五"重大攻关项目课题研究。主持完成的"地下水非稳定流计算及地下水资源评价的研究"获1978年全国科学大会奖。著有《地下水非稳定流计算和地下水资源评价》、《地下水土壤水动力学》、《地下水文和地下水调控》等。

赵人俊(1924—1993) 中国水文学家。浙江金华人。中央大学毕业。历任华东水利学院和河海大学教授、水文系主任。中国水利学会水文专业委员会第三届副主任委员,国务院学位委员会第二届学科评议组成员。毕生从事水文预报的教学和研究。20世纪70年代研制出中国第一个大流域降雨径流计算模型——新安江模型,解决了大流域降雨径流计算中雨量分布不均匀的问题。著有《中国湿润地区洪水预报方法》、《流域水文模拟——新安江模型与陕北模型》(获国家教委1987年科技进步一等奖)。

徐乾清(1925—2010) 中国水利专家。陕西城固人。1949年交通大学毕业。长期在苏北行署水利局、华东水利部、水电部、水利部从事水利科学技术研究及技术主管工作。曾任水利部、水电部工程师、副处长、处长,水利部科技局副局长、水电部计划司副司长,水电部副总工程师,水利部副总工程师等。水利部科学技术委员会顾问,全国自然科学名词审定委员会委员、水利技术名词审定委员会主任。中国水利学会副理事长。第八届全国政协委员。中国工程院院士。长期从事水利规划、科研等方面技术管理和综合研究工作。主持审议全国主要江河流域综合规划和防洪专项规划,参与多个流域综合规划和长江三峡、小浪底、南水北调等大型水利水电工程和跨流域调水工程的论证。主持多个国家重点项目的研究工作,研究成果在黄河治理、长江防洪等规划工作中得到应用。参与主编《中国水利百科全书》、《中国大百科全书·水利卷》,主编并审定《水利科技名词》等。

谢鉴衡(1925—2011) 中国水利学家、教育家。湖北洪湖人。1950年武汉大学土木系毕业,1955年获苏联科学院技术科学副博士学位。曾任武汉水利电力学院河流工程系主任、副院长,武汉大学教授。中国水利学会泥沙专业委员会主任,水利部技术委员会委员,三峡水利枢纽研究及论证泥沙专家组副组长。中国工程院院士。专于江河治理与河流泥沙研究。主持和参与黄河治理规划,长江下荆江段系统裁弯,长江葛洲坝、三峡水利枢纽、南水北调等工程的规划设计研究工作。组织协调三峡水利枢纽泥沙问题的技术攻关,为三峡水利枢纽的宏观决策提供科学依据。获1978年全国科学大会奖和国家科技进步特等奖。著有《河流泥沙工程学》、《河流模拟》、《中国泥沙研究》(英文版)、《河床演变及整治》、《河流泥沙动力学》等。

左东启(1925—2014)　中国水利学家、教育家。江苏镇江人。1947年交通大学土木系毕业。1955年获苏联莫斯科水利工程学院技术科学副博士学位。回国后任华北水利工程总局副工程师、工程队长，华东水利学院副教授、教授，理电系、农田水利系、工程力学系主任，水利水电科学研究所所长，华东水利学院副院长、院长，河海大学校长。水利部技术委员会委员，长江三峡工程论证专家组专家，全国高等学校水利水电类专业教学委员会主任委员。中国水利学会理事，江苏省水利学会理事长，江苏省水力发电工程学会理事长。1948年加入中国共产党，并在天津参加党的地下工作。专于水力学和水工结构研究。主持研究的重大科研项目《大亚湾核电站港口和取排水口布置方案的研究》获国家科技进步一等奖，《地质力学模型试验技术及其在坝工建设中的应用》获国家科技进步二等奖。著有《模型试验的理论和方法》、《中国水问题的思考》等；主编中国第一部《水工设计手册》(第一版)，主编或参与主编《水工建筑物》、《中国水利百科全书：水力学、河流及海岸动力学分册》、《中国土木建筑百科词典》、《大辞海·建筑水利卷》、《辞海》(第四至第六版，水利分科)和《水利词典》等。

陈志恺(1926—2013)　中国水文水资源学家。上海人。1950年交通大学毕业。先后在华东水利部、水利部设计局、中国水利水电科学研究院从事水文水资源研究。曾任中国水利水电科学研究院水资源研究所所长。北京水利学会理事、国际水资源协会中国地区委员会司库委员。水利部科学技术委员会委员。中国工程院院士。主持完成"中国暴雨洪水频率计算方法"、"设计洪水和设计暴雨的计算方法"、《中国暴雨参数图集》、《中国水文图集》等重大科学研究项目。主持或参与完成多项"六五"、"七五"、"八五"、"九五"国家科技攻关项目，完成"华北地区水资源数量、质量及其可选用量的研究"。参加三峡水利枢纽、南水北调工程建设的论证工作。参加"中国可持续发展水资源战略研究"、"西北地区水资源配置、生态环境建设和可持续发展的战略研究"等多项重大咨询项目的研究。获1978年全国科学大会奖，国家科技进步奖二等奖、三等奖。著有《设计点暴雨的计算方法》、《中国暴雨参数图集》等。

潘家铮(1927—2012)　中国水利水电工程专家。浙江绍兴人。1950年毕业于浙江大学土木工程专业。历任上海水电勘测设计院工程师、设计总工程师、水电部规划设计管理局副总工程师、电力部水电总局副总工程师、水电部总工程师、能源部水电总工程师、国家电网公司高级顾问、长江三峡工程论证领导小组副组长及技术总负责人、国务院三峡工程质量检查专家组组长、国务院南水北调办公室专家委员会主任等职。国务院学位委员会委员、中国大坝委员会主席。中国岩石力学和工程学会理事长。中国工程设计大师。中科院院士，中国工程院院士，中国工程院副院长。第八、第九届全国政协委员。1987年加入中国共产党。长期从事水电设计、建设、科研和管理工作，先后参加和主持黄坛口、流溪河、东方、新安江、富春江、乌溪江、锦屏、磨房沟等大中型水电站的设计工作；参加乌江渡、龚嘴、葛洲坝、凤滩、陈村等工程的审查研究工作；指导龙羊峡、东江、岩滩、二滩、龙滩、三峡等大型水电工程的设计工作，被评为有突出贡献的国家级专家。著有《水工结构应力分析丛书》、《重力坝的设计和计算》、《建筑物的抗滑稳定与滑坡分析》、《水工结构分析文集》、《工程地质计算和基础处理》、《重力坝设计》等；主编《水工建筑物设计丛书》；参与主持编纂中国第一部《水工设计手册》(第一版)。曾获光华工程科技奖"成就奖"、何梁何利科技进步奖、光华工程科技奖、国际岩土工程学会杰出贡献奖等。

王三一(1929—2003)　中国水利水电工程专家。浙江桐庐人。曾参加中国人民志愿军，荣立二等功。1953年清华大学水利系毕业。历任中南勘测设计研究院技术员、工程组长、设计总工程师、院副总工程师、总工程师。中国工程设计大师。中国工程院院士。1981年加入中国共产党。参加和主持设计上猶江、白莲河、柘溪、乌江渡、东江、东风、五强溪、大广坝、五里冲、龙滩、三板溪、向家坝等多座高坝和大型水电站。参加了沅水、红水河、乌江等河流流域规划，及龙羊峡、二滩、三峡等工程设计审查和咨询。负责设计的乌江渡水电站获国家科技进步一等奖。主管设计的东江、五强溪水电站获国家设计金奖。

陈明致(1929—2008)　中国水利工程专家。福建福州人。1950年交通大学毕业。曾任东北水电勘测设计院院长、水利部松辽水利委员会总工程师、主任,黄河小浪底水利枢纽工程建设技术委员会主任,水利部科技委员会委员。中国工程院院士。第八届全国人大代表。主持或参加大伙房、清河、白山、红石、太平湾等50多座水利水电工程的设计和审定。主持编制《松花江流域规划》、修订《辽河流域规划》和《松辽水资源综合开发利用规划》。获1978年全国科学大会奖,国家科技进步奖一等奖。著有《土坝设计》、《堆石坝设计》等。

窦国仁(1932—2001) 中国水利学家、泥沙研究专家。满族,辽宁北镇人。苏联列宁格勒水运学院博士。曾任南京水利科学研究院高级工程师、院长、名誉院长,交通部技术顾问等。国务院学位委员会水利学科评议组召集人。中国水利学会、中国海洋学会副理事长,中国海洋工程学会理事长。中科院院士。第六至第八届全国人大代表。长期从事紊流和工程泥沙问题研究,在葛洲坝水利枢纽、长江三峡水利枢纽、小浪底水利枢纽和长江口深水航道工程的泥沙问题研究中,发展泥沙物理模型相似理论和河道、河口海岸泥沙数学模型,解决全沙、高浓度泥沙和波浪潮流共同作用下悬沙动床试验的关键技术,建立河床紊流随机理论和泥沙运动基本理论体系。获1985年国家科技进步奖特等奖。著有《紊流力学》和《泥沙运动理论》等。

沈珠江(1933—2006) 中国岩土工程专家。浙江慈溪人。入学交通大学,院系调整后,1953年毕业于华东水利学院。1960年获苏联莫斯科建筑工程学院技术科学副博士学位。历任南京水利科学研究院工程师、高级工程师、教授级高级工程师、博士生导师,2000年起任清华大学教授。中国科学院院士。中国土木工程学会土力学及岩土工程分会副理事长,中国水利学会岩土力学专业委员会主任委员,中国力学学会岩土力学专业委员会副主任委员,中国振动工程学会土动力学专业委员会副主任委员,水利部科技委员会委员。第九届全国人大代表,第七、第八届江苏省人大常委会委员。水利部劳动模范。长期从事岩土力学理论研究与工程实践,在地基与基础、土石坝工程方面提出了一系列新理论和新方法,建立著名的沈珠江等价黏弹性模型和沈珠江双屈服面模型。提出的土石坝计算理论、计算方法和计算程序先后应用于中国长江三峡深水围堰、黄河小浪底土石坝等20余座重要高土石坝工程的

计算。获国家和省部级科技进步奖5项,获茅以升土力学及岩土工程大奖。曾任《岩土工程学报》主编。著有《计算土力学》、《理论土力学》等。

雷志栋(1938—2015) 中国农田水利工程专家。湖南澧县人。1965年清华大学水利系硕士。任清华大学水资源工程教研组主任、水利水电工程系主任、土木水利学院学术委员会主任。中国水利学会副理事长。中国工程院院士。专于土壤水、农田水利、水文水资源的应用研究。提出大气水、地表水、土壤水、地下水"四水转化"理论和方法,并应用于位山、叶尔羌、河套、青铜峡等特大型灌区的节水改造和增产增效;提出考虑社会经济发展与生态保护相协调的干旱区水资源配置理论和方法。在中国工程院"西北地区水资源配置、生态环境建设和可持续发展战略研究"等重大咨询项目中发挥重要作用。获国家科技进步奖2项,省部级科技进步奖7项。著有《土壤水动力学》等。

丹尼尔·伯努利(Daniel Bernoulli,1700—1782) 瑞士数学家、力学家。对概率论、偏微分方程、气体动力学、流体力学、水力学等方面都有所贡献。他在圣彼得堡科学院工作时,于1738年在他所写的《流体动力学》中,发表水力学中最重要的方程之一,即反映理想流体中能量守恒定律的伯努利方程。

欧拉(Leonhard Euler,1707—1783) 瑞士数学家、力学家、物理学家、天文学家。生于巴塞尔。青年时曾就学于伯努利家族,1723年获科学硕士学位。1726年应圣彼得堡科学院邀请去俄国讲学,1733年被选为圣彼得堡科学院院士。1741—1776年定居柏林,1776年又移居俄国。晚年失明,仍坚持科学研究和著述。在数学方面,是变分法的奠基人和研究复变函数论的先驱者,在数论、概率论、微分几何学、代数拓扑学等领域也都有重大贡献。在力学方面,是理论流体力学的创始人。1755年提出理想液体平衡和运动微分方程,并得出了该方程的积分;导出了连续性微分方程,证明了连续介质的动量定理。为流体力学的创立建立了显著的功绩。另外,在物理学、天文学方面,亦作出巨大的业绩,提出物镜原理、光通介质现象和分色效应。著有《无穷小分析引论》(两卷)、《代数基础》。发表过《1769年彗星的计算》、《日食的计算》、《月球新理论》等著述。

谢才(Antoine de Chézy,1718—1798) 法国水利

工程师。就读于巴黎桥路学校。对法国 1764 年修建连接塞纳河和罗讷河流域的勃艮第运河的工程进行研究。1775 年首先提出渠道作均匀流时计算平均流速的公式,即谢才公式。

拉格朗日(Joseph Louis Lagrange, 1736—1813)法国数学家、力学家、天文学家。生于意大利。都灵大学毕业。曾任都灵炮兵学校教授。1759 年被选为柏林科学院外籍院士,1772 年被选为法兰西科学院院士,1776 年被选为圣彼得堡科学院名誉院士。1766—1787 年任柏林科学院数学物理部主任。1788 年定居巴黎。1791 年被选为英国皇家学会会员。1795 年任巴黎综合工科学校教授,1797 年任巴黎理工学院教授。在数学分析、代数方程理论、变分法、分析力学与天体力学、偏微分方程、积分法、球面天文学、制图学等方面均取得重要成果。在研究液体的流动中,以个别液体质点的运动为基础,研究整个液体运动规律的拉格朗日法,为流体力学和水力学中描述液体质点运动的普遍方法。此法与欧拉法是研究流体运动的两个主要分析方法。著有《解析函数论》、《函数讲义》、《分析力学》、《关于物体任何系统的微小振动》、《月球的多年加速度》、《彗星轨道的摄动》等。

达西(Henri-Philibert-Gaspard Darcy, 1803—1858)法国水利工程师,在发展水力学方面有所贡献。1852—1855 年通过试验研究,首先提出水流在沙土中作层流运动时能量损失的规律,即达西定律。奠定地下水运动理论的基础。在法国第戎承担城市供水系统的设计和建造的工程中,进行管道水流试验,证实水流阻力决定于管内表面的粗糙程度。1857 年提出,计算沿程水头损失 h_f 的方法,即常用的达西-韦斯巴哈公式。

傅汝德(William Froude, 1810—1879)英国造船工程师,英国皇家学会会员。曾在牛津大学贝里奥尔学院学习。对船舶阻力和摇摆等学科的发展作出贡献,奠定现代船模试验技术的基础。1846 年开始研究船舶流体动力学,发现在船两侧吃水线以下加装平伸的鳍状凸出部分,能减少船身颠簸,而被皇家海军采用。1868 年提出用模型来确定船舶运动的物理定律。1870 年,通过水槽试验发现船体运动阻力的主要部分是表面摩擦和波的形成,其最后成就是发明测量船发动机功率用的测力计。

斯托克斯(George Gabriel Stokes, 1819—1903)英国数学家、物理学家。生于爱尔兰的斯来果,剑桥大学毕业,后任该校数学教授。英国皇家学会会长。在水利科学方面的主要贡献是提出关于流体阻力的定律,即圆球在大范围黏性流体中以缓慢的速度 v 做匀速运动时,所受到的阻力为:$F=6\pi\eta rv$,式中 r 为球的半径,η 为流体的黏度。该表达式为用实验测定流体黏度的依据之一,称"斯托克斯公式"。斯托克斯还改进由法国学者纳维(Claude-Louis Navier,1785—1836)提出的牛顿第二定律在不可压缩黏性流动中的表达式,称"纳维-斯托克斯方程"(N-S 方程)。对于需作流场分析的水力学问题,该项方程有特别重要的意义。

雷诺(Osborne Reynolds, 1842—1912)英国物理学家。生于北爱尔兰。1868 年起任曼彻斯特欧文斯学院教授,1877 年被选为英国皇家学会会员。该年发表流体力学第一篇论文,证明流体绕平板或固体流动会产生涡流,并用有色染料丝线演示涡流产生的过程。1880 年进行流态试验,肯定流体运动中存在层流和紊流的两种流态。1883 年在《自然科学》174 卷上发表著名论文"管道中液体流态及水流阻力规律的实验研究",得出判别黏滞流体流动状态的一个无量纲数,称"雷诺数"。当它增大到某一临界值时,流体流动从层流转变为紊流。这个著名判据使人们对流体流动的物理意义有了充分的认识和理解,对流体力学和水力学的发展起了重大作用。他还利用模型试验测定海湾潮汐,于 1887 年在不列颠协会上宣读有关论文。著有《机械和物理论文集》(三卷)。

恩格司(Hubert Engels, 1854—1945)德国水利学家。曾任萨克森工科大学教授。参与建设基尔军港,并主持治理莱茵河和易北河等工程。1893 年在德累斯顿首创水工实验所,在用模型试验解决治河、筑港、造船工程和水力学问题等方面颇著成效,为欧美各国竞相仿效。1923 年起研究中国黄河问题,曾受中国政府委托进行黄河下游的模型试验,著有《制驭黄河论》(由郑肇经译成中文)。1932 年和 1934 年又在慕尼黑的国立奥贝那赫水工试验场,利用天然水流进行治导黄河下游的大型模型试验,并提出治黄要点和初步方案。著有《模型试验的发展及其价值》、《水工学》等。

费理门(John Ripley Freeman,1855—1932)亦译"费礼门"、"弗里曼"。美国土木与机械工程师。马萨诸塞理工学院毕业,布朗基大学、塔夫茨学院和宾夕法尼亚大学名誉博士。曾任波士顿火灾保险公司工程师、马萨诸塞州查理士河堵塞海湾潮汐工程的总工程师和美国战事工程委员会成员。美国机械工程师学会和土木工程师学会主席。早期从事防火设备的改进和标准化研究,后从事水利工程和桥梁工程的规划设计。曾为加利福尼亚州的费瑟河进行水能开发规划,为加拿大艾伯塔省、马尼托巴省,以及墨西哥设计高坝,为澳大利亚设计悉尼大桥,并创建美国标准局水工实验室。1917—1920年,作为咨询工程师来过中国,对京杭运河治理、黄河和海河防洪问题进行研究。著有《水工实验室实践》等。

普朗特(Ludwig Prandtl,1875—1953) 德国力学家。曾任格丁根大学教授。致力于力学的研究,尤长空气动力学。1904年发表《论黏性很小的流体的运动》的论文,首次提出边界层理论,后又针对紊流边界层,提出混合长度的概念。1918—1919年间发表《机翼理论》,为现代飞机设计奠定理论基础。在力学方面的成就较大,对推进流体力学和水力学的发展,作出一定的贡献。著有《流体力学概论》等书。

萨凡奇(John Lucian Savage,1879—1967) 亦译"萨维奇"。美国坝工专家。威斯康星大学博士。后进入美国垦务局,任垦务局工程和研究中心设计总工程师。负责设计60余座大坝,包括美国的胡佛坝、沙斯塔坝、大古力坝,波多黎各的伊莎贝拉坝,多米尼加的巴拉奥纳坝和巴拿马运河区的马登坝等。在设计当时世界上最高的重力拱坝——胡佛坝的过程中,创造性地建立高拱坝应力分析方法,指导并推动大坝专用水泥的研制,采用分缝、分块及冷却灌浆等浇筑技术,解决混凝土高坝施工中温度控制等一系列重大科学技术问题,为混凝土大坝建设做出重大贡献。1944年率领美国专家组来到中国,对长江三峡进行查勘,在《扬子江三峡计划初步报告》中,提出兴建长江三峡工程的建议,1946年再度来到中国,对长江三峡坝区进行复勘,并向中美工程界广泛宣传修建长江三峡工程的巨大综合效益。

冯·卡门(Theodore Von Kármán,1881—1963) 美籍匈牙利力学家和航空工程学家。1902年毕业于布达佩斯皇家理工综合大学,1908年获格丁根大学哲学博士学位。曾任德国亚琛大学航空学院院长。1930年赴美,1936年入美国籍。曾任美国加利福尼亚大学古根海姆航空研究所所长。创建了美国航空科学院、北大西洋条约国家航空研究和发展咨询部、实验空气动力学培训中心(现名冯·卡门流体动力学与结构力学研究学院)。在流体力学方面有较深造诣,用理论解释了物体在流体中产生涡流现象,称"卡门涡街"。对附面层、薄壳结构、跨音速和超音速空气动力学,以及火箭推进技术均有较大建树。著有《空气动力学的发展》等。

太沙基(Karl Terzaghi,1883—1963) 亦译"泰尔扎吉"。美籍奥地利土力学家和基础工程学家,近代土力学的创始人。出生于布拉格(当时属奥地利),后移居美国。奥地利格拉茨工业大学博士。曾先后在马萨诸塞理工学院、维也纳高等工业学院和伦敦帝国学院任教,1938年任哈佛大学教授直至去世。1936—1957年当选国际土力学和基础工程学会主席,后任名誉主席。早期从事广泛的工程地质和岩土工程实践,1916年转入科学实验研究领域,最早提出饱和黏性土一维固结理论,以及土中孔隙水应力的概念和有效应力原理。解决许多国家重要工程的土工疑难问题。著有《建立在土的物理学基础的土力学》、《理论土力学》、《工程实用土力学》(与R. B. 佩克合著)等。

巴甫洛夫斯基(Nikolay Nikolaevich Pavlovski,1884—1937) 苏联水力学家。苏联科学院院士。在工程水力学方面有杰出贡献。曾提出适用于各种类型堰的普遍公式、计算谢才系数的公式、明渠变速流的新解法、天然河流水面曲线新的绘制方法,以及渗流水电比拟法等。

韦杰涅耶夫(Борис Евгеньевич Веденеев,1885—1946) 苏联动力工程和水利工程学家。生于格鲁吉亚的第比利斯。圣彼得堡交通运输工程学院毕业,苏联第一、第二届最高苏维埃代表,曾任调查德国法西斯侵略者罪行的国家特别委员会委员。苏联科学院院士。曾参与制定全俄电气化计划,主持沃而霍夫水电站,第聂伯水电站和纳卡马特河上水电工程的建设;参与当时苏联水利工程所有重大问题和大型建筑物(如莫斯科地铁、苏维埃宫等)基本问题的决策。在第二次世界大战期间,作为副电站人民委员(电力部副部长),负责建立东部地区的水电基地,并从事进一步发展国家水电建设的组织领导工作。致力于水电站建设经济理论问题的研究,提出用折算混凝土确定水电站建筑物造价的方法。曾获三枚列宁勋章等,并以他的姓名命名全苏水利工程科学研究院。

泰勒（Geoffrey Ingram Taylor，1886—1975） 英国数学家、物理学家和工程师。在剑桥大学就读和从事研究工作。英国皇家学会会员。对应用数学、流体力学、气象学、物理学均有很深造诣。主要贡献有：用统计法对紊流的速度变化和分布进行描述；利用相对旋转的同心圆柱对流体稳定性进行研究并成为水动力学稳定性研究的经典；对烈性炸药的爆破和冲击、流体的第二黏滞系数、晶体的范性形变等均有创造性的研究成果。

考斯加可夫（Алексей Николаевич Костяков，1887—1957） 苏联水利土壤改良学家，水利土壤改良学科的奠基人。莫斯科农学院毕业，并留校任教。曾在莫斯科水利工程学院任教并创建水利土壤改良教研室和实验室，后任农业土壤改良研究所所长，莫斯科水利土壤改良学院和季米梁泽夫农学院教授。苏联科学院通讯院士、全苏列宁农业科学院院士。主持土壤改良、灌溉排水模数研究工作，首次在俄国的中亚、西亚、外高加索、伏尔加河流域等地进行灌溉排水模数研究。致力土壤改良机构的建立，对作物灌溉制度和灌溉方法、土壤盐碱化的防治、地面排水和地下水运动理论等进行研究，提出在机械化农业条件下土壤改良系统的规划、设计和施工方法，曾以他的姓名命名全苏水利工程和土壤改良研究所。著有《土壤改良原理》等，有《考斯加可夫选集》（两卷）。

泰西（Johannes Theodoor Thijsse，1893—1984） 亦译"泰瑟"。荷兰水利学家、工程师。代尔夫特理工大学毕业。曾在洛伦斯管理委员会工作，后转入须德海工程局任工程师。1927年创建代尔夫特实验室并任主任，1936年起在代尔夫特理工大学任讲师、特命教授。后创建荷兰国际水力学训练班并首任教务长。国际水文科学协会秘书长、国际水力学研究协会秘书长。荷兰大学国际合作基金会执委会主席、荷兰海洋研究委员会主席。荷兰皇家科学院院士。主要从事潮汐、风浪、泥沙淤积和冲刷，以及水力学的研究；在水工模型试验方面做了许多开创性研究工作，包括物质输移、风生波和涌波等；还建立第一个用于水力学研究的风波槽。曾获荷兰狮骑士勋位和美国地理协会威廉·波卫奖章。

米勒（Leopold Müller，1908—1988） 奥地利地质力学、岩石力学和岩石工程学家。维也纳大学博士，曾任萨尔茨堡大学名誉教授和德国卡尔斯鲁厄大学教授。奥地利农林部大坝委员会委员。国际地质力学工作小组和国际岩石力学学会主席。奥地利科学院院士。主持或参加过许多国家的大坝、隧洞、铁道和公路工程的设计、施工。创建奥地利地质力学学派，是"新奥地利隧洞工程方法"（新奥法）的创立人之一。主编《岩石力学与工程地质》杂志，著有《地质力学》、《岩石力学》和《隧道工程》等。

易家训（1918—1997） 美籍华人流体动力学家。原籍中国贵州贵阳。中央大学毕业。美国艾奥瓦大学博士。曾在贵州大学执教。先后在美国、加拿大、法国多所大学任教和指导研究。美国工程院院士，中国台湾"中央研究院"院士。主要贡献有：发展流体力学的层流领域，并拓展应用到大气、海洋、环境、工业等方面；建立"层流和内部波"理论；发展非均匀流体力学理论；创立精致的数学变换，称"易氏变换"；简化非均匀流体流动微分方程和边界条件；提出解决流体力学中波和稳定性问题的方法。著有《不均匀流体动力学》等，有《易家训论文选集》。

周文德（1919—1981） 美籍华人水力学家、水文学家和教育家。原籍中国浙江杭州。交通大学毕业，美国伊利诺伊大学博士。任美国伊利诺伊大学教授。美国工程院院士、美国艺术与科学学院院士。在水文学、水力学和水资源规划等方面有广泛研究和重要贡献，包括建立试验室内水文学流域模型、研制具有可变功能的人工降雨模拟装置、合作研究离散微分动态模型、提出水资源系统最优化的简捷方法和明渠糙率与水面曲线积分新公式，在洪水演进方面也做了不少研究工作。著有《明渠水力学》，主编《应用水文学手册》等。

水 利 信 息 化

水利信息（water resources information） 水利活动中产生或涉及的各类信息的总称。主要包括水利基础信息、水利业务专业信息和水利政务（水利事务）信息等，其中，水利业务专业信息主要包括水灾害信息、水资源信息、水环境信息、水生态信息、农村水利信息和水利工程信息等。

水利基础信息（basic information of water resources） 通用性强，共享需求大，几乎为所有水利活动所需的,并遵循统一标准和规范的水利信息的集合。主要包括河流湖泊信息、水利行业能力信息、水文信息、气象信息、水利空间信息和社会经济信息等。

水灾害信息(water disaster information) 与水灾害预防、治理、抢险和灾情评估等有关的信息的集合。水灾害主要包括江河洪水、山洪、涝渍、干旱、风暴潮、灾害性海浪、泥石流、水生态环境恶化等各种灾害。

水资源信息(water resource information) 与水资源管理有关的信息集合。主要包括区域或流域的水资源状况、规划,以及需水、调水、供水、排水、取水、用水和节水等信息。

水环境信息(water environment information) 与水环境管理有关的信息集合。主要包括水环境监测、水环境治理、水污染事件处理和水环境保护等信息。水环境主要由地表水环境和地下水环境两部分组成。其中,地表水环境包括河流、湖泊、水库、海洋、池塘、沼泽、冰川等;地下水环境包括泉水、浅层地下水、深层地下水等。

水生态信息(hydroecology information) 与水生态管理有关的信息集合。主要包括水域、流域或水功能区区域内的植被信息、动物分布信息和生态修复信息等。

农村水利信息(rural water resources information) 与农村水利管理有关的信息集合。主要包括农田水利信息、农村饮水信息和乡镇供水信息。其中,农田水利信息主要包括农田灌溉与排水信息、水土保持信息、盐碱地改良信息、沼泽地改良信息、围垦信息、草原灌溉信息和沙漠治理信息等。

水利工程信息(hydraulic engineering information) 与各类水利工程管理有关的信息集合。主要包括河道、堤防、水库、大坝、水闸、蓄滞洪区等基础信息,以及上述工程的各类设计规划、工程建设和工程运行等资料。

水利政务信息(water resources e-government information) 水利行业政务活动中反映政务工作及其相关事物的情报、情况、资料、数据、图表、文字材料和音像材料等的总称。主要包括综合办公、规划计划、科技管理、外事管理、安全监督、人事管理、财务管理、设备管理、物资管理、档案管理、党群管理、行政许可、监察、审计等方面的信息。

水利信息化(water resources informatization) 充分利用现代信息技术,深入开发和广泛利用水利信息资源,包括水利信息的采集、传输、存储、处理和服务,全面提升水利事业活动效率和效能的历史过程。是国家信息化的重要组成部分,属于行业信息化范畴。

水利信息化综合体系(integrated architecture for water resources informatization) 水利信息化建设的总体框架。主要由水利信息采集和工程监控体系、资源共享服务平台、水利业务应用、水利信息化保障环境和水利信息系统运行环境等部分组成。

数字流域(digital basin) 把流域及与之相关的所有信息(主要包括流域自然地理、人文地理、环境生态、经济社会发展等信息)数字化,并用空间信息的形式组织成一个有机的整体,从而有效地从各个侧面反映整个流域的完整的、真实的情况,并提供对信息的各种调用服务。数字流域这个概念是从数字地球引申出来的,是数字地球的有机组成部分。

智慧流域(smart basin) 把传感器嵌入和装备到流域各处的自然系统(如降雨、蒸发、径流、地下水、植被等观察地)和人工系统(如水源地、输水、供水、用水、排水和水利工程等)的各种物体中,并且被普遍连接,形成“流域物联网”,然后将“流域物联网”与现有的互联网整合起来,实现流域管理人员与流域物理系统的整合,使人类能以更加精细和动态的方式对流域进行规划、设计和管现,从而达到流域的“智慧”状态。这一概念是从智慧地球引申出来的,是智慧地球的有机组成部分。在水利流域管理中,如防洪减灾、抗御干旱、防治污染、水资源管理等各方面都能有效应用。

水利信息化基础设施(infrastructure of water resources informatization) 为水利信息化提供基本信息的采集、传输和存储的各种软件和硬件的总称。主要包括水利信息采集设施、水利专网和水利数据中心中的设施。

水利数据中心(water resources data center) 水利信息汇集、存储、管理、交换和服务的中心。主要由信息汇集与存储、信息服务和支撑应用三个层次组成。数据中心不仅是数据的集合,更是信息与服务的集合。它在网络等设施的支撑下,将各类采集的数据与软硬件资源集成为信息资源。通过对信息资源的共享和开发,实现为特定的业务提供信息支持和服务的信息基础设施。

水利专网(special network of water resources) 亦称"水利信息网"。水利行业各单位计算机与网络设备互联形成的网络系统。按网络层次,分广域网、部门网和接入网。其中广域网又分骨干网、流域省区网和地区网;按照业务范围和安全保密要求,分政务外网和政务内网。

水利信息采集系统(water resources information acquisition system) 各种类型的水利信息自动采集系统。一般由传感器、通信设备和接收处理装置组成。常用的有水文自动测报系统、水环境监测系统、水土保持监测系统、用水量监测系统等。

水利工程监控系统(water resources project monitoring system) 对水利工程的运行状况进行监测和实施自动控制的各类水利工程的自动化监控系统。常用的有水闸监控系统、泵站监控系统、水利工程视频监控系统、大坝安全监控系统等。

水信息存储和管理系统(information storage and management system of water resources) 对水信息进行集中存储和管理的系统。主要包括数据存储系统和数据管理系统两个部分。其中,前者用于保存各类信息,主要由多个数据库系统、各类文件系统、元数据库、知识库、规则库等组成;后者用于对各类信息进行统一管理,主要由元数据管理、目录管理、数据维护、数据质量管理等组成。

水信息集成和共享服务系统(information integration and sharing service system of water resources) 对水信息进行有机整合,并提供集信息发布、信息查询、信息交换、信息访问等服务于一体的信息共享服务系统。

水利业务应用系统(business application of water resources) 运用信息技术处理各类水利业务的计算机应用系统。主要包括防汛抗旱指挥、水资源管理、水土保持管理、农村水利管理、水利工程建设和运行管理、水政执法管理、水利规划设计管理、电子政务等应用系统,以及门户网站等。

决策支持系统(decision support system) 以管理科学、运筹学、控制论和行为科学为基础,以计算机技术、仿真技术和信息技术为手段,针对半结构化的决策问题,支持决策活动的具有智能作用的人机系统。水利行业的决策支持系统主要包括防汛防旱决策支持系统、水资源管理决策支持系统等。

水利信息技术(information technology of water resources) 用于水利业务和事务管理中的各类信息技术的总称。主要包括遥测、遥感、自动控制、物联网、数据通信、计算机网络、数据库、智能数据处理、大数据、系统集成、云计算、地理信息系统、系统仿真、信息安全等技术。

遥测(telemetry) 将对象参量的近距离测量值传输至远距离的测量站实现远距离测量的技术。是利用传感技术、通信技术和数据处理技术的一门综合性技术。在水利行业,遥测技术主要用于自动采集各种点分布信息,如水位、流量、降水量、水质等。

遥感(remote sensing) 非接触的、远距离的探测技术。一般指使用空间运载工具和现代化的电子、光学探测仪器,探测远距离研究对象,并根据探测到的信息对研究对象的性质、特征和状态进行分析的理论、方法和应用的科学技术。在水利行业,遥感技术主要用于远距离采集和分析各种面分布信息,如灾情信息、水土流失信息、降雨分布信息等。

自动控制(automatic control) 在没有人直接参与的情况下,利用外加的设备或装置,使机器、设备或生产过程的某个工作状态或参数自动地按照预定的规律运行的技术。是相对人工控制概念而言的。在水利行业,自动控制技术主要用于各类水利工程运行的自动控制,如闸门自动启闭、泵站自动控制等。

物联网(internet of things) 通过二维码识读设备、射频识别装置、红外感应器、全球定位系统和激光扫描器等信息传感设备,按约定的协议,把任何物品与互联网相连接,进行信息交换和通信,以实现智能化识别、定位、跟踪、监控和管理的一种网络。简而言之,物联网就是"物物相连的互联网"。在水利行业,物联网技术主要用于智慧流域的建设,如"感知太湖"等。

数据通信(data communication) 以"数据"为业务的通信系统。是通信技术与计算机技术相结合而产生的一种新的通信方式。数据是预先约定好的具有某种含义的数字、字母或符号,以及它们的组合。在水利行业,数据通信被广泛应用于数据采集系统、自动控制系统中的数据传输。

计算机网络(computer network) 利用通信线路将地理上分散的、具有独立功能的计算机系统和通信设备按不同的形式连接起来,以功能完善的网络软件和协议实现资源共享和信息传递的系统。在水利行业,计算机网络已覆盖国家、省(直辖市、自治区)、市、县各级水利部门,是实现水利信息资源共享的重要基础设施。

数据库(database) 长期存储在计算机系统内、有组织、可共享的数据集合。数据库中的数据按一定的数据模型组织、描述和储存,具有较小的冗余度、较高的数据独立性和易扩展性,并可为各种用户共享。在水利行业,数据库已广泛应用于存储和管理各类水利信息。

智能数据处理(intelligent data processing) 模拟人类学习和解决实际问题机制来进行的数据处理。是传统的数据处理的发展。其最突出的特点是面向问题,以解决实际问题为出发点和归宿,在不断的实际应用中得到改进和发展。在智能数据处理中,主要通过归纳学习方法从大量数据中获得知识(由特殊到一般),并利用知识进行推理(由一般到特殊),以提供决策支持。在水利行业,智能数据处理技术主要用于各类预报和调度的决策支持。

大数据(big data) 需要采用新处理模式才能使其具有更强的决策力、洞察发现力和流程优化能力的海量、高增长率和多样化的信息资产。一般具有大量(volume)、高速(velocity)、多样(variety)、价值(value)四个特点。在水利行业,大数据技术主要用于对大空间、长序列的实时观测数据进行处理,以获取其中蕴含的知识。

系统集成(system integration) 将软件、硬件与通信技术组合起来为用户解决信息处理问题的业务。通常,集成的各个分离部分原本就是一个个独立的系统,集成后的整体的各部分之间能彼此有机地和协调地工作,以发挥整体效益,达到整体优化的目的。在水利行业,系统集成技术已广泛应用于各个层面信息资源的集成,如数据采集系统的集成、数据集成、业务应用系统集成等。

云计算(cloud computing) 一种按使用量付费的模式。这种模式提供可用的、便捷的、按需的网络访问,进入可配置的计算资源共享池(资源包括网络、服务器、存储、应用软件、服务),这些资源能够被快速提供,只需投入很少的管理工作,或与服务供应商进行很少的交互。在水利行业,云计算机技术已开始用于系统集成、资源共享等相关的系统中。

地理信息系统(geographic information system) 具有集中、存储、操作和显示地理参考信息的计算机系统。是一种具有信息系统空间专业形式的数据管理系统。在水利行业,地理信息系统在防洪减灾、水资源管理、水环境、水土保持、水利水电工程建设与管理等各方面都有应用。

系统仿真(system simulation) 根据系统分析的目的,在分析系统各要素性质及其相互关系的基础上,建立能描述系统结构或行为过程的,且具有一定逻辑关系或数量关系的仿真模型。据此进行试验或定量分析,以获得正确决策所需的各种信息。在水利行业,系统仿真主要用于替代原有的一些物理模型试验或用于无法进行物理模型试验或试验代价太大的情况,如水循环仿真实验、河流水动力学仿真实验等。

信息安全(information security) 为数据处理系统而采取的技术的和管理的安全保护。保护计算机硬件、软件、数据不因偶然的或恶意的原因而遭到破坏、更改、显露,使信息避免一系列威胁,保障业务的连续性,最大限度地减少业务损失。一般涉及信息的机密性、完整性、可用性、真实性和不可抵赖性等。在水利行业,各种信息安全技术已得到广泛的应用,如统一身份认证、入侵检测、防病毒等。

水 文 化

文化(culture) 有广义和狭义两种理解。广义的文化是人类创造的物质文明和精神文明的总和。包括三个层面:最外层是物质形态的文化,中间层是行为(制度)形态的文化,核心层是精神形态的文化。狭义的文化专指人类创造的精神形态的文化。

水文化(water culture) 在人水关系中以水为载体而创造出来的文化。自然形态的水不能成为文化,人的活动与水发生关系,就会创造出水文化。人水关系的范围非常广泛,用水、治水、管水、观水、咏水、节水、护水等,涉及社会生活的每一个方面,都是水文化产生的途径。水文化不限于水利领域,而是社会性的文化。水文化有先进与落后之分。有广义和狭义两种理解。广义的水文化包括物质形态、行为(制度)形态、精神形态三个层面。狭义的水文化专指精神形态水文化。目前对水文化的研究与认识,多持广义水文化的概念。

水利文化(water conservancy culture) 在治水、管水的社会实践中产生的行业性文化。既包括纵向的治水、管水、节水的历史进程中产生的文化遗产,也包括横向范围内水利行业、水利人的文化面貌和文化建设成果。治水、管水是人水关系中最重要的部分,因此无论从广义还是狭义角度理解,水利文化在水文化中都居于核心地位。

物质形态水文化(water culture in physical form) 以物质形态存在的水体和与水事活动有关的实物形象所体现的文化内容。是人类为克服与水的矛盾而创造出来的,主要包括水工程、水环境、水景观、水工具等物质载体之中蕴含的水文化。它们都具有可视、可触、可临的物质实体,其中融入人类的体力和智力的劳动,是水文化最直观的内容。

水工程文化(culture of water projects) 水工程之中体现的文化内涵。是物质形态水文化的组成部分。历史上任何一项水工程都是一定政治、经济和社会发展的产物,都在一定程度上满足当时的生产发展和社会生活的需求,也体现了工程组织者和参与者的知识、观念、思想、智慧,其形象、文化内涵,具有无形的人文功能,对人的意识、感情产生影响。优秀的水工程具有丰厚的文化内涵,都江堰、坎儿井就是典型的实例。

城河(city moat) 古代修建的特殊水工程。其功能体现了水工程的社会转型。广义的城河包括护城河和城中河,狭义的城河专指护城河。一般取狭义概念。在古代,城河与城墙共同构成城市的外围防御工程,曾发挥过重要的军事功能。进入热兵器时代,城河的防御功能基本消失,很多被填平或覆盖,保存下来的也基本成为排水(包括排泄污水)通道。20 世纪 90 年代起,生态水利观念重视城河的治理和开发,兼顾实用功能和景观功能,很多城市已经取得成功的经验。治理后的城河变成城市的水景观带,改善城市的人文环境,成为民众休憩、娱乐、观赏、旅游的好去处。南京市由于成功治理秦淮河,于 2008 年被联合国人居署授予该市"人类居住特别荣誉奖"。

坎儿井 释文见 222 页。

垛田(slacking farmland) 南方河网低湿地区用开挖网状深沟或小河的泥土堆积而成的垛状高田。是一种特殊形态的农田水利工程。江苏省北部里下河地区兴化市的垛田具有代表性,该地区地势低洼,是苏北的"锅底"。当地农民开挖河沟排水,挖出的泥土堆积成田,地势高,排水良好,土壤肥沃疏松,尤适于生产瓜菜。但垛田面积小,有小河间隔,不便行走和耕作。兴化垛田具有 600 多年历史,面积约 314 km² 。近年来,苏北里下河垛田开辟"千岛油菜花"生态旅游,乘小船于小河沟汊之中观赏田园风光,成为别具特色的农田生态景观。2014 年,兴化垛田入选"全球重要农业文化遗产"。

江苏兴化垛田

哈尼梯田(Hani Terrace) 亦称"红河梯田"、"元阳梯田"。分布在云南省红河州哀牢山南麓,规模宏大,气势磅礴,绵延整个红河南岸元阳、红河、绿春和金平等县。是西南少数民族创造的特殊形态的农田水利工程,2013 年被审定为世界文化遗产,列入《世界遗产名录》。元阳县境内梯田数量最多,达 17 万亩,是哈尼梯田的核心区。元阳以哈尼族为主的各族人民利用当地"一山分四季,十里不同天"的地理气候条件创造了农耕文明奇观,据载已有 1 300 多年的历史。梯田所在地区境内全是崇山峻岭,地形呈"V"形。所有的梯田都修筑在山坡上,梯田坡度在 15°~ 75°之间。随山势地形变化,因地制宜,梯田大者数亩,小者仅有簸箕大,往往一坡就有成千上万亩。这里水源丰富,空气湿润,雾气变化多端。哈尼族等民族发挥了巨大的创造力,在大山上挖筑了成百上千条大大小小的水沟干渠,沟渠中流下的山水被悉数截入沟内,将沟水分渠引入田中进行灌溉。

云南哈尼梯田

山水四季长流,梯田中可长年饱水,保证了稻谷的发育生长和丰收。层层分布的哈尼梯田,在茫茫森林掩映中,在漫漫云海覆盖下,成为举世瞩目的梯田奇观,而且因天气和植物不同会呈现出不同的色彩:晴天时梯田呈蓝色,阴天时呈灰色,早晚呈金黄色;因植物、季节不同会分别呈绿色、红色、黄色等。哈尼梯田被当代人誉为"伟大的大地雕刻",哈尼族人则被誉为"大地雕刻师"。

水工具文化(culture of water-retated tools)　人们在饮水、用水、汲水、治水、管水、渡水等社会实践过程中使用的物质性器具中蕴含着的丰富的文化内涵。是物质形态水文化的组成部分。每一种水工具的创造和使用,都凝结着人类的知识、能力和智慧,体现人水关系中人的能动性、创造性。随着现代科技的发展,有些工具的实用价值在逐渐减少乃至完全消失,但其文化价值依然存在,成为有意味的文化遗存物。

汲水工具(tools for getting water)　人类在汲水时使用的物质性器具。如桔槔、辘轳、水车等。它们都是运用一定的科技原理把水从低处往高处提升,体现了人类的创造能力。这类工具在中国历史久远,桔槔、辘轳在春秋时期就广泛使用,水车的发明在汉代就有记录。随着科技的发展,古代的一些汲水工具今天已经被现代工具取代,不再发挥实用功能,但其文化价值并未完全消失。在展览馆、博物馆、游览区内,还展示着这类汲水工具的实体样式,供今人了解和认识水文化。

渡水工具(ferrying tools)　人类为了克服水对人的阻隔而发明的物质性工具。包含着丰富的水文化内涵。主要包括筏(木筏、竹筏、苇筏、皮筏)和船(舟、艇、舰),它们因水而生,依水而存。现代科技促进了船的发展,功能越来越多,文化含量也大大增加,既是渡水的工具,也是流动的风景,又是水乡代表性景物。渡水工具当今时代已经不限于实用功能,其文化功能也得到了较大拓展。即使在陆路、铁路、航空大为发展的今天,乘船(筏)旅行(游览)依然具有吸引人的文化意味。

水力工具(water-powered tools)　利用水能作动力为人做工的物质性器具。在中华文明史上有着悠久的文化传统。主要包括水磨、水碓、水碾等。从汉代就开始广泛使用,并一直是财富的象征。借助这些工具替代人力、畜力,是经济的、绿色的生产方式,

是文明、清洁的能源消耗,也增加了劳动的文化意味。即使在内燃机、电动机相当普及的当今时代,在一些水资源丰富地区,这类水力工具仍在发挥作用,延续着利用绿色能源的文化传统。

镇水工具(mythical statues for subduing floods on rivers)　古代治水活动中常用于镇压洪水的物质性工具。具有丰富的文化内涵和哲学意味。古代治水是人力治水与神力治水的结合,古人希望借助神明力量保佑江河安澜,往往以神兽、神器形象立于水滨,以求镇洪消灾。中华水文化历史上,常见的镇水工具是铁牛,并成为代代沿袭的文化传统。铸铁牛镇水,与中华传统哲学观念有关,源自"五行"相生相克的观念(参见 536 页"'五行'与水"):铁属金,"金生水",故为"水之母";牛属土,"土克水",为"水之相克者"。铁牛镇水即出于"双重保险"的心理,是被想象赋予的"实用功能"。在科学昌明的时代,已经无须借助神力镇水,但古代铸造的铁牛作为具有历史价值的物质形态水文化遗产,应当加以保护。

水景观文化(culture of water scenes)　人类把以水为主体的景物作为审美对象进行观照而形成的文化传统。属于物质形态水文化,也兼有精神形态水文化的内容。广义的水景观除地面水体之外,还包括降水、固态水和气态水构成的景观,如雪景、雨景、雾霭、冰凌等;狭义的水景观主要指存在于地面的液态水形成的审美景观。一般多取狭义概念。亲水是人的自然本性,"智者乐水"概括了中华民族乃至全人类共同的精神特征。水作为物质性的自然物,本身并不成为景观,是人类的发现和创造使其成为审美意义上的景观,其中蕴含着丰富的美学、文化内涵。在人类文明史上,写水、咏水的作品不可胜数,形成了悠久的文化传统。当今时代,建设美丽中国的宏伟目标包含优美的水环境和宜人的水景观,水景观建设是生态文明建设的重要组成部分。

滨水景观(water front landscape)　城市中在濒临江、河、湖、海等水域的陆地建设而成的水景观。具有较强的观赏性和实用功能。水域孕育了城市和城市文化,成为城市发展的重要因素,滨水景观即是依托水而形成的风景带(区域)。是构成城市公共开放空间的重要部分,是兼具自然地景和人工景观的区域,能够满足人们亲水、乐水的精神需求,创造接近自然的生活空间。充分利用滨水的自然资源营造城市景观,把自然环境与人工建造融为一体,显示人与自

然的和谐相处,对于城市的生态建设和环境美化具有独特意义和重要价值。

水利风景区(water conservancy scenic spot) 以水利工程和因工程而形成的水域为依托,具有一定规模和质量的风景资源与环境条件,可以开展观光、娱乐、休闲、度假或科学、文化、教育活动的区域。其重要基础是清新优美的水景观,包括自然景观和人工景观。体现了人类对水利功能需求的新提升。水利风景区建设是生态文明建设的重要组成部分,发展民生水利的重要手段,传承发展水文化的重要载体,也是推动拓宽水利服务领域的重要窗口。水利系统从 2002 年启动水利风景区建设,截至 2014 年 9 月,全国共建成十四批 658 家国家级水利风景区,还有数量众多的省级水利风景区。

水文化遗产(water culture heritage) 与水有关的物质文化遗产与非物质文化遗产的总称。是人类以水为载体创造的具有历史、科学和艺术价值的物体,以及某一族群世代相传与水相关的生活知识和行为等传统文化形式。物质水文化遗产又分不可移动物质水文化遗产与可移动物质水文化遗产,前者如一些水工程、水事活动遗址、遗物等;后者如治水文献、水工具、水工构件等。非物质水文化遗产包括传统水事活动及仪式、传统治水工艺、水事活动中产生的口头文艺、水的神话传说等。

白鹤梁(Baiheliang Ancient Hydrometric Station)位于长江上游重庆涪陵城北江中刻有枯水水位题记的水文化遗产。联合国教科文组织将其誉为"保存完好的世界唯一古代水文站"。是一块长约 1 600 m,宽15 m 的天然巨型石梁,平时常年淹没水中,只有枯水年份冬春季节水位最低时才露出江心。由于梁脊仅比长江常年最低水位高出 2~3 m,古人常根据白鹤梁露出水面的高度位置确定长江的枯水水位。从唐代起,古人就在白鹤梁上以"刻石记事"的方式记录长江的枯水水位,刻"石鱼"(见 29 页"涪陵石鱼")作为标志,相当于现代水尺的作用。白鹤梁水文题刻是目前世界发现最早、持续时间最长,石刻数量最多的枯水水文题刻,是古代先民的伟大创举,见证了中国古代水文学的历史成就,在中国乃至世界水利史上占有重要地位。白鹤梁石刻雕像生动,字体风格多样,并有名人书法,堪称举世罕见的"水下碑林",在文艺史、美学史上具有重要价值。是三峡文物景观中唯一的全国重点文物保护单位。根据国际"威尼斯宪章"中不可移动文物以原地保护为主的原则,经过十年的反复论证,2002 年国家采用"无压容器"的保护方式,创造性地修建了世界上唯一在水深 40 m 处的白鹤梁水下博物馆。

渔梁坝(Yuliang Ancient Barrage) 新安江上游最古老、规模最大、最为著名的古代拦河坝。属于工程类水文化遗产,国家重点文物保护单位。渔梁坝建造于隋代,现在的石坝为明代重建。位于安徽歙县城南 1 km 处的练江中,横截练江,坝长 138 m,底宽 27 m,顶宽 4 m,可蓄上游之水,缓坝下之流,无论灌溉、行舟、放筏、抗洪,都可兼而利之。坝中间开有水门,用于排水。坝身全用清一色的坚石垒砌而成,每块石头重达吨余,垒砌的建筑方法科学、巧妙,每垒十块青石,均立一根石柱,上下层之间用坚石墩如钉插入,称"元宝钉"。每一层各条石之间,又用石锁连锁,上下左右紧连一体。著名古建筑专家郑孝燮先生评价:"渔梁坝的设计、建设和功能,均可与横卧岷江的都江堰相媲美!"渔梁坝北端接渔梁古镇,是典型的徽派民居布局,为中国历史文化名村。

渔梁坝

龙王庙(temple of the dragon king) 旧时专门供奉龙王的庙宇。是具有悠久历史的物质水文化遗产。龙王为道教神祇之一,源于古代龙神崇拜和海

白鹤梁石刻

神信仰。龙神崇拜在新石器晚期即已出现,自东汉末年创立道教后,道教为了扩大自己的影响,开始将龙神纳入自己的神仙谱系。在道教典籍中,地龙神管理江河,司风管雨;海龙神管理海洋生灵,是渔民的保护神。大龙王有四位,掌管四方之海,称"四海龙王"。小龙王可以存在于一切水域中。龙王形象多是龙头人身。每逢风雨失调,久旱不雨,或久雨不止时,官府和民众要到龙王庙烧香祈愿,以求龙王治水,风调雨顺。在中华大地,龙王庙与城隍庙、土地庙一样普遍,有很多龙王庙成为著名景点。龙王文化还影响到日本、韩国等周边国家。

嘉应观(Jiaying Temple; Temple of the Dragon King on Yellow River) 亦称"黄河龙王庙"。中国历史上唯一展现治黄史的庙观。是文化内涵丰富的物质水文化遗产。位于河南焦作武陟县城东南12 km处,总面积9.3 km²。始建于清雍正元年,是雍正皇帝为祭祀河神、封赏、表彰历代治河功臣而修建的集宫、庙、衙三位一体的黄淮诸河龙王庙。建筑风格形似故宫,规模宏大,有"河南小故宫"之美誉。观内塑有从大禹、王景到林则徐等众多治水先贤的蜡像,如真人大小,享受祭祀,供人瞻仰。是黄河文化的典型代表之一。为全国重点文物保护单位。

嘉应观

都江堰放水节(Dujiangyan Water-Releasing Festival; Qingming Water-Releasing Festival) 亦称"清明放水节"。世界文化遗产都江堰水利工程所在地都江堰市的传统节日和非物质文化遗产。放水节始于"祀水",都江堰修筑以前,沿江两岸水患无常,人们祭祀"水神"以求平安。都江堰修筑成功后,成都平原水旱从人,不知饥馑,当地民众将"祀水"改为"祀李冰",每年清明节自发组织祭祀李冰父子。唐朝最早举办"放水节",在渠首举行隆重仪式,撤除拦河杩槎,放岷江水直入内江,灌溉成都平原千里阔野。公

元978年,北宋政府正式将清明节这一天定为放水节。历史上,每年清明节在都江堰都要举行隆重的放水大典,地方官员亲自主持放水仪式,预祝当年农业丰收。放水节再现了成都平原农耕文化漫长的历史发展过程和民俗文化,体现了中华民族崇尚先贤、崇德报恩的可贵精神,具有弘扬传统文化的现实意义。2006年5月20日,列入第一批国家级非物质文化遗产名录。

都江堰放水节

行为形态水文化(water culture in human's behavior; social institution form) 水文化的中层部分。体现在治水、管水、用水、节水、护水等人类行为之中。这类行为活动不仅要克服人与水的矛盾,还要妥善处理人与他人的矛盾,其间要受到文化理念的支配,并创造出一些制度、规则等文化约定,因此也有人认为行为形态水文化之中包含着制度形态水文化。在水文化的层次结构中,行为形态水文化体现了物质形态水文化与精神形态水文化的结合,既有具体可感的物质特征,也有精神文化的内涵。

治水社会(water conservancy derived society) 西方学者对中国等东方国家的性质所作的概括,认为是治水的需要促成了国家的形成和发展。中国自身的地理条件决定治水是国家最为重要的公共工程之一,而兴修和管理大规模水利工程,需要动员全国的人力物力资源,于是产生了从中央到地方的官僚机构,形成整个社会的统治框架,因此"治水社会"的基本格局成为中国传统社会的主要特征。但也有中国学者对这种逻辑表示质疑。有社会学家进一步提出,如果说华夏民族和国家起源于"治水社会",那么这种社会类型的发展就构成"水利社会",即以水利为中心延伸出来的区域性社会关系体系。包括几层含义:其一,水是社会稳定和发展的重要基础,水事兴衰与社会变革往往联系在一起,水运系乎国运。

其二,水资源向来是地方社会和官府共同关注的"公共物品",对它的调配、使用便成为头等重要的社会问题。其三,对水资源的支配影响着社会网络的建立,水事关系直接延伸到社会关系上。整体看来,中国社会的管理体系是在治水、管水基础上发展而成的,带有鲜明的"水利社会"印记。

水利社会 见"治水社会"(532 页)。

漕运优先(water transportation priority of grains)中国古代在河务治理中优先保证漕运的制度。漕运是中国历史上一项重要的经济制度,即利用水道调运粮食的一种专业运输方式。中国历代封建王朝将征自田赋的部分粮食经水路解往京师或其他指定地点,以供宫廷消费、百官俸禄、军饷支付和民食调剂。这种粮食称"漕粮",漕粮的运输称"漕运"。广义的漕运包括河运、水陆递运和海运三种,狭义的漕运仅指通过运河并沟通天然河道转运漕粮的河运。在古代,当水量或其他船只影响漕运通路时,统治阶级就要以制度的力量首先保证漕运畅通。古代水利典籍多有记载:"国之大事在漕,漕运之务在河",河务之要是"治河保漕"而非"治河保农"。漕运优先反映出历代中央政府在水权上握有控制大权。

围水造田(farmland reclamation from waters) 通过挡水或填土方式以开辟田地、陆地的行为。包括围海造田和围湖造田。所造的田地、陆地或用于农业生产,或作为建设用地。其实质是人与水争地,源于人口增加或人口集中的压力。有一定积极价值,国外也有成功的先例,如荷兰的围海造田就取得了很大成功。中国的围湖造田早在春秋战国时期即已开始,历代不断,曾经为社会生产增加了耕地面积。但是,过度的围水造田会损害水体自然资源,破坏生态环境和调蓄功能。特别是 20 世纪 60 年代以来,中国的鄱阳湖、洞庭湖、洪湖、滇池等湖泊被大规模围垦造田,在缓解人口压力的同时也带来了生态环境的破坏,整体看来弊大于利。1998 年长江特大洪水之后,中国政府适时做出了在长江中下游洞庭湖、鄱阳湖等湖区退田还湖的重大决策,扩大了湖泊的分洪、滞洪功能。这是中国自从春秋战国以来,第一次从围湖造田自觉主动地转变为大规模的退田还湖。沿海一些肆意填海造地的行为也得到了有效遏制。

人水和谐(harmony between human and water)人文系统与水系统相互协调的良性循环状态。本质是人与自然的和谐,体现人类对于人水关系的新认识和新追求。人水和谐就是坚持以人为本、全面、协调、可持续的科学发展观,解决由于人口增加和经济社会高速发展出现的洪涝灾害、干旱缺水、水土流失和水污染等水问题,使人与水的关系达到一个协调的状态,使有限的水资源为经济社会的可持续发展提供久远的支撑,为构建和谐社会提供基本保障。内涵包括水利与经济社会发展,水利工程与自然环境、人居环境的相互协调。目标是以人为本,人水两利。包含三方面的内容:一是水系统自身的健康得到不断改善;二是人文系统走可持续发展的道路;三是水资源为人类发展提供保障,人类主动采取一些改善水系统健康,协调人和水关系的措施。在思路上,要从以往单纯的就水论水、就水治水向追求人文系统的发展与水系统的健康相结合转变;在行为上,要正确处理水资源保护与开发之间的关系,从以往对水的利用、索取、征服,转变为人与水的和谐相处。郦道元在《水经注》中说过:"水德含和,变通在我。"意即,能否实现人与水的和谐相处,关键在"我"(人类)。

节水文化(culture of water resources economization)以节水为自觉目的的文化理念和行为系统。其核心内涵是:倡导和落实尽可能地少从自然水体取水、少用水、少耗水、少排放污水,使取用的每一滴水发挥最大价值。传统的节水,偏重于节水的器具、设施、技术和工程等措施以及节水的行为,但在文化传统方面则相对薄弱。中国水文化历史上,节水文化远不如治水文化、管水文化、亲水文化那么发达。干旱时期和常年干旱地区,有一些节水行为,甚至可以形成小范围的节水文化,但在中华水文化传统中不占主导地位。这与历史上的人均水资源占有量有关,更重要的是与人对水资源的认识有关。

节水型社会(water saving society) 以提高水资源的利用效率和效益为中心的社会运行状态,是通过法律、经济、行政、技术、宣传教育等措施,达到城乡生活、工农业生产全面实行节约用水,形成节水风气的社会。在全社会建立起节水的管理体制和运行机制,在水资源开发利用的各个环节上,实现对水资源的配置、节约和保护,最终实现以水资源的可持续利用支持社会经济可持续发展。本质特点是建立以水权、水市场理论为基础的水资源管理体制,主要通过制度建设,注重对生产关系的变革,形成以经济手段为主的节水机制。与通常讲的节水,共同点都是为了提高水资源的利用效率和效益,其区别在于:传统的节水主要通过生活行为和行政手段来推动;而节水型社会主要通过制度建设,注重对生产关系的变革,形成以经济手段为主的节水机制。内在要求是促进水资源的高效率利用,提高水资源承载能力。基本目标是资源、经济、社会、环境、生态的协调发展。是全民资源价值观念普遍确立,节水活动普遍参与的社会,水危机的意识深入人心,养成人人爱护水,时时、处处节水的社会环境,实现从"要我节水"到"我要节水"的根本转变。

全国城市节水宣传周(National Urban Water Saving Publicity Week) 亦称"节水周"。中国政府为提高城市居民节水意识而设立的社会活动周。从 1992 年开始,时间为每年的 5 月 15 日所在的那一周。宣传周旨在动员广大市民共同关注水资源,营造全社会的节水氛围,树立绿色文明意识、生态环境意识和可持续发展意识,使广大市民在日常生活中养成良好的用水习惯,促进生态环境改善,人与水和谐发展,共同建设碧水家园。每年的全国城市节水宣传周有不同的主题和宣传口号,全国各个城市都开展系列宣传活动。

世界海事日(World Maritime Days) 由国际海事组织确定的全球性海事活动节日。1977 年 11 月的国际海事组织第十届大会通过决议,确定每年 3 月 17 日为世界海事日,1978 年 3 月 17 日成为第一个世界海事日。1979 年 11 月,国际海事组织第十一届大会对此决议做出修改,考虑 9 月的气候较适宜海事活动,因此世界海事日改在每年 9 月最后一周的某一天,由各国政府自选一日举行庆祝活动。旨在加强各国对海洋事务的重视,宣传海运安全、海洋环境保护等。每年的世界海事日,国际海事组织秘书长会在该组织总部发表演讲,各国也在该日开展相关宣传活动。但有些国家的世界海事日实施日期并不在 9 月。

中国航海日(Maritime Day of China) 由政府主导、全民参加的全国性法定航海活动节日。2005 年 7 月 11 日,是中国伟大航海家郑和下西洋 600 周年纪念日。经国务院批准,从 2005 年起,将每年的 7 月 11 日定为中国航海日,同时也作为世界海事日在中国的实施日期。既是所有涉及航海、海洋、渔业、船舶工业、航海科研教育等有关行业及其从业人员和海军官兵的共同节日,也是宣传普及航海和海洋

知识,增强海防意识,促进社会和谐团结的文化活动日。

世界防止荒漠化和干旱日(World Day to Combat Desertification) 联合国确定的人类共同与荒漠化抗争的全球性节日。时间是 1995 年起每年的 6 月 17 日。荒漠化是指气候异常和人类活动等因素造成的干旱、半干旱和亚湿润干旱地区的土地退化。1994 年 12 月 19 日第 49 届联合国大会根据联大第二委员会(经济和财政)的建议,通过了 49/115 号决议,从 1995 年起把每年的 6 月 17 日定为世界防治荒漠化和干旱日,旨在进一步提高世界各国人民对防治荒漠化重要性的认识,唤起人们防治荒漠化的责任心和紧迫感。这个世界日意味着人类共同行动同荒漠化抗争从此揭开了新的篇章,为防治土地荒漠化,全世界正迈出共同步伐。

精神形态水文化(water culture in spiritual form) 与水有关的思想意识、价值观念、行业精神、科学著作,以及文学艺术等文化内容。在水文化的物质形态和行为(制度)形态之中,都包含有精神文化的内容。而精神形态水文化又可以单独存在,它们通常以精神成果的方式存在于文献、典籍、作品、传说、观念之中。是水文化的深层和核心部分,是物质形态水文化和行为形态水文化的精神基础。是中华民族精神文化的重要组成部分,是水利事业的灵魂,也是水利发展的精神动力。

《老子》说水(Laotze's water philosophy) 先秦思想家、道家学派创始人老子(名李耳)的著作《老子》一书中以水为喻阐发哲学思想的论述。是道家水文化思想的源头。《老子》说水最具有哲学价值的有几个方面:(1)水体现了最高层次的善,"上善若水"是《老子》哲学思想的总纲,也是对水的最高赞誉;(2)水具有高尚的利他精神、奉献精神,"水善利万物而不争";(3)水善居下而能成大业,"江海之所以能为百谷王者,以其善下之,故能为百谷王";(4)水看似柔弱实则强大,"天下莫柔弱于水,而攻坚强者莫之能胜,以其无以易之"。《老子》说水,文字简练,已成经典名言,对后代哲学家、思想家、文学艺术家、政治家乃至普通民众都产生深远影响。

《论语》说水(water philosophy in the Analects of Confucius) 记载古代著名思想家、教育家孔丘及其弟子言行的语录体著作《论语》一书中把水这一自然之物与人的生命特征联系起来的论述。是儒家水文

化思想的源头。主要体现在以下方面：(1)"知者乐水"，流动的水蕴含着灵气、智慧，与知者（智者）的精神特征相似，因此与知者（智者）有着天然的亲和性；(2)"逝者如斯"，汤汤流水与时间一样，不停滞，不复返，启示人生应当珍惜时光，励志上进。《论语》中关于水的论述不多，但蕴含着哲学、美学意味，具有经典意义，在后代派生出了很多由"水"而生的人生体验。

《孟子》说水（Meng Tseu's water philosophy） 战国时期著名思想家、政治家、教育家孟轲的著作《孟子》一书中对水的深刻思考和论述，体现儒家水文化的重要思想。主要体现为几个方面：(1)由水本身引发出哲学、道德思考，把水之有源、"不舍昼夜，不盈科不行"的特性比喻注重根基、循序渐进的人生修行；(2)以"水无有不下"比喻"人无有不善"，阐明其"人性本善"的政治哲学思想；(3)盛赞大禹以天下为己任的治水功绩和仁政思想，对大禹治水事迹描述甚详，"八年于外，三过其门而不入"，并从大禹治水的因势利导总结出治国、理政、做事应当适应自然规律；(4)在书中记载了一些水利方面的史实、水名、人物、工程，是研究水利史、水文化的重要资料。

《管子》说水（Guan Zi's water philosophy） 春秋时期齐国政治家、法家代表人物管仲及其学派的著作《管子》一书中从哲学的、实用的角度对水做出的很多独到的论述。在哲学方面，《管子》第一个提出水是生命之源，万物之本。"水者何也？万物之本原，诸生之宗室也。"这在中国古代和全世界的思想家中都是最早的。从实用角度论述水的价值是《管子》最丰富的内容，涉及国家政治、社会管理。大致包括几个方面：(1)提出"治国必先治水"，"善为国者，必先除其五害（五种自然灾害）……除五害，以水（害）为始。"并以治水之"决塞之术"比喻治国理政的原则；(2)最早提出城市建设与水的关系，"凡立国都……必于广川之上。"特别重视城市水利建设；(3)从国家管理角度论述水资源管理和水利工程管理，将"水"视为与"土"同样的经济生产资源，能够出产物质财富，因此要课以相应的税赋。还创造性地提出水利建设理论和实践上的一系列主张，涉及河流分类、渠道设计、堤防修筑、滞洪区设置等，这在先秦时期思想家中是罕见的，对今日仍有启发意义。

《庄子》说水（Chuang Tzu's water philosophy） 战国时期道家著名思想家庄周的著作《庄子》一书中运用浪漫的文学想象来描写水，借以阐发哲学思想的论述。其中既有哲学玄思，也有人生哲理。包括：(1)《庄子》用浩瀚的水（"北溟"、"北海"）比喻广阔而自由的精神天地，《逍遥游》、《秋水》为代表性篇章；(2)借善泳者的寓言比喻人水一体、不分主客的境界是人生的自由之境；(3)以大水浮大舟的现象比喻"积厚"是人生事业大成的基础；(4)提出"水静犹明，而况精神"的思想，启示人生应追求"宁静致远"。《庄子》对水的描写和想象受到后代哲学家、文学家、美学家的推崇。

《荀子》说水（Hsun Tzu's water philosophy） 战国时期著名思想家、政治家荀况的著作《荀子》一书中，体现以儒家为主兼采众家之说的水文化思想。《荀子》说水，或以水阐明哲学观点，或以水比喻治国理政，或以水论述人生道理，常常借孔子之口阐发其思想。其中最具创新特征的是：(1)提出"水则载舟，亦则覆舟"的道理，对历代政治家产生了重大影响；(2)大大发展了儒家"以水比德"的思想，分别将水的自然特性与人多方面的美德（德、义、道、勇、法、正、察、志、善化等）联系起来，全面揭示了自然之水的文化象征意义，对后代产生了深远影响。

《孙子兵法》说水（water phylosophy in Sun Tzu's Art of War） 春秋时期著名军事家孙武的著作《孙子兵法》一书中有关水的论述。其重要特征是以水的功能论述军事思想，在古代思想家中独树一帜。主要包括：(1)在战略上，提出"兵形象水"的重要思想，认为水的特性与用兵规律有很大相似性——"水之形，避高而趋下；兵之形，避实而就虚。"水无固定形态，用兵也没有固定不变的方式，"兵无常势，水无常形"。(2)在战术上，提出了一系列以水助攻、以水代兵、依水而战的作战策略，在后代战争实践中被广泛运用。

《河图》与水（"Ho Diagram" and water; "digital matrix" and water） 中国古代流传下来的关于阴阳五行术数之源的神秘图案《河图》与水文化之间的重要联系。与《洛书》并称，被认为是中国历史文化的重要渊源。据传上古时，洛阳东北孟津县境内的黄河中浮出

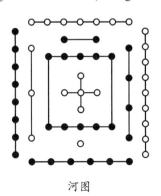

河图

龙马,背负《河图》献给伏羲,伏羲依此而演成八卦,后为《周易》来源。《河图》无文字,以黑点和白点排列成数阵。白点表示天、阳、奇数;黑点表示地、阴、偶数。其方位与现代地图相反,上南下北,左东右西。在《河图》中,水在北方,火在南方,木在东方,金在西方,土在中央。水的生成是"天一生水,地六成之"。"天一生水",其含义从古至今解释不一。也有说是"太一生水","太一"即宇宙间终极的"道",由此而生出水,体现了古人对于"水是万物之源"的哲学思考。"天一生水"的观念对中国古代哲学和历史文化产生了深刻影响。

"五行"与水("Wuxing" and water; "the Five Elements Theory" and water) 中国传统文化重要组成部分"五行"学说与水文化之间的密切联系。"五行"指水、火、木、金、土(前后排列顺序可不同),它们彼此之间存在相生又相克的关系。与水有关的是"金生水"、"土克水",其含义为:金为"水之母",土为"水之克星",是古代精神水文化的传统观念之一。

五行图

"八卦"与水("Ba Gua" and water; "the Eight Trigrams" and water) 古代中华民族的阴阳学说"八卦"与水文化之间的重要联系。《八卦图》衍生自中国古代的《河图》、《洛书》,传为伏羲所作,《河图》演化为先天八卦,《洛书》演化为后天八卦。八卦用"—"(横线)代表阳,用"- -"(断开的横线)代表阴,每一卦各有三爻,"乾、坤、震、巽、坎、离、艮、兑"分立八方,代表"天、地、雷、风、水、火、山、泽"八种物质与自然现象,如同"五行"一样,象征世界的变化与循环,世间万物皆可分类归至八卦之中。在"八卦"中,广义的水("坎"和"泽")占了两项。"八卦"的观念对于后代有着重要影响,现代人认为"八卦"是二进制与电子计算机的古老始祖。

八卦图

一水四见("the same water, but the different views"; "Buddhism's water philosophy") 佛学以水为喻而表达的哲学思想。指对于同一事物观察的不同结果。亦作"一处四见"、"一境四见"、"一境四心"。同样的水,天人看来是晶莹剔透的水晶;凡人见之,知为水潭水池;在饿鬼眼中则是烈火;而鱼类视之为最佳居所。对于同一事物、境界,由于见者心识不同,观照的结果也就大异其趣。

大禹精神(Dayu Spirit) 大禹及其传人在长期治水实践中形成的光辉精神。主要内涵是:公而忘私,忧国忧民的奉献精神;艰苦奋斗,坚忍不拔的创业精神;尊重自然,因势利导的科学精神;以身为度,以声为律的律己精神;严明法度,公正执法的法治精神;民族融合,九州一家的团结精神。大禹精神不限于大禹一人,而是凝聚了一代代水利人共同的精神追求。是水利人的精神旗帜,是中华民族精神核心价值的基石。

水利精神(the profession spirit of water conservana) 新中国水利人在波澜壮阔的水利实践中形成的行业精神。温家宝将其概括为:献身、求实、负责。献身,指的是水利人艰苦奋斗、吃苦耐劳、无私奉献的精神;求实,是指在科学精神指导下尊重客观规律、追求科学创新的精神;负责,是指水利人强烈的时代责任感和历史使命感。是大禹精神在当代中国的继承和弘扬。

红旗渠精神(the Hongqi Canal spirit) 在红旗渠建设中形成并代代发扬光大的革命精神。红旗渠是河南林县(今林州市)人民在20世纪60年代建成的水利工程,他们在艰难困苦的条件下,奋战于太行山悬崖绝壁之上,靠着自力更生、艰苦创业的精神,坚持苦干10年,完成红旗渠的修建。红旗渠是新中国水利工程建设的一面旗帜。当年红旗渠的建设者把红旗渠精神总结为四句话：为了人民，依靠人民；敢想敢干，实事求是；自力更生，艰苦奋斗；团结协作，无私奉献。得到周恩来的肯定和赞扬。红旗渠精神不仅仅限于林县一地，它属于新时代的中国人民，已经成为代代相传的优秀传统，体现中华民族艰苦奋斗、改变旧貌追求新生活的创业精神，体现水利人不畏艰难、利泽后代的奉献精神。党和国家领导人指出，红旗渠精神体现的是中华魂、民族魂。

98 抗洪精神（the national spirit of 1998 flood-frighting） 在 1998 年抗击特大洪水斗争中显示出的伟大民族精神。1998 年夏季，长江流域、松花江流域发生特大洪水，在党中央领导下，全国军民在抗洪抢险斗争中，形成了"万众一心、众志成城，不怕困难、顽强拼搏，坚韧不拔、敢于胜利"的伟大抗洪精神，取得了 1998 年抗击特大洪水的重大胜利。是中华民族珍贵的精神财富，激励全国人民在改革开放道路上不断战胜困难，走向新的胜利。

三峡移民精神（the lofty spirit of Three Gorges Migrants） 在长江三峡水利枢纽工程建设进程中百万人民群众为了国家建设而移民搬迁、开创新业的高尚精神。主要内涵包括：顾全大局的爱国精神、舍己为公的奉献精神、万众一心的协作精神、艰苦创业的拼搏精神。长江三峡水利枢纽工程不仅以工程建造而且以百万移民的成功搬迁安置创造了世界水利建设史上前所未有的奇迹。是中华民族在现代化建设时期形成的宝贵精神财富。

河流辩证法（dialetics on the river explotation and management） 以林一山为代表的水利人在江河开发治理实践中探索形成的辩证思想。从 20 世纪 50 年代开始，被誉为"长江王"的林一山开始探索关于"水流与河床对立统一"的河流辩证法思想。在半个多世纪的治江实践中，自觉运用辩证哲学思想，将河流作为矛盾的统一体，从水流与泥沙两个主要方面认识中国河流的一般特征，内在包含着丰富的哲学智慧。将"河势"的概念成功地运用于治江实践，解决了"水库长期使用"等许多棘手的重大理论和实践问题。"河流辩证法"的治水理念包含着丰富的哲学思想，是水利人融合科学思想和人文智慧而创造出来的精神成果。

"水灾害双重属性"理论（dual attribute theory of water disasters） 20 世纪 90 年代以周魁一为代表的水利科学家们在总结历史经验的基础上提出的水灾害属性的新理论。即水灾害既有自然属性，也有社会属性，不能简单地把水灾害说成是"自然灾害"。相应的，减灾的有效途径也有两个方面：针对其自然属性，采取工程措施加以防范；针对其社会属性，调整治水思路和加强管理以适应自然规律。对水灾害的防治除了物质手段和措施之外，同时还特别需要观念的改变和升华，从而采取正确的社会行为。当代水利对水灾害理论认识的深化和减灾战略思路的转变，是工程思想与人文社会观念融合而形成的理论创新，是对减灾理论的突出贡献。

河流伦理（ethics of maintaining rivers ecology） 中国水利界于世纪之交在"维持河流健康生命"思想指导下提出的人与河流关系的新理念。是把人与人之间的伦理关系拓展到人与河流的关系之中。依照河流伦理理念看，河流有其内在价值，也有自己的权利，人类对此要保持尊重和敬畏。通过对河流伦理体系的研究和构建，一是可以提高人们对于河流生命的科学认识水准，把握人与河流和谐相处的规律，规范人类自身的社会行为；二是在特定的时代背景下，可以落实对河流生命理念进行培育和弘扬，从而在治河实践中真正落实科学发展观；三是能够改善调控管理，将人对河流从以往的改造、征服的关系转为和谐相处、共存共生的关系。"河流伦理"理念让全社会从伦理道德上认识到人与河流和谐相处的重大意义，并努力追求人与河流和谐相处的真正实现。"河流伦理"以及相关理论，包含着对传统水文化思想的继承，更是适应时代发展的文化创新。

地域水文化（regional water culture） 中华大地特定区域源远流长、独具特色、传承至今仍发挥作用的水文化传统。一方水土孕育一方文化，不同地域的水文化除了受到水的影响，还与地理、气候、物产、民族有着紧密联系。中国很多河流的流域面积很大，同一流域内又分为不同的地域文化。从古至今，岭南、西南少数民族地区、西北内陆地区、白山黑水地区、中原地区、巴蜀、湖湘、吴越、齐鲁等地域的水文化，无论在物质形态、行为形态还是精神形态方面都各有特色，形成了不同的地域水文化。

河流文化（culture of rivers；culture of freshwaters） 人类认识河流的文化视野和文化传统。是中华水文化的核心内容。广义的河流包括湖泊。传统水文化的关注范围主要是河、湖等淡水水体，因此河流文化在一定意义上也可以说是淡水文化。河流文化对水的实用功能的认识范围是：饮用、浇灌、航运、水产、景观、发电（现代），古代水利的基本追求是"江河安澜，水润田畴，河通舟楫"。中华文明的发生和发展都与河流密切相关，因此中华民族一直重视河流，相比之下，海洋意识则比较薄弱，这一认识格局直接影响到了中华水文化的内容。

海洋文化（oceanic culture） 人类关于海洋的文化认识。在中华水文化历史上出现比较晚，视野也是逐渐拓宽的。古代社会，中华民族关于大海的认识，很多属于文学艺术的想象，而对于海洋实用功能的认识主要限于"以海为田，取其鱼盐之利"。除了少数时期、少数地区之外，中国古代整体缺少"以海为途，通联世界"的观念，郑和下西洋比西方人早几十年，但只是短暂的辉煌，后代并未形成超越陆地限制、渡过大海大洋的传统，航海事业没有充分发展，历史上甚至还有"禁海"的时期。鸦片战争之后，海洋视野使中华民族放眼看世界，增强了国际意识和海洋意识。当代海洋文化的发展，也使中华水文化增加了新的文化内涵。

海上丝绸之路（Silk Road on the sea） 古代中国与世界其他地区进行经济文化交流交往的海上通道。是相对陆上丝绸之路而言的。最早由法国汉学家沙畹（E'douard Chavannes，1865—1918）提出。作为古代中外贸易的重要通道，海上丝绸之路早在中国秦汉时代就已经出现，到宋元时期达到鼎盛，中国的丝绸、陶瓷、香料、茶叶等物由东南沿海港口出发，经中国南海、波斯湾、红海，运往阿拉伯世界，以及亚非其他国家，并带回外国物产。除了物资交流和贸易，海上丝绸之路的活动内容也非常广博，包括航线的拓展，航海技术的交流演进，外来侨民的流动，官方使节的往来，宗教、音乐艺术的传播等。涵盖了中国的港口史、造船史、航海史、海外贸易史、移民史、宗教史、国家关系史、中外科技文化交流史等诸多具体内容。中外众多学者都对海上丝绸之路做了很多研究。习近平2013年10月访问东盟国家时提出建设"21世纪海上丝绸之路"。这是中国在世界格局发生复杂变化的当前，主动创造合作、和平、和谐的对外合作环境的有力手段，为中国全面深化改革创造良好的机遇和外部环境。

妈祖（Matsu-Goddess of the sea） 亦称"天上圣母"、"天后"、"天后娘娘"、"天妃"、"天妃娘娘"。传说中掌管海上航运的女神。其故事主要流传于中国东南沿海地区。不是杜撰的偶像，而是从人民中走出来的、被神圣化了的历史人物。原名林默（一说默娘），籍贯福建莆田湄洲岛。她作为民间的渔家女，善良正直，见义勇为，扶贫济困，解救危难，造福民众，保护中外商船平安航行，聚集了中华民族的传统美德和崇高的精神境界，深受海内外民众的尊敬和膜拜。人们在她死后立庙祭祀，并将她塑造成一位完美的女神。从北宋开始，妈祖受到历代皇帝的敕封。妈祖信仰是中国最有代表性的民间信仰之一，并随着中国人的足迹传遍世界各地。海外华人祭祀妈祖，根本目的是为了延续祖先文化之根，希望通过妈祖祭祀，将妈祖文化的精髓发扬光大。2009年10月，妈祖信仰入选联合国教科文组织人类非物质文化遗产代表作名录。

疍民（the dan people；the boat people） 亦称"疍户"、"疍家"。主要分布在两广和福建东南沿海一带的水上居民。一般在江海沿岸聚居，在岸上没有一寸土地，生活习俗的最大特点就是世代以船为家，以渔业或水上运输业为生，形成了一系列独特的生活方式和文化习俗。依照中国社会传统观念看来，水居生活相当于被主流社会惩罚、流放。新中国成立前很长的历史时期，疍民一直被视为异类，深受歧视和压迫。新中国成立后，疍民的社会地位发生了根本性改变，在政府的引导帮助下，许多疍民陆续搬迁上岸居住，生活习俗也逐渐与陆上人家融合、同化。如今，疍民们不仅有了自己的陆上家园，有些还凭借自己的传统优势发展成为海洋产业的主力，经济生活和文化生活得到了极大的改善。20世纪以来，疍民特殊的生活环境引起了学者们的关注，对此进行了有深度的学术探讨。

附　录

中国水利史略年表

前 2213— 前 2115 年	尧时洪水为患,命鲧治之,九年未成。
前 2070 年	禹治水成功,受舜禅位。
前 780 年	周幽王二年,镐京大地震,三川(泾水、渭水、洛水)竭,岐山崩。
前 711 年	周桓王九年秋,鲁大水。
前 687 年	周庄王十年秋,鲁大水。
前 683 年	周庄王十四年秋,宋大水。
前 669 年	周惠王八年秋,鲁大水。
前 631 年	周襄王二十一年秋,鲁大雨成灾。
前 613 年	周顷王六年,孙叔敖修芍陂,至周定王十六年成。
前 599 年	周定王八年秋,鲁大水。
前 586 年	周定王二十一年秋,鲁大水。
前 549 年	周灵王二十三年七月,鲁大水。
前 514 年	周敬王六年,吴王阖闾伐楚时,伍子胥开胥溪,沟通太湖至长江运道。
前 486 年	周敬王三十四年秋,吴王夫差凿邗沟通江淮,以利粮运。
前 463 年	周贞定王六年,黄河泛滥于扈(扈为晋地)。
前 453 年	周贞定王十六年,智伯主持修智伯渠(在今山西太原)。
前 421 年	周威烈王五年,西门豹修引漳十二渠。
前 413 年	周威烈王十三年,晋河岸崩塌,壅塞龙门,至于底柱。
前 399 年	周安王三年,魏虢山崩塌,堵塞黄河。
前 360 年	周显王九年,魏凿鸿沟。
前 340 年	周显王二十九年,魏于北郛修大沟,以灌溉农田。
前 309 年	周赧王六年,魏降大雨,河水溢于酸枣(今河南延津)。
前 282 年	周赧王三十三年,魏大水。
前 272 年	周赧王四十三年,赵徙漳水于武平南。黄河水溢为灾。
前 256 年	秦昭王五十一年,李冰修都江堰。
前 246 年	秦王政元年,郑国为秦凿泾水为渠,灌田四万余顷,收皆亩一钟,秦益富饶。
前 225 年	秦王政二十二年,秦将王贲攻魏,引河灌大梁。
前 219 年	秦始皇帝二十八年,史禄凿灵渠。
前 185 年	汉高后三年夏,江水、汉水溢,冲没四千余家。秋,伊水、洛水溢,冲没千六百余家;汝水溢,冲没八百余家。
前 180 年	汉高后八年夏,江水、汉水溢,冲没万余家。
前 168 年	汉文帝十二年,河决酸枣,东溃金堤。
前 160 年	汉文帝后元四年夏,江水、汉水溢,冲没万余家。

前 138 年	汉武帝建元三年,河水溢于平原。
前 132 年	汉武帝元光三年春,河水徙从顿丘(今河南清丰)东南流,五月,复决于濮阳瓠子,注巨野,通淮、泗,泛十六郡。
前 129 年	汉武帝元光六年春,令水工徐伯督卒数万人凿漕渠,起于长安,止于黄河,计三百余里,以漕运关东粟;三年而通。
前 128 年	汉武帝元朔元年,修龙首渠,为第一条地下井渠,溉地一万余顷。
前 120 年	汉武帝元狩三年,山东大水。
前 113 年	汉武帝元鼎四年十月,武帝东巡,在此前后,朔方、西河、酒泉、汝南、九江、泰山皆大兴水利,关中亦开龙首、灵轵,成国及沣渠以通运、溉田,渠大者溉万余顷,小渠不可胜数。
前 111 年	汉武帝元鼎六年,于郑国渠旁穿六辅渠。
前 109 年	汉武帝元封二年正月,塞瓠子决口,使河恢复旧道。
前 95 年	汉武帝太始二年秋,赵国中大夫白公穿渠,引泾水,起谷口(今陕西泾阳西北),入栎阳(今陕西临潼),注渭水,长二百里,名曰白渠。
前 48 年	汉元帝初元元年九月,关东十一郡国大水。
前 39 年	汉元帝永光五年秋,颖水溢。河决于灵县鸣犊口。
前 34 年	汉元帝建昭五年,召信臣始建六门堰。
前 29 年	汉成帝建始四年秋,河决于馆陶及东郡金堤,灌四郡三十二县。
前 28 年	汉成帝河平元年三月,王延世为河堤使者,塞东郡河堤决口,三十六日而成;故改元河平。
前 26 年	汉成帝河平三年,河于平原决口,灌二郡,复遣王延世等治之后成。
前 17 年	汉成帝鸿嘉四年秋,渤海、清河、信都河溢,灌县邑三十一。
前 7 年	汉成帝绥和二年七月,贾让上治河策。
11 年	新王莽始建国三年,河决魏郡,注清河以东数郡。
69 年	汉明帝永平十二年四月,发兵卒数十万人,派遣王景、王吴等修筑河堤,自荥阳至千乘海口计千余里。自王莽时河决于魏郡已达五十八年,至此方堵塞,但河所经河道已非原旧道。
70 年	汉明帝永平十三年四月,汴渠修成;至此河、汴分流,复其旧道,六十年之河患至此方息。
81 年	汉章帝建初六年(史书记载未确指何年,仅言建初中),庐江太守王景修复芍陂,径百里,溉田万顷。
113 年	汉安帝永初七年,于岑在汴口石门东筑八激堤。
115 年	汉安帝元初二年,修西门豹所分漳水为支渠灌溉农田。二月,诏三辅、河内、河东、上党、赵国、太原各修旧渠。
140 年	汉顺帝永和五年,会稽太守马臻主持筑鉴湖。
202 年	汉献帝建安七年正月,曹操治睢阳渠(今河南商丘境),以沟通汴、淮。
204 年	汉献帝建安九年正月,曹操于淇口建枋堰遏淇水东北流,注入白沟(今卫河)以通航运。又,曹操堨漳水回流东注溉邺,号天井堰。
206 年	汉献帝建安十一年,袁熙、袁尚勾结辽西乌桓蹋顿频扰边塞,曹操为谋击之,以利军运而凿平虏渠、泉州渠,以通运道。
209 年	汉献帝建安十四年七月,曹操开芍陂屯田。
213 年	汉献帝建安十八年,曹操开利漕渠。
241 年	三国魏齐王正始二年,邓艾于淮河南北大兴水利。
245 年	三国吴孙权赤乌八年,陈勋率屯田兵士三万人开句容中道(破岗渎)。
250 年	三国魏齐王嘉平二年,刘靖修戾陵堰(今北京石景山西)、车箱渠。
252 年	三国吴孙亮建兴元年,诸葛恪筑东兴大堤,两端筑城以防魏。

274 年	晋武帝泰始十年,凿陕南山,决河东注洛以通漕运。
278 年	晋武帝咸宁四年七月,司、豫等七州大水。
280 年	晋武帝太康元年四月,杜预还镇,引滍、淯水灌田万余顷,开杨口以通零陵、桂阳之漕运。
295 年	晋惠帝元康五年夏,荆、扬、兖、豫、青、徐六州大水。
298 年	晋惠帝元康八年九月,荆、豫、徐、扬、冀五州大水。
304 年	晋惠帝永安元年,陈谐修练湖(在今江苏丹阳西北)。
369 年	晋废帝太和四年六月,桓温凿巨野三百里,引汶水会于清水,以济舟师。
417 年	晋安帝义熙十三年十二月,刘裕消灭后秦东还,自洛入河,开汴渠。
445 年	南北朝北魏太武帝太平真君六年,刁雍于宁夏建艾山渠。
505 年	南北朝梁武帝天监四年,修浙江丽水通济堰。
516 年	南北朝梁武帝天监十五年四月,梁筑淮堰(浮山堰)成。九月,淮堰崩塌。
527 年	南北朝北魏孝明帝孝昌三年,郦道元撰《水经注》。
562 年	南北朝北周武帝保定二年正月,凿河渠于蒲州、龙首渠于同州。
564 年	南北朝北齐武成帝河清三年,山东大水。
584 年	隋文帝开皇四年,命宇文恺略循汉漕渠故道开广通渠。
587 年	隋文帝开皇七年四月,于扬州开山阳渎以通运。
595 年	隋文帝开皇十五年六月,凿底柱以通畅黄河航道。
605 年	隋炀帝大业元年三月,发动民夫百万之众开通济渠;又发民夫十万之众开邗沟。
608 年	隋炀帝大业四年正月,发河北男女百万开凿永济渠。
610 年	隋炀帝大业六年十二月,开江南河,自京口至余杭逾八百里。
734 年	唐玄宗开元二十二年七月,裴耀卿督漕运,凿漕渠十八里以避三门之险。
737 年	唐玄宗开元二十五年,开瓜洲运河。
738 年	唐玄宗开元二十六年,从润州刺史齐澣之请,自京口埭至长江穿伊娄河四十五里。
764 年	唐代宗广德二年三月,以刘晏为河南、江淮转运使,开汴渠。
813 年	唐宪宗元和八年,发郑滑、魏博两镇兵凿黎阳古河十四里,以除水患。
833 年	唐文宗大和七年,王元暐修它山堰(在今浙江鄞州)。
896 年	唐昭宗乾宁三年四月,滑州黄河涨水,朱全忠命决为二河,夹城而东流,害越大。
923 年	五代后梁末帝龙德三年八月,于滑州决黄河注曹、濮、郓州以限制唐兵的进攻。
924 年	五代后唐庄宗同光二年二月,令蔡州浚索水,以通漕运。
925 年	五代后唐庄宗同光三年正月,整治酸枣遥堤,以防御黄河决口。
938 年	五代后晋高祖天福三年十月,黄河于郓州决口。
939 年	五代后晋高祖天福四年七月,黄河于博州决口。
941 年	五代后晋高祖天福六年八月,黄河于滑州决口。
944 年	五代后晋出帝天福九年六月,黄河决于滑州,溢汴、曹、单、濮、郓五州,环梁山合于汶水,发动大量丁夫塞之。
946 年	五代后晋出帝开运三年九月,黄河于澶州临黄决口。
948 年	五代后汉高祖乾祐元年五月,黄河决于滑州鱼池。
950 年	五代后汉隐帝乾祐三年六月,黄河决于郑州。
953 年	五代后周太祖广顺三年九月,自青、徐州直至关中一带大水。
954 年	五代后周世宗显德元年正月,数年来黄河于灵河、鱼池、酸枣、阳武、常乐驿、河阴、六明镇、原武等八处决口,至此方遣使塞之。十一月,由于黄河自杨刘至博州连年东溃,汇为大泽,又溃灌齐、棣诸州,为害颇剧,遣官堵塞,发工役六万人,三十日完工。

955 年	五代后周世宗显德二年正月,浚深、冀二州间的胡卢河,以御契丹。
957 年	五代后周世宗显德四年四月,令疏浚汴水,引水入五丈河,由此齐鲁可以舟达开封。
958 年	五代后周世宗显德五年三月,浚汴口,引黄河水直达淮河,于是江淮舟楫从此直达东京。
959 年	五代后周世宗显德六年二月,命按时巡视河堤,立斗门于汴口发丁夫数万人浚汴水,导入蔡水,以通陈、颍之漕运;又浚五丈渠,东经曹、济、梁山泊以通青、郓州之漕运。四月,自沧州治水道,补堤防,开游口,以通瀛、莫两州,准备进攻契丹。六月,黄河决于原武县(今河南原阳),发二万人塞之。
960 年	宋太祖建隆元年十月,黄河决于棣州厌次(今山东惠民)、滑州灵河。
961 年	宋太祖建隆二年正月,浚蔡渠,后改名惠民河。七月,堵塞棣、滑两州黄河决口成功。
963 年	宋太祖建隆四年正月,发丁夫修黄河堤。
964 年	宋太祖乾德二年二月,发丁夫凿渠,自长社引潩水合闵河。
966 年	宋太祖乾德四年八月,黄河于滑州决口,发士卒丁夫数万人治之。闰八月,黄河溢入南华县。
967 年	宋太祖乾德五年正月,由于黄河屡决口,故定制每岁从春季缮治,并诏令孟州以下沿河州府长吏兼任河堤使。八月,黄河溢入卫州城。
970 年	宋太祖开宝三年六月,汴水决于宁陵县。
971 年	宋太祖开宝四年六月,黄河决于原武县;汴水决于宋州穀熟县。七月,汴水决于宋州宋城。十一月,黄河决于澶州,遣官督塞之。
972 年	宋太祖开宝五年二月,于沿河十七州各设置河堤判官一人。五月,黄河决口于澶州濮阳县,遣官塞之。嗣后又决于大名府朝城县(今山东阳谷、河南范县),河南北诸州皆大水。六月,黄河决于阳武县(今河南原阳);汴水决于郑州、宋州。发诸州兵丁凡五万人塞决口,并诏求治河者。
975 年	宋太祖开宝八年五月,黄河决于濮州郭龙村。六月,又决于顿丘。
977 年	宋太宗太平兴国二年七月,黄河决于温县、荥泽(今河南郑州古荥),又决于顿丘、白马(今河南滑县)。
978 年	宋太宗太平兴国三年正月,浚汾河,又浚广济、惠民及蔡河、汴口,又治黄河堤。
980 年	宋太宗太平兴国五年正月,开尉氏新河九十里。十二月,开南河自雄州(今河北雄县容城)达莫州(今河北保定、清苑、任丘、文安)以通运。
981 年	宋太宗太平兴国六年正月,于清苑界开徐河、鸡距河五十里入白河,关南漕运遂通。
982 年	宋太宗太平兴国七年十月,黄河决于武德县。
983 年	宋太宗太平兴国八年五月,黄河于滑州韩村大决口,泛澶、濮、曹、济诸州,流至彭城界入淮。七月,穀、洛、瀍、涧诸水溢,死者以万计,巩县几荡然无存。十二月,滑州黄河决口塞,未几复决,发兵卒五万人治之。
984 年	宋太宗太平兴国九年二月,在淮南开故沙河四十里,又于建安至淮澨中置二斗门(即"楚州西河闸")以利漕运。三月,滑州黄河决口复塞。
991 年	宋太宗淳化二年六月,汴水决于浚仪县(今河南开封)。
993 年	宋太宗淳化四年三月,置河北缘边屯田使,大兴雄、霸等州水利。五月,自长葛县开河,导潩水分流合惠民河成。七月,黄河决于澶州,泛入御河。辽圣宗统和十一年七月,桑乾、羊河泛溢,南京(辖境相当今天津市、河北永清、容城、易县以北,青龙河、昌黎以西和内长城以南)大水。
994 年	辽圣宗统和十二年正月,潞阴(今北京通县潞县镇)大水,没三十余村,命疏旧渠。
995 年	宋太宗至道元年正月,遣官分赴陈、许、邓、颍、蔡、宿、亳等州经度水利屯田。
996 年	宋太宗至道二年七月,汴河决于穀熟县。
1009 年	辽圣宗统和二十七年七月,潢河诸水溢。宋真宗大中祥符二年九月,筑渠引金水河入京城成。

十月,治许州水患。

1011 年　宋真宗大中祥符四年八月,河决通利军。

1012 年　宋真宗大中祥符五年正月,黄河决于棣州(辖境相当今山东阳信、惠民、商河、滨县、利津、沾化和博兴北部)。

1014 年　宋真宗大中祥符七年八月,黄河决于澶州(辖境相当今河南清丰及濮阳东北、范县西北)。十一月,滨州(辖境相当今山东滨县、沾化、利津及博兴一部)境黄河溢。

1019 年　宋真宗天禧三年六月,黄河决于滑州(辖境相当今河南滑县、延津、长垣等县),泛澶、濮、郓、徐、齐五州。

1020 年　宋真宗天禧四年正月,开扬州古河以利漕运。

1024 年　宋仁宗天圣二年三月,疏凿陈、许等十州古沟洫。

1026 年　宋仁宗天圣四年闰五月,修复陕西永丰渠。六月,建(辖境相当今福建南平市以上闽江流域)、剑(辖境相当今福建南平、顺昌、沙县、龙溪)、邵武(辖境相当今福建邵武、光泽、泰宁、建宁)大水。八月,修泰州捍海堰(即"范公堤")。

1027 年　宋仁宗天圣五年七月,发丁夫士卒六万人塞滑州黄河决口。十月,滑州黄河决口塞成,时黄河决口已九年。

1028 年　宋仁宗天圣六年七月,江宁府、扬州(辖境相当今江苏扬州、泰州、江都、高邮、宝应)、真州(辖境相当今江苏仪征、六合)、润州(辖境相当今江苏镇江、丹阳、句容、金坛)江水溢。八月,黄河决于澶州王楚埽。

1031 年　辽圣宗太平十一年五月,契丹诸河以大雨泛溢。

1036 年　宋仁宗景祐三年六月,虔州(辖境相当今江西赣县以南,赣江流域)、吉州(辖境相当今江西新余、泰和赣江流域及安福、永新)大水。

1048 年　宋仁宗庆历八年六月,黄河决于澶州商胡埽。是岁,河北、京东西大水。

1055 年　宋仁宗至和二年十二月,修六塔河。

1056 年　宋仁宗至和三年四月,六塔河决。六月,诸路大水,河北尤甚。

1058 年　宋仁宗嘉祐三年七月,广济河溢,原武黄河决口。九月,凿桂州兴安县灵渠。

1059 年　宋仁宗嘉祐四年四月,诏诸路提点刑狱皆兼提举河渠公事。

1060 年　宋仁宗嘉祐五年正月,凿二股河,又浚五股河。七月,唐、邓二州大兴水利,荒地数万顷变为肥田。

1061 年　宋仁宗嘉祐六年七月,淮南、江、浙大水。

1064 年　宋英宗治平元年,畿内、宋、陈、许、汝、蔡、唐、颍、曹、濮、济、单、濠、泗、庐、寿、楚、杭、宣、洪、鄂、施、渝、光化、高邮等州均大水。

1068 年　宋神宗熙宁元年六月,神宗诏令州县兴水利。黄河决于恩、冀、深、瀛四州。辽道宗咸雍四年七月,南京(辖境相当今天津市、河北永清、容城、易县以北,青龙河、昌黎以西和内长城以南)大水。

1069 年　宋神宗熙宁二年十一月,颁农田水利敕。闰十一月,调镇、赵、洺、磁、相州兵夫六万人浚御河。差官提举诸路常平、广惠仓,兼农田水利差役事。

1071 年　宋神宗熙宁四年七月,北京(今河北大名东北)新堤决,淹数县;两浙水。八月,置洮河安抚司,经营河湟。黄河决于澶州。九月,又决于郓州。

1072 年　宋神宗熙宁五年四月,浚二股河成。六月,黄河溢于北京(大名府)夏津。

1073 年　宋神宗熙宁六年四月,置疏浚黄河司。十月,于北京开直河。

1075 年　宋神宗熙宁八年,李宏修木兰陂(今福建莆田)。

1076 年　宋神宗熙宁九年四月,恢复广济河漕运。九月,浚汴河。置河北河防水利司。

1077 年　宋神宗熙宁十年七月,黄河溢于卫、怀,大决于澶州曹村,东汇梁山泊;分二道,南入淮,北入海;淹四十五县,田三十余万顷;濮、齐、郓、徐四州尤甚。八月,又决于郑州。

1078 年　宋神宗元丰元年五月,塞澶州曹村黄河决口成,新堤长一百十四里,凡用工一百九十余万,材一千二百八十九万。

1079 年　宋神宗元丰二年六月,导洛水通汴水成。八月,修邵伯堰至真州(今江苏仪征)运河。

1080 年　宋神宗元丰三年七月,黄河决于澶州孙村陈埽及大小吴埽。

1081 年　宋神宗元丰四年四月,黄河决于澶州小吴埽,注御河。

1082 年　宋神宗元丰五年六月,北京(今河北大名东北)内黄埽黄河溢。七月,决大吴埽堤以泄河水。八月,郑州原武埽黄河溢,注梁山泊。九月,沧州南皮、永静军河溢。十二月,原武黄河决口塞成。辽道宗大康八年七月,南京(辖境相当今天津市、河北永清、容城、易县以北,青龙河、昌黎以西和内长城以南)水。

1083 年　宋神宗元丰六年闰六月,汴水溢。

1084 年　宋神宗元丰七年七月,伊水、洛水溢;黄河决于元城(今河北大名)。是岁,河北大水。

1085 年　宋神宗元丰八年十月,黄河决大名小张口;河北大水。

1086 年　宋哲宗元祐元年,河北及楚、海诸州大水。

1090 年　宋哲宗元祐五年十月,导黄河水入汴水。

1093 年　宋哲宗元祐八年七月,京东西、河北、淮南诸路水。

1099 年　宋哲宗元符二年六月,黄河决于内黄;河北水。

1115 年　宋徽宗政和五年,建高淳永丰圩。

1118 年　宋徽宗重和元年,江、淮、荆、浙大水。

1119 年　宋徽宗宣和元年,东南诸路大水。

1121 年　宋徽宗宣和三年六月,黄河决于恩州(今山东平原)。

1128 年　宋高宗建炎二年十一月,宋东京留守杜充决黄河入清河以阻金兵。

1134 年　宋高宗绍兴四年正月,浚漕河。

1144 年　宋高宗绍兴十四年六月,浙江、福建路大水。

1152 年　宋高宗绍兴二十二年四月,襄阳大水。

1153 年　宋高宗绍兴二十三年六月,潼川路大水,涪江、沅江大涨。

1163 年　宋孝宗隆兴元年,江东大水。

1164 年　宋孝宗隆兴二年七月,两浙、江东大水。

1166 年　宋孝宗乾道二年,宋和州凿千秋涧,泄麻、沣二湖水溉历阳、含山二县田。

1171 年　宋孝宗乾道七年七月,吴拱修复山河堰,浚大小渠六十五里成。金世宗大定十一年,黄河决于王村,淹南京(即北宋故都汴京)、孟、卫等州,泛区西起今河南济源、孟县,北自淇县、浚县,南至今安徽淮河以北及今江苏洪泽湖西、北岸,东抵今山东鱼台一线范围广大地区。

1172 年　宋孝宗乾道八年八月,四川水。金世宗大定十二年十二月,金于河阴(今河南广武县)等地增筑河堤。

1174 年　宋孝宗淳熙元年七月,江东修治陂塘成,凡二万四千四百五十一所,灌田四万四千二百四十二顷。

1176 年　宋孝宗淳熙三年七月,禁浙西围田。九月,浙东等州水。

1180 年　金世宗大定二十年十二月,黄河决于卫州(今河南新乡、汲县、辉县、浚县、淇县)及延津京东埽。

1181 年　宋孝宗淳熙八年七月,绍兴,严(辖境相当今浙江建德、淳安、桐庐)、徽(辖境相当今安徽歙县、休宁、祁门、绩溪、黟县及江西婺源)等处大水。

1182 年　宋孝宗淳熙九年九月,淮南修复真州陂塘。

1183 年　宋孝宗淳熙十年四月,再禁浙西豪民围田。是岁,和州(今安徽和县、含山)重修千秋涧。

1184 年　宋孝宗淳熙十一年三月,江东西(今长江下游南北岸)水。六月,婺州(今浙江金华一带)修治陂塘八百三十七所,溉田二千余顷。

1186 年　金世宗大定二十六年五月,卢沟决于上阳。八月,黄河决卫州。

1187 年　金世宗大定二十七年二月,令沿河府州县官兼提举或管句河防事。

1189 年　宋孝宗淳熙十六年五月,常德、辰、沅、靖等处大水。闰五月,阶州(今甘肃武都、康县等地)大水。六月,镇江大水。金世宗大定二十九年五月,黄河决于曹州(今山东菏泽、曹县、成武、东明及河南兰考、民权等县)。

1191 年　宋光宗绍熙二年五月,潼川(今四川涪江中下游)等十一州府大水。七月,兴州(今陕西略阳)大水。

1192 年　宋光宗绍熙三年五月,常德府、安丰军大水。金章宗明昌三年,河北(今河北易水、大清河以南,山东、河南黄河以北大部)诸路水。

1193 年　宋光宗绍熙四年五月,江、浙、两淮、荆湖水。

1194 年　金章宗明昌五年八月,黄河决阳武(今河南原阳)故堤,由封丘注梁山泊,分夺南北清河入海。

1202 年　宋宁宗嘉泰二年六月,浚浙西运河。

1205 年　金章宗泰和五年正月,调军夫治漕渠。

1210 年　宋宁宗嘉定三年,浙东西水。

1232 年　宋理宗绍定五年正月,孟珙屯枣阳(今属湖北),开渠,溉田万顷。

1242 年　宋理宗淳祐二年七月,江、浙、两淮大水。

1252 年　宋理宗淳祐十二年七月,两浙、江东西、福建等路水。

1256 年　宋理宗宝祐四年六月,修浙江堤成。

1261 年　蒙古世祖中统二年六月,修沁河渠成。

1262 年　蒙古世祖中统三年八月,以郭守敬提举诸路河渠,自是大兴水利。

1263 年　蒙古世祖中统四年九月,立漕运河渠司。

1264 年　蒙古世祖至元元年,今河北、山东等地大水。郭守敬于旧夏地修复渠堰,灌田九万余顷;又于西凉(今甘肃西部)、瓜、沙(均在今甘肃安西境)等地开水田。至元年间,修昆明松花坝。

1266 年　蒙古世祖至元三年十二月,修中都漕渠,导卢沟水以运西山木石,又于平阳导汾水溉田千余顷。

1268 年　蒙古世祖至元五年,中都、南北京州郡大水。

1269 年　宋度宗咸淳五年正月,于扬州开河四十里以通运。蒙古世祖至元六年,益都(今山东省中部)等地大水。

1270 年　宋度宗咸淳六年,浙西水。

1276 年　元世祖至元十三年七月,改杨村漕渠。八月,穿武清漕渠。

1280 年　元世祖至元十七年十月,遣人探黄河源。

1281 年　元世祖至元十八年二月,发肃州军民凿渠溉田。十二月,开河于胶、莱以通海运。

1282 年　元世祖至元十九年八月,江南水。十月,由大都至瓜州置漕运司二。十二月,浚济州河。

1283 年　元世祖至元二十年八月,济州新开河成。

1284 年　元世祖至元二十一年十二月,开神山河。

1285 年　元世祖至元二十二年正月,发军浚武清漕渠;增军屯田芍陂。二月,发军穿河西务河;罢胶莱运河。

1286 年　元世祖至元二十三年十月,河决开封等地十五处,调民夫二十余万人筑堤。

1287 年　元世祖至元二十四年正月,浚河西务漕渠。三月,开汶泗水以通京师运道;开封河溢。

1288 年 元世祖至元二十五年四月,浑河决;浙西水。汴梁路河决二十二处。

1289 年 元世祖至元二十六年二月,浚沧州御河。五月,浚河西务至通州漕渠。六月,开安山渠成,赐名会通河,共长二百五十里。

1290 年 元世祖至元二十七年六月,太康河溢。十月,江阴等路大水,民流者四十余万户。十一月,河决祥符(今河南开封),淹陈(今河南太康、西华、项城、商水、淮阳、沈丘等县)、许(今河南长葛、鄢陵、扶沟、临颍、舞阳等县)两州;易水溢,淹雄、霸等州。

1291 年 元世祖至元二十八年正月,罢江淮漕运并于海运。八月,保定等三路大水。十一月,立都漕运万户府二,以督海运。

1292 年 元世祖至元二十九年六月,湖州等七路大水。八月,浚通州至大都漕河。

1293 年 元世祖至元三十年五月,浙西大水。七月,通州至大都漕河成,赐名通惠河,凡役工二百八十五万。

1294 年 元至元三十一年八月,浚太湖、淀山湖成,拨军士守巡。

1296 年 元成宗元贞二年,大都等路水。

1297 年 元成宗大德元年五月,河决汴梁。六月历阳江水溢,淹万家。

1298 年 元成宗大德二年七月,汴梁等处水。

1299 年 元成宗大德三年十一月,浚太湖、淀山湖。

1300 年 元成宗大德四年正月,修复淮东漕渠。

1301 年 元成宗大德五年,大兴、平滦、淮西等地水。

1302 年 元成宗大德六年正月,筑浑河堤。四月,修卢沟堤。

1303 年 元成宗大德七年五月,浚滦河。

1304 年 元成宗大德八年五月,浚松江、吴江。开封等处河溢。

1305 年 元成宗大德九年八月,归德、陈州河溢。

1306 年 元成宗大德十年正月,浚吴松、扬州、真州漕河。发河南民夫十万人筑河堤。

1308 年 元武宗至大元年六月,益都大水,济宁、泰安水。

1309 年 元武宗至大二年七月,黄河于归德、封丘决口。

1310 年 元武宗至大三年二月,浚会通河。六月,河南及循州皆大水,漂没庐舍。

1311 年 元至大四年九月,江陵路大水。

1313 年 元仁宗皇庆二年六月,河决陈、亳、睢州及陈留县。

1314 年 元仁宗延祐元年七月,浑河决。十二月,浚扬州淮安运河。

1315 年 元仁宗延祐二年正月,浚漳州漕河。六月,黄河决于郑州。七月,大都水,漳州等地尤甚。

1316 年 元仁宗延祐三年六月,河决汴梁。水利工程家郭守敬卒。

1317 年 元仁宗延祐四年十一月,浚扬州运河。

1318 年 元仁宗延祐五年正月,塞杞县决河。

1319 年 元仁宗延祐六年闰八月,浚会通河。九月,浚镇江练湖。

1320 年 元延祐七年七月,荥泽、开封等处黄河决口。是岁,滹沱河决,浑河溢。

1321 年 元英宗至治元年二月,疏小直沽白河。六月,浑河溢。七月,潞县榆垡水决,滹沱河及巨马河溢。九月,安陆汉水溢。十一月,疏玉泉河。

1322 年 元英宗至治二年正月,仪封河溢。六月,辰州江水溢。十二月,南康、建昌大水。

1323 年 元英宗至治三年四月,浚金水河。十二月,浚镇江漕河及练湖。

1324 年 元泰定帝泰定元年六月,大同浑源河、真定滹沱河、陕西渭水、黑水、渠州江水皆溢。七月,朝邑、濮阳、楚丘等地河,固安清河,任县沙河、洺河,定州唐河皆溢;庐州等十一郡水。九月,奉元、延安等路水。十月,浚真州、吴江诸河。

1325 年	元泰定帝泰定二年闰正月,雄州等地大雨、河溢。三月,修曹州河及清河、滱河堤。五月,浙西江湖溢;大都水;汴梁路河溢;江陵路江溢。六月,浚吴、松二江。潼川绵江、中江、冀宁汾水溢。八月,卫辉河溢。九月,浚河间陈玉带河。开元路三河皆溢。十一月,常德路水。
1326 年	元泰定帝泰定三年二月,归德河决。四月,修夏津等处河堤。六月,大昌屯河决。七月,河决于阳武县。大同浑源河溢,檀、顺等州河决。九月,汾州汾水溢。汴梁河溢。是岁,大宁路大水。
1327 年	元泰定帝泰定四年正月,浚会通河,筑漷州护仓堤。三月,浑河决。五月,睢州河溢。六月,汴梁河决。七月,云州黑水溢。八月,滹沱河溢。扶沟等处河溢。
1329 年	元明宗天历二年四月,浚漷州漕河。八月,浚通惠河。
1330 年	元文宗至顺元年七月,江南大水,江、浙、湖广尤甚。
1331 年	元文宗至顺二年八月,江浙水,坏田四十八万八千余顷。
1332 年	元文宗至顺三年五月,汴梁等地河溢,滹沱河决。
1333 年	元顺帝至顺四年六月,京畿、关中、河南大水。
1335 年	元顺帝元统三年,江西大水。
1336 年	元顺帝至元二年五月,黄河复于故道。
1337 年	元顺帝至元三年六月,京畿、河南北大水。
1341 年	元顺帝至正元年,两浙水。
1342 年	元顺帝至正二年正月,开金口,引浑河水至通州,役民夫十万人,修成后不能用。
1343 年	元顺帝至正三年五月,黄河于白茅口决口。
1344 年	元顺帝至正四年正月,黄河决于曹州,又决于汴梁。五月,又决于白茅金堤。
1345 年	元顺帝至正五年七月,河决济阴。
1348 年	元顺帝至正八年正月,河决济宁。是岁,广西、山东、宝庆(今湖南境内)等路大水。
1349 年	元顺帝至正九年二月,发军民二万浚坝河。三月,黄河北溃。五月,拨民修金堤。白茅河东注,渐成巨浸。是岁,蜀江、江汉大溢。
1351 年	元顺帝至正十一年四月,用贾鲁言,开黄河故道,设总治河防使,发十三路兵民十七万,至七月成,凡二百八十里。六月,浚通州至直沽运河。七月,广西大水。十一月,黄河堤成。欧阳玄著《至正河防记》。
1353 年	元顺帝至正十三年,贾鲁卒。
1354 年	元顺帝至正十四年,春,大雨八十余日。
1356 年	元顺帝至正十六年八月,河决,山东大水。
1364 年	元顺帝至正二十四年,张士诚发兵民十万人浚白茆港。
1375 年	明太祖洪武八年正月,黄河决于开封大黄堤,发民夫三万人塞之。十月,开封府水。十二月,苏州等地水。
1376 年	明太祖洪武九年十二月,畿内、浙江、湖北水。
1377 年	明太祖洪武十年四月,太平等府水。五月,黄州等五府州水。九月,绍兴等府水。
1378 年	明太祖洪武十一年五月,苏州等府水。七月,苏州等四府海溢。十月,河决兰阳。
1381 年	明太祖洪武十四年八月,河决祥符、原武、中牟。
1382 年	明太祖洪武十五年三月,河决朝邑。七月,河决荥泽、阳武。
1384 年	明太祖洪武十七年八月,河决开封,横流数千里;又决杞县入巴河。九月,河南、北平两省大水。
1390 年	明太祖洪武二十三年二月,河决归德,发十卫(五万六千人)士卒与民共塞之。七月,河决开封、西华诸县,漂没万五千七百余户。崇明海溢,决堤二万三千余丈,发民二十五万筑之。
1391 年	明太祖洪武二十四年四月,河决原武,入淮,又漫溢于曹州郓城,运河淤塞。
1392 年	明太祖洪武二十五年正月,河决阳武,泛陈州等十一州县。

1393 年	明太祖洪武二十六年九月,开胭脂河以通浙运。
1394 年	明太祖洪武二十七年八月,遣国子监生分行四方,督修水利。
1395 年	明太祖洪武二十八年,开塘堰四万九百八十七处,河四千一百六十二处,陂渠、堤岸五千四十八处,水利大兴。
1396 年	明太祖洪武二十九年二月,浚常州犇牛等坝,以通浙运。
1397 年	明太祖洪武三十年八月,河决开封。
1398 年	明太祖洪武三十一年,西平侯沐春镇云南七年,大修屯田,辟田三十余万亩,凿铁池河灌宜良田数万亩,民复业者五千余户。
1403 年	明成祖永乐元年四月,遣人巡浙西治水患,乃浚吴淞诸浦。十二月,始由卫河运粮输北京。
1404 年	明成祖永乐二年五月,赈松江等四府水灾。十月,河决,损坏开封城。
1407 年	明成祖永乐五年七月,河南黄河溢。
1410 年	明成祖永乐八年八月,黄河溢,损坏开封城。
1411 年	明成祖永乐九年二月,发山东、徐州、应天、镇江民夫三十万人浚会通河,以通南漕,二百日成,于是,渐罢海运。七月,发民夫十万人浚黄河故道,至是岁成。十一月,自海门至盐城,因海溢堤圮,发士卒四十万人筑堤。是岁,浙江、湖广、河南、顺天、扬州水。
1412 年	明成祖永乐十年四月,遣官督治卫河。八月,工部都水主事蔺芳以创堤埽新法防黄河水患,超升本部侍郎。
1415 年	明成祖永乐十三年五月,凿清江浦渠及吕梁洪等处,又开泰州白塔河,筑高邮湖堤,畅利漕运。六月,北京、河南、山东水。
1416 年	明成祖永乐十四年七月,河决开封,由涡河入淮。
1426 年	明宣宗宣德元年七月,江水连月大涨,黄、汝二水溢;数十州县受灾。
1429 年	明宣宗宣德四年四月,命工部尚书黄福经略漕运,时济宁以北运河淤浅,用十二万人半月浚通。
1431 年	明宣宗宣德六年二月,浚封丘金龙口引黄河水达徐州,以便漕运;又浚祥符抵仪封淤河四百五十里。六月,浑河决,顺天、保定、真定、河间等府大水;黄河决于开封,淹八县。
1433 年	明宣宗宣德八年五月,江西濒江八府大水。
1436 年	明英宗正统元年闰六月,顺天等六府大水。七月,南京(一称南直隶,辖今江苏、安徽、上海)、陕西、湖广、广东大水。
1437 年	明英宗正统二年六月,河南、江北诸府州以河淮泛溢成灾。
1439 年	明英宗正统四年五月,河南北大水,京师大雨,坏官民舍三千三百余区。七月,滹沱等河水决堤。八月,白沟、浑河溢;苏州等三府大水。
1440 年	明英宗正统五年六月,南京,北京,山东,河南,浙江,江西大水;陕西凉平等府、山西蔚州等处皆大雨。
1444 年	明英宗正统九年闰七月,北京(即京师)、南京(即南直隶)等处十余府大水,河南、山东水,淹四府。
1445 年	明英宗正统十年八月,苏、松等十四州府水。
1448 年	明英宗正统十三年四月,陕西、江西、浙江水。七月,河决大名府开州、长垣,淹三百余里;又决新乡八柳树口,漫曹濮,断运河;又决蒙泽,没原武,夺涡淮,淹二千余里。
1452 年	明代宗景泰三年五月,沙湾黄河堤筑成。六月,黄河复决沙湾。是岁,淮北大水,民多饥死。
1453 年	明代宗景泰四年正月,黄河复决于沙湾之南。四月,复塞沙湾决河。五月,徐州等地大水;河又决沙湾北岸,拽引运河水入盐河。
1454 年	明代宗景泰五年七月,南京水。
1455 年	明代宗景泰六年六月,黄河于开封决口。七月,塞沙湾决口成。八月,浚北京城河。

1456 年	明代宗景泰七年六月,黄河于开封决口。七月,南京、北京、山东、河南大水,连月霪雨。
1460 年	明英宗天顺四年六月,淮水以连月雨,涨水决堤。
1462 年	明英宗天顺六年七月,淮安海溢,盐丁溺死千余人。
1463 年	明英宗天顺七年,项忠开龙首渠,疏郑、白二渠,溉泾阳等五县田七万余顷。
1469 年	明宪宗成化五年六月,开封杏花营黄河决口。
1470 年	明宪宗成化六年六月,顺天等府大水。
1471 年	明宪宗成化七年八月,赈山东七府、浙江四府水灾。九月,定漕粮长运法。
1472 年	明宪宗成化八年三月,运河因久旱水涸。七月,苏州等三府、杭州等五府大水,溺死者二万八千四百六十余人。
1475 年	明宪宗成化十一年八月,浚通惠河。
1476 年	明宪宗成化十二年六月,通惠河浚成。
1477 年	明宪宗成化十三年正月,赈浙江水灾。八月,遣使赈应天、山东等地水灾。
1478 年	明宪宗成化十四年七月,北京、山东大水,赈之。八月,江西大水。
1482 年	明宪宗成化十八年八月,卫、漳、滹沱河溢,漕河决口八十余处,河南霪雨三月,漂损庐舍三十一万四千余间,淹死军民一万一千八百余人。
1489 年	明孝宗弘治二年五月,黄河于开封府境六处决口,南流淹归德、徐州入淮,北流经曹州入运河,发民夫五万人治之。京畿水。
1491 年	明孝宗弘治四年六月,开封黄河决口。
1492 年	明孝宗弘治五年七月,南京、浙江水。黄河决口数道入运河,夺汶入海,征民夫十五万人治之。
1494 年	明孝宗弘治七年二月,黄河于张秋决口。六月,筑高邮湖堤成,赐名康济。七月,命官经理三吴水利。
1495 年	明孝宗弘治八年二月,塞黄陵冈等处黄河决口成,黄河自金明昌中分二道入海,北流虽微而未绝,至此始合成一南河。四月,三吴水利修成,凡修浚及筑斗门堤岸一百三十五所,役民夫二十余万人。
1496 年	明孝宗弘治九年,王琼著《漕河图志》。
1497 年	明孝宗弘治十年九月,山东济南等五府大水。十一月,四川水。
1498 年	明孝宗弘治十一年六月,黄河于归德决口。
1509 年	明武宗正德四年十月,督漕官以自弘治七年以来,黄河数次北徙,影响运道,请加修治。
1510 年	明武宗正德五年九月,太平等府大水,溺死二万三千余人。河冲黄陵冈入贾鲁河,泛溢及于丰、沛。
1513 年	明武宗正德八年六月,河决于黄陵冈。
1517 年	明武宗正德十二年八月,湖广武昌等十府水灾。
1518 年	明武宗正德十三年正月,赈北京顺天等八府去年水灾,又赈淮扬等府大水、山东水灾。
1520 年	明武宗正德十五年五月,江西大水。
1522 年	明世宗嘉靖元年七月,南京、凤阳、扬州、庐州、淮安大风雨,淹没屋舍人畜无数。
1526 年	明世宗嘉靖五年,冬,遣御史督治黄河。
1527 年	明世宗嘉靖六年六月,黄河溢,入运河。八月,湖广大水。九月,江西水。
1528 年	明世宗嘉靖七年六月,浚通惠河成,自此漕运直达京师。
1530 年	明世宗嘉靖九年六月,数年来修治黄河堤,数处成,至是又决于曹县。
1531 年	明世宗嘉靖十年,冬,滹沱河决。
1532 年	明世宗嘉靖十一年八月,黄河决于鲁台。
1537 年	明世宗嘉靖十六年八月,湖广大水,顺天等府水灾,赈之。汤绍恩修三江应宿闸(在今浙江

绍兴)。

1539 年	明世宗嘉靖十八年正月,开黄河支流以减水患。
1540 年	明世宗嘉靖十九年七月,江西水灾。
1541 年	明世宗嘉靖二十年五月,黄河决于野鸡冈,由涡河入淮河,运河淤塞,遣官治之。
1542 年	明世宗嘉靖二十一年九月,开黄河支流三口工成。
1545 年	明世宗嘉靖二十四年,黄河决口入凤阳。
1546 年	明世宗嘉靖二十五年,永定河溢,北京城内水深数尺。
1547 年	明世宗嘉靖二十六年七月,河决曹县,漂没屋舍,人死甚众。
1550 年	明世宗嘉靖二十九年四月,黄河决入淮河。
1552 年	明世宗嘉靖三十一年九月,河决徐州房村集,运河淤塞五十余里。
1553 年	明世宗嘉靖三十二年二月,黄河复决于徐州。
1561 年	明世宗嘉靖四十年九月,苏州等七府大水。
1565 年	明世宗嘉靖四十四年七月,河决沛县,运河淤二百余里。十一月,命潘季驯总理河道。季驯治河有方,其术多为后世所宗。
1566 年	明世宗嘉靖四十五年六月,河决沛县。
1567 年	明穆宗隆庆元年五月,黄河决口工成,开新河去旧河三十里。六月,山东、河南大水,新河复决。
1568 年	明穆宗隆庆二年十月,南京(今安徽、江苏、上海)州县水旱为灾。
1569 年	明穆宗隆庆三年闰六月,北京(明京师一带)、南京、山东、浙江大水。七月,河决沛县。九月,淮水溢。
1570 年	明穆宗隆庆四年,春,应天巡抚海瑞疏吴松江,开白茆河五千余丈,役夫一百六十万。九月,陕西水灾;河决邳州。
1571 年	明穆宗隆庆五年四月,河又决邳州。十月,河南、山东大水。
1572 年	明穆宗隆庆六年七月,通漕运于密云。十一月,徐邳河工成。
1573 年	明神宗万历元年七月,河决徐州。八月,罢海运。万恭著《治水筌蹄》。
1574 年	明神宗万历二年,秋,河海并溢,淮徐大水。
1575 年	明神宗万历三年五月,淮扬大水。六月,浙江杭州等四府因海潮沸溢,淹没人畜,毁损战船无数;苏州等府亦大水。八月,河决高邮、砀山。赈淮扬水灾。
1576 年	明神宗万历四年二月,允督漕吴桂芳请,开草湾河,以利漕运。七月,遣官修江浙水利。草湾河工成,长一万一千一百余丈,塞决口二十二,役夫四万四千。八月,河决沛县。
1577 年	明神宗万历五年正月,淮安、凤阳二府水灾,民过半逃亡。八月,河复决沛县。
1578 年	明神宗万历六年,夏,复命潘季驯总理河漕,季驯条呈治河六议,从之。
1579 年	明神宗万历七年五月,苏、松大水。是冬,修河工成,凡筑堤三百余里,又五万六千余丈,耗银五十六万余两。
1580 年	明神宗万历八年六月,南京各府大水。
1581 年	明神宗万历九年八月,辽东雹灾,扬州狂风暴雨,淹没人畜屋舍无数。
1582 年	明神宗万历十年正月,淮扬海溢,浸盐场三十,淹死二千六百余人。十月,苏州等府大水,坏房舍千万,淹没田十余万顷,死二万人。
1583 年	明神宗万历十一年四月,承天等府大雨,江溢,漂没居民人畜无数。
1585 年	明神宗万历十三年,尚宝少卿徐贞明著《潞水客谈》,论兴京畿水利事。
1586 年	明神宗万历十四年三月,徐贞明自督治水田,不到一年,已垦辟三万九千余亩,又将大行疏浚诸河。
1587 年	明神宗万历十五年五月,京师大雨,房屋倒塌,官民压溺死者无数。七月,河决开封。江南水。

1588 年 明神宗万历十六年四月,大名、开封等府水旱相仍。六月,苏州等府大旱,太湖涸。

1589 年 明神宗万历十七年六月,浙江大风海溢,沿海诸府损坏公私屋宇,官民船碎坏甚多,人畜死者亦众。六月,河决夏镇,十月,黄河决口工成。

1590 年 明神宗万历十八年,潘季驯著《河防一览》。徐贞明卒。

1591 年 明神宗万历十九年七月,宁波等府海溢,大水。秋,湖淮并溢,泗州大水,山阳河决。

1593 年 明神宗万历二十一年五月,河决单县。八月,江北大水。十月,赈湖广水灾。十一月,河南、浙江水旱灾。

1595 年 明神宗万历二十三年九月,淮水溢,于是导淮分黄议起。潘季驯卒。

1596 年 明神宗万历二十四年,秋,河决单县;杭州等府大水。

1597 年 明神宗万历二十五年四月,河决黄堌口。

1601 年 明神宗万历二十九年九月,河决开封、归德。

1603 年 明神宗万历三十一年六月,泰安大水,溺死八百余人;河决苏家庄。七月,京畿雨雹成灾。

1604 年 明神宗万历三十二年春,开泇河以通运道。七月,北京大雨两月,永平亦大水,溺死人畜无数。八月,开泇河分水工成,不久,黄河又决苏家庄。

1605 年 明神宗万历三十三年十月,浚朱旺口。

1606 年 明神宗万历三十四年四月,朱旺口河工成,约一百七十里,凡役夫五十万。

1607 年 明神宗万历三十五年六月,湖广黄州等府、南畿(即南直隶)宁国等府、浙江严州等处大水,漂没人畜无数。七月,京师大水。

1608 年 明神宗万历三十六年六月,南畿大水。

1609 年 明神宗万历三十七年五月,福建大水,建宁等府死者约十万人。八月,江西大水。

1611 年 明神宗万历三十九年五月,广东、广西大水。六月,河决徐州,南北畿及湖广大水。八月,河南大水。

1613 年 明神宗万历四十一年六月,通惠河决。复开广东珠江。八月,山东、湖广、广西大水。九月,辽东大水。

1614 年 明神宗万历四十二年,浙江、江西、两广、福建大水。河决灵璧。

1615 年 明神宗万历四十三年正月,徐州河工成。闰八月,湖广水。

1616 年 明神宗万历四十四年五月,河决徐州。六月,河决开封。七月,应天、江西、广东水。

1617 年 明神宗万历四十五年三月,江西水。

1621 年 明熹宗天启元年十月,河决灵璧。

1623 年 明熹宗天启三年五月,河决睢阳。

1624 年 明熹宗天启四年七月,河决徐州。

1626 年 明熹宗天启六年六月,河决广武。闰六月,北京大水。是秋,河决淮安,江北大水。

1627 年 明熹宗天启七年七月,浙江大水。

1628 年 明思宗崇祯元年七月,杭州等三府大风雨,漂没数万人。

1632 年 明思宗崇祯五年六月,河决孟津口。

1633 年 明思宗崇祯六年,徐光启卒。

1634 年 明思宗崇祯七年六月,河决沛县。

1642 年 明思宗崇祯十五年九月,李自成决黄河灌开封,城圮,溺死无数。

1645 年 清世祖顺治二年七月,河决兖州西。

1651 年 清世祖顺治八年,山东六十九州县水灾。

1654 年 清世祖顺治十一年六月,河决大王庙。

1667 年 清圣祖康熙六年七月,河决桃源。

1668 年	清圣祖康熙七年,直隶、江南、河南、湖广、浙江水灾。
1670 年	清圣祖康熙九年四月,河决归仁堤。六月,淮扬大水。
1671 年	清圣祖康熙十年十月,河决桃源。
1673 年	清圣祖康熙十二年八月,淮扬大水。
1677 年	清圣祖康熙十六年七月,河道总督靳辅条列修理黄河事宜。
1681 年	清圣祖康熙二十年正月,浚通州运河。
1688 年	清圣祖康熙二十七年,陈潢卒。
1699 年	清圣祖康熙三十八年十月,修浚永定河。
1701 年	清圣祖康熙四十年五月,修永定等河堤完工。
1703 年	清圣祖康熙四十二年十月,以修治黄河前后十余年至是粗成。
1704 年	清圣祖康熙四十三年四月,命侍卫拉锡探视河源。九月,拉锡探河源回,绘图呈进。
1708 年	清圣祖康熙四十七年七月,浚苏州及杭州等处河道。
1709 年	清圣祖康熙四十八年,修宁夏大清渠。
1715 年	清圣祖康熙五十四年,顺天等五府水灾。
1716 年	清圣祖康熙五十五年九月,免江南、山东、湖广水灾区额赋。
1719 年	清圣祖康熙五十八年,台湾凤山县人施世榜等创建八堡圳。
1721 年	清圣祖康熙六十年八月,河决长垣。
1722 年	清圣祖康熙六十一年正月,河决长垣新堤。
1723 年	清世宗雍正元年,靳辅著《治河方略》。
1724 年	清世宗雍正二年七月,修宁夏渠;崇明等地风灾,海水冲决堤塘。九月,许浙江仁和县开东湖西湖溉田。
1725 年	清世宗雍正三年三月,修杭州玉华亭海塘。傅泽洪编《行水金鉴》。
1726 年	清世宗雍正四年二月,治理畿辅河道,派怡亲王允祥董其事。修宁夏惠农渠。
1727 年	清世宗雍正五年十月,自黄河安流以后,泗州等五州县共增田二万二千六百二十二顷余。
1728 年	清世宗雍正六年,修宁夏昌润渠。
1729 年	清世宗雍正七年九月,《治河方略》著成。
1733 年	清世宗雍正十一年正月,修江南范公堤。
1736 年	清高宗乾隆元年十二月,开浚毛城引河。
1737 年	清高宗乾隆二年六月,命陕西西安等处凿井开渠,新辟水田。八月,筑浙江海塘,修浚运河。闰九月,浚拒马河。
1738 年	清高宗乾隆三年十二月,从国库拨银一百万两修江南水利。
1740 年	清高宗乾隆五年二月,命直隶、山东挑漳水子河。三月,挑南运河。九月,挑永定河成。十二月,命修松江、泰州等处海塘。
1742 年	清高宗乾隆七年六月,修宁夏渠。十月,邵伯各坝竣工。
1743 年	清高宗乾隆八年九月,浙江海塘竣工。
1745 年	清高宗乾隆十年四月,浚江南河道。贵州开修赤水河以利运。
1746 年	清高宗乾隆十一年三月,开挖塌河淀等处河道。闰三月,浚庆云(今属山东省)等处河道。四月,浚海州等处河道。
1751 年	清高宗乾隆十六年八月,阳武河溢。十二月,挑永定河下口引河。
1753 年	清高宗乾隆十八年九月,河决铜山县。
1754 年	清高宗乾隆十九年四月,修高堰堤成。
1756 年	清高宗乾隆二十一年闰九月,河溢山东孙家集;疏筑东河。十一月,孙家集决河塞竣。

1757 年	清高宗乾隆二十二年七月,令疏浚沟渠,以工代赈,免河南灾区漕粮。十月,遣官督修山东运河。
1758 年	清高宗乾隆二十三年五月,河南开浚河道竣工。
1759 年	清高宗乾隆二十四年五月,修浚京城内、外河渠,以工代赈。闰六月,永定河溢。修浙江海塘。
1761 年	清高宗乾隆二十六年七月,河溢祥符。齐召南著《水道提纲》。
1762 年	清高宗乾隆二十七年三月,命直隶浚河筑堤,以工代赈。十月,命直隶开通沟洫。
1763 年	清高宗乾隆二十八年正月,浚直隶河道。二月,河南奏挑浚河道告竣。六月,禁洞庭湖滨私筑民堤。
1765 年	清高宗乾隆三十年八月,黑龙江将军奏调查格尔毕齐河源。河南奏整理境内运河。
1766 年	清高宗乾隆三十一年八月,河溢铜山县。
1767 年	清高宗乾隆三十二年四月,挑浚凤河。六月,挑浚徒骇河成。
1774 年	清高宗乾隆三十九年八月,河溢老坝口。十二月,遣官浚淮安河渠。
1775 年	清高宗乾隆四十年十月,保定等府水灾。
1777 年	清高宗乾隆四十二年二月,黄河引河开成。八月,浚淮扬运河。
1778 年	清高宗乾隆四十三年五月,命浚卫河上源及汶水。闰六月,河溢祥符。七月,又漫于仪封、考城。
1779 年	清高宗乾隆四十四年六月,漳河漫溢。
1780 年	清高宗乾隆四十五年二月,修黄河引河成。七月,永定河溢。东河蔡家庄河溢。汶水决。
1781 年	清高宗乾隆四十六年六月,河溢邳睢。九月,江苏沛县河溢。
1782 年	清高宗乾隆四十七年七月,查黄河源事竣。
1783 年	清高宗乾隆四十八年三月,黄河新开河成。十月,命黄河沿堤种柳,申禁近堤取土。
1784 年	清高宗乾隆四十九年八月,睢州(辖境相当今河南睢县、民权、拓城及兰考一部)河溢。
1785 年	清高宗乾隆五十年二月,山东八闸河工成。五月,浚河南贾鲁、惠济二河。
1786 年	清高宗乾隆五十一年七月,清口河溢。
1787 年	清高宗乾隆五十二年六月,东河睢州下汛河溢。八月,江南周家沟等处河溢。
1788 年	清高宗乾隆五十三年七月,荆州长江决口。
1791 年	清高宗乾隆五十六年三月,命浚永定河支河及徒骇、马颊河与支河。
1794 年	清高宗乾隆五十九年七月,直隶水灾。
1796 年	清仁宗嘉庆元年六月,江南丰汛六堡河溢。
1797 年	清仁宗嘉庆二年四月,命疏浚灵璧县滩股河、凤台县裔沟河、丰沛二县顺堤河、食城河。七月,永定河溢。八月,砀山杨家坝、山东曹汛坝河溢。
1798 年	清仁宗嘉庆三年九月,睢州上汛河溢。
1799 年	清仁宗嘉庆四年七月,江南砀汛那家坝河溢。八月,洪泽湖决。
1800 年	清仁宗嘉庆五年四月,浚直隶牤牛河、黄家河、北村河及新安等八州县河道。
1801 年	清仁宗嘉庆六年六月,永定河溢,天津城内最大水深二十六级城砖(水深近四米)。
1802 年	清仁宗嘉庆七年,新疆锡伯族人开挖察布查尔渠。
1803 年	清仁宗嘉庆八年九月,东河彭家楼河溢。
1805 年	清仁宗嘉庆十年六月,永定河溢。
1806 年	清仁宗嘉庆十一年三月,命挑江苏、淮扬下游归江河道。
1807 年	清仁宗嘉庆十二年九月,挑张家湾一带北运河。十月,浚南运河各减河。
1808 年	清仁宗嘉庆十三年六月,江苏运河溢于莲花塘,嗣又溢于七里沟。
1810 年	清仁宗嘉庆十五年五月,命筹办直隶水利。七月,永定河溢。修黄河云梯关海口。八月,直隶

水。十月,江南高堰山盱两厅堤坝决。

1811 年　清仁宗嘉庆十六年四月,修直隶任邱各州县千里长堤并雄县叠道。

1812 年　清仁宗嘉庆十七年三月,李家楼大工完,河归故道。八月,挑阜宁县救生河。

1813 年　清仁宗嘉庆十八年十一月,浚山东运河。

1814 年　清仁宗嘉庆十九年十月,安徽庐州等府水。十一月,命浚西湖,以工代赈,以赈浙江杭州等府旱灾。

1815 年　清仁宗嘉庆二十年,老河工郭大昌卒。

1818 年　清仁宗嘉庆二十三年六月,武陟沁河溢。

1819 年　清仁宗嘉庆二十四年闰四月,修山东运河西岸堤。八月,河南兰阳、仪封北岸河溢。

1820 年　清仁宗嘉庆二十五年十一月,挑仪封引河。

1821 年　清宣宗道光元年六月,命整饬漕政。

1822 年　清宣宗道光二年五月,河南漳河决。六月,山东卫河溢。八月,河南沁河溢。九月,直隶水。十月,赈甘肃、安徽、直隶、江苏、湖北水灾。十二月,加筑江南祥符五瑞等处闸坝。

1823 年　清宣宗道光三年正月,赈奉天、直隶、江苏等处水灾。二月,浚直隶吴桥老黄河。六月,北京大暴雨五昼夜,永定河、北运河溢,南北运河连成一片。二十二日灰堆海河决口,直注天津大洼,淹城砖二十六级(水深近四米)。七月,北京有雨二十六天,宫门水深数尺。河南漳河溢。九月,赈直隶、山东、河南、湖北水灾。十二月,浚直隶通惠河。

1824 年　清宣宗道光四年三月,筑直隶新开卫河堤埝。四月,修南、北运河堤坝并清苑等处桥道堤埝。七月,改建浙江防海石塘。九月,修直隶千里长堤。是岁,兴修江苏水利,命按察使林则徐董其事。

1825 年　清宣宗道光五年正月,命浙江修治河道水利,陕西修河渠水利。二月,蒋诗呈进《畿辅水利志》。六月,禁洞庭湖滨围筑私垸。十月,挑运河完工。

1826 年　清宣宗道光六年五月,浚山东泇河厅属河渠。

1827 年　清宣宗道光七年正月,赈江苏水灾区。

1828 年　清宣宗道光八年三月,挑吴淞江完工。十月,赈江苏、浙江等省水灾区。

1830 年　清宣宗道光十年七月,修浙江海塘。

1831 年　清宣宗道光十一年七月,高邮湖河溢。八月,赈江西、湖北水灾区。十月,赈江苏、安徽、浙江水灾。

1832 年　清宣宗道光十二年二月,修安徽铜陵江坝。七月,永定河溢。八月,桃南厅黄河堤被陈端等挖开。十月,赈直隶、江苏、湖北、安徽等处水灾。十二月,浚京城内外河道,以工代赈。黎世序、潘锡恩编《续行水金鉴》。

1833 年　清宣宗道光十三年三月,命直隶兴修水利,以工代赈。

1834 年　清宣宗道光十四年七月,东河朱家湾漫口。

1841 年　清宣宗道光二十一年六月,河南祥符汛河溢。

1842 年　清宣宗道光二十二年六月,荆州万城堤决。七月,江南挑北厅河溢。

1843 年　清宣宗道光二十三年六月,河决中牟下汛。十月,上海开港。十一月,宁波开港。

1844 年　清宣宗道光二十四年五月,福州、厦门开港。六月,永定河溢。七月,荆州万城堤溢。

1845 年　清宣宗道光二十五年六月,江苏桃源汛河溢。

1847 年　清宣宗道光二十七年二月,江苏挑筑六塘河完工。

1848 年　清宣宗道光二十八年十月,赈直隶、安徽水灾区。

1849 年　清宣宗道光二十九年正月,修武昌江堤及荆州万城大堤。三月,修襄阳老龙石堤。六月,安徽、湖北、江苏、浙江水。

1851 年 清文宗咸丰元年闰八月,以黄河溢于丰北三堡,淹没多人,命恤之。

1855 年 清文宗咸丰五年六月,河溢兰阳三堡。

1856 年 清文宗咸丰六年十一月,命垦黄河海口淤滩。

1859 年 清文宗咸丰九年七月,命开垦清江浦东黄河淤地。

1860 年 清文宗咸丰十年六月,因黄河改道,裁汰江南河道总督以下官。长江遇特大洪水,荆江大堤决口,淹地四千五百万亩。

1868 年 清穆宗同治七年八月,河南黄河荣工漫水,命赶筹堵塞,办理赈灾。

1870 年 清穆宗同治九年夏,长江、淮河遇特大洪水,荆江大堤决口,淹地四千五百万亩。

1871 年 清穆宗同治十年九月,黄河决于兰工,命急筹堵塞。

1872 年 清穆宗同治十一年二月,山东侯家林黄河决口合龙。十一月,令浚运河。

1877 年 清德宗光绪三年二月,挑浚运河。

1880 年 清德宗光绪六年九月,直隶东明黄河漫口,不久,经培塞即合龙。

1881 年 清德宗光绪七年四月,刘坤一奏疏导淮河。五月,命左宗棠等妥筹兴修近畿水利。

1882 年 清德宗光绪八年正月,命湖南修洞庭湖石堤。

1886 年 清德宗光绪十二年四月,命山东修治黄河。六月,浙江修海塘。九月,张曜奏疏浚黄河、运河。刚毅奏筹河套开垦。十一月,寿张黄河漫口合龙。

1887 年 清德宗光绪十三年八月,郑州十堡黄河决口。直隶大水。

1888 年 清德宗光绪十四年七月,永定河多处漫溢。奉天大水。十二月,郑州黄河决口合龙。

1890 年 清德宗光绪十六年正月,湖南奏浚洞庭湖,并禁私垦淤地。六月,京师大雨成灾,直隶大水。七月,浙江挑浚苕溪南湖。十一月,浚吴淞江。

1894 年 清德宗光绪二十年二月,东河总督许振祎勘察永定河,于卢沟桥立河防局,以护堤抢险。

1904 年 清德宗光绪三十年十二月,裁漕运总督,改设江淮巡抚,辖江、淮、扬、徐四府,南通及海州二直隶州。

1905 年 清德宗光绪三十一年三月,收回设江淮巡抚之命,改为江北提督。

1911 年 奉天大水。

1912 年 湖南、江西、福建、广东大水。

1913 年 直隶水。

1914 年 筹划导淮。黄河决口于濮阳。设立全国水利局,与内务、农商两部协同主持全国水利。

1915 年 珠江流域西江和北江下游发生两百年一遇特大洪水,三角洲江堤几全崩溃,水淹广州城七昼夜。张謇在南京创办第一所培养水利技术人才学校——河海工程专门学校。

1916 年 江苏大水。

1917 年 赈京畿水灾。华北大水,直隶受灾 103 县。

1918 年 山东、湖南、湖北、河南、福建、浙江、江西、广东等省水。

1921 年 淮河流域大洪水,连续降雨达两个月以上,淹没农田 4 973 万亩。

1922 年 内务部内设扬子江水道讨论委员会。

1927 年 建绥远(今内蒙古)民生渠。

1928 年 改顺直水利委员会为华北水利委员会。

1929 年 导淮委员会成立。

1930 年 台湾嘉南大圳建成。台湾南投日月潭水库建成。

1931 年 中国水利工程学会在南京成立,李仪祉被选任首届会长。长江和淮河并涨,长江流域淹没耕地 4 755 万亩,死亡 14.5 万余人;淮河流域淹地 7 700 万余亩,死亡 7.5 万余人;苏北里运河开启归海坝 3 处,东西堤溃口 80 多处。里下河地区尽成泽国。海河大水,天津市内积水盈尺。引泾工程(即"泾惠渠")开始动工修建。

1932 年　松花江出现历史最大洪水,哈尔滨市内积水达 5 m。是夏,引泾第一期工程竣工,命名为泾惠渠。灌溉农田约 50 万亩。苏北运河堵口复堤工程竣工。

1933 年　洛惠渠开始施工。

1934 年　郑肇经在南京清凉山麓创办中央水工试验所。

1935 年　渭惠渠动工兴建。长江发生特大洪水,淹地 2 264 万亩,受灾人口 1 003 万人,因灾死亡 14.2 万人,毁房 40.6 万间。

1936 年　导淮工程杨庄活动坝建成放水。

1937 年　渭惠渠竣工。中央大学水利系创立。

1938 年　李仪祉卒。为遏止日军南犯,掘开郑州花园口黄河大堤,河南流夺淮,淹豫、皖、苏等省 44 县市,超过 5.4 万 km^2,1 250 万余人受灾,89 万人死亡。因日寇侵略,中央水工试验所西迁重庆并建盘溪、石门等水工试验室和水文研究站。

1939 年　海河大水,天津街道行船,水淹两月。水利专家张炯和荷兰顾问工程师蒲德利在金沙江查勘时遇难。

1940 年　创建武功水工试验所,后定名为西北水利科学研究所。

1946 年　冀鲁豫边区黄河水利委员会成立。

1949 年　组建中华人民共和国水利部,首任部长傅作义。对治理淮河、黄河、长江、海河等江河陆续做出部署。黄河水利委员会成立。

1950 年　中华人民共和国第一次全国水力发电工程会议召开。长江水利委员会建立。毛泽东做出治淮的批示,政务院发布《关于治理淮河的决定》,治淮委员会在蚌埠成立。

1951 年　毛泽东发出"一定要把淮河修好"的亲笔题词。第一座大型水库官厅水库开始兴建。

1952 年　大规模治淮工程开始,梅山、佛子岭、响洪甸、板桥、南湾等一批大型水库陆续修建。华东水利学院(由交通大学、中央大学、同济大学、浙江大学等校的水利系科和华东水专合并而成)成立。河南武陟黄河人民胜利渠自流灌溉工程建成(有效灌溉 5.9 万 hm^2)。

1953 年　荆江分洪工程建成(位于湖北公安县长江南岸)。

1954 年　河北怀来官厅水库建成(库容 41.6 亿 m^3,水电装机 3 万 kW)。长江出现超过 1931 年大洪水,荆江大堤,武汉、南京两市安全得保;但仍淹耕地 4 700 余万亩,死亡 3.3 万余人。淮河流域发生特大洪水,淹没农田超过 5 000 万亩。安徽霍山淠河佛子岭水库建成(连拱坝,库容 4.96 亿 m^3,水电装机 3.1 万 kW)。

1957 年　黄河三门峡水利枢纽和新安江水电站相继开工。中国水利学会成立。

1958 年　水利部与电力工业部合并成立水利电力部。黄河郑州花园口出现特大洪水,郑州黄河大桥被冲毁。密云水库、刘家峡水电站相继开工。水利水电科学研究院成立。青铜峡水利枢纽开工兴建。

1959 年　丹江口水利枢纽开始兴建。辽宁抚顺浑河大伙房水库(库容 21.87 亿 m^3)、安徽响洪甸水库建成。

1960 年　新安江水电站,三门峡水利枢纽,密云水库(库容 43.75 亿 m^3,水电装机 8.8 万 kW)相继完工。

1961 年　广东河源新丰江水电站建成(总库容 140 亿 m^3,水电装机 21.75 万 kW)。内蒙古河套灌区三盛公引水枢纽和总干渠建成(2001 年灌溉 57.4 万 hm^2)。

1963 年　海河流域出现历史上罕见洪水,各河暴涨,超过水库和堤防的承受能力。邯郸至保定以西,冲毁小型水库 330 座,5 座中型水库失事,104 县受灾,面积达 6 145 万亩,毁房 1 450 万间,冲毁铁路 75 km,京广、津浦铁路一度中断。

1965 年　东港供水工程(引广东省东江水向深圳、香港和东莞沿线乡镇供水)建成通水。

1966 年　湖南韶山灌区建成(位于湘江支流涟水,有效灌溉 6.7 万 hm²)。

1969 年　河南林州红旗渠灌区初步建成(总干渠长 70.6 km,有效灌溉 3.6 万 hm²)。

1970 年　长江葛洲坝水利枢纽开始兴建,后因工程出现问题而停建。

1972 年　黄河首次出现自然断流。在 1972—1996 年的 25 年间,有 19 年出现河干断流。1997 年断流历时 226 天,为历史上最长的一次。安徽淠史杭灌区骨干工程基本建成(总灌溉 80 万 hm²)。

1974 年　甘肃永靖黄河刘家峡水电站建成(正常库容 57 亿 m³,水电装机 122.5 万 kW)。台湾大甲溪梯级开发德基水电站建成(库容 2.3 亿 m³,水电装机 23.4 万 kW)。湖北丹江口水利枢纽一期工程建成(总库容 208.9 亿 m³,水电装机 90 万 kW)。二期工程为南水北调中线引水水源地,大坝坝顶高程从 162 m 加高至 176.6 m,正常蓄水位 170 m,总库容为 290.5 亿 m³,多年平均可调水量 141.4 亿 m³。2014 年全部竣工通水至北京。

1975 年　淮河上游突降罕见特大暴雨。板桥、石漫滩两水库垮坝,京广铁路冲毁 100 km,死亡 2.6 万人。潘家口水利枢纽开工。

1976 年　黄河龙羊峡水电站开始兴建。

1977 年　浙江建德新安江水电站全部 9 台机组投产(水库名"千岛湖",总库容 220 亿 m³,水电装机 66.25 万 kW)。浙江桐庐富春江水电站 5 台机组全部投产(总库容 9.2 亿 m³,水电装机 29.72 万 kW)。

1978 年　撤销水利电力部,分设水利部与电力工业部。黄河三门峡水利枢纽改建完成(采取"蓄清排浑"低水头运行模式,总库容 162 亿 m³,低水头发电,装机 40 万 kW)。黄河青铜峡水利枢纽全部建成并发电(总库容 60.6 亿 m³,水电装机 30.2 万 kW,以引水灌溉为主,共 36.67 万 hm²)。

1979 年　江苏江都水利枢纽建成(总装机容量 4.98 万 kW,总抽水能力 473 m³/s)。珠江水利委员会成立。筹建海河水利委员会。

1980 年　中国水力发电工程学会成立。

1981 年　长江出现百年一遇特大洪水。黄河上游出现两百年一遇特大洪水。

1982 年　水利部与电力工业部再度合并为水利电力部。长江支流汉江遇特大洪水,陕西安康县老城淹没,水深达三层楼房,损失惨重。松辽水利委员会成立。

1983 年　贵州遵义乌江渡水电站建成(总库容 23 亿 m³,水电装机 63 万 kW,位于喀斯特地区)。引滦入津工程建成通水(从滦河潘家口水库、大黑汀水库引水至天津,全长 234 km,年供水 12.58 亿 m³)。

1984 年　《中华人民共和国水污染防治法》颁布施行(2008 年修订)。

1985 年　浙江温岭江厦潮汐试验电站建成(总装机 3 200 kW,最大潮差 8.39 m)。华东水利学院恢复传统校名河海大学,邓小平亲笔题写"河海大学"校名。

1988 年　国务院机构改革方案确定设立水利部,撤销原水利电力部。长江葛洲坝水利枢纽全部建成(总装机 271.5 万 kW,总泄洪能力 11 万 m³/s)。《中华人民共和国水法》颁布施行(2002 年修订)。

1989 年　引黄济青工程建成通水(从山东博兴打渔张水闸引水至青岛,全长 290 km,向青岛年供水 1.21 亿 m³)。

1991 年　淮河、太湖流域六、七月连日霪雨成灾,造成百年不遇特大洪水。全国有 18 省受水灾,津浦、沪宁铁路一度中断。太湖流域大水。水灾过后,党中央、国务院做出了治理太湖的决定,目前已初步形成洪水北排长江、东出黄浦江、南排杭州湾,充分利用太湖调蓄,达到"蓄泄兼筹,以泄为主"的目的。钱正英主编的《中国水利》一书正式出版。《中华人民共和国水土保持法》颁布施行(2010 年修订)。

1992 年　吉林桦甸第二松花江白山水电站二期工程建成(正常库容 53.1 亿 m³,水电装机 150 万 kW)。

1992 年　青海黄河龙羊峡水电站建成(青海省共和与贵德交界处,正常库容 247 亿 m³,水电装机

128 万 kW)。

1993 年　河北潘家口水利枢纽建成(总库容 29.3 亿 m³,向天津输水 10 亿 m³/a,水电装机 43 万 kW)。

1994 年　淮河流域下游发生特大水污染事件。贵州清镇鸭池河东风水电站首台机组发电(库容 10.16 亿 m³,水电装机 51 万 kW)。长江三峡水利枢纽工程正式开工。

1995 年　河海大学建校 80 周年,江泽民亲笔题词。引大入秦工程建成通水(从甘肃省大通河引水至永登秦王川,总干渠长 86.94 km,年引水量 4.43 亿 m³,灌溉 5.87 万 hm²)。

1996 年　福建闽清闽江水口水电站建成(正常库容 23.4 亿 m³,水电装机 140 万 kW)。

1998 年　长江流域、松花江流域特大洪水。长江中下游干流超警戒水位两个多月,超历史水位一个多月。江泽民等中央领导亲赴长江抗洪一线指挥。洪灾过后,中央做出加固堤防、退田还湖、加强滞蓄洪区管理等一系列决定。吉林松花江丰满水电站扩建完成(水库名"松花湖",总库容 107.8 亿 m³,水电装机 100.4 万 kW)。《中华人民共和国防洪法》颁布施行。

1999 年　青海黄河李家峡水电站一期建成(总库容 16.5 亿 m³,水电装机 200 万 kW)。四川攀枝花雅砻江二滩水电站建成(正常库容 58 亿 m³,水电装机 330 万 kW)。广东飞来峡水利枢纽建成(中国单机容量最大的灯泡贯流式机组,总库容 18.7 亿 m³,水电装机 14 万 kW)。

2000 年　广西与贵州交界南盘江天生桥一级水电站建成(总库容 102.6 亿 m³,水电装机 120 万 kW,天生桥二级水电站装机 132 万 kW)。湖南张家界江垭水利枢纽建成(总库容 17.4 亿 m³,水电总装机 30 万 kW,目前世界最高的碾压混凝土重力坝)。黄河万家寨水利枢纽建成(总库容 8.96 亿 m³,向晋、蒙供水 14 亿 m³/a,总装机 108 万 kW)。浙江安吉天荒坪抽水蓄能电站建成(装机 180 万 kW,上下水库落差 607 m,年发电量 31.6 亿 kW·h)。广东丛化流溪河抽水蓄能电站建成(总装机 240 万 kW,设计水头 535 m)。国务院决定实施黑河(古称"弱水")"全线闭口、集中下泄"的跨省区调水方案,每年分 4 次从黑河水量最充沛的甘肃张掖开始,将黑河干流来水的 60%,集中下泄到黑河的终点——东居延海(原已在 1961 年干涸)。经十余年调水,黑河断流已基本解决。

2001 年　黄河小浪底水利枢纽全部建成(总库容 126.5 亿 m³,水电装机 180 万 kW)。国务院决定投资 100 多亿元,对新疆塔里木河(中国第一大内陆河流)流域进行综合治理,解决该河下游连续 30 年断流的问题。经十余年努力,平均每年约有 42.62 亿 m³ 水输入塔里木河干流,基本解决了断流问题,河水已到达最下游的台特玛湖。太湖流域开始实施"引江济太"调水工程,通过常熟引水枢纽和望虞河调引长江水进入太湖流域,全年引长江水达 14.8 亿 m³,使太湖水位长年保持在 3.2 m 左右,水质显著改善。黑龙江省启动齐齐哈尔市扎龙湿地应急补水工程,补水 3 500 万 m³,从 2001 年至 2007 年累计补水已达 11 亿 m³。(扎龙湿地面积达 2 100 km²,为亚洲最大、世界第四大湿地,被称为"仙鹤之乡"。)钱正英、张光斗主编的《中国可持续发展水资源战略研究综合报告及各专题报告》一书正式出版。

2002 年　引黄入晋工程一期建成通水(从黄河万家寨水库引水至太原,干渠全长 452 km,年引水量 12 亿 m³,年供太原 6.4 亿 m³,大同、朔州 5.6 亿 m³,二期引水至大同和朔州)。首次实施从淮河向南四湖应急生态补水。

2003 年　淮河流域发生大洪水。淮河入海水道建成(西起江苏洪泽县洪泽湖二河闸,沿苏北灌溉总渠向东,至滨海扁担港注入黄海,全长 163.5 km,排洪流量 2 270 m³/s)。东港供水工程扩建改造完成(供水渠系全程 83 km,年供水 24.23 亿 m³,其中向香港供水 11 亿 m³/a,向深圳供水 8.73 亿 m³/a)。

2007 年　淮河流域发生特大洪水,仅次于 1954 年,为解放后第二大洪水。受灾面积超过 200 万 hm²,灾民 2 600 多万人,直接经济损失达 170 多亿元。太湖蓝藻大爆发,造成无锡市自来水严重污染。

2009 年 长江三峡水利枢纽工程全部建成,全部机组发电(坝顶高程 185 m,坝高 181 m,正常蓄水位 175 m,库容 393 亿 m^3,水电装机 1 820 万 kW,26 台机组每台 70 万 kW。最大泄洪能力 11.6 万 m^3/s,双线五级连续船闸),水电装机容量目前排名世界第一。广西南盘江红水河梯级开发的控制性电站龙滩水电站(位于广西天峨县境内)建成(前期总库容 162.1 亿 m^3,水电装机 420 万 kW)。

2010 年 从 2009 年 7 月开始,中国西南地区连续数年遭受特大旱灾。截至 2012 年 3 月底,云南、贵州、广西、四川、重庆等五省市区农田受灾面积达 9 716 万亩,有 1 939 万人和 1 189 万头大牲畜饮水困难,仅云南省农业受灾损失即达 172 亿元。旱灾发生后,国家已新建抗旱应急调水工程 4 307 处,"五小"水利工程 7 万处,铺设输水管线 2 万 km 以上,新打抗旱水源井 1.8 万眼,并累计为群众送水 941 万吨。黄河流域最大水电站青海贵德拉西瓦水电站建成(总库容 10.56 亿 m^3,水电装机 350 万 kW,最大坝高 250 m)。云南澜沧江梯级开发的大理州小湾水电站建成(总库容 150 亿 m^3,水电装机 420 万 kW)。

2011 年 中共中央发布 2011 年 1 号文件《中共中央 国务院关于加快水利改革发展的决定》(决定分 8 个方面,共 30 条)。文件提出"实行最严格的水资源管理制度",建立用水总量控制制度、用水效率控制制度、水功能区限制纳污制度和水资源管理责任与考核制度。

2012 年 金沙江下游梯级开发的第一个梯级水电站乌东德水电站开工建设(位于四川省会东县与云南省禄劝县交界,总库容 76 亿 m^3,水电装机 1 020 万 kW)。金沙江下游梯级开发的第二个梯级水电站白鹤滩水电站开工建设(位于云南省巧家县与四川省宁南县交界,库容 206 亿 m^3,混凝土双曲拱坝高 289 m,水电装机 1 400 万 kW),未来将成为中国第二、世界第三大水电站。

2013 年 南水北调东线一期工程全线通水。

2014 年 云南省澜沧江下游最大水电站糯扎渡水电站建成(位于普洱市思茅区与澜沧县交界,总库容 237.03 亿 m^3,水电装机 585 万 kW,心墙堆石坝最大坝高 261.5 m,为同类型坝世界第三高)。南水北调中线工程正式通水至北京。工程从长江最大支流汉江上游的丹江口水库引水,在河南省荥阳市王村隧道穿过黄河北上,直至北京颐和园团城湖。多年平均可调出水量 141.4 亿 m^3/a,可向北京、天津、河北、河南四省市供水。第十二届人大常委会修订通过新的《中华人民共和国环境保护法》(原法于 1989 年颁布),决定于 2015 年 1 月 1 日起施行。国家防总决定通过南水北调东线一期工程向南四湖实施生态应急补水,调水量超过 8 069 万 m^3,使南四湖下级湖水位达到 31.21 m(超过生态最低水位 0.16 m)。

2015 年 国务院正式发布《水污染防治行动计划》(简称"水十条",国发〔2015〕17 号文,2015 年 4 月 2 日发布)。金沙江下游梯级开发的第三个梯级水电站溪落渡水电站建成(位于四川省雷波县与云南省永善县交界,总库容 126.7 亿 m^3,水电装机 1 386 万 kW,大坝高 285.5 m),目前为中国第二、世界第三大水电站。金沙江下游梯级开发的第四个梯级水电站向家坝水电站建成(位于云南水富与四川交界处,总库容 51.63 亿 m^3,水电装机 775 万 kW,混凝土重力坝最大坝高 162 m),目前为中国第三、世界第五大水电站。雅砻江下游控制性水库电站锦屏一级水电站建成(位于四川凉山盐源县和木里县境内,总库容 77.6 亿 m^3,水电装机 360 万 kW,混凝土双曲拱坝最大坝高 305 m,为同类型坝世界第一高)。国家发改委发布"引江济淮工程项目建议书",该项目由引江济巢、江淮沟通、江水北送三段构成,多年平均引江水量 48.99 亿 m^3,调入淮河水量 26.05 亿 m^3,静态投资达 616.81 亿元。浙江省启动沟通钱塘江与太湖流域的调水工程,引富春江优质水源,自然流经东苕溪,冲排太湖水系的劣质水,为杭嘉湖地区和上海市提供优质水源。

中国分区水资源总量估算
（多年平均）

片名	水资源分区	面积（km²）	河川径流与地下水补给量之和（10⁸ m³）			重复水量（10⁸ m³）	水资源总量（10⁸ m³）	产水模数（10⁴ m³/km²）
			河川径流量	地下水补给量	合　计			
黑龙江流域片	额尔古纳河	157 606	128.4	61.21	189.61	45.17	144.44	9.16
	嫩江	282 675	212.6	152.62	365.22	82.97	282.25	9.98
	第二松花江	77 885	161.8	77.36	239.16	48.99	190.17	24.4
	松花江干流	185 034	402.9	127.57	530.47	75.40	455.07	24.6
	黑龙江干流	127 749	200.0	78.28	278.28	71.06	207.22	16.2
	乌苏里江	65 807	86.4	54.56	140.96	31.61	109.35	16.6
	全片	896 756	1 192.1	551.60	1 743.70	355.20	1 388.50	15.5
辽河流域片	西辽河	147 157	28.9	78.35	107.25	23.35	83.90	5.70
	东下辽河	71 857	115.9	67.35	183.25	35.18	148.07	20.6
	鸭绿江	32 466	160.1	31.59	191.69	31.59	160.10	49.3
	图们江	22 861	51.0	12.57	63.57	12.57	51.00	22.3
	辽宁沿海诸河	70 866	130.3	39.56	169.86	31.52	138.34	19.5
	全片	345 207	486.2	229.42	715.62	134.21	581.41	16.8
海滦河流域片	滦河	54 412	59.2	31.39	90.59	25.59	65.00	11.9
	海河北系四河	83 541	66.5	62.42	128.92	38.43	90.49	10.8
	海河南系三河	150 449	150.2	152.89	303.09	87.84	215.25	14.3
	徒骇马颊河	30 627	15.9	29.88	45.78	10.66	35.12	11.5
	全片	319 029	291.8	276.58	568.38	162.52	405.86	12.7
黄河流域片	兰州以上	222 551	364.1	146.11	510.21	146.11	364.10	.4
	兰州—河口镇	163 415	16.6	63.25	79.85	48.53	31.32	1.92
	河口镇—龙门	111 595	62.1	33.31	95.41	32.31	63.10	5.65
	龙门—三门峡	190 860	151.8	114.26	266.06	77.35	188.71	9.89
	三门峡—花园口	41 615	66.2	33.08	99.28	26.70	72.58	17.4
	花园口以下	22 407	25.0	26.48	51.48	15.91	35.57	15.9
	鄂尔多斯高原	42 269	1.75	6.11	7.86	0.87	6.99	1.65
	全片	794 712	687.55	422.60	1 110.15	347.78	762.37	9.59
淮河流域片	淮河洪泽湖以上	163 224	394.3	253.11	647.41	99.53	547.88	33.6
	淮河下游平原	25 700	63.8	34.09	97.89	7.74	90.15	35.1
	沂沭泗河	80 226	186.4	117.66	304.06	52.64	251.42	31.3
	山东沿海诸河	58 293	122.0	48.72	170.72	35.82	134.90	23.1
	全片	327 443	766.5	453.58	1 220.08	195.73	1 024.35	31.3

（续表）

片名	水资源分区	面积（km²）	河川径流与地下水补给量之和（10⁸ m³）			重复水量（10⁸ m³）	水资源总量（10⁸ m³）	产水模数（10⁴ m³/km²）
			河川径流量	地下水补给量	合 计			
长江流域片	金沙江	490 513	1 532.5	447.21	1 979.71	447.21	1 532.5	31.2
	岷沱江	166 084	1 051.6	199.71	1 251.31	199.71	1 051.6	63.3
	嘉陵江	159 638	716.0	182.21	898.21	182.21	716.0	44.9
	乌江	88 354	537.7	112.00	649.70	112.00	537.7	60.9
	长江上游干流区间	100 879	597.6	110.81	708.41	110.81	597.6	59.2
	汉江	168 851	612.9	143.86	756.76	143.86	612.9	36.3
	洞庭湖水系	262 413	1 972.9	462.02	2 434.92	462.02	1 972.9	75.2
	鄱阳湖水系	161 408	1 383.9	263.86	1 647.76	263.86	1 383.9	85.7
	长江中游干流区间	84 756	539.2	103.17	642.37	103.17	539.2	63.6
	太湖水系	37 225	148.5	15.62	164.12	15.62	148.5	39.9
	长江下游干流区间	88 346	507.2	90.24	597.44	90.24	507.2	57.4
	全片	1 808 500	9 600.0	2 130.71	11 730.71	2 130.71	9 600.0	53.1
珠江流域片	南北盘江	82 480	399.7	83.70	483.40	83.70	399.7	48.5
	红柳黔江	115 525	925.5	194.39	1 119.89	194.39	925.5	80.1
	左右郁江	77 362	421.2	152.55	573.75	152.55	421.2	54.4
	西江下游干流	62 874	518.7	115.39	634.09	115.39	518.7	82.5
	北江	44 725	513.4	101.23	614.63	101.23	513.4	115
	东江	28 191	290.4	41.25	311.65	41.25	290.4	103
	珠江三角洲	31 330	311.4	43.60	355.00	43.60	311.4	99.4
	韩江和粤东沿海诸河	45 834	472.8	84.49	557.29	84.49	472.8	103
	桂南粤西沿海诸河	55 686	566.0	87.07	653.07	87.07	566.0	102
	海南岛和南海诸岛	34 134	319.5	56.37	375.87	56.37	319.5	93.6
	全片	578 141	4 738.6	960.04	5 678.64	960.04	4 738.6	82.0
浙闽台诸河片	钱塘江	38 695	352.9	68.59	421.49	68.59	352.9	91.2
	浙东沿海诸河	22 700	180.5	35.50	216.00	35.50	180.5	79.5
	浙南诸河	32 500	356.4	72.60	429.00	72.60	356.4	110
	闽江	61 500	626.4	139.04	765.44	139.04	626.4	102
	闽东沿海诸河	15 600	174.9	31.30	206.20	31.30	174.9	112
	闽南诸河	34 400	332.9	69.00	401.90	69.00	332.9	96.8
	台湾诸河	35 760	690.2	158.70	915.90	158.70	690.2	193
	全片	241 155	2 714.2	574.73	3 355.93	574.73	2 714.2	113
西南诸河片	雅鲁藏布江	240 480	1 375.4	290.00	1 665.4	290.00	1 375.4	57.2
	藏西诸河	52 930	16.8	10.80	27.60	10.80	16.8	3.17
	藏南诸河	155 778	1 341.5	281.64	1 623.14	281.64	1 341.5	86.1
	怒江	134 882	639.5	150.70	790.20	150.70	639.5	47.4
	澜沧江	164 766	692.9	203.53	896.43	203.53	692.9	42.1
	元江	75 428	409.0	127.30	536.30	127.30	409.0	54.2
	滇西诸河	19 874	209.3	50.70	260.00	50.70	209.3	105
	全片	844 138	4 684.4	1 114.67	5 799.00	1 114.67	1 684.4	55.5

（续表）

片名	水资源分区	面积（km²）	河川径流与地下水补给量之和（10⁸ m³）			重复水量（10⁸ m³）	水资源总量（10⁸ m³）	产水模数（10⁴ m³/km²）
			河川径流量	地下水补给量	合 计			
内陆诸河片	内蒙古内陆诸河	309 923	11.4	38.59	49.99	6.56	43.43	1.40
	河西内陆诸河	517 822	66.3	89.44	155.74	74.81	80.93	1.56
	准噶尔内陆诸河	322 316	126.9	119.65	246.55	111.38	135.17	4.19
	中亚细亚内陆诸河	79 516	195.6	151.77	347.37	129.96	217.41	27.3
	塔里木内陆诸河	1 121 636	381.5	372.43	753.93	366.97	386.96	3.45
	青海内陆诸河	301 587	67.9	68.93	136.83	60.09	76.74	2.54
	羌塘内陆诸河	701 489	265.9	104.54	370.44	104.54	265.9	3.79
	全片	3 354 289	1 115.5	945.35	2 060.85	854.31	1 206.54	3.60
副区	额尔齐斯河	50 000	103.3	58.89	162.19	58.39	103.80	20.8

注：重复水量包括河川基流、河道和灌溉渗漏量，但未考虑地表径流减少量，故其估算成果偏小。

中国总库容 20 亿 m³ 以上的大型水库

库容单位：亿 m³

工 程 名 称	所 在 河 流	所 在 地	库 容	建 成 年 份
三峡	长江	湖北、重庆	393.00	2009
丹江口	汉江	湖北	339.10	1973（2010 扩建）
龙滩	红水河	广西	272.70	2009
龙羊峡	黄河	青海	247.00	2001
糯扎渡	澜沧江	云南	217.49	2014
新安江	新安江	浙江	216.25	1959
白鹤滩	金沙江	四川	185.32	在建
三门峡	黄河	河南	159.00	1960
小湾	澜沧江	云南	149.14	2010
水丰	鸭绿江	吉林	146.66	1941
洪泽湖	淮河	江苏	135.00	1960
溪洛渡	金沙江	四川	126.70	2014
小浪底	黄河	河南	126.50	1999
丰满	松花江	吉林	107.80	1943
新丰江	新丰江	广东	107.00	1961
天生桥一级	南盘江	贵州	102.57	2001
尼尔基	嫩江	黑龙江	86.10	2006
东江	湘江耒水	湖南	81.20	1988
柘林	修水	江西	79.20	1972
锦屏一级	雅砻江	四川	77.60	2014
乌东德	金沙江	四川、云南	74.08	在建
构皮滩	乌江	贵州	64.51	2011
二滩	雅砻江	四川	58.00	2000
刘家峡	黄河	甘肃	57.00	1968
瀑布沟	大渡河	四川	53.90	2010
白山	松花江	吉林	53.10	1982

（续表）

工程名称	所在河流	所 在 地	库 容	建成年份
向家坝	金沙江	四川	51.63	2015
洪家渡	乌江	贵州	49.47	2005
水布垭	清江	湖北	45.80	2009
莲花	牡丹江	黑龙江	42.00	1998
五强溪	沅水	湖南	42.00	1994
密云	潮白河	北京	41.90	1960
滩坑	小溪	浙江	41.90	2010
官厅	永定河	北京、河北	41.60	1954
云峰	鸭绿江	吉林	38.95	1967
柘溪	资江	湖南	35.65	1975
东平湖	黄河	山东	35.61	1960
桓仁	浑江	辽宁	35.30	1968
岩滩	红水河	广西	34.30	1993
隔河岩	清江	湖北	34.00	1994
西洱河一级	西洱河	云南	31.60	1980
西津	郁江	广西	30.00	1964
松涛	南渡江	海南	28.90	1970
响洪甸	淠河	安徽	26.32	1959
安康	汉江	陕西	25.85	1998
红山	老哈河	内蒙古	25.60	1965
潘家口	滦河	河北	25.50	1981
陈村	青弋江	安徽	24.74	1975
花凉亭	皖河	安徽	23.98	1970
水口	闽江	福建	23.40	1996
梅山	淮河	安徽	23.37	1956
观音岩	金沙江	四川、云南	22.50	在建
大伙房	浑河	辽宁	21.81	1959
观音阁	太子河	辽宁	21.68	2000
乌江渡	乌江	贵州	21.40	1982
万安	赣江	江西	21.20	1988
宝珠寺	白龙江	四川	21.00	1998
湖南镇	乌溪江	浙江	20.60	1983
棉花滩	汀江	福建	20.35	2002
漳河	漳河	湖北	20.30	1965

中国高度 100 m 以上的大坝

工程名称	所在河流	所在地	坝　型	最大坝高（m）	总库容（10⁸ m³）	建成年份
锦屏一级	雅砻江	四川凉山	混凝土双曲拱坝	305.0	77.60	2014
小湾	澜沧江	云南	混凝土双曲拱坝	294.5	150.43	2010
溪落渡	金沙江下游	云南、四川	混凝土双曲拱坝	285.5	126.70	2013
糯扎渡	澜沧江下游	云南普洱	心墙堆石坝	261.5	237.03	2014
拉西瓦	黄河	青海	混凝土双曲拱坝	250.0	10.79	2010
二滩	雅砻江	四川	混凝土双曲拱坝	240.0	58.00	2000
水布垭	清江	湖北巴东	混凝土面板堆石坝	233.0	45.80	2007
构皮滩	乌江	贵州遵义	混凝土双曲拱坝	232.5	64.50	2009
光照	北盘江	贵州	碾压混凝土重力坝	200.5	32.45	2009
龙滩（一期）	红水河	广西天峨	碾压混凝土重力坝	192.0	162.10	2006
瀑布沟	大渡河	四川	砾质土心墙堆石坝	186.0	53.90	2010
三板溪	沅水	贵州锦屏	混凝土面板堆石坝	185.5	40.95	2007
德基	大甲溪	台湾	双曲拱坝	181.0	2.30	1974
三峡	长江	湖北宜昌	混凝土重力坝	181.0	450.00	2003
向家坝	金沙江下游	四川、云南	混凝土重力坝	180.0	51.63	2012
洪家渡	乌江	贵州	混凝土面板堆石坝	179.5	49.47	2004
龙羊峡	黄河	青海海南州	混凝土重力拱坝	178.0	276.00	1990
天生桥一级	南盘江	广西、贵州	混凝土面板堆石坝	178.0	102.57	1999
官地	雅砻江	四川凉山	碾压混凝土重力坝	168.0	7.60	2013
乌江渡	乌江	贵州遵义	拱形重力坝	165.0	21.40	1982
东风	鸭池河	贵州清镇	混凝土双曲拱坝	162.3	10.20	1995
滩坑	欧江	浙江丽水	混凝土面板堆石坝	162.0	41.90	2009
小浪底	黄河	河南洛阳	壤土斜心墙堆石坝	160.0	126.50	2000
金安桥	金沙江中游	云南丽江	碾压混凝土重力坝	160.0	9.13	2011
观音岩	金沙江中游	云南、四川	碾压混凝土重力坝	159.0	22.50	2014
东江	耒水	湖南资兴	混凝土双曲拱坝	157.0	91.50	1992
吉林台一级	喀什河	新疆尼勒克	面板砂砾堆石坝	157.0	25.30	2006

（续表）

工程名称	所在河流	所在地	坝　型	最大坝高（m）	总库容（$10^8 m^3$）	建成年份
紫坪铺	岷江	四川成都	混凝土面板堆石坝	156.0	11.12	2006
李家峡	黄河	青海	混凝土双曲拱坝	155.0	17.50	1999
巴山	任河	重庆城口	混凝土面板堆石坝	155.0	3.15	2009
梨园	金沙江中游	云南	混凝土面板堆石坝	155.0	8.05	2014
马鹿塘	龙盘河	云南麻栗坡	混凝土面板堆石坝	154.0	5.46	2010
隔河岩	清江	湖北宜昌	混凝土重力拱坝	151.0	34.40	1993
董箐	北盘江	贵州	混凝土面板堆石坝	150.0	9.55	2010
白山	第二松花江	吉林桦甸市白山镇	混凝土重力拱坝	149.5	53.10	1982
刘家峡	黄河	甘肃永靖县	重力坝	147.0	57.00	1968
龙首二级	黑河	甘肃张掖	混凝土面板堆石坝	146.5	0.86	2004
江口	芙蓉江	重庆武隆	混凝土双曲拱坝	140.0	5.02	2003
鲁地拉	金沙江中游	云南	碾压混凝土重力坝	140.0	17.18	2014
瓦屋山	周公河	四川眉山	混凝土面板堆石坝	138.8	5.84	2007
曾文	曾文溪	台湾	黏土斜墙堆石坝	136.5	8.90	1973
狮子坪	岷江	四川理县	砾质土心墙堆石坝	136.0	1.33	2012
洞坪	忠建河	湖北宣恩	混凝土双曲拱坝	135.0	3.43	2005
龙马	把边江	云南普洱	混凝土面板堆石坝	135.0	5.90	2007
云龙河三级	云龙河	湖北恩施	碾压混凝土双曲拱坝	135.0	0.44	2009
大花水	独木河	贵州贵阳	碾压混凝土双曲拱坝	134.5	2.77	2007
石门	淡水河	台湾	黏土心墙堆石坝	133.0	3.20	1964
乌鲁瓦提	喀拉喀什河	新疆和田	面板砂砾石堆石坝	133.0	3.47	2002
九甸峡	洮河	甘肃	混凝土面板堆石坝	133.0	9.43	2008
三里坪	南河	湖北房县	碾压混凝土拱坝	133.0	4.72	2011
珊溪	飞云江	浙江温州	混凝土面板堆石坝	132.5	18.24	2000
公伯峡	黄河	青海	混凝土面板堆石坝	132.2	6.30	2006
沙牌	草坡河	四川汶川	碾压混凝土拱坝	132.0	0.18	1997
漫湾	澜沧江	云南云县	混凝土重力坝	132.0	9.20	1998
宝珠寺	白龙江	四川广元	混凝土重力坝	132.0	25.50	2000
江垭	娄水	湖南张家界	碾压混凝土重力坝	131.0	17.41	1999
金盆	黑河	陕西周至	黏土心墙砾石坝	130.0	2.00	2002
百色	郁江上游右江	广西百色	碾压混凝土重力坝	130.0	56.60	2006
洪口	霍童溪	福建宁德	碾压混凝土重力坝	130.0	4.50	2008
阿海	金沙江中游	云南丽江	碾压混凝土重力坝	130.0	8.80	2014

（续表）

工程名称	所在河流	所在地	坝　型	最大坝高（m）	总库容（10⁸m³）	建成年份
引子渡	三岔河	贵州	混凝土面板堆石坝	129.5	5.31	2004
肯斯瓦特	玛纳斯河	新疆	混凝土面板砂砾石坝	129.4	1.90	2014
乌溪江	乌溪江	浙江衢州	梯形支墩坝	129.0	20.60	1979
安康	汉江	陕西安康	混凝土重力坝	128.0	32.03	1995
藤子沟	龙河	重庆石柱	混凝土双曲拱坝	127.0	1.93	2007
街面	均溪	福建尤溪	混凝土面板堆石坝	126.0	18.24	2007
周公宅	皎溪	浙江宁波	混凝土双曲拱坝	125.5	1.12	2006
硗碛	宝兴河	四川雅安	砾质土直心墙堆石坝	125.5	2.12	2007
故县	洛河	河南洛宁	混凝土重力坝	125.0	11.75	1994
冶勒	南桠河	四川	沥青混凝土心墙堆石坝	124.5	2.98	2006
白溪	白溪	浙江宁海	混凝土面板堆石坝	124.4	1.68	2000
鄂坪	汇湾	湖北十堰	混凝土面板砂砾石坝	124.3	2.96	2006
黑泉	宝库河	青海大通	混凝土面板砂砾石坝	123.5	1.82	2001
锦潭	黄洞河	广东清远	混凝土双曲拱坝	123.3	2.49	2007
芹山	穆阳溪	福建宁德	混凝土面板堆石坝	120.0	2.65	2000
白云	巫水	湖南洪江	混凝土面板堆石坝	120.0	3.60	2000
武都	涪江	四川绵阳	碾压混凝土重力坝	119.14	5.72	2010
中梁一级	西溪	重庆巫溪	混凝土面板堆石坝	118.5	0.99	2010
古洞口一级	香溪河	湖北宜昌	混凝土面板堆石坝	117.6	1.48	2004
思林	乌江下游	贵州思南	碾压混凝土重力坝	117.0	16.54	2010
彭水	乌江	重庆彭水	碾压混凝土重力坝	116.5	14.65	2008
龙开口	金沙江中游	云南鹤庆	碾压混凝土重力坝	116.0	5.58	2013
亭子口	嘉陵江中游	四川苍溪	碾压混凝土重力坝	116.0	40.67	2013
索风营	六广河	贵州	碾压混凝土重力坝	115.8	2.01	2006
芭蕉河一级	芭蕉河	湖北鹤峰	混凝土面板堆石坝	115.3	0.96	2005
泗南江	泗南江	云南墨江	混凝土面板堆石坝	115.0	2.71	2008
吴溪	浊水溪	台湾	拱坝	114.0	1.50	1959
云峰	鸭绿江	吉林	宽缝重力坝	113.8	39.10	1965
棉花滩	汀江	福建永定	碾压混凝土重力坝	113.0	20.35	2002
戈兰滩	李仙江	云南普洱	碾压混凝土坝	113.0	4.09	2008
凤滩	酉水	湖南沅陵	空腹重力拱坝	112.5	13.90	1979
罗坡坝	冷水河	湖北恩施	碾压混凝土双曲拱坝	112.0	0.87	2009
丹江口	汉江	湖北丹江口	混凝土宽缝重力坝	111.6	339.10	1973（2010加高）

（续表）

工程名称	所在河流	所在地	坝 型	最大坝高（m）	总库容（$10^8 m^3$）	建成年份
金造桥	金造溪	福建宁德	混凝土面板堆石坝	111.3	0.95	2006
岩滩	红水河	广西大化	混凝土实体重力坝	111.0	34.30	1995
大朝山	澜沧江	云南临沧	碾压混凝土重力坝	111.0	9.40	2003
双沟	松江河	吉林抚松	混凝土面板堆石坝	110.5	3.88	2010
察汗乌苏	开都河	新疆和静	混凝土面板砂砾石坝	110.0	1.25	2008
黄花寨	格凸河	贵州长顺	碾压混凝土双曲拱坝	110.0	1.75	2008
景洪	澜沧江	云南景洪	碾压混凝土重力坝	110.0	11.39	2009
石门子	塔西河	新疆玛纳斯	碾压混凝土拱坝	109.0	0.50	2003
那兰	藤条江	云南金平	混凝土面板砂砾石坝	108.7	2.86	2010
恰甫其海	特克斯河	新疆巩留	黏土心墙堆石坝	108.0	17.70	2005
牛头山	长溪河	福建宁德	混凝土双曲拱坝	108.0	0.97	2005
水牛家	火溪河	四川绵阳	碎石土心墙堆石坝	108.0	1.44	2006
潘家口	滦河	河北	混凝土宽缝重力坝	107.5	25.50	1981
黄龙滩	堵河	湖北	重力坝	107.0	11.80	1974
招徕河	招徕河	湖北宜昌	碾压混凝土双曲拱坝	107.0	0.70	2005
天花板	牛栏江	云南昭通	碾压混凝土双曲拱坝	107.0	0.79	2011
水丰	鸭绿江	辽宁	重力坝	106.0	147.00	1941
三门峡	黄河	河南三门峡	重力坝	106.0	159.00	1960
沙沱	乌江下游	贵州沿河	碾压混凝土重力坝	106.0	9.10	2013
新安江	新安江	浙江建德	宽缝重力坝	105.0	178.40	1961
新丰江	新丰江	广东河源	大头支墩坝	105.0	107.00	1961
高岛东坝		香港	沥青混凝土心墙堆石坝	105.0	2.70	1979
石头河	石头河	陕西	土石坝	105.0	1.47	1982
万家寨	黄河中游	山西、内蒙古	半整体式重力坝	105.0	8.96	1998
功果桥	澜沧江	云南云龙	混凝土重力坝	105.0	3.16	2011
白莲崖	东淠河	安徽霍山	碾压混凝土双曲拱坝	104.6	4.60	2009
柘溪	资水	湖南安化	大头支墩坝	104.0	30.20	1961
鲁布革	黄泥河	云南、贵州	堆石坝	103.8	1.11	1988
鲤鱼塘	桃溪河	重庆开县	混凝土面板堆石坝	103.8	1.02	2007
紧水滩	甄江	浙江丽水	混凝土双曲拱坝	102.0	10.40	1987
碧口	白龙江	甘肃	土石坝	101.8	4.69	1976
水口	闽江	福建闽清	混凝土重力坝	101.0	26.00	1993
群英	大沙河	河南焦作	砌石重力拱坝	100.5	0.20	1971

中国装机容量 25 万 kW 以上的抽水蓄能电站

抽水蓄能电站	河流(库址)	所在地	装机容量 (10^4 kW)	年发电量 (10^8 kW·h)	投产年份
广州抽水蓄能电站	流溪河	广 东	240	48.90	2000
惠州抽水蓄能电站	博罗县罗阳镇	广 东	240	45.00	2011
天荒坪抽水蓄能电站	太湖支流西苕溪	浙 江	180	31.60	2000
绩溪抽水蓄能电站	岭前村赤石坑	安 徽	180	30.15	在建
丰宁抽水蓄能(一期)电站	丰宁水库	河 北	180	34.24	在建
文登抽水蓄能电站	界石镇	山 东	180	26.28	在建
溧阳抽水蓄能电站	伍员山	江 苏	150	20.07	在建
仙居抽水蓄能电站	永安溪	浙 江	150	25.13	在建
敦化抽水蓄能电站	小白林场	吉 林	140	23.42	在建
清远抽水蓄能电站	太平镇	广 东	128	23.00	在建
桐柏抽水蓄能电站	三茅溪支流百丈溪	浙 江	120	21.18	2006
西龙池抽水蓄能电站	西龙池	山 西	120	18.05	2008
黑麋峰抽水蓄能电站	黑麋峰西侧山顶	湖 南	120	16.06	2009
白莲河抽水蓄能电站	白莲河	湖 北	120	9.67	2009
宝泉抽水蓄能电站	宝泉水库	河 南	120	20.10	2011
蒲石河抽水蓄能电站	长甸镇	辽 宁	120	18.60	2012
仙游抽水蓄能电站	西苑乡	福 建	120	18.96	2014
呼和浩特抽水蓄能电站	大青山区	内蒙古	120	20.07	2014
洪屏抽水蓄能(一期)电站	宝峰镇	江 西	120	20.00	在建
荒沟抽水蓄能电站	牡丹江支流	黑龙江	120	18.36	在建
天池抽水蓄能电站	黄鸭河	河 南	120	9.60	在建
深圳抽水蓄能电站	铜锣径水库	广 东	120	15.11	在建
泰安抽水蓄能电站	泮汶河	山 东	100	13.38	2007
张河湾抽水蓄能电站	甘陶河	河 北	100	16.75	2008
宜兴抽水蓄能电站	铜官山山顶	江 苏	100	14.90	2008
响水涧抽水蓄能电站	峨桥镇	安 徽	100	17.62	2011

（续表）

抽水蓄能电站	河流(库址)	所在地	装机容量 (10^4kW)	年发电量 (10^8kW·h)	投产年份
十三陵抽水蓄能电站	东沙河	北　京	80	16.69	1995
恒仁抽水蓄能电站	大雅河	辽　宁	80	26.80	在建
琅琊山抽水蓄能电站	滁河支流清流河	安　徽	60	8.56	2007
琼中抽水蓄能电站	黎田河	海　南	60	10.02	在建
潘家口抽水蓄能电站	滦河	河　北	42	23.60	1991
白山抽水蓄能电站	第二松花江	吉　林	30	5.18	2007

中国装机容量 25 万 kW 以上的水电站

水 电 站	河流(库址)	所 在 地	装机容量 （10^4 kW）	年发电量 （10^8 kW · h）	投产年份
三峡	长江	湖北	2 250	981.07	2012
白鹤滩	金沙江	四川、云南	1 600	602.40	在建
溪洛渡	金沙江	四川	1 386	640.00	2014
乌东德	金沙江	四川、云南	1 020	389.30	在建
锦屏	雅砻江	四川	840	416.40	2014
向家坝	金沙江	云南、四川	775	307.47	2014
糯扎渡	澜沧江	云南	585	239.12	2014
龙滩	红水河	广西	490	156.70	2009
瀑布沟	大渡河	四川	426	147.90	2010
小湾	澜沧江	云南	420	187.22	2010
拉西瓦	黄河	青海	420	124.45	2010
二滩	雅砻江	四川	330	170.00	2000
构皮滩	乌江	贵州	300	90.50	2011
两河口	雅砻江	四川	300	110.62	在建
观音岩	金沙江	四川、云南	300	136.22	在建
葛洲坝	长江	湖北	271.5	167.00	1981
长河坝	大渡河	四川	260	108.00	在建
金安桥	金沙江	云南	240	109.61	2011
官地	雅砻江	四川	240	118.70	2013
鲁地拉	金沙江	云南	216	99.57	2013
李家峡	黄河	青海	200	58.30	1999
阿海	金沙江	云南	200	88.77	2014
小浪底	黄河	河南	194	51.00	2001
黄登	澜沧江	云南	190	86.20	在建
岩滩	红水河	广西	181	75.50	1992
龙开口	金沙江	云南	180	73.96	2014

（续表）

水 电 站	河流(库址)	所 在 地	装机容量 (10^4kW)	年发电量 (10^8kW·h)	投产年份
景洪	澜沧江	云南	175	78.00	2009
彭水	乌江	重庆	175	63.51	2009
猴子岩	大渡河	四川	170	73.64	在建
公伯峡	黄河	青海	150	51.40	2006
白山	第二松花江	吉林	150	19.24	1983
漫湾	澜沧江	云南	150	62.00	2007
牙根	雅砻江	四川	150	64.60	在建
杨房沟	雅砻江	四川	150	68.74	在建
水口	闽江	福建	140	50.00	1993
苗尾	澜沧江	云南	140	64.68	在建
大朝山	澜沧江	云南	135	59.31	2003
天生桥二级	南盘江	贵州、广西	132	82.00	2000
龙羊峡	黄河	青海	128	59.42	1987
刘家峡	黄河	甘肃	122.5	55.80	1969
隔河岩	清江	湖北	120	30.40	1993
五强溪	沅水	湖南	120	53.70	1994
天生桥一级	南盘江	贵州、广西	120	52.30	2000
羊曲	黄河	青海	120	49.00	在建
亭子口	嘉陵江	四川	110	32.00	在建
万家寨	黄河	山西、内蒙古	108	27.50	1998
思林	乌江	贵州	105	40.64	2009
光照	北盘江	贵州	104	27.54	2008
积石峡	黄河	青海	102	32.91	2010
丰满(三期)	第二松花江	吉林	100.4	19.14	1997
沙沱	乌江	贵州	100	45.52	2013
泸定	大渡河	四川	92	37.03	2012
丹江口	汉江	湖北	90	38.30	1968
功果桥	澜沧江	云南	90	40.41	2012
董箐	北盘江	贵州	88	28.84	2010
安康	汉江	陕西	85.3	28.00	1990
黄金坪	大渡河	四川	85	38.61	在建
托口	沅水	湖南	83	21.31	2014
龚嘴	大渡河	四川	70	41.20	1972

（续表）

水 电 站	河流(库址)	所 在 地	装机容量 (10^4 kW)	年发电量 (10^8 kW·h)	投产年份
宝珠寺	白龙江	四川	70	22.80	1996
龙头石	大渡河	四川	70	31.18	2008
新安江	新安江	浙江	66.3	18.60	1960
深溪沟	大渡河	四川	66	32.00	2011
水丰	鸭绿江	中国辽宁、朝鲜	63	39.30	1941
乌江渡	乌江	贵州	63	33.40	1979
长洲	浔江	广西	63	30.14	2008
鲁布革	黄泥河	贵州、云南	60	28.49	1988
铜街子	大渡河	四川	60	32.10	1992
棉花滩	汀江	福建	60	15.20	2001
洪家渡	乌江	贵州	60	15.96	2004
乐滩	红水河	广西	60	35.00	2006
索风营	乌江	贵州	60	20.11	2006
滩坑	瓯江支流小溪	浙江	60	10.23	2009
瑞丽江一级	瑞丽江	中国云南、缅甸	60	40.33	2009
银盘	乌江	重庆	60	27.08	2011
桐子林	雅砻江	四川	60	29.75	在建
莲花	牡丹江	黑龙江	55	8.00	1996
东风	乌江	贵州	51	24.20	1994
藏木	雅鲁藏布江	西藏	51	25.00	2014
东江	耒水	湖南	50	13.20	1987
万安	赣江	江西	50	15.16	1990
潘口	堵河	湖北	50	10.50	2012
圣达(沙湾)	大渡河	四川	48	20.73	2010
桥巩	红水河	广西	45.6	24.01	2009
戈兰滩	李仙江	云南	45	20.18	2008
柘溪	资水	湖南	44.8	22.90	1962
毛尔盖	黑水河	四川	42.6	19.75	2012
龙口	黄河	山西、内蒙古	42	13.02	2010
平班	南盘江	贵州、广西	40.5	16.03	2005
白马	乌江	重庆	40.5	16.44	在建
云峰	鸭绿江	中国辽宁、朝鲜	40	17.50	1965
凤滩	酉水河	湖南	40	20.40	1978

（续表）

水 电 站	河流(库址)	所 在 地	装机容量 (10^4kW)	年发电量 (10^8kW·h)	投产年份
大化	红水河	广西	40	21.05	1983
老虎哨	鸭绿江	中国吉林、朝鲜	39	12.00	1987
引子渡	三岔河	贵州	36	9.78	2003
福堂	岷江	四川	36	22.70	2004
盐锅峡	黄河	甘肃	35.2	20.50	1961
察汗乌苏	开都河	新疆	30.9	9.78	2008
碧口	白龙江	甘肃	30	14.60	1976
紧水滩	瓯江	浙江	30	4.90	1987
沙溪口	西溪	福建	30	9.60	1987
大峡	黄河	甘肃	30	14.60	1996
江垭	澧水	湖南	30	7.56	1999
江口	芙蓉江	重庆	30	10.71	2003
马鹿塘	盘龙河	云南	30	6.97	2005
街面	尤溪支流均溪	福建	30	5.98	2007
富春江	富春江	浙江	29.7	9.20	1968
新丰江	新丰江	广东	29.3	11.70	1960
居甫渡	李仙江	云南	28.5	10.11	2008
双沟	松江河	吉林	28	3.88	2009
青铜峡	黄河	宁夏	27.2	10.40	1967
湖南镇	乌溪江	浙江	27	5.40	1979
高坝洲	清江	湖北	27	8.98	2000
凌津滩	沅水	湖南	27	12.15	2000
蜀河	汉江	陕西	27	7.87	2010
太平驿	岷江	四川	26	17.20	1994
瓦屋山	周公河	四川	26	6.99	2007
三门峡	黄河	河南	25	13.10	1973
周宁	穆阳溪	福建	25	6.58	2005

国外总库容 300 亿 m³ 以上的大型水库

库容单位：亿 m³

工 程 名 称	库 容	所在国家	所在河流	建成年份
欧文瀑布水库（维多利亚湖）	2 048.00	乌干达	尼罗河	1954
卡里巴水电站	1 804.00	津巴布韦、赞比亚	赞比西河	1959
布拉茨克水电站	1 690.00	俄罗斯	安加拉河	1964
阿斯旺（纳赛尔湖）	1 620.00	埃及	尼罗河	1970
阿科松博（沃尔特水库）	1 500.00	加纳	沃尔特河	1965
马尼克五级（旦尼尔·约翰逊坝）	1 418.52	加拿大	马尼夸甘河	1968
古里	1 350.00	委内瑞拉	卡罗尼河	1986（扩建）
本尼特（贝奈特）	743.00	加拿大	皮斯河	1967
克拉斯诺雅尔斯克	733.00	叶尼塞河	叶尼塞河	1972
结雅	684.00	俄罗斯	结雅河	1978
拉格朗德二级	617.20	加拿大	拉格朗德河	1992
拉格朗德三级	600.20	加拿大	拉格朗德河	1984
乌斯季伊利姆	593.00	俄罗斯	安加拉河	1979
博古昌	582.00	俄罗斯	安加拉河	2010
古比雪夫	580.00	俄罗斯	伏尔加河	1957
塞拉达梅萨	544.00	巴西	托坎廷斯河	1998
卡尼亚皮斯科	537.90	加拿大	卡尼亚皮斯科河	1981
卡博拉巴萨水电站	520.00	莫桑比克	赞比西河	1987
上韦恩根格工程	507.00	印度	韦恩根格河	1998
布赫塔尔马	498.00	哈萨克斯坦	额尔齐斯河	1966
阿塔图尔克	487.00	土耳其	幼发拉底河	1991
伊尔库茨克	481.00	俄罗斯	安加拉河	1958
图库鲁伊	455.40	巴西	托坎廷斯河	2002
巴昆	438.00	马来西亚	巴卢伊河	2002
赛罗斯科罗拉多斯	430.00	阿根廷	内乌肯河	1978
胡佛	372.97	美国	科罗拉多河	1936

（续表）

工 程 名 称	库 容	所在国家	所在河流	建成年份
维柳依	359.00	俄罗斯	维柳依河	1976
奎卢	350.00	刚果	奎卢河	1992
索布拉蒂诺	341.00	巴西	圣弗朗西斯科河	1979
格伦峡坝（鲍威尔湖）	333.00	美国	科罗拉多河	1966
丘吉尔瀑布水电站（斯莫尔伍德水库）	323.20	加拿大	丘吉尔河	1974
基斯基托	317.90	加拿大	尼尔森河	1979
伏尔加格勒	315.00	俄罗斯	伏尔加河	1962
萨彦舒申斯克	313.00	俄罗斯	叶尼塞河	1989
凯班	310.00	土耳其	幼发拉底河	1975
萨卡文	302.20	美国	密苏里河	1953

国外高度 220 m 以上的大坝

坝 名	国 家	所在流域	坝 型	最大坝高 (m)	总库容 ($10^8 m^3$)	建成年份
罗贡	塔吉克斯坦	瓦赫什河	心墙土石坝	335.0	133.00	在建
巴赫蒂亚里	伊朗	巴赫蒂亚里河	拱坝	315.0	105.00	在建
努列克	塔吉克斯坦	瓦赫什河	心墙土石坝	304.0	105.00	1980
大狄克逊	瑞士	狄克桑斯河	混凝土重力坝	285.0	4.01	1964
英古里	格鲁吉亚	英古里河	混凝土拱坝	271.5	11.00	1987
尤素费里坝	土耳其	乔鲁赫河	重力坝	270.0	21.30	在建
博鲁卡	哥斯达黎加	蓬塔雷纳斯省	堆石坝	267.0	149.60	1990
瓦依昂	意大利	瓦依昂河	拱坝	261.6	1.69	1961(1963 年水库失事)
奇柯森	墨西哥	格里哈尔瓦河	土石坝	261.0	16.13	1980
特里	印度	帕吉勒提河	土石坝	260.0	26.00	2006
莫瓦桑	瑞士	德朗斯河	拱坝	250.5 (237.0)	2.05	1957 (1991 加高)
德里内尔	土耳其	克鲁河	混凝土双曲拱坝	249.0	19.70	1998
瓜维奥	哥伦比亚	瓜维奥河	土石坝	246.0	9.50	1992
萨扬舒申斯克	俄罗斯	叶尼塞河	拱坝/重力坝	245.5	313.00	1978
米卡	加拿大	哥伦比亚河	土石坝	243.0	247.00	1973
契伏	哥伦比亚	巴塔河	堆石坝	237.0	8.15	1976
基沙坝	印度	坦斯河	混凝土重力坝	236.0		1985
奥洛维尔	美国	费瑟河	斜心墙土石坝	235.0	43.64	1968
埃尔卡洪	洪都拉斯	胡马亚河	拱坝	234.0	70.85	1985
契尔克	俄罗斯	苏拉克河	拱坝	232.5	27.80	1978
卡伦Ⅳ	伊朗	卡伦	混凝土重力拱坝	230.0	21.90	2006
贝克赫姆	伊拉克	埃尔比勒省	土石坝	230.0		在建
塔桑	缅甸	萨尔温江	碾压混凝土重力坝	228.0		在建
巴克拉	印度	萨特莱杰河	混凝土重力坝	226.0	96.21	1963
卢佐内	瑞士	卢佐内湖	拱坝	225.0	有效库容 0.88	1963
胡佛	美国	科罗拉多河	重力拱坝	221.5	348.52	1936
拉耶斯卡	墨西哥	圣地亚哥河	堆石坝	220.0	0.12	2012
孔特拉	瑞士	韦尔扎斯河	拱坝	220.0	1.05	1965
姆拉丁尼	黑山	皮瓦河	重力拱坝	220.0	8.80	1976

国外装机容量 200 万 kW 以上的水电站

装机容量单位：万 kW

水 电 站	国 家	所在河流	总装机容量	投产年份
伊泰普	巴西、巴拉圭	巴拉那河	1 400.0	1984
大古力	美国	哥伦比亚河	1 080.0	1941
古里	委内瑞拉	卡罗尼河	1 030.0	1968
图库鲁伊	巴西	托坎廷斯河	837.0	1984
拉格朗德二级	加拿大	拉格朗德河	532.8（一期） 199.8（二期）	1979 1991
伊加卡尔	俄罗斯	叶尼塞河	660.0	在建
奥西若夫	俄罗斯	叶尼塞河	650.0	在建
中叶尼塞	俄罗斯	叶尼塞河	650.0	1992
萨扬舒申斯克	俄罗斯	叶尼塞河	640.0	1978
克拉斯诺雅尔斯克	俄罗斯	叶尼塞河	600.0	1967
丘吉尔瀑布	加拿大	丘吉尔河	542.0	1971
辛古	巴西	圣弗朗西斯科河	500.0	1994
科尔普斯克里斯蒂	阿根廷	巴拉那河	460.0	1988
布拉茨克	俄罗斯	安哥拉河	450.0	1961
达苏	巴基斯坦	印度河	432.0	在建
乌斯特伊里姆	俄罗斯	安哥拉河	432.0	1977
卡博拉巴萨	莫桑比克	赞比西河	415.0	1975
亚西雷塔	巴拉圭、阿根廷	巴拉那河	414.0	1994
博古昌	俄罗斯	安哥拉河	400.0	1982
保罗阿丰索	巴西	圣弗朗西斯科河	398.0	1955
巴萨	巴基斯坦	印度河	366.0	2012
罗贡	塔吉克斯坦	瓦赫什河	360.0	1985
塔贝拉	巴基斯坦	印度河	347.8	1976
伊拉索尔台拉	巴西	巴拉那河	323.0	1973

（续表）

水 电 站	国 家	所在河流	总装机容量	投产年份
卡伦Ⅲ	伊朗	卡伦河	300.0	2000
雷维尔斯托克	加拿大	哥伦比亚河	276.0	1984
贝奈特	加拿大	皮斯河	273.0	1968
努列克	塔吉克斯坦	瓦赫什河	270.0	1972
约翰代	美国	哥伦比亚河	270.0	1968
圣西毛	巴西	帕腊奈巴河	268.0	1978
拉格朗德四级	加拿大	拉格朗德河	265.0	1984
麦卡	加拿大	哥伦比亚河	261.0	1976
伏尔加格勒	俄罗斯	伏尔加河	256.3	1958
马卡瓜	委内瑞拉	卡罗尼河	38.7（一期） 240.0（二期）	1959 1995
塞格雷多	巴西	伊瓜苏河	252.0	1992
阿利亚河口	巴西	伊瓜苏河	251.1	1980
伊塔帕里卡	巴西	圣弗朗西斯科河	250.0	1987
保罗阿方索Ⅳ	巴西	圣弗朗西斯科河	246.0	1979
本尼特	加拿大	皮斯河	241.6	1968
巴昆	马来西亚	巴卢伊河	240.0	2003
阿塔图尔克	土耳其	幼发拉底河	240.0	1991
奇柯阿森	墨西哥	格里哈尔瓦河	240.0	1978
马尼克Ⅴ	加拿大	马尼夸根河	237.2	1968
拉格让德	加拿大	拉格让德河	230.4	1982
古比雪夫	俄罗斯	伏尔加河	230.0	1955
卡鲁阿奇	委内瑞拉	卡罗尼河	216.0	2003
胡顿	格鲁吉亚	英古里河	210.0	1991
巴斯康蒂	美国	小巴克溪河	210.0	1984
胡弗	美国	科罗拉多河	208.0	1936
伊通比亚拉	巴西	巴拉那伊巴河	208.0	1980
特里	印度	巴吉拉蒂河	200.0	1990
卡伦Ⅰ	伊朗	卡伦河	200.0	1976
马斯吉德苏莱曼	伊朗	卡伦河	200.0	2000
布列依	俄罗斯	布列亚河	200.0	1984
萨尔图圣地亚哥	巴西	伊瓜苏河	200.0	1980
卡博拉巴萨	莫桑比克	赞比西河	415.0	1975

国外主要港口

国　家	港口名称	地 理 位 置
比利时	安特卫普（Antwerpen）	比利时第一大港。位于北纬51°14′，东经4°23′，在斯海尔特河右岸，离公海85.3 km。
比利时	根特（Gent）	位于北纬51°4′，东经3°43′，在斯海尔特河上。
英　国	贝尔法斯特（Belfast）	北爱尔兰的最大海港。位于北纬54°37′，西经5°56′，拉甘河河口。
英　国	格拉斯哥（Glasgow）	苏格兰最大海港。位于北纬55°51′，西经4°16′，克莱德河上。
英　国	赫尔（Hull）	英国最大渔港。位于北纬53°46′，西经0°17，在亨伯河口北岸，距海35 km。
英　国	利物浦（Liverpool）	英国第二大港。位于北纬53°25′，西经3°，在默西河河口，临爱尔兰海。
英　国	伦敦（London）	英国第一大港。位于北纬51°30′，西经0°5′，泰晤士河下游。
英　国	南安普敦（Southampton）	位于北纬50°54′，西经1°24′，在特斯特与伊钦两河口湾之间。
丹　麦	哥本哈根（Kobenhavn）	位于北纬55°42′，东经12°37′，在西兰岛东岸。
芬　兰	赫尔辛基（Helsinki）	位于北纬60°9′，东经24°57′，在芬兰湾北岸。
法　国	波尔多（Bordeaux）	位于北纬44°50′，西经0°34′，在加龙河下游，离大西洋98 km。
法　国	布列斯特（Brest）	法国重要军港，欧洲著名避难港。位于北纬48°24′，西经4°30′，布列塔尼半岛西端、布列斯特湾北岸。
法　国	敦刻尔克（Dunkerque）	位于北纬51°2′，东经2°20′，临加来海峡。
法　国	勒阿弗尔（Le Havre）	位于北纬49°30′，东经0°7′，塞纳河河口。
法　国	马赛（Marseille）	位于北纬43°18′，东经5°25′，濒地中海。
法　国	鲁昂（Rouen）	位于北纬49°28′，东经1°4′，塞纳河下游，陆路西距勒阿弗尔港约80 km。
德　国	罗斯托克（Rostock）	北纬54°9′，东经12°8′，在瓦尔诺夫河口处，离波罗的海13 km。
德　国	维斯马（Wismar）	位于北纬53°54′，东经11°22′，波罗的海西南梅克伦堡湾南部的维斯马湾内，港市之东北。
德　国	不来梅（Bremen）	位于北纬53°7′，东经8°45′，在威悉河下游，北距河口约80 km。
德　国	不来梅港（Bremer-haven）	位于北纬53°33′，东经8°35′，在威悉河河口湾右岸，离河口51.5 km。
德　国	汉堡（Hamburg）	德国最大河口港。位于北纬53°33′，东经9°51′，在易北河、阿尔斯特河与比勒河汇流处，易北河的右岸，距河口122.3 km。
德　国	威廉港（Wilhelms-haven）	德国北海沿岸威悉河河口油港。位于北纬53°32′，东经8°6′，临比海雅德湾。
希　腊	比雷埃夫斯（Piraievs）	雅典的外港。位于北纬37°57′，东经23°40′，在萨洛尼克湾东北岸。
爱尔兰	科克（Cork）	位于北纬51°55′，西经8°25′，在李河河口，离海24 km。
爱尔兰	都柏林（Dublin）	位于北纬53°21′，西经6°16′，临大西洋爱尔兰海的都柏林湾头，离爱尔兰海11.3 km。

（续表）

国　家	港口名称	地　理　位　置
意大利	热那亚（Genova）	位于北纬44°24′，东经8°58′，在热那亚湾北岸，港市之西南。
意大利	里窝那（Livorno）	位于北纬43°36′，东经10°20′，在意大利亚平宁半岛西北沿海，阿尔诺河口南13 km。
意大利	那不勒斯（Napoli）	位于北纬40°50′，东经14°19′，位于那不勒斯湾西北角。
意大利	的里雅斯特（Trieste）	位于北纬45°39′，东经13°45′，在亚得里亚海东北岸，距威尼斯113 km。
意大利	威尼斯（Venezia）	位于北纬45°26′，东经12°20′，在亚得里亚海威尼斯湾西北岸。
荷　兰	阿姆斯特丹（Amsterdam）	北海运河的终点。位于北纬52°22′，东经4°53′，在荷兰西北部，艾瑟尔湖之西南。在须德海西南岸。
荷　兰	鹿特丹（Rotterdam）	世界主要港口之一，荷兰最大河口港。位于北纬51°55′，东经4°30′，在莱茵河下游，位于莱茵河支流新、老马斯河交汇入海口处，离北海18 km。
挪　威	奥斯陆（Oslo）	位于北纬59°54′，东经10°45′，奥斯陆峡湾北端，濒临斯卡格拉克海峡的东北侧。
挪　威	特隆赫姆（Trondheim）	位于北纬63°26′，东经10°24′，在特隆赫姆峡湾东南，尼德河口。
波　兰	格但斯克（Gdansk）	位于北纬54°24′，东经18°39′，临波罗的海格但斯克湾西南岸及维斯杜拉故河下游。
波　兰	格丁尼亚（Gdynia）	位于北纬54°35′，东经18°34′，临格但斯克湾，在格但斯克西北20 km。
波　兰	斯切青（Szczecin）	位于北纬53°27′，东经14°34′，在奥得河下游，北距波罗的海60 km。
葡萄牙	里斯本（Lisboa）	位于北纬38°44′，西经9°7′，在特茹河口北岸，临国际航道。
罗马尼亚	康斯坦塔（Constanta）	位于北纬44°12′，东经28°41′，在黑海西岸。
西班牙	巴塞罗那（Barcelona）	西班牙最大商港和工业中心。位于北纬41°20′，东经2°10′，位于地中海岸，紧靠市区。
西班牙	毕尔堡（Bilbao）	位于北纬43°17′，西经2°45′，内尔维翁河口，距比斯开湾12 km。
瑞　典	哥德堡（Goteborg）	位于北纬57°42′，东经11°57′，卡特加特海峡与约塔河交汇处。
瑞　典	斯德哥尔摩（Stockholm）	位于北纬59°19′，东经18°3′，波罗的海西岸，煤拉伦湖出海口。
俄罗斯	圣彼得堡（ST. PETERSBURG）	位于北纬59°56′，东经30°18′，波罗的海芬兰湾东岸、涅瓦河口西南，离海27～29 km。
乌克兰	敖德萨（Одесса）	位于北纬46°28′，东经30°46′，位于黑海西北岸、德涅斯特河口东北30 km处。
克罗地亚	里耶卡（Rijeka）	奥地利、匈牙利、捷克、斯洛伐克的重要转口港。位于北纬45°20′，东经14°27′，临亚得里亚海里耶卡湾北岸。
孟加拉	吉大港（Chittagong）	位于北纬22°19′，东经91°48′，在卡纳富利河下游右岸，离河口16 km。
缅　甸	仰光（Rangoon）	位于北纬16°47′，东经96°15′，在伊洛瓦底江三角洲东侧、仰光河左岸，南距莫塔马湾35 km。
柬埔寨	磅逊（KompongSon）	位于北纬10°38′，东经103°29′，临磅逊湾南口东岸。
印　度	孟买（Bombay）	位于北纬18°56′，东经72°49′，在孟买岛上位于该国西南阿拉伯海岸，旁姆半岛东南侧。
印　度	加尔各答（Calcutta）	印度东海岸最大港口，也是内陆国尼泊尔的出海口。位于北纬22°32′，东经88°22′，近孟加拉湾，胡格利河左岸，距河口约128.7 km。
印　度	马德拉斯（Madras）	位于北纬13°6′，东经80°18′，印度东海岸，濒孟加拉湾，在孟加拉湾港市之东北。

（续表）

国　家	港口名称	地　理　位　置
印度尼西亚	巨港（Palembang）	位于南纬 2°59′，东经 104°32′，位于苏门答腊岛东南，跨穆西河下游两岸。
印度尼西亚	泗水（Surabaya）	印度尼西亚最大港口。位于南纬 7°12′，东经 112°44′，爪哇岛东北岸、布兰塔斯河支流玛斯河口内侧，隔峡与马都拉岛相望。
日　本	神户（Kobe）	日本对外贸易主要港口，年总吞吐量居日本第一位。位于北纬 34°40′，东经 135°12′，在大阪湾北岸。
日　本	长崎（Nagasaki）	位于北纬 32°45′，东经 129°52′，在九州西海岸长崎湾顶端。
日　本	名古屋（Nagoya）	位于北纬 35°05′，东经 136°50′，在本州南海岸的中部，临伊势湾。
日　本	大阪（Osaka）	位于北纬 34°39′，东经 135°26′。在本州西南部大阪湾东北岸。
日　本	东京（Tokyo）	位于北纬 35°43′，东经 139°46′，本州南海岸，东京湾北部。
日　本	横滨（Yokohama）	日本最大的出口贸易港。位于北纬 35°27′，东经 139°38′，在本州南海岸，东京湾西岸。
约　旦	亚喀巴（Aqaba）	约旦唯一港口。位于北纬 29°29′，东经 35°1′，红海亚喀巴湾北端。
韩　国	仁川（Incheon）	位于北纬 37°33′，东经 126°38′，在汉江口南侧，离汉城 39 km。
韩　国	釜山（Busan）	韩国最大的港口。位于北纬 35°04′，东经 129°01′，朝鲜半岛东南端。
科威特	科威特（Kuwait）	位于北纬 29°21′，东经 47°56′，阿拉伯半岛东岸，科威特湾南岸。
黎巴嫩	贝鲁特（Beirut）	位于北纬 33°54′，东经 35°33′，地中海东海岸，距国际机场约 10 km。
马来西亚	槟城（Pinang）	位于北纬 5°25′，东经 100°18′，马六甲海峡东北侧的入口处。
马来西亚	巴生港（Port Kelang）	位于北纬 2°57′，东经 101°24′，巴生河口，东距吉隆坡 43 km。
巴基斯坦	卡拉奇（Karachi）	巴基斯坦最大港口。位于北纬 24°49′，东经 66°59′，在印度河三角洲西面，南濒阿拉伯海。
菲律宾	马尼拉（Manila）	位于北纬 14°35′，东经 120°58′，在吕宋岛西岸，马尼拉湾内。
新加坡	新加坡（Singapore）	世界最大的集装箱港口之一。位于北纬 1°16′，东经 103°50′，在新加坡的南部沿海，西临马六甲海峡的东南侧。
斯里兰卡	科伦坡（Colombo）	位于北纬 6°58′，东经 79°50′，在斯里兰卡岛南岸。
泰　国	曼谷（Bangkok）	位于北纬 13°42′，东经 100°34′，在湄南河三角洲，离曼谷湾 40 km 处。
土耳其	伊斯坦布尔（Istanbul）	地中海与黑海的通道。位于北纬 41°1′，东经 28°58′，在土耳其西北部博斯普鲁斯海峡南口。
土耳其	伊兹密尔（Izmir）	位于北纬 38°25′，东经 27°9′，在爱琴海伊兹密尔湾湾头。
越　南	胡志明市（Hochiminh）	位于北纬 10°50′，东经 106°45′，在湄公河三角洲东北、同耐河支流西贡河右岸，距海口 80 km 处。
阿尔及利亚	阿尔及尔（Algiers）	阿尔及利亚第一大港。位于北纬 36°50′，东经 3°，阿尔及尔湾内。
埃　及	亚历山大（Alexandria）	埃及最大商港。位于北纬 31°19′，东经 29°53′，临地中海。
埃　及	塞得港（Port Said）	位于北纬 31°15′，东经 32°18′，地中海南端，是苏伊士运河入口。
利比亚	的黎波里（Tripoli）	位于北纬 32°54′，东经 13°13′，临地中海。
摩洛哥	卡萨布兰卡（Casablanca）	位于北纬 33°36′，西经 7°37′，大西洋海岸。

（续表）

国　　家	港　口　名　称	地　理　位　置
坦桑尼亚	达累斯萨拉姆（Dar Es Salaam）	位于南纬6°39′，东经39°2′，东濒印度洋，坦赞铁路起点。
墨西哥	坦皮科（T'ampico）	位于北纬22°22′，西经97°47′，墨西哥湾帕努科河左岸，距海13 km。
墨西哥	韦拉克鲁斯（Veracruz）	位于北纬19°16′，西经96°16′，墨西哥湾西南坎佩切湾。
古　　巴	哈瓦那（La Habana）	位于北纬23°9′，西经82°21′，哈瓦那湾阿尔门达雷斯河畔。
巴　　西	里约热内卢（Riode Janeiro）	位于南纬22°46′，西经43°18′，在大西洋瓜纳巴拉湾西岸。
阿根廷	布宜诺斯艾利斯（Buenos Aires）	位于南纬34°40′，西经58°22′，在拉普拉塔河西岸。
加拿大	魁北克（Quebec City）	位于北纬46°52′，西经71°14′，圣劳伦斯河与圣查尔斯河汇合处。
加拿大	蒙特利尔（Montreal）	北美最大港口之一。位于北纬45°28′30″，西经73°35′，在圣劳伦斯河西岸。
加拿大	温哥华（Vancouver）	加拿大太平洋岸主要港口。位于北纬49°14′，西经123°11′，加拿大西海岸，濒太平洋岸的伯拉德湾。
加拿大	多伦多（Toronto）	位于北纬43°40′，西经79°28′，在安大略湖西北岸。
加拿大	哈密尔顿（Hamilton）	位于北纬43°17′，西经79°46′，濒安大略湖西岸伯林顿湾。
美　　国	巴尔的摩（Baltimore）	位于北纬39°17′，西经76°35′，在大西洋海岸中部，切萨皮克海湾帕塔斯科河上，离海20 km。
美　　国	波士顿（Boston）	位于北纬42°26′，西经71°，查理士、米斯蒂两河口，临波士湾顿。
美　　国	布法罗（Buffalo）	位于北纬42°55′，西经78°55′，大湖区伊利湖东北岸。
美　　国	芝加哥（Chicago）	位于北纬41°47′，西经87°37′，大湖区密歇根湖西端。
美　　国	底特律（Detroit）	位于北纬42°22′，西经82°59′，大湖区休伦湖连接伊利湖水道西岸。
美　　国	休斯敦（Houston）	世界少数亿吨大港之一。位于北纬29°45′，西经95°20′。为内陆港，离墨西哥湾约80 km。
美　　国	洛杉矶（Los Angeles）	位于北纬33°43′，西经118°17′，加利福尼亚州南部圣彼得罗湾西北岸，市区之南。
美　　国	纽约（New York）	美国最大河口港。位于北纬40°43′，西经74°，纽约州东南与新泽西州交接的海湾内，哈得逊河注入大西洋的河口。
美　　国	费城（Philadel-phia）	位于北纬39°57′，西经75°10′，特拉华河与斯库尔基尔河会合处上游右岸，南距特拉华河河口约140 km。
美　　国	圣地亚哥（San Diego）	位于北纬32°41′，西经117°7′，临圣迭戈湾。
美　　国	旧金山（San Fran-cisco）	位于北纬37°48′，西经122°25′，加利福尼亚州中腰，旧金山湾中段西岸，港市之东岸。
美　　国	西雅图（Seattle）	位于北纬47°42′，西经122°22′，华盛顿州普吉特峡湾东岸的小湾内。
澳大利亚	墨尔本（Melbourne）	位于南纬37°50′，东经144°58′，亚拉河口。
澳大利亚	悉尼（Sydney）	位于南纬33°55′，东经151°12′，新南威尔士州海岸杰克逊湾和博塔尼湾，港市之中部和东南，临塔斯曼海。
新西兰	惠灵顿（Wellington）	位于南纬41°17′，东经174°46′，濒库克海峡。

中国主要水利及相关期刊

中　文　刊　名	刊　期	ISSN 号
冰川冻土	双月刊	1000 - 0240
长江科学院院报	月　刊	1001 - 5485
长江流域资源与环境	月　刊	1004 - 8227
大坝与安全	双月刊	1671 - 1092
大电机技术	双月刊	1000 - 3983
地下空间与工程学报	双月刊	1673 - 0836
地震工程学报	季　刊	1000 - 0844
地震工程与工程振动	双月刊	1000 - 1301
地震工程与工程振动(英文版,*Earthquake Engineering and Engineering Vibration*)	季　刊	1671 - 3664
东北水利水电	月　刊	1002 - 0624
防灾减灾工程学报	双月刊	1672 - 2132
港工技术	双月刊	1004 - 9592
给水排水	月　刊	1002 - 8471
工程地质学报	双月刊	1004 - 9665
工程勘察	月　刊	1000 - 1433
工程力学	月　刊	1000 - 4750
工业水处理	月　刊	1005 - 829X
灌溉排水学报	月　刊	1672 - 3317
国际泥沙研究(英文版,*International Journal of Sediment Research*)	季　刊	1001 - 6279
海岸工程	季　刊	1002 - 3682
海河水利	双月刊	1004 - 7328
海洋工程	双月刊	1005 - 9865
海洋湖沼通报	季　刊	1003 - 6482
海洋环境科学	双月刊	1007 - 6336
海洋与湖沼	双月刊	0029 - 814X
河海大学学报(自然科学版)	双月刊	1000 - 1980
湖泊科学	双月刊	1003 - 5427
华北水利水电大学学报(自然科学版)	双月刊	1002 - 5634

中 文 刊 名	刊 期	ISSN 号
环境工程学报	月 刊	1673 - 9108
环境科学	月 刊	0250 - 3301
环境影响评价	双月刊	2095 - 6444
混凝土	月 刊	1002 - 3550
计算力学学报	双月刊	1007 - 4708
建筑材料学报	双月刊	1007 - 9629
流体机械	月 刊	1005 - 0329
南水北调与水利科技	双月刊	1672 - 1683
泥沙研究	双月刊	0468 - 155X
农业工程学报	半月刊	1002 - 6819
排灌机械工程学报	月 刊	1674 - 8530
人民长江	半月刊	1001 - 4179
人民黄河	月 刊	1000 - 1379
人民珠江	双月刊	1001 - 9235
施工技术	半月刊	1002 - 8498
湿地科学	双月刊	1672 - 5948
实验流体力学	双月刊	1672 - 9897
水泵技术	双月刊	1002 - 7424
水处理技术	月 刊	1000 - 3770
水道港口	双月刊	1005 - 8443
水电能源科学	月 刊	1000 - 7709
水电与新能源	月 刊	1671 - 3354
水电站机电技术	月 刊	1672 - 5387
水电站设计	季 刊	1003 - 9805
水电自动化与大坝监测	双月刊	1671 - 3893
水动力学研究与进展 A 辑	双月刊	1000 - 4874
水动力学研究与进展 B 辑（英文版,*Journal of Hydrodynamics*）	双月刊	1001 - 6058
水科学进展	双月刊	1001 - 6791
水科学与工程技术	双月刊	1672 - 9900
水科学与水工程（英文版,*Water Science and Engineering*）	季 刊	1674 - 2370
水力发电	月 刊	0559 - 9342
水力发电学报	双月刊	1003 - 1243
水利发展研究	月 刊	1671 - 1408
水利规划与设计	月 刊	1672 - 2469
水利建设与管理	月 刊	1005 - 4774

（续表）

中 文 刊 名	刊 期	ISSN 号
水利经济	双月刊	1003－9511
水利水电工程设计	季 刊	1007－6980
水利水电技术	双月刊	1000－0860
水利水电科技进展	双月刊	1006－7647
水利水电快报	月 刊	1006－0081
水利水运工程学报	双月刊	1009－640X
水利信息化	双月刊	1674－9405
水利学报	月 刊	0559－9350
水利与建筑工程学报	双月刊	1672－1144
水土保持学报	双月刊	1009－2242
水文	双月刊	1000－0852
水文地质工程地质	双月刊	1000－3665
水运工程	月 刊	1002－4972
水资源保护	双月刊	1004－6933
水资源与水工程学报	双月刊	1672－643X
台湾水利（中国台湾）	季 刊	0492－1505
土木工程学报	月 刊	1000－131X
武汉大学学报（工学版）	双月刊	1671－8844
西北水电	双月刊	1006－2610
现代隧道技术	双月刊	1009－6582
小水电	双月刊	1007－7642
岩石力学与工程学报	月 刊	1000－6915
岩土工程学报	月 刊	1000－4548
岩土力学	月 刊	1000－7598
治淮	月 刊	1001－9243
中国防汛抗旱	双月刊	1673－9264
中国港口	月 刊	1006－124X
中国港湾建设	月 刊	2095－7874
中国给水排水	半月刊	1000－4602
中国海洋工程（英文版，*China Ocean Engineering*）	双月刊	0890－5487
中国农村水利水电	月 刊	1007－2284
中国三峡	月 刊	1006－6349
中国水利	半月刊	1000－1123
中国水利水电科学研究院学报	双月刊	1672－3031
中国土木水利工程学刊（中国台湾）	季 刊	1015－5856

国外主要水利及相关期刊

国　家	外　文　刊　名	期次	参考中文译名	ISSN 号
埃　及	*Journal of Applied Environmental and Ecological Sciences*	12	应用环境与生态科学	2090 - 4274
澳大利亚	*Australasian Journal of Environmental Management*	4	环境管理	1448 - 6563
澳大利亚	*Rock Art Research*	2	岩石技术研究	0813 - 0426
奥地利	*Rock Mechanics and Rock Engineering*	6	岩石力学与岩石工程	0723 - 2632
波　兰	*Archives of Civil Engineering*	4	土木工程	1230 - 2945
波　兰	*Archives of Environmental Protection*	4	环境保护	2083 - 4772
波　兰	*Archives of Hydroengineering and Environmental Mechanics*	2	水力工程与环境力学	1231 - 3726
波　兰	*Ecohydrology & Hydrobiology*	4	生态水文学与水生生物	1642 - 3593
波　兰	*Environment Protection Engineering*	4	环境保护工程	0324 - 8828
丹　麦	*Ices Techniques in Marine Environmental Sciences*	不定期	海洋环境科学中的冰技术	0903 - 2606
德　国	*ACTA Geotechnica*	6	岩土力学	1861 - 1125
德　国	*ACTA Mechanica*	12	力学学报	0001 - 5970
德　国	*Advanced Engineering Materials*	12	工程材料进展	1438 - 1656
德　国	*Applied Water Science*	4	应用水科学	2190 - 5495
德　国	Beton	12	混凝土	0005 - 9846
德　国	*Beton und Stahlbetonbau*	12	混凝土与钢筋混凝土结构	0005 - 9900
德　国	*Bulletin of Engineering Geology and the Environment*	4	工程地质与环境公报	1435 - 9529
德　国	*Environmental Science and Pollution Research*	24	环境科学与污染研究	0944 - 1344
德　国	*Environmental Sciences Europe*	6	欧洲环境科学	2190 - 4715
德　国	*Experiments in Fluids*	12	流体试验	0723 - 4864
德　国	*Fluid*	9	流体	0015 - 461X
德　国	*Hydrologie und Wasserbewirtschaftung*	6	水文与水资源管理	1439 - 1783
德　国	*Hydrology and Earth System Sciences*	12	水文与地球系统科学	1027 - 5606
德　国	*International Journal of Geo-Engineering*	4	地质工程	2092 - 9196
德　国	*Ocean Dynamics*	6	海洋动力学	1616 - 7341
德　国	*Paddy and Water Environment*	4	水稻与水环境	1611 - 2490
德　国	*River Systems*	不定期	河流系统	1868 - 5749
德　国	*Wasser und Boden*	12	水和土壤	0043 - 0951

（续表）

国 家	外 文 刊 名	期次	参考中文译名	ISSN 号
德 国	*Wasserwirtschaft*	12	水资源管理	0043 – 0978
德 国	*Wasserwirtschaft-Wassertechnik*	9	水管理与水技术	0043 – 0986
俄 国	*Водные ресурсы*	6	水资源	0321 – 0596
俄 国	*Гидротехническое строительство*	12	水利工程建设	0016 – 9714
俄 国	*Океанология*	6	海洋学	0030 – 1574
法 国	*European Journal of Water*	2	欧洲水	1818 – 8710
法 国	*Houille Blanche-Revue Internationale de L EAU*	6	国际水力	0018 – 6368
韩 国	*International Journal of Fluid Machinery and Systems*	4	流体机械与系统	1882 – 9554
韩 国	*Journal of Ecology and Environment*	4	生态与环境	2287 – 8327
韩 国	*Membrane Water Treatment*	4	膜水处理	2005 – 8624
荷 兰	*Agricultural Water Management*	12	农业水管理	0378 – 3774
荷 兰	*Agriculture Ecosystems & Environment*	24	农业生态系统与环境	0167 – 8809
荷 兰	*Bulletin of Earthquake Engineering*	6	地震工程公告	1570 – 761X
荷 兰	*Coastal Engineering*	12	海岸工程	0378 – 3839
荷 兰	*Computer Methods in Applied Mechanics and Engineering*	15	应用力学与工程的计算机方法	0045 – 7825
荷 兰	*Ecological Engineering*	12	生态工程	0925 – 8574
荷 兰	*Engineering Geology*	16	工程地质	0013 – 7952
荷 兰	*Environment Development and Sustainability*	4	环境发展与可持续性	1387 – 585X
荷 兰	*Environment Systems & Decisions*	4	环境系统与决策	2194 – 5403
荷 兰	*Environmental Fluid Mechanics*	6	环境流体力学	1567 – 7419
荷 兰	*Environmental Modeling & Assessment*	6	环境建模与评价	1420 – 2026
荷 兰	*Environmental Monitoring and Assessment*	12	环境监测与评价	0167 – 6369
荷 兰	*Fluid Phase Equilibria*	24	流体相平衡	0378 – 3812
荷 兰	*Heron*	4	土建材料与结构	0046 – 7316
荷 兰	*Journal of Contaminant Hydrology*	12	污染水文学	0169 – 7722
荷 兰	*Journal of Geo-Engineering Sciences*	4	地质工程科学	2213 – 2880
荷 兰	*Journal of Hydro-Environment Research*	4	水环境研究	1570 – 6443
荷 兰	*Journal of Hydrology*	12	水文学	0022 – 1694
荷 兰	*Journal of Non-Newtonian Fluid Mechanics*	12	非牛顿流体力学	0377 – 0257
荷 兰	*Journal of Power Sources*	24	能源	0378 – 7753
荷 兰	*Mechanics of Materials*	4	材料力学	0167 – 6636
荷 兰	*Population and Environment*	4	污染与环境	0199 – 0039
荷 兰	*Science of the Total Environment*	24	综合环境科学	0048 – 9697
荷 兰	*Soil Dynamics and Earthquake Engineering*	12	土动力学与地震工程	0267 – 7261
荷 兰	*Structural Safety*	6	结构安全	0167 – 4730
荷 兰	*Water Air and Soil Pollution*	12	水空气与土壤污染	0049 – 6979

（续表）

国　家	外　文　刊　名	期次	参考中文译名	ISSN 号
荷　兰	*Water Quality Exposure and Health*	4	水质与健康	1876－1658
荷　兰	*Water Resources and Industry*	不定期	水资源与工业	2212－3717
荷　兰	*Water Resources Management*	6	水资源管理	0920－4741
加拿大	*Canadian Data Report of Hydrography and Ocean Sciences*	不定期	加拿大水文和海洋科学数据报告	0711－6721
加拿大	*Canadian Geotechnical Journal*	12	加拿大岩土工程	0008－3674
加拿大	*Canadian Journal of Civil Engineering*	12	加拿大土木工程	0315－1468
加拿大	*Canadian Water Resources Journal*	4	加拿大水资源	0701－1784
加拿大	*Environmental Reviews*	4	环境评论	1208－6053
捷　克	*European Journal of Environmental Sciences*	2	欧洲环境科学	1805－0174
捷　克	*Soil and Water Research*	4	土壤与水研究	1801－5395
立陶宛	*Journal of Environmental Engineering and Landscape Management*	4	环境工程与景观管理	1648－6897
罗马尼亚	*Environmental Engineering and Management Journal*	12	环境工程与管理	1582－9596
美　国	*ACI Materials Journal*	6	美国混凝土学会材料学报	0889－325X
美　国	*ACI Structural Journal*	6	美国混凝土学会结构学报	0889－3241
美　国	*Annual Review of Energy*	1	能源年评	0362－1626
美　国	*Annual Review of Environment and Resources*	1	环境与资源年评	1543－5938
美　国	*Annual Review of Fluid Mechanics*	1	流体力学年评	0066－4189
美　国	*Applied Mechanics Reviews*	6	应用力学评论	0003－6900
美　国	*Archives of Environmental Contamination and Toxicology*	6	环境污染与毒理学	0090－4341
美　国	*Cement and Concrete Research*	12	水泥与混凝土研究	0008－8846
美　国	*Channels*	6	航道	1933－6950
美　国	*Civil Engineering Practice*	2	土木工程实践	0886－9685
美　国	*Clays and Clay Minerals*	6	黏土与黏土矿物	0009－8604
美　国	*Clean Technologies and Environmental Policy*	4	清洁技术与环境政策	1618－954X
美　国	*Clean－Soil Air Water*	12	清洁－土·空气·水	1863－0650
美　国	*Coastal Management*	6	海岸管理	0892－0753
美　国	*Coastal Zone Management Journal*	4	海岸带管理	0090－8339
美　国	*Computer－Aided Civil and Infrastructure Engineering*	9	计算机辅助土木和基础结构工程	1093－9687
美　国	*Concrete International*	12	国际混凝土	0162－4075
美　国	*Critical Reviews in Environmental Science and Technology*	24	环境科学与技术评论	1064－3389
美　国	*Desalination and Water Treatment*	周刊	脱盐和水处理	1944－3994
美　国	*Ecohydrology*	6	生态水文学	1936－0584
美　国	*Energy Sources Part A － Recovery Utilization and Environmental Effects*	24	能源 A：再利用与环境效应	1556－7036

（续表）

国 家	外 文 刊 名	期次	参考中文译名	ISSN 号
美 国	*Environment and Development Economics*	6	环境与开发经济学	1355－770X
美 国	*Environment and Planning A*	12	环境与规划（A 辑）	0308－518X
美 国	*Environmental & Engineering Geoscience*	4	环境与工程地质学	1078－7275
美 国	*Environmental & Resource Economics*	12	环境与资源经济学	0924－6460
美 国	*Environmental Conservation*	4	环境保护	0376－8929
美 国	*Environmental Engineering Science*	12	环境工程科学	1092－8758
美 国	*Environmental Impact Assessment Review*	6	环境影响评估	0195－9255
美 国	*Environmental Management*	12	环境管理	0364－152X
美 国	*Environmental Policy and Governance*	6	环境政策与管理	1756－932X
美 国	*Environmental Progress & Sustainable Energy*	4	环境进展与可持续能源	1944－7442
美 国	*Environmental Research*	6	环境研究	0013－9351
美 国	*Environmental Science & Technology*	24	环境科学与技术	0013－936X
美 国	*Estuarine & Coastal Marine Science*	12	河口与沿海海洋科学	0302－3524
美 国	*Experimental Mechanics*	12	实验力学	0014－4851
美 国	*Experimental Thermal and Fluid Science*	8	实验热与流体科学	0894－1777
美 国	*Fluid Dynamics*	6	流体动力学	0015－4628
美 国	*Frontiers in Ecology and the Environment*	12	生态与环境前沿	1540－9295
美 国	*Geotechnical Testing Journal*	4	土工试验	0149－6115
美 国	*Global Environmental Politics*	4	全球环境政策	1526－3800
美 国	*Ground Water Monitoring and Remediation*	4	地下水监测与治理	1069－3629
美 国	*Groundwater*	6	地下水	0017－467X
美 国	*Hydro Review*	8	水力评论	0884－0385
美 国	*Hydrogeology Journal*	6	水文地质学报	1431－2174
美 国	*Hydrological Processes*	24	水文过程	0885－6087
美 国	*IEEE Journal of Oceanic Engineering*	4	IEEE 海洋工程学报	0364－9059
美 国	*IEEE Power & Energy Magazine*	6	IEEE 电力与能源杂志	1540－7977
美 国	*IEEE Transactions on Geoscience & Remote Sensing*	12	IEEE 地学与遥感汇刊	0196－2892
美 国	*Inland Water Biology*	4	内陆水域生态学	1995－0829
美 国	*Integrated Environmental Assessment and Management*	4	综合环境评价与管理	1551－3777
美 国	*International Journal for Numerical Methods in Engineering*	24	工程数值方法	0029－5981
美 国	*International Journal for Numerical Methods in Fluids*	36	流体数值方法	0271－2091
美 国	*International Journal of Environmental Science and Technology*	12	环境科学与技术	1735－1472
美 国	*International Journal of Fluid Mechanics Research*	6	流体力学研究	1064－2277
美 国	*International Journal of Geomechanics*	6	地质力学	1532－3641
美 国	*International Journal of Non-Linear Mechanics*	10	非线性力学学报	0020－7462
美 国	*International Journal of Solids & Structures*	26	固体与结构学报	0020－7683

（续表）

国　家	外　文　刊　名	期次	参考中文译名	ISSN 号
美　国	*Irrigation and Drainage*	6	灌溉与排水	1531 – 0353
美　国	*Irrigation Journal*	6	灌溉学报	0047 – 1518
美　国	*Irrigation Science*	4	灌溉科学	0342 – 7188
美　国	*Journal American Water Works Association*	12	美国水工程协会会刊	2164 – 4535
美　国	*Journal of Applied Mechanics: Transactions of the ASME*	4	美国机械工程师学会汇刊：应用力学	0021 – 8936
美　国	*Journal of Architectural Engineering*	4	建筑工程学报	1076 – 0431
美　国	*Journal of Civil Engineering Design*	4	土木工程设计	0190 – 0684
美　国	*Journal of Cold Regions Engineering*	4	寒冷地区工程学报	0887 – 381X
美　国	*Journal of Computing in Civil Engineering*	6	土木工程计算	0887 – 3801
美　国	*Journal of Construction Engineering and Management*	12	建筑工程与管理	0733 – 9364
美　国	*Journal of Dam Safety*	4	大坝安全	1944 – 9836
美　国	*Journal of Energy Resources Technology（Transactions of the ASME）*	4	美国机械工程师学会汇刊：能源技术	0195 – 0738
美　国	*Journal of Engineering Mechanics*	12	工程力学	0733 – 9399
美　国	*Journal of Environment & Development*	4	环境与发展	1070 – 4965
美　国	*Journal of Environmental and Engineering Geophysics*	4	环境与工程地球物理	1083 – 1363
美　国	*Journal of Environmental Economics and Management*	6	环境经济与管理	0095 – 0696
美　国	*Journal of Environmental Engineering*	12	环境工程学报	0733 – 9372
美　国	*Journal of Environmental Quality*	6	环境质量	0047 – 2425
美　国	*Journal of Environmental Systems*	4	环境系统杂志	0047 – 2433
美　国	*Journal of Flood Risk Management*	4	洪水风险管理	1753 – 318X
美　国	*Journal of Fluids Engineering；Transactions of the ASME*	12	美国机械工程师学会汇刊：流体工程	0098 – 2202
美　国	*Journal of Geotechnical and Geoenvironmental Engineering*	12	土工技术与地质环境工程	1090 – 0241
美　国	*Journal of Hydraulic Engineering*	12	水力工程	0733 – 9429
美　国	*Journal of Hydrodynamics*	6	水动力学	1001 – 6058
美　国	*Journal of Hydrologic Engineering*	12	水文工程	1084 – 0699
美　国	*Journal of Hydrometeorology*	6	水文气象	1525 – 755X
美　国	*Journal of Management in Engineering*	4	工程管理	0742 – 597X
美　国	*Journal of Marine Environmental Engineering（AYA）*	4	海洋环境工程	1061 – 026X
美　国	*Journal of Marine Research*	6	海洋研究	0022 – 2402
美　国	*Journal of Materials in Civil Engineering*	12	土木工程材料	0899 – 1561
美　国	*Journal of Navigation*	6	航海	0373 – 4633
美　国	*Journal of Performance of Constructed Facilities*	6	建筑设施性能	0887 – 3828
美　国	*Journal of Physical Oceanography*	12	物理海洋学	0022 – 3670
美　国	*Journal of Soil and Water Conservation*	6	水土保持	0022 – 4561

（续表）

国 家	外 文 刊 名	期次	参考中文译名	ISSN 号
美 国	*Journal of the American Water Resources Association*	6	美国水资源协会会刊	1093 − 474X
美 国	*Journal of Water Chemistry and Technology*	6	水化学与技术	1063 − 455X
美 国	*Journal of Water Resources Planning and Management*	12	水资源规划与管理	0733 − 9496
美 国	*Journal Water Pollution Control Federation*	12	水污染控制联合会会刊	0043 − 1303
美 国	*Limnology and Oceanography*	6	湖沼与海洋	0024 − 3590
美 国	*Marine Technology Society Journal*	6	海洋技术学会会刊	0025 − 3324
美 国	*Modern Concrete*	12	现代混凝土	0026 − 7619
美 国	*Natural Hazards Review*	4	自然灾害评论	1527 − 6988
美 国	*Ocean Modelling*	12	海洋模拟	1463 − 5003
美 国	*Photogrammetric Engineering & Remote Sensing*	12	摄影测量工程与遥感	0099 − 1112
美 国	*Pollution Engineering*	12	污染工程	0032 − 3640
美 国	*Power*	12	能源	0032 − 5929
美 国	*Proceeding of the ASCE—Journal of the Energy Engineering*	2 − 3	美国土木工程师协会会刊：能源工程	0733 − 9402
美 国	*Proceeding of the ASCE—Journal of the Irrigation & Drainage Engineering*	12	美国土木工程师协会会刊：灌溉与排水工程	0733 − 9437
美 国	*Proceeding of the ASCE—Journal of the structural Engineering*	12	美国土木工程师协会会刊：结构工程	0733 − 9445
美 国	*Proceeding of the ASCE—Journal of Waterway Port Coastal and Ocean Engineering*	6	美国土木工程师协会会刊：水道、港口、海岸与海洋工程	0733 − 950X
美 国	*Progress in Materials Science*	5	材料科学进展	0079 − 6425
美 国	*Progress in Oceanography*	10	海洋学进展	0079 − 6611
美 国	*Remote Sensing of Environment*	12	环境遥感	0034 − 4257
美 国	*Research Journal of Environmental Sciences*	4	环境科学研究	1819 − 3412
美 国	*River Research and Applications*	12	河流研究与应用	1535 − 1459
美 国	*Russian Meteorology and Hydrology*	12	俄罗斯气象与水文	1068 − 3739
美 国	*San Francisco Estuary & Watershed Science*	3	三藩河口与流域科学	1546 − 2366
美 国	*Science and Technology for the Built Environment*	6	建筑环境科学与技术	2374 − 4731
美 国	*Sea Technology*	12	海洋技术	0093 − 3651
美 国	*Shore and Beach*	4	海岸与海滩	0037 − 4237
美 国	*Soil and Sediment Contamination*	8	土和泥沙污染	1532 − 0383
美 国	*Soil Mechanics and Foundation Engineering*	6	土力学与地基工程	0038 − 0741
美 国	*Stochastic Environmental Research and Risk Assessment*	6	随机环境研究与风险评估	1436 − 3240
美 国	*The Journal of Environmental Sciences*	6	环境科学	0022 − 0906
美 国	*The Journal of Strain Analysis for Engineering Design*	8	应变分析与工程设计	0309 − 3247
美 国	*Theoretical and Computational Fluid Dynamics*	6	理论与计算流体动力学	0935 − 4964

（续表）

国　家	外　文　刊　名	期次	参考中文译名	ISSN 号
美　国	*Transactions of the American Society of Civil Engineers*	1	美国土木工程师学会汇刊	0066 - 0604
美　国	*Water & Sewage works*	12	给水与污水工程	0043 - 1125
美　国	*Water and Environment Journal*	4	水与环境	1747 - 6585
美　国	*Water and Wastewater International*	6	水与污水	0891 - 5385
美　国	*Water Environment Research*	12	水环境研究	1061 - 4303
美　国	*Water Resources*	6	水资源	0097 - 8078
美　国	*Water Resources Research*	12	水资源研究	0043 - 1397
日　本	*Bulletin of the National Institute of Agro-Environmental Sciences*	1	国立农业环境科学研究所公报	0911 - 9450
日　本	*Ecology and Civil Engineering*	24	生态与土木工程	1344 - 3755
日　本	*Environment Control in Biology*	4	生物环境控制	1880 - 554X
日　本	*Journal of Hydroscience and Hydroulic Engineering*	2	水利科学与水力工程	0912 - 2508
日　本	*Journal of Oceanography*	6	海洋学报	0916 - 8370
日　本	*Microbes and Environments*	4	微生物与环境	1342 - 6311
日　本	*Ports and Harbors*	10	港口	0554 - 7555
日　本	*Soils and Foundations*	6	土与地基	0038 - 0806
日　本	*Transactions of the Japanese Society of Irrigation Drainage and Rural Engineering*	6	日本灌溉排水与农村工程学会会刊	1882 - 2789
日　本	港湾/*Journal of Japan Port and Harbor Association*	12	日本港口协会会刊：港湾	0287 - 4733
日　本	海洋	12	海洋	0916 - 2011
日　本	河川	12	河川	0287 - 9859
瑞　典	*Vatten: Tidskrift foer Vattenvaard/Journal of Water Management and Research*	4	水管理与研究	0042 - 2886
瑞　士	*Hoch - und Tiefbau*	54	地面与地下工程	0046 - 7677
瑞　士	*International Journal of Environment and Pollution*	6	环境与污染学报	0957 - 4352
瑞　士	*International Journal of Water*	4	国际水杂志	1465 - 6620
瑞　士	*Journal of Mathematical Fluid Mechanics*	4	数学流体力学	1422 - 6928
瑞　士	*Progress in Computational Fluid Dynamics*	6	计算流体动力学研究进展	1468 - 4349
瑞　士	*Water*	12	水	2073 - 4441
斯洛伐克	*Journal of Hydrology and Hydromechanics*	4	水文学与水力学学报	0042 - 790X
泰　国	*Agricultural Engineering Journal*	4	农业工程学报	0858 - 2114
泰　国	*Geotechnical Engineering*	4	岩土工程	0046 - 5828
新加坡	*Coastal Engineering Journal*	4	海岸工程学报	0578 - 5634
新西兰	*Journal of Hydrology-New Zealand*	2	新西兰水文学报	0022 - 1708
伊　朗	*Journal of Applied Fluid Mechanics*	4	应用流体力学	1735 - 3572
以色列	*International Water and Irrigation*	4	水与灌溉	0334 - 5807
意大利	*Transitional Water Bulletin*	4	水公告	1825 - 229X

（续表）

国　家	外　文　刊　名	期次	参考中文译名	ISSN 号
印　度	Ecology Environment & Conservation	4	生态环境与保护	0971 - 765X
印　度	Environment Conservation Journal	3	环境保护	0972 - 3099
印　度	Indian Concrete Journal	12	印度混凝土学报	0019 - 4565
印　度	Indian Geotechnical Journal	4	印度岩土工程学报	0046 - 8983
印　度	Indian Journal of Power and River Valley Development	6	印度电力与河流开发	0019 - 5537
印　度	Journal of The Institution of Engineers（India）: Series A （Civil, Architectural, Environmental and Agricultural Engineering）	4	印度工程师学会会刊: A 辑	2250 - 2149
印　度	International Journal of Agricultural Engineering	2	农业工程国际学报	0974 - 2662
印　度	Journal of Environment and Bio-Sciences	2	环境与生物科学	0973 - 6913
印　度	Journal of Environmental Science & Engineering	4	环境科学与工程	0367 - 827X
印　度	Journal of Environmentalology	6	环境政策	0254 - 8704
印　度	Journal of Structural Engineering	6	结构工程学报	0970 - 0137
印　度	Nature Environment and Pollution Technology	4	自然环境与防污染技术	0972 - 6268
印　度	Water & Energy International	12	水与能源	0972 - 057X
英　国	Advances in Water Resources	12	水资源研究进展	0309 - 1708
英　国	Applied Ocean Research	4	应用海洋研究	0141 - 1187
英　国	Aquatic Environment Monitoring Report	不定期	水生环境监测报告	0142 - 2499
英　国	Civil Engineering	12	土木工程	0305 - 6473
英　国	Civil Engineering and Environmental Systems	4	土木环境与环境系统	1028 - 6608
英　国	Computers & Fluids	6	计算机与流体	0045 - 7930
英　国	Computers & Structures	12	计算机与结构	0045 - 7949
英　国	Computers and Geotechnics	6	计算机与岩土工程	0266 - 352X
英　国	Computers Environment and Urban Systems	6	计算机环境与城市系统	0198 - 9715
英　国	Concrete	10	混凝土	0010 - 5317
英　国	Concrete Works International	12	混凝土工程	0262 - 4761
英　国	Current Opinion in Environmental Sustainability	6	环境可持续发展	1877 - 3435
英　国	Dam Engineering	4	大坝工程	0958 - 9341
英　国	Dredging & Port Construction	12	疏浚与港口建设	0264 - 4835
英　国	Earthquake Engineering and Structural Dynamics	6	地震工程与结构动力学	0098 - 8847
英　国	Energy & Environment	6	能源与环境	0958 - 305X
英　国	Energy & Environmental Science	12	能源与环境科学	1754 - 5692
英　国	Engineering Analysis with Boundary Elements	8	边界元法工程分析	0955 - 7997
英　国	Engineering Fracture Mechanics	24	工程断裂力学	0013 - 7944
英　国	Engineering Structures	12	工程结构	0141 - 0296
英　国	Environment	6	环境	0013 - 9157

（续表）

国　家	外　文　刊　名	期次	参考中文译名	ISSN 号
英　国	*Environment and Planning C-Government and Policy*	6	环境与规划 C 辑：政府和政策	0263 - 774X
英　国	*Environment and Urbanization*	2	环境与城市化	0956 - 2478
英　国	*Environment International*	6	国际环境	0160 - 4120
英　国	*Environmental Modelling & Software*	12	环境建模与软件	1364 - 8152
英　国	*Environmental Politics*	6	环境政策	0964 - 4016
英　国	*Environmental Pollution*	12	环境污染	0269 - 7491
英　国	*Environmental Research Letters*	4	环境研究快报	1748 - 9326
英　国	*Environmental Science & Policy*	12	环境科学与政策	1462 - 9011
英　国	*Environmental Science-Processes & Impacts*	12	环境科学：进展与影响	2050 - 7887
英　国	*Environmental Technology*	24	环境技术	0959 - 3330
英　国	*Estuarine Coastal and Shelf Science*	24	海湾、海岸与陆架科学	0272 - 7714
英　国	*European Journal of Environmental and Civil Engineering*	12	欧洲环境与土木工程学报	1964 - 8189
英　国	*Flow Measurement and Instrumentation*	6	流动测量与仪器	0955 - 5986
英　国	*Fluid Dynamics Research*	6	流体动力学研究	0169 - 5983
英　国	*Geotechnique*	12	岩土力学	0016 - 8505
英　国	*Geotechnique Letters*	4	岩土工程快报	2049 - 825X
英　国	*Geotextiles & Geomembranes*	6	土工织物与土工膜	0266 - 1144
英　国	*Ground Engineering*	13	地面工程	0017 - 4653
英　国	*Hydrological Sciences Journal*	12	水文科学	0262 - 6667
英　国	*Hydrology Research*	6	水文研究	1998 - 9563
英　国	*IET Renewable Power Generation*	6	英国工程技术学会会刊：再生发电	1752 - 1416
英　国	*Inland Waters*	不定期	陆地水	2044 - 2041
英　国	*International Journal for Numerical & Analytical Methods in Geomechanics*	18	地质力学数值分析方法	0363 - 9061
英　国	*International Journal of Computational Fluid Dynamics*	12	计算流体动力学	1061 - 8562
英　国	*International Journal of Electrical Power & Energy Systems*	12	电力与能源系统	0142 - 0615
英　国	*International Journal of Energy Research*	15	能源研究	0363 - 907X
英　国	*International Journal of Engineering Science*	24	工程科学学报	0020 - 7225
英　国	*International Journal of Environmental Studies*	6	环境研究	0020 - 7233
英　国	*International Journal of Flow Control*	4	流动控制学报	1756 - 8250
英　国	*International Journal of Fluid Power*	3	流体动力学报	1439 - 9776
英　国	*International Journal of Multiphase Flow*	6	多相流学报	0301 - 9322
英　国	*International Journal of Numerical Methods for Heat & Fluid Flow*	6	热与流体流动数值方法	0961 - 5539
英　国	*International Journal of Physical Modelling in Geotechnics*	4	岩土工程物理模拟	1346 - 213X

（续表）

国　家	外　文　刊　名	期次	参考中文译名	ISSN 号
英　国	*International Journal of Remote Sensing*	24	遥感学报	0143 – 1161
英　国	*International Journal of Rock Mechanics and Mining Sciences*	6	岩石力学与采矿科学	1365 – 1609
英　国	*International Journal of Soil Dynamics & Earthquake Engineering*	12	土壤动力学与地震工程学报	0261 – 7277
英　国	*International Journal of Water Resources Development*	4	水资源开发	0790 – 0627
英　国	*International Journal on Hydropower and Dams*	6	水力发电与大坝	1352 – 2523
英　国	*International Water Power and Dam Construction*	12	水力发电与坝工建设	0306 – 400X
英　国	*ISH Journal of Hydraulic Engineering*	3	印度水利学会会刊：水利学报	0971 – 5010
英　国	*Journal of Arid Environments*	12	干旱环境学报	0140 – 1963
英　国	*Journal of Environmental Assessment Policy and Management*	4	环境评价政策与管理	1464 – 3332
英　国	*Journal of Environmental Management*	12	环境管理学报	0301 – 4797
英　国	*Journal of Environmental Planning and Management*	12	环境规划与管理	0964 – 0568
英　国	*Journal of Environmental Policy & Planning*	4	环境政策与规划	1523 – 908X
英　国	*Journal of Fluid Mechanics*	24	流体力学杂志	0022 – 1120
英　国	*Journal of Fluids and Structures*	8	流体与结构	0889 – 9746
英　国	*Journal of Hydraulic Research*	6	水力学研究	0022 – 1686
英　国	*Journal of Hydroinformatics*	4	水信息学	1464 – 7141
英　国	*Journal of Integrative Environmental Sciences*	4	国际环境科学	1943 – 815X
英　国	*Journal of Water and Climate Change*	4	水与气候变化	2040 – 2244
英　国	*Journal of Water and Health*	4	水与健康	1477 – 8920
英　国	*Journal of Water Reuse and Desalination*	6	水回用和海水淡化	2220 – 1319
英　国	*Journal of Water Supply Research and Technology-AQUA*	6	供水研究与技术	0003 – 7214
英　国	*Magazine of Concrete Research*	24	混凝土研究	0024 – 9831
英　国	*Marine Environmental Research*	12	海洋环境研究	0141 – 1136
英　国	*Marine Structures*	4	海上构筑物	0951 – 8339
英　国	*Mechanics Research Communications*	6	力学研究通讯	0093 – 6413
英　国	*Ocean and Coastal Management*	16	海洋与海岸管理	0964 – 5691
英　国	*Ocean Engineering*	6	海洋工程	0029 – 8018
英　国	*Proceedings of the Institution of Civil Engineers: Civil Engineering*	6	土木工程师学会会刊：土木工程	0965 – 089X
英　国	*Proceedings of the Institution of Civil Engineers: Maritime Engineering*	4	土木工程师学会会刊：海洋工程	1741 – 7597
英　国	*Proceedings of the Institution of Civil Engineers: Municipal Engineer*	4	土木工程师学会会刊：市政工程师	0965 – 0903
英　国	*Proceedings of the Institution of Civil Engineers: Structures and Buildings*	12	土木工程师学会会刊：结构与建筑物	0965 – 0911

（续表）

国　家	外　文　刊　名	期次	参考中文译名	ISSN 号
英　国	*Proceedings of the Institution of Civil Engineers: Geotechnical Engineering*	6	土木工程师学会会刊：岩土工程	1353 - 2618
英　国	*Proceedings of the Institution of Civil Engineers: Water Management*	12	土木工程师学会会刊：水管理	1741 - 7589
英　国	*Quarterly Journal of Engineering Geology and Hydrogeology*	4	工程地质与水文地质	1470 - 9236
英　国	*Quarterly Journal of Mechanics and Applied Mathematics*	4	力学与应用数学	0033 - 5614
英　国	*Renewable & Sustainable Energy Reviews*	12	可再生与可持续能源评论	1364 - 0321
英　国	*Review of Environmental Economics and Policy*	2	环境生态政策评论	1750 - 6816
英　国	*Strain*	6	应变	0039 - 2103
英　国	*Transnational Environmental Law*	2	跨国环境法	2047 - 1025
英　国	*Tunneling & Underground Space Technology*	6	隧道与地下空间技术	0886 - 7798
英　国	*Tunnels and Tunnelling International*	12	隧道与隧道工程	0041 - 414X
英　国	*Underwater Technology*	2	水下技术	0141 - 0814
英　国	*Urban Water Journal*	6	城市水	1573 - 062X
英　国	*Water & Wastewater Treatment*	12	水与废水处理	1759 - 5932
英　国	*Water International*	6	国际水	0250 - 8060
英　国	*Water Policy*	6	水政策	1366 - 7017
英　国	*Water Practice and Technology*	4	水实践与技术	1751 - 231X
英　国	*Water Quality International(Water 21)*	4	国际水质(21 世纪的水)	1561 - 9508
英　国	*Water Quality Research Journal of Canada*	4	加拿大水质研究	1201 - 3080
英　国	*Water Research*	24	水研究	0043 - 1354
英　国	*Water Science and Technology*	24	水科学与水技术	0273 - 1223
英　国	*Water Science and Technology-Water Supply*	24	水科学与技术：供水	1606 - 9749
英　国	*Waterways World*	12	世界航道	0309 - 1422
英　国	*World Water and Environmental Engineering*	6	世界水与环境工程	1354 - 313X

索引

词目英汉对照索引

I

M

W

其 他

词目音序索引

图书在版编目（CIP）数据

　　水利大辞典／河海大学《水利大辞典》编辑修订委员会编．
—上海：上海辞书出版社,2015.10
　　ISBN 978－7－5326－4474－2

　　Ⅰ．①水…　Ⅱ．①河…　Ⅲ．①水利工程—词典　Ⅳ．①TV－61

　　中国版本图书馆 CIP 数据核字(2015)第 213599 号

策划统筹	蒋惠雍
责任编辑	于　霞　董　放
助理编辑	陈安慧
特约编审	林飘凉
责任校对	杨桂珍
装帧设计	姜　明

水利大辞典

河海大学《水利大辞典》编辑修订委员会　编
上海世纪出版股份有限公司
上海辞书出版社 出版、发行
（上海市陕西北路 457 号　邮政编码　200040）
电话：021—62472088
www.ewen.co　www.cishu.com.cn
上海中华商务联合印刷有限公司
开本 889 毫米×1194 毫米　1/16　印张 47.75　插页 5　字数 1 420 000
2015 年 10 月第 1 版　2015 年 10 月第 1 次印刷
ISBN 978－7－5326－4474－2/S.7
定价：298.00 元

如发生印刷、装订质量问题，读者可向工厂调换
联系电话：021—59226000